판례와 같이 보는

동물·가축
관리와 법규

편저 : 대한법률편찬연구회

 동물 등록제와 말소신고

 반려동물 질병 예방법

 반려동물 미세먼지 예방법

 반려동물 교육법(강아지편)

 동물관련법 Q&A 모음

법문북스

판례와 같이 보는

동물·가축
관리와 법규

편저 : 대한법률편찬연구회

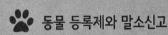 동물 등록제와 말소신고

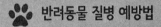 반려동물 질병 예방법

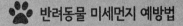 반려동물 미세먼지 예방법

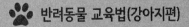 반려동물 교육법(강아지편)

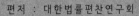 동물관련법 Q&A 모음

법문북스

머 리 말

반려동물 양육 인구 수 천만시대가 도래하면서 동물에 대한 개인적, 사회적 인식이 변하고 있습니다. 이에 따라 사회 곳곳에서 일어나고 있는 동물에 관련된 문제(동물 학대, 반려동물 유기, 동물 실험, 동물 장묘 등)들이 법적으로 어떤 규제를 받고 있는지, 마땅한 처벌이 이뤄지고 있는지에 대한 관심도 많아지고 있습니다.

본 연구회에서는 동물 애완견 등에 관련된 판례와 최근까지 개정된 동물보호법과 시행령·시행 규칙, 야생생물 보호 및 관리에 관한 법률과 시행령·시행규칙, 실험동물에 관한 법률과 시행령·시행규칙, 동물원 및 수족관의 관리에 관한 법률과 시행령·시행규칙 등 동물에 관한 법조문을 함께 수록하였고, 동물장묘, 반려동물 미세먼지 대처방법 등 동물 양육에 도움이 될 자료를 Q&A식으로 엄선하여 수록하였습니다.

이러한 자료들은 국가법령정보센터와 정보와 법률구조공단의 Q&A를 참고하였으며, 이를 종합적으로 정리하여 실용적인 정보와 함께 엮어냈습니다.

이 책이 동물 관련 업무를 하며 법률적 이해가 필요하신 분들, 반려동물을 양육하며 동물 관련법과 다양한 정보를 알고자 하시는 분들, 동물 피해로 인해 어려움을 겪고 계신 분들에게 도움이 되기를 바랍니다.

2020.10.
대한법률편찬연구회

법령차례

〈 법 령 〉

〈 부　록 〉

동물보호법

[시행 2020.8.12.]

[법률 제16977호, 2020.2.11,일부개정]

제1장 총칙

제1조(목적) 이 법은 동물에 대한 학대행위의 방지 등 동물을 적정하게 보호·관리하기 위하여 필요한 사항을 규정함으로써 동물의 생명보호, 안전 보장 및 복지 증진을 꾀하고, 건전하고 책임 있는 사육문화를 조성하여, 동물의 생명 존중 등 국민의 정서를 기르고 사람과 동물의 조화로운 공존에 이바지함을 목적으로 한다. <개정 2018.3.20., 2020.2.11.>

판례 – 동물보호법위반·재물손괴

[대법원 2016.1.28., 선고, 2014도2477, 판결]

【판시사항】

동물보호법 제8조 제1항 제1호에서 규정하는 '잔인한 방법으로 죽이는 행위'는 행위를 하는 것 자체로 구성요건을 충족하는지 여부(적극) 및 행위를 정당화할 만한 사정 또는 행위자의 책임으로 돌릴 수 없는 사정이 있는 경우, 구성요건 해당성이 조각되는지 여부(소극)

【판결요지】

동물보호법의 목적과 입법 취지, 동물보호법 제8조 제1항 각 호의 문언 및 체계 등을 종합하면, 동물보호법 제8조 제1항 제1호에서 규정하는 '잔인한 방법으로 죽이는 행위'는, 같은 항 제4호의 경우와는 달리 정당한 사유를 구성요건 요소로 규정하고 있지 아니하여 '잔인한 방법으로 죽이는 행위'를 하는 것 자체로 구성요건을 충족하고, 설령 행위를 정당화할 만한 사정 또는 행위자의 책임으로 돌릴 수 없는 사정이 있더라도, 위법성이나 책임이 조각될 수 있는지는 별론으로 하고 구성요건 해당성이 조각된다고 볼 수는 없다.

제2조(정의) 이 법에서 사용하는 용어의 뜻은 다음과 같다. <개정 2013.8.13.,2017.3.21., 2018.3.20., 2020.2.11.>

1. "동물"이란 고통을 느낄 수 있는 신경체계가 발달한 척추동물로서 다음 각 목의 어느 하나에 해당하는 동물을 말한다.

가. 포유류

나. 조류

다. 파충류·양서류·어류 중 농림축산식품부장관이 관계 중앙행정기관의 장과의 협의를 거쳐 대통령령으로 정하는 동물

1의2. "동물학대"란 동물을 대상으로 정당한 사유 없이 불필요하거나 피할 수 있는

신체적 고통과 스트레스를 주는 행위 및 굶주림, 질병 등에 대하여 적절한 조치를 게을리하거나 방치하는 행위를 말한다.

1의3. "반려동물"이란 반려(伴侶) 목적으로 기르는 개, 고양이 등 농림축산식품부령으로 정하는 동물을 말한다.

2. "등록대상동물"이란 동물의 보호, 유실·유기방지, 질병의 관리, 공중위생상의 위해 방지 등을 위하여 등록이 필요하다고 인정하여 대통령령으로 정하는 동물을 말한다.

3. "소유자등"이란 동물의 소유자와 일시적 또는 영구적으로 동물을 사육·관리 또는 보호하는 사람을 말한다.

3의2. "맹견"이란 도사견, 핏불테리어, 로트와일러 등 사람의 생명이나 신체에 위해 를 가할 우려가 있는 개로서 농림축산식품부령으로 정하는 개를 말한다.

4. "동물실험"이란 「실험동물에 관한 법률」 제2조제1호에 따른 동물실험을 말한다.

5. "동물실험시행기관"이란 동물실험을 실시하는 법인·단체 또는 기관으로서 대통령 령으로 정하는 법인·단체 또는 기관을 말한다.

판례 – 동물보호법위반·재물손괴
[대법원 2016.1.28. 선고, 2014도2477, 판결]

【판시사항】
동물보호법 제8조 제1항 제1호에서 규정하는 '잔인한 방법으로 죽이는 행위' 는 행위를 하는 것 자체로 구성요건을 충족하는지 여부(적극) 및 행위를 정 당화할 만한 사정 또는 행위자의 책임으로 돌릴 수 없는 사정이 있는 경우, 구성요건 해당성이 조각되는지 여부(소극)

【판결요지】
동물보호법의 목적과 입법 취지, 동물보호법 제8조 제1항 각 호의 문언 및 체 계 등을 종합하면, 동물보호법 제8조 제1항 제1호에서 규정하는 '잔인한 방법 으로 죽이는 행위'는, 같은 항 제4호의 경우와는 달리 정당한 사유를 구성요 건 요소로 규정하고 있지 아니하여 '잔인한 방법으로 죽이는 행위'를 하는 것 자체로 구성요건을 충족하고, 설령 행위를 정당화할 만한 사정 또는 행위자의 책임으로 돌릴 수 없는 사정이 있더라도, 위법성이나 책임이 조각될 수 있는 지는 별론으로 하고 구성요건 해당성이 조각된다고 볼 수는 없다.

제3조(동물보호의 기본원칙) 누구든지 동물을 사육·관리 또는 보호할 때에는 다음 각 호의 원칙을 준수하여야 한다. <개정 2017.3.21.>

1. 동물이 본래의 습성과 신체의 원형을 유지하면서 정상적으로 살 수 있도록 할 것
2. 동물이 갈증 및 굶주림을 겪거나 영양이 결핍되지 아니하도록 할 것
3. 동물이 정상적인 행동을 표현할 수 있고 불편함을 겪지 아니하도록 할 것
4. 동물이 고통·상해 및 질병으로부터 자유롭도록 할 것
5. 동물이 공포와 스트레스를 받지 아니하도록 할 것

제4조(국가·지방자치단체 및 국민의 책무) ①국가는 동물의 적정한 보호·관리를 위하여 5년마다 다음 각 호의 사항이 포함된 동물복지종합계획을 수립·시행하여야 하며, 지방자치단체는 국가의 계획에 적극 협조하여야 한다. <개정 2017.3.21.,2018.3.20.>

1. 동물학대 방지와 동물복지에 관한 기본방침
2. 다음 각 목에 해당하는 동물의 관리에 관한 사항
 가. 도로·공원 등의 공공장소에서 소유자등이 없이 배회하거나 내버려진 동물(이하 "유실·유기동물"이라 한다)
 나. 제8조제2항에 따른 학대를 받은 동물(이하 "피학대 동물"이라 한다)
3. 동물실험시행기관 및 제25조의 동물실험윤리위원회의 운영 등에 관한 사항
4. 동물학대 방지, 동물복지, 유실·유기동물의 입양 및 동물실험윤리 등의 교육·홍보에 관한 사항
5. 동물복지 축산의 확대와 동물복지축산농장 지원에 관한 사항
6. 그 밖에 동물학대 방지와 반려동물 운동·휴식시설 등 동물복지에 필요한 사항

②특별시장·광역시장·도지사 및 특별자치도지사·특별자치시장(이하 "시·도지사"라 한다)은 제1항에 따른 종합계획에 따라 5년마다 특별시·광역시·도·특별자치도·특별자치시(이하 "시·도"라 한다) 단위의 동물복지계획을 수립하여야 하고, 이를 농림축산식품부장관에게 통보하여야 한다. <개정 2013.3.23.>

③국가와 지방자치단체는 제1항 및 제2항에 따른 사업을 적정하게 수행하기 위한 인력·예산 등을 확보하기 위하여 노력하여야 하며, 국가는 동물의 적정한 보호·관리, 복지업무 추진을 위하여 지방자치단체에 필요한 사업비의 전부나 일부를 예산의 범위에서 지원할 수 있다. <신설 2017.3.21.>

④국가와 지방자치단체는 대통령령으로 정하는 민간단체에 동물보호운동이나 그 밖에 이와 관련된 활동을 권장하거나 필요한 지원을 할 수 있다. <개정 2017.3.21.>

⑤모든 국민은 동물을 보호하기 위한 국가와 지방자치단체의 시책에 적극 협조하는 등 동물의 보호를 위하여 노력하여야 한다. <개정 2017.3.21.>

[시행일:2012.7.1.] 제4조제2항의 개정규정 중 특별자치시 및 특별자치시장에 관한 부분

제5조(동물복지위원회) ①농림축산식품부장관의 다음 각 호의 자문에 응하도록 하기 위하여 농림축산식품부에 동물복지위원회를 둔다. <개정 2013.3.23.>

1. 제4조에 따른 종합계획의 수립·시행에 관한 사항
2. 제28조에 따른 동물실험윤리위원회의 구성 등에 대한 지도·감독에 관한 사항
3. 제29조에 따른 동물복지축산농장의 인증과 동물복지축산정책에 관한 사항
4. 그 밖에 동물의 학대방지·구조 및 보호 등 동물복지에 관한 사항

②동물복지위원회는 위원장 1명을 포함하여 10명 이내의 위원으로 구성한다.

③위원은 다음 각 호에 해당하는 사람 중에서 농림축산식품부장관이 위촉하며, 위원장은 위원 중에서 호선한다.<개정2013.3.23., 2017.3.21.>

1. 수의사로서 동물보호 및 동물복지에 대한 학식과 경험이 풍부한 사람
2. 동물복지정책에 관한 학식과 경험이 풍부한 자로서 제4조제4항에 해당하는 민간단체의 추천을 받은 사람
3. 그 밖에 동물복지정책에 관한 전문지식을 가진 사람으로서 농림축산식품부령으로 정하는 자격기준에 맞는 사람

④그 밖에 동물복지위원회의 구성·운영 등에 관한 사항은 대통령령으로 정한다.

제6조(다른 법률과의 관계) 동물의 보호 및 이용·관리 등에 대하여 다른 법률에 특별한 규정이 있는 경우를 제외하고는 이 법에서 정하는 바에 따른다.

제2장 동물의 보호 및 관리

제7조(적정한 사육·관리) ①소유자등은 동물에게 적합한 사료와 물을 공급하고, 운동·휴식 및 수면이 보장되도록 노력하여야 한다.

②소유자등은 동물이 질병에 걸리거나 부상당한 경우에는 신속하게 치료하거나 그밖에 필요한 조치를 하도록 노력하여야 한다.

③소유자등은 동물을 관리하거나 다른 장소로 옮긴 경우에는 그 동물이 새로운 환경에 적응하는 데에 필요한 조치를 하도록 노력하여야 한다.

④제1항부터 제3항까지에서 규정한 사항 외에 동물의 적절한 사육·관리 방법 등에 관한 사항은 농림축산식품부령으로 정한다. <개정 2013.3.23.>

제8조(동물학대 등의 금지) ①누구든지 동물에 대하여 다음 각 호의 행위를 하여서는 아니 된다. <개정 2013.3.23., 2013.4.5., 2017.3.21.>

1. 목을 매다는 등의 잔인한 방법으로 죽음에 이르게 하는 행위
2. 노상 등 공개된 장소에서 죽이거나 같은 종류의 다른 동물이 보는 앞에서 죽음에 이르게 하는 행위
3. 고의로 사료 또는 물을 주지 아니하는 행위로 인하여 동물을 죽음에 이르게 하는 행위
4. 그 밖에 수의학적 처치의 필요, 동물로 인한 사람의 생명·신체·재산의 피해 등 농림축산식품부령으로 정하는 정당한 사유 없이 죽음에 이르게 하는 행위

②누구든지 동물에 대하여 다음 각 호의 학대행위를 하여서는 아니 된다. <개정 2013.3.23., 2017.3.21., 2018.3.20., 2020.2.11.>

1. 도구·약물 등 물리적·화학적 방법을 사용하여 상해를 입히는 행위. 다만, 질병의 예방이나 치료 등 농림축산식품부령으로 정하는 경우는 제외한다.
2. 살아 있는 상태에서 동물의 신체를 손상하거나 체액을 채취하거나 체액을 채취하

기 위한 장치를 설치하는 행위. 다만, 질병의 치료 및 동물실험 등 농림축산식품
부령으로 정하는 경우는 제외한다.
3. 도박·광고·오락·유흥 등의 목적으로 동물에게 상해를 입히는 행위. 다만, 민속
경기 등 농림축산식품부령으로 정하는 경우는 제외한다.
3의2. 반려동물에게 최소한의 사육공간 제공 등 농림축산식품부령으로 정하는 사육
·관리 의무를 위반하여 상해를 입히거나 질병을 유발시키는 행위
4. 그 밖에 수의학적 처치의 필요, 동물로 인한 사람의 생명·신체·재산의 피해 등
농림축산식품부령으로 정하는 정당한 사유 없이 신체적 고통을 주거나 상해를 입
히는 행위
③누구든지 다음 각 호에 해당하는 동물에 대하여 포획하여 판매하거나 죽이는 행
위, 판매하거나 죽일 목적으로 포획하는 행위 또는 다음 각 호에 해당하는 동물임
을 알면서도 알선·구매하는 행위를 하여서는 아니 된다. <개정 2017.3.21.>
1. 유실·유기동물
2. 피학대 동물 중 소유자를 알 수 없는 동물
④소유자등은 동물을 유기(遺棄)하여서는 아니 된다.
⑤누구든지 다음 각 호의 행위를 하여서는 아니 된다. <개정 2017.3.21.,2019.8.27.>
1. 제1항부터 제3항까지에 해당하는 행위를 촬영한 사진 또는 영상물을 판매·전시·
전달·상영하거나 인터넷에 게재하는 행위. 다만, 동물보호 의식을 고양시키기 위
한 목적이 표시된 홍보 활동 등 농림축산식품부령으로 정하는 경우에는 그러하지
아니하다.
2. 도박을 목적으로 동물을 이용하는 행위 또는 동물을 이용하는 도박을 행할 목적
으로 광고·선전하는 행위. 다만, 「사행산업통합감독위원회법」 제2조제1호에 따른
사행산업은 제외한다.
3. 도박·시합·복권·오락·유흥·광고 등의 상이나 경품으로 동물을 제공하는 행위
4. 영리를 목적으로 동물을 대여하는 행위. 다만, 「장애인복지법」 제40조에 따른 장
애인 보조견의 대여 등 농림축산식품부령으로 정하는 경우는 제외한다.

판례 – 동물보호법위반·재물손괴
[대법원 2016.1.28., 선고, 2014도2477,판결]
【판시사항】
동물보호법 제8조 제1항 제1호에서 규정하는 '잔인한 방법으로 죽이는 행위'
는 행위를 하는 것 자체로 구성요건을 충족하는지 여부(적극) 및 행위를 정
당화할 만한 사정 또는 행위자의 책임으로 돌릴 수 없는 사정이 있는 경우,
구성요건 해당성이 조각되는지 여부(소극)
【판결요지】
동물보호법의 목적과 입법 취지, 동물보호법 제8조 제1항 각 호의 문언 및 체

계 등을 종합하면, 동물보호법 제8조 제1항 제1호에서 규정하는 '잔인한 방법 으로 죽이는 행위'는, 같은 항 제4호의 경우와는 달리 정당한 사유를 구성요 건 요소로 규정하고 있지 아니하여 '잔인한 방법으로 죽이는 행위'를 하는 것 자체로 구성요건을 충족하고, 설령 행위를 정당화할 만한 사정 또는 행위자의 책임으로 돌릴 수 없는 사정이 있더라도, 위법성이나 책임이 조각될 수 있는 지는 별론으로 하고 구성요건 해당성이 조각된다고 볼 수는 없다.

제9조(동물의 운송) ①동물을 운송하는 자 중 농림축산식품부령으로 정하는 자는 다음 각 호의 사항을 준수하여야 한다. <개정 2013.3.23., 2013.8.13.>

1. 운송 중인 동물에게 적합한 사료와 물을 공급하고, 급격한 출발·제동 등으로 충격과 상해를 입지 아니하도록 할 것
2. 동물을 운송하는 차량은 동물이 운송 중에 상해를 입지 아니하고, 급격한 체온변화, 호흡곤란 등으로 인한 고통을 최소화할 수 있는 구조로 되어 있을 것
3. 병든 동물, 어린 동물 또는 임신 중이거나 젖먹이가 딸린 동물을 운송할 때에는 함께 운송 중인 다른 동물에 의하여 상해를 입지 아니하도록 칸막이의 설치 등 필요한 조치를 할 것
4. 동물을 싣고 내리는 과정에서 동물이 들어있는 운송용 우리를 던지거나 떨어뜨려서 동물을 다치게 하는 행위를 하지 아니할 것
5. 운송을 위하여 전기(電氣) 몰이도구를 사용하지 아니할 것

②농림축산식품부장관은 제1항제2호에 따른 동물 운송 차량의 구조 및 설비기준을 정하고 이에 맞는 차량을 사용하도록 권장할 수 있다. <개정 2013.3.23.>

③농림축산식품부장관은 제1항과 제2항에서 규정한 사항 외에 동물 운송에 관하여 필요한 사항을 정하여 권장할 수 있다. <개정 2013.3.23.>

제9조의2(반려동물 전달 방법) 제32조제1항의 동물을 판매하려는 자는 해당 동물을 구매자에게 직접 전달하거나 제9조제1항을 준수하는 동물 운송업자를 통하여 배송하여야 한다.

[본조신설 2013.8.13.]

[제목개정 2017.3.21.]

제10조(동물의 도살방법) ①모든 동물은 혐오감을 주거나 잔인한 방법으로 도살되어서는 아니 되며, 도살과정에 불필요한 고통이나 공포, 스트레스를 주어서는 아니 된다. <신설 2013.8.13.>

②「축산물위생관리법」 또는 「가축전염병예방법」에 따라 동물을 죽이는 경우에는 가스법·전살법(電殺法) 등 농림축산식품부령으로 정하는 방법을 이용하여 고통을 최소화하여야 하며, 반드시 의식이 없는 상태에서 다음 도살 단계로 넘어가야 한다. 매몰을 하는 경우에도 또한 같다. <개정2013.3.23., 2013.8.13.>

③제1항 및 제2항의 경우 외에도 동물을 불가피하게 죽여야 하는 경우에는 고통을

최소화할 수 있는 방법에 따라야 한다. <개정 2013.8.13.>

제11조(동물의 수술) 거세, 뿔 없애기, 꼬리 자르기 등 동물에 대한 외과적 수술을 하는 사람은 수의학적 방법에 따라야 한다.

제12조(등록대상동물의 등록 등) ①등록대상동물의 소유자는 동물의 보호와 유실·유기방지 등을 위하여 시장·군수·구청장(자치구의 구청장을 말한다. 이하 같다)·특별자치시장(이하 "시장·군수·구청장"이라 한다)에게 등록대상동물을 등록하여야 한다. 다만, 등록대상동물이 맹견이 아닌 경우로서 농림축산식품부령으로 정하는 바에 따라 시·도의 조례로 정하는 지역에서는 그러하지 아니하다. <개정 2013.3.23., 2018.3.20.>
② 제1항에 따라 등록된 등록대상동물의 소유자는 다음 각 호의 어느 하나에 해당하는 경우에는 해당 각 호의 구분에 따른 기간에 시장·군수·구청장에게 신고하여야 한다. <개정 2013.3.23., 2017.3.21.>
1. 등록대상동물을 잃어버린 경우에는 등록대상동물을 잃어버린 날부터 10일 이내
2. 등록대상동물에 대하여 농림축산식품부령으로 정하는 사항이 변경된 경우에는 변경 사유 발생일부터 30일 이내
③제1항에 따른 등록대상동물의 소유권을 이전받은 자 중 제1항에 따른 등록을 실시하는 지역에 거주하는 자는 그 사실을 소유권을 이전받은 날부터 30일 이내에 자신의 주소지를 관할하는 시장·군수·구청장에게 신고하여야 한다.
④시장·군수·구청장은 농림축산식품부령으로 정하는 자(이하 이 조에서 "동물등록대행자"라 한다)로 하여금 제1항부터 제3항까지의 규정에 따른 업무를 대행하게 할 수 있다. 이 경우 그에 따른 수수료를 지급할 수 있다. <개정 2013.3.23., 2020.2.11.>
⑤등록대상동물의 등록 사항 및 방법·절차, 변경신고 절차, 동물등록대행자 준수사항 등에 관한 사항은 농림축산식품부령으로 정하며, 그 밖에 등록에 필요한 사항은 시·도의 조례로 정한다. <개정 2013.3.23., 2020.2.11.>
[시행일:2012.7.1.] 12조제1항의 개정규정 중 특별자치시 및 특별자치시장에 관한 부분
[시행일:2013.1.1.] 제12조(시장·군수·구청장과 관련된 부분은 제외한다)

제13조(등록대상동물의 관리 등) ①소유자등은 등록대상동물을 기르는 곳에서 벗어나게 하는 경우에는 소유자등의 연락처 등 농림축산식품부령으로 정하는 사항을 표시한 인식표를 등록대상동물에게 부착하여야 한다. <개정 2013.3.23.>
②소유자등은 등록대상동물을 동반하고 외출할 때에는 농림축산식품부령으로 정하는 바에 따라 목줄 등 안전조치를 하여야 하며, 배설물(소변의 경우에는 공동주택의 엘리베이터·계단 등 건물 내부의 공용공간 및 평상·의자 등 사람이 눕거나 앉을 수 있는 기구 위의 것으로 한정한다)이 생겼을 때에는 즉시 수거하여야 한다.
<개정 2013.3.23., 2015.1.20.>
③시·도지사는 등록대상동물의 유실·유기 또는 공중위생상의 위해 방지를 위하여

필요할 때에는 시·도의 조례로 정하는 바에 따라 소유자등으로 하여금 등록대상
동물에 대하여 예방접종을 하게 하거나 특정 지역 또는 장소에서의 사육 또는 출
입을 제한하게 하는 등 필요한 조치를 할 수 있다.

제13조의2(맹견의 관리) ①맹견의 소유자등은 다음 각 호의 사항을 준수하여야 한다.
1. 소유자등 없이 맹견을 기르는 곳에서 벗어나지 아니하게 할 것
2. 월령이 3개월 이상인 맹견을 동반하고 외출할 때에는 농림축산식품부령으로 정하
는 바에 따라 목줄 및 입마개 등 안전장치를 하거나 맹견의 탈출을 방지할 수 있
는 적정한 이동장치를 할 것
3. 그 밖에 맹견이 사람에게 신체적 피해를 주지 아니하도록 하기 위하여 농림축산
식품부령으로 정하는 사항을 따를 것
②시·도지사와 시장·군수·구청장은 맹견이 사람에게 신체적 피해를 주는 경우 농
림축산식품부령으로 정하는 바에 따라 소유자등의 동의 없이 맹견에 대하여 격리
조치 등 필요한 조치를 취할 수 있다.
③맹견의 소유자는 맹견의 안전한 사육 및 관리에 관하여 농림축산식품부령으로 정
하는 바에 따라 정기적으로 교육을 받아야 한다.
[본조신설 2018.3.20.]

제13조의2(맹견의 관리) ①맹견의 소유자등은 다음 각 호의 사항을 준수하여야 한다.
1. 소유자등 없이 맹견을 기르는 곳에서 벗어나지 아니하게 할 것
2. 월령이 3개월 이상인 맹견을 동반하고 외출할 때에는 농림축산식품부령으로 정하
는 바에 따라 목줄 및 입마개 등 안전장치를 하거나 맹견의 탈출을 방지할 수 있
는 적정한 이동장치를 할 것
3. 그 밖에 맹견이 사람에게 신체적 피해를 주지 아니하도록 하기 위하여 농림축산
식품부령으로 정하는 사항을 따를 것
②시·도지사와 시장·군수·구청장은 맹견이 사람에게 신체적 피해를 주는 경우 농
림축산식품부령으로 정하는 바에 따라 소유자등의 동의 없이 맹견에 대하여 격리
조치 등 필요한 조치를 취할 수 있다.
③맹견의 소유자는 맹견의 안전한 사육 및 관리에 관하여 농림축산식품부령으로 정
하는 바에 따라 정기적으로 교육을 받아야 한다.
④**맹견의 소유자는 맹견으로 인한 다른 사람의 생명·신체나 재산상의 피해를 보상
하기 위하여 대통령령으로 정하는 바에 따라 보험에 가입하여야 한다.** <신설 2020.2.11.>
[본조신설 2018.3.20.]
[시행일 : 2021.2.12.] 제13조의2

제13조의3(맹견의 출입금지 등) 맹견의 소유자등은 다음 각 호의 어느 하나에 해당하는 장소에 맹견이 출입하지 아니하도록 하여야 한다.
1. 「영유아보육법」 제2조제3호에 따른 어린이집
2. 「유아교육법」 제2조제2호에 따른 유치원
3. 「초·중등교육법」 제38조에 따른 초등학교 및 같은 법 제55조에 따른 특수학교
4. 그 밖에 불특정 다수인이 이용하는 장소로서 시·도의 조례로 정하는 장소
[본조신설 2018.3.20.]

제14조(동물의 구조·보호) ①시·도지사(특별자치시장은 제외한다. 이하 이 조, 제15조, 제17조부터 제19조까지, 제21조, 제29조, 제38조의2, 제39조부터 제41조까지, 제41조의2, 제43조, 제45조 및 제47조에서 같다)와 시장·군수·구청장은 다음 각 호의 어느 하나에 해당하는 동물을 발견한 때에는 그 동물을 구조하여 제7조에 따라 치료·보호에 필요한 조치(이하 "보호조치"라 한다)를 하여야 하며, 제2호 및 제3호에 해당하는 동물은 학대 재발 방지를 위하여 학대행위자로부터 격리하여야 한다. 다만, 제1호에 해당하는 동물 중 농림축산식품부령으로 정하는 동물은 구조·보호조치의 대상에서 제외한다. <개정 2013.3.23., 2013.4.5., 2017.3.21.>
1. 유실·유기동물
2. 피학대 동물 중 소유자를 알 수 없는 동물
3. 소유자로부터 제8조제2항에 따른 학대를 받아 적정하게 치료·보호받을 수 없다고 판단되는 동물
②시·도지사와 시장·군수·구청장이 제1항제1호 및 제2호에 해당하는 동물에 대하여 보호조치 중인 경우에는 그 동물의 등록 여부를 확인하여야 하고, 등록된 동물인 경우에는 지체 없이 동물의 소유자에게 보호조치 중인 사실을 통보하여야 한다. <신설 2017.3.21.>
③시·도지사와 시장·군수·구청장이 제1항제3호에 따른 동물을 보호할 때에는 농림축산식품부령으로 정하는 바에 따라 기간을 정하여 해당 동물에 대한 보호조치를 하여야 한다. <개정 2013.3.23., 2013.4.5.,2017.3.21.>
④시·도지사와 시장·군수·구청장은 제1항 각 호 외의 부분 단서에 해당하는 동물에 대하여도 보호·관리를 위하여 필요한 조치를 취할 수 있다. <신설 2017.3.21.>

제15조(동물보호센터의 설치·지정 등)
①시·도지사와 시장·군수·구청장은 제14조에 따른 동물의 구조·보호조치 등을 위하여 농림축산식품부령으로 정하는 기준에 맞는 동물보호센터를 설치·운영할 수 있다. <개정 2013.3.23., 2013.8.13.>
②시·도지사와 시장·군수·구청장은 제1항에 따른 동물보호센터를 직접 설치·운영하도록 노력하여야 한다. <신설 2017.3.21.>
③농림축산식품부장관은 제1항에 따라 시·도지사 또는 시장·군수·구청장이 설치·

운영하는 동물보호센터의 설치·운영에 드는 비용의 전부 또는 일부를 지원할 수 있다. <개정 2013.3.23., 2017.3.21.>

④시·도지사 또는 시장·군수·구청장은 농림축산식품부령으로 정하는 기준에 맞는 기관이나 단체를 동물보호센터로 지정하여 제14조에 따른 동물의 구조·보호조치 등을 하게 할 수 있다. <개정 2013.3.23., 2017.3.21.>

⑤제4항에 따른 동물보호센터로 지정받으려는 자는 농림축산식품부령으로 정하는 바에 따라 시·도지사 또는 시장·군수·구청장에게 신청하여야 한다. <개정 2013.3.23., 2017.3.21.>

⑥시·도지사 또는 시장·군수·구청장은 제4항에 따른 동물보호센터에 동물의 구조·보호조치 등에 드는 비용(이하 "보호비용"이라 한다)의 전부 또는 일부를 지원할 수 있으며, 보호비용의 지급절차와 그 밖에 필요한 사항은 농림축산식품부령으로 정한다. <개정 2013.3.23., 2017.3.21.>

⑦시·도지사 또는 시장·군수·구청장은 제4항에 따라 지정된 동물보호센터가 다음 각 호의 어느 하나에 해당하는 경우에는 그 지정을 취소할 수 있다. 다만, 제1호에 해당하는 경우에는 지정을 취소하여야 한다. <개정 2017.3.21.>

1. 거짓이나 그 밖의 부정한 방법으로 지정을 받은 경우
2. 제4항에 따른 지정기준에 맞지 아니하게 된 경우
3. 제6항에 따른 보호비용을 거짓으로 청구한 경우
4. 제8조제1항부터 제3항까지의 규정을 위반한 경우
5. 제22조를 위반한 경우
6. 제39조제1항제3호의 시정명령을 위반한 경우
7. 특별한 사유 없이 유실·유기동물 및 피학대 동물에 대한 보호조치를 3회 이상 거부한 경우
8. 보호 중인 동물을 영리를 목적으로 분양하는 경우

⑧시·도지사 또는 시장·군수·구청장은 제7항에 따라 지정이 취소된 기관이나 단체를 지정이 취소된 날부터 1년 이내에는 다시 동물보호센터로 지정하여서는 아니 된다. 다만, 제7항제4호에 따라 지정이 취소된 기관이나 단체는 지정이 취소된 날부터 2년 이내에는 다시 동물보호센터로 지정하여서는 아니 된다. <개정 2017.3.21., 2018.3.20.>

⑨동물보호센터 운영의 공정성과 투명성을 확보하기 위하여 농림축산식품부령으로 정하는 일정규모 이상의 동물보호센터는 농림축산식품부령으로 정하는 바에 따라 운영위원회를 구성·운영하여야 한다.<개정 2013.3.23., 2017.3.21.>

⑩제1항 및 제4항에 따른 동물보호센터의 준수사항 등에 관한 사항은 농림축산식품부령으로 정하고, 지정절차 및 보호조치의 구체적인 내용 등 그 밖에 필요한 사항은 시·도의 조례로 정한다. <개정 2013.3.23., 2017.3.21.>

제16조(신고 등) ①누구든지 다음 각 호의 어느 하나에 해당하는 동물을 발견한 때에는 관할 지방자치단체의 장 또는 동물보호센터에 신고할 수 있다. <개정 2017.3.21.>

1. 제8조에서 금지한 학대를 받는 동물
2. 유실 · 유기동물
②다음 각 호의 어느 하나에 해당하는 자가 그 직무상 제1항에 따른 동물을 발견한 때에는 지체 없이 관할 지방자치단체의 장 또는 동물보호센터에 신고하여야 한다. <개정 2017.3.21.>
1. 제4조제4항에 따른 민간단체의 임원 및 회원
2. 제15조제1항에 따라 설치되거나 같은 조 제4항에 따라 동물보호센터로 지정된 기관이나 단체의 장 및 그 종사자
3. 제25조제1항에 따라 동물실험윤리위원회를 설치한 동물실험시행기관의 장 및 그 종사자
4. 제27조제2항에 따른 동물실험윤리위원회의 위원
5. 제29조제1항에 따라 동물복지축산농장으로 인증을 받은 자
6. 제33조제1항에 따라 영업등록을 하거나 제34조제1항에 따라 영업허가를 받은 자 및 그 종사자
7. 수의사, 동물병원의 장 및 그 종사자
③신고인의 신분은 보장되어야 하며 그 의사에 반하여 신원이 노출되어서는 아니 된다.

제17조(공고) 시 · 도지사와 시장 · 군수 · 구청장은 제14조제1항제1호 및 제2호에 따른 동물을 보호하고 있는 경우에는 소유자등이 보호조치 사실을 알 수 있도록 대통령령으로 정하는 바에 따라 지체 없이 7일 이상 그 사실을 공고하여야 한다. <개정 2013.4.5.>

제18조(동물의 반환 등) ①시 · 도지사와 시장 · 군수 · 구청장은 다음 각 호의 어느 하나에 해당하는 사유가 발생한 경우에는 제14조에 해당하는 동물을 그 동물의 소유자에게 반환하여야 한다.<개정 2013.4.5., 2017.3.21.>
1. 제14조제1항제1호 및 제2호에 해당하는 동물이 보호조치 중에 있고, 소유자가 그 동물에 대하여 반환을 요구하는 경우
2. 제14조제3항에 따른 보호기간이 지난 후, 보호조치 중인 제14조제1항제3호의 동물에 대하여 소유자가 제19조제2항에 따라 보호비용을 부담하고 반환을 요구하는 경우
②시 · 도지사와 시장 · 군수 · 구청장은 제1항제2호에 해당하는 동물의 반환과 관련하여 동물의 소유자에게 보호기간, 보호비용 납부기한 및 면제 등에 관한 사항을 알려야 한다. <개정 2013.4.5.>

제19조(보호비용의 부담) ①시 · 도지사와 시장 · 군수 · 구청장은 제14조제1항제1호 및 제2호에 해당하는 동물의 보호비용을 소유자 또는 제21조제1항에 따라 분양을 받는 자에게 청구할 수 있다. <개정 2013.4.5.>
②제14조제1항제3호에 해당하는 동물의 보호비용은 농림축산식품부령으로 정하는 바에

따라 납부기한까지 그 동물의 소유자가 내야 한다. 이 경우 시·도지사와 시장·군수·구청장은 동물의 소유자가 제20조제2호에 따라 그 동물의 소유권을 포기한 경우에는 보호비용의 전부 또는 일부를 면제할 수 있다. <개정 2013.3.23., 2013.4.5.>

③제1항 및 제2항에 따른 보호비용의 징수에 관한 사항은 대통령령으로 정하고, 보호비용의 산정 기준에 관한 사항은 농림축산식품부령으로 정하는 범위에서 해당 시·도의 조례로 정한다. <개정 2013.3.23.>

제20조(동물의 소유권 취득) 시·도와 시·군·구가 동물의 소유권을 취득할 수 있는 경우는 다음 각 호와 같다. <개정 2013.4.5., 2017.3.21.>

1. 「유실물법」 제12조 및 「민법」 제253조에도 불구하고 제17조에 따라 공고한 날부터 10일이 지나도 동물의 소유자등을 알 수 없는 경우
2. 제14조제1항제3호에 해당하는 동물의 소유자가 그 동물의 소유권을 포기한 경우
3. 제14조제1항제3호에 해당하는 동물의 소유자가 제19조제2항에 따른 보호비용의 납부기한이 종료된 날부터 10일이 지나도 보호비용을 납부하지 아니한 경우
4. 동물의 소유자를 확인한 날부터 10일이 지나도 정당한 사유 없이 동물의 소유자와 연락이 되지 아니하거나 소유자가 반환받을 의사를 표시하지 아니한 경우

제21조(동물의 분양·기증) ①시·도지사와 시장·군수·구청장은 제20조에 따라 소유권을 취득한 동물이 적정하게 사육·관리될 수 있도록 시·도의 조례로 정하는 바에 따라 동물원, 동물을 애호하는 자(시·도의 조례로 정하는 자격요건을 갖춘 자로 한정한다)나 대통령령으로 정하는 민간단체 등에 기증하거나 분양할 수 있다. <개정 2013.4.5.>

②시·도지사와 시장·군수·구청장은 제20조에 따라 소유권을 취득한 동물에 대하여는 제1항에 따라 분양될 수 있도록 공고할 수 있다. <개정 2013.4.5.>

③제1항에 따른 기증·분양의 요건 및 절차 등 그 밖에 필요한 사항은 시·도의 조례로 정한다.

제22조(동물의 인도적인 처리 등) ①제15조제1항 및 제4항에 따른 동물보호센터의 장 및 운영자는 제14조제1항에 따라 보호조치 중인 동물에게 질병 등 농림축산식품부령으로 정하는 사유가 있는 경우에는 농림축산식품부장관이 정하는 바에 따라 인도적인 방법으로 처리하여야 한다. <개정 2013.3.23., 2017.3.21.>

②제1항에 따른 인도적인 방법에 따른 처리는 수의사에 의하여 시행되어야 한다.

③동물보호센터의 장은 제1항에 따라 동물의 사체가 발생한 경우 「폐기물관리법」에 따라 처리하거나 제33조에 따라 동물장묘업의 등록을 한 자가 설치·운영하는 동물장묘시설에서 처리하여야 한다. <개정 2017.3.21.>

제3장 동물실험

제23조(동물실험의 원칙) ①동물실험은 인류의 복지 증진과 동물 생명의 존엄성을 고려하여 실시하여야 한다.

②동물실험을 하려는 경우에는 이를 대체할 수 있는 방법을 우선적으로 고려하여야 한다.

③동물실험은 실험에 사용하는 동물(이하 "실험동물"이라 한다)의 윤리적 취급과 과학적 사용에 관한 지식과 경험을 보유한 자가 시행하여야 하며 필요한 최소한의 동물을 사용하여야 한다.

④실험동물의 고통이 수반되는 실험은 감각능력이 낮은 동물을 사용하고 진통·진정·마취제의 사용 등 수의학적 방법에 따라 고통을 덜어주기 위한 적절한 조치를 하여야 한다.

⑤동물실험을 한 자는 그 실험이 끝난 후 지체 없이 해당 동물을 검사하여야 하며, 검사 결과 정상적으로 회복한 동물은 분양하거나 기증할 수 있다. <개정 2018.3.20.>

⑥제5항에 따른 검사 결과 해당 동물이 회복할 수 없거나 지속적으로 고통을 받으며 살아야 할 것으로 인정되는 경우에는 신속하게 고통을 주지 아니하는 방법으로 처리하여야 한다. <신설 2018.3.20.>

⑦제1항부터 제6항까지에서 규정한 사항 외에 동물실험의 원칙에 관하여 필요한 사항은 농림축산식품부장관이 정하여 고시한다. <개정 2013.3.23., 2018.3.20.>

제24조(동물실험의 금지 등) 누구든지 다음 각 호의 동물실험을 하여서는 아니 된다. 다만, 해당 동물종(種)의 건강, 질병관리연구 등 농림축산식품부령으로 정하는 불가피한 사유로 농림축산식품부령으로 정하는 바에 따라 승인을 받은 경우에는 그러하지 아니하다. <개정 2013.3.23., 2020.2.11.>

1. 유실·유기동물(보호조치 중인 동물을 포함한다)을 대상으로 하는 실험
2. 「장애인복지법」 제40조에 따른 장애인 보조견 등 사람이나 국가를 위하여 봉사하고 있거나 봉사한 동물로서 대통령령으로 정하는 동물을 대상으로 하는 실험

제24조의2(미성년자 동물 해부실습의 금지) 누구든지 미성년자(19세 미만의 사람을 말한다. 이하 같다)에게 체험·교육·시험·연구 등의 목적으로 동물(사체를 포함한다) 해부실습을 하게 하여서는 아니 된다. 다만, 「초·중등교육법」 제2조에 따른 학교 또는 동물실험시행기관 등이 시행하는 경우 등 농림축산식품부령으로 정하는 경우에는 그러하지 아니하다.
[본조신설 2018.3.20.]

제25조(동물실험윤리위원회의 설치 등) ①동물실험시행기관의 장은 실험동물의 보호와 윤리적인 취급을 위하여 제27조에 따라 동물실험윤리위원회(이하 "윤리위원회"라 한다)를 설치·운영하여야 한다. 다만, 동물실험시행기관에 「실험동물에 관

한 법률」 제7조에 따른 실험동물운영위원회가 설치되어 있고, 그 위원회의 구성이 제27조제2항부터 제4항까지에 규정된 요건을 충족할 경우에는 해당 위원회를 윤리위원회로 본다.

②농림축산식품부령으로 정하는 일정 기준 이하의 동물실험시행기관은 다른 동물실험시행기관과 공동으로 농림축산식품부령으로 정하는 바에 따라 윤리위원회를 설치·운영할 수 있다. <개정 2013.3.23.>

③동물실험시행기관의 장은 동물실험을 하려면 윤리위원회의 심의를 거쳐야 한다.

제26조(윤리위원회의 기능 등) ①윤리위원회는 다음 각 호의 기능을 수행한다.
1. 동물실험에 대한 심의
2. 동물실험이 제23조의 원칙에 맞게 시행되도록 지도·감독
3. 동물실험시행기관의 장에게 실험동물의 보호와 윤리적인 취급을 위하여 필요한 조치 요구

②윤리위원회의 심의대상인 동물실험에 관여하고 있는 위원은 해당 동물실험에 관한 심의에 참여하여서는 아니 된다.

③윤리위원회의 위원은 그 직무를 수행하면서 알게 된 비밀을 누설하거나 도용하여서는 아니 된다.

④제1항에 따른 지도·감독의 방법과 그 밖에 윤리위원회의 운영 등에 관한 사항은 대통령령으로 정한다.

제27조(윤리위원회의 구성) ①윤리위원회는 위원장 1명을 포함하여 3명 이상 15명 이하의 위원으로 구성한다.

②위원은 다음 각 호에 해당하는 사람 중에서 동물실험시행기관의 장이 위촉하며, 위원장은 위원 중에서 호선(互選)한다. 다만, 제25조제2항에 따라 구성된 윤리위원회의 위원은 해당 동물실험시행기관의 장들이 공동으로 위촉한다.
<개정 2013.3.23., 2017.3.21.>
1. 수의사로서 농림축산식품부령으로 정하는 자격기준에 맞는 사람
2. 제4조제4항에 따른 민간단체가 추천하는 동물보호에 관한 학식과 경험이 풍부한 사람으로서 농림축산식품부령으로 정하는 자격기준에 맞는 사람
3. 그 밖에 실험동물의 보호와 윤리적인 취급을 도모하기 위하여 필요한 사람으로서 농림축산식품부령으로 정하는 사람

③윤리위원회에는 제2항제1호 및 제2호에 해당하는 위원을 각각 1명 이상 포함하여야 한다.

④윤리위원회를 구성하는 위원의 3분의 1 이상은 해당 동물실험시행기관과 이해관계가 없는 사람이어야 한다.

⑤위원의 임기는 2년으로 한다.

⑥그 밖에 윤리위원회의 구성 및 이해관계의 범위 등에 관한 사항은 농림축산식품부령으로 정한다. <개정 2013.3.23.>

제28조(윤리위원회의 구성 등에 대한 지도·감독) ①농림축산식품부장관은 제25조제1항 및 제2항에 따라 윤리위원회를 설치한 동물실험시행기관의 장에게 제26조 및 제27조에 따른 윤리위원회의 구성·운영 등에 관하여 지도·감독을 할 수 있다. <개정 2013. 3.23.>
②농림축산식품부장관은 윤리위원회가 제26조 및 제27조에 따라 구성·운영되지 아니할 때에는 해당 동물실험시행기관의 장에게 대통령령으로 정하는 바에 따라 기간을 정하여 해당 윤리위원회의 구성·운영 등에 대한 개선명령을 할 수 있다. <개정 2013.3.23.>

제4장 동물복지축산농장의 인증

제29조(동물복지축산농장의 인증) ①농림축산식품부장관은 동물복지 증진에 이바지하기 위하여 「축산물위생관리법」 제2조제1호에 따른 가축으로서 농림축산식품부령으로 정하는 동물이 본래의 습성 등을 유지하면서 정상적으로 살 수 있도록 관리하는 축산농장을 동물복지축산농장으로 인증할 수 있다. <개정 2013.3.23.>
②제1항에 따라 인증을 받으려는 자는 농림축산식품부령으로 정하는 바에 따라 농림축산식품부장관에게 신청하여야 한다. <개정 2013.3.23.>
③농림축산식품부장관은 동물복지축산농장으로 인증된 축산농장에 대하여 다음 각 호의 지원을 할 수 있다. <개정 2013.3.23.>
1. 동물의 보호 및 복지 증진을 위하여 축사시설 개선에 필요한 비용
2. 동물복지축산농장의 환경개선 및 경영에 관한 지도·상담 및 교육
④농림축산식품부장관은 동물복지축산농장으로 인증을 받은 자가 거짓이나 그 밖의 부정한 방법으로 인증을 받은 경우 그 인증을 취소하여야 하고, 제7항에 따른 인증기준에 맞지 아니하게 된 경우 그 인증을 취소할 수 있다. <개정 2013.3.23.>
⑤제4항에 따라 인증이 취소된 자(법인인 경우에는 그 대표자를 포함한다)는 그 인증이 취소된 날부터 1년 이내에는 제1항에 따른 동물복지축산농장 인증을 신청할 수 없다.
⑥농림축산식품부장관, 시·도지사, 시장·군수·구청장, 「축산자조금의 조성 및 운용에 관한 법률」 제2조제3호에 따른 축산단체, 제4조제4항에 따른 민간단체는 동물복지축산농장의 운영사례를 교육·홍보에 적극 활용하여야 한다.
<개정 2013.3.23., 2017.3.21.>
⑦제1항부터 제6항까지에서 규정한 사항 외에 동물복지축산농장의 인증 기준·절차 및 인증농장의 표시 등에 관한 사항은 농림축산식품부령으로 정한다.
<개정 2013.3.23.>

제30조(부정행위의 금지) 누구든지 다음 각 호에 해당하는 행위를 하여서는 아니 된다.
1. 거짓이나 그 밖의 부정한 방법으로 동물복지축산농장 인증을 받은 행위
2. 제29조에 따른 인증을 받지 아니한 축산농장을 동물복지축산농장으로 표시하는 행위

제31조(인증의 승계) ①다음 각 호의 어느 하나에 해당하는 자는 동물복지축산농장 인증을 받은 자의 지위를 승계한다.
1. 동물복지축산농장 인증을 받은 사람이 사망한 경우 그 농장을 계속하여 운영하려는 상속인
2. 동물복지축산농장 인증을 받은 사람이 그 사업을 양도한 경우 그 양수인
3. 동물복지축산농장 인증을 받은 법인이 합병한 경우 합병 후 존속하는 법인이나 합병으로 설립되는 법인
②제1항에 따라 동물복지축산농장 인증을 받은 자의 지위를 승계한 자는 30일 이내에 농림축산식품부장관에게 신고하여야 한다. <개정 2013.3.23.>
③제2항에 따른 신고에 필요한 사항은 농림축산식품부령으로 정한다. <개정 2013.3.23.>

제5장 영업

제32조(영업의 종류 및 시설기준 등) ①반려동물과 관련된 다음 각 호의 영업을 하려는 자는 농림축산식품부령으로 정하는 기준에 맞는 시설과 인력을 갖추어야 한다. <개정 2013.3.23., 2013.8.13., 2017.3.21., 2020.2.11.>
1. 동물장묘업(動物葬墓業)
2. 동물판매업
3. 동물수입업
4. 동물생산업
5. 동물전시업
6. 동물위탁관리업
7. 동물미용업
8. 동물운송업
②제1항 각 호에 따른 영업의 세부 범위는 농림축산식품부령으로 정한다. <개정 2013.3.23.>

판례 - 동물보호법위반
[대법원 2016.11.24., 선고, 2015도18765,판결]

【판시사항】
동물보호법 시행규칙 제36조 제2호에 규정한 '소비자'의 의미 및 동물판매업자 등 반려동물을 구매하여 다른 사람에게 판매하는 영업을 하는 자가 이에

포함되는지 여부(소극)

【판결요지】
동물보호법 제33조 제1항은 '제32조 제1항 제1호부터 제3호까지의 규정에 따른 영업을 하려는 자', 즉 농림축산식품부령으로 정하는 개·고양이·토끼 등 가정에서 반려의 목적으로 기르는 동물(이하 '반려동물'이라 한다)과 관련된 동물장묘업, 동물판매업, 동물수입업을 하려는 자는 농림축산식품부령으로 정하는 바에 따라 시장·군수·구청장에게 등록하여야 한다고 규정하고 있고, 동물보호법 제46조 제4항 제1호는 '제33조 제1항에 따른 등록을 하지 아니하고 영업을 한 자는 100만 원 이하의 벌금에 처한다.'고 규정하고 있다. 그리고 동물보호법 제32조 제2항은 "제1항 각 호에 따른 영업의 세부 범위는 농림축산식품부령으로 정한다."라고 규정하고 있는데, 그 위임에 따라 동물보호법 시행규칙(이하 '시행규칙'이라 한다) 제36조 제2호는 동물판매업을 '소비자에게 반려동물을 판매하거나 알선하는 영업'으로, 제3호는 동물수입업을 '반려동물을 수입하여 동물판매업자, 동물생산업자 등 영업자에게 판매하는 영업'으로, 제4호는 동물생산업을 '반려동물을 번식시켜 동물판매업자, 동물수입업자 등 영업자에게 판매하는 영업'으로 각각 규정하고 있다.
소비자란 일반적으로 '재화를 소비하는 사람'을 의미한다. 그리고 시행규칙은 동물판매업의 판매·알선 상대방을 '소비자'로, 동물수입업과 동물생산업의 판매 상대방을 '영업자'로 분명하게 구분하여 규정하고 있다. 만일 동물판매업의 판매·알선 상대방인 '소비자'의 범위를 반려동물 유통구조에서 최종 단계에 있는 소비자에 한정하지 아니하고 다른 동물판매업자 등 영업자도 이에 포함된다고 보면 동물판매업의 판매·알선 상대방의 범위에 아무런 제한이 없다고 보는 셈이 되고, 결국 시행규칙 제36조 제2호가 판매·알선 상대방을 '소비자'로 규정한 것이 불필요한 문언으로 된다.
동물보호법과 시행규칙의 규정 내용, 소비자의 통상적인 의미 등을 관련 법리에 비추어 살펴보면, 시행규칙 제36조 제2호에 규정한 '소비자'는 반려동물을 구매하여 가정에서 반려 목적으로 기르는 사람을 의미한다. 여기서의 '소비자'에 동물판매업자 등 반려동물을 구매하여 다른 사람에게 판매하는 영업을 하는 자도 포함된다고 보는 것은 '소비자'의 의미를 피고인에게 불리한 방향으로 지나치게 확장해석하거나 유추해석하는 것으로서 죄형법정주의에 어긋나므로 허용되지 아니한다.

제33조(영업의 등록) ①제32조제1항제1호부터 제3호까지 및 제5호부터 제8호까지의 규정에 따른 영업을 하려는 자는 농림축산식품부령으로 정하는 바에 따라 시장·군수·구청장에게 등록하여야 한다. <개정 2013.3.23., 2017.3.21.>
②제1항에 따라 등록을 한 자는 농림축산식품부령으로 정하는 사항을 변경하거나 폐업·휴업 또는 그 영업을 재개하려는 경우에는 미리 농림축산식품부령으로 정하는 바에 따라 시장·군수·구청장에게 신고를 하여야 한다. <개정 2013.3.23.>
③시장·군수·구청장은 제2항에 따른 변경신고를 받은 경우 그 내용을 검토하여 이

법에 적합하면 신고를 수리하여야 한다. <신설 2019.8.27.>

④다음 각 호의 어느 하나에 해당하는 경우에는 제1항에 따른 등록을 할 수 없다. 다만, 제5호는 제32조제1항제1호에 따른 영업에만 적용한다. <개정 2014.3.24., 2017.3.21., 2018.12.24., 2019.8.27.>

1. 등록을 하려는 자(법인인 경우에는 임원을 포함한다. 이하 이 조에서 같다)가 미성년자, 피한정후견인 또는 피성년후견인인 경우
2. 제32조제1항 각 호 외의 부분에 따른 시설 및 인력의 기준에 맞지 아니한 경우
3. 제38조제1항에 따라 등록이 취소된 후 1년이 지나지 아니한 자(법인인 경우에는 그 대표자를 포함한다)가 취소된 업종과 같은 업종을 등록하려는 경우
4. 등록을 하려는 자가 이 법을 위반하여 벌금형 이상의 형을 선고받고 그 형이 확정된 날부터 3년이 지나지 아니한 경우. 다만, 제8조를 위반하여 벌금형 이상의 형을 선고받은 경우에는 그 형이 확정된 날부터 5년으로 한다.
5. 다음 각 목의 어느 하나에 해당하는 지역에 동물장묘시설을 설치하려는 경우
가. 「장사 등에 관한 법률」 제17조에 해당하는 지역
나. 20호 이상의 인가밀집지역, 학교, 그 밖에 공중이 수시로 집합하는 시설 또는 장소로부터 300미터 이하 떨어진 곳. 다만, 토지나 지형의 상황으로 보아 해당 시설의 기능이나 이용 등에 지장이 없는 경우로서 시장·군수·구청장이 인정하는 경우에는 적용을 제외한다.

판례 - 동물보호법위반

[대법원 2016.11.24., 선고, 2015도18765,판결]

【판시사항】
동물보호법 시행규칙 제36조 제2호에 규정한 '소비자'의 의미 및 동물판매업자 등 반려동물을 구매하여 다른 사람에게 판매하는 영업을 하는 자가 이에 포함되는지 여부(소극)

【판결요지】
동물보호법 제33조 제1항은 '제32조 제1항 제1호부터 제3호까지의 규정에 따른 영업을 하려는 자', 즉 농림축산식품부령으로 정하는 개·고양이·토끼 등 가정에서 반려의 목적으로 기르는 동물(이하 '반려동물'이라 한다)과 관련된 동물장묘업, 동물판매업, 동물수입업을 하려는 자는 농림축산식품부령으로 정하는 바에 따라 시장·군수·구청장에게 등록하여야 한다고 규정하고 있고, 동물보호법 제46조 제4항 제1호는 '제33조 제1항에 따른 등록을 하지 아니하고 영업을 한 자는 100만 원 이하의 벌금에 처한다.'고 규정하고 있다. 그리고 동물보호법 제32조 제2항은 "제1항 각 호에 따른 영업의 세부 범위는 농림축산식품부령으로 정한다."라고 규정하고 있는데, 그 위임에 따라 동물보호법 시행규칙(이하 '시행규칙'이라 한다) 제36조 제2호는 동물판매업을 '소비자에게 반려동물을 판매하거나 알선하는 영업'으로, 제3호는 동물수입업을 '반려동물을

수입하여 동물판매업자, 동물생산업자 등 영업자에게 판매하는 영업'으로, 제4호는 동물생산업을 '반려동물을 번식시켜 동물판매업자, 동물수입업자 등 영업자에게 판매하는 영업'으로 각각 규정하고 있다.

소비자란 일반적으로 '재화를 소비하는 사람'을 의미한다. 그리고 시행규칙은 동물판매업의 판매·알선 상대방을 '소비자'로, 동물수입업과 동물생산업의 판매 상대방을 '영업자'로 분명하게 구분하여 규정하고 있다. 만일 동물판매업의 판매·알선 상대방인 '소비자'의 범위를 반려동물 유통구조에서 최종 단계에 있는 소비자에 한정하지 아니하고 다른 동물판매업자 등 영업자도 이에 포함된다고 보면 동물판매업의 판매·알선 상대방의 범위에 아무런 제한이 없다고 보는 셈이 되고, 결국 시행규칙 제36조 제2호가 판매·알선 상대방을 '소비자'로 규정한 것이 불필요한 문언으로 된다.

동물보호법과 시행규칙의 규정 내용, 소비자의 통상적인 의미 등을 관련 법리에 비추어 살펴보면, 시행규칙 제36조 제2호에 규정한 '소비자'는 반려동물을 구매하여 가정에서 반려 목적으로 기르는 사람을 의미한다. 여기서의 '소비자'에 동물판매업자 등 반려동물을 구매하여 다른 사람에게 판매하는 영업을 하는 자도 포함된다고 보는 것은 '소비자'의 의미를 피고인에게 불리한 방향으로 지나치게 확장해석하거나 유추해석하는 것으로서 죄형법정주의에 어긋나므로 허용되지 아니한다.

제33조의2(공설 동물장묘시설의 설치 · 운영 등) ①지방자치단체의 장은 반려동물을 위한 장묘시설(이하 "공설 동물장묘시설"이라 한다)을 설치·운영할 수 있다. <개정 2020.2.11.>

②국가는 제1항에 따라 공설 동물장묘시설을 설치·운영하는 지방자치단체에 대해서는 예산의 범위에서 시설의 설치에 필요한 경비를 지원할 수 있다.
[본조신설 2018.12.24.]

제33조의3(공설 동물장묘시설의 사용료 등) 지방자치단체의 장이 공설 동물장묘시설을 사용하는 자에게 부과하는 사용료 또는 관리비의 금액과 부과방법, 사용료 또는 관리비의 용도, 그 밖에 필요한 사항은 해당 지방자치단체의 조례로 정한다. 이 경우 사용료 및 관리비의 금액은 토지가격, 시설물 설치·조성비용, 지역주민 복지증진 등을 고려하여 정하여야 한다.
[본조신설 2018.12.24.]

제34조(영업의 허가) ①제32조제1항제4호에 규정된 영업을 하려는 자는 농림축산식품부령으로 정하는 바에 따라 시장·군수·구청장에게 허가를 받아야 한다. <개정 2013.3.23., 2017.3.21.>

②제1항에 따라 허가를 받은 자가 농림축산식품부령으로 정하는 사항을 변경하거나 폐업·휴업 또는 그 영업을 재개하려면 미리 농림축산식품부령으로 정하는 바에 따라 시장·군수·구청장에게 신고를 하여야 한다. <개정 2013.3.23., 2017.3.21.>

③시장·군수·구청장은 제2항에 따른 변경신고를 받은 경우 그 내용을 검토하여 이 법에 적합하면 신고를 수리하여야 한다. <신설 2019.8.27.>

④다음 각 호의 어느 하나에 해당하는 경우에는 제1항에 따른 허가를 받을 수 없다. <개정 2014.3.24., 2017.3.21., 2018.12.24., 2019.8.27.>

1. 허가를 받으려는 자(법인인 경우에는 임원을 포함한다. 이하 이 조에서 같다)가 미성년자, 피한정후견인 또는 피성년후견인인 경우
2. 제32조제1항 각 호 외의 부분에 따른 시설과 인력을 갖추지 아니한 경우
3. 제37조제1항에 따른 교육을 받지 아니한 경우
4. 제38조제1항에 따라 허가가 취소된 후 1년이 지나지 아니한 자(법인인 경우에는 그 대표자를 포함한다)가 취소된 업종과 같은 업종의 허가를 받으려는 경우
5. 허가를 받으려는 자가 이 법을 위반하여 벌금형 이상의 형을 선고받고 그 형이 확정된 날부터 3년이 지나지 아니한 경우. 다만, 제8조를 위반하여 벌금형 이상의 형을 선고받은 경우에는 그 형이 확정된 날부터 5년으로 한다.

[제목개정 2017.3.21.]

제35조(영업의 승계) ①제33조제1항에 따라 영업등록을 하거나 제34조제1항에 따라 영업허가를 받은 자(이하 "영업자"라 한다)가 그 영업을 양도하거나 사망하였을 때 또는 법인의 합병이 있을 때에는 그 양수인·상속인 또는 합병 후 존속하는 법인이나 합병으로 설립되는 법인(이하 "양수인등"이라 한다)은 그 영업자의 지위를 승계한다. <개정 2017.3.21.>

②다음 각 호의 어느 하나에 해당하는 절차에 따라 영업시설의 전부를 인수한 자는 그 영업자의 지위를 승계한다.

1. 「민사집행법」에 따른 경매
2. 「채무자 회생 및 파산에 관한 법률」에 따른 환가(換價)
3. 「국세징수법」, 「관세법」 또는 「지방세법」에 따른 압류재산의 매각
4. 제1호부터 제3호까지의 규정 중 어느 하나에 준하는 절차

③제1항 또는 제2항에 따라 영업자의 지위를 승계한 자는 승계한 날부터 30일 이내에 농림축산식품부령으로 정하는 바에 따라 시장·군수·구청장에게 신고하여야 한다. <개정 2013.3.23.>

④제1항 및 제2항에 따른 승계에 관하여는 제33조제4항 및 제34조제4항을 준용하되, 제33조제4항 중 "등록"과 제34조제4항 중 "허가"는 "신고"로 본다. 다만, 상속인이 제33조제4항제1호 또는 제34조제4항제1호에 해당하는 경우에는 상속을 받은 날부터 3개월 동안은 그러하지 아니하다. <개정 2017.3.21., 2019.8.27.>

제36조(영업자 등의 준수사항) 영업자(법인인 경우에는 그 대표자를 포함한다)와 그 종사자는 다음 각 호에 관하여 농림축산식품부령으로 정하는 사항을 지켜야 한

다. <개정 2013.3.23., 2017.3.21., 2020.2.11.>
1. 동물의 사육·관리에 관한 사항
2. 동물의 생산등록, 동물의 반입·반출 기록의 작성·보관에 관한 사항
3. 동물의 판매가능 월령, 건강상태 등 판매에 관한 사항
4. 동물 사체의 적정한 처리에 관한 사항
5. 영업시설 운영기준에 관한 사항
6. 영업 종사자의 교육에 관한 사항
7. 등록대상동물의 등록 및 변경신고의무(등록·변경신고방법 및 위반 시 처벌에 관한 사항 등을 포함한다) 고지에 관한 사항
8. 그 밖에 동물의 보호와 공중위생상의 위해 방지를 위하여 필요한 사항

제36조(영업자 등의 준수사항) ①영업자(법인인 경우에는 그 대표자를 포함한다)와 그 종사자는 다음 각 호에 관하여 농림축산식품부령으로 정하는 사항을 지켜야 한다. <개정 2013.3.23., 2017.3.21., 2020.2.11.>
1. 동물의 사육·관리에 관한 사항
2. 동물의 생산등록, 동물의 반입·반출 기록의 작성·보관에 관한 사항
3. 동물의 판매가능 월령, 건강상태 등 판매에 관한 사항
4. 동물 사체의 적정한 처리에 관한 사항
5. 영업시설 운영기준에 관한 사항
6. 영업 종사자의 교육에 관한 사항
7. 등록대상동물의 등록 및 변경신고의무(등록·변경신고방법 및 위반 시 처벌에 관한 사항 등을 포함한다) 고지에 관한 사항
8. 그 밖에 동물의 보호와 공중위생상의 위해 방지를 위하여 필요한 사항
②제32조제1항제2호에 따른 동물판매업을 하는 자(이하 "동물판매업자"라 한다)는 영업자를 제외한 구매자에게 등록대상동물을 판매하는 경우 그 구매자의 명의로 제12조제1항에 따른 등록대상동물의 등록 신청을 한 후 판매하여야 한다. <신설 2020.2.11.>
③동물판매업자는 제12조제5항에 따른 등록 방법 중 구매자가 원하는 방법으로 제2항에 따른 등록대상동물의 등록 신청을 하여야 한다. <신설 2020.2.11.>
시행일 : 2021.2.12.] 제36조

제37조(교육) ①제32조제1항제2호부터 제8호까지의 규정에 해당하는 영업을 하려는 자와 제38조에 따른 영업정지 처분을 받은 영업자는 동물의 보호 및 공중위생상의 위해 방지 등에 관한 교육을 받아야 한다. <개정 2017.3.21.>
②제32조제1항제2호부터 제8호까지의 규정에 해당하는 영업을 하는 자는 연 1회 이상 교육을 받아야 한다. <신설 2017.3.21.>
③제1항에 따라 교육을 받아야 하는 영업자로서 교육을 받지 아니한 영업자는 그 영업을 하여서는 아니 된다. <개정 2017.3.21.>
④제1항에 따라 교육을 받아야 하는 영업자가 영업에 직접 종사하지 아니하거나 두 곳 이상의 장소에서 영업을 하는 경우에는 종사자 중에서 책임자를 지정하여 영업

자 대신 교육을 받게 할 수 있다. <개정 2017.3.21.>

⑤제1항에 따른 교육의 실시기관, 교육 내용 및 방법 등에 관한 사항은 농림축산식품부령으로 정한다. <개정 2013.3.23., 2017.3.21.>

제38조(등록 또는 허가 취소 등) ①시장·군수·구청장은 영업자가 다음 각 호의 어느 하나에 해당할 경우에는 농림축산식품부령으로 정하는 바에 따라 그 등록 또는 허가를 취소하거나 6개월 이내의 기간을 정하여 그 영업의 전부 또는 일부의 정지를 명할 수 있다. 다만, 제1호에 해당하는 경우에는 등록 또는 허가를 취소하여야 한다. <개정 2013. 3.23., 2017.3.21.>

1. 거짓이나 그 밖의 부정한 방법으로 등록을 하거나 허가를 받은 것이 판명된 경우
2. 제8조제1항부터 제3항까지의 규정을 위반하여 동물에 대한 학대행위 등을 한 경우
3. 등록 또는 허가를 받은 날부터 1년이 지나도 영업을 시작하지 아니한 경우
4. 제32조제1항 각 호 외의 부분에 따른 기준에 미치지 못하게 된 경우
5. 제33조제2항 및 제34조제2항에 따라 변경신고를 하지 아니한 경우
6. 제36조에 따른 준수사항을 지키지 아니한 경우

②제1항에 따른 처분의 효과는 그 처분기간이 만료된 날부터 1년간 양수인등에게 승계되며, 처분의 절차가 진행 중일 때에는 양수인등에 대하여 처분의 절차를 행할 수 있다. 다만, 양수인등이 양수·상속 또는 합병 시에 그 처분 또는 위반사실을 알지 못하였음을 증명하는 경우에는 그러하지 아니하다. [제목개정 2017.3.21.]

제38조의2(영업자에 대한 점검 등) 시장·군수·구청장은 영업자에 대하여 제32조 제1항에 따른 시설 및 인력 기준과 제36조에 따른 준수사항의 준수 여부를 매년 1회 이상 점검하고, 그 결과를 다음 연도 1월 31일까지 시·도지사를 거쳐 농림축산식품부장관에게 보고하여야 한다.

[본조신설 2017.3.21.]

제6장 보칙

제39조(출입·검사 등) ①농림축산식품부장관, 시·도지사 또는 시장·군수·구청장은 동물의 보호 및 공중위생상의 위해 방지 등을 위하여 필요하면 동물의 소유자등에 대하여 다음 각 호의 조치를 할 수 있다. <개정 2013.3.23.>

1. 동물 현황 및 관리실태 등 필요한 자료제출의 요구
2. 동물이 있는 장소에 대한 출입·검사
3. 동물에 대한 위해 방지 조치의 이행 등 농림축산식품부령으로 정하는 시정명령

②농림축산식품부장관, 시·도지사 또는 시장·군수·구청장은 동물보호 등과 관련하여 필요하면 영업자나 다음 각 호의 어느 하나에 해당하는 자에게 필요한 보고를 하도록 명하거나 자료를 제출하게 할 수 있으며, 관계 공무원으로 하여금 해당

시설 등에 출입하여 운영실태를 조사하게 하거나 관계 서류를 검사하게 할 수 있다. <개정 2013.3.23., 2017.3.21.>
1. 제15조제1항 및 제4항에 따른 동물보호센터의 장
2. 제25조제1항 및 제2항에 따라 윤리위원회를 설치한 동물실험시행기관의 장
3. 제29조제1항에 따라 동물복지축산농장으로 인증받은 자
③농림축산식품부장관, 시·도지사 또는 시장·군수·구청장이 제1항제2호 및 제2항에 따른 출입·검사를 할 때에는 출입·검사 시작 7일 전까지 대상자에게 다음 각 호의 사항이 포함된 출입·검사 계획을 통지하여야 한다. 다만, 출입·검사 계획을 미리 통지할 경우 그 목적을 달성할 수 없다고 인정하는 경우에는 출입·검사를 착수할 때에 통지할 수 있다. <개정 2013.3.23.>
1. 출입·검사 목적
2. 출입·검사 기간 및 장소
3. 관계 공무원의 성명과 직위
4. 출입·검사의 범위 및 내용
5. 제출할 자료

제40조(동물보호감시원) ①농림축산식품부장관(대통령령으로 정하는 소속 기관의 장을 포함한다), 시·도지사 및 시장·군수·구청장은 동물의 학대 방지 등 동물보호에 관한 사무를 처리하기 위하여 소속 공무원 중에서 동물보호감시원을 지정하여야 한다. <개정 2013.3.23.>
②제1항에 따른 동물보호감시원(이하 "동물보호감시원"이라 한다)의 자격, 임명, 직무 범위 등에 관한 사항은 대통령령으로 정한다.
③동물보호감시원이 제2항에 따른 직무를 수행할 때에는 농림축산식품부령으로 정하는 증표를 지니고 이를 관계인에게 보여주어야 한다. <개정 2013.3.23.>
④누구든지 동물의 특성에 따른 출산, 질병 치료 등 부득이한 사유가 없으면 제2항에 따른 동물보호감시원의 직무 수행을 거부·방해 또는 기피하여서는 아니 된다.

제41조(동물보호명예감시원) ①농림축산식품부장관, 시·도지사 및 시장·군수·구청장은 동물의 학대 방지 등 동물보호를 위한 지도·계몽 등을 위하여 동물보호명예감시원을 위촉할 수 있다. <개정 2013.3.23.>
②제1항에 따른 동물보호명예감시원(이하 "명예감시원"이라 한다)의 자격, 위촉, 해촉, 직무, 활동 범위와 수당의 지급 등에 관한 사항은 대통령령으로 정한다.
③명예감시원은 제2항에 따른 직무를 수행할 때에는 부정한 행위를 하거나 권한을 남용하여서는 아니 된다.
④명예감시원이 그 직무를 수행하는 경우에는 신분을 표시하는 증표를 지니고 이를 관계인에게 보여주어야 한다.

제41조의2 삭제 <2020.2.11.>

제42조(수수료) 다음 각 호의 어느 하나에 해당하는 자는 농림축산식품부령으로 정하는 바에 따라 수수료를 내야 한다. 다만, 제1호에 해당하는 자에 대하여는 시·도의 조례로 정하는 바에 따라 수수료를 감면할 수 있다. <개정 2013.3.23., 2017.3.21.>
1. 제12조제1항에 따라 등록대상동물을 등록하려는 자
2. 제29조제1항에 따라 동물복지축산농장 인증을 받으려는 자
3. 제33조 및 제34조에 따라 영업의 등록을 하려거나 허가를 받으려는 자 또는 변경신고를 하려는 자

제43조(청문) 농림축산식품부장관, 시·도지사 또는 시장·군수·구청장은 다음 각 호의 어느 하나에 해당하는 처분을 하려면 청문을 하여야 한다. <개정 2013.3.23., 2017.3.21.>
1. 제15조제7항에 따른 동물보호센터의 지정 취소
2. 제29조제4항에 따른 동물복지축산농장의 인증 취소
3. 제38조제1항에 따른 영업등록 또는 허가의 취소

제44조(권한의 위임) 농림축산식품부장관은 대통령령으로 정하는 바에 따라 이 법에 따른 권한의 일부를 소속 기관의 장 또는 시·도지사에게 위임할 수 있다. <개정 2013.3.23.>

제45조(실태조사 및 정보의 공개) ①농림축산식품부장관은 다음 각 호의 정보와 자료를 수집·조사·분석하고 그 결과를 해마다 정기적으로 공표하여야 한다. <개정 2013.3.23., 2017.3.21.>
1. 제4조제1항의 동물복지종합계획 수립을 위한 동물보호 및 동물복지 실태에 관한 사항
2. 제12조에 따른 등록대상동물의 등록에 관한 사항
3. 제14조부터 제22조까지의 규정에 따른 동물보호센터와 유실·유기동물 등의 치료·보호 등에 관한 사항
4. 제25조부터 제28조까지의 규정에 따른 윤리위원회의 운영 및 동물실험 실태, 지도·감독 등에 관한 사항
5. 제29조에 따른 동물복지축산농장 인증현황 등에 관한 사항
6. 제33조 및 제34조에 따른 영업의 등록·허가와 운영실태에 관한 사항
7. 제38조의2에 따른 영업자에 대한 정기점검에 관한 사항
8. 그 밖에 동물보호 및 동물복지 실태와 관련된 사항
②농림축산식품부장관은 제1항에 따른 업무를 효율적으로 추진하기 위하여 실태조사를 실시할 수 있으며, 실태조사를 위하여 필요한 경우 관계 중앙행정기관의 장,

지방자치단체의 장, 공공기관(「공공기관의 운영에 관한 법률」 제4조에 따른 공공기관을 말한다. 이하 같다)의 장, 관련 기관 및 단체, 동물의 소유자등에게 필요한 자료 및 정보의 제공을 요청할 수 있다. 이 경우 자료 및 정보의 제공을 요청받은 자는 정당한 사유가 없는 한 자료 및 정보를 제공하여야 한다. <개정 2013.3.23.>

③제2항에 따른 실태조사(현장조사를 포함한다)의 범위, 방법, 그 밖에 필요한 사항은 대통령령으로 정한다.

④시 · 도지사, 시장 · 군수 · 구청장 또는 동물실험시행기관의 장은 제1항제1호부터 제4호까지 및 제6호의 실적을 다음 해 1월 31일까지 농림축산식품부장관(대통령령으로 정하는 그 소속 기관의 장을 포함한다)에게 보고하여야 한다. <개정 2013.3.23.>

제7장 벌칙

제46조(벌칙) ①제13조제2항 또는 제13조의2제1항을 위반하여 사람을 사망에 이르게 한 자는 3년 이하의 징역 또는 3천만원 이하의 벌금에 처한다. <신설 2018.3.20.>

②다음 각 호의 어느 하나에 해당하는 자는 2년 이하의 징역 또는 2천만원 이하의 벌금에 처한다. <개정 2017.3.21., 2018.3.20.>

1. 제8조제1항부터 제3항까지를 위반하여 동물을 학대한 자
1의2. 제8조제4항을 위반하여 맹견을 유기한 소유자등
1의3. 제13조제2항에 따른 목줄 등 안전조치 의무를 위반하여 사람의 신체를 상해에 이르게 한 자
1의4. 제13조의2제1항을 위반하여 사람의 신체를 상해에 이르게 한 자
2. 제30조제1호를 위반하여 거짓이나 그 밖의 부정한 방법으로 동물복지축산농장 인증을 받은 자
3. 제30조제2호를 위반하여 인증을 받지 아니한 농장을 동물복지축산농장으로 표시한 자

③다음 각 호의 어느 하나에 해당하는 자는 500만원 이하의 벌금에 처한다. <개정 2017.3.21., 2018.3.20.>

1. 제26조제3항을 위반하여 비밀을 누설하거나 도용한 윤리위원회의 위원
2. 제33조에 따른 등록 또는 신고를 하지 아니하거나 제34조에 따른 허가를 받지 아니하거나 신고를 하지 아니하고 영업을 한 자
3. 거짓이나 그 밖의 부정한 방법으로 제33조에 따른 등록 또는 신고를 하거나 제34조에 따른 허가를 받거나 신고를 한 자
4. 제38조에 따른 영업정지기간에 영업을 한 영업자

④다음 각 호의 어느 하나에 해당하는 자는 300만원 이하의 벌금에 처한다. <개정

2017.3.21., 2018.3.20., 2019.8.27.>

1. 제8조제5항제1호를 위반하여 사진 또는 영상물을 판매·전시·전달·상영하거나 인터넷에 게재한 자
2. 제8조제5항제2호를 위반하여 도박을 목적으로 동물을 이용한 자 또는 동물을 이용하는 도박을 행할 목적으로 광고·선전한 자
3. 제8조제5항제3호를 위반하여 도박·시합·복권·오락·유흥·광고 등의 상이나 경품으로 동물을 제공한 자
4. 제8조제5항제4호를 위반하여 영리를 목적으로 동물을 대여한 자
5. 제24조를 위반하여 동물실험을 한 자
⑤상습적으로 제1항부터 제3항까지의 죄를 지은 자는 그 죄에 정한 형의 2분의 1까지 가중한다. <개정 2017.3.21., 2018.3.20.>

제46조(벌칙) ①다음 각 호의 어느 하나에 해당하는 자는 3년 이하의 징역 또는 3천만원 이하의 벌금에 처한다. <신설 2018.3.20., 2020.2.11.>
1. 제8조제1항을 위반하여 동물을 죽음에 이르게 하는 학대행위를 한 자
2. 제13조제2항 또는 제13조의2제1항을 위반하여 사람을 사망에 이르게 한 자
②다음 각 호의 어느 하나에 해당하는 자는 2년 이하의 징역 또는 2천만원 이하의 벌금에 처한다. <개정 2017.3.21., 2018.3.20., 2020.2.11.>
1. 제8조제2항 또는 제3항을 위반하여 동물을 학대한 자
 1의2. 제8조제4항을 위반하여 맹견을 유기한 소유자등
 1의3. 제13조제2항에 따른 목줄 등 안전조치 의무를 위반하여 사람의 신체를 상해에 이르게 한 자
 1의4. 제13조의2제1항을 위반하여 사람의 신체를 상해에 이르게 한 자
2. 제30조제1호를 위반하여 거짓이나 그 밖의 부정한 방법으로 동물복지축산농장 인증을 받은 자
3. 제30조제2호를 위반하여 인증을 받지 아니한 농장을 동물복지축산농장으로 표시한 자
③다음 각 호의 어느 하나에 해당하는 자는 500만원 이하의 벌금에 처한다.
<개정 2017.3.21., 2018.3.20.>
1. 제26조제3항을 위반하여 비밀을 누설하거나 도용한 윤리위원회의 위원
2. 제33조에 따른 등록 또는 신고를 하지 아니하거나 제34조에 따른 허가를 받지 아니하거나 신고를 하지 아니하고 영업을 한 자
3. 거짓이나 그 밖의 부정한 방법으로 제33조에 따른 등록 또는 신고를 하거나 제34조에 따른 허가를 받거나 신고를 한 자
4. 제38조에 따른 영업정지기간에 영업을 한 영업자
④다음 각 호의 어느 하나에 해당하는 자는 300만원 이하의 벌금에 처한다.
<개정 2017.3.21., 2018.3.20., 2019.8.27., 2020.2.11.>
1. 제8조제4항을 위반하여 동물을 유기한 소유자등
2. 제8조제5항제1호를 위반하여 사진 또는 영상물을 판매·전시·전달·상영하거나 인터넷에 게재한 자

3. 제8조제5항제2호를 위반하여 도박을 목적으로 동물을 이용한 자 또는 동물을 이용하는 도박을 행할 목적으로 광고·선전한 자
4. 제8조제5항제3호를 위반하여 도박·시합·복권·오락·유흥·광고 등의 상이나 경품으로 동물을 제공한 자
5. 제8조제5항제4호를 위반하여 영리를 목적으로 동물을 대여한 자
6. 제24조를 위반하여 동물실험을 한 자
⑤상습적으로 제1항부터 제3항까지의 죄를 지은 자는 그 죄에 정한 형의 2분의 1까지 가중한다. <개정 2017.3.21., 2018.3.20.>
[시행일 : 2021.2.12.] 제46조

판례 – 동물보호법위반(전기 쇠꼬챙이로 개를 감전시켜 도살한 사건)
[대법원 2018.9.13., 선고, 2017도16732, 판결]

【판시사항】
[1] 동물에 대한 도살방법이 구 동물보호법 제8조 제1항 제1호에서 금지하는 '잔인한 방법'인지 판단하는 기준 및 이때 고려하여야 할 사항
[2] 개 농장을 운영하는 피고인이 농장 도축시설에서 개를 묶은 상태에서 전기가 흐르는 쇠꼬챙이를 개의 주둥이에 대어 감전시키는 방법으로 잔인하게 도살하였다고 하여 구 동물보호법 위반으로 기소된 사안에서, 공소사실을 무죄로 판단한 원심판결에 구 동물보호법 제8조 제1항 제1호의 '잔인한 방법'의 판단 기준, 같은 법 제46조 제1항의 구성요건 해당성에 관한 법리를 오해하여 필요한 심리를 다하지 아니한 잘못이 있다고 한 사례

【판결요지】
[1] 구 동물보호법(2017.3.21. 법률 제14651호로 개정되기 전의 것, 이하 '구 동물보호법'이라고 한다) 제8조 제1항은 "누구든지 동물에 대하여 다음 각호의 행위를 하여서는 아니 된다."라고 규정하면서 그 제1호에서 "목을 매다는 등의 잔인한 방법으로 죽이는 행위"를 들고 있고, 구 동물보호법 제46조 제1항은 같은 법 제8조 제1항 제1호를 위반한 사람을 처벌하도록 규정하고 있다. '잔인'은 사전적 의미로 '인정이 없고 아주 모짊'을 뜻하는데, 잔인성에 관한 논의는 시대와 사회에 따라 변동하는 상대적, 유동적인 것이고, 사상, 종교, 풍속과도 깊이 연관된다. 따라서 형사처벌의 구성요건인 구 동물보호법 제8조 제1항 제1호에서 금지하는 잔인한 방법인지 여부는 특정인이나 집단의 주관적 입장에서가 아니라 사회 평균인의 입장에서 그 시대의 사회통념에 따라 객관적이고 규범적으로 판단하여야 한다. 그리고 아래에서 살필, 구 동물보호법의 입법 목적, 같은 법 제8조 제1항 제1호의 문언 의미와 입법 취지, 동물의 도살방법에 관한 여러 관련 규정들의 내용 등에 비추어 보면, 이러한 잔인한 방법인지 여부를 판단할 때에는 해당 도살방법의 허용이 동물의 생명존중 등 국민 정서에 미치는 영향, 동물별 특성 및 그에 따라 해당 도살방법으로 인해 겪을 수 있는 고통의 정도와 지속시간, 대상 동물에 대한 그 시대, 사회의 인식 등을 종합적으로 고려하여야 한다.

①구 동물보호법은 동물의 생명보호, 안전보장 및 복지증진을 꾀함과 아울러 동물의 생명존중 등 국민의 정서를 함양하는 데에 이바지함을 목적으로 하고 (제1조), 그 적용 대상인 동물의 개념을 고통을 느낄 수 있는 신경체계가 발달한 척추동물로서 포유류 등으로 한정하며(제2조 제1호), 동물을 죽이거나 죽음에 이르게 하는 일정한 행위만을 금지하고 있다(제8조 제1항 각호).

위와 같은 구 동물보호법의 입법 목적, 적용 대상인 동물, 구 동물보호법 제8조 제1항 각호의 문언 체계 등에 비추어 보면, 같은 항 제1호는 동물을 죽이는 방법이 잔인함으로 인해 도살과정에서 대상 동물에게 고통을 주고, 그 방법이 허용될 경우 동물의 생명존중 등 국민 정서 함양에도 악영향을 미칠 수 있다는 고려에서 이를 금지행위로 규정하였다고 봄이 타당하다. 따라서 특정 도살방법이 동물에게 가하는 고통의 정도를 객관적으로 측정할 수 없다고 하더라도, 그 사용되는 도구, 행위 형태 및 그로 인한 사체의 외관 등을 전체적으로 볼 때 그 도살방법 자체가 사회통념상 객관적, 규범적으로 잔인하다고 평가될 수 있는 경우에는 같은 항 제1호에서 금지하는 잔인한 방법에 해당한다고 볼 수 있다.

②구 동물보호법 제10조는 동물의 도살방법이라는 제목 아래, 모든 동물은 잔인한 방법으로 도살되어서도, 도살과정에서 불필요한 고통이나 공포, 스트레스를 주어서도 안 되고(제1항), 축산물 위생관리법 또는 가축전염병 예방법에 따라 동물을 죽이는 경우 농림축산식품부령이 정하는 방법을 이용하여 고통을 최소화하여야 하며(제2항), 그 외에도 동물을 불가피하게 죽여야 하는 경우에는 고통을 최소화할 수 있는 방법에 따라야 한다(제3항)고 규정하고 있다. 그리고 축산물 위생관리법에 따른 도축에 대하여는 같은 법 시행규칙에서 가축별 도살방법을 규정하고 있고(제2조, [별표 제1호]), 위 가축 중 소, 돼지, 닭과 오리에 대하여는 구 동물보호법 제10조 제2항 및 같은 법 시행규칙 제6조 제2항에 따라 제정된 고시인 동물도축세부규정에서 가축별 특성에 맞추어 고통을 최소화하는 도축방법을 상세히 규정하고 있다.

위와 같은 동물의 도살방법에 관한 관련 규정들의 내용 등에 비추어 보면, 특정 도살방법이 구 동물보호법 제8조 제1항 제1호에서 금지하는 잔인한 방법인지 여부는 동물별 특성에 따라 해당 동물에게 주는 고통의 정도와 지속시간을 고려하여 판단되어야 한다. 동일한 도살방법이라도 도살과정에서 겪을 수 있는 고통의 정도 등은 동물별 특성에 따라 다를 수 있고, 동일한 물질, 도구 등을 이용하더라도 그 구체적인 이용방법, 행위 태양을 달리한다면 이와 마찬가지이다. 따라서 위와 같은 사정에 대한 고려 없이, 특정 도살방법이 관련 법령에서 일반적인 동물의 도살방법으로 규정되어 있다거나 도살에 이용한 물질, 도구 등이 관련 법령에서 정한 것과 동일 또는 유사하다는 것만으로는 이를 다른 동물에게도 그 특성에 적합한 도살방법이라고 볼 수 없다.

③특정 동물에 대한 그 시대, 사회의 인식은 해당 동물을 죽이거나 죽음에 이르게 하는 행위 자체 및 그 방법에 대한 평가에 영향을 주므로 구 동물보호법 제8조 제1항 제1호에서 금지되는 잔인한 방법인지 여부를 판단할 때에는 이를 고려하여야 한다. 위와 같은 인식은 사회 평균인의 입장에서 사회통념

에 따라 객관적으로 평가되어야 한다.

[2] 개 농장을 운영하는 피고인이 농장 도축시설에서 개를 묶은 상태에서 전기가 흐르는 쇠꼬챙이를 개의 주둥이에 대어 감전시키는 방법으로 잔인하게 도살하였다고 하여 구 동물보호법(2017.3 21. 법률 제14651호로 개정되기 전의 것, 이하 같다) 위반으로 기소된 사안에서, 구 동물보호법 제8조 제1항 제1호에서 금지하는 잔인한 방법에 해당하는지는 해당 도살방법의 허용이 동물의 생명존중 등 국민 정서에 미치는 영향, 동물별 특성 및 그에 따라 해당 도살방법으로 인해 겪을 수 있는 고통의 정도와 지속시간, 대상 동물에 대한 그시대, 사회의 인식 등을 종합적으로 고려하여 판단하여야 하는데, 동물보호법 시행규칙 제6조에 따라 제정된 동물도축세부규정(농림수산검역검사본부고시 제2016-77호)에서는 돼지, 닭, 오리에 대하여 전살법(電殺法)은 기절방법으로만 허용하고, 도살방법으로는 완전하게 기절한 상태의 동물에 대해 방혈(放血)을 시행하여 방혈 중에 동물이 죽음에 이르도록 할 것을 규정하고 있으며, 일반적으로 동물이 감전에 의해 죽음에 이르는 경우에는 고통을 수반한 격렬한 근육경련과 화상, 세포괴사, 근육마비, 심실세동 등의 과정을 거칠 수 있고, 이때 고통의 정도와 지속시간은 동물의 크기, 통전부위와 사용한 전류값 등에 의해 달라지게 되므로, 피고인이 개 도살에 사용한 쇠꼬챙이에 흐르는 전류의 크기, 개가 감전 후 기절하거나 죽는 데 소요되는 시간, 도축 장소 환경 등 전기를 이용한 도살방법의 구체적인 행태, 그로 인해 개에게 나타날 체내·외 증상 등을 심리하여, 그 심리결과와 위와 같은 도살방법을 허용하는 것이 동물의 생명존중 등 국민 정서에 미칠 영향, 사회통념상 개에 대한 인식 등을 종합적으로 고려하여 피고인의 행위를 구 동물보호법 제8조 제1항 제1호에서 금지하는 잔인한 방법으로 죽이는 행위로 볼 수 있는지 판단하였어야 함에도, 이와 달리 보아 공소사실을 무죄로 판단한 원심판결에 구 동물보호법 제8조 제1항 제1호의 잔인한 방법의 판단 기준, 같은 법 제46조 제1항의 구성요건 해당성에 관한 법리를 오해하여 필요한 심리를 다하지 아니한 잘못이 있다고 한 사례.

판례 – 동물보호법위반
[대법원 2016.11.24., 선고, 2015도18765, 판결]

【판시사항】
동물보호법 시행규칙 제36조 제2호에 규정한 '소비자'의 의미 및 동물판매업자 등 반려동물을 구매하여 다른 사람에게 판매하는 영업을 하는 자가 이에 포함되는지 여부(소극)

【판결요지】
동물보호법 제33조 제1항은 '제32조 제1항 제1호부터 제3호까지의 규정에 따른 영업을 하려는 자', 즉 농림축산식품부령으로 정하는 개·고양이·토끼 등 가정에서 반려의 목적으로 기르는 동물(이하 '반려동물'이라 한다)과 관련된 동물장묘업, 동물판매업, 동물수입업을 하려는 자는 농림축산식품부령으로 정하는 바에 따라 시장·군수·구청장에게 등록하여야 한다고 규정하고 있고, 동물

보호법 제46조 제4항 제1호는 '제33조 제1항에 따른 등록을 하지 아니하고 영업을 한 자는 100만 원 이하의 벌금에 처한다.'고 규정하고 있다. 그리고 동물보호법 제32조 제2항은 "제1항 각 호에 따른 영업의 세부 범위는 농림축산식품부령으로 정한다."라고 규정하고 있는데, 그 위임에 따라 동물보호법 시행규칙(이하 '시행규칙'이라 한다) 제36조 제2호는 동물판매업을 '소비자에게 반려동물을 판매하거나 알선하는 영업'으로, 제3호는 동물수입업을 '반려동물을 수입하여 동물판매업자, 동물생산업자 등 영업자에게 판매하는 영업'으로, 제4호는 동물생산업을 '반려동물을 번식시켜 동물판매업자, 동물수입업자 등 영업자에게 판매하는 영업'으로 각각 규정하고 있다.

소비자란 일반적으로 '재화를 소비하는 사람'을 의미한다. 그리고 시행규칙은 동물판매업의 판매·알선 상대방을 '소비자'로, 동물수입업과 동물생산업의 판매 상대방을 '영업자'로 분명하게 구분하여 규정하고 있다. 만일 동물판매업의 판매·알선 상대방인 '소비자'의 범위를 반려동물 유통구조에서 최종 단계에 있는 소비자에 한정하지 아니하고 다른 동물판매업자 등 영업자도 이에 포함된다고 보면 동물판매업의 판매·알선 상대방의 범위에 아무런 제한이 없다고 보는 셈이 되고, 결국 시행규칙 제36조 제2호가 판매·알선 상대방을 '소비자'로 규정한 것이 불필요한 문언으로 된다.

동물보호법과 시행규칙의 규정 내용, 소비자의 통상적인 의미 등을 관련 법리에 비추어 살펴보면, 시행규칙 제36조 제2호에 규정한 '소비자'는 반려동물을 구매하여 가정에서 반려 목적으로 기르는 사람을 의미한다. 여기서의 '소비자'에 동물판매업자 등 반려동물을 구매하여 다른 사람에게 판매하는 영업을 하는 자도 포함된다고 보는 것은 '소비자'의 의미를 피고인에게 불리한 방향으로 지나치게 확장해석하거나 유추해석하는 것으로서 죄형법정주의에 어긋나므로 허용되지 아니한다.

판례 - 동물보호법위반·재물손괴
[대법원 2016.1.28., 선고, 2014도2477, 판결]

【판시사항】
동물보호법 제8조 제1항 제1호에서 규정하는 '잔인한 방법으로 죽이는 행위'는 행위를 하는 것 자체로 구성요건을 충족하는지 여부(적극) 및 행위를 정당화할 만한 사정 또는 행위자의 책임으로 돌릴 수 없는 사정이 있는 경우, 구성요건 해당성이 조각되는지 여부(소극)

【판결요지】
동물보호법의 목적과 입법 취지, 동물보호법 제8조 제1항 각 호의 문언 및 체계 등을 종합하면, 동물보호법 제8조 제1항 제1호에서 규정하는 '잔인한 방법으로 죽이는 행위'는, 같은 항 제4호의 경우와는 달리 정당한 사유를 구성요건 요소로 규정하고 있지 아니하여 '잔인한 방법으로 죽이는 행위'를 하는 것 자체로 구성요건을 충족하고, 설령 행위를 정당화할 만한 사정 또는 행위자의 책임으로 돌릴 수 없는 사정이 있더라도, 위법성이나 책임이 조각될 수 있는지는 별론으로 하고 구성요건 해당성이 조각된다고 볼 수는 없다.

제46조의2(양벌규정) 법인의 대표자나 법인 또는 개인의 대리인, 사용인, 그 밖의 종업원이 그 법인 또는 개인의 업무에 관하여 제46조에 따른 위반행위를 하면 그 행위자를 벌하는 외에 그 법인 또는 개인에게도 해당 조문의 벌금형을 과한다. 다만, 법인 또는 개인이 그 위반행위를 방지하기 위하여 해당 업무에 관하여 상당한 주의와 감독을 게을리하지 아니한 경우에는 그러하지 아니하다.
[본조신설 2017.3.21.]

제47조(과태료) ①다음 각 호의 어느 하나에 해당하는 자에게는 300만원 이하의 과태료를 부과한다. <신설 2017.3.21., 2018.3.20.>
1. 제8조제4항을 위반하여 동물을 유기한 소유자등
2. 제9조의2를 위반하여 동물을 판매한 자
2의2. 제13조의2제1항제1호를 위반하여 소유자등 없이 맹견을 기르는 곳에서 벗어나게 한 소유자등
2의3. 제13조의2제1항제2호를 위반하여 월령이 3개월 이상인 맹견을 동반하고 외출할 때 안전장치 및 이동장치를 하지 아니한 소유자등
2의4. 제13조의2제1항제3호를 위반하여 사람에게 신체적 피해를 주지 아니하도록 관리하지 아니한 소유자등
2의5. 제13조의2제3항을 위반하여 맹견의 안전한 사육 및 관리에 관한 교육을 받지 아니한 소유자
2의6. 제13조의3을 위반하여 맹견을 출입하게 한 소유자등
3. 제25조제1항을 위반하여 윤리위원회를 설치·운영하지 아니한 동물실험시행기관의 장
4. 제25조제3항을 위반하여 윤리위원회의 심의를 거치지 아니하고 동물실험을 한 동물실험시행기관의 장
5. 제28조제2항을 위반하여 개선명령을 이행하지 아니한 동물실험시행기관의 장
②다음 각 호의 어느 하나에 해당하는 자에게는 100만원 이하의 과태료를 부과한다. <개정 2013.8.13., 2017.3.21., 2018.3.20.>
1. 삭제 <2017.3.21.>
2. 제9조제1항제4호 또는 제5호를 위반하여 동물을 운송한 자
3. 제9조제1항을 위반하여 제32조제1항의 동물을 운송한 자
4. 삭제 <2017.3.21.>
5. 제12조제1항을 위반하여 등록대상동물을 등록하지 아니한 소유자
5의2. 제24조의2를 위반하여 미성년자에게 동물 해부실습을 하게 한 자
6. 삭제 <2017.3.21.>
7. 삭제 <2017.3.21.>
8. 제31조제2항을 위반하여 동물복지축산농장 인증을 받은 자의 지위를 승계하고 그 사실을 신고하지 아니한 자

9. 제35조제3항을 위반하여 영업자의 지위를 승계하고 그 사실을 신고하지 아니한 자
10. 제37조제2항 또는 제3항을 위반하여 교육을 받지 아니하고 영업을 한 영업자
11. 제39조제1항제1호에 따른 자료제출 요구에 응하지 아니하거나 거짓 자료를 제출한 동물의 소유자등
12. 제39조제1항제2호에 따른 출입·검사를 거부·방해 또는 기피한 동물의 소유자등
13. 제39조제1항제3호에 따른 시정명령을 이행하지 아니한 동물의 소유자등
14. 제39조제2항에 따른 보고·자료제출을 하지 아니하거나 거짓으로 보고·자료제출을 한 자 또는 같은 항에 따른 출입·조사를 거부·방해·기피한 자
15. 제40조제4항을 위반하여 동물보호감시원의 직무 수행을 거부·방해 또는 기피한 자
③다음 각 호의 어느 하나에 해당하는 자에게는 50만원 이하의 과태료를 부과한다. <개정 2017.3.21.>
1. 제12조제2항을 위반하여 정해진 기간 내에 신고를 하지 아니한 소유자
2. 제12조제3항을 위반하여 변경신고를 하지 아니한 소유권을 이전받은 자
3. 제13조제1항을 위반하여 인식표를 부착하지 아니한 소유자등
4. 제13조제2항을 위반하여 안전조치를 하지 아니하거나 배설물을 수거하지 아니한 소유자등
④제1항부터 제3항까지의 과태료는 대통령령으로 정하는 바에 따라 농림축산식품부장관, 시·도지사 또는 시장·군수·구청장이 부과·징수한다. <개정 2013.3.23., 2017.3.21.>

제47조(과태료) ①다음 각 호의 어느 하나에 해당하는 자에게는 300만원 이하의 과태료를 부과한다. <신설 2017.3.21., 2018.3.20., 2020.2.11.>
1. 삭제 <2020.2.11.>
2. 제9조의2를 위반하여 동물을 판매한 자
2의2. 제13조의2제1항제1호를 위반하여 소유자등 없이 맹견을 기르는 곳에서 벗어나게 한 소유자등
2의3. 제13조의2제1항제2호를 위반하여 월령이 3개월 이상인 맹견을 동반하고 외출할 때 안전장치 및 이동장치를 하지 아니한 소유자등
2의4. 제13조의2제1항제3호를 위반하여 사람에게 신체적 피해를 주지 아니하도록 관리하지 아니한 소유자등
2의5. 제13조의2제3항을 위반하여 맹견의 안전한 사육 및 관리에 관한 교육을 받지 아니한 소유자
2의6. 제13조의2제4항을 위반하여 보험에 가입하지 아니한 소유자
2의7. 제13조의3을 위반하여 맹견을 출입하게 한 소유자등
3. 제25조제1항을 위반하여 윤리위원회를 설치·운영하지 아니한 동물실험시행기관의 장
4. 제25조제3항을 위반하여 윤리위원회의 심의를 거치지 아니하고 동물실험을 한 동

물실험시행기관의 장

5. 제28조제2항을 위반하여 개선명령을 이행하지 아니한 동물실험시행기관의 장

②다음 각 호의 어느 하나에 해당하는 자에게는 100만원 이하의 과태료를 부과한다. <개정 2013.8.13., 2017.3.21., 2018.3.20.>

1. 삭제 <2017.3.21.>

2. 제9조제1항제4호 또는 제5호를 위반하여 동물을 운송한 자

3. 제9조제1항을 위반하여 제32조제1항의 동물을 운송한 자

4. 삭제 <2017.3.21.>

5. 제12조제1항을 위반하여 등록대상동물을 등록하지 아니한 소유자

 5의2. 제24조의2를 위반하여 미성년자에게 동물 해부실습을 하게 한 자

6. 삭제 <2017.3.21.>

7. 삭제 <2017.3.21.>

8. 제31조제2항을 위반하여 동물복지축산농장 인증을 받은 자의 지위를 승계하고 그 사실을 신고하지 아니한 자

9. 제35조제3항을 위반하여 영업자의 지위를 승계하고 그 사실을 신고하지 아니한 자

10. 제37조제2항 또는 제3항을 위반하여 교육을 받지 아니하고 영업을 한 영업자

11. 제39조제1항제1호에 따른 자료제출 요구에 응하지 아니하거나 거짓 자료를 제출한 동물의 소유자등

12. 제39조제1항제2호에 따른 출입·검사를 거부·방해 또는 기피한 동물의 소유자등

13. 제39조제1항제3호에 따른 시정명령을 이행하지 아니한 동물의 소유자등

14. 제39조제2항에 따른 보고·자료제출을 하지 아니하거나 거짓으로 보고·자료제출을 한 자 또는 같은 항에 따른 출입·조사를 거부·방해·기피한 자

15. 제40조제4항을 위반하여 동물보호감시원의 직무 수행을 거부·방해 또는 기피한 자

③다음 각 호의 어느 하나에 해당하는 자에게는 50만원 이하의 과태료를 부과한다. <개정 2017.3.21.>

1. 제12조제2항을 위반하여 정해진 기간 내에 신고를 하지 아니한 소유자

2. 제12조제3항을 위반하여 변경신고를 하지 아니한 소유권을 이전받은 자

3. 제13조제1항을 위반하여 인식표를 부착하지 아니한 소유자등

4. 제13조제2항을 위반하여 안전조치를 하지 아니하거나 배설물을 수거하지 아니한 소유자등

④제1항부터 제3항까지의 과태료는 대통령령으로 정하는 바에 따라 농림축산식품부장관, 시·도지사 또는 시장·군수·구청장이 부과·징수한다. <개정 2013. 3. 23., 2017.3.21.>

[시행일 : 2021.2.12.] 제47조

부칙

<제16977호, 2020.2.11.>

제1조(시행일) 이 법은 공포 후 1년이 지난 후부터 시행한다. 다만, 제1조 및 제24
조제2호의 개정규정은 공포한 날부터 시행하고, 제2조제1호의3, 제8조제2항제3호
의2, 제12조제4항·제5항, 제32조제1항, 제33조의2제1항, 제36조제1항제7호 및
제41조의2의 개정규정은 공포 후 6개월이 경과한 날부터 시행한다.

제2조(벌칙이나 과태료에 관한 경과조치) 이 법 시행 전의 위반행위에 대하여 벌
칙이나 과태료를 적용할 때에는 종전의 규정에 따른다.

동물보호법 시행령

[시행 2020.10.1]
[대통령령 제30532호, 2020.3.17, 일부개정]

제1조(목적) 이 영은 「동물보호법」에서 위임된 사항과 그 시행에 필요한 사항을 규정함을 목적으로 한다.

제2조(동물의 범위) 「동물보호법」(이하 "법"이라 한다) 제2조제1호다목에서 "대통령령으로 정하는 동물"이란 파충류, 양서류 및 어류를 말한다. 다만, 식용(食用)을 목적으로 하는 것은 제외한다.
[전문개정 2014.2.11.]

제3조(등록대상동물의 범위) 법 제2조제2호에서 "대통령령으로 정하는 동물"이란 다음 각 호의 어느 하나에 해당하는 월령(月齡) 2개월 이상인 개를 말한다. <개정 2016.8.11., 2019.3.12.>
1. 「주택법」 제2조제1호 및 제4호에 따른 주택 · 준주택에서 기르는 개
2. 제1호에 따른 주택 · 준주택 외의 장소에서 반려(伴侶) 목적으로 기르는 개

제4조(동물실험시행기관의 범위) 법 제2조제5호에서 "대통령령으로 정하는 법인 · 단체 또는 기관"이란 다음 각 호의 어느 하나에 해당하는 법인 · 단체 또는 기관으로서 동물을 이용하여 동물실험을 시행하는 법인 · 단체 또는 기관을 말한다. <개정 2014.12.9., 2015.12.22., 2020.3.17., 2020.4.28.>
1. 국가기관
2. 지방자치단체의 기관
3. 「정부출연연구기관 등의 설립 · 운영 및 육성에 관한 법률」 제8조제1항에 따른 연구기관
4. 「과학기술분야 정부출연연구기관 등의 설립 · 운영 및 육성에 관한 법률」 제8조제1항에 따른 연구기관
5. 「특정연구기관 육성법」 제2조에 따른 연구기관
6. 「약사법」 제31조제10항에 따른 의약품의 안전성 · 유효성에 관한 시험성적서 등의 자료를 발급하는 법인 · 단체 또는 기관
7. 「화장품법」 제4조제3항에 따른 화장품 등의 안전성 · 유효성에 관한 심사에 필요한 자료를 발급하는 법인 · 단체 또는 기관
8. 「고등교육법」 제2조에 따른 학교
9. 「의료법」 제3조에 따른 의료기관
10. 「의료기기법」 제6조 · 제15조 또는 「체외진단의료기기법」 제5조 · 제11조에 따라

　　의료기기 또는 체외진단의료기기를 제조하거나 수입하는 법인·단체 또는 기관
11.「기초연구진흥 및 기술개발지원에 관한 법률」제14조제1항에 따른 기관 또는 단체
12.「농업·농촌 및 식품산업 기본법」제3조제4호에 따른 생산자단체와 같은 법 제
　　28조에 따른 영농조합법인(營農組合法人) 및 농업회사법인(農業會社法人)
12의2.「수산업·어촌 발전 기본법」제3조제5호에 따른 생산자단체와 같은 법 제19
　　조에 따른 영어조합법인(營漁組合法人) 및 어업회사법인(漁業會社法人)
13.「화학물질의 등록 및 평가 등에 관한 법률」제22조에 따라 화학물질의 물리적
　　·화학적 특성 및 유해성에 관한 시험을 수행하기 위하여 지정된 시험기관
14.「농약관리법」제17조의4에 따라 지정된 시험연구기관
15.「사료관리법」제2조제7호 또는 제8호에 따른 제조업자 또는 수입업자 중 법인
　　·단체 또는 기관
16.「식품위생법」제37조에 따라 식품 또는 식품첨가물의 제조업·가공업 허가를
　　받은 법인·단체 또는 기관
17.「건강기능식품에 관한 법률」제5조에 따른 건강기능식품제조업 허가를 받은 법
　　인·단체 또는 기관
18.「국제백신연구소설립에관한협정」에 따라 설립된 국제백신연구소

제5조(동물보호 민간단체의 범위) 법 제4조제4항에서 "대통령령으로 정하는 민간단체
　　"란 다음 각 호의 어느 하나에 해당하는 법인 또는 단체를 말한다. <개정 2018.3.20.>
1.「민법」제32조에 따라 설립된 법인으로서 동물보호를 목적으로 하는 법인
2.「비영리민간단체 지원법」제4조에 따라 등록된 비영리민간단체로서 동물보호를
　　목적으로 하는 단체

제6조(동물복지위원회의 운영 등) ①법 제5조제1항에 따른 동물복지위원회(이하 "
　　복지위원회"라 한다)의 위원장은 복지위원회를 대표하며, 복지위원회의 업무를 총
　　괄한다.
②위원장이 부득이한 사유로 직무를 수행할 수 없을 때에는 위원장이 미리 지명한
　　위원의 순으로 그 직무를 대행한다.
③위원의 임기는 2년으로 한다.
④농림축산식품부장관은 위원이 다음 각 호의 어느 하나에 해당하는 경우에는 해당
　　위원을 해촉(解囑)할 수 있다. <신설 2016.1.22.>
1. 심신장애로 인하여 직무를 수행할 수 없게 된 경우
2. 직무와 관련된 비위사실이 있는 경우
3. 직무태만, 품위손상이나 그 밖의 사유로 인하여 위원으로 적합하지 아니하다고
　　인정되는 경우
4. 위원 스스로 직무를 수행하는 것이 곤란하다고 의사를 밝히는 경우

⑤복지위원회의 회의는 농림축산식품부장관 또는 위원 3분의 1 이상의 요구가 있을 때 위원장이 소집한다. <개정 2013.3.23., 2016.1.22.>

⑥복지위원회의 회의는 재적위원 과반수의 출석으로 개의(開議)하고, 출석위원 과반수의 찬성으로 의결한다. <개정 2016.1.22.>

⑦복지위원회는 심의사항과 관련하여 필요하다고 인정할 때에는 관계인을 출석시켜 의견을 들을 수 있다. <개정 2016.1.22.>

⑧제1항부터 제7항까지에서 규정한 사항 외에 복지위원회의 운영에 필요한 사항은 복지위원회의 의결을 거쳐 위원장이 정한다. <개정 2016.1.22.>

제7조(공고) ①특별시장 · 광역시장 · 특별자치시장 · 도지사 및 특별자치도지사(이하 "시 · 도지사"라 한다)와 시장 · 군수 · 구청장(자치구의 구청장을 말한다. 이하 같다)은 법 제17조에 따라 동물 보호조치에 관한 공고를 하려면 농림축산식품부장관이 정하는 시스템(이하 "동물보호관리시스템"이라 한다)에 게시하여야 한다. 다만, 동물보호관리시스템이 정상적으로 운영되지 않을 경우에는 농림축산식품부령으로 정하는 동물보호 공고문을 작성하여 다른 방법으로 게시하되, 동물보호관리시스템이 정상적으로 운영되면 그 내용을 동물보호관리시스템에 게시하여야 한다. <개정 2013.3.23., 2018.3.20.>

②시 · 도지사와 시장 · 군수 · 구청장은 제1항에 따른 공고를 하는 경우 농림축산식품부령으로 정하는 바에 따라 동물보호관리시스템을 통하여 개체관리카드와 보호동물 관리대장을 작성 · 관리하여야 한다. <개정 2013.3.23., 2018.3.20.>

제8조(보호비용의 징수) 시 · 도지사와 시장 · 군수 · 구청장은 법 제19조제1항 및 제2항에 따라 보호비용을 징수하려면 농림축산식품부령으로 정하는 비용징수 통지서를 동물의 소유자 또는 법 제21조제1항에 따라 분양을 받는 자에게 발급하여야 한다. <개정 2013.3.23., 2018.3.20.>

제9조(동물의 기증 또는 분양 대상 민간단체 등의 범위) 법 제21조제1항에서 "대통령령으로 정하는 민간단체 등"이란 다음 각 호의 어느 하나에 해당하는 단체 또는 기관 등을 말한다.

1. 제5조 각 호의 어느 하나에 해당하는 법인 또는 단체
2. 「장애인복지법」 제40조제4항에 따라 지정된 장애인 보조견 전문훈련기관
3. 「사회복지사업법」 제2조제4호에 따른 사회복지시설

제10조(동물실험 금지 동물) 법 제24조제2호에서 "대통령령으로 정하는 동물"이란 다음 각 호의 어느 하나에 해당하는 동물을 말한다.
   <개정 2013.3.23., 2014.11.19., 2017.7.26.>

1. 「장애인복지법」 제40조에 따른 장애인 보조견

2. 소방청(그 소속 기관을 포함한다)에서 효율적인 구조활동을 위해 이용하는 인명구조견
3. 경찰청(그 소속 기관을 포함한다)에서 수색·탐지 등을 위해 이용하는 경찰견
4. 국방부(그 소속 기관을 포함한다)에서 수색·경계·추적·탐지 등을 위해 이용하는 군견
5. 농림축산식품부(그 소속 기관을 포함한다) 및 관세청(그 소속 기관을 포함한다) 등에서 각종 물질의 탐지 등을 위해 이용하는 마약 및 폭발물 탐지견과 검역 탐지견

제11조(동물실험윤리위원회의 지도·감독의 방법) 법 제25조제1항에 따른 동물실험윤리위원회(이하 "윤리위원회"라 한다)는 다음 각 호의 방법을 통하여 해당 동물실험시행기관을 지도·감독한다.
1. 동물실험의 윤리적·과학적 타당성에 대한 심의
2. 동물실험에 사용하는 동물(이하 "실험동물"이라 한다)의 생산·도입·관리·실험 및 이용과 실험이 끝난 뒤 해당 동물의 처리에 관한 확인 및 평가
3. 동물실험시행기관의 운영자 또는 종사자에 대한 교육·훈련 등에 대한 확인 및 평가
4. 동물실험 및 동물실험시행기관의 동물복지 수준 및 관리실태에 대한 확인 및 평가

제12조(윤리위원회의 운영) ①윤리위원회의 회의는 다음 각 호의 어느 하나에 해당하는 경우에 위원장이 소집하고, 위원장이 그 의장이 된다.
1. 재적위원 3분의 1 이상이 소집을 요구하는 경우
2. 해당 동물실험시행기관의 장이 소집을 요구하는 경우
3. 그 밖에 위원장이 필요하다고 인정하는 경우
②윤리위원회의 회의는 재적위원 과반수의 출석으로 개의하고, 출석위원 과반수의 찬성으로 의결한다. 다만, 동물실험계획을 심의·평가하는 회의에는 법 제27조제2항제1호에 따른 위원이 반드시 1명 이상 참석하여야 한다. <개정 2020.3.17.>
③회의록 등 윤리위원회의 구성·운영 등과 관련된 기록 및 문서는 3년 이상 보존하여야 한다.
④윤리위원회는 심의사항과 관련하여 필요하다고 인정할 때에는 관계인을 출석시켜 의견을 들을 수 있다.
⑤동물실험시행기관의 장은 해당 기관에 설치된 윤리위원회의 효율적인 운영을 위하여 다음 각 호의 사항에 대하여 적극 협조하여야 한다.
1. 윤리위원회의 독립성 보장
2. 윤리위원회의 결정 및 권고사항에 대한 즉각적이고 효과적인 조치 및 시행
3. 윤리위원회의 설치 및 운영에 필요한 인력, 장비, 장소, 비용 등에 관한 적절한 지원
⑥동물실험시행기관의 장은 매년 윤리위원회의 운영 및 동물실험의 실태에 관한 사항을 다음 해 1월 31일까지 농림축산식품부령으로 정하는 바에 따라 농림축산식품부장관에게 통지하여야 한다. <개정 2013.3.23.>
⑦제1항부터 제6항까지에서 규정한 사항 외에 윤리위원회의 효율적인 운영을 위하

여 필요한 사항은 농림축산식품부장관이 정하여 고시한다. <개정 2013.3.23.>

제13조(윤리위원회의 구성·운영 등에 대한 개선명령) ①농림축산식품부장관은 법 제28조제2항에 따라 개선명령을 하는 경우 그 개선에 필요한 조치 등을 고려하여 3개월의 범위에서 기간을 정하여 개선명령을 하여야 한다. <개정 2013.3.23.>
②농림축산식품부장관은 천재지변이나 그 밖의 부득이한 사유로 제1항에 따른 개선기간에 개선을 할 수 없는 동물실험시행기관의 장이 개선기간 연장 신청을 하면 해당 사유가 끝난 날부터 3개월의 범위에서 그 기간을 연장할 수 있다. <개정 2013.3.23.>
③제1항에 따라 개선명령을 받은 동물실험시행기관의 장이 그 명령을 이행하였을 때에는 지체 없이 그 결과를 농림축산식품부장관에게 통지하여야 한다. <개정 2013.3.23.>
④제1항에 따른 개선명령에 대하여 이의가 있는 동물실험시행기관의 장은 30일 이내에 농림축산식품부장관에게 이의신청을 할 수 있다. <개정 2013.3.23.>

제14조(동물보호감시원의 자격 등) ①법 제40조제1항에서 "대통령령으로 정하는 소속 기관의 장"이란 농림축산검역본부장(이하 "검역본부장"이라 한다)을 말한다. <개정 2013.3.23., 2018.3.20.>
②농림축산식품부장관, 검역본부장, 시·도지사 및 시장·군수·구청장이 법 제40조제1항에 따라 동물보호감시원을 지정할 때에는 다음 각 호의 어느 하나에 해당하는 소속 공무원 중에서 동물보호감시원을 지정하여야 한다. <개정 2013.3.23., 2018.3.20.>
1. 「수의사법」 제2조제1호에 따른 수의사 면허가 있는 사람
2. 「국가기술자격법」 제9조에 따른 축산기술사, 축산기사, 축산산업기사 또는 축산기능사 자격이 있는 사람
3. 「고등교육법」 제2조에 따른 학교에서 수의학·축산학·동물관리학·애완동물학·반려동물학 등 동물의 관리 및 이용 관련 분야, 동물보호 분야 또는 동물복지 분야를 전공하고 졸업한 사람
4. 그 밖에 동물보호·동물복지·실험동물 분야와 관련된 사무에 종사한 경험이 있는 사람
③동물보호감시원의 직무는 다음 각 호와 같다. <개정 2018.3.20.>
1. 법 제7조에 따른 동물의 적정한 사육·관리에 대한 교육 및 지도
2. 법 제8조에 따라 금지되는 동물학대행위의 예방, 중단 또는 재발방지를 위하여 필요한 조치
3. 법 제9조 및 제9조의2에 따른 동물의 적정한 운송과 반려동물 전달 방법에 대한 지도·감독
3의2. 법 제10조에 따른 동물의 도살방법에 대한 지도
3의3. 법 제12조에 따른 등록대상동물의 등록 및 법 제13조에 따른 등록대상동물의 관리에 대한 감독
4. 법 제15조에 따라 설치·지정되는 동물보호센터의 운영에 관한 감독
5. 법 제29조에 따라 동물복지축산농장으로 인증받은 농장의 인증기준 준수 여부 감독

6. 법 제33조제1항에 따라 영업등록을 하거나 법 제34조제1항에 따라 영업허가를 받은 자(이하 "영업자"라 한다)의 시설·인력 등 등록 또는 허가사항, 준수사항, 교육 이수 여부에 관한 감독

7. 법 제39조에 따른 조치, 보고 및 자료제출 명령의 이행 여부 등에 관한 확인·지도

8. 법 제41조제1항에 따라 위촉된 동물보호명예감시원에 대한 지도

9. 그 밖에 동물의 보호 및 복지 증진에 관한 업무

제15조(동물보호명예감시원의 자격 및 위촉 등) ①농림축산식품부장관, 시·도지사 및 시장·군수·구청장이 법 제41조제1항에 따라 동물보호명예감시원(이하 "명예감시원"이라 한다)을 위촉할 때에는 다음 각 호의 어느 하나에 해당하는 사람으로서 농림축산식품부장관이 정하는 관련 교육과정을 마친 사람을 명예감시원으로 위촉하여야 한다. <개정 2013.3.23.>

1. 제5조에 따른 법인 또는 단체의 장이 추천한 사람

2. 제14조제2항 각 호의 어느 하나에 해당하는 사람

3. 동물보호에 관한 학식과 경험이 풍부하고, 명예감시원의 직무를 성실히 수행할 수 있는 사람

②농림축산식품부장관, 시·도지사 또는 시장·군수·구청장은 제1항에 따라 위촉한 명예감시원이 다음 각 호의 어느 하나에 해당하는 경우에는 위촉을 해제할 수 있다. <개정 2013.3.23.>

1. 사망·질병 또는 부상 등의 사유로 직무 수행이 곤란하게 된 경우

2. 제3항에 따른 직무를 성실히 수행하지 아니하거나 직무와 관련하여 부정한 행위를 한 경우

③명예감시원의 직무는 다음 각 호와 같다.

1. 동물보호 및 동물복지에 관한 교육·상담·홍보 및 지도

2. 동물학대행위에 대한 신고 및 정보 제공

3. 제14조제3항에 따른 동물보호감시원의 직무 수행을 위한 지원

4. 학대받는 동물의 구조·보호 지원

④명예감시원의 활동 범위는 다음 각 호의 구분에 따른다. <개정 2013.3.23.>

1. 농림축산식품부장관이 위촉한 경우: 전국

2. 시·도지사 또는 시장·군수·구청장이 위촉한 경우: 위촉한 기관장의 관할구역

⑤농림축산식품부장관, 시·도지사 또는 시장·군수·구청장은 명예감시원에게 예산의 범위에서 수당을 지급할 수 있다. <개정 2013.3.23.>

⑥제1항부터 제5항까지에서 규정한 사항 외에 명예감시원의 운영을 위하여 필요한 사항은 농림축산식품부장관이 정하여 고시한다. <개정 2013.3.23.>

제15조의2(포상금 지급의 기준 등) ①법 제41조의2제1항에 따라 신고 또는 고발

을 받은 관계 행정기관 또는 수사기관은 그 사실을 법 제41조의2제1항 각 호의
어느 하나에 해당하는 자의 주소지를 관할하는 특별자치시장·시장(「제주특별자치
도 설치 및 국제자유도시 조성을 위한 특별법」 제11조제2항에 따른 행정시장을
포함한다. 이하 이 조 및 제20조에서 같다)·군수·구청장에게 통지하여야 한다.
②법 제41조의2제1항에 따라 신고를 받거나 제1항에 따른 통지를 받은 특별자치시
장·시장·군수·구청장은 그 신고내용이 법 제41조의2제1항 각 호의 어느 하나
에 해당된다고 인정하는 경우에는 과태료를 부과하고 예산의 범위에서 포상금을
지급할 수 있다.
③제2항에 따른 포상금은 해당 위반행위에 대하여 부과한 과태료 금액의 100분의
20 이내로 한다.
④동일한 신고자에 대한 포상금 지급은 연간 20건을 초과할 수 없다.
⑤제1항부터 제4항까지에서 규정한 사항 외에 포상금 지급의 세부 기준, 지급 방법
및 지급 절차 등에 필요한 사항은 농림축산식품부장관이 정하여 고시한다.
[본조신설 2018.3.20.]

제16조(권한의 위임) 농림축산식품부장관은 법 제44조에 따라 다음 각 호의 권한을
검역본부장에게 위임한다. <개정 2013.3.23., 2016.1.22., 2018.3.20., 2020.3.17.>
1. 법 제9조제3항에 따른 동물 운송에 관하여 필요한 사항의 권장
2. 법 제10조제2항에 따른 동물의 도살방법에 관한 세부사항의 규정
3. 법 제23조제6항에 따른 동물실험의 원칙에 관한 고시
4. 법 제28조에 따른 윤리위원회의 구성·운영 등에 관한 지도·감독 및 개선명령
5. 법 제29조제1항에 따른 동물복지축산농장의 인증
6. 법 제29조제2항에 따른 동물복지축산농장 인증 신청의 접수
7. 법 제29조제4항에 따른 동물복지축산농장의 인증 취소
8. 법 제31조제2항에 따라 동물복지축산농장의 인증을 받은 자의 지위 승계 신고 수리(受理)
9. 법 제39조에 따른 출입·검사 등
10. 법 제41조에 따른 명예감시원의 위촉, 위촉 해제, 수당 지급
11. 법 제43조제2호에 따른 동물복지축산농장의 인증 취소처분에 관한 청문
12. 법 제45조제2항에 따른 실태조사(현장조사를 포함한다. 이하 "실태조사"라 한다)
    및 정보의 공개
13. 법 제47조제1항제2호·제3호부터 제5호까지 및 같은 조 제2항제2호·제3호·제
    5호의2·제8호·제10호부터 제15호까지의 규정에 따른 과태료의 부과·징수

제17조(실태조사의 범위 등) ①농림축산식품부장관은 법 제45조제2항에 따른 실태
조사(이하 "실태조사"라 한다)를 할 때에는 실태조사 계획을 수립하고 그에 따라
실시하여야 한다. <개정 2013.3.23.>

②농림축산식품부장관은 실태조사를 효율적으로 하기 위하여 동물보호관리시스템, 전자우편 등을 통한 전자적 방법, 서면조사, 현장조사 방법 등을 사용할 수 있으며, 전문연구기관·단체 또는 관계 전문가에게 의뢰하여 실태조사를 할 수 있다. <개정 2013.3.23.>

③제1항과 제2항에서 규정한 사항 외에 실태조사에 필요한 사항은 농림축산식품부장관이 정하여 고시한다. <개정 2013.3.23.>

제18조(소속 기관의 장) 법 제45조제4항에서 "대통령령으로 정하는 그 소속 기관의 장"이란 검역본부장을 말한다. <개정 2013.3.23.>

제19조(고유식별정보의 처리) 농림축산식품부장관(검역본부장을 포함한다), 시·도지사 또는 시장·군수·구청장(해당 권한이 위임·위탁된 경우에는 그 권한을 위임·위탁받은 자를 포함한다)은 다음 각 호의 사무를 수행하기 위하여 불가피한 경우에는 「개인정보 보호법 시행령」 제19조제1호, 제2호 또는 제4호에 따른 주민등록번호, 여권번호 또는 외국인등록번호가 포함된 자료를 처리할 수 있다. <개정 2013.3.23., 2014.8.6., 2018.3.20.>

1. 법 제12조에 따른 등록대상동물의 등록 및 변경신고에 관한 사무
2. 법 제15조에 따른 동물보호센터의 지정 및 지정 취소에 관한 사무
3. 삭제 <2016.1.22.>
4. 삭제 <2016.1.22.>
5. 법 제33조에 따른 영업의 등록, 변경신고 및 폐업 등의 신고에 관한 사무
6. 법 제34조에 따른 영업의 허가, 변경신고 및 폐업 등의 신고에 관한 사무
7. 법 제35조에 따른 영업의 승계신고에 관한 사무
8. 법 제38조에 따른 등록 또는 허가의 취소 및 영업의 정지에 관한 사무

제19조의2 삭제 <2016.12.30.>

제20조(과태료의 부과·징수) ①법 제47조제1항부터 제3항까지의 규정에 따른 과태료의 부과기준은 별표와 같다.

②법 제47조제4항에 따른 과태료의 부과권자는 다음 각 호의 구분에 따른다. <개정 2020.3.17.>

1. 법 제47조제1항제2호·제3호부터 제5호까지 및 같은 조 제2항제2호·제3호·제5호의2·제8호·제10호부터 제15호까지의 규정에 따른 과태료: 농림축산식품부장관
2. 법 제47조제2항제11호부터 제15호까지의 규정에 따른 과태료: 시·도지사(특별자치시장은 제외한다)
3. 법 제47조제1항제1호·제2호·제2호의2부터 제2호의6까지, 같은 조 제2항제2호·제3호·제5호·제9호부터 제15호까지 및 같은 조 제3항 각 호에 따른 과태료: 특

별자치시장 · 시장 · 군수 · 구청장
[전문개정 2018.3.20.]

부칙

<제30652호, 2020.4.28.>

제1조(시행일) 이 영은 2020년 5월 1일부터 시행한다.

제2조(다른 법령의 개정) ① 동물보호법 시행령 일부를 다음과 같이 개정한다.
제4조제10호를 다음과 같이 한다.
10. 「의료기기법」 제6조 · 제15조 또는 「체외진단의료기기법」 제5조 · 제11조에 따라 의료기기 또는 체외진단의료기기를 제조하거나 수입하는 법인 · 단체 또는 기관
② 및 ③ 생략

제3조 생략

동물보호법 시행규칙

[시행 2020.11.24.]
[농림축산식품부령 제453호, 2020.11.24, 타법개정]

제1조(목적) 이 규칙은 「동물보호법」 및 같은 법 시행령에서 위임된 사항과 그 시행에 필요한 사항을 규정함을 목적으로 한다.

제1조의2(반려동물의 범위) 「동물보호법」(이하 "법"이라 한다) 제2조제1호의3에서 "개, 고양이 등 농림축산식품부령으로 정하는 동물"이란 개, 고양이, 토끼, 페럿, 기니피그 및 햄스터를 말한다.
[본조신설 2020.8.21.]
[종전 제1조의2는 제1조의3으로 이동 <2020.8.21.>]

제1조의3(맹견의 범위) 법 제2조제3호의2에 따른 맹견(猛犬)은 다음 각 호와 같다. <개정 2020.8.21.>
1. 도사견과 그 잡종의 개
2. 아메리칸 핏불테리어와 그 잡종의 개
3. 아메리칸 스태퍼드셔 테리어와 그 잡종의 개
4. 스태퍼드셔 불 테리어와 그 잡종의 개
5. 로트와일러와 그 잡종의 개
[본조신설 2018.9.21.]
[제1조의2에서 이동 <2020.8.21.>]

제2조(동물복지위원회 위원 자격) 법 제5조제3항제3호에서 "농림축산식품부령으로 정하는 자격기준에 맞는 사람"이란 다음 각 호의 어느 하나에 해당하는 사람을 말한다. <개정 2013.3.23., 2018.3.22., 2018.9.21.>
1. 법 제25조제1항에 따른 동물실험윤리위원회(이하 "윤리위원회"라 한다)의 위원
2. 법 제33조제1항에 따라 영업등록을 하거나 법 제34조제1항에 따라 영업허가를 받은 자(이하 "영업자"라 한다)로서 동물보호·동물복지에 관한 학식과 경험이 풍부한 사람
3. 법 제41조에 따른 동물보호명예감시원으로서 그 사람을 위촉한 농림축산식품부장관(그 소속 기관의 장을 포함한다) 또는 지방자치단체의 장의 추천을 받은 사람
4. 「축산자조금의 조성 및 운용에 관한 법률」 제2조제3호에 따른 축산단체 대표로서 동물보호·동물복지에 관한 학식과 경험이 풍부한 사람
5. 변호사 또는 「고등교육법」 제2조에 따른 학교에서 법학을 담당하는 조교수 이상의 직(職)에 있거나 있었던 사람
6. 「고등교육법」 제2조에 따른 학교에서 동물보호·동물복지를 담당하는 조교수 이

상의 직(職)에 있거나 있었던 사람
7. 그 밖에 동물보호·동물복지에 관한 학식과 경험이 풍부하다고 농림축산식품부장
관이 인정하는 사람

제3조(적절한 사육·관리 방법 등) 법 제7조제4항에 따른 동물의 적절한 사육·관
리 방법 등에 관한 사항은 별표 1과 같다.

제4조(학대행위의 금지) ①법 제8조제1항제4호에서 "농림축산식품부령으로 정하는
정당한 사유 없이 죽음에 이르게 하는 행위"란 다음 각 호의 어느 하나를 말한다.
<개정 2013.3.23., 2016.1.21., 2018.3.22.>
1. 사람의 생명·신체에 대한 직접적 위협이나 재산상의 피해를 방지하기 위하여 다
른 방법이 있음에도 불구하고 동물을 죽음에 이르게 하는 행위
2. 동물의 습성 및 생태환경 등 부득이한 사유가 없음에도 불구하고 해당 동물을 다
른 동물의 먹이로 사용하는 경우
②법 제8조제2항제1호 단서 및 제2호 단서에서 "농림축산식품부령으로 정하는 경우"
란 다음 각 호의 어느 하나에 해당하는 경우를 말한다. <개정 2013.3.23.>
1. 질병의 예방이나 치료
2. 법 제23조에 따라 실시하는 동물실험
3. 긴급한 사태가 발생한 경우 해당 동물을 보호하기 위하여 하는 행위
③법 제8조제2항제3호 단서에서 "민속경기 등 농림축산식품부령으로 정하는 경우"란
「전통 소싸움 경기에 관한 법률」에 따른 소싸움으로서 농림축산식품부장관이 정하
여 고시하는 것을 말한다. <개정 2013.3.23.>
④삭제 <2020.8.21.>
⑤법 제8조제2항제3호의2에서 "최소한의 사육공간 제공 등 농림축산식품부령으로 정하는
사육·관리 의무"란 별표 1의2에 따른 사육·관리 의무를 말한다. <개정 2020.8.21.>
⑥법 제8조제2항제4호에서 "농림축산식품부령으로 정하는 정당한 사유 없이 신체적
고통을 주거나 상해를 입히는 행위"란 다음 각 호의 어느 하나를 말한다. <개정
2013.3.23., 2018.3.22., 2018.9.21.>
1. 사람의 생명·신체에 대한 직접적 위협이나 재산상의 피해를 방지하기 위하여 다
른 방법이 있음에도 불구하고 동물에게 신체적 고통을 주거나 상해를 입히는 행위
2. 동물의 습성 또는 사육환경 등의 부득이한 사유가 없음에도 불구하고 동물을 혹
서·혹한 등의 환경에 방치하여 신체적 고통을 주거나 상해를 입히는 행위
3. 갈증이나 굶주림의 해소 또는 질병의 예방이나 치료 등의 목적 없이 동물에게 음
식이나 물을 강제로 먹여 신체적 고통을 주거나 상해를 입히는 행위
4. 동물의 사육·훈련 등을 위하여 필요한 방식이 아님에도 불구하고 다른 동물과
싸우게 하거나 도구를 사용하는 등 잔인한 방식으로 신체적 고통을 주거나 상해를

입히는 행위

⑦법 제8조제5항제1호 단서에서 "동물보호 의식을 고양시키기 위한 목적이 표시된 홍보 활동 등 농림축산식품부령으로 정하는 경우"란 다음 각 호의 어느 하나에 해당하는 경우를 말한다. <신설 2014.2.14., 2018.3.22., 2018.9.21.>

1. 국가기관, 지방자치단체 또는 「동물보호법 시행령」(이하 "영"이라 한다) 제5조에 따른 민간단체가 동물보호 의식을 고양시키기 위한 목적으로 법 제8조제1항부터 제3항까지에 해당하는 행위를 촬영한 사진 또는 영상물(이하 이 항에서 "사진 또는 영상물"이라 한다)에 기관 또는 단체의 명칭과 해당 목적을 표시하여 판매·전시·전달·상영하거나 인터넷에 게재하는 경우

2. 언론기관이 보도 목적으로 사진 또는 영상물을 부분 편집하여 전시·전달·상영하거나 인터넷에 게재하는 경우

3. 신고 또는 제보의 목적으로 제1호 및 제2호에 해당하는 기관 또는 단체에 사진 또는 영상물을 전달하는 경우

⑧법 제8조제5항제4호 단서에서 "「장애인복지법」 제40조에 따른 장애인 보조견의 대여 등 농림축산식품부령으로 정하는 경우"란 다음 각 호의 어느 하나에 해당하는 경우를 말한다. <신설 2018.3.22., 2018.9.21., 2020.8.21.>

1. 「장애인복지법」 제40조에 따른 장애인 보조견을 대여하는 경우

2. 촬영, 체험 또는 교육을 위하여 동물을 대여하는 경우. 이 경우 해당 동물을 관리할 수 있는 인력이 대여하는 기간 동안 제3조에 따른 적절한 사육·관리를 하여야 한다.

제5조(동물운송자) 법 제9조제1항 각 호 외의 부분에서 "농림축산식품부령으로 정하는 자"란 영리를 목적으로 「자동차관리법」 제2조제1호에 따른 자동차를 이용하여 동물을 운송하는 자를 말한다. <개정 2013.3.23., 2014.4.8., 2018.3.22.>

제6조(동물의 도살방법) ①법 제10조제2항에서 "농림축산식품부령으로 정하는 방법"이란 다음 각 호의 어느 하나의 방법을 말한다. <개정 2013.3.23., 2016.1.21.>

1. 가스법, 약물 투여

2. 전살법(電殺法), 타격법(打擊法), 총격법(銃擊法), 자격법(刺擊法)

②농림축산식품부장관은 제1항 각 호의 도살방법 중 「축산물 위생관리법」에 따라 도축하는 경우에 대하여 고통을 최소화하는 방법을 정하여 고시할 수 있다. <개정 2013.3.23., 2018.3.22.>

판례 – 동물보호법위반(전기 쇠꼬챙이로 개를 감전시켜 도살한 사건)
[대법원 2018.9.13., 선고, 2017도16732, 판결]

【판시사항】
[1] 동물에 대한 도살방법이 구 동물보호법 제8조 제1항 제1호에서 금지하는 '잔인한 방법'인지 판단하는 기준 및 이때 고려하여야 할 사항

[2] 개 농장을 운영하는 피고인이 농장 도축시설에서 개를 묶은 상태에서 전기가 흐르는 쇠꼬챙이를 개의 주둥이에 대어 감전시키는 방법으로 잔인하게 도살하였다고 하여 구 동물보호법 위반으로 기소된 사안에서, 공소사실을 무죄로 판단한 원심판결에 구 동물보호법 제8조 제1항 제1호의 '잔인한 방법'의 판단 기준, 같은 법 제46조 제1항의 구성요건 해당성에 관한 법리를 오해하여 필요한 심리를 다하지 아니한 잘못이 있다고 한 사례

【판결요지】
[1] 구 동물보호법(2017.3.21. 법률 제14651호로 개정되기 전의 것, 이하 '구 동물보호법'이라고 한다) 제8조 제1항은 "누구든지 동물에 대하여 다음 각호의 행위를 하여서는 아니 된다."라고 규정하면서 그 제1호에서 "목을 매다는 등의 잔인한 방법으로 죽이는 행위"를 들고 있고, 구 동물보호법 제46조 제1항은 같은 법 제8조 제1항 제1호를 위반한 사람을 처벌하도록 규정하고 있다. '잔인'은 사전적 의미로 '인정이 없고 아주 모짊'을 뜻하는데, 잔인성에 관한 논의는 시대와 사회에 따라 변동하는 상대적, 유동적인 것이고, 사상, 종교, 풍속과도 깊이 연관된다. 따라서 형사처벌의 구성요건인 구 동물보호법 제8조 제1항 제1호에서 금지하는 잔인한 방법인지 여부는 특정인이나 집단의 주관적 입장에서가 아니라 사회 평균인의 입장에서 그 시대의 사회통념에 따라 객관적이고 규범적으로 판단하여야 한다. 그리고 아래에서 살필, 구 동물보호법의 입법 목적, 같은 법 제8조 제1항 제1호의 문언 의미와 입법 취지, 동물의 도살방법에 관한 여러 관련 규정들의 내용 등에 비추어 보면, 이러한 잔인한 방법인지 여부를 판단할 때에는 해당 도살방법의 허용이 동물의 생명존중 등 국민 정서에 미치는 영향, 동물별 특성 및 그에 따라 해당 도살방법으로 인해 겪을 수 있는 고통의 정도와 지속시간, 대상 동물에 대한 그 시대, 사회의 인식 등을 종합적으로 고려하여야 한다.
①구 동물보호법은 동물의 생명보호, 안전보장 및 복지증진을 꾀함과 아울러 동물의 생명존중 등 국민의 정서를 함양하는 데에 이바지함을 목적으로 하고(제1조), 그 적용 대상인 동물의 개념을 고통을 느낄 수 있는 신경체계가 발달한 척추동물로서 포유류 등으로 한정하며(제2조 제1호), 동물을 죽이거나 죽음에 이르게 하는 일정한 행위만을 금지하고 있다(제8조 제1항 각호).
위와 같은 구 동물보호법의 입법 목적, 적용 대상인 동물, 구 동물보호법 제8조 제1항 각호의 문언 체계 등에 비추어 보면, 같은 항 제1호는 동물을 죽이는 방법이 잔인함으로 인해 도살과정에서 대상 동물에게 고통을 주고, 그 방법이 허용될 경우 동물의 생명존중 등 국민 정서 함양에도 악영향을 미칠 수 있다는 고려에서 이를 금지행위로 규정하였다고 봄이 타당하다. 따라서 특정 도살방법이 동물에게 가하는 고통의 정도를 객관적으로 측정할 수 없다고 하더라도, 그 사용되는 도구, 행위 형태 및 그로 인한 사체의 외관 등을 전체적으로 볼 때 그 도살방법 자체가 사회통념상 객관적, 규범적으로 잔인하다고 평가될 수 있는 경우에는 같은 항 제1호에서 금지하는 잔인한 방법에 해당한다고 볼 수 있다.
②구 동물보호법 제10조는 동물의 도살방법이라는 제목 아래, 모든 동물은 잔

인한 방법으로 도살되어서도, 도살과정에서 불필요한 고통이나 공포, 스트레스를 주어서도 안 되고(제1항), 축산물 위생관리법 또는 가축전염병 예방법에 따라 동물을 죽이는 경우 농림축산식품부령이 정하는 방법을 이용하여 고통을 최소화하여야 하며(제2항), 그 외에도 동물을 불가피하게 죽여야 하는 경우에는 고통을 최소화할 수 있는 방법에 따라야 한다(제3항)고 규정하고 있다. 그리고 축산물 위생관리법에 따른 도축에 대하여는 같은 법 시행규칙에서 가축별 도살방법을 규정하고 있고(제2조, [별표 제1호]), 위 가축 중 소, 돼지, 닭과 오리에 대하여는 구 동물보호법 제10조 제2항 및 같은 법 시행규칙 제6조 제2항에 따라 제정된 고시인 동물도축세부규정에서 가축별 특성에 맞추어 고통을 최소화하는 도축방법을 상세히 규정하고 있다.

위와 같은 동물의 도살방법에 관한 관련 규정들의 내용 등에 비추어 보면, 특정 도살방법이 구 동물보호법 제8조 제1항 제1호에서 금지하는 잔인한 방법인지 여부는 동물별 특성에 따라 해당 동물에게 주는 고통의 정도와 지속시간을 고려하여 판단되어야 한다. 동일한 도살방법이라도 도살과정에서 겪을 수 있는 고통의 정도 등은 동물별 특성에 따라 다를 수 있고, 동일한 물질, 도구 등을 이용하더라도 그 구체적인 이용방법, 행위 태양을 달리한다면 이와 마찬가지이다. 따라서 위와 같은 사정에 대한 고려 없이, 특정 도살방법이 관련 법령에서 일반적인 동물의 도살방법으로 규정되어 있다거나 도살에 이용한 물질, 도구 등이 관련 법령에서 정한 것과 동일 또는 유사하다는 것만으로는 이를 다른 동물에게도 그 특성에 적합한 도살방법이라고 볼 수 없다.

③특정 동물에 대한 그 시대, 사회의 인식은 해당 동물을 죽이거나 죽음에 이르게 하는 행위 자체 및 그 방법에 대한 평가에 영향을 주므로 구 동물보호법 제8조 제1항 제1호에서 금지되는 잔인한 방법인지 여부를 판단할 때에는 이를 고려하여야 한다. 위와 같은 인식은 사회 평균인의 입장에서 사회통념에 따라 객관적으로 평가되어야 한다.

[2] 개 농장을 운영하는 피고인이 농장 도축시설에서 개를 묶은 상태에서 전기가 흐르는 쇠꼬챙이를 개의 주둥이에 대어 감전시키는 방법으로 잔인하게 도살하였다고 하여 구 동물보호법(2017.3.21. 법률 제14651호로 개정되기 전의 것, 이하 같다) 위반으로 기소된 사안에서, 구 동물보호법 제8조 제1항 제1호에서 금지하는 잔인한 방법에 해당하는지는 해당 도살방법의 허용이 동물의 생명존중 등 국민 정서에 미치는 영향, 동물별 특성 및 그에 따라 해당 도살방법으로 인해 겪을 수 있는 고통의 정도와 지속시간, 대상 동물에 대한 그 시대, 사회의 인식 등을 종합적으로 고려하여 판단하여야 하는데, 동물보호법 시행규칙 제6조에 따라 제정된 동물도축세부규정(농림수산검역검사본부고시 제2016-77호)에서는 돼지, 닭, 오리에 대하여 전살법(電殺法)은 기절방법으로만 허용하고, 도살방법으로는 완전하게 기절한 상태의 동물에 대해 방혈(放血)을 시행하여 방혈 중에 동물이 죽음에 이르도록 할 것을 규정하고 있으며, 일반적으로 동물이 감전에 의해 죽음에 이르는 경우에는 고통을 수반한 격렬한 근육경련과 화상, 세포괴사, 근육마비, 심실세동 등의 과정을 거칠 수 있고, 이때 고통의 정도와 지속시간은 동물의 크기, 통전부위와 사용한 전류값

등에 의해 달라지게 되므로, 피고인이 개 도살에 사용한 쇠꼬챙이에 흐르는 전류의 크기, 개가 감전 후 기절하거나 죽는 데 소요되는 시간, 도축 장소 환경 등 전기를 이용한 도살방법의 구체적인 행태, 그로 인해 개에게 나타날 체내·외 증상 등을 심리하여, 그 심리결과와 위와 같은 도살방법을 허용하는 것이 동물의 생명존중 등 국민 정서에 미칠 영향, 사회통념상 개에 대한 인식 등을 종합적으로 고려하여 피고인의 행위를 구 동물보호법 제8조 제1항 제1호에서 금지하는 잔인한 방법으로 죽이는 행위로 볼 수 있는지 판단하였어야 함에도, 이와 달리 보아 공소사실을 무죄로 판단한 원심판결에 구 동물보호법 제8조 제1항 제1호의 잔인한 방법의 판단 기준, 같은 법 제46조 제1항의 구성요건 해당성에 관한 법리를 오해하여 필요한 심리를 다하지 아니한 잘못이 있다고 한 사례.

제7조(동물등록제 제외 지역의 기준) 법 제12조제1항 단서에 따라 시·도의 조례로 동물을 등록하지 않을 수 있는 지역으로 정할 수 있는 지역의 범위는 다음 각호와 같다. <개정 2013.12.31.>

1. 도서[도서, 제주특별자치도 본도(本島) 및 방파제 또는 교량 등으로 육지와 연결된 도서는 제외한다]
2. 제10조제1항에 따라 동물등록 업무를 대행하게 할 수 있는 자가 없는 읍·면

제8조(등록대상동물의 등록사항 및 방법 등) ①법 제12조제1항 본문에 따라 등록대상동물을 등록하려는 자는 해당 동물의 소유권을 취득한 날 또는 소유한 동물이 등록대상동물이 된 날부터 30일 이내에 별지 제1호서식의 동물등록 신청서(변경신고서)를 시장·군수·구청장(자치구의 구청장을 말한다. 이하 같다)·특별자치시장(이하 "시장·군수·구청장"이라 한다)에게 제출하여야 한다. 이 경우 시장·군수·구청장은 「전자정부법」 제36조제1항에 따른 행정정보의 공동이용을 통하여 주민등록표 초본, 외국인등록사실증명 또는 법인 등기사항증명서를 확인하여야 하며, 신청인이 확인에 동의하지 아니하는 경우에는 해당 서류(법인 등기사항증명서는 제외한다)를 첨부하게 하여야 한다. <개정 2013.12.31., 2017.1.25., 2017.7.3., 2019.3.21.>

②제1항에 따라 동물등록 신청을 받은 시장·군수·구청장은 별표 2의 동물등록번호의 부여방법 등에 따라 등록대상동물에 무선전자개체식별장치(이하 "무선식별장치"라 한다) 또는 인식표를 장착 후 별지 제2호서식의 동물등록증(전자적 방식을 포함한다)을 발급하고, 영 제7조제1항에 따른 동물보호관리시스템(이하 "동물보호관리시스템"이라 한다)으로 등록사항을 기록·유지·관리하여야 한다. <개정 2014.2.14.>

③동물등록증을 잃어버리거나 헐어 못 쓰게 되는 등의 이유로 동물등록증의 재발급을 신청하려는 자는 별지 제3호서식의 동물등록증 재발급 신청서를 시장·군수·구청장에게 제출하여야 한다. 이 경우 시장·군수·구청장은 「전자정부법」 제36조제1항에 따른 행정정보의 공동이용을 통하여 주민등록표 초본, 외국인등록사실증명 또는 법인 등기사항증명서를 확인하여야 하며, 신청인이 확인에 동의하지 아니

하는 경우에는 해당 서류(법인 등기사항증명서는 제외한다)를 첨부하게 하여야 한다. <개정 2017.7.3., 2019.3.21.>

④등록대상동물의 소유자는 등록하려는 동물이 영 제3조 각 호 외의 부분에 따른 등록대상 월령(月齡) 이하인 경우에도 등록할 수 있다. <신설 2019.3.21.>

제8조(등록대상동물의 등록사항 및 방법 등) ①법 제12조제1항 본문에 따라 등록대상동물을 등록하려는 자는 해당 동물의 소유권을 취득한 날 또는 소유한 동물이 등록대상동물이 된 날부터 30일 이내에 별지 제1호서식의 동물등록 신청서(변경신고서)를 시장·군수·구청장(자치구의 구청장을 말한다. 이하 같다)·특별자치시장(이하 "시장·군수·구청장"이라 한다)에게 제출하여야 한다. 이 경우 시장·군수·구청장은 「전자정부법」 제36조제1항에 따른 행정정보의 공동이용을 통하여 주민등록표 초본, 외국인등록사실증명 또는 법인 등기사항증명서를 확인하여야 하며, 신청인이 확인에 동의하지 아니하는 경우에는 해당 서류(법인 등기사항증명서는 제외한다)를 첨부하게 하여야 한다. <개정 2013.12.31., 2017.1.25., 2017.7.3., 2019.3.21.>

②제1항에 따라 동물등록 신청을 받은 시장·군수·구청장은 별표 2의 동물등록번호의 부여방법 등에 따라 등록대상동물에 무선전자개체식별장치(이하 "무선식별장치"라 한다)를 장착 후 별지 제2호서식의 동물등록증(전자적 방식을 포함한다)을 발급하고, 영 제7조제1항에 따른 동물보호관리시스템(이하 "동물보호관리시스템"이라 한다)으로 등록사항을 기록·유지·관리하여야 한다. <개정 2014.2.14., 2020.8.21.>

③동물등록증을 잃어버리거나 헐어 못 쓰게 되는 등의 이유로 동물등록증의 재발급을 신청하려는 자는 별지 제3호서식의 동물등록증 재발급 신청서를 시장·군수·구청장에게 제출하여야 한다. 이 경우 시장·군수·구청장은 「전자정부법」 제36조제1항에 따른 행정정보의 공동이용을 통하여 주민등록표 초본, 외국인등록사실증명 또는 법인 등기사항증명서를 확인하여야 하며, 신청인이 확인에 동의하지 아니하는 경우에는 해당 서류(법인 등기사항증명서는 제외한다)를 첨부하게 하여야 한다. <개정 2017.7.3., 2019.3.21.>

④등록대상동물의 소유자는 등록하려는 동물이 영 제3조 각 호 외의 부분에 따른 등록대상 월령(月齡) 이하인 경우에도 등록할 수 있다. <신설 2019.3.21.>
[시행일 : 2021.2.12.] 제8조제2항

제9조(등록사항의 변경신고 등) ①법 제12조제2항제2호에서 "농림축산식품부령으로 정하는 사항이 변경된 경우"란 다음 각 호의 어느 하나에 해당하는 경우를 말한다. <개정 2013.3.23., 2018.3.22., 2019.3.21.>

1. 소유자가 변경되거나 소유자의 성명(법인인 경우에는 법인 명칭을 말한다. 이하 같다)이 변경된 경우
2. 소유자의 주소(법인인 경우에는 주된 사무소의 소재지를 말한다)가 변경된 경우

3. 소유자의 전화번호(법인인 경우에는 주된 사무소의 전화번호를 말한다. 이하 같다)가 변경된 경우
4. 등록대상동물이 죽은 경우
5. 등록대상동물 분실 신고 후, 그 동물을 다시 찾은 경우
6. 무선식별장치 또는 등록인식표를 잃어버리거나 헐어 못 쓰게 되는 경우

②제1항제1호의 경우에는 변경된 소유자가, 법 제12조제2항제1호 및 이 조 제1항제2호부터 제6호까지의 경우에는 등록대상동물의 소유자가 각각 해당 사항이 변경된 날부터 30일(등록대상동물을 잃어버린 경우에는 10일) 이내에 별지 제1호서식의 동물등록 신청서(변경신고서)에 다음 각 호의 서류를 첨부하여 시장·군수·구청장에게 신고하여야 한다. 이 경우 시장·군수·구청장은 「전자정부법」 제36조제1항에 따른 행정정보의 공동 이용을 통하여 주민등록표 초본, 외국인등록사실증명 또는 법인 등기사항증명서를 확인(제1항제1호 및 제2호의 경우만 해당한다)하여야 하며, 신청인이 확인에 동의하지 아니하는 경우에는 해당 서류(법인 등기사항증명서는 제외한다)를 첨부하게 하여야 한다. <개정 2017.7.3., 2018.3.22., 2019.3.21.>

1. 동물등록증
2. 삭제 <2017.1.25.>
3. 등록대상동물이 죽었을 경우에는 그 사실을 증명할 수 있는 자료 또는 그 경위서

③제2항에 따라 변경신고를 받은 시장·군수·구청장은 변경신고를 한 자에게 별지 제2호서식의 동물등록증을 발급하고, 등록사항을 기록·유지·관리하여야 한다.

④제1항제2호의 경우에는 「주민등록법」 제16조제1항에 따른 전입신고를 한 경우 변경신고가 있는 것으로 보아 시장·군수·구청장은 동물보호관리시스템의 주소를 정정하고, 등록사항을 기록·유지·관리하여야 한다.

⑤법 제12조제2항제1호 및 이 조 제1항제2호부터 제5호까지의 경우 소유자는 동물보호관리시스템을 통하여 해당 사항에 대한 변경신고를 할 수 있다. <개정 2017.7.3., 2018.3.22.>

⑥등록대상동물을 잃어버린 사유로 제2항에 따라 변경신고를 받은 시장·군수·구청장은 그 사실을 등록사항에 기록하여 신고일부터 1년간 보관하여야 하고, 1년 동안 제1항제5호에 따른 변경 신고가 없는 경우에는 등록사항을 말소한다. <개정 2019.3.21.>

⑦등록대상동물이 죽은 사유로 제2항에 따라 변경신고를 받은 시장·군수·구청장은 그 사실을 등록사항에 기록하여 보관하고 1년이 지나면 그 등록사항을 말소한다. <개정 2019.3.21.>

⑧제1항제6호의 사유로 인한 변경신고에 관하여는 제8조제1항 및 제2항을 준용한다.

⑨제7조에 따라 동물등록이 제외되는 지역의 시장·군수는 소유자가 이미 등록된 등록대상동물의 법 제12조제2항제1호 및 이 조 제1항제1호부터 제5호까지의 사항에 대해 변경신고를 하는 경우 해당 동물등록 관련 정보를 유지·관리하여야 한다. <개정 2018.3.22.>

제9조(등록사항의 변경신고 등) ①법 제12조제2항제2호에서 "농림축산식품부령으로 정하는 사항이 변경된 경우"란 다음 각 호의 어느 하나에 해당하는 경우를 말한다. <개정 2013.3.23., 2018.3.22., 2019.3.21., 2020.8.21.>
1. 소유자가 변경되거나 소유자의 성명(법인인 경우에는 법인 명칭을 말한다. 이하 같다)이 변경된 경우
2. 소유자의 주소(법인인 경우에는 주된 사무소의 소재지를 말한다)가 변경된 경우
3. 소유자의 전화번호(법인인 경우에는 주된 사무소의 전화번호를 말한다. 이하 같다)가 변경된 경우
4. 등록대상동물이 죽은 경우
5. 등록대상동물 분실 신고 후, 그 동물을 다시 찾은 경우
6. **무선식별장치를 잃어버리거나 헐어 못 쓰게 되는 경우**
②제1항제1호의 경우에는 변경된 소유자가, 법 제12조제2항제1호 및 이 조 제1항제2호부터 제6호까지의 경우에는 등록대상동물의 소유자가 각각 해당 사항이 변경된 날부터 30일(등록대상동물을 잃어버린 경우에는 10일) 이내에 별지 제1호서식의 동물등록 신청서(변경신고서)에 다음 각 호의 서류를 첨부하여 시장·군수·구청장에게 신고하여야 한다. 이 경우 시장·군수·구청장은「전자정부법」제36조제1항에 따른 행정정보의 공동 이용을 통하여 주민등록표 초본, 외국인등록사실증명 또는 법인 등기사항증명서를 확인(제1항제1호 및 제2호의 경우만 해당한다)하여야 하며, 신청인이 확인에 동의하지 아니하는 경우에는 해당 서류(법인 등기사항증명서는 제외한다)를 첨부하게 하여야 한다. <개정 2017.7.3., 2018.3.22., 2019.3.21.>
1. 동물등록증
2. 삭제 <2017.1.25.>
3. 등록대상동물이 죽었을 경우에는 그 사실을 증명할 수 있는 자료 또는 그 경위서
③제2항에 따라 변경신고를 받은 시장·군수·구청장은 변경신고를 한 자에게 별지 제2호서식의 동물등록증을 발급하고, 등록사항을 기록·유지·관리하여야 한다.
④제1항제2호의 경우에는「주민등록법」제16조제1항에 따른 전입신고를 한 경우 변경신고가 있는 것으로 보아 시장·군수·구청장은 동물보호관리시스템의 주소를 정정하고, 등록사항을 기록·유지·관리하여야 한다.
⑤법 제12조제2항제1호 및 이 조 제1항제2호부터 제5호까지의 경우 소유자는 동물보호관리시스템을 통하여 해당 사항에 대한 변경신고를 할 수 있다. <개정 2017.7.3., 2018.3.22.>
⑥등록대상동물을 잃어버린 사유로 제2항에 따라 변경신고를 받은 시장·군수·구청장은 그 사실을 등록사항에 기록하여 신고일부터 1년간 보관하여야 하고, 1년 동안 제1항제5호에 따른 변경 신고가 없는 경우에는 등록사항을 말소한다. <개정 2019.3.21.>
⑦등록대상동물이 죽은 사유로 제2항에 따라 변경신고를 받은 시장·군수·구청장은 그 사실을 등록사항에 기록하여 보관하고 1년이 지나면 그 등록사항을 말소한다. <개정 2019.3.21.>

⑧제1항제6호의 사유로 인한 변경신고에 관하여는 제8조제1항 및 제2항을 준용한다.
⑨제7조에 따라 동물등록이 제외되는 지역의 시장·군수는 소유자가 이미 등록된 등록대상동물의 법 제12조제2항제1호 및 이 조 제1항제1호부터 제5호까지의 사항에 대해 변경신고를 하는 경우 해당 동물등록 관련 정보를 유지·관리하여야 한다. <개정 2018.3.22.>
[시행일 :2021.2.12.] 제9조제1항제6호

제10조(등록업무의 대행) ①법 제12조제4항에서 "농림축산식품부령으로 정하는 자"란 다음 각 호의 어느 하나에 해당하는 자 중에서 시장·군수·구청장이 지정하는 자를 말한다. <개정 2019.3.21., 2020.8.21.>
1. 「수의사법」 제17조에 따라 동물병원을 개설한 자
2. 「비영리민간단체 지원법」 제4조에 따라 등록된 비영리민간단체 중 동물보호를 목적으로 하는 단체
3. 「민법」 제32조에 따라 설립된 법인 중 동물보호를 목적으로 하는 법인
4. 법 제33조제1항에 따라 등록한 동물판매업자
5. 법 제15조에 따른 동물보호센터(이하 "동물보호센터"라 한다)
②법 제12조제4항에 따라 같은 조 제1항부터 제3항까지의 규정에 따른 업무를 대행하는 자(이하 이 조에서 "동물등록대행자"라 한다)는 등록대상동물에 무선식별장치를 체내에 삽입하는 등 외과적 시술이 필요한 행위는 소속 수의사(지정된 자가 수의사인 경우를 포함한다)에게 하게 하여야 한다. <개정 2013.12.31., 2020.8.21.>
③시장·군수·구청장은 필요한 경우 관할 지역 내에 있는 모든 동물등록대행자에 대하여 해당 동물등록대행자가 판매하는 무선식별장치의 제품명과 판매가격을 동물보호관리시스템에 게재하게 하고 해당 영업소 안의 보기 쉬운 곳에 게시하도록 할 수 있다. <신설 2013.12.31.>

제11조(인식표의 부착) 법 제13조제1항에 따라 등록대상동물을 기르는 곳에서 벗어나게 하는 경우 해당 동물의 소유자등은 다음 각 호의 사항을 표시한 인식표를 등록대상동물에 부착하여야 한다.
1. 소유자의 성명
2. 소유자의 전화번호
3. 동물등록번호(등록한 동물만 해당한다)

제12조(안전조치) ①소유자등은 법 제13조제2항에 따라 등록대상동물을 동반하고 외출할 때에는 목줄 또는 가슴줄을 하거나 이동장치를 사용하여야 한다. 다만, 소유자등이 월령 3개월 미만인 등록대상동물을 직접 안아서 외출하는 경우에는 해당 안전조치를 하지 않을 수 있다.
②제1항에 따른 목줄 또는 가슴줄은 해당 동물을 효과적으로 통제할 수 있고, 다른

사람에게 위해(危害)를 주지 않는 범위의 길이여야 한다.
[전문개정 2019.3.21.]

제12조의2(맹견의 관리) ①맹견의 소유자등은 법 제13조의2제1항제2호에 따라 월령이 3개월 이상인 맹견을 동반하고 외출할 때에는 다음 각 호의 사항을 준수하여야 한다.
1. 제12조제1항에도 불구하고 맹견에게는 목줄만 할 것
2. 맹견이 호흡 또는 체온조절을 하거나 물을 마시는 데 지장이 없는 범위에서 사람에 대한 공격을 효과적으로 차단할 수 있는 크기의 입마개를 할 것
②맹견의 소유자등은 제1항제1호 및 제2호에도 불구하고 다음 각 호의 기준을 충족하는 이동장치를 사용하여 맹견을 이동시킬 때에는 맹견에게 목줄 및 입마개를 하지 않을 수 있다.
1. 맹견이 이동장치에서 탈출할 수 없도록 잠금장치를 갖출 것
2. 이동장치의 입구, 잠금장치 및 외벽은 충격 등에 의해 쉽게 파손되지 않는 견고한 재질일 것
[본조신설 2019.3.21.]

제12조의3(맹견에 대한 격리조치 등에 관한 기준) 법 제13조의2제2항에 따라 맹견이 사람에게 신체적 피해를 주는 경우 소유자등의 동의 없이 취할 수 있는 맹견에 대한 격리조치 등에 관한 기준은 별표 3과 같다.
[본조신설 2019.3.21.]

제12조의4(맹견 소유자의 교육) ①법 제13조의2제3항에 따른 맹견 소유자의 맹견에 관한 교육은 다음 각 호의 구분에 따른다.
1. 맹견의 소유권을 최초로 취득한 소유자의 신규교육: 소유권을 취득한 날부터 6개월 이내 3시간
2. 그 외 맹견 소유자의 정기교육: 매년 3시간
②제1항 각 호에 따른 교육은 다음 각 호의 어느 하나에 해당하는 기관으로서 농림축산식품부장관이 지정하는 기관(이하 "교육기관"이라 한다)이 실시하며, 원격교육으로 그 과정을 대체할 수 있다.
1. 「수의사법」 제23조에 따른 대한수의사회
2. 영 제5조 각 호에 따른 법인 또는 단체
3. 농림축산식품부 소속 교육전문기관
③제1항 각 호에 따른 교육은 다음 각 호의 내용을 포함하여야 한다.
1. 맹견의 종류별 특성, 사육방법 및 질병예방에 관한 사항
2. 맹견의 안전관리에 관한 사항
3. 동물의 보호와 복지에 관한 사항

4. 이 법 및 동물보호정책에 관한 사항

5. 그 밖에 교육기관이 필요하다고 인정하는 사항

④교육기관은 제1항 각 호에 따른 교육을 실시한 경우에는 그 결과를 교육이 끝난 후 30일 이내에 시장·군수·구청장에게 통지하여야 한다.

⑤제4항에 따른 통지를 받은 시장·군수·구청장은 그 기록을 유지·관리하고, 교육이 끝난 날부터 2년 동안 보관하여야 한다.

[본조신설 2019.3.21.]

제13조(구조·보호조치 제외 동물) ①법 제14조제1항 각 호 외의 부분 단서에서 "농림축산식품부령으로 정하는 동물"이란 도심지나 주택가에서 자연적으로 번식하여 자생적으로 살아가는 고양이로서 개체수 조절을 위해 중성화(中性化)하여 포획장소에 방사(放飼)하는 등의 조치 대상이거나 조치가 된 고양이를 말한다. <개정 2013.3.23., 2018.3.22.>

②제1항의 경우 세부적인 처리방법에 대해서는 농림축산식품부장관이 정하여 고시할 수 있다. <개정 2013.3.23.>

제14조(보호조치 기간) 특별시장·광역시장·도지사 및 특별자치도지사(이하 "시·도지사"라 한다)와 시장·군수·구청장은 법 제14조제3항에 따라 소유자로부터 학대받은 동물을 보호할 때에는 수의사의 진단에 따라 기간을 정하여 보호조치하되 3일 이상 소유자로부터 격리조치 하여야 한다. <개정 2018.3.22., 2020.8.21.>

제15조(동물보호센터의 지정 등) ①법 제15조제1항 및 제3항에서 "농림축산식품부령으로 정하는 기준"이란 별표 4의 동물보호센터의 시설기준을 말한다. <개정 2013.3.23.>

②법 제15조제4항에 따라 동물보호센터로 지정을 받으려는 자는 별지 제4호서식의 동물보호센터 지정신청서에 다음 각 호의 서류를 첨부하여 시·도지사 또는 시장·군수·구청장이 공고하는 기간 내에 제출하여야 한다. <개정 2018.3.22.>

1. 별표 4의 기준을 충족함을 증명하는 자료

2. 동물의 구조·보호조치에 필요한 건물 및 시설의 명세서

3. 동물의 구조·보호조치에 종사하는 인력현황

4. 동물의 구조·보호조치 실적(실적이 있는 경우에만 해당한다)

5. 사업계획서

③제2항에 따라 동물보호센터 지정 신청을 받은 시·도지사 또는 시장·군수·구청장은 별표 4의 지정기준에 가장 적합한 법인·단체 또는 기관을 동물보호센터로 지정하고, 별지 제5호서식의 동물보호센터 지정서를 발급하여야 한다. <개정 2018.3.22.>

④동물보호센터를 지정한 시·도지사 또는 시장·군수·구청장은 제1항의 기준 및 제19조의 준수사항을 충족하는 지 여부를 연 2회 이상 점검하여야 한다. <개정 2018.3.22.>

⑤동물보호센터를 지정한 시·도지사 또는 시장·군수·구청장은 제4항에 따른 점검

결과를 연 1회 이상 농림축산검역본부장(이하 "검역본부장"이라 한다)에게 통지하여야 한다. <신설 2019.3.21.>

제16조(동물의 보호비용 지원 등) ①법 제15조제6항에 따라 동물의 보호비용을 지원받으려는 동물보호센터는 동물의 보호비용을 시·도지사 또는 시장·군수·구청장에게 청구하여야 한다. <개정 2018.3.22.>

②시·도지사 또는 시장·군수·구청장은 제1항에 따른 비용을 청구받은 경우 그 명세를 확인하고 금액을 확정하여 지급할 수 있다. <개정 2018.3.22.>

제17조(동물보호센터 운영위원회의 설치 및 기능 등) ①법 제15조제9항에서 "농림축산식품부령으로 정하는 일정 규모 이상"이란 연간 유기동물 처리 마릿수가 1천마리 이상인 것을 말한다. <개정 2013.3.23., 2018.3.22.>

②법 제15조제9항에 따라 동물보호센터에 설치하는 운영위원회(이하 "운영위원회"라 한다)는 다음 각 호의 사항을 심의한다. <개정 2018.3.22.>

1. 동물보호센터의 사업계획 및 실행에 관한 사항
2. 동물보호센터의 예산·결산에 관한 사항
3. 그 밖에 이 법의 준수 여부 등에 관한 사항

제18조(운영위원회의 구성·운영 등) ①운영위원회는 위원장 1명을 포함하여 3명 이상 10명 이하의 위원으로 구성한다.

②위원장은 위원 중에서 호선(互選)하고, 위원은 다음 각 호의 어느 하나에 해당하는 사람 중에서 동물보호센터 운영자가 위촉한다. <개정 2018.3.22.>

1. 「수의사법」 제2조제1호에 따른 수의사
2. 법 제4조제4항에 따른 민간단체에서 추천하는 동물보호에 관한 학식과 경험이 풍부한 사람
3. 법 제41조에 따른 동물보호명예감시원으로서 그 동물보호센터를 지정한 지방자치단체의 장에게 위촉을 받은 사람
4. 그 밖에 동물보호에 관한 학식과 경험이 풍부한 사람

③운영위원회에는 다음 각 호에 해당하는 위원이 각 1명 이상 포함되어야 한다. <개정 2019.3.21.>

1. 제2항제1호에 해당하는 위원
2. 제2항제2호에 해당하는 위원으로서 동물보호센터와 이해관계가 없는 사람
3. 제2항제3호 또는 제4호에 해당하는 위원으로서 동물보호센터와 이해관계가 없는 사람

④위원의 임기는 2년으로 하며, 중임할 수 있다.

⑤동물보호센터는 위원회의 회의를 매년 1회 이상 소집하여야 하고, 그 회의록을 작성하여 3년 이상 보존하여야 한다.

⑥제1항부터 제5항까지에서 규정한 사항 외에 위원회의 구성 및 운영 등에 필요한 사항은 운영위원회의 의결을 거쳐 위원장이 정한다.

제19조(동물보호센터의 준수사항) 법 제15조제10항에 따른 동물보호센터의 준수사항은 별표 5와 같다. <개정 2018.3.22.>

제20조(공고) ①시 · 도지사와 시장 · 군수 · 구청장은 영 제7조제1항 단서에 따라 동물보호조치에 관한 공고를 하는 경우 별지 제6호서식의 동물보호 공고문을 작성하여 해당 지방자치단체의 게시판 및 인터넷 홈페이지에 공고하여야 한다. <개정 2018.3.22.>
②시 · 도지사와 시장 · 군수 · 구청장은 영 제7조제2항에 따라 별지 제7호서식의 보호동물 개체관리카드와 별지 제8호서식의 보호동물 관리대장을 작성하여 동물보호관리시스템으로 관리하여야 한다. <개정 2018.3.22.>

제21조(보호비용의 납부) ①시 · 도지사와 시장 · 군수 · 구청장은 법 제19조제2항에 따라 동물의 보호비용을 징수하려는 때에는 해당 동물의 소유자에게 별지 제9호서식의 비용징수통지서에 따라 통지하여야 한다. <개정 2018.3.22.>
②제1항에 따라 비용징수통지서를 받은 동물의 소유자는 비용징수통지서를 받은 날부터 7일 이내에 보호비용을 납부하여야 한다. 다만, 천재지변이나 그 밖의 부득이한 사유로 보호비용을 낼 수 없을 때에는 그 사유가 없어진 날부터 7일 이내에 내야 한다.
③동물의 소유자가 제2항에 따라 보호비용을 납부기한까지 내지 아니한 경우에는 고지된 비용에 이자를 가산하되, 그 이자를 계산할 때에는 납부기한의 다음 날부터 납부일까지 「소송촉진 등에 관한 특례법」 제3조제1항에 따른 법정이율을 적용한다.
④법 제19조제1항 및 제2항에 따른 보호비용은 수의사의 진단 · 진료 비용 및 동물보호센터의 보호비용을 고려하여 시 · 도의 조례로 정한다.

제22조(동물의 인도적인 처리) 법 제22조제1항에서 "농림축산식품부령으로 정하는 사유"란 다음 각 호의 어느 하나에 해당하는 경우를 말한다. <개정 2013.3.23., 2018.3.22.>
 1. 동물이 질병 또는 상해로부터 회복될 수 없거나 지속적으로 고통을 받으며 살아야 할 것으로 수의사가 진단한 경우
 2. 동물이 사람이나 보호조치 중인 다른 동물에게 질병을 옮기거나 위해를 끼칠 우려가 매우 높은 것으로 수의사가 진단한 경우
 3. 법 제21조에 따른 기증 또는 분양이 곤란한 경우 등 시 · 도지사 또는 시장 · 군수 · 구청장이 부득이한 사정이 있다고 인정하는 경우

제23조(동물실험금지의 적용 예외) ①법 제24조 각 호 외의 부분 단서에서 "농림축산식품부령으로 정하는 불가피한 사유"란 다음 각 호의 어느 하나에 해당하는 경우를 말한다. <개정 2013.3.23.>

1. 인수공통전염병(人獸共通傳染病) 등 질병의 진단·치료 또는 연구를 하는 경우
2. 방역(防疫)을 목적으로 실험하는 경우
3. 해당 동물 또는 동물종(種)의 생태, 습성 등에 관한 과학적 연구를 위하여 실험하는 경우
②제1항에서 정한 사유로 실험을 하려면 해당 동물을 실험하려는 동물실험시행기관의 동물실험윤리위원회(이하 "윤리위원회"라 한다)의 심의를 거치되, 심의 결과 동물실험이 타당한 것으로 나타나면 법 제24조 각 호 외의 부분 단서에 따른 승인으로 본다.

제24조(윤리위원회의 공동 설치 등) ①법 제25조제2항에 따라 다른 동물실험시행기관과 공동으로 윤리위원회를 설치할 수 있는 기관은 다음 각 호의 어느 하나에 해당하는 기관으로 한다. <개정 2017.1.25.>
1. 연구인력 5명 이하인 경우
2. 동물실험계획의 심의 건수 및 관련 연구 실적 등에 비추어 윤리위원회를 따로 두는 것이 적절하지 않은 것으로 판단되는 기관
②법 제25조제2항에 따라 공동으로 윤리위원회를 설치할 경우에는 참여하는 동물실험시행기관 간에 윤리위원회의 공동설치 및 운영에 관한 업무협약을 체결하여야 한다.

제25조(운영 실적) 동물실험시행기관의 장이 영 제12조제6항에 따라 윤리위원회 운영 및 동물실험의 실태에 관한 사항을 검역본부장에게 통지할 때에는 별지 제10호서식의 동물실험윤리위원회 운영 실적 통보서(전자문서로 된 통보서를 포함한다)에 따른다. <개정 2013.3.23., 2019.3.21.>

제26조(윤리위원회 위원 자격) ①법 제27조제2항제1호에서 "농림축산식품부령으로 정하는 자격기준에 맞는 사람"이란 다음 각 호의 어느 하나에 해당하는 사람을 말한다. <개정 2013.3.23.>
1. 「수의사법」 제23조에 따른 대한수의사회에서 인정하는 실험동물 전문수의사
2. 영 제4조에 따른 동물실험시행기관에서 동물실험 또는 실험동물에 관한 업무에 1년 이상 종사한 수의사
3. 제2항제2호 또는 제4호에 따른 교육을 이수한 수의사
②법 제27조제2항제2호에서 "농림축산식품부령으로 정하는 자격기준에 맞는 사람"이란 다음 각 호의 어느 하나에 해당하는 사람을 말한다. <개정 2013.3.23.>
1. 영 제5조 각 호에 따른 법인 또는 단체에서 동물보호나 동물복지에 관한 업무에 1년 이상 종사한 사람
2. 영 제5조 각 호에 따른 법인·단체 또는 「고등교육법」 제2조에 따른 학교에서 실시하는 동물보호·동물복지 또는 동물실험에 관련된 교육을 이수한 사람
3. 「생명윤리 및 안전에 관한 법률」 제6조에 따른 국가생명윤리심의위원회의 위원 또

는 같은 법 제9조에 따른 기관생명윤리심의위원회의 위원으로 1년 이상 재직한 사람

4. 검역본부장이 실시하는 동물보호 · 동물복지 또는 동물실험에 관련된 교육을 이수한 사람

③법 제27조제2항제3호에서 "농림축산식품부령으로 정하는 사람"이란 다음 각 호의 어느 하나에 해당하는 사람을 말한다. <개정 2013.3.23.>

1. 동물실험 분야에서 박사학위를 취득한 사람으로서 동물실험 또는 실험동물 관련 업무에 종사한 경력이 있는 사람

2. 「고등교육법」 제2조에 따른 학교에서 철학 · 법학 또는 동물보호 · 동물복지를 담당하는 교수

3. 그 밖에 실험동물의 윤리적 취급과 과학적 이용을 위하여 필요하다고 해당 동물실험시행기관의 장이 인정하는 사람으로서 제2항제2호 또는 제4호에 따른 교육을 이수한 사람

④제2항제2호 및 제4호에 따른 동물보호 · 동물복지 또는 동물실험에 관련된 교육의 내용 및 교육과정의 운영에 관하여 필요한 사항은 검역본부장이 정하여 고시할 수 있다. <개정 2013.3.23.>

제27조(윤리위원회의 구성) ①동물실험시행기관의 장은 윤리위원회를 구성하려는 경우에는 법 제4조제4항에 따른 민간단체에 법 제27조제2항제2호에 해당하는 위원의 추천을 의뢰하여야 한다. <개정 2018.3.22.>

②제1항의 추천을 의뢰받은 민간단체는 해당 동물실험시행기관의 윤리위원회 위원으로 적합하다고 판단되는 사람 1명 이상을 해당 동물실험시행기관에 추천할 수 있다. <개정 2017.1.25.>

③동물실험시행기관의 장은 제2항에 따라 추천받은 사람 중 적임자를 선택하여 법 제27조제2항제1호 및 제3호에 해당하는 위원과 함께 법 제27조제4항에 적합하도록 윤리위원회를 구성하고, 그 내용을 검역본부장에게 통지하여야 한다. <개정 2013.3.23.>

④제3항에 따라 설치를 통지한 윤리위원회 위원이나 위원의 구성이 변경된 경우, 해당 동물실험시행기관의 장은 변경된 날부터 30일 이내에 그 사실을 검역본부장에게 통지하여야 한다. <개정 2013.3.23.>

제28조(윤리위원회 위원의 이해관계의 범위) 법 제27조제4항에 따른 해당 동물실험시행기관과 이해관계가 없는 사람은 다음 각 호의 어느 하나에 해당하지 않는 사람을 말한다.

1. 최근 3년 이내 해당 동물실험시행기관에 재직한 경력이 있는 사람과 그 배우자

2. 해당 동물실험시행기관의 임직원 및 그 배우자의 직계혈족, 직계혈족의 배우자 및 형제 · 자매

3. 해당 동물실험시행기관 총 주식의 100분의 3 이상을 소유한 사람 또는 법인의 임직원

4. 해당 동물실험시행기관에 실험동물이나 관련 기자재를 공급하는 등 사업상 거래

관계에 있는 사람 또는 법인의 임직원

5. 해당 동물실험시행기관의 계열회사 또는 같은 법인에 소속된 임직원

제29조(동물복지축산농장의 인증대상 동물의 범위) 법 제29조제1항에서 "농림축산식품부령으로 정하는 동물"이란 소, 돼지, 닭, 오리, 그 밖에 검역본부장이 정하여 고시하는 동물을 말한다. <개정 2013.3.23.>

제30조(동물복지축산농장 인증기준) 법 제29조제1항에 따른 동물복지축산농장(이하 "동물복지축산농장"이라 한다) 인증기준은 별표 6과 같다. <개정 2017.7.3.>

제31조(인증의 신청) 법 제29조제2항에 따라 동물복지축산농장으로 인증을 받으려는 자는 별지 제11호서식의 동물복지축산농장 인증 신청서에 다음 각 호의 서류를 첨부하여 검역본부장에게 제출하여야 한다. <개정 2013.3.23., 2014.4.8., 2019.8.26.>

1. 「축산법」에 따른 축산업 허가증 또는 가축사육업 등록증 사본 1부

2. 검역본부장이 정하여 고시하는 서식의 가축종류별 축산농장 운영현황서 1부

제32조(동물복지축산농장의 인증 절차 및 방법) ①검역본부장은 제31조에 따라 인증 신청을 받으면 신청일부터 3개월 이내에 인증심사를 하고, 별표 6의 인증기준에 맞는 경우 신청인에게 별지 제12호서식의 동물복지축산농장 인증서를 발급하고, 별지 제13호서식의 동물복지축산농장 인증 관리대장을 유지·관리하여야 한다. <개정 2013.3.23.>

②제1항의 인증 관리대장은 전자적 처리가 불가능한 특별한 사유가 없으면 전자적 방법으로 작성·관리하여야 한다.

③제1항 전단에 따른 인증심사의 세부절차 및 방법은 별표 7과 같다.

④그 밖에 인증절차 및 방법에 관하여 필요한 사항은 검역본부장이 정하여 고시한다. <개정 2013.3.23.>

제33조(동물복지축산농장의 표시) ①동물복지축산농장이나 동물복지축산농장에서 생산한 「축산물 위생관리법」 제2조제2호에 따른 축산물의 포장·용기 등에는 동물복지축산농장의 표시를 할 수 있다. 다만, 식육·포장육 및 식육가공품에는 그 생산과정에서 다음 각 호의 사항을 준수한 경우에만 동물복지축산농장의 표시를 할 수 있다. <개정 2017.7.3.>

1. 동물을 도살하기 위하여 도축장으로 운송할 때에는 법 제9조제2항에 따른 구조 및 설비기준에 맞는 동물 운송 차량을 이용할 것

2. 동물을 도살할 때에는 법 제10조제2항 및 이 규칙 제6조제2항에 따라 농림축산식품부장관이 고시하는 도살방법에 따를 것

②제1항에 따른 동물복지축산농장의 표시방법은 별표 8과 같다.

제34조(동물복지축산농장 인증의 승계신고) ①법 제31조제1항에 따라 동물복지축산농장 인증을 받은 자의 지위를 승계한 자는 별지 제14호서식의 동물복지축산농장 인증 승계신고서에 다음 각 호의 서류를 첨부하여 지위를 승계한 날부터 30일 이내에 검역본부장에게 제출하여야 한다. <개정 2013.3.23., 2014.4.8., 2019.8.26.>

1. 「축산법 시행규칙」 제29조에 따른 승계사항이 기재된 축산업 허가증 또는 가축사육업 등록증 사본 1부
2. 승계받은 농장의 동물복지축산농장 인증서 1부
3. 검역본부장이 정하여 고시하는 서식의 가축종류별 축산농장 운영현황서 1부

②검역본부장은 제1항에 따른 동물복지축산농장 인증 승계신고서를 수리(受理)하였을 때에는 별지 제12호서식의 동물복지축산농장 인증서를 발급하여야 한다. <개정 2013.3.23.>

제35조(영업별 시설 및 인력 기준) 법 제32조제1항에 따라 반려동물과 관련된 영업을 하려는 자가 갖추어야 하는 시설 및 인력 기준은 별표 9와 같다.

[전문개정 2020.8.21.]

제36조(영업의 세부범위) 법 제32조제2항에 따른 동물 관련 영업의 세부범위는 다음 각 호와 같다. <개정 2012.12.26., 2017.7.3., 2018.3.22., 2020.8.21.>

1. 동물장묘업: 다음 각 목 중 어느 하나 이상의 시설을 설치·운영하는 영업
가. 동물 전용의 장례식장
나. 동물의 사체 또는 유골을 불에 태우는 방법으로 처리하는 시설[이하 "동물화장(火葬)시설"이라 한다] 또는 건조·멸균분쇄의 방법으로 처리하는 시설[이하 "동물건조장(乾燥葬)시설"이라 한다]
다. 동물 전용의 봉안시설
2. 동물판매업: 반려동물을 구입하여 판매, 알선 또는 중개하는 영업
3. 동물수입업: 반려동물을 수입하여 판매하는 영업
4. 동물생산업: 반려동물을 번식시켜 판매하는 영업
5. 동물전시업: 반려동물을 보여주거나 접촉하게 할 목적으로 5마리 이상 전시하는 영업. 다만, 「동물원 및 수족관의 관리에 관한 법률」 제2조제1호에 따른 동물원은 제외한다.
6. 동물위탁관리업: 반려동물 소유자의 위탁을 받아 반려동물을 영업장 내에서 일시적으로 사육, 훈련 또는 보호하는 영업
7. 동물미용업: 반려동물의 털, 피부 또는 발톱 등을 손질하거나 위생적으로 관리하는 영업
8. 동물운송업: 반려동물을 「자동차관리법」 제2조제1호의 자동차를 이용하여 운송하는 영업

판례 - 동물보호법위반
[대법원 2016.11.24., 선고, 2015도18765, 판결]
【판시사항】

동물보호법 시행규칙 제36조 제2호에 규정한 '소비자'의 의미 및 동물판매업
자 등 반려동물을 구매하여 다른 사람에게 판매하는 영업을 하는 자가 이에
포함되는지 여부(소극)

【판결요지】
동물보호법 제33조 제1항은 '제32조 제1항 제1호부터 제3호까지의 규정에 따
른 영업을 하려는 자', 즉 농림축산식품부령으로 정하는 개·고양이·토끼 등 가
정에서 반려의 목적으로 기르는 동물(이하 '반려동물'이라 한다)과 관련된 동
물장묘업, 동물판매업, 동물수입업을 하려는 자는 농림축산식품부령으로 정하
는 바에 따라 시장·군수·구청장에게 등록하여야 한다고 규정하고 있고, 동물
보호법 제46조 제4항 제1호는 '제33조 제1항에 따른 등록을 하지 아니하고 영
업을 한 자는 100만 원 이하의 벌금에 처한다.'고 규정하고 있다. 그리고 동물
보호법 제32조 제2항은 "제1항 각 호에 따른 영업의 세부 범위는 농림축산식
품부령으로 정한다."라고 규정하고 있는데, 그 위임에 따라 동물보호법 시행
규칙(이하 '시행규칙'이라 한다) 제36조 제2호는 동물판매업을 '소비자에게 반
려동물을 판매하거나 알선하는 영업'으로, 제3호는 동물수입업을 '반려동물을
수입하여 동물판매업자, 동물생산업자 등 영업자에게 판매하는 영업'으로, 제4
호는 동물생산업을 '반려동물을 번식시켜 동물판매업자, 동물수입업자 등 영
업자에게 판매하는 영업'으로 각각 규정하고 있다.
소비자란 일반적으로 '재화를 소비하는 사람'을 의미한다. 그리고 시행규칙은
동물판매업의 판매·알선 상대방을 '소비자'로, 동물수입업과 동물생산업의 판
매 상대방을 '영업자'로 분명하게 구분하여 규정하고 있다. 만일 동물판매업의
판매·알선 상대방인 '소비자'의 범위를 반려동물 유통구조에서 최종 단계에
있는 소비자에 한정하지 아니하고 다른 동물판매업자 등 영업자도 이에 포함
된다고 보면 동물판매업의 판매·알선 상대방의 범위에 아무런 제한이 없다고
보는 셈이 되고, 결국 시행규칙 제36조 제2호가 판매·알선 상대방을 '소비자'
로 규정한 것이 불필요한 문언으로 된다.
동물보호법과 시행규칙의 규정 내용, 소비자의 통상적인 의미 등을 관련 법리
에 비추어 살펴보면, 시행규칙 제36조 제2호에 규정한 '소비자'는 반려동물을
구매하여 가정에서 반려 목적으로 기르는 사람을 의미한다. 여기서의 '소비자'
에 동물판매업자 등 반려동물을 구매하여 다른 사람에게 판매하는 영업을 하
는 자도 포함된다고 보는 것은 '소비자'의 의미를 피고인에게 불리한 방향으
로 지나치게 확장해석하거나 유추해석하는 것으로서 죄형법정주의에 어긋나
므로 허용되지 아니한다.

제37조(동물장묘업 등의 등록) ①법 제33조제1항에 따라 동물장묘업, 동물판매업,
　동물수입업, 동물전시업, 동물위탁관리업, 동물미용업 또는 동물운송업의 등록을
　하려는 자는 별지 제15호서식의 영업 등록 신청서(전자문서로 된 신청서를 포함한
　다)에 다음 각 호의 서류(전자문서를 포함한다)를 첨부하여 관할 시장·군수·구청
　장에게 제출하여야 한다. <개정 2012.12.26., 2016.1.21., 2018.3.22.>

1. 인력 현황
2. 영업장의 시설 내역 및 배치도
3. 사업계획서
4. 별표 9의 시설기준을 갖추었음을 증명하는 서류가 있는 경우에는 그 서류
5. 삭제 <2016.1.21.>
6. 동물사체에 대한 처리 후 잔재에 대한 처리계획서(동물화장시설 또는 동물건조장 시설을 설치하는 경우에만 해당한다)
7. 폐업 시 동물의 처리계획서(동물전시업의 경우에만 해당한다)

②제1항에 따른 신청서를 받은 시장·군수·구청장은 「전자정부법」 제36조제1항에 따른 행정정보의 공동이용을 통하여 다음 각 호의 서류를 확인하여야 한다. 이 경우 신청인이 주민등록표 초본의 확인에 동의하지 아니하는 경우에는 해당 서류를 제출하게 하여야 한다. <개정 2017.7.3., 2018.3.22.>

1. 주민등록표 초본(법인인 경우에는 법인 등기사항증명서)
2. 건축물대장 및 토지이용계획확인서

③시장·군수·구청장은 제1항에 따른 신청인이 법 제33조제3항제1호 또는 제4호에 해당되는지를 확인할 수 없는 경우에는 해당 신청인에게 제1항의 서류 외에 신원확인에 필요한 자료를 제출하게 할 수 있다.

④시장·군수·구청장은 제1항에 따른 등록 신청이 별표 9의 기준에 맞는 경우에는 신청인에게 별지 제16호서식의 등록증을 발급하고, 별지 제17호서식의 동물장묘업 등록(변경신고) 관리대장과 별지 제18호서식의 동물판매업·동물수입업·동물전시업·동물위탁관리업·동물미용업 및 동물운송업 등록(변경신고) 관리대장을 각각 작성·관리하여야 한다. <개정 2018.3.22.>

⑤제1항에 따라 등록을 한 영업자가 등록증을 잃어버리거나 헐어 못 쓰게 되어 재발급을 받으려는 경우에는 별지 제19호서식의 등록증 재발급신청서(전자문서로 된 신청서를 포함한다)를 시장·군수·구청장에게 제출하여야 한다. <개정 2018.3.22.>

⑥제4항의 등록 관리대장은 전자적 처리가 불가능한 특별한 사유가 없으면 전자적 방법으로 작성·관리하여야 한다.

제38조(등록영업의 변경신고 등) ①법 제33조제2항에서 "농림축산식품부령으로 정하는 사항"이란 다음 각 호의 사항을 말한다. <개정 2013.3.23.>

1. 영업자의 성명(영업자가 법인인 경우에는 그 대표자의 성명)
2. 영업장의 명칭 또는 상호
3. 영업시설
4. 영업장의 소재지

②법 제33조제2항에 따라 동물장묘업, 동물판매업, 동물수입업, 동물전시업, 동물위탁관리업, 동물미용업 또는 동물운송업의 등록사항 변경신고를 하려는 자는 별지

제20호서식의 변경신고서(전자문서로 된 신고서를 포함한다)에 다음 각 호의 서류(전자문서를 포함한다. 이하 이 항에서 같다)를 첨부하여 시장·군수·구청장에게 제출하여야 한다. 다만, 동물장묘업 영업장의 소재지를 변경하는 경우에는 다음 각 호의 서류 외에 제37조제1항제3호·제4호 및 제6호의 서류 중 변경사항이 있는 서류를 첨부하여야 한다. <개정 2012.12.26., 2017.1.25., 2018.3.22.>
1. 등록증
2. 영업시설의 변경 내역서(시설변경의 경우만 해당한다)
③제2항에 따른 변경신고에 관하여는 제37조제4항 및 제6항을 준용한다.

제39조(휴업 등의 신고) ①법 제33조제2항에 따라 동물장묘업, 동물판매업, 동물수입업, 동물전시업, 동물위탁관리업, 동물미용업 또는 동물운송업의 휴업·재개업 또는 폐업신고를 하려는 자는 별지 제21호서식의 휴업(재개업·폐업) 신고서(전자문서로 된 신고서를 포함한다)를 관할 시장·군수·구청장에게 제출하여야 한다. 다만, 휴업의 기간을 정하여 신고하는 경우 그 기간이 만료되어 재개업할 때에는 신고하지 아니할 수 있다. <개정 2017.7.3., 2018.3.22.>
②제1항에 따라 폐업신고를 하려는 자가 「부가가치세법」 제8조제6항에 따른 폐업신고를 같이 하려는 경우에는 제1항에 따른 폐업신고서에 「부가가치세법 시행규칙」 별지 제9호서식의 폐업신고서를 함께 제출하거나 「민원처리에 관한 법률 시행령」 제12조제10항에 따른 통합 폐업신고서를 제출하여야 한다. 이 경우 관할 시장·군수·구청장은 함께 제출받은 폐업신고서 또는 통합 폐업신고서를 지체없이 관할 세무서장에게 송부(정보통신망을 이용한 송부를 포함한다. 이하 이 조에서 같다)하여야 한다. <신설 2017.7.3.>
③관할 세무서장이 「부가가치세법 시행령」 제13조제5항에 따라 제1항에 따른 폐업신고를 받아 이를 관할 시장·군수·구청장에게 송부한 경우에는 제1항에 따른 폐업신고서가 제출된 것으로 본다. <신설 2017.7.3.>

제40조(동물생산업의 허가) ①동물생산업을 하려는 자는 법 제34조제1항에 따라 별지 제22호서식의 동물생산업 허가신청서(전자문서로 된 신청서를 포함한다)에 다음 각 호의 서류를 첨부하여 관할 시장·군수·구청장에게 제출하여야 한다. <개정 2018.3.22.>
1. 영업장의 시설 내역 및 배치도
2. 인력 현황
3. 사업계획서
4. 폐업 시 동물의 처리계획서
②제1항에 따른 신청서를 받은 시장·군수·구청장은 「전자정부법」 제36조제1항에 따른 행정정보의 공동이용을 통하여 다음 각 호의 서류를 확인하여야 한다. 이 경우 신청인이 주민등록표 초본의 확인에 동의하지 아니하는 경우에는 해당 서류를

제출하게 하여야 한다. <개정 2018.3.22.>
1. 주민등록표 초본(법인인 경우에는 법인 등기사항증명서)
2. 건축물대장 및 토지이용계획확인서
③시장·군수·구청장은 제1항에 따른 신청인이 법 제34조제3항제1호 또는 제5호에 해당되는지를 확인할 수 없는 경우에는 해당 신청인에게 제1항 또는 제2항의 서류 외에 신원확인에 필요한 자료를 제출하게 할 수 있다. <개정 2018.3.22.>
④시장·군수·구청장은 제1항에 따른 신청이 별표 9의 기준에 맞는 경우에는 신청인에게 별지 제23호서식의 허가증을 발급하고, 별지 제24호서식의 동물생산업 허가(변경신고) 관리대장을 작성·관리하여야 한다. <개정 2018.3.22.>
⑤제4항에 따라 허가를 받은 자가 허가증을 잃어버리거나 헐어 못 쓰게 되어 재발급을 받으려는 경우에는 별지 제19호서식의 허가증 재발급 신청서(전자문서로 된 신청서를 포함한다)를 시장·군수·구청장에게 제출하여야 한다. <개정 2018.3.22.>
⑥제4항의 동물생산업 허가(변경신고) 관리대장은 전자적 처리가 불가능한 특별한 사유가 없으면 전자적 방법으로 작성·관리하여야 한다. <개정 2018.3.22.>
[제목개정 2018.3.22.]

제41조(허가사항의 변경 등의 신고) ①법 제34조제2항에서 "농림축산식품부령으로 정하는 사항"이란 다음 각 호의 사항을 말한다. <개정 2013.3.23.>
1. 영업자의 성명(영업자가 법인인 경우에는 그 대표자의 성명)
2. 영업장의 명칭 또는 상호
3. 영업시설
4. 영업장의 소재지
②법 제34조제2항에 따라 동물생산업의 허가사항 변경신고를 하려는 자는 별지 제20호서식의 변경신고서(전자문서로 된 신고서를 포함한다)에 다음 각 호의 서류를 첨부하여 시장·군수·구청장에게 제출하여야 한다. 다만, 영업자가 영업장의 소재지를 변경하는 경우에는 제40조제1항 각 호의 서류(전자문서로 된 서류를 포함한다) 중 변경사항이 있는 서류를 첨부하여야 한다. <개정 2017.1.25., 2018.3.22.>
1. 허가증
2. 영업시설의 변경 내역서(시설 변경의 경우만 해당한다)
③법 제34조제2항에 따른 동물생산업의 휴업·재개업·폐업의 신고에 관하여는 제39조를 준용한다.
④제1항에 따른 변경신고에 관하여는 제40조제4항 및 제6항을 준용한다.
[제목개정 2018.3.22.]

제42조(영업자의 지위승계 신고) ①법 제35조에 따라 영업자의 지위승계 신고를 하려는 자는 별지 제25호서식의 영업자 지위승계 신고서(전자문서로 된 신고서를

포함한다)에 다음 각 호의 구분에 따른 서류를 첨부하여 등록 또는 신고를 한 시장·군수·구청장에게 제출하여야 한다.

1. 양도·양수의 경우: 양도·양수 계약서 사본 등 양도·양수 사실을 확인할 수 있는 서류
2. 상속의 경우: 「가족관계의 등록 등에 관한 법률」 제15조제1항에 따른 가족관계증명서와 상속 사실을 확인할 수 있는 서류
3. 제1호와 제2호 외의 경우: 해당 사유별로 영업자의 지위를 승계하였음을 증명할 수 있는 서류

②제1항에 따른 신고서를 받은 시장·군수·구청장은 영업양도의 경우 「전자정부법」 제36조제1항에 따른 행정정보의 공동이용을 통하여 양도·양수를 증명할 수 있는 법인 등기사항증명서, 토지등기부등본, 건물등기부등본, 건축물대장 또는 양도인의 인감증명서를 확인하여야 한다. 다만, 양도인이 인감증명서의 확인에 동의하지 아니하는 경우에는 인감증명서를 제출하게 하여야 하고, 양도인과 양수인이 함께 방문하여 시장·군수·구청장에게 신고하는 경우에는 인감증명서를 확인하지 아니할 수 있다.

③시장·군수·구청장은 제1항에 따른 신고인이 법 제33조제3항제1호·제4호 및 법 제34조제3항제1호·제5호에 해당되는지를 확인할 수 없는 경우에는 해당 신고인에게 제1항 각 호의 서류 외에 신원확인에 필요한 자료를 제출하게 할 수 있다. <개정 2018.3.22.>

④제1항에 따라 영업자의 지위승계를 신고하는 자가 제38조제1항제2호 또는 제41조제1항제2호에 따른 영업장의 명칭 또는 상호를 변경하려는 경우에는 이를 함께 신고할 수 있다. <개정 2018.3.22.>

⑤시장·군수·구청장은 제1항의 신고를 받았을 때에는 신고인에게 별지 제16호서식의 등록증 또는 별지 제23호서식의 허가증을 재발급하여야 한다. <개정 2018.3.22.>

제43조(영업자의 준수사항) 영업자(법인인 경우에는 그 대표자를 포함한다)와 그 종사자의 준수사항은 별표 10과 같다. <개정 2018.3.22.>

제44조(동물판매업자 등의 교육) ①법 제37조제1항 및 제2항에 따른 교육대상자별 교육시간은 다음 각 호의 구분에 따른다. <개정 2018.3.22.>

1. 동물판매업, 동물수입업, 동물생산업, 동물전시업, 동물위탁관리업, 동물미용업 또는 동물운송업을 하려는 자: 등록신청일 또는 허가신청일 이전 1년 이내 3시간
2. 법 제38조에 따라 영업정지 처분을 받은 자: 처분을 받은 날부터 6개월 이내 3시간
3. 영업자(동물장묘업자는 제외한다): 매년 3시간

②교육기관은 다음 각 호의 내용을 포함하여 교육을 실시하여야 한다. <개정 2019.3.21.>

1. 이 법 및 동물보호정책에 관한 사항
2. 동물의 보호·복지에 관한 사항
3. 동물의 사육·관리 및 질병예방에 관한 사항

4. 영업자 준수사항에 관한 사항
5. 그 밖에 교육기관이 필요하다고 인정하는 사항
③교육기관의 지정, 교육의 방법, 교육결과의 통지 및 기록의 유지 · 관리 · 보관에 관하여는 제12조의4제2항 · 제4항 및 제5항을 준용한다. <신설 2019.3.21.>
④삭제 <2019.3.21.>
⑤삭제 <2019.3.21.>

제45조(행정처분의 기준) ①법 제38조에 따른 영업자에 대한 등록 또는 허가의 취소, 영업의 전부 또는 일부의 정지에 관한 행정처분기준은 별표 11과 같다. <개정 2018.3.22.>
②시장 · 군수 · 구청장이 제1항에 따른 행정처분을 하였을 때에는 별지 제26호서식의 행정처분 및 청문 대장에 그 내용을 기록하고 유지 · 관리하여야 한다.
③제2항의 행정처분 및 청문 대장은 전자적 처리가 불가능한 특별한 사유가 없으면 전자적 방법으로 작성 · 관리하여야 한다.

제46조(시정명령) 법 제39조제1항제3호에서 "농림축산식품부령으로 정하는 시정명령"이란 다음 각 호의 어느 하나에 해당하는 명령을 말한다. <개정 2013.3.23.>
1. 동물에 대한 학대행위의 중지
2. 동물에 대한 위해 방지 조치의 이행
3. 공중위생 및 사람의 신체 · 생명 · 재산에 대한 위해 방지 조치의 이행
4. 질병에 걸리거나 부상당한 동물에 대한 신속한 치료

제47조(동물보호감시원의 증표) 법 제40조제3항에 따른 동물보호감시원의 증표는 별지 제27호서식과 같다.

제48조(등록 등의 수수료) 법 제42조에 따른 수수료는 별표 12와 같다. 이 경우 수수료는 정부수입인지, 해당 지방자치단체의 수입증지, 현금, 계좌이체, 신용카드, 직불카드 또는 정보통신망을 이용한 전자화폐 · 전자결제 등의 방법으로 내야 한다. <개정 2013.12.31.>

제49조(규제의 재검토) ① 농림축산식품부장관은 다음 각 호의 사항에 대하여 다음 각 호의 기준일을 기준으로 3년마다(매 3년이 되는 해의 기준일과 같은 날 전까지를 말한다) 그 타당성을 검토하여 개선 등의 조치를 해야 한다.
1. 삭 제
2. 제5조에 따른 동물운송자의 범위: 2017년 1월 1일
3. 제6조에 따른 동물의 도살방법: 2017년 1월 1일
4. 삭 제
5. 제8조 및 별표 2에 따른 등록대상동물의 등록사항 및 방법 등: 2017년 1월 1일
6. 제9조에 따른 등록사항의 변경신고 대상 및 절차 등: 2017년 1월 1일

7. 제19조 및 별표 5에 따른 동물보호센터의 준수사항: 2017년 1월 1일
8. 제24조에 따른 윤리위원회의 공동 설치 등: 2017년 1월 1일
9. 제26조에 따른 윤리위원회 위원 자격: 2017년 1월 1일
10. 제25조 및 별지 제10호서식의 동물실험윤리위원회 운영 실적 통보서의 기재사항: 2017년 1월 1일
11. 제27조에 따른 윤리위원회의 구성 절차: 2017년 1월 1일
12. 제35조 및 별표 9에 따른 영업의 범위 및 시설기준: 2017년 1월 1일
13. 제38조에 따른 등록영업의 변경신고 대상 및 절차: 2017년 1월 1일
14. 제41조에 따른 허가사항의 변경신고 대상 및 변경 등의 신고 절차: 2017년1월 1일
15. 제43조 및 별표 10에 따른 영업자의 준수: 2017년 1월 1일
② 농림축산식품부장관은 제7조에 따른 동물등록제 제외 지역의 기준에 대하여 2020년 1월 1일을 기준으로 5년마다(매 5년이 되는 해의 기준일과 같은 날 전까지를 말한다) 그 타당성을 검토하여 개선 등의 조치를 해야 한다.

부칙

<제453호, 2020.11.24.>

이 규칙은 공포한 날부터 시행한다.

야생생물 보호 및 관리에 관한 법률
(약칭: 야생생물법)
[시행 2020.11.27.]
[법률 제16609호, 2019.11.26., 일부개정]

제1장 총칙

제1조(목적) 이 법은 야생생물과 그 서식환경을 체계적으로 보호·관리함으로써 야생생물의 멸종을 예방하고, 생물의 다양성을 증진시켜 생태계의 균형을 유지함과 아울러 사람과 야생생물이 공존하는 건전한 자연환경을 확보함을 목적으로 한다. [전문개정 2011.7.28.]

제2조(정의) 이 법에서 사용하는 용어의 뜻은 다음과 같다. <개정 2012.2.1., 2014.3.24.>
1. "야생생물"이란 산·들 또는 강 등 자연상태에서 서식하거나 자생(自生)하는 동물, 식물, 균류·지의류(地衣類), 원생생물 및 원핵생물의 종(種)을 말한다.
2. "멸종위기 야생생물"이란 다음 각 목의 어느 하나에 해당하는 생물의 종으로서 관계 중앙행정기관의 장과 협의하여 환경부령으로 정하는 종을 말한다.
   가. 멸종위기 야생생물 Ⅰ급: 자연적 또는 인위적 위협요인으로 개체수가 크게 줄어들어 멸종위기에 처한 야생생물로서 대통령령으로 정하는 기준에 해당하는 종
   나. 멸종위기 야생생물 Ⅱ급: 자연적 또는 인위적 위협요인으로 개체수가 크게 줄어들고 있어 현재의 위협요인이 제거되거나 완화되지 아니할 경우 가까운 장래에 멸종위기에 처할 우려가 있는 야생생물로서 대통령령으로 정하는 기준에 해당하는 종
3. "국제적 멸종위기종"이란 「멸종위기에 처한 야생동식물종의 국제거래에 관한 협약」(이하 "멸종위기종국제거래협약"이라 한다)에 따라 국제거래가 규제되는 다음 각 목의 어느 하나에 해당하는 생물로서 환경부장관이 고시하는 종을 말한다.
   가. 멸종위기에 처한 종 중 국제거래로 영향을 받거나 받을 수 있는 종으로서 멸종위기종국제거래협약의 부속서 Ⅰ에서 정한 것
   나. 현재 멸종위기에 처하여 있지는 아니하나 국제거래를 엄격하게 규제하지 아니할 경우 멸종위기에 처할 수 있는 종과 멸종위기에 처한 종의 거래를 효과적으로 통제하기 위하여 규제를 하여야 하는 그 밖의 종으로서 멸종위기종국제거래협약의 부속서 Ⅱ에서 정한 것
   다. 멸종위기종국제거래협약의 당사국이 이용을 제한할 목적으로 자기 나라의 관할권에서 규제를 받아야 하는 것으로 확인하고 국제거래 규제를 위하여 다른 당사국의 협력이 필요하다고 판단한 종으로서 멸종위기종국제거래협약의 부속서 Ⅲ에서 정한 것
4. 삭제 <2012.2.1.>

5. "유해야생동물"이란 사람의 생명이나 재산에 피해를 주는 야생동물로서 환경부령으로 정하는 종을 말한다.
6. "인공증식"이란 야생생물을 일정한 장소 또는 시설에서 사육·양식 또는 증식하는 것을 말한다.
7. "생물자원"이란 「생물다양성 보전 및 이용에 관한 법률」 제2조제3호에 따른 생물자원을 말한다.
8. "야생동물 질병"이란 야생동물이 병원체에 감염되거나 그 밖의 원인으로 이상이 발생한 상태로서 환경부령으로 정하는 질병을 말한다.
9. "질병진단"이란 죽은 야생동물 또는 질병에 걸린 것으로 확인되거나 걸릴 우려가 있는 야생동물에 대하여 부검, 임상검사, 혈청검사, 그 밖의 실험 등을 통하여 야생동물 질병의 감염 여부를 확인하는 것을 말한다.
[전문개정 2011.7.28.]

판례 – 국제멸종위기종용도변경승인신청반려처분취소
[서울고등법원 2010.9.30., 선고, 2010누5372, 판결]

【청구취지 및 항소취지】
제1심 판결을 취소한다. 피고가 2009.9.2. 원고에게 한 국제멸종위기종 용도변경 승인신청 거부처분을 취소한다.

【이 유】
1. 처분의 경위
①원고는 2009.8.26. 피고에게 '원고가 사육하던 1986년생 반달가슴곰 암컷 1두(이하 '이 사건 곰'이라 한다)의 웅지를 비누, 에센스의 제조에 사용하고 발바닥을 요리에 사용할 수 있도록 이 사건 곰의 용도를 사육곰에서 식품 및 가공품 재료로 변경하는 것을 승인하여 달라'는 취지로 국제적멸종위기종 용도변경 승인신청(이하 '이 사건 승인신청'이라 한다)을 하였다.
②피고는 2009.9.2. 원고에게 '수입 또는 반입하여 인공사육중인 곰(수입 또는 반입한 것으로부터 증식한 개체 포함)은 웅담 등을 약재로 사용하는 경우 외에는 용도변경승인 대상에 해당하지 않는다'는 이유로 이 사건 승인신청서를 반려하였다(이하 '이 사건 처분'이라 한다).
[인정 근거] 다툼 없음, 갑 제1, 2, 16호증, 을 제2호증의 각 기재, 변론 전체의 취지

2. 판단
위 인정사실 및 관계 법령에 의하여 알 수 있는 다음 각 사정을 종합하여 보면, 원고가 이 사건 곰의 웅지[곰 기름]를 비누, 화장품 등의 제조에 사용하는 것은 가공품의 재료로 사용하는 경우에 해당한다고 할 것이지만, 곰 발바닥을 음식의 재료로 사용하는 것은 가공품의 재료로 사용하는 경우에 해당한다 할 수 없으므로, 원고의 위 주장은 이 사건 곰을 가공품 재료로 용도변경 승인신청을 한 부분에 한하여 이유 있고 나머지 주장은 이유 없다.

① 야생동·식물보호법 제2조 제3호 가목, 제16조 제3항, 야생동·식물보호법 시행규칙 제22조 제1항 제4호, 별표 5 각 규정의 내용과 체계, 농가소득 증대를 위해 국제적멸종위기종의 용도변경 제도를 도입 및 확대하고 있는 입법 취지 및 연혁 등에 비추어 볼 때 반달가슴곰은 이 사건 협약 부속서 Ⅰ에 등재되어 상업적인 국제거래가 금지된 국제적멸종위기종으로서 원칙적으로 수입 또는 반입 당시의 목적 외의 용도로 사용할 수 없지만, 재수출을 하기 위해 수입하여 인공사육중인 반달가슴곰 또는 이로부터 증식하여 인공사육중인 반달가슴곰은 야생동·식물보호법 시행규칙 제22조 제1항 제4호에 의하여 이를 가공품의 재료(웅담 등을 약재로 사용하는 것을 포함한다)로 사용하고자 하는 경우에 지방환경관서의 장에게 용도변경 승인신청을 할 수 있고, 지방환경관서의 장은 관계 법령이 정한 요건이 충족되는 경우에 용도변경 승인을 하여야 할 것이다.

②위 ①항 기재 각 규정의 내용, 입법 취지 및 연혁 등에 비추어 볼 때 반달가슴곰의 발바닥을 음식의 재료로 사용하는 경우와 같이 국제적멸종위기종인 반달가슴곰을 식용의 재료로 사용하는 것은 가공품의 재료로 사용하고자 하는 경우에 해당한다고 볼 수 없으므로 인공사육중인 반달가슴곰의 용도를 식용의 재료로 사용하거나 이를 위해 판매하는 것은 허용되지 않는다 할 것이다.

③이 사건 곰은 이 사건 협약 부속서 Ⅰ에 등재된 국제적멸종위기종인 반달가슴곰에 속하는 개체로서 그 어미가 1985.7.1. 전에 재수출을 위하여 수입된 후 그로부터 국내에서 번식되어 원고에 의해 사육되고 있고 이 사건 승인신청 당시 연령이 야생동·식물법 시행규칙 별표 5 소정의 처리기준인 10세를 넘기고 있으므로, 이 사건 곰의 웅지를 추출하여 비누, 화장품 등의 재료로 사용하고자 하는 것은 국제적멸종위기종을 가공품의 재료로 사용할 수 있는 경우에 해당한다 할 것이다.

④을 제4, 11, 12호증의 각 기재에 의하면, 환경부장관이 2005.3.9. 지방환경관서의 장에게 "사육곰의 용도변경 승인시 웅담 등을 약재로 사용하는 경우 외에 곰 고기 등을 식용으로 판매하는 용도로 변경하고자 하는 경우에는 용도변경 승인 불허의 조치를 하고 2005.3.7.자 「사육곰 관리 지침」에 따라 처리하라"는 사육곰 용도변경 승인시의 유의사항을 통보하는 한편 2005.3.7. 「사육곰 관리 지침」을 제정한 사실을 인정할 수 있지만, 2005.3.7.자 「사육곰 관리 지침」에는 '가공품의 재료로 사용하는 경우'를 '웅담 등을 약재로 사용하는 경우'로 제한하는 내용이 기재되어 있지 않고, 피고 주장과 같이 위 '사육곰 용도변경 승인시의 유의사항 통보'와 2005.3.7.자 「사육곰 관리 지침」에 의해 '가공품의 재료로 사용하는 경우'를 '웅담 등을 약재로 사용하는 경우'로 제한하는 것은 상위 법령에 근거하지 않은 단순한 내부적 행정지침에 불과할 뿐 대외적으로 일반 국민에 대하여 효력을 가지는 법규라 할 수 없으므로 이 사건 처분의 적법성 근거가 될 수 없다.

⑤행정처분의 상대방의 방어권을 보장함으로써 실질적 법치주의를 구현하고 행정처분의 상대방인 국민에 대한 신뢰를 보호하려는 견지에서 원칙적으로

처분사유의 변경은 허용되지 않고 당초의 처분사유와 기본적인 사실관계의 동일성이 인정되는 한도 내에서만 이를 추가하거나 변경할 수 있는바(대법원 1994.9.23. 선고 94누9368 판결, 대법원 2003.12.11. 선고 2001두8827 판결, 대법원 2004.2.13. 선고 2001두4030 판결 등 참조), 피고가 이 사건에서 주장하는 바와 같이 웅지가 화장품원료기준(식품의약품안정청 고시 제2009-52호), 대한민국 화장품 원료집, 국제 화장품 원료집 및 EU 화장품 원료집 등에 화장품 원료로 등재되어 있지 않아 화장품 원료로 사용될 수 없다는 사정(다만 실제로 웅지가 화장품 원료로 사용될 수 있는지 여부는 별도로 한다)은 이 사건 처분의 적법성을 판단함에 있어서 고려할 요소가 되지 못한다.

⑥이 사건 곰은 당초 농가소득 증대의 목적으로 재수출을 위하여 수입된 인공사육 곰에서 번식된 개체로서 그 용도 역시 재수출용이었는데, 대한민국이 반달가슴곰의 상업적 국제거래를 금지하고 있는 이 사건 협약에 가입하고 이에 따라 조수보호및수렵에관한법률(2005.2.7. 대통령령 제18696호로 폐지), 야생동·식물보호법 등 관계 법령을 계속하여 정비함으로써 반달가슴곰인 이 사건 곰의 재수출 등이 금지되어 원고의 재산권 행사가 제한받게 되었는바, 이는 국제적으로 멸종위기에 처한 야생동·식물을 보호, 관리함으로써 멸종을 예방하고 생물의 다양성을 증진시켜 생태계의 균형을 유지함과 아울러 사람과 야생동·식물이 공존하는 건전한 자연환경을 확보한다는 공익적 목적을 위한 것으로서 그 필요성이 인정되고 또한 재수출 금지 등으로 인한 재산권 행사 제한의 불이익을 해소하기 위하여 수입 목적 외의 용도변경금지제도를 바꾸어 가공품 재료로의 용도변경을 승인하는 제도를 마련함으로써 반달가슴곰 사육 농가의 소득증대 목적에 부응하도록 하고 있으므로 곰의 용도를 사육곰에서 식용 재료로 변경하는 신청을 불승인한다 하여 사유재산권의 침해가 있다고 보기 어렵다.

⑦지방환경관서의 장은 곰의 용도를 사육곰에서 식용 재료로 변경하는 것에 관한 승인권한을 관계 법령에 의하여 부여받지 못하였음은 앞서 본 바와 같으므로, 피고가 원고의 식용 재료로 용도변경 승인신청을 거부하였다고 하여 재량권의 일탈·남용이 문제될 수 없다.

　　판사 이대경(재판장) 정재오 김재형

제3조(야생생물 보호 및 이용의 기본원칙) ①야생생물은 현세대와 미래세대의 공동자산임을 인식하고 현세대는 야생생물과 그 서식환경을 적극 보호하여 그 혜택이 미래세대에게 돌아갈 수 있도록 하여야 한다.

②야생생물과 그 서식지를 효과적으로 보호하여 야생생물이 멸종되지 아니하고 생태계의 균형이 유지되도록 하여야 한다.

③국가, 지방자치단체 및 국민이 야생생물을 이용할 때에는 야생생물이 멸종되거나 생물다양성이 감소되지 아니하도록 하는 등 지속가능한 이용이 되도록 하여야 한다.
[전문개정 2011.7.28.]

제4조(국가 등의 책무) ①국가는 야생생물의 서식실태 등을 파악하여 야생생물 보

호에 관한 종합적인 시책을 수립·시행하고, 야생생물 보호와 관련되는 국제협약을 준수하여야 하며, 관련 국제기구와 협력하여 야생생물의 보호와 그 서식환경의 보전을 위하여 노력하여야 한다.

②지방자치단체는 야생생물 보호를 위한 국가의 시책에 적극 협조하여야 하며, 지역적 특성에 따라 관할구역의 야생생물 보호와 그 서식환경 보전을 위한 대책을 수립·시행하여야 한다.

③모든 국민은 야생생물 보호를 위한 국가와 지방자치단체의 시책에 적극 협조하는 등 야생생물 보호를 위하여 노력하여야 한다.

[전문개정 2011.7.28.]

제2장 야생생물의 보호

제1절 총칙

제5조(야생생물 보호 기본계획의 수립 등) ①환경부장관은 야생생물 보호와 그 서식환경 보전을 위하여 5년마다 멸종위기 야생생물 등에 대한 야생생물 보호 기본계획(이하 "기본계획"이라 한다)을 수립하여야 한다.

②환경부장관은 기본계획을 수립하거나 변경할 때에는 관계 중앙행정기관의 장과 미리 협의하여야 하고, 수립되거나 변경된 기본계획을 관계 중앙행정기관의 장과 특별시장·광역시장·특별자치시장·도지사·특별자치도지사(이하 "시·도지사"라 한다)에게 통보하여야 한다. <개정 2014.3.24.>

③환경부장관은 기본계획의 수립 또는 변경을 위하여 관계 중앙행정기관의 장과 시·도지사에게 그에 필요한 자료의 제출을 요청할 수 있다.

④시·도지사는 기본계획에 따라 관할구역의 야생생물 보호를 위한 세부계획(이하 "세부계획"이라 한다)을 수립하여야 한다.

⑤시·도지사가 세부계획을 수립하거나 변경할 때에는 미리 환경부장관의 의견을 들어야 한다.

⑥기본계획과 세부계획에 포함되어야 할 내용과 그 밖에 필요한 사항은 대통령령으로 정한다.

[전문개정 2011.7.28.]

제5조의2 삭제 <2012.2.1.>

제6조(야생생물 등의 서식실태 조사) ①환경부장관은 멸종위기 야생생물,「생물다양성 보전 및 이용에 관한 법률」제2조제8호에 따른 생태계교란 생물 등 특별히 보호하거나 관리할 필요가 있는 야생생물의 서식실태를 정밀하게 조사하여야 한

다. <개정 2012.2.1.>

②환경부장관은 보호하거나 관리할 필요가 있는 야생생물 및 그 서식지 등이 자연적 또는 인위적 요인으로 인하여 훼손될 우려가 있는 경우에는 수시로 실태조사를 하거나 관찰종을 지정하여 조사할 수 있다. <신설 2014.3.24.>

③제1항과 제2항에 따른 조사의 내용·방법 등 필요한 사항은 환경부령으로 정한다. <개정 2014.3.24.>

[전문개정 2011.7.28.]

[제목개정 2014.3.24.]

제7조(서식지외보전기관의 지정 등) ①환경부장관은 야생생물을 서식지에서 보전하기 어렵거나 종의 보존 등을 위하여 서식지 외에서 보전할 필요가 있는 경우에는 관계 중앙행정기관의 장의 의견을 들어 야생생물의 서식지 외 보전기관을 지정할 수 있다. 다만, 지정된 서식지 외 보전기관(이하 "서식지외보전기관"이라 한다)에서 「문화재보호법」 제25조에 따른 천연기념물을 보전하게 하려는 경우에는 문화재청장과 협의하여야 한다.

②환경부장관 및 지방자치단체의 장은 서식지외보전기관에서 멸종위기 야생생물을 보전하게 하기 위하여 필요하면 그 비용의 전부 또는 일부를 지원할 수 있다. <개정 2017.12.12.>

③서식지외보전기관의 지정에 필요한 사항은 대통령령으로 정하고, 그 기관의 운영 및 지정서 교부 등에 필요한 사항은 환경부령으로 정한다.

[전문개정 2011.7.28.]

제7조의2(서식지외보전기관의 지정취소) ①환경부장관은 서식지외보전기관이 다음 각 호의 어느 하나에 해당하는 경우에는 그 지정을 취소할 수 있다. 다만, 제1호에 해당하는 경우에는 그 지정을 취소하여야 한다. <개정 2013.7.16., 2014.3.24., 2017.12.12.>

1. 거짓이나 그 밖의 부정한 방법으로 지정을 받은 경우
2. 제8조를 위반하여 야생동물을 학대한 경우
3. 제9조제1항을 위반하여 포획·수입 또는 반입한 야생동물, 이를 사용하여 만든 음식물 또는 가공품을 그 사실을 알면서 취득(환경부령으로 정하는 야생생물을 사용하여 만든 음식물 또는 추출가공식품을 먹는 행위는 제외한다)·양도·양수·운반·보관하거나 그러한 행위를 알선한 경우
4. 제14조제1항을 위반하여 멸종위기 야생생물을 포획·채취등을 한 경우
5. 제14조제2항을 위반하여 멸종위기 야생생물의 포획·채취등을 위하여 폭발물, 덫, 창애, 올무, 함정, 전류 및 그물을 설치 또는 사용하거나 유독물, 농약 및 이와 유사한 물질을 살포 또는 주입한 경우

6. 제16조제1항을 위반하여 허가 없이 국제적 멸종위기종 및 그 가공품을 수출·수입·반출 또는 반입한 경우

7. 제16조제3항을 위반하여 국제적 멸종위기종 및 그 가공품을 수입 또는 반입 목적 외의 용도로 사용한 경우

8. 제16조제4항을 위반하여 국제적 멸종위기종 및 그 가공품을 포획·채취·구입하거나 양도·양수, 양도·양수의 알선·중개, 소유, 점유 또는 진열한 경우

9. 삭제 <2013.7.16.>

10. 제19조제1항을 위반하여 환경부령으로 정하는 종에 해당하는 야생생물을 포획·채취하거나 죽인 경우

11. 제19조제3항을 위반하여 야생생물을 포획·채취하거나 죽이기 위하여 폭발물, 덫, 창애, 올무, 함정, 전류 및 그물을 설치 또는 사용하거나 유독물, 농약 및 이와 유사한 물질을 살포하거나 주입한 경우

12. 제21조제1항을 위반하여 환경부령으로 정하는 종에 해당하는 야생생물을 허가 없이 수출·수입·반출 또는 반입한 경우

13. 정당한 사유 없이 계속하여 3년 이상 야생생물의 보전 실적이 없는 경우

14. 제56조에 따른 보고 및 검사 등의 명령을 3회 이상 이행하지 않는 등 야생생물 보호·관리가 부실한 경우

②제1항에 따라 지정이 취소된 자는 취소된 날부터 7일 이내에 지정서를 환경부장관에게 반납하여야 한다. [본조신설 2011.7.28.]

제8조(야생동물의 학대금지) ①누구든지 정당한 사유 없이 야생동물을 죽음에 이르게 하는 다음 각 호의 학대행위를 하여서는 아니 된다. <개정 2014.3.24., 2017.12.12.>

1. 때리거나 산채로 태우는 등 다른 사람에게 혐오감을 주는 방법으로 죽이는 행위

2. 목을 매달거나 독극물, 도구 등을 사용하여 잔인한 방법으로 죽이는 행위

3. 그 밖에 제2항 각 호의 학대행위로 야생동물을 죽음에 이르게 하는 행위

4. 삭제 <2017.12.12.>

②누구든지 정당한 사유 없이 야생동물에게 고통을 주거나 상해를 입히는 다음 각 호의 학대행위를 하여서는 아니 된다. <신설 2017.12.12.>

1. 포획·감금하여 고통을 주거나 상처를 입히는 행위

2. 살아 있는 상태에서 혈액, 쓸개, 내장 또는 그 밖의 생체의 일부를 채취하거나 채취하는 장치 등을 설치하는 행위

3. 도구·약물을 사용하거나 물리적인 방법으로 고통을 주거나 상해를 입히는 행위

4. 도박·광고·오락·유흥 등의 목적으로 상해를 입히는 행위

5. 야생동물을 보관, 유통하는 경우 등에 고의로 먹이 또는 물을 제공하지 아니하거나, 질병 등에 대하여 적절한 조치를 취하지 아니하고 방치하는 행위

[전문개정 2011.7.28.]

제9조(불법 포획한 야생동물의 취득 등 금지) ①누구든지 이 법을 위반하여 포획
·수입 또는 반입한 야생동물, 이를 사용하여 만든 음식물 또는 가공품을 그 사실
을 알면서 취득(환경부령으로 정하는 야생동물을 사용하여 만든 음식물 또는 추출
가공식품을 먹는 행위를 포함한다)·양도·양수·운반·보관하거나 그러한 행위를
알선하지 못한다.
②환경부장관이나 지방자치단체의 장은 이 법을 위반하여 포획·수입 또는 반입한
야생동물, 이를 사용하여 만든 음식물 또는 가공품을 압류하는 등 필요한 조치를
할 수 있다.
[전문개정 2011.7.28.]

제10조(덫, 창애, 올무 등의 제작금지 등) 누구든지 덫, 창애, 올무 또는 그 밖에
야생동물을 포획할 수 있는 도구를 제작·판매·소지 또는 보관하여서는 아니 된
다. 다만, 학술 연구, 관람·전시, 유해야생동물의 포획 등 환경부령으로 정하는
경우에는 그러하지 아니하다.
[전문개정 2011.7.28.]

판례 — 야생생물보호및관리에관한법률위반
[대법원 2016.10.27., 선고, 2016도5083, 판결]

【판시사항】
야생생물 보호 및 관리에 관한 법률 제70조 제3호 및 제10조에 규정되어 있
는 '그 밖에 야생동물을 포획할 수 있는 도구'의 의미

【판결요지】
야생생물 보호 및 관리에 관한 법률(이하 '야생생물법'이라 한다) 제70조 제3
호 및 제10조는 야생생물을 포획할 목적이 있었는지를 불문하고 야생동물을
포획할 수 있는 도구의 제작·판매·소지 또는 보관행위 자체를 일체 금지하고
있고, 도구를 사용하여 야생동물을 포획할 수 있기만 하면 도구의 본래 용법
이 어떠하든지 간에 위 규정에 의하여 처벌될 위험이 있으므로 '그 밖에 야생
동물을 포획할 수 있는 도구'의 의미를 엄격하게 해석하여야 할 필요가 있는
점, 야생생물법 제69조 제1항 제7호 및 제19조 제3항은 야생생물을 포획하기
위하여 폭발물, 덫, 창애, 올무, 함정, 전류 및 그물을 설치 또는 사용한 행위
를 처벌하고 있는데, 덫, 창애, 올무는 야생생물법 제70조 제3호 및 제10조에
서 별도로 제작·판매·소지 또는 보관행위까지 금지·처벌하고 있는 반면, 야생
생물법 제69조 제1항 제7호 및 제19조 제3항에 함께 규정된 '폭발물, 함정, 전
류 및 그물' 등도 야생동물을 포획할 수 있는 도구에 해당할 수 있으나 이에
대하여는 야생생물법 제70조 제3호 및 제10조에서 특별히 언급하고 있지 않
은 점, 야생생물법 제70조 제3호 및 제10조의 문언상 '그 밖에 야생동물을 포
획할 수 있는 도구'는 '덫, 창애, 올무'와 병렬적으로 규정되어 있으므로 '그
밖에 야생동물을 포획할 수 있는 도구' 사용의 위험성이 덫, 창애, 올무 사용
의 위험성에 비견될 만한 것이어야 하는 점 등을 종합하여 보면, 야생생물법

제70조 제3호 및 제10조에 규정되어 있는 '그 밖에 야생동물을 포획할 수 있는 도구'란 도구의 형상, 재질, 구조와 기능 등을 종합하여 볼 때 덫, 창애, 올무와 유사한 방법으로 야생동물을 포획할 용도로 만들어진 도구를 의미한다.

제11조 삭제 <2014.3.24.>
제11조의2 삭제 <2014.3.24.>

제12조(야생동물로 인한 피해의 예방 및 보상) ①국가와 지방자치단체는 야생동물로 인한 인명 피해(신체적으로 상해를 입거나 사망한 경우를 말한다. 이하 같다)나 농업·임업 및 어업의 피해를 예방하기 위하여 필요한 시설을 설치하는 자에게 그 설치비용의 전부 또는 일부를 지원할 수 있다. <개정 2013.3.22.>
②국가와 지방자치단체는 멸종위기 야생동물, 제19조제1항에 따라 포획이 금지된 야생동물 또는 제26` 따른 시·도 보호 야생동물에 의하여 인명 피해나 농업·임업 및 어업의 피해를 입은 자와 다음 각 호의 어느 하나에 해당하는 지역에서 야생동물에 의하여 인명 피해나 농업·임업 및 어업의 피해를 입은 자에게 예산의 범위에서 그 피해를 보상할 수 있다. <개정 2013.3.22.>
1. 제27조에 따른 야생생물 특별보호구역
2. 제33조에 따른 야생생물 보호구역
3. 「자연환경보전법」 제12조에 따른 생태·경관보전지역
4. 「습지보전법」 제8조에 따른 습지보호지역
5. 「자연공원법」 제2조제1호에 따른 자연공원
6. 「도시공원 및 녹지 등에 관한 법률」 제2조제3호에 따른 도시공원
7. 그 밖에 야생동물을 보호하기 위하여 환경부령으로 정하는 지역
③제1항에 따른 피해 예방시설의 설치비용 지원 기준과 절차, 제2항에 따른 피해보상의 기준과 절차 등에 필요한 사항은 대통령령으로 정한다.
[전문개정 2011.7.28.]

제2절 멸종위기 야생생물의 보호

제13조(멸종위기 야생생물에 대한 보전대책의 수립 등) ①환경부장관은 대통령령으로 정하는 바에 따라 멸종위기 야생생물에 대한 중장기 보전대책을 수립·시행하여야 한다.
②환경부장관은 멸종위기 야생생물의 서식지 등에 대한 보호조치를 마련하여야 하며, 자연상태에서 현재의 개체군으로는 지속적인 생존이 어렵다고 판단되는 종을 증식·복원하는 등 필요한 조치를 하여야 한다.
③환경부장관은 멸종위기 야생생물에 대한 중장기 보전대책의 시행과 멸종위기 야생

생물의 증식·복원 등을 위하여 필요하면 관계 중앙행정기관의 장과 시·도지사에게 협조를 요청할 수 있다.

④환경부장관은 멸종위기 야생생물의 보호를 위하여 필요하면 토지의 소유자·점유자 또는 관리인에게 대통령령으로 정하는 바에 따라 해당 토지의 적절한 이용방법 등에 관한 권고를 할 수 있다.

[전문개정 2011.7.28.]

제13조의2(멸종위기 야생생물의 지정 주기) ①환경부장관은 야생생물의 보호와 멸종 방지를 위하여 5년마다 멸종위기 야생생물을 다시 정하여야 한다. 다만, 특별히 필요하다고 인정할 때에는 수시로 다시 정할 수 있다.

②환경부장관은 제1항에 따른 사항을 효율적으로 하기 위하여 관계 전문가의 의견을 들을 수 있다.

[본조신설 2014.3.24.]

제14조(멸종위기 야생생물의 포획·채취등의 금지) ①누구든지 멸종위기 야생생물을 포획·채취·방사(放飼)·이식(移植)·가공·유통·보관·수출·수입·반출·반입(가공·유통·보관·수출·수입·반출·반입하는 경우에는 죽은 것을 포함한다)·죽이거나 훼손(이하 "포획·채취등"이라 한다)해서는 아니 된다. 다만, 다음 각 호의 어느 하나에 해당하는 경우로서 환경부장관의 허가를 받은 경우에는 그러하지 아니하다. <개정 2014.3.24., 2017.12.12., 2019.11.26.>

1. 학술 연구 또는 멸종위기 야생생물의 보호·증식 및 복원의 목적으로 사용하려는 경우
2. 제35조에 따라 등록된 생물자원 보전시설이나 「생물자원관의 설립 및 운영에 관한 법률」 제2조제2호에 따른 생물자원관에서 관람용·전시용으로 사용하려는 경우
3. 「공익사업을 위한 토지 등의 취득 및 보상에 관한 법률」 제4조에 따른 공익사업의 시행 또는 다른 법령에 따른 인가·허가 등을 받은 사업의 시행을 위하여 멸종위기 야생생물을 이동시키거나 이식하여 보호하는 것이 불가피한 경우
4. 사람이나 동물의 질병 진단·치료 또는 예방을 위하여 관계 중앙행정기관의 장이 환경부장관에게 요청하는 경우
5. 대통령령으로 정하는 바에 따라 인공증식한 것을 수출·수입·반출 또는 반입하는 경우
6. 그 밖에 멸종위기 야생생물의 보호에 지장을 주지 아니하는 범위에서 환경부령으로 정하는 경우

②누구든지 멸종위기 야생생물의 포획·채취등을 위하여 다음 각 호의 어느 하나에 해당하는 행위를 하여서는 아니 된다. 다만, 제1항 각 호에 해당하는 경우로서 포획·채취등의 방법을 정하여 환경부장관의 허가를 받은 경우 등 환경부령으로 정하는 경우에는 그러하지 아니하다. <개정 2014.3.24.>

1. 폭발물, 덫, 창애, 올무, 함정, 전류 및 그물의 설치 또는 사용

2. 유독물, 농약 및 이와 유사한 물질의 살포 또는 주입

③다음 각 호의 어느 하나에 해당하는 경우에는 제1항 본문을 적용하지 아니한다. <개정 2014.3.24.>

1. 인체에 급박한 위해를 끼칠 우려가 있어 포획하는 경우

2. 질병에 감염된 것으로 예상되거나 조난 또는 부상당한 야생동물의 구조·치료 등이 시급하여 포획하는 경우

3. 「문화재보호법」 제25조에 따른 천연기념물에 대하여 같은 법 제35조에 따라 허가를 받은 경우

4. 서식지외보전기관이 관계 법령에 따라 포획·채취등의 인가·허가 등을 받은 경우

5. 제5항에 따라 보관 신고를 하고 보관하는 경우

6. 대통령령으로 정하는 바에 따라 인공증식한 것을 가공·유통 또는 보관하는 경우

④제1항 단서에 따라 허가를 받고 멸종위기 야생생물의 포획·채취등을 하려는 자는 허가증을 지녀야 하고, 포획·채취등을 하였을 때에는 환경부령으로 정하는 바에 따라 그 결과를 환경부장관에게 신고하여야 한다. <개정 2014.3.24.>

⑤야생생물이 멸종위기 야생생물로 정하여질 당시에 그 야생생물 또는 그 박제품을 보관하고 있는 자는 그 정하여진 날부터 1년 이내에 환경부령으로 정하는 바에 따라 환경부장관에게 그 사실을 신고하여야 한다. 다만, 「문화재보호법」 제40조에 따라 신고한 경우에는 그러하지 아니하다.

⑥제16조제1항 본문에 따라 국제적 멸종위기종 및 그 가공품에 대한 수출·수입·반출·반입 허가를 받은 것과 같은 항 단서에 따라 수출·수입·반출·반입 허가를 면제받은 것에 대하여는 제1항(수출·수입·반출·반입의 허가만 해당한다)을 적용하지 아니한다.

⑦제1항 단서에 따른 허가의 기준·절차 및 허가증의 발급 등에 필요한 사항은 환경부령으로 정한다.

[전문개정 2011.7.28.]

제15조(멸종위기 야생생물의 포획·채취등의 허가취소) ①환경부장관은 제14조제1항 단서에 따라 멸종위기 야생생물의 포획·채취등의 허가를 받은 자가 다음 각 호의 어느 하나에 해당하는 경우에는 그 허가를 취소할 수 있다. 다만, 제1호에 해당하는 경우에는 그 허가를 취소하여야 한다.

1. 거짓이나 그 밖의 부정한 방법으로 허가를 받은 경우

2. 멸종위기 야생생물의 포획·채취등을 할 때 허가조건을 위반한 경우

3. 멸종위기 야생생물을 제14조제1항제1호 또는 제2호에 따라 허가받은 목적이나 용도 외로 사용하는 경우

②제1항에 따라 허가가 취소된 자는 취소된 날부터 7일 이내에 허가증을 환경부장관에게 반납하여야 한다.

[전문개정 2011.7.28.]

제16조(국제적 멸종위기종의 국제거래 등의 규제) ①국제적 멸종위기종 및 그 가
공품을 수출·수입·반출 또는 반입하려는 자는 다음 각 호의 허가기준에 따라 환
경부장관의 허가를 받아야 한다. 다만, 국제적 멸종위기종을 이용한 가공품으로서
「약사법」에 따른 수출·수입 또는 반입 허가를 받은 의약품과 대통령령으로 정하
는 국제적 멸종위기종 및 그 가공품의 경우에는 그러하지 아니하다.
<개정 2011.7.28.>
1. 멸종위기종국제거래협약의 부속서(Ⅰ·Ⅱ·Ⅲ)에 포함되어 있는 종에 따른 거래의
   규제에 적합할 것
2. 생물의 수출·수입·반출 또는 반입이 그 종의 생존에 위협을 주지 아니할 것
3. 그 밖에 대통령령으로 정하는 멸종위기종국제거래협약 부속서별 세부 허가조건을
   충족할 것
②삭제 <2007.5.17.>
③제1항 본문에 따라 허가를 받아 수입되거나 반입된 국제적 멸종위기종 및 그 가
공품은 그 수입 또는 반입 목적 외의 용도로 사용할 수 없다. 다만, 용도변경이
불가피한 경우로서 환경부령으로 정하는 바에 따라 환경부장관의 승인을 받은 경
우에는 그러하지 아니하다. <개정 2011.7.28.>
④누구든지 제1항 본문에 따른 허가를 받지 아니한 국제적 멸종위기종 및 그 가공
품을 포획·채취·구입하거나 양도·양수, 양도·양수의 알선·중개, 소유, 점유
또는 진열하여서는 아니 된다. <개정 2011.7.28., 2013.7.16.>
⑤제1항 본문에 따라 허가를 받아 수입되거나 반입된 국제적 멸종위기종으로부터 증
식된 종은 제1항 본문에 따라 수입허가 또는 반입허가를 받은 것으로 보며, 처음
에 수입되거나 반입된 국제적 멸종위기종의 용도와 같은 것으로 본다. 이 경우 제
3항 단서에 따라 용도가 변경된 국제적 멸종위기종으로부터 증식된 종의 용도는
변경된 용도와 같은 것으로 본다. <개정 2011.7.28.>
⑥제1항 본문에 따라 허가를 받고 수입하거나 반입한 국제적 멸종위기종을 양도·양
수(사육·재배 장소의 이동을 포함한다. 이하 같다)하려는 때에는 양도·양수 전까
지, 해당 종이 죽거나 질병에 걸려 사육할 수 없게 되었을 때에는 지체 없이 환경
부령으로 정하는 바에 따라 환경부장관에게 신고하여야 한다. 다만, 환경부장관이
국내에서 대량으로 증식되어 신고의 필요성이 낮다고 인정하여 고시하는 국제적
멸종위기종은 제외한다. <개정 2011.7.28., 2013.7.16., 2017.12.12.>
⑦제1항 본문에 따라 허가를 받아 수입되거나 반입된 국제적 멸종위기종을 증식한
때에는 환경부령으로 정하는 바에 따라 국제적 멸종위기종 인공증식증명서를 발급
받아야 한다. 다만, 대통령령으로 정하는 국제적 멸종위기종을 증식하려는 때에는
환경부령으로 정하는 바에 따라 미리 인공증식 허가를 받아야 한다.

<개정 2013.7.16.>

⑧국제적 멸종위기종 및 그 가공품을 포획 · 채취 · 구입하거나 양도 · 양수, 양도 · 양수의 알선 · 중개, 소유, 점유 또는 진열하려는 자는 환경부령으로 정한 적법한 입수경위 등을 증명하는 서류를 보관하여야 한다. <신설 2013. 7. 16.>

[제목개정 2011.7.28.]

판례 - 국제멸종위기종용도변경승인신청반려처분취소
[대법원 2011.1.27., 선고, 2010두23033, 판결]

【판시사항】

[1] 야생동·식물보호법 제16조 제3항에 의한 용도변경승인 행위 및 용도변경의 불가피성 판단에 필요한 기준을 정하는 행위의 법적 성질(=재량행위)

[2] 곰의 웅지를 추출하여 비누, 화장품 등의 재료로 사용할 목적으로 곰의 용도를 '사육곰'에서 '식·가공품 및 약용 재료'로 변경하겠다는 내용의 국제적 멸종위기종의 용도변경 승인신청에 대하여, 한강유역환경청장이 용도변경 신청을 거부한 사안에서, 그 처분은 환경부장관의 '사육곰 용도변경 시의 유의사항 통보'에 따른 것으로 적법함에도 이와 달리 본 원심판결에 법리를 오해한 위법이 있다고 한 사례

【판결요지】

[1] 야생동·식물보호법 제16조 제3항과 같은 법 시행규칙 제22조 제1항의 체제 또는 문언을 살펴보면 원칙적으로 국제적멸종위기종 및 그 가공품의 수입 또는 반입 목적 외의 용도로의 사용을 금지하면서 용도변경이 불가피한 경우로서 환경부장관의 용도변경승인을 받은 경우에 한하여 용도변경을 허용하도록 하고 있으므로, 위 법 제16조 제3항에 의한 용도변경승인은 특정인에게만 용도 외의 사용을 허용해주는 권리나 이익을 부여하는 이른바 수익적 행정행위로서 법령에 특별한 규정이 없는 한 재량행위이고, 위 법 제16조 제3항이 용도변경이 불가피한 경우에만 용도변경을 할 수 있도록 제한하는 규정을 두면서도 시행규칙 제22조에서 용도변경 신청을 할 수 있는 경우에 대하여만 확정적 규정을 두고 있을 뿐 용도변경이 불가피한 경우에 대하여는 아무런 규정을 두지 아니하여 용도변경 승인을 할 수 있는 용도변경의 불가피성에 대한 판단에 있어 재량의 여지를 남겨 두고 있는 이상, 용도변경을 승인하기 위한 요건으로서의 용도변경의 불가피성에 관한 판단에 필요한 기준을 정하는 것도 역시 행정청의 재량에 속하는 것이므로, 그 설정된 기준이 객관적으로 합리적이 아니라거나 타당하지 않다고 볼 만한 다른 특별한 사정이 없는 이상 행정청의 의사는 가능한 한 존중되어야 한다.

[2] 곰의 웅지를 추출하여 비누, 화장품 등의 재료로 사용할 목적으로 곰의 용도를 '사육곰'에서 '식·가공품 및 약용 재료'로 변경하겠다는 내용의 국제적 멸종위기종의 용도변경 승인신청에 대하여, 한강유역환경청장이 '웅담 등을 약재로 사용하는 경우' 외에는 용도변경을 해줄 수 없다며 위 용도변경신청을 거부한 사안에서, 환경부장관이 지방환경관서의 장에게 보낸 '사육곰 용도변

경 시의 유의사항 통보'는 용도변경이 불가피한 경우를 웅담 등을 약제로 사용하는 경우로 제한하는 기준을 제시한 것으로 보이고, 그 설정된 기준이 법의 목적이나 취지에 비추어 객관적으로 합리적이 아니라거나 타당하지 않다고 볼 만한 다른 특별한 사정이 없으므로, 이러한 통보에 따른 위 처분은 적법함에도 이와 달리 본 원심판결에 법리를 오해한 위법이 있다고 한 사례.

제16조의2(국제적 멸종위기종의 사육시설 등록 등) ①국제적 멸종위기종의 보호와 건전한 사육환경 조성을 위하여 대통령령으로 정하는 국제적 멸종위기종을 사육하려는 자는 적정한 사육시설을 갖추어 환경부장관에게 등록하여야 한다.

②제1항에 따라 국제적 멸종위기종 사육시설의 등록을 한 자(이하 "사육시설등록자"라 한다)는 등록한 사항 중 환경부령으로 정하는 사항을 변경하려면 환경부령으로 정하는 바에 따라 변경등록이나 변경신고를 하여야 한다.

③환경부장관은 제1항에 따라 등록을 하는 경우 해당 종의 적절한 관리를 위하여 필요한 조건을 붙일 수 있다.

④제1항에 따른 사육시설의 설치기준 및 등록 절차 등에 관한 사항은 환경부령으로 정한다.

⑤환경부장관은 제1항과 제4항에 따른 사육시설 설치기준의 적정성을 5년마다 재검토하여야 한다. <신설 2017.12.12.>

⑥환경부장관은 제2항에 따른 변경신고를 받은 경우 그 내용을 검토하여 이 법에 적합하면 신고를 수리하여야 한다. <신설 2019.11.26.>

[본조신설 2013.7.16.]

제16조의3(사육시설등록자의 결격사유) 다음 각 호의 어느 하나에 해당하는 자는 사육시설등록자가 될 수 없다. <개정 2017.12.12.>

1. 피성년후견인
2. 파산선고를 받고 복권되지 아니한 자
3. 이 법을 위반하여 금고 이상의 실형을 선고받고 그 집행이 끝나거나(집행이 끝난 것으로 보는 경우를 포함한다) 집행을 받지 아니하기로 확정된 후 2년이 지나지 아니한 자
4. 제16조의8에 따라 등록이 취소(제1호 또는 제2호에 해당하여 등록이 취소된 경우는 제외한다)된 날부터 2년이 지나지 아니한 자 [본조신설 2013.7.16.]

제16조의4(국제적 멸종위기종 사육시설의 관리 등) ①사육시설등록자 중 대통령령으로 정하는 사육시설을 운영하는 자는 환경부령으로 정하는 바에 따라 정기적으로 또는 수시로 환경부장관의 검사를 받아야 한다.

②제1항에 따른 검사의 세부적인 방법 등에 필요한 사항은 환경부령으로 정한다.

[본조신설 2013.7.16.]

제16조의5(개선명령) 환경부장관은 다음 각 호의 어느 하나에 해당하는 경우 환경
부령으로 정하는 바에 따라 해당 사육시설등록자에게 기간을 정하여 개선을 명할
수 있다.
1. 사육시설이 제16조의2제4항에 따른 기준에 맞지 아니한 경우
2. 제16조의4제1항에 따른 정기 또는 수시 검사 결과 개선이 필요하다고 인정되는
   경우
3. 제16조의6 각 호에 따른 사육동물의 관리기준을 지키지 아니한 경우
[본조신설 2013.7.16.]

제16조의6(사육동물의 관리기준) 사육시설등록자는 다음 각 호의 사육동물 관리기
준을 지켜야 한다.
1. 사육시설이 사육동물의 특성에 맞는 적절한 장치와 기능을 발휘할 수 있도록 유
   지 · 관리할 것
2. 사육동물의 사육과정에서 건강상 · 안전상의 위해가 발생하지 아니하도록 예방대
   책을 강구하고, 사고가 발생하면 응급조치를 할 수 있는 장비 · 약품 등을 갖출 것
3. 사육동물을 이송 · 운반하거나 사육하는 과정에서 탈출 · 폐사에 따른 안전사고나
   생태계 교란 등이 없도록 대책을 강구할 것
4. 그 밖에 제1호부터 제3호까지의 규정에 준하는 사항으로서 사육동물의 보호 및
   관리를 위하여 필요하다고 인정하여 환경부령으로 정하는 사항
[본조신설 2013.7.16.]

제16조의7(폐쇄 등의 신고) ①사육시설등록자가 제16조의2에 따른 시설을 폐쇄하거나
운영을 중지하려면 환경부령으로 정하는 바에 따라 환경부장관에게 신고하여야 한다.
②환경부장관은 제1항에 따른 신고를 받은 경우 그 내용을 검토하여 이 법에 적합
하면 신고를 수리하여야 한다. <신설 2019.11.26.>
③환경부장관은 제1항에 따른 폐쇄신고의 내용을 검토한 결과 해당 사육시설등록자의
시설에 있는 사육동물의 건강 · 안전이 우려되거나 이로 인하여 생태계 교란 등의 우
려가 있다고 인정되면 해당 사육시설등록자에게 폐쇄 전에 해당 사육동물의 양도 또
는 보호시설 이관 등 필요한 조치를 취할 것을 명할 수 있다. <개정 2019.11.26.>
[본조신설 2013.7.16.]

제16조의8(등록의 취소 등) ①환경부장관은 사육시설등록자가 다음 각 호의 어느
하나에 해당되면 그 등록을 취소하여야 한다. <개정 2017.12.12.>
1. 거짓이나 그 밖의 부정한 방법으로 제16조의2제1항에 따른 등록을 한 경우
2. 제16조의3제1호부터 제3호까지의 규정 중 어느 하나에 해당하게 된 경우
②환경부장관은 사육시설등록자가 다음 각 호의 어느 하나에 해당하면 그 등록을 취소하
거나 6개월 이내의 기간을 정하여 사육시설의 전부 또는 일부의 폐쇄를 명할 수 있다.

1. 다른 사람에게 명의를 대여하여 등록증을 사용하게 한 경우
2. 1년에 3회 이상 시설 폐쇄명령을 받은 경우
3. 고의 또는 중대한 과실로 사육동물의 탈출, 폐사 또는 인명피해 등이 발생한 경우
4. 제16조의2제1항에 따른 등록을 한 후 2년 이내에 사육동물을 사육하지 아니하거나 정당한 사유 없이 계속하여 2년 이상 사육시설을 운영하지 아니한 경우
5. 제16조의2제2항을 위반하여 변경등록을 하지 아니한 경우
6. 제16조의2제2항을 위반하여 변경신고를 하지 아니한 경우
7. 제16조의2제3항에 따른 조건을 이행하지 아니한 경우
8. 제16조의4제1항에 따른 정기검사 또는 수시검사를 받지 아니한 경우
9. 제16조의5에 따른 개선명령을 이행하지 아니한 경우
10. 시설 폐쇄명령 기간 중 시설을 운영한 경우
11. 제16조의6에 따른 사육동물의 관리기준을 위반한 경우
[본조신설 2013.7.16.]

제16조의9(권리 · 의무의 승계 등) ①사육시설등록자가 사망하거나 그 시설을 양도한 때에는 그 상속인 또는 양수인은 그에 따른 사육시설등록자의 권리 · 의무를 승계한다. 이 경우 그 상속인이 제16조의3제1호부터 제3호까지의 규정 중 어느 하나에 해당하는 경우에는 승계한 날부터 90일 이내에 그 시설을 다른 사람에게 양도하여야 한다.
②제1항에 따라 사육시설등록자의 권리 · 의무를 승계한 자는 환경부령으로 정하는 바에 따라 승계한 날부터 30일 이내에 이를 환경부장관에게 신고하여야 한다.
[본조신설 2013.7.16.]

제17조(국제적 멸종위기종의 수출 · 수입 허가의 취소 등) ①환경부장관은 제16조제1항 본문에 따라 국제적 멸종위기종 및 그 가공품의 수출 · 수입 · 반출 또는 반입 허가를 받은 자가 다음 각 호의 어느 하나에 해당하는 경우에는 그 허가를 취소할 수 있다. 다만, 제1호에 해당하는 경우에는 그 허가를 취소하여야 한다.
1. 거짓이나 그 밖의 부정한 방법으로 허가를 받은 경우
2. 국제적 멸종위기종 및 그 가공품을 수출 · 수입 · 반출 또는 반입할 때 허가조건을 위반한 경우
3. 제16조제3항을 위반하여 그 수입 또는 반입 목적 외의 용도로 사용한 경우
②환경부장관이나 관계 행정기관의 장은 다음 각 호의 어느 하나에 해당하는 국제적 멸종위기종 중 살아 있는 생물의 생존을 위하여 긴급한 경우에는 즉시 필요한 보호조치를 할 수 있다. <개정 2013.7.16.>
1. 제16조제3항 본문을 위반하여 그 수입 또는 반입 목적 외의 용도로 사용되고 있는 것
2. 제16조제4항을 위반하여 포획 · 채취 · 구입, 양도 · 양수, 양도 · 양수의 알선 · 중개,

소유, 점유하거나 진열되고 있는 것

③환경부장관이나 관계 행정기관의 장은 제2항에 따라 보호조치되거나 이 법을 위반하여 몰수된 국제적 멸종위기종을 수출국 또는 원산국과 협의하여 반송하거나 보호시설 또는 그 밖의 적절한 시설로 이송할 수 있다.

[전문개정 2011.7.28.]

제18조(멸종위기 야생생물 등의 광고 제한) 누구든지 멸종위기 야생생물과 국제적 멸종위기종의 멸종 또는 감소를 촉진시키거나 학대를 유발(誘發)할 수 있는 광고를 하여서는 아니 된다. 다만, 다른 법률에 따라 인가·허가 등을 받은 경우에는 그러하지 아니하다.

[전문개정 2011.7.28.]

제3절 멸종위기 야생생물 외의 야생생물 보호 등

제19조(야생생물의 포획·채취 금지 등) ①누구든지 멸종위기 야생생물에 해당하지 아니하는 야생생물 중 환경부령으로 정하는 종(해양만을 서식지로 하는 해양생물은 제외하고, 식물은 멸종위기 야생생물에서 해제된 종에 한정한다. 이하 이 조에서 같다)을 포획·채취하거나 죽여서는 아니 된다. 다만, 다음 각 호의 어느 하나에 해당하는 경우로서 특별자치시장·특별자치도지사·시장·군수·구청장(구청장은 자치구의 구청장을 말하며, 이하 "시장·군수·구청장"이라 한다)의 허가를 받은 경우에는 그러하지 아니하다. <개정 2014.3.24., 2017.12.12., 2019.11.26.>

1. 학술 연구 또는 야생생물의 보호·증식 및 복원의 목적으로 사용하려는 경우
2. 제35조에 따라 등록된 생물자원 보전시설이나 「생물자원관의 설립 및 운영에 관한 법률」 제2조제2호에 따른 생물자원관에서 관람용·전시용으로 사용하려는 경우
3. 「공익사업을 위한 토지 등의 취득 및 보상에 관한 법률」 제4조에 따른 공익사업의 시행 또는 다른 법령에 따른 인가·허가 등을 받은 사업의 시행을 위하여 야생생물을 이동시키거나 이식하여 보호하는 것이 불가피한 경우
4. 사람이나 동물의 질병 진단·치료 또는 예방을 위하여 관계 중앙행정기관의 장이 시장·군수·구청장에게 요청하는 경우
5. 환경부령으로 정하는 야생생물을 환경부령으로 정하는 기준 및 방법 등에 따라 상업적 목적으로 인공증식하거나 재배하는 경우

②환경부장관은 내수면 수산자원을 제1항 본문에 따른 종으로 정하려는 경우에는 미리 해양수산부장관과 협의하여야 한다. <신설 2014.3.24.>

③누구든지 제1항 본문에 따른 야생생물을 포획·채취하거나 죽이기 위하여 다음 각 호의 어느 하나에 해당하는 행위를 하여서는 아니 된다. 다만, 제1항 각 호에 해당하는 경우로서 포획·채취 또는 죽이는 방법을 정하여 허가를 받은 경우 등 환

경부령으로 정하는 경우에는 그러하지 아니하다. <개정 2014.3.24., 2017.12.12.>
1. 폭발물, 덫, 창애, 올무, 함정, 전류 및 그물의 설치 또는 사용
2. 유독물, 농약 및 이와 유사한 물질의 살포 또는 주입
④다음 각 호의 어느 하나에 해당하는 경우에는 제1항 본문을 적용하지 아니한다. <개정 2014.3.24.>
1. 인체에 급박한 위해를 끼칠 우려가 있어 포획하는 경우
2. 질병에 감염된 것으로 예상되거나 조난 또는 부상당한 야생동물의 구조·치료 등이 시급하여 포획하는 경우
3. 「문화재보호법」 제25조에 따른 천연기념물에 대하여 같은 법 제35조에 따라 허가를 받은 경우
4. 서식지외보전기관이 관계 법령에 따라 포획·채취의 인가·허가 등을 받은 경우
5. 제23조제1항에 따라 시장·군수·구청장으로부터 유해야생동물의 포획허가를 받은 경우
6. 제50조제1항에 따라 수렵장설정자로부터 수렵승인을 받은 경우
7. 어업활동으로 불가피하게 혼획(混獲)된 경우로서 해양수산부장관에게 3개월 이내에 신고한 경우
⑤제1항 단서에 따라 야생생물을 포획·채취하거나 죽인 자는 환경부령으로 정하는 바에 따라 그 결과를 시장·군수·구청장에게 신고하여야 한다. <개정 2014.3.24., 2017.12.12.>
⑥제1항 단서에 따른 허가의 기준·절차 및 허가증의 발급 등에 필요한 사항은 환경부령으로 정한다. <개정 2014.3.24.>
[전문개정 2011.7.28.]
[제목개정 2014.3.24.]

판례 – 야생생물보호및관리에관한법률위반
[대법원 2016.10.27., 선고, 2016도5083, 판결]

【판시사항】
야생생물 보호 및 관리에 관한 법률 제70조 제3호 및 제10조에 규정되어 있는 '그 밖에 야생동물을 포획할 수 있는 도구'의 의미

【판결요지】
야생생물 보호 및 관리에 관한 법률(이하 '야생생물법'이라 한다) 제70조 제3호 및 제10조는 야생생물을 포획할 목적이 있었는지를 불문하고 야생동물을 포획할 수 있는 도구의 제작·판매·소지 또는 보관행위 자체를 일체 금지하고 있고, 도구를 사용하여 야생동물을 포획할 수 있기만 하면 도구의 본래 용법이 어떠하든지 간에 위 규정에 의하여 처벌될 위험이 있으므로 '그 밖에 야생동물을 포획할 수 있는 도구'의 의미를 엄격하게 해석하여야 할 필요가 있는 점, 야생생물법 제69조 제1항 제7호 및 제19조 제3항은 야생생물을 포획하기 위하여 폭발물, 덫, 창애, 올무, 함정, 전류 및 그물을 설치 또는 사용한 행위를 처벌하고 있는데, 덫, 창애, 올무는 야생생물법 제70조 제3호 및 제10조에

서 별도로 제작·판매·소지 또는 보관행위까지 금지·처벌하고 있는 반면, 야생 생물법 제69조 제1항 제7호 및 제19조 제3항에 함께 규정된 '폭발물, 함정, 전류 및 그물' 등도 야생동물을 포획할 수 있는 도구'에 해당할 수 있으나 이에 대하여는 야생생물법 제70조 제3호 및 제10조에서 특별히 언급하고 있지 않은 점, 야생생물법 제70조 제3호 및 제10조의 문언상 '그 밖에 야생동물을 포획할 수 있는 도구'는 '덫, 창애, 올무'와 병렬적으로 규정되어 있으므로 '그밖에 야생동물을 포획할 수 있는 도구' 사용의 위험성이 덫, 창애, 올무 사용의 위험성에 비견될 만한 것이어야 하는 점 등을 종합하여 보면, 야생생물법 제70조 제3호 및 제10조에 규정되어 있는 '그 밖에 야생동물을 포획할 수 있는 도구'란 도구의 형상, 재질, 구조와 기능 등을 종합하여 볼 때 덫, 창애, 올무와 유사한 방법으로 야생동물을 포획할 용도로 만들어진 도구를 의미한다.

제20조(야생생물의 포획·채취 허가 취소 등) ①시장·군수·구청장은 제19조제1항 단서에 따라 야생생물의 포획·채취 또는 야생생물을 죽이는 허가를 받은 자가 다음 각 호의 어느 하나에 해당하는 경우에는 그 허가를 취소할 수 있다. 다만, 제1호에 해당하는 경우에는 그 허가를 취소하여야 한다. <개정 2014.3.24., 2017.12.12.>

1. 거짓이나 그 밖의 부정한 방법으로 허가를 받은 경우
2. 야생생물을 포획·채취 또는 죽일 때 허가조건을 위반한 경우
3. 제19조제1항제1호 또는 제2호에 따라 허가받은 목적 외의 용도로 사용한 경우
4. 제19조제1항제5호에 따라 허가받은 기준 또는 방법에 따라 인공증식하거나 재배하지 아니한 경우

②제1항에 따라 허가가 취소된 자는 취소된 날부터 7일 이내에 허가증을 시장·군수·구청장에게 반납하여야 한다.

[전문개정 2011.7.28.] [제목개정 2014.3.24.]

제21조(야생생물의 수출·수입 등) ①멸종위기 야생생물에 해당하지 아니하는 야생생물 중 환경부령으로 정하는 종(가공품을 포함한다. 이하 같다)을 수출·수입·반출 또는 반입하려는 자는 다음 각 호의 구분에 따른 허가기준에 따라 시장·군수·구청장의 허가를 받아야 한다. <개정 2014.3.24.>

1. 수출이나 반출의 경우
가. 야생생물의 수출이나 반출이 그 종의 생존을 어렵게 하지 아니할 것
나. 수출되거나 반출되는 야생생물이 야생생물 보호와 관련된 법령에 따라 적법하게 획득되었을 것
다. 살아 있는 야생생물을 이동시킬 때에는 상해를 입히거나 건강을 해칠 가능성 또는 학대받거나 훼손될 위험을 최소화할 것
2. 수입이나 반입의 경우
가. 야생생물의 수입이나 반입이 그 종의 생존을 어렵게 하지 아니할 것
나. 살아 있는 야생생물을 수령하기로 예정된 자가 그 야생생물을 수용하고 보호할

적절한 시설을 갖추고 있을 것

다. 그 밖에 대통령령으로 정하는 용도별 수입 또는 반입 허용 세부기준을 충족할 것

②다음 각 호의 어느 하나에 해당하는 경우에는 제1항을 적용하지 아니한다. <개정 2012.2.1., 2014.3.24.>

1. 「문화재보호법」 제25조에 따른 천연기념물에 대하여 같은 법 제39조에 따라 허가를 받은 경우

2. 야생생물을 이용한 가공품으로서 「약사법」 제42조에 따른 수입허가를 받은 의약품

3. 「생물다양성 보전 및 이용에 관한 법률」 제11조에 따라 환경부장관이 지정·고시하는 생물자원을 수출하거나 반출하려는 경우

[전문개정 2011.7.28.]

[제목개정 2014.3.24.]

제22조(야생생물의 수출·수입 등 허가의 취소) 시장·군수·구청장은 제21조제1항에 따라 야생생물의 수출·수입·반출 또는 반입 허가를 받은 자가 다음 각 호의 어느 하나에 해당하는 경우에는 그 허가를 취소할 수 있다. 다만, 제1호에 해당하는 경우에는 그 허가를 취소하여야 한다. <개정 2014.3.24.>

1. 거짓이나 그 밖의 부정한 방법으로 허가를 받은 경우

2. 야생생물 및 그 가공품을 수출·수입·반출 또는 반입할 때 허가조건을 위반한 경우

3. 야생생물과 그 가공품을 수입 또는 반입 목적 외의 용도로 사용한 경우

[전문개정 2011.7.28.]

[제목개정 2014.3.24.]

제23조(유해야생동물의 포획허가 및 관리 등) ①유해야생동물을 포획하려는 자는 환경부령으로 정하는 바에 따라 시장·군수·구청장의 허가를 받아야 한다.

②시장·군수·구청장은 제1항에 따른 허가를 하려는 경우에는 유해야생동물로 인한 농작물 등의 피해 상황, 유해야생동물의 종류 및 수 등을 조사하여 과도한 포획으로 인하여 생태계가 교란되지 아니하도록 하여야 한다.

③시장·군수·구청장은 제1항에 따른 허가를 신청한 자의 요청이 있으면 제44조에 따른 수렵면허를 받고 제51조에 따른 수렵보험에 가입한 사람에게 포획을 대행하게 할 수 있다. 이 경우 포획을 대행하는 사람은 제1항에 따른 허가를 받은 것으로 본다.

④시장·군수·구청장은 제1항에 따른 허가를 하였을 때에는 지체 없이 산림청장 또는 그 밖의 관계 행정기관의 장에게 그 사실을 통보하여야 한다.

⑤환경부장관은 유해야생동물의 관리를 위하여 필요하면 관계 중앙행정기관의 장 또는 지방자치단체의 장에게 피해예방활동이나 질병예방활동, 수확기 피해방지단 또

는 인접 시·군·구 공동 수확기 피해방지단 구성·운영 등 적절한 조치를 하도록 요청할 수 있다. <개정 2014.3.24., 2019.11.26.>

⑥제1항 또는 제3항에 따라 유해야생동물을 포획한 자는 환경부령으로 정하는 바에 따라 유해야생동물의 포획 결과를 시장·군수·구청장에게 신고하여야 한다. <신설 2013.3.22.>

⑦제1항에 따른 허가의 기준, 안전수칙, 포획 방법 및 허가증의 발급 등에 필요한 사항은 환경부령으로 정한다. <개정 2013.3.22.>

⑧제5항에 따른 수확기 피해방지단의 구성방법, 운영시기, 대상동물 등에 필요한 사항은 환경부령으로 정한다. <신설 2014.3.24.>

[전문개정 2011.7.28.]

제23조(유해야생동물의 포획허가 및 관리 등) ①유해야생동물을 포획하려는 자는 환경부령으로 정하는 바에 따라 시장·군수·구청장의 허가를 받아야 한다.

②시장·군수·구청장은 제1항에 따른 허가를 하려는 경우에는 유해야생동물로 인한 농작물 등의 피해 상황, 유해야생동물의 종류 및 수 등을 조사하여 과도한 포획으로 인하여 생태계가 교란되지 아니하도록 하여야 한다.

③시장·군수·구청장은 제1항에 따른 허가를 신청한 자의 요청이 있으면 제44조에 따른 수렵면허를 받고 제51조에 따른 수렵보험에 가입한 사람에게 포획을 대행하게 할 수 있다. 이 경우 포획을 대행하는 사람은 제1항에 따른 허가를 받은 것으로 본다.

④시장·군수·구청장은 제1항에 따른 허가를 하였을 때에는 지체 없이 산림청장 또는 그 밖의 관계 행정기관의 장에게 그 사실을 통보하여야 한다.

⑤환경부장관은 유해야생동물의 관리를 위하여 필요하면 관계 중앙행정기관의 장 또는 지방자치단체의 장에게 피해예방활동이나 질병예방활동, 수확기 피해방지단 또는 인접 시·군·구 공동 수확기 피해방지단 구성·운영 등 적절한 조치를 하도록 요청할 수 있다. <개정 2014.3.24., 2019.11.26.>

⑥제1항 또는 제3항에 따라 유해야생동물을 포획한 자는 환경부령으로 정하는 바에 따라 유해야생동물의 포획 결과를 시장·군수·구청장에게 신고하여야 한다. <신설 2013.3.22.>

⑦제1항에 따른 허가의 기준, 안전수칙, 포획 방법 및 허가증의 발급 등에 필요한 사항은 환경부령으로 정한다. <개정 2013.3.22.>

⑧제1항 또는 제3항에 따라 포획한 유해야생동물의 처리 방법은 환경부령으로 정한다. <신설 2019.11.26.>

⑨제5항에 따른 수확기 피해방지단의 구성방법, 운영시기, 대상동물 등에 필요한 사항은 환경부령으로 정한다. <신설 2014.3.24., 2019.11.26.>

[전문개정 2011.7.28.]

[시행일 : 2020.11.27.] 제23조제8항

제23조의2(유해야생동물의 포획허가 취소) ①시장·군수·구청장은 제23조제1항
에 따라 유해야생동물의 포획허가를 받은 자가 다음 각 호의 어느 하나에 해당하
는 경우에는 그 허가를 취소할 수 있다. 다만, 제1호에 해당하는 경우에는 그 허
가를 취소하여야 한다. <개정 2013.3.22.>
1. 거짓이나 그 밖의 부정한 방법으로 허가를 받은 경우
2. 제23조제6항에 따른 신고를 하지 아니한 경우
3. 유해야생동물을 포획할 때 제23조제7항에 따라 환경부령으로 정하는 허가의 기
   준, 안전수칙, 포획 방법 등을 위반한 경우
②제1항에 따라 허가가 취소된 자는 취소된 날부터 7일 이내에 허가증을 시장·군
수·구청장에게 반납하여야 한다.
[본조신설 2011.7.28.]

제24조(야생화된 동물의 관리) ①환경부장관은 버려지거나 달아나 야생화(野生化)
된 가축이나 애완동물로 인하여 야생동물의 질병 감염이나 생물다양성의 감소 등
생태계 교란이 발생하거나 발생할 우려가 있으면 관계 중앙행정기관의 장과 협의
하여 그 가축이나 애완동물을 야생화된 동물로 지정·고시하고 필요한 조치를 할
수 있다.
②환경부장관은 야생화된 동물로 인한 생태계의 교란을 방지하기 위하여 필요하면
관계 중앙행정기관의 장 또는 지방자치단체의 장에게 야생화된 동물의 포획 등 적
절한 조치를 하도록 요청할 수 있다.
[전문개정 2011.7.28.]

제25조 삭제 <2012.2.1.>
제25조의2 삭제 <2012.2.1.>

제26조(시·도보호 야생생물의 지정) ①시·도지사는 관할구역에서 그 수가 감소하
는 등 멸종위기 야생생물에 준하여 보호가 필요하다고 인정되는 야생생물을 해당
특별시·광역시·특별자치시·도·특별자치도(이하 "시·도"라 한다)의 조례로 정하
는 바에 따라 시·도보호 야생생물로 지정·고시할 수 있다. <개정 2014.3.24.>
②시·도지사는 해당 시·도의 조례로 정하는 바에 따라 시·도보호 야생생물의 포
획·채취 금지 등 야생생물의 보호를 위하여 필요한 조치를 할 수 있다.
[전문개정 2011.7.28.]

제4절 야생생물 특별보호구역 등의 지정·관리

제27조(야생생물 특별보호구역의 지정) ①환경부장관은 멸종위기 야생생물의 보호 및 번식을 위하여 특별히 보전할 필요가 있는 지역을 토지소유자 등 이해관계인과 지방자치단체의 장의 의견을 듣고 관계 중앙행정기관의 장과 협의하여 야생생물 특별보호구역(이하 "특별보호구역"이라 한다)으로 지정할 수 있다.

②환경부장관은 특별보호구역이 군사 목적상, 천재지변 또는 그 밖의 사유로 특별보호구역으로서의 가치를 상실하거나 보전할 필요가 없게 된 경우에는 그 지정을 변경하거나 해제하여야 한다. 이 경우 제1항의 절차를 준용한다.

③환경부장관은 특별보호구역을 지정·변경 또는 해제할 때에는 보호구역의 위치, 면적, 지정일시, 그 밖에 필요한 사항을 정하여 고시하여야 한다.

④제1항부터 제3항까지에서 규정한 사항 외에 특별보호구역의 지정기준·절차 등에 필요한 사항은 환경부령으로 정한다.

[전문개정 2011.7.28.]

제28조(특별보호구역에서의 행위 제한) ①누구든지 특별보호구역에서는 다음 각 호의 어느 하나에 해당하는 훼손행위를 하여서는 아니 된다. 다만, 「문화재보호법」 제2조에 따른 문화재(보호구역을 포함한다)에 대하여는 그 법에서 정하는 바에 따른다.

1. 건축물 또는 그 밖의 공작물의 신축·증축(기존 건축 연면적을 2배 이상 증축하는 경우만 해당한다) 및 토지의 형질변경
2. 하천, 호소 등의 구조를 변경하거나 수위 또는 수량에 변동을 가져오는 행위
3. 토석의 채취
4. 그 밖에 야생생물 보호에 유해하다고 인정되는 훼손행위로서 대통령령으로 정하는 행위

②다음 각 호의 어느 하나에 해당하는 경우에는 제1항을 적용하지 아니한다. <개정 2020.5.26.>

1. 군사 목적을 위하여 필요한 경우
2. 천재지변 또는 이에 준하는 대통령령으로 정하는 재해가 발생하여 긴급한 조치가 필요한 경우
3. 특별보호구역에서 기존에 하던 영농행위를 지속하기 위하여 필요한 행위 등 대통령령으로 정하는 행위를 하는 경우
4. 그 밖에 환경부장관이 야생생물의 보호에 지장이 없다고 인정하여 고시하는 행위를 하는 경우

③누구든지 특별보호구역에서 다음 각 호의 어느 하나에 해당하는 행위를 하여서는 아니 된다. 다만, 제2항제1호 및 제2호에 해당하는 경우에는 그러하지 아니하다. <개정 2013.6.4., 2017.1.17.>

1. 「물환경보전법」 제2조제8호에 따른 특정수질유해물질, 「폐기물관리법」 제2조제1호

에 따른 폐기물 또는 「화학물질관리법」 제2조제2호에 따른 유독물질을 버리는 행위
2. 환경부령으로 정하는 인화물질을 소지하거나 취사 또는 야영을 하는 행위
3. 야생생물의 보호에 관한 안내판 또는 그 밖의 표지물을 더럽히거나 훼손하거나 함부로 이전하는 행위
4. 그 밖에 야생생물의 보호를 위하여 금지하여야 할 행위로서 대통령령으로 정하는 행위
④환경부장관이나 시·도지사는 멸종위기 야생생물의 보호를 위하여 불가피한 경우에는 제2항제3호에 따른 행위를 제한할 수 있다.
[전문개정 2011.7.28.]

제29조(출입 제한) ①환경부장관이나 시·도지사는 야생생물을 보호하고 멸종을 예방하기 위하여 필요하면 특별보호구역의 전부 또는 일부 지역에 대하여 일정한 기간 동안 출입을 제한하거나 금지할 수 있다. 다만, 다음 각 호의 어느 하나의 행위를 하기 위하여 출입하는 경우에는 그러하지 아니하며, 「문화재보호법」 제2조에 따른 문화재(보호구역을 포함한다)에 대하여는 문화재청장과 협의하여야 한다. <개정 2020.5.26.>
1. 야생생물의 보호를 위하여 필요한 행위로서 환경부령으로 정하는 행위
2. 군사 목적을 위하여 필요한 행위
3. 천재지변 또는 이에 준하는 대통령령으로 정하는 재해가 발생하여 긴급한 조치를 하거나 원상 복구에 필요한 조치를 하는 행위
4. 특별보호구역에서 기존에 하던 영농행위를 지속하기 위하여 필요한 행위 등 대통령령으로 정하는 행위
5. 그 밖에 야생생물의 보호에 지장이 없는 것으로서 환경부령으로 정하는 행위
②환경부장관이나 시·도지사는 제1항에 따라 출입을 제한하거나 금지하려면 해당 지역의 위치, 면적, 기간, 출입방법, 그 밖에 환경부령으로 정하는 사항을 고시하여야 한다.
③환경부장관이나 시·도지사는 제1항에 따라 출입을 제한하거나 금지하게 된 사유가 소멸(消滅)된 경우에는 지체 없이 출입의 제한 또는 금지를 해제하여야 하며, 그 사실을 고시하여야 한다.
[전문개정 2011.7.28.]

제30조(중지명령 등) 환경부장관이나 시·도지사는 특별보호구역에서 제28조제1항을 위반하는 행위를 한 사람에게 그 행위의 중지를 명하거나 적절한 기간을 정하여 원상회복을 명할 수 있다. 다만, 원상회복이 곤란한 경우에는 이에 상응하는 조치를 하도록 명할 수 있다.
[전문개정 2011.7.28.]

제31조(특별보호구역 토지 등의 매수) ①환경부장관은 효과적인 야생생물의 보호

를 위하여 필요하면 특별보호구역, 특별보호구역으로 지정하려는 지역 또는 그 주
변지역의 토지 등을 그 소유자와 협의하여 매수할 수 있다.

②환경부장관은 특별보호구역의 지정으로 손실을 입은 자가 있으면 대통령령으로 정
하는 바에 따라 예산의 범위에서 그 손실을 보상할 수 있다.

③제1항에 따른 토지 등의 매수가격은 「공익사업을 위한 토지 등의 취득 및 보상에
관한 법률」에 따라 산정(算定)한 가액에 따른다.

[전문개정 2011.7.28.]

제32조(멸종위기종관리계약의 체결 등) ①환경부장관이나 시·도지사는 특별보호
구역과 인접지역(특별보호구역에 수질오염 등의 영향을 직접 미칠 수 있는 지역을
말한다. 이하 이 조에서 같다)에서 멸종위기 야생생물의 보호를 위하여 필요하면
토지의 소유자·점유자 등과 경작방식의 변경, 화학물질의 사용 저감(低減) 등 토
지의 관리방법 등을 내용으로 하는 계약(이하 "멸종위기종관리계약"이라 한다)을
체결하거나 관계 중앙행정기관의 장 또는 지방자치단체의 장에게 멸종위기종관리
계약의 체결을 권고할 수 있다.

②환경부장관, 관계 중앙행정기관의 장 또는 지방자치단체의 장이 멸종위기종관리계
약을 체결하는 경우에는 그 계약의 이행으로 인하여 손실을 입은 자에게 보상을
하여야 한다.

③환경부장관은 인접지역에서 그 지역 주민이 주택 증축 등을 하는 경우에는 「하수
도법」 제2조제13호에 따른 개인하수처리시설을 설치하는 비용의 전부 또는 일부
를 지원할 수 있다.

④환경부장관은 특별보호구역과 인접지역에 대하여 우선적으로 오수, 폐수 및 축산
폐수를 처리하기 위한 지원방안을 수립하여야 하고, 그 지원에 필요한 조치 및 환
경친화적 농업·임업·어업의 육성을 위하여 필요한 조치를 하도록 관계 중앙행정
기관의 장에게 요청할 수 있다.

⑤멸종위기종관리계약의 체결·보상·해지 및 인접지역에 대한 지원의 종류·절차·
방법 등에 필요한 사항은 대통령령으로 정한다.

[전문개정 2011.7.28.]

제33조(야생생물 보호구역의 지정 등) ①시·도지사나 시장·군수·구청장은 멸종
위기 야생생물 등을 보호하기 위하여 특별보호구역에 준하여 보호할 필요가 있는
지역을 야생생물 보호구역(이하 "보호구역"이라 한다)으로 지정할 수 있다.

②시·도지사나 시장·군수·구청장은 보호구역을 지정·변경 또는 해제할 때에는
「토지이용규제 기본법」 제8조에 따라 미리 주민의 의견을 들어야 하며, 관계 행정
기관의 장과 협의하여야 한다.

③시·도지사나 시장·군수·구청장은 보호구역을 지정·변경 또는 해제할 때에는

환경부령으로 정하는 바에 따라 보호구역의 위치, 면적, 지정일시, 그 밖에 해당 지방자치단체의 조례로 정하는 사항을 고시하여야 한다.

④시·도지사나 시장·군수·구청장은 제28조부터 제32조까지의 규정에 준하여 해당 지방자치단체의 조례로 정하는 바에 따라 출입 제한 등 보호구역의 보전에 필요한 조치를 할 수 있다.

⑤환경부장관이 정하여 고시하는 야생동물의 번식기에 보호구역에 들어가려는 자는 환경부령으로 정하는 바에 따라 시·도지사나 시장·군수·구청장에게 신고하여야 한다. 다만, 다음 각 호의 어느 하나에 해당하는 경우에는 그러하지 아니하다.

1. 산불의 진화(鎭火) 및 「자연재해대책법」에 따른 재해의 예방·복구 등을 위한 경우
2. 군의 업무수행을 위한 경우
3. 그 밖에 자연환경조사 등 환경부령으로 정하는 경우

⑥시·도지사나 시장·군수·구청장은 제5항 본문에 따른 신고를 받은 경우 그 내용을 검토하여 이 법에 적합하면 신고를 수리하여야 한다. <신설 2019.11.26.>
[전문개정 2011.7.28.]

제34조(보호구역에서의 개발행위 등의 협의) 보호구역에서 다른 법령에 따라 국가나 지방자치단체가 이용·개발 등의 행위를 하거나 이용·개발 등에 관한 인가·허가 등을 하려면 소관 행정기관의 장은 보호구역을 관할하는 시·도지사 또는 시장·군수·구청장과 미리 협의하여야 한다.
[전문개정 2011.7.28.]

제34조의2(보호구역의 관리실태 조사·평가) 환경부장관은 보호구역의 효율적 관리를 위하여 필요하면 보호구역의 지정, 변경 또는 해제의 적정성 등을 조사·평가하고, 해당 지방자치단체의 장에게 개선을 권고할 수 있다.
[본조신설 2011.7.28.]

제5절 야생동물 질병관리

제34조의3(야생동물 질병관리 기본계획의 수립 등) ①환경부장관은 야생동물(수산동물은 멸종위기 야생생물로 정한 종 또는 제19조제1항에 따라 포획·채취 금지 야생생물로 정한 종에 한정한다. 이하 이 절에서 같다) 질병의 예방과 확산 방지, 체계적인 관리를 위하여 5년마다 야생동물 질병관리 기본계획을 수립·시행하여야 한다. 이 경우 환경부장관은 계획 수립 이전에 관계 중앙행정기관의 장과 협의하여야 한다.

②제1항에 따른 야생동물 질병관리 기본계획에는 다음 각 호의 사항이 포함되어야 한다.

1. 야생동물 질병의 예방 및 조기 발견을 위한 신고체계 구축
2. 야생동물 질병별 긴급대응 대책의 수립·시행

3. 야생동물 질병에 대응하기 위한 국내외의 협력
4. 야생동물 질병의 진단, 조사 및 연구
5. 야생동물 질병에 관한 정보 및 자료의 수집·분석
6. 야생동물 질병의 조사·연구를 위한 전문인력의 양성
7. 그 밖에 야생동물 질병의 방역 시책 등에 관한 사항
③환경부장관은 야생동물 질병관리 기본계획의 수립 또는 변경을 위하여 관계 중앙 행정기관의 장과 시·도지사에게 그에 필요한 자료 제출을 요청할 수 있다.
④환경부장관은 제1항에 따라 수립된 야생동물 질병관리 기본계획을 시·도지사에게 통보하여야 하며, 시·도지사는 야생동물 질병관리 기본계획에 따라 관할구역의 야생동물 질병관리를 위한 세부계획을 수립하여야 한다.
⑤제1항부터 제4항까지에서 규정한 사항 외에 야생동물 질병관리 기본계획 및 세부 계획의 수립 등에 필요한 사항은 대통령령으로 정한다.
[본조신설 2014.3.24.]

제34조의4(야생동물의 질병연구 및 구조·치료 등) ①환경부장관과 시·도지사는 야생동물의 질병관리를 위하여 야생동물의 질병연구, 조난당하거나 부상당한 야생 동물의 구조·치료, 야생동물 질병관리기술의 개발·보급 등 필요한 조치를 하여 야 한다. <개정 2019.11.26.>
②환경부장관 및 시·도지사는 대통령령으로 정하는 바에 따라 야생동물의 질병연구 및 구조·치료시설(이하 "야생동물 치료기관"이라 한다)을 설치·운영하거나 환경 부령으로 정하는 바에 따라 관련 기관 또는 단체를 야생동물 치료기관으로 지정할 수 있다. <개정 2019.11.26.>
③환경부장관 및 시·도지사는 제2항에 따라 설치 또는 지정된 야생동물 치료기관에 야생동물의 질병연구 및 구조·치료 활동에 드는 비용의 전부 또는 일부를 지원할 수 있다. <개정 2019.11.26.>
④제2항에 따른 야생동물 치료기관의 지정기준 및 지정서 발급 등에 관한 사항은 환경부령으로 정한다.
[본조신설 2014.3.24.]
[제목개정 2019.11.26.]

제34조의5(야생동물 치료기관의 지정취소) ①환경부장관과 시·도지사는 야생동 물 치료기관이 다음 각 호의 어느 하나에 해당하는 경우에는 그 지정을 취소할 수 있다. 다만, 제1호에 해당하는 경우에는 지정을 취소하여야 한다. <개정 2019.11.26.>
1. 거짓이나 그 밖의 부정한 방법으로 지정을 받은 경우
2. 특별한 사유 없이 조난당하거나 부상당한 야생동물의 구조·치료를 3회 이상 거 부한 경우

3. 제8조를 위반하여 야생동물을 학대한 경우
4. 제9조제1항을 위반하여 불법으로 포획·수입 또는 반입한 야생동물, 이를 사용하여 만든 음식물 또는 가공품을 그 사실을 알면서 취득(환경부령으로 정하는 야생동물을 사용하여 만든 음식물 또는 추출가공식품을 먹는 행위는 제외한다)·양도·양수·운반·보관하거나 그러한 행위를 알선한 경우
5. 제34조의6제1항을 위반하여 질병에 걸린 것으로 확인되거나 걸렸다고 의심할만한 정황이 있는 야생동물임을 알면서 신고하지 아니한 경우
6. 제34조의10제1항을 위반하여 야생동물 예방접종·격리·이동제한·출입제한 또는 살처분 명령을 이행하지 아니한 경우
7. 제34조의10제3항을 위반하여 살처분한 야생동물의 사체를 소각하거나 매물하지 아니한 경우
②제1항에 따라 지정이 취소된 자는 취소된 날부터 7일 이내에 지정서를 환경부장관 또는 시·도지사에게 반납하여야 한다.
[본조신설 2014.3.24.]

제34조의6(죽거나 병든 야생동물의 신고) ①질병에 걸린 것으로 확인되거나 걸렸다고 의심할만한 정황이 있는 야생동물(죽은 야생동물을 포함한다)을 발견한 사람은 환경부령으로 정하는 바에 따라 지체 없이 야생동물 질병에 관한 업무를 수행하는 대통령령으로 정하는 행정기관의 장(이하 "국립야생동물질병관리기관장"이라 한다) 또는 관할 지방자치단체의 장에게 신고하여야 한다. <개정 2019.11.26.>
②제1항에 따른 신고를 받은 행정기관의 장은 신고자가 요청한 경우에는 신고자의 신원을 외부에 공개해서는 아니 된다.
[본조신설 2014.3.24.]

제34조의7(질병진단) ①국립야생동물질병관리기관장은 야생동물의 질병진단을 할 수 있는 시설과 인력을 갖춘 대학, 민간연구소, 야생동물 치료기관 등을 야생동물 질병진단기관으로 지정할 수 있다. <개정 2019.11.26.>
②제34조의6제1항에 따른 신고를 받은 관할 지방자치단체의 장은 국립야생동물질병관리기관장 또는 제1항에 따라 지정된 야생동물 질병진단기관(이하 "야생동물 질병진단기관"이라 한다)의 장에게 해당 야생동물의 질병진단을 의뢰할 수 있다. <개정 2019.11.26.>
③국립야생동물질병관리기관장은 야생동물 질병의 발생 상황을 파악하기 위하여 다음 각 호의 업무를 수행한다. <개정 2019.11.26.>
1. 전국 또는 일정한 지역에서 야생동물의 질병의 예찰(豫察)·진단 및 조사·연구
2. 야생동물 치료기관 등 야생동물을 보호·관리하는 시설의 야생동물의 질병진단
④야생동물 질병진단기관의 장은 제2항에 따른 질병진단 결과 야생동물 질병이 확인

된 경우에는 국립야생동물질병관리기관장과 관할 지방자치단체의 장에게 알려야 한다. <신설 2019.11.26.>

⑤국립야생동물질병관리기관장은 제2항 및 제3항에 따른 질병진단 및 조사·연구 결과 야생동물 질병이 확인되거나 제4항에 따른 통지를 받은 경우에는 환경부장관에게 이를 보고하고, 관할 지방자치단체의 장과 다음 각 호의 구분에 따른 관계 행정기관의 장에게 알려야 한다. <개정 2019.11.26., 2020.8.11.>

1. 야생동물 질병이 「가축전염병 예방법」 제2조제2호에 따른 가축전염병에 해당하는 경우: 농림축산식품부장관
2. 야생동물 질병이 「수산생물질병 관리법」 제2조제6호에 따른 수산동물전염병에 해당하는 경우: 해양수산부장관
3. 야생동물 질병이 「감염병의 예방 및 관리에 관한 법률」 제2조제11호에 따른 인수공통감염병에 해당하는 경우: 질병관리청장

⑥야생동물의 질병진단 요령, 야생동물 질병의 병원체 보존·관리, 시료(試料)의 포장·운송 및 취급처리 등에 필요한 사항은 국립야생동물질병관리기관장이 정하여 고시한다. <개정 2019.11.26.>

⑦국립야생동물질병관리기관장은 야생동물 질병진단기관이 다음 각 호의 어느 하나에 해당하는 경우에는 그 지정을 취소할 수 있다. 다만, 제1호에 해당하는 경우에는 그 지정을 취소하여야 한다. <신설 2019.11.26.>

1. 거짓이나 그 밖의 부정한 방법으로 지정받은 경우
2. 제1항에 따른 지정기준을 충족하지 못하게 된 경우
3. 제4항을 위반하여 야생동물 질병이 확인된 사실을 알면서도 알리지 아니한 경우
4. 제6항에 따라 야생동물의 질병진단 요령 등에 필요한 사항으로서 국립야생동물질병관리기관장이 정하여 고시한 사항을 따르지 아니한 경우

⑧제1항에 따른 야생동물 질병진단기관의 지정기준, 지정절차 및 지정방법 등에 관한 사항은 환경부령으로 정한다. <개정 2019.11.26.>

[본조신설 2014.3.24.]

제34조의8(야생동물 질병의 발생 현황 공개) ①환경부장관 및 시·도지사는 야생동물 질병을 예방하고 그 확산을 방지하기 위하여 야생동물 질병의 발생 현황을 공개하여야 한다.

②제1항에 따른 공개의 대상, 내용, 절차 및 방법 등은 환경부령으로 정한다.

[본조신설 2014.3.24.]

제34조의9(역학조사) ①국립야생동물질병관리기관장과 시·도지사는 다음 각 호의 어느 하나에 해당하는 경우 원인규명 등을 위한 역학조사(疫學調査)를 할 수 있다. <개정 2019.11.26.>

1. 야생동물 질병이 발생하였거나 발생할 우려가 있다고 인정한 경우
2. 야생동물에 질병 예방 접종을 한 후 이상반응 사례가 발생한 경우
3. 시·도지사(국립야생동물질병관리기관장에게 요청하는 경우에 한정한다) 또는 관계 중앙행정기관의 장이 요청하는 경우

②누구든지 국립야생동물질병관리기관장 또는 시·도지사가 제1항에 따른 역학조사를 하는 경우 정당한 사유 없이 이를 거부 또는 방해하거나 회피해서는 아니 된다. <개정 2019.11.26.>

③제1항에 따른 역학조사의 시기 및 방법 등에 관하여 필요한 사항은 환경부령으로 정한다. [본조신설 2014.3.24.]

제34조의10(예방접종·격리·출입제한·살처분 및 사체의 처분 제한 등) ①환경부장관과 시·도지사는 야생동물 질병이 확산되는 것을 방지하기 위하여 필요하다고 인정되는 경우에는 환경부령으로 정하는 바에 따라 야생동물 치료기관 등 야생동물을 보호·관리하는 기관 또는 단체에 다음 각 호의 일부 또는 전부의 조치를 명하여야 한다. <개정 2019.11.26.>

1. 야생동물에 대한 예방접종, 격리 또는 이동제한
2. 관람객 등 외부인의 출입제한
3. 야생동물의 살처분

②환경부장관과 시·도지사는 다음 각 호의 어느 하나에 해당하는 경우에는 환경부령으로 정하는 관계 공무원으로 하여금 지체 없이 해당 야생동물을 살처분하게 하여야 한다. <신설 2019.11.26.>

1. 야생동물 치료기관 등 야생동물을 보호·관리하는 기관 또는 단체가 제1항제3호에 따른 살처분 명령을 이행하지 아니하는 경우
2. 야생동물 질병이 확산되는 것을 방지하기 위하여 긴급히 살처분하여야 하는 경우로서 환경부령으로 정하는 경우

③제1항 및 제2항에 따라 살처분한 야생동물의 사체는 환경부령으로 정하는 바에 따라 지체 없이 소각하거나 매몰하여야 한다. <개정 2019.11.26.>

④제3항에 따라 야생동물을 소각하거나 매몰하려는 경우에는 환경부령으로 정하는 바에 따라 주변 환경의 오염방지를 위하여 필요한 조치를 이행하여야 한다. <개정 2019.11.26.>

⑤제3항에 따라 소각하거나 매몰한 야생동물을 다른 장소로 옮기려는 경우에는 환경부장관 또는 관할 시·도지사의 허가를 받아야 한다. <개정 2019.11.26.>

⑥제1항 및 제2항에 따른 살처분의 대상, 내용, 절차 및 방법 등에 관한 사항은 환경부령으로 정한다. <개정 2019.11.26.>

[본조신설 2014.3.24.]
[제목개정 2019.11.26.]

제34조의11(발굴의 금지) ①제34조의10제3항에 따라 야생동물의 사체를 매몰한 토지는 3년 이내에 발굴하여서는 아니 된다. 다만, 제34조의10제5항에 따라 환경부장관 또는 관할 시·도지사의 허가를 받은 경우에는 그러하지 아니하다. <개정 2019.11.26.>
②시·도지사는 제1항에 따라 발굴이 금지된 토지에 환경부령으로 정하는 표지판을 설치하여야 한다.
[본조신설 2014.3.24.]

제34조의12(서식지의 야생동물 질병 관리) ①환경부장관과 시·도지사는 야생동물 질병이 확산되는 것을 방지하기 위하여 환경부령으로 정하는 바에 따라 야생동물 서식지 등을 대상으로 다음 각 호의 조치를 할 수 있다.
1. 야생동물 질병의 발생 여부, 확산정도를 파악하기 위한 예찰
2. 야생동물 질병의 발생지·이동경로 등에 대한 출입통제, 소독 등 확산 방지
3. 야생동물 질병에 감염되었거나 감염된 것으로 의심되는 야생동물의 포획 또는 살처분
4. 그 밖에 환경부장관이 야생동물 질병의 예방과 확산방지를 위하여 필요하다고 인정하는 조치
②시·도지사는 제1항에 따른 조치를 하였을 때에는 환경부령으로 정하는 바에 따라 환경부장관에게 보고하고 국립야생동물질병관리기관장 및 관계 시·도지사에게 알려야 한다.
[본조신설 2019.11.26.]

제3장 생물자원의 보전

제35조(생물자원 보전시설의 등록) ①생물자원 보전시설을 설치·운영하려는 자는 환경부령으로 정하는 바에 따라 시설과 요건을 갖추어 환경부장관이나 시·도지사에게 등록할 수 있다. 다만, 「수목원 조성 및 진흥에 관한 법률」 제9조에 따라 등록한 수목원은 이 법에 따라 생물자원 보전시설로 등록한 것으로 본다. <개정 2011.7.28.>
②제1항에 따라 생물자원 보전시설을 등록한 자는 등록한 사항 중 환경부령으로 정하는 사항을 변경하려면 등록한 환경부장관 또는 시·도지사에게 변경등록을 하여야 한다. <개정 2011.7.28.>
③제1항에 따른 등록증의 교부 등에 관한 사항은 환경부령으로 정한다. <신설 2011.7.28.>
[제목개정 2011.7.28.]

제36조(등록취소) ①환경부장관이나 시·도지사는 제35조제1항에 따라 생물자원 보전시설을 등록한 자가 다음 각 호의 어느 하나에 해당하는 경우에는 그 등록을 취소할 수 있다. 다만, 제1호에 해당하는 경우에는 그 등록을 취소하여야 한다.

1. 거짓이나 그 밖의 부정한 방법으로 등록한 경우
2. 제35조제1항에 따라 환경부령으로 정하는 시설과 요건을 갖추지 못한 경우
②제1항에 따라 등록이 취소된 자는 취소된 날부터 7일 이내에 등록증을 환경부장관이나 시·도지사에게 반납하여야 한다.
[전문개정 2011.7.28.]

제37조(생물자원 보전시설에 대한 지원) ①환경부장관은 야생생물 등 생물자원의 효율적인 보전을 위하여 필요하면 제35조에 따라 등록된 생물자원 보전시설에서 멸종위기 야생생물 등을 보전하게 하고, 예산의 범위에서 그 비용의 전부 또는 일부를 지원할 수 있다.
②환경부장관은 지방자치단체의 장이 야생생물 등 생물자원의 효율적 보전 또는 전시·교육을 위하여 설치하는 생물자원 보전시설(「수목원 조성 및 진흥에 관한 법률」 제4조에 따른 수목원은 제외한다)에 대하여 예산의 범위에서 그 비용의 전부 또는 일부를 지원할 수 있다.
[전문개정 2011.7.28.]

제38조(생물자원 보전시설 간 정보교환체계) 환경부장관은 생물자원에 관한 정보의 효율적인 관리 및 이용과 생물자원 보전시설 간의 협력을 도모하기 위하여 다음 각 호의 기능을 내용으로 하는 정보교환체계를 구축하여야 한다.
1. 전산정보체계를 통한 정보 및 자료의 유통
2. 보유하는 생물자원에 대한 정보 교환
3. 생물자원 보전시설의 과학적인 관리
4. 그 밖에 생물자원 보전시설 간 협력에 관한 사항
[전문개정 2011.7.28.]

제39조 삭제 <2019.11.26.>

제40조(박제업자의 등록 등) ①야생동물 박제품의 제조 또는 판매를 업(業)으로 하려는 자는 시장·군수·구청장에게 등록하여야 한다. 등록한 사항 중 환경부령으로 정하는 사항을 변경할 때에도 또한 같다.
②제1항에 따라 등록을 한 자(이하 "박제업자"라 한다)는 박제품(박제용 야생동물을 포함한다. 이하 같다)의 출처, 종류, 수량 및 거래상대방 등 환경부령으로 정하는 사항을 적은 장부를 갖추어 두어야 한다.
③시장·군수·구청장은 박제업자에게 야생동물의 보호·번식을 위하여 박제품의 신고 등 필요한 명령을 할 수 있다.
④제1항에 따른 등록 및 등록증의 발급에 필요한 사항은 환경부령으로 정한다.
⑤시장·군수·구청장은 박제업자가 제1항부터 제3항까지의 규정 또는 명령을 위반

野생생물 보호 및 관리에 관한 법률 · 103

하였을 때에는 6개월 이내의 범위에서 영업을 정지하거나 등록을 취소할 수 있다.

⑥제5항에 따라 등록이 취소된 자는 취소된 날부터 7일 이내에 등록증을 시장·군수·구청장에게 반납하여야 한다.

[전문개정 2011.7.28.]

제41조 삭제 <2012.2.1.>
제41조의2 삭제 <2012.2.1.>

제4장 수렵 관리

제42조(수렵장 설정 등) ①시장·군수·구청장은 야생동물의 보호와 국민의 건전한 수렵활동을 위하여 대통령령으로 정하는 바에 따라 일정 지역에 수렵을 할 수 있는 장소(이하 "수렵장"이라 한다)를 설정할 수 있다. 다만, 둘 이상의 시·군·구의 관할구역에 걸쳐 수렵장 설정이 필요한 경우에는 대통령령으로 정하는 바에 따라 시·도지사가 설정한다.

②누구든지 수렵장 외의 장소에서 수렵을 하여서는 아니 된다.

③시·도지사 또는 시장·군수·구청장은 수렵장을 설정하려면 미리 토지소유자 등 이해관계인의 의견을 들어야 하고, 수렵장을 설정하였을 때에는 지체 없이 그 사실을 고시하여야 한다.

④시·도지사 또는 시장·군수·구청장은 수렵장을 설정한 후 야생동물의 보호를 위하여 필요하면 수렵장의 설정을 해제하거나 변경할 수 있으며, 수렵장의 설정을 해제하거나 변경하였을 때에는 지체 없이 그 사실을 고시하여야 한다.

⑤시·도지사 또는 시장·군수·구청장이 제1항에 따라 수렵장을 설정하려면 환경부장관의 승인을 받아야 한다. 수렵장의 설정을 변경하거나 해제하는 경우에도 또한 같다.

⑥시·도지사 또는 시장·군수·구청장은 제1항에 따라 수렵장을 설정하였을 때에는 환경부령으로 정하는 바에 따라 지역 주민 등이 쉽게 알 수 있도록 안내판을 설치하는 등 필요한 조치를 하여야 하며, 수렵으로 인한 위해의 예방과 이용자의 건전한 수렵활동을 위하여 필요한 시설·설비 등을 갖추어야 하고, 수렵장 관리규정을 정하여야 한다. <개정 2015.2.3.>

[전문개정 2011.7.28.]

판례 – 채무부존재확인
[광주고법 2006.5.17., 선고, 2005나6012, 판결 : 확정]

【판시사항】
 [1] 보통거래약관의 해석 원칙
 [2] 수렵보험약관에서 보험금지급대상으로 규정한 '수렵장 내에서 입은 배상

책임손해'를 '수렵이 허용된 수렵장 내에서 입은 배상책임손해'로 보험계약자에게 불리하게 제한하여 해석할 수 없다고 보아, 수렵장 내이지만 수렵을 금지한 장소에서 발생한 보험사고에 대한 보험사의 보험금지급채무를 인정한 사례

[3] 피보험자의 고의에 의한 보험사고에 대하여 보험자의 면책을 인정하는 이유 및 면책약관을 제한 해석할 수 있는 경우

[4] 수렵보험약관에서 보험금지급에 관한 면책사유로 규정한 '형법상 범죄행위'를 계약자 내지 피보험자가 범죄 결과 또는 그 과정에 관하여 고의 내지 이에 준하는 적극적인 인식을 가지고 형법상 범죄행위를 저지른 경우로 제한 해석함이 상당하다고 보아, 피보험자의 과실에 의한 형법상 범죄행위는 보험자의 보험금지급에 관한 면책사유에 해당하지 않는다고 한 사례

【판결요지】

[1] 약관의 내용은 계약체결자의 의사나 구체적인 사정을 고려함이 없이 평균적 고객의 이해가능성을 기준으로 하여 객관적·획일적으로 해석하여야 하고, 고객보호의 측면에서 약관 내용이 명백하지 못하거나 의심스러운 때에는 고객에게 유리하게, 약관작성자에게 불리하게 제한적으로 해석하여야 한다.

[2] 피보험자가 수렵장 내에서 입은 배상책임손해를 보상하기로 하는 내용의 수렵보험약관을 해석함에 있어서 보험금지급대상으로 규정한 '수렵장 내에서 입은 배상책임손해'를 '수렵이 허용된 수렵장 내에서 입은 배상책임손해'로 보험계약자에게 불리하게 제한하여 해석할 수 없다고 보아, 수렵장 내이지만 수렵을 금지한 장소에서 발생한 보험사고에 대한 보험사의 보험금지급채무를 인정한 사례.

[3] 보험약관에서 고의에 인한 보험사고에 대하여 면책을 인정한 이유는 피보험자가 고의에 의하여 보험사고를 일으키는 것은 보험계약상의 신의성실의 원칙에 반할 뿐만 아니라, 그러한 경우에도 보험금이 지급된다고 한다면 보험계약이 보험금 취득 등 부당한 목적에 이용될 가능성이 있기 때문이라고 할 것이며, 약관이 작성자에 의하여 일방적으로 유리하게 작성되고 고객에게 그 약관 내용에 관한 교섭의 기회가 제대로 주어지지 않는 점 등에 비추어 볼 때, 면책약관을 문자 그대로 엄격하게 해석하여 적용할 경우 조금이라도 약관에 위배하기만 하면 보험자는 면책되는 결과가 되어 본래 피해자를 보호하고자 하는 보험의 사회적 효용과 경제적 기능에 배치되는 결과를 가져올 때에는 이를 합리적으로 제한하여 해석할 필요가 있다.

[4] 수렵보험약관에서 보험금지급에 관한 면책사유로 규정한 '형법상 범죄행위'를 계약자 내지 피보험자가 범죄 결과 또는 그 과정에 관하여 고의 내지 이에 준하는 적극적인 인식을 가지고 형법상 범죄행위를 저지른 경우로 제한 해석함이 상당하다고 보아, 피보험자의 과실에 의한 형법상 범죄행위는 보험자의 보험금지급에 관한 면책사유에 해당하지 않는다고 한 사례.

제43조(수렵동물의 지정 등) ①환경부장관은 수렵장에서 수렵할 수 있는 야생동물(이하 "수렵동물"이라 한다)의 종류를 지정·고시하여야 한다.

②환경부장관이나 지방자치단체의 장은 수렵장에서 수렵동물의 보호·번식을 위하여 수렵을 제한하려면 수렵동물을 포획할 수 있는 기간(이하 "수렵기간"이라 한다)과 그 수렵장의 수렵동물 종류·수량, 수렵 도구, 수렵 방법 및 수렵인의 수 등을 정하여 고시하여야 한다.

③환경부장관은 수렵동물의 지정 등을 위하여 야생동물의 종류 및 서식밀도 등에 대한 조사를 주기적으로 실시하여야 한다.

[전문개정 2011.7.28.]

제44조(수렵면허) ①수렵장에서 수렵동물을 수렵하려는 사람은 대통령령으로 정하는 바에 따라 그 주소지를 관할하는 시장·군수·구청장으로부터 수렵면허를 받아야 한다.

②수렵면허의 종류는 다음 각 호와 같다.

1. 제1종 수렵면허: 총기를 사용하는 수렵
2. 제2종 수렵면허: 총기 외의 수렵 도구를 사용하는 수렵

③제1항에 따라 수렵면허를 받은 사람은 환경부령으로 정하는 바에 따라 5년마다 수렵면허를 갱신하여야 한다.

④제1항에 따라 수렵면허를 받거나 제3항에 따라 수렵면허를 갱신하려는 사람 또는 제48조제3항에 따라 수렵면허를 재발급받으려는 사람은 환경부령으로 정하는 바에 따라 수수료를 내야 한다.

[전문개정 2011.7.28.]

제45조(수렵면허시험 등) ①수렵면허를 받으려는 사람은 제44조제2항에 따른 수렵면허의 종류별로 수렵에 관한 법령 등 환경부령으로 정하는 사항에 대하여 시·도지사가 실시하는 수렵면허시험에 합격하여야 한다.

②제1항에 따른 수렵면허시험의 실시방법, 절차, 그 밖에 필요한 사항은 대통령령으로 정한다.

③제1항에 따른 수렵면허시험에 응시하려는 사람은 환경부령으로 정하는 바에 따라 수수료를 내야 한다.

[전문개정 2011.7.28.]

제46조(결격사유) 다음 각 호의 어느 하나에 해당하는 사람은 수렵면허를 받을 수 없다. <개정 2018.10.16., 2019.11.26.>

1. 미성년자
2. 심신상실자
3. 「정신건강증진 및 정신질환자 복지서비스 지원에 관한 법률」 제3조제1호에 따른

정신질환자

4. 「마약류 관리에 관한 법률」 제2조제1호에 따른 마약류중독자

5. 이 법을 위반하여 금고 이상의 실형을 선고받고 그 집행이 끝나거나(집행이 끝난 것으로 보는 경우를 포함한다) 집행이 면제된 날부터 2년이 지나지 아니한 사람

6. 이 법을 위반하여 금고 이상의 형의 집행유예를 선고받고 그 유예기간 중에 있는 사람

7. 제49조에 따라 수렵면허가 취소(이 조 제1호에 해당하여 면허가 취소된 경우는 제외한다)된 날부터 1년이 지나지 아니한 사람

[전문개정 2011.7.28.]

제47조(수렵 강습) ①수렵면허를 받으려는 사람은 제45조제1항에 따른 수렵면허시험에 합격한 후 환경부령으로 정하는 바에 따라 환경부장관이 지정하는 전문기관(이하 "수렵강습기관"이라 한다)에서 수렵의 역사·문화, 수렵 시 지켜야 할 안전수칙 등에 관한 강습을 받아야 한다.

②제44조제3항에 따라 수렵면허를 갱신하려는 사람은 환경부령으로 정하는 바에 따라 수렵강습기관에서 수렵 시 지켜야 할 안전수칙과 수렵에 관한 법령 및 수렵의 절차 등에 관한 강습을 받아야 한다. <신설 2015.2.3.>

③수렵강습기관의 장은 제1항 및 제2항에 따른 강습을 받은 사람에게 강습이수증을 발급하여야 한다. <개정 2015.2.3.>

④수렵강습기관의 장은 제1항 및 제2항에 따른 수렵 강습을 받으려는 사람에게 환경부령으로 정하는 바에 따라 수강료를 징수할 수 있다. <개정 2015.2.3.>

⑤수렵강습기관의 지정기준 및 지정서 교부 등에 관한 사항은 환경부령으로 정한다. <개정 2015.2.3.>

[전문개정 2011.7.28.]

제47조의2(수렵강습기관의 지정취소) ①환경부장관은 수렵강습기관이 다음 각 호의 어느 하나에 해당하는 경우에는 그 지정을 취소할 수 있다. 다만, 제1호에 해당하는 경우에는 그 지정을 취소하여야 한다. <개정 2015.2.3.>

1. 거짓이나 그 밖의 부정한 방법으로 지정을 받은 경우

2. 제47조제1항 및 제2항에 따른 수렵 강습을 받지 아니한 사람에게 강습이수증을 발급한 경우

3. 제47조제5항에 따라 환경부령으로 정하는 지정기준 등의 요건을 갖추지 못한 경우

②제1항에 따라 지정이 취소된 자는 취소된 날부터 7일 이내에 지정서를 환경부장관에게 반납하여야 한다.

[본조신설 2011.7.28.]

제48조(수렵면허증의 발급 등) ①시장·군수·구청장은 제45조제1항에 따른 수렵면허시험에 합격하고, 제47조제3항에 따른 강습이수증을 발급받은 사람에게 환경

부령으로 정하는 바에 따라 수렵면허증을 발급하여야 한다. <개정 2015.2.3.>

②수렵면허의 효력은 제1항에 따른 수렵면허증을 본인이나 대리인에게 발급한 때부터 발생하고, 발급받은 수렵면허증은 다른 사람에게 대여하지 못한다.

③제1항에 따른 수렵면허증을 잃어버렸거나 손상되어 못 쓰게 되었을 때에는 환경부령으로 정하는 바에 따라 재발급받아야 한다.

[전문개정 2011.7.28.]

제49조(수렵면허의 취소·정지) ①시장·군수·구청장은 수렵면허를 받은 사람이 다음 각 호의 어느 하나에 해당하는 경우에는 수렵면허를 취소하거나 1년 이내의 범위에서 기간을 정하여 그 수렵면허의 효력을 정지할 수 있다. 다만, 제1호와 제2호에 해당하는 경우에는 그 수렵면허를 취소하여야 한다. <개정 2014.3.24.>

1. 거짓이나 그 밖의 부정한 방법으로 수렵면허를 받은 경우
2. 수렵면허를 받은 사람이 제46조제1호부터 제6호까지의 어느 하나에 해당하는 경우
3. 수렵 중 고의 또는 과실로 다른 사람의 생명·신체 또는 재산에 피해를 준 경우
4. 수렵 도구를 이용하여 범죄행위를 한 경우
5. 제14조제1항 또는 제2항을 위반하여 멸종위기 야생동물을 포획한 경우
6. 제19조제1항 또는 제3항을 위반하여 야생동물을 포획한 경우
7. 제23조제1항을 위반하여 유해야생동물을 포획한 경우
8. 제44조제3항을 위반하여 수렵면허를 갱신하지 아니한 경우
9. 제50조제1항을 위반하여 수렵을 한 경우
10. 제55조 각 호의 어느 하나에 해당하는 장소 또는 시간에 수렵을 한 경우

②제1항에 따라 수렵면허의 취소 또는 정지 처분을 받은 사람은 취소 또는 정지 처분을 받은 날부터 7일 이내에 수렵면허증을 시장·군수·구청장에게 반납하여야 한다.

[전문개정 2011.7.28.]

제50조(수렵승인 등) ①수렵장에서 수렵동물을 수렵하려는 사람은 제42조제1항에 따라 수렵장을 설정한 자(이하 "수렵장설정자"라 한다)에게 환경부령으로 정하는 바에 따라 수렵장 사용료를 납부하고, 수렵승인을 받아야 한다.

②제1항에 따라 수렵승인을 받아 수렵한 사람은 환경부령으로 정하는 바에 따라 수렵한 동물에 수렵동물임을 확인할 수 있는 표지를 붙여야 한다. <개정 2020.5.26.>

③수렵장설정자는 수렵장 사용료 등의 수입을 수렵장 시설의 설치·유지관리와 대통령령으로 정하는 사업에 사용하여야 한다. 다만, 수입금의 100분의 40 이내의 금액을 「환경정책기본법」에 따른 환경개선특별회계의 세입 재원으로, 100분의 10 이내의 금액을 「농어촌구조개선 특별회계법」에 따른 임업진흥사업계정의 세입 재원으로 사용할 수 있다. <개정 2014.3.11.>

④수렵장설정자는 환경부령으로 정하는 바에 따라 수렵장 운영실적을 환경부장관에

게 보고하여야 한다.

[전문개정 2011.7.28.]

제51조(수렵보험) 수렵장에서 수렵동물을 수렵하려는 사람은 수렵으로 인하여 다른 사람의 생명·신체 또는 재산에 피해를 준 경우에 이를 보상할 수 있도록 대통령령으로 정하는 바에 따라 보험에 가입하여야 한다.

[전문개정 2011.7.28.]

제52조(수렵면허증 휴대의무) 수렵장에서 수렵동물을 수렵하려는 사람은 제48조제1항에 따른 수렵면허증을 지니고 있어야 한다.

[전문개정 2011.7.28.]

제53조(수렵장의 위탁관리) ①수렵장설정자는 수렵동물의 보호·번식과 수렵장의 효율적 운영을 위하여 필요하면 대통령령으로 정하는 요건을 갖춘 자에게 수렵장의 관리·운영을 위탁할 수 있다.

②수렵장설정자가 제1항에 따라 수렵장의 관리·운영을 위탁할 때에는 대통령령으로 정하는 바에 따라 환경부장관에게 보고하여야 한다.

③제1항에 따라 수렵장의 관리·운영을 위탁받은 자는 지역 주민 등이 쉽게 알 수 있도록 안내판을 설치하는 등 필요한 조치를 하여야 하며, 수렵으로 인한 위해의 예방과 이용자의 건전한 수렵활동을 위하여 필요한 시설·설비 등을 갖추어야 하고, 수렵장 관리규정을 정하여 수렵장설정자의 승인을 받아야 하며, 수렵장 운영실적을 수렵장설정자에게 보고하여야 한다. <개정 2015.2.3.>

④제3항에 따른 수렵장의 시설·설비, 수렵장 관리규정 및 수렵장 운영실적의 보고에 필요한 사항은 환경부령으로 정한다.

[전문개정 2011.7.28.]

제54조(수렵장의 설정 제한지역) 다음 각 호의 어느 하나에 해당하는 지역은 수렵장으로 설정할 수 없다.

1. 특별보호구역 및 보호구역
2. 「자연환경보전법」 제12조에 따라 지정된 생태·경관보전지역 및 같은 법 제23조에 따라 지정된 시·도 생태·경관보전지역
3. 「습지보전법」 제8조에 따라 지정된 습지보호지역
4. 「자연공원법」 제2조제1호에 따른 자연공원 및 「도시공원 및 녹지 등에 관한 법률」 제2조제3호에 따른 도시공원
5. 「군사기지 및 군사시설 보호법」 제2조제6호에 따른 군사기지 및 군사시설 보호구역
6. 「국토의 계획 및 이용에 관한 법률」 제36조에 따른 도시지역
7. 「문화재보호법」 제2조에 따른 문화재가 있는 장소 및 같은 법 제27조에 따라 지

정된 보호구역

8. 「관광진흥법」 제52조에 따라 지정된 관광지등

9. 「산림문화·휴양에 관한 법률」 제13조에 따른 자연휴양림, 「산림자원의 조성 및 관리에 관한 법률」 제19조에 따른 채종림 및 「산림보호법」 제7조제1항제5호에 따른 산림유전자원보호구역의 산지

10. 「수목원 조성 및 진흥에 관한 법률」 제4조에 따른 수목원

11. 능묘(陵墓), 사찰, 교회의 경내

12. 그 밖에 야생동물의 보호 등을 위하여 환경부령으로 정하는 장소

[전문개정 2011.7.28.]

제55조(수렵 제한) 수렵장에서도 다음 각 호의 어느 하나에 해당하는 장소 또는 시간에는 수렵을 하여서는 아니 된다. <개정 2014.1.14., 2015.2.3.>

1. 시가지, 인가(人家) 부근 또는 그 밖에 여러 사람이 다니거나 모이는 장소로서 환경부령으로 정하는 장소

2. 해가 진 후부터 해뜨기 전까지

3. 운행 중인 차량, 선박 및 항공기

4. 「도로법」 제2조제1호에 따른 도로로부터 100미터 이내의 장소. 다만, 도로 쪽을 향하여 수렵을 하는 경우에는 도로로부터 600미터 이내의 장소를 포함한다.

5. 「문화재보호법」 제2조에 따른 문화재가 있는 장소 및 같은 법 제27조에 따라 지정된 보호구역으로부터 1킬로미터 이내의 장소

6. 울타리가 설치되어 있거나 농작물이 있는 다른 사람의 토지. 다만, 점유자의 승인을 받은 경우는 제외한다.

7. 그 밖에 인명, 가축, 문화재, 건축물, 차량, 철도차량, 선박 또는 항공기에 피해를 줄 우려가 있어 환경부령으로 정하는 장소 및 시간

[전문개정 2011.7.28.]

판례 – 채무부존재확인

[광주고법 2006.5.17., 선고, 2005나6012, 판결 : 확정]

【판시사항】

[1] 보통거래약관의 해석 원칙

[2] 수렵보험약관에서 보험금지급대상으로 규정한 '수렵장 내에서 입은 배상책임손해'를 '수렵이 허용된 수렵장 내에서 입은 배상책임손해'로 보험계약자에게 불리하게 제한하여 해석할 수 없다고 보아, 수렵장 내이지만 수렵을 금지한 장소에서 발생한 보험사고에 대한 보험사의 보험금지급채무를 인정한 사례

[3] 피보험자의 고의에 의한 보험사고에 대하여 보험자의 면책을 인정하는 이유 및 면책약관을 제한 해석할 수 있는 경우

[4] 수렵보험약관에서 보험금지급에 관한 면책사유로 규정한 '형법상 범죄행위'를 계약자 내지 피보험자가 범죄 결과 또는 그 과정에 관하여 고의 내지 이에 준하는 적극적인 인식을 가지고 형법상 범죄행위를 저지른 경우로 제한 해석함이 상당하다고 보아, 피보험자의 과실에 의한 형법상 범죄행위는 보험자의 보험금지급에 관한 면책사유에 해당하지 않는다고 한 사례

【판결요지】

[1] 약관의 내용은 계약체결자의 의사나 구체적인 사정을 고려함이 없이 평균적 고객의 이해가능성을 기준으로 하여 객관적·획일적으로 해석하여야 하고, 고객보호의 측면에서 약관 내용이 명백하지 못하거나 의심스러운 때에는 고객에게 유리하게, 약관작성자에게 불리하게 제한적으로 해석하여야 한다.

[2] 피보험자가 수렵장 내에서 입은 배상책임손해를 보상하기로 하는 내용의 수렵보험약관을 해석함에 있어서 보험금지급대상으로 규정한 '수렵장 내에서 입은 배상책임손해'를 '수렵이 허용된 수렵장 내에서 입은 배상책임손해'로 보험계약자에게 불리하게 제한하여 해석할 수 없다고 보아, 수렵장 내이지만 수렵을 금지한 장소에서 발생한 보험사고에 대한 보험사의 보험금지급채무를 인정한 사례.

[3] 보험약관에서 고의에 인한 보험사고에 대하여 면책을 인정한 이유는 피보험자가 고의에 의하여 보험사고를 일으키는 것은 보험계약상의 신의성실의 원칙에 반할 뿐만 아니라, 그러한 경우에도 보험금이 지급된다고 한다면 보험계약이 보험금 취득 등 부당한 목적에 이용될 가능성이 있기 때문이라고 할 것이며, 약관이 작성자에 의하여 일방적으로 유리하게 작성되고 고객에게 그 약관 내용에 관한 교섭의 기회가 제대로 주어지지 않는 점 등에 비추어 볼 때, 면책약관을 문자 그대로 엄격하게 해석하여 적용할 경우 조금이라도 약관에 위배하기만 하면 보험자는 면책되는 결과가 되어 본래 피해자를 보호하고자 하는 보험의 사회적 효용과 경제적 기능에 배치되는 결과를 가져올 때에는 이를 합리적으로 제한하여 해석할 필요가 있다.

[4] 수렵보험약관에서 보험금지급에 관한 면책사유로 규정한 '형법상 범죄행위'를 계약자 내지 피보험자가 범죄 결과 또는 그 과정에 관하여 고의 내지 이에 준하는 적극적인 인식을 가지고 형법상 범죄행위를 저지른 경우로 제한 해석함이 상당하다고 보아, 피보험자의 과실에 의한 형법상 범죄행위는 보험자의 보험금지급에 관한 면책사유에 해당하지 않는다고 한 사례.

제5장 보칙

제56조(보고 및 검사 등) ①환경부장관, 시·도지사 및 국립야생동물질병관리기관장은 필요하면 다음 각 호의 어느 하나에 해당하는 자(시·도지사는 제6호에 해당하는 자에 한정한다)에게 대통령령으로 정하는 바에 따라 보고를 명하거나 자료를

제출하게 할 수 있으며, 관계 공무원으로 하여금 해당 사업자의 사무실, 사업장 등에 출입하여 장부, 서류, 생물(혈액·모근 채취 등을 포함한다) 또는 그 밖의 물건을 검사하거나 관계인에게 질문하게 할 수 있다. <개정 2013.7.16., 2019.11.26.>

1. 서식지외보전기관의 운영자
2. 제14조제1항 단서에 따라 멸종위기 야생생물의 포획·채취등의 허가를 받은 자
3. 제14조제5항에 따라 멸종위기 야생생물의 보관 사실을 신고한 자
4. 제16조제1항에 따라 국제적 멸종위기종 및 그 가공품의 수출·수입·반출 또는 반입 허가를 받거나 같은 조 제6항에 따라 양도·양수 또는 질병·폐사 등의 신고를 한 자
5. 삭제 <2012.2.1.>
6. 제35조제1항에 따라 생물자원 보전시설을 등록한 자
7. 삭제 <2012.2.1.>
8. 제16조의2제1항에 따른 사육시설의 등록을 한 자
9. 이 법을 위반하여 멸종위기 야생생물, 국제적 멸종위기종, 제19조제1항에 따른 포획이 금지된 야생생물의 포획·채취등의 행위를 한 자

②환경부장관이나 지방자치단체의 장은 제14조제1항 단서에 따라 멸종위기 야생생물의 포획·채취등의 허가를 받은 자가 불법적 포획·채취를 하였는지, 제52조에 따른 수렵면허증 휴대의무를 이행하였는지 등을 확인하기 위하여 필요하면 소속 공무원으로 하여금 포획·채취등을 한 멸종위기 야생생물과 수렵면허증의 소지 여부 등을 검사하게 할 수 있다.

③환경부장관이나 관계 행정기관의 장은 제17조 및 제71조에 따른 보호조치, 반송, 몰수 등 필요한 조치를 하기 위하여 소속 공무원으로 하여금 국제적 멸종위기종 및 그 가공품이 있는 장소에 출입하여 그 생물(혈액·모근 채취 등을 포함한다), 관계 서류 또는 그 밖에 필요한 물건을 검사하게 할 수 있다. <개정 2013.7.16.>

④제1항부터 제3항까지의 규정에 따라 출입·검사를 하는 공무원은 그 권한을 나타내는 증표를 지니고 이를 관계인에게 보여주어야 한다.

[전문개정 2011.7.28.]

제57조(포상금) 환경부장관이나 지방자치단체의 장은 다음 각 호의 어느 하나에 해당하는 자를 환경행정관서 또는 수사기관에 발각되기 전에 그 기관에 신고 또는 고발하거나 위반현장에서 직접 체포한 자와 불법포획한 야생동물 등을 신고한 자, 불법 포획 도구를 수거한 자 및 질병에 걸린 것으로 확인되거나 걸릴 우려가 있는 야생동물(죽은 야생동물을 포함한다)을 신고한 자에게 대통령령으로 정하는 바에 따라 포상금을 지급할 수 있다. <개정 2012.2.1., 2014.3.24., 2017.12.12., 2019.11.26.>

1. 제9조제1항을 위반하여 불법적으로 포획·수입 또는 반입한 야생동물, 이를 사용하여 만든 음식물 또는 가공품을 취득·양도·양수·운반·보관하거나 그러한 행위를 알선한 자

2. 제10조를 위반하여 덫, 창애, 올무 또는 그 밖에 야생동물을 포획할 수 있는 도구를 제작·판매·소지 또는 보관한 자
3. 제14조제1항을 위반하여 멸종위기 야생생물을 포획·채취등을 한 자
4. 제14조제2항을 위반하여 멸종위기 야생생물의 포획·채취등을 위하여 폭발물, 덫, 창애, 올무, 함정, 전류 및 그물을 설치 또는 사용하거나 유독물, 농약 및 이와 유사한 물질을 살포하거나 주입한 자
5. 제16조제1항을 위반하여 허가 없이 국제적 멸종위기종 및 그 가공품을 수출·수입·반출 또는 반입한 자
6. 제19조제1항을 위반하여 야생생물을 포획·채취 또는 죽이거나 같은 조 제3항을 위반하여 야생생물을 포획·채취하거나 죽이기 위하여 폭발물, 덫, 창애, 올무, 함정, 전류 및 그물을 설치 또는 사용하거나 유독물, 농약 및 이와 유사한 물질을 살포하거나 주입한 자
7. 제21조제1항을 위반하여 야생생물 및 그 가공품을 수출·수입·반출 또는 반입한 자
8. 「생물다양성 보전 및 이용에 관한 법률」 제24조제1항을 위반하여 생태계교란 생물을 수입·반입·사육·재배·방사·이식·양도·양수·보관·운반 또는 유통한 자
9. 제42조제2항을 위반하여 수렵장 외의 장소에서 수렵한 사람
10. 제43조제1항에 따라 지정·고시된 수렵동물 외의 동물을 수렵한 사람
11. 제43조제2항에 따라 지정·고시된 수렵기간이 아닌 때에 수렵하거나 수렵장에서 수렵을 제한하기 위하여 지정·고시한 사항을 지키지 아니한 사람
12. 제50조제1항을 위반하여 수렵장설정자로부터 수렵승인을 받지 아니하고 수렵한 사람
13. 제55조를 위반하여 수렵 제한사항을 지키지 아니한 사람
14. 이 법을 위반하여 야생동물을 포획할 목적으로 총기와 실탄을 같이 지니고 돌아다니는 사람
15. 제34조의10제1항에 따른 예방접종·격리·이동제한·출입제한 또는 살처분 명령에 따르지 아니한 자
[전문개정 2011.7.28.]

제57조의2(보상금 등) ①국가나 지방자치단체는 다음 각 호의 어느 하나에 해당하는 자에게는 대통령령으로 정하는 바에 따라 보상금을 지급하여야 한다.
1. 제34조의10제1항제1호에 따른 예방접종으로 인하여 죽거나 부상당한 야생동물의 소유자
2. 제34조의10제1항제2호에 따른 출입제한 명령에 따라 손실을 입은 자
3. 제34조의10제1항제3호 및 제2항에 따라 살처분한 야생동물의 소유자
②국가나 지방자치단체는 제1항에 따라 보상금을 지급할 때 다음 각 호의 어느 하나에 해당하는 자에게는 대통령령으로 정하는 바에 따라 제1항의 보상금의 전부 또는 일부를 감액할 수 있다.
1. 제34조의6제1항을 위반하여 질병에 걸린 것으로 확인되거나 걸렸다고 의심할만

한 정황이 있는 야생동물을 발견하고서 신고하지 아니한 자
2. 제34조의9제2항을 위반하여 역학조사를 정당한 사유 없이 거부 또는 방해하거나 회피한 자
3. 제34조의10제1항에 따른 예방접종·격리·이동제한·출입제한 또는 살처분 명령에 따르지 아니한 자
[본조신설 2019.11.26.]

제58조(재정 지원) 국가는 이 법의 목적을 달성하기 위하여 필요하면 예산의 범위에서 다음 각 호의 어느 하나에 해당하는 사업에 드는 비용의 전부 또는 일부를 지방자치단체나 환경부령으로 정하는 야생생물 보호단체에 보조할 수 있다. <개정 2014.3.24., 2019.11.26.>
1. 야생생물의 서식분포 조사
2. 야생생물의 번식·증식·복원 등에 관한 연구 및 생물자원의 효율적 보전을 위한 야생생물의 전시·교육
3. 삭제 <2012.2.1.>
4. 야생생물의 불법적 포획·채취등의 방지 및 수렵 관리
5. 야생동물에 의한 피해의 예방 및 보상
6. 야생동물의 질병연구 및 구조·치료
 6의2. 역학조사, 예방접종, 살처분 및 사체의 소각·매몰
 6의3. 서식지 등에 대한 출입통제, 소독 등 야생동물 질병의 확산을 방지하기 위한 조치
7. 보호구역의 관리
8. 그 밖에 야생생물 보호를 위하여 필요한 사업
[전문개정 2011.7.28.]
[제목개정 2014.3.24.]

제58조의2(야생생물관리협회) ①야생생물의 보호·관리를 위한 다음 각 호의 사업을 하기 위하여 야생생물관리협회(이하 "협회"라 한다)를 설립할 수 있다. <개정 2012.2.1.>
1. 야생동물, 멸종위기식물의 밀렵·밀거래 단속 등 보호업무 지원
2. 유해야생동물 및 「생물다양성 보전 및 이용에 관한 법률」 제2조제8호에 따른 생태계교란 생물의 관리업무 지원
3. 수렵장 운영 지원 등 수렵 관리
4. 수렵 강습 등 야생생물 보호·관리에 관한 교육과 홍보
②협회는 법인으로 한다.
③협회의 회원이 될 수 있는 자는 제44조에 따라 수렵면허를 받은 사람과 야생생물의 보호·관리에 적극 참여하려는 자로 한다.
④협회의 사업에 필요한 경비는 회비, 사업수입금 등으로 충당한다.

⑤국가나 지방자치단체는 예산의 범위에서 협회에 필요한 경비의 일부를 지원할 수 있다.

⑥환경부장관은 협회를 감독하기 위하여 필요하면 그 업무에 관한 사항을 보고하게 하거나 자료의 제출을 명할 수 있으며, 소속 공무원으로 하여금 그 업무를 검사하게 할 수 있다. <개정 2020.5.26.>

⑦협회에 관하여 이 법에 규정되지 아니한 사항은 「민법」 중 사단법인에 관한 규정을 준용한다.

[전문개정 2011.7.28.]

제58조의3(수수료) 다음 각 호의 어느 하나에 따른 허가 또는 등록 등을 받으려는 자는 환경부령으로 정하는 수수료를 내야 한다.

1. 제16조제1항에 따른 국제적 멸종위기종의 수출 · 수입 · 반출 또는 반입 허가
2. 제16조의2제1항 및 제2항에 따른 국제적 멸종위기종 사육시설의 등록 · 변경등록 및 변경신고

[본조신설 2013.7.16.]

제59조(야생생물 보호원) ①환경부장관이나 지방자치단체의 장은 멸종위기 야생생물, 「생물다양성 보전 및 이용에 관한 법률」 제2조제8호에 따른 생태계교란 생물, 유해야생동물 등의 보호 · 관리 및 수렵에 관한 업무를 담당하는 공무원을 보조하는 야생생물 보호원을 둘 수 있다. <개정 2012.2.1.>

②제1항에 따른 야생생물 보호원의 자격 · 임명 및 직무 범위에 관하여 필요한 사항은 환경부령으로 정한다.

[전문개정 2011.7.28.]

제60조(야생생물 보호원의 결격사유) 다음 각 호의 어느 하나에 해당하는 사람은 야생생물 보호원이 될 수 없다. <개정 2014.3.24.>

1. 피성년후견인
2. 파산선고를 받고 복권되지 아니한 사람
3. 이 법을 위반하여 금고 이상의 실형을 선고받고 그 집행이 끝나거나(집행이 끝난 것으로 보는 경우를 포함한다) 집행이 면제된 날부터 3년이 지나지 아니한 사람
4. 이 법을 위반하여 금고 이상의 형의 집행유예를 선고받고 그 유예기간 중에 있는 사람

[전문개정 2011.7.28.]

제61조(명예 야생생물 보호원) 환경부장관이나 지방자치단체의 장은 야생생물의 보호와 관련된 단체의 회원 등 환경부령으로 정하는 사람을 명예 야생생물 보호원으로 위촉할 수 있다.

[전문개정 2011.7.28.]

제62조(야생생물 보호원 등의 해임 또는 위촉해제) 환경부장관이나 지방자치단체
의 장은 제59조제1항에 따른 야생생물 보호원이나 제61조에 따른 명예 야생생물
보호원이 다음 각 호의 어느 하나에 해당할 때에는 해임 또는 위촉해제할 수 있
다. 다만, 제1호와 제2호에 해당할 때에는 해임 또는 위촉해제하여야 한다.
1. 야생생물 보호원이 제60조 각 호의 어느 하나에 해당하게 되었을 때
2. 명예 야생생물 보호원이 제61조에 따른 단체의 회원 자격을 상실하였을 때
3. 업무 수행을 게을리하거나 업무 수행능력이 부족할 때
4. 업무상의 명령을 위반하였을 때
[전문개정 2011.7.28.]

제63조(행정처분의 기준) 제7조의2제1항, 제15조제1항, 제16조의8제2항, 제17조제1
항, 제20조제1항, 제22조, 제23조의2제1항, 제34조의5제1항, 제34조의7제7항, 제
36조제1항, 제40조제5항, 제47조의2제1항 및 제49조제1항에 따른 행정처분의 기준
은 환경부령으로 정한다. <개정 2012.2.1., 2013.7.16., 2014.3.24., 2019.11.26.>
[전문개정 2011.7.28.]

제63조의2(행정처분 효과의 승계) 이 법에 따라 야생동식물을 보관·관리하는 자
가 해당 시설을 양도하거나 사망한 때 또는 법인을 합병한 때에는 종전의 관리자
에 대하여 행한 행정처분의 효과는 그 처분기간이 끝난 날부터 1년간 양수인·상
속인 또는 합병 후 신설되거나 존속하는 법인에 승계되며, 행정처분의 절차가 진
행 중인 때에는 양수인·상속인 또는 합병 후 신설되거나 존속하는 법인에 행정처
분의 절차를 계속 진행할 수 있다. 다만, 양수인 또는 합병 후 신설되거나 존속하
는 법인이 그 처분이나 위반의 사실을 양수 또는 합병한 때에 알지 못하였음을 증
명하는 경우에는 그러하지 아니하다.
[본조신설 2013.7.16.]

제64조(청문) 환경부장관, 시·도지사, 시장·군수·구청장 또는 국립야생동물질
병관리기관장은 제7조의2제1항, 제15조제1항, 제16조의8제1항 및 제2항, 제17조제
1항, 제20조제1항, 제22조, 제23조의2제1항, 제34조의5제1항, 제34조의7제7항, 제
36조제1항, 제40조제5항, 제47조의2제1항 또는 제49조제1항에 따른 지정·승인·
허가·등록 또는 면허를 취소하려면 청문을 하여야 한다.
<개정 2012.2.1., 2013.7.16., 2014.3.24., 2019.11.26.>
[전문개정 2011.7.28.]

제65조(해양자연환경 소관 기관 등) ①해양수산부장관은 개체수가 현저하게 감소
하여 멸종위기에 처한 해양생물을 멸종위기 야생생물로 지정하여 줄 것을 환경부
장관에게 요청할 수 있다. 이 경우 환경부장관은 특별한 사유가 없으면 요청에 따

라야 한다. <개정 2013.3.23.>

②환경부장관은 해양생물에 대하여 제13조제1항에 따른 중장기 보전대책을 수립하려면 미리 해양수산부장관과 협의하여야 한다. <개정 2013.3.23.>

③제7조 및 제56조 중 해양자연환경에 관한 사항에 대하여는 "환경부장관"을 각각 "해양수산부장관"으로 본다. <개정 2012.2.1., 2013.3.23.>

④삭제 <2012.2.1.>

[전문개정 2011.7.28.]

제66조(위임 및 위탁) ①이 법에 따른 환경부장관이나 해양수산부장관의 권한은 대통령령으로 정하는 바에 따라 그 일부를 소속 기관의 장이나 시·도지사에게 위임할 수 있다. <개정 2013.3.23.>

②이 법에 따른 시·도지사의 권한은 대통령령으로 정하는 바에 따라 그 일부를 시장·군수·구청장에게 위임할 수 있다.

③환경부장관이나 시·도지사는 이 법에 따른 업무의 일부를 대통령령으로 정하는 바에 따라 협회 또는 관계 전문기관에 위탁할 수 있다.

[전문개정 2011.7.28.]

제66조의2(벌칙 적용 시의 공무원 의제) 제66조제3항에 따라 위탁받은 업무에 종사하는 협회 또는 관계 전문기관의 임직원은 「형법」 제129조부터 제132조까지의 규정을 적용할 때에는 공무원으로 본다.

[본조신설 2011.7.28.]

제6장 벌칙

제67조(벌칙) ①제14조제1항을 위반하여 멸종위기 야생생물 Ⅰ급을 포획·채취·훼손하거나 죽인 자는 5년 이하의 징역 또는 500만원 이상 5천만원 이하의 벌금에 처한다. <개정 2014.3.24., 2017.12.12.>

②상습적으로 제1항의 죄를 지은 사람은 7년 이하의 징역에 처한다. 이 경우 7천만원 이하의 벌금을 병과할 수 있다. <개정 2014.3.24.>

[전문개정 2011.7.28.]

제68조(벌칙) ①다음 각 호의 어느 하나에 해당하는 자는 3년 이하의 징역 또는 300만원 이상 3천만원 이하의 벌금에 처한다.

<개정 2013.7.16., 2014.3.24., 2017.12.12.>

1. 제8조제1항을 위반하여 야생동물을 죽음에 이르게 하는 학대행위를 한 자
2. 제14조제1항을 위반하여 멸종위기 야생생물 Ⅱ급을 포획·채취·훼손하거나 죽인 자
3. 제14조제1항을 위반하여 멸종위기 야생생물 Ⅰ급을 가공·유통·보관·수출·수

입·반출 또는 반입한 자

4. 제14조제2항을 위반하여 멸종위기 야생생물의 포획·채취등을 위하여 폭발물, 덫, 창애, 올무, 함정, 전류 및 그물을 설치 또는 사용하거나 유독물, 농약 및 이와 유사한 물질을 살포 또는 주입한 자

5. 제16조제1항을 위반하여 허가 없이 국제적 멸종위기종 및 그 가공품을 수출·수입·반출 또는 반입한 자

6. 제28조제1항을 위반하여 특별보호구역에서 훼손행위를 한 자

7. 제16조의2제1항에 따른 사육시설의 등록을 하지 아니하거나 거짓으로 등록을 한 자

②상습적으로 제1항제1호, 제2호 또는 제4호의 죄를 지은 사람은 5년 이하의 징역에 처한다. 이 경우 5천만원 이하의 벌금을 병과할 수 있다.

<개정 2014.3.24., 2017.12.12.>

[전문개정 2011.7.28.]

제69조(벌칙) ①다음 각 호의 어느 하나에 해당하는 자는 2년 이하의 징역 또는 2천만원 이하의 벌금에 처한다. <개정 2013.7.16., 2014.3.24., 2017.12.12.>

1. 제8조제2항을 위반하여 야생동물에게 고통을 주거나 상해를 입히는 학대행위를 한 자

2. 제14조제1항을 위반하여 멸종위기 야생생물 II급을 가공·유통·보관·수출·수입·반출 또는 반입한 자

3. 제14조제1항을 위반하여 멸종위기 야생생물을 방사하거나 이식한 자

4. 제16조제3항을 위반하여 국제적 멸종위기종 및 그 가공품을 수입 또는 반입 목적 외의 용도로 사용한 자

5. 제16조제4항을 위반하여 국제적 멸종위기종 및 그 가공품을 포획·채취·구입하거나 양도·양수, 양도·양수의 알선·중개, 소유, 점유 또는 진열한 자

6. 제19조제1항을 위반하여 야생생물을 포획·채취하거나 죽인 자

7. 제19조제3항을 위반하여 야생생물을 포획·채취하거나 죽이기 위하여 폭발물, 덫, 창애, 올무, 함정, 전류 및 그물을 설치 또는 사용하거나 유독물, 농약 및 이와 유사한 물질을 살포하거나 주입한 자

8. 삭제 <2012.2.1.>

9. 삭제 <2012.2.1.>

10. 제30조에 따른 명령을 위반한 자

11. 삭제 <2012.2.1.>

12. 제42조제2항을 위반하여 수렵장 외의 장소에서 수렵한 사람

13. 제43조제1항 또는 제2항에 따른 수렵동물 외의 동물을 수렵하거나 수렵기간이 아닌 때에 수렵한 사람

14. 제44조제1항을 위반하여 수렵면허를 받지 아니하고 수렵한 사람

15. 제50조제1항을 위반하여 수렵장설정자로부터 수렵승인을 받지 아니하고 수렵한 사람

16. 제16조의2제2항에 따른 사육시설의 변경등록을 하지 아니하거나 거짓으로 변경
등록을 한 자

②상습적으로 제1항제1호, 제6호 또는 제7호의 죄를 지은 사람은 3년 이하의 징역
에 처한다. 이 경우 3천만원 이하의 벌금을 병과할 수 있다. <개정 2014.3.24.,
2017.12.12.>

[전문개정 2011.7.28.]

판례 - 야생생물보호및관리에관한법률위반
[대법원 2016.10.27., 선고, 2016도5083, 판결]

【판시사항】
야생생물 보호 및 관리에 관한 법률 제70조 제3호 및 제10조에 규정되어 있
는 '그 밖에 야생동물을 포획할 수 있는 도구'의 의미

【판결요지】
야생생물 보호 및 관리에 관한 법률(이하 '야생생물법'이라 한다) 제70조 제3
호 및 제10조는 야생생물을 포획할 목적이 있었는지를 불문하고 야생동물을
포획할 수 있는 도구의 제작·판매·소지 또는 보관행위 자체를 일체 금지하고
있고, 도구를 사용하여 야생동물을 포획할 수 있기만 하면 도구의 본래 용법
이 어떠하든지 간에 위 규정에 의하여 처벌될 위험이 있으므로 '그 밖에 야생
동물을 포획할 수 있는 도구'의 의미를 엄격하게 해석하여야 할 필요가 있는
점, 야생생물법 제69조 제1항 제7호 및 제19조 제3항은 야생생물을 포획하기
위하여 폭발물, 덫, 창애, 올무, 함정, 전류 및 그물을 설치 또는 사용한 행위
를 처벌하고 있는데, 덫, 창애, 올무는 야생생물법 제70조 제3호 및 제10조에
서 별도로 제작·판매·소지 또는 보관행위까지 금지·처벌하고 있는 반면, 야생
생물법 제69조 제1항 제7호 및 제19조 제3항에 함께 규정된 '폭발물, 함정, 전
류 및 그물' 등도 야생동물을 포획할 수 있는 도구에 해당할 수 있으나 이에
대하여는 야생생물법 제70조 제3호 및 제10조에서 특별히 언급하고 있지 않
은 점, 야생생물법 제70조 제3호 및 제10조의 문언상 '그 밖에 야생동물을 포
획할 수 있는 도구'는 '덫, 창애, 올무'와 병렬적으로 규정되어 있으므로 '그
밖에 야생동물을 포획할 수 있는 도구' 사용의 위험성이 덫, 창애, 올무 사용
의 위험성에 비견될 만한 것이어야 하는 점 등을 종합하여 보면, 야생생물법
제70조 제3호 및 제10조에 규정되어 있는 '그 밖에 야생동물을 포획할 수 있
는 도구'란 도구의 형상, 재질, 구조와 기능 등을 종합하여 볼 때 덫, 창애, 올
무와 유사한 방법으로 야생동물을 포획할 용도로 만들어진 도구를 의미한다.

제70조(벌칙) 다음 각 호의 어느 하나에 해당하는 자는 1년 이하의 징역 또는 1천
만원 이하의 벌금에 처한다.
<개정 2013.7.16., 2014.3.24., 2016.1.27., 2017.12.12., 2019.11.26.>
1. 삭제 <2017.12.12.>
2. 제9조제1항을 위반하여 포획·수입 또는 반입한 야생동물, 이를 사용하여 만든

음식물 또는 가공품을 그 사실을 알면서 취득(음식물 또는 추출가공식품을 먹는 행위를 포함한다)·양도·양수·운반·보관하거나 그러한 행위를 알선한 자
3. 제10조를 위반하여 덫, 창애, 올무 또는 그 밖에 야생동물을 포획하는 도구를 제작·판매·소지 또는 보관한 자
4. 거짓이나 그 밖의 부정한 방법으로 제14조제1항 단서에 따른 포획·채취등의 허가를 받은 자
5. 거짓이나 그 밖의 부정한 방법으로 제16조제1항 본문에 따른 수출·수입·반출 또는 반입 허가를 받은 자
5의2. 제16조제7항 단서에 따른 국제적 멸종위기종 인공증식 허가를 받지 아니한 자
5의3. 제16조의4제1항에 따른 정기 또는 수시 검사를 받지 아니한 자
5의4. 제16조의5에 따른 개선명령을 이행하지 아니한 자
6. 제18조 본문을 위반하여 멸종위기 야생생물 및 국제적 멸종위기종의 멸종 또는 감소를 촉진시키거나 학대를 유발할 수 있는 광고를 한 자
7. 거짓이나 그 밖의 부정한 방법으로 제19조제1항 단서에 따른 포획·채취 또는 죽이는 허가를 받은 자
8. 제21조제1항을 위반하여 허가 없이 야생생물을 수출·수입·반출 또는 반입한 자
8의2. 거짓이나 그 밖의 부정한 방법으로 제23조제1항에 따른 유해야생동물 포획 허가를 받은 자
9. 제34조의10제1항에 따른 예방접종·격리·이동제한·출입제한 또는 살처분 명령에 따르지 아니한 자
10. 제34조의10제3항을 위반하여 살처분한 야생동물의 사체를 소각하거나 매몰하지 아니한 자
11. 제40조제1항을 위반하여 등록을 하지 아니하고 야생동물의 박제품을 제조하거나 판매한 자
12. 제43조제2항에 따라 수렵장에서 수렵을 제한하기 위하여 정하여 고시한 사항(수렵기간은 제외한다)을 위반한 사람
13. 거짓이나 그 밖의 부정한 방법으로 제44조제1항에 따른 수렵면허를 받은 사람
14. 제48조제2항을 위반하여 수렵면허증을 대여한 사람
15. 제55조를 위반하여 수렵 제한사항을 지키지 아니한 사람
16. 이 법을 위반하여 야생동물을 포획할 목적으로 총기와 실탄을 같이 지니고 돌아다니는 사람
[전문개정 2011.7.28.]

판례 - 야생생물보호및관리에관한법률위반
[대법원 2016.10.27., 선고, 2016도5083, 판결]

【판시사항】
야생생물 보호 및 관리에 관한 법률 제70조 제3호 및 제10조에 규정되어 있

는 '그 밖에 야생동물을 포획할 수 있는 도구'의 의미

【판결요지】

야생생물 보호 및 관리에 관한 법률(이하 '야생생물법'이라 한다) 제70조 제3호 및 제10조는 야생생물을 포획할 목적이 있었는지를 불문하고 야생동물을 포획할 수 있는 도구의 제작·판매·소지 또는 보관행위 자체를 일체 금지하고 있고, 도구를 사용하여 야생동물을 포획할 수 있기만 하면 도구의 본래 용법이 어떠하든지 간에 위 규정에 의하여 처벌될 위험이 있으므로 '그 밖에 야생동물을 포획할 수 있는 도구'의 의미를 엄격하게 해석하여야 할 필요가 있는 점, 야생생물법 제69조 제1항 제7호 및 제19조 제3항은 야생생물을 포획하기 위하여 폭발물, 덫, 창애, 올무, 함정, 전류 및 그물을 설치 또는 사용한 행위를 처벌하고 있는데, 덫, 창애, 올무는 야생생물법 제70조 제3호 및 제10조에서 별도로 제작·판매·소지 또는 보관행위까지 금지·처벌하고 있는 반면, 야생생물법 제69조 제1항 제7호 및 제19조 제3항에 함께 규정된 '폭발물, 함정, 전류 및 그물' 등도 야생동물을 포획할 수 있는 도구에 해당할 수 있으나 이에 대하여는 야생생물법 제70조 제3호 및 제10조에서 특별히 언급하고 있지 않은 점, 야생생물법 제70조 제3호 및 제10조의 문언상 '그 밖에 야생동물을 포획할 수 있는 도구'는 '덫, 창애, 올무'와 병렬적으로 규정되어 있으므로 '그 밖에 야생동물을 포획할 수 있는 도구' 사용의 위험성이 덫, 창애, 올무 사용의 위험성에 비견될 만한 것이어야 하는 점 등을 종합하여 보면, 야생생물법 제70조 제3호 및 제10조에 규정되어 있는 '그 밖에 야생동물을 포획할 수 있는 도구'란 도구의 형상, 재질, 구조와 기능 등을 종합하여 볼 때 덫, 창애, 올무와 유사한 방법으로 야생동물을 포획할 용도로 만들어진 도구를 의미한다.

판례 - 야생동·식물보호법위반

[제주지법 2008.12.24., 선고, 2008노391, 판결 : 상고]

【판시사항】

[1] 야생동·식물보호법 제70조 제14호 위반죄의 초과주관적 위법요소인 '야생동물을 포획할 목적' 유무의 판단 기준

[2] 피고인이 차량 내에 탄알이 장전된 공기총 1정을 실은 상태에서 위 차량의 창문을 열고 저속으로 농로를 운행하였고, 야생동·식물보호법 위반 혐의로 단속되기 직전에 꿩을 포획하기에 적절한 정도로 비가 내린 사정만으로는, 단속 당시 야생동·식물보호법 제70조 제14호 위반죄의 '야생동물을 포획할 목적'을 인정할 수 없다고 한 사례

【판결요지】

[1] 야생동·식물보호법 제70조 제14호는 고의 외에 초과주관적 위법요소로서 '야생동물을 포획할 목적'을 범죄성립요건으로 하는 목적범임이 그 법문상 명백하고, 그 목적에 대하여는 적극적 의욕이나 확정적 인식임을 요하지 아니하고 미필적 인식이 있으면 족하며, 그 목적이 있었는지 여부는 총기와 실탄을 지니고 돌아다닌 장소와 시간, 돌아다닌 경로 및 경위, 단속 이전에 이미 야생동물을 포획하였거나 포획하려 하였는지의 여부, 총기와 실탄 외의 다른 소

지품의 보유 현황, 피고인의 직업 및 경력 등의 제반 사정들을 종합하여 사회
통념에 비추어 합리적으로 판단하여야 한다.

[2] 피고인이 차량 내에 탄알이 장전된 공기총 1정을 실은 상태에서 위 차량
의 창문을 열고 저속으로 농로를 운행하였고, 야생동·식물보호법 위반 혐의로
단속되기 직전에 꿩을 포획하기에 적절한 정도로 비가 내린 사정만으로는, 단
속 당시 야생동·식물보호법 제70조 제14호 위반죄의 '야생동물을 포획할 목
적'을 인정할 수 없다고 한 사례. 제71조(몰수) 다음 각 호의 어느 하나에 해
당하는 국제적 멸종위기종 및 그 가공품은 몰수한다. <개정 2013.7.16.>
1. 제16조를 위반하여 허가 없이 수입 또는 반입되거나 그 수입 또는 반입
목적 외의 용도로 사용되는 국제적 멸종위기종 및 그 가공품
2. 제16조를 위반하여 허가 또는 승인 등을 받지 아니하고 포획·채취·구
입되거나 양도·양수, 양도·양수의 알선·중개, 소유·점유 또는 진열되고
있는 국제적 멸종위기종 및 그 가공품
[전문개정 2011.7.28.]

제72조(양벌규정) 법인 또는 단체의 대표자나 법인·단체 또는 개인의 대리인, 사
용인, 그 밖의 종업원이 그 법인·단체 또는 개인의 업무에 관하여 제67조제1항,
제68조제1항, 제69조제1항 또는 제70조의 위반행위를 하면 그 행위자를 벌하는
외에 그 법인·단체 또는 개인에게도 해당 조문의 벌금형을 과(科)한다. 다만, 법
인·단체 또는 개인이 그 위반행위를 방지하기 위하여 해당 업무에 관하여 상당한
주의와 감독을 게을리하지 아니한 경우에는 그러하지 아니하다. <개정 2014.3.24.>
[전문개정 2011.7.28.]

제73조(과태료) ①다음 각 호의 어느 하나에 해당하는 자에게는 1천만원 이하의 과
태료를 부과한다. <개정 2011.7.28.>
1. 제26조제2항에 따른 시·도지사의 조치를 위반한 자
2. 제33조제4항에 따른 시·도지사 또는 시장·군수·구청장의 조치를 위반한 자
②다음 각 호의 어느 하나에 해당하는 자에게는 200만원 이하의 과태료를 부과한다.
<개정 2011.7.28., 2013.3.22., 2014.3.24., 2019.11.26.>
1. 제14조제4항을 위반하여 멸종위기 야생생물의 포획·채취등의 결과를 신고하지
아니한 자
2. 제14조제5항을 위반하여 멸종위기 야생생물 보관 사실을 신고하지 아니한 자
2의2. 제23조제6항을 위반하여 유해야생동물의 포획 결과를 신고하지 아니한 자
3. 제29조제1항에 따른 출입 제한 또는 금지 규정을 위반한 자
4. 제34조의9제2항을 위반하여 역학조사를 정당한 사유 없이 거부 또는 방해하거나
회피한 자
5. 제34조의10제4항을 위반하여 주변 환경의 오염방지를 위하여 필요한 조치를 이
행하지 아니한 자

6. 제34조의11제1항을 위반하여 야생동물의 사체를 매몰한 토지를 3년 이내에 발굴한 자
7. 제56조제1항부터 제3항까지의 규정에 따른 공무원의 출입·검사·질문을 거부·방해 또는 기피한 자
③다음 각 호의 어느 하나에 해당하는 자에게는 100만원 이하의 과태료를 부과한다. <개정 2011.7.28., 2013.3.22., 2013.7.16., 2014.3.24., 2017.12.12., 2019.11.26., 2020.5.26.>
1. 제7조의2제2항을 위반하여 지정서를 반납하지 아니한 자
2. 삭제 <2014.3.24.>
3. 제14조제4항을 위반하여 허가증을 지니지 아니한 자
4. 제15조제2항을 위반하여 허가증을 반납하지 아니한 자
5. 제16조제6항을 위반하여 수입하거나 반입한 국제적 멸종위기종의 양도·양수 또는 질병·폐사 등을 신고하지 아니한 자
5의2. 제16조제7항에 따른 국제적 멸종위기종 인공증식증명서를 발급받지 아니한 자
5의3. 제16조제8항에 따른 국제적 멸종위기종 및 그 가공품의 입수경위를 증명하는 서류를 보관하지 아니한 자
5의4. 제16조의2제2항에 따른 사육시설의 변경신고를 하지 아니하거나 거짓으로 변경신고를 한 자
5의5. 제16조의7제1항에 따른 사육시설의 폐쇄 또는 운영 중지 신고를 하지 아니한 자
5의6. 제16조의9제2항에 따른 승계신고를 하지 아니한 자
6. 제19조제5항을 위반하여 야생생물을 포획·채취하거나 죽인 결과를 신고하지 아니한 자
7. 제20조제2항을 위반하여 허가증을 반납하지 아니한 자
8. 제23조제7항에 따른 안전수칙을 지키지 아니한 자
8의2. 제23조제8항에 따른 유해야생동물 처리 방법을 지키지 아니한 자
9. 제23조의2제2항을 위반하여 허가증을 반납하지 아니한 자
10. 삭제 <2012.2.1.>
11. 제28조제3항에 따른 금지행위를 한 자
12. 제28조제4항에 따른 행위제한을 위반한 자
13. 제33조제5항을 위반하여 야생동물의 번식기에 신고하지 아니하고 보호구역에 들어간 자
13의2. 제34조의5제2항을 위반하여 지정서를 반납하지 아니한 자
13의3. 제34조의7제4항을 위반하여 야생동물 질병이 확인된 사실을 알면서도 국립 야생동물질병관리기관장과 관할 지방자치단체의 장에게 알리지 아니한 자
14. 제36조제2항을 위반하여 등록증을 반납하지 아니한 자
15. 제40조제2항을 위반하여 장부를 갖추어 두지 아니하거나 거짓으로 적은 자
16. 제40조제3항에 따른 시장·군수·구청장의 명령을 준수하지 아니한 자
17. 제40조제6항을 위반하여 등록증을 반납하지 아니한 자
18. 삭제 <2012.2.1.>

19. 제47조의2제2항을 위반하여 지정서를 반납하지 아니한 자
20. 제49조제2항을 위반하여 수렵면허증을 반납하지 아니한 사람
21. 제50조제2항을 위반하여 수렵동물임을 확인할 수 있는 표지를 붙이지 아니한 사람
22. 제52조를 위반하여 수렵면허증을 지니지 아니하고 수렵한 사람
23. 제53조제3항을 위반하여 수렵장 운영실적을 보고하지 아니한 자
24. 제56조제1항에 따른 보고 또는 자료 제출을 하지 아니하거나 거짓으로 한 자
④제1항부터 제3항까지의 규정에 따른 과태료는 대통령령으로 정하는 바에 따라 환경부장관, 시·도지사 또는 시장·군수·구청장이 부과·징수한다. <개정 2010.7.23.>
⑤삭제 <2010.7.23.>
⑥삭제 <2010.7.23.>
⑦삭제 <2010.7.23.>

부칙

<제17472호, 2020.8.11.>

제1조 (시행일) 이 법은 공포 후 1개월이 경과한 날부터 시행한다. 다만, ···<생략>···, 부칙 제4조에 따라 개정되는 법률 중 이 법 시행 전에 공포되었으나 시행일이 도래하지 아니한 법률을 개정한 부분은 각각 해당 법률의 시행일부터 시행한다.

제2조 및 제3조 생략

제4조 (다른 법률의 개정) ①부터 ㉖까지 생략
㉗야생생물 보호 및 관리에 관한 법률 일부를 다음과 같이 개정한다.
제34조의7제5항제3호 중 "대통령령으로 정하는 보건복지부 소속 기관의 장"을 "질병관리청장"으로 한다.
㉘부터 ㉝까지 생략

제5조 생략

야생생물 보호 및 관리에 관한 법률 시행령
(약칭: 야생생물법 시행령)
[시행 2020.11.27]
[대통령령 제31182호, 2020.11.24, 일부개정]

제1조(목적) 이 영은 「야생생물 보호 및 관리에 관한 법률」에서 위임된 사항과 그 시행에 필요한 사항을 규정함을 목적으로 한다.
[전문개정 2012.7.31.]

제1조의2(멸종위기 야생생물의 지정기준) ①「야생생물 보호 및 관리에 관한 법률」(이하 "법"이라 한다) 제2조제2호가목에서 "대통령령으로 정하는 기준에 해당하는 종"이란 다음 각 호의 어느 하나에 해당하는 종을 말한다. <개정 2019.9.10.>
1. 개체 또는 개체군 수가 적거나 크게 감소하고 있어 멸종위기에 처한 종
2. 분포지역이 매우 한정적이거나 서식지 또는 생육지가 심각하게 훼손됨에 따라 멸종위기에 처한 종
3. 생물의 지속적인 생존 또는 번식에 영향을 주는 자연적 또는 인위적 위협요인 등으로 인하여 멸종위기에 처한 종
②법 제2조제2호나목에서 "대통령령으로 정하는 기준에 해당하는 종"이란 다음 각 호의 어느 하나에 해당하는 종을 말한다.
1. 개체 또는 개체군 수가 적거나 크게 감소하고 있어 가까운 장래에 멸종위기에 처할 우려가 있는 종
2. 분포지역이 매우 한정적이거나 서식지 또는 생육지가 심각하게 훼손됨에 따라 가까운 장래에 멸종위기에 처할 우려가 있는 종
3. 생물의 지속적인 생존 또는 번식에 영향을 주는 자연적 또는 인위적 위협요인 등으로 인하여 가까운 장래에 멸종위기에 처할 우려가 있는 종
[본조신설 2015.3.24.]

제2조(야생생물 보호 기본계획) 법 제5조제1항에 따른 야생생물 보호 기본계획(이하 "기본계획"이라 한다)에는 다음 각 호의 사항이 포함되어야 한다. <개정 2015.3.24., 2019.9.10.>
1. 야생생물의 현황 및 전망, 조사·연구에 관한 사항
2. 법 제6조에 따른 야생생물 등의 서식실태조사에 관한 사항
3. 야생동물의 질병연구 및 질병관리대책에 관한 사항
4. 멸종위기 야생생물 등에 대한 보호의 기본방향 및 보호목표의 설정에 관한 사항
5. 멸종위기 야생생물 등의 보호에 관한 주요 추진과제 및 시책에 관한 사항
6. 멸종위기 야생생물의 보전·복원 및 증식에 관한 사항

7. 멸종위기 야생생물 등 보호사업의 시행에 필요한 경비의 산정 및 재원(財源) 조
달방안에 관한 사항
8. 국제적 멸종위기종의 보호 및 철새 보호 등 국제협력에 관한 사항
9. 야생동물의 불법 포획의 방지 및 구조·치료와 유해야생동물의 지정·관리 등 야
생동물의 보호·관리에 관한 사항
10. 생태계교란 야생생물의 관리에 관한 사항
11. 법 제27조에 따른 야생생물 특별보호구역(이하 "특별보호구역"이라 한다)의 지정
및 관리에 관한 사항
12. 수렵의 관리에 관한 사항
13. 특별시·광역시·특별자치시·도 및 특별자치도(이하 "시·도"라 한다)에서 추진
할 주요 보호시책에 관한 사항
14. 그 밖에 환경부장관이 멸종위기 야생생물 등의 보호를 위하여 필요하다고 인정
하는 사항
[전문개정 2012.7.31.]

제3조(야생생물 보호 세부계획) ①법 제5조제4항에 따른 야생생물 보호를 위한 세
부계획(이하 "세부계획"이라 한다)은 기본계획의 범위에서 수립하되, 다음 각 호의
사항이 포함되어야 한다. <개정 2015.3.24.>
1. 관할구역의 야생생물 현황 및 전망에 관한 사항
2. 야생동물의 질병연구 및 질병관리대책에 관한 사항
3. 관할구역의 멸종위기 야생생물 등의 보호에 관한 사항
4. 멸종위기 야생생물 등 보호사업의 시행에 필요한 경비의 산정 및 재원 조달방안
에 관한 사항
5. 야생동물의 불법 포획 방지 및 구조·치료 등 야생동물의 보호 및 관리에 관한 사항
6. 유해야생동물 포획허가제도의 운영에 관한 사항
7. 법 제26조에 따른 시·도보호 야생생물의 지정 및 보호에 관한 사항
8. 법 제33조에 따른 관할구역의 야생생물 보호구역 지정 및 관리에 관한 사항
9. 법 제42조에 따른 수렵장의 설정 및 운영에 관한 사항
10. 관할구역의 주민에 대한 야생생물 보호 관련 교육 및 홍보에 관한 사항
11. 그 밖에 특별시장·광역시장·특별자치시장·도지사 및 특별자치도지사(이하 "시·
도지사"라 한다)가 멸종위기 야생생물 등의 보호를 위하여 필요하다고 인정하는 사항
②환경부장관 및 시·도지사는 기본계획 또는 세부계획을 수립한 경우에는 그 주요
내용을 고시하여야 한다.
[전문개정 2012.7.31.]

제4조(기본계획 및 세부계획의 변경) ①환경부장관 및 시·도지사는 자연적 또는

사회적 여건 등의 변화로 인하여 기본계획 및 세부계획을 변경할 필요가 있다고 인정되는 경우에는 이를 변경할 수 있다.

②환경부장관은 멸종위기 야생생물 등의 보호를 위하여 필요하다고 인정되는 경우에는 시·도지사에게 세부계획의 변경을 요청할 수 있다.

[전문개정 2012.7.31.]

제5조(서식지외보전기관의 지정 등) ①법 제7조제1항에 따른 서식지 외 보전기관(이하 "서식지외보전기관"이라 한다)은 다음 각 호의 어느 하나에 해당하는 기관으로서 환경부장관이 지정하여 고시하는 기관으로 한다.

1. 동물원·식물원 및 수족관
2. 국공립 연구기관
3. 「기초연구진흥 및 기술개발지원에 관한 법률」에 따른 기업부설연구소
4. 「고등교육법」 제2조 각 호에 따른 학교와 그 부설기관
5. 그 밖에 환경부장관이 적합하다고 인정하는 기관

②서식지외보전기관의 지정을 받으려는 자는 환경부령으로 정하는 바에 따라 환경부장관에게 신청하여야 한다.

[전문개정 2012.7.31.]

제6조 삭제 <2012.7.31.>

제7조(야생동물로 인한 피해보상 기준 및 절차 등) ①법 제12조에 따른 야생동물로 인한 피해를 예방하기 위하여 필요한 시설의 설치비용에 대한 지원기준과 야생동물로 인한 피해보상 기준은 다음 각 호와 같다.

1. 피해 예방시설의 설치비용 지원기준: 야생동물로 인한 피해를 예방하는 데 필요한 울타리·방조망(防鳥網)·경음기(警音器) 등의 설치 또는 구입에 드는 비용 중 환경부장관이 정하여 고시하는 금액
2. 피해보상기준: 야생동물로 인하여 피해를 입은 농작물·임산물·수산물 등의 피해액 중 환경부장관이 정하여 고시하는 금액

②법 제12조제1항 및 제2항에 따라 피해 예방시설의 설치비용을 지원받거나 피해를 보상받으려는 자는 환경부령으로 정하는 바에 따라 특별자치시장·특별자치도지사·시장·군수·구청장(자치구의 구청장을 말하며, 이하 "시장·군수·구청장"이라 한다)에게 신청해야 한다.

<개정 2019.9.10.>

③제1항에 따른 지원 및 피해보상의 기준·방법 등에 관한 세부적인 사항은 환경부장관이 정하여 고시한다. 다만, 해당 지역의 여건 등을 고려하여 필요한 경우에는 피해 예방시설의 설치비용 산출기준과 지급금액, 피해액 산정기준과 보상금액 등은 특별자치시·특별자치도·시·군·구(자치구를 말한다)의 조례로 달리 정할 수

있다.
<개정 2019.9.10.>
[전문개정 2012.7.31.]

제8조(멸종위기 야생생물의 중장기 보전대책) 법 제13조제1항에 따른 멸종위기 야생생물에 대한 중장기 보전대책에는 다음 각 호의 사항이 포함되어야 한다.
1. 멸종위기 야생생물의 서식현황
2. 멸종위기 야생생물의 생태학적 특징, 학술상의 중요성 등 보전의 필요성
3. 멸종위기 및 개체 수 감소의 주요 원인
4. 멸종위기 야생생물의 서식지 보전
5. 멸종위기 야생생물의 증식·복원 등 보전계획
6. 멸종위기 야생생물의 보전을 위한 국제협력에 관한 사항
7. 그 밖에 멸종위기 야생생물의 보전에 필요한 사항
[전문개정 2012.7.31.]

제9조(토지 이용방법 등의 권고) ①환경부장관은 법 제13조제4항에 따라 토지의 이용방법 등을 권고하려는 경우에는 미리 시·도지사의 의견을 듣고 멸종위기 야생생물이 서식하거나 도래하는 지역의 지리적·지형적 특성과 생태적 유형을 고려하여 토지 이용방법 등의 권고사항(이하 이 조에서 "권고사항"이라 한다)을 정하여야 한다.
②환경부장관은 제1항에 따라 토지의 이용방법 등을 권고하는 경우에는 권고사항을 토지의 소유자·점유자 또는 관리인에게 통지하고, 해당 지역을 관할하는 읍·면·동의 게시판에 이를 게시하여야 한다. 이 경우 환경부장관은 해당 지방자치단체의 장에게 권고사항의 통지·게시 및 홍보 등에 필요한 협조를 요청할 수 있다.
③환경부장관은 예산의 범위에서 토지의 소유자·점유자 또는 관리인에게 권고사항의 준수에 필요한 지원을 할 수 있다.
[전문개정 2012.7.31.]

제10조(학술 연구의 범위) 법 제14조제1항제1호 및 제19조제1항제1호에 따른 "학술 연구"란 각각 다음 각 호의 연구로 한다. <개정 2020.5.26.>
1. 각급 학교 및 연구기관의 연구
2. 의학상 필요한 연구
[전문개정 2012.7.31.]

제11조(인공증식한 멸종위기 야생생물의 범위 등) ①법 제14조제1항제5호 및 같은 조 제3항제6호에서 "대통령령으로 정하는 바에 따라 인공증식한 것"이란 다음 각 호의 어느 하나에 해당하는 것을 말한다.

1. 법 제14조제1항제1호에 따라 포획·채취등의 허가를 받아 수출·반출·가공·유통 또는 보관하기 위하여 증식한 것으로서 환경부령으로 정하는 바에 따라 인공증식증명서를 발급받은 것
2. 수입·반입한 원산지에서 증식한 것으로서 그 원산지에서 인공증식하였음을 증명하는 서류를 발급받은 것

②법 제14조제1항제5호 및 같은 조 제3항제6호에 따른 인공증식의 대상 종(種) 및 방법과 증식시설 등 인공증식에 필요한 사항은 환경부장관이 정한다.
[전문개정 2012.7.31.]

제12조(국제적 멸종위기종 등의 수출·수입·반출 또는 반입의 허가) ①법 제16조제1항제3호에 따른 「멸종위기에 처한 야생동식물종의 국제거래에 관한 협약」(이하 "멸종위기종국제거래협약"이라 한다) 부속서별 세부 허가조건은 별표 1과 같다.

②멸종위기종국제거래협약 부속서 Ⅱ에서 정한 식물로서 인공증식된 식물 중 환경부장관이 정하여 고시한 식물을 수출하려는 사람이 「식물방역법」 제28조에 따라 해당 식물에 대한 검역을 받은 경우에는 법 제16조제1항에 따른 허가를 받은 것으로 본다. 이 경우 해당 검역을 받은 증명서에 인공증식된 식물이라는 사실을 표기하고, 식물방역공무원으로부터 확인을 받아야 한다.

③농림축산식품부장관은 제2항 후단에 따라 인공증식을 확인한 실적을 매년 1월 31일까지 환경부장관에게 통보하여야 한다. <개정 2013.3.23.>

④환경부장관은 국제적 멸종위기종 중 살아 있는 종의 수출·수입·반출 또는 반입(이하 "수출·수입등"이라 한다)의 허가를 하려는 경우에는 다음 각 호의 사항에 관하여 관계 국공립 연구기관의 장의 의견을 듣거나 필요한 지원을 요청할 수 있다.

1. 국제적 멸종위기종의 수출·수입등이 그 종의 생존에 위협을 주는지에 관한 사항
2. 국제적 멸종위기종의 식별 및 보호시설에 관한 사항
3. 그 밖에 국제적 멸종위기종의 수출·수입등 허가기준에 적합한지에 관한 사항

⑤환경부장관은 국제적 멸종위기종 및 그 가공품의 수출·수입등에 관한 다음 각 호의 사항을 환경부령으로 정하는 바에 따라 기록·유지하여야 한다.

1. 수출·수입등을 하려는 사람의 성명 및 주소
2. 거래 상대국, 해당 생물의 명칭·수량·크기 및 종류
3. 허가서 및 증명서의 발급 현황
4. 그 밖에 환경부장관이 필요하다고 인정하는 사항
[전문개정 2012.7.31.]

제13조(허가 면제대상인 국제적 멸종위기종 등) 법 제16조제1항 각 호 외의 부분 단서에 따른 허가 면제대상인 국제적 멸종위기종 및 그 가공품은 다음 각 호와 같

다. <개정 2018.1.9., 2018.3.27.>

1. 국제거래 과정에서 세관의 관할하에 영토를 경유하거나 영토 안에서 환적(換積, 「관세법」 제2조제14호에 따른 환적을 말한다)되는 생물 및 그 가공품

2. 환경부장관이 환경부령으로 정하는 바에 따라 멸종위기종국제거래협약이 적용되기 전에 획득하였다는 증명서를 발급한 생물 및 그 가공품

3. 개인의 휴대품 또는 가재도구로서 합법적으로 취득한 것임을 증명할 수 있는 생물 및 그 가공품. 다만, 다음 각 목의 어느 하나에 해당하는 경우에는 그러하지 아니하다.

   가. 멸종위기종국제거래협약 부속서 Ⅰ에 포함된 생물을 그 소유자가 외국에서 획득하여 국내로 수입 또는 반입하는 경우

   나. 멸종위기종국제거래협약 부속서 Ⅱ에 포함된 생물로서 다음의 요건에 해당하는 경우

   1) 소유자가 외국에서 야생상태의 생물을 포획·채취하여 국내로 수입 또는 반입하는 경우

   2) 야생상태의 생물이 포획·채취된 국가에서 사전 수출허가를 받도록 요구하는 경우

4. 멸종위기종국제거래협약 사무국에 등록된 과학기관 사이에 비상업적으로 대여, 증여 또는 교환되는 식물표본, 보존 처리된 동물표본 및 살아있는 식물

5. 국제적 멸종위기종으로 제작된 악기로서 환경부장관이 환경부령으로 정하는 바에 따라 악기 인증서를 발급한 악기(비상업적 목적으로 반출 또는 반입하는 경우로 한정한다)

[전문개정 2012.7.31.]

제13조의2(인공증식 허가대상인 국제적 멸종위기종) 법 제16조제7항 단서에서 "대통령령으로 정하는 국제적 멸종위기종"이란 그 종의 특성상 사람의 생명, 신체 또는 재산에 중대한 위해를 가할 우려가 있어 인공증식을 제한할 필요가 있는 국제적 멸종위기종으로서 별표 1의2에서 정한 것을 말한다.

[본조신설 2014.7.16.]

제13조의3(사육시설 등록대상인 국제적 멸종위기종) 법 제16조의2제1항에서 "대통령령으로 정하는 국제적 멸종위기종"이란 별표 1의3에서 정한 것을 말한다.

[본조신설 2014.7.16.]

제13조의4(국제적 멸종위기종 사육시설의 관리 등) 법 제16조의4제1항에서 "대통령령으로 정하는 사육시설"이란 다음 각 호의 어느 하나에 해당하는 시설을 말한다. <개정 2018.3.27., 2020.2.25.>

1. 서식지외보전기관

2. 법 제35조제1항에 따른 생물자원 보전시설

3. 「생물자원관의 설립 및 운영에 관한 법률」 제2조제2호에 따른 생물자원관

4. 「도시공원 및 녹지 등에 관한 법률」제2조제4호바목에 따른 식물원, 동물원 및 수족관
5. 「자연공원법 시행령」제2조제4호에 따른 식물원, 동물원 및 수족관
6. 「박물관 및 미술관 진흥법 시행령」제2조제1항에 따라 문화시설로 인정된 동물원, 식물원 및 수족관
7. 「동물원 및 수족관의 관리에 관한 법률」제2조제1호에 따른 동물원 및 같은 조 제2호에 따른 수족관
8. 제1호부터 제7호까지에서 규정한 시설 외에 환경부장관이 사육시설의 관리가 필요하다고 인정하여 고시하는 시설
[본조신설 2014.7.16.]

제14조(보호시설 등) 법 제17조제3항에서 "보호시설 또는 그 밖의 적절한 시설"이란 다음 각 호의 어느 하나에 해당하는 시설을 말한다. <개정 2015.7.20., 2020.2.25.>
1. 「생물자원관의 설립 및 운영에 관한 법률」제2조제2호에 따른 생물자원관
2. 「수목원·정원의 조성 및 진흥에 관한 법률」제4조에 따른 수목원[수목(樹木)만 해당한다]
3. 농촌진흥청 국립농업과학원(곤충류만 해당한다)
4. 국립수산과학원(해양생물 및 수산생물만 해당한다)
5. 서식지외보전기관
6. 법 제35조제1항에 따른 생물자원 보전시설
7. 그 밖에 환경부장관이 멸종위기종국제거래협약의 목적 등을 고려하여 적합하다고 인정하여 고시하는 기관
[전문개정 2012.7.31.]

제14조의2(야생생물의 용도별 수입·반입 허가기준) ①법 제21조제1항제2호다목에서 "대통령령으로 정하는 용도별 수입 또는 반입 허용 세부기준"이란 다음 각 호의 구분에 따른 기준을 말한다. <개정 2015.3.24., 2020.5.26.>
1. 제10조에 따른 학술 연구용으로 수입 또는 반입하는 경우: 야생생물 관련 학과가 설치된 고등학교 이상의 학교 또는 야생생물 관련 연구기관이 그 야생생물을 이용한 학술연구계획을 확정하고 그 필요 예산 및 시설 등을 확보하고 있을 것
2. 관람용으로 수입 또는 반입하는 경우: 관련 법령에 따라 인가·허가·승인 등을 받아 운영하는 공원·관광지·동물원·박물관 등의 시설에서 일반 공중의 관람에 제공할 것
3. 일시 체류를 목적으로 입국하는 사람이 출국 시 반출하기 위하여 애완용 야생동물을 반입하는 경우: 일시 체류를 목적으로 입국하는 것이 분명하고, 애완용 야생

동물의 반입 수량이 1명당 두 마리를 초과하지 아니할 것
4. 외국에서 판매를 목적으로 인공 사육 또는 재배된 야생생물로서 번식·판매의 목적으로 수입 또는 반입하는 경우: 수출국의 정부기관 등이 발행하는 인공 사육 또는 재배 증명서를 첨부하고, 해당 야생생물의 인공 사육 또는 재배에 필요한 시설을 갖추고 있을 것
5. 제1호부터 제4호까지에 해당하지 아니하는 경우: 야생생물의 수입 또는 반입이 국내생태계를 교란할 우려가 없고, 야생생물 종의 생존에 영향이 없을 것
② 「감염병의 예방 및 관리에 관한 법률」에 따른 감염병 또는 「가축전염병 예방법」에 따른 가축전염병으로 「재난 및 안전관리 기본법」 제38조에 따른 주의 이상의 위기경보가 발령된 때에는 제1항제1호부터 제5호까지의 구분에 따른 기준을 갖춘 경우에도 감염병 또는 가축전염병을 매개하거나 전파시켜 공중위생을 해칠 우려가 없어야 한다. <신설 2020.5.26.>
[전문개정 2012.7.31.]
[제목개정 2015.3.24.]

제15조(특별보호구역에서 금지되는 훼손행위) 법 제28조제1항제4호에서 "대통령령으로 정하는 행위"란 다음 각 호의 어느 하나에 해당하는 행위를 말한다.
1. 수면(水面)의 매립·간척
2. 불을 놓는 행위
[전문개정 2012.7.31.]

제16조(재해의 범위) 법 제28조제2항제2호 및 제29조제1항제3호에서 "대통령령으로 정하는 재해"란 다음 각 호의 어느 하나에 해당하는 경우를 말한다.
1. 건축물·공작물 등의 붕괴·폭발 등으로 인명 피해가 발생하거나 재산상 손실이 발생한 경우
2. 화재가 발생한 경우
3. 그 밖에 현재 발생하고 있는 위험으로부터 인명을 구조하기 위하여 필요한 경우
[전문개정 2012.7.31.]

제17조(행위 제한의 예외) 법 제28조제2항제3호 및 제29조제1항제4호에서 "대통령령으로 정하는 행위"란 특별보호구역 또는 그 인근지역에 거주하는 지역 주민이나 해당 토지 및 수면의 소유자·점유자 또는 관리인의 행위로서 생태적으로 지속가능하다고 인정되는 농사, 어로행위, 수산물 채취행위, 버섯·산나물 등의 채취행위, 그 밖에 이에 준하는 행위를 말한다.
[전문개정 2012.7.31.]

제18조(금지행위) 법 제28조제3항제4호에서 "대통령령으로 정하는 행위"란 다음 각

호의 어느 하나에 해당하는 행위를 말한다.

1. 소리 · 빛 · 연기 · 악취 등을 내어 야생동물을 쫓는 행위
2. 야생생물의 둥지 · 서식지를 훼손하는 행위
3. 풀, 입목(立木) · 죽(竹)의 채취 및 벌채. 다만, 특별보호구역에서 그 특별보호구역의 지정 전에 실시하던 영농행위를 지속하기 위하여 필요한 경우 또는 관계 행정기관의 장이 야생생물의 보호 등을 위하여 환경부장관과 협의하여 풀, 입목 · 죽의 채취 및 벌채를 하는 경우는 제외한다.
4. 가축의 방목
5. 야생동물의 포획 또는 그 알의 채취
6. 동물의 방사(放飼). 다만, 조난된 동물을 구조 · 치료하여 같은 지역에 방사하는 경우 또는 관계 행정기관의 장이 야생동물의 복원을 위하여 환경부장관과 협의하여 방사하는 경우는 제외한다.

[전문개정 2012.7.31.]

제19조(특별보호구역 지정으로 인한 손실보상) ①법 제31조제2항에 따라 손실보상을 받으려는 자는 환경부령으로 정하는 바에 따라 환경부장관에게 손실보상을 청구하여야 한다.

②제1항에 따른 손실보상액은 환경부장관이 청구인과 협의하여 정한다.

[전문개정 2012.7.31.]

제20조(멸종위기종관리계약의 체결 등) ①환경부장관, 관계 중앙행정기관의 장 또는 지방자치단체의 장(이하 이 조에서 "해당관서의 장"이라 한다)은 법 제32조제1항에 따라 멸종위기종관리계약을 체결하려면 계약의 주요 내용, 대상 지역, 계약 기간 등 필요한 사항을 대상 지역을 관할하는 지방자치단체의 공보에 공고하고, 해당 지역을 관할하는 읍 · 면 · 동의 게시판에 15일 이상 게시하여야 한다.

②법 제32조제1항에 따라 멸종위기종관리계약을 체결하려는 토지 · 수면의 소유자 · 점유자 또는 관리인(이하 이 조에서 "청약자"라 한다)은 환경부령으로 정하는 청약 관련 서류를 해당관서의 장에게 제출하여야 한다.

③해당관서의 장은 제2항에 따라 청약 관련 서류를 받은 경우에는 계약 내용 및 보상액의 산정방법 · 지급시기 등 필요한 사항을 청약자와 협의하여 조정할 수 있다.

④해당관서의 장은 멸종위기종관리계약을 유지할 수 없거나 그 계약이 불필요하게 되어 계약을 해지하려는 경우에는 사전에 계약당사자와 협의하여야 한다.

⑤환경부장관은 계약 내용의 보고, 그 밖에 멸종위기종관리계약의 운용에 필요한 세부 사항을 정하여 관계 중앙행정기관의 장 및 지방자치단체의 장에게 통보할 수 있다.

[전문개정 2012.7.31.]

제21조(멸종위기종관리계약에 따른 손실보상기준) ①법 제32조제2항에 따른 손실

보상의 기준은 다음 각 호의 구분에 따른다.

1. 휴경(休耕) 등으로 수확이 불가능하게 된 경우: 수확이 불가능하게 된 면적에 단위면적당 손실액을 곱하여 산정한 금액
2. 경작방식의 변경 등으로 수확량이 감소하게 된 경우: 수확량이 감소한 면적에 단위면적당 손실액을 곱하여 산정한 금액
3. 야생동물의 먹이 제공 등을 위하여 농작물 등을 수확하지 아니하는 경우: 수확하지 아니하는 면적에 단위면적당 손실액을 곱하여 산정한 금액
4. 국가 또는 지방자치단체에 토지를 임대하는 경우: 인근 토지의 임대료에 상당하는 금액
5. 습지 등 야생동물의 쉼터를 조성하는 경우: 습지 등의 조성 및 관리에 필요한 금액
6. 그 밖에 계약의 이행에 따른 손실이 발생하는 경우: 손실액에 상당하는 금액

②제1항제1호부터 제3호까지의 규정에 따른 단위면적당 손실액은 환경부장관이 정하여 고시한다.

[전문개정 2012.7.31.]

제22조(특별보호구역 등의 주민 지원) ①법 제32조제3항에 따라 환경부장관이 비용을 지원할 수 있는 대상은 인접 지역에서 주택(「주택법 시행령」 제3조제1항에 따른 아파트·연립주택은 제외한다)을 신축·개축·증축하는 경우에 설치하는 오수처리시설 또는 단독정화조로 한다. <개정 2016.8.11.>

②제1항에 따른 인접 지역의 범위는 수질오염물질의 발생원(發生源) 및 수량과 하천의 자정능력(自淨能力) 등을 고려하여 특별보호구역별로 환경부장관이 고시한다. <개정 2020.5.26.>

③법 제32조제3항에 따른 지원액의 산정기준은 오수처리시설 또는 단독정화조의 종류·규모 및 대상 지역의 위치 등을 고려하여 환경부장관이 고시한다.

④법 제32조제3항에 따라 지원을 받으려는 자는 환경부령으로 정하는 바에 따라 시·도지사에게 지원신청을 하여야 한다.

⑤시·도지사는 제4항에 따른 지원신청을 종합한 후 다음 각 호의 사항을 포함하는 주민지원사업계획을 수립하여 매년 4월 30일까지 환경부장관에게 제출하여야 한다.

1. 사업 개요
2. 지원대상 지역 및 가구 수
3. 지원추진계획
4. 총지원금액

[전문개정 2012.7.31.]

제23조(야생생물 보호구역 등의 지정) ①시·도지사 및 시장·군수·구청장은 법 제33조제2항에 따라 주민의 의견을 듣기 위하여 필요하다고 인정하는 경우에는 주민설명회를 개최할 수 있다.

②법 제33조제1항에 따라 야생생물 보호구역으로 지정하려는 지역이 둘 이상의 지방자치단체에 걸쳐 있는 경우에는 법 제33조제2항에 따라 그 설정하려는 보호구역의 면적이 큰 지방자치단체의 장이 관계 지방자치단체의 장과 협의하여 지정한다.
[전문개정 2012.7.31.]

제23조의2(야생동물 질병관리 기본계획의 수립 등) ①법 제34조의3제2항제7호에 따른 그 밖에 야생동물 질병의 방역 시책 등에 관한 사항은 다음 각 호의 사항으로 한다.
1. 야생동물 질병관리의 목표 및 중점방향에 관한 사항
2. 야생동물 질병의 예방·진단 기술 및 예방약의 개발에 관한 사항
3. 야생동물 질병 관련 공중위생 향상에 관한 사항
4. 야생동물 질병 관련 국내외 연구기관 및 단체 등에 대한 지원·협력 등에 관한 사항
5. 야생동물 질병관리를 위한 소요재원의 조달 및 집행에 관한 사항
6. 그 밖에 야생동물 질병관리 기본계획 및 세부계획의 수립에 필요한 사항
②환경부장관은 자연적 여건 등의 변화에 따라 법 제34조의3제1항에 따른 야생동물 질병관리 기본계획을 변경할 수 있으며, 변경한 경우에는 이를 시·도지사에게 통보하여야 한다.
③시·도지사는 법 제34조의3제4항에 따라 야생동물 질병관리를 위한 세부계획을 수립한 경우에는 이를 환경부장관에게 통보하여야 한다.
④시·도지사는 자연적 여건 등의 변화에 따라 제3항에 따른 세부계획을 변경할 수 있으며, 변경한 경우에는 이를 환경부장관에게 통보하여야 한다.
⑤환경부장관은 야생동물의 질병관리를 위하여 필요하다고 인정되는 경우에는 시·도지사에게 제3항에 따른 세부계획의 변경을 요청할 수 있다.
[본조신설 2015.3.24.]

제23조의3(야생동물 치료기관의 설치·운영 기준) 법 제34조의4제2항에 따라 환경부장관 및 시·도지사가 설치·운영하는 야생동물 치료기관은 다음 각 호에 해당하는 기준을 모두 갖추어야 한다. <개정 2020.5.26.>
1. 인력기준: 다음 각 목의 어느 하나에 해당하는 사람 2명 이상을 확보할 것
가. 수의사(공중방역수의사를 포함한다)
나. 전문대학 이상의 대학에서 수의학, 생물학 또는 이와 관련된 분야를 전공한 사람
다. 야생동물 질병연구 및 구조·치료 업무에 1년 이상 종사한 경력이 있는 사람
라. 기관, 단체 또는 대학 등에서 수의학, 생물학 또는 이와 관련된 분야에서 1년 이상 종사한 경력이 있는 사람
2. 시설기준: 진료실, 입원실, 임시 보호시설 등 야생동물의 질병진단 및 구조·치료를 위한 시설물을 갖출 것
3. 장비기준: 구조차량, 운반장비 및 진료장비 등 구조·치료를 위한 장비를 갖출 것
[본조신설 2015.3.24.]

제23조의4(야생동물 질병에 관한 업무를 수행하는 행정기관) 법 제34조의6제1항
에서 "대통령령으로 정하는 행정기관의 장"이란 국립야생동물질병관리원장을 말한
다. <개정 2020.5.26., 2020.9.29.>
[본조신설 2015.3.24.]

제23조의5 삭제 <2020.9.11.>

제24조(정보교환체계의 구축) 환경부장관은 법 제38조에 따라 정보교환체계를 구
축하는 경우에는 관련 정보가 보호될 수 있도록 보안대책의 마련 등 필요한 조치
를 하여야 한다.
[전문개정 2012.7.31.]

제24조의2 삭제 <2020.2.25.>
제25조 삭제 <2020.2.25.>
제26조 삭제 <2020.2.25.>
제27조 삭제 <2020.2.25.>

제28조(수렵장의 설정) 시·도지사 또는 시장·군수·구청장은 법 제42조에 따라
수렵장을 설정하려는 경우에는 설정 예정지역의 야생동물의 서식 현황이나 유해야
생동물로 인한 피해 현황 등을 고려하여야 한다.
[전문개정 2012.7.31.]

제29조(야생동물의 서식밀도 조사 등) ①환경부장관은 법 제43조제3항에 따른 야
생동물의 종류 및 서식밀도 등에 대한 조사를 최소한 2년마다 실시하고, 그 결과
를 해당 시·도에 알려야 한다.
②제1항에서 규정한 사항 외에 야생동물의 종류 및 서식밀도 등의 조사에 필요한
사항은 환경부장관이 정하여 고시한다.
[전문개정 2012.7.31.]

제30조(수렵면허의 신청) 법 제44조제1항에 따라 수렵면허를 받으려는 사람은 법
제45조에 따른 수렵면허시험에 합격하고, 법 제47조에 따른 수렵 강습을 이수한
후 환경부령으로 정하는 바에 따라 주소지를 관할하는 시장·군수·구청장에게 수
렵면허를 신청하여야 한다.
[전문개정 2012.7.31.]

제31조(수렵면허시험의 실시방법 등) ①법 제45조에 따른 수렵면허시험의 방법은
필기시험을 원칙으로 하되, 시·도지사가 필요하다고 인정하는 경우에는 실기시험
을 추가할 수 있다.
②수렵면허시험의 합격기준은 과목당 100점을 만점으로 하여 매 과목 40점 이상,

전 과목 평균 60점 이상으로 한다.
[전문개정 2012.7.31.]

제32조(수렵면허시험 응시 등) ①법 제45조제1항에 따라 수렵면허시험에 응시하려
는 사람은 환경부령으로 정하는 응시원서를 시·도지사에게 제출하여야 한다.
②수렵면허시험의 공고와 그 밖에 수렵면허시험의 실시에 필요한 사항은 환경부령으
로 정한다.
[전문개정 2012.7.31.]

제33조 삭제 <2012.7.31.>

제34조(야생동물보호 관련사업) 법 제50조제3항 본문에서 "대통령령으로 정하는
사업"이란 다음 각 호의 사업을 말한다.
1. 야생동물의 서식실태 조사
2. 야생동물의 이동경로 조사
3. 야생동물의 먹이가 되는 식물의 식재(植栽) 등 야생동물의 서식환경 조성 또는
   서식지 보호
4. 야생동물의 이동통로 설치
5. 표지판 또는 새집 등 보호시설의 설치
6. 야생동물의 인공증식·방사 또는 복원
7. 질병에 감염되거나 조난·부상당한 야생동물의 진료시설 운영
8. 야생동물 불법 포획의 단속
9. 야생동물 조망대 및 관람장의 설치
10. 야생동물로 인한 피해보상 및 피해 예방시설 설치비용의 지원
11. 홍보물 제작 등 야생동물 보호 계몽활동
12. 야생동물 보호 관련 법인이 수행하는 야생동물 보호활동의 지원
[전문개정 2012.7.31.]

제35조(보험 가입) 법 제51조에 따라 수렵장에서 야생동물을 수렵하려는 사람이 가
입하여야 하는 보험은 다음 각 호의 구분에 따른 금액을 보상할 수 있는 보험으로 한다.
1. 수렵 중에 다른 사람을 사망·부상하게 한 경우: 1억원 이상
2. 수렵 중에 다른 사람의 재산에 손해를 입힌 경우: 3천만원 이상
[전문개정 2012.7.31.]

제36조(수렵장의 위탁관리 요건 등) ①법 제53조제1항에서 "대통령령으로 정하는
요건"이란 다음 각 호의 요건을 말한다.
1. 수렵장 안에 100헥타르 이상의 토지를 소유하거나 이를 사용할 수 있는 권원(權
   原)을 가질 것

2. 수렵장에서 수렵할 수 있는 야생동물의 인공사육에 필요한 시설을 해당 수렵장
안에 설치하고, 인공사육된 동물을 수렵의 대상으로 제공할 수 있을 것
②법 제42조제1항에 따라 수렵장을 설정한 자는 수렵장의 관리·운영을 위탁하는
경우에는 법 제53조제2항에 따라 다음 각 호의 사항을 적은 서류를 갖추어 환경
부장관에게 보고하여야 한다.
1. 위탁관리의 필요성
2. 위탁관리할 수렵장의 위치·구역, 위탁기간 및 위탁받은 자가 운영하는 관리소의
소재지
3. 위탁관리의 방법과 수렵장사용료
4. 수렵장에서 수렵할 수 있는 야생동물의 인공사육 계획 및 시설물의 설치계획
5. 1명당 포획량
6. 수렵방법 및 수렵 도구
7. 위탁관리할 수렵장의 사업계획서
8. 위탁관리에 관한 예산 설명서
9. 위탁관리 예정지역을 표시한 도면
[전문개정 2012.7.31.]

제37조(보고) 환경부장관, 시·도지사 및 국립야생동물질병관리원장은 법 제56조제
1항에 따라 다음 각 호의 어느 하나에 해당하는 경우에는 야생생물의 개체 수 및
보호시설의 변동사항 등 필요한 사항을 정기적으로 보고하게 할 수 있다. <개정
2020.5.26., 2020.9.29.>
1. 살아 있는 멸종위기 야생생물 또는 국제적 멸종위기종의 생존에 위해(危害) 또는
학대의 우려가 있는 경우
2. 보관하고 있는 야생생물이 생태계에 노출될 경우 생태계 교란의 우려가 있는 경우
3. 그 밖에 환경부장관 또는 시·도지사가 야생생물의 보호를 위하여 필요하다고 인
정하는 경우
[전문개정 2012.7.31.]
[제목개정 2020.9.29.]

제38조(포상금의 지급) ①법 제57조 각 호의 어느 하나에 해당하는 자에 대한 신
고 또는 고발 등을 받은 환경행정관서 또는 수사기관은 그 사건의 개요를 환경부
장관 또는 지방자치단체의 장에게 통지하여야 한다.
②제1항에 따른 통지를 받은 환경부장관 또는 지방자치단체의 장은 그 사건에 관한
법원의 판결 내용을 조회하여 확정판결이 있은 날부터 2개월 이내에 예산의 범위
에서 포상금을 지급할 수 있다. 다만, 환경부장관이 특히 필요하다고 인정하는 경
우에는 확정판결이 있기 전에 포상금을 지급할 수 있다.

③제2항에 따른 포상금은 해당 사건과 관련된 야생생물을 금전으로 환산한 가액(價額)을 고려하여 환경부장관이 정한다.

④환경부장관 또는 지방자치단체의 장은 법 제34조의6제1항에 따라 질병에 걸린 것으로 확인되거나 걸릴 우려가 있는 야생동물(죽은 야생동물을 포함한다)의 신고자에게 야생동물의 질병이 확진된 이후 2개월 이내에 예산의 범위에서 포상금을 지급할 수 있다. 이 경우 포상금의 금액 및 지급절차 등에 관하여 필요한 사항은 환경부장관이 정하여 고시한다. <신설 2015.3.24.>
[전문개정 2012.7.31.]

제38조의2(보상금) ①법 제57조의2제1항 및 제2항에 따른 보상금의 지급 및 감액기준은 별표 1의4와 같다.

②제1항의 기준에 따른 야생동물의 평가액 산정 기준 및 방법 등에 관한 세부적인 사항은 환경부장관이 정하여 고시한다.
[본조신설 2020.5.26.]

제39조(권한의 위임) ①환경부장관은 법 제66조제1항에 따라 법 제31조에 따른 특별보호구역의 토지 등의 매수 및 손실보상에 관한 권한을 시·도지사에게 위임한다.

②환경부장관은 법 제66조제1항에 따라 다음 각 호의 권한을 유역환경청장 또는 지방환경청장에게 위임한다. <개정 2014.7.16., 2020.5.26.>
1. 법 제9조제2항에 따른 야생동물 등에 대한 압류 등 필요한 조치
2. 법 제14조제1항 단서에 따른 멸종위기 야생생물의 포획·채취등의 허가
3. 법 제14조제2항 단서에 따른 폭발물 사용 등의 허가
4. 법 제14조제4항에 따른 포획·채취등 신고의 접수
5. 법 제14조제5항에 따른 보관 신고의 접수
6. 법 제15조에 따른 허가취소 및 허가증 반납의 수령
7. 법 제16조제1항 본문에 따른 국제적 멸종위기종 및 그 가공품의 수출·수입·반입 또는 반출의 허가
8. 법 제16조제3항 단서에 따른 용도변경의 승인
9. 법 제16조제6항에 따른 양도·양수·폐사(斃死) 등 신고의 접수
9의2. 법 제16조제7항 본문에 따른 국제적 멸종위기종 인공증식증명서의 발급
9의3. 법 제16조제7항 단서에 따른 국제적 멸종위기종 인공증식의 허가
9의4. 법 제16조의2제1항에 따른 국제적 멸종위기종 사육시설의 등록의 접수
9의5. 법 제16조의2제2항에 따른 변경등록 또는 변경신고의 수리
9의6. 법 제16조의4제1항에 따른 정기 또는 수시 검사
9의7. 법 제16조의5에 따른 개선명령
9의8. 법 제16조의7제1항에 따른 시설의 폐쇄 또는 운영 중지에 대한 신고의 수리

9의9. 법 제16조의7제3항에 따른 조치명령

9의10. 법 제16조의8제1항에 따른 등록의 취소

9의11. 법 제16조의8제2항에 따른 등록의 취소 또는 폐쇄 명령

9의12. 법 제16조의9제2항에 따른 사육시설등록자의 권리·의무 승계 신고의 접수

10. 법 제17조제1항에 따른 국제적 멸종위기종 및 그 가공품의 수출·수입·반입 또는 반출 허가의 취소

11. 법 제17조제2항에 따른 보호조치 및 같은 조 제3항에 따른 국제적 멸종위기종 의 반송·이송

12. 법 제24조제1항에 따른 야생화된 동물에 대한 조치

13. 삭제 <2020.5.26.>

14. 삭제 <2020.5.26.>

15. 법 제28조에 따른 특별보호구역에서의 훼손행위 또는 금지행위를 한 자에 대한 지도·단속과 행위의 제한

16. 법 제29조에 따른 특별보호구역에서의 출입의 제한·금지, 출입 제한·금지 지 역의 위치 등의 고시, 출입 제한·금지의 해제 및 그 사실의 고시

17. 법 제30조에 따른 특별보호구역에서의 행위중지, 원상회복 및 이에 상응하는 조 치의 명령

18. 법 제32조제1항 및 제2항에 따른 멸종위기종관리계약의 체결 및 체결의 권고와 계약 이행으로 인한 손실의 보상

19. 법 제32조제3항에 따른 개인하수처리시설 설치비용의 지원

20. 법 제32조제4항에 따른 지원방안의 수립 및 지원에 필요한 조치 등의 요청

21. 삭제 <2020.5.26.>

22. 법 제56조제1항에 따른 보고·자료제출의 명령과 사무실 등의 출입·검사 및 질문

23. 법 제56조제2항에 따른 멸종위기 야생생물 및 수렵면허증의 소지 여부 등의 검사

24. 법 제56조제3항에 따른 국제적 멸종위기종이 서식하는 장소에의 출입 및 관계 서류 등의 검사

25. 법 제57조에 따른 포상금 지급에 관한 사항

26. 법 제59조에 따른 야생생물 보호원의 임명

27. 법 제61조에 따른 명예 야생생물 보호원의 위촉

28. 법 제62조에 따른 야생생물 보호원의 해임 및 명예 야생생물 보호원의 해촉

29. 법 제64조에 따른 청문(법 제15조제1항 및 제17조제1항의 경우로 한정한다)

30. 법 제73조제2항 및 같은 조 제3항제3호부터 제5호까지, 같은 항 제11호·제12호· 제24호에 따른 과태료의 부과·징수

31. 제11조에 따른 인공증식증명서의 발급에 관한 사항

③환경부장관은 법 제66조제1항에 따라 법 제34조의8제1항에 따른 야생동물 질병의

발생 현황 공개 권한을 국립야생동물질병관리원장에게 위임한다. <개정 2015.3.24., 2020.9.29.>

[전문개정 2012.7.31.]

제39조의2(고유식별정보의 처리) 환경부장관(제39조에 따라 환경부장관의 권한을 위임받은 자를 포함한다) 또는 지방자치단체의 장(해당 권한이 위임·위탁된 경우에는 그 권한을 위임·위탁받은 자를 포함한다)은 다음 각 호의 사무를 수행하기 위하여 불가피한 경우 「개인정보 보호법 시행령」 제19조제1호·제2호 또는 제4호에 따른 주민등록번호·여권번호 또는 외국인등록번호가 포함된 자료를 처리할 수 있다. <개정 2015.3.24.>

1. 법 제7조제1항에 따른 서식지외보전기관 지정에 관한 사무
2. 삭제 <2015.3.24.>
3. 법 제12조제1항에 따른 야생동물 피해 예방시설 설치 지원에 관한 사무
4. 법 제12조제2항에 따른 야생동물로 인한 피해보상에 관한 사무
5. 법 제14조제1항에 따른 멸종위기 야생생물의 포획·채취등의 허가에 관한 사무
6. 법 제14조제5항에 따른 멸종위기 야생생물 등 보관신고에 관한 사무
7. 법 제16조제1항에 따른 국제적 멸종위기종 등의 수출·수입·반출·반입 허가 등에 관한 사무
8. 법 제16조제3항 단서에 따른 국제적 멸종위기종 등의 용도변경 승인에 관한 사무
9. 법 제19조제1항에 따른 야생생물 포획 등의 허가에 관한 사무
10. 법 제23조제1항에 따른 유해야생동물 포획허가에 관한 사무
11. 삭제 <2020.5.26.>
12. 법 제31조제2항에 따른 손실보상에 관한 사무
13. 법 제32조제1항에 따른 멸종위기종관리계약 체결 등에 관한 사무
14. 법 제32조제3항에 따른 개인하수처리시설 설치비용 지원에 관한 사무
15. 법 제33조제5항에 따른 야생생물 보호구역 출입에 관한 사무
 15의2. 법 제34조의4제2항에 따른 야생동물 치료기관의 지정에 관한 사무
16. 법 제35조제1항에 따른 생물자원 보전시설 등록에 관한 사무
17. 법 제40조제1항에 따른 박제품의 제조업 또는 판매업 등록 또는 변경등록에 관한 사무
18. 법 제44조 및 제45조에 따른 수렵면허 및 그 갱신과 수렵면허시험에 관한 사무
19. 법 제47조에 따른 수렵 강습에 관한 사무
20. 법 제48조에 따른 수렵면허증 발급 및 재발급에 관한 사무
21. 법 제50조제1항에 따른 수렵장 안에서의 야생동물 수렵승인에 관한 사무
22. 법 제53조제1항에 따른 수렵장의 관리·운영 위탁에 관한 사무
23. 법 제59조제1항에 따른 야생생물 보호원 임명에 관한 사무
24. 법 제61조에 따른 명예 야생생물 보호원 위촉에 관한 사무

25. 제11조에 따른 인공증식증명서 발급에 관한 사무
[전문개정 2012.7.31.]

제39조의3(규제의 재검토) 환경부장관은 다음 각 호의 사항에 대하여 다음 각 호의 기준일을 기준으로 3년마다(매 3년이 되는 해의 기준일과 같은 날 전까지를 말한다) 그 타당성을 검토하여 개선 등의 조치를 하여야 한다.
1. 제13조의2 및 별표 1의2에 따른 인공증식 허가대상인 국제적 멸종위기종: 2014년 7월 17일
2. 제13조의3 및 별표 1의3에 따른 사육시설 등록대상인 국제적 멸종위기종: 2014년 7월 17일
3. 제13조의4에 따른 환경부장관의 검사를 받아야 하는 사육시설: 2014년 7월 17일
[본조신설 2014.7.16.]

제40조(과태료의 부과기준) 법 제73조제1항부터 제3항까지의 규정에 따른 과태료의 부과기준은 별표 2와 같다.
[전문개정 2012.7.31.]

부칙

<제31182호, 2020.11.24.>

이 영은 2020년 11월 27일부터 시행한다.

야생생물 보호 및 관리에 관한 법률 시행규칙
(약칭: 야생생물법 시행규칙)
[시행 2020.11.27]
[환경부령 제892호, 2020.11.27, 일부개정]

제1조(목적) 이 규칙은 「야생생물 보호 및 관리에 관한 법률」 및 같은 법 시행령에서 위임된 사항과 그 시행에 필요한 사항을 규정함을 목적으로 한다.
[전문개정 2012.7.27.]

제2조(멸종위기 야생생물) 「야생생물 보호 및 관리에 관한 법률」(이하 "법"이라 한다) 제2조제2호에 따른 멸종위기 야생생물은 별표 1과 같다.
[전문개정 2012.7.27.]

제3조 삭제 <2013.2.1.>

제4조(유해야생동물) 법 제2조제5호에 따른 유해야생동물은 별표 3과 같다.
[전문개정 2012.7.27.]

제4조의2(야생동물 질병) 법 제2조제8호에서 "환경부령으로 정하는 질병"이란 별표 3의2에 따른 질병을 말한다.
[본조신설 2015.3.25.]

제5조(실태조사) ①법 제6조제1항에 따라 특별히 보호하거나 관리할 필요가 있는 야생생물에 대한 서식실태의 조사(이하 "실태조사"라 한다)에는 다음 각 호의 사항이 포함되어야 한다.
1. 종별(種別) 서식지 및 서식현황
2. 종별 생태적 특성
3. 주요 위협요인
4. 보전 또는 관리 대책의 수립을 위하여 필요한 사항
②환경부장관은 법 제5조제1항에 따른 야생생물 보호 기본계획의 범위에서 실태조사계획을 매년 수립하고 이에 따라 실태조사를 하여야 한다.
③삭제 <2018.12.10.>
[전문개정 2012.7.27.]

제6조(서식지외보전기관의 지정) ①「야생생물 보호 및 관리에 관한 법률 시행령」(이하 "영"이라 한다) 제5조제2항에 따라 서식지 외 보전기관(이하 "서식지외보전기관"이라 한다)으로 지정받으려는 자는 별지 제1호서식의 서식지외보전기관 지정신

청서에 다음 각 호의 서류를 첨부하여 환경부장관에게 제출하여야 한다.

1. 시설 현황 명세서
2. 운영 현황 명세서
3. 야생생물 보전계획서
4. 시설 및 운영에 관한 개선계획서(개선할 필요가 있다고 인정되는 경우만 해당한다)

②환경부장관은 서식지외보전기관을 지정한 경우에는 별지 제2호서식의 서식지외보전기관 지정서를 발급하여야 한다.

[전문개정 2012.7.27.]

제7조(서식지외보전기관의 운영) ①서식지외보전기관은 법 제7조제3항에 따라 보호·관리하고 있는 야생생물의 생태적 특성을 고려하여 적합한 서식조건을 유지하여야 한다.

②서식지외보전기관은 야생생물의 보호·관리에 관한 사항을 별지 제3호서식의 서식지외보전대상 야생생물 관리대장에 기록하고 이를 보존하여야 한다.

[전문개정 2012.7.27.]

제8조(먹는 것이 금지되는 야생동물) 법 제9조제1항에서 "환경부령으로 정하는 야생동물"이란 별표 4와 같다.

[전문개정 2012.7.27.]

제9조(포획도구의 제작·판매 등) 법 제10조 단서에서 "환경부령으로 정하는 경우"란 다음 각 호의 어느 하나에 해당하는 경우를 말한다.

1. 학술 연구용 또는 관람·전시용으로 사용하기 위하여 법 제19조에 따라 포획허가를 받고 야생동물을 포획하기 위하여 도구(덫·창애·올무나 그 밖에 이와 유사한 방법으로 야생동물을 포획할 수 있는 도구를 말한다. 이하 같다)를 제작·소지 또는 보관하는 경우. 다만, 포획방법을 정하여 허가를 받은 경우에는 그 허가받은 방법에 한정한다.
2. 유해야생동물을 포획하기 위하여 법 제23조에 따라 포획허가를 받고 야생동물을 포획하기 위하여 도구를 제작·소지 또는 보관하는 경우. 다만, 포획방법을 정하여 허가를 받은 경우에는 그 허가받은 방법으로 한정한다.
3. 재산상의 피해를 막기 위하여 쥐·두더지를 잡는 소형 덫·창애를 제작·판매 또는 소지·보관하는 경우

[전문개정 2012.7.27.]

제10조 삭제 <2015.3.25.>
제11조 삭제 <2015.3.25.>

제12조(야생동물로 인한 피해보상 등의 신청) 영 제7조제2항에 따라 설치비용을

지원받으려는 자는 지원받기를 원하는 연도의 3월 31일까지 별지 제6호서식의 야생동물 피해 예방시설 설치지원 신청서에, 농작물·임산물·수산물 등의 피해를 보상받으려는 자는 별지 제7호서식의 야생동물 농작물·임산물·수산물 등의 피해보상 신청서에, 인명 피해를 보상받으려는 자는 별지 제7호의2서식의 야생동물 인명 피해보상 신청서에 각각 다음 각 호의 구분에 따른 서류를 첨부하여 특별자치도지사·시장·군수·구청장(자치구의 구청장을 말하며, 이하 "시장·군수·구청장"이라 한다)에게 제출하여야 한다. <개정 2013.9.10., 2015.3.25.>

1. 설치비용을 지원받으려는 경우
  가. 피해 예방시설 설치지원비의 신청사유서
  나. 피해 예방시설의 설치계획서
  다. 피해 예방시설의 설치비용 및 산출 명세서
2. 농작물·임산물·수산물 등의 피해를 보상받으려는 경우
  가. 피해보상의 신청 사유서
  나. 피해 발생 경위서(피해를 일으킨 야생동물을 명시하여야 한다)
  다. 피해 명세서
  라. 피해를 입은 농작물 등에 대한 소유권 등 권리의 증명서
3. 인명 피해를 보상받으려는 경우
  가. 피해보상의 신청 사유서
  나. 피해 발생 경위서(피해를 일으킨 야생동물을 명시하여야 한다)
  다. 피해 명세서
  라. 병원에서 발행한 진단서 및 소견서
[전문개정 2012.7.27.]

제13조(멸종위기 야생생물의 포획·채취등 허가신청) ①법 제14조제1항제1호부터 제4호까지 및 제6호에 따라 멸종위기 야생생물의 포획·채취·방사·이식·가공·유통·보관·수출·수입·반출·반입(가공·유통·보관·수출·수입·반출 및 반입하는 경우에는 죽은 것을 포함한다)·훼손 및 고사(枯死)(이하 "포획·채취등"이라 한다)의 허가를 받으려는 자는 별지 제8호서식의 멸종위기 야생생물 포획·채취등 허가신청서에 다음 각 호의 서류를 첨부하여 유역환경청장 또는 지방환경청장(이하 "지방환경관서의 장"이라 한다)에게 제출하여야 한다.

1. 보호시설의 도면 또는 사진(보호시설이 필요한 생물만 해당한다)
2. 학술연구계획서 또는 증식·복원 등에 관한 계획서(법 제14조제1항제1호만 해당한다)
3. 관람·전시에 관한 계획서(법 제14조제1항제2호만 해당한다)
4. 멸종위기 야생생물의 이동 또는 이식계획서(법 제14조제1항제3호 및 제6호만 해당한다)
5. 질병의 진단·치료 또는 예방에 관한 연구계획서(법 제14조제1항제4호만 해당한다)
6. 멸종위기 야생생물로 인한 인명, 가축 또는 농작물의 피해를 증명할 수 있는 서

류(법 제14조제1항제6호만 해당한다)

②지방환경관서의 장은 제1항에 따른 허가신청을 받고 해당 멸종위기 야생생물의 보호에 지장을 주지 아니한다고 인정되어 이를 허가한 경우에는 별지 제9호서식의 멸종위기 야생생물 포획·채취등 허가증을 발급하여야 한다. [전문개정 2012.7.27.]

제14조(인공증식한 멸종위기 야생생물의 수출·수입등의 허가신청) ①법 제14조 제1항제5호에 따라 수출·수입·반출 또는 반입(이하 "수출·수입등"이라 한다)의 허가를 받으려는 자는 별지 제10호서식의 인공증식한 멸종위기 야생생물 수출·수입등 허가신청서에 다음 각 호의 구분에 따른 서류를 첨부하여 지방환경관서의 장에게 제출하여야 한다.

1. 수출 또는 반출하는 경우
가. 인공증식증명서 사본
나. 수송계획서(살아 있는 생물만 해당한다)
다. 수출품·반출품의 내용을 확인할 수 있는 사진
2. 수입 또는 반입하는 경우
가. 원산지에서 발행한 인공증식을 증명할 수 있는 서류
나. 물품매도확약서 등 입수 경위를 확인할 수 있는 서류
다. 사용계획서
라. 수송계획서(살아있는 생물만 해당한다)
마. 보호시설의 도면 또는 사진(보호시설이 필요한 생물만 해당한다)

②지방환경관서의 장은 인공증식한 멸종위기 야생생물의 수출·수입등을 허가한 경우에는 별지 제11호서식의 인공증식한 멸종위기 야생생물 수출·수입등 허가서를 발급하여야 한다. [전문개정 2012.7.27.]

제15조(인공증식증명서의 발급신청) ①영 제11조제1항에 따라 인공증식증명서를 발급받으려는 자는 별지 제12호서식의 멸종위기 야생생물 인공증식증명서 발급신청서에 다음 각 호의 서류를 첨부하여 지방환경관서의 장에게 제출하여야 한다.

1. 인공증식된 야생생물의 부모 개체의 입수경위서
2. 보호시설 명세서(보호시설이 필요한 생물만 해당한다)
3. 인공증식의 방법 및 증식시설의 명세서

②제1항에 따른 인공증식증명서는 별지 제13호서식의 멸종위기 야생생물 인공증식증명서에 따른다.

③영 제11조제1항에 따라 인공증식한 멸종위기 야생생물을 가공·유통·보관하는 경우에는 인공증식증명서 또는 그 사본을 갖추어 두어야 한다. [전문개정 2012.7.27.]

제16조(멸종위기 야생생물의 포획허가) 법 제14조제1항제6호에서 "환경부령으로 정하는 경우"란 멸종위기 야생생물로 인한 인명·가축 또는 농작물의 피해를 방지하기 위하여 해당 멸종위기 야생생물을 이동시키거나 이식하여 보호할 필요가 있는 경우를 말한다.
[전문개정 2012.7.27.]

제17조(멸종위기 야생생물의 포획·채취등 신고) 법 제14조제1항 단서에 따라 허가를 받아 멸종위기 야생생물의 포획·채취등을 한 자는 법 제14조제4항에 따라 포획·채취등을 한 후 5일 이내에 별지 제9호서식의 멸종위기 야생생물 포획·채취등 허가증에 포획한 개체수·장소·시간 및 포획방법 등을 적어 지방환경관서의 장에게 신고하여야 한다.
[전문개정 2012.7.27.]

제18조(멸종위기 야생생물의 보관 신고) ①법 제14조제5항 본문에 따라 멸종위기 야생생물 또는 그 박제품을 보관하고 있는 자가 이를 신고하려는 경우에는 별지 제14호서식의 멸종위기 야생생물 보관신고서에 다음 각 호의 서류를 첨부하여 지방환경관서의 장에게 제출하여야 한다.
1. 보관하고 있는 멸종위기 야생생물 또는 그 박제품의 사진
2. 보호시설의 도면 또는 사진(보호시설이 필요한 생물만 해당한다)
②지방환경관서의 장은 제1항에 따른 신고를 받은 경우에는 별지 제15호서식의 멸종위기 야생생물 보관신고확인증을 발급하여야 한다.
[전문개정 2012.7.27.]

제19조(국제적 멸종위기종의 수출·수입등의 허가) ①법 제16조제1항에 따라 국제적 멸종위기종 및 그 가공품의 수출·수입등의 허가를 받으려는 자는 별지 제16호서식의 국제적 멸종위기종 수출·수입등 허가신청서에 다음 각 호의 구분에 따른 서류를 첨부하여 지방환경관서의 장에게 제출하여야 한다. 다만, 제2호에 해당하는 경우 지방환경관서의 장은 「전자정부법」 제36조제1항에 따른 행정정보의 공동이용을 통하여 수입신고확인증을 확인하여야 하며, 신청인이 확인에 동의하지 아니하는 경우에는 수입신고확인증 사본(다른 법령에 따라 수입신고확인증으로 대체할 수 있는 서류를 포함한다)을 첨부하도록 하여야 한다. <개정 2015.3.25.>
1. 수출 또는 반출하는 경우
  가. 해당 국제적 멸종위기종(가공품의 경우에는 그 원료가 된 국제적 멸종위기종을 말한다)이 적법하게 포획 또는 채취되었음을 증명할 수 있는 서류
  나. 수입국에서 발급한 수입허가서 사본[「멸종위기에 처한 야생동식물종의 국제거래에 관한 협약」(이하 "협약"이라 한다) 부속서 Ⅰ에 포함된 야생생물만 해당한다]
  다. 국제적 멸종위기종 및 그 가공품을 확인할 수 있는 가로 7.6센티미터, 세로 10.1

센티미터 이상 크기의 사진. 다만, 가죽제품으로서 해당 제품의 견본을 붙일 수 있
는 경우에는 가로 3센티미터, 세로 4센티미터 이상 크기의 가죽견본을 말한다.

라. 수송계획서(살아있는 생물만 해당한다)

마. 거래영향평가서(협약에 따른 해상반출만 해당한다)

2. 외국에서 수입한 후 재수출하는 경우

가. 수입 시 발급받은 국제적 멸종위기종 및 그 가공품의 수입허가서

나. 국제적 멸종위기종 및 그 가공품을 확인할 수 있는 가로 7.6센티미터, 세로 10.1
센티미터 이상 크기의 사진. 다만, 가죽제품으로서 해당 제품의 견본을 붙일 수 있
는 경우에는 가로 3센티미터, 세로 4센티미터 이상 크기의 가죽견본을 말한다.

다. 수송계획서(살아있는 생물만 해당한다)

라. 수입국에서 발행한 수입허가서 사본(협약 부속서 Ⅰ에 포함된 생물만 해당한다)

3. 수입 또는 반입하는 경우

가. 물품매도확약서 등 입수 경위를 확인할 수 있는 서류

나. 사용계획서

다. 보호시설의 도면 또는 사진(보호시설이 필요한 생물만 해당한다)

라. 수송계획서(살아있는 생물만 해당한다)

마. 해당 국제적 멸종위기종의 생태적 특성 및 자연환경에 노출될 경우의 대처방안
(살아있는 생물만 해당한다)을 적은 서류

바. 수출국에서 발급한 수출허가서 또는 재수출증명서 사본(협약 부속서 Ⅱ·Ⅲ에
포함된 생물만 해당한다)

사. 거래영향평가서(협약에 따른 해상반입만 해당한다)

아. 해당 국제적 멸종위기종이 적법하게 어획되었음을 증명할 수 있는 서류(협약에
따른 해상반입만 해당한다)

②지방환경관서의 장은 국제적 멸종위기종 및 그 가공품의 수출·수입등의 허가를
한 경우에는 별지 제17호서식의 국제적 멸종위기종 수출·수입등 허가서를 발급하
여야 한다.

[전문개정 2012.7.27.]

제20조(국제적 멸종위기종의 수출·수입등 기록) 지방환경관서의 장은 영 제12조
제5항에 따라 국제적 멸종위기종 및 그 가공품의 수출·수입등에 관한 사항을 별
지 제18호서식의 국제적 멸종위기종 수출·수입등 허가서 발급대장에 기록하고 이
를 보존하여야 한다.

[전문개정 2012.7.27.]

제21조(협약 적용 전에 획득한 국제적 멸종위기종의 증명신청) ①영 제13조제2
호에 따른 증명서를 발급받으려는 자는 별지 제19호서식의 협약 적용 전에 획득

한 국제적 멸종위기종 증명신청서에 다음 각 호의 서류를 첨부하여 지방환경관서
의 장에게 제출하여야 한다.
1. 해당 종이 야생으로부터 포획·채취된 시기를 증명할 수 있는 서류(살아 있는 생
물만 해당한다)
2. 해당 종을 취득한 시기를 증명할 수 있는 서류(부분품 또는 가공품으로서 야생으
로부터 포획·채취된 시기가 분명하지 아니한 경우만 해당한다)
②지방환경관서의 장은 제1항에 따른 신청을 받고, 해당 국제적 멸종위기종 및 그
가공품이 협약이 적용되기 전에 획득되었다는 사실을 인정한 경우에는 별지 제20
호서식의 협약 적용 전에 획득한 국제적 멸종위기종 증명서를 신청인에게 발급하
여야 한다.
[전문개정 2012.7.27.]

제21조의2(국제적 멸종위기종으로 제작된 악기 인증서의 발급 등). ①영 제13조
제5호에 따라 국제적 멸종위기종으로 제작된 악기(협약 부속서 Ⅰ에 포함된 이후
에 포획·채취한 국제적 멸종위기종으로 제작된 악기는 제외한다) 인증서를 발급
받으려는 자는 별지 제20호의2서식의 국제적 멸종위기종으로 제작된 악기 인증서
발급 신청서에 다음 각 호의 서류를 첨부하여 환경부장관에게 제출하여야 한다.
1. 해당 악기가 적법하게 취득되었음을 증명할 수 있는 서류
2. 악기에 어떤 국제적 멸종위기종이 포함되어 있는지에 대해 확인할 수 있는 서류
3. 악기에 포함된 국제적 멸종위기종의 식별이 가능한 가로 7.6센티미터, 세로 10.1
센티미터 이상 크기의 악기 사진
②환경부장관은 제1항에 따른 국제적 멸종위기종으로 제작된 악기 인증서 발급 신청
을 받아 이를 발급하는 경우에는 별지 제20호의3서식의 국제적 멸종위기종으로
제작된 악기 인증서를 신청인에게 발급하고, 별지 제20호의4서식의 국제적 멸종위
기종으로 제작된 악기 인증서 발급대장에 이를 기록·관리하여야 한다.
[본조신설 2018.12.10.]

제22조(국제적 멸종위기종의 용도변경 승인) ①다음 각 호의 어느 하나에 해당하
는 경우로서 법 제16조제3항 단서에 따라 국제적 멸종위기종 및 그 가공품에 대
한 용도변경의 승인을 받으려는 자는 지방환경관서의 장에게 용도변경의 승인신청
을 하여야 한다. <개정 2015.3.25.>
1. 공공의 이용에 제공하기 위하여 박물관, 학술연구기관 등에 기증하는 경우
2. 종의 증식·복원 및 생물다양성의 증진을 위하여 방사 또는 번식 목적으로 사용
하려는 경우
3. 재수출을 하기 위하여 수입 또는 반입한 야생생물을 학술 연구 또는 관람 목적으
로 사용하려는 경우

4. 재수출을 하기 위하여 수입 또는 반입하여 인공사육 중인 곰(수입 또는 반입한 것으로부터 증식한 개체를 포함한다)을 가공품의 재료로 사용하려는 경우로서 별표 5의 처리기준에 적합한 경우
5. 그 밖에 수입 또는 반입의 목적이 달성되었거나 달성되기 어렵다고 인정되는 경우로서 협약의 취지에 위배되지 아니하는 경우
②제1항에 따라 승인신청을 하려는 자는 별지 제21호서식의 국제적 멸종위기종의 용도변경 승인신청서에 다음 각 호의 서류를 첨부하여 지방환경관서의 장에게 제출하여야 한다.
1. 용도변경 사유서
2. 국제적 멸종위기종 및 그 가공품에 대한 수출·수입등 허가서 사본
3. 별지 제22호서식의 용도변경계획서
4. 별지 제23호서식의 사육곰 관리카드(제1항제4호만 해당한다)
③지방환경관서의 장은 용도변경의 승인을 한 경우에는 별지 제24호서식의 국제적 멸종위기종의 용도변경 승인서를 발급하여야 한다.
[전문개정 2012.7.27.]

판례 – 국제멸종위기종용도변경승인신청반려처분취소
[대법원 2011.1.27., 선고, 2010두23033, 판결]

【판시사항】
[1] 야생동·식물보호법 제16조 제3항에 의한 용도변경승인 행위 및 용도변경의 불가피성 판단에 필요한 기준을 정하는 행위의 법적 성질(=재량행위)

[2] 곰의 웅지를 추출하여 비누, 화장품 등의 재료로 사용할 목적으로 곰의 용도를 '사육곰'에서 '식·가공품 및 약용 재료'로 변경하겠다는 내용의 국제적 멸종위기종의 용도변경 승인신청에 대하여, 한강유역환경청장이 용도변경 신청을 거부한 사안에서, 그 처분은 환경부장관의 '사육곰 용도변경 시의 유의사항 통보'에 따른 것으로 적법함에도 이와 달리 본 원심판결에 법리를 오해한 위법이 있다고 한 사례

【판결요지】
[1] 야생동·식물보호법 제16조 제3항과 같은 법 시행규칙 제22조 제1항의 체제 또는 문언을 살펴보면 원칙적으로 국제적멸종위기종 및 그 가공품의 수입 또는 반입 목적 외의 용도로의 사용을 금지하면서 용도변경이 불가피한 경우로서 환경부장관의 용도변경승인을 받은 경우에 한하여 용도변경을 허용하도록 하고 있으므로, 위 법 제16조 제3항에 의한 용도변경승인은 특정인에게만 용도 외의 사용을 허용해주는 권리나 이익을 부여하는 이른바 수익적 행정행위로서 법령에 특별한 규정이 없는 한 재량행위이고, 위 법 제16조 제3항이 용도변경이 불가피한 경우에만 용도변경을 할 수 있도록 제한하는 규정을 두면서도 시행규칙 제22조에서 용도변경 신청을 할 수 있는 경우에 대하여만 확정적 규정을 두고 있을 뿐 용도변경이 불가피한 경우에 대하여는 아무런

규정을 두지 아니하여 용도변경 승인을 할 수 있는 용도변경의 불가피성에 대한 판단에 있어 재량의 여지를 남겨 두고 있는 이상, 용도변경을 승인하기 위한 요건으로서의 용도변경의 불가피성에 관한 판단에 필요한 기준을 정하는 것도 역시 행정청의 재량에 속하는 것이므로, 그 설정된 기준이 객관적으로 합리적이 아니라거나 타당하지 않다고 볼 만한 다른 특별한 사정이 없는 이상 행정청의 의사는 가능한 한 존중되어야 한다.

[2] 곰의 웅지를 추출하여 비누, 화장품 등의 재료로 사용할 목적으로 곰의 용도를 '사육곰'에서 '식·가공품 및 약용 재료'로 변경하겠다는 내용의 국제적 멸종위기종의 용도변경 승인신청에 대하여, 한강유역환경청장이 '웅담 등을 약재로 사용하는 경우' 외에는 용도변경을 해줄 수 없다며 위 용도변경신청을 거부한 사안에서, 환경부장관이 지방환경관서의 장에게 보낸 '사육곰 용도변경 시의 유의사항 통보'는 용도변경이 불가피한 경우를 웅담 등을 약재로 사용하는 경우로 제한하는 기준을 제시한 것으로 보이고, 그 설정된 기준이 법의 목적이나 취지에 비추어 객관적으로 합리적이 아니라거나 타당하지 않다고 볼 만한 다른 특별한 사정이 없으므로, 이러한 통보에 따른 위 처분은 적법함에도 이와 달리 본 원심판결에 법리를 오해한 위법이 있다고 한 사례.

판례 – 국제멸종위기종용도변경승인신청반려처분취소
[서울고등법원 2010.9.30., 선고, 2010누5372, 판결]

【청구취지 및 항소취지】
제1심 판결을 취소한다. 피고가 2009.9.2. 원고에게 한 국제멸종위기종 용도변경 승인신청 거부처분을 취소한다.

【이 유】
1. 처분의 경위
①원고는 2009.8.26. 피고에게 '원고가 사육하던 1986년생 반달가슴곰 암컷 1두(이하 '이 사건 곰'이라 한다)의 웅지를 비누, 에센스의 제조에 사용하고 발바닥을 요리에 사용할 수 있도록 이 사건 곰의 용도를 사육곰에서 식품 및 가공품 재료로 변경하는 것을 승인하여 달라'는 취지로 국제적멸종위기종 용도변경 승인신청(이하 '이 사건 승인신청'이라 한다)을 하였다.
②피고는 2009.9.2. 원고에게 '수입 또는 반입하여 인공사육중인 곰(수입 또는 반입한 것으로부터 증식한 개체 포함)은 웅담 등을 약재로 사용하는 경우 외에는 용도변경승인 대상에 해당하지 않는다'는 이유로 이 사건 승인신청서를 반려하였다(이하 '이 사건 처분'이라 한다).
[인정 근거] 다툼 없음, 갑 제1, 2, 16호증, 을 제2호증의 각 기재, 변론 전체의 취지

2. 판단
위 인정사실 및 관계 법령에 의하여 알 수 있는 다음 각 사정을 종합하여 보면, 원고가 이 사건 곰의 웅지[곰 기름]를 비누, 화장품 등의 제조에 사용하는 것은 가공품의 재료로 사용하는 경우에 해당한다고 할 것이지만, 곰 발바닥을

음식의 재료로 사용하는 것은 가공품의 재료로 사용하는 경우에 해당한다 할 수 없으므로, 원고의 위 주장은 이 사건 곰을 가공품 재료로 용도변경 승인신청을 한 부분에 한하여 이유 있고 나머지 주장은 이유 없다.

①야생동·식물보호법 제2조 제3호 가목, 제16조 제3항, 야생동·식물보호법 시행규칙 제22조 제1항 제4호, 별표 5 각 규정의 내용과 체계, 농가소득 증대를 위해 국제적멸종위기종의 용도변경 제도를 도입 및 확대하고 있는 입법 취지 및 연혁 등에 비추어 볼 때 반달가슴곰은 이 사건 협약 부속서 Ⅰ에 등재되어 상업적인 국제거래가 금지된 국제적멸종위기종으로서 원칙적으로 수입 또는 반입 당시의 목적 외의 용도로 사용할 수 없지만, 재수출을 하기 위해 수입하여 인공사육중인 반달가슴곰 또는 이로부터 증식하여 인공사육중인 반달가슴곰은 야생동·식물보호법 시행규칙 제22조 제1항 제4호에 의하여 이를 가공품의 재료(웅담 등을 약재로 사용하는 것을 포함한다)로 사용하고자 하는 경우에 지방환경관서의 장에게 용도변경 승인신청을 할 수 있고, 지방환경관서의 장은 관계 법령이 정한 요건이 충족되는 경우에 용도변경 승인을 하여야 할 것이다.

②위 ①항 기재 각 규정의 내용, 입법 취지 및 연혁 등에 비추어 볼 때 반달가슴곰의 발바닥을 음식의 재료로 사용하는 경우와 같이 국제적멸종위기종인 반달가슴곰을 식용의 재료로 사용하는 것은 가공품의 재료로 사용하고자 하는 경우에 해당한다고 볼 수 없으므로 인공사육중인 반달가슴곰의 용도를 식용의 재료로 사용하거나 이를 위해 판매하는 것은 허용되지 않는다 할 것이다.

③이 사건 곰은 이 사건 협약 부속서 Ⅰ에 등재된 국제적멸종위기종인 반달가슴곰에 속하는 개체로서 그 어미가 1985.7.1. 전에 재수출을 위하여 수입된 후 그로부터 국내에서 번식되어 원고에 의해 사육되고 있고 이 사건 승인신청 당시 연령이 야생동·식물법 시행규칙 별표 5 소정의 처리기준인 10세를 넘기고 있으므로, 이 사건 곰의 웅지를 추출하여 비누, 화장품 등의 재료로 사용하고자 하는 것은 국제적멸종위기종을 가공품의 재료로 사용할 수 있는 경우에 해당한다 할 것이다.

④을 제4, 11, 12호증의 각 기재에 의하면, 환경부장관이 2005.3.9. 지방환경관서의 장에게 "사육곰의 용도변경 승인시 웅담 등을 약재로 사용하는 경우 외에 곰 고기 등을 식용으로 판매하는 용도로 변경하고자 하는 경우에는 용도변경 승인 불허의 조치를 하고 2005.3.7.자 「사육곰 관리 지침」에 따라 처리하라"는 사육곰 용도변경 승인시의 유의사항을 통보하는 한편 2005.3.7. 「사육곰 관리 지침」을 제정한 사실을 인정할 수 있지만, 2005.3.7.자 「사육곰 관리 지침」에는 '가공품의 재료로 사용하는 경우'를 '웅담 등을 약재로 사용하는 경우'로 제한하는 내용이 기재되어 있지 않고, 피고 주장과 같이 위 '사육곰 용도변경 승인시의 유의사항 통보'와 2005.3.7.자 「사육곰 관리 지침」에 의해 '가공품의 재료로 사용하는 경우'를 '웅담 등을 약재로 사용하는 경우'로 제한하는 것은 상위 법령에 근거하지 않은 단순한 내부적 행정지침에 불과할 뿐 대외적으로 일반 국민에 대하여 효력을 가지는 법규라 할 수 없으므

로 이 사건 처분의 적법성 근거가 될 수 없다.

⑤행정처분의 상대방의 방어권을 보장함으로써 실질적 법치주의를 구현하고 행정처분의 상대방인 국민에 대한 신뢰를 보호하려는 견지에서 원칙적으로 처분사유의 변경은 허용되지 않고 당초의 처분사유와 기본적인 사실관계의 동일성이 인정되는 한도 내에서만 이를 추가하거나 변경할 수 있는바(대법원 1994.9.23. 선고 94누9368 판결, 대법원 2003.12.11. 선고 2001두8827 판결, 대법원 2004.2.13. 선고 2001두4030 판결 등 참조), 피고가 이 사건에서 주장하는 바와 같이 웅지가 화장품원료기준(식품의약품안정청 고시 제2009-52호), 대한민국 화장품 원료집, 국제 화장품 원료집 및 EU 화장품 원료집 등에 화장품 원료로 등재되어 있지 않아 화장품 원료로 사용될 수 없다는 사정(다만 실제로 웅지가 화장품 원료로 사용될 수 있는지 여부는 별도로 한다)은 이 사건 처분의 적법성을 판단함에 있어서 고려할 요소가 되지 못한다.

⑥이 사건 곰은 당초 농가소득 증대의 목적으로 재수출을 위하여 수입된 인공사육 곰에서 번식된 개체로서 그 용도 역시 재수출용이었는데, 대한민국이 반달가슴곰의 상업적 국제거래를 금지하고 있는 이 사건 협약에 가입하고 이에 따라 조수보호및수렵에관한법률(2005.2.7. 대통령령 제18696호로 폐지), 야생동·식물보호법 등 관계 법령을 계속하여 정비함으로써 반달가슴곰인 이 사건 곰의 재수출 등이 금지되어 원고의 재산권 행사가 제한받게 되었는바, 이는 국제적으로 멸종위기에 처한 야생동·식물을 보호, 관리함으로써 멸종을 예방하고 생물의 다양성을 증진시켜 생태계의 균형을 유지함과 아울러 사람과 야생동·식물이 공존하는 건전한 자연환경을 확보한다는 공익적 목적을 위한 것으로서 그 필요성이 인정되고 또한 재수출 금지 등으로 인한 재산권 행사 제한의 불이익을 해소하기 위하여 수입 목적 외의 용도변경금지제도를 바꾸어 가공품 재료로의 용도변경을 승인하는 제도를 마련함으로써 반달가슴곰 사육 농가의 소득증대 목적에 부응하도록 하고 있으므로 곰의 용도를 사육곰에서 식용 재료로 변경하는 신청을 불승인한다 하여 사유재산권의 침해가 있다고 보기 어렵다.

⑦지방환경관서의 장은 곰의 용도를 사육곰에서 식용 재료로 변경하는 것에 관한 승인권한을 관계 법령에 의하여 부여받지 못하였음은 앞서 본 바와 같으므로, 피고가 원고의 식용 재료로 용도변경 승인신청을 거부하였다고 하여 재량권의 일탈·남용이 문제될 수 없다.

판사 이대경(재판장) 정재오 김재형

제23조(국제적 멸종위기종의 양도·폐사 등 신고) ①법 제16조제6항에 따라 국제적 멸종위기종을 양도·양수하려는 자는 별지 제25호서식의 수입·반입된 국제적 멸종위기종 양도·양수신고서에 다음 각 호의 서류를 첨부하여 지방환경관서의 장에게 제출하여야 한다. <개정 2014.7.17.>

1. 수입허가증 등 양도하려는 국제적 멸종위기종의 입수경위 및 이를 증명하는 서류
2. 양도하려는 국제적 멸종위기종의 부모개체의 입수 경위 및 이를 증명하는 서류 (양도하려는 종이 수입 허가된 종에서 인공증식된 경우만 해당한다)

3. 양수하려는 자의 국제적 멸종위기종 보호시설 도면 또는 사진(보호시설이 필요한 생물만 해당한다)
4. 제23조의5제2항에 따른 사육시설 등록증 사본(영 별표 1의3에서 정한 국제적 멸종위기종을 양수하려는 자의 경우만 해당한다)
②국제적 멸종위기종의 수입·반입을 허가받은 자 또는 국제적 멸종위기종을 양수한 자는 법 제16조제6항에 따라 국제적 멸종위기종이 죽거나 질병에 걸린 경우에는 지체 없이 별지 제26호서식의 수입·반입된 국제적 멸종위기종 폐사·질병 신고서에 다음 각 호의 서류를 첨부하여 지방환경관서의 장에게 제출하여야 한다. <개정 2015.8.4.>
1. 수의사 진단서(질병으로 사육할 수 없게 된 경우만 해당하며, 개인이 애완용으로 사육하는 앵무새의 경우는 제외한다)
2. 폐사를 증명할 수 있는 사진
[전문개정 2012.7.27.]

제23조의2(국제적 멸종위기종 인공증식증명서의 발급신청) ①법 제16조제7항 본문에 따라 인공증식증명서를 발급받으려는 자는 별지 제26호의2서식의 국제적 멸종위기종 인공증식증명서 발급신청서에 다음 각 호의 서류를 첨부하여 지방환경관서의 장에게 제출하여야 한다.
1. 인공증식된 국제적 멸종위기종의 부모 개체의 입수경위서
2. 인공증식한 시설의 명세서
3. 인공증식의 방법
4. 보호시설 명세서(보호시설에서 사육 중인 경우만 해당한다)
②지방환경관서의 장은 인공증식증명서를 발급받으려는 자가 제1항의 사항을 준수하여 그 발급을 신청한 때에는 별지 제26호의3서식의 국제적 멸종위기종 인공증식증명서를 발급하여야 한다.
[본조신설 2014.7.17.]

제23조의3(국제적멸종위기종의 인공증식 허가절차) ①법 제16조제7항 단서에 따라 국제적 멸종위기종의 인공증식 허가를 받으려는 자는 별지 제26호의4서식의 국제적 멸종위기종 인공증식 허가신청서에 다음 각 호의 서류를 1부씩 첨부하여 지방환경관서의 장에게 제출하여야 한다. <개정 2017.11.30.>
1. 인공증식하려는 국제적멸종위기종의 부모 개체의 입수경위서
2. 인공증식한 시설의 명세서
3. 인공증식의 방법
4. 보호시설 명세서(보호시설에서 사육 중인 경우만 해당한다)
②지방환경관서의 장은 제1항에 따른 국제적 멸종위기종의 인공증식 허가를 받으려는 자가 다음 각 호의 요건을 모두 충족한 경우에는 그 인공증식을 허가하여야 한다.

1. 해당 국제적 멸종위기종의 인공증식이 종의 생존에 위협을 주지 아니할 것
2. 인공증식에 따라 해당 국제적 멸종위기종의 보호와 건전한 사육환경 조성에 차질이 생기지 아니할 것
3. 해당 국제적 멸종위기종의 인공증식에 필요한 시설을 갖추고 있을 것
4. 근친교배 등으로 유전 질환이 발생할 우려가 없을 것. 다만, 종 보존 차원의 번식을 위한 교배는 제외한다.
5. 해당 국제적 멸종위기종의 생태적 특성을 고려하여 탈출을 방지하기 위한 적절한 시설을 갖추고 있을 것

③지방환경관서의 장은 제2항에 따라 국제적 멸종위기종의 인공증식을 허가하는 경우에는 별지 제26호의5서식의 국제적 멸종위기종 인공증식 허가증을 발급하여야 하며, 필요하다고 인정되는 때에는 그 허가에 필요한 한도에서 조건을 붙일 수 있다.
[본조신설 2014.7.17.]

제23조의4(국제적 멸종위기종의 적법한 입수경위 등의 증명) 법 제16조제8항에서 "환경부령으로 정한 적법한 입수경위 등을 증명하는 서류"란 다음 각 호의 서류를 말한다.
1. 해당 국제적 멸종위기종(가공품의 경우에는 그 원료가 된 국제적 멸종위기종을 말한다)이 적법하게 포획 또는 채취되었거나 양도·양수되었음을 증명할 수 있는 서류
2. 해당 국제적 멸종위기종의 수입허가서 사본(국제적 멸종위기종이 수입된 경우로 한정한다)
3. 해당 국제적 멸종위기종의 인공증식증명서 또는 인공증식허가증 사본(국제적 멸종위기종이 인공증식된 경우로 한정한다)
4. 국제적 멸종위기종 및 그 가공품을 확인할 수 있는 가로 7.6센티미터, 세로 10.1센티미터 이상 크기의 사진. 다만, 가죽제품으로서 해당 제품의 견본을 붙일 수 있는 경우에는 가로 3센티미터, 세로 4센티미터 이상 크기의 가죽견본을 말한다.
[본조신설 2014.7.17.]

제23조의5(국제적 멸종위기종 사육시설의 등록절차) ①법 제16조의2제1항에 따라 국제적 멸종위기종의 사육시설 등록을 하려는 자는 별지 제26호의6서식의 국제적 멸종위기종 사육시설 등록신청서에 다음 각 호의 서류를 1부씩 첨부하여 지방환경관서의 장에게 제출하여야 한다. <개정 2017.11.30.>
1. 사육시설의 사진 및 평면도
2. 사육시설 면적 및 개체수 등을 포함한 사육시설 현황 내역서
3. 별표 5의2 제1호에 따른 일반 사육기준의 관리 계획을 포함한 사육시설 관리계획서
4. 보호시설 명세서(보호시설에서 사육 중인 경우만 해당한다)
②지방환경관서의 장은 국제적 멸종위기종의 사육시설 등록을 하려는 자가 제1항의 사항을 준수하여 그 발급을 신청한 때에는 별지 제26호의7서식의 국제적 멸종위

기종 사육시설 등록증(이하 "사육시설 등록증"이라 한다)을 발급하여야 한다.
③제2항에 따라 사육시설 등록증을 발급받은 자는 그 등록증을 잃어버리거나 헐어서 못쓰게 되는 경우 별지 제26호의8서식의 국제적 멸종위기종 사육시설 등록증 재발급 신청서를 지방환경관서의 장에게 제출하여야 한다. 이 경우 지방환경관서의 장은 재발급 사유가 타당하다고 인정되는 경우에는 사육시설 등록증을 재발급하여야 한다.
[본조신설 2014.7.17.]

제23조의6(변경등록 및 변경신고) ①법 제16조의2제1항에 따라 국제적 멸종위기종 사육시설의 등록을 한 자(이하 "사육시설등록자"라 한다)는 등록한 사항 중 다음 각 호의 어느 하나에 해당하는 사항을 변경하려는 경우에는 별지 제26호의9서식의 국제적 멸종위기종 사육시설 변경 등록신청서에 사육시설 등록증과 변경내용을 증명하는 서류를 첨부하여 지방환경관서의 장에게 제출하여야 한다.
1. 사육시설의 면적(당초 면적의 10퍼센트 이상 축소하는 경우로 한정한다)
2. 사육시설 내 국제적 멸종위기종의 개체수. 다만, 개체수 변경에도 불구하고 별표 5의2 제2호에 따른 1마리당 사육 면적 기준을 준수하는 경우는 제외한다.
3. 사육시설의 소재지
②사육시설등록자는 다음 각 호의 어느 하나에 해당하는 사항을 변경하려는 경우에는 별지 제26호의9서식의 국제적 멸종위기종 사육시설 변경 신고서에 사육시설 등록증과 변경내용을 증명하는 서류를 첨부하여 지방환경관서의 장에게 제출하여야 한다.
1. 사육시설의 면적(당초 면적이 증가하는 경우로 한정한다)
2. 사육시설 관리계획서에 포함된 관리 계획
③다음 각 호의 어느 하나에 해당하는 시설은 제1항 및 제2항에도 불구하고 변경 등록 및 신고 대상에서 제외한다. <개정 2015. 3. 25.>
1. 법 제34조의4제2항에 따라 환경부장관이 지정한 야생동물치료기관
2. 「문화재보호법」제34조제1항에 따라 지정된 관리단체의 국제적 멸종위기종 관리 ·보호 시설
3. 「문화재보호법」제38조에 따른 동물치료소
4. 「실험동물에 관한 법률」제8조에 따른 동물실험시설
[본조신설 2014.7.17.]

제23조의7(사육시설 설치기준) 법 제16조의2제4항에 따른 사육시설의 설치기준은 별표 5의2와 같다.
[본조신설 2014.7.17.]

제23조의8(사육시설의 검사) ①법 제16조의4제1항에 따라 영 제13조의4 각 호의 어느 하나에 해당하는 사육시설을 운영하는 자는 사육시설의 현황, 사육시설 관리 계획의 이행 및 사육 동물의 적정 관리 여부 등의 점검을 위하여 지방환경관서의

장이 실시하는 정기검사 또는 수시검사를 받아야 한다.
②지방환경관서의 장은 제1항에 따른 정기검사 또는 수시검사를 다음 각 호의 구분
에 따라 실시하여야 한다.
1. 정기검사: 연 1회 이상
2. 수시검사: 법 제16조의5에 따른 개선명령의 이행 상황을 확인하거나 그 밖에 지방
   환경관서의 장이 해당 사육시설의 관리 상태를 확인할 필요가 있다고 인정하는 경우
[본조신설 2014.7.17.]

제23조의9(개선명령) ①지방환경관서의 장은 법 제16조의5에 따라 사육시설등록자
에게 개선을 명하는 경우에는 개선에 필요한 조치 및 시설 설치기간 등을 고려하
여 6개월의 범위에서 기간을 정하여 개선을 명할 수 있다.
②제1항에 따라 개선명령을 받은 사육시설등록자는 천재·지변 그 밖에 부득이한 사
유로 해당 개선 기간 이내에 개선을 완료할 수 없는 경우에는 그 기간이 종료되기
전에 지방환경관서의 장에게 개선 기간의 연장을 요청할 수 있다. 이 경우 지방환
경관서의 장은 다음 각 호의 구분에 따라 개선 기간을 연장할 수 있다.
1. 해당연도 예산으로는 개선이 불가능한 경우: 1년 이내
2. 개선을 위하여 토지이용계획의 변경이 수반되는 경우: 2년 이내
3. 제1호 및 제2호에서 정한 사유 외의 경우: 6개월 이내
③제1항에 따른 개선명령에 이의가 있는 사육시설등록자는 그 개선명령을 받은 후
30일 이내에 지방환경관서의 장에게 이의신청을 할 수 있다.
④제3항에 따른 이의신청을 받은 지방환경관서의 장은 이의신청의 타당성을 검토하
여 개선명령을 수정·보완 또는 철회할 수 있다.
[본조신설 2014.7.17.]

제23조의10(사육시설의 폐쇄 등 신고) 사육시설등록자는 법 제16조의7제1항에 따
라 법 제16조의2에 따른 시설을 폐쇄하거나 운영을 중지하려는 경우에는 별지 제
26호의10서식에 따른 신고서에 사육시설 등록증을 첨부하여 지방환경관서의 장에
게 제출하여야 한다.
[본조신설 2014.7.17.]

제23조의11(사육시설등록자의 권리·의무 승계 신고) 법 제16조의9제2항에 따라
사육시설등록자의 권리·의무를 승계한 자는 승계한 날부터 30일 이내에 별지 제
26호의11서식의 국제적 멸종위기종 사육시설 권리·의무 승계신고서에 사육시설
등록증과 그 승계 사실을 증명하는 서류를 첨부하여 지방환경관서의 장에게 제출
하여야 한다.
[본조신설 2014.7.17.]

제24조(포획·채취 등의 금지 야생생물) 법 제19조제1항 각 호 외의 부분 본문에서 "환경부령으로 정하는 종"이란 별표 6에 따른 종을 말한다.
[전문개정 2015.3.25.]

제25조(야생생물의 포획·채취 또는 고사 허가) ①법 제19조제1항 단서에 따라 포획·채취 또는 고사 허가를 받으려는 자는 별지 제27호서식의 야생생물 포획·채취 또는 고사 허가 신청서에 다음 각 호의 서류를 첨부하여 시장·군수·구청장에게 제출하여야 한다. <개정 2015.3.25.>
1. 보호시설의 도면 또는 사진(보호시설이 필요한 생물만 해당한다)
2. 학술연구계획서 또는 보호·증식 및 복원 등에 관한 계획서(법 제19조제1항제1호만 해당한다)
3. 관람·전시에 관한 계획서(법 제19조제1항제2호만 해당한다)
4. 생물의 이동계획서(법 제19조제1항제3호만 해당한다)
5. 질병의 진단·치료 또는 예방에 관한 연구계획서(법 제19조제1항제4호만 해당한다)
6. 인공증식계획서(법 제19조제1항제5호만 해당한다)
②시장·군수·구청장은 제1항에 따른 허가신청을 받고 해당 야생생물의 보호에 지장을 주지 아니한다고 인정되어 이를 허가한 경우에는 별지 제28호서식의 야생생물 포획·채취 또는 고사 허가증을 신청인에게 발급하여야 한다. <개정 2015.3.25.>
③시장·군수·구청장은 법 제19조제1항제5호에 따라 야생생물 인공증식을 위한 포획·채취 또는 고사 허가를 받은 자에게 별지 제28호의2서식의 야생생물 인공증식증명서를 발급하여야 한다. <개정 2015.3.25.>
④제3항에 따라 인공증식증명을 받은 자는 환경부장관이 정하는 바에 따라 인공증식한 야생생물의 종류·수량, 구입일·판매일, 거래상대방 등을 적은 장부를 갖추어 두어야 한다. <개정 2015.3.25.>
[전문개정 2012.7.27.]
[제목개정 2015.3.25.]

제26조(인공증식 등을 위한 포획·채취 등의 허가대상 야생생물 등) ①법 제19조제1항제5호에서 "환경부령으로 정하는 야생생물"이란 별표 7에 따른 야생생물을 말한다.
②법 제19조제1항제5호에서 "환경부령으로 정하는 기준 및 방법 등"이란 다음 각 호의 것을 말한다.
1. 인공증식 또는 재배를 위하여 적절한 장소와 시설을 확보하고 주변 환경을 관리할 것
2. 그 밖에 인공증식 또는 재배의 세부적인 기준과 방법으로 환경부장관이 정하여 고시하는 것
[전문개정 2015.3.25.]

제27조(야생생물의 포획·채취 등의 신고) 법 제19조제1항 단서에 따라 허가를 받아 야생생물을 포획 또는 채취하거나 고사시킨 자는 법 제19조제5항에 따라 포획 또는 채취하거나 고사시킨 후 5일 이내에 별지 제28호서식의 야생동물 포획·채취 등 허가증에 포획 또는 채취하거나 고사시킨 개체수·장소·시간 및 포획·채취 또는 고사방법 등을 적어 시장·군수·구청장에게 신고하여야 한다.
[전문개정 2015.3.25.]

제28조(수출·수입등 허가대상인 야생생물) 법 제21조제1항에서 "환경부령으로 정하는 종"이란 별표 8에 따른 종을 말한다.
[전문개정 2015.3.25.]

제29조(야생생물의 수출·수입등의 허가) ①법 제21조제1항에 따라 야생생물의 수출·수입·반출 또는 반입의 허가를 받으려는 자는 별지 제29호서식의 야생생물 수출·수입·반출·반입 허가신청서에 다음 각 호의 구분에 따른 서류를 1부씩 첨부하여 시장·군수·구청장에게 제출해야 한다. <개정 2015.3.25., 2017.11.30., 2020.11.27.>
1. 수출 또는 반출하는 경우
가. 신용장 등 수출을 확인할 수 있는 서류(수출하는 경우만 해당한다)
나. 해당 야생생물(가공품의 경우에는 그 원료가 된 야생생물을 말한다)이 적법하게 포획 또는 채취되었음을 증명할 수 있는 서류
다. 수송계획서(살아 있는 동물만 해당한다)
라. 야생생물 및 그 가공품의 내용을 확인할 수 있는 사진. 다만, 가죽제품으로서 해당 제품의 견본을 붙일 수 있는 경우에는 가로 3센티미터, 세로 4센티미터 이상 크기의 가죽견본을 말한다.
2. 수입 또는 반입하는 경우
가. 물품매도확약서 등 입수 경위를 확인할 수 있는 서류(수입하는 경우만 해당한다)
나. 사용계획서
다. 수송계획서(살아 있는 동물만 해당한다)
라. 보호시설의 도면 또는 사진(보호시설이 필요한 동물만 해당한다)
마. 수출국에서 발행한 원산지증명서 사본(협약 부속서 Ⅲ에 해당 종을 포함시키지 아니한 국가에서 수입하는 경우만 해당한다)
바. 수출국에서 인공 사육·재배된 야생생물임을 증명할 수 있는 서류(인공 사육·재배된 야생생물만 해당한다)
사. 야생생물 및 그 가공품의 내용을 확인할 수 있는 사진. 다만, 가죽제품으로서 해당 제품의 견본을 붙일 수 있는 경우에는 가로 3센티미터, 세로 4센티미터 이상 크기의 가죽견본을 말한다
②시장·군수·구청장은 법 제21조제1항에 따라 수출·수입·반출 또는 반입의 허

가를 받으려는 야생생물이 살아 있는 야생생물, 야생생물의 알 또는 야생생물의 살·혈액·뼈 등 야생생물 개체의 일부(가공되지 않은 것으로 한정한다)에 해당하는 경우에는 다음 각 호의 기관으로부터 해당 호에 관한 의견을 들어야 한다. <신설 2020.11.27.>

1. 「생물자원관의 설립 및 운영에 관한 법률」 제6조에 따른 국립생물자원관: 야생생물의 종 판별
2. 법 제34조의6제1항 및 영 제23조의4에 따른 국립야생동물질병관리원(이하 "국립야생동물질병관리원"이라 한다): 야생동물 질병의 매개 또는 전파 여부

③시장·군수·구청장은 법 제21조제1항에 따라 야생생물의 수출·수입·반출 또는 반입의 허가를 한 경우에는 별지 제30호서식의 야생생물 수출·수입·반출·반입 허가증을 발급하고, 별지 제31호서식의 야생생물 수출·수입·반출·반입 허가증 발급대장에 이를 기록·관리해야 한다. <개정 2020.11.27.>

[전문개정 2012.7.27.]
[제목개정 2015.3.25.]

제30조(유해야생동물의 포획허가) ①법 제23조제1항에 따라 유해야생동물의 포획허가를 받으려는 자는 별지 제32호서식의 유해야생동물 포획허가 신청서를 시장·군수·구청장에게 제출하여야 한다.

②시장·군수·구청장은 법 제23조제1항에 따라 유해야생동물의 포획허가를 한 경우에는 별지 제33호서식의 유해야생동물 포획허가증과 환경부장관이 정하는 유해야생동물 확인표지를 발급하여야 하며, 사용 후 남은 확인표지는 반드시 반납받은 후 폐기하여야 한다.

[전문개정 2012.7.27.]

제31조(유해야생동물의 포획허가기준 등) ①법 제23조제1항에 따라 시장·군수·구청장이 유해야생동물의 포획을 허가하려는 경우의 허가기준은 다음 각 호와 같다.

1. 인명·가축 또는 농작물 등 피해대상에 따라 유해야생동물의 포획시기, 포획도구, 포획지역 및 포획수량이 적정할 것
2. 포획 외에는 다른 피해 억제 방법이 없거나 이를 실행하기 곤란할 것

②법 제23조제1항에 따라 포획허가를 받은 자가 유해야생동물을 포획할 때에는 다음 각 호의 사항을 준수해야 한다. <개정 2019.9.25.>

1. 생명의 존엄성을 해치지 않는 포획도구로서 환경부장관이 정하여 고시하는 도구를 이용하여 포획할 것
2. 포획한 유해야생동물에 환경부장관이 정하는 유해야생동물 확인표지를 즉시 부착하되, 사용 후 남은 확인표지는 허가기관에 지체 없이 반납할 것

③시장·군수·구청장은 포획허가를 신청한 자가 자력으로 포획하기 어려운 경우에

한정하여 법 제23조제3항에 따라 포획을 대행(총기를 이용한 포획만 해당한다)하게 할 수 있다. 이 경우 포획을 대행하려는 사람의 수렵면허 보유기간, 수렵 경력, 법령의 위반 전력 유무 등을 고려하여야 한다.

④법 제23조제1항 또는 제3항에 따라 허가를 받아 유해야생동물을 포획한 자는 법 제23조제6항에 따라 포획한 후 5일 이내에 별지 제33호서식의 유해야생동물 포획허가증에 포획일시 · 야생동물명 · 수량 및 포획장소 등을 적어 시장 · 군수 · 구청장에게 신고하여야 한다. <신설 2013.9.10.>

[전문개정 2012.7.27.]

제31조의2(유해야생동물 포획 시 안전수칙) 유해야생동물 포획허가를 받은 자는 법 제23조제7항에 따라 다음 각 호의 안전수칙을 지켜야 한다. <개정 2015.8.4.>

1. 총기사고 등을 예방하기 위하여 포획허가 지역의 지형 · 지물(地物), 산림 · 도로 · 논 · 밭 등에 주민이 있는지를 미리 확인할 것
2. 포획허가를 받은 자는 식별하기 쉬운 의복을 착용할 것
3. 인가(人家) · 축사로부터 100미터 이내의 장소에서는 총기를 사용하지 아니할 것. 다만, 인가 · 축사와 인접한 지역의 주민을 미리 대피시키는 등 필요한 안전조치를 한 후에는 총기를 사용할 수 있다.

[전문개정 2012.7.27.]

제31조의3(수확기 피해방지단의 구성 등) ①관계 중앙행정기관의 장 또는 지방자치단체의 장은 법 제23조제5항에 따라 시 · 군 · 구별로 각 하나의 수확기 피해방지단을 구성하여 운영할 수 있다.

②수확기 피해방지단의 단원은 30명 이내로 구성하며, 수렵면허를 소지하고 수렵보험에 가입한 사람 중 다음 각 호에 따른 기준에 적합한 사람을 우선 선발해야 한다. 다만, 시장 · 군수 · 구청장은 지역별 농작물 수확시기, 피해특성 등을 고려하여 필요하다고 인정하는 경우에는 20명의 범위에서 단원을 추가하여 구성할 수 있다. <개정 2019.9.25.>

1. 법 제44조에 따른 수렵면허 또는 「총포 · 도검 · 화약류 등의 안전관리에 관한 법률」 제12조에 따른 총포소지 허가를 취득 또는 재취득한 후 5년 이상 경과한 사람
2. 법 제23조제1항에 따른 포획허가 신청일부터 최근 5년 이내에 수렵장에서 수렵한 실적이 있는 사람 또는 유해야생동물을 포획한 실적이 있는 사람
3. 포획허가 신청일부터 5년 이내에 이 법을 위반하여 처분을 받지 아니한 사람

③수확기 피해방지단의 운영시기는 매년 4월 1일부터 11월 30일까지로 한다. 다만, 시장 · 군수 · 구청장은 지역별 농작물 수확시기, 피해특성 등을 고려하여 수확기 피해방지단을 탄력적으로 운영할 수 있다. <개정 2017. 12. 29.>

④수확기 피해방지단의 포획 대상동물은 별표 3에 따른 유해야생동물로 한다.

[본조신설 2015.3.25.]

제31조의4(포획한 유해야생동물의 처리 방법) ①법 제23조제1항 또는 제3항에 따라 유해야생동물의 포획허가를 받은 자는 포획한 유해야생동물을 별표 8의6에 따른 포획한 유해야생동물의 처리 방법으로 처리해야 한다. 다만, 유해야생동물이 제44조의8제1항 각 호의 어느 하나에 해당하는 질병에 걸렸거나 걸릴 우려가 있는 경우에는 별표 8의4 및 별표 8의5에서 정한 방법에 따라 그 사체를 소각하거나 매몰하고, 주변 환경오염 방지조치를 해야 한다.

②유해야생동물의 포획허가를 받은 자가 포획한 유해야생동물을 처리하기 어려운 경우로서 시·군·구의 조례로 정하는 사유가 있는 경우에는 시장·군수·구청장이 제1항에 따른 방법으로 해당 유해야생동물을 대신하여 처리할 수 있다.

[본조신설 2020.11.27.]

제32조(야생화된 동물의 관리) 환경부장관은 법 제24조제1항에 따라 지정·고시된 야생화된 동물을 포획하거나 관계 중앙행정기관의 장 또는 지방자치단체의 장에게 포획을 요청하는 경우에는 포획대상 야생화된 동물, 포획절차 및 포획방법 등을 미리 정하여야 한다.

[전문개정 2012.7.27.]

제33조 삭제 <2013.2.1.>

제34조(특별보호구역의 지정기준 및 절차) ①법 제27조제1항에 따른 야생생물 특별보호구역(이하 "특별보호구역"이라 한다)은 다음 각 호의 지역을 대상으로 지정한다.

1. 멸종위기 야생생물의 집단서식지·번식지로서 특별한 보호가 필요한 지역
2. 멸종위기 야생동물의 집단도래지로서 학술적 연구 및 보전 가치가 커서 특별한 보호가 필요한 지역
3. 멸종위기 야생생물이 서식·분포하고 있는 곳으로서 서식지·번식지의 훼손 또는 해당 종의 멸종 우려로 인하여 특별한 보호가 필요한 지역

②환경부장관은 특별보호구역을 지정 또는 변경하려는 경우에는 멸종위기 야생생물의 현황·특성 및 지정 예정지역의 지형·지목 등에 관한 사항을 미리 조사하여야 하며, 특별보호구역을 지정 또는 변경한 경우에는 지체 없이 그 내용을 공고하여야 한다.

③환경부장관은 법 제27조제1항에 따라 토지소유자 등 이해관계인 및 지방자치단체의 장의 의견을 들으려는 경우에는 다음 각 호의 사항이 포함된 지정계획서를 미리 작성하여 공고하여야 한다.

1. 특별보호구역 지정 사유 및 목적
2. 멸종위기 야생생물의 분포 현황 및 생태적 특성
3. 토지의 이용 현황

4. 지정 면적 및 범위
5. 축척 2만5천분의 1의 지형도
[전문개정 2012.7.27.]

제35조(특별보호구역의 표지) ①지방환경관서의 장은 특별보호구역에 안내판과 표주(標柱)를 설치하여야 한다.
②제1항에 따른 안내판과 표주의 규격·내용 및 설치간격, 그 밖에 필요한 사항은 환경부장관이 정한다.
③지방환경관서의 장은 제1항에 따른 안내판과 표주가 훼손되거나 설치한 위치에서 이탈되지 아니하도록 적정하게 관리하여야 한다.
[전문개정 2012.7.27.]

제36조(소지 금지 인화물질) 법 제28조제3항제2호에서 "환경부령으로 정하는 인화물질"이란 다음 각 호의 어느 하나에 해당하는 것을 말한다.
1. 휘발유·등유 등 인화점이 섭씨 70도 미만인 액체
2. 자연발화성 물질
3. 기체연료
[전문개정 2012.7.27.]

제37조(출입 제한 등의 예외 사유) ①법 제29조제1항제1호에서 "환경부령으로 정하는 행위"란 다음 각 호의 어느 하나에 해당하는 행위를 말한다.
1. 보호시설의 설치 등 야생생물의 보호 및 복원을 위하여 필요한 조치
2. 실태조사
②법 제29조제1항제5호에서 "환경부령으로 정하는 행위"란 다음 각 호의 어느 하나에 해당하는 행위를 말한다. <개정 2019.9.25.>
1. 환경부장관 또는 시·도지사가 지정하는 기관 또는 단체가 수행하는 학술 연구와 조사
2. 「자연환경보전법」 제30조에 따른 자연환경조사
3. 통신시설 또는 전기시설 등 공익목적으로 설치된 시설물의 유지·보수
[전문개정 2012.7.27.]

제38조(출입 제한 등의 표지) ①지방환경관서의 장 및 시·도지사는 법 제29조제1항 본문에 따라 특별보호구역의 출입을 제한하거나 금지하는 경우에는 안내판을 설치하여야 한다.
②제1항에 따른 안내판의 규격·내용 및 설치간격과 그 밖에 필요한 사항은 환경부장관이 정한다.
③지방환경관서의 장은 제1항에 따른 안내판이 훼손되거나 설치한 위치에서 이탈되지 아니하도록 적정하게 관리하여야 한다.

[전문개정 2012.7.27.]

제39조(출입 제한 등의 고시사항) 법 제29조제2항에서 "환경부령으로 정하는 사항"이란 다음 각 호의 사항을 말한다.
 1. 출입 제한 또는 금지의 사유
 2. 위반 시의 과태료
 [전문개정 2012.7.27.]

제40조(손실보상청구서) 영 제19조제1항에 따라 손실보상을 청구하려는 자는 별지 제36호서식의 손실보상청구서에 손실을 증명할 수 있는 서류를 첨부하여 시·도지사에게 제출하여야 한다.
 [전문개정 2012.7.27.]

제41조(멸종위기종관리계약의 청약서) 영 제20조제2항에서 "환경부령으로 정하는 청약 관련 서류"란 별지 제37호서식의 멸종위기종관리계약 청약서를 말한다.
 [전문개정 2012.7.27.]

제42조(주민지원사업의 지원신청서 등) 영 제22조제4항에 따라 지원을 받으려는 자는 별지 제38호서식의 오수정화시설·정화조 설치지원 신청서에 준공검사조사서(「하수도법 시행규칙」 제30조제2항에 따른 준공검사조사서를 말한다) 사본을 첨부하여 시·도지사에게 제출하여야 한다.
 [전문개정 2012.7.27.]

제43조(야생생물 보호구역 등의 지정 등) 시·도지사 및 시장·군수·구청장은 법 제33조제1항에 따라 야생생물 보호구역(이하 "보호구역"이라 한다)을 지정 또는 변경한 경우에는 지체 없이 그 내용을 공고(해제한 경우를 포함한다)한 후 별지 제39호서식의 야생생물 보호구역 설정조서 및 그 구역을 표시하는 도면을 작성하여 갖추어 두고, 해당 보호구역에 그 구역을 표시한 안내판 및 표주를 설치하여야 한다.
 [전문개정 2012.7.27.]

제44조(보호구역에의 출입 신고) ①법 제33조제5항 본문에 따라 야생동물의 번식기에 보호구역에 들어가려는 자는 별지 제40호서식의 야생생물 보호구역 출입 신고서에 출입 예정장소를 표시한 임야도(축척 6천분의 1의 것을 말한다)를 첨부하여 시·도지사 또는 시장·군수·구청장에게 제출하여야 한다.
②법 제33조제5항제3호에서 "환경부령으로 정하는 경우"란 다음 각 호의 어느 하나에 해당하는 경우를 말한다. <개정 2019. 9. 25.>
 1. 환경부장관 또는 시·도지사가 지정하는 기관 또는 단체가 학술 연구 또는 조사를 하는 경우

2. 보호시설의 설치 등 야생생물의 보호 및 복원을 위하여 필요한 조치를 하는 경우
3. 실태조사를 하는 경우
4. 「자연환경보전법」 제30조에 따른 자연환경조사를 하는 경우
5. 「자연공원법」에 따른 자연공원의 보호·관리를 위하여 필요한 경우
6. 통신시설 또는 전기시설 등 공익 목적으로 설치된 시설물의 유지·보수를 위하여 필요한 경우
7. 보호구역에서 보호구역 지정 전에 실시하던 영농행위 또는 영어(營漁)행위를 지속하기 위하여 필요한 경우
[전문개정 2012.7.27.]

제44조의2(야생동물 치료기관의 지정 등) ①법 제34조의4제2항에 따라 야생동물 치료기관으로 지정받으려는 자는 별지 제40호의2서식의 야생동물 치료기관 지정 신청서에 다음 각 호의 서류를 첨부하여 환경부장관 또는 특별시장·광역시장·특별자치시장·도지사·특별자치도지사(이하 "시·도지사"라 한다)에게 제출하여야 한다. <개정 2020.5.27.>
1. 야생동물의 질병연구 및 구조·치료에 필요한 건물, 시설의 명세서
2. 야생동물의 질병연구 및 구조·치료에 종사하는 인력 현황
3. 야생동물의 질병연구 및 구조·치료 실적(실적이 있는 경우만 해당한다)
4. 야생동물의 질병연구 및 구조·치료 업무계획서
②법 제34조의4제4항에 따른 야생동물 치료기관의 지정기준은 별표 8의2와 같다.
③환경부장관 또는 시·도지사는 야생동물 치료기관을 지정한 경우에는 별지 제40호의3서식의 야생동물 치료기관 지정서를 신청인에게 발급해야 한다. <개정 2020.5.27.>
[본조신설 2015.3.25.]

제44조의3(야생동물 질병연구 및 구조·치료 비용의 지원) ①법 제34조의4제3항에 따라 야생동물의 질병연구 및 구조·치료 활동에 드는 비용을 지원받으려는 야생동물 치료기관은 다음 각 호의 서류를 환경부장관 또는 시·도지사에게 제출하여야 한다.
1. 야생동물의 질병연구 및 구조·치료 경위서(신고자 또는 발견자의 인적사항, 구조경위 등을 포함한다)
2. 야생동물의 질병연구 및 구조·치료 내역서(약품 등의 영수증을 포함한다)
3. 질병연구 및 구조·치료를 하여 보유하고 있거나 방사(放飼)한 야생동물의 명세서
②제1항에서 규정한 사항 외에 야생동물의 질병연구 및 구조·치료활동에 드는 비용의 지급기준 및 지급방법 등에 관하여 필요한 사항은 환경부장관이 정한다.
[본조신설 2015.3.25.]

제44조의4(죽거나 병든 야생동물의 신고) 법 제34조의6제1항에 따른 죽거나 병든

야생동물의 신고는 유선·서면 또는 전자문서로 하되, 다음 각 호의 사항이 포함
되어야 한다. <개정 2018.12 10.>
1. 신고대상 야생동물의 발견장소 또는 보호장소
2. 신고대상 야생동물의 종류 및 마리 수
3. 질병명(수의사의 진단을 받지 아니한 때에는 신고자가 추정하는 병명 또는 발견
   당시의 상태를 말한다)
4. 죽은 연월일(죽은 연월일이 분명한 경우만 해당한다)
5. 신고자(관리자가 있는 경우에는 관리자를 포함한다)의 성명 및 주소, 연락처
6. 야생동물이 죽거나 병든 원인 등을 추측할 수 있는 주변 정황
[본조신설 2015.3.25.]

제44조의5(야생동물 질병진단기관의 지정 등) ①법 제34조의7제1항에 따라 야생
동물 질병진단기관으로 지정받으려는 자는 별지 제40호의4서식의 야생동물 질병
진단기관 지정신청서에 다음 각 호의 서류를 첨부하여 법 제34조의6제1항 및 영
제23조의4에 따른 국립야생동물질병관리원장(이하 "국립야생동물질병관리원장"이라
한다)에게 제출해야 한다. <개정 2020.5.27., 2020.9.29.>
1. 조직·인원 및 사무분장표
2. 야생동물 질병진단 책임자, 질병진단 담당자 및 보조원의 이력서
3. 야생동물 질병진단 책임자 및 질병진단 담당자의 수의사 면허증 사본
4. 시설 및 실험기자재 내역
②법 제34조의7제8항에 따른 야생동물 질병진단기관의 지정기준은 별표 8의3과 같
다. <개정 2020.5.27.>
③국립야생동물질병관리원장은 야생동물 질병진단기관을 지정하는 경우 별지 제40호
의5서식의 야생동물 질병진단기관 지정서에 진단대상 질병 또는 검사항목을 기재
하여 신청인에게 발급해야 한다. <개정 2020.5.27., 2020.9.29.>
④야생동물 질병진단기관은 제3항에 따라 지정서에 기재된 진단대상 질병 또는 검사항목의
변경을 국립야생동물질병관리원장에게 요청할 수 있다. <개정 2020.5.27., 2020.9.29.>
⑤제4항에 따른 요청을 받은 국립야생동물질병관리원장은 지정기준 등을 고려하여
진단대상 질병 또는 검사항목을 변경할 수 있다. 이 경우 국립야생동물질병관리원
장은 변경된 내용을 기재한 지정서를 다시 발급해야 한다. <개정 2020.5.27., 2020.9.29.>
[본조신설 2015.3.25.]

제44조의6(야생동물의 질병 발생 현황 공개) ①환경부장관과 시·도지사가 법 제
34조의8제1항에 따라 공개하여야 하는 야생동물의 질병은 다음 각 호의 야생동물
질병으로 한다.
1. 야생조류의 조류인플루엔자

2. 고라니, 멧돼지 등 야생포유류의 결핵
3. 고라니, 멧돼지 등 야생포유류의 브루셀라병
4. 야생조류 및 포유류를 비롯한 야생동물의 중증열성혈소판감소증후군
5. 야생조류 및 포유류를 비롯한 야생동물의 광견병
6. 야생동물 질병의 긴급한 예방 및 확산 방지를 위하여 필요하다고 인정하여 환경
   부장관이 고시하는 야생동물 질병
②환경부장관과 시·도지사는 법 제34조의8제1항에 따라 다음 각 호의 사항을 공개
하여야 한다.
1. 야생동물 질병명
2. 야생동물 질병이 발생한 사육시설(사육시설에 발생한 경우에 한한다) 및 주소
3. 야생동물 질병의 발생 일시
4. 질병에 걸린 야생동물의 종류 및 규모
5. 그 밖에 환경부장관이 야생동물 질병의 예방 및 확산 방지를 위하여 필요하다고
   인정하는 정보
③법 제34조의8제1항에 따른 야생동물 질병의 발생 현황 공개는 홈페이지, 정보통
신망 또는 기관 소식지 등의 방법으로 행한다.
[본조신설 2015.3.25.]

제44조의7(역학조사) ①법 제34조의9제1항제3호에 따라 시·도지사는 다음 각 호
의 어느 하나에 해당하는 경우 국립야생동물질병관리원장에게 역학조사를 요청할
수 있다. <개정 2020.9.29.>
1. 둘 이상의 특별시·광역시·특별자치시·도·특별자치도(이하 "시·도"라 한다)에
   서 야생동물 질병이 발생하였거나 발생할 우려가 있는 경우
2. 다른 시·도에서 발생한 야생동물 질병이 해당 시·도의 행정구역과 역학적으로
   연관성이 있다고 의심이 되는 경우
3. 해당 시·도에서 발생하였거나 발생할 우려가 있는 야생동물 질병에 대하여 해당 시·
   도의 기술·장비 및 전문성의 부족으로 시·도지사가 역학조사를 직접 하기 어려운 경우
②법 제34조의9제1항제3호에 따라 관계 중앙행정기관의 장은 다음 각 호의 어느 하
나에 해당하는 경우 국립야생동물질병관리원장 또는 시·도지사에게 역학조사를
요청할 수 있다. <개정 2020.9.29.>
1. 야생동물로 인하여 「감염병의 예방 및 관리에 관한 법률」에 따른 감염병이 발생
   하였거나 발생할 우려가 있는 경우
2. 야생동물로 인하여 「가축전염병 예방법」에 따른 가축전염병 등이 발생하였거나
   발생할 우려가 있는 경우
3. 야생동물로 인하여 「수산생물질병 관리법」에 따른 수산동물전염병이 발생하였거
   나 발생할 우려가 있는 경우

③제1항 또는 제2항에 따라 역학조사를 요청받거나 법 제34조의9제1항제1호 및 제2
호에 따라 역학조사를 하려는 국립야생동물질병관리원장 또는 시·도지사는 다음
각 호의 어느 하나에 해당하는 사람을 두 명 이상 포함한 역학조사반을 지체 없이
편성하여 역학조사를 해야 한다. <개정 2020.9.29.>
1. 야생동물 질병의 방역 또는 역학조사에 관한 업무를 담당하는 공무원
2. 야생동물 관련 치료기관, 연구기관 등에서 야생동물 질병에 관한 업무에 2년 이
   상 종사한 경험이 있는 사람
3. 수의학에 관한 전문지식과 경험이 있는 사람
④제3항에 따른 역학조사는 현장조사와 자료조사로 하되, 다음 각 호의 사항에 대하
여 조사해야 한다.
1. 야생동물 질병에 걸렸거나 걸렸다고 의심이 되는 야생동물의 발견 일시·장소,
   종류, 성별 및 연령 등 일반 현황
2. 야생동물 질병에 걸렸거나 걸렸다고 의심이 되는 야생동물의 서식 현황 및 분포
3. 야생동물 질병의 감염 원인 및 경로
4. 야생동물 질병 전파경로의 차단 등 예방방법
5. 그 밖에 해당 야생동물 질병의 발생과 관련된 사항
⑤제3항 및 제4항에 따라 역학조사를 한 국립야생동물질병관리원장 또는 시·도지
사는 그 결과를 환경부장관과 역학조사를 요청한 시·도지사 또는 관계 중앙행정
기관의 장에게 제출해야 한다. <개정 2020.9.29.>
⑥제5항에 따라 역학조사의 결과를 제출받은 환경부장관과 시·도지사 또는 관계 중
앙행정기관의 장은 역학조사를 추가로 실시해야 할 필요가 있다고 인정하는 경우
에는 역학조사를 추가로 요청할 수 있다.
[전문개정 2020.5.27.]

제44조의8(예방접종·격리·출입제한·이동제한·살처분 명령) ①환경부장관과
시·도지사가 법 제34조의10제1항에 따라 같은 항 각 호의 처분을 명해야 하는
야생동물은 다음 각 호의 어느 하나에 해당하는 질병에 걸렸거나 걸릴 우려가 있
는 야생동물로 한다. 다만, 살처분 대상 야생동물이 법 제2조제2호에 따른 멸종위
기 야생동물 또는 법 제2조제3호에 따른 국제적 멸종위기종에 해당하는 경우에는
질병에 걸린 경우에만 살처분을 명할 수 있다. <개정 2018.12.10., 2020.5.27.>
1. 결핵병, 고병원성 조류인플루엔자, 광견병, 구제역, 돼지열병, 브루셀라병, 아프리
   카돼지열병, 우폐역, 웨스트나일열
2. 그 밖에 야생동물 질병 예방과 그 확산을 방지하기 위하여 긴급하다고 인정하여
   환경부장관이 고시하는 야생동물 질병
②환경부장관과 시·도지사는 법 제34조의10제1항 각 호의 조치를 명하려면 대상
지역·질병 및 조치기간이 적힌 별지 제40호의6서식의 예방접종·격리·출입제한

ㆍ살처분 명령서를 야생동물을 보호ㆍ관리하는 기관 또는 단체에 통지해야 한다. <개정 2020.5.27.>

③법 제34조의10제1항제3호에 따라 살처분 명령을 받은 자는 해당 야생동물을 전기, 이산화탄소가스 또는 약물(유해 독극물은 제외한다. 이하 같다) 등의 방법으로 지체 없이 살처분해야 한다. <개정 2020.5.27.>

1. 삭제 <2020.5.27.>
2. 삭제 <2020.5.27.>
3. 삭제 <2020.5.27.>

④시ㆍ도지사가 제1항부터 제3항까지의 규정에 따라 법 제34조의10제1항 각 호의 조치를 명하는 경우에는 환경부장관과 사전에 협의해야 한다. <개정 2020.5.27.>

⑤환경부장관과 시ㆍ도지사는 살처분 대상 야생동물의 사육시설 내 이동제한ㆍ격리 등의 조치를 통하여 야생동물 질병의 종간 전파 또는 확산의 우려가 없다고 인정되는 경우에는 환경부장관이 정하는 기간의 범위에서 살처분을 유예할 수 있다. <개정 2020.5.27.>

⑥법 제34조의10제2항 각 호 외의 부분에서 "환경부령으로 정하는 관계 공무원"이란 다음 각 호의 어느 하나에 해당하는 사람을 말한다. <신설 2020.5.27., 2020.9.29.>

1. 국립야생동물질병관리원 또는 지방자치단체 소속으로 수의사 자격을 가진 공무원
2. 국립야생동물질병관리원 또는 지방자치단체 소속으로 야생동물 질병에 관한 업무를 3년 이상 수행한 공무원

⑦법 제34조의10제2항제2호에서 "환경부령으로 정하는 경우"란 다음 각 호의 어느 하나에 해당하는 경우를 말한다. <신설 2020.5.27.>

1. 야생동물을 보호ㆍ관리하는 기관 또는 단체가 소유한 야생동물에 전염성이 높은 야생동물 질병이 발생한 경우
2. 야생동물을 보호ㆍ관리하는 기관 또는 단체가 살처분을 수행할 수 있는 전문 인력을 보유하지 못한 경우

⑧제1항부터 제5항까지에서 규정한 사항 외에 예방접종ㆍ격리ㆍ이동제한ㆍ출입제한ㆍ살처분 명령에 필요한 세부 사항은 환경부장관이 정하여 고시한다. <신설 2020.5.27.>

[본조신설 2015.3.25.]
[제목개정 2020.5.27.]

제44조의9(사체 등의 소각ㆍ매몰기준) 법 제34조의10제3항에 따라 살처분한 야생동물 사체의 소각 및 매몰기준은 별표 8의4와 같다. <개정 2020.5.27.>
[본조신설 2015.3.25.]

제44조의10(주변 환경오염 방지조치) ①법 제34조의10제4항에 따라 야생동물의 사체를 소각 또는 매몰하려는 자가 이행해야 하는 주변 환경오염 방지조치는 별표

8의5와 같다. <개정 2020.5.27.>

②환경부장관 또는 시·도지사는 제1항에 따라 주변환경의 오염방지조치를 한 경우에는 해당 매몰지를 관리하는 책임관리자를 지정하여 관리하여야 한다.

③시·도지사는 제1항에 따라 주변 환경오염 방지조치를 이행한 경우 그 결과를 환경부장관에게 지체 없이 보고해야 한다. <신설 2020.5.27.>

[본조신설 2015.3.25.]

제44조의11(발굴금지 표지판의 설치) ①환경부장관 또는 시·도지사는 법 제34조의11제1항에 따라 매몰한 야생동물의 사체의 발굴을 허가하는 경우에는 야생동물 질병이 확산되는 것을 막기 위하여 해당 야생동물 사체의 소유자 또는 토지의 소유자가 발굴한 야생동물의 사체를 별표 8의4의 기준에 따라 소각 또는 매몰하게 하여야 한다.

②법 제34조의11제2항에서 "환경부령으로 정하는 표지판"이란 다음 각 호의 사항이 표시된 표지판을 말한다.

1. 매몰된 사체와 관련된 야생동물 질병
2. 매몰된 야생동물의 종류 및 마릿수 또는 개수
3. 매몰연월일 및 발굴금지기간
4. 책임관리자
5. 그 밖에 매몰과 관련된 사항

[본조신설 2015.3.25.]

제44조의12(서식지의 야생동물 질병 관리) ①환경부장관과 시·도지사가 법 제34조의12제1항 각 호의 조치를 할 수 있는 야생동물은 제44조의8제1항 각 호의 어느 하나에 해당하는 질병에 걸렸거나 걸렸다고 의심이 되는 야생동물로 한다.

②환경부장관과 시·도지사는 법 제34조의12제1항 각 호의 조치를 하기 위하여 필요한 경우 다음 각 호의 어느 하나에 해당하는 조치를 할 수 있다.

1. 법 제34조의12제1항제1호에 따른 예찰을 위하여 야생동물 서식지 등을 예찰지역으로 지정
2. 법 제34조의12제1항제2호에 따른 출입통제 등 확산 방지를 위하여 법 제12조제1항에 따른 피해 예방시설의 설치
3. 법 제34조의12제1항제3호에 따른 야생동물의 포획을 위하여 법 제23조제5항에 따른 수확기 피해방지단의 구성·운영

③법 제34조의12제1항에 따른 조치 결과 제44조의8제1항 각 호의 어느 하나에 해당하는 질병에 걸린 야생동물의 사체가 발견된 경우에는 제44조의9부터 제44조의11까지에서 정한 방법에 따라 그 사체를 소각하거나 매몰한다.

④시·도지사는 법 제34조의12제2항에 따라 환경부장관에게 다음 각 호의 구분에

따른 조치 결과를 지체 없이 보고해야 한다.
1. 법 제34조의12제1항제1호에 따른 예찰: 대상 지역, 예찰기간, 수행 인원, 예찰의 결과
2. 법 제34조의12제1항제2호에 따른 출입통제, 소독 등 확산 방지: 대상 지역, 조치 기간, 소독방법, 출입통제 또는 소독의 결과
3. 법 제34조의12제1항제3호에 따른 포획 또는 살처분: 대상 지역·종, 포획 도구 또는 살처분 방법, 포획 또는 살처분의 결과
⑤환경부장관과 시·도지사는 제44조의8제1항 각 호의 어느 하나에 해당하는 야생 동물 질병이 발생할 우려가 있거나 발생한 질병이 확산될 우려가 있는 경우에는 법 제34조의12제1항에 따른 조치의 이행계획을 수립해야 한다.
⑥제1항부터 제5항까지에서 규정한 사항 외에 야생동물 질병의 확산 방지를 위하여 서식지의 야생동물 질병 관리에 필요한 사항은 환경부장관이 정하여 고시한다.
[본조신설 2020.5.27.]

제45조(생물자원 보전시설의 등록) ①법 제35조제1항 본문에 따라 생물자원 보전 시설을 등록하려는 자는 다음 각 호의 요건을 갖추어 별지 제41호서식의 생물자 원 보전시설 등록신청서를 환경부장관이나 시·도지사에게 제출하여야 한다.
1. 시설요건
가. 표본보전시설: 66제곱미터 이상의 수장(收藏)시설
나. 살아 있는 생물자원 보전시설: 해당 야생생물의 서식에 필요한 일정규모 이상 의 시설
2. 인력요건: 다음 각 목의 어느 하나에 해당하는 1명 이상의 인력을 갖출 것
가. 「국가기술자격법」에 따른 생물분류기사
나. 생물자원과 관련된 분야의 석사 이상의 학위 소지자로서 해당 분야에서 1년 이 상 종사한 사람
다. 생물자원과 관련된 분야의 학사 이상 학위의 소지자로서 해당 분야에서 3년 이 상 종사한 사람
②환경부장관이나 시·도지사는 생물자원 보전시설의 등록을 한 경우에는 별지 제 42호서식의 생물자원 보전시설 등록서를 신청인에게 발급하여야 한다.
③제1항에 따라 생물자원 보전시설을 등록하려는 자가 갖추어야 할 시설 및 요건에 관한 세부적인 사항은 환경부장관이 정한다.
[전문개정 2012.7.27.]

제46조(변경등록사항) 법 제35조제2항에서 "환경부령으로 정하는 사항"이란 다음 각 호의 사항을 말한다.
1. 생물자원 보전시설의 소재지
2. 신축·증축한 시설의 개요(종전 시설의 50퍼센트 이상을 신축·증축한 경우만 해

당한다)
[전문개정 2012.7.27.]

제46조의2(생물자원 보전시설의 기능) 생물자원 보전시설의 기능은 다음과 같다.
1. 생물자원의 수집 · 보존 · 관리 · 연구 및 전시
2. 생물자원 및 생물다양성 교육프로그램의 개설 · 운영
3. 생물자원에 관한 간행물의 제작 · 배포, 국내외 다른 기관과 정보교환 및 공동연구 등의 협력
[본조신설 2012.7.27.]

제47조(박제업자의 등록 등) ①법 제40조제1항에 따라 박제업자의 등록 또는 변경등록을 하려는 자는 별지 제43호서식의 박제업 등록(변경등록) 신청서를 시장 · 군수 · 구청장에게 제출하여야 한다.
②시장 · 군수 · 구청장은 제1항에 따른 등록 또는 변경등록을 한 경우에는 별지 제44호서식의 박제업 등록증을 발급하여야 한다.
③법 제40조제1항 후단에서 "환경부령으로 정하는 사항"이란 다음 각 호의 사항을 말한다.
1. 영업장의 소재지
2. 신축 · 증축한 시설의 개요(종전 시설의 50퍼센트 이상을 신축 · 증축한 경우만 해당한다)
④법 제40조제2항에서 "환경부령으로 정하는 사항"이란 다음 각 호의 사항을 말한다.
1. 박제품 및 박제용 야생동물의 출처, 구입일시, 종류 및 수량
2. 박제품의 제작일시 및 판매일시
3. 거래상대방
[전문개정 2012.7.27.]

제48조 삭제 <2013.2.1.>

제49조(수렵장 설정의 고시) 법 제42조제3항에 따른 고시에는 다음 각 호의 사항이 포함되어야 한다.
1. 수렵장의 명칭 및 구역
2. 존속기간
3. 수렵기간
4. 관리소의 소재지
5. 수렵장의 사용료 및 징수방법
6. 수렵도구 및 수렵방법
7. 수렵할 수 있는 야생동물의 종류 및 포획제한수량
8. 수렵인의 수

[전문개정 2012.7.27.]

제50조(수렵장 설정 승인신청) ①법 제42조제5항에 따라 수렵장설정의 승인을 받으려는 시·도지사 또는 시장·군수·구청장은 별지 제48호서식의 수렵장 설정 승인신청서에 다음 각 호의 서류를 첨부하여 환경부장관에게 제출하여야 한다.

1. 수렵장 설정계획서
2. 수렵장 관리 및 운영계획서
3. 수렵장 설정 예정지역을 표시한 도면
4. 수렵할 수 있는 동물별 서식 상황 조사 명세 및 포획예상량 판단서
5. 수렵장 관리에 관한 수입·지출예산 명세서

②제1항제2호에 따른 수렵장 관리 및 운영계획서에는 다음 각 호의 사항이 포함되어야 한다.

1. 수렵장 관리소의 소재지
2. 수렵기간·이용방법·사용료 및 동물별 포획 요금
3. 인공증식·방사 및 보호번식에 필요한 시설물 명세
4. 수렵장에서의 수렵 금지구역 지정
5. 수렵방법 및 수렵도구
6. 그 밖에 수렵장의 관리 및 수렵에 필요한 시설 명세

[전문개정 2012.7.27.]

제51조(수렵장 안내판·시설 등의 설치기준) ①법 제42조제6항 및 법 제53조제3항에 따라 수렵장설정자 또는 수렵장의 관리·운영을 위탁받은 자는 다음 각 호의 조치를 취하여야 한다.

1. 수렵장의 명칭·구역 및 수렵기간 등이 포함된 안내판을 수렵장 주요 지점에 설치할 것
2. 제49조에 따른 수렵장 설정 고시의 내용을 해당 기관의 인터넷 홈페이지에 게재할 것

②법 제42조제6항 및 법 제53조제3항에 따라 수렵장설정자 또는 수렵장의 관리·운영을 위탁받은 자가 갖추어야 할 시설·설비는 다음과 같다.

1. 수렵장 관리소
2. 안내시설 및 휴게시설
3. 응급의료시설
4. 사격연습시설
5. 야생동물의 인공사육시설(야생동물을 인공사육하여 수렵대상 동물로 사용하는 수렵장만 해당한다)
6. 포획물의 보관 및 처리시설
7. 수렵장의 경계표지시설

8. 안전관리시설
[전문개정 2015.8.4.]

제52조(수렵면허의 신청 등) ①법 제44조제1항 및 영 제30조에 따라 수렵면허를 받으려는 자는 별지 제49호서식의 수렵면허 신청서에 다음 각 호의 서류를 첨부하여 시장·군수·구청장에게 제출해야 한다. <개정 2015.8.4., 2019.9.25.>
1. 수렵면허시험 합격증
2. 수렵 강습 이수증(최근 1년 이내에 수렵강습기관에서 강습을 받은 것만 해당한다)
3. 최근 1년 이내에 종합병원 또는 병원에서 발행한 다음 각 목의 서류. 다만, 「총포·도검·화약류 등의 안전관리에 관한 법률」 제12조에 따른 총포 소지허가를 받은 사람은 총포 소지허가증 사본으로 갈음할 수 있다.
 가. 신체검사서. 다만, 「도로교통법」 제80조에 따른 운전면허를 받은 사람은 운전면허증 사본으로 갈음할 수 있다.
 나. 총기 소지의 적정 여부에 대한 정신건강의학과 전문의 의견이 기재된 진단서 또는 소견서
4. 증명사진 1장
②법 제44조제3항에 따라 수렵면허를 갱신하려는 자는 수렵면허의 유효기간이 끝나는 날의 3개월 전부터 수렵면허의 유효기간이 끝나는 날까지 별지 제50호서식의 수렵면허 갱신신청서에 다음 각 호의 서류를 첨부하여 시장·군수·구청장에게 제출해야 한다. <개정 2015.8.4., 2019.9.25.>
1. 최근 1년 이내에 종합병원 또는 병원에서 발행한 다음 각 목의 서류. 다만, 「총포·도검·화약류 등의 안전관리에 관한 법률」 제12조에 따른 총포 소지허가를 받은 사람은 총포 소지허가증 사본으로 갈음할 수 있다.
 가. 신체검사서. 다만, 「도로교통법」 제80조에 따른 운전면허를 받은 사람은 운전면허증 사본으로 갈음할 수 있다.
 나. 총기 소지의 적정 여부에 대한 정신건강의학과 전문의 의견이 기재된 진단서 또는 소견서
2. 증명사진 1장
3. 수렵면허증
4. 수렵 강습 이수증(최근 1년 이내에 수렵강습기관에서 강습을 받은 것만 해당한다)
③시장·군수·구청장은 수렵면허의 유효기간이 끝나기 6개월 이전에 수렵면허 갱신대상자에게 제2항에 따른 갱신신청 절차와 해당 기간 내에 갱신신청을 하지 아니하면 법 제49조제1항제8호에 따라 수렵면허가 정지 또는 취소될 수 있다는 사실을 미리 알려야 한다. 이 경우 통지는 휴대전화에 의한 문자전송, 전자우편, 팩스, 전화, 문서 등으로 할 수 있다. <개정 2015.8.4.>
[전문개정 2012.7.27.]

제53조(수렵면허 수수료) ①법 제44조제4항에 따라 수렵면허를 받거나 수렵면허를 갱신 또는 재발급받으려는 사람이 내야 하는 수수료는 1만원으로 한다.
②제1항에 따른 수수료는 특별자치도·시·군·구(자치구를 말하며, 이하 "시·군·구"라 한다)의 수입증지로 내야 한다. 다만, 시장·군수·구청장은 정보통신망을 이용한 전자화폐·전자결제 등의 방법으로 수수료를 내게 할 수 있다.
[전문개정 2012.7.27.]

제54조(수렵면허시험 대상) 법 제45조제1항에서 "환경부령으로 정하는 사항"이란 다음 각 호의 사항을 말한다.
1. 수렵에 관한 법령 및 수렵의 절차
2. 야생동물의 보호·관리에 관한 사항
3. 수렵도구의 사용방법
4. 안전사고의 예방 및 응급조치에 관한 사항
[전문개정 2012.7.27.]

제55조(수렵면허시험의 공고 등) ①영 제32조제1항에 따른 응시원서는 별지 제51호서식의 수렵면허시험 응시원서에 따른다.
②시·도지사는 영 제32조제2항에 따라 수렵면허시험의 필기시험일 30일 전에 별지 제52호서식의 수렵면허시험 실시 공고서에 따라 수렵면허시험의 공고를 하여야 한다.
③제2항에 따른 공고는 시·도 또는 시·군·구의 인터넷 홈페이지와 게시판·일간신문 또는 방송으로 하여야 한다. <개정 2015.3.25.>
④시·도지사는 매년 2회 이상 수렵면허시험을 실시하여야 한다.
[전문개정 2012.7.27.]

제56조(수렵면허시험 응시원서의 접수 등) ①시·도지사는 제55조제1항에 따른 응시원서를 접수한 경우에는 별지 제53호서식의 수렵면허시험 응시원서 접수대장에 이를 기록하고, 수렵면허시험 응시표를 응시자에게 발급하여야 한다.
②법 제45조제3항에 따라 수렵면허시험에 응시하려는 자가 내야 하는 수수료는 1만원으로 한다.
③제2항에 따른 수수료(이하 이 조에서 "수수료"라 한다)는 시·도의 수입증지로 내야 한다. 다만, 시·도지사는 정보통신망을 이용한 전자화폐·전자결제 등의 방법으로 수수료를 내게 할 수 있다.
④시·도지사는 수수료를 낸 사람이 다음 각 호의 어느 하나에 해당하는 경우에는 다음 각 호의 구분에 따라 수수료의 전부 또는 일부를 반환하여야 한다.
1. 수수료를 과오납한 경우: 과오납한 금액 전부
2. 시험 시행일 20일 전까지 접수를 취소하는 경우: 이미 낸 수수료 전부

3. 시험관리기관의 귀책사유로 시험에 응시하지 못하는 경우: 이미 낸 수수료 전부
4. 시험 시행일 10일 전까지 접수를 취소하는 경우: 이미 낸 수수료의 100분의 50
[전문개정 2012.7.27.]

제57조(수렵면허시험 합격자 발표 등) ①시·도지사는 특별한 사정이 있는 경우를
제외하고는 시험 실시 후 10일 이내에 면허시험의 합격자를 발표하여야 한다.
②시·도지사는 별지 제54호서식의 수렵면허시험 성적표에 따라 수렵면허시험성적을
기록·관리하여야 한다.
③시·도지사는 수렵면허시험의 합격자에게 별지 제55호서식의 수렵면허시험 합격증
을 발급하고, 합격증을 발급한 경우에는 별지 제56호서식의 수렵면허시험 합격증
발급대장에 이를 기록·관리하여야 한다.
[전문개정 2012.7.27.]

제58조(수렵강습기관의 지정 등) ①법 제47조제1항에 따른 수렵강습기관으로 지정
받으려는 자는 다음 각 호의 요건을 모두 갖추어 별지 제57호서식의 수렵강습기
관 지정신청서를 환경부장관에게 제출하여야 한다. <개정 2015.8.4.>
1. 법 제58조의2에 따라 설립된 야생생물관리협회 또는 「민법」 제32조에 따라 환경
부장관의 설립 허가를 받은 비영리법인일 것
2. 다음 각 목의 어느 하나에 해당하는 사람 2명 이상을 전문인력으로 갖출 것
가. 제59조제2항의 강습과목에 관한 석사 이상의 학위를 소지한 사람
나. 수렵강습기관에서 수렵 강습실무에 5년 이상 종사한 사람
3. 삭제 <2015.8.4.>
②제1항에 따른 수렵강습기관 지정신청서에는 다음 각 호의 서류를 첨부하여야 한
다. <신설 2015.8.4.>
1. 법인등기부등본
2. 기관 또는 단체 등록증
3. 전문인력 명세서
4. 수렵강습기관 시설 명세서
5. 사업계획서(실기 강습 운영계획을 포함하여야 한다)
6. 수렵 강습 교재
③환경부장관은 제1항에 따라 수렵강습기관을 지정한 경우에는 별지 제58호서식의
수렵강습기관 지정서를 발급하여야 한다. <개정 2015.8.4.>
[전문개정 2012.7.27.]

제59조(수렵강습) ①수렵강습기관의 장은 법 제47조제1항 및 제2항에 따른 강습의
실시 예정일 30일 전에 그 일시·장소와 그 밖에 필요한 사항을 공고하여야 한다.
다만, 환경부장관이 부득이한 사유가 있다고 인정하는 경우에는 강습의 실시 예정

일 14일 전까지 공고할 수 있다. <개정 2015.8.4.>

②제1항에 따른 강습과목과 과목별 강습시간은 별표 10과 같다.

③수렵강습기관의 장은 강습을 실시하는 데 필요하다고 인정하는 경우에는 실기를 병행할 수 있다.

[전문개정 2012.7.27.]

제60조(수강신청 등) ①법 제47조제1항에 따른 강습을 받으려는 사람은 제57조제3 항에 따라 합격증을 발급받은 날부터 5년 이내에 수강신청을 하여야 한다.

②법 제47조제1항 및 제2항에 따른 강습의 수강신청을 할 때에는 별지 제59호서식 의 수렵강습 수강신청서를 강습 시작일 전까지 수렵강습기관의 장에게 제출하여야 한다. <개정 2015.8.4.>

③법 제47조제3항에 따른 강습이수증은 별지 제60호서식의 수렵강습 이수증에 따른 다. <개정 2015.8.4.>

④수렵강습기관의 장은 제3항에 따른 수렵 강습 이수증을 발급한 경우에는 별지 제 61호서식의 수렵 강습 이수증 발급대장에 이를 기록·관리하여야 한다.

⑤법 제47조제4항에 따라 수렵강습기관의 장이 수렵 강습을 받으려는 사람에게 징 수할 수 있는 수강료는 2만원으로 한다. 다만, 제59조제3항에 따라 실기를 병행하 여 실시하는 경우에는 이에 드는 비용을 추가로 징수할 수 있다. <개정 2015.8.4.>

[전문개정 2012.7.27.]

제61조(수렵면허증 등) ①법 제48조제1항에 따라 시장·군수·구청장이 발급하는 수렵면허증은 별지 제62호서식의 수렵면허증에 따른다.

②시장·군수·구청장은 제1항에 따른 수렵면허증을 발급한 경우에는 별지 제63호 서식의 수렵면허증 발급대장에 이를 기록·관리하여야 한다.

③법 제48조제3항에 따라 수렵면허증의 재발급을 신청하려는 사람은 별지 제50호서 식의 수렵면허 재발급 신청서에 다음 각 호의 서류를 첨부하여 시장·군수·구청 장에게 제출하여야 한다.

1. 수렵면허증(수렵면허증을 분실한 경우는 제외한다)

2. 증명사진 1장

④수렵면허증을 발급받은 사람은 수렵면허증의 기재사항이 변경된 경우에는 변경된 날부터 30일 이내에 별지 제50호서식의 수렵면허 기재사항 변경신청서에 수렵면 허증을 첨부하여 시장·군수·구청장에게 제출해야 한다. 다만, 수렵면허증의 기재 사항 중 주소가 변경된 경우에는 해당 수렵면허증만 제출할 수 있다. <개정 2019.9.25.>

[전문개정 2012.7.27.]

제62조(수렵면허의 취소·정지) 법 제49조제1항에 따라 수렵면허를 취소하거나 그 효력을 정지하는 처분을 하는 경우에는 별지 제64호서식의 수렵면허 취소·정지

통지서에 따른다.
[전문개정 2012.7.27.]

제63조(수렵승인신청) ①법 제50조제1항에 따라 수렵승인을 받으려는 사람은 별지 제
65호서식의 수렵야생동물 포획승인신청서에 다음 각 호의 서류를 첨부하여 법 제42조
제1항에 따라 수렵장을 설정한 자(이하 "수렵장설정자"라 한다)에게 제출하여야 한다.
1. 수렵면허증 사본
2. 법 제51조에 따른 보험의 가입증명서
②제1항에 따라 신청을 받은 수렵장설정자는 적합하다고 인정하면 다음 각 호의 조
건을 붙여 별지 제66호서식의 수렵동물 포획승인서와 수렵동물 확인표지를 신청인
에게 내주어야 한다. <개정 2014.7.17.>
1. 수렵동물을 포획한 후 지체 없이 발급받은 수렵동물 확인표지를 포획한 동물에게
붙일 것
2. 승인받은 포획기간, 포획지역, 포획동물, 포획 예정량 등을 지킬 것
3. 수렵동물 포획승인서에 포획한 야생동물의 종류·수량 및 포획장소 등을 적을 것
4. 수렵기간이 끝난 후 15일 이내에 수렵동물 포획승인서와 미사용 수렵동물 확인표
지를 수렵장설정자에게 반납할 것
③수렵장설정자는 제2항제4호에 따라 수렵동물 포획승인서가 반납된 경우 포획한
야생동물의 종류 등을 별지 제66호의2서식의 수렵관리대장에 기록·관리하여야
한다. <신설 2014.7.17.>
④제2항에 따른 수렵동물 확인표지의 제작·발급, 부착방법, 사용 후 반환절차 등에
관하여 필요한 사항은 환경부장관이 정한다. <개정 2014.7.17.>
[전문개정 2012.7.27.]

제64조 삭제 <2014.7.17.>

제65조(수렵장의 위탁관리 신청) ①법 제53조제1항에 따라 수렵장의 관리·운영을
위탁받으려는 자는 별지 제67호서식의 수렵장 위탁관리 신청서에 다음 각 호의
서류를 첨부하여 수렵장설정자에게 제출하여야 한다.
1. 영 제36조제1항 각 호의 사항을 증명할 수 있는 서류
2. 사업계획서
3. 위탁받으려는 지역을 표시한 축척 5만분의 1 이상의 도면
②제1항제2호의 사업계획서에는 다음 각 호의 사항이 포함되어야 한다.
1. 관리·운영계획
2. 시설계획
3. 야생동물 인공사육계획(야생동물을 인공사육하여 수렵대상 동물로 사용하는 수렵
장만 해당한다)

4. 필요예산 명세
[전문개정 2012.7.27.]

제66조(수렵장운영실적의 보고) ①수렵장설정자는 법 제50조제4항에 따라 다음 각
호의 사항을 수렵기간이 끝난 후 30일 이내에 환경부장관에게 보고하여야 한다.
1. 수렵장 이용자 및 야생동물 포획 상황
2. 수렵장 사용료 등 수입 현황
3. 수렵장 운영경비 명세 및 수입금의 사용명세
②수렵장의 관리·운영을 위탁받은 자는 법 제53조제3항에 따라 다음 각 호의 사항
을 매년 수렵장설정자에게 보고하여야 한다.
1. 수렵장 이용자 및 수입·지출에 관한 사항
2. 야생동물의 포획 상황
3. 수렵장의 관리·운영 현황
[전문개정 2012.7.27.]

제67조(수렵장 관리규정) 법 제53조제3항에 따른 수렵장 관리규정에는 다음 각 호
의 사항이 포함되어야 한다.
1. 수렵장의 안전관리에 관한 사항
2. 수렵인이 준수하여야 할 사항
3. 포획 신고의 방법
[전문개정 2012.7.27.]

제68조(위탁관리 수렵장 안에서의 수렵 현황 기록 등) ①법 제53조제1항에 따라
수렵장의 관리·운영을 위탁받은 자는 별지 제68호서식의 수렵장 운영·관리 접수
대장에 해당 수렵장에서 수렵할 수 있는 동물, 수렵기간, 수렵인의 인적사항 등을
적고 이를 유지하여야 한다.
②수렵장의 관리·운영을 위탁받은 자가 수렵장에서 포획한 야생동물을 수렵장 밖으
로 반출시키려는 경우에는 그 수렵한 야생동물에 제63조제2항에 따른 수렵동물
확인표지를 붙여야 한다.
③수렵장의 관리·운영을 위탁받은 자는 제2항에 따른 수렵동물 확인표지의 수령 및
사용 현황을 기록·관리하여야 한다.
[전문개정 2012.7.27.]

제69조(수렵장의 설정 제한지역) 법 제54조제12호에서 "환경부령으로 정하는 장소"
란 수렵장설정자가 야생동물의 보호를 위하여 필요하다고 인정하는 지역을 말한다.
[전문개정 2012.7.27.]

제70조(수렵 제한지역 등) ①법 제55조제1호에서 "환경부령으로 정하는 장소"란 여

러 사람이 모이는 행사·집회 장소 또는 광장을 말한다.

②법 제55조제7호에서 "환경부령으로 정하는 장소"란 다음 각 호의 어느 하나에 해당하는 장소를 말한다.

1. 해안선으로부터 100미터 이내의 장소(해안 쪽을 향하여 수렵을 하는 경우에는 해안선으로부터 600미터 이내의 장소를 포함한다)

2. 수렵장설정자가 야생동물 보호 또는 인명·재산·가축·철도차량 및 항공기 등에 대한 피해 발생의 방지를 위하여 필요하다고 인정하는 지역

[전문개정 2015.8.4.]

제71조(검사공무원의 증표) 법 제56조제4항에 따른 출입·검사를 하는 공무원의 증표는 별지 제69호서식의 검사원증에 따른다.

[전문개정 2012.7.27.]

제72조(재정지원 대상 야생생물 보호단체) 법 제58조에서 "환경부령으로 정하는 야생생물 보호단체"란 야생생물 보호와 관련된 사업을 수행하는 법인을 말한다.

[전문개정 2012.7.27.]

제72조의2(수수료) ①법 제58조의3에 따른 수수료는 별표 9와 같다.

②다음 각 호의 어느 하나에 해당하는 자에 대해서는 수수료를 면제할 수 있다.

1. 「과학기술분야 정부출연연구기관 등의 설립·운영 및 육성에 관한 법률」에 따른 정부출연연구기관

2. 「정부출연연구기관 등의 설립·운영 및 육성에 관한 법률」에 따른 정부출연연구기관

3. 「특정연구기관육성법」에 따른 특정연구기관

4. 국공립 연구기관

③제1항에 따른 수수료는 수입인지 또는 정보통신망을 이용한 전자화폐·전자결제 등의 방법으로 납부할 수 있다. [본조신설 2014.7.17.]

제73조(야생생물 보호원의 자격) 법 제59조에 따른 야생생물 보호원으로 임명될 수 있는 사람의 자격요건은 다음 각 호의 어느 하나로 한다.<개정 2020.11.27.>

1. 전문대학 이상에서 야생생물 관련 학과를 졸업하거나 이와 같은 수준 이상의 학력이 있다고 인정되는 사람

2. 야생생물의 실태조사와 관련된 업무에 1년 이상 종사한 경력이 있는 사람

[전문개정 2012.7.27.]

제74조(직무 범위) 법 제59조제1항에 따른 야생생물 보호원의 직무 범위는 다음 각 호와 같다. <개정 2013.2.1.>

1. 멸종위기 야생생물의 보호 및 증식·복원에 관한 주민의 지도·계몽

2. 수렵인 지도 및 수렵장 관리의 보조

3. 특별보호구역 및 보호구역의 관리
4. 야생생물의 서식실태조사 및 서식환경 개선
5. 「생물다양성 보전 및 이용에 관한 법률」 제2조제8호에 따른 생태계교란 생물, 유
해야생동물, 야생화된 동물 등의 관리
6. 야생동물의 불법 포획 및 불법 거래행위 감시업무의 보조
[전문개정 2012.7.27.]

제75조(보수) ①법 제59조제1항에 따른 야생생물 보호원에게는 정부노임단가기준의
범위에서 보수를 지급할 수 있다.
②법 제61조에 따른 명예 야생생물 보호원에게는 예산의 범위에서 회의 출석 등에
따른 경비를 지급할 수 있다.
[전문개정 2012.7.27.]

제76조(명예 야생생물 보호원의 자격) 법 제61조에서 "환경부령으로 정하는 사람"
이란 다음 각 호의 어느 하나에 해당하는 사람을 말한다.
1. 야생생물 보호와 관련된 단체의 회원
2. 야생생물 보호에 경험이 많은 지역주민
3. 그 밖에 야생생물 보호 관련 활동실적이 많은 사람
[전문개정 2012.7.27.]

제77조(야생생물 보호원증) ①지방환경관서의 장 또는 지방자치단체의 장은 야생생
물 보호원으로 임명된 사람에게는 별지 제70호서식의 야생생물 보호원증을 발급하
고, 명예 야생생물 보호원으로 위촉된 사람에게는 별지 제71호서식의 명예 야생생
물 보호원증을 발급하여야 한다.
②지방환경관서의 장 또는 지방자치단체의 장은 별지 제72호서식의 명예 야생생물
보호원증 발급대장을 갖추어 두고 명예 야생생물 보호원증의 발급 상황을 기록·
관리하여야 한다.
[전문개정 2012.7.27.]

제78조(행정처분의 기준) 법 제63조에 따른 행정처분의 기준은 별표 12와 같다.
[전문개정 2012.7.27.]

제79조(규제의 재검토) 환경부장관은 다음 각 호의 사항에 대하여 다음 각 호의 기
준일을 기준으로 3년마다(매 3년이 되는 해의 기준일과 같은 날 전까지를 말한다)
그 타당성을 검토하여 개선 등의 조치를 하여야 한다.
1. 제23조의3제2항에 따른 국제적멸종위기종의 인공증식 허가 기준: 2014년 7월 17일
2. 제23조의4에 따른 국제적멸종위기종의 적법한 입수경위를 증명하기 위하여 보관
하여야 할 서류: 2014년 7월 17일

3. 제23조의5제1항에 따른 국제적멸종위기종의 사육시설 등록 신청 시 제출 서류: 2014년 7월 17일
4. 제23조의7 및 별표 5의2에 따른 국제적멸종위기종의 사육시설 설치기준: 2014년 7월 17일
5. 제23조의9에 따른 개선기간: 2014년 7월 17일
6. 제28조 및 별표 8에 따른 수출·수입등 허가대상인 야생동물: 2014년 7월 17일
7. 제29조제1항에 따른 야생동물의 수출·수입등 허가신청 시 제출서류: 2014년 7월 17일
8. 제45조제1항 및 제46조에 따른 생물자원 보전시설의 등록요건 및 변경등록사항: 2014년 7월 17일
9. 제47조제3항에 따른 박제업자의 변경등록사항: 2014년 7월 17일
10. 제52조제1항 및 제2항에 따른 수렵면허의 신청·갱신신청 시 제출서류: 2014년 7월 17일
11. 삭제 <2017.11.30.>
12. 제73조에 따른 야생생물 보호원의 자격요건: 2014년 7월 17일
[전문개정 2014.7.17.]

제80조 삭제 <2009.6.1.>

부칙

<제892호, 2020.11.27.>

이 규칙은 2020년 11월 27일부터 시행한다.

동물원 및 수족관의 관리에 관한 법률
(약칭: 동물원수족관법)
[시행 2019.7.1.]
[법률 제16165호, 2018.12.31, 타법개정]

제1조(목적) 이 법은 동물원 및 수족관의 등록과 관리에 필요한 사항을 규정함으로써 동물원 및 수족관에 있는 야생생물 등을 보전·연구하고 그 생태와 습성에 대한 올바른 정보를 국민들에게 제공하며 생물다양성 보전에 기여함을 목적으로 한다.

제2조(정의) 이 법에서 사용하는 용어의 뜻은 다음과 같다.

 1. "동물원"이란 야생동물 등을 보전·증식하거나 그 생태·습성을 조사·연구함으로써 국민들에게 전시·교육을 통해 야생동물에 대한 다양한 정보를 제공하는 시설로서 대통령령으로 정하는 것을 말한다.
 2. "수족관"이란 해양생물 또는 담수생물 등을 보전·증식하거나 그 생태·습성을 조사·연구함으로써 국민들에게 전시·교육을 통해 해양생물 또는 담수생물 등에 대한 다양한 정보를 제공하는 시설로서 대통령령으로 정하는 것을 말한다.
 3. "야생동물"이란 「야생생물 보호 및 관리에 관한 법률」 제2조제1호에 따른 야생생물 중 동물을 말한다.
 4. "해양생물"이란 「해양생태계의 보전 및 관리에 관한 법률」 제2조제8호에 따른 해양생물을 말한다.
 5. "담수생물"이란 「야생생물 보호 및 관리에 관한 법률」 제2조제1호에 따른 야생생물 중 강, 호소(湖沼) 등 물에 사는 생물을 말한다.

제2조의2(동물원 및 수족관 관리 종합계획의 수립 등) ①환경부장관과 해양수산부장관은 동물원 및 수족관의 적정한 관리를 위하여 5년마다 동물원 및 수족관 관리 종합계획(이하 "종합계획"이라 한다)을 수립하여야 한다.

②특별시장·광역시장·도지사 및 특별자치도지사·특별자치시장(이하 "시·도지사"라 한다)은 제1항에 따른 종합계획에 따라 5년마다 관할구역의 동물원 및 수족관의 관리를 위한 계획(이하 "시·도별계획"이라 한다)을 수립하여야 하고, 이를 환경부장관과 해양수산부장관에게 통보하여야 한다.

③국가와 지방자치단체는 종합계획 및 시·도별계획에 따른 사업을 적정하게 수행하기 위한 인력·예산 등을 확보하기 위하여 노력하여야 하며, 국가는 동물원 및 수족관의 적정한 관리를 위하여 지방자치단체에 필요한 사업비의 전부나 일부를 예산의 범위에서 지원할 수 있다.

④종합계획과 시·도별계획에 포함되어야 할 내용과 그 밖에 필요한 사항은 대통령령으로 정한다. [본조신설 2018.6.12.]

제3조(등록 등) ①동물원 또는 수족관을 운영하려는 자는 동물원 또는 수족관의 소재지를 관할하는 시·도지사에게 다음 각 호의 사항을 등록하여야 한다. 다만, 제3호 및 제5호에 대하여는 대통령령으로 정하는 요건을 갖추어 등록하여야 한다. <개정 2018.6.12., 2018.12.31.>

1. 시설의 명칭
2. 시설의 소재지
3. 시설의 명세
4. 시설 대표자의 성명·주소
5. 전문인력의 현황
6. 동물원 및 수족관이 보유하고 있는 생물종 및 그 개체 수의 목록
7. 동물원 및 수족관이 보유하고 있는 멸종위기종(「야생생물 보호 및 관리에 관한 법률」 제2조제2호에 따른 멸종위기 야생생물 및 제2조제3호에 따른 국제적 멸종위기종을 말한다) 및 해양보호생물종(「해양생태계의 보전 및 관리에 관한 법률」 제2조제11호에 따른 해양보호생물을 말한다) 및 그 개체 수의 목록
8. 보유 생물의 질병 및 인수공통 질병 관리계획, 적정한 서식환경 제공계획, 안전관리계획, 휴·폐원 시의 보유 생물 관리계획

②시·도지사는 동물원 또는 수족관을 운영하려는 자가 제1항에 따라 등록을 신청한 경우에는 등록증을 발급하여야 한다.

③제1항에 따라 등록한 동물원 또는 수족관을 운영하는 자는 제1항제5호부터 제7호까지에 따른 사항 이외의 사항이 변경된 때에는 대통령령으로 정하는 바에 따라 변경등록을 하여야 한다.

④제1항부터 제3항까지의 등록 및 변경등록의 방법 및 절차 등에 관하여 필요한 사항은 대통령령으로 정한다.

제4조(등록의 취소) ①시·도지사는 다음 각 호의 어느 하나에 해당하는 경우에는 동물원 또는 수족관의 등록을 취소할 수 있다. 다만, 제1호에 해당하는 경우에는 등록을 취소하여야 한다.

1. 거짓이나 그 밖의 부정한 방법으로 등록한 경우
2. 제3조제1항에 따른 등록요건을 갖추지 못한 경우
3. 제12조에 따른 조치명령을 이행하지 아니하는 경우

②제1항에 따라 등록이 취소된 자는 취소된 날부터 7일 이내에 등록증을 시·도지사에 반납하여야 한다.

제4조의2(동물원 및 수족관 동물관리위원회) ①환경부장관과 해양수산부장관은 다음 각 호의 사항을 자문하기 위하여 환경부와 해양수산부가 공동으로 운영하는 동물원 및 수족관 동물관리위원회를 설치할 수 있다.

1. 종합계획의 수립 · 시행에 관한 사항
2. 그 밖에 동물원 및 수족관의 동물 관리를 위하여 대통령령으로 정하는 사항
②시 · 도지사는 다음 각 호의 사항을 자문하기 위하여 시 · 도에 동물원 및 수족관 동물관리위원회를 설치할 수 있다.
1. 시 · 도별계획의 수립 · 시행에 관한 사항
2. 그 밖에 관할구역 내 동물원 및 수족관의 동물 관리를 위하여 조례로 정하는 사항
③제1항과 제2항에 따른 위원회의 구성 · 운영 등에 필요한 사항은 대통령령 또는 조례로 정한다.
[본조신설 2018.6.12.]

제5조(동물원 및 수족관의 개방 및 휴 · 폐원) ①동물원 또는 수족관을 운영하는 자는 대통령령으로 정하는 일 수 이상 동물원 또는 수족관을 일반인에게 개방하여야 한다.
②동물원 또는 수족관을 운영하는 자는 해당 동물원 또는 수족관을 연속해서 6개월 이상 개방하지 아니할 사유가 발생하거나 연속해서 6개월 이상 개방하지 아니한 경우에는 지체 없이 그 사유와 보유 생물 관리계획, 향후 연간 개방계획을 시 · 도지사에게 신고하여야 한다.
③동물원 또는 수족관을 운영하는 자는 해당 동물원 또는 수족관을 폐원하려는 경우 제3조제1항제8호에 따른 보유 생물 관리계획에 따른 조치를 적정하게 이행하였음을 증명하는 서류를 갖추어 시 · 도지사에게 신고하여야 한다.
④제3항에 따라 폐원신고를 한 자는 시 · 도지사에게 제3조제2항에 따른 등록증을 반납하여야 한다.
⑤제2항 및 제3항에 따른 휴원 및 폐원신고의 방법 및 절차 등에 관하여 필요한 사항은 대통령령으로 정한다.

제6조(적정한 서식환경 제공) 동물원 또는 수족관을 운영하는 자는 보유 생물에 대하여 생물종의 특성에 맞는 영양분 공급, 질병 치료 등 적정한 서식환경을 제공하여야 한다.

제6조의2(생물종의 조사 등) ①환경부장관과 해양수산부장관은 동물원 및 수족관이 보유하고 있는 생물종 중 특별히 보호하거나 관리할 필요가 있는 생물종을 별도로 조사하거나 관리지침을 정하여 동물원 또는 수족관을 운영하는 자에게 제공할 수 있다.
②제1항에 따른 조사의 내용 · 방법 등에 필요한 사항은 환경부와 해양수산부의 공동부령으로 정한다.
[본조신설 2018.6.12.]

제7조(금지행위) 동물원 또는 수족관을 운영하는 자와 동물원 또는 수족관에서 근무하는 자는 정당한 사유 없이 보유 동물에게 다음 각 호의 행위를 하여서는 아니 된다.

1. 「야생생물 보호 및 관리에 관한 법률」 제8조 각 호의 학대행위
2. 도구·약물 등을 이용하여 상해를 입히는 행위
3. 광고·전시 등의 목적으로 때리거나 상해를 입히는 행위
4. 동물에게 먹이 또는 급수를 제한하거나 질병에 걸린 동물을 방치하는 행위

제8조(안전관리) ①동물원 또는 수족관을 운영하는 자와 동물원 또는 수족관에서 근무하는 자는 보유 생물이 사람의 생명 또는 신체에 위해를 일으키지 않도록 관리하여야 한다.

②제1항에도 불구하고 동물원 또는 수족관을 운영하는 자와 동물원 또는 수족관에서 근무하는 자는 보유 생물이 사육구역 또는 관리구역을 벗어나 사람에게 위해가 발생할 우려가 있거나 발생한 경우에는 지체 없이 포획·격리 등 필요한 조치를 취하고 시·도지사에게 통보하여야 한다.

제9조(운영·관리 기록유지 및 보존) 동물원 또는 수족관을 운영하는 자는 다음 각 호의 사항을 기록하고 그 기록을 한 날부터 3년간 보존하여야 한다.

1. 제3조제1항제5호부터 제7호까지에 따른 현황 및 그 목록이 변경된 경우 그 변경 내역
2. 보유 생물의 반입, 반출, 증식 및 사체관리에 관한 기록

제10조(자료의 제출) ①동물원 또는 수족관을 운영하는 자는 제9조 각 호에 따른 동물원 및 수족관의 운영·관리에 관한 자료, 동물원 및 수족관의 연간 개방 일수를 매년 1회 시·도지사에게 제출하여야 한다.

②시·도지사는 제1항의 자료에 관하여 필요한 경우에는 동물원 또는 수족관을 운영하는 자에게 추가자료의 제출을 요구할 수 있다.

③제1항 및 제2항에 따른 자료의 제출방법 및 시기, 그 밖에 필요한 사항은 대통령령으로 정한다.

제11조(지도·점검 등) ①시·도지사는 동물원 또는 수족관을 운영하는 자와 동물원 또는 수족관에서 근무하는 자가 제7조에서 정한 사항을 위반했는지 여부 등을 점검하여야 한다.

②시·도지사는 지도·점검이 필요하다고 인정하는 경우에는 관계 공무원으로 하여금 해당 동물원 또는 수족관을 출입하여 관계 서류 및 시설·장비 등을 검사하게 할 수 있다.

③제2항에 따라 출입 또는 검사를 하는 공무원은 그 권한을 표시하는 증표를 지니고 이를 관계인에게 보여주어야 한다.

제12조(조치명령) ①시·도지사는 동물원 또는 수족관이 다음 각 호에 해당하는 경우 해당 동물원 또는 수족관을 운영하는 자에게 기간을 정하여 시정명령 등 필요

한 조치를 명할 수 있다.
1. 제3조에 따른 등록 또는 변경등록사항과 다르게 운영되는 경우
2. 제5조제2항 및 제3항에 따라 휴·폐원 신고 시 제출된 보유 생물 관리계획이 적
   절하지 않다고 판단되거나 보유 생물 관리계획과 다르게 관리되고 있는 경우
3. 제9조부터 제11조까지에 따른 자료의 검토 또는 조사 결과 제7조, 제8조 및 제
   13조에 위반되는 사실이 발견된 경우
4. 제9조제1호에 따른 변경내역 기록사항과 다르게 운영되는 경우
②동물원 또는 수족관을 운영하는 자는 제1항에 따른 조치명령을 받은 경우 정당한
사유가 없으면 이에 따라야 한다.

제13조(생태계교란 방지) 동물원 또는 수족관을 운영하는 자는 보유 생물이 동물원
및 수족관의 사육구역 또는 관리구역을 벗어나 생태계의 교란이 일어나지 않도록
관리하여야 한다.

제14조(비용지원) 국가 또는 지방자치단체는 동물원 및 수족관에 대하여 보유 생물
의 적절한 보전, 증식 및 질병의 치료 등에 필요한 기술과 경비의 일부를 지원할
수 있다.

제15조(청문) 시·도지사는 제4조제1항에 따라 동물원·수족관의 등록을 취소하는
경우에는 청문을 하여야 한다.

제16조(벌칙) ①제7조제1호부터 제3호까지의 어느 하나에 해당하는 행위를 한 자는
1년 이하의 징역 또는 1천만원 이하의 벌금에 처한다.
②다음 각 호의 어느 하나에 해당하는 자에게는 500만원 이하의 벌금에 처한다.
1. 제3조에 따른 등록 또는 변경등록 시 거짓이나 그 밖의 부정한 방법으로 자료를
   작성하여 제출한 자
2. 제3조에 따른 등록 또는 변경등록을 하지 아니하고 동물원 또는 수족관을 운영한
   자
3. 제7조제4호에 따른 행위를 한 자
4. 제9조에 따른 기록을 관리·보관하지 아니하거나 거짓으로 작성한 자
5. 제10조제1항 및 제2항에 따른 자료제출을 하지 아니하거나 거짓으로 한 자
6. 제11조제2항에 따른 관계 공무원의 출입·검사를 거부·방해 또는 기피한 자
7. 제12조제1항에 따른 조치명령을 정당한 사유 없이 이행하지 아니한 자

제17조(양벌규정) 법인 또는 단체의 대표자나 법인·단체 또는 개인의 대리인, 사
용인, 그 밖의 종업원이 그 법인·단체 또는 개인의 업무에 관하여 제16조의 위반
행위를 하면 그 행위자를 벌하는 외에 그 법인·단체 또는 개인에게도 해당 조문
의 벌금형을 과(科)한다. 다만, 법인·단체 또는 개인이 그 위반행위를 방지하기

위하여 해당 업무에 관하여 상당한 주의와 감독을 게을리하지 아니한 경우에는 그러하지 아니하다.

제18조(과태료) ①다음 각 호의 어느 하나에 해당하는 자에게는 500만원 이하의 과태료를 부과한다.

1. 제3조제1항제8호에 따른 각 계획을 정당한 사유 없이 이행하지 아니한 자
2. 제5조제1항에 따라 동물원 또는 수족관을 개방하지 아니한 자
3. 제5조제2항·제3항에 따른 휴·폐원 신고를 하지 아니한 자
4. 제8조제2항에 따른 통보를 하지 아니한 자

②제1항에 따른 과태료는 대통령령으로 정하는 바에 따라 시·도지사가 부과한다.

부칙

<제16165호, 2018.12.31.>

제1조(시행일) 이 법은 공포 후 6개월이 경과한 날부터 시행한다.

제2조 생략

제3조(다른 법률의 개정) 동물원 및 수족관의 관리에 관한 법률 일부를 다음과 같이 개정한다.

제3조제1항제7호 중 "보호대상 해양생물종"을 "해양보호생물종"으로, "보호대상해양생물"을 "해양보호생물"로 한다.

동물원 및 수족관의 관리에 관한 법률 시행령

[시행 2018.12.13]
[대통령령 제29350호, 2018.12.11, 일부개정]

제1조(목적) 이 영은 「동물원 및 수족관의 관리에 관한 법률」에서 위임된 사항과 그 시행에 필요한 사항을 규정함을 목적으로 한다.

제2조(동물원 및 수족관의 범위) ① 「동물원 및 수족관의 관리에 관한 법률」(이하 "법"이라 한다) 제2조제1호에서 "대통령령으로 정하는 것"이란 다음 각 호의 어느 하나에 해당하는 시설을 말한다.
1. 「야생생물 보호 및 관리에 관한 법률」 제2조제1호에 따른 야생동물 또는 「축산법」 제2조제1호에 따른 가축을 총 10종 이상 또는 50개체 이상 보유 및 전시하는 시설. 다만, 「축산법」 제2조제1호의 가축만을 보유한 시설 및 「통계법」에 따라 통계청장이 고시하는 한국표준산업분류에 따른 애완동물도·소매업을 영위하는 시설은 제외한다.
2. 제1호 본문에 해당하는 시설 외에 보호 및 관리가 필요한 「야생생물 보호 및 관리에 관한 법률」 제2조제2호에 따른 멸종위기 야생생물 등 보호 및 관리가 필요한 야생동물을 보유 및 전시하는 시설로서 환경부와 해양수산부의 공동부령으로 정하는 시설
② 법 제2조제2호에서 "대통령령으로 정하는 것"이란 해양생물 또는 담수생물을 전체 용량이 300세제곱미터 이상이거나 전체 바닥면적이 200제곱미터 이상인 수조에 담아 보유 및 전시하는 시설을 말한다. 다만, 「통계법」에 따라 통계청장이 고시하는 한국표준산업분류에 따른 애완동물 도·소매업을 영위하는 시설은 제외한다.

제2조의2(동물원 및 수족관 관리 종합계획의 수립 등) ①환경부장관과 해양수산부장관은 법 제2조의2제1항에 따른 동물원 및 수족관 관리 종합계획을 수립할 때 다음 각 호의 사항을 포함해야 한다.
1. 동물원 및 수족관의 관리를 위한 정책목표와 기본방향
2. 동물원 및 수족관의 생물다양성 보전·연구·교육·홍보 사업에 대한 시책과제 및 추진계획
3. 동물원 및 수족관 내 동물의 복지와 적절한 서식환경 확보 방안
4. 동물원 및 수족관 내 공중의 안전·보건 확보 방안
5. 동물원 및 수족관의 운영을 위한 전문인력의 양성·지원 방안
6. 동물원 및 수족관이 보유하고 있는 생물종의 보전을 위한 협력망 구축 및 국제교류에 관한 사항
7. 동물원 및 수족관의 운영에 필요한 행정적·재정적·기술적 지원에 관한 사항
8. 그 밖에 동물원 및 수족관의 적정한 관리를 위하여 필요한 사항

②특별시장·광역시장·도지사 및 특별자치도지사·특별자치시장(이하 "시·도지사"
라 한다)은 법 제2조의2제2항에 따른 관할구역의 동물원 및 수족관의 관리를 위한
계획을 수립할 때 제1항제3호부터 제6호까지의 사항을 반드시 포함해야 한다.
[본조신설 2018.12.11.]

제3조(등록요건 등) ①법 제3조제1항 각 호 외의 부분 단서에서 "대통령령으로 정
하는 요건"이란 별표 1에 따른 요건을 말한다.
②법 제3조제1항에 따른 동물원 또는 수족관의 등록을 하려는 자는 환경부와 해양
수산부의 공동부령으로 정하는 바에 따라 등록신청서를 시·도지사에게 제출하여
야 한다. <개정 2018.12.11.>
③법 제3조제3항에 따른 동물원 또는 수족관의 변경등록을 하려는 자는 그 변경사
항이 발생한 날부터 14일 이내에 환경부와 해양수산부의 공동부령으로 정하는 바
에 따라 변경등록 신청서를 시·도지사에게 제출하여야 한다.

제3조의2(동물원 및 수족관 동물관리위원회의 자문 내용) 법 제4조의2제1항제2
호에서 "대통령령으로 정하는 사항"이란 다음 각 호의 사항을 말한다.
1. 동물원 및 수족관 내 생물다양성 보전에 관한 사항
2. 동물원 및 수족관이 보유하고 있는 동물의 복지와 서식환경 개선에 관한 사항
3. 동물원 및 수족관이 보유하고 있는 동물의 관리에 관한 법령 및 제도 개선에 관
한 사항
4. 그 밖에 동물원 및 수족관의 동물 관리에 필요한 사항
[본조신설 2018.12.11.]

제3조의3(동물원 및 수족관 동물관리위원회의 구성) ①법 제4조의2제1항에 따른
동물원 및 수족관 동물관리위원회(이하 "위원회"라 한다)는 위원장을 포함하여 20
명 이내의 위원으로 구성한다.
②위원회의 위원장은 환경부차관과 해양수산부차관이 되고, 공동으로 위원회를 대표한다.
③위원회의 위원은 다음 각 호의 어느 하나에 해당하는 사람 중에서 환경부장관과
해양수산부장관이 협의하여 임명하거나 위촉한다. 이 경우 위원은 동물원 및 수족
관 관련 분야별로 각각 9명 이내로 하고, 성별을 고려해야 한다.
1. 동물원에 관한 업무를 수행하는 환경부 소속 공무원으로서 환경부장관이 지명하
는 4급 이상 공무원 또는 이에 상당하는 공무원
2. 수족관에 관한 업무를 수행하는 해양수산부 소속 공무원으로서 해양수산부장관이
지명하는 4급 이상 공무원 또는 이에 상당하는 공무원
3. 동물원 또는 수족관에서 생물다양성 보전, 동물복지 또는 사육 업무에 10년 이상
종사한 사람으로서 관련 지식과 경험이 풍부한 사람
4. 「수의사법」에 따른 수의사 또는 「수산생물질병 관리법」에 따른 수산질병관리사로
서 동물원 및 수족관이 보유하고 있는 동물의 보호와 건강·질병 관리에 관한 학

식과 경험이 풍부한 사람

5. 동물원 및 수족관의 생물다양성 보전 및 동물 관리에 대한 지식과 경험이 풍부한 사람으로서 「동물보호법 시행령」 제5조제1호 또는 제2호에 따른 민간단체에서 추천하는 사람

④제3항제3호부터 제5호까지의 규정에 해당하는 위원의 임기는 2년으로 한다.

⑤환경부장관과 해양수산부장관은 위원이 다음 각 호의 어느 하나에 해당하는 경우에는 해당 위원을 해촉(解囑)할 수 있다.

1. 심신장애로 인하여 직무를 수행할 수 없게 된 경우

2. 직무와 관련된 비위사실이 있는 경우

3. 직무태만, 품위손상이나 그 밖의 사유로 위원으로 적합하지 않다고 인정되는 경우

4. 위원 스스로 직무를 수행하는 것이 곤란하다고 의사를 밝히는 경우

[본조신설 2018.12.11.]

제3조의4(위원회의 운영) ①제3조의3제2항에 따른 위원장 2명(이하 "공동위원장"이라 한다)은 위원회의 회의를 공동으로 소집하고, 교대로 그 회의의 의장이 된다.

②공동위원장은 위원회의 회의를 소집하려는 경우에는 회의의 일시·장소 및 안건을 정하여 회의 개최일 7일 전까지 각 위원에게 통지해야 한다.

③위원회의 회의는 재적위원 과반수의 출석으로 개의하고, 출석위원 과반수의 찬성으로 의결한다.

④위원회는 직무를 수행하기 위하여 필요하다고 인정하는 경우에는 관계 중앙행정기관의 장, 연구기관, 단체 등에 자료 또는 의견의 제출을 요청할 수 있으며, 관계인 또는 전문가를 참석하게 하여 의견을 들을 수 있다.

⑤위원회의 회의에 출석하는 위원 또는 전문가 등에게는 예산의 범위에서 수당과 여비를 지급할 수 있다. 다만, 공무원인 위원 또는 관계 공무원이 그 소관 업무와 직접 관련하여 출석하는 경우에는 그렇지 않다.

⑥위원회의 사무를 처리하기 위하여 위원회에 간사 2명을 두며, 공동위원장이 환경부와 해양수산부 소속 4급 이상 공무원 중에서 1명씩 지명한다.

⑦제1항부터 제6항까지에서 규정한 사항 외에 위원회 운영에 필요한 사항은 위원회의 의결을 거쳐 공동위원장이 정한다.

[본조신설 2018.12.11.]

제3조의5(동물원 및 수족관 분과위원회) ①위원회의 업무를 효율적으로 수행하기 위하여 위원회에 동물원 분과위원회와 수족관 분과위원회를 둔다.

②각 분과위원회는 제3조의3제3항에 따른 위원을 각 소관 분야별 위원으로 구성하고, 환경부차관은 동물원 분과위원회의 위원장을, 해양수산부차관은 수족관 분과위원회의 위원장을 겸임한다.

③각 분과위원회의 사무를 처리하기 위하여 각 분과위원회에 간사 1명씩을 두며, 제

3조의4제6항에 따른 위원회의 간사 중 환경부 소속 간사는 동물원 분과위원회의
간사를, 해양수산부 소속 간사는 수족관 분과위원회의 간사를 겸임한다.
④분과위원회의 운영에 관하여는 제3조의4제2항부터 제5항까지의 규정을 준용한다.
이 경우 "공동위원장"은 "분과위원회의 위원장"으로, "위원회"는 "분과위원회"로, "위
원"은 "분과위원"으로 본다.
[본조신설 2018.12.11.]

제4조(동물원 및 수족관의 개방·휴원·폐원) ①법 제5조제1항에서 "대통령령으로
정하는 일수"란 연간 30일을 말한다. 이 경우 하루 개방시간은 4시간 이상이어야 한다.
②동물원 또는 수족관을 운영하는 자는 해당 동물원 또는 수족관을 연속해서 6개월
이상 개방하지 아니할 사유가 발생한 경우에는 법 제5조제2항에 따라 휴원 예정
일의 14일 이전까지 시·도지사에게 신고하여야 한다.
③동물원 또는 수족관을 운영하는 자는 해당 동물원 또는 수족관을 제2항에 따른 신고
없이 연속해서 6개월 이상 개방하지 아니한 경우에는 법 제5조제2항에 따라 그 개방
하지 아니한 6개월이 되는 날부터 14일 이내에 시·도지사에게 신고하여야 한다.
④제2항 또는 제3항에 따른 신고를 하려는 자는 환경부와 해양수산부의 공동부령으
로 정하는 바에 따라 휴원신고서를 시·도지사에게 제출하여야 한다.
⑤동물원 또는 수족관을 운영하는 자는 해당 동물원 또는 수족관을 폐원하려는 경우
에는 법 제5조제3항에 따라 폐원 예정일 30일 이전까지 환경부와 해양수산부의
공동부령으로 정하는 바에 따라 폐원신고서를 시·도지사에게 제출하여야 한다.
⑥제5항에 따른 폐원신고서를 제출받은 시·도지사는 해당 동물원 또는 수족관을 운
영하려는 자가 법 제3조제1항제8호에 따른 보유 생물 관리계획에 따른 조치를 적
정하게 이행하였는지를 확인·점검하여야 한다.

제5조(자료의 제출) ①동물원 또는 수족관을 운영하는 자는 법 제10조제1항에 따라
법 제9조 각 호에 따른 동물원 또는 수족관의 운영·관리에 관한 자료와 연간 개
방 일수를 매년 2월 말일까지 시·도지사에게 제출하여야 한다.
②시·도지사는 정당한 사유로 제1항에 따른 기간에 자료 제출이 어렵다고 소명하는
자에 대해서는 30일의 범위에서 제출 기간을 연장할 수 있다.
③시·도지사는 법 제10조제2항에 따라 동물원 또는 수족관을 운영하는 자에게 추가자
료의 제출을 요구하는 경우에는 그 추가자료를 명시하여 서면으로 통지하여야 한다.

제6조(과태료의 부과기준) 법 제18조에 따른 과태료의 부과기준은 별표 2와 같다.

부칙

<제29350호, 2018.12.11.>

이 영은 2018년 12월 13일부터 시행한다.

동물원 및 수족관의 관리에 관한 법률 시행규칙

[시행 2018.12.13] [환경부령 제787호, 2018.12.13., 일부개정]
[시행 2018.12.13.] [해양수산부령 제312호, 2018.12.13., 일부개정]

제1조(목적) 이 규칙은 「동물원 및 수족관의 관리에 관한 법률」 및 같은 법 시행령
에서 위임된 사항과 그 시행에 필요한 사항을 규정함을 목적으로 한다.

제2조(등록절차) ① 「동물원 및 수족관의 관리에 관한 법률」(이하 "법"이라 한다) 제3
조제1항에 따른 동물원 또는 수족관의 등록을 하려는 자는 「동물원 및 수족관의
관리에 관한 법률 시행령」(이하 "영"이라 한다) 제3조제2항에 따라 별지 제1호서식
에 따른 등록신청서에 다음 각 호의 서류를 첨부하여 특별시장·광역시장·특별자
치시장·도지사·특별자치도지사(이하 "시·도지사"라 한다)에게 제출하여야 한다.
1. 시설의 명세서, 내부·외부 사진 및 평면도 각 1부
2. 전문인력의 자격을 증명하는 서류 1부
3. 법 제3조제1항제8호에 따른 보유 생물의 질병 및 인수공통 질병 관리계획, 적정
   한 서식환경 제공계획, 안전관리계획 및 휴원·폐원 시의 보유 생물 관리계획을
   포함한 동물원 또는 수족관 관리·운영계획서 1부
② 법 제3조제2항에 따른 동물원 또는 수족관 등록증은 별지 제2호서식에 따른다.

제3조(변경등록절차) ① 법 제3조제3항에 따른 동물원 또는 수족관의 변경등록을 하
려는 자는 영 제3조제3항에 따라 별지 제1호서식에 따른 변경등록 신청서에 다음
각 호의 서류를 첨부하여 시·도지사에게 제출하여야 한다.
1. 등록사항의 변경을 증명하는 서류 1부
2. 동물원 또는 수족관 등록증
② 시·도지사는 제1항에 따른 변경등록을 하면 변경된 등록증을 발급하여야 한다.

제4조(휴원신고절차) 법 제5조제2항에 따른 신고를 하려는 자는 영 제4조제4항에
따라 별지 제3호서식에 따른 휴원신고서에 다음 각 호의 서류를 첨부하여 시·도
지사에게 제출하여야 한다.
1. 휴원사유서 1부
2. 보유 생물 관리계획서 1부
3. 연간 개방계획서 1부

제5조(폐원신고절차) 법 제5조제3항에 따른 신고를 하려는 자는 영 제4조제5항에
따라 별지 제4호서식에 따른 폐원신고서에 다음 각 호의 서류를 첨부하여 시·도
지사에게 제출하여야 한다.
1. 법 제3조제1항제8호에 따른 보유 생물 관리계획에 따른 조치를 적정하게 이행하

였음을 증명하는 서류 1부

2. 동물원 또는 수족관 등록증

제6조(생물종의 조사 등) ①환경부장관과 해양수산부장관이 법 제6조의2제1항에 따라 조사하는 생물종은 다음 각 호와 같다.

1. 「야생생물 보호 및 관리에 관한 법률」 제2조제2호에 따른 멸종위기 야생생물 중 척추동물종

2. 「야생생물 보호 및 관리에 관한 법률」 제2조제3호에 따른 국제적 멸종위기종 중 척추동물종

3. 「해양생태계의 보전 및 관리에 관한 법률」 제2조제11호에 따른 보호대상해양생물 중 척추동물종

②환경부장관과 해양수산부장관이 법 제6조의2제1항에 따라 생물종을 조사하는 경우에는 다음 각 호의 사항을 포함하여야 한다.

1. 생물종 개체현황 및 번식을 위한 관리 현황

2. 사육시설 현황

3. 온도, 습도, 채광, 조도 등 생물종의 서식환경

4. 생물종의 건강 · 영양관리 현황 및 복지 상태

5. 동물원 · 수족관 내 생물종, 직원 및 공중을 위한 안전시설 현황

6. 인수공통질병의 예방 및 공중보건 체계

7. 그 밖에 해당 생물종의 보호와 복지를 위하여 조사할 필요가 있다고 환경부장관 (동물원이 보유한 생물종에 해당한다) 또는 해양수산부장관(수족관이 보유한 생물종에 해당한다)이 인정하는 사항

[본조신설 2018.12.13.]

부칙

<제312호, 2018.12.13.>

이 규칙은 2018년 12월 13일부터 시행한다.

가축전염병 예방법

[시행 2021.1.1]
[법률 제16115호, 2018.12.31, 일부개정]

제1장 총칙

제1조(목적) 이 법은 가축의 전염성 질병이 발생하거나 퍼지는 것을 막음으로써 축산업의 발전과 공중위생의 향상에 이바지함을 목적으로 한다.
[전문개정 2010.4.12.]

제2조(정의) 이 법에서 사용하는 용어의 뜻은 다음과 같다. <개정 2013.3.23., 2015.6.22., 2017.3.21., 2018.12.31., 2020.2.4.>

1. "가축"이란 소, 말, 당나귀, 노새, 면양·염소[유산양(乳山羊: 젖을 생산하기 위해 사육하는 염소)을 포함한다], 사슴, 돼지, 닭, 오리, 칠면조, 거위, 개, 토끼, 꿀벌 및 그 밖에 대통령령으로 정하는 동물을 말한다.

2. "가축전염병"이란 다음의 제1종 가축전염병, 제2종 가축전염병 및 제3종 가축전염병을 말한다.

  가. 제1종 가축전염병: 우역(牛疫), 우폐역(牛肺疫), 구제역(口蹄疫), 가성우역(假性牛疫), 블루텅병, 리프트계곡열, 럼피스킨병, 양두(羊痘), 수포성구내염(水疱性口內炎), 아프리카마역(馬疫), 아프리카돼지열병, 돼지열병, 돼지수포병(水疱病), 뉴캣슬병, 고병원성 조류(鳥類)인플루엔자 및 그 밖에 이에 준하는 질병으로서 농림축산식품부령으로 정하는 가축의 전염성 질병

  나. 제2종 가축전염병: 탄저(炭疽), 기종저(氣腫疽), 브루셀라병, 결핵병(結核病), 요네병, 소해면상뇌증(海綿狀腦症), 큐열, 돼지오제스키병, 돼지일본뇌염, 돼지테센병, 스크래피(양해면상뇌증), 비저(鼻疽), 말전염성빈혈, 말바이러스성동맥염(動脈炎), 구역(鼻疫), 말전염성자궁염(傳染性子宮炎), 동부말뇌염(腦炎), 서부말뇌염, 베네수엘라말뇌염, 추백리(雛白痢: 병아리흰설사병), 가금(家禽)티푸스, 가금콜레라, 광견병(狂犬病), 사슴만성소모성질병(慢性消耗性疾病) 및 그 밖에 이에 준하는 질병으로서 농림축산식품부령으로 정하는 가축의 전염성 질병

  다. 제3종 가축전염병: 소유행열, 소아카바네병, 닭마이코플라스마병, 저병원성 조류인플루엔자, 부저병(腐蛆病) 및 그 밖에 이에 준하는 질병으로서 농림축산식품부령으로 정하는 가축의 전염성 질병

3. "검역시행장"이란 제31조에 따른 지정검역물에 대하여 검역을 하는 장소를 말한다.

4. "면역요법"이란 특정 가축전염병을 예방하거나 치료할 목적으로 농장의 가축으로부터 채취한 혈액, 장기(臟器), 똥 등을 가공하여 그 농장의 가축에 투여하는 행위를 말한다.

5. "병성감정"(病性鑑定)이란 죽은 가축이나 질병이 의심되는 가축에 대하여 임상검사, 병리검사, 혈청검사 등의 방법으로 가축전염병 감염 여부를 확인하는 것을 말한다.

6. "특정위험물질"이란 소해면상뇌증 발생 국가산 소의 조직 중 다음 각 목의 것을 말한다.

  가. 모든 월령(月齡)의 소에서 나온 편도(扁桃)와 회장원위부(回腸遠位部)

  나. 30개월령 이상의 소에서 나온 뇌, 눈, 척수, 머리뼈, 척주

  다. 농림축산식품부장관이 소해면상뇌증 발생 국가별 상황과 국민의 식생활 습관 등을 고려하여 따로 지정·고시하는 물질

7. "가축전염병 특정매개체"란 전염병을 전파시키거나 전파시킬 우려가 큰 매개체 중 야생조류 또는 야생멧돼지와 그 밖에 농림축산식품부령으로 정하는 것을 말한다.

8. "가축방역위생관리업"이란 가축전염병 예방을 위한 소독을 하거나 안전한 축산물 생산을 위한 방제를 하는 업을 말한다.

[전문개정 2010.4.12.]

제3조(국가와 지방자치단체의 책무) ①농림축산식품부장관, 특별시장·광역시장·도지사·특별자치도지사(이하 "시·도지사"라 한다) 및 특별자치시장·시장(특별자치도의 행정시장을 포함한다)·군수·구청장(구청장은 자치구의 구청장을 말하며, 이하 "시장·군수·구청장"이라 한다)은 가축전염병을 예방하고 그 확산을 방지하기 위하여 다음 각 호의 사업을 포함하는 가축전염병 예방 및 관리대책(이하 "가축전염병 예방 및 관리대책"이라 한다)을 3년마다 수립하여 시행하여야 한다. <개정 2011.1.24., 2011.7.25., 2013.3.23., 2015.6.22., 2016.12.2., 2017.10.31., 2019.1.15., 2020.2.4.>

1. 가축전염병의 예방 및 조기 발견·신고 체계 구축

2. 가축전염병별 긴급방역대책의 수립·시행

3. 가축전염병 예방·관리에 관한 사업계획 및 추진체계

4. 가축방역을 위한 관계 기관과의 협조대책

5. 가축방역에 대한 교육 및 홍보

6. 가축방역에 관한 정보의 수집·분석 및 조사·연구

7. 가축방역 전문인력 육성

8. 살처분·소각·매몰·화학적 처리 등 가축방역에 따른 주변환경의 오염방지 및 사후관리 대책

9. 가축의 살처분 및 소각·매몰·화학적 처리에 직접 관여한 사람 등에 대한 사후관리 대책(심리적·정신적 안정을 위한 치료를 포함한다)

10. 가축전염병 비상대응 매뉴얼의 개발 및 보급

11. 그 밖에 가축방역시책에 관한 사항

②시장·군수·구청장은 제22조제2항 본문, 제23조제1항 및 제3항에 따른 가축의

사체 또는 물건의 매몰에 대비하여 농림축산식품부령으로 정하는 기준에 적합한 매몰 후보지를 미리 선정하여 관리하여야 한다. <신설 2011.1.24., 2013.3.23., 2015.6.22.>

③농림축산식품부장관은 특별시·광역시·특별자치시·도·특별자치도에 소속되어 가축방역업무를 수행하는 기관(이하 "시·도 가축방역기관"이라 한다)의 인력·장비·기술 등의 보강을 위한 지원을 강화하여야 한다. <신설 2011.1.24., 2013.3.23., 2015.6.22.>

④농림축산식품부장관, 시·도지사 및 시장·군수·구청장은 제1항에 따라 가축전염병 예방 및 관리대책을 수립할 때 기존 계획의 타당성을 검토하여 그 결과를 반영하여야 한다. <신설 2012.2.22., 2013.3.23., 2015.6.22., 2016.12.2., 2017.10.31.>

⑤ 농림축산식품부장관은 가축전염병 예방 및 관리대책을 효과적으로 추진하기 위하여 필요한 경우 가축전염병 방역 요령 및 세부 방역기준을 따로 정하여 고시할 수 있다. <개정 2011.1.24., 2012.2.22., 2013.3.23., 2016.12.2.>

[전문개정 2010.4.12.]

제3조의2(가축전염병 발생 현황에 대한 정보공개) ①농림축산식품부장관, 시·도지사 및 특별자치시장은 가축전염병을 예방하고 그 확산을 방지하기 위하여 농장에 대한 가축전염병의 발생 일시 및 장소 등 대통령령으로 정하는 정보를 공개하여야 한다. <개정 2013.3.23., 2015.6.22.>

②삭제 <2011.7.25.>

③농림축산식품부장관, 시·도지사 및 시장·군수·구청장은 외국에서 가축전염병이 발생하는 경우 국내 유입을 예방하기 위하여 가축전염병의 종류, 발생 국가·일시·지역 및 여행객의 유의사항 등을 공개하여야 한다.
<신설 2011.1.24., 2013.3.23., 2015.6.22.>

④농림축산식품부장관, 관계 행정기관의 장, 시·도지사 또는 시장·군수·구청장은 가축전염병 특정매개체를 통하여 가축전염병이 확산되고 있는 경우에는 가축전염병 특정매개체의 검사 결과 및 이동 경로 등을 공개하여야 한다. <신설 2017.10.31.>

⑤제1항에 따른 정보공개의 대상 농장 및 가축전염병, 정보공개의 절차 및 방법 등은 대통령령으로 정하며, 제3항 및 제4항에 따른 공개의 구체적인 내용, 범위, 절차 및 방법 등은 농림축산식품부령으로 정한다.
<개정 2011.1.24., 2013.3.23., 2017.10.31.>

[본조신설 2010.4.12.]

제3조의3(국가가축방역통합정보시스템의 구축·운영) ①농림축산식품부장관은 가축전염병을 예방하고 가축방역 상황을 효율적으로 관리하기 위하여 전자정보시스템(이하 "국가가축방역통합정보시스템"이라 한다)을 구축하여 운영할 수 있다.

②국가가축방역통합정보시스템의 구축·운영 등에 필요한 사항은 농림축산식품부령

으로 정한다.

③농림축산식품부장관은 가축전염병의 확산을 방지하기 위하여 필요하다고 인정하면 시장·군수·구청장에게 농림축산식품부령으로 정하는 바에 따라 축산관계자 주소, 축산 관련 시설의 소재지 및 가축과 그 생산물의 이동 현황 등에 대하여 국가가축방역통합정보시스템에 입력을 명할 수 있다. <신설 2018.12.31.>
[본조신설 2013.8.13.]

제3조의4(중점방역관리지구) ①농림축산식품부장관은 제1종 가축전염병이 자주 발생하였거나 발생할 우려가 높은 지역을 중점방역관리지구로 지정할 수 있다.

②농림축산식품부장관, 시·도지사 및 시장·군수·구청장은 가축전염병을 예방하거나 그 확산을 방지하기 위하여 필요하다고 인정되는 경우 제1항에 따라 지정된 중점방역관리지구(이하 "중점방역관리지구"라 한다)에 대하여 가축 또는 가축전염병 특정매개체 등에 대한 검사·예찰(豫察)·점검 등의 조치를 할 수 있다.

③중점방역관리지구에서 가축 사육이나 축산 관련 영업을 하는 자(제17조제1항 각 호의 어느 하나에 해당하는 자만 해당한다)는 농림축산식품부령으로 정하는 바에 따라 방역복 착용 등을 위한 전실(前室), 울타리·담장 등 방역시설을 갖추고 연 1회 이상 방역교육을 이수하여야 한다. <개정 2017.10.31.>

④제3항에도 불구하고 농림축산식품부장관은 제17조제1항 각 호의 어느 하나에 해당하는 자가 중점방역관리지구로 지정되기 전부터 그 지역에서 가축 사육이나 해당 영업 등을 하고 있었던 경우에는 중점방역관리지구로 지정된 날부터 1년 이내에(가축전염병이 발생하거나 퍼지는 것을 막기 위하여 긴급한 경우에는 농림축산식품부장관이 정하는 기간까지) 제3항에 따른 방역시설을 갖추도록 할 수 있으며, 그 소요비용의 일부를 지원할 수 있다. <개정 2020.2.4.>

⑤시장·군수·구청장은 가축전염병의 확산을 막기 위하여 농림축산식품부령으로 정하는 바에 따라 중점방역관리지구 내에서 해당 가축의 사육제한을 명할 수 있다. <신설 2017.10.31.>

⑥농림축산식품부장관은 중점방역관리지구로 지정된 지역의 가축전염병 발생 상황, 가축 사육 현황 등을 고려하여 가축전염병의 발생 위험도가 낮다고 인정되는 경우에는 그 지정을 해제하여야 한다. <개정 2017.10.31.>

⑦중점방역관리지구의 지정 기준·절차, 제2항에 따른 조치의 내용·실시시기·방법, 제6항에 따른 지정 해제의 기준·절차 등에 필요한 사항은 농림축산식품부령으로 정한다. <개정 2017.10.31.>
[본조신설 2015.6.22.]

제4조(가축방역심의회) ①가축방역과 관련된 주요 정책을 심의하기 위하여 농림축산식품부장관 소속으로 중앙가축방역심의회를 두고, 시·도지사 및 특별자치시장

소속으로 지방가축방역심의회를 둔다. <개정 2013.3.23., 2015.6.22.>
②중앙가축방역심의회와 지방가축방역심의회는 다음 각 호의 사항을 심의한다. <신설 2015.6.22., 2016.12.2., 2020.2.4.>
1. 가축전염병 예방 및 관리대책의 수립 및 시행
2. 가축전염병에 관한 조사 및 연구
3. 가축전염병별 긴급방역대책의 수립 및 시행
4. 가축방역을 위한 관계 기관과의 협조대책
5. 수출 또는 수입하는 동물과 그 생산물의 검역대책 수립 및 검역제도의 개선에 관한 사항
6. 그 밖에 가축전염병의 관리 및 방역에 관하여 농림축산식품부장관 또는 위원장이 필요하다고 인정하여 심의회의 심의에 부치는 사항
③중앙가축방역심의회와 지방가축방역심의회에는 수의(獸醫)·축산·의료·환경 등 관련 분야에 전문지식을 가진 사람을 참여하게 하여야 한다. <개정 2015.6.22.>
④중앙가축방역심의회에 가축전염병의 관리 및 방역에 관한 국제동향 및 질병별 방역요령을 조사·연구할 연구위원을 둘 수 있다. <신설 2017.10.31.>
⑤제4항에 따른 연구위원의 임무는 다음 각 호와 같다. <신설 2017.10.31.>
1. 세계동물보건기구에서 제시한 가축전염병 방역기준 및 요령의 조사·연구
2. 국제동물위생 규약의 조사·연구에 필요한 외국정부, 관련 생산자·소비자 단체 및 국제기구와의 상호협력
3. 외국의 가축방역기준·질병별 대응요령에 관한 정보 및 자료 등의 조사·연구
4. 질병별 발생원인·전파확산 요인·차단방역·소독방법·진단요령·백신접종 방법 및 근절방안 등에 관한 조사·연구
5. 그 밖에 농림축산식품부령으로 정하는 사항
⑥중앙가축방역심의회의 구성 및 운영 등에 필요한 사항은 농림축산식품부령으로 정하고, 지방가축방역심의회의 구성 및 운영 등에 필요한 사항은 해당 지방자치단체의 조례로 정한다. <개정 2013.3.23., 2015.6.22., 2017.10.31.>
[전문개정 2010.4.12.]
[제목개정 2015.6.22.]

제5조(가축의 소유자등의 방역 및 검역 의무) ①가축의 소유자 또는 관리자(이하 "소유자등"이라 한다)는 축사와 그 주변을 청결히 하고 주기적으로 소독하여 가축전염병이 발생하는 것을 예방하여야 하며, 국가와 지방자치단체의 가축방역대책에 적극 협조하여야 한다.
②국가는 가축전염병이 국내로 유입되는 것을 예방하기 위하여 「항만법」 제2조제2호에 따른 무역항, 「공항시설법」 제2조제3호에 따른 공항(국제항공노선이 있는 경우에 한정한다), 「남북교류협력에 관한 법률」 제2조제1호에 따른 출입장소 등의

지역에 대통령령으로 정하는 바에 따라 검역 및 방역에 필요한 시설을 설치하고 운영하여야 한다. <개정 2016.3.29., 2020.2.4.>

③가축의 소유자등은 외국인 근로자를 고용한 경우 시장·군수·구청장에게 외국인 근로자 고용신고를 하여야 하며, 외국인 근로자에 대한 가축전염병 예방 교육 및 소독 등 가축전염병의 발생을 예방하기 위하여 필요한 조치를 하여야 한다. <개정 2015.6.22.>

④가축 방역·검역 업무를 수행하는 대통령령으로 정하는 국가기관의 장(이하 "국립가축방역기관장"이라 한다)은 제3조의2제3항에 따라 공개된 가축전염병 발생 국가(이하 "가축전염병 발생 국가"라 한다)에 체류하거나 해당 국가를 거쳐 입국하는 사람에게 해당 국가에서의 체류 등에 관한 서류를 제출하고 필요한 경우 신체·의류·휴대품 및 수하물에 대하여 질문·검사·소독 등 필요한 조치를 받아야 함을 고지하여야 한다. <개정 2020.2.4.>

⑤가축전염병 발생 국가에서 입국하는 사람은 대통령령으로 정하는 바에 따라 해당 국가에서의 체류 등에 관한 사항을 기재한 서류를 국립가축방역기관장에게 제출하여야 한다. 이 경우 국립가축방역기관장은 축산농가를 방문하는 등 가축전염병을 옮길 위험이 상당하다고 판단하면 신체·의류·휴대품 및 수하물에 대하여 질문·검사·소독 등 필요한 조치를 할 수 있다. <개정 2020.2.4.>

⑥제5항에도 불구하고 다음 각 호의 사람은 가축전염병 발생 국가에 체류하거나 해당 국가를 거쳐 입국하는 경우 도착하는 항구나 공항의 국립가축방역기관장에게 입국 사실 등을 신고하여야 하고, 신체·의류·휴대품 및 수하물에 대하여 도착하는 항구나 공항에서 국립가축방역기관장의 질문·검사·소독 등 필요한 조치에 따라야 하며, 가축전염병 발생 국가를 방문하려는 경우에는 출국하는 항구나 공항의 국립가축방역기관장에게 출국 사실 등을 신고하여야 한다. <개정 2011.7.25., 2013.3.23., 2015.6.22., 2016.12.2., 2020.2.4.>

1. 가축의 소유자등과 그 동거 가족
2. 가축의 소유자등에게 고용된 사람과 그 동거 가족
3. 수의사, 가축인공수정사 중 수의·축산 관련 업무에 종사하는 사람으로서 농림축산식품부령으로 정하는 사람
 3의2. 가축방역사
4. 동물약품 및 사료를 판매하는 사람
5. 가축분뇨를 수집·운반하는 사람
6. 「축산법」 제34조에 따른 가축시장의 종사자
7. 「축산물위생관리법」 제2조제5호의 원유를 수집·운반하는 사람
 7의2. 도축장의 종사자
8. 그 밖에 가축전염병 예방을 위하여 질문·검사·소독 등 조치가 필요한 사람으로서 농림축산식품부령으로 정하는 사람

⑦국립가축방역기관장은 제5항 및 제6항에 따라 질문·검사·소독 등 필요한 조치를 받은 사람의 입국신고 내용을 해당 시장·군수·구청장에게 통보하여야 한다. <개정 2015.6.22., 2020.2.4.>

⑧국립가축방역기관장 또는 제7항에 따라 통보를 받은 시장·군수·구청장은 가축전염병의 예방 등을 위하여 필요한 경우 가축의 소유자등에게 해당 가축사육시설에 대하여 소독을 실시할 것을 명하거나 직접 소독을 실시할 수 있다. <개정 2015.6.22.>

⑨농림축산식품부장관은 가축전염병의 국내 유입을 차단하고, 방역·검역 조치 및 사후관리 대책을 효율적으로 시행하기 위하여 제6항에 규정된 사람에게 가축전염병 예방과 검역에 필요한 자료 또는 정보의 제공을 요청할 수 있다. 이 경우 자료 또는 정보의 제공을 요청받은 사람은 특별한 사유가 없으면 이에 따라야 한다. <신설 2011.7.25.., 2013.3.23., 2020.2.4.>

⑩제3항부터 제6항까지에 따른 외국인 근로자에 대한 고용신고·교육·소독, 입국하는 사람에 대한 고지의 방법, 질문·검사·소독 등의 필요한 조치에 따르거나 입국·출국 사실을 신고하여야 하는 사람의 구체적인 범위, 가축의 소유자등의 입국·출국 신고 및 국립가축방역기관장의 조치의 구체적인 기준·절차·방법 등에 필요한 사항은 농림축산식품부령으로 정한다. <개정 2011.7.25., 2013.3.23., 2015.6.22., 2016.12.2., 2020.2.4.>

[전문개정 2011.1.24.]

제5조의2(방역관리 책임자) ①농림축산식품부령으로 정하는 규모 이상의 가축의 소유자등은 가축전염병의 발생을 예방하고 가축전염병의 확산을 방지하기 위하여 농림축산식품부령으로 정하는 바에 따라 수의학 또는 축산학에 관한 전문지식을 갖춘 사람을 방역관리 책임자로 선임하여야 한다. 다만, 가축의 소유자등이 농림축산식품부령으로 정하는 바에 따라 시장·군수·구청장의 인가를 받아 방역업체 및 방역전문가와 계약을 통하여 정기적으로 방역관리를 하는 경우에는 그러하지 아니하다.

<개정 2020.2.4.>

②방역관리 책임자는 다음 각 호의 업무를 수행한다.

1. 가축전염병 방역관리를 위한 교육
2. 가축전염병 예방을 위한 소독 및 교육
3. 가축의 예방접종
4. 그 밖에 가축방역과 관련하여 농림축산식품부령으로 정하는 업무

③방역관리 책임자는 농림축산식품부령으로 정하는 바에 따라 방역교육을 이수하여야 한다.

④가축의 소유자등은 제1항에 따라 방역관리 책임자를 선임 또는 해임하는 경우에는 30일 이내에 이를 시장·군수·구청장에게 신고하여야 한다.

⑤가축의 소유자등은 방역관리 책임자를 해임한 경우 30일 이내에 다른 방역관리

책임자를 선임하여야 한다. 다만, 그 기간 내에 선임할 수 없으면 시장·군수·구청장의 승인을 받아 그 기간을 연장할 수 있다.

⑥제1항에 따른 방역관리 책임자의 자격조건 및 그 밖에 필요한 사항은 농림축산식품부령으로 정한다.

[본조신설 2017.10.31.]

제5조의3(가축방역위생관리업의 신고 등) ①가축방역위생관리업을 하려는 자는 농림축산식품부령으로 정하는 시설·장비 및 인력을 갖추어 시장·군수·구청장에게 신고하여야 한다. 신고한 사항을 변경하려는 경우에도 또한 같다.

②제1항에 따라 가축방역위생관리업의 신고를 한 자(이하 "방역위생관리업자"라 한다)가 그 영업을 30일 이상 휴업하거나 폐업 또는 재개업하려면 농림축산식품부령으로 정하는 바에 따라 시장·군수·구청장에게 신고하여야 한다.

③시장·군수·구청장은 방역위생관리업자가 다음 각 호의 어느 하나에 해당하면 가축방역위생관리업 신고가 취소된 것으로 본다.

1. 「부가가치세법」 제8조제6항에 따라 관할 세무서장에게 폐업 신고를 한 경우
2. 「부가가치세법」 제8조제7항에 따라 관할 세무서장이 사업자등록을 말소한 경우
3. 제2항에 따른 휴업이나 폐업 신고를 하지 아니하고 가축방역위생관리업에 필요한 시설 등이 없어진 상태가 6개월 이상 계속된 경우

④방역위생관리업자는 농림축산식품부령으로 정하는 기준과 방법에 따라 소독 또는 방제를 하여야 하며, 방역위생관리업자가 소독 또는 방제를 하였을 때에는 농림축산식품부령으로 정하는 바에 따라 그 소독 또는 방제에 관한 사항을 기록·보존하여야 한다.

⑤시장·군수·구청장은 방역위생관리업자가 다음 각 호의 어느 하나에 해당하면 영업소의 폐쇄를 명하거나 6개월 이내의 기간을 정하여 영업의 정지를 명할 수 있다. 다만, 제5호에 해당하는 경우에는 영업소의 폐쇄를 명하여야 한다.

1. 제1항에 따른 변경신고를 하지 아니하거나 제2항에 따른 휴업, 폐업 또는 재개업 신고를 하지 아니한 경우
2. 제1항에 따른 시설·장비 및 인력 기준을 갖추지 못한 경우
3. 제4항에 따른 소독 및 방제의 기준에 따르지 아니하고 소독 및 방제를 실시하거나 소독 및 방제 실시 사항을 기록·보존하지 아니한 경우
4. 제17조제7항제5호에 따른 관계 서류의 제출 요구에 따르지 아니하거나 소속 공무원의 검사 및 질문을 거부·방해 또는 기피한 경우
5. 영업정지기간 중에 가축방역위생관리업을 한 경우

⑥제5항에 따른 행정처분의 기준은 그 위반행위의 종류와 위반 정도 등을 고려하여 농림축산식품부령으로 정한다. <신설 2020.2.4.>

[본조신설 2018.12.31.]

제5조의4(방역위생관리업자에 대한 교육 등) ①국가와 지방자치단체는 방역위생관리업자(법인인 경우에는 그 대표자를 말한다. 이하 이 조에서 같다) 및 방역위생관리업자에게 고용된 소독 및 방제업무 종사자(이하 "소독 및 방제업무 종사자"라 한다)에게 농림축산식품부령으로 정하는 바에 따라 소독 및 방제에 관한 교육을 실시하여야 한다.
②방역위생관리업자, 소독 및 방제업무 종사자는 제1항에 따른 교육을 연 1회 이상 이수하여야 한다.
③방역위생관리업자는 제1항 및 제2항에 따른 교육을 받지 아니한 종사자를 소독 및 방제업무에 종사하게 하여서는 아니 된다.
④국가 및 지방자치단체는 필요한 경우 제1항에 따른 교육을 농림축산식품부령으로 정하는 소독 및 방제업무 전문기관 또는 단체에 위탁할 수 있다.
[본조신설 2018.12.31.]

제6조(가축방역교육) ①국가와 지방자치단체는 농림축산식품부령으로 정하는 가축의 소유자와 그에게 고용된 사람에게 가축방역에 관한 교육을 하여야 한다. <개정 2011.1.24., 2013.3.23.>
②국가 및 지방자치단체는 필요한 경우 제1항에 따른 교육을 「농업협동조합법」에 따른 농업협동조합중앙회 등 농림축산식품부령으로 정하는 축산 관련 단체(이하 "축산관련단체"라 한다)에 위탁할 수 있다. <신설 2011.1.24., 2013.3.23.>
③제1항에 따른 가축방역교육에 필요한 사항은 농림축산식품부령으로 정한다. <개정 2011.1.24., 2013.3.23.>
[전문개정 2010.4.12.]

제6조의2(계약사육농가에 대한 방역교육 등) ①「축산계열화사업에 관한 법률」 제2조제5호에 따른 축산계열화사업자(이하 "축산계열화사업자"라 한다)는 같은 법 제2조제6호에 따른 계약사육농가(이하 "계약사육농가"라 한다)에 대하여 농림축산식품부령으로 정하는 바에 따라 방역교육을 실시하여야 한다.
②축산계열화사업자(계약사육농가와 사육계약을 체결하고, 가축ㆍ사료 등 사육자재의 전부 또는 일부를 무상공급하는 축산계열화사업자만 해당한다)는 계약사육농가에 대하여 농림축산식품부령으로 정하는 바에 따라 제17조의6제1항에 따른 방역기준 준수에 관한 사항 및 「축산법」 제22조에 따른 축산업 허가기준 준수 여부를 점검하여야 한다. <개정 2018.12.31.>
③제1항에 따라 방역교육을 실시하거나 제2항에 따라 방역기준 준수에 관한 사항 및 축산업 허가기준 준수 여부를 점검한 축산계열화사업자는 그 교육실시 및 점검 결과를 농림축산식품부령으로 정하는 바에 따라 계약사육농가의 소재지를 관할하는 시장ㆍ군수ㆍ구청장에게 통지하여야 한다. <개정 2018.12.31.>

④제3항에 따른 통지를 받은 시장·군수·구청장(특별자치시장은 제외한다)은 통지
받은 내용을 시·도지사에게 보고하고, 시·도지사 또는 특별자치시장은 통지 또
는 보고받은 내용을 농림축산식품부장관과 국립가축방역기관장에게 보고하거나 통
보하여야 한다.
[본조신설 2015.6.22.]

제7조(가축방역관) ①국가, 지방자치단체 및 대통령령으로 정하는 행정기관에 가축방역
에 관한 사무를 처리하기 위하여 대통령령으로 정하는 바에 따라 가축방역관을 둔다.
②제1항에 따른 가축방역관은 수의사여야 한다.
③가축방역관은 가축전염병에 의하여 오염되었거나 오염되었다고 믿을 만한 역학조
사, 정밀검사 결과나 임상증상이 있으면 다음 각 호의 장소에 들어가 가축이나 그
밖의 물건을 검사하거나 관계자에게 질문할 수 있으며 가축질병의 예찰에 필요한
최소한의 시료(試料)를 무상으로 채취할 수 있다.
1. 가축시장·축산진흥대회장·경마장 등 가축이 모이는 장소
2. 축사·부화장(孵化場)·종축장(種畜場) 등 가축사육시설
3. 도축장·집유장(集乳場) 등 작업장
4. 보관창고, 운송차량 등
④가축방역관이 제3항에 따라 질병예방을 위한 검사 및 예찰을 할 때에는 누구든지
정당한 사유 없이 거부·방해 또는 회피하여서는 아니 된다.
⑤농림축산식품부장관, 시·도지사 또는 특별자치시장은 제1항에 따른 지방자치단체 및
행정기관의 가축방역관 인력에 대한 지원을 강화하여야 하며, 검사, 예찰 및 사체 등
의 처분 등 가축방역에 관하여 농림축산식품부령으로 정하는 바에 따라 정기적으로
교육을 실시하여야 한다. <신설 2011.1.24., 2012.2.22., 2013.3.23., 2017.10.31.>
⑥제1항에 따라 가축방역관을 두는 자는 대통령령으로 정하는 가축방역관의 기준 업
무량을 고려하여 그 적정 인원을 배치하도록 노력하여야 한다. <신설 2015.6.22.>
[전문개정 2010.4.12.]

제8조(가축방역사) ①농림축산식품부장관 또는 지방자치단체의 장은 농림축산식품
부령으로 정하는 교육과정을 마친 사람을 가축방역사로 위촉하여 가축방역관의 업
무를 보조하게 할 수 있다. <개정 2013.3.23.>
②가축방역사는 가축방역관의 지도·감독을 받아 제7조제3항의 업무를 농림축산식품
부령으로 정하는 범위에서 수행할 수 있다. <개정 2013.3.23.>
③가축방역사의 질병예방을 위한 검사 및 예찰에 관하여는 제7조제4항을 준용한다.
④가축방역사의 자격과 수당 등에 필요한 사항은 농림축산식품부령으로 정한다. <개
정 2013.3.23.>
[전문개정 2010.4.12.]

제9조(가축위생방역 지원본부) ①가축방역 및 축산물위생관리에 관한 업무를 효율적으로 수행하기 위하여 가축위생방역 지원본부(이하 "방역본부"라 한다)를 설립한다.

②방역본부는 법인으로 한다.

③방역본부는 그 주된 사무소의 소재지에서 설립등기를 함으로써 성립한다.

④방역본부의 정관에는 다음 각 호의 사항이 포함되어야 한다. <신설 2019.1.15.>

1. 목적
2. 명칭
3. 주된 사무소가 있는 곳
4. 자산에 관한 사항
5. 임원 및 직원에 관한 사항
6. 이사회의 운영
7. 사업범위 및 내용과 그 집행
8. 회계
9. 공고의 방법
10. 정관의 변경
11. 그 밖에 방역본부의 운영에 관한 중요 사항

⑤방역본부가 정관의 기재사항을 변경하려는 경우에는 농림축산식품부장관의 인가를 받아야 한다. <신설 2019.1.15.>

⑥방역본부는 다음 각 호의 사업을 한다. <개정 2010.5.25., 2015.6.22., 2019.1.15.>

1. 가축의 예방접종, 약물목욕, 임상검사 및 검사시료 채취
2. 축산물의 위생검사
3. 가축전염병 예방을 위한 소독 및 교육·홍보
  3의2. 제3조의3제1항에 따른 국가가축방역통합정보시스템의 운영에 필요한 가축사육시설 관련 정보의 수집·제공
4. 제8조에 따른 가축방역사 및 「축산물위생관리법」제14조에 따른 검사원의 교육 및 양성
5. 제42조에 따른 검역시행장의 관리수의사 업무
6. 제1호부터 제5호까지의 사업과 관련하여 국가와 지방자치단체로부터 위탁받은 사업 및 그 부대사업

⑦방역본부는 제6항제1호에 따른 검사시료를 채취하거나 같은 항 제3호의2에 따른 가축사육시설 관련 정보를 수집할 때에는 구두 또는 서면으로 미리 가축의 소유자 등의 동의를 받아야 한다. <개정 2015.6.22., 2019.1.15.>

⑧국가와 지방자치단체는 제6항의 사업 수행에 필요한 경비의 전부 또는 일부를 지원할 수 있다. <개정 2019.1.15.>

⑨농림축산식품부장관, 시·도지사 또는 특별자치시장은 방역본부에 대하여 농림축

산식품부령으로 정하는 바에 따라 제6항 각 호의 사업에 관한 보고를 하게 하거나 감독을 할 수 있다. <개정 2011.1.24., 2013.3.23., 2015.6.22., 2019.1.15.>
⑩방역본부에 관하여는 이 법에 규정된 것을 제외하고는 「민법」 중 사단법인에 관한 규정을 준용한다. <개정 2019.1.15.>
⑪방역본부의 임원 및 직원은 「형법」 제129조부터 제132조까지의 규정을 적용할 때에는 공무원으로 본다. <신설 2015.6.22., 2019.1.15.>
[전문개정 2010.4.12.]

제9조의2(가축전염병기동방역기구의 설치 등) ①가축전염병의 확산방지 및 방역지도 등 신속한 대응을 위하여 농림축산식품부장관 소속으로 가축전염병기동방역기구를 둘 수 있다. <개정 2013.3.23.>
②가축전염병기동방역기구의 구성 및 운영 등에 필요한 사항은 대통령령으로 정한다.
[본조신설 2011.1.24.]

제10조(수의과학기술 개발계획 등) ①농림축산식품부장관은 가축의 전염성 질병의 예방, 진단, 예방약 개발 및 공중위생 향상에 관한 기술 개발 등을 포함하는 종합적인 수의과학기술 개발계획을 수립하여 시행하여야 한다. <개정 2013.3.23.>
②제1항에 따른 수의과학기술 계발계획의 수립 및 시행에 필요한 사항은 대통령령으로 정한다.
③농림축산식품부장관은 지방자치단체, 축산관련단체 및 축산 관련 기업 등의 의뢰를 받아 수의과학기술에 관한 시험 또는 분석을 할 수 있다. 이 경우 시험 또는 분석의 기준, 방법 등에 필요한 사항은 농림축산식품부령으로 정한다. <개정 2013.3.23.>
[전문개정 2010.4.12.]

제2장 가축의 방역

제11조(죽거나 병든 가축의 신고) ①다음 각 호의 어느 하나에 해당하는 가축(이하 "신고대상 가축"이라 한다)의 소유자등, 신고대상 가축에 대하여 사육계약을 체결한 축산계열화사업자, 신고대상 가축을 진단하거나 검안(檢案)한 수의사, 신고대상 가축을 조사하거나 연구한 대학·연구소 등의 연구책임자 또는 신고대상 가축의 소유자등의 농장을 방문한 동물약품 또는 사료 판매자는 신고대상 가축을 발견하였을 때에는 농림축산식품부령으로 정하는 바에 따라 지체 없이 국립가축방역기관장, 신고대상 가축의 소재지를 관할하는 시장·군수·구청장 또는 시·도 가축방역기관의 장(이하 "시·도 가축방역기관장"이라 한다)에게 신고하여야 한다. 다만, 수의사 또는 제12조제6항에 따른 가축병성감정 실시기관(이하 "수의사등"이라 한다)에 그 신고대상 가축의 진단이나 검안을 의뢰한 가축의 소유자등과 그 의뢰

사실을 알았거나 알 수 있었을 동물약품 또는 사료 판매자는 그러하지 아니하다. <개정 2010.4.12., 2011.7.25., 2013.3.23., 2015.6.22., 2017.10.31., 2020.2.4.>
1. 병명이 분명하지 아니한 질병으로 죽은 가축
2. 가축의 전염성 질병에 걸렸거나 걸렸다고 믿을 만한 역학조사·정밀검사·간이진단키트검사 결과나 임상증상이 있는 가축
②신고대상 가축의 진단이나 검안을 의뢰받은 수의사등은 검사 결과를 지체 없이 당사자에게 통보하여야 하고 검사 결과 가축전염병으로 확인된 경우에는 수의사등과 그 신고대상 가축의 소유자등은 지체 없이 국립가축방역기관장, 신고대상 가축의 소재지를 관할하는 시장·군수·구청장 또는 시·도 가축방역기관장에게 신고하여야 한다. <개정 2010.4.12., 2015.6.22.>
③철도, 선박, 자동차, 항공기 등 교통수단으로 가축을 운송하는 자(이하 "가축운송업자"라 한다)는 운송 중의 가축이 신고대상 가축에 해당하면 지체 없이 그 가축의 출발지 또는 도착지를 관할하는 시장·군수·구청장에게 신고하여야 한다. <개정 2010.4.12., 2015.6.22.>
④제1항부터 제3항까지의 신고를 받은 행정기관의 장은 지체 없이 시·도지사 또는 특별자치시장에게 보고하거나 통보하여야 하며, 시·도지사 또는 특별자치시장은 그 내용을 국립가축방역기관장, 시장·군수·구청장 또는 시·도 가축방역기관장에게 통보하여야 한다. <개정 2015.6.22.>
⑤제1항제2호에 따라 신고를 받은 행정기관의 장은 「감염병의 예방 및 관리에 관한 법률」 제14조제1항 각 호에 해당하는 인수공통감염병인 경우에는 즉시 질병관리청장에게 통보하여야 한다. <신설 2010.1.25., 2020.8.11.>
⑥제1항부터 제5항까지의 규정에 따라 신고·보고 또는 통보를 받은 행정기관의 장은 신고자의 요청이 있는 때에는 신고자의 신원을 외부에 공개하여서는 아니 된다. <신설 2010.1.25.>

제12조(병성감정 등) ①제11조제1항 본문 또는 제2항부터 제4항까지의 규정에 따라 신고한 자 또는 신고·통보를 받은 시장·군수·구청장은 관할 시·도 가축방역기관장 또는 국립가축방역기관장에게 해당 가축의 질병진단 등 병성감정을 의뢰할 수 있다. <개정 2011.1.24., 2011.7.25., 2015.6.22.>
②제1항에 따라 의뢰받은 병성감정을 한 결과 가축전염병으로 확인된 경우에는 시·도 가축방역기관장은 관할 시·도지사 또는 특별자치시장에게 이를 보고하여야 하고, 국립가축방역기관장은 농림축산식품부장관에게 이를 보고하고 해당 시·도지사 또는 특별자치시장에게 통보하여야 하며, 인수공통전염병(人獸共通傳染病)의 경우에는 국립가축방역기관장은 질병관리청장에게 통보하여야 한다. <개정 2013.3.23., 2015.6.22., 2020.8.11.>
③국립가축방역기관장 또는 시·도 가축방역기관장은 가축의 소유자등의 신청을 받

은 경우 또는 가축전염병의 국내 발생상황, 예방주사에 따른 면역 형성 여부 등을 파악하기 위하여 필요하다고 인정하는 경우에는 전국 또는 지역을 지정하여 가축 또는 가축전염병 특정매개체에 대하여 혈청검사를 할 수 있다. <개정 2015.6.22.>

④국립가축방역기관장 또는 시·도 가축방역기관장은 제3항에 따른 혈청검사 중 가축전염병 감염이 우려되는 동물 및 이를 사육하는 축산시설에 대하여 지속적으로 점검하여야 한다. 다만, 검사 대상 가축전염병, 검사 물량 및 시기 등에 관한 사항은 농림축산식품부장관이 별도로 정할 수 있다. <신설 2011.7.25., 2013.3.23.>

⑤병성감정 요령, 병성감정을 위한 시료의 안전한 포장, 운송 및 취급처리 등에 필요한 사항은 국립가축방역기관장이 정하여 고시한다. <개정 2011.7.25.>

⑥국립가축방역기관장은 가축 소유자등의 편의를 도모하기 위하여 가축의 질병진단 등 병성감정을 할 수 있는 시설과 능력을 갖춘 대학, 민간 연구소 등을 가축병성감정 실시기관으로 지정할 수 있다. <개정 2011.7.25.>

⑦제6항에 따른 가축병성감정 실시기관의 지정기준 등에 필요한 사항은 농림축산식품부령으로 정한다. <개정 2011.7.25., 2013.3.23.>

[전문개정 2010.4.12.]

제12조의2(지정취소 등) ①국립가축방역기관장은 가축병성감정 실시기관이 다음 각 호의 어느 하나에 해당하면 그 지정을 취소하거나 6개월 이내의 기간을 정하여 업무의 정지를 명할 수 있다. 다만, 제1호 및 제5호에 해당하는 경우에는 그 지정을 취소하여야 한다. <개정 2011.7.25., 2017.3.21.>

1. 거짓이나 그 밖의 부정한 방법으로 가축병성감정 실시기관으로 지정받은 경우
2. 가축전염병에 걸린 가축을 검안하거나 진단한 후 신고하지 아니한 경우
3. 제12조제5항에 따른 병성감정 요령 등을 따르지 아니한 경우
4. 제12조제7항에 따른 지정기준을 충족하지 못하게 된 경우
5. 업무정지 기간에 병성감정을 한 경우

②제1항에 따른 가축병성감정 실시기관의 지정취소 또는 업무정지 처분의 구체적인 기준은 농림축산식품부령으로 정한다. <신설 2017.3.21.>

[전문개정 2010.4.12.]

제13조(역학조사) ①국립가축방역기관장, 시·도지사 및 시·도 가축방역기관장은 농림축산식품부령으로 정하는 가축전염병이 발생하였거나 발생할 우려가 있다고 인정할 때에는 지체 없이 역학조사(疫學調査)를 하여야 한다. <개정 2013.3.23., 2020.2.4.>

②제1항에 따른 역학조사를 하기 위하여 국립가축방역기관장, 시·도지사 및 시·도 가축방역기관장 소속으로 각각 역학조사반을 둔다. 이 경우 제3항에 따른 역학조사관을 포함하여 구성하여야 한다. <개정 2020.2.4.>

③제1항에 따른 역학조사를 효율적으로 추진하기 위하여 국립가축방역기관장, 시·도지사 및 시·도 가축방역기관장은 다음 각 호의 어느 하나에 해당하는 사람을 미리 역학조사관으로 지정하여야 한다. <신설 2020.2.4.>

1. 가축방역 또는 역학조사에 관한 업무를 담당하는 소속 공무원

2. 「수의사법」 제2조제1호에 따른 수의사

3. 그 밖에 「의료법」 제2조제1항에 따른 의료인 등 전염병 또는 역학 관련 분야의 전문가

④국립가축방역기관장은 제3항에 따라 지정된 역학조사관에 대하여 정기적으로 역학조사에 관한 교육·훈련을 실시하여야 한다. <신설 2020.2.4.>

⑤ 국립가축방역기관장, 시·도지사 및 시·도 가축방역기관장은 제3항에 따라 지정된 역학조사관에게 예산의 범위에서 직무 수행에 필요한 비용을 지원할 수 있다. 다만, 공무원인 역학조사관이 그 소관 업무와 직접적으로 관련되는 직무를 수행하는 경우에는 그러하지 아니하다. <신설 2020.2.4.>

⑥국립가축방역기관장, 시·도지사 및 시·도 가축방역기관장이 제1항에 따른 역학조사를 할 때에는 누구든지 다음 각 호의 행위를 해서는 아니 된다. <개정 2017.3. 21., 2020.2.4.>

1. 정당한 사유 없이 역학조사를 거부·방해 또는 회피하는 행위

2. 거짓으로 진술하거나 거짓 자료를 제출하는 행위

3. 고의적으로 사실을 누락·은폐하는 행위

⑦국립가축방역기관장, 시·도지사 및 시·도 가축방역기관장은 제1항에 따른 역학조사를 위하여 필요한 경우에는 관계 기관의 장에게 관련 자료의 제출을 요청할 수 있다. 이 경우 자료의 제출을 요청받은 관계 기관의 장은 특별한 사유가 없으면 이에 따라야 한다. <신설 2019.1.15., 2020.2.4.>

⑧농림축산식품부령으로 정하는 시·도의 경우 제2항에 따른 역학조사반과 제3항에 따른 역학조사관을 두지 아니할 수 있다. <신설 2020.2.4.>

⑨제1항부터 제5항까지의 규정에 따른 역학조사의 시기·내용, 역학조사반의 구성·임무·권한, 역학조사관의 지정, 교육·훈련 및 비용지원 등에 필요한 사항은 농림축산식품부령으로 정한다. <개정 2013.3.23., 2019.1.15., 2020.2.4.>

[전문개정 2010.4.12.]

제14조(가축전염병 병원체 분리신고 및 보존·관리) ①시·도 가축방역기관장 또는 제12조제6항에 따른 가축병성감정 실시기관의 장 은 가축전염병 병원체를 분리한 경우에는 국립가축방역기관장에게 보고하거나 신고하여야 한다. <개정 2011.7.25., 2015.6.22.>

②가축전염병을 연구·검사하는 기관의 장은 제1종 가축전염병의 병원체를 분리한 경우에는 국립가축방역기관장에게 보고하거나 신고하여야 한다. <신설 2015.6.22.>

③가축전염병 병원체를 분리한 경우 그 신고 절차 및 병원체의 보존·관리 등에 필요한 사항은 국립가축방역기관장이 정하여 고시한다. <개정 2015.6.22.>

[전문개정 2010.4.12.]

제15조(검사 · 주사 · 약물목욕 · 면역요법 또는 투약 등) ①농림축산식품부장관, 시 · 도지사 또는 시장 · 군수 · 구청장은 가축전염병이 발생하거나 퍼지는 것을 막기 위하여 필요하다고 인정하면 농림축산식품부령으로 정하는 바에 따라 가축의 소유자등에게 가축에 대하여 다음 각 호의 어느 하나에 해당하는 조치를 받을 것을 명할 수 있다. <개정 2013.3.23., 2015.6.22.>

1. 검사 · 주사 · 약물목욕 · 면역요법 또는 투약
2. 주사 · 면역요법을 실시한 경우에는 그 주사 · 면역요법을 실시하였음을 확인할 수 있는 표시(이하 "주사 · 면역표시"라 한다)
3. 주사 · 면역요법 또는 투약의 금지

②농림축산식품부장관, 시 · 도지사 또는 시장 · 군수 · 구청장은 제1항에 따른 명령에 따라 검사, 주사, 주사 · 면역표시, 약물목욕, 면역요법 또는 투약을 한 가축의 소유자등의 청구를 받으면 농림축산식품부령으로 정하는 바에 따라 검사, 주사, 주사 · 면역표시, 약물목욕, 면역요법 또는 투약을 한 사실의 증명서를 발급하여야 한다. <개정 2013.3.23., 2015.6.22.>

③농림축산식품부장관, 시 · 도지사 또는 시장 · 군수 · 구청장은 가축방역을 효율적으로 추진하기 위하여 필요하다고 인정하면 가축의 소유자등 또는 축산관련단체로 하여금 제1항에 따른 검사, 주사, 주사 · 면역표시, 약물목욕, 면역요법, 투약 등의 가축방역업무를 농림축산식품부령으로 정하는 바에 따라 공동으로 하게 할 수 있다. <개정 2013.3.23., 2015.6.22.>

[전문개정 2010.4.12.]

판례 – 보상금등지급신청기각결정취소

[창원지법 2015.6.16., 선고, 2014구합1299, 판결 : 확정]

【판시사항】
군청 소속 수의사가 甲 소유 한우에 구제역 예방백신 접종을 하였는데, 甲이 예방접종으로 인한 쇼크로 한우가 폐사하였다면서 가축전염병 예방법에 따른 보상금의 지급을 청구하였으나, 관할 군수가 농림수산식품부장관의 지침에 근거하여 보상금 지급청구를 거부하는 처분을 한 사안에서, 법령의 위임범위를 벗어나 무효인 위 지침에 근거한 처분은 위법하다고 한 사례

【판결요지】
군청 소속 수의사가 甲 소유 한우에 구제역 예방백신 접종을 하였는데, 甲이 예방접종으로 인한 쇼크로 한우가 폐사하였다면서 가축전염병 예방법(이하 '법'이라 한다)에 따른 보상금의 지급을 청구하였으나, 관할 군수가 구제역 상시 백신 전환에 따라 구제역 백신 피해보상을 폐지한다는 농림수산식품부장관(이후 '농림축산식품부장관'으로 명칭 변경, 이하 '농림축산식품부장관'이라한다)의 지침에 근거하여 보상금 지급청구를 거부하는 처분을 한 사안에서, 법 제15조 제1항, 제48조 제1항 제1호, 가축전염병 예방법 시행령(이하 '시행

령'이라 한다) 제11조 제1항 [별표 1], 제2항에 따르면, 국가나 지방자치단체
는 구제역 백신 접종으로 죽은 가축의 소유자에게 백신 접종 당시 가축 평가
액의 80/100의 범위 내에서 보상금을 지급하여야 하고, 농림축산식품부장관은
법 제48조 제1항 각 호에서 정한 보상금 지급대상을 전제로 법 시행령 제11
조 제1항 [별표 1]에서 정한 '보상금 지급기준'에 관하여 가축에 대한 평가의
기준 및 방법, 가축의 종류별 평가액의 산정기준, 그 밖의 가축의 평가에 관
한 세부적인 사항을 정할 수 있을 뿐, 법 제48조 제1항 각 호에서 정한 '보상
금 지급대상'의 범위를 제한할 수 있는 권한은 없는데, 구제역 백신 피해에
관한 보상금 지급을 폐지하는 것을 내용으로 하고 있는 농림축산식품부장관
의 지침은 법 및 시행령이 농림축산식품부장관에게 위임한 '보상금 지급기준'
에 관한 사항을 넘어선 '보상금 지급대상'에 관한 사항으로서 법령의 위임범
위를 벗어나 무효이므로, 그에 근거한 처분은 위법하다고 한 사례.

제15조의2(가축의 입식 사전 신고) ①닭, 오리 등 농림축산식품부령으로 정하는
가축의 소유자등은 해당 가축을 농장에 입식(入植: 가축 사육시설에 새로운 가축
을 들여놓는 행위)하기 전에 가축의 종류, 입식 규모, 가축의 출하 부화장 또는 농
장 등 농림축산식품부령으로 정하는 사항을 시장·군수·구청장에게 신고하여야
한다. <개정 2020.2.4.>
②제1항에 따른 신고 방법과 기간 및 절차 등에 관한 사항은 농림축산식품부령으로
정한다.
[본조신설 2019.8.27.]

제16조(가축 등의 출입 및 거래 기록의 작성·보존 등) ①농림축산식품부장관은
가축전염병이 퍼지는 것을 방지하기 위하여 필요하다고 인정하면 다음 각 호의 어
느 하나에 해당하는 자에게 해당 가축 또는 가축의 알의 출입 또는 거래 기록을
작성·보존하게 할 수 있다. <개정 2013.3.23., 2015.6.22., 2017.3.21., 2018.12.31.>
1. 가축의 소유자등
2. 식용란(「축산물 위생관리법」 제2조제6호에 따른 식용란을 말한다. 이하 같다)의
수집판매업자
3. 부화장의 소유자 또는 운영자
4. 가축거래상인(「축산법」 제2조제9호에 따른 가축거래상인을 말한다. 이하 "가축거
래상인"이라 한다)
②농림축산식품부장관은 제1항에 따라 출입 또는 거래 기록을 작성·보존하게 할 때
에는 대상 지역, 대상 가축 또는 가축의 알의 종류, 기록의 서식 및 보존기간 등
을 정하여 고시하여야 한다. <개정 2013.3.23., 2015.6.22., 2017.3.21.>
③가축의 소유자등, 식용란의 수집판매업자, 부화장의 소유자 또는 운영자 및 가축
거래상인은 제1항에 따라 출입 또는 거래 기록을 작성·보존할 때 농림축산식품부
령으로 정하는 바에 따라 국가가축방역통합정보시스템에 입력하는 방법으로 할 수

있다. <개정 2017.3.21., 2018.12.31.>

④시·도지사 또는 시장·군수·구청장은 소속 공무원 또는 가축방역관에게 가축 또는 가축의 알의 출입 또는 거래 기록을 열람하게 하거나 점검하게 할 수 있다. <신설 2015.6.22., 2017.3.21.>

⑤농림축산식품부장관, 시·도지사 또는 시장·군수·구청장은 가축전염병이 퍼지는 것을 방지하기 위하여 필요하다고 인정하면 가축의 소유자등과 가축운송업자에게 가축을 이동할 때에 검사증명서, 예방접종증명서 또는 제19조제1항 각 호 외의 부분 단서 및 제19조의2제4항에 따라 이동 승인을 받았음을 증명하는 서류를 지니게 하거나 예방접종을 하였음을 가축에 표시하도록 명할 수 있다. <개정 2013.3.23., 2015.6.22.>

⑥제5항에 따른 검사증명서 및 예방접종증명서의 발급·표시 등에 필요한 사항은 농림축산식품부령으로 정한다. <개정 2013.3. 23., 2015.6.22.>

[전문개정 2010.4.12.]

[제목개정 2015.6.22.]

판례 ─ 축산물가공처리법위반

[대법원 2010.7.29., 선고, 2009도10487, 판결]

【판시사항】

[1] 구 축산물가공처리법 제33조 제1항 제3호에서 '병원성 미생물에 의하여 오염의 우려가 있다'는 것의 의미

[2] 피고인들이 공모하여, 기립불능의 젖소 41마리를 다른 소에 대한 브루셀라병검사증명서를 제출하여 도축하게 한 후 그 식육을 경매의 방법으로 판매하도록 한 사안에서, 위 행위는 구 축산물가공처리법상 금지되는 '병원성 미생물에 의하여 오염되었을 우려가 있는' 축산물을 '판매할 목적으로 처리'한 경우에 해당함에도, 이와 달리 판단하여 무죄를 선고한 원심판결에 법리오해의 위법이 있다고 한 사례

제17조(소독설비 및 실시 등) ①가축전염병이 발생하거나 퍼지는 것을 막기 위하여 다음 각 호의 어느 하나에 해당하는 자는 농림축산식품부령으로 정하는 바에 따라 소독설비 및 방역시설을 갖추어야 한다. <개정 2010.5.25., 2013.3.23., 2015.6.22., 2017.10.31., 2018.12.31., 2019.8.27.>

1. 가축사육시설(50제곱미터 이하는 제외한다)을 갖추고 있는 가축의 소유자등

2. 「축산물 위생관리법」에 따른 도축장 및 집유장의 영업자

2의2. 「축산물 위생관리법」에 따른 식용란선별포장업자 및 식용란의 수집판매업자

3. 「사료관리법」에 따른 사료제조업자

4. 「축산법」에 따른 가축시장·가축검정기관·종축장 등 가축이 모이는 시설 또는 부화장의 운영자 및 정액등처리업자

5. 가축분뇨를 주원료로 하는 비료제조업자

6. 「가축분뇨의 관리 및 이용에 관한 법률」 제28조제1항제2호에 따른 가축분뇨처리업의 허가를 받은 자

②제1항 각 호의 자(50제곱미터 이하 가축사육시설의 소유자등을 포함한다)는 해당 시설 및 가축, 출입자, 출입차량 등 오염원을 소독하고 쥐, 곤충을 없애야 한다. 이 경우 다음 각 호의 자는 농림축산식품부령으로 정하는 바에 따라 방역위생관리업자를 통한 소독 및 방제를 하여야 한다. <개정 2015.6.22., 2018.12.31.>

1. 농림축산식품부령으로 정하는 일정 규모 이상의 농가

2. 소독 및 방제 미흡으로 「축산물 위생관리법」에 따른 식용란 검사에 불합격한 농가

3. 그 밖에 전문적인 소독과 방제가 필요하다고 농림축산식품부령으로 정하는 자

③가축, 원유, 동물약품, 사료, 가축분뇨 등을 운반하는 자, 제1항 각 호의 어느 하나에 해당하는 자가 운영하는 해당 시설에 출입하는 수의사·가축인공수정사, 그 밖에 농림축산식품부령으로 정하는 자는 그 차량과 탑승자에 대하여 소독을 하여야 한다. <개정 2011.1.24., 2013.3.23.>

④제3항에 따른 소독의 경우 농림축산식품부령으로 정하는 제1종 가축전염병이 퍼질 우려가 있는 지역에 출입하는 때에는 탑승자를 포함한 모든 출입자가 소독 후 방제복을 착용하여야 한다. <신설 2011.1.24., 2013.3.23.>

⑤제2항 및 제3항에 따른 소독의 방법 및 실시기준은 농림축산식품부령으로 정한다. 다만, 가축방역을 위하여 긴급히 소독하여야 하는 경우에는 농림축산식품부장관이 이를 따로 정하여 고시할 수 있다. <개정 2011.1.24., 2013.3.23.>

⑥시장·군수·구청장은 제2항 및 제3항에 따라 소독을 하여야 하는 자에게 농림축산식품부령으로 정하는 바에 따라 소독실시기록부를 갖추어 두고 소독에 관한 사항을 기록하게 할 수 있다. <개정 2011.1.24., 2011.7.25., 2013.3.23., 2013.8.13., 2015.6.22.>

⑦농림축산식품부장관, 시·도지사 또는 시장·군수·구청장은 소속 공무원, 가축방역관 또는 가축방역사에게 다음 각 호의 사항을 수시로 확인하게 할 수 있다. <신설 2013.8.13., 2015.6.22., 2018.12.31.>

1. 제1항에 따라 소독설비를 갖추어야 하는 자가 소독설비를 갖추었는지 여부

2. 제2항 및 제3항에 따라 소독을 하여야 하는 자가 소독을 하였는지 여부

3. 제2항에 따라 쥐·곤충을 없애야 하는 자가 쥐·곤충을 없앴는지 여부

4. 제2항 또는 제3항에 따라 소독을 하여야 하는 자가 제6항에 따른 소독실시기록부를 갖추어 두고 기록하였는지 여부

5. 제5조의3제4항에 따라 방역위생관리업자가 소독 또는 방제에 관한 사항을 기록·보존하였는지 여부

⑧시·도지사 및 시장·군수·구청장은 소속 공무원, 가축방역관 또는 가축방역사로 하여금 제1항에 따라 소독설비 및 방역시설을 갖추어야 하는 자에 대해서는 연 1회 이

상 정기점검을 하도록 하여야 한다. <신설 2020.2.4.>

⑨제1항 각 호의 자는 제1항에 따른 소독설비 및 방역시설이 훼손되거나 정상적으로 작동하지 아니하는 경우에는 즉시 필요한 조치를 하여야 한다. <신설 2020.2.4.>

⑩농림축산식품부장관, 시·도지사 또는 시장·군수·구청장은 제7항 및 제8항에 따른 확인 또는 점검 결과 제1항에 따른 소독설비 및 방역시설이 훼손되거나 정상적으로 작동하지 아니한 것이 발견된 경우에는 제1항 각 호의 자에게 그 소독설비 및 방역시설의 정비·보수 등을 명할 수 있다. <신설 2020.2.4.>

⑪제7항 및 제8항에 따라 확인 또는 점검을 하는 공무원, 가축방역관 또는 가축방역사는 그 권한을 표시하는 증표를 지니고 이를 관계인에게 내보여야 한다. <신설 2020.2.4.>

[전문개정 2010.4.12.]

[시행일 : 2021.1.1.] 제17조제2항제1호, 제17조제2항제3호

제17조의2(출입기록의 작성·보존 등) ①제17조제1항 각 호에 해당하는 자는 농림축산식품부령으로 정하는 바에 따라 해당 시설을 출입하는 자 및 차량에 대한 출입기록을 작성하고 보존하여야 한다. 이 경우 출입기록의 보존기간은 기록한 날부터 1년으로 한다. <개정 2013.3.23.>

②농림축산식품부장관 및 지방자치단체의 장은 가축전염병의 예방을 위하여 필요한 경우 소속 공무원, 가축방역관 또는 가축방역사에게 제1항에 따른 출입기록의 내용을 수시로 확인하게 할 수 있다. <개정 2013.3.23., 2015.6.22.>

③제1항에 따른 출입기록의 작성방법 및 기록보존에 필요한 사항은 농림축산식품부령으로 정한다. <개정 2013.3.23.>

[본조신설 2011.7.25.]

제17조의3(차량의 등록 및 출입정보 관리 등) ①다음 각 호의 어느 하나에 해당하는 목적으로 제17조제1항 각 호의 어느 하나에 해당하는 자가 운영하는 시설(제17조제1항제1호의 경우에는 50제곱미터 이하의 가축사육시설을 포함하며, 이하 "축산관계시설"이라 한다)에 출입하는 차량으로서 농림축산식품부령으로 정하는 차량(이하 "시설출입차량"이라 한다)의 소유자는 그 차량의 「자동차관리법」에 따른 등록지 또는 차량 소유자의 사업장 소재지를 관할하는 시장·군수·구청장에게 농림축산식품부령으로 정하는 바에 따라 해당 차량을 등록하여야 한다. <개정 2013.3.23., 2013.8.13., 2015.6.22., 2017.10.31., 2020.2.4.>

1. 가축·원유·알·동물약품·사료·조사료·가축분뇨·퇴비·왕겨·쌀겨·톱밥·깔짚·난좌(卵座: 가축의 알을 운반·판매 등의 목적으로 담아두거나 포장하는 용기)·가금부산물 운반

2. 진료·예방접종·인공수정·컨설팅·시료채취·방역·기계수리

3. 가금 출하·상하차 등을 위한 인력운송

4. 가축사육시설의 운영·관리(제17조제1항제1호에 해당하는 자가 소유하는 차량의

경우에 한정한다)

5. 그 밖에 농림축산식품부령으로 정하는 사유

②제1항에 따라 등록된 차량의 소유자는 농림축산식품부령으로 정하는 바에 따라 해당 차량의 축산관계시설에 대한 출입정보(이하 "차량출입정보"라 한다)를 무선으로 인식하는 장치(이하 "차량무선인식장치"라 한다)를 장착하여야 하며, 운전자는 운행을 하거나 축산관계시설, 제19조제1항제1호에 따른 조치 대상 지역 또는 농림축산식품부장관이 환경부장관과 협의한 후 정하여 고시하는 철새 군집지역을 출입하는 경우 차량무선인식장치의 전원을 끄거나 훼손·제거하여서는 아니 된다. <개정 2013.3.23., 2015.6.22.>

③시설출입차량의 소유자 및 운전자는 차량무선인식장치가 정상적으로 작동하는지 여부를 항상 점검 및 관리하여야 하며, 정상적으로 작동되지 아니하는 경우에는 즉시 필요한 조치를 취하여야 한다.

④제17조제1항 각 호의 어느 하나에 해당하는 자는 해당 시설에 출입하는 차량의 등록 여부를 확인하여야 한다. <신설 2015.6.22.>

⑤시설출입차량의 소유자 및 운전자는 농림축산식품부령으로 정하는 바에 따라 가축방역 등에 관한 교육을 받아야 한다. <개정 2013.3.23., 2015.6.22.>

⑥차량무선인식장치는 「전파법」에 따른 무선설비로서의 성능과 기준에 적합하여야 하며, 농림축산식품부령으로 정하는 기능을 갖추어야 한다.
<개정 2013.3.23., 2015.6.22.>

⑦국가와 지방자치단체는 제1항 및 제2항에 따른 시설출입차량의 등록 및 차량무선인식장치의 장착과 정보수집에 필요한 비용의 전부 또는 일부를 지원할 수 있다.
<개정 2015.6.22.>

⑧제1항에 따라 등록된 차량의 소유자는 해당 차량의 운전자가 변경되는 등 등록사항이 변경된 경우에는 변경등록을 하여야 한다. <신설 2015.6.22.>

⑨제1항에 따라 등록된 차량의 소유자는 해당 차량이 더 이상 축산관계시설에 출입하지 아니하는 경우에는 말소등록을 하여야 한다. 다만, 시장·군수·구청장은 다음 각 호의 어느 하나에 해당하는 경우에는 직권으로 등록을 말소할 수 있다.
<신설 2015.6.22., 2017.10.31.>

1. 「자동차관리법」 제13조에 따라 말소등록한 경우

2. 「자동차관리법」 제26조에 따라 자동차를 폐차한 경우

3. 축산관계시설에 출입하지 아니하게 되었으나 말소등록을 하지 아니한 경우

4. 거짓이나 그 밖의 부정한 방법으로 등록한 경우

⑩시설출입차량의 등록 기준과 절차, 변경등록·말소등록의 기준과 절차, 차량무선인식장치의 장착 등에 필요한 사항은 농림축산식품부령으로 정한다.
<개정 2013.3.23., 2015.6.22.>

⑪제1항에 따라 등록된 차량의 소유자는 농림축산식품부령으로 정하는 바에 따라 시
설출입차량 표지를 차량외부에서 확인할 수 있도록 붙여야 한다.
<신설 2017.10.31., 2020.2.4.>
⑫국가 또는 지방자치단체는 제17조제1항 각 호의 어느 하나에 해당하는 자가 운영
하는 시설에 제1항에 따른 출입차량을 자동으로 인식하는 장치를 설치하고 차량출
입정보(영상정보를 포함한다)를 수집할 수 있다. <신설 2017.10.31.>
[본조신설 2012.2.22.]

제17조의4(차량출입정보의 수집 및 열람) ①농림축산식품부장관은 차량출입정보
를 목적에 필요한 최소한의 범위에서 수집하여야 하며, 차량출입정보를 수집, 관
리ㆍ운영하는 자는 차량출입정보를 목적 외의 용도로 사용하여서는 아니 된다.
<개정 2013.3.23.>
②농림축산식품부장관은 차량출입정보를 수집 및 유지ㆍ관리하기 위한 차량출입정보
관리체계를 구축ㆍ운영하여야 한다. <개정 2013.3.23., 2013.8.13.>
③시ㆍ도지사 또는 시장ㆍ군수ㆍ구청장은 가축전염병이 퍼지는 것을 방지하기 위하
여 필요하다고 인정하면 농림축산식품부장관에게 차량출입정보의 열람을 청구할
수 있다. <개정 2013.3.23.>
[본조신설 2012.2.22.]

제17조의5(시설출입차량에 대한 조사 등) ①농림축산식품부장관, 시ㆍ도지사 또는
시장ㆍ군수ㆍ구청장은 소속 공무원으로 하여금 시설출입차량 또는 시설출입차량 소유
자의 사업장에 출입하여 시설출입차량의 등록 여부와 차량무선인식장치의 장착ㆍ작동
여부를 조사하게 할 수 있다.
②시설출입차량의 소유자등은 정당한 사유 없이 제1항에 따른 출입 또는 조사를 거부ㆍ
방해 또는 기피하여서는 아니 된다.
③제1항에 따라 출입 또는 조사를 하는 공무원은 그 권한을 표시하는 증표를 지니고 이
를 관계인에게 보여주어야 한다.
[본조신설 2013.8.13.]

제17조의6(방역기준의 준수) ①제17조제1항제1호에 따른 가축의 소유자등은 가축전
염병이 발생하거나 퍼지는 것을 예방하기 위하여 다음 각 호의 사항에 대해 농림축산
식품부령으로 정하는 방역기준을 준수하여야 한다. <개정 2019.8.27.>
1. 죽거나 병든 가축의 발견 및 임상관찰 요령
2. 축산관계시설을 출입하는 사람 및 차량 등에 대한 방역조치 방법
3. 야생동물의 농장 내 유입을 차단하기 위한 조치 요령
4. 가축의 신규 입식 및 거래 시에 방역 관련 준수사항
5. 그 밖에 가축전염병 예방을 위하여 필요한 방역조치 방법 및 요령

②농림축산식품부장관, 시·도지사 또는 시장·군수·구청장은 가축방역관에게 제1항에 따른 방역기준의 준수 여부를 확인하게 할 수 있다.
[본조신설 2015.6.22.]

제18조(질병관리등급의 부여) ①농림축산식품부장관, 시·도지사 또는 시장·군수·구청장은 농장 또는 마을 단위로 가축질병 방역 및 위생관리 실태를 평가하여 가축질병 관리수준의 등급을 부여할 수 있다. <개정 2013.3.23., 2017.10.31.>
②제1항에 따른 질병관리 등급기준 등에 필요한 사항은 농림축산식품부령으로 정한다. <개정 2013.3.23.>
③국가나 지방자치단체는 농가의 자율방역의식을 높이기 위하여 질병관리 수준이 우수한 농가 또는 마을에 소독 등 가축질병 관리에 필요한 경비의 일부를 지원할 수 있다.
[전문개정 2010.4.12.]

제19조(격리와 가축사육시설의 폐쇄명령 등) ①시장·군수·구청장은 가축전염병이 퍼지는 것을 막기 위하여 농림축산식품부령으로 정하는 바에 따라 다음 각 호의 조치를 명할 수 있다. 다만, 제4호에 따라 이동이 제한된 사람과 차량 등의 소유자는 부득이하게 이동이 필요한 경우에는 농림축산식품부령으로 정하는 바에 따라 시·도 가축방역기관장에게 신청을 하여 승인을 받아야 하며, 이동 승인신청을 받은 시·도 가축방역기관장은 농림축산식품부령으로 정하는 바에 따라 이동을 승인할 수 있다. <개정 2012.2.22., 2013.3.23., 2015.6.22., 2017.10.31.>
1. 제1종 가축전염병에 걸렸거나 걸렸다고 믿을 만한 역학조사·정밀검사 결과나 임상증상이 있는 가축의 소유자등이나 제1종 가축전염병이 발생한 가축사육시설과 가까워 가축전염병이 퍼질 우려가 있는 지역에서 사육되는 가축의 소유자등에 대하여 해당 가축 또는 해당 가축의 사육장소에 함께 있어서 가축전염병의 병원체에 오염될 우려가 있는 물품으로서 농림축산식품부령으로 정하는 물품(이하 "오염우려물품"이라 한다)을 격리·억류하거나 해당 가축사육시설 밖으로의 이동을 제한하는 조치
2. 제1종 가축전염병에 걸렸거나 걸렸다고 믿을 만한 역학조사·정밀검사 결과나 임상증상이 있는 가축의 소유자등과 그 동거 가족, 해당 가축의 소유자에게 고용된 사람 등에 대하여 해당 가축사육시설 밖으로의 이동을 제한하거나 소독을 하는 조치
3. 제1종 가축전염병에 걸렸거나 걸렸다고 믿을 만한 역학조사·정밀검사 결과나 임상증상이 있는 가축 또는 가축전염병 특정매개체가 있거나 있었던 장소를 중심으로 일정한 범위의 지역으로 들어오는 다른 지역의 사람, 가축 또는 차량에 대하여 교통차단, 출입통제 또는 소독을 하는 조치
4. 제13조에 따른 역학조사 결과 가축전염병을 전파시킬 우려가 있다고 판단되는 사람, 차량 및 오염우려물품 등에 대하여 해당 가축전염병을 전파시킬 우려가 있는 축산관계시설로의 이동을 제한하는 조치

   5. 가축전염병 특정매개체로 인하여 가축전염병이 확산될 우려가 있는 경우 가축사육시설을 가축전염병 특정매개체로부터 차단하기 위한 조치

②농림축산식품부장관 또는 시·도지사는 제1종 가축전염병이 발생하여 전파·확산이 우려되는 경우 해당 가축전염병의 병원체를 전파·확산시킬 우려가 있는 가축 또는 오염우려물품의 소유자등에 대하여 해당 가축 또는 오염우려물품을 해당 시(특별자치시를 포함한다)·도(특별자치도를 포함한다) 또는 시(특별자치도의 행정시를 포함한다)·군·구 밖으로 반출하지 못하도록 명할 수 있다. <신설 2015.6.22.>

③농림축산식품부장관 또는 시·도지사는 제1종 가축전염병이 발생하여 전파·확산이 우려되는 경우 해당 가축전염병에 감염될 수 있는 가축의 소유자등에 대하여 일정 기간 동안 가축의 방목을 제한할 수 있다. 다만, 제1종 가축전염병을 차단할 수 있는 시설 또는 장비로서 농림축산식품부령으로 정하는 시설 또는 장비를 갖춘 경우에는 가축을 방목하도록 할 수 있다. <신설 2015.6.22.>

④시장·군수·구청장은 다음 각 호의 어느 하나에 해당하는 가축의 소유자등에 대하여 해당 가축사육시설의 폐쇄를 명하거나 6개월 이내의 기간을 정하여 가축사육의 제한을 명할 수 있다. <개정 2011.1.24., 2015.6.22.>

   1. 제1항제1호에 따른 가축 또는 오염우려물품의 격리·억류·이동제한 명령을 위반한 자

   2. 제5조제3항에 따른 외국인 근로자에 대한 고용신고·교육·소독 등을 하지 아니하여 가축전염병을 발생하게 하였거나 다른 지역으로 퍼지게 한 자

   3. 제5조제5항에 따른 입국신고를 하지 아니하여 가축전염병을 발생하게 하였거나 다른 지역으로 퍼지게 한 자

   4. 제5조제6항에 따른 국립가축방역기관장의 질문에 대하여 거짓으로 답변하거나 국립가축방역기관장의 검사·소독 등의 조치를 거부·방해 또는 기피하여 가축전염병을 발생하게 하였거나 다른 지역으로 퍼지게 한 자

   5. 제11조제1항에 따른 신고를 지연한 자

   5의2. 제15조제1항에 따른 명령을 3회 이상 위반한 자

   6. 제17조에 따른 소독설비 및 실시 등을 위반한 자

⑤시장·군수·구청장은 가축의 소유자등이 제4항에 따른 폐쇄명령 또는 사육제한 명령을 받고도 이행하지 아니하였을 때에는 관계 공무원에게 해당 가축사육시설을 폐쇄하고 다음 각 호의 조치를 하게 할 수 있다. <개정 2015.6.22.>

   1. 해당 가축사육시설이 명령을 위반한 시설임을 알리는 게시물 등의 부착

   2. 해당 가축사육시설을 사용할 수 없게 하는 봉인

⑥제4항에 따라 시장·군수·구청장이 폐쇄명령 또는 사육제한 명령을 하려면 청문을 하여야 한다. <개정 2013.8.13., 2015.6.22.>

⑦제4항 및 제5항에 따른 가축사육시설의 폐쇄명령, 가축사육제한 명령 및 가축사육시설의 폐쇄조치에 관한 절차·기준 등에 필요한 사항은 대통령령으로 정한다. <개정 2015.6.22.>

⑧시장·군수·구청장은 제1항제1호에 따른 격리·억류·이동제한 명령에 대한 가축 소
유자등의 위반행위에 적극적으로 협조한 가축운송업자, 도축업 영업자에 대하여 6개
월 이내의 기간을 정하여 그 업무의 전부 또는 일부의 정지를 명할 수 있다. 이 경우
청문을 하여야 한다. <개정 2015.6.22.>

⑨제8항에 따른 업무정지 명령에 관한 절차 및 기준 등에 필요한 사항은 대통령령으로
정한다. <개정 2015.6.22.>

[전문개정 2010.4.12.]

제19조의2(가축 등에 대한 일시 이동중지 명령) ①농림축산식품부장관, 시·도지사
또는 특별자치시장은 구제역 등 농림축산식품부령으로 정하는 가축전염병으로 인하여
다음 각 호의 상황이 발생한 경우 해당 가축전염병의 전국적 확산을 방지하기 위하여
해당 가축전염병의 전파가능성이 있는 가축, 시설출입차량, 수의사·가축방역사·가축
인공수정사 등 축산 관련 종사자(이하 이 조에서 "종사자"라 한다)에 대하여 일시적으
로 이동을 중지하도록 명할 수 있다. <개정 2019.8.27.>

1. 가축전염병의 임상검사 또는 간이진단키트검사를 실시한 결과 등에 따라 가축이 가
축전염병에 걸렸다고 가축방역관이 판단하는 경우
2. 가축전염병이 발생한 경우
3. 가축전염병이 전국적으로 확산되어 국가경제에 심각한 피해가 발생할 것으로 판단되
는 경우

②제1항의 명령에 따른 일시 이동중지는 48시간을 초과할 수 없다. 다만, 농림축산식품
부장관, 시·도지사 또는 특별자치시장은 가축전염병의 급속한 확산 방지를 위한 조치
를 완료하기 위하여 일시 이동중지 기간의 연장이 필요한 경우 1회 48시간의 범위에
서 그 기간을 연장할 수 있다. <개정 2013.3.23., 2017.10.31.>

③제1항에 따른 명령을 받은 일시 이동중지 대상 가축의 소유자 등은 해당 가축을 현재
가축이 사육되는 장소 외의 장소로 이동시켜서는 아니 되며, 일시 이동중지 대상 시설
출입차량 및 종사자는 가축사육시설이나 축산 관련 시설을 방문하는 등 이동을 하여
서는 아니 된다. 다만, 부득이하게 이동이 필요한 경우에는 시·도 가축방역기관장에
게 신청하여 승인을 받아야 한다.

④제3항 단서에 따른 이동승인 신청을 받은 시·도 가축방역기관장은 해당 차량 등의
이동이 부득이하게 필요하다고 판단하는 경우 소독 등 필요한 방역조치를 한 후 이동
을 승인할 수 있다.

⑤농림축산식품부장관, 시·도지사 및 시장·군수·구청장은 일시 이동중지 명령이 차질
없이 이행될 수 있도록 농림축산식품부령으로 정하는 바에 따라 명령의 공표, 대상자
에 대한 고지 등 필요한 조치를 하고, 일시 이동중지 기간 동안 해당 가축전염병의
확산을 방지하기 위하여 필요한 조치를 하여야 한다. <개정 2013.3. 23.>

⑥제3항 단서에 따른 이동승인 신청의 절차 및 방법과 제4항에 따른 이동승인의 기준

및 절차 등에 관하여 필요한 사항은 농림축산식품부령으로 정한다. <개정 2013.3.23.>
[본조신설 2012.2.22.]

제20조(살처분 명령) ①시장·군수·구청장은 농림축산식품부령으로 정하는 제1종 가축전염병이 퍼지는 것을 막기 위하여 필요하다고 인정하면 농림축산식품부령으로 정하는 바에 따라 가축전염병에 걸렸거나 걸렸다고 믿을 만한 역학조사·정밀검사 결과나 임상증상이 있는 가축의 소유자에게 그 가축의 살처분(殺處分)을 명하여야 한다. 다만, 우역, 우폐역, 구제역, 돼지열병, 아프리카돼지열병 또는 고병원성 조류인플루엔자에 걸렸거나 걸렸다고 믿을 만한 역학조사·정밀검사 결과나 임상증상이 있는 가축 또는 가축전염병 특정매개체의 경우(가축전염병 특정매개체는 역학조사 결과 가축전염병 특정매개체와 가축이 직접 접촉하였거나 접촉하였다고 의심되는 경우 등 농림축산식품부령으로 정하는 경우에 한정한다)에는 그 가축 또는 가축전염병 특정매개체가 있거나 있었던 장소를 중심으로 그 가축전염병이 퍼지거나 퍼질 것으로 우려되는 지역에 있는 가축의 소유자에게 지체 없이 살처분을 명할 수 있다. <개정 2013.3.23., 2020.2.4.>
②시장·군수·구청장은 다음 각 호의 어느 하나에 해당하는 경우에는 가축방역관에게 지체 없이 해당 가축을 살처분하게 하여야 한다. 다만, 병성감정이 필요한 경우에는 농림축산식품부령으로 정하는 기간의 범위에서 살처분을 유예하고 농림축산식품부령으로 정하는 장소에 격리하게 할 수 있다. <개정 2013.3.23.>
1. 가축의 소유자가 제1항에 따른 명령을 이행하지 아니하는 경우
2. 가축의 소유자를 알지 못하거나 소유자가 있는 곳을 알지 못하여 제1항에 따른 명령을 할 수 없는 경우
3. 가축전염병이 퍼지는 것을 막기 위하여 긴급히 살처분하여야 하는 경우로서 농림축산식품부령으로 정하는 경우
③시장·군수·구청장은 광견병 예방주사를 맞지 아니한 개, 고양이 등이 건물 밖에서 배회하는 것을 발견하였을 때에는 농림축산식품부령으로 정하는 바에 따라 소유자의 부담으로 억류하거나 살처분 또는 그 밖에 필요한 조치를 할 수 있다. <개정 2013.3.23.>
[전문개정 2010.4.12.]

제21조(도태의 권고 및 명령) ①시장·군수·구청장은 농림축산식품부령으로 정하는 제1종 가축전염병이 다시 발생하거나 퍼지는 것을 막기 위하여 필요하다고 인정할 때에는 제20조에 따라 살처분된 가축과 함께 사육된 가축으로서 제19조제1항제1호에 따라 격리·억류·이동제한된 가축에 대하여 그 가축의 소유자등에게 도태(淘汰)를 목적으로 도축장 등에 출하(出荷)할 것을 권고할 수 있다. 이 경우 그 가축에 농림축산식품부령으로 정하는 표시를 할 수 있다. <개정 2013.3.23.>
②시장·군수·구청장은 우역, 우폐역, 구제역, 돼지열병, 아프리카돼지열병 또는 고병원성 조류인플루엔자가 발생하거나 퍼지는 것을 막기 위하여 긴급한 조치가 필요한 때

에는 가축의 소유자등에게 도태를 목적으로 도축장 등에 출하할 것을 명령할 수 있다.
<신설 2020.2.4.>

③제1항에 따른 도태 권고와 제2항에 따른 도태 명령 대상 가축의 범위, 기준, 출하 절차 및
도태 방법에 필요한 사항은 농림축산식품부령으로 정한다. <개정 2013.3.23.,2020.2.4.>

[전문개정 2010.4.12.]

[제목개정 2020.2.4.]

판례 — 허위공문서작성 · 허위작성공문서행사 · 뇌물수수 · 가축전염병예방법위반 · 약사법위반

[대법원 2005.10.14., 선고, 2003도1154, 판결]

【판시사항】

[1] 동물에게 전염성질병을 야기하는 성질을 가진 것으로 의심될 만한 사정이
있다는 이유만으로 구 가축전염병예방법 제21조 제1항 제2호에서 정한 '동물
의 전염성질병의 병원체'에 해당하는지 여부(소극)

[2] 구 동물용의약품 등 취급규칙 제8조 제1항의 무환수입 승인조항 위반행위
를 허가나 신고 없는 수입행위를 금지하는 구 약사법 제74조 제1항 제1호, 제
34조 제1항위반으로 처벌할 수 있는지 여부(소극)

[3] 농림부 주관 농림기술개발사업의 일환으로 시행되고, 국립대학교 총장 명
의로 체결된 연구 용역 약정에 기하여 소속 대학 교수가 행하는 연구활동이
교육공무원인 위 교수의 직무 집행 행위에 해당한다고 한 사례

【판결요지】

[1] 구 가축전염병예방법(1996. 8. 8. 법률 제5153호로 개정되기 전의 것) 제21
조 제1항 제2호에서 정한 '동물의 전염성질병의 병원체'라 함은, '동물에게
전염성이 있는 질병을 야기하는 성질을 가진 병원체'를 말하는 것이고, 이러
한 성질을 가진 것으로 의심될 만한 사정이 있다는 이유만으로 위 병원체에
해당한다고 볼 수는 없다.

[2] 구 동물용의약품 등 취급규칙(1997. 5. 6. 농림부령 제1255호로 전문 개정
되기 전의 것) 제8조 제1항의 무환수입 승인은 구 약사법(1997. 12. 13. 법률
제5453호로 개정되기 전의 것) 제34조 제1항에서 정한 수입품목 허가나 신고
와는 구별되는 별개의 절차에 해당된다고 보아야 할 것인바, 결국 같은 법 제
34조 제1항위반행위를 처벌하는 규정인 같은 법 제74조 제1항 제1호에 의하
여 처벌할 수는 없다.

[3] 농림부 주관 농림기술개발사업의 일환으로 시행되고, 국립대학교 총장 명
의로 체결된 연구 용역 약정에 기하여 소속 대학 교수가 행하는 연구 활동이
교육공무원인 위 교수의 직무 집행 행위에 해당한다고 한 사례.

판례 - 가축전염병예방법위반피고사건
[부산지법 1988.9.23., 선고, 87노2760, 제1형사부판결 : 상고]

【판시사항】
[1] 가축전염병예방법시행규칙 제15조 제10호가 동법 제21조 제1호의 위탁범위를 넘어선 위법한 규정인지 여부(소극)

[2] 우지가 동법시행규칙 제15조 제10호 소정의 "동물의 유지"에 해당하는지 여부(적극)

【판결요지】
[1] 가축전염병예방법 제21조 제1호 (가)목에 "동물과 그 사체, 뼈, 살, 알, 가죽, 털"이라고 되어 있는 것은 위 법조의 입법취지나 목적에 비추어 볼 때 그것을 제한적 열거적이라기보다는 예시적 규정으로 보아 동물과 사체 및 그 생체부분이라는 뜻으로 풀이함이 상당하고, 따라서 위에 열거되지 아니한 생체일부 즉 내장, 지방, 뿔 등도 이에 당연히 포함된다고 보아야 할 것이어서, 동법시행규칙 제15조 제10호에서 위 (가)목에 열거되지 아니한 생체부분을 지정검역물로 규정하고 있는 것은 모법의 위탁범위를 넘어선 위법한 규정이라 할 수 없다.

[2] 우지는 소의 신장, 내장 등에서 원료지방편을 채취한 다음 소량의 물과 함께 서서히 가열하여 지방을 용해, 분리하고, 이에서 다시 불순물을 제거하여 정제한 것으로서, 그제조공정에 가열하는 과정이 있기는 하지만 이는 원료지방편에서 지방을 추출하는 과정에 불과하고 여기에 다른 원료가 첨가되는 것도 아니며 원래의 지방의 성질에 어떤 변화를 가져오는 것도 아니기 때문에, 우지는 바로 동법 제21조 제1호 (가)목 및 동법시행규칙 제15조 제10호의 "동물의 지방"에 해당하고 지방의 가공품이라고는 볼 수 없다.

제22조(사체의 처분제한) ①제11조제1항제1호에 따른 가축 사체의 소유자등은 가축방역관의 지시 없이는 가축의 사체를 이동·해체·매몰·화학적 처리 또는 소각하여서는 아니 된다. 다만, 수의사의 검안 결과 가축전염병으로 인하여 죽은 것이 아닌 가축의 사체로 확인된 경우에는 그러하지 아니하다. <개정 2020.2.4.>
②가축전염병에 걸렸거나 걸렸다고 믿을 만한 역학조사·정밀검사 결과나 임상증상이 있는 가축 사체의 소유자등이나 제20조제2항에 따라 가축을 살처분한 가축방역관은 농림축산식품부령으로 정하는 바에 따라 지체 없이 해당 사체를 소각하거나 매몰 또는 화학적 처리를 하여야 한다. 다만, 병성감정 또는 학술연구 등 다른 법률에서 정하는 바에 따라 허가를 받거나 신고한 경우와 대통령령으로 정하는 바에 따라 재활용하기 위하여 처리하는 경우에는 그러하지 아니하다. <개정 2013.3.23., 2020.2.4.>
③제2항에 따라 사체를 소각·매몰·화학적 처리 또는 재활용하려는 자 및 시장·군수·구청장은 농림축산식품부령으로 정하는 바에 따라 주변 환경의 오염방지를 위하여 필요한 조치를 제24조제1항에서 정하는 기간 동안 하여야 한다. 다만, 시장·군수·구청장은 매몰지의 규모나 주변 환경 여건 등을 고려하여 그 기간을 연장 또

는 단축할 수 있다. <개정 2011.1.24., 2013.3.23., 2020.2.4.>

④제2항에 따라 소각·매몰·화학적 처리 또는 재활용하여야 할 가축의 사체는 가축방역 관의 지시 없이는 다른 장소로 옮기거나 손상 또는 해체하지 못한다. <개정 2020.2.4.>

⑤시장·군수·구청장은 제2항에 따라 가축의 사체를 매몰한 토지 등에 대한 관리실 태를 농림축산식품부령으로 정하는 바에 따라 매년 농림축산식품부장관에게 보고 하여야 한다. <신설 2011.1.24., 2013.3.23.>

⑥농림축산식품부장관 및 환경부장관은 제3항에 따른 조치에 필요한 지원을 할 수 있다. <신설 2017.10.31.>

[전문개정 2010.4.12.]

제23조(오염물건의 소각 등) ①가축전염병의 병원체에 의하여 오염되었거나 오염되 었다고 믿을 만한 역학조사·정밀검사 결과나 임상증상이 있는 물건의 소유자등은 농림축산식품부령으로 정하는 바에 따라 가축방역관의 지시에 따라 그 물건을 소 각·매몰·화학적 처리 또는 소독하여야 한다. <개정 2013.3.23., 2020.2.4.>

②제1항의 물건의 소유자등은 가축방역관의 지시 없이는 그 물건을 다른 장소로 옮 기거나 세척하지 못한다.

③가축방역관은 가축전염병이 퍼지는 것을 막기 위하여 긴급한 경우 또는 소유자등 이 제1항의 지시에 따르지 아니할 경우에는 제1항의 물건을 직접 소각·매몰·화 학적 처리 또는 소독할 수 있다. <개정 2020.2.4.>

[전문개정 2010.4.12.]

제23조의2(사체 등의 처분에 필요한 장비 등의 구비) 시장·군수·구청장은 대통 령령으로 정하는 바에 따라 제22조제2항 본문, 제23조제1항 및 제3항에 따른 사 체 및 물건의 위생적 처분에 필요한 장비, 자재 및 약품 등의 확보에 관한 대책을 미리 수립하여야 한다.

[본조신설 2012.2.22.]

제24조(매몰한 토지의 발굴 금지 및 관리) ①누구든지 제22조제2항 본문, 제23조 제1항 및 제3항에 따른 가축의 사체 또는 물건을 매몰한 토지는 3년(탄저·기종저 의 경우에는 20년을 말한다) 이내에는 발굴하지 못하며, 매몰 목적 이외의 가축사 육시설 설치 등 다른 용도로 사용하여서는 아니 된다. 다만, 시장·군수·구청장 이 농림축산식품부장관 및 환경부장관과 미리 협의하여 허가하는 경우에는 그러하 지 아니하다. <개정 2011.1.24., 2011.7.25., 2013.3.23.>

②시장·군수·구청장은 제1항에도 불구하고 주변환경에 미칠 영향 등을 고려하여 농림축산식품부장관이 환경부장관과 협의하여 고시하는 사유에 해당하는 경우에는 농림축산식품부령으로 정하는 방법에 따라 2년의 범위에서 그 기간을 연장할 수

있다. 이 경우 시장·군수·구청장은 농림축산식품부장관 및 환경부장관에게 이를
보고하여야 한다. <신설 2011.7.25., 2013.3.23., 2017.10.31.>
③시장·군수·구청장은 제1항에 따라 매몰한 토지에 농림축산식품부령으로 정하는
표지판을 설치하여야 한다. <개정 2011.7.25., 2013.3.23.>
[전문개정 2010.4.12.]
[제목개정 2011.1.24.]

제24조의2(주변 환경조사 등) ①시장·군수·구청장은 제22조제2항에 따른 매몰지
로 인한 환경오염 피해예방 및 사후관리 대책을 수립하기 위하여 환경부장관이 정
하는 바에 따라 매몰지 주변 환경조사를 실시하여야 한다.
②시장·군수·구청장은 제1항에 따른 매몰지 주변 환경조사 결과가 환경부장관이
정한 기준을 초과한 경우에는 환경부장관이 정하는 바에 따라 정밀조사 및 정화
조치 등을 실시하여야 한다. 다만, 환경부장관은 긴급한 경우 직접 정밀조사 및
정화 조치를 실시할 수 있다. <개정 2020.2.4.>
③시장·군수·구청장은 제1항 및 제2항에 따른 매몰지 주변 환경조사, 정밀조사 및
정화 조치 등의 결과를 농림축산식품부장관과 환경부장관에게 제출하여야 한다.
④환경부장관은 시장·군수·구청장이 실시하는 제1항 및 제2항의 매몰지 주변 환
경조사 및 정화 조치 등에 대하여 적정 여부를 확인하고, 이에 따른 조치에 필요
한 지원을 할 수 있다.
[본조신설 2018.12.31.]

제25조(축사 등의 소독) ①가축전염병에 걸렸거나 걸렸다고 믿을 만한 역학조사·
정밀검사 결과나 임상증상이 있는 가축 또는 그 사체가 있던 축사, 선박, 자동차,
항공기 등의 소유자등은 농림축산식품부령으로 정하는 바에 따라 소독하여야 한
다. <개정 2013.3.23.>
②시장·군수·구청장은 가축전염병이 퍼지는 것을 막기 위하여 필요하다고 인정할
때에는 소속 공무원, 가축방역관 또는 가축방역사에게 제1항의 소독을 하게 할 수
있다. <개정 2015.6.22.>
[전문개정 2010.4.12.]

제26조(항해 중인 선박에서의 특례) 항해 중인 선박에서 가축전염병에 걸렸거나
걸렸다고 믿을 만한 역학조사·정밀검사 결과나 임상증상이 있는 가축이 죽거나
물건 또는 그 밖의 시설이 가축전염병의 병원체에 의하여 오염되었거나 오염되었
다고 믿을 만한 역학조사 또는 정밀검사 결과가 있을 때에는 제22조·제23조 및
제25조에도 불구하고 선장이 농림축산식품부령으로 정하는 바에 따라 소독이나 그
밖에 필요한 조치를 하여야 한다. <개정 2013.3.23.>
[전문개정 2010.4.12.]

제27조(가축집합시설의 사용정지 등) 시장·군수·구청장은 가축전염병이 퍼지는 것을 막기 위하여 필요하다고 인정하면 농림축산식품부령으로 정하는 바에 따라 경마장, 축산진흥대회장, 가축시장, 도축장, 그 밖에 가축이 모이는 시설의 소유자 등에게 그 시설의 사용정지 또는 사용제한을 명할 수 있다. <개정 2013.3.23.>
[전문개정 2010.4.12.]

제28조(제2종 가축전염병에 대한 조치) 제2종 가축전염병에 대하여는 제19조제1항제1호·제3호, 같은 조 제2항부터 제4항까지 및 제8항, 제20조제1항 본문 및 제2항, 제21조를 준용한다. <개정 2015.6.22.>
[전문개정 2010.4.12.]

제28조의2(제3종 가축전염병에 대한 조치) 제3종 가축전염병에 대하여는 제19조제1항제1호 및 같은 조 제2항부터 제4항까지 및 제8항을 준용한다. 다만, 가축방역관의 지도에 따라 가축전염병의 전파 방지를 위한 세척·소독 등 방역조치를 한 후 도축장으로 출하하거나 계약사육농가로 이동하려는 경우 이동제한에 관하여는 제19조제1항제1호를 준용하지 아니한다. <개정 2015.6.22.>
[전문개정 2010.4.12.]

제29조(명예가축방역감시원) ①농림축산식품부장관, 국립가축방역기관장, 시·도지사, 시장·군수·구청장은 신고대상 가축이 있는 경우에는 이를 신속하게 신고하게 하고, 가축 전염성 질병에 관한 예찰 및 방역관리에 관한 지도·감시를 효율적으로 수행하게 하기 위하여 가축의 소유자등, 사료 판매업자, 동물약품 판매업자 또는 「축산물 위생관리법」에 따른 검사원 및 그 밖에 농림축산식품부령으로 정하는 자를 명예가축방역감시원으로 위촉할 수 있다. <개정 2010.5.25., 2011.7.25., 2015.6.22., 2017.3.21.>
②제1항에 따른 명예가축방역감시원의 위촉 절차, 임무 및 수당 지급 등에 필요한 사항은 농림축산식품부령으로 정한다. <개정 2013.3.23.>
[전문개정 2010.4.12.]

제3장 수출입의 검역

제30조(동물검역관의 자격 및 권한) ①이 법에서 규정한 동물검역업무에 종사하도록 하기 위하여 대통령령으로 정하는 행정기관(이하 "동물검역기관"이라 한다)에 동물검역관(이하 "검역관"이라 한다)을 둔다.
②검역관은 수의사여야 한다.
③검역관은 이 법에 규정된 직무를 수행하기 위하여 필요하다고 인정하면 제31조에 따른 지정검역물을 실은 선박, 항공기, 자동차, 열차, 보세구역 또는 그 밖에 필요

한 장소에 출입할 수 있으며 소독 등 필요한 조치를 할 수 있다.

④검역관은 제31조에 따른 지정검역물과 그 용기, 포장 및 그 밖의 여행자 휴대품 등 검역에 필요하다고 인정되는 물건을 검사하거나 관계자에게 질문을 할 수 있으며, 검사에 필요한 최소량의 물건이나 용기, 포장 등을 무상으로 수거할 수 있다. 이 경우 필요하다고 인정하면 제31조에 따른 지정검역물에 대하여 소독 등 필요한 조치를 할 수 있다. <개정 2011.1.24.>

[전문개정 2010.4.12.]

제31조(지정검역물) 수출입 검역 대상 물건은 다음 각 호의 어느 하나에 해당하는 물건으로서 농림축산식품부령으로 정하는 물건(이하 "지정검역물"이라 한다)으로 한다. <개정 2011.1.24., 2013.3.23.>

1. 동물과 그 사체
2. 뼈·살·가죽·알·털·발굽·뿔 등 동물의 생산물과 그 용기 또는 포장
3. 그 밖에 가축 전염성 질병의 병원체를 퍼뜨릴 우려가 있는 사료, 사료원료, 기구, 건초, 깔짚, 그 밖에 이에 준하는 물건

[전문개정 2010.4.12.]

제32조(수입금지) ①다음 각 호의 어느 하나에 해당하는 물건은 수입하지 못한다. <개정 2013.3.23., 2013.8.13., 2020.2.4.>

1. 농림축산식품부장관이 지정·고시하는 수입금지지역에서 생산 또는 발송되었거나 그 지역을 거친 지정검역물
2. 동물의 전염성 질병의 병원체
3. 소해면상뇌증이 발생한 날부터 5년이 지나지 아니한 국가산 30개월령 이상 쇠고기 및 쇠고기 제품
4. 특정위험물질

②제1항에도 불구하고 다음 각 호의 어느 하나에 해당하는 물건은 수입할 수 있다. <신설 2013.8.13., 2020.2.4.>

1. 시험 연구 또는 예방약 제조에 사용하기 위하여 농림축산식품부장관의 허가를 받은 물건
2. 항공기·선박의 단순기항 또는 밀봉된 컨테이너로 차량·열차에 싣고 제1항제1호의 수입금지지역을 거친 지정검역물
3. 동물원 관람 목적으로 수입되는 동물(농림축산식품부장관이 수입위생조건을 별도로 정한 경우에 한정한다)

③농림축산식품부장관은 제2항에 따라 수입을 허가할 때에는 수입 방법, 수입된 지정검역물 등의 사후관리 또는 그 밖에 필요한 조건을 붙일 수 있다. <개정 2013.3.23., 2013.8.13., 2015.6.22.>

④제2항제2호의 단순기항에 해당되는 기항에 관하여는 농림축산식품부령으로 정한다. <개정 2013.3.23., 2013.8.13., 2015.6.22.>

⑤농림축산식품부장관은 수출국의 정부기관의 요청에 따라 제1항제1호에 따른 지정검역물의 수입금지지역을 해제하거나 같은 항 제3호에 따른 수입금지를 해제하려는 경우 각 지정검역물의 수입으로 인한 동물의 전염성 질병 유입 가능성에 대한 수입위험 분석을 하여야 한다. <개정 2013.3.23., 2013.8.13., 2017.3.21.>

⑥농림축산식품부장관은 제1항제1호에 따른 지정검역물의 수입금지지역을 해제한 이후 또는 같은 항 제3호에 따른 수입금지를 해제한 이후에도 국제기준의 변경, 수출국의 가축위생 제도의 변경 등으로 필요하다고 인정되는 경우에는 수입위험 분석을 다시 실시할 수 있다. <신설 2017.3.21.>

⑦제5항 및 제6항에 따른 수입위험 분석의 방법 및 절차에 필요한 사항은 농림축산식품부장관이 정하여 고시한다. <개정 2013.3.23., 2013.8.13., 2015.6.22., 2017.3.21.>

[전문개정 2010.4.12.]

판례 – 허위공문서작성 · 허위작성공문서행사 · 뇌물수수 · 가축전염병예방법위반 · 약사법위반

[대법원 2005.10.14., 선고, 2003도1154, 판결]

【판시사항】

[1] 동물에게 전염성질병을 야기하는 성질을 가진 것으로 의심될 만한 사정이 있다는 이유만으로 구 가축전염병예방법 제21조 제1항 제2호에서 정한 '동물의 전염성질병의 병원체'에 해당하는지 여부(소극)

[2] 구 동물용의약품 등 취급규칙 제8조 제1항의 무환수입 승인조항 위반행위를 허가나 신고 없는 수입행위를 금지하는 구 약사법 제74조 제1항 제1호, 제34조 제1항 위반으로 처벌할 수 있는지 여부(소극)

[3] 농림부 주관 농림기술개발사업의 일환으로 시행되고, 국립대학교 총장 명의로 체결된 연구 용역 약정에 기하여 소속 대학 교수가 행하는 연구활동이 교육공무원인 위 교수의 직무 집행 행위에 해당한다고 한 사례

【판결요지】

[1] 구 가축전염병예방법(1996.8.8. 법률 제5153호로 개정되기 전의 것) 제21조 제1항 제2호에서 정한 '동물의 전염성질병의 병원체'라 함은, '동물에게 전염성이 있는 질병을 야기하는 성질을 가진 병원체'를 말하는 것이고, 이러한 성질을 가진 것으로 의심될 만한 사정이 있다는 이유만으로 위 병원체에 해당한다고 볼 수는 없다.

[2] 구 동물용의약품 등 취급규칙(1997.5.6. 농림부령 제1255호로 전문 개정되기 전의 것) 제8조 제1항의 무환수입 승인은 구 약사법(1997.12.13. 법률 제5453호로 개정되기 전의 것) 제34조 제1항에서 정한 수입품목 허가나 신고와는 구별되는 별개의 절차에 해당된다고 보아야 할 것인바, 결국 같은 법 제34조

제1항 위반행위를 처벌하는 규정인 같은 법 제74조 제1항 제1호에 의하여 처벌할 수는 없다.

[3] 농림부 주관 농림기술개발사업의 일환으로 시행되고, 국립대학교 총장 명의로 체결된 연구 용역 약정에 기하여 소속 대학 교수가 행하는 연구 활동이 교육공무원인 위 교수의 직무 집행 행위에 해당한다고 한 사례.

제32조의2(소해면상뇌증이 발생한 수출국에 대한 쇠고기 수입 중단 조치) ①농림축산식품부장관은 제34조제2항에 따라 위생조건이 이미 고시되어 있는 수출국에서 소해면상뇌증이 추가로 발생하여 그 위험으로부터 국민의 건강과 안전을 보호하기 위하여 긴급한 조치가 필요한 경우 쇠고기 또는 쇠고기 제품에 대한 일시적 수입 중단 조치 등을 할 수 있다. <개정 2013.3.23.>
②농림축산식품부장관은 제1항에 따라 수입을 중단하거나 재개하려는 경우 제4조제1항에 따른 중앙가축방역심의회의 심의를 거쳐야 한다. <개정 2013.3.23., 2015.6.22.>
[전문개정 2010.4.12.]

제33조(수입금지 물건 등에 대한 조치) ①검역관은 수입된 지정검역물이 다음 각호의 어느 하나에 해당하는 경우 그 화물주(대리인을 포함한다. 이하 같다)에게 반송(제3국으로의 반출을 포함한다. 이하 같다)을 명할 수 있으며, 반송하는 것이 가축방역에 지장을 주거나 반송이 불가능하다고 인정하는 경우에는 소각, 매몰 또는 농림축산식품부장관이 정하여 고시하는 가축방역상 안전한 방법(이하 "소각·매몰등"이라 한다)으로 처리할 것을 명할 수 있다. <개정 2013.3.23., 2017.3.21., 2020.2.4.>
1. 제32조제1항에 따라 수입이 금지된 물건
2. 제34조제1항 본문에 따라 수출국의 정부기관이 발행한 검역증명서를 첨부하지 아니한 경우
3. 부패·변질되었거나 부패·변질될 우려가 있다고 판단되는 경우
4. 그 밖에 지정검역물을 수입하면 국내에서 가축방역상 또는 공중위생상 중대한 위해가 발생할 우려가 있다고 판단되는 경우로서 농림축산식품부장관의 승인을 받은 경우
②제1항에 따른 명령을 받은 화물주는 그 지정검역물을 반송하거나 소각·매몰등을 하여야 하며, 농림축산식품부령으로 정하논 기한까지 명령을 이행하지 아니할 때에는 검역관이 직접 소각·매몰등을 할 수 있다. <개정 2013.3.23., 2020.2.4.>
③검역관은 제1항에도 불구하고 해당 지정검역물의 화물주가 분명하지 아니하거나 화물주가 있는 곳을 알지 못하여 제1항에 따른 명령을 할 수 없는 경우에는 해당 지정검역물을 직접 소각·매몰등을 할 수 있다. <개정 2020.2.4.>
④검역관은 제2항 및 제3항에 따라 지정검역물에 대한 조치를 하였을 때에는 그 사실을 해당 지정검역물의 통관 업무를 관장하는 기관의 장에게 통보하여야 한다.
⑤제2항 및 제3항에 따라 반송하거나 소각·매몰등을 하여야 할 지정검역물은 검역관의 지시 없이는 다른 장소로 옮기지 못한다.

⑥제2항 및 제3항에 따라 처리되는 지정검역물에 대한 보관료, 사육관리비 및 반송, 소각·매몰등 또는 운반 등에 드는 각종 비용은 화물주가 부담한다. 다만, 화물주가 분명하지 아니하거나 있는 곳을 알 수 없는 경우 또는 수입 물건이 소량인 경우로서 검역관이 부득이하게 처리하는 경우에는 그 반송, 소각·매몰등 또는 운반 등에 드는 각종 비용은 국고에서 부담한다. <개정 2020.2.4.>
[전문개정 2010.4.12.]

제34조(수입을 위한 검역증명서의 첨부) ①지정검역물을 수입하는 자는 다음 각 호의 구분에 따라 검역증명서를 첨부하여야 한다. 다만, 동물검역에 관한 정부기관이 없는 국가로부터의 수입 등 농림축산식품부령으로 정하는 경우와 동물검역기관의 장이 인정하는 수출국가의 정부기관으로부터 통신망을 통하여 전송된 전자문서 형태의 검역증이 동물검역기관의 주전산기에 저장된 경우에는 그러하지 아니하다. <개정 2013.3.23., 2017.3.21.>
1. 제2항에 따라 위생조건이 정해진 경우: 수출국의 정부기관이 동물검역기관의 장과 협의한 서식에 따라 발급한 검역증명서
2. 제2항에 따라 위생조건이 정해지지 아니한 경우: 수출국의 정부기관이 가축전염병의 병원체를 퍼뜨릴 우려가 없다고 증명한 검역증명서
②농림축산식품부장관은 가축방역 또는 공중위생을 위하여 필요하다고 인정하는 경우에는 검역증명서의 내용에 관련된 수출국의 검역 내용, 위생 상황 및 검역시설의 등록·관리 절차 등을 규정한 위생조건을 정하여 고시할 수 있다.
<개정 2013.3.23., 2017.3.21., 2020.2.4.>
③제2항에도 불구하고 최초로 소해면상뇌증 발생 국가산 쇠고기 또는 쇠고기 제품을 수입하거나 제32조의2에 따라 수입이 중단된 쇠고기 또는 쇠고기 제품의 수입을 재개하려는 경우 해당 국가의 쇠고기 및 쇠고기 제품의 수입과 관련된 위생조건에 대하여 국회의 심의를 받아야 한다.
[전문개정 2010.4.12.]

제35조(동물수입에 대한 사전 신고) ①지정검역물 중 농림축산식품부령으로 정하는 동물을 수입하려는 자는 수입 예정 항구·공항 또는 그 밖의 장소를 관할하는 동물검역기관의 장에게 동물의 종류, 수량, 수입 시기 및 장소 등을 미리 신고하여야 한다. <개정 2013.3.23.>
②동물검역기관의 장은 제1항에 따라 신고를 받았을 때에는 신고된 검역 물량, 다른 검역업무 및 처리 우선순위 등을 고려하여 수입의 수량·시기 또는 장소를 변경하게 할 수 있다.
③제1항 및 제2항에 따른 사전 신고의 절차·방법 등에 필요한 사항은 농림축산식품부령으로 정한다. <개정 2013.3.23.>
[전문개정 2010.4.12.]

제36조(수입 검역) ①지정검역물을 수입한 자는 지체 없이 농림축산식품부령으로 정하는 바에 따라 동물검역기관의 장에게 검역을 신청하고 검역관의 검역을 받아야 한다. 다만, 여행자 휴대품으로 지정검역물을 수입하는 자는 입국 즉시 농림축산식품부령으로 정하는 바에 따라 출입공항·항만 등에 있는 동물검역기관의 장에게 신고하고 검역관의 검역을 받아야 한다. <개정 2013.3.23.>

②검역관은 지정검역물 외의 물건이 가축 전염성 질병의 병원체에 의하여 오염되었다고 믿을 만한 역학조사 또는 정밀검사 결과가 있을 때에는 지체 없이 그 물건을 검역하여야 한다.

③검역관은 검역업무를 수행하기 위하여 필요하다고 인정하는 경우에는 제1항에 따른 신청, 신고 또는 「관세법」 제154조에 따른 보세구역 화물관리자의 요청이 없어도 보세구역에 장치(藏置)된 지정검역물을 검역할 수 있다.

[전문개정 2010.4.12.]

제37조(수입 장소의 제한) 지정검역물은 농림축산식품부령으로 정하는 항구, 공항 또는 그 밖의 장소를 통하여 수입하여야 한다. 다만, 동물검역기관의 장이 지정검역물을 수입하는 자의 요청에 따라 항구, 공항 또는 그 밖의 장소를 따로 지정하는 경우에는 그러하지 아니하다. <개정 2013.3.23., 2017.3.21.>

[전문개정 2010.4.12.]

제38조(화물 목록의 제출) ①동물검역기관의 장은 수입화물을 수송하는 선박회사, 항공사 및 육상운송회사로 하여금 지정검역물을 실은 선박, 항공기, 열차 또는 화물자동차가 도착하기 전 또는 도착 즉시 화물 목록을 제출하게 할 수 있다.

②동물검역기관의 장은 제1항에 따른 화물 목록을 받았을 때에는 검역관에게 지정검역물의 적재 여부 확인 등 농림축산식품부령으로 정하는 바에 따라 선박, 항공기, 열차 또는 화물자동차에서 검사를 하게 할 수 있다. <개정 2013.3.23.>

③검역관은 제2항에 따른 검사의 결과 불합격한 지정검역물에 대하여는 하역을 금지하고, 화물주에게 반송을 명할 수 있으며 반송하면 가축방역에 지장을 주거나 반송이 불가능하다고 인정하는 경우에는 소각·매몰등을 명할 수 있다. <개정 2020.2.4.>

④제3항에 따른 불합격한 지정검역물의 반송 또는 소각·매몰등의 처리에 관하여는 제33조제2항부터 제6항까지의 규정을 준용한다.

[전문개정 2010.4.12.]

제39조(우편물 또는 탁송품으로서의 수입) ①지정검역물을 우편물 또는 탁송품으로 수입하는 자는 그 우편물 또는 탁송품을 받으면 지체 없이 그 우편물 또는 탁송품을 첨부하여 그 사실을 동물검역기관의 장에게 신고하고, 농림축산식품부령으로 정하는 바에 따라 검역관의 검역을 받아야 한다. 다만, 제3항에 따라 검역을 받은 우편물 또는 탁송품의 경우에는 그러하지 아니하다. <개정 2013.3.23., 2017.3.21.>

②우체국장 또는 「관세법」제222조제1항제6호에 따라 등록한 탁송품 운송업자(이하 "탁송업자"라 한다)는 검역을 받지 아니한 지정검역물을 넣은 수입 우편물 또는 탁송품의 국내 송부를 위탁받았을 때에는 지체 없이 그 사실을 동물검역기관의 장에게 통보하여야 한다. <개정 2017.3.21.>
③제2항에 따른 통보를 받은 동물검역기관의 장은 해당 우편물 또는 탁송품을 지체 없이 검역하여야 한다. <개정 2017.3.21.>
④제3항에 따른 검역은 해당 우편물 또는 탁송품의 수취인이 참여한 가운데 실시하여야 한다. 다만, 해당 우편물 또는 탁송품의 수취인이 검역을 거부하거나 정당한 사유 없이 참여하지 아니한 경우에는 우체국 직원 또는 탁송업자의 직원이 참여한 가운데 검역을 할 수 있다. <개정 2017.3.21.>
[전문개정 2010.4.12.] [제목개정 2017.3.21.]

제40조(검역증명서의 발급 등) 검역관은 제36조 또는 제39조에 따른 검역에서 그 물건이 가축 전염성 질병의 병원체를 퍼뜨릴 우려가 없다고 인정할 때에는 농림축산식품부령으로 정하는 바에 따라 검역증명서를 발급하거나 지정검역물에 낙인이나 그 밖의 표지를 하여야 한다. 다만, 제36조제2항에 따라 검역한 경우에는 신청을 받았을 때에만 검역증명서를 발급하거나 표지를 한다. <개정 2013.3.23.>
[전문개정 2010.4.12.]

제41조(수출 검역 등) ①지정검역물을 수출하려는 자는 농림축산식품부령으로 정하는 바에 따라 검역관의 검역을 받아야 한다. 다만, 수입 상대국에서 검역을 요구하지 아니한 지정검역물을 수출하는 경우에는 그러하지 아니하다. <개정 2013.3.23.>
②지정검역물 외의 동물 및 그 생산물 등의 수출 검역을 받으려는 자는 신청을 하여 검역관의 검역을 받을 수 있다.
③제1항 및 제2항의 수출 검역은 상대국의 정부기관이 요구하는 기준과 방법 등에 따른다. 다만, 상대국의 정부기관이 요구하는 기준과 방법 등이 없는 경우에는 수입자가 요구하는 기준과 방법 등에 따를 수 있다. <개정 2015.6.22.>
④동물검역기관의 장은 수출검역과 관련하여 필요하다고 인정하면 지방자치단체의 장에게 그 소속 가축방역관 또는 「축산물위생관리법」에 따른 검사관이 가축 및 축산물에 대하여 검사, 투약, 예방접종한 것 등에 관한 자료 제출을 요청할 수 있다. 이 경우 지방자치단체의 장은 정당한 사유가 없으면 요청을 거부하여서는 아니 된다. <개정 2010.5.25.>
⑤검역관은 제1항부터 제3항까지의 규정에 따른 검역에서 그 물건에 가축 전염성 질병의 병원체가 없다고 인정할 때에는 농림축산식품부령으로 정하는 바에 따라 검역증명서를 발급하여야 한다. <개정 2013.3.23.>
[전문개정 2010.4.12.]

제42조(검역시행장) ①제36조제1항 및 제41조제1항 본문에 따른 지정검역물의 검역은 동물검역기관의 검역시행장에서 하여야 한다. 다만, 다음 각 호의 어느 하나에 해당할 때에는 동물검역기관의 장이 지정하는 검역시행장에서도 검역을 할 수 있다.

1. 제36조제1항에 따른 수입검역물 중 동물검역기관의 검역시행장에서 검역하는 것이 불가능하거나 부적당하다고 인정되는 것이 있을 때
2. 제41조제1항 및 제2항에 따른 수출검역물이 시설·장비 등 검역 요건이 갖추어진 가공제품공장·집하장에 있을 때
3. 국내 가축방역 상황에 비추어 가축전염병의 병원체가 퍼질 우려가 없다고 인정할 때

②제1항 단서에 따른 검역시행장의 지정을 받으려는 자는 검역에 필요한 인력과 시설을 갖추어야 하며, 검역시행장의 지정 대상·기간, 시설기준, 운영, 그 밖에 필요한 사항은 농림축산식품부령으로 정한다. <개정 2013.3.23.>

③검역시행장의 지정을 받은 자는 농림축산식품부령으로 정하는 검역시행장의 관리기준을 준수하여야 한다. <개정 2013.3.23.>

④제1항 단서에 따른 검역시행장에는 농림축산식품부령으로 정하는 바에 따라 방역본부 소속의 관리수의사를 근무하게 하거나 관리수의사를 두게 할 수 있다. 다만, 수입 원피(原皮: 가공 전의 가죽) 가공장 등 농림축산식품부령으로 정하는 검역시행장에는 검역관리인을 두게 할 수 있다. <개정 2013.3.23., 2020.2.4.>

⑤제4항 단서에 따른 검역관리인의 자격과 임무 등에 필요한 사항은 대통령령으로 정한다.

⑥동물검역기관의 장은 다음 각 호의 어느 하나에 해당할 때에는 검역시행장의 지정을 받은 자에게 시정을 명할 수 있다.

1. 제2항에 따른 검역시행장의 지정 요건을 충족하지 못하게 되었을 때
2. 제3항에 따른 관리기준을 준수하지 아니하였을 때

⑦동물검역기관의 장은 다음 각 호의 어느 하나에 해당하는 검역시행장에 대하여는 지정을 취소하거나 6개월 이내의 기간을 정하여 업무의 정지를 명할 수 있다. 다만, 제1호에 해당할 때에는 그 지정을 취소하여야 한다. <개정 2017.3.21.>

1. 거짓이나 그 밖의 부정한 방법으로 검역시행장의 지정을 받았을 때
2. 제6항에 따른 시정명령을 이행하지 아니하였을 때

⑧동물검역기관의 장은 제7항에 따라 검역시행장의 지정을 취소하려면 청문을 하여야 한다. <신설 2017.3.21.>

⑨제7항에 따른 행정처분의 기준 및 절차, 그 밖에 필요한 사항은 농림축산식품부령으로 정한다. <신설 2017.3.21.>

[전문개정 2010.4. 12.]

제43조(검역물의 관리인 지정 등) ①동물검역기관의 장은 검역시행장의 질서유지와 지정검역물의 안전관리를 위하여 필요하다고 인정할 때에는 농림축산식품부령으로 정하는 바에 따라 지정검역물의 운송 · 입출고조작(入出庫操作) 또는 사육 및 보관 관리에 필요한 기준을 정할 수 있으며, 사육관리인, 보관관리인, 운송차량을 지정할 수 있다. <개정 2013.3.23.>

②다음 각 호의 어느 하나에 해당하는 사람은 사육관리인 또는 보관관리인이 될 수 없다.

1. 「국가공무원법」 제33조 각 호의 어느 하나에 해당하는 사람

2. 사육관리인 또는 보관관리인의 지정취소를 받은 날부터 3년이 지나지 아니한 사람

③동물검역기관의 장은 제1항에 따라 지정된 사육관리인 또는 보관관리인이 다음 각 호의 어느 하나에 해당하면 그 지정을 취소할 수 있다. 다만, 제1호 및 제3호에 해당할 때에는 그 지정을 취소하여야 한다.

1. 부정한 방법으로 사육관리인 또는 보관관리인 지정을 받았을 때

2. 제1항에 따른 사육 및 보관 관리기준을 위반하였을 때

3. 제5항을 위반하여 지정검역물의 관리에 필요한 비용을 징수하였을 때

④동물검역기관의 장은 제1항에 따라 지정검역물의 운송차량으로 지정된 운송차량이 다음 각 호의 어느 하나에 해당하면 그 지정을 취소할 수 있다. 다만, 제1호부터 제3호까지에 해당할 때에는 그 지정을 취소하여야 한다.

1. 해당 운송차량의 소유자에 대하여 「화물자동차 운수사업법」에 따른 화물자동차 운수사업의 허가가 취소되었을 때

2. 해당 운송차량의 소유자에 대하여 「관세법」에 따른 보세운송업자의 등록이 취소되었을 때

3. 「자동차관리법」 제13조에 따라 자동차등록이 말소되었을 때

4. 제1항에 따른 지정검역물 운송차량 설비조건을 갖추지 아니하였을 때

5. 제6항에 따른 운송차량 소독 등의 명령을 위반하였을 때

⑤검역시행장의 사육관리인 또는 보관관리인은 지정검역물을 관리하는 데 필요한 비용을 화물주로부터 징수할 수 있다. 이 경우 그 금액은 동물검역기관의 장의 승인을 받아야 한다. <개정 2020.2.4.>

⑥동물검역기관의 장은 검역을 위하여 필요하다고 인정할 경우에는 지정검역물의 화물주나 운송업자에게 지정검역물이나 운송차량에 대하여 지정검역물 화물주의 부담으로 농림축산식품부령으로 정하는 바에 따라 소독을 명하거나 쥐 · 곤충을 없앨 것을 명할 수 있다. <개정 2013.3.23., 2020.2.4.>

[전문개정 2010.4.12.]

제44조(불합격품 등의 처분) ①검역관은 제36조, 제39조, 제41조제1항 본문 및 제
2항에 따라 검역을 하는 중에 다음 각 호의 어느 하나에 해당하는 지정검역물을
발견하였을 때에는 화물주에게 소각 · 매몰등의 방법으로 처리할 것을 명하거나 폐
기할 수 있다. <개정 2020.2.4.>
1. 제34조제2항에 따른 위생조건을 준수하지 아니한 것
2. 가축전염병의 병원체에 의하여 오염되었거나 오염되었을 것으로 인정되는 것
3. 유독 · 유해물질이 들어 있거나 들어 있을 것으로 인정되는 것
4. 썩었거나 상한 것으로서 공중위생상 위해가 발생할 것으로 인정되는 것
5. 다른 물질이 섞여 들어갔거나 첨가되었거나 그 밖의 사유로 공중위생상 위해가
발생할 것으로 인정되는 것
②동물검역기관의 장은 제1항에 따라 수입 지정검역물을 처리하게 하거나 폐기하였을
때에는 그 사실을 그 지정검역물의 통관 업무를 관장하는 기관의 장에게 알려야 한다.
③제1항 각 호의 어느 하나에 해당하는 지정검역물을 처리하는 데 드는 비용에 관
하여는 제33조제6항을 준용한다.
[전문개정 2010.4.12.]

제45조(선박 · 항공기 안의 음식물 확인 등) ①검역관은 외국으로부터 우리나라에
들어온 선박 또는 항공기에 출입하여 남아 있는 음식물의 처리 상황을 확인할 수
있으며, 가축방역을 위하여 필요한 경우에는 관계 행정기관의 장에게 관계 법령에
따라 그 처리에 필요한 조치를 하여줄 것을 요청할 수 있다. <개정 2020.2.4.>
②검역관은 외국으로부터 우리나라에 들어온 선박 또는 항공기 안에 남아 있는 음식
물을 처리하는 업체에 출입하여 그 처리 상황을 검사하거나 필요한 자료 제출을
요구할 수 있다.
[전문개정 2010.4.12.]

제4장 보칙

제46조(수수료) ①다음 각 호의 어느 하나에 해당하는 자는 농림축산식품부령으로
정하는 수수료를 내야 한다. <개정 2013.3.23.>
1. 제12조제1항에 따른 병성감정 의뢰자
2. 제12조제3항에 따른 혈청검사 신청자
3. 제36조제1항, 제39조제1항 본문 또는 제41조제1항 본문 및 제2항에 따라 검역을
받으려는 자
4. 제42조에 따라 검역시행장으로 지정받은 자로서 방역본부 소속의 관리수의사로부
터 현물검사를 받으려는 자
②제10조제3항에 따라 시험 · 분석을 의뢰하는 자는 농림축산식품부령으로 정하는

수수료를 내야 한다. <개정 2013.3.23.>
[전문개정 2010.4.12.]

제47조(승계인에 대한 처분의 효력) ①이 법 또는 이 법에 따른 명령이나 처분은 그 명령이나 처분의 목적이 된 가축 또는 물건의 소유자로부터 권리를 승계한 자 또는 새로운 권리의 설정에 의하여 관리자가 된 자에 대하여도 효력이 있다.
②제1항에 따라 이 법 또는 이 법에 따른 명령이나 처분의 목적이 된 가축 또는 물건을 다른 자에게 양도하거나 관리하게 한 자는 명령이나 처분을 받은 사실과 그 내용을 새로운 권리의 취득자에게 알려야 한다.
[전문개정 2010.4.12.]

제48조(보상금 등) ①국가나 지방자치단체는 다음 각 호의 어느 하나에 해당하는 자에게는 대통령령으로 정하는 바에 따라 보상금을 지급하여야 한다. <개정 2011.1.24., 2017.10.31., 2018.12.31., 2020.2.4.>
1. 제3조의4제5항에 따른 사육제한 명령에 의하여 폐업 등 손실을 입은 자
2. 제15조제1항에 따른 검사, 주사, 주사·면역표시, 약물목욕, 면역요법, 투약으로 인하여 죽거나 부상당한 가축(사산되거나 유산된 가축의 태아를 포함한다)의 소유자
3. 제20조제1항 및 제2항 본문(제28조에서 준용하는 경우를 포함한다)에 따라 살처분한 가축의 소유자. 다만, 가축의 소유자가 축산계열화사업자인 경우에는 계약사육농가의 수급권 보호를 위하여 계약사육농가에 지급하여야 한다.
4. 제23조제1항 및 제3항에 따라 소각하거나 매몰 또는 화학적 처리를 한 물건의 소유자
5. 제11조제1항에 따라 병명이 불분명한 질병으로 죽은 가축이나 가축전염병에 걸렸다고 믿을 만한 임상증상이 있는 가축을 신고한 자 중에서 병성감정 실시 결과 가축전염병으로 확인되어 이동이 제한된 자
6. 제27조에 따라 사용정지 또는 사용제한의 명령을 받은 도축장의 소유자
②제21조제1항(제28조에서 준용하는 경우를 포함한다)에 따라 도태를 목적으로 도축장 등에 출하된 가축의 소유자에게는 예산의 범위에서 장려금을 지급할 수 있다.
③국가나 지방자치단체는 제1항에 따라 보상금을 지급할 때 다음 각 호의 어느 하나에 해당하는 자에게는 대통령령으로 정하는 바에 따라 제1항의 보상금의 전부 또는 일부를 감액할 수 있다. <개정 2015.6.22., 2017.10.31., 2018.12.31., 2020.2.4.>
1. 제5조제3항·제6항, 제6조의2, 제11조제1항 각 호 외의 부분 본문 및 같은 조 제2항, 제13조제6항, 제17조제1항·제2항, 제17조의3제1항·제2항·제5항 또는 제17조의6제1항을 위반한 자
2. 제3조의4제5항, 제15조제1항, 제19조제1항(제28조에서 준용하는 경우를 포함한다), 제19조의2제1항, 제20조제1항(제28조에서 준용하는 경우를 포함한다) 또는 제23조제1항·제2항에 따른 명령을 위반한 자

3. 구제역 등 대통령령으로 정하는 가축전염병에 감염된 것으로 확인된 가축의 소유자등
4. 동일한 가축사육시설에서 동일한 가축전염병(제3호에 따른 가축전염병만 해당한다)이 2회 이상 발생한 가축의 소유자등
5. 「축산법」 제22조를 위반하여 등록·허가를 받지 아니한 자 또는 단위면적당 적정 사육두수를 초과하여 사육한 가축의 소유자등
④제3항에도 불구하고 제18조제1항 또는 제2항에 따른 질병관리등급이 우수한 자 등 대통령령으로 정하는 자에 대해서는 대통령령으로 정하는 바에 따라 보상금 감액의 일부를 경감할 수 있다. 이 경우 경감한 후 최종적으로 지급하는 보상금은 제1항에 따른 보상금의 100분의 80을 넘어서는 아니 된다. <신설 2015. 6. 22.>
⑤시장·군수·구청장은 제1항제1호에 따라 보상금을 지급받은 자가 제3조의4제5항에 따른 사육제한 명령을 위반한 경우에는 그 보상금을 환수하여야 한다. <신설 2020.2.4.>
⑥제5항에 따라 보상금을 반환하여야 하는 자가 보상금을 반환하지 아니하는 때에는 「지방행정제재·부과금의 징수 등에 관한 법률」에 따라 환수금을 징수한다. <신설 2020.2.4., 2020.3.24.>
⑦제5항에 따른 보상금의 환수에 필요한 사항은 대통령령으로 정한다. <신설 2020.2.4.>
[전문개정 2010.4.12.]

판례 — 보상금등지급신청기각결정취소
[창원지법 2015.6.16., 선고, 2014구합1299, 판결 : 확정]

【판시사항】
군청 소속 수의사가 甲 소유 한우에 구제역 예방백신 접종을 하였는데, 甲이 예방접종으로 인한 쇼크로 한우가 폐사하였다면서 가축전염병 예방법에 따른 보상금의 지급을 청구하였으나, 관할 군수가 농림수산식품부장관의 지침에 근거하여 보상금 지급청구를 거부하는 처분을 한 사안에서, 법령의 위임범위를 벗어나 무효인 위 지침에 근거한 처분은 위법하다고 한 사례

【판결요지】
군청 소속 수의사가 甲 소유 한우에 구제역 예방백신 접종을 하였는데, 甲이 예방접종으로 인한 쇼크로 한우가 폐사하였다면서 가축전염병 예방법(이하 '법'이라 한다)에 따른 보상금의 지급을 청구하였으나, 관할 군수가 구제역 상시 백신 전환에 따라 구제역 백신 피해보상을 폐지한다는 농림수산식품부장관(이후 '농림축산식품부장관'으로 명칭 변경, 이하 '농림축산식품부장관'이라 한다)의 지침에 근거하여 보상금 지급청구를 거부하는 처분을 한 사안에서, 법 제15조 제1항, 제48조 제1항 제1호, 가축전염병 예방법 시행령(이하 '시행령'이라 한다) 제11조 제1항 [별표 1], 제2항에 따르면, 국가나 지방자치단체는 구제역 백신 접종으로 죽은 가축의 소유자에게 백신 접종 당시 가축 평가액의 80/100의 범위 내에서 보상금을 지급하여야 하고, 농림축산식품부장관은 법 제48조 제1항 각 호에서 정한 보상금 지급대상을 전제로 법 시행령 제11조 제1항 [별표 1]에서 정한 '보상금 지급기준'에 관하여 가축에 대한 평가의

기준 및 방법, 가축의 종류별 평가액의 산정기준, 그 밖의 가축의 평가에 관한 세부적인 사항을 정할 수 있을 뿐, 법 제48조 제1항 각 호에서 정한 '보상금 지급대상'의 범위를 제한할 수 있는 권한은 없는데, 구제역 백신 피해에 관한 보상금 지급을 폐지하는 것을 내용으로 하고 있는 농림축산식품부장관의 지침은 법 및 시행령이 농림축산식품부장관에게 위임한 '보상금 지급기준'에 관한 사항을 넘어선 '보상금 지급대상'에 관한 사항으로서 법령의 위임범위를 벗어나 무효이므로, 그에 근거한 처분은 위법하다고 한 사례.

제48조의2(폐업 등의 지원) ①농림축산식품부장관, 시·도지사 및 시장·군수·구청장은 중점방역관리지구로 지정되기 전부터 「축산법」 제22조제1항 또는 제3항에 따른 축산업 허가를 받거나 등록을 하고 축산업을 영위하던 자가 중점방역관리지구에서 제3조의4제5항에 따른 사육제한 명령을 받지 아니하였으나 경영악화 등 대통령령으로 정하는 사유로 「축산법」 제22조제6항제2호에 따라 폐업신고를 한 경우에는 폐업에 따른 지원금 지급 등 필요한 지원시책을 시행할 수 있다.

②제1항에 따른 폐업지원금 지급대상 가축의 종류, 지급기준, 산출방법, 지급절차 및 시행기간 등 필요한 사항은 대통령령으로 정한다.

[본조신설 2020.2.4.]

제48조의3(가축전염병피해보상협의회 구성 등) ①가축전염병으로 피해를 입은 가축 소유자 또는 시설 등에 대한 신속하고 합리적인 보상 및 지원을 위하여 시·도지사 소속으로 가축전염병피해보상협의회(이하 "협의회"라 한다)를 둔다.

②협의회는 가축전염병 피해자 등의 피해 보상요구가 있으면 지체없이 보상여부를 결정하여 그 결과를 신청자에게 통보하여야 한다. 이 경우 협의회는 피해 보상에 대하여 신청자와 사전에 협의하여야 한다.

③제1항에 따른 협의회의 구성 및 운영 등에 필요한 사항은 해당 지방자치단체의 조례로 정한다.

④제2항에 따른 보상금 지급 신청절차와 방법, 영업손실의 범위 및 대상, 협의 절차 등에 관하여 필요한 사항은 대통령령으로 정한다.

[본조신설 2020.2.4.]

제49조(생계안정 지원) ①국가 또는 지방자치단체는 제20조제1항에 따른 살처분 명령 또는 제21조제2항에 따른 도태 명령을 이행한 가축의 소유자(가축을 위탁 사육한 경우에는 위탁받아 실제 사육한 자)에게 예산의 범위에서 생계안정을 위한 비용을 지원할 수 있다. <개정 2011.7.25., 2020.2.4.>

②제1항에 따른 생계안정 비용의 지원 범위·기준 및 절차 등에 필요한 사항은 대통령령으로 정한다.

[전문개정 2010.4.12.]

제49조의2(심리적 · 정신적 치료) ①국가 또는 지방자치단체는 국립 · 공립 병원, 보건소 또는 민간의료시설을 다음 각 호의 어느 하나에 해당하는 사람의 심리적 안정과 정신적 회복을 위한 전담의료기관으로 지정할 수 있다. <개정 2020.2.4.>

1. 제20조제1항(제28조에서 준용하는 경우를 포함한다)에 따른 살처분 명령을 이행한 가축의 소유자등과 그 동거 가족 및 가축의 소유자등에게 고용된 사람과 그 동거 가족

2. 제20조제2항 본문(제28조에서 준용하는 경우를 포함한다)에 따라 가축을 살처분한 가축방역관, 가축방역사 및 관계 공무원

3. 제22조제2항에 따라 가축 사체를 소각하거나 매몰 또는 화학적 처리를 한 가축의 소유자등과 그 동거 가족, 가축의 소유자등에게 고용된 사람과 그 동거 가족, 가축방역관, 가축방역사 및 관계 공무원

4. 그 밖에 자원봉사자 등 대통령령으로 정하는 사람

②국가 또는 지방자치단체는 가축의 살처분 및 소각 · 매몰 · 화학적 처리(이하 "살처분등"이라 한다)를 하기 전에 제1항 각 호의 사람 중 살처분등에 참여하는 자에게 살처분등의 작업환경, 스트레스 관리 및 심리적 안정과 정신적 회복을 위한 치료 지원에 관한 사항을 설명하여야 한다. <신설 2019.1.15., 2020.2.4.>

③국가 또는 지방자치단체는 가축의 살처분등을 시행한 날부터 90일 이내에 제1항 각 호의 사람(심리검사에 동의한 자에 한정한다)에게 가축의 살처분등 후 심리적 · 정신적 변화 및 증상에 관한 심리검사를 실시하고, 심리상담 또는 치료가 필요한 사람에게 심리상담 또는 치료를 받도록 권고하여야 한다. <신설 2020.2.4.>

④제1항 각 호의 사람 가운데 심리적 안정과 정신적 회복을 위한 치료를 받으려는 사람은 시장 · 군수 · 구청장에게 신청하여야 하고, 시장 · 군수 · 구청장은 제1항에 따라 지정된 전담의료기관에 치료를 요청하여야 하며, 요청을 받은 전담의료기관은 치료를 하여야 한다. <개정 2015.6.22., 2019.1.15., 2020.2.4.>

⑤국가 또는 지방자치단체는 제4항에 따른 치료를 위한 비용의 전부 또는 일부를 지원할 수 있다. <개정 2019.1.15.>

⑥전담의료기관의 지정, 심리 검사, 치료 신청의 절차 및 방법, 치료 요청의 절차 및 방법, 비용 지원의 구체적인 범위 · 기준 및 절차 등에 필요한 사항은 대통령령으로 정한다. <개정 2019.1.15., 2020.2.4.>

[본조신설 2011.1.24.]

제50조(비용의 지원 등) ①국가나 지방자치단체는 제3조의4, 제13조, 제15조제1항 및 제3항, 제17조, 제17조의3, 제19조, 제20조, 제21조제2항, 제22조제2항 및 제3항, 제23조제1항 및 제3항, 제24조, 제24조의2, 제25조제2항 또는 제48조의2에 따라 강화된 방역시설의 구비, 투약, 소독, 역학조사, 이동제한, 살처분, 도태 등을 하는 데 드는 비용이나 가축의 사체 또는 물건의 소각 · 매몰 · 화학적 처리, 매몰

지의 관리, 매몰지 주변 환경조사, 정밀조사 및 정화 조치 등에 드는 비용, 주민
교육·홍보 등 지방자치단체의 방역활동에 필요한 비용 및 폐업지원에 드는 비용
의 전부 또는 일부를 대통령령으로 정하는 바에 따라 지원할 수 있다. <개정
2011.1.24., 2012.2.22., 2020.2.4.>
②국가는 구제역 등 가축전염병이 확산되는 것을 막기 위하여 소요되는 비용을 대통
령령으로 정하는 바에 따라 발생지역 및 미발생지역의 지방자치단체에 추가로 지
원하여야 한다. <신설 2011.1.24.>
③제15조제3항에 따라 축산관련단체가 공동으로 가축방역을 하는 경우에 그 축산관
련단체는 대통령령으로 정하는 바에 따라 해당 가축의 소유자등으로부터 수수료를
받을 수 있다. <개정 2011.1.24.>
[전문개정 2010.4.12.]

제51조(보고) ①농림축산식품부장관, 시·도지사 또는 특별자치시장은 가축 전염성
질병을 예방하기 위하여 필요하다고 인정할 때에는 농림축산식품부령으로 정하는
바에 따라 다음 각 호의 어느 하나에 해당하는 자로 하여금 필요한 사항에 관하여
보고를 하게 할 수 있다. <개정 2013.3.23., 2015.6.22.>
1. 동물의 소유자등
2. 가축 전염성 질병 병원체의 소유자등
3. 경마장, 축산진흥대회장, 가축시장, 도축장, 그 밖에 가축이 모이는 시설의 소유자 등
4. 축산관련단체
②시·도지사 또는 특별자치시장은 이 법에 따라 가축전염병이 발생하거나 퍼지는
것을 막기 위한 조치를 하였을 때에는 농림축산식품부령으로 정하는 바에 따라 농
림축산식품부장관에게 보고하고 국립가축방역기관장, 관계 시·도지사 및 특별자
치시장에게 알려야 한다. <개정 2013.3.23., 2015.6.22.>
[전문개정 2010.4.12.]

제51조의2(가축전염병 관리대책의 평가) ①농림축산식품부장관은 가축전염병의
발생을 예방하고 그 확산을 방지하기 위하여 매년 지방자치단체를 대상으로 제3조
제1항에 따른 가축전염병 예방 및 관리대책의 수립·시행 등에 관한 사항을 평가
하고, 평가결과가 우수한 지방자치단체에 대해서는 예산의 범위에서 포상할 수 있
다. <개정 2016.12.2.>
②제1항에 따른 가축전염병 예방 및 관리대책의 평가 및 포상의 구체적인 방법·절
차 등은 농림축산식품부장관이 정하여 고시한다. <개정 2016.12.2.>
[본조신설 2015.6.22.]

제51조의3(신고포상금 등) ①농림축산식품부장관은 다음 각 호의 어느 하나에 해당
하는 자에 대해서는 예산의 범위에서 포상금을 지급할 수 있다. <개정 2017.10.31.>

1. 신고대상 가축을 신고한 자(제11조제1항 본문, 같은 조 제2항 및 제3항에 따른 신고 의무자는 제외한다)
2. 제17조의3제1항 또는 제2항을 위반한 자를 신고 또는 고발한 자
3. 제36조제1항 또는 제39조제1항을 위반한 자를 신고 또는 고발한 자

②제1항에 따른 포상금의 지급 대상·기준·방법 및 절차 등에 관한 구체적인 사항은 농림축산식품부장관이 정하여 고시한다.

[본조신설 2015.6.22.]

제52조(농림축산식품부장관 등의 지시) ①농림축산식품부장관 또는 국립가축방역기관장은 가축전염병 중 농림축산식품부령으로 정하는 가축전염병 또는 가축전염병 외의 가축 전염성 질병이 발생하거나 퍼짐으로써 가축의 생산 또는 건강의 유지에 중대한 영향을 미칠 우려가 있고 긴급한 조치를 할 필요가 있을 때에는 지방자치단체의 장에게 제3조의4제2항·제5항, 제15조제1항, 제16조, 제17조, 제19조, 제20조, 제21조, 제27조 또는 제28조에 따른 조치를 할 것을 지시할 수 있다. 이 경우 국립가축방역기관장이 지방자치단체의 장에게 필요한 조치를 지시한 때에는 지체 없이 그 지시의 내용 및 사유를 농림축산식품부장관에게 보고하여야 한다. <개정 2013.3.23., 2017.3.21., 2020.2.4.>

②농림축산식품부장관은 가축 전염성 질병의 국내 유입을 방지하기 위하여 동물검역기관의 장에게 검역 중단, 검역시행장 등에 보관 중인 지정검역물의 출고 중지 등 수입 검역에 관하여 필요한 조치를 지시할 수 있다. <개정 2013.3.23.>

③제2항에 따라 동물검역기관의 장이 취할 조치에 관하여는 제44조를 준용한다.

④농림축산식품부장관은 지방자치단체의 장이 제1항에 따른 농림축산식품부장관 또는 국립가축방역기관장의 지시(제20조에 따른 조치에 관한 지시만 해당한다)를 이행하지 아니한 경우에는 제48조제1항에 따른 보상금과 제50조제1항·제2항에 따른 지원금 중 국가가 부담하는 금액의 전부 또는 일부를 대통령령으로 정하는 바에 따라 감액할 수 있다. <신설 2015.6.22., 2017.3.21.>

[전문개정 2010.4.12.]
[제목개정 2017.3.21.]

제52조의2(행정기관 간의 업무협조) ①국가 또는 지방자치단체(법령 또는 자치법규에 따라 행정권한을 가지고 있거나 위임 또는 위탁받은 공공단체나 기관 또는 사인을 포함한다)는 가축전염병의 발생 및 확산을 방지하고 방역·검역 조치 및 사후관리 대책을 효율적으로 집행하기 위하여 서로 협조하여야 한다.

②농림축산식품부장관은 관계 행정기관의 장, 시·도지사 또는 시장·군수·구청장 등에게 가축전염병의 발생 및 확산을 방지하고 방역·검역 조치 및 사후관리 대책을 효율적으로 집행하기 위하여 다음 각 호의 정보를 요청할 수 있다. 이 경우 협

조를 요청받은 관계 행정기관의 장, 시·도지사 또는 시장·군수·구청장 등은 특별한 사유가 없으면 협조하여야 한다.
<개정 2013.3.23., 2013.8.13., 2015.6.22., 2017.10.31., 2020.2.4.>

1. 제3조의3에 따른 국가가축방역통합정보시스템의 구축·운영에 필요한 가축전염병의 발생 현황, 예방 및 방역조치, 사후관리 등에 관한 정보
2. 제5조제5항 및 제6항에 따라 가축전염병 발생 국가에서 입국하거나 가축전염병 발생 국가로 출국할 때 신고서를 제출하여야 하는 사람 등의 여권발급 정보, 출국 및 입국 정보, 주민등록번호, 주소 및 항공권 예약번호
3. 제17조제7항 및 제8항에 따른 확인·점검 결과
4. 그 밖에 가축전염병의 국내 유입 차단과 확산 방지를 위한 조치에 필요한 정보

③제2항에 따라 관계 행정기관의 장, 시·도지사 또는 시장·군수·구청장 등에게 정보를 요청하는 경우에는 문서 또는 전자문서 등의 방법으로 요청하되, 긴급한 경우에는 구두로 요청할 수 있다. <개정 2017.10.31.>

④농림축산식품부장관은 제2항 각 호의 정보를 그 목적에 필요한 최소한의 범위에서 수집하여야 하며, 목적 외에 다른 용도로 사용하여서는 아니 된다. <신설 2017.10.31.>

[본조신설 2011.1.24.]

제52조의3(정보 제공 요청 등) ①농림축산식품부장관 또는 국립가축방역기관장은 가축전염병 예방 및 전파 차단을 위하여 필요한 경우 농림축산식품부령으로 정하는 제1종 가축전염병이 발생한 농장의 농장소유주(관리인을 포함한다)에 대하여 「개인정보 보호법」 제2조에 따른 개인정보 중 개인차량의 고속도로 통행정보를 「위치정보의 보호 및 이용 등에 관한 법률」 제15조 및 「개인정보 보호법」 제18조에도 불구하고 「위치정보의 보호 및 이용 등에 관한 법률」 제5조제7항에 따른 개인위치정보사업자, 「유료도로법」 제10조에 따른 유료도로관리권자에게 요청할 수 있다.

②농림축산식품부장관 또는 국립가축방역기관장으로부터 제1항의 요청을 받은 자는 정당한 사유가 없으면 이에 따라야 한다.

③농림축산식품부장관 또는 국립가축방역기관장은 제1항 및 제2항에 따라 수집한 정보를 중앙행정기관의 장, 지방자치단체의 장, 가축전염병 방역관련 업무를 수행 중인 단체 등에 제공할 수 있다. 다만, 정보를 제공하는 경우 가축전염병 예방 및 확산 방지를 위하여 해당 기관의 업무에 관련된 정보로 한정한다.

④제3항에 따라 정보를 제공받은 자는 이 법에 따른 가축전염병 방역관련 업무 이외의 목적으로 정보를 사용할 수 없으며, 업무 종료 시 지체 없이 파기하고 농림축산식품부장관에게 통보하여야 한다.

⑤농림축산식품부장관 또는 국립가축방역기관장은 제1항 및 제2항에 따라 수집된 정보의 주체에게 다음 각 호의 사실을 통보하여야 한다.

1. 가축전염병 예방 및 확산 방지를 위하여 필요한 정보가 수집되었다는 사실

2. 제1호의 정보가 다른 기관에 제공되었을 경우 그 사실
3. 제2호의 경우에도 이 법에 따른 가축전염병 방역관련 업무 이외의 목적으로 정보를 사용할 수 없으며, 업무 종료 시 지체 없이 파기된다는 사실
⑥제3항에 따라 정보를 제공받은 자는 이 법에서 규정된 것을 제외하고는 「개인정보 보호법」에 따른다.
⑦제3항에 따른 정보 제공의 대상·범위 및 제5항에 따른 통보의 방법 등에 필요한 사항은 농림축산식품부령으로 정한다.
[본조신설 2018.12.31.]

제52조의4(가축전염병 안내·교육) ①제5조제2항에 따른 무역항과 공항 등의 시설관리자는 농림축산식품부령으로 정하는 바에 따라 가축전염병 발생 현황 정보, 가축전염병 발생 국가 등을 방문하는 자가 유의하여야 하는 사항, 여행자휴대품 신고의무 등(이하 "가축전염병 정보"라 한다)을 시설을 이용하는 자에게 안내하여야 한다.
②동물검역기관의 장은 필요한 경우 선박 또는 항공기 등의 운송수단을 운영하는 자(이하 이 조에서 "운송인"이라 한다)에게 승무원 및 승객을 대상으로 가축전염병 정보에 관한 안내 및 교육을 실시하도록 요청할 수 있다. 이 경우 동물검역기관의 장은 가축전염병 정보에 관한 안내 및 교육 자료를 운송인에게 제공하여야 하며, 요청을 받은 운송인은 정당한 사유가 없으면 이에 따라야 한다.
[본조신설 2019.12.10.]

제53조(가축방역기관장 등의 방역조치 요구) 국립가축방역기관장, 시·도지사 또는 시·도 가축방역기관장은 제12조 및 제13조에 따른 병성감정, 혈청검사 또는 역학조사 결과 방역조치를 할 필요가 있다고 인정하는 경우에는 해당 시·도지사, 시장·군수·구청장에게 제15조제1항, 제17조, 제19조, 제20조, 제21조, 제23조, 제25조, 제27조 또는 제28조에 따른 방역조치를 요구할 수 있다. <개정 2020.2.4.>
[전문개정 2010.4.12.]
[제목개정 2020.2.4.]

제54조(가축방역관 등의 증표) 이 법에 따라 직무를 수행하는 가축방역관, 검역관 및 가축방역사는 농림축산식품부령으로 정하는 바에 따라 그 신분을 표시하는 증표를 지니고 이를 관계인에게 보여 주어야 한다. <개정 2013.3.23.>
[전문개정 2010.4.12.]

제55조(권한의 위임·위탁) ①이 법에 따른 농림축산식품부장관의 권한은 그 일부를 대통령령으로 정하는 바에 따라 시·도지사 또는 소속 기관의 장에게 위임할 수 있으며, 이 법에 따른 시·도지사의 권한은 그 일부를 대통령령으로 정하는 바에 따라 시장·군수·구청장에게 위임할 수 있다. <개정 2013.3.23.>

②농림축산식품부장관, 시·도지사 또는 시장·군수·구청장은 대통령령으로 정하는 바에 따라 제7조제3항의 검사 업무 중 시료 채취에 관한 업무를 축산관련단체에 위탁할 수 있다. <개정 2013.3.23., 2015.6.22.>

③농림축산식품부장관은 대통령령으로 정하는 바에 따라 제18조제1항 및 제2항에 따른 질병관리등급의 부여·조정에 관한 업무를 방역본부 또는 축산관련단체에 위탁할 수 있다. <개정 2013.3.23., 2015.6.22.>

④농림축산식품부장관, 시·도지사 또는 시장·군수·구청장은 제2항 및 제3항에 따른 위탁관리에 드는 경비의 전부 또는 일부를 지원할 수 있다. <개정 2013.3.23., 2015.6.22.>
[전문개정 2010.4.12.]

제5장 벌칙

제55조의2(벌칙) 다음 각 호의 어느 하나에 해당하는 자는 5년 이하의 징역 또는 5천만원 이하의 벌금에 처한다. <개정 2018.12.31., 2020.2.4.>

1. 제11조제1항 본문 또는 제2항을 위반하여 신고를 하지 아니한 가축의 소유자등, 해당 가축에 대하여 사육계약을 체결한 축산계열화사업자, 수의사 또는 대학·연구소 등의 연구책임자
2. 제17조의4제1항을 위반하여 차량출입정보를 목적 외 용도로 사용한 자
3. 제52조의3제4항을 위반하여 가축전염병 방역관련 업무 이외의 목적으로 정보를 사용한 자
[본조신설 2012.2.22.]

제56조(벌칙) 다음 각 호의 어느 하나에 해당하는 자는 3년 이하의 징역 또는 3천만원 이하의 벌금에 처한다. <개정 2014.10.15., 2015.6.22., 2017.10.31., 2018.12.31.>

1. 제20조제1항(제28조에서 준용하는 경우를 포함한다)에 따른 명령을 위반한 자
2. 제32조제1항, 제33조제1항·제5항(제38조제4항에서 준용하는 경우를 포함한다), 제34조제1항 본문 또는 제37조 본문을 위반한 자
3. 제36조제1항 본문에 따른 검역을 받지 아니하거나 검역과 관련하여 부정행위를 한 자
4. 제38조제3항을 위반하여 불합격한 지정검역물을 하역하거나 반송 등의 명령을 위반한 자
[전문개정 2010.4.12.]

제57조(벌칙) 다음 각 호의 어느 하나에 해당하는 자는 1년 이하의 징역 또는 1천만원 이하의 벌금에 처한다. <개정 2011.1.24., 2012.2.22., 2014.10.15., 2015.6.22., 2017.10.31., 2018.12.31., 2020.2.4.>

1. 제3조의4제5항에 따른 가축의 사육제한 명령을 위반한 자

1의2. 제5조제6항에 따른 국립가축방역기관장의 질문에 대하여 거짓으로 답변하거나 국립가축방역기관장의 검사 · 소독 등의 조치를 거부 · 방해 또는 기피한 자
2. 제11조제1항 본문 또는 같은 조 제3항을 위반하여 신고하지 아니한 동물약품 및 사료의 판매자 또는 가축운송업자
3. 거짓이나 그 밖의 부정한 방법으로 가축병성감정 실시기관으로 지정을 받은 자
3의2. 제17조의3제1항을 위반하여 등록을 하지 아니한 자
3의3. 제17조의3제2항을 위반하여 차량무선인식장치를 장착하지 아니한 소유자 및 차량무선인식장치의 전원을 끄거나 훼손 · 제거한 운전자
4. 제19조제1항(제28조에서 준용하는 경우를 포함한다)부터 제4항까지 또는 제27조에 따른 명령을 위반한 자
5. 제19조제8항에 따른 가축의 소유자등의 위반행위에 적극 협조한 가축운송업자 또는 도축업 영업자
5의2. 제19조의2제3항 본문을 위반한 자
5의3. 제21조제2항에 따른 명령을 위반한 자
6. 제22조제2항 본문(가축방역관은 제외한다) · 제4항 또는 제47조제2항을 위반한 자
7. 거짓이나 그 밖의 부정한 방법으로 검역시행장의 지정을 받은 자
8. 부정한 방법으로 사육관리인 또는 보관관리인으로 지정을 받은 사람
9. 제52조의3제2항을 위반하여 정보 제공 요청을 거부한 자
[전문개정 2010.4.12.]

제58조(벌칙) 다음 각 호의 어느 하나에 해당하는 자는 300만원 이하의 벌금에 처한다. <개정 2017.3.21., 2018.12.31., 2020.2.4.>
1. 제5조의3제1항에 따른 가축방역위생관리업 신고를 하지 아니하거나 거짓 또는 그 밖의 부정한 방법으로 신고하고 가축방역위생관리업을 영위한 자
2. 제13조제6항 각 호의 어느 하나에 해당하는 행위를 한 자
3. 제14조제1항, 제22조제1항 본문 · 제3항, 제23조제1항 · 제2항, 제24조제1항 본문 또는 제35조제1항을 위반한 자
4. 제39조제1항 본문에 따른 검역을 받지 아니하거나 검역과 관련하여 부정행위를 한 자
5. 제44조제1항에 따른 명령을 위반한 자
[전문개정 2010.4.12.]

제58조의2(벌칙 적용에서 공무원 의제) 농림축산식품부장관이 제55조제2항 또는 제3항에 따라 위탁한 업무에 종사하는 단체의 임직원은 「형법」 제129조부터 제132조까지의 규정을 적용할 때에는 공무원으로 본다.
[본조신설 2017.10.31.]

제59조(양벌규정) 법인의 대표자나 법인 또는 개인의 대리인, 사용인, 그 밖의 종업원이 그 법인 또는 개인의 업무에 관하여 제56조부터 제58조까지의 어느 하나에 해당하는 위반행위를 하면 그 행위자를 벌하는 외에 그 법인 또는 개인에게도 해당 조문의 벌금형을 과(科)한다. 다만, 법인 또는 개인이 그 위반행위를 방지하기 위하여 해당 업무에 관하여 상당한 주의와 감독을 게을리하지 아니한 경우에는 그러하지 아니하다.
[전문개정 2010.4.12.]

제60조(과태료) ①다음 각 호의 어느 하나에 해당하는 자에게는 1천만원 이하의 과태료를 부과한다. <개정 2011.1.24., 2012.2.22., 2015.6.22., 2016.12.2., 2017.3.21., 2017.10.31., 2018.12.31., 2019.8.27., 2020.2.4.>

1. 제3조의4제3항 또는 제4항을 위반하여 방역교육을 이수하지 아니하거나 방역시설을 갖추지 아니한 자
1의2. 제5조제3항을 위반하여 외국인 근로자에 대한 고용신고·교육·소독을 하지 아니한 자
2. 제5조제5항에 따른 서류의 제출을 거부·방해 또는 기피하거나 거짓 서류를 제출한 자
3. 제5조제5항에 따른 국립가축방역기관장의 질문에 대하여 거짓으로 답변하거나 국립가축방역기관장의 검사·소독 등의 조치를 거부·방해 또는 기피한 자
3의2. 제5조제6항에 따른 신고를 하지 아니하거나 거짓으로 신고한 자
3의3. 제5조의2제1항에 따른 방역관리 책임자를 두지 아니한 가축의 소유자등
3의4. 제5조의2제3항에 따른 방역교육을 이수하지 아니한 방역관리 책임자
3의5. 제5조의4제2항을 위반하여 소독 및 방제에 관한 교육을 연 1회 이상 받지 아니한 방역위생관리업자
3의6. 제5조의4제3항을 위반하여 소독 및 방제에 관한 교육을 연 1회 이상 받지 아니한 종사자를 소독 및 방제업무에 종사하게 한 방역위생관리업자
3의7. 제6조의2제1항부터 제3항까지의 규정을 위반하여 방역교육 및 점검을 실시하지 아니하거나 그 결과를 거짓으로 통지하거나 통지하지 아니한 축산계열화사업자
3의8. 제7조제4항(제8조제3항에서 준용하는 경우를 포함한다)에 따른 가축방역관 및 가축방역사의 검사, 예찰을 거부·방해 또는 회피한 자
4. 제15조제1항, 제16조제5항 또는 제43조제6항에 따른 명령을 위반한 자
4의2. 제15조의2제1항에 따른 입식 사전 신고를 하지 아니하고 가축을 입식한 자
4의3. 제16조제1항을 위반하여 가축 또는 가축의 알의 출입 또는 거래기록을 작성·보존하지 아니하거나 거짓으로 기록한 자
5. 제17조제1항에 따른 소독설비 또는 방역시설을 갖추지 아니한 자
5의2. 제17조제9항을 위반하여 필요한 조치를 취하지 아니한 자
5의3. 제17조제10항을 위반하여 소독설비 및 방역시설의 정비·보수 등의 명령을

이행하지 아니한 자

5의4. 제17조의3제3항을 위반하여 필요한 조치를 취하지 아니한 소유자 및 운전자

5의5. 제17조의3제5항을 위반하여 가축방역 등에 관한 교육을 받지 아니한 소유자 및 운전자

5의6. 제17조의3제8항을 위반하여 변경사유가 발생한 날부터 1개월 이내에 변경등록을 신청하지 아니한 소유자

5의7. 제17조의3제9항을 위반하여 말소사유가 발생한 날부터 1개월 이내에 말소등록을 신청하지 아니한 소유자

5의8. 제17조의3제11항을 위반하여 시설출입차량 표지를 차량외부에서 확인할 수 있도록 붙이지 아니한 소유자

5의9. 제17조의6제1항을 위반하여 방역기준을 준수하지 아니한 자

6. 제36조제1항 단서를 위반하여 신고하지 아니한 자

②다음 각 호의 어느 하나에 해당하는 자에게는 300만원 이하의 과태료를 부과한다. <개정 2011.1.24., 2011.7.25., 2013.8.13., 2015.6.22., 2016.12.2., 2017.3.21., 2018.12.31., 2019.12.10., 2020.2.4.>

1. 제5조제6항에 따른 출국 사실을 신고를 하지 아니하거나 거짓으로 신고한 자

2. 삭제 <2015.6.22.>

3. 제17조제2항 전단 또는 제3항을 위반하여 소독을 하지 아니한 자

3의2. 제17조제2항 후단을 위반하여 방역위생관리업자를 통한 소독 및 방제를 하지 않은 자

4. 제17조제6항을 위반하여 소독실시기록부를 갖추어 두지 아니하거나 거짓으로 기재한 자

4의2. 제17조의2제1항 전단을 위반하여 출입기록을 하지 아니하거나 거짓으로 출입기록을 한 자

4의3. 제17조의2제1항 후단을 위반하여 보존기한까지 출입기록을 보관하지 아니한 자

4의4. 제17조의2제2항에 따른 가축방역관 또는 가축방역사의 확인을 거부·방해 또는 회피한 자

4의5. 제17조의5제2항을 위반하여 관계 공무원의 출입 또는 조사를 거부·방해 또는 기피한 자

5. 제25조제1항 또는 제26조를 위반한 자

6. 제30조제3항 및 제4항에 따른 검역관의 출입·검사 또는 물건 등의 무상 수거를 거부·방해 또는 기피한 자

7. 제36조제2항에 따른 검역을 거부·방해 또는 기피한 자

8. 제38조제1항을 위반하여 화물 목록을 제출하지 아니한 자

8의2. 제39조제2항을 위반하여 지정검역물을 넣은 탁송품을 동물검역기관의 장에

게 통보하지 아니한 탁송업자

9. 제41조제1항 본문에 따른 검역을 받지 아니하고 지정검역물을 수출한 자

10. 제45조제2항에 따른 검역관의 음식물 처리 검사를 거부·방해 또는 기피한 자

11. 제45조제2항에 따른 검역관의 자료 제출 요구를 따르지 아니하거나 거짓 자료를 제출한 자

12. 제51조제1항에 따라 보고하여야 하는 자가 보고를 하지 아니하거나 거짓으로 보고한 자

13. 제52조의4제2항을 위반하여 정당한 사유 없이 요청에 따르지 아니한 자

③제1항 및 제2항에 따른 과태료는 대통령령으로 정하는 바에 따라 농림축산식품부장관, 동물검역기관의 장, 시·도지사, 시장·군수·구청장이 부과한다. <개정 2013.3.23., 2015.6.22.>

[전문개정 2010.4.12.]

판례 - 축산물가공처리법위반

[대법원 2010.7.29., 선고, 2009도10487, 판결]

【판시사항】

[1] 구 축산물가공처리법 제33조 제1항 제3호에서 '병원성 미생물에 의하여 오염의 우려가 있다'는 것의 의미

[2] 피고인들이 공모하여, 기립불능의 젖소 41마리를 다른 소에 대한 브루셀라병검사증명서를 제출하여 도축하게 한 후 그 식육을 경매의 방법으로 판매하도록 한 사안에서, 위 행위는 구 축산물가공처리법상 금지되는 '병원성 미생물에 의하여 오염되었을 우려가 있는' 축산물을 '판매할 목적으로 처리'한 경우에 해당함에도, 이와 달리 판단하여 무죄를 선고한 원심판결에 법리오해의 위법이 있다고 한 사례

제6장 삭제

제61조 삭제 <2007.8.3.>

제62조 삭제 <2007.8.3.>

제63조 삭제 <2007.8.3.>

제64조 삭제 <2007.8.3.>

부칙

<제17472호, 2020.8.11.>

제1조(시행일) 이 법은 공포 후 1개월이 경과한 날부터 시행한다. 다만, ···<생략> ···, 부칙 제4조에 따라 개정되는 법률 중 이 법 시행 전에 공포되었으나 시행일이 도래하지 아니한 법률을 개정한 부분은 각각 해당 법률의 시행일부터 시행한다.

제2조 및 제3조 생략

제4조(다른 법률의 개정) ①부터 ④까지 생략

⑤가축전염병 예방법 일부를 다음과 같이 개정한다.

제11조제5항 중 "질병관리본부장"을 "질병관리청장"으로 한다.

제12조제2항 중 "대통령령으로 정하는 질병을 관리하는 보건복지부장관 소속 기관의 장"을 "질병관리청장"으로 한다.

⑥부터 ㉝까지 생략

제5조 생략

가축전염병 예방법 시행령

[시행 2020.9.12]
[대통령령 제31013호, 2020.9.11, 타법개정]

제1조(목적) 이 영은 「가축전염병 예방법」에서 위임된 사항과 그 시행에 필요한 사항을 규정함을 목적으로 한다. <개정 2005.6.30., 2008.7.1., 2014.2.11.>

제2조(가축의 범위) 「가축전염병 예방법」(이하 "법"이라 한다) 제2조제1호에서 "대통령령으로 정하는 동물"이란 다음 각 호의 동물을 말한다. <개정 2005.6.30., 2008.1.31., 2008.2.29., 2010.12.29., 2013.3.23., 2014.2.11., 2015.4.7.>

1. 고양이
2. 타조
3. 메추리
4. 꿩
5. 기러기
6. 그 밖의 사육하는 동물중 가축전염병이 발생하거나 퍼지는 것을 막기 위하여 필요하다고 인정하여 농림축산식품부장관이 정하여 고시하는 동물

제2조의2(가축전염병 발생 현황에 대한 정보공개) ①법 제3조의2제1항에서 "농장에 대한 가축전염병의 발생 일시 및 장소 등 대통령령으로 정하는 정보"란 다음 각 호의 정보를 말한다. <개정 2011.7.22., 2012.8.22., 2013.3.23., 2018.4.30.>

1. 가축전염병명
2. 가축전염병이 발생한 농장명(농장명이 없는 경우에는 농장주명) 및 농장 소재지(읍·면·동·리까지로 하며, 번지는 제외한다)
2의2. 가축전염병이 발생한 농장이 「축산계열화사업에 관한 법률」 제2조제6호에 따른 계약사육농가인 경우 해당 농가와 사육계약을 체결한 축산계열화사업자명
3. 가축전염병 발생 일시
4. 가축전염병에 걸린 가축의 종류 및 규모
5. 그 밖에 농림축산식품부장관 또는 특별시장·광역시장·특별자치시장·도지사·특별자치도지사(이하 "시·도지사"라 한다)가 가축전염병의 예방 및 확산을 방지하기 위하여 필요하다고 인정하는 정보

②법 제3조의2제1항에 따른 정보공개 대상 농장은 소, 면양·염소(유산양을 포함한다), 돼지, 닭, 사슴, 오리, 거위, 칠면조 및 메추리를 사육하는 농장으로 한다. <개정 2011.7.22., 2018.4.30.>

③법 제3조의2제1항에 따른 정보공개의 대상 가축전염병은 다음 각 호의 가축전염병으로 한다. <개정 2011.7.22., 2013.3.23., 2017.9.19.>

1. 구제역(口蹄疫)
2. 돼지열병
3. 돼지오제스키병
4. 돼지생식기호흡기증후군
5. 브루셀라병
6. 결핵병
7. 고병원성조류인플루엔자
8. 추백리(雛白痢)
9. 가금(家禽)티푸스
10. 뉴캣슬병
11. 사슴만성소모성질병
11의2. 낭충봉아부패병(囊蟲蜂兒腐敗病)
12. 그 밖에 농림축산식품부장관이 정하여 고시하는 가축전염병

④삭제 <2011.7.22.>

⑤제1항에 따른 정보는 농림축산식품부, 특별시·광역시·특별자치시·도·특별자치
도, 농림축산검역본부 및 제3조제1항에 따른 시·도가축방역기관의 홈페이지를 통
하여 공개하여야 하며, 그 외에 축산 관련 신문이나 잡지에도 공개할 수 있다.
<개정 2011.6.7., 2012.8.22., 2013.3.23.>
[본조신설 2010.12.29.]

제2조의3(검역 및 방역 시설 설치·운영) 법 제5조제2항에 따라 농림축산식품부
장관이 「항만법」 제2조제2호에 따른 무역항, 「공항시설법」 제2조제3호에 따른 공
항(국제항공노선이 있는 경우에 한한다) 및 「남북교류협력에 관한 법률」 제2조제1
호에 따른 출입장소 등의 지역에 설치하고 운영하여야 하는 검역 및 방역에 필요
한 시설은 다음 각 호와 같다. <개정 2013.3.23., 2017.3.29.>
1. 휴대품 및 수하물 검사대. 다만, 다른 기관이 설치하여 운영하고 있는 시설을 공
동으로 이용할 수 있는 경우에는 그 시설로 갈음할 수 있다.
2. 옷, 신발, 휴대품 및 수하물을 소독할 수 있는 시설(이동식 소독 장비를 포함한다)
[본조신설 2011.7.22.]

제2조의4(가축방역·검역 수행 기관) 법 제5조제4항에서 "가축방역·검역 업무를
수행하는 대통령령으로 정하는 국가기관의 장"이란 농림축산검역본부장을 말한다.
<개정 2013.3.23.>
[본조신설 2011.7.22.]

제2조의5(가축전염병 발생 국가에서 입국 시 제출할 서류) 법 제5조제5항에 따
라 가축전염병 발생 국가의 축산농가를 방문한 사람은 농림축산식품부령으로 정하

는 바에 따라 동물검역 신고서를 작성하여 농림축산검역본부장에게 제출하여야 한
다. <개정 2013.3.23.>

[본조신설 2011.7.22.]

제3조(가축방역관을 두는 기관 등) ①법 제7조제1항에서 "대통령령으로 정하는 행
정기관"이란 농림축산검역본부, 농촌진흥청 국립축산과학원 및 시·도지사 소속 가
축방역기관(이하 "시·도가축방역기관"이라 한다)을 말한다.
<개정 2004.1.9., 2007.6.4., 2008.1.31., 2008.10.8., 2010.12.29., 2011.6.7., 2013.3.23.>

②법 제7조제1항에 따른 가축방역관(이하 "가축방역관"이라 한다)은 농림축산식품부
장관, 지방자치단체의 장, 농림축산검역본부장, 농촌진흥청 국립축산과학원장 또는
시·도가축방역기관의 장이 소속공무원으로서 수의사의 자격을 가진 자나 「공중방
역수의사에 관한 법률」 제2조에 따른 공중방역수의사 중에서 임명하거나 지방자치
단체의 장이 「수의사법」 제21조에 따라 동물진료업무를 위촉받은 수의사중에서
위촉한다. <개정 2004.1.9., 2005.6.30., 2007.6.4., 2008.1.31., 2008.2.29., 2008.10.8.,
2010.7.21., 2011.6.7., 2013.3.23.>

③가축방역관은 소속기관장의 명을 받아 가축전염병의 예방과 관련된 조사·연구·
계획·지도·감독 및 예방조치 등에 관한 업무를 담당한다.

④ 법 제7조제6항에 따른 가축방역관의 기준 업무량 및 적정 인원의 배치기준은 별
표 1과 같다. <신설 2015.12.22.>

⑤가축방역관의 업무수행에 관하여 필요한 세부사항은 농림축산식품부장관이 정한
다. <개정 2008.2.29., 2013.3.23., 2015.12.22.>

제3조의2(가축전염병기동방역기구의 설치 등) ①법 제9조의2에 따른 가축전염병
기동방역기구(이하 "기동방역기구"라 한다)는 농림축산식품부에서 방역 관련 업무
를 담당하는 고위공무원단에 속하는 공무원이 총괄하며, 상황총괄반, 이동통제반,
소독실시반, 매몰지원반으로 구성한다. <개정 2013.3.23., 2019.5.31.>

②기동방역기구는 농림축산식품부장관의 명령에 따라 주요 가축전염병이 발생한 특
별자치시·시(특별자치도의 행정시를 포함한다)·군·자치구에 대하여 신속한 상황
실 설치, 이동통제, 소독 및 매몰조치 등을 위한 현장 지도·지원 업무를 담당한
다. <개정 2013.3.23., 2014.2.11.>

③기동방역기구의 구성·임무 및 운영 등에 대한 세부사항은 농림축산식품부장관이
정하여 고시한다. <개정 2013.3.23.>

[본조신설 2011.7.22.]

제4조(수의과학기술개발계획 등) ①법 제10조제2항에 따른 수의과학기술개발계획
(이하 "수의과학기술개발계획"이라 한다)에는 다음 각 호의 사항이 포함되어야 한
다. <개정 2008.1.31.>

1. 수의과학기술개발의 목표 및 중점방향
2. 가축전염성질병의 예방·진단기술 및 예방약의 개발
3. 가축관련 공중위생향상과 관련된 기술개발
4. 수의과학기술과 관련된 국내외의 연구기관 및 단체 등과의 공동연구
5. 수의과학기술개발성과의 활용계획
6. 수의과학기술개발을 위한 소요재원의 조달 및 집행
7. 그 밖에 수의과학기술개발을 위하여 필요한 사항

②농림축산식품부장관은 수의과학기술개발계획을 수립 또는 시행하는 때에는 관련 행정기관·지방자치단체·대학·연구기관 및 농업단체 등과 수의과학기술의 공동연구, 연구성과의 활용 그 밖에 연구의 중복을 방지하기 위하여 필요한 사항을 협의할 수 있다. <개정 2008.2.29., 2013.3.23.>

제5조(병성감정기관 등) ①삭제 <2011.7.22.>
②삭제 <2020.9.11.>
[제목개정 2010.12.29.]

제6조(가축사육시설의 폐쇄명령 등) ①특별자치시장·시장(특별자치도의 행정시장을 포함한다)·군수 또는 구청장(구청장은 자치구의 구청장을 말하며, 이하 "시장·군수·구청장"이라 한다)은 법 제19조제4항(법 제28조 및 제28조의2에서 준용하는 경우를 포함한다. 이하 이 조에서 같다)에 따라 가축사육시설의 폐쇄명령 또는 가축사육의 제한명령을 하려는 경우에는 미리 해당 가축의 소유자 또는 관리자(이하 "소유자등"이라 한다)에게 문서(소유자등이 원하는 경우에는 전자문서를 포함한다)로 알려야 한다.
②시장·군수·구청장은 법 제19조제4항에 따른 가축사육시설의 폐쇄명령 또는 가축사육의 제한명령을 한 경우에는 해당 가축사육시설의 명칭·소재지, 가축의 소유자등 및 명령일자를 관할 시·도지사, 농림축산검역본부장 및 다른 시·도지사에게 통보하여야 한다.
[전문개정 2017.9.19.]

제7조(가축사육시설의 폐쇄조치 등) ①시장·군수·구청장은 관계 공무원에게 제19조제5항에 따른 조치를 하게 하려는 경우에는 미리 해당 가축의 소유자등에게 문서(소유자등이 원하는 경우에는 전자문서를 포함한다)로 알려야 한다. 다만, 급박한 사유가 있으면 그러하지 아니하다.
②법 제19조제5항에 따른 조치는 필요한 최소한의 범위에 그쳐야 한다.
③법 제19조제5항에 따른 조치를 하는 공무원은 그 권한을 표시하는 증표를 지니고 이를 관계인에게 보여주어야 한다.
[전문개정 2017.9.19.]

제8조(사체의 재활용 등) ①법 제22조제2항 단서에 따라 재활용할 수 있는 가축의 사체는 다음 각 호와 같다.

1. 법 제20조제1항 단서에 따라 살처분된 가축의 사체
2. 다음 각 목의 가축전염병에 감염된 가축의 사체
   가. 브루셀라병
   나. 돼지오제스키병
   다. 결핵병
   라. 그 밖에 농림축산식품부장관이 정하여 고시하는 가축전염병

②제1항에 따른 가축의 사체를 재활용하려면 다음 각 호의 어느 하나에 해당하는 시설에서 가축전염병의 병원체가 퍼질 우려가 없도록 처리하고 확인하는 절차를 거쳐야 한다.

1. 「사료관리법」 제8조제2항에 따른 사료제조시설
2. 랜더링(rendering) 처리시설(고온·고압으로 멸균처리하는 시설) 등 농림축산식품부장관이 정하여 고시하는 열처리시설
3. 농림축산식품부장관이 정하여 고시하는 발효처리시설

③제2항에 따라 처리된 가축의 사체는 동물[소·양 등 반추(反芻)류 가축은 제외한다]의 사료의 원료, 비료의 원료, 공업용 원료 또는 바이오에너지 원료로 사용할 수 있다.

④제3항에 따라 비료의 원료로 사용하는 경우에는 「비료관리법」 제4조에 따른 공정규격에 적합해야 한다.
[전문개정 2019.5.31.]

제8조의2(사체 등의 처분에 필요한 장비 등의 확보에 관한 대책 수립) 법 제23조의2에 따른 사체 및 물건의 위생적 처분에 필요한 장비, 자재 및 약품 등의 확보에 관한 대책에는 다음 각 호의 사항이 포함되어야 한다. <개정 2019.7.2.>

1. 굴착기, 지게차, 사체 운반차량, 이동식 소독장비, 소독차량, 고온고압 분무소독기 등 장비의 적정 수량 및 그 확보방안
2. 대형 또는 간이 저장조, 개인 보호용구(안전모·작업복 등) 등 각종 기자재의 적정 수량 및 그 확보방안
3. 소독약품, 석회수, 생석회 등 약품의 적정 수량 및 그 확보방안
4. 사체 및 물건의 신속한 처분을 위한 적정 인력 및 그 확보방안
[본조신설 2012.8.22.]

제9조(동물검역관을 두는 기관) 법 제30조제1항에서 "대통령령으로 정하는 행정기관"이란 농림축산검역본부을 말한다. <개정 2008.1.31., 2010.12.29., 2011.6.7.,2013.3.23.>

제10조(검역관리인의 자격·임무) ①법 제42조제5항에 따른 검역관리인(이하 "검

역관리인"이라 한다)의 자격은 4년제 이상의 대학에서 수의학·의학·약학·간호학·축산학·화학 또는 물리학 분야를 전공하고 졸업한 자 또는 이와 동등 이상의 학력을 가진 자로서 가축방역업무에 1년 이상 종사한 자로 한다. <개정 2008.1.31.>

②검역관리인의 임무는 다음 각호와 같다.

1. 지정검역물의 입고·출고·이동 및 소독에 관한 사항
2. 지정검역물의 현물검사, 검역시행장의 시설검사 및 관리에 관한 사항
3. 지정검역물의 검사시료의 채취 및 송부에 관한 사항
4. 검역시행장의 종사원 및 관계인의 방역에 관한 교육과 출입자의 통제에 관한 사항
5. 그 밖에 검역관이 지시한 사항의 이행 등에 관한 사항

제11조(보상금 등) ①법 제48조제1항, 제3항 및 제4항에 따른 보상금의 지급 및 감액 기준은 별표 2와 같다. <개정 2015.12.22.>

②제1항의 보상금 지급기준에 의한 가축 등에 대한 평가의 기준 및 방법, 가축의 종류별 평가액의 산정기준 그 밖의 가축 등의 평가에 관한 세부적인 사항은 농림축산식품부장관이 정하여 고시한다. <개정 2008.2.29., 2013.3.23.>

③법 제48조제2항에 따른 장려금의 지급대상 및 지급기준 등에 관하여 필요한 사항은 농림축산식품부장관이 정하여 고시한다. <개정 2008.1.31., 2008.2.29., 2013.3.23.>

④ 법 제48조제3항제3호에서 "구제역 등 대통령령으로 정하는 가축전염병"이란 다음 각 호의 가축전염병을 말한다. <신설 2014.2.11., 2015.12.22.>

1. 구제역
2. 돼지열병
3. 고병원성 조류인플루엔자
4. 브루셀라병(소의 경우만 해당한다)
5. 결핵병(사슴의 경우만 해당한다)

⑤법 제48조제1항제1호의 자에게 지급하는 보상금(법 제48조제3항 및 제4항에 따라 감액조정된 최종 보상금을 말한다. 이하 같다)은 해당 시·군·구(자치구를 말한다)가 지급한다. <신설 2018.4.30.>

⑥법 제48조제1항제2호부터 제6호까지의 자에게 지급하는 보상금의 100분의 80 이상에 해당하는 금액은 국가가 지급하고, 그 나머지 금액은 다음 각 호의 구분에 따라 지방자치단체가 지급한다. <개정 2015.4.7., 2018.4.30.>

1. 특별자치시 및 특별자치도의 경우: 해당 지방자치단체가 전부 지급
2. 제1호 외의 경우: 특별시·광역시·도와 시·군·구(자치구를 말한다)가 각각 100분의 50의 비율로 분담하여 지급

⑦시장·군수·구청장은 법 제48조제5항에 따라 보상금을 환수하려면 그 대상자에게 환수사유, 환수금액, 납부기한, 납부기관 및 납부방법 등을 서면으로 통지해야 한다. 이 경우 납부기한은 환수처분 통지일부터 30일 이상으로 한다. <신설 2020.5.4.>

판례 - 보상금등지급신청기각결정취소

[창원지법 2015.6.16., 선고, 2014구합1299, 판결 : 확정]

【판시사항】

군청 소속 수의사가 甲 소유 한우에 구제역 예방백신 접종을 하였는데, 甲이 예방접종으로 인한 쇼크로 한우가 폐사하였다면서 가축전염병 예방법에 따른 보상금의 지급을 청구하였으나, 관할 군수가 농림수산식품부장관의 지침에 근거하여 보상금 지급청구를 거부하는 처분을 한 사안에서, 법령의 위임범위를 벗어나 무효인 위 지침에 근거한 처분은 위법하다고 한 사례

【판결요지】

군청 소속 수의사가 甲 소유 한우에 구제역 예방백신 접종을 하였는데, 甲이 예방접종으로 인한 쇼크로 한우가 폐사하였다면서 가축전염병 예방법(이하 '법'이라 한다)에 따른 보상금의 지급을 청구하였으나, 관할 군수가 구제역 상시 백신 전환에 따라 구제역 백신 피해보상을 폐지한다는 농림수산식품부장관(이후 '농림축산식품부장관'으로 명칭 변경, 이하 '농림축산식품부장관'이라 한다)의 지침에 근거하여 보상금 지급청구를 거부하는 처분을 한 사안에서, 법 제15조 제1항, 제48조 제1항 제1호, 가축전염병 예방법 시행령(이하 '시행령'이라 한다) 제11조 제1항 [별표 1], 제2항에 따르면, 국가나 지방자치단체는 구제역 백신 접종으로 죽은 가축의 소유자에게 백신 접종 당시 가축 평가액의 80/100의 범위 내에서 보상금을 지급하여야 하고, 농림축산식품부장관은 법 제48조 제1항 각 호에서 정한 보상금 지급대상을 전제로 법 시행령 제11조 제1항 [별표 1]에서 정한 '보상금 지급기준'에 관하여 가축에 대한 평가의 기준 및 방법, 가축의 종류별 평가액의 산정기준, 그 밖의 가축의 평가에 관한 세부적인 사항을 정할 수 있을 뿐, 법 제48조 제1항 각 호에서 정한 '보상금 지급대상'의 범위를 제한할 수 있는 권한은 없는데, 구제역 백신 피해에 관한 보상금 지급을 폐지하는 것을 내용으로 하고 있는 농림축산식품부장관의 지침은 법 및 시행령이 농림축산식품부장관에게 위임한 '보상금 지급기준'에 관한 사항을 넘어선 '보상금 지급대상'에 관한 사항으로서 법령의 위임범위를 벗어나 무효이므로, 그에 근거한 처분은 위법하다고 한 사례.

제11조의2(폐업지원금의 지급 등) ①법 제48조의2제1항에서 "경영악화 등 대통령령으로 정하는 사유"란 다음 각 호의 어느 하나에 해당하는 사유를 말한다.

1. 법 제3조의4제3항에 따른 방역시설의 설치로 인한 비용의 증가로 경영이 악화되어 축산업을 계속 영위하는 것이 곤란한 경우
2. 인근 지역의 가축 또는 가축전염병 특정매개체에 의해 아프리카돼지열병의 발생 위험이 높아 축산업을 계속 영위하는 것이 곤란한 경우

②법 제48조의2제1항에 따라 지급하는 폐업에 따른 지원금(이하 "폐업지원금"이라 한다)의 지급대상 가축은 돼지로 한다.

③폐업지원금은 「축산법」 제22조제1항 또는 제3항에 따른 축산업 허가를 받거나 등록을 하고 축산업을 영위하던 자가 제1항 각 호의 어느 하나에 해당하는 사유로

같은 법 제22조제6항제2호에 따라 폐업신고를 하고, 같은 법 제2조제8호의2에 따른 축사(이하 "축사"라 한다)를 원래의 목적으로 사용하지 못하도록 용도를 변경하거나 철거 또는 폐기한 경우에 지급한다.

④제3항에도 불구하고 다음 각 호의 어느 하나에 해당하는 경우에는 폐업지원금을 지급하지 않는다.

1. 법 제3조의4제1항에 따라 지정된 중점방역관리지구(이하 "중점방역관리지구"라 한다)의 지정일 직전 1년 이상의 기간 동안 폐업지원금의 지급대상 가축을 사육하지 않거나 축사를 철거 또는 폐기한 경우

2. 축산업 외의 목적으로 사용하기 위해 건축물 등의 건축, 도로 개설 및 그 밖의 시설물 설치 등의 절차를 진행하거나 축사를 철거 또는 폐기한 경우

3. 그 밖에 다른 법령에 따른 보상이 확정된 경우

⑤제3항 및 제4항에서 정한 사항 외에 폐업지원금의 지급기준에 필요한 사항은 농림축산식품부장관이 정하여 고시한다.

[본조신설 2020.5.4.]

제11조의3(폐업지원금의 산출방법 등) ①폐업지원금은 다음의 계산식에 따라 산출한 금액으로 한다. 다만, 농림축산식품부장관은 가축의 사육형태 등을 고려할 때 다음의 계산식에 따라 폐업지원금을 산출하는 것이 적절하지 않다고 인정되는 경우에는 그 산출방법을 달리 정하여 고시할 수 있다.

폐업지원금 금액 = 가축의 연간 출하 마릿수×연간 마리당 순수익액×2년

②폐업지원금의 상한액은 축산농가의 평균소득 등을 고려하여 농림축산식품부장관이 정하여 고시한다.

[본조신설 2020.5.4.]

제11조의4(폐업지원금의 지급절차 및 시행기간) ①폐업지원금의 지급을 신청하려는 자는 농림축산식품부령으로 정하는 폐업지원금 지급신청서에 가축의 사육 현황 및 폐업지원금의 산출내역을 첨부하여 시장·군수·구청장에게 제출해야 한다.

②제1항에 따른 폐업지원금의 지급 신청은 중점방역관리지구의 지정일부터 6개월 이내에 해야 한다.

③시장·군수·구청장은 제1항에 따른 신청을 받으면 폐업지원금의 지급대상 가축의 사육 현황 및 폐업신고 여부 등 폐업지원금의 지급을 위해 필요한 사항을 조사해야 한다.

④시장·군수·구청장은 제3항에 따른 조사 결과 신청인에게 폐업지원금을 지급하는 것이 적합하다고 인정되는 경우에는 농림축산식품부령으로 정하는 바에 따라 신청인에게 그 사실을 알리고 폐업지원금을 지급해야 한다.

⑤제4항에 따른 폐업지원금의 지급은 중점방역관리지구의 지정일부터 1년 이내에 지급한다.

⑥제3항 및 제4항에 따른 폐업지원금의 지급을 위한 조사 및 지급에 필요한 사항은 농림축산식품부장관이 정하여 고시한다.
[본조신설 2020.5.4.]

제11조의5(가축전염병 피해 보상금의 지급 신청 등) ①법 제48조의3제1항에 따른 가축전염병으로 피해를 입은 가축 소유자 또는 시설 등(이하 "가축전염병 피해자등"이라 한다)에 대한 보상 및 지원은 다음 각 호의 구분에 따른 영업손실을 대상으로 한다.
1. 법 제48조제1항제1호의 경우: 폐업 등으로 가축사육시설을 원래의 목적으로 사용하지 못하게 됨으로써 발생하는 비용
2. 법 제48조제1항제2호의 경우: 죽거나 부상당한 가축 및 사산 또는 유산된 가축의 태아에 대한 검사 등의 실시 당시의 평가액
3. 법 제48조제1항제3호의 경우: 살처분한 가축의 살처분 당시의 평가액
4. 법 제48조제1항제4호의 경우: 소각, 매몰 또는 화학적 처리를 한 물건의 소각, 매몰 또는 화학적 처리 당시의 평가액
5. 법 제48조제1항제5호의 경우: 이동 제한으로 활용하지 못한 인력 비용
6. 법 제48조제1항제6호의 경우: 사용정지 또는 사용제한 명령으로 도축장을 원래의 목적으로 사용하지 못하게 됨으로써 발생하는 비용
②가축전염병 피해자등은 법 제48조의3제2항에 따라 피해 보상을 요구하려는 때에는 농림축산식품부령으로 정하는 피해 보상요구서에 제1항 각 호의 구분에 따른 영업손실에 관한 자료를 첨부하여 시장·군수·구청장에게 제출해야 한다.
③제2항에 따른 피해 보상요구서를 제출받은 시장·군수·구청장은 농림축산식품부령으로 정하는 바에 따라 피해사실 여부 및 제1항 각 호의 구분에 따른 영업손실의 범위를 확인한 후 피해 사실확인서를 작성해야 한다.
④시장·군수·구청장(특별자치시장은 제외한다)은 제2항에 따른 피해 보상요구서에 제3항에 따른 피해 사실확인서를 첨부하여 시·도지사에게 제출하고, 법 제48조의3제1항에 따른 가축전염병피해보상협의회(이하 "협의회"라 한다)의 개최를 요청해야 한다.
⑤협의회는 법 제48조의3제2항 후단에 따라 피해 보상에 대하여 신청자와 사전에 협의하려는 경우에는 특별한 사유가 없으면 제4항에 따른 협의회의 개최 요청을 받은 날부터 30일 이내에 해야 한다.
[본조신설 2020.5.4.]

제12조(생계안정비용 등) ①법 제49조제1항에 따른 생계안정을 위한 비용(이하 "생계안정비용"이라 한다)은 법 제20조제1항 본문·단서 또는 법 제21조제2항에 따라 우역·우폐역·구제역·돼지열병·아프리카돼지열병 또는 고병원성조류인플루엔자로 인하여 살처분하거나 도태를 목적으로 가축을 도축장 등에 출하한 가축의 소유

자(가축을 위탁 사육한 경우에는 위탁받아 실제 사육한 자를 말한다. 이하 이 조에서 같다)에게 지원한다. 다만, 다음 각 호의 어느 하나에 해당하는 가축의 소유자에 대하여는 생계안정비용을 지원하지 아니할 수 있다. <개정 2005.6.30., 2008.1.31., 2009.9.3., 2015.12.22., 2019.12.10., 2020.5.4.>

1. 가축의 소유자가 「농업·농촌 및 식품산업 기본법」 제3조제2호에 따른 농업인에 해당되지 아니하는 자

2. 법 제11조제1항제2호에 해당하는 가축을 발견하고도 법 제11조제1항 각 호 외의 부분 본문에 따라 지체 없이 신고를 하지 아니한 가축의 소유자

3. 검사결과 가축전염병으로 확인된 경우로서 법 제11조제2항에 따라 지체 없이 신고를 하지 아니한 가축의 소유자

4. 해당 가축을 살처분한 경우 법 제17조제2항에 따른 소독을 실시하지 않았거나 법 제19조제1항의 명령을 이행하지 않은 가축의 소유자

②생계안정비용은 「통계법」 제3조제3호에 따른 통계작성기관이 조사·발표하는 농가경제조사통계의 전국축산농가 평균가계비의 6개월분을 그 상한액으로 하고, 살처분 가축의 종류별·두수별 지원액 그 밖에 생계안정비용의 지원에 관하여 필요한 사항은 농림축산식품부장관이 정하여 고시한다. <개정 2005.6.30., 2007.10.23., 2008.1.31., 2008.2.29., 2013.3.23., 2019.5.31., 2019.12.10.>

③제2항에도 불구하고 농림축산식품부장관은 제1항 본문에 따른 가축전염병의 종류, 가축의 소유자의 피해 규모 등을 고려하여 그 상한액을 상향 조정할 수 있다. <신설 2019.12.10.>

④생계안정비용은 해당 비용의 10분의 7 이상은 국가가 지원하고, 그 나머지는 지방자치단체가 지원한다. <개정 2009.9.3., 2019.12.10.>

제12조의2(심리적·정신적 치료) ①법 제49조의2제1항제4호에서 "자원봉사자 등 대통령령으로 정하는 사람"이란 자원봉사자 및 가축을 살처분하거나 소각, 매몰 또는 화학적 처리를 한 사람으로서 법 제49조의2제1항제1호부터 제3호까지의 규정에 해당하지 않는 사람을 말한다. <개정 2020.5.4.>

②법 제49조의2제3항에 따른 심리검사는 같은 조 제1항에 따라 지정된 전담의료기관에서 실시한다. <신설 2020.5.4.>

③법 제49조의2제4항에 따라 치료신청을 받은 시장·군수·구청장은 서면이나 전자문서로 진료기관에 치료 요청을 하고, 치료 신청자에게 해당 진료기관을 알려주어야 한다. <개정 2012.8.22., 2019.5.31., 2020.5.4.>

④제3항에 따라 치료 요청을 받은 진료기관은 치료 신청자에게 전문가를 배정하여 상담치료를 받을 수 있도록 하고, 상담한 전문가가 추가적인 치료가 필요하다고 판단하는 경우 치료 신청자에게 해당 진료기관을 알려주어야 한다.

⑤법 제49조의2제5항에 따라 비용을 지원하는 치료는 전문가 상담치료와 상담한 전

문가가 필요하다고 인정하는 약물치료 등 추가적인 치료로 하되, 치료에 따른 비용은 국가와 지방자치단체가 100분의 50을 각각 부담한다. <개정 2019.5.31.>
⑥삭제 <2019.5.31.>
[본조신설 2011.7.22.]

제13조(비용의 지원) ①법 제50조제1항에 따른 살처분 등에 소요되는 비용에 대한 국가 또는 지방자치단체의 지원비율은 다음 각 호와 같다. <개정 2008.1.31., 2011.7.22., 2019.12.10., 2020.5.4.>

1. 법 제13조에 따른 역학조사에 소요되는 비용, 법 제15조제1항 및 제3항에 따른 검사 · 주사 · 주사표시 · 약물목욕 또는 투약에 소요되는 비용, 법 제17조제1항부터 제3항까지, 제19조제1항에 따른 이동제한에 소요되는 비용 및 법 제25조제2항에 따른 소독에 소요되는 비용 : 해당비용의 100분의 50 이상은 국가가 지원하고, 그 나머지는 지방자치단체가 지원

2. 법 제20조에 따른 살처분의 실시, 법 제22조제2항 · 제3항에 따른 사체의 소각, 매몰, 화학적 처리, 재활용, 법 제23조제1항 · 제3항에 따른 오염물건의 소각, 매몰, 화학적 처리 및 소독(이하 이 호에서 "살처분등"이라 한다)에 소요되는 비용 : 지방자치단체가 지원. 다만, 제1종 가축전염병 중 구제역, 고병원성 조류인플루엔자 또는 아프리카돼지열병의 발생 및 확산 방지 등을 위해 다음 각 목의 어느 하나에 해당하는 경우에는 국가가 일부를 지원할 수 있다.

   가. 해당 시 · 군에서 사육하는 가축 전부에 대해 살처분등을 하는 경우
   나. 해당 가축의 전국 사육두수의 100분의 1 이상을 사육하는 시 · 군(재정자립도가 100분의 50 이상인 경우는 제외한다)에서 그 사육두수의 100분의 50 이상의 가축에 대해 살처분등을 하는 경우

3. 법 제24조에 따른 매몰지의 관리, 법 제24조의2에 따른 매몰지 주변 환경조사, 정밀조사 및 정화 조치 등에 드는 비용: 해당 비용의 100분의 40 이상은 국가가 지원하고, 그 나머지는 지방자치단체가 지원

4. 법 제48조의2에 따른 폐업지원에 드는 비용: 해당 비용의 100분의 70 이상은 국가가 지원하고, 그 나머지는 지방자치단체가 지원

②지방자치단체의 장이 제1항에 따른 비용을 지원하는 경우에는 그 사실여부를 확인한 후 이를 지급하여야 한다. <개정 2008.1.31.>

③ 법 제50조제2항에 따라 국가가 지방자치단체에 추가로 지원하는 비용은 구제역, 고병원성조류인플루엔자 및 아프리카돼지열병이 확산되는 것을 막기 위하여 통제초소 운영과 소독 등에 소요되는 비용의 100분의 50 이상으로 하고, 그 나머지는 해당 지방자치단체가 부담한다. <신설 2011.7.22., 2019.12.10.>

제14조(수수료) ①축산관련단체가 법 제50조제3항에 따라 공동가축방역의 실시에

대하여 소유자등으로부터 받을 수 있는 수수료는 다음 각호의 구분에 따른 금액을 기준으로 한다. <개정 2011.7.22.>

1. 검사·주사·약물목욕 또는 투약 등에 소요되는 주사기 및 약품 등의 재료구입비
2. 검사·주사·약물목욕 또는 투약 등에 소요되는 인건비

②농림축산식품부장관은 원활한 공동가축방역의 실시를 위하여 필요하다고 인정하는 때에는 제1항에 따른 수수료의 최고 한도액을 정하는 등 수수료의 조정을 위한 조치를 할 수 있다. <개정 2008.1.31., 2008.2.29., 2013.3.23.>

제14조의2(보상금 등의 감액) 법 제52조제4항에 따라 농림축산식품부장관이 법 제48조제1항에 따른 보상금과 제50조제1항·제2항에 따른 지원금 중 국가가 부담하는 금액을 감액할 수 있는 경우와 그 감액비율은 다음 각 호와 같다. <개정 2017.9.19.>

1. 농림축산식품부장관 또는 농림축산검역본부장의 살처분 명령일부터 1일 지연: 국가 부담분의 100분의 10
2. 농림축산식품부장관 또는 농림축산검역본부장의 살처분 명령일부터 2일 지연: 국가 부담분의 100분의 20
3. 농림축산식품부장관 또는 농림축산검역본부장의 살처분 명령일부터 3일 지연: 국가 부담분의 100분의 30
4. 농림축산식품부장관 또는 농림축산검역본부장의 살처분 명령일부터 4일 지연: 국가 부담분의 100분의 50
5. 농림축산식품부장관 또는 농림축산검역본부장의 살처분 명령일부터 5일 지연: 국가 부담분 전액

[본조신설 2015.12.22.]
[종전 제14조의2는 제14조의3으로 이동 <2015.12.22.>]

제14조의3 삭제 <2018.4.30.>

제15조(권한의 위임 및 위탁) ①농림축산식품부장관은 법 제55조제1항에 따라 다음 각 호의 권한을 농림축산검역본부장에게 위임한다. <개정 2008.1.31., 2008.2.29., 2011.6.7., 2011.7.22., 2012.1.25., 2012.8.22., 2013.3.23., 2014.2.11.>

1. 법 제3조의2제1항 및 제3항에 따른 농장에 대한 가축전염병의 발생 일시 및 가축전염병의 종류 등에 관한 정보의 공개
1의2. 법 제3조의3에 따른 국가가축방역통합정보시스템의 구축 및 운영
2. 법 제5조제2항에 따른 무역항, 공항 및 출입장소 등에서의 검역 및 방역 시설의 설치 및 운영
2의2. 법 제5조제9항에 따른 가축전염병의 예방과 검역에 필요한 자료 또는 정보의 제공 요청
3. 법 제10조제1항에 따른 수의과학기술 개발계획의 수립 및 시행

4. 법 제10조제3항에 따른 수의과학기술에 관한 시험 또는 분석

4의2. 법 제17조제7항 각 호에 따른 소독설비 등 확인

4의3. 법 제17조의4제2항에 따른 차량출입정보 관리체계의 구축·운영 및 수행기관 의 지정·운영

4의4. 법 제17조의4제3항에 따른 차량출입정보 열람청구의 접수 및 처리

4의5. 법 제17조의5제1항에 따른 시설출입차량의 등록 여부와 차량무선인식장치의 장착·작동 여부 확인을 위한 출입·조사

5. 법 제32조제2항제1호에 따른 시험연구용 또는 예방약제조에 사용하기 위하여 수 입하는 물건의 수입허가

②삭제 <2019.5.31.>

③농림축산식품부장관 또는 시·도지사는 법 제55조제2항에 따라 법 제7조제3항의 검사업무중 구제역·돼지열병·돼지오제스키병 및 뉴캣슬병 그 밖에 농림축산식품 부장관이 정하는 가축전염병의 시료채취에 관한 업무를 법 제9조에 따른 가축위생 방역지원본부(이하 "방역본부"라 한다)에 위탁한다. <개정 2008.1.31., 2008.2.29., 2013.3.23.>

④농림축산식품부장관은 법 제55조제3항에 따라 농림축산식품부장관이 정하여 고시 하는 「농업협동조합법」에 따른 농업협동조합중앙회·농협경제지주회사, 방역본부 또는 축산관련업무를 행하는 비영리법인에게 법 제18조제1항에 따른 질병관리등 급의 부여 및 관리에 관한 업무를 위탁한다. <개정 2005.6.30., 2008.1.31., 2008.2.29., 2013.3.23., 2017.6.27.>

제15조의2(고유식별정보의 처리) 농림축산식품부장관, 지방자치단체의 장(해당 권 한이 위임·위탁된 경우에는 그 권한을 위임·위탁받은 자를 포함한다), 농림축산 검역본부장 및 시·도가축방역기관의 장은 다음 각 호의 사무를 수행하기 위하여 불가피한 경우 「개인정보 보호법 시행령」 제19조에 따른 주민등록번호, 여권번호, 운전면허의 면허번호 또는 외국인등록번호가 포함된 자료를 처리할 수 있다. <개 정 2012.8.22., 2013.3.23., 2014.2.11.>

1. 법 제3조의3에 따른 국가가축방역통합정보시스템의 구축·운영 사무

2. 법 제5조에 따른 가축 방역 및 검역 사무

3. 법 제17조의3에 따른 차량의 등록 및 출입정보 관리 등의 사무

4. 법 제36조에 따른 수입 검역 사무

 [본조신설 2012.1.6.]

제15조의3 삭제 <2020.3.3.>

제16조(과태료의 부과기준) 법 제60조에 따른 과태료의 부과기준은 별표 3과 같 다. <개정 2015.12.22.>

[전문개정 2008.7.1.]

제17조 삭제 <2008.1.31.>

부칙
<제31013호, 2020.9.11.>

제1조(시행일) 이 영은 2020년 9월 12일부터 시행한다.

제2조 생략

제3조(다른 법령의 개정) ①부터 ⑥까지 생략
⑦ 가축전염병 예방법 시행령 일부를 다음과 같이 개정한다.
제5조제2항을 삭제한다.
⑧부터 ㉜까지 생략

가축전염병 예방법 시행규칙

[시행 2020.11.24.]
[농림축산식품부령 제453호, 2020.11.24., 타법개정]

제1조(목적) 이 규칙은 「가축전염병 예방법」 및 같은 법 시행령에서 위임된 사항과 그 시행에 필요한 사항을 규정함을 목적으로 한다. <개정 2006.5.8., 2008.2.5., 2014.2.14.>

제2조(제2종 및 제3종가축전염병 등) ①가축전염병 예방법(이하 "법"이라 한다) 제2조제2호나목에서 "농림축산식품부령으로 정하는 가축의 전염성 질병"이란 타이레리아병(Theileriosis, 타이레리아 팔바 및 애눌라타만 해당한다)·바베시아병(Babesiosis, 바베시아 비제미나 및 보비스만 해당한다)·아나플라즈마(Anaplasmosis, 아나플라즈마 마지날레만 해당한다)·오리바이러스성간염·오리바이러스성장염·마(馬)웨스트나일열·돼지인플루엔자(H5 또는 H7 혈청형 바이러스 및 신종 인플루엔자 A(H1N1) 바이러스만 해당한다)·낭충봉아부패병을 말한다.
<개정 2008.3.3., 2009.8.21., 2010.12.30., 2013.3.23., 2014.2.14.>
②법 제2조제2호다목에서 "농림축산식품부령으로 정하는 가축의 전염성 질병"이란 소전염성비기관염(傳染性鼻氣管染)·소류코시스(Leukosis, 지방병성소류코시스만 해당한다)·소렙토스피라병(Leptospirosis)·돼지전염성위장염·돼지단독·돼지생식기호흡기증후군·돼지유행성설사·돼지위축성비염·닭뇌척수염·닭전염성후두기관염·닭전염성기관지염·마렉병(Marek's disease)·닭전염성에프(F)낭(囊)병을 말한다.
<개정 2008.3.3., 2010.12.30., 2013.3.23.>
③법 제2조제7호에서 "농림축산식품부령으로 정하는 것"이란 다음 각 호의 어느 하나에 해당하는 것을 말한다. <신설 2015.12.21., 2020.5.28.>
1. 가축에 아프리카돼지열병을 전염시킬 우려가 있는 물렁진드기
2. 그 밖에 농림축산식품부장관이 정하여 고시하는 가축전염병 매개체
[전문개정 2008.2.5.]
[제목개정 2015.12.21.]

제3조(가축전염병 예찰) ①농림축산식품부장관, 특별시장·광역시장·도지사·특별자치도지사(이하 "시·도지사"라 한다) 및 특별자치시장·시장(특별자치도의 행정시장을 포함한다)·군수·구청장(구청장은 자치구의 구청장을 말하며, 이하 "시장·군수·구청장"이라 한다)은 법 제3조제1항제1호·제2호 및 제5호에 규정된 업무를 효율적으로 수립·시행하고, 신속한 방역조치업무를 수행하기 위하여 가축전염병에 관한 예찰(豫察)을 실시할 수 있다.
<개정 2008.2.5., 2008.3.3., 2013.3.23., 2018.5.1.>
②삭제 <2008.2.5.>

③농림축산식품부장관, 시·도지사 및 시장·군수·구청장은 제1항에 따른 예찰을 실시하는 때에는 그 실시방법과 예찰결과에 따른 방역조치에 관하여 법 제6조제2항에 따른 축산관련단체 및 축산관련기업의 대표, 가축방역전문가 등의 의견을 들어야 한다. <개정 2008.2.5., 2008.3.3., 2013.3.23., 2014.2.14., 2018.5.1.>
④가축전염병에 관한 예찰의 방법·절차 등에 관하여 필요한 세부사항은 농림축산식품부장관이 정한다. <개정 2008.3.3., 2013.3.23.>

제3조의2(매몰 후보지의 선정) 법 제3조제2항에 따른 매몰 후보지에 관한 기준은 별표 5 제2호가목에 따른 매몰 장소에 관한 기준과 같다.
[본조신설 2014.2.14.]
[종전 제3조의2는 제3조의3으로 이동 <2014.2.14.>]

제3조의3(가축전염병 발생 현황에 대한 정보공개) ①법 제3조의2제3항에 따른 정보공개 대상 가축전염병은 다음 각 호와 같다 <개정 2013.3.23., 2018.5.1.>
1. 구제역
2. 고병원성조류인플루엔자
3. 아프리카돼지열병
4. 그 밖에 농림축산식품부장관이 정하여 고시하는 가축전염병
②법 제3조의2제3항에 따른 정보공개의 내용과 범위는 다음 각 호와 같다. <개정 2013.3.23., 2018.5.1.>
1. 가축전염병명
2. 가축전염병이 발생한 국가명 및 지역명
3. 가축전염병 발생 일시
4. 가축전염병에 걸린 가축의 종류
5. 별표 1에 따른 가축전염병 발생국 등을 여행하는 자가 유의해야 하는 사항
6. 그 밖에 농림축산식품부장관이 방역 및 검역에 필요하다고 인정하는 사항
③농림축산검역본부장(이하 "검역본부장"이라 한다)이 제1항 및 제2항에 따라 공개하는 정보의 출처는 세계동물보건기구(OIE)로 한다. <개정 2013.3.23., 2018.5.1.>
④법 제3조의2제5항에 따른 정보공개의 절차 및 방법은 다음 각 호의 구분에 따른다. <개정 2013.3.23., 2018.5.1.>
1. 검역본부장: 제2항에 따른 정보공개 내용 및 범위에 대한 최신 정보를 농림축산검역본부의 홈페이지에 공개하고, 농림축산식품부장관, 시·도지사(특별자치시장을 포함한다. 이하 제3조의5제2항·제3항, 제4조제3항, 제11조제1항·제2항, 제45조의3제2항, 제46조제1항 각 호 외의 부분 및 같은 조 제2항 각 호 외의 부분에서 같다) 및 축산관련 단체의 장에게 정보통신망 등을 이용하여 통보한다. 이 경우 시·도지사는 검역본부장으로부터 통보받은 정보를 시장·군수·구청장에게 통보

하여야 한다.

2. 농림축산식품부장관, 관계 행정기관의 장, 시·도지사, 시장·군수·구청장: 제2항에 따른 정보 공개 내용·범위와 법 제3조의2제4항에 따른 공개 대상을 홈페이지, 정보통신망 또는 기관 소식지 등에 공개한다.

[본조신설 2011.7.25.]

[제3조의2에서 이동 <2014.2.14.>]

제3조의4(국가가축방역통합정보시스템의 구축·운영) ①다음 각 호의 업무는 법 제3조의3제1항에 따른 국가가축방역통합정보시스템(이하 "방역정보시스템"이라 한다)을 통하여 처리하여야 한다. 다만, 방역정보시스템이 정상적으로 운영되지 아니하는 경우에는 다른 방법으로 우선 처리한 후, 방역정보시스템이 정상적으로 운영되면 그 처리 내용을 방역정보시스템에 입력하여야 한다. <개정 2018.5.1., 2020.5.28.>

1. 법 제3조제1항제1호에 따른 가축전염병의 예방 및 조기 발견·신고 체계 구축에 관한 업무
2. 법 제3조제1항제2호에 따른 가축전염병별 긴급방역대책의 수립·시행에 관한 업무
3. 법 제3조제1항제6호에 따른 가축방역에 관한 정보의 수집·분석 및 조사·연구에 관한 업무
4. 법 제3조제1항제8호에 따른 살처분·소각·매몰·화학적 처리 등 가축방역에 따른 주변환경의 오염방지 및 사후관리 대책 수립·시행에 관한 업무
5. 법 제12조제2항에 따른 병성감정 결과의 보고
6. 법 제14조에 따른 가축전염병 병원체의 분리보고·신고 및 보존·관리에 관한 업무
7. 법 제17조의4제2항에 따른 차량출입정보의 수집·유지·관리에 관한 업무
8. 제15조제4항에 따른 역학조사 결과의 제출

②농림축산식품부장관은 법 제3조의3제3항에 따라 축산관계자 주소, 축산 관련 시설의 소재지, 가축과 그 생산물의 이동 현황 및 다음 각 호의 정보에 대하여 방역정보시스템에 입력을 명할 수 있다. <신설 2019.7.1.>

1. 「축산법」제2조제9호에 따른 가축거래상인 현황
2. 시장·군수·구청장이 실시한 방역 관련 점검 결과
3. 그 밖에 가축전염병의 확산을 방지하기 위하여 농림축산식품부장관이 정하여 고시하는 정보

③법 제3조의3제3항에 따라 정보 입력의 명을 받은 시장·군수·구청장은 입력한 사항이 변경되었을 때에는 방역정보시스템에 즉시 변경된 내용을 반영해야 한다. <신설 2019.7.1.>

④제1항부터 제3항까지에서 규정한 사항 외에 방역정보시스템의 구축·운영 등에 필요한 사항은 검역본부장이 정하여 고시한다. <개정 2019.7.1.>

[본조신설 2014.2.14.]

제3조의5(중점방역관리지구 지정 등) ①법 제3조의4제1항에 따라 농림축산식품부
장관은 법 제4조제1항에 따른 중앙가축방역심의회(이하 "심의회"라 한다)의 심의를
거쳐 다음 각 호의 지역을 중점방역관리지구로 지정한다. <개정 2020.10.7.>
1. 고병원성 조류인플루엔자가 발생할 위험이 높은 다음 각 목의 어느 하나에 해당
하는 지역
  가. 고병원성 조류인플루엔자가 최근 5년간 2회 이상 발생한 지역. 이 경우 고병원
  성 조류인플루엔자가 발생하여 해를 넘겨 지속되는 때에는 1회로 본다.
  나. 닭, 오리, 칠면조, 거위, 타조, 메추리, 꿩, 기러기(이하 "가금"이라 한다) 사육농
  가 수가 반경 500미터 이내 10호 이상 또는 1킬로미터 이내 20호 이상인 지역
  다. 철새도래지 반경 10킬로미터 이내 지역
2. 아프리카돼지열병이 발생할 위험이 높은 다음 각 목의 어느 하나에 해당하는 지역
  가. 아프리카돼지열병이 최근 5년간 1회 이상 발생한 지역
  나. 야생멧돼지 등 가축전염병 특정매개체 또는 물·토양 등 환경에서 아프리카돼
  지열병 바이러스가 검출된 지역
3. 그 밖에 제1종 가축전염병이 발생할 위험이 높은 다음 각 목의 어느 하나에 해당
하는 지역
  가. 제1종 가축전염병이 최근 5년간 2회 이상 발생한 지역
  나. 가축 사육농가 수가 반경 500미터 이내 10호 이상 또는 1킬로미터 이내 20호
  이상인 지역
②법 제3조의4제2항에 따라 농림축산식품부장관은 중점방역관리지구에 대하여 가축
및 가축전염병 특정매개체에 대한 임상·환경 모니터링 검사 및 그 밖에 가축전염
병 예방을 위해 필요한 사항에 관한 조치계획을 수립하여 시·도지사에게 통보해
야 한다. <개정 2020.10.7.>
③제2항에 따라 조치계획을 통보받은 시·도지사는 1개월 이내에 관할 중점방역관
리지구에 대한 조치계획을 수립하고 이를 시장·군수·구청장에게 통보해야 하며,
시장·군수·구청장은 조치계획을 통보받은 날부터 1개월 이내에 관할 중점방역관
리지구에 대한 조치계획을 수립하여 시행해야 한다. <개정 2020.10.7.>
④법 제3조의4제3항에 따라 중점방역관리지구에서 가축 사육이나 축산 관련 영업(돼
지에 관한 사육이나 축산 관련 영업은 제외한다)을 하려는 자는 다음 각 호의 방
역시설을 갖추어야 한다. <개정 2017.9.25., 2018.5.1., 2020.10.7.>
1. 방역복 착용 등을 위한 전실(前室, 농장 또는 축사의 입구에 방역복 착용 및 신
발소독조 설치 등을 위하여 설치한 시설을 말한다. 이하 같다)
2. 울타리 또는 담장
3. 농장 내 출입차량 세척시설 및 차량의 바퀴·흙받이를 소독할 수 있는 고압분무기
⑤법 제3조의4제3항에 따라 중점방역관리지구에서 돼지에 관한 사육이나 축산 관련

영업을 하려는 자는 별표 1의2에 따른 방역시설을 갖추어야 한다. <신설 2020.10.7.>

⑥농림축산식품부장관은 법 제3조의4제6항에 따라 다음 각 호에 해당하는 경우 심의회의 심의를 거쳐 중점방역관리지구의 지정을 해제할 수 있다. <개정 2020.5.28., 2020.10.7.>

1. 제1항제1호가목에 해당하여 중점방역관리지구로 지정된 이후 3년간 고병원성 조류인플루엔자의 발생이 없는 경우

2. 제1항제1호나목에 해당하여 중점방역관리지구로 지정된 이후 가금 사육농가 수가 감소하여 중점방역관리지구의 지정 기준을 충족하지 않는 경우

3. 제1항제1호다목에 해당하여 중점방역관리지구로 지정된 이후 철새도래지에서 제외된 경우

4. 제1항제2호가목에 해당하여 중점방역관리지구로 지정된 이후 3년간 아프리카돼지열병의 발생이 없는 경우

5. 제1항제2호나목에 해당하여 중점방역관리지구로 지정된 이후 3년간 야생멧돼지 등 가축전염병 특정매개체 또는 물·토양 등 환경에서 아프리카돼지열병 바이러스가 검출되지 않는 경우

⑦제1항부터 제6항까지의 규정에 따른 세부사항은 가축전염병별로 농림축산식품부장관이 정하여 고시한다. <개정 2020.10.7.>

[본조신설 2015.12.21.]

제4조(사육제한 명령 등) ①시장·군수·구청장은 법 제3조의4제5항에 따라 중점방역관리지구 내에서 가축의 사육제한 명령을 할 때에는 미리 해당 가축의 소유자 또는 관리자(이하 "소유자등"이라 한다)에게 서면 또는 전자문서로 알려야 한다.

②제1항에 따른 가축의 사육제한 명령은 별지 제1호서식에 따른다.

③시장·군수·구청장(특별자치시장은 제외한다)은 제1항에 따른 가축의 사육제한 명령을 한 경우에는 해당 가축사육시설의 명칭, 소재지, 가축의 소유자, 명령일자 및 이행기간 등을 시·도지사에게 통보하고, 시·도지사는 해당 사항을 농림축산식품부장관 및 다른 시·도지사에게 통보하여야 한다.

[본조신설 2018.5.1.]

제5조(심의회의 구성 및 운영) ①심의회는 위원장 1명과 부위원장 2인을 포함한 100명 이내의 위원으로 성별을 고려하여 구성한다. <개정 2008.12.31., 2015.12.21.>

②위원장은 농림축산식품부 소속의 축산 관련 업무를 담당하는 고위공무원단에 속하는 공무원(직무등급이 가등급에 해당하는 공무원에 한정한다)이 되고, 부위원장은 농림축산식품부 소속의 고위공무원단에 속하는 가축방역 또는 검역업무를 담당하는 공무원과 위원중에서 호선한 1명으로 한다. <개정 2008.3.3., 2008.12.31., 2009.4.30., 2011.7.25., 2013.3.23., 2015.12.21.>

③위원장은 심의회를 대표하고, 심의회의 업무를 총괄한다. <개정 2015.12.21., 2019.8.26.>

④위원장이 부득이한 사유로 직무를 수행할 수 없는 때에는 호선된 부위원장, 농림축산식품부 소속의 고위공무원단에 속하는 가축방역 또는 검역업무를 담당하는 공무원 및 위원장이 미리 지명한 위원의 순으로 그 직무를 대행한다. <개정 2008.3.3., 2009.4.30., 2011.7.25., 2013.3.23.>

⑤심의회의 위원은 수의(獸醫)·축산·의료·환경 분야 등에 학식과 경험이 풍부한 자중에서 농림축산식품부장관이 임명 또는 위촉한다. 이 경우 시민단체(「비영리민간단체 지원법」 제2조의 규정에 의한 비영리민간단체를 말한다)가 추천하는 위원이 1명 이상 포함되도록 하여야 한다. <개정 2006.5.8., 2008.3.3., 2008.12.31., 2013.3.23., 2015.12.21.>

⑥위원중 공무원이 아닌 위원의 임기는 2년으로 하되, 연임할 수 있다.

⑦위원회에는 질병·축종 등에 따른 전문분야 심의회를 둘 수 있다. <신설 2008.12.31., 2015.12.21.>

⑧전문분야별 심의회의 회의는 제6조를 준용한다. <신설 2008.12.31., 2015.12.21.>
[제목개정 2015.12.21.]

제6조(심의회의 회의) ①위원장은 심의회의 회의를 소집하고, 그 의장이 된다. <개정 2015.12.21.>

②위원장은 농림축산식품부장관 또는 위원 3분의 1 이상의 요구가 있는 때에는 지체없이 회의를 소집하여야 한다. <개정 2008.3.3., 2013.3.23.>

③심의회의 회의는 위원장, 부위원장 및 위원장이 회의 시마다 지정하는 위원을 포함하여 30명 이내로 구성한다. <개정 2015.12.21.>

④심의회는 제3항에 따른 구성원 과반수의 출석으로 개의(開議)하고, 출석위원 과반수의 찬성으로 의결한다. <신설 2015.12.21.>

⑤심의회는 심의사항과 관련하여 필요하다고 인정하는 경우에는 관계인을 출석시켜 의견을 들을 수 있다. <신설 2015.12.21.>
[제목개정 2015.12.21.]

제6조의2(위원의 해임 및 해촉) 농림축산식품부장관은 위원이 다음 각 호의 어느 하나에 해당하는 경우에는 해당 위원을 해임 또는 해촉(解囑)할 수 있다.

1. 심신장애로 인하여 직무를 수행할 수 없게 된 경우
2. 직무와 관련된 비위사실이 있는 경우
3. 직무태만, 품위손상이나 그 밖의 사유로 인하여 위원으로 적합하지 아니하다고 인정되는 경우
4. 위원 스스로 직무를 수행하는 것이 곤란하다고 의사를 밝히는 경우
[본조신설 2015.12.21.]

제7조(심의회의 간사 등) ①심의회에 간사 1인을 두되, 간사는 농림축산식품부 소속 공무원 중에서 가축방역 또는 검역업무를 담당하는 과장이 된다. <개정 2008.3.3., 2011.7.25., 2013. 3.23., 2015.12.21.>

②심의회에 출석한 위원에게는 예산의 범위안에서 수당과 여비 그 밖에 필요한 경비를 지급할 수 있다. 다만, 공무원인 위원이 그 소관업무와 직접 관련하여 심의회에 출석하는 경우에는 그러하지 아니하다. <개정 2015.12.21.>

③이 규칙에 규정된 사항 외에 심의회 및 전문분야별 심의회의 운영에 필요한 사항은 심의회의 의결을 거쳐 위원장이 정한다. <개정 2008.12.31., 2015.12.21.>

[제목개정 2015.12.21.]

제7조의2(외국인 근로자 고용 신고 등) ①법 제5조제3항 및 제10항에 따라 가축의 소유자등이 관할 시장·군수·구청장에게 외국인 근로자 고용신고를 할 때에는 별지 제1호의2서식에 따른 외국인 근로자 고용신고서를 작성하여 제출하거나 팩스 또는 그 밖에 시장·군수·구청장이 정하는 방법으로 신고할 수 있다. <개정 2018.5.1.>

②가축의 소유자등으로부터 외국인 근로자의 고용신고를 받은 시장·군수·구청장은 신고사항을 별지 제1호의3서식에 따른 외국인 근로자 고용신고 관리대장에 기록하여 관리하고, 방역정보시스템에 신고사항을 입력하여야 하며, 분기별 1회 이상 외국인 근로자의 고용 여부를 확인하여 고용의 해지 등 변경 사항이 발생한 경우에는 방역정보시스템에 즉시 변경된 내용을 반영해야 한다. <개정 2013.3.23., 2014.2.14., 2018.5.1., 2019.7.1.>

③가축의 소유자등은 외국인 근로자를 고용하여 처음으로 가축사육시설에 들이는 경우 해당 외국인 근로자에 대하여 가축방역 관련 예방 교육 및 의류·신발·소지품 등에 대한 소독을 먼저 실시하여야 한다.

④가축의 소유자등은 제3항에 따른 가축방역예방교육 실시 사항과 소독실시 내용을 별지 제6호서식에 따른 소독실시기록부에 기록하여야 한다.

⑤시장·군수·구청장은 가축전염병의 예방 및 확산 방지를 위하여 필요한 경우에는 가축방역관 또는 소속 공무원 등에게 외국인 근로자를 고용한 농장을 방문해 가축의 소유자등의 외국인 근로자에 대한 예방 교육 및 소독 실시 여부를 확인하게 할 수 있다. <신설 2019.7.1.>

[본조신설 2011.7.25.]

제7조의3(질문·검사·소독 고지 및 소독 등 실시) ①검역본부장은 법 제5조제4항에 따라 질문·검사·소독에 관한 사항을 고지할 때 인터넷 홈페이지·안내방송·서면·문자메시지 또는 그 밖에 검역본부장이 정하는 방법으로 하여야 한다. <개정 2013.3.23.>

②검역본부장은 법 제5조제5항 및 제6항에 따라 가축전염병 발생국가에서 입국하는

사람 등에 대하여 다음 각 호의 조치를 한다. <개정 2013.3.23., 2020.5.28.>
1. 가축전염병 발생국가 체류 또는 경유 여부 및 가축사육시설 방문여부에 대한 질문 또는 확인과 검사
2. 제1호의 사실이 확인된 경우 제20조에 따른 소독 실시
3. 가축전염병발생국가에서 입국한 날부터 5일 이내에는 가축사육시설에 들어가지 않도록 방역교육 실시
[본조신설 2011.7.25.]

제7조의4(가축의 소유자등의 범위 및 입국·출국 신고 등) ①법 제5조제6항에 따른 질문·검사·소독 등 필요한 조치에 따르거나 입국·출국 사실 등을 신고하여야 하는 사람의 구체적인 범위는 다음 각 호와 같다. 이 경우 신고 대상자의 확인 방법 및 절차에 필요한 사항은 검역본부장이 정하여 고시할 수 있다. <개정 2014.2.14., 2015.12.21., 2017.5.29., 2020.5.28.>
1. 가축의 소유자등:「축산법」제2조에 따른 소, 산양, 면양, 돼지, 닭과 같은 법 시행규칙 제2조에 따른 사슴, 오리, 거위, 칠면조, 메추리를 사육하는 사람
2. 가축의 소유자등에게 고용된 사람: 고용계약 체결 유·무와 상관없이 가축의 소유자등에게 사실상 노무를 제공하는 사람
3. 동거가족: 제1호 또는 제2호에 해당하는 사람과 거소를 같이 하는 가족
4. 수의사:「수의사법」제4조에 따른 수의사 면허를 받은 사람으로서 다음 각 목의 어느 하나에 해당하는 사람
가.「수의사법」에 따른 동물병원 개설자 및 그에 고용된 사람
나.「국가공무원법」및「지방공무원법」에 따른 공무원 중 수의·축산 관련 업무를 수행하는 공무원
다.「공중방역수의사에 관한 법률」에 따른 공중방역수의사
라.「고등교육법」에 따른 수의학, 축산학 또는 동물자원학을 전공하는 대학의 교수, 부교수, 조교수, 강사 및 대학원에 재학중인 사람
마. 제8조에 따른 축산관련 단체에 고용된 사람
바.「도시공원 및 녹지 등에 관한 법률」,「자연공원법 시행령」또는「박물관 및 미술관 진흥법 시행령」에 따라 동물원에 고용된 사람
사.「국립생태원의 설립 및 운영에 관한 법률」에 따라 국립생태원에 고용된 사람
아. 삭제 <2017.5.29.>
5.「축산법」제17조에 따른 가축인공수정소 개설자와 그에 고용된 사람
6. 가축방역사: 법 제8조에 따라 가축방역사로 위촉된 사람
7. 동물약품을 판매하는 사람: 다음 각 목의 어느 하나에 해당하는 사람과 그에 고용된 사람
가.「동물용 의약품등 취급규칙」제3조에 따른 동물약국 개설자

나. 「동물용 의약품등 취급규칙」제4조에 따른 동물용의약품제조업자

다. 「동물용 의약품등 취급규칙」제16조에 따른 동물용의약품수입판매업자

라. 「동물용 의약품등 취급규칙」 제20조에 따른 동물용의약품도매상 소유자

8. 사료를 판매하는 사람: 다음 각 목의 어느 하나에 해당하는 사람과 그에 고용된 사람

가. 「사료관리법」 제8조에 따라 등록한 사료제조업자

나. 「사료관리법」에 따른 판매업자

9. 가축분뇨를 수집·운반하는 사람

10. 「축산법」 제34조에 따른 가축시장의 종사자

11. 「축산물위생관리법」 제2조제5호의 원유를 수집·운반하는 사람

12. 도축장의 종사자

13. 그 밖에 수의·축산 관련 업무에 종사하여 가축전염병 예방을 위하여 질문·검사·소독 등 조치가 필요하다고 검역본부장이 정하여 고시하는 사람

②검역본부장은 가축전염병 발생국에서 입국하는 사람이 해당 국가의 축산농가를 방문하였는지 여부를 세관장의 협조를 얻어 「관세법」 제241조제2항에 따라 관세청장이 정하여 고시하는 여행자(승무원) 세관신고서 등으로 확인할 수 있다. <개정 2013.3.23., 2020.5.28.>

③「가축전염병 예방법 시행령」(이하 "영"이라 한다) 제2조의5에 따른 동물검역 신고서는 별지 제1호의4서식으로 한다. <개정 2014.2.14., 2018.5.1.>

④검역본부장은 법 제5조제5항 및 같은 조 제6항에 따라 전염병발생국가에서 입국하는 사람 등에 대하여 소독을 실시하는 경우 별지 제1호의5서식에 따른 소독 확인증을 발급할 수 있다. <개정 2013.3.23., 2018.5.1., 2020.5.28.>

⑤가축의 소유자등과 그 동거가족 등의 법 제5조제6항에 따른 입국·출국사실 등의 신고는 다음 각 호의 어느 하나의 방법에 의한다. <개정 2013.3.23., 2014.2.14., 2017.5.29., 2018.5.1.>

1. 방역정보시스템을 통한 신고

2. 별지 제1호의6서식에 따른 축산관계자 입국·출국 신고서를 작성하여 도착하거나 출발하는 항구, 공항 또는 그 밖의 장소에서 검역본부장에게 직접 제출하거나 팩스 등 전자문서로 제출

3. 별지 제1호의6서식에 따른 신고사항을 검역본부장에게 전화로 신고

⑥검역본부장은 법 제5조제5항 및 같은 조 제6항에 따라 제출받은 입국자 동물 검역신고서 및 축산관계자 입국·출국 신고서를 정보화 처리하고 정보기록매체 등에 수록하여 관리 및 유지할 수 있다. <개정 2013.3.23., 2017.5.29.>

[본조신설 2011.7.25.]

[제목개정 2017.5.29.]

제7조의5(방역관리 책임자) ①법 제5조의2제1항 본문에서 "농림축산식품부령으로 정하는 규모 이상의 가축"이란 10만 마리 이상의 닭 또는 오리를 말한다.

②법 제5조의2제1항 본문에 따른 방역관리 책임자와 법 제5조의2제1항 단서에 따른 방역업체 및 방역전문가의 자격기준은 다음 각 호와 같다.

1. 방역관리 책임자 및 방역전문가: 「고등교육법」 제2조에 따른 학교에서 수의학 또는 축산학 분야를 전공하고 졸업한 사람 또는 이와 동등 이상의 학력을 가진 사람으로서 해당 학력을 취득한 후 방역관련 분야에 3년 이상 종사한 사람

2. 방역업체: 제1호에 해당하는 사람을 2명 이상 고용한 업체

③제1항에 따른 가축의 소유자등은 법 제5조의2제1항 단서에 따라 방역업체 및 방역전문가와 계약을 통하여 정기적으로 방역관리를 하는 경우에는 별지 제1호의7서식의 방역관리 인가신청서에 다음 각 호의 서류를 첨부하여 시장·군수·구청장에게 제출하여야 한다.

1. 제2항 각 호의 자격을 증명하는 서류

2. 사업자등록증(방역업체인 경우만 해당한다)

3. 정기적 방역관리에 관한 계약서

④제3항에 따른 신청서를 받은 시장·군수·구청장은 「전자정부법」 제36조제1항에 따른 행정정보의 공동이용을 통하여 사업자등록증을 확인하여야 한다. 다만, 신청인이 사업자등록증의 확인에 동의하지 아니하는 경우에는 그 서류를 첨부하도록 하여야 한다.

⑤법 제5조의2제2항제4호에 따른 가축방역 관련 업무는 다음 각 호와 같다.

1. 가축전염병 예방 및 진단을 위한 분뇨 수집 등 시료채취

2. 법 제17조에 따른 소독설비 및 방역시설 기준 준수 및 이행 관리

3. 법 제17조의6에 따른 방역기준의 준수 및 이행 관리

4. 그 밖에 가축전염병 예방을 위하여 필요한 업무로서 농림축산식품부장관이 정하여 고시하는 업무

⑥법 제5조의2제3항에 따른 가축방역교육은 매년 4시간 이상으로 하며, 교육의 내용·방법 등 교육에 필요한 세부사항은 검역본부장이 정하여 고시한다.

⑦제1항에 따른 가축의 소유자등은 법 제5조의2제4항에 따라 방역관리 책임자를 선임하거나 해임하는 때에는 별지 제1호의8서식의 방역관리 책임자 선임(해임)신고서에 제2항제1호의 자격을 증명하는 서류를 첨부하여 시장·군수·구청장에게 제출하여야 한다.

[본조신설 2018.5.1.]

제7조의6(가축방역위생관리업의 신고) ①법 제5조의3제1항 전단에 따라 가축방역위생관리업을 하려는 자가 갖추어야 하는 시설·장비 및 인력 기준은 별표 1의3과 같다. <개정 2020.10.7.>

②법 제5조의3제1항 전단에 따라 가축방역위생관리업을 하려는 자는 별지 제1호의9 서식의 가축방역위생관리업 신고서에 시설·장비 및 인력 명세서를 첨부하여 시장·군수·구청장에게 제출해야 한다.

③시장·군수·구청장은 제2항에 따라 신고를 수리(受理)했을 때에는 별지 제1호의10서식의 가축방역위생관리업 신고증을 신고자에게 발급해야 한다.

[본조신설 2019.7.1.]

제7조의7(신고사항의 변경) ①법 제5조의3제1항에 따라 가축방역위생관리업의 신고를 한 자(이하 "방역위생관리업자"라 한다)가 같은 항 후단에 따라 신고사항을 변경하려는 경우에는 별지 제1호의11서식의 가축방역위생관리업 신고사항 변경신고서에 가축방역위생관리업 신고증과 변경사항을 증명할 수 있는 서류를 첨부하여 시장·군수·구청장에게 제출해야 한다.

②제1항에 따른 변경신고를 받은 시장·군수·구청장은 신고사항을 가축방역위생관리업 신고증 뒤쪽에 적어 이를 신고자에게 발급해야 한다.

[본조신설 2019.7.1.]

제7조의8(가축방역위생관리업의 휴업 등의 신고) ① 법 제5조의3제2항에 따라 휴업·폐업 또는 재개업을 신고하려는 방역위생관리업자는 별지 제1호의12서식의 신고서(전자문서를 포함한다)에 가축방역위생관리업 신고증을 첨부하여 시장·군수·구청장에게 제출해야 한다.

②제1항에도 불구하고 「부가가치세법 시행령」 제13조제5항에 따라 관할 세무서장이 송부한 제1항의 신고서를 관할 시장·군수·구청장이 접수한 경우에는 제1항에 따라 신고서를 제출한 것으로 본다.

③제1항 또는 제2항에 따른 신고서를 접수한 시장·군수·구청장은 신고사항을 가축방역위생관리업 신고증 뒤쪽에 적어 이를 신고자에게 발급해야 한다. 다만, 폐업신고의 경우에는 발급하지 않는다.

[본조신설 2019.7.1.]

제7조의9(소독·방제의 기준 및 기록 등) ①법 제5조의3제4항에 따른 소독·방제의 기준과 방법은 별표 1의4와 같다. <개정 2020.10.7.>

②법 제5조의3제4항에 따라 소독 또는 방제를 실시한 방역위생관리업자는 별지 제1호의13서식의 소독·방제증명서를 소독 또는 방제를 실시한 시설의 관리·운영자에게 발급해야 한다.

③방역위생관리업자는 법 제5조의3제4항에 따라 별지 제1호의14서식의 소독·방제 실시대장에 소독·방제에 관한 사항을 기록하고, 이를 2년간 보존해야 한다.

[본조신설 2019.7.1.]

제7조의10(행정처분의 기준) 법 제5조의3제6항에 따른 행정처분의 세부 기준은 별표 1의5와 같다. <개정 2020.5.28., 2020.10.7.>
[본조신설 2019.7.1.]

제7조의11(방역위생관리업자 등에 대한 교육) ①방역위생관리업자(법인인 경우에는 그 대표자를 말한다. 이하 이 조에서 같다)는 가축방역위생관리업의 신고를 한 날부터 6개월 이내에 법 제5조의4제1항 및 제2항에 따라 별표 1의6의 교육과정에 따른 소독 및 방제에 관한 교육을 받아야 한다. <개정 2020.10.7.>
②방역위생관리업자는 고용한 소독 및 방제업무 종사자(이하 "소독 및 방제업무 종사자"라 한다)에게 해당 업무에 종사한 날부터 6개월 이내에 소독 및 방제에 관한 교육을 받게 해야 하고, 이후에는 직전의 교육이 종료된 날부터 1년마다 1회 이상 보수교육을 받게 해야 한다.
③법 제5조의4제4항에서 "농림축산식품부령으로 정하는 소독 및 방제업무 전문기관 또는 단체"란 다음 각 호의 단체를 말한다.
1. 법 제9조제1항에 따른 가축위생방역 지원본부(이하 "방역본부"라 한다)
2. 「수의사법」 제23조에 따라 설립된 수의사회(이하 "수의사회"라 한다)
④제1항 및 제2항에 따른 교육에 필요한 경비는 교육을 받는 자가 부담한다.
[본조신설 2019.7.1.]

제8조(가축방역교육 실시 등) ①법 제6조제2항에서 "농림축산식품부령으로 정하는 축산 관련 단체"란 다음 각 호의 단체(이하 "축산관련단체"라 한다)를 말한다. <개정 2006.5.8., 2008.3.3., 2010.12.30., 2013.3.23., 2014.2.14., 2015.2.27., 2019.7.1.>
1. 방역본부
2. 「농업협동조합법」에 의한 농업협동조합중앙회(농협경제지주회사를 포함한다)
3. 수의사회
4. 그 밖에 가축방역업무에 필요한 조직과 인원을 갖춘 축산과 관련되는 단체로서 농림축산식품부장관이 정하여 고시하는 단체
②법 제6조제1항에서 "농림축산식품부령으로 정하는 가축의 소유자와 그에게 고용된 사람"이란 다음 각 호의 자를 말한다. <개정 2008.3.3., 2010.12.30., 2013.3.23.>
1. 50제곱미터 이상의 소·돼지·닭·오리·사슴·면양 또는 산양의 사육시설을 갖추고 있는 해당 가축의 소유자와 그에게 고용된 사람
2. 그 밖에 농림축산식품부장관 또는 지방자치단체의 장이 가축전염병이 발생하거나 퍼지는 것을 막기 위하여 가축방역교육이 필요하다고 인정하는 가축의 소유자 또는 그에게 고용된 사람

제9조(가축방역교육의 지원 등) ①농림축산식품부장관 또는 지방자치단체의 장은 법 제6조제2항에 따라 가축방역교육을 실시하는 축산관련단체에 예산의 범위안에

서 교육교재의 편찬, 강사수당 등 가축방역교육에 소요되는 경비를 지원할 수 있다. <개정 2008.3.3., 2013.3.23., 2014.2.14.>

②그 밖에 교육시간·교육교재편찬·교육실시결과보고 등 가축방역교육에 관하여 필요한 사항은 농림축산식품부장관이 정하여 고시한다.
<개정 2008.3.3., 2013.3.23.>

제9조의2(계약사육농가에 대한 방역교육 실시 등) ①법 제6조의2제1항 및 제2항에 따라 「축산계열화사업에 관한 법률」 제2조제5호에 따른 축산계열화사업자(이하 "축산계열화사업자"라 한다)는 같은 법 제2조제6호에 따른 계약사육농가(이하 "계약사육농가"라 한다)에 대하여 분기별 1회 이상 방역교육 및 방역기준 준수 여부에 관한 점검을 실시하고, 교육 및 점검이 각각 완료된 날부터 7일 이내에 교육 및 점검 결과를 계약사육농가의 소재지를 관할하는 시장·군수·구청장에게 통지하여야 한다. <개정 2020.2.28.>

②제1항에 따른 방역교육에는 다음 각 호의 사항이 포함되어야 한다. <개정 2019. 8. 26.>

1. 가축질병 위기관리 매뉴얼
2. 차단방역 및 소독시설 설치·운영 방법
3. 구제역 또는 고병원성 조류인플루엔자 임상예찰 및 신고 방법
4. 외국인근로자가 준수하여야 할 방역수칙
5. 구제역 백신 접종 방법[우제류(偶蹄類: 소, 돼지, 양, 염소, 사슴 및 야생 반추류 등과 같이 발굽이 둘로 갈라진 동물) 계약사육농가만 해당한다]
6. 그 밖에 농림축산식품부장관이 필요하다고 정하여 고시한 사항

③제1항에도 불구하고 계약사육농가가 「축산법」 제33조의3제1항에 따라 지정된 교육운영기관에서 교육과정을 이수한 경우 축산계열화사업자가 계약사육농가에 대하여 해당 연도의 교육을 실시한 것으로 본다.

④축산계열화사업자는 제3항에 따른 계약사육농가의 교육 이수 여부를 확인하여 계약사육농가의 소재지를 관할하는 시장·군수·구청장에게 통보하여야 한다.
[본조신설 2015.12.21.]

제9조의3(가축방역관에 대한 교육 실시 등) 법 제7조제5항에 따른 가축방역관의 교육은 매년 4시간 이상으로 하며, 교육의 내용·방법 등 교육에 필요한 세부사항은 농림축산식품부장관이 정하는 바에 따른다. <개정 2019.7.1.>
[본조신설 2018.5.1.]

제10조(가축방역사) ①법 제8조제4항의 규정에 따라 가축방역사로 위촉할 수 있는 자는 다음 각호의 1에 해당하는 자로 한다. <개정 2006.5.8., 2011.7.25., 2017.1.2.>

1. 「국가기술자격법」에 의한 축산산업기사 이상의 자격이 있는 자

2. 「고등교육법」에 의한 전문대학 이상의 대학에서 수의학·축산학·생물학 또는 보건학 분야를 전공하고 졸업한 자 또는 이와 동등 이상의 학력을 가진 자
3. 국가·지방자치단체 및 영 제3조제1항의 규정에 의한 행정기관에서 가축방역업무를 6월 이상 수행한 경험이 있는 자
4. 축산관련단체에서 가축방역에 관한 업무에 1년 이상 종사한 경험이 있는 자
②농림축산식품부장관 또는 지방자치단체의 장은 제1항의 규정에 의한 가축방역사의 자격을 갖춘 자중 방역본부가 실시하는 24시간 이상의 교육과정을 이수한 자를 가축방역사로 위촉한다. <개정 2008.3.3., 2013.3.23.>
③법 제8조제2항의 규정에 의한 가축방역사의 업무범위는 다음 각호와 같다. <개정 2011.7.25.>
1. 가축방역관의 지도·감독을 받아 가축시장 또는 가축사육시설에 들어가 가축의 소유자등에 대하여 행하는 가축방역에 관한 질문
2. 가축방역관의 지도·감독을 받아 가축시장·가축사육시설 또는 도축장에 들어가 가축질병 예찰에 필요한 시료의 채취
3. 그 밖에 법 제7조제3항의 규정에 따라 가축방역관이 행하는 업무의 보조
④농림축산식품부장관 또는 지방자치단체의 장은 가축방역사로 하여금 제3항 각 호의 업무를 수행하게 하려면 미리 그 상대방에게 구두·서면 또는 전자문서로 알려야 한다. <개정 2008.2.5., 2008.3.3., 2013.3.23.>
⑤농림축산식품부장관 또는 지방자치단체의 장은 가축방역사의 업무수행을 위하여 예산의 범위안에서 수당을 지급할 수 있다. <개정 2008.3.3., 2013.3.23.>

제11조(방역본부에 대한 보고지시 및 감독) ①농림축산식품부장관 또는 시·도지사는 법 제9조제9항에 따라 같은 조 제6항 각 호의 사업에 관한 사업실적을 보고하게 할 수 있다. <개정 2008.3.3., 2012.2.8., 2013.3.23., 2020.10.7.>
②농림축산식품부장관 또는 시·도지사는 법 제9조제9항에 따라 관계공무원으로 하여금 방역본부가 같은 조 제6항 각 호의 사업을 적정하게 수행하고 있는지 여부를 감독하게 할 수 있다. <개정 2008.3.3., 2012.2.8., 2013.3.23., 2020.10.7.>

제12조(수의과학기술에 관한 시험·분석 등) ①법 제10조제3항 전단의 규정에 따라 수의과학기술에 관한 시험 또는 분석을 의뢰하고자 하는 자는 별지 제1호의15 서식의 의뢰서에 수의과학기술의 특성에 관한 설명서 등 시험 또는 분석에 필요한 자료를 첨부하여 검역본부장에게 제출하여야 한다. <개정 2011.6.15., 2011.7.25., 2013.3.23., 2018.5.1., 2020.10.7.>
②제1항의 규정에 따라 수의과학기술에 관한 시험 또는 분석을 의뢰받은 검역본부장은 시료의 특성을 감안하여 이화학적 방법, 공중위생학적 방법, 독성학적 방법, 생물학적 방법, 미생물학적 방법, 혈청학적 방법, 역학적 방법 등으로 시험 또는 분

석을 실시한다. <개정 2011.6.15., 2013.3.23.>

③검역본부장은 제2항의 규정에 따라 시험 또는 분석을 마친 때에는 지체없이 그 결과를 의뢰인에게 통보하여야 한다. <개정 2011.6.15., 2013.3.23.>

④그 밖에 수의과학기술의 시험 또는 분석에 관하여 필요한 사항은 검역본부장이 정하여 고시한다. <개정 2011.6.15., 2013.3.23.>

제13조(죽거나 병든 가축의 신고) ①법 제11조제1항 및 제3항에 따른 신고는 구두·서면 또는 전자문서로 하되, 다음 각 호의 사항이 포함되어야 한다. <개정 2008.2.5., 2020.5.28.>

1. 신고대상 가축의 소유자등의 성명(축산계열화사업자의 경우에는 회사·법인명으로 한다) 및 신고대상 가축의 사육장소 또는 발견장소
2. 신고대상 가축의 종류 및 두수
3. 질병명(수의사의 진단을 받지 아니한 때에는 신고자가 추정하는 병명 또는 발견 당시의 상태)
4. 죽은 연월일(죽은 연월일이 분명하지 아니한 때에는 발견 연월일)
5. 신고자의 성명 및 주소
6. 그 밖에 가축이 죽거나 병든 원인 등 신고에 관하여 필요한 사항

②법 제11조제1항 각 호의 가축이 다음 각 호의 어느 하나에 해당되는 경우에는 같은 항에 따른 신고를 하지 아니할 수 있다. <개정 2006.5.8., 2008.2.5., 2017.1.2.>

1. 대학, 수의관련 연구기관 또는 가축병성감정실시기관이 사육중인 가축을 대상으로 학술연구활동을 수행하는 과정에서 당해 가축이 법 제11조제1항 각호의 가축에 해당하게 된 경우
2. 「약사법」에 의하여 의약품제조업 허가를 받은 자가 사육중인 가축을 대상으로 의약품 제조 및 시험활동을 수행하는 과정에서 당해 가축이 법 제11조제1항 각호의 가축에 해당하게 된 경우
3. 수출입 가축이 검역중 죽은 경우

③시장·군수·구청장은 법 제11조제1항 및 제3항에 따라 죽거나 병든 가축의 신고를 받은 때에는 가축방역관 또는 「수의사법」 제21조에 따른 공수의(이하 "공수의"라 한다)로 하여금 이를 검안 또는 진단하게 하거나 같은 법 제17조에 따라 동물병원을 개설하고 있는 수의사(이하 "동물병원개설자"라 한다)에게 검안 또는 진단을 의뢰하여야 한다. <개정 2006.5.8., 2008.2.5., 2015.12.21., 2018.5.1.>

④제3항에 따라 죽거나 병든 가축의 검안 또는 진단을 의뢰받은 가축방역관·공수의 또는 동물병원개설자는 지체 없이 해당 가축을 검안 또는 진단하고 시장·군수·구청장에게 「수의사법」 제12조에 따른 검안서 또는 진단서(가축방역관의 경우에는 검안 또는 진단한 내용을 기재한 서류)를 교부하여야 한다. <개정 2008.2.5., 2015.12.21., 2018.5.1.>

제14조(혈청검사 결과보고) ①특별시·광역시·도 또는 특별자치도에 소속되어 가축방역업무를 수행하는 기관의 장(이하 "시·도가축방역기관장"이라 한다)은 법 제12조제3항에 따라 가축 또는 가축전염병 특정매개체의 혈청검사를 실시한 때에는 그 결과를 다음 달 10일까지 검역본부장에게 제출하여야 한다.
<개정 2010.12.30., 2011.6.15., 2013.3.23., 2015.12.21.>
②검역본부장은 법 제12조제3항의 규정에 따라 실시한 혈청검사의 결과와 제1항의 규정에 따라 시·도가축방역기관장으로부터 제출받은 혈청검사의 결과를 종합하여 매분기 종료후 다음 달 20일까지 농림축산식품부장관에게 보고하여야 한다.
<개정 2008.3.3., 2011.6.15., 2013.3.23.>

제14조의2(가축병성감정실시기관의 지정 등) ①검역본부장은 법 제12조제6항 및 제7항에 따라 가축병성감정실시기관을 질병별·검사항목별로 지정할 수 있다.
<개정 2011.6.15., 2013.3.23., 2020.10.7.>
②제1항에 따라 가축병성감정실시기관의 지정을 받으려는 자는 별표 1의7의 지정기준에 따른 인력과 시설 등을 갖추고 별지 제1호의16서식의 가축병성감정실시기관 지정(지정변경) 신청서에 다음 각 호의 서류를 첨부하여 검역본부장에게 제출해야 하고, 검역본부장은 가축병성감정실시기관의 지정기준에 적합하다고 인정하면 별지 제1호의17서식의 가축병성감정실시기관지정서를 신청인에게 발급하고, 관할 시·도가축방역기관장에게 그 내용을 알려야 한다. <개정 2011.6.15., 2012.12.11., 2013.3.23., 2015.12.21., 2018.5.1., 2019.7.1., 2020.10.7.>
1. 조직·인원 및 사무분장표
2. 가축병성감정책임자의 이력서
3. 가축병성감정책임자 및 병성감정담당자의 수의사 면허증 사본
4. 시설 및 실험기자재 내역
③제2항에 따라 가축병성감정실시기관으로 지정받은 자가 다음 각 호의 어느 하나에 해당하는 사항을 변경하려면 별지 제1호의16서식의 가축병성감정실시기관 지정(지정변경) 신청서에 가축병성감정실시기관지정서와 변경사항을 증명할 수 있는 서류를 첨부하여 검역본부장에게 제출하여야 하고, 검역본부장은 해당 신청서를 검토한 후 별지 제1호의17서식의 가축병성감정실시기관지정서를 재발급하거나 가축병성감정실시기관지정서의 뒤쪽에 그 변경사항을 적어 발급할 수 있다.
<개정 2011.6.15., 2012.12.11., 2013.3.23., 2018.5.1., 2020.10.7.>
1. 기관명(법인명)
2. 대표자 또는 전문인력
3. 소재지
4. 제1항에 따른 질병 및 검사항목
④가축병성감정실시기관을 휴지·폐지 또는 재개하려는 자는 별지 제1호의18서식에

따른 병성감정업무의 휴지·폐지 또는 재개 신청서를 검역본부장에게 제출하여야
한다. <개정 2011.6.15., 2013.3.23., 2018.5.1., 2020.10.7.>

⑤가축병성감정실시기관의 장은 별지 제1호의19서식에 따른 월별 가축병성감정실적
을 다음 달 10일까지 검역본부장에게 제출하여야 한다.
<개정 2011.6.15., 2013.3.23., 2018.5.1., 2020.10.7.>

⑥가축병성감정실시기관의 장은 가축병성감정실시 결과 법 제2조제2호에 따른 가축
전염병으로 판명한 때에는 방역정보시스템에 그 내용을 입력하고, 해당 가축(검사
물)의 소유자등과 농장 소재지를 관할하는 시장·군수·구청장에게 문서나 정보통
신망으로 즉시 통보하여야 한다.
<개정 2011.6.15., 2013.3.23., 2014.2.14., 2018.5.1., 2019.8.26.>

⑦검역본부장은 병성감정 결과에 대한 신뢰성 확보를 위하여 특별시·광역시·도 또
는 특별자치도에 소속되어 가축방역업무를 수행하는 기관과 가축병성감정실시기관
의 검사능력 관리에 필요한 조치를 할 수 있다.
<신설 2010.12.30., 2011.6.15., 2013.3.23.>

⑧제7항에 따른 검사능력의 관리에 필요한 사항은 검역본부장이 정하여 고시한다.
<신설 2010.12.30., 2011.6.15., 2013.3.23.>
[본조신설 2008.2.5.]

제14조의3(행정처분의 기준) 법 제12조의2제2항에 따른 가축병성감정 실시기관의
지정취소 또는 업무정지의 구체적인 처분기준은 별표 1의8과 같다.
<개정 2018.5.1., 2019.7.1., 2020.10.7.>
[본조신설 2017.9.25.]

제15조(역학조사의 대상 등) ①법 제13조제1항에서 "농림축산식품부령으로 정하는
가축전염병"이란 다음 각 호의 가축전염병을 말한다. <개정 2008.2.5., 2008.3.3.,
2010.12.30., 2011.6.15., 2013.3.23.>

1. 우역·우폐역·구제역·아프리카돼지열병·돼지열병·고병원성조류인플루엔자 및
소해면상뇌증
2. 그 밖의 가축전염병중 농림축산식품부장관 또는 검역본부장이 역학조사가 필요하
다고 인정하는 가축전염병

②검역본부장, 시·도지사 및 시·도 가축방역기관장은 제1항 각 호에 따른 가축전
염병이 발생하였거나 발생할 우려가 있다고 인정하는 경우에는 지체없이 다음 각
호의 구분에 따라 역학조사를 실시하여야 한다. 이 경우 가축전염병의 방역을 위
하여 긴급한 경우에는 검역본부장, 시·도지사 및 시·도 가축방역기관장이 공동
으로 실시하여야 한다.
<개정 2011.6.15., 2013.3.23., 2018.5.1., 2020.5.28.>

1. 검역본부장이 역학조사를 하여야 하는 경우

가. 2 이상의 시·도에서 제1항 각 호에 따른 가축전염병이 발생하였거나 발생할 우려가 있는 경우

나. 제1항 각 호에 따른 가축전염병에 대한 시·도지사 또는 시·도 가축방역기관장의 역학조사가 불충분하거나 기술·장비 등의 부족으로 역학조사가 곤란하다고 판단되는 경우

2. 시·도지사 및 시·도 가축방역기관장이 역학조사를 하여야 하는 경우

가. 관할구역안에서 제1항 각 호에 따른 가축전염병이 발생하였거나 발생할 우려가 있는 경우

나. 제1항 각 호에 따른 가축전염병이 다른 시·도에서 발생한 경우로서 그 가축전염병의 발생이 관할구역과 역학적으로 연관성이 있다고 의심되는 경우

③제1항 각 호에 따른 가축전염병에 대한 역학조사의 내용은 다음 각 호와 같다. <개정 2020. 5. 28.>

1. 가축전염병에 걸렸거나 걸렸다고 의심이 되는 가축의 발견일시·장소·종류·성별·연령 등 일반현황

2. 가축전염병에 걸렸거나 걸렸다고 의심이 되는 가축의 사육환경 및 분포

3. 가축전염병의 감염원인 및 경로

4. 가축전염병 전파경로의 차단 등 예방요령

5. 그 밖에 해당 가축전염병의 발생과 관련된 사항

④시·도지사 및 시·도 가축방역기관장이 제2항제2호에 따라 역학조사를 하는 때에는 그 결과를 검역본부장에게 제출하여야 하고, 검역본부장은 역학조사를 추가로 실시하여야 할 필요가 있다고 인정되는 경우에는 시·도지사 또는 시·도 가축방역기관장에게 추가로 역학조사를 하게 할 수 있다.

<개정 2011.6.15., 2013.3.23., 2020.5.28.>

판례 - 가축전염병예방법위반피고사건
[부산지법 1988.9.23., 선고, 87노2760, 제1형사부판결 : 상고]

【판시사항】
[1] 가축전염병예방법시행규칙 제15조 제10호가 동법 제21조 제1호의 위탁범위를 넘어선 위법한 규정인지 여부(소극)

[2] 우지가 동법시행규칙 제15조 제10호 소정의 "동물의 유지"에 해당하는지 여부(적극)

【판결요지】
[1] 가축전염병예방법 제21조 제1호 (가)목에 "동물과 그 사체, 뼈, 살, 알, 가죽, 털"이라고 되어 있는 것은 위 법조의 입법취지나 목적에 비추어 볼 때 그것을 제한적 열거적이라기보다는 예시적 규정으로 보아 동물과 사체 및 그 생체부분이라는 뜻으로 풀이함이 상당하고, 따라서 위에 열거되지 아니한 생

채일부 즉 내장, 지방, 뿔 등도 이에 당연히 포함된다고 보아야 할 것이어서, 동법시행규칙 제15조 제10호에서 위 (가)목에 열거되지 아니한 생체부분을 지정검역물로 규정하고 있는 것은 모법의 위탁범위를 넘어선 위법한 규정이라 할 수 없다.

[2] 우지는 소의 신장, 내장 등에서 원료지방편을 채취한 다음 소량의 물과 함께 서서히 가열하여 지방을 융해, 분리하고, 이에서 다시 불순물을 제거하여 정제한 것으로서, 그 제조공정에 가열하는 과정이 있기는 하지만 이는 원료지방편에서 지방을 추출하는 과정에 불과하고 여기에 다른 원료가 첨가되는 것도 아니며 원래의 지방의 성질에 어떤 변화를 가져오는 것도 아니기 때문에, 우지는 바로 동법 제21조 제1호 (가)목 및 동법시행규칙 제15조 제10호의 "동물의 지방"에 해당하고 지방의 가공품이라고는 볼 수 없다.

제16조(역학조사반의 구성·임무 등) ①법 제13조제2항에 따라 검역본부장 소속하에 중앙역학조사반을, 시·도지사 및 시·도 가축방역기관장 소속 하에 시·도역학조사반을 각각 두되, 중앙역학조사반원은 검역본부장이, 시·도역학조사반원은 시·도지사 및 시·도 가축방역기관장이 각각 다음 각 호의 어느 하나에 해당하는 자중에서 임명 또는 위촉하는 자로 한다.

<개정 2011.6.15., 2013.3.23., 2018.5.1., 2020.5.28.>

1. 가축방역 또는 역학조사에 관한 업무를 담당하는 공무원
2. 수의학에 관한 전문지식과 경험이 있는 자
3. 축산분야에 관한 학식과 경험이 풍부한 자
4. 가축전염병 역학조사분야에 관한 학식과 경험이 풍부한 자
5. 그 밖에 가축전염병 역학조사를 위하여 검역본부장이 필요하다고 인정하는 자

②중앙역학조사반 및 시·도역학조사반의 임무는 다음 각호와 같다.

1. 역학조사계획의 수립·실시 및 평가
2. 역학조사 실시기준 및 방법의 개발
3. 가축전염병과 관련된 국내·외 자료의 수집 및 분석
4. 시·도역학조사반의 활동에 대한 기술지도(중앙역학조사반에 한한다)
5. 그 밖에 역학조사와 관련된 조사·연구

③제1항의 규정에 의한 역학조사반원은 역학조사를 실시하는 때에는 별지 제2호서식의 역학조사반원임을 표시하는 증표를 지니고, 관계인의 요청이 있는 때에는 이를 내보여야 한다.

④검역본부장, 시·도지사 및 시·도 가축방역기관장은 역학조사반원으로 임명 또는 위촉되어 역학조사를 실시하는 자에 대하여는 예산의 범위안에서 역학조사활동에 필요한 수당과 여비 그 밖에 필요한 경비를 지급할 수 있다. 다만, 역학조사반원이 공무원인 경우에는 그러하지 아니하다.

<개정 2011.6.15., 2013.3.23., 2020.5.28.>

제16조의2(역학조사관의 지정 등) ①법 제13조제3항에 따라 검역본부장은 20명 이상의 역학조사관을, 시·도지사 및 시·도 가축방역기관장은 각각 2명 이상의 역학조사관을 지정해야 한다.

②검역본부장은 법 제13조제3항에 따라 지정된 역학조사관에 대해 별표 1의9에 따라 교육·훈련을 실시해야 한다. <개정 2020.10.7.>

③검역본부장, 시·도지사 및 시·도 가축방역기관은 법 제13조제5항에 따라 같은 조 제3항에 따라 지정된 역학조사관에게 다음 각 호에 따른 비용의 전부 또는 일부를 지원할 수 있다.

1. 역학조사 업무 수행에 드는 비용
2. 역학조사관의 교육·훈련에 드는 비용
3. 역학조사에 필요한 장비 구입에 드는 비용

④법 제13조제8항에 따라 특별시장·광역시장 및 특별시·광역시 소속 시·도 가축방역기관장은 역학조사관을 두지 않을 수 있다

⑤제1항 및 제2항에 따른 역학조사관의 지정 및 교육·훈련에 필요한 사항은 검역본부장이 정하여 고시한다.
[본조신설 2020.5.28.]

제17조(검사·주사·약물목욕 또는 투약의 실시명령 등) ①농림축산식품부장관, 시·도지사, 시장·군수·구청장은 법 제15조제1항에 따라 가축에 대한 검사·주사·약물목욕·면역요법·투약 또는 주사·면역요법을 실시하였음을 확인할 수 있는 표시(이하 "주사·면역표시"라 한다)의 명령을 하거나 주사·면역요법 또는 투약의 금지를 명하려면 다음 각 호의 사항을 그 실시일 또는 금지일 10일 전까지 고시하여야 한다. 다만, 가축전염병의 예방을 위하여 긴급한 때에는 그 기간을 단축하거나 그 실시일 또는 금지일 당일에 고시할 수 있다. <개정 2008.2.5., 2008.3.3., 2013.3.23., 2018.5.1.>

1. 목적
2. 지역
3. 대상 가축명과 가축전염병의 종류
4. 실시기간
5. 그 밖에 가축에 대한 검사·주사·약물목욕·면역요법·투약 또는 주사·면역표시, 주사·면역요법 또는 투약의 금지 등에 필요한 사항

② 법 제15조제2항에 따른 증명서는 각 호의 서식과 같다. <개정 2008.2.5.>

1. 검사증명서 : 별지 제3호서식
2. 주사·면역표시증명서 : 별지 제4호서식
3. 약물목욕·면역요법 또는 투약 증명서 : 별지 제5호서식

③농림축산식품부장관은 가축에 대한 검사·주사·약물목욕·면역요법·투약 또는

주사·면역표시의 적정을 기하기 위하여 필요한 때에는 그 실시범위·방법·기준, 명령이행 여부의 확인 등에 필요한 사항을 정하여 고시할 수 있다. <개정 2008.2.5., 2008.3.3., 2013.3.23.>

제18조(가축방역업무의 공동실시) ①농림축산식품부장관, 시·도지사 또는 시장· 군수·구청장은 법 제15조제3항에 따라 가축의 소유자등 또는 축산관련단체로 하 여금 가축방역업무를 공동으로 실시하게 하려면 다음 각 호의 구분에 따라 실시하 게 하여야 한다. 이 경우 해당 가축의 소유자등에 대하여 가축방역업무를 공동으 로 실시하게 하려면 축산관련단체와 함께 실시하게 하여야 한다. <개정 2006.5.8., 2008.2.5., 2008.3.3., 2013.3.23., 2017.7.12., 2018.5.1., 2019.7.1.>

1. 구제역, 돼지열병, 돼지오제스키병, 고병원성 조류인플루엔자 예방주사와 그 주사 표시의 경우 : 해당 가축의 소유자등, 방역본부, 「농업협동조합법」에 의한 농업협 동조합중앙회, 농협경제지주회사 및 수의사회중 2 이상의 자로 하여금 공동으로 실시하게 할 수 있다.
2. 광견병 예방주사와 그 주사표시의 경우 : 당해 가축의 소유자등과 수의사회로 하 여금 공동으로 실시하게 할 수 있다.
3. 브루셀라병·결핵병·추백리 및 가금티프스 검사 : 해당 가축의 소유자등 및 제8 조제1항 각 호의 단체 중 2 이상의 자로 하여금 공동으로 실시하게 할 수 있다.

②농림축산식품부장관 또는 지방자치단체의 장은 제1항의 규정에 따라 가축방역업무 를 공동으로 실시하게 하는 경우에는 축산관련단체에 대하여 가축방역업무에 필요 한 약품류 등을 지원할 수 있다. <개정 2008.3.3., 2013.3.23.>
③그 밖에 가축방역업무의 공동실시에 관하여 필요한 세부사항은 농림축산식품부장 관이 정하여 고시한다. <개정 2008.3.3., 2013.3.23.>

제18조의2(가축의 입식 사전 신고) ①법 제15조의2제1항에서 "농림축산식품부령으 로 정하는 가축"이란 「축산법」 제22조제1항제1호에 따른 종축업 및 같은 항 제4 호에 따른 가축사육업의 허가를 받은 자가 사육하는 닭 또는 오리를 말한다.
②법 제15조의2제1항에서 "농림축산식품부령으로 정하는 사항"이란 다음 각 호의 사 항을 말한다.
1. 입식하려는 가축의 종류
2. 현재의 가축사육 규모 및 입식 규모
3. 입식 일령(日齡) 및 입식 예정일
4. 가축사육시설의 규모 및 사육 형태
5. 가축의 출하 예정일
6. 입식하려는 가축의 출하 부화장 또는 농장
7. 축산계열화사업자에 관한 정보(계약사육농가만 해당한다)

8. 법 제17조에 따른 소독설비 및 방역시설의 설치 현황 및 정상 작동 여부
③법 제15조의2제1항에 따라 가축의 소유자등이 시장·군수·구청장에게 가축의 입
식 사전 신고를 하려는 때에는 별지 제5호의2서식에 따른 가축의 입식 사전 신고
서를 작성하여 입식하기 7일 전까지 시장·군수·구청장에게 제출하거나 팩스 또
는 그 밖에 시장·군수·구청장이 정하는 방법으로 신고할 수 있다.
④제3항에 따라 가축의 소유자등으로부터 가축의 입식 사전 신고를 받은 시장·군수·
구청장은 신고사항을 방역본부의 장(이하 "방역본부장"이라 한다)에게 통보해야 한다.
[본조신설 2020.2.28.]

제19조(검사증명서의 휴대 등) ①농림축산식품부장관, 시·도지사 또는 시장·군수
·구청장이 법 제16조제5항에 따라 가축의 소유자 및 가축운송업자에게 가축을
이동할 때에 검사증명서, 예방접종증명서나 법 제19조제1항 각 호 외의 부분 단서
또는 법 제19조의2제4항에 따라 이동승인을 받았음을 증명하는 서류(이하 "이동승
인서"라 한다)를 휴대하게 하거나 예방접종을 하였음을 가축에 표시하도록 명할
수 있는 가축전염병은 다음 각 호와 같다.
<개정 2008.2.5., 2008.3.3., 2013.3.23., 2015.12.21., 2018.5.1.>
1. 검사증명서 또는 예방접종증명서 휴대 : 구제역·돼지열병·뉴캣슬병·브루셀라
병·결핵병·돼지오제스키병 그 밖에 농림축산식품부장관이 정하여 고시하는 가축
전염병
1의2. 이동승인서 휴대: 구제역, 고병원성 조류인플루엔자, 그 밖에 농림축산식품부
장관이 정하여 고시하는 가축전염병
2. 예방접종 표시: 우역·구제역·돼지열병·광견병 그 밖에 농림축산식품부장관이
정하여 고시하는 가축전염병
②농림축산식품부장관, 시·도지사 또는 시장·군수·구청장은 법 제16조제5항에 따
라 가축의 소유자등 또는 가축운송업자에게 가축을 이동할 때에 검사증명서, 예방
접종증명서 또는 이동승인서를 휴대하게 하거나 가축에 대하여 예방접종을 하였음
을 확인할 수 있는 표시를 하도록 명령하려는 때에는 다음 사항을 그 실시일 10
일 전까지 고시하여야 한다. 다만, 가축전염병의 예방을 위하여 긴급한 때에는 그
기간을 단축하거나 그 실시일 당일에 고시할 수 있으며, 이동승인서를 발급한 경
우에는 고시를 생략할 수 있다.
<개정 2008.2.5., 2008.3.3., 2013.3.23., 2015.12.21., 2018.5.1.>
1. 목적
2. 지역
3. 대상 가축명과 가축전염병의 종류
4. 명령의 내용
5. 그 밖에 검사증명서·예방접종증명서·이동승인서의 휴대, 예방접종 확인표시 등

에 관하여 필요한 사항

③국가 또는 지방자치단체는 가축의 소유자등으로부터 검사증명서 또는 예방접종증
명서의 청구가 있는 때에는 별지 제3호서식 및 별지 제4호서식에 의한 증명서를
발급하여야 한다.

④법 제16조제5항의 규정에 따라 예방접종을 하였음을 가축에 표시하는 방법은 낙
인·천공(穿孔)·귀표·목걸이 그 밖에 예방접종을 하였음을 외부에서 알 수 있도
록 표시하는 방법으로 한다. <개정 2015.12.21., 2017.2.24.>

제20조(소독설비 및 실시 등) ①법 제17조제1항에 따른 대상자별 소독설비 및 방
역시설의 설치기준은 별표 1의10과 같다.
<개정 2008.2.5., 2017.9.25., 2018.5.1., 2019.7.1., 2020.5.28., 2020.10.7.>

②법 제17조제2항제1호에서 "농림축산식품부령으로 정하는 일정 규모 이상의 농가"
란 5만 마리 이상의 산란계를 사육하는 농가를 말한다. <신설 2019.7.1.>

③제2항에 따른 농가는 매년 1회 이상 방역위생관리업자를 통해 소독 및 방제를 해
야 한다. <신설 2019.7.1.>

④법 제17조제2항제2호에 따른 소독 및 방제 미흡으로 「축산물 위생관리법」에 따른
식용란 검사에 불합격한 농가는 부적합 통보일 이후 1개월 이내에 방역위생관리업
자를 통한 소독 및 방제를 해야 한다. <신설 2019.7.1.>

⑤법 제17조제5항 본문, 제23조제1항, 제25조제1항, 제26조 및 제43조제6항에 따른
소독방법은 별표 2와 같다. <개정 2008.2.5., 2014.2.14., 2019.7.1.>

⑥법 제17조제3항에서 "농림축산식품부령으로 정하는 자"란 다음 각 호의 자를 말한
다. <신설 2011.7.25., 2013.3.23., 2018.5.1., 2019.7.1.>

1. 계란을 운반하는 자
2. 육류를 운반하는 자
3. 가축의 정액을 운반하는 자
4. 왕겨 또는 톱밥을 운반하는 자
5. 그 밖의 축산관련 출입자

⑦법 제17조제4항에서 "농림축산식품부령으로 정하는 제1종 가축전염병"이란 다음
각 호의 전염병을 말한다. <신설 2011.7.25., 2013.3.23., 2018.5.1., 2019.7.1.>

1. 구제역
2. 고병원성조류인플루엔자
3. 아프리카돼지열병
4. 그 밖에 농림축산식품부장관이 정하여 고시하는 가축전염병

⑧법 제17조제5항 본문에 따른 소독실시기준은 다음 각 호와 같다.
<개정 2008.2.5., 2011.7.25., 2014.2.14., 2015.12.21., 2019.7.1.>

1. 법 제17조제1항제1호부터 제3호까지 및 제5호에 규정된 자(50제곱미터 미만의

가축사육시설의 소유자등을 포함한다)와 같은 항 제4호 중 종축장 운영자: 가축사
육시설 · 도축장 · 종축장 등 가축 또는 원유 · 식용란 등 가축의 생산물 등이 집합
되는 시설 또는 장소에 대하여 주 1회 이상 소독을 실시할 것

2. 법 제17조제1항제4호에 규정된 자(종축장 운영자는 제외한다) : 가축이 집합되는
시설의 경우에는 가축이 집합하기 전과 가축이 해산 후, 부화장의 경우에는 알이
부화하기 전과 부화한 후 각각 소독을 실시할 것

3. 법 제17조제3항에 따른 운반차량의 운전자: 가축사육시설 그 밖에 가축이 집합되
는 시설 또는 장소에 출입할 때마다 차량에 대한 소독을 실시할 것

⑨법 제17조제6항에 따른 소독실시기록부는 별지 제6호서식 또는 별지 제7호서식에
의하고, 최종 기재일부터 1년간 이를 보관(전자적 방법을 통한 보관을 포함한다)하
여야 한다. <개정 2011.7.25., 2014.2.14., 2017.1.2., 2019.7.1.>

⑩제1항, 제5항 및 제8항의 규정에 의한 소독설비의 운영, 가축종류별 특성에 따른
소독방법 등에 관하여 필요한 세부사항은 농림축산식품부장관이 정하여 고시한다.
<개정 2008.3.3., 2011.7.25., 2013.3.23., 2019.7.1.>

제20조의2(출입기록의 작성 · 보존 등) ①법 제17조제1항 각 호에 해당하는 자는
법 제17조의2제1항에 따라 해당 시설을 출입하는 자 및 차량에 대한 출입기록을
별지 제6호서식에 따라 기록하여야 한다. <개정 2019.7.1.>

②법 제17조제1항 각 호에 해당하는 자는 법 제17조의2제2항에 따라 소속 공무원,
가축방역관 또는 가축방역사가 출입기록 내용의 확인을 요구할 경우 이에 따라야
한다. <개정 2015.12.21.>

[본조신설 2012.2.8.]

제20조의3(시설출입차량 등록 신청) ①법 제17조의3제1항에 따라 시장 · 군수 · 구
청장에게 등록하여야 하는 차량(이하 "시설출입차량"이라 한다)은 별표 2의2와 같
다. <개정 2018.5.1.>

②삭제 <2015.12.21.>

③시설출입차량을 등록하려는 자는 별지 제7호의3서식의 등록신청서에 차량 임대차
계약서(차량을 임차한 경우만 해당한다)를 첨부하여 시장 · 군수 · 구청장에게 제출
하여야 한다. <개정 2018.5.1.>

④제3항에 따른 신청을 받은 시장 · 군수 · 구청장은 「전자정부법」 제36조제1항에 따
른 행정정보의 공동이용을 통하여 다음 각 호의 서류를 확인하여야 하며, 신청인
이 확인에 동의하지 아니하는 경우(법인 등기사항 증명서는 제외한다)에는 이를
첨부하도록 하여야 한다. <개정 2018.5.1.>

1. 주민등록표 초본(법인인 경우에는 법인 등기사항증명서)
2. 자동차 등록원부 등본

3. 사업자등록증(개인인 경우에는 제외한다)

⑤제3항에 따른 신청을 받은 시장·군수·구청장은 시설출입차량으로 등록한 후 3개월 이내에 해당 지방자치단체에서 운영하는 축산 관련 행정정보 시스템(이하 "축산행정정보시스템"이라 한다)을 통하여 제20조의6에 따른 교육수료 결과를 확인하여야 하며, 신청인이 확인에 동의하지 아니하는 경우에는 제20조의6에 따른 교육수료 결과를 제출하도록 하여야 한다. <개정 2015.12.21.>

[본조신설 2012.9.7.]

제20조의4(시설출입차량 등록증의 발급 등) ①시장·군수·구청장은 제20조의3에 따라 등록한 차량에 대하여 별지 제7호의4서식의 시설출입차량 등록증과 별표 2의3에 따른 시설출입차량표지를 발급하고, 축산행정정보시스템에 관련 정보를 입력한 후 방역정보시스템에 전송하여야 한다. <개정 2014.2.14., 2018.5.1.>

② 제1항에 따라 등록증을 발급받은 자는 등록증을 분실하거나 등록증이 손상된 경우에는 시장·군수·구청장에게 별지 제7호의5서식의 재발급 신청서 및 손상된 등록증(등록증이 손상되어 재발급받으려는 경우만 해당한다)을 제출하여 재발급받을 수 있다.

[본조신설 2012.9.7.]

제20조의5(차량무선인식장치의 장착 등) ①법 제17조의3제2항에 따라 시설출입차량의 소유자는 차량무선인식장치를 시설출입차량 앞면 또는 차량무선인식장치를 쉽게 확인할 수 있는 위치에 장착하여야 한다. <개정 2017.2.24.>

②제1항에서 규정한 사항 외에 차량무선인식장치의 장착 및 운영에 필요한 사항은 검역본부장이 정하여 고시한다. <개정 2013.3.23.>

[본조신설 2012.9.7.]

제20조의6(시설출입차량의 소유자·운전자에 대한 가축방역 등에 관한 교육)

① 법 제17조의3제5항에 따라 시설출입차량의 소유자 및 운전자는 검역본부장이 정하여 고시하는 바에 따라 시설출입차량 등록 3개월 전부터 등록 후 3개월까지 6시간의 교육을 받아야 하며, 교육 수료일을 기준으로 매 4년이 되는 시점부터 3개월 내에 4시간의 보수교육을 받아야 한다. 다만, 시설출입차량의 소유자 및 운전자가 재해의 발생, 질병·부상 그 밖에 부득이한 사유로 정해진 기간 안에 교육 또는 보수교육을 받을 수 없을 때에는 검역본부장이 정하여 고시하는 바에 따라 그 사유가 종료된 날부터 30일 이내에 교육 또는 보수교육을 받아야 한다. <개정 2015.12.21., 2017.2.24., 2019.7.1.>

②제1항에 따라 교육을 받아야 하는 시설출입차량의 소유자 및 운전자 중 검역본부장이 정하여 고시하는 기준에 해당하는 자는 교육의 전부 또는 일부를 면제한다. <신설 2019.7.1.>

③검역본부장은 제1항에 따른 교육을 실시하기 위하여 교육총괄기관을 지정할 수 있고, 교육총괄기관의 장은 교육운영기관을 지정할 수 있다. <신설 2019. 7. 1.>

④제3항에 따라 지정받은 교육총괄기관은 제1항에 따른 교육 결과를 축산행정정보시스템에 전송해야 한다. <개정 2019.7.1.>

⑤제1항부터 제4항까지에서 규정한 사항 외에 시설출입차량의 소유자 및 운전자의 교육, 교육총괄기관·교육운영기관의 지정 및 교육 결과 보고에 관한 사항은 검역본부장이 정하여 고시한다. <개정 2019.7.1.>

[본조신설 2012.9.7.]

제20조의7(차량무선인식장치의 기능) ① 법 제17조의3제6항에 따른 차량무선인식장치는 법 제17조의3제1항에 따른 축산관계시설(이하 "축산관계시설"이라 한다)을 출입하는 차량의 위치정보 등을 실시간으로 전송하는 기능을 제공하여야 한다. <개정 2015.12.21., 2017.9.25.>

②제1항에서 규정한 사항 외에 차량무선인식장치 기능에 필요한 사항은 검역본부장이 정하여 고시한다. <개정 2013.3.23.>

[본조신설 2012.9.7.]

제20조의8(시설출입차량의 변경 및 말소 등록) ①법 제17조의3제8항 및 제9항에 따라 시설출입차량의 변경등록 또는 말소등록을 하려는 자는 별지 제7호의6서식의 시설출입차량 변경등록 신청서 또는 별지 제7호의7서식의 시설출입차량 말소등록 신청서를 시장·군수·구청장에게 제출하여야 한다.

②시장·군수·구청장은 변경등록을 한 차량에 대해서는 별지 제7호의4서식의 시설출입차량 등록증과 별표 2의3에 따른 시설출입차량 표지를 다시 발급 하고, 축산행정정보시스템에 관련 정보를 입력한 후 방역정보시스템에 전송하여야 한다. <개정 2018.5.1.>

③시장·군수·구청장은 등록을 말소한 차량에 대해서는 별지 제7호의4서식의 시설출입차량 등록증과 별표 2의3에 따른 시설출입차량 표지를 회수하고, 축산행정정보시스템에 관련 정보를 입력한 후 방역정보시스템에 전송하여야 한다. <개정 2018.5.1.>

④시장·군수·구청장은 법 제17조의3제9항 각 호에 해당하는 차량에 대하여 직권으로 등록을 말소하려는 경우에는 다음 각 호의 절차에 따른다. <신설 2019.7.1.>

1. 등록 사항 말소 예정 사실을 해당 차량의 소유자 및 운전자에게 사전 통지할 것. 다만, 소재불명 또는 연락두절 등의 사유가 있을 경우 사전 통지 절차를 생략할 수 있다.

2. 등록 사항 말소 예정사실을 해당 기관 게시판과 인터넷 홈페이지에 20일 이상 예고 할 것

[본조신설 2015.12.21.]

제20조의9(가축소유자 등의 방역기준) 법 제17조의6제1항에 따른 가축소유자 등의 방역기준은 별표 2의4와 같다.
[본조신설 2015.12.21.]

제21조(질병관리 등급기준 등) ①법 제18조제2항의 규정에 의한 가축질병관리수준에 대한 등급부여의 적용대상 가축·질병 및 등급부여기준은 별표 3과 같다.
②검역본부장 또는 시·도가축방역기관장은 영 제15조제4항의 규정에 따라 가축질병관리등급의 부여 및 관리업무를 위탁받은 축산관련단체 등으로부터 가축질병관리등급의 부여와 관련하여 혈청검사를 의뢰받거나 가축전염병 발생사실의 확인 등을 요청받은 때에는 이에 협조하여야 한다. <개정 2011.6.15., 2013.3.23.>

제22조(격리 등의 명령) ①법 제19조제1항(법 제28조 및 법 제28조의2에서 준용하는 경우를 포함한다)에 따른 명령은 별지 제8호서식에 따른다. <개정 2008.2.5.>
②시장·군수·구청장은 법 제19조제1항(법 제28조 및 법 제28조의2에서 준용하는 경우를 포함한다)에 따라 이동제한·교통차단 또는 출입통제의 조치를 명하려는 때에는 다음 각 호의 사항을 공고하여야 한다. <개정 2008.2.5., 2012.9.7.>
1. 목적
2. 지역
3. 대상 가축·사람 또는 차량
4. 기간
5. 그 밖에 이동제한, 교통차단, 출입통제 조치에 필요한 사항
③시장·군수·구청장은 운송을 위하여 항구·공항·기차역 또는 정류장에 소재하고 있는 가축에 대하여 법 제19조제1항(법 제28조 및 법 제28조의2에서 준용하는 경우를 포함한다)에 따른 격리·억류 또는 이동제한을 명한 때에는 지체 없이 해당 시설의 관리자 등에게 그 사실을 알려야 한다. <개정 2008.2.5., 2017.2.24.>
④농림축산식품부장관은 가축·사람·차량 또는 제22조의3에 따른 오염우려물품에 대하여 격리·억류·이동제한·교통차단 또는 출입통제의 적정을 기하기 위하여 필요한 때에는 그 방법·기준 등을 정할 수 있다.
<개정 2008.3.3., 2013.3.23., 2015.12.21.>

제22조의2(이동승인 신청) ①법 제19조제1항 단서에 따라 이동승인을 받으려는 자는 별지 제8호의2서식의 이동승인 신청서를 작성하여 시·도가축방역기관장에게 제출(전자적 방법을 통한 제출을 포함한다)하여야 한다. <개정 2017.1.2.>
②제1항에 따라 이동승인 신청을 받은 시·도가축방역기관장은 해당 지역의 가축전염병 발생 및 확산 상황 등을 고려하여 사람 또는 차량의 소유자가 다음 각 호의 요건을 모두 충족하는 경우에는 이동을 승인한다.
1. 축산관계시설을 방문하지 않을 것

2. 법 제19조의2제1항에 따른 축산 관련 종사자를 만나지 않을 것
[본조신설 2012.9.7.]

제22조의3(오염우려물품) 법 제19조제1항제1호에 따른 "오염우려물품"이란 다음 각
호의 물품을 말한다.
1. 사료·조사료
2. 동물약품
3. 가축사육시설에서 바닥재료로 사용되는 깔짚, 왕겨 등
4. 액상 및 고형 분뇨
5. 축산 도구 및 기자재
6. 신발·작업복·장갑·모자 등
7. 원유·식용란 등 가축의 생산물
8. 그 밖에 가축전염병이 발생하거나 퍼지는 것을 막기 위하여 농림축산식품부장관
이 필요하다고 인정하는 물품
[본조신설 2015.12.21.]
[종전 제22조의3은 제22조의5로 이동 <2015.12.21.>]

제22조의4(방목가능 시설 또는 장비 등) 법 제19조제3항 단서에 따라 다음 각 호
에 해당하는 시설 또는 장비를 모두 갖춘 경우에는 가축의 방목을 허용할 수 있
다. <개정 2018.5.1.>
1. 별표 1의4에 따른 소독설비 및 방역시설
2. 삭제 <2018.5.1.>
3. 쥐·곤충을 없애는 시설
4. 야생조류의 출입을 막을 수 있는 그물망(가금류의 방목에 한한다)
5. 외부 사람·차량의 출입을 막을 수 있는 시설
[본조신설 2015.12.21.]

제22조의5(일시 이동중지 명령) ①법 제19조의2제1항에 따라 가축 등에 대한 일
시 이동중지 명령을 내릴 수 있는 가축전염병은 다음 각 호와 같다.
<개정 2013.3.23., 2015.12.21.,2018.5.1.>
1. 구제역
2. 고병원성조류인플루엔자
3. 아프리카돼지열병
4. 그 밖에 농림축산식품부장관이 정하여 고시하는 가축전염병
②법 제19조의2제3항 단서에 따라 부득이하게 이동승인을 받으려는 가축의 소유자
등은 별지 제8호의2서식의 이동승인 신청서를 작성하여 시·도가축방역기관장에게
제출(전자적 방법을 통한 제출을 포함한다)하여야 한다. <개정 2017.1.2.>

③제2항에 따라 이동승인 신청을 받은 시·도가축방역기관장은 이동승인을 신청한
　자가 다음 각 호의 어느 하나에 해당하는 경우에는 이동을 승인한다.
1. 원유 및 사료의 보관·공급 등의 목적으로 불가피하게 이동하여야 하는 경우
2. 가축의 치료 등을 목적으로 불가피하게 축산관계시설 등을 출입하여야 하는 경우
3. 그 밖에 시·도가축방역기관장이 해당 지역의 가축전염병 발생 및 확산 상황을
　고려하여 이동승인이 필요하다고 인정하는 경우
④법 제19조의2제5항에 따라 농림축산식품부장관, 시·도지사 및 시장·군수·구청
　장이 가축 등에 대한 일시 이동중지 명령을 내리려는 경우에는 해당 가축전염병을
　전파할 가능성이 있는 가축의 소유자, 시설출입차량 운전자, 축산 관련 종사자 등
　에게 문서, 전자우편, 팩스, 전화 또는 휴대전화 문자메시지 등의 방법으로 일시
　이동중지 명령을 미리 알리고, 다음 각 호의 사항을 공고하여야 한다 <개정
　2013.3.23.>
1. 목적
2. 지역
3. 대상 가축·사람 또는 차량
4. 기간
5. 그 밖에 이동중지 조치에 필요한 사항
　[본조신설 2012.9.7.]
　[제22조의3에서 이동 <2015.12.21.>]

제22조의6(이동승인서) 시·도 가축방역기관장은 제22조의2제2항 및 제22조의5제3
　항에 따라 이동을 승인한 경우에 별지 제8호의3서식의 이동승인서를 신청자에게
　내주어야 한다.
　[본조신설 2015.12.21.]

제23조(살처분 명령 등) ①법 제20조제1항 본문(법 제28조에서 준용하는 경우를
　포함한다)에 따라 살처분을 명하여야 하는 가축전염병은 다음 각 호와 같다. <개
　정 2008.2.5., 2008.3.3., 2009.8.21., 2010.12.30., 2013.3.23., 2014.2.14.>
1. 제1종가축전염병 : 우역·우폐역·구제역·아프리카돼지열병·돼지열병·고병원
　성조류인플루엔자
2. 제2종가축전염병: 브루셀라병·결핵병·소해면상뇌증·돼지오제스키병·돼지인플
　루엔자(H5 또는 H7 혈청형 바이러스만 해당한다)·광견병·사슴만성소모성질병·
　스크래피(양해면상뇌증)
3. 그 밖에 가축전염병이 퍼지는 것을 막기 위하여 긴급하다고 인정하여 농림축산식
　품부장관이 정하는 제1종가축전염병 또는 제2종가축전염병
②법 제20조제1항(법 제28조에서 준용하는 경우를 포함한다)에 따른 살처분 명령은

별지 제9호서식에 따른다. <개정 2008.2.5., 2020.5.28.>

③법 제20조제1항(법 제28조에서 준용하는 경우를 포함한다)의 규정에 따라 살처분 명령을 받은 자는 해당 가축을 사살·전살(電殺: 전기를 이용한 살처분 방법)·타격·약물사용 등의 방법으로 즉시 살처분하여야 한다. 다만, 살처분 명령의 대상이 되는 가축의 병성감정상 필요하다고 인정되어 시장·군수·구청장으로부터 다음의 기간을 초과하지 아니하는 범위에서 기간과 격리장소를 정하여 살처분의 연기명령을 받은 때에는 그에 따른다. <개정 2008.2.5., 2019.8.26., 2020.5.28.>

1. 브루셀라병에 걸린 가축 : 70일
2. 결핵병에 걸린 소: 70일
3. 그 밖의 가축전염병에 걸린 가축: 7일

④법 제20조제1항 단서에서 "농림축산식품부령으로 정하는 경우"란 다음 각 호의 어느 하나에 해당하는 경우를 말한다. <신설 2020.5.28.>

1. 역학조사 결과 가축전염병 특정매개체와 가축이 직접 접촉하였거나 접촉하였다고 의심되는 경우
2. 가축전염병 특정매개체로 인해 아프리카돼지열병이 집중적으로 발생하거나 확산될 우려가 있다고 인정되는 경우(발생 장소를 관할하는 법 제4조에 따른 지방가축방역심의회의 심의를 거친 경우로 한정한다)

⑤시장·군수·구청장은 법 제20조제3항에 따라 광견병 예방주사를 받지 아니한 개·고양이에 대하여 억류·살처분 그 밖에 필요한 조치를 하려면 해당 조치의 10일 전까지 다음 사항을 공고하여야 한다. <개정 2008.2.5., 2020.5.28.>

1. 목적
2. 지역
3. 기간
4. 방법
5. 그 밖에 억류·살처분 등의 조치에 필요한 사항

⑥시장·군수·구청장은 법 제20조제3항에 따라 개·고양이를 억류한 때에는 억류의 일시와 장소, 품종, 외모, 억류기간 등 필요한 사항을 공고하여야 한다. <개정 2008.2.5., 2020.5.28.>

⑦시장·군수·구청장은 제5항에 따라 공고한 후 억류기간이 경과하여도 개·고양이의 소유자등으로부터 반환청구가 없는 때에는 이를 직접 처분할 수 있다. <개정 2008.2.5., 2020.5.28.>

[제목개정 2020.5.28.]

제24조(도태의 권고 및 명령) ①법 제21조제1항 전단(법 제28조에서 준용하는 경우를 포함한다)에 따라 도태를 목적으로 도축장 등에 출하를 권고할 수 있는 가축전염병은 다음 각 호와 같다. <개정 2008.2.5., 2008.3.3., 2013.3.23., 2014.2.14.,

2020.5.28., 2020.10.7.>

1. 제1종가축전염병: 우역·우폐역·구제역·아프리카돼지열병·돼지열병·고병원성 조류인플루엔자

2. 제2종가축전염병: 브루셀라병(소만 해당한다)·결핵병(소만 해당한다)·돼지오제스키병·추백리·가금티프스

3. 그 밖에 가축전염병이 다시 발생하거나 퍼지는 것을 막기 위하여 긴급하다고 인정하여 농림축산식품부장관이 정하는 가축전염병

②시장·군수·구청장은 법 제21조제1항(법 제28조에서 준용하는 경우를 포함한다)에 따라 도태를 목적으로 가축의 출하를 권고하는 때에는 별지 제10호서식의 도태 권고서를 도태기한 10일 전까지 발급해야 한다. <개정 2008.2.5., 2020.5.28.>

③법 제21조제1항 후단에서 "농림축산식품부령으로 정하는 표시"란 낙인·천공·귀표·목걸이·페인트칠 등의 방법으로 도태 권고 대상 가축임을 표시하는 것을 말한다. <개정 2008.2.5., 2008.3.3., 2010.12.30., 2013.3.23., 2020.5.28.>

④ 시장·군수·구청장은 법 제21조제2항(법 제28조에서 준용하는 경우를 포함한다)에 따라 도태를 목적으로 가축의 출하를 명령하는 때에는 별지 제10호의2서식의 도태 명령서를 도태기간 10일 전까지 발급해야 한다. <신설 2020.5.28.>

⑤ 법 제21조제3항(법 제28조에서 준용하는 경우를 포함한다)에 따른 도태 권고 및 도태 명령 대상 가축의 범위·기준·출하 절차 및 도태 방법은 별표 4와 같다. <개정 2020.5.28.>

[제목개정 2020.5.28.]

제25조(사체 등의 소각·매몰기준) 법 제22조제2항, 법 제23조제1항 및 법 제33조에 따른 소각 또는 매몰기준은 별표 5와 같다. <개정 2008.2.5.>

제26조(환경오염 방지조치) ①법 제22조제3항에 따라 가축의 사체를 소각·매몰 또는 재활용하고자 하는 자가 주변환경의 오염방지를 위하여 취하여야 하는 조치는 별표 6과 같다. <개정 2008.2.5.>

②시장·군수·구청장은 제1항에 따라 주변환경의 오염방지조치를 한 때에는 해당 매몰지를 관리하는 책임관리자를 지정하여 관리하여야 한다. <개정 2008.2.5.>

제27조(매몰지의 표지 등) ①시장·군수·구청장은 법 제24조제1항 단서의 규정에 따라 매몰한 가축의 사체 또는 물건의 발굴을 허가하는 때에는 가축전염병이 퍼지는 것을 막기 위하여 해당 가축의 사체나 물건의 소유자 또는 토지의 소유자로 하여금 발굴한 가축의 사체나 물건을 가축방역관의 참관하에 별표 5의 기준에 따라 소각 또는 매몰하게 하여야 한다. <개정 2008.2.5., 2012.9.7., 2019.8.26.>

②시장·군수·구청장은 법 제24조제2항 전단에 따라 발굴 금지 기간을 연장하려는 경우에는 발굴 금지 기간이 만료되기 전 2개월 이내에 연장결정을 하고 그 사실을

해당 토지의 소유자 및 관리자에게 알려야 한다. 이 경우 연장결정을 한 날부터 10일 이내에 농림축산식품부 및 환경부장관에게 연장사실을 보고하여야 한다. <신설 2014.2.14.>

③법 제24조제3항에서 "농림축산식품부령으로 정하는 표지판"이란 다음 각 호의 사항을 적어 놓은 표지판을 말한다.
<개정 2008.2.5., 2008.3.3., 2010.12.30., 2013.3.23., 2014.2.14.>

1. 매몰된 사체 또는 오염물건과 관련된 가축전염병
2. 매몰된 가축 또는 물건의 종류 및 마릿수 또는 개수
3. 매몰연월일 및 발굴금지기간
4. 책임관리자
5. 그 밖에 매몰과 관련된 사항

제28조(항해중 사체의 처분) 선장은 항해중인 선박안에 법 제26조에 규정된 사체·물건 그 밖의 시설이 있는 때에는 별표 2의 방법에 따라 소독하거나 「해양환경관리법」의 규정에 따라 처리하여야 한다. <개정 2006.5.8., 2008.1.18.>

제29조(가축집합시설에 대한 사용정지 등) 시장·군수·구청장이 법 제27조에 따라 경마장·축산진흥대회장·가축시장·도축장 그 밖에 가축이 집합되는 시설의 사용정지 또는 사용제한을 명하려는 경우에는 별지 제11호서식에 따른다. 이 경우 사용정지 또는 사용제한 기간은 필요한 최소한의 기간으로 한정하여야 한다. <개정 2017.2.24.>

제30조(명예가축방역감시원의 위촉·임무 등) ①농림축산식품부장관, 국립가축방역기관장, 시·도지사, 시장·군수·구청장이 법 제29조에 따라 명예가축방역감시원으로 위촉할 수 있는 사람은 다음 각 호의 어느 하나에 해당하는 사람으로 한다. <개정 2006.5.8., 2008.2. 5.,2008.3.3., 2010.11.26., 2013.3.23., 2014.2.14., 2017.9.25., 2018.5.1.>

1. 가축의 소유자등
2. 사료판매업자 또는 동물약품판매업자
3. "「축산물위생관리법」"에 따른 검사원
4. 가축방역사
5. 축산관련단체의 소속 임직원 중에서 당해 단체의 장이 추천하는 자
6. 그 밖에 가축방역업무에 종사하였거나 가축전염병의 방역에 관한 지식이 있는 자

②명예가축방역감시원의 임무는 다음 각 호와 같다. <개정 2008.2.5., 2008.3.3., 2013.3.23.,2014.2.14., 2017.9.25., 2018.5.1.>

1. 병명이 불분명한 질병으로 죽은 가축 또는 가축의 전염성질병에 걸렸거나 걸렸다고 믿을 만한 임상증상 등이 있는 가축의 신고

2. 가축전염병 그 밖의 가축전염성질병에 대한 예찰

2의2. 축산관계시설의 방역관리에 관한 지도·감시

3. 그 밖에 농림축산식품부장관, 국립가축방역기관장, 시·도지사, 시장·군수·구청장이 부여하는 가축방역과 관련된 임무

③농림축산식품부장관, 국립가축방역기관장, 시·도지사, 시장·군수·구청장은 예산의 범위에서 명예가축방역감시원에게 그 임무수행에 필요한 수당을 지원할 수 있다. <개정 2008.2.5., 2008.3.3., 2013.3.23., 2014.2.14., 2017.9.25., 2018.5.1.>

④명예가축방역감시원은 제2항에 따른 직무를 수행할 때에는 부정한 행위를 하거나 권한을 남용하여서는 아니 된다. <신설 2017.9.25.>

⑤제1항부터 제4항까지에서 정한 사항 외에 명예가축방역감시원의 위촉 및 운영에 필요한 사항은 농림축산식품부장관이 정한다.
<개정 2008.3.3., 2013.3.23., 2017.9.25., 2019.7.1.>

제31조(지정검역물) ①법 제31조의 규정에 의한 지정검역물은 다음 각호와 같다. <개정 2011.6.15., 2011.7.25., 2013.3.23.>

1. 우제류(偶蹄類) 및 기제류(奇蹄類)의 동물
2. 개·고양이
3. 토끼
4. 닭·칠면조·오리·거위
5. 꿀벌
6. 제1호 내지 제4호의 규정에 의한 동물외의 조류 및 포유동물(고래를 제외한다)
7. 제1호 내지 제6호의 규정에 의한 동물의 정액·난자 및 수정란
8. 원유(原乳)
9. 멸균처리되지 아니한 햄·소시지·베이컨 등 수육(獸肉)가공품, 난백(卵白)·난분(卵粉) 등 알가공품 및 살균처리되지 아니한 유가공품
10. 가공처리되지 아니하거나 멸균처리되지 아니한 제1호 내지 제6호의 규정에 의한 동물의 사체·살·뼈·가죽·털·깃털·뿔·발굽·힘줄·내장·알·지방·피·혈분·뇌·골수·오물·추출물·육골분 및 우모분(羽毛粉)
11. 제1호 내지 제10호의 물건을 넣는 용기 또는 포장
12. 가축전염성질병의 병원체 및 이를 포함한 진단액류(診斷液類)가 들어있는 물건
13. 가축전염성질병의 병원체를 퍼뜨릴 우려가 있는 것으로서 검역본부장이 정하여 고시하는 사료·사료원료·기구·건초·깔짚 그 밖에 이에 준하는 물건

②제1항제9호·제10호 및 제13호의 멸균·살균·가공의 범위 및 기준은 검역본부장이 이를 정하여 고시한다. <개정 2011.6.15., 2013.3.23.>

제32조(시험연구·예방약제조용 물건의 수입허가) ①법 제32조제2항제1호에 따라

검역본부장의 허가를 받아야 하는 물건에는 동물의 전염성질병의 병원체가 들어있는 진단액류를 포함한다. <개정 2011.6.15., 2013.3.23., 2014.2.14.>

②법 제32조제2항제1호에 따른 허가를 받으려는 자는 별지 제12호서식의 허가신청서를 검역본부장에게 제출하여야 한다. <개정 2011.6.15., 2013.3.23., 2014.2.14.>

③검역본부장은 제2항의 규정에 따라 신청을 받은 경우로서 해당 물건에 대하여 방역이 가능하고 시험연구 또는 예방약제조에 필요하다고 인정되는 때에는 신청인에게 별지 제13호서식의 허가증명서를 교부하여야 한다. <개정 2011.6.15., 2013.3.23.>

제33조(수입금지 지역 등) ①농림축산식품부장관은 법 제32조제1항제1호에 따라 수입금지지역을 지정검역물별로 지정·고시하여야 한다.
<개정 2008.2.5., 2008.3.3., 2013.3.23.>

②법 제32조제2항제2호에 따른 단순기항은 지정검역물을 실은 항공기 또는 선박이 급유·재난, 그 밖의 사정으로 수입금지지역에 기항하는 경우로서 그 기간동안 지정검역물을 가축전염병의 병원체를 퍼뜨릴 우려가 없는 밀봉된 컨테이너 또는 항공기·선박 안의 전용구역에 원상 그대로 둔 경우를 말한다.
<개정 2008.2.5., 2020.10.7.>

③제1항에 따른 수입금지지역에서 생산 또는 발송되었거나 그 지역을 거친 지정검역물을 우리나라를 거쳐 다른 지역으로 운송하려는 자는 해당 지정검역물을 가축전염병의 병원체를 퍼뜨릴 우려가 없는 밀봉된 컨테이너로 차량 또는 열차에 탑재하여 출항지까지 운송하거나 항공기·선박 안의 전용구역에 원상 그대로 두어야 한다. <개정 2008.2.5., 2020.5.28.>

제34조(수입금지물건 등에 대한 조치명령 및 이행기간) ①법 제30조제1항에 따른 동물검역관(이하 "검역관"이라 한다)이 법 제33조제1항에 따라 수입금지물건 등에 대하여 반송·소각·매몰 또는 농림축산식품부장관이 가축방역상 안전하다고 정하여 고시하는 방법(이하 "소각·매몰등"이라 한다)으로 처리하도록 명하는 경우 그 시기는 다음 각 호와 같다.
<개정 2008.2.5., 2008.3.3., 2013.3.23.>

1. 법 제32조에 따라수입이 금지된 물건의 경우 : 수입 후 지체 없이
2. 법 제34조제1항 본문에 따라 수출국의 정부기관이 가축전염병의 병원체를 퍼뜨릴 우려가 없다고 증명한 검역증명서를 첨부하지 아니하거나 수출국의 검역증명서가 같은 조 제2항에 따라 농림축산식품부장관이 고시하는 위생조건을 갖추지 아니한 경우: 동물인 지정검역물에 대하여는 수입한 날부터 1월 이내, 동물외의 지정검역물에 대하여는 수입한 날부터 4월 이내
3. 부패·변질되었거나 부패·변질될 우려가 있다고 판단되는 경우 : 수입후 지체없이
4. 그 밖에 지정검역물의 수입으로 국내 가축방역이나 공중위생상 중대한 위해가 발

생할 우려가 있다고 판단되는 경우로서 농림축산식품부장관의 승인을 얻은 경우 : 수입후 지체없이

②법 제33조제1항에 따라 반송 또는 소각·매몰등의 명령을 받은 화물주(그 대리인을 포함한다)는 명령을 받은 날부터 30일 이내에 명령을 이행하여야 한다. 다만, 재해 그 밖의 부득이한 사유가 있는 경우에는 검역본부장의 승인을 얻어 그 기간을 연장할 수 있다. <개정 2008.2.5., 2011.6.15., 2013.3.23., 2015.1.6., 2020.5.28.>

제35조(수입을 위한 검역증명서) ①법 제34조제1항 단서에서 "농림축산식품부령으로 정하는 경우"란 지정검역물 중 다음 각 호의 어느 하나에 해당하는 물건을 수입하는 경우를 말한다. <개정 2006.5.8., 2008.2.5., 2008.3.3., 2010.12.30., 2011.6.15., 2013.3.23., 2014.2.14., 2019.8.26.>

1. 박제품
2. 삭제 <2012.2.8.>
3. 여행자 휴대품 또는 우편물로 수입되는 녹용·녹각·우황·사향·쓸개·동물의 음경 등의 지정검역물로서 건조된 것
4. 동물검역에 관한 정부기관이 없는 국가로부터 수입되는 지정검역물로서 미리 검역본부장의 승인을 얻은 지정검역물
5. 이화학적 소독방법에 따라 방역상 안전한 상태로 가공처리된 지정검역물로서 검역본부장이 정하는 것
6. 법 제32조제2항제1호에 따라 검역본부장의 허가를 받은 동물의 전염성질병의 병원체(그 병원체가 들어 있는 진단액류를 포함한다) 등의 물건
7. 법 제32조제1항제1호에 따라 농림축산식품부장관이 지정·고시하는 수입금지지역이 아닌 지역에서 생산된 육류로서 검역본부장이 정하여 고시하는 수출국의 합격표지가 표시되어 있는 포장용기 등으로 포장한 것을 휴대하여 수입하는 것
8. 「관세법」 제240조제1항에 따라 적법하게 수입된 것으로 보는 물품 중 같은 항 제3호부터 제5호까지에 규정된 물품(지정검역물만 해당한다) 또는 1년 이상 검역창고 등에 보관된 지정검역물 중 건조된 것으로서 그로 인하여 가축전염병 병원체의 전파의 우려가 없는 녹용·녹각·우황·사향·쓸개·동물의 음경 등의 것
9. 법 제41조제5항에 따라 발급받은 검역증명서를 구비한 개·고양이

②법 제34조제2항에 따라 위생조건이 고시된 경우에는 같은 조 제1항제1호에 따른 검역증명서에 수출국의 검역내용 ·위생상황 등 위생조건의 준수에 관한 사항을 적어야 한다. <개정 2008.2.5., 2017.9.25.>

③동물검역기관의 장은 법 제34조제1항제1호에 따라 수출국의 정부기관이 검역증명서 서식의 협의를 요청한 경우에는 해당 서식이 법 제34조제2항에 따라 고시된 위생조건을 준수하는지 여부를 검토하고, 위생조건을 준수한다고 판단되면 해당 서식을 승인하고 해당 수출국의 정부기관에 통보하여야 한다. <신설 2017.9.25.>

제36조(동물수입의 사전신고 등) ①법 제35조제1항에서 "농림축산식품부령으로 정하는 동물"이란 다음 각 호의 동물을 말한다.
<개정 2008.3.3., 2010.12.30., 2013.3.23., 2014.2.14., 2015.1.6.>

1. 소·말·면양·산양·돼지·꿀벌·사슴 및 원숭이

2. 10두 이상의 개·고양이[그 어미와 함께 수입하는 포유기(哺乳期)인 어린 개·고양이와 시험연구용으로 수입되는 개·고양이는 제외한다]

②제1항의 규정에 의한 동물을 수입하고자 하는 자는 법 제35조제1항의 규정에 따라 신고대상동물별로 검역본부장이 정하는 동물수입신고서를 검역본부장에게 제출하여야 한다. <개정 2011.6.15., 2013.3.23.>

③제2항의 규정에 의한 동물수입신고서의 제출기한은 신고대상동물별로 연간 수입물량 등을 감안하여 검역본부장이 정하여 고시한다. <개정 2011.6.15., 2013.3.23.>

④검역본부장은 제2항의 규정에 의한 신고를 받은 경우 검역물량, 다른 검역업무 및 처리우선순위 등을 감안하여 법 제35조제2항의 규정에 따라 수입의 수량·시기 또는 장소를 변경하게 하고자 하는 때에는 지체없이 그 내용을 신고인에게 통지하여야 한다. <개정 2011.6.15., 2013.3.23.>

제37조(검역신청과 검역기준) ①법 제36조제1항 본문에 따라 수입검역을 받으려거나 법 제41조제1항 본문에 따라 수출검역을 받으려는 자는 별지 제14호서식 또는 별지 제15호서식의 검역신청서에 법 제34조제1항에 따른 검역증명서를 첨부하여 검역본부장에게 제출하여야 한다. 이 경우 수입검역을 받으려는 자는 다음 각 호의 구분에 따라 첨부서류를 함께 제출하여야 한다. <개정 2008.2.5., 2011.6.15., 2012.2.8., 2013.3.23., 2014.2.14.>

1. 동물의 검역을 신청하는 경우

가. 수출국의 정부기관이 가축전염병의 병원체를 퍼뜨릴 우려가 없다고 증명한 검역증명서(국내로 수입되는 개, 고양이의 경우 마이크로칩 이식번호 및 광견병 항체가(抗體價) 등 검역본부장이 정하여 고시하는 사항을 적은 검역증명서를 말한다) 1부(해당 동물이 제35조제1항 각 호에 해당하는 경우는 제외한다)

나. 제32조제3항에 따른 수입허가증명서 1부(법 제32조제2항제1호에 따라 수입허가를 받은 경우에만 해당한다)

2. 동물 외의 수입검역물에 대하여 검역을 신청하는 경우

가. 수출국의 정부기관이 가축전염병의 병원체를 퍼뜨릴 우려가 없다고 증명한 검역증명서 1부(해당 지정검역물이 제35조제1항 각 호에 해당하는 경우는 제외한다)

나. 제32조제3항에 따른 수입허가증명서 1부(법 제32조제2항제1호에 따라 수입허가를 받은 경우만 해당한다)

②제1항에 따른 검역신청서의 제출은 서면으로 하거나 검역본부장이 정하여 고시하는 방법에 따라 전자문서로 할 수 있다. <개정 2008.2.5., 2011.6.15., 2013.3.23.>

③법 제41조제2항에 따라 지정검역물 외의 동물 및 그 생산물 등의 수출검역을 받으려는 자에 관하여는 제1항의 규정을 준용한다. <개정 2008.2.5.>

④법 제36조, 법 제39조 및 법 제41조제1항 본문에 따른 검역방법은 별표 7과 같고, 검역기간은 별표 8과 같다. <개정 2008.2.5.>

⑤검역본부장은 지정검역물이 다음 각 호의 어느 하나에 해당하는 때에는 제4항에도 불구하고 검역방법 및 검역기간을 따로 정할 수 있다.
<개정 2008.2.5., 2011.6.15., 2013.3.23.>

1. 흥행·경기 또는 전시의 목적으로 우리나라에 단기간 체류하는 동물. 다만, 법 제2조제1호에 따른 가축은 제외한다.
2. 우리나라에 단기간 여행하는 자가 휴대하는 개·고양이 및 조류
3. 앞을 보지 못하는 사람을 인도하는 개
4. 특별한 관리방법을 통하여 사육되거나 생산되어 특정한 병원체가 없다고 검역본부장이 인정하는 지정검역물

제38조(휴대검역물의 신고) ①법 제36조제1항 단서의 규정에 따라 여행자 휴대품인 지정검역물(이하 "휴대검역물"이라 한다)에 관한 수입신고를 하고자 하는 자는 수입자의 성명, 휴대검역물의 종류·수량, 출발지 등을 기재한 서면을 출입공항·항만 등에 소재하는 동물검역기관의 장에게 제출하여야 한다. <개정 2015.12.21.>

②휴대검역물을 수입하는 자가 관세청장이 정하는 여행자휴대품신고서에 휴대검역물에 관한 사항을 기재하여 신고하거나 휴대검역물의 종류 및 수량을 출입공항·항만 등에 소재하는 동물검역기관의 검역관에게 구두로 알린 때에는 제1항의 규정에 의한 신고를 한 것으로 본다.

제39조(수입장소의 지정) 법 제37조 본문에서 "농림축산식품부령으로 정하는 항구, 공항 또는 그 밖의 장소"란 다음 각 호의 장소를 말한다.
<개정 2006.5.8., 2008.3.3., 2010.12.30., 2013.3.23., 2014.2.14., 2017.2.24.>

1. 「관세법」 제133조에 따른 개항 및 같은 법 제134조제1항 단서에 따라 출입의 허가를 받은 장소
2. 삭제 <2017.2.24.>
3. 「관세법」 제148조에 따른 통관역 및 통관장

제40조(적하목록의 제출 등) ①법 제38조제1항에 따른 적하목록의 제출은 서면으로 하거나 검역본부장이 정하여 고시하는 방법에 따라 전자문서로 할 수 있다.
<개정 2008.2.5., 2011.6.15., 2013.3.23.>

②검역관은 법 제38조제2항에 따라 지정검역물에 대한 검사를 실시하는 때에는 선박·항공기·열차 또는 화물자동차에 적재된 지정검역물과 제출받은 화물목록이 일치하는지를 확인하고, 지정검역물이 법 제32조제1항제1호에 따라 농림축산식품

부장관이 지정·고시하는 수입금지지역에서 생산 또는 발송되었는지 등을 검사하여야 한다. <개정 2008.2.5., 2008.3.3., 2013.3.23.>

제41조(검역증명서의 교부 등) ①검역관은 법 제36조, 제39조 또는 제41조에 따라 검역을 마친 경우에는 법 제40조 및 제41조제5항에 따라 별지 제16호서식 또는 별지 제17호서식의 검역증명서를 발급하여야 한다. 이 경우 검역물이 다음 각 호의 어느 하나에 해당하는 경우에는 지정검역물 또는 통관 서류에 제4항에 따른 표지를 하는 것으로 검역증명서의 발급을 갈음할 수 있다. <개정 2006.5.8., 2010.11.26., 2011.6.15., 2013.3.23., 2014.2.14.>

1. 공항·항만·우체국 그 밖의 장소에서 현장검역을 하는 지정검역물(휴대검역물을 포함한다)
2. 견본품
3. 역학조사의 대상이 되는 지정검역물
4. 정부의뢰검역물
5. 법 제32조제2항제1호에 따라 검역본부장의 수입허가를 받은 물건

②제1항 본문의 규정에 의한 검역증명서의 교부는 서면으로 하거나 검역본부장이 정하여 고시하는 방법에 따라 전자문서로 할 수 있다.
<개정 2011.6.15., 2013.3.23.>

③수입지정검역물의 소유권에 관하여 소송이 진행중인 경우 등으로서 지정검역물을 수입하는 자가 분명하지 아니한 경우에 지정검역물을 수송하는 선박회사·항공사 또는 육상운송회사가 법 제34조제1항 본문의 규정에 의한 검역증명서를 제출하는 때에는 제37조제1항 전단의 규정에 의한 검역신청이 없더라도 검역을 실시하고, 동검역증명서를 제출한 자에게 별지 제16호서식 또는 별지 제17호서식의 검역증명서를 교부할 수 있다.

④법 제40조의 규정에 의한 지정검역물의 표지는 별표 9 내지 별표 14에 의한다.

제42조(검역시행장의 지정 등) ①법 제42조제1항 각 호 외의 부분 단서에 따라 동물검역기관의 장이 지정하는 검역시행장의 지정대상은 다음 각 호와 같다. <개정 2008.2.5., 2010.12. 30., 2011.7.25., 2012.2.8., 2014.2.14., 2015.1.6., 2015.1.28.>

1. 수입 야생조수류, 초생추(병아리, 오리 및 타조 등), 실험동물 및 돼지 등을 격리·사육할 수 있는 시설
  가. 야생조수류 검역시행장
  나. 초생추 검역시행장
  다. 실험용 동물 검역시행장(연구기관·대학·기업체 등에서 시험연구용으로 사용할 것임을 증명하는 서류가 첨부된 것만 해당한다)
  라. 소·돼지 검역시행장(수급안정을 위해 긴급조치가 필요한 경우로 한정한다)

마. 그 밖의 동물의 검역시행장(국제경기 참가를 목적으로 우리나라에 단기체류하
   는 동물 또는 외국에서 개최되는 국제경기에 참가하기 위하여 외국에 단기체류하
   고 우리나라로 되돌아오는 동물의 경우로 한정한다)
2. 수입 식육, 털·원피·모피류 등을 보관하거나 가공할 수 있는 시설
 가. 식육가공장 검역시행장
 나. 식용 축산물보관장 검역시행장
 다. 털·원피 보관장 검역시행장
 라. 원피 가공장 검역시행장
 마. 모피류 가공장 검역시행장
 바. 털 가공장 검역시행장(세척가공시설을 갖춘 업체만 해당한다)
 사. 종란 검역시행장
 아. 천연케이싱 검역시행장
 자. 애완동물사료 보관장 검역시행장(법 제32조제1항제1호에 해당하는 동물의 생산
   물이 사용된 애완동물사료는 제외한다)
 차. 그 밖의 비식용(非食用) 축산물의 가공장 또는 보관장 검역시행장
3. 수출동물을 격리·사육할 수 있는 시설
4. 수출축산물을 보관 또는 가공할 수 있는 시설
②「축산물위생관리법」 제22조에 따라 도축업 영업허가를 받은 자가 그 작업장을 수
   출용 도축을 위한 검역시행장으로 이용하기 위하여 검역본부장에게 신고를 한 때
   에는 당해 작업장을 제1항에 따라 지정을 받은 검역시행장으로 본다.
<개정 2006.5.8., 2008.2.5., 2010.11.26., 2011.6.15., 2013.3.23.>
③제1항에 따라 다음 각 호의 어느 하나에 해당하는 시설을 검역시행장으로 지정받
   으려는 자는 법 제42조제4항에 따라 다음 각 호 중 제1호, 제2호 및 제5호부터
   제7호까지의 시설에는 관리수의사를, 제2호의2의 시설에는 방역본부 소속 관리수
   의사를, 제3호 및 제4호의 시설에는 검역관리인을 각각 두어야 한다. 다만, 검역본
   부장이 검역대상이 되는 지정검역물이 적은 경우, 그 밖에 관리수의사 또는 검역
   관리인을 두기에 적합하지 아니하다고 인정하는 경우에는 그러하지 아니하다.
<개정 2008.2.5., 2008.12.31., 2010.12.30., 2011.6.15., 2013.3.23., 2014.2.14.,
   2015.1.28.>
1. 수입동물의 털(깃털을 포함한다. 이하 같다) 또는 수입원피의 전용보관창고
2. 수출입육류의 가공장
 2의2. 수입 식용 축산물보관장
3. 수출입원피 또는 수입모피의 가공장
4. 수입동물의 털의 가공장
5. 수입 천연케이싱 보관장

6. 수입 애완동물사료 보관장
7. 그 밖의 수입 비식용 축산물의 가공장 또는 보관장
④제1항에 따라 검역시행장을 지정하는 경우 그 지정기간은 다음 각 호와 같다. <개정 2008.2.5., 2010.11.26., 2010.12.30., 2017.9.25.>
1. 동물검역시행장 : 3개월 이내(수입의 경우에는 한 번에 수입되는 것으로 한정한다)
2. 축산물검역시행장 : 2년 이내. 다만, 종란의 경우는 3개월 이내(한 번에 수입되거나 수출되는 것으로 한정한다)로 하고, 「축산물위생관리법」제21조제1항에 따른 도축업·축산물가공업 및 축산물보관업의 시설, 원피·모피류 등의 가공장은 기간을 한정하지 아니한다.
⑤검역시행장의 지정절차 및 시설기준 등은 다음 각 호와 같다.
<개정 2008.2.5., 2008.12.31., 2010.11.26., 2010.12.30., 2011.6.15., 2012.12.11., 2013.3.23., 2017.9.25.>
1. 검역시행장으로 지정받으려는 자는 별표 14의2의 검역시행장 시설기준에 적합한 시설을 갖추고 별지 제17호의2서식의 검역시행장 지정(지정변경) 신청서에 다음 각 호의 서류를 첨부하여 검역본부장에게 제출하여야 한다. 이 경우 담당공무원은 수입축산물의 경우에는 「전자정부법」 제36조제1항에 따른 행정정보의 공동이용을 통하여 건물등기부등본을 확인하여야 한다.
가. 「축산물위생관리법」 제22조에 따른 영업허가증 사본(도축업·축산물가공업 또는 축산물보관업자만 해당한다)
나. 시설 평면도
다. 관리수의사·검역관리인 채용신고서[제3항에 따라 관리수의사나 검역관리인을 두어야 하는 검역시행장(방역본부 소속 관리수의사를 두어야 하는 검역시행장은 제외한다)만 해당한다]
라. 가공처리공정서(제품을 가공하는 검역시행장만 해당한다)
2. 수입초생추 검역시행장으로 지정받으려는 자는 해당 시설에 수입예정일 30일 전부터 조류 또는 타조류의 사육을 금지하여야 한다.
3. 검역본부장은 제1호 및 제2호에 따라 검역시행장 지정을 신청 받은 때는 현지조사를 실시하여 시설기준과 방역업무에 지장이 없다고 인정될 경우 검역시행장으로 지정하고 별지 제17호의3서식에 따른 검역시행장지정서를 발급하여야 한다. 다만, 검역본부장은 수입 식용 축산물보관장을 검역시행장으로 지정하는 경우 방역본부 소속 관리수의사의 수급상황 등을 고려할 수 있다.
4. 제3호에 따라 검역시행장으로 지정받은 사항을 변경하려는 경우에는 별지 제17호의2서식의 검역시행장 지정(지정변경) 신청서에 검역시행장지정서를 첨부하여 검역본부장에게 제출하여야 한다.
5. 검역본부장은 제4호에 따라 검역시행장 지정변경의 신청을 받은 때는 시설기준과

방역에 지장이 없는 지를 판단하여 변경된 사항을 검역시행장지정서의 뒤쪽에 적
은 후 교부할 수 있다. 다만, 식용 축산물보관장 검역시행장 및 식육가공장 검역
시행장의 면적변경 등에 대하여는 해당 검역시행장에 근무하는 관리수의사가 실시
한 현장조사 내용으로 처리할 수 있다.
⑥원피 및 모피류의 보관 또는 가공장이 장비나 시설 등을 공동으로 관리·운용하거
나 모피류의 탈지세척 등 같은 가공시설을 이용하는 업체의 경우에는 공동검역시
행장으로 지정받을 수 있다. <신설 2008.2.5.>

제42조의2(관리수의사 및 검역관리인의 임무 등) ①법 제42조제4항에 따라 검역
시행장에 두는 관리수의사는 「수의사법」 제4조에 따른 수의사 면허를 받아야 하
고, 그 임무는 다음 각 호와 같다.
1. 지정검역물의 입고·출고·이동 및 소독에 관한 사항
2. 지정검역물의 현물검사, 검역시행장의 시설검사 및 관리에 관한 사항
3. 지정검역물의 검사시료의 채취 및 송부에 관한 사항
4. 검역시행장의 종사원 및 관계인의 방역에 관한 교육과 출입자의 통제에 관한 사항
5. 그 밖에 검역관이 지시한 사항의 이행 등에 관한 사항
②법 제42조제4항에 따라 검역관리인을 두는 경우 직선으로 2킬로미터 내의 거리에
위치한 2개의 수입원피가공검역시행장에는 공동검역관리인을 두게 할 수 있다.
<개정 2017.1.2.>
③검역관리인은 영 제10조제2항에 따른 임무, 관리수의사는 제1항에 따른 임무의
일일 업무수행결과를 업체별로 작성하여 다음 달 5일까지 검역본부장에게 서면 또
는 전자문서로 제출하여야 한다. 다만, 제42조제3항제2호의2에 따른 수입식육보관
장에 근무하는 관리수의사의 일일 업무수행 결과는 방역본부장이 제출하여야 한
다. <개정 2008.12.31., 2011.6.15., 2012.2.8., 2013.3.23., 2020.2.28.>
④검역시행장으로 지정받은 자는 제3항의 관리수의사 또는 검역관리인이 변경되면
별지 제17호의5서식의 관리수의사·검역관리인 채용서 또는 별지 제17호의6서식
의 (공동)검역관리인 채용신고서에 경력증명서(검역관리인만 해당한다)를 첨부하여
검역본부장에게 제출하여야 한다. <개정 2011.6.15., 2013.3.23.>
[본조신설 2008.2.5.]

제42조의3(검역시행장의 관리기준 등) ①법 제42조제1항에 따라 지정검역물에 대
한 수입검역은 입항지에 소재한 검역시행장에서 실시함을 원칙으로 한다. 다만,
입항지에 검역시행장이 소재하지 아니하거나 수입자가 수입축산물을 입항지 외의
검역시행장에서 검역받기를 원하는 경우에는 별지 제17호의7호서식에 따른 수입
검역물 운송신청서(통보서)에 상대국 검역증명서 사본을 첨부하여 검역본부장에게
서면 또는 전자문서로 제출한 후 입항지 외의 검역시행장에서 실시할 수 있다.

<개정 2011.6.15., 2013.3.23.>

②법 제42조제3항에 따라 검역시행장으로 지정받은 자의 준수사항은 별표 14의3과 같다.

③지정검역물 중 검역시행장이 아닌 시설에서 검역을 실시할 수 있는 대상은 다음 각 호와 같다. <개정 2008.12.31., 2011.6.15., 2013.3.23.>

1. 역학조사 대상 검역물
   가. 탈지세척수모류(우제류 동물 또는 그 생산물 수입허용지역산)
   나. 탈모 후 산처리된 수피류(우제류 동물 또는 그 생산물 수입허용지역산)
   다. 육골분 및 우모분(상대국 검역증명서에 습열 섭씨 115도에서 1시간 또는 건열 섭씨 140도 이상에서 3시간 이상 처리된 사항이 명시된 것)
   라. 검역본부장이 역학조사 대상검역물로 정한 지정검역물
2. 타로우 및 지정검역물 외의 의뢰검역물
3. 검역본부장이 정하는 사료
4. 현장검사가 가능한 휴대품 및 소포 우편검역물, 도착당일 검역이 완료되는 정부 의뢰검역물·견본품·애완동물·실험연구용 동물 및 축산물
5. 멸균처리된 소해면상뇌증 관련 품목
6. 단순히 경유하는 지정검역물

④초생추 검역시행장에 대한 관리사항은 다음 각 호와 같다. <개정 2011.6.15., 2013.3.23.>

1. 수입초생추 검역시행장으로 지정받은 자는 별표 14의5의 수입 초생추 검역시행장 관리요령에 따른 별지 제17호의8서식의 조류관리일지를 작성·비치하여야 한다.
2. 검역본부장은 수출 초생추의 경우 검역시행장 내의 종계·종란·초생추 및 부화 등 위생관리를 전담할 수 있도록 전임수의사를 두게 할 수 있다.
3. 제2호에 따른 전임수의사는 별지 제17호의9서식의 수출초생추 관리일지 및 별지 제17호의10서식의 수출초생추 임상검사표를 작성하여 검역본부장에게 제출하여야 한다.

⑤검역본부장은 관리수의사 또는 검역관리인의 검역업무 수행, 검역시행장 및 지정 검역물의 관리 등을 매년 2회 이상 지도·점검을 실시하여야 한다. 다만, 국내 가 축전염병 발생으로 수출검역이 중단된 수출검역시행장에 대하여는 그 기간 동안 지도·점검을 실시하지 아니할 수 있다. <개정 2011.6.15., 2013.3.23.>

[본조신설 2008.2.5.]

제42조의4(검역시행장에 대한 행정처분의 기준) 법 제42조제9항에 따른 행정처분 의 기준은 별표 14의6과 같다.

[본조신설 2017.9.25.]

제43조(검역물의 관리 등) ①법 제43조제1항에 따른 검역시행장에서의 지정검역물의 운송·입출고조작 또는 사육 및 보관관리에 관한 기준은 별표 15와 같다. <개정 2008.2.5., 2015.12.21.>

②법 제43조제5항에 따라 검역본부장의 승인을 얻어 징수할 수 있는 지정검역물의 관리에 필요한 비용은 다음 각 호와 같다.
<개정 2008.2.5., 2010.12.30., 2011.6.15., 2013.3.23., 2015.12.21., 2017.2.24.>

1. 동물의 사육관리에 필요한 비용
2. 사육관리기간중 동물의 분뇨·퇴비 등 오물과 동물의 수송용기(輸送容器)의 수거·처리에 필요한 비용
3. 검역시행장에서의 동물을 제외한 지정검역물의 보관비
4. 검역시행장에서의 지정검역물의 입출고 및 하역에 필요한 비용
5. 검역기간중의 지정검역물에 대한 소독비

③검역본부장이 법 제43조제6항에 따라 하는 소독명령이나 쥐·곤충을 없앨 것을 명하는 경우에는 별지 제18호서식에 따른다. 다만, 긴급을 요하거나 통상적으로 실시할 수 있는 소독명령 또는 쥐·곤충의 방제에 관한 명령은 이를 구두로 할 수 있다. <개정 2008.2.5., 2011.6.15., 2013.3.23.>

제44조(사육관리인·보관관리인 등의 지정 등) ①검역본부장은 검역시행장의 질서유지와 지정검역물의 안전관리를 위하여 필요하다고 인정하는 때에는 법 제43조제1항의 규정에 따라 가축방역업무 또는 지정검역물의 검역업무에 종사한 경력이 있는 자를 사육관리인 또는 보관관리인으로 지정할 수 있다. <개정 2011.6.15., 2013.3.23., 2015.12.21.>

②검역본부장은 검역시행장의 질서유지와 지정검역물의 안전한 운송을 위하여 필요하다고 인정하는 때에는 법 제43조제1항의 규정에 따라 「화물자동차 운수사업법」에 의한 화물자동차운수사업의 등록을 하고, 「관세법」에 의한 보세운송업자로 등록한 자의 운송차량을 검역물운송차량으로 지정할 수 있다. <개정 2006.5.8., 2011.6.15., 2013.3.23.>

③제1항에 따라 사육관리인 또는 보관관리인을 지정하는 경우에는 다음 각 호의 조건을 붙일 수 있다. <신설 2015.12.21.>

1. 지정기간: 2년
2. 겸직금지
3. 피해보상을 위한 재정보증 제출: 5,000만원 이상 이행보증 보험증권

④삭제 <2008.2.5.>

⑤그 밖에 사육관리인·보관관리인·지정검역물운송차량의 지정·관리 등에 관하여 필요한 세부적인 사항은 검역본부장이 정하여 고시한다.
<개정 2011.6.15., 2013.3.23., 2015.12.21.> [제목개정 2015.12.21.]

제45조(선박·항공기안의 음식물 확인·검사 등) 법 제45조의 규정에 의한 외국
으로부터 우리나라에 들어온 선박 또는 항공기안에 남아있는 음식물의 처리상황의
확인, 음식물처리업체의 처리상황 검사 등에 관하여 필요한 구체적인 사항은 검역
본부장이 정하여 고시한다. <개정 2011.6.15., 2013.3.23.>

제45조의2(수수료 적용대상 등) 법 제46조에 따른 수수료는 다음 각 호의 구분에
따른다.
1. 법 제46조제1항제1호에 따른 병성감정 수수료: 별표 17
2. 법 제46조제1항제2호에 따른 혈청검사 수수료: 별표 18
3. 법 제46조제1항제3호에 따른 검역 수수료: 별표 19
4. 법 제46조제1항제4호에 따른 현물검사 수수료: 별표 20
5. 법 제46조제1항제5호에 따른 시험·분석 수수료: 별표 21
[본조신설 2012.2.8.]

제45조의3(수수료의 납부방법) ①수수료의 납부는 다음 각 호의 구분에 따른다.
<개정 2013.3.23., 2014.2.14.>
1. 검역본부장 또는 방역본부장에게 납부하는 수수료: 현금, 신용카드, 직불카드 또
는 정보통신망을 이용한 전자결제
2. 시·도가축방역기관장에게 납부하는 수수료: 해당 지방자치단체의 수입증지 또는
신용카드
②제1항에서 정한 것 외에 수수료의 납부방법 및 절차 등에 관한 세부사항은 검역
본부장(방역본부장에게 납부하는 것을 포함한다)과 시·도지사가 각각 정하여 고시
한다. <개정 2013.3.23.>
[본조신설 2012.2.8.]

제45조의4(수수료의 면제 등) 검역본부장, 방역본부장 또는 시·도가축방역기관장
은 다음 각 호의 어느 하나에 해당하는 경우에는 수수료를 면제할 수 있다. <개정
2013.3.23., 2014.2.14.>
1. 국가기관 또는 지방자치단체가 검사등을 신청하거나 의뢰하는 경우
2. 법 제11조제1항에 따라 죽거나 병든 가축을 신고한 가축의 소유자등 또는 이러
한 가축을 진단하였거나 가축의 사체를 검안한 수의사나 그 가축의 소유자등에게
동물약품 또는 사료를 판매한 자가 병성감정을 의뢰하는 경우
3. 법 제15조제3항에 따라 축산관련단체가 가축방역 업무를 수행하기 위하여 혈청
검사를 신청하는 경우
4. 법 제40조 본문에 따라 지정검역물에 낙인, 그 밖의 표시로 검역증명서의 교부에
갈음하는 경우
 4의2. 법 제41조제1항 본문 및 제2항에 따라 수출축산물을 검역하는 경우

4의3. 제37조제2항에 따라 수입축산물의 검역을 전자문서로 신청하는 경우
5. 「관세법」 등 다른 법률에 따라 보세구역에서 압류·몰수한 지정검역물을 검역하는 경우
6. 「남북교류협력에 관한 법률」에 따라 무상으로 지원되는 지정검역물을 검역하는 경우
[본조신설 2012.2.8.]

제45조의5(검사시료 및 수수료의 처리) 검사를 위하여 채취하거나 제출된 검사시료와 제45조의3에 따라 납부한 수수료는 반환하지 아니한다. 다만, 검사의뢰인이 검사의뢰 시 해당 시료의 반환을 요구할 경우 검사를 실시한 검사자는 검사완료 후 7일 이내에 그 사용가치가 남아있고, 가축전염병 전파의 위험이 없다고 판단될 때에는 이를 반환하여야 한다.
[본조신설 2012.2.8.]

제45조의6(폐업지원금 지급절차) ①영 제11조의4제1항에 따른 폐업지원금 지급신청서는 별지 제18호의2서식에 따른다.
②시장·군수·구청장은 영 제11조의4제4항에 따라 폐업지원금을 지급하는 것이 적합하다고 인정되면 신청인에게 구두 또는 서면으로 그 사실을 알려야 한다.
[본조신설 2020.5.28.]

제45조의7(가축전염병 피해 보상요구서 등) ①영 제11조의5제2항에 따른 피해 보상요구서는 별지 제18호의3서식에 따른다.
②영 제11조의5제3항에 따라 시장·군수·구청장이 작성하는 피해 사실확인서는 별지 제18호의4서식에 따른다.
[본조신설 2020.5.28.]

제46조(보고 및 통보사항) ①농림축산식품부장관 또는 시·도지사는 법 제51조제1항에 따라 가축전염성질병의 예방을 위하여 다음 각 호의 사항을 보고(전자적 방법을 통한 보고를 포함한다)하게 할 수 있다. 이 경우 제3호의 보고 내용, 방법 등 세부사항은 농림축산식품부장관이 정하여 고시한다.
<개정 2008.12.31., 2013.3.23., 2017.2.24., 2018.5.1., 2019.8.26.>
1. 가축사육 현황
2. 의사환축(擬似患畜: 임상검사. 정밀검사 또는 역학조사 결과 가축전염병에 걸렸다고 믿을 만한 상당한 이유가 있는 가축) 발생여부
3. 폐사율 및 산란율
4. 방역조치 사항
5. 그 밖에 농림축산식품부장관이 가축전염성질병의 예방을 위하여 필요하다고 인정하는 사항

②시 · 도지사가 가축전염병이 발생하거나 퍼지는 것을 막기 위하여 필요한 조치를 한 경우 법 제51조제2항에 따라 농림축산식품부장관에게 보고(정보통신망을 통한 보고를 포함한다)하고 검역본부장 및 관계 시 · 도지사에게 통보하여야 할 사항은 다음 각 호와 같다.
<개정 2008.3.3., 2008.12.31., 2011.6.15., 2013.3.23., 2017.2.24.>
1. 목적
2. 지역
3. 대상가축명
4. 기간
5. 조치내용
6. 그 밖에 필요한 사항

제47조(농림축산식품부장관의 지시) 법 제52조제1항에서 "농림축산식품부령으로 정하는 가축전염병"이란 제1종가축전염병 · 제2종가축전염병 및 제3종가축전염병을 말한다. <개정 2008.3.3., 2010.12.30., 2013.3.23.>
[전문개정 2008.2.5.]
[제목개정 2008.3.3., 2013.3.23.]

제47조의2(정보 제공 대상 등) ①법 제52조의3제1항에서 "농림축산식품부령으로 정하는 제1종 가축전염병"이란 우역, 우폐역, 구제역, 아프리카돼지열병, 돼지열병 및 고병원성 조류인플루엔자를 말한다.
②농림축산식품부장관 또는 국립가축방역기관장은 법 제52조의3제3항에 따라 정보를 제공하는 경우에 국가가축방역통합정보시스템을 활용할 수 있다.
③법 제52조의3제5항에 따라 통보할 때에는 전자우편 · 서면 · 팩스 · 전화 또는 이와 유사한 방법 중 어느 하나의 방법으로 해야 한다. <개정 2019.8.26.>
[본조신설 2019.7.1.]

제48조(가축방역관 등의 증표) 법 제54조의 규정에 의한 가축방역관 및 검역관의 증표는 별지 제19호서식에 의하고, 동조의 규정에 의한 가축방역사의 증표는 별지 제20호서식에 의한다.

제49조(검사시료의 채취 등) 가축방역관 · 가축방역사 또는 검역관은 법 제7조제3항, 법 제8조제2항 또는 법 제30조제4항의 규정에 따라 검사에 필요한 시료를 채취하거나 물건 등을 수거하는 경우 소유자 등의 요청이 있는 때에는 당해 소유자 등에게 별지 제21호서식의 수거증을 교부하여야 한다.

제50조(규제의 재검토) 농림축산식품부장관은 다음 각 호의 사항에 대하여 다음 각 호의 기준일을 기준으로 3년마다(매 3년이 되는 해의 기준일과 같은 날 전까지를

말한다) 그 타당성을 검토하여 개선 등의 조치를 해야 한다.
<개정 2015.12 21., 2017.1.2., 2018.5.1., 2019.7.1., 2020.5.28., 2020.10.7.>
1. 제10조제1항·제2항에 따른 가축방역사의 자격요건: 2017년 1월 1일
2. 제13조에 따른 죽거나 병든 가축의 신고 내용 및 절차 등: 2017년 1월 1일
3. 제14조의2 및 별표 1의7에 따른 가축병성감정실시기관의 지정기준 및 지정 절차 등: 2017년 1월 1일
4. 제19조에 따른 검사증명서, 예방접종증명서 또는 이동승인서의 휴대 명령 등: 2017년 1월 1일
5. 제20조제1항 및 별표 1의10에 따른 소독설비 및 방역시설의 설치기준: 2017년 1월 1일
6. 제20조제5항 및 별표 2에 따른 소독 방법: 2017년 1월 1일
7. 제20조제6항 및 제7항에 따른 소독 실시 의무자 및 대상 가축전염병: 2017년 1월 1일
8. 제20조제8항에 따른 소독실시기준: 2017년 1월 1일
9. 제20조의2에 따른 출입기록의 작성 및 보존 방법: 2017년 1월 1일
10. 제20조의3 및 별표 2의2에 따른 시설출입차량의 등록 대상 및 절차: 2017년 1월 1일
11. 제20조의4에 따른 시설출입차량 등록증의 발급 및 재발급 절차: 2017년 1월 1일
12. 제20조의5에 따른 차량무선인식장치의 장착 방법 등: 2017년 1월 1일
13. 제20조의6제1항에 따른 시설출입차량의 소유자·운전자에 대한 교육: 2017년 1월 1일
14. 삭제 <2020.11.24.>
15. 제22조의2에 따른 이동승인의 절차 및 요건: 2017년 1월 1일
16. 제22조의5에 따른 일시 이동중지 명령의 대상·절차 및 이동승인의 절차: 2017년 1월 1일
17. 제25조 및 별표 5에 따른 소각 또는 매몰 기준: 2017년 1월 1일
18. 삭제 <2020.11.24.>
19. 삭제 <2017.1.2.>
20. 제31조에 따른 지정검역물의 범위: 2017년 1월 1일
21. 제32조에 따른 시험연구·예방약제조용 물건의 수입허가 대상 및 절차: 2017년 1월 1일
22. 제33조제3항에 따른 지정검역물의 운송 방법: 2017년 1월 1일
23. 제34조에 따른 수입금지물건 등에 대한 조치명령 및 이행기간: 2017년 1월 1일
24. 제36조에 따른 동물수입의 사전신고 대상 및 절차: 2017년 1월 1일
25. 삭제 <2017.1.2.>

26. 삭제 <2017.1.2.>
27. 삭제 <2017.1.2.>
28. 제42조 및 별표 14의2에 따른 검역시행장의 지정 대상·요건·기간·절차 및 시설기준 등: 2017년 1월 1일
29. 제42조의2에 따른 관리수의사 및 검역관리인의 자격·임무 및 변경절차 등: 2017년 1월 1일
30. 제42조의3에 따른 검역시행장의 관리기준 등: 2017년 1월 1일
31. 삭제 <2020.11.24.>
32. 제46조제1항에 따른 보고 사항: 2017년 1월 1일
[본조신설 2015.1.6.]

제51조 삭제 <2008.2.5.>
제52조 삭제 <2008.2.5.>

부칙

<제453호, 2020.11.24.>
이 규칙은 공포한 날부터 시행한다.

실험동물에 관한 법률(약칭: 실험동물법)

[시행 2019.3.12]
[법률 제15944호, 2018.12.11, 일부개정]

제1장 총칙

제1조(목적) 이 법은 실험동물 및 동물실험의 적절한 관리를 통하여 동물실험에 대한 윤리성 및 신뢰성을 높여 생명과학 발전과 국민보건 향상에 이바지함을 목적으로 한다.

제2조(정의) 이 법에서 사용하는 용어의 정의는 다음과 같다.
1. "동물실험"이란 교육·시험·연구 및 생물학적 제제(製劑)의 생산 등 과학적 목적을 위하여 실험동물을 대상으로 실시하는 실험 또는 그 과학적 절차를 말한다.
2. "실험동물"이란 동물실험을 목적으로 사용 또는 사육되는 척추동물을 말한다.
3. "재해"란 동물실험으로 인한 사람과 동물의 감염, 전염병 발생, 유해물질 노출 및 환경오염 등을 말한다.
4. "동물실험시설"이란 동물실험 또는 이를 위하여 실험동물을 사육하는 시설로서 대통령령으로 정하는 것을 말한다.
5. "실험동물생산시설"이란 실험동물을 생산 및 사육하는 시설을 말한다.
6. "운영자"란 동물실험시설 혹은 실험동물생산시설을 운영하는 자를 말한다.

제3조(적용 대상) 이 법은 다음 각 호의 어느 하나에 필요한 실험에 사용되는 동물과 그 동물실험시설의 관리 등에 적용한다.
1. 식품·건강기능식품·의약품·의약외품·생물의약품·의료기기·화장품의 개발·안전관리·품질관리
2. 마약의 안전관리·품질관리

제4조(다른 법률과의 관계) 실험동물의 사용 또는 관리에 관하여 이 법에서 규정한 것을 제외하고는 「동물보호법」으로 정하는 바에 따른다.

제5조(식품의약품안전처의 책무) ①식품의약품안전처장은 제1조의 목적을 달성하기 위하여 다음 각 호의 사항을 수행하여야 한다. <개정 2013.3.23., 2016.2.3.>
1. 실험동물의 사용 및 관리에 관한 정책의 수립 및 추진
2. 동물실험시설의 설치·운영에 관한 지원
3. 동물실험시설 내에서 실험동물의 유지·보존 및 개발에 관한 지원
   3의2. 실험동물자원은행(실험동물 종의 보존과 실험적 개입을 받은 실험동물 유래

자원의 관리를 위한 시설을 말한다)의 설치 · 운영
4. 실험동물의 품질향상 등을 위한 연구 지원
5. 실험동물 관련 정보의 수집 · 관리 및 교육에 대한 지원
6. 동물실험을 대체할 수 있는 방법의 개발 · 인정에 관한 정책의 수립 및 추진
7. 그 밖에 실험동물의 사용과 관리에 필요한 사항
②제1항을 수행하기 위하여 필요한 사항은 총리령으로 정한다. <개정 2010.1.18., 2013.3.23.>
[제목개정 2013.3.23.]

제2장 실험동물의 과학적 사용

제6조(동물실험시설 운영자의 책무) 동물실험시설의 운영자는 동물실험의 안전성 및 신뢰성 등을 확보하기 위하여 다음 각 호의 사항을 수행하여야 한다.
1. 실험동물의 과학적 사용 및 관리에 관한 지침 수립
2. 동물실험을 수행하는 자 및 종사자에 대한 교육
3. 동물실험을 대체할 수 있는 방법의 우선적 고려
4. 동물실험의 폐기물 등의 적절한 처리 및 작업자의 안전에 관한 계획 수립

제7조(실험동물운영위원회 설치 등) ①동물실험시설에는 동물실험의 윤리성, 안전성 및 신뢰성 등을 확보하기 위하여 실험동물운영위원회를 설치 · 운영하여야 한다. 다만, 해당 동물실험시설에 「동물보호법」 제25조에 따른 동물실험윤리위원회가 설치되어 있고, 그 위원회의 구성이 제2항 및 제3항의 요건을 충족하는 경우에는 그 위원회를 실험동물운영위원회로 본다. <개정 2016.2.3.>
②실험동물운영위원회는 위원장 1명을 포함하여 4명 이상 15명 이내의 위원으로 구성한다. <개정 2016.2.3.>
③위원은 다음 각 호의 어느 하나에 해당하는 사람 중에서 동물실험시설의 운영자가 위촉하고, 위원장은 위원 중에서 호선(互選)한다. <신설 2016.2.3.>
1. 「수의사법」에 따른 수의사
2. 동물실험 분야에서 박사 학위를 취득한 사람으로서 동물실험의 관리 또는 동물실험 업무 경력이 있는 사람
3. 동물보호에 관한 학식과 경험이 풍부한 사람 중에서 「민법」에 따른 법인 또는 「비영리민간단체 지원법」에 따른 비영리민간단체가 추천하는 사람으로서 대통령령으로 정하는 자격요건에 해당하는 사람
4. 그 밖에 동물실험에 관한 학식과 경험이 풍부한 사람으로서 총리령으로 정하는 사람
④다음 각 호의 사항은 실험동물운영위원회의 심의를 거쳐야 한다. <신설 2017.12.19.>
1. 동물실험의 계획 및 실행에 관한 사항

2. 동물실험시설의 운영과 그에 관한 평가
3. 유해물질을 이용한 동물실험의 적정성에 관한 사항
4. 실험동물의 사육 및 관리에 관한 사항
5. 그 밖에 동물실험의 윤리성, 안전성 및 신뢰성 등을 확보하기 위하여 위원회의
   위원장이 필요하다고 인정하는 사항
⑤제1항의 실험동물운영위원회의 운영 등에 관하여 필요한 사항은 대통령령으로 정
한다. <신설 2016.2.3., 2017.12.19.>

제3장 동물실험시설 등

제8조(동물실험시설의 등록) ①동물실험시설을 설치하고자 하는 자는 식품의약품안
전처장에게 등록하여야 한다. 등록사항을 변경하는 경우에도 또한 같다.
<개정 2013.3.23.>
②동물실험시설에는 해당 시설 및 실험동물의 관리를 위하여 대통령령으로 정하는
자격요건을 갖춘 관리자(이하 "관리자"라 한다)를 두어야 한다.
③제1항에 따른 등록기준 및 절차 등에 관하여 필요한 사항은 총리령으로 정한다.
<개정 2010.1.18., 2013.3.23.>

제9조(실험동물의 사용 등) ①동물실험시설에서 대통령령으로 정하는 실험동물을
사용하는 경우에는 다음 각 호의 자가 아닌 자로부터 실험동물을 공급받아서는 아
니 된다. <개정 2017.12.19.>
1. 다른 동물실험시설
2. 제15조제1항에 따른 우수실험동물생산시설
3. 제12조에 따라 등록된 실험동물공급자
②외국으로부터 수입된 실험동물을 사용하고자 하는 경우에는 총리령으로 정하는 기
준에 적합한 실험동물을 사용하여야 한다. <개정 2010.1.18., 2013.3.23.>

제10조(우수동물실험시설의 지정) ①식품의약품안전처장은 실험동물의 적절한 사
용 및 관리를 위하여 적절한 인력 및 시설을 갖추고 운영상태가 우수한 동물실험
시설을 우수동물실험시설로 지정할 수 있다. 이 경우 지정기준, 지정사항 변경 등
에 관한 사항은 총리령으로 정한다. <개정 2010.1.18., 2013.3.23.>
②제1항에 따른 우수동물실험시설로 지정받고자 하는 자는 총리령으로 정하는 바에
따라 지정신청을 하여야 한다. <개정 2010.1.18., 2013.3.23.>
③식품의약품안전처장은 실험동물을 사용하는 관련 사업자 또는 연구 용역을 수행하
는 자에게 제1항에 따라 지정된 우수동물실험시설에서 그 업무를 수행하도록 권고
할 수 있다. <개정 2013.3.23.>

제11조(동물실험시설 등에 대한 지도·감독) ①제8조 또는 제10조에 따라 동물실험시설로 등록 또는 우수동물실험시설로 지정 받은 자는 식품의약품안전처장의 지도·감독을 받아야 한다. <개정 2013.3.23.>

②제1항에 따른 지도·감독의 내용·대상·시기·기준 등에 관하여 필요한 사항은 식품의약품안전처장이 정한다. <개정 2013.3.23.>

제4장 실험동물의 공급 등

제12조(실험동물공급자의 등록) ①대통령령으로 정하는 실험동물의 생산·수입 또는 판매를 업으로 하고자 하는 자(이하 "실험동물공급자"라 한다)는 총리령으로 정하는 바에 따라 식품의약품안전처장에게 등록하여야 한다. 다만, 제8조의 동물실험시설에서 유지 또는 연구 과정 중 생산된 실험동물을 공급하는 경우에는 그러하지 아니하다. <개정 2010.1.18., 2013.3.23.>

②제1항에 따른 등록사항을 변경하고자 할 때에는 총리령으로 정하는 바에 따라 변경등록을 하여야 한다. <개정 2010.1.18., 2013.3.23.>

제13조(실험동물공급자의 준수사항) 실험동물공급자는 실험동물의 안전성 및 건강을 확보하기 위하여 다음 각 호의 사항을 준수하여야 한다. <개정 2010.1.18., 2013.3.23.>

1. 실험동물생산시설과 실험동물을 보건위생상 위해(危害)가 없고 안전성이 확보되도록 관리할 것
2. 실험동물을 운반하는 경우 그 실험동물의 생태에 적합한 방법으로 운송할 것
3. 그 밖에 제1호 및 제2호에 준하는 사항으로서 실험동물의 안전성 확보 및 건강관리를 위하여 필요하다고 인정하여 총리령으로 정하는 사항

제14조(실험동물 수입에 관한 사항) 실험동물의 수입과 검역에 관하여는 「가축전염병예방법」 제32조, 제34조, 제35조 및 제36조의 규정에 따른다.

제15조(우수실험동물생산시설의 지정 등) ①식품의약품안전처장은 실험동물의 품질을 향상시키기 위하여 충분한 인력 및 시설을 갖추고 관리상태가 우수한 실험동물생산시설을 우수실험동물생산시설로 지정할 수 있다. 이 경우 지정기준, 지정사항 변경 등에 관한 사항은 총리령으로 정한다. <개정 2010.1.18., 2013.3.23.>

②제1항에 따른 우수실험동물생산시설로 지정받고자 하는 자는 총리령으로 정하는 바에 따라 지정신청을 하여야 한다. <개정 2010.1.18., 2013.3.23.>

③제1항에 따라 우수실험동물생산시설로 지정된 경우가 아니면 실험동물의 운송용기나 문서 등에 우수실험동물생산시설 또는 이와 유사한 표지를 부착하거나 이를 홍보하여서는 아니 된다.

제16조(실험동물공급자 등에 대한 지도·감독) ①제12조에 따라 실험동물공급자
로 등록하거나 제15조에 따라 우수실험동물생산시설로 지정받은 자는 식품의약품
안전처장의 지도·감독을 받아야 한다. <개정 2013.3.23.>
②제1항에 따른 지도·감독의 대상·시기·기준 등에 관하여 필요한 사항은 식품의
약품안전처장이 정한다. <개정 2013.3.23.>

제5장 안전관리 등

제17조(교육) ①다음 각 호의 자는 실험동물의 사용·관리 등에 관하여 교육을 받아
야 한다. <개정 2017.2.8.>
1. 동물실험시설 운영자
2. 제8조제2항에 따른 관리자
3. 제12조에 따른 실험동물공급자
4. 그 밖에 동물실험을 수행하는 자
②식품의약품안전처장은 제1항에 따른 교육을 수행하여야 하며, 교육 위탁기관, 교
육내용, 소요경비의 징수 등에 관하여 필요한 사항은 총리령으로 정한다. <개정
2010.1.18., 2013.3.23.>

제18조(재해 방지) ①동물실험시설의 운영자 또는 관리자는 재해를 유발할 수 있는
물질 또는 병원체 등을 사용하는 동물실험을 실시하는 경우 사람과 동물에 위해를
주지 아니하도록 필요한 조치를 취하여야 한다.
②동물실험시설 및 실험동물생산시설로 인한 재해가 국민 건강과 공익에 유해하다고
판단되는 경우 운영자 또는 관리자는 즉시 폐쇄, 소독 등 필요한 조치를 취한 후
그 결과를 식품의약품안전처장에게 보고하여야 한다. 이 경우 「가축전염병예방법」
제19조를 준용한다. <개정 2013.3.23.>
③동물실험 및 실험동물로 인한 재해가 국민 건강과 공익에 유해하다고 판단되는 경
우 운영자 또는 관리자는 살처분 등 필요한 조치를 취한 후 그 결과를 식품의약품
안전처장에게 보고하여야 한다. 이 경우 「가축전염병예방법」 제20조를 준용한다.
<개정 2013.3.23.>

제19조(생물학적 위해물질의 사용보고) ①동물실험시설의 운영자는 총리령으로 정
하는 생물학적 위해물질을 동물실험에 사용하고자 하는 경우 미리 식품의약품안전
처장에게 보고하여야 한다. <개정 2010.1.18., 2013.3.23.>
②제1항의 보고에 관한 사항은 총리령으로 정한다. <개정 2010.1.18., 2013.3.23.>
제20조(사체 등 폐기물) ①삭제 <2016.2.3.>
②동물실험시설의 운영자 및 관리자 또는 실험동물공급자는 동물실험시설과 실험동

물생산시설에서 배출된 실험동물의 사체 등의 폐기물은 「폐기물관리법」에 따라 처리한다. 다만, 제5조제1항제3호의2에 따른 실험동물자원은행에 제공하는 경우에는 그러하지 아니하다. <개정 2016.2.3.>

제6장 기록 및 정보의 공개

제21조(기록) 동물실험을 수행하는 자는 총리령으로 정하는 바에 따라 실험동물의 종류, 사용량, 수행된 연구의 절차, 연구에 참여한 자에 대하여 기록하여야 한다. <개정 2010.1.18., 2013.3.23.>

제22조(동물실험 실태보고) ①식품의약품안전처장은 동물실험에 관한 실태보고서를 매년 작성하여 발표하여야 한다. <개정 2013.3.23.>
②제1항에 따른 실태보고서에는 다음 각 호의 사항이 포함되어야 한다. <개정 2010.1.18., 2013.3.23.>
1. 동물실험에 사용된 실험동물의 종류 및 수
2. 동물실험 후의 실험동물의 처리
3. 동물실험시설 및 실험동물공급시설의 종류 및 수
4. 제11조에 따른 동물실험시설 등에 대한 지도·감독에 관한 사항
5. 제18조에 따른 재해유발 물질 또는 병원체 등의 사용에 관한 사항
6. 제19조에 따른 위해물질의 사용에 관한 사항
7. 제24조에 따른 지정취소 등에 관한 사항
8. 그 밖에 총리령으로 정하는 사항

제7장 보칙

제23조(실험동물협회) ①동물실험의 신뢰성 증진 및 실험동물산업의 건전한 발전을 위하여 실험동물협회(이하 "협회"라 한다)를 둘 수 있다.
②협회는 법인으로 한다.
③다음 각 호에 해당하는 자는 협회의 회원이 될 수 있다.
1. 제8조제1항에 따른 등록을 한 자
2. 제8조제2항에 의한 관리자
3. 실험동물분야에 관한 지식과 기술이 있는 자 중 협회의 정관으로 정하는 자
④협회를 설립하고자 하는 경우에는 대통령령으로 정하는 바에 따라 정관을 작성하여 식품의약품안전처장의 설립인가를 받아야 한다. <개정 2013.3.23.>
⑤협회의 정관 기재 사항과 업무에 관하여 필요한 사항은 대통령령으로 정한다.

⑥협회에 관하여 이 법에 규정되지 아니한 사항은 「민법」 중 사단법인에 관한 규정을 준용한다.

⑦국가는 협회가 제1항에 따라 사업을 하는 때에 필요하다고 인정하는 경우 재정 등의 지원을 할 수 있다.

제24조(지정 등의 취소 등) ①식품의약품안전처장은 제8조 또는 제12조에 따라 동물실험시설 또는 실험동물공급자로 등록한 자가 다음 각 호의 어느 하나에 해당하는 때에는 해당 시설 또는 공급자의 등록을 취소하거나 6개월 이내의 범위에서 시설의 운영 또는 영업을 정지할 수 있다. <개정 2013.3.23., 2017.12.19.>

1. 속임수나 그 밖의 부정한 방법으로 등록한 것이 확인된 경우
2. 동물실험시설로부터 또는 실험동물공급과 관련하여 국민의 건강 또는 공익을 해하는 질병 등 재해가 발생한 경우
3. 제11조 또는 제16조에 따른 지도·감독을 따르지 아니하거나 기준에 미달한 경우
4. 동물실험시설이 제9조제1항을 위반하여 다른 동물실험시설, 우수실험동물생산시설 또는 실험동물공급자가 아닌 자로부터 실험동물을 공급받은 경우

②식품의약품안전처장은 제10조 또는 제15조에 따라 우수동물실험시설 또는 우수실험동물생산시설로 지정을 받은 자가 다음 각 호의 어느 하나에 해당하는 때에는 그 지정을 취소하거나 또는 6개월 이내의 범위에서 시설의 운영을 정지할 수 있다. <개정 2013.3.23.>

1. 속임수나 그 밖의 부정한 방법으로 지정을 받은 것이 확인된 경우
2. 우수동물실험시설 또는 우수실험동물생산시설로부터 국민의 건강 또는 공익을 해하는 질병 등 재해가 발생한 경우
3. 제11조 또는 제16조에 따른 지도·감독을 따르지 아니하거나 기준에 미달한 경우

③제1항 및 제2항에 따른 처분의 기준은 총리령으로 정한다. <개정 2010.1.18., 2013.3.23.>

제25조(결격사유) 다음 각 호의 어느 하나에 해당하는 자는 동물실험시설의 운영자 또는 관리자 및 실험동물공급자가 될 수 없다. <개정 2016.2.3., 2017.12.19.>

1. 「정신건강증진 및 정신질환자 복지서비스 지원에 관한 법률」 제3조제1호에 따른 정신질환자. 다만, 전문의가 운영자 또는 관리자로서 적합하다고 인정하는 사람은 그러하지 아니하다.
2. 피성년후견인 또는 피한정후견인
3. 마약·대마·향정신성의약품 중독자
4. 이 법을 위반하여 금고 이상의 실형을 선고받고, 집행이 종료(집행이 종료된 것으로 보는 경우를 포함한다)되거나 집행이 면제된 날부터 2년이 지나지 아니한 자
5. 이 법을 위반하여 금고 이상의 형의 집행유예 선고를 받고 그 유예기간 중에 있는 자
6. 제24조제1항에 따라 시설의 운영정지를 받거나 등록이 취소된 후 2년이 지나지 아니한 자

제26조(청문) 식품의약품안전처장은 제24조에 따라 해당 시설의 등록 취소, 운영정지, 지정 취소 등을 하고자 하는 때에는 미리 청문을 실시하여야 한다. <개정 2013.3.23.>

제27조(지도 · 감독 등) ①식품의약품안전처장은 제11조 및 제16조에 따른 지도 및 감독을 위하여 관계 공무원으로 하여금 현장조사를 하게 하거나 필요한 자료의 제출을 요구할 수 있다. <개정 2013.3.23.>
②제1항에 따라 조사를 하는 공무원은 그 권한을 표시하는 증표를 지니고 이를 관계인에게 제시하여야 한다.

제28조(과징금) ①식품의약품안전처장은 시설의 운영자가 제24조에 해당하는 경우에는 해당 시설의 운영정지를 갈음하여 1억원 이하의 과징금을 부과할 수 있다. <개정 2013.3.23., 2018.12.11.>
②제1항에 따라 과징금을 부과하는 위반행위의 정도 등에 따른 과징금의 금액 등에 관하여 필요한 사항은 대통령령으로 정한다.
③식품의약품안전처장은 과징금의 부과를 위하여 필요하면 다음 각 호의 사항을 적은 문서로 관할 세무관서의 장에게 과세정보의 제공을 요청할 수 있다. <개정 2013.3.23., 2016.2.3.>
1. 납세자의 인적사항
2. 사용 목적
3. 과징금의 부과기준이 되는 매출금액
④제3항에 따라 요청을 받은 자는 정당한 사유가 없으면 이에 따라야 한다. <신설 2016.2.3.>
⑤식품의약품안전처장은 제1항에 따른 과징금을 내야할 자가 납부기한까지 내지 아니하면 대통령령으로 정하는 바에 따라 제1항에 따른 과징금 부과처분을 취소하고 제24조제1항 또는 제2항에 따른 운영정지처분을 하거나 국세 체납처분의 예에 따라 이를 징수한다. 다만, 폐업 등으로 제24조제1항 또는 제2항에 따른 운영정지처분을 할 수 없는 경우에는 국세 체납처분의 예에 따라 이를 징수한다. <신설 2016.2.3.>
⑥식품의약품안전처장은 제1항에 따라 과징금을 부과받은 자가 다음 각 호의 어느 하나에 해당하는 사유로 과징금의 전액을 일시에 납부하기 어렵다고 인정되는 경우에는 12개월의 범위에서 납부기한을 연장하거나 분할납부하게 할 수 있다. <신설 2017.2.8.>
1. 재해 등으로 인하여 재산에 현저한 손실을 입은 경우
2. 과징금의 일시납부에 따라 자금사정에 현저한 어려움이 예상되는 경우
3. 그 밖에 제1호 또는 제2호에 준하는 사유가 있는 경우
⑦식품의약품안전처장은 제6항에 따라 납부기한이 연장되거나 분할납부가 허용된 과징금납부의무자가 다음 각 호의 어느 하나에 해당할 때에는 납부기한 연장이나 분할납부 결정을 취소하고 과징금을 일시에 징수할 수 있다. <신설 2017.2.8.>

1. 분할납부가 결정된 과징금을 그 납부기한 내에 납부하지 아니하였을 때
2. 강제집행, 경매의 개시, 파산선고, 법인의 해산, 국세 또는 지방세의 체납처분을 받는 등 과징금의 전부 또는 잔여분을 징수할 수 없다고 인정될 때
3. 그 밖에 제1호 또는 제2호에 준하는 사유가 있을 때

⑧제6항 및 제7항에 의한 과징금 납부기한의 연장, 분할납부 등에 관하여 필요한 사항은 총리령으로 정한다. <신설 2017.2.8.>

제29조(수수료) 다음 각 호의 어느 하나에 해당하는 자는 총리령으로 정하는 바에 따라 수수료를 납부하여야 한다. <개정 2010.1.18., 2013.3.23.>
1. 제8조에 따른 등록 또는 제10조에 따른 지정을 받고자 하는 자
2. 제12조에 따른 등록 또는 제15조에 따른 지정을 받고자 하는 자

제30조(벌칙) 제12조제1항 또는 제2항을 위반하여 등록 또는 변경등록을 하지 아니한 자는 500만원 이하의 벌금에 처한다.

제31조(벌칙) 다음 각 호의 어느 하나에 해당하는 자는 200만원 이하의 벌금에 처한다.
1. 제9조제1항을 위반하여 다른 동물실험시설, 우수실험동물생산시설 또는 실험동물 공급자가 아닌 자로부터 실험동물을 공급받은 자
2. 제27조제1항에 따른 현장조사를 정당한 사유 없이 거부·기피·방해한 자 또는 자료제출 요구에 응하지 아니하거나 거짓의 자료를 제출한 자
[전문개정 2017.12.19.]

제32조(양벌규정) 법인의 대표자나 법인 또는 개인의 대리인·사용인 및 그 밖의 종업원이 그 법인 또는 개인의 업무에 대하여 제31조에 해당하는 행위를 한 때에는 행위자를 벌하는 외에 그 법인 또는 개인에 대하여도 각 해당 조의 벌금형을 과한다. 다만, 법인 또는 개인이 그 위반행위를 방지하기 위하여 해당 업무에 관하여 상당한 주의와 감독을 게을리하지 아니한 경우에는 그러하지 아니하다. <개정 2013.7.30.>

제33조(과태료) ①다음 각 호의 어느 하나에 해당하는 자에게는 300만원 이하의 과태료를 부과한다. <신설 2017.12.19.>
1. 제7조제1항을 위반하여 실험동물운영위원회를 설치·운영하지 아니한 동물실험시설의 운영자 또는 관리자
2. 제7조제4항을 위반하여 실험동물운영위원회의 심의를 거치지 아니한 동물실험시설의 운영자 또는 관리자

②다음 각 호의 어느 하나에 해당하는 자에게는 100만원 이하의 과태료를 부과한다. <개정 2017.2.8., 2017.12.19.>
1. 제8조에 따른 등록을 하지 아니한 자

2. 제15조제3항을 위반하여 우수실험동물생산시설 또는 이와 유사한 표지를 부착하거나 이를 홍보한 자
3. 제17조제1항을 위반하여 교육을 받지 아니한 동물실험시설 운영자, 관리자 또는 실험동물공급자
4. 제18조제2항 및 제3항 또는 제19조제1항에 따른 보고를 하지 아니하거나 거짓으로 보고한 자
③제1항 및 제2항에 따른 과태료는 대통령령으로 정하는 바에 따라 식품의약품안전처장이 부과·징수한다. <개정 2013.3.23., 2017.12.19.>
④삭제 <2013.3.23.>
⑤삭제 <2013.3.23.>

부칙

<제15944호, 2018.12.11.>

제1조(시행일) 이 법은 공포 후 3개월이 경과한 날부터 시행한다.

제2조(과징금 부과에 관한 경과조치) 이 법 시행 전의 위반행위에 대한 과징금 부과에 관하여는 종전의 규정에 따른다.

실험동물에 관한 법률 시행령

[시행 2020.8.28]
[대통령령 제30979호, 2020.8.27, 타법개정]

제1조(목적) 이 영은 「실험동물에 관한 법률」에서 위임된 사항과 그 시행에 필요한 사항을 규정함을 목적으로 한다.

제2조(동물실험시설) 「실험동물에 관한 법률」(이하 "법"이라 한다) 제2조제4호에서 "대통령령으로 정하는 것"이란 다음 각 호의 어느 하나에 해당하는 기관이나 단체에서 설치·운영하는 시설을 말한다. <개정 2010.3.15., 2012.6.7., 2013.3.23., 2020.3.3., 2020.4.28., 2020.8.27.>
1. 다음 각 목의 어느 하나에 해당하는 것의 제조·수입 또는 판매를 업으로 하는 기관이나 단체
   가. 「식품위생법」에 따른 식품
   나. 「건강기능식품에 관한 법률」에 따른 건강기능식품
   다. 「약사법」에 따른 의약품·의약외품 또는 「첨단재생의료 및 첨단바이오의약품 안전 및 지원에 관한 법률」에 따른 첨단바이오의약품(동물용 의약품·의약외품 또는 동물용 첨단바이오의약품은 제외한다)
   라. 「의료기기법」에 따른 의료기기 또는 「체외진단의료기기법」에 따른 체외진단의료기기(동물용 의료기기 및 동물용 체외진단의료기기는 제외한다)
   마. 「화장품법」에 따른 화장품
   바. 「마약류 관리에 관한 법률」에 따른 마약
2. 「지역보건법」에 따른 보건소
3. 「의료법」에 따른 의료기관
4. 「보건환경연구원법」에 따른 보건환경연구원
5. 제1호 각 목의 어느 하나에 해당하는 것의 개발, 안전관리 또는 품질관리에 관한 연구 업무를 식품의약품안전처장으로부터 위임받거나 위탁받아 수행하는 기관이나 단체
6. 제1호 각 목의 어느 하나에 해당하는 것의 개발, 안전관리 또는 품질관리를 목적으로 동물실험을 수행하는 기관이나 단체

제3조 삭제 <2018.5.29.>

제4조(실험동물운영위원회의 구성 등) ①법 제7조제3항제3호에서 "대통령령으로 정하는 자격요건에 해당하는 사람"이란 다음 각 호의 어느 하나에 해당하는 사람을 말한다. <개정 2016.5.3.>

322 · 실험동물에 관한 법률 시행령

1. 「고등교육법」 제2조에 따른 학교를 졸업하거나 이와 같은 수준 이상의 학력이 있다고 인정되는 사람
2. 식품의약품안전처장이 정하여 고시하는 교육을 이수한 사람
②삭제 <2016.5.3.>
③법 제7조제1항에 따른 실험동물운영위원회(이하 "위원회"라 한다)에는 법 제7조제3항제1호부터 제3호까지의 규정에 해당하는 위원이 각각 1명 이상 포함되어야 하고, 다음 각 호에 해당하는 위원은 해당 동물실험시설에 종사하지 아니하고 해당 동물실험시설과 이해관계가 없는 사람이어야 한다. <개정 2016.5.3., 2018.5.29.>
1. 법 제7조제3항제1호 및 제2호의 위원 중 1명 이상의 위원
2. 법 제7조제3항제3호의 위원
④위원의 임기는 2년으로 한다.
⑤위원회의 심의대상인 동물실험에 관여하고 있는 위원은 해당 동물실험에 관한 심의에 참여해서는 아니 된다.
[제목개정 2018.5.29.]

제5조(위원장의 직무) ①위원장은 위원회를 대표하고, 위원회의 업무를 총괄한다.
②위원장이 부득이한 사유로 직무를 수행할 수 없을 때에는 위원장이 미리 지명한 위원이 그 직무를 대행한다.

제6조(위원회의 회의 등) ①위원장은 다음 각 호의 어느 하나에 해당하면 위원회의 회의를 소집하고, 그 의장이 된다.
1. 동물실험시설의 운영자의 소집 요구가 있는 경우
2. 재적위원 3분의 1 이상의 소집 요구가 있는 경우
3. 그 밖에 위원장이 필요하다고 인정하는 경우
②위원회의 회의는 재적위원 과반수의 찬성으로 의결한다.
③위원장은 위원회의 회의를 매년 2회 이상 소집하여야 하고, 그 회의록을 작성하여 3년 이상 보존하여야 한다.
④이 영에서 규정한 사항 외에 위원회의 구성 및 운영 등에 필요한 사항은 위원회의 의결을 거쳐 위원장이 정한다.

제7조(동물실험시설의 관리자) ①동물실험시설을 설치한 자는 법 제8조제2항에 따라 동물실험에 관한 학식과 경험이 풍부한 사람으로서 다음 각 호의 자격요건을 모두 갖춘 사람을 관리자로 두어야 한다.
1. 「고등교육법」 제2조에 따른 학교를 졸업하거나 이와 같은 수준 이상의 학력이 있다고 인정되는 사람
2. 3년 이상 동물실험을 관리하거나 동물실험 업무를 한 경력이 있는 사람
②동물실험시설의 운영자가 제1항에 따른 자격요건을 갖추어 법 제8조제2항에 따른

관리자의 업무를 수행하는 경우에는 같은 조 제2항에 따른 관리자를 둔 것으로 본다.

제8조(우선 사용 대상 실험동물) 법 제9조제1항에서 "대통령령으로 정하는 실험동물"이란 마우스(mouse), 랫드(rat), 햄스터(hamster), 저빌(gerbil), 기니피그(guinea pig), 토끼, 개, 돼지 또는 원숭이를 말한다.

제9조(등록 대상 실험동물공급자) 법 제12조제1항 본문에서 "대통령령으로 정하는 실험동물의 생산·수입 또는 판매를 업으로 하고자 하는 자"란 동물실험에 사용할 목적으로 제8조의 실험동물을 생산·수입하거나 판매하는 것을 업으로 하려는 자를 말한다.

제10조(실험동물협회의 설립인가) 법 제23조제4항에 따라 실험동물협회(이하 "협회"라 한다)의 설립인가를 받으려는 자는 설립인가신청서에 다음 각 호의 서류를 첨부하여 식품의약품안전처장에게 제출하여야 한다. <개정 2013.3.23.>
1. 설립인가를 받으려는 자의 성명·주소 및 약력(법인인 경우에는 그 명칭, 정관, 주된 사무소의 소재지, 대표자의 성명·주소 및 최근 사업 활동)을 적은 서류 1부
2. 설립 취지서 1부
3. 정관 1부
4. 사업개시 예정일 및 사업개시 이후 그 사업 연도분의 사업계획서 1부
5. 창립총회 회의록 및 회원이 될 사람의 성명과 주소를 적은 명부 각 1부

제11조(정관 기재사항 및 업무) ①법 제23조제5항에 따라 협회의 정관에는 다음 각 호의 사항이 포함되어야 한다.
1. 목적
2. 명칭
3. 사무소의 소재지
4. 회원의 자격에 관한 사항
5. 회원 가입과 탈퇴에 관한 사항
6. 회원의 권리와 의무에 관한 사항
7. 회비에 관한 사항
8. 총회에 관한 사항
9. 자산과 회계에 관한 사항
10. 정관의 변경에 관한 사항
11. 업무와 집행에 관한 사항
12. 그 밖에 협회의 업무 수행에 필요한 사항
②법 제23조제5항에 따른 협회의 업무는 다음 각 호와 같다.
1. 동물실험에 관한 정책 연구 및 자문

2. 실험동물의 사용 및 관리 등에 관한 정보 제공
3. 회원 상호간의 권익 보호
4. 법령에 따라 위탁받은 업무
5. 그 밖에 동물실험의 신뢰성 증진 및 실험동물산업의 건전한 발전을 위하여 정관
   으로 정하는 업무

제11조의2(민감정보 및 고유식별정보의 처리) 식품의약품안전처장은 다음 각 호
의 사무를 수행하기 위하여 불가피한 경우 「개인정보 보호법」 제23조에 따른 건
강에 관한 정보, 같은 법 시행령 제18조제2호에 따른 범죄경력자료에 해당하는 정
보 또는 같은 영 제19조제1호에 따른 주민등록번호가 포함된 자료를 처리할 수
있다. <개정 2013.3.23.>
1. 법 제8조에 따른 동물실험시설의 등록에 관한 사무
2. 법 제12조에 따른 실험동물공급자의 등록에 관한 사무
3. 법 제24조에 따른 행정처분에 관한 사무
4. 법 제26조에 따른 청문에 관한 사무
5. 법 제28조에 따른 과징금 부과·징수에 관한 사무
[본조신설 2012.1.6.]

제12조(과징금 산정기준) 법 제28조제1항에 따른 과징금의 산정기준은 별표 1과 같다.

제12조의2(과징금 미납자에 대한 처분) ①식품의약품안전처장은 법 제28조제1항
에 따른 과징금을 내야 할 자가 납부기한까지 내지 아니하면 같은 조 제5항 본문
에 따라 납부기한이 지난 후 15일 이내에 독촉장을 발급하여야 한다. 이 경우 납
부기한은 독촉장을 발급하는 날부터 10일 이내로 하여야 한다.
②식품의약품안전처장은 과징금을 내지 아니한 자가 제1항에 따른 독촉장을 받고도
같은 항 후단에 따른 납부기한까지 과징금을 내지 아니하면 과징금 부과처분을 취
소하고 운영정지처분을 하거나 국세 체납처분의 예에 따라 징수하여야 한다.
③제2항에 따라 과징금 부과처분을 취소하고 운영정지처분을 하려면 처분대상자에게
서면으로 그 내용을 통지하되, 서면에는 처분이 변경된 사유와 운영정지처분의 기
간 등 운영정지처분에 필요한 사항을 적어야 한다.
[본조신설 2016.5.3.]

제13조(과태료의 부과기준) 법 제33조제1항 및 제2항에 따른 과태료의 부과기준은
별표 2와 같다. <개정 2020.3.3.>
[전문개정 2011.4.22.]

부칙

<제30979호, 2020.8.27.>

제1조(시행일) 이 영은 2020년 8월 28일부터 시행한다.

제2조 생략

제3조(다른 법령의 개정) ①생략

②실험동물에 관한 법률 시행령 일부를 다음과 같이 개정한다.

제2조제1호다목을 다음과 같이 한다.

다. 「약사법」에 따른 의약품·의약외품 또는 「첨단재생의료 및 첨단바이오의약품 안
   전 및 지원에 관한 법률」에 따른 첨단바이오의약품(동물용 의약품·의약외품 또는
   동물용 첨단바이오의약품은 제외한다)

제4조 생략

실험동물에 관한 법률 시행규칙

[시행 2020.3.20]
[총리령 제1601호, 2020.3.20, 일부개정]

제1조(목적) 이 규칙은 「실험동물에 관한 법률」 및 같은 법 시행령에서 위임된 사항과 그 시행에 필요한 사항을 규정함을 목적으로 한다.

제2조(정책의 수립 등) ①식품의약품안전처장은 「실험동물에 관한 법률」(이하 "법"이라 한다) 제5조제1항제1호에 따른 실험동물의 사용 및 관리에 관한 정책을 매년 수립하고 이를 추진하여야 한다. <개정 2013.3.23.>
②제1항에 따른 정책에는 다음 각 호의 사항이 포함되어야 한다. <개정 2013.3.23.>
1. 법 제5조제1항제2호부터 제6호까지에 규정된 사항
2. 법 제19조제1항에 따른 생물학적 위해물질의 취급 및 처리에 관한 사항
3. 그 밖에 식품의약품안전처장이 필요하다고 인정하는 실험동물의 사용 및 관리에 관한 중요 사항

제3조(동물실험시설의 등록기준) 법 제8조제3항에 따른 동물실험시설의 등록기준은 다음 각 호와 같다.
1. 법 제8조제2항에 따른 관리자(이하 "관리자"라 한다)가 있을 것. 다만, 「실험동물에 관한 법률 시행령」(이하 "영"이라 한다) 제7조제2항에 따라 동물실험시설의 운영자가 관리자의 업무를 수행하고 있는 경우는 제외한다.
2. 별표 1에 따른 시설과 표준작업서를 갖출 것

제4조(동물실험시설의 등록) ①법 제8조에 따라 동물실험시설을 설치하려는 자는 별지 제1호서식에 따른 등록신청서(전자문서로 된 신청서를 포함한다)에 다음 각 호의 서류(전자문서를 포함한다)를 첨부하여 식품의약품안전처장에게 등록하여야 한다. <개정 2013.3.23.>
1. 관리자의 자격을 증명하는 서류(제3조제1호 단서에 해당하는 경우는 제외한다)
2. 별표 1에 따른 시설의 배치구조 및 면적 등 동물실험시설의 현황
②하나의 기관이나 단체(영 제2조 각 호의 기관이나 단체를 말한다)가 설치·운영하는 동물실험시설이 여러 개이고, 해당 동물실험시설이 제3조에 따른 등록기준을 각각 충족하는 경우에는 동물실험시설별로 등록할 수 있다.
③제1항에 따라 신청서를 제출받은 식품의약품안전처장은 「전자정부법」 제36조제1항에 따른 행정정보의 공동이용을 통하여 건축물대장, 법인 등기사항증명서(법인인 경우만 해당한다) 또는 사업자등록증을 확인하여야 한다. 다만, 신청인이 사업자등록증의 확인에 동의하지 아니하는 경우에는 사업자등록증 사본을 첨부하도록 하여

야 한다. <개정 2010.9.1., 2013.3.23., 2017.8.9.>

④식품의약품안전처장은 제1항에 따른 신청 내용이 제3조에 따른 등록기준에 적합한 경우에는 별지 제2호서식에 따른 동물실험시설 등록증을 신청인에게 발급하여야 한다. <개정 2013.3.23.>

제5조(동물실험시설의 변경등록) ①제4조에 따라 등록한 동물실험시설 설치자는 법 제8조제1항 후단에 따라 다음 각 호의 어느 하나에 해당하는 사항이 변경되면 변경된 날부터 30일 이내에 별지 제3호서식에 따른 변경등록신청서(전자문서로 된 신청서를 포함한다)에 동물실험시설 등록증과 변경 사유 및 내용을 증명할 수 있는 서류(전자문서를 포함한다)를 첨부하여 식품의약품안전처장에게 제출하여야 한다. <개정 2013.3.23., 2014.12.16., 2017.1.5.>

1. 동물실험시설의 명칭, 상호 또는 소재지(행정구역 또는 그 명칭이 변경되는 경우에는 제외한다)
2. 운영자
3. 관리자
4. 동물실험시설 설치자(법인인 경우에는 법인의 대표자를 말한다)
5. 별표 1 제2호에 따른 시설 중 다음 각 목의 어느 하나에 해당하는 경우
가. 사육실의 배치구조, 면적 또는 용도의 변경
나. 가목에 해당하지 아니하는 경우로서 시설 연면적의 3분의 1을 초과하는 신축 · 증축 · 개축 또는 재축

②식품의약품안전처장은 제1항에 따른 변경신청사항이 제3조에 따른 등록기준에 적합하면 동물실험시설 등록증에 변경사항을 적은 후 이를 내주어야 한다. <개정 2013.3.23.>

제6조(동물실험시설의 등록증 재발급) 동물실험시설의 설치자 또는 운영자는 동물실험시설 등록증을 잃어버렸거나 헐어서 못쓰게 된 경우에는 별지 제4호서식에 따른 재발급신청서(전자문서로 된 신청서를 포함한다)에 동물실험시설 등록증(헐어서 못쓰게 된 경우만 해당한다)을 첨부하여 식품의약품안전처장에게 제출하고 재발급 받을 수 있다. <개정 2013.3.23., 2017.8.9.>

제7조(수입실험동물의 사용기준) 법 제9조제2항에 따라 외국으로부터 수입된 실험동물을 사용하려는 경우에는 법 제13조에 따른 실험동물공급자의 준수사항을 지키고 있는 것으로 인정되는 외국의 기관이나 시설에서 생산된 실험동물로서 다음 각 호의 어느 하나에 해당하는 실험동물을 사용하여야 한다.

1. 외국의 정부기관이 인정하는 품질확보를 위한 절차를 거친 동물실험시설 또는 실험동물생산시설에서 생산된 실험동물
2. 실험동물의 품질검사를 수행하는 외국의 기관이나 시설에서 품질검사를 받아 품질이 확보된 실험동물

제8조(우수동물실험시설의 지정기준) 법 제10조제1항에 따른 우수동물실험시설의
지정기준은 별표 2와 같다.

제9조(우수동물실험시설의 지정) ①법 제10조제1항에 따라 우수동물실험시설로 지
정받으려는 자는 별지 제5호서식에 따른 지정신청서(전자문서로 된 신청서를 포함
한다)에 다음 각 호의 서류(전자문서를 포함한다)를 첨부하여 식품의약품안전처장
에게 제출하여야 한다. <개정 2013.3.23.>
1. 별표 2 제1호에 따른 인력의 자격이나 경력을 증명하는 서류
2. 별표 2 제2호에 따른 시설의 면적과 배치도면(장치와 설비를 포함한다)
3. 별표 2 제3호에 따른 표준작업서
②제1항에 따라 신청서를 제출받은 식품의약품안전처장은 「전자정부법」 제36조제1
항에 따른 행정정보의 공동이용을 통하여 법인 등기사항증명서(법인인 경우만 해
당한다)를 확인하여야 한다. <개정 2010. 9. 1., 2013. 3. 23.>
③식품의약품안전처장은 제1항에 따른 신청 내용이 제8조에 따른 지정기준에 적합
한지 여부에 대하여 현장 확인을 거쳐야 하고, 그 현장 확인 결과 지정기준에 적
합하다고 인정되면 별지 제6호서식에 따른 우수동물실험시설 지정서를 신청인에게
발급하여야 한다. <개정 2013.3.23.>

제10조(우수동물실험시설의 지정사항 변경) ①제9조에 따라 우수동물실험시설로
지정받은 자는 법 제10조제1항 후단에 따라 제8조에 따른 지정기준에 관한 사항
이 변경되면 변경된 날부터 30일 이내에 별지 제7호서식에 따른 변경신청서(전자
문서로 된 신청서를 포함한다)에 다음 각 호의 서류(전자문서를 포함한다)를 첨부
하여 식품의약품안전처장에게 제출하여야 한다. <개정 2013.3.23.>
1. 우수동물실험시설 지정서
2. 변경 사유와 내용에 관한 서류
②식품의약품안전처장은 제1항에 따른 변경신청사항이 제8조에 따른 지정기준에 적
합하면 우수동물실험시설 지정서에 변경사항을 적은 후 이를 내주어야 한다. <개
정 2013.3.23.>

제11조(우수동물실험시설 지정서의 재발급) 우수동물실험시설의 설치 자 또는 운
영자는 우수동물실험시설 지정서를 잃어버렸거나 헐어서 못쓰게 된 경우에는 별지
제4호서식에 따른 재발급신청서(전자문서로 된 신청서를 포함한다)에 우수동물실
험시설 지정서(헐어서 못쓰게 된 경우만 해당한다)를 첨부하여 식품의약품안전처장
에게 제출하고 재발급받을 수 있다. <개정 2013.3.23., 2017.8.9.>

제12조(실험동물공급자의 등록) ①법 제12조제1항에 따라 실험동물의 생산·수입
또는 판매를 업으로 하려는 자(이하 "실험동물공급자"라 한다)는 별지 제8호서식에

따른 등록신청서(전자문서로 된 신청서를 포함한다)에 다음 각 호의 서류(전자문서를 포함한다)를 첨부하여 식품의약품안전처장에게 등록하여야 한다.
<개정 2013.3.23., 2017.1.5.>

1. 실험동물생산시설(실험동물의 생산을 업으로 하는 자만 해당한다. 이하 같다) 또는 실험동물보관시설(실험동물의 수입 또는 판매를 업으로 하는 자만 해당한다. 이하 같다)의 배치구조 및 면적
2. 실험동물공급자의 인력현황

②제1항에 따라 신청서를 제출받은 식품의약품안전처장은 「전자정부법」 제36조제1항에 따른 행정정보의 공동이용을 통하여 건축물대장, 법인 등기사항증명서(법인인 경우만 해당한다) 또는 사업자등록증을 확인하여야 한다. 다만, 신청인이 사업자등록증의 확인에 동의하지 아니하는 경우에는 사업자등록증 사본을 첨부하도록 하여야 한다. <개정 2010.9.1., 2013.3.23., 2017.8.9.>

③식품의약품안전처장은 제1항에 따른 신청이 적합한 경우에는 별지 제9호서식에 따른 실험동물공급자 등록증을 신청인에게 발급하여야 한다. <개정 2013.3.23.>

제13조(실험동물공급자의 변경등록) ①제12조에 따라 등록한 실험동물공급자는 법 제12조제2항에 따라 다음 각 호의 어느 하나에 해당하는 사항이 변경되면 변경된 날부터 30일 이내에 별지 제10호서식에 따른 변경등록신청서(전자문서로 된 신청서를 포함한다)에 실험동물공급자 등록증과 변경 사유 및 내용을 증명할 수 있는 서류(전자문서를 포함한다)를 첨부하여 식품의약품안전처장에게 제출하여야 한다. <개정 2013.3.23., 2014.12.16., 2017.1.5.>

1. 실험동물공급자의 명칭 또는 상호
2. 실험동물공급자의 주소 또는 소재지(행정구역 또는 그 명칭이 변경되는 경우에는 제외한다)
3. 실험동물공급자(법인인 경우에는 법인의 대표자를 말한다)
4. 실험동물생산시설 또는 실험동물보관시설의 배치구조, 면적 또는 용도
5. 제4호에 해당하지 아니하는 경우로서 시설 연면적의 3분의 1을 초과하는 신축·증축·개축 또는 재축

②식품의약품안전처장은 제1항에 따른 변경신청이 적합한 경우에는 실험동물공급자 등록증에 변경사항을 적은 후 이를 내주어야 한다. <개정 2013.3.23.>

제14조(실험동물공급자 등록증의 재발급) 실험동물공급자는 실험동물공급자 등록증을 잃어버렸거나 헐어서 못쓰게 된 경우에는 별지 제4호서식에 따른 재발급신청서(전자문서로 된 신청서를 포함한다)에 실험동물공급자 등록증(헐어서 못쓰게 된 경우만 해당한다)을 첨부하여 식품의약품안전처장에게 제출하고 재발급받을 수 있다. <개정 2013.3.23., 2017.8.9.>

제15조(실험동물공급자의 준수사항) ①실험동물공급자는 법 제13조제2호에 따라 실험동물을 운반할 때에는 실험동물의 건강과 안전이 확보되는 수송장치와 온도, 환기 등 환경조건이 적절하게 유지되는 수송수단을 이용하여 운송하여야 한다.
②실험동물공급자는 법 제13조제3호에 따라 다음 각 호의 사항을 지켜야 한다. <개정 2014.12.16.>
1. 사료, 물, 깔짚 또는 외부 환경 등으로 인하여 실험동물의 감염 및 실험동물 간의 교차 감염이 일어나지 아니하도록 사육환경을 위생적으로 관리할 것
2. 온도, 습도 및 환기를 적절히 유지 · 관리할 것
3. 실험동물의 종별 습성을 고려하여 수용 공간을 확보할 것
4. 감염병에 노출되거나 질병이 있는 실험동물을 판매하지 말 것
5. 실험동물 생산 · 수입 또는 판매 현황을 기록하여 보관할 것

제16조(우수실험동물생산시설의 지정기준) 법 제15조제1항에 따른 우수실험동물생산시설의 지정기준은 별표 3과 같다.

제17조(우수실험동물생산시설의 지정) ①법 제15조제1항에 따라 우수실험동물생산시설로 지정받으려는 자는 별지 제11호서식에 따른 지정신청서(전자문서로 된 신청서를 포함한다)에 다음 각 호의 서류(전자문서를 포함한다)를 첨부하여 식품의약품안전처장에게 제출하여야 한다. <개정 2013.3.23.>
1. 별표 3 제1호에 따른 인력의 자격이나 경력을 증명하는 서류
2. 별표 3 제2호에 따른 시설의 면적과 배치도면(장치와 설비를 포함한다)
3. 별표 3 제3호에 따른 표준작업서
②제1항에 따라 신청서를 제출받은 식품의약품안전처장은 「전자정부법」 제36조제1항에 따른 행정정보의 공동이용을 통하여 법인 등기사항증명서(법인인 경우만 해당한다)를 확인하여야 한다. <개정 2010.9.1., 2013.3.23.>
③식품의약품안전처장은 제1항에 따른 신청내용이 제16조에 따른 지정기준에 적합한지 여부를 현장 확인을 거쳐야 하고, 그 현장 확인 결과 지정기준에 적합하다고 인정되면 별지 제12호서식에 따른 우수실험동물생산시설 지정서를 신청인에게 발급하여야 한다. <개정 2013.3.23.>

제18조(우수실험동물생산시설의 지정사항 변경) ①제17조에 따라 우수실험동물생산시설로 지정받은 자는 법 제15조제1항 후단에 따라 제16조에 따른 지정기준에 관한 사항이 변경되면 변경된 날부터 30일 이내에 별지 제13호서식에 따른 변경신청서에 다음 각 호의 서류(전자문서를 포함한다)를 첨부하여 식품의약품안전처장에게 제출하여야 한다. <개정 2013.3.23.>
1. 우수실험동물생산시설 지정서
2. 변경 사유와 내용에 관한 서류

②식품의약품안전처장은 제1항에 따라 변경신청을 받으면 그 신청내용이 제16조에 따른 지정기준에 적합한 경우에는 우수실험동물생산시설 지정서에 변경사항을 적은 후 이를 내주어야 한다. <개정 2013.3.23.>

제19조(우수실험동물생산시설 지정서의 재발급) 제17조에 따라 우수실험동물생산 시설로 지정받은 자는 우수실험동물생산시설 지정서를 잃어버렸거나 헐어서 못쓰게 된 경우에는 별지 제4호서식에 따른 재발급신청서(전자문서로 된 신청서를 포함한다)에 우수실험동물생산시설 지정서(헐어서 못쓰게 된 경우만 해당한다)를 첨부하여 식품의약품안전처장에게 제출하고 재발급받을 수 있다. <개정 2013.3.23., 2017.8.9.>

제20조(교육 등) ①법 제17조제1항에 따라 동물실험시설의 운영자, 관리자 및 실험동물공급자는 등록한 날 또는 변경등록한 날(동물실험시설 운영자, 관리자 및 실험동물공급자가 변경된 경우에 한정한다)부터 6개월 이내에 실험동물의 사용·관리 등에 관한 교육을 받아야 한다. <개정 2017.8.9.>

② 제1항에 따른 교육의 내용, 방법 및 시간은 별표 4와 같다.

③ 식품의약품안전처장은 법 제17조제2항에 따라 제1항에 따른 교육을 다음 각 호의 어느 하나에 해당하는 기관 또는 단체에 위탁할 수 있다.

1. 법 제23조에 따른 실험동물협회
2. 「한국보건복지인력개발원법」에 따른 한국보건복지인력개발원
3. 실험동물 관련 기관 또는 단체
4. 「고등교육법」 제2조에 따른 학교

④식품의약품안전처장은 제3항에 따라 교육을 위탁한 경우에는 그 사실을 홈페이지 등에 게시하여야 한다.

⑤제3항에 따라 교육을 위탁받은 기관 또는 단체의 장은 교육에 드는 경비를 고려하여 교육대상자에게 수강료를 받을 수 있다. 이 경우 그 수강료의 금액에 대하여 미리 식품의약품안전처장의 승인을 받아야 한다.

[전문개정 2014.12.16.]

제21조(생물학적 위해물질의 사용보고) ①법 제19조제1항에서 "총리령으로 정하는 생물학적 위해물질"이란 다음 각 호의 어느 하나에 해당하는 위험물질을 말한다. <개정 2010.3.19., 2010.12.30., 2013.3.23., 2014.12.16., 2020.3.20.>

1. 「생명공학육성법」 제15조 및 같은 법 시행령 제15조에 따라 보건복지부장관이 정하는 유전자재조합실험지침에 따른 제3위험군과 제4위험군
2. 「감염병의 예방 및 관리에 관한 법률」 제2조제2호부터 제5호까지의 규정에 따른 제1급감염병, 제2급감염병, 제3급감염병 및 제4급감염병을 일으키는 병원체

②동물실험시설의 운영자가 법 제19조제2항에 따라 생물학적 위해물질을 동물실험

에 사용하려면 별지 제14호서식에 따른 사용보고서(전자문서로 된 보고서를 포함한다)에 동물실험계획서를 첨부하여 식품의약품안전처장에게 제출하여야 한다. <개정 2013.3.23.>

제22조(기록 등) 동물실험을 수행하는 자는 법 제21조에 따라 별지 제15호서식에 따른 동물실험 현황을 기록하고 기록한 날부터 3년간 보존하여야 한다. 이 경우 전자기록매체에 기록·보존할 수 있다.

제23조(행정처분기준) 법 제24조제3항에 따른 행정처분의 기준은 별표 5와 같다.

제23조의2(과징금 납부기한의 연장 및 분할납부) ①법 제28조제1항에 따라 과징금 부과처분을 받은 사람(이하 "과징금납부의무자"라 한다)이 법 제28조제6항에 따라 과징금의 납부기한을 연장하거나 분할납부를 하려는 경우 식품의약품안전처장에게 납부기한의 10일 전까지 납부기한 연장 또는 분할납부 신청을 하여야 한다.
②식품의약품안전처장은 제1항에 따른 신청을 받은 날부터 7일 이내에 과징금의 납부기한 연장 또는 분할납부 결정 여부를 서면으로 통보하여야 한다.
③ 징금납부의무자가 법 제28조제6항에 따라 분할납부를 하게 되는 경우 12개월의 범위에서 각 분할된 납부기한 간의 간격은 6개월 이내, 분할 횟수는 3회 이내로 한다.
[본조신설 2017.8.9.]

제24조(수수료) ①법 제29조에 따른 수수료의 금액은 별표 6과 같다.
<개정 2014.12.16.>
② 제1항에 따른 수수료는 현금, 수입인지 또는 정보통신망을 이용하여 전자화폐·전자결제 등의 방법으로 납부할 수 있다.

제25조(규제의 재검토) 식품의약품안전처장은 다음 각 호의 사항에 대하여 다음 각 호의 기준일을 기준으로 3년마다(매 3년이 되는 해의 기준일과 같은 날 전까지를 말한다) 그 타당성을 검토하여 개선 등의 조치를 하여야 한다. <개정 2014.12.16.>
1. 제3조에 따른 동물실험시설의 등록기준: 2014년 1월 1일
2. 제4조에 따른 동물실험시설의 등록: 2014년 1월 1일
3. 삭제 <2020.3.20.>
4. 제12조에 따른 실험동물공급자의 등록: 2014년 1월 1일
5. 제15조에 따른 실험동물공급자의 준수사항: 2014년 7월 1일
6. 제20조에 따른 교육 등: 2014년 7월 1일
[본조신설 2014.4.1.]

부칙

<제1601호, 2020.3.20.>

이 규칙은 공포한 날부터 시행한다.

수의사법

[시행 2020.11.20]
[법률 제17274호, 2020.5.19, 일부개정]

제1장 총칙

제1조(목적) 이 법은 수의사(獸醫師)의 기능과 수의(獸醫)업무에 관하여 필요한 사항을 규정함으로써 동물의 건강증진, 축산업의 발전과 공중위생의 향상에 기여함을 목적으로 한다.
[전문개정 2010.1.25.]

제2조(정의) 이 법에서 사용하는 용어의 뜻은 다음과 같다. <개정 2013.3.23.>
 1. "수의사"란 수의업무를 담당하는 사람으로서 농림축산식품부장관의 면허를 받은 사람을 말한다.
 2. "동물"이란 소, 말, 돼지, 양, 개, 토끼, 고양이, 조류(鳥類), 꿀벌, 수생동물(水生動物), 그 밖에 대통령령으로 정하는 동물을 말한다.
 3. "동물진료업"이란 동물을 진료[동물의 사체 검안(檢案)을 포함한다. 이하 같다]하거나 동물의 질병을 예방하는 업(業)을 말한다.
 4. "동물병원"이란 동물진료업을 하는 장소로서 제17조에 따른 신고를 한 진료기관을 말한다. [전문개정 2010.1.25.]

제2조(정의) 이 법에서 사용하는 용어의 뜻은 다음과 같다. <개정 2013.3.23., 2019.8.27.>
 1. "수의사"란 수의업무를 담당하는 사람으로서 농림축산식품부장관의 면허를 받은 사람을 말한다.
 2. "동물"이란 소, 말, 돼지, 양, 개, 토끼, 고양이, 조류(鳥類), 꿀벌, 수생동물(水生動物), 그 밖에 대통령령으로 정하는 동물을 말한다.
 3. "동물진료업"이란 동물을 진료[동물의 사체 검안(檢案)을 포함한다. 이하 같다]하거나 동물의 질병을 예방하는 업(業)을 말한다.
 3의2. "동물보건사"란 동물병원 내에서 수의사의 지도 아래 동물의 간호 또는 진료 보조 업무에 종사하는 사람으로서 농림축산식품부장관의 자격인정을 받은 사람을 말한다.
 4. "동물병원"이란 동물진료업을 하는 장소로서 제17조에 따른 신고를 한 진료기관을 말한다.
 [전문개정 2010.1.25.]
 [시행일 : 2021.8.28.] 제2조제3호의2

제3조(직무) 수의사는 동물의 진료 및 보건과 축산물의 위생 검사에 종사하는 것을 그 직무로 한다.
[전문개정 2010.1.25.]

제2장 수의사

제4조(면허) 수의사가 되려는 사람은 제8조에 따른 수의사 국가시험에 합격한 후 농림축산식품부령으로 정하는 바에 따라 농림축산식품부장관의 면허를 받아야 한다. <개정 2013.3.23.>
[전문개정 2010.1.25.]

제5조(결격사유) 다음 각 호의 어느 하나에 해당하는 사람은 수의사가 될 수 없다. <개정 2010.5.25., 2011.8.4., 2014.3.18., 2019.8.27.>
1. 「정신건강증진 및 정신질환자 복지서비스 지원에 관한 법률」 제3조제1호에 따른 정신질환자. 다만, 정신건강의학과전문의가 수의사로서 직무를 수행할 수 있다고 인정하는 사람은 그러하지 아니하다.
2. 피성년후견인 또는 피한정후견인
3. 마약, 대마(大麻), 그 밖의 향정신성의약품(向精神性醫藥品) 중독자. 다만, 정신건강의학과전문의가 수의사로서 직무를 수행할 수 있다고 인정하는 사람은 그러하지 아니하다.
4. 이 법, 「가축전염병예방법」, 「축산물위생관리법」, 「동물보호법」, 「의료법」, 「약사법」, 「식품위생법」 또는 「마약류관리에 관한 법률」을 위반하여 금고 이상의 실형을 선고받고 그 집행이 끝나지(집행이 끝난 것으로 보는 경우를 포함한다) 아니하거나 면제되지 아니한 사람
[전문개정 2010.1.25.]

제6조(면허의 등록) ①농림축산식품부장관은 제4조에 따라 면허를 내줄 때에는 면허에 관한 사항을 면허대장에 등록하고 그 면허증을 발급하여야 한다. <개정 2013.3.23.>
②제1항에 따른 면허증은 다른 사람에게 빌려주거나 빌려서는 아니 되며, 이를 알선하여서도 아니 된다. <개정 2020.2.11.>
③면허의 등록과 면허증 발급에 필요한 사항은 농림축산식품부령으로 정한다. <개정 2013.3.23.>
[전문개정 2010.1.25.]

제7조 삭제 <1994.3.24.>

제8조(수의사 국가시험) ①수의사 국가시험은 매년 농림축산식품부장관이 시행한다. <개정 2013.3.23.>
②수의사 국가시험은 동물의 진료에 필요한 수의학과 수의사로서 갖추어야 할 공중위생에 관한 지식 및 기능에 대하여 실시한다.

③농림축산식품부장관은 제1항에 따른 수의사 국가시험의 관리를 대통령령으로 정하는 바에 따라 시험 관리 능력이 있다고 인정되는 관계 전문기관에 맡길 수 있다. <개정 2013.3.23.>

④수의사 국가시험 실시에 필요한 사항은 대통령령으로 정한다.

[전문개정 2010.1.25.]

제9조(응시자격) ①수의사 국가시험에 응시할 수 있는 사람은 제5조 각 호의 어느 하나에 해당되지 아니하는 사람으로서 다음 각 호의 어느 하나에 해당하는 사람으로 한다. <개정 2012.2.22., 2013.3.23.>

1. 수의학을 전공하는 대학(수의학과가 설치된 대학의 수의학과를 포함한다)을 졸업하고 수의학사 학위를 받은 사람. 이 경우 6개월 이내에 졸업하여 수의학사 학위를 받을 사람을 포함한다.

2. 외국에서 제1호 전단에 해당하는 학교(농림축산식품부장관이 정하여 고시하는 인정기준에 해당하는 학교를 말한다)를 졸업하고 그 국가의 수의사 면허를 받은 사람

②제1항제1호 후단에 해당하는 사람이 해당 기간에 수의학사 학위를 받지 못하면 처음부터 응시자격이 없는 것으로 본다.

[전문개정 2010.1.25.]

판례 - 수의사국가시험합격무효취소

[대법원 2009.11.26., 선고, 2009두15586, 판결]

【판시사항】

[1]수의사법 부칙(1999.3.31.) 제4항의 의미와 적용범위 및 구 수의사법 제9조 제2호의 규정 취지

[2] 2001.12.31. 이전인 1997-1998학년도 1학기에 구 수의사법 제9조 제2호에 해당하는 필리핀 소재 대학교 수의학과에 등록하였다가 중간에 다른 대학의 다른 학과로 편입, 재입학하여 졸업 후 2005.11.부터 2007.3.까지 다시 다른 대학의 수의학과를 졸업한 사람에게 수의사 응시자격이 있다고 한 사례

[3] 행정처분의 취소를 구하는 항고소송에서 처분의 근거 사유를 추가하거나 변경하기 위한 요건인 기본적 사실관계의 동일성 유무의 판단 방법

【판결요지】

[1]구 수의사법(1999.3.31. 법률 제5953호로 개정되기 전의 것) 제9조 제2호의 개정과 수의사법 부칙(1999.3.31.) 제4항 신설의 각 경위 및 내용과 그 입법취지 등에 비추어 보면, 위 부칙조항은 2001. 12. 31. 이전에 위 법 제9조 제2항에서 정한 외국 대학교의 수의학과에 재학을 개시한 경우를 모두 보호하는 조항으로 해석하여야 하고, 한편 위 법 제9조 제2호의 규정은 그 응시자격부여의 취지에 비추어 농림부장관이 인정한 대학에서 수의학을 전공으로 학사

학위를 받은 자의 경우 국내 수의사 면허를 취득할 기본적 자질을 구비한 것
으로 보아 그 응시자격을 부여하는 조항으로 해석될 뿐 당초 입학하여 수의
학을 전공한 대학과 최종적으로 그 과정을 마치고 학사학위를 취득한 대학의
동일성까지 요구함으로써 이와 달리 중간에 다른 대학이나 학과로 편입이나
재입학을 하였다가 다시 수의학과로 편입 혹은 재입학하여 학사학위를 취득
한 경우를 그 자격부여대상에서 배제하는 조항이라고 볼 수는 없다.

[2] 2001.12.31. 이전인 1997-1998학년도 1학기에 구 수의사법(1999.3.31. 법률
제5953호로 개정되기 전의 것) 제9조 제2호에 해당하는 필리핀 소재 A 대학
교 수의학과에 등록만하고 학점을 취득하지 못한 채 귀국하여 병역의무를 마
친 후 2000.11.7. 필리핀에 입국하여 B대학교 치의학과를 거쳐 C 대학교 치의
학과를 2005.3.경 졸업한 다음, 2005.11.부터 2007.3.까지 D 대학교 수의학과를
졸업한 사람에게 수의사법 부칙(1999.3.31.) 제4항에 따라 위 법 제9조 제2호
에 정한 수의사 응시자격이 있다고 한 사례.

[3] 행정처분의 취소를 구하는 항고소송에서, 처분청은 당초 처분의 근거로
삼은 사유와 기본적 사실관계가 동일성이 있다고 인정되는 한도 내에서만 다
른 사유를 추가 혹은 변경할 수 있고, 여기서 기본적 사실관계의 동일성 유무
는 처분사유를 법률적으로 평가하기 이전의 구체적인 사실에 착안하여 그 기
초인 사회적 사실관계가 기본적인 점에서 동일한지 여부에 따라 결정되며, 추
가 또는 변경된 사유가 처분 당시에 그 사유를 명기하지 않았을 뿐 이미 존
재하고 있었고 당사자도 그 사실을 알고 있었다 하여 당초의 처분사유와 동
일성이 있는 것이라고 할 수는 없다.

판례 - 수의사국가시험합격무효취소

[서울고등법원 2009.8.18., 선고, 2009누821, 판결]

【청구취지 및 항소취지】
제1심 판결을 취소한다. 피고가 2008. 3. 10. 원고에 대하여 한 제51회 수의사
국가시험 합격무효처분을 취소한다.

【판단】
(1) 구 수의사법(1999.3.31. 법률 제5953호로 개정되기 전의 것, 이하 '개정 전
법'이라 한다)은 농림부장관이 인정하는 외국의 대학에서 수의학을 전공하고
수의학사학위를 받은 자(제9조 제2호)와 그 이외의 국가에서 수의사면허를
받은 자(제9조 제3호)에게 수의사시험 응시자격을 부여하였는데, 1999.3.31.
법률 제5953호로 개정된 수의사법(이하 '개정법'이라 한다) 제9조 제2호는 '외
국에서 수의학을 전공하는 대학(수의학과가 설치된 대학의 수의학과를 포함
한다)을 졸업하고 외국의 수의사면허를 받은 자'에게 응시자격을 부여하는 것
으로 개정되어 종래의 '외국의 대학에서 수의학사학위를 받은 자'라는 요건
외에 '외국의 수의사면허 취득'이라는 요건을 추가하는 것으로 그 요건을 강
화하였고, 위 개정규정은 2002.1.1. 시행되면서 경과규정을 따로 두지 않았다.
이에 따라 개정법이 공포될 당시 종전의 규정에 따라 수의학사학위를 받아

수의사국가시험응시자격을 취득하였거나 그 자격을 취득할 수 있다고 믿고 농림부장관이 인정하는 외국의 대학에서 수의학을 전공하고 있던 자(재학생)는 개정법이 시행되는 2002.1.1. 이후 수의사국가시험응시자격이 제한되게 되었는데, 이들에 대한 기득권보호를 위하여 2001.12.31. 법률 제6570호로 수의사법을 개정하면서 법률 제5953호의 부칙 제4항(이하 '이 사건 부칙조항'이라 한다)을 신설하고 이들에 대한 응시자격을 보장하는 내용의 경과규정을 두게 되었다.

그런데 이 사건 부칙조항은 종래의 규정에 따라 향후 수의과대학을 졸업하고 수의학사학위를 받으면 국내 수의사국가시험 응시자격을 취득하리라는 신뢰를 갖고 외국 수의과대학에 재학 중에 있던 자의 기득권을 보호하고자 하는 취지에서 신설된 점, 문언적 해석에 의하더라도 '2001.12.31. 이전'이란 2001.12.31.을 포함한 과거를 뜻하므로 반드시 2001.12.31. 당시 재학 중이어야 한다고 한정적으로 해석할 수 없는 점 등을 고려하면, 2001.12.31. 전이라도 수의학과에 재학 중이었던 자에 대하여는 이 사건 부칙조항의 적용대상자라고 보아야 하는바, 을 제2호증의 7, 을 제3호증의 각 기재에 의하면, 원고가 1997.6 월경 필리핀 소재 A대학교 수의대학에 등록을 한 사실을 인정할 수 있고 달리 반증 없으므로, 원고는 '2001.12.31. 이전에 외국의 대학에서 수의학을 전공으로 재학 중인 자'에 해당한다.

(2) 한편 이 사건 부칙조항에 해당하는 자의 응시자격은 종전의 규정에 의하도록 하고 있으므로, 원고가 종전의 규정 즉, 개정 전 법 제9조 제2호에 의한 응시자격을 갖추었는지를 살핀다.

개정 전 법 제9조 제2호는 '외국의 대학에서 수의학을 전공하고 수의학사학위를 받은 자'에 대하여 응시자격을 부여하고 있는데, 수의학사학위는 수의학을 전공한 당해 대학에서 받는 것이 일반적이고, 수의학을 전공하던 당해 대학 이외의 대학에서 수의학사학위를 받는 경우는 이례적이라 할 것인데, 개정 전 법이 이와 같은 이례적인 경우까지 포함하여 입법을 하였다고는 보이지 않는 점, 종전의 규정에 따라 수의학사학위를 받아 수의사국가시험응시자격을 취득하였거나 그 자격을 취득할 수 있다고 믿고 농림부장관이 인정하는 외국의 대학에서 수의학을 전공하고 있던 자의 기득권을 보호하기 위해서라면, 개정법 시행 무렵 수의학을 전공하고 당해 대학에서 수의학사학위를 받은 자에 한정하여 보호하면 족한 것이지 재학 중이던 대학과는 아무 관련도 없는 타 대학에 다시 입학하여 학사학위를 받은 자까지 보호할 필요는 없는 점, 위 규정을 '수의학을 전공한 당해 대학에서 수의학사학위를 받은 자'로 해석하더라도 법문의 뜻에 반하지 않는 점 등을 고려할 때, 위 규정은 '외국의 대학에서 수의학을 전공하고 당해 대학에서 수의학사학위를 받은 자'에게 응시자격을 부여하는 취지로 보이고, 수의학을 전공한 대학과 수의학사학위를 받은 대학이 다른 경우에도 최소한 수의학을 전공한 대학의 학점을 인정받고 타 대학에서 수의학사학위를 받은 경우 등으로 한정하여야 하는바, 을 제2호증, 을 제3호증의 1 내지 7호증의 각 기재에 의하면, 원고는 A대학교에 등록한 이후 제1학기 학점을 취득하지 못하였고, 2000.11월부터 2003.10까지 필리핀 소재

B대학교 치의학과에 재학하였다가, 2003.11월부터 2005.3월까지 필리핀 소재 C대학교 치의학과에 재학하고 졸업하였으며, 2005.11월부터 2007.3월까지 필리핀 소재 D대학교 수의학과에 재학하고 졸업한 사실을 인정할 수 있을 뿐이고, 원고가 수의학을 전공한 A대학교에서 수의학사학위를 받았다거나 A대학교의 학점을 인정받고 타 대학에서 수의학사학위를 받았는지의 점에 대해서는 이를 인정할 만한 아무런 증거가 없다.

따라서 개정 전 법 제9조 제2호가 규정하는 응시자격을 갖추지 못한 원고에 대하여 수의사국가시험합격을 무효로 한 이 사건 처분은 적법하다.」

판사 안영률(재판장) 신헌석 조정현

판례 - 수의사국가시험합격무효취소

[서울행정법원 2008.12.4., 선고, 2008구합18274, 판결]

【청구취지】

피고가 2008.3.10. 원고에 대하여 한 제51회 수의사국가시험 합격무효처분을 취소한다.

【판단】

(1) 외국 수의과대학 졸업자의 국내 수의사 국가시험 응시자격에 관하여, 구법은 '농림부장관이 인정하는 외국의 대학에서 수의학을 전공하고 수의학사학위를 받은 자'라고 규정하였으나, 1998년부터 국내 수의과대학의 학제가 4년제에서 6년제로 연장됨에 따라 개정법은 위 응시자격을 강화하여 '외국에서 수의학을 전공하는 대학(수의학과가 설치된 대학의 수의학과를 포함한다)을 졸업하고 외국의 수의사면허를 받은 자'로 강화하는 한편, 개정법 시행일 이전인 2001.12.31. 현재 구법의 규정에 따라 수의사국가시험 응시자격이 있던 외국의 수의학 학사학위를 받은 자와 향후 수의과대학을 졸업하고 수의학 학사학위를 받으면 국내 수의사국가시험 응시자격을 취득하리라는 신뢰를 갖고 외국 수의과대학에 재학 중에 있던 자의 기득권을 보호하기 위하여 경과규정으로 이 사건 부칙 조항을 규정하게 되었다.

위와 같은 수의사법 개정경위와 이 사건 부칙 조항을 규정하게 된 입법목적 및 취지에 비추어 보면, 이 사건 부칙 조항은 개정법이 시행되기 전인 2001. 12. 31. 현재 외국 수의과대학에 재학(병역·질병 등의 사유로 휴학 중인 자를 포함한다) 중인 자에게 적용되고, 그 이전에 외국 수의과대학에 재학하였으나 수의과대학 재학생의 신분을 포기하여 2001.12.31. 현재에는 재학하고 있지 않은 자에게는 적용되지 않는다고 보아야 할 것이다.

(2) 을2-3~7, 3~10의 각 기재에 의하면, 원고는 1997-1998학년도 1학기(1997. 6. ~ 1997.10.)에 친구를 통하여 300$의 등록금을 납입하고 A대학교의 수의학과에 등록하였으나 필리핀에는 입국조차 하지 아니하여(원고는 1997. 10. 29.까지 미국에 있었다) 학점을 전혀 취득하지 못하는 등 사실상 다니지 아니하였고, 병역의무를 마친 후 2000.11.7. 필리핀에 입국하여서는 2000.11. ~ 2003.10.까지는 B대학교의 치의학과에 재학하다가, 2003.11. ~ 2005.3.까지는 C대학교의 치의학과에 재학하여 졸업하였으며, 2005.11. ~ 2007.3.까지는 D대학교의

수의학과에 재학하여 졸업한 사실을 인정할 수 있다.

위 인정사실에 의하면, 원고는 2001.12.31. 당시 B대학교 치의학과에 재학 중이어서 A대학교 수의학과의 재학생 지위를 포기하였다고 보아야 할 것이므로, 원고는 2001.12.31. 당시 수의과대학에는 휴학 중이거나 재학하고 있지 아니하여 이 사건 부칙 조항의 적용대상이 되지 않으므로, 이와 다른 전제에 선 원고의 위 주장은 이유 없다(원고는 이 사건 부칙 조항에서 정한 2001.12.31. 이후 이전에 재학하던 수의과대학이 아닌 다른 수의과대학에서 수학하여 수의학사학위를 받았는바, 위와 같은 점에서도 원고는 이 사건 부칙조항의 적용대상이 되지 않는다).

(3) 을1의 기재에 의하면, 피고는 제51회 수의사 국가시험 시행 당시 응시자 주의사항의 하나로 "합격자 발표 후에도 응시 결격사유가 발견된 때에는 그 합격을 취소합니다"라고 공고한 점, 이 사건 부칙 조항은 국내 수의사 국가시험에 응시할 수 있는 외국 수의과대학 졸업자들의 응시자격을 강화하여 수의사로서 갖추어야 할 최소한의 능력·자질 등을 담보하기 위한 것인 점 등에 비추어 보면, 원고가 당초부터 수의사 국가시험 응시자격을 갖추지 못한 이상, 원고가 주장하는 사정만으로는 원고에 대한 수의사국가시험 합격을 무효로 하는 것이 원고의 신뢰를 침해하거나 비례원칙에 위반한다고 볼 수 없으므로, 원고의 이 부분 주장도 이유 없다.

판사 정종관(재판장) 권창영 정혜은

제9조의2(수험자의 부정행위) ①부정한 방법으로 제8조에 따른 수의사 국가시험에 응시한 사람 또는 수의사 국가시험에서 부정행위를 한 사람에 대하여는 그 시험을 정지시키거나 그 합격을 무효로 한다.

②제1항에 따라 시험이 정지되거나 합격이 무효가 된 사람은 그 후 두 번까지는 제8조에 따른 수의사 국가시험에 응시할 수 없다.

[전문개정 2010.1.25.]

제10조(무면허 진료행위의 금지) 수의사가 아니면 동물을 진료할 수 없다. 다만, 「수산생물질병 관리법」 제37조의2에 따라 수산질병관리사 면허를 받은 사람이 같은 법에 따라 수산생물을 진료하는 경우와 그 밖에 대통령령으로 정하는 진료는 예외로 한다. <개정 2011.7.21.>

[전문개정 2010.1.25.]

제11조(진료의 거부 금지) 동물진료업을 하는 수의사가 동물의 진료를 요구받았을 때에는 정당한 사유 없이 거부하여서는 아니 된다.

[전문개정 2010.1.25.]

제12조(진단서 등) ①수의사는 자기가 직접 진료하거나 검안하지 아니하고는 진단서, 검안서, 증명서 또는 처방전(「전자서명법」에 따른 전자서명이 기재된 전자문서 형태로 작성한 처방전을 포함한다. 이하 같다)을 발급하지 못하며, 「약사법」 제85

조제6항에 따른 동물용 의약품(이하 "처방대상 동물용 의약품"이라 한다)을 처방·투약하지 못한다. 다만, 직접 진료하거나 검안한 수의사가 부득이한 사유로 진단서, 검안서 또는 증명서를 발급할 수 없을 때에는 같은 동물병원에 종사하는 다른 수의사가 진료부 등에 의하여 발급할 수 있다. <개정 2012.2.22., 2019.8.27.>

②제1항에 따른 진료 중 폐사(斃死)한 경우에 발급하는 폐사 진단서는 다른 수의사에게서 발급받을 수 있다.

③수의사는 직접 진료하거나 검안한 동물에 대한 진단서, 검안서, 증명서 또는 처방전의 발급을 요구받았을 때에는 정당한 사유 없이 이를 거부하여서는 아니 된다. <개정 2012.2.22.>

④제1항부터 제3항까지의 규정에 따른 진단서, 검안서, 증명서 또는 처방전의 서식, 기재사항, 그 밖에 필요한 사항은 농림축산식품부령으로 정한다. <신설 2012.2.22., 2013.3.23.>

⑤제1항에도 불구하고 농림축산식품부장관에게 신고한 축산농장에 상시고용된 수의사와 「동물원 및 수족관의 관리에 관한 법률」 제3조제1항에 따라 등록한 동물원 또는 수족관에 상시고용된 수의사는 해당 농장, 동물원 또는 수족관의 동물에게 투여할 목적으로 처방대상 동물용 의약품에 대한 처방전을 발급할 수 있다. 이 경우 상시고용된 수의사의 범위, 신고방법, 처방전 발급 및 보존 방법, 진료부 작성 및 보고, 교육, 준수사항 등 그 밖에 필요한 사항은 농림축산식품부령으로 정한다. <신설 2012.2.22., 2013.3.23., 2019.8.27., 2020.5.19.>

[전문개정 2010.1.25.]

제12조의2(처방대상 동물용 의약품에 대한 처방전의 발급 등) ①수의사(제12조제5항에 따른 축산농장, 동물원 또는 수족관에 상시고용된 수의사를 포함한다. 이하 제2항에서 같다)는 동물에게 처방대상 동물용 의약품을 투약할 필요가 있을 때에는 처방전을 발급하여야 한다. <개정 2019.8.27., 2020.5.19.>

②수의사는 제1항에 따라 처방전을 발급할 때에는 제12조의3제1항에 따른 수의사처방관리시스템(이하 "수의사처방관리시스템"이라 한다)을 통하여 처방전을 발급하여야 한다. 다만, 전산장애, 출장 진료 그 밖에 대통령령으로 정하는 부득이한 사유로 수의사처방관리시스템을 통하여 처방전을 발급하지 못할 때에는 농림축산식품부령으로 정하는 방법에 따라 처방전을 발급하고 부득이한 사유가 종료된 날부터 3일 이내에 처방전을 수의사처방관리시스템에 등록하여야 한다. <신설 2019.8.27.>

③제1항에도 불구하고 수의사는 본인이 직접 처방대상 동물용 의약품을 처방·조제·투약하는 경우에는 제1항에 따른 처방전을 발급하지 아니할 수 있다. 이 경우 해당 수의사는 수의사처방관리시스템에 처방대상 동물용 의약품의 명칭, 용법 및 용량 등 농림축산식품부령으로 정하는 사항을 입력하여야 한다. <개정 2019.8.27.>

④제1항에 따른 처방전의 서식, 기재사항, 그 밖에 필요한 사항은 농림축산식품부령

으로 정한다. <개정 2013.3.23., 2019.8.27.>

⑤제1항에 따라 처방전을 발급한 수의사는 처방대상 동물용 의약품을 조제하여 판매하는 자가 처방전에 표시된 명칭·용법 및 용량 등에 대하여 문의한 때에는 즉시 이에 응답하여야 한다. 다만, 다음 각 호의 어느 하나에 해당하는 경우에는 그러하지 아니하다. <개정 2019.8.27., 2020.2.11.>

1. 응급한 동물을 진료 중인 경우
2. 동물을 수술 또는 처치 중인 경우
3. 그 밖에 문의에 응답할 수 없는 정당한 사유가 있는 경우

[본조신설 2012.2.22.]
[제목개정 2019.8.27.]

제12조의3(수의사처방관리시스템의 구축·운영) ①농림축산식품부장관은 처방대상 동물용 의약품을 효율적으로 관리하기 위하여 수의사처방관리시스템을 구축하여 운영하여야 한다.

②수의사처방관리시스템의 구축·운영에 필요한 사항은 농림축산식품부령으로 정한다.

[본조신설 2019.8.27.]

제13조(진료부 및 검안부) ①수의사는 진료부나 검안부를 갖추어 두고 진료하거나 검안한 사항을 기록하고 서명하여야 한다.

②제1항에 따른 진료부 또는 검안부의 기재사항, 보존기간 및 보존방법, 그 밖에 필요한 사항은 농림축산식품부령으로 정한다. <개정 2013.3.23.>

③제1항에 따른 진료부 또는 검안부는 「전자서명법」에 따른 전자서명이 기재된 전자문서로 작성·보관할 수 있다.

[전문개정 2010.1.25.]

제14조(신고) 수의사는 농림축산식품부령으로 정하는 바에 따라 그 실태와 취업상황(근무지가 변경된 경우를 포함한다) 등을 제23조에 따라 설립된 대한수의사회에 신고하여야 한다. <개정 2013.3.23.>

[본조신설 2011.7.25.]

제15조(진료기술의 보호) 수의사의 진료행위에 대하여는 이 법 또는 다른 법령에 규정된 것을 제외하고는 누구든지 간섭하여서는 아니 된다.

[전문개정 2010.1.25.]

제16조(기구 등의 우선 공급) 수의사는 진료행위에 필요한 기구, 약품, 그 밖의 시설 및 재료를 우선적으로 공급받을 권리를 가진다.

[전문개정 2010.1.25.]

제2장의2 동물보건사

제16조의2(동물보건사의 자격) 동물보건사가 되려는 사람은 다음 각 호의 어느 하나에 해당하는 사람으로서 동물보건사 자격시험에 합격한 후 농림축산식품부령으로 정하는 바에 따라 농림축산식품부장관의 자격인정을 받아야 한다.

1. 농림축산식품부장관의 평가인증(제16조의4제1항에 따른 평가인증을 말한다. 이하 이 조에서 같다)을 받은 「고등교육법」 제2조제4호에 따른 전문대학 또는 이와 같은 수준 이상의 학교의 동물 간호 관련 학과를 졸업한 사람(동물보건사 자격시험 응시일부터 6개월 이내에 졸업이 예정된 사람을 포함한다)
2. 「초·중등교육법」 제2조에 따른 고등학교 졸업자 또는 초·중등교육법령에 따라 같은 수준의 학력이 있다고 인정되는 사람(이하 "고등학교 졸업학력 인정자"라 한다)으로서 농림축산식품부장관의 평가인증을 받은 「평생교육법」 제2조제2호에 따른 평생교육기관의 고등학교 교과 과정에 상응하는 동물 간호에 관한 교육과정을 이수한 후 농림축산식품부령으로 정하는 동물 간호 관련 업무에 1년 이상 종사한 사람
3. 농림축산식품부장관이 인정하는 외국의 동물 간호 관련 면허나 자격을 가진 사람

[본조신설 2019.8.27.]
[시행일 : 2021.8.28.] 제16조의2

제16조의3(동물보건사의 자격시험) ①동물보건사 자격시험은 매년 농림축산식품부장관이 시행한다.

②농림축산식품부장관은 제1항에 따른 동물보건사 자격시험의 관리를 대통령령으로 정하는 바에 따라 시험 관리 능력이 있다고 인정되는 관계 전문기관에 위탁할 수 있다.

③농림축산식품부장관은 제2항에 따라 자격시험의 관리를 위탁한 때에는 그 관리에 필요한 예산을 보조할 수 있다.

④제1항부터 제3항까지에서 규정한 사항 외에 동물보건사 자격시험의 실시 등에 필요한 사항은 농림축산식품부령으로 정한다.

[본조신설 2019.8.27.]
[시행일 : 2021.8.28.] 제16조의3

제16조의4(양성기관의 평가인증) ①동물보건사 양성과정을 운영하려는 학교 또는 교육기관(이하 "양성기관"이라 한다)은 농림축산식품부령으로 정하는 기준과 절차에 따라 농림축산식품부장관의 평가인증을 받을 수 있다.

②농림축산식품부장관은 제1항에 따라 평가인증을 받은 양성기관이 다음 각 호의 어느 하나에 해당하는 경우에는 농림축산식품부령으로 정하는 바에 따라 평가인증을

취소할 수 있다. 다만, 제1호에 해당하는 경우에는 평가인증을 취소하여야 한다.

1. 거짓이나 그 밖의 부정한 방법으로 평가인증을 받은 경우
2. 제1항에 따른 양성기관 평가인증 기준에 미치지 못하게 된 경우

[본조신설 2019.8.27.]

[시행일 : 2021.8.28.] 제16조의4

제16조의5(동물보건사의 업무) ①동물보건사는 제10조에도 불구하고 동물병원 내에서 수의사의 지도 아래 동물의 간호 또는 진료 보조 업무를 수행할 수 있다.

②제1항에 따른 구체적인 업무의 범위와 한계 등에 관한 사항은 농림축산식품부령으로 정한다.

[본조신설 2019.8.27.]

[시행일 : 2021.8.28.] 제16조의5

제16조의6(준용규정) 동물보건사에 대해서는 제5조, 제6조, 제9조의2, 제14조, 제32조제1항제1호·제3호, 같은 조 제3항, 제34조, 제36조제3호를 준용한다. 이 경우 "수의사"는 "동물보건사"로, "면허"는 "자격"으로, "면허증"은 "자격증"으로 본다.

[본조신설 2019.8.27.]

[시행일 : 2021.8.28.] 제16조의6

제3장 동물병원

제17조(개설) ①수의사는 이 법에 따른 동물병원을 개설하지 아니하고는 동물진료업을 할 수 없다.

②동물병원은 다음 각 호의 어느 하나에 해당되는 자가 아니면 개설할 수 없다. <개정 2013.7.30.>

1. 수의사
2. 국가 또는 지방자치단체
3. 동물진료업을 목적으로 설립된 법인(이하 "동물진료법인"이라 한다)
4. 수의학을 전공하는 대학(수의학과가 설치된 대학을 포함한다)
5. 「민법」이나 특별법에 따라 설립된 비영리법인

③제2항제1호부터 제5호까지의 규정에 해당하는 자가 동물병원을 개설하려면 농림축산식품부령으로 정하는 바에 따라 특별자치도지사·특별자치시장·시장·군수 또는 자치구의 구청장(이하 "시장·군수"라 한다)에게 신고하여야 한다. 신고 사항 중 농림축산식품부령으로 정하는 중요 사항을 변경하려는 경우에도 같다. <개정 2011.7.25., 2013.3.23.>

④시장·군수는 제3항에 따른 신고를 받은 경우 그 내용을 검토하여 이 법에 적합하면 신고를 수리하여야 한다. <신설 2019.8.27.>

⑤동물병원의 시설기준은 대통령령으로 정한다. <개정 2019.8.27.>
[전문개정 2010.1.25.]

제17조의2(동물병원의 관리의무) 동물병원 개설자는 자신이 그 동물병원을 관리하여야 한다. 다만, 동물병원 개설자가 부득이한 사유로 그 동물병원을 관리할 수 없을 때에는 그 동물병원에 종사하는 수의사 중에서 관리자를 지정하여 관리하게 할 수 있다.
[전문개정 2010.1.25.]

제17조의3(동물 진단용 방사선발생장치의 설치 · 운영) ①동물을 진단하기 위하여 방사선발생장치(이하 "동물 진단용 방사선발생장치"라 한다)를 설치 · 운영하려는 동물병원 개설자는 농림축산식품부령으로 정하는 바에 따라 시장 · 군수에게 신고하여야 한다. 이 경우 시장 · 군수는 그 내용을 검토하여 이 법에 적합하면 신고를 수리하여야 한다. <개정 2013.3.23., 2019.8.27.>
②동물병원 개설자는 동물 진단용 방사선발생장치를 설치 · 운영하는 경우에는 다음 각 호의 사항을 준수하여야 한다. <개정 2013.3.23., 2015.1.20.>
1. 농림축산식품부령으로 정하는 바에 따라 안전관리 책임자를 선임할 것
2. 제1호에 따른 안전관리 책임자가 그 직무수행에 필요한 사항을 요청하면 동물병원 개설자는 정당한 사유가 없으면 지체 없이 조치할 것
3. 안전관리 책임자가 안전관리업무를 성실히 수행하지 아니하면 지체 없이 그 직으로부터 해임하고 다른 직원을 안전관리 책임자로 선임할 것
4. 그 밖에 안전관리에 필요한 사항으로서 농림축산식품부령으로 정하는 사항
③동물병원 개설자는 동물 진단용 방사선발생장치를 설치한 경우에는 제17조의5제1항에 따라 농림축산식품부장관이 지정하는 검사기관 또는 측정기관으로부터 정기적으로 검사와 측정을 받아야 하며, 방사선 관계 종사자에 대한 피폭(被曝)관리를 하여야 한다. <개정 2013.3.23., 2015.1.20.>
④제1항과 제3항에 따른 동물 진단용 방사선발생장치의 범위, 신고, 검사, 측정 및 피폭관리 등에 필요한 사항은 농림축산식품부령으로 정한다. <개정 2013.3.23.>
[본조신설 2010.1.25.]

제17조의4(동물 진단용 특수의료장비의 설치 · 운영) ①동물을 진단하기 위하여 농림축산식품부장관이 고시하는 의료장비(이하 "동물 진단용 특수의료장비"라 한다)를 설치 · 운영하려는 동물병원 개설자는 농림축산식품부령으로 정하는 바에 따라 그 장비를 농림축산식품부장관에게 등록하여야 한다. <개정 2013.3.23.>
②동물병원 개설자는 동물 진단용 특수의료장비를 농림축산식품부령으로 정하는 설치 인정기준에 맞게 설치 · 운영하여야 한다. <개정 2013.3.23.>
③동물병원 개설자는 동물 진단용 특수의료장비를 설치한 후에는 농림축산식품부령

으로 정하는 바에 따라 농림축산식품부장관이 실시하는 정기적인 품질관리검사를 받아야 한다. <개정 2013.3.23.>

④동물병원 개설자는 제3항에 따른 품질관리검사 결과 부적합 판정을 받은 동물 진단용 특수의료장비를 사용하여서는 아니 된다.

[본조신설 2010.1.25.]

제17조의5(검사 · 측정기관의 지정 등) ①농림축산식품부장관은 검사용 장비를 갖추는 등 농림축산식품부령으로 정하는 일정한 요건을 갖춘 기관을 동물 진단용 방사선발생장치의 검사기관 또는 측정기관(이하 "검사 · 측정기관"이라 한다)으로 지정할 수 있다.

②농림축산식품부장관은 제1항에 따른 검사 · 측정기관이 다음 각 호의 어느 하나에 해당하는 경우에는 지정을 취소하거나 6개월 이내의 기간을 정하여 업무의 정지를 명할 수 있다. 다만, 제1호부터 제3호까지의 어느 하나에 해당하는 경우에는 그 지정을 취소하여야 한다.

1. 거짓이나 그 밖의 부정한 방법으로 지정을 받은 경우
2. 고의 또는 중대한 과실로 거짓의 동물 진단용 방사선발생장치 등의 검사에 관한 성적서를 발급한 경우
3. 업무의 정지 기간에 검사 · 측정업무를 한 경우
4. 농림축산식품부령으로 정하는 검사 · 측정기관의 지정기준에 미치지 못하게 된 경우
5. 그 밖에 농림축산식품부장관이 고시하는 검사 · 측정업무에 관한 규정을 위반한 경우

③제1항에 따른 검사 · 측정기관의 지정절차 및 제2항에 따른 지정 취소, 업무 정지에 필요한 사항은 농림축산식품부령으로 정한다.

④검사 · 측정기관의 장은 검사 · 측정업무를 휴업하거나 폐업하려는 경우에는 농림축산식품부령으로 정하는 바에 따라 농림축산식품부장관에게 신고하여야 한다. <신설 2019.8.27.>

[본조신설 2015.1.20.]

제18조(휴업 · 폐업의 신고) 동물병원 개설자가 동물진료업을 휴업하거나 폐업한 경우에는 지체 없이 관할 시장 · 군수에게 신고하여야 한다. 다만, 30일 이내의 휴업인 경우에는 그러하지 아니하다.

[전문개정 2010.1.25.]

제19조 삭제 <1999.3.31.>

제20조 삭제 <1999.2.5.>

제20조의2(발급수수료) ①제12조 및 제12조의2에 따른 진단서 등 발급수수료 상한액은 농림축산식품부령으로 정한다. <개정 2013.3.23.>

②동물병원 개설자는 의료기관이 동물의 소유자 또는 관리자(이하 "동물 소유자등"이라 한다)로부터 징수하는 진단서 등 발급수수료를 농림축산식품부령으로 정하는 바에 따라 고지·게시하여야 한다. <개정 2013.3.23., 2019.8.27.>

③동물병원 개설자는 제2항에서 고지·게시한 금액을 초과하여 징수할 수 없다. [본조신설 2012.2.22.]

제21조(공수의) ①시장·군수는 동물진료 업무의 적정을 도모하기 위하여 동물병원을 개설하고 있는 수의사, 동물병원에서 근무하는 수의사 또는 농림축산식품부령으로 정하는 축산 관련 비영리법인에서 근무하는 수의사에게 다음 각 호의 업무를 위촉할 수 있다. 다만, 농림축산식품부령으로 정하는 축산 관련 비영리법인에서 근무하는 수의사에게는 제3호와 제6호의 업무만 위촉할 수 있다. <개정 2013.3.23., 2020.2.11.>

1. 동물의 진료
2. 동물 질병의 조사·연구
3. 동물 전염병의 예찰 및 예방
4. 동물의 건강진단
5. 동물의 건강증진과 환경위생 관리
6. 그 밖에 동물의 진료에 관하여 시장·군수가 지시하는 사항

②제1항에 따라 동물진료 업무를 위촉받은 수의사[이하 "공수의(公獸醫)"라 한다]는 시장·군수의 지휘·감독을 받아 위촉받은 업무를 수행한다. [전문개정 2010.1.25.]

제22조(공수의의 수당 및 여비) ①시장·군수는 공수의에게 수당과 여비를 지급한다.

②특별시장·광역시장·도지사 또는 특별자치도지사·특별자치시장(이하 "시·도지사"라 한다)은 제1항에 따른 수당과 여비의 일부를 부담할 수 있다. <개정 2011.7.25.> [전문개정 2010.1.25.]

제3장의2 동물진료법인 <신설 2013.7.30.>

제22조의2(동물진료법인의 설립 허가 등) ①제17조제2항에 따른 동물진료법인을 설립하려는 자는 대통령령으로 정하는 바에 따라 정관과 그 밖의 서류를 갖추어 그 법인의 주된 사무소의 소재지를 관할하는 시·도지사의 허가를 받아야 한다.

②동물진료법인은 그 법인이 개설하는 동물병원에 필요한 시설이나 시설을 갖추는 데에 필요한 자금을 보유하여야 한다.

③동물진료법인이 재산을 처분하거나 정관을 변경하려면 시·도지사의 허가를 받아야 한다.

④이 법에 따른 동물진료법인이 아니면 동물진료법인이나 이와 비슷한 명칭을 사용

할 수 없다.
[본조신설 2013.7.30.]

제22조의3(동물진료법인의 부대사업) ①동물진료법인은 그 법인이 개설하는 동물병원에서 동물진료업무 외에 다음 각 호의 부대사업을 할 수 있다. 이 경우 부대사업으로 얻은 수익에 관한 회계는 동물진료법인의 다른 회계와 구분하여 처리하여야 한다.
1. 동물진료나 수의학에 관한 조사 · 연구
2. 「주차장법」 제19조제1항에 따른 부설주차장의 설치 · 운영
3. 동물진료업 수행에 수반되는 동물진료정보시스템 개발 · 운영 사업 중 대통령령으로 정하는 사업
②제1항제2호의 부대사업을 하려는 동물진료법인은 타인에게 임대 또는 위탁하여 운영할 수 있다.
③제1항 및 제2항에 따라 부대사업을 하려는 동물진료법인은 농림축산식품부령으로 정하는 바에 따라 미리 동물병원의 소재지를 관할하는 시 · 도지사에게 신고하여야 한다. 신고사항을 변경하려는 경우에도 또한 같다.
④시 · 도지사는 제3항에 따른 신고를 받은 경우 그 내용을 검토하여 이 법에 적합하면 신고를 수리하여야 한다. <신설 2019.8.27.>
[본조신설 2013.7.30.]

제22조의4(「민법」의 준용) 동물진료법인에 대하여 이 법에 규정된 것 외에는 「민법」 중 재단법인에 관한 규정을 준용한다.
[본조신설 2013.7.30.]

제22조의5(동물진료법인의 설립 허가 취소) 농림축산식품부장관 또는 시 · 도지사는 동물진료법인이 다음 각 호의 어느 하나에 해당하면 그 설립 허가를 취소할 수 있다.
1. 정관으로 정하지 아니한 사업을 한 때
2. 설립된 날부터 2년 내에 동물병원을 개설하지 아니한 때
3. 동물진료법인이 개설한 동물병원을 폐업하고 2년 내에 동물병원을 개설하지 아니한 때
4. 농림축산식품부장관 또는 시 · 도지사가 감독을 위하여 내린 명령을 위반한 때
5. 제22조의3제1항에 따른 부대사업 외의 사업을 한 때
[본조신설 2013.7.30.]

제4장 대한수의사회

제23조(설립) ①수의사는 수의업무의 적정한 수행과 수의학술의 연구·보급 및 수의사의 윤리 확립을 위하여 대통령령으로 정하는 바에 따라 대한수의사회(이하 "수의사회"라 한다)를 설립하여야 한다. <개정 2011. 7. 25.>
②수의사회는 법인으로 한다.
③수의사는 제1항에 따라 수의사회가 설립된 때에는 당연히 수의사회의 회원이 된다. <신설 2011.7.25.>
[전문개정 2010.1.25.]

제24조(설립인가) 수의사회를 설립하려는 경우 그 대표자는 대통령령으로 정하는 바에 따라 정관과 그 밖에 필요한 서류를 농림축산식품부장관에게 제출하여 그 설립인가를 받아야 한다. <개정 2013.3.23.>
[전문개정 2010.1.25.]

제25조(지부) 수의사회는 대통령령으로 정하는 바에 따라 특별시·광역시·도 또는 특별자치도·특별자치시에 지부(支部)를 설치할 수 있다. <개정 2011.7.25.>
[전문개정 2010.1.25.]

제26조(「민법」의 준용) 수의사회에 관하여 이 법에 규정되지 아니한 사항은 「민법」 중 사단법인에 관한 규정을 준용한다.
[전문개정 2010.1.25.]

제27조 삭제 <2010.1.25.>
제28조 삭제 <1999.3.31.>

제29조(경비 보조) 국가나 지방자치단체는 동물의 건강증진 및 공중위생을 위하여 필요하다고 인정하는 경우 또는 제37조제3항에 따라 업무를 위탁한 경우에는 수의사회의 운영 또는 업무 수행에 필요한 경비의 전부 또는 일부를 보조할 수 있다.
[전문개정 2010.1.25.]

제5장 감독

제30조(지도와 명령) ①농림축산식품부장관, 시·도지사 또는 시장·군수는 동물진료 시책을 위하여 필요하다고 인정할 때 또는 공중위생상 중대한 위해가 발생하거나 발생할 우려가 있다고 인정할 때에는 대통령령으로 정하는 바에 따라 수의사 또는 동물병원에 대하여 필요한 지도와 명령을 할 수 있다. 이 경우 수의사 또는 동물병원의 시설·장비 등이 필요한 때에는 농림축산식품부령으로 정하는 바에 따라 그 비용을 지급하여야 한다. <개정 2011.7.25., 2013.3.23.>

②농림축산식품부장관 또는 시장·군수는 동물병원이 제17조의3제1항부터 제3항까지 및 제17조의4제1항부터 제3항까지의 규정을 위반하였을 때에는 농림축산식품부령으로 정하는 바에 따라 기간을 정하여 그 시설·장비 등의 전부 또는 일부의 사용을 제한 또는 금지하거나 위반한 사항을 시정하도록 명할 수 있다. <개정 2013.3.23.>

③농림축산식품부장관은 인수공통감염병의 방역(防疫)과 진료를 위하여 질병관리청장이 협조를 요청하면 특별한 사정이 없으면 이에 따라야 한다.
<개정 2013.3.23., 2020.8.11.>
[전문개정 2010.1.25.]

제31조(보고 및 업무 감독) ①농림축산식품부장관은 수의사회로 하여금 회원의 실태와 취업상황 등 농림축산식품부령으로 정하는 사항에 대하여 보고를 하게 하거나 소속 공무원에게 업무 상황과 그 밖의 관계 서류를 검사하게 할 수 있다. <개정 2011.7.25., 2013.3.23.>

②시·도지사 또는 시장·군수는 수의사 또는 동물병원에 대하여 질병 진료 상황과 가축 방역 및 수의업무에 관한 보고를 하게 하거나 소속 공무원에게 그 업무 상황, 시설 또는 진료부 및 검안부를 검사하게 할 수 있다.

③제1항이나 제2항에 따라 검사를 하는 공무원은 그 권한을 표시하는 증표를 지니고 이를 관계인에게 보여 주어야 한다.
[전문개정 2010.1.25.]

제32조(면허의 취소 및 면허효력의 정지) ①농림축산식품부장관은 수의사가 다음 각 호의 어느 하나에 해당하면 그 면허를 취소할 수 있다. 다만, 제1호에 해당하면 그 면허를 취소하여야 한다. <개정 2013.3.23.>

1. 제5조 각 호의 어느 하나에 해당하게 되었을 때
2. 제2항에 따른 면허효력 정지기간에 수의업무를 하거나 농림축산식품부령으로 정하는 기간에 3회 이상 면허효력 정지처분을 받았을 때
3. 제6조제2항을 위반하여 면허증을 다른 사람에게 대여하였을 때

②농림축산식품부장관은 수의사가 다음 각 호의 어느 하나에 해당하면 1년 이내의

기간을 정하여 농림축산식품부령으로 정하는 바에 따라 면허의 효력을 정지시킬수 있다. 이 경우 진료기술상의 판단이 필요한 사항에 관하여는 관계 전문가의 의견을 들어 결정하여야 한다. <개정 2013.3.23.>

1. 거짓이나 그 밖의 부정한 방법으로 진단서, 검안서, 증명서 또는 처방전을 발급하였을 때
2. 관련 서류를 위조하거나 변조하는 등 부정한 방법으로 진료비를 청구하였을 때
3. 정당한 사유 없이 제30조제1항에 따른 명령을 위반하였을 때
4. 임상수의학적(臨床獸醫學的)으로 인정되지 아니하는 진료행위를 하였을 때
5. 학위 수여 사실을 거짓으로 공표하였을 때
6. 과잉진료행위나 그 밖에 동물병원 운영과 관련된 행위로서 대통령령으로 정하는 행위를 하였을 때

③농림축산식품부장관은 제1항에 따라 면허가 취소된 사람이 다음 각 호의 어느 하나에 해당하면 그 면허를 다시 내줄 수 있다. <개정 2013. 3. 23.>

1. 제1항제1호의 사유로 면허가 취소된 경우에는 그 취소의 원인이 된 사유가 소멸되었을 때
2. 제1항제2호 및 제3호의 사유로 면허가 취소된 경우에는 면허가 취소된 후 2년이 지났을 때

④동물병원은 해당 동물병원 개설자가 제2항제1호 또는 제2호에 따라 면허효력 정지처분을 받았을 때에는 그 면허효력 정지기간에 동물진료업을 할 수 없다.
[전문개정 2010.1.25.]

제33조(동물진료업의 정지) 시장·군수는 동물병원이 다음 각 호의 어느 하나에 해당하면 농림축산식품부령으로 정하는 바에 따라 1년 이내의 기간을 정하여 그 동물진료업의 정지를 명할 수 있다. <개정 2013.3.23.>

1. 개설신고를 한 날부터 3개월 이내에 정당한 사유 없이 업무를 시작하지 아니할 때
2. 무자격자에게 진료행위를 하도록 한 사실이 있을 때
3. 제17조제3항 후단에 따른 변경신고 또는 제18조 본문에 따른 휴업의 신고를 하지 아니하였을 때
4. 시설기준에 맞지 아니할 때
5. 제17조의2를 위반하여 동물병원 개설자 자신이 그 동물병원을 관리하지 아니하거나 관리자를 지정하지 아니하였을 때
6. 동물병원이 제30조제1항에 따른 명령을 위반하였을 때
7. 동물병원이 제30조제2항에 따른 사용 제한 또는 금지 명령을 위반하거나 시정 명령을 이행하지 아니하였을 때
8. 동물병원이 제31조제2항에 따른 관계 공무원의 검사를 거부·방해 또는 기피하였을 때

[전문개정 2010.1.25.]

제33조의2(과징금 처분) ①시장·군수는 동물병원이 제33조 각 호의 어느 하나에 해당하는 때에는 대통령령으로 정하는 바에 따라 동물진료업 정지 처분을 갈음하여 5천만원 이하의 과징금을 부과할 수 있다.

②제1항에 따른 과징금을 부과하는 위반행위의 종류와 위반정도 등에 따른 과징금의 금액과 그 밖에 필요한 사항은 대통령령으로 정한다.

③시장·군수는 제1항에 따른 과징금을 부과받은 자가 기한 안에 과징금을 내지 아니한 때에는 「지방행정제재·부과금의 징수 등에 관한 법률」에 따라 징수한다. <개정 2020.3.24.>

[본조신설 2020.2.11.]

제6장 보칙

제34조(연수교육) ①농림축산식품부장관은 수의사에게 자질 향상을 위하여 필요한 연수교육을 받게 할 수 있다. <개정 2013.3.23.>

②국가나 지방자치단체는 제1항에 따른 연수교육에 필요한 경비를 부담할 수 있다.

③제1항에 따른 연수교육에 필요한 사항은 농림축산식품부령으로 정한다. <개정 2013.3.23.>

[전문개정 2010.1.25.]

제35조 삭제 <1999.3.31.>

제36조(청문) 농림축산식품부장관 또는 시장·군수는 다음 각 호의 어느 하나에 해당하는 처분을 하려면 청문을 실시하여야 한다. <개정 2013. 3. 23., 2015. 1. 20.>

1. 제17조의5제2항에 따른 검사·측정기관의 지정취소
2. 제30조제2항에 따른 시설·장비 등의 사용금지 명령
3. 제32조제1항에 따른 수의사 면허의 취소

[전문개정 2010.1.25.]

제37조(권한의 위임 및 위탁) ①이 법에 따른 농림축산식품부장관의 권한은 대통령령으로 정하는 바에 따라 그 일부를 시·도지사에게 위임할 수 있다. <개정 2013.3.23.>

②농림축산식품부장관은 대통령령으로 정하는 바에 따라 제17조의4제1항에 따른 등록 업무, 제17조의4제3항에 따른 품질관리검사 업무, 제17조의5제1항에 따른 검사·측정기관의 지정 업무, 제17조의5제2항에 따른 지정 취소 업무 및 제17조의5제4항에 따른 휴업 또는 폐업 신고에 관한 업무를 수의업무를 전문적으로 수행하는 행정기관에 위임할 수 있다. <개정 2013.3.23., 2015.1.20., 2019.8.27.>

③농림축산식품부장관 및 시·도지사는 대통령령으로 정하는 바에 따라 수의(동물의 간호 또는 진료 보조를 포함한다) 및 공중위생에 관한 업무의 일부를 제23조에 따라 설립된 수의사회에 위탁할 수 있다. <개정 2011.7.25., 2013.3.23., 2019.8.27.> [전문개정 2010.1.25.]

제38조(수수료) 다음 각 호의 어느 하나에 해당하는 자는 농림축산식품부령으로 정하는 바에 따라 수수료를 내야 한다. <개정 2013.3.23.>
1. 제6조에 따른 수의사 면허증을 재발급받으려는 사람
2. 제8조에 따른 수의사 국가시험에 응시하려는 사람
3. 제17조제3항에 따라 동물병원 개설의 신고를 하려는 자
4. 제32조제3항에 따라 수의사 면허를 다시 부여받으려는 사람
[본조신설 2010.1.25.]

제38조(수수료) 다음 각 호의 어느 하나에 해당하는 자는 농림축산식품부령으로 정하는 바에 따라 수수료를 내야 한다. <개정 2013. 3. 23., 2019. 8. 27.>
1. 제6조(제16조의6에서 준용하는 경우를 포함한다)에 따른 수의사 면허증 또는 동물보건사 자격증을 재발급받으려는 사람
2. 제8조에 따른 수의사 국가시험에 응시하려는 사람
2의2. 제16조의3에 따른 동물보건사 자격시험에 응시하려는 사람
3. 제17조제3항에 따라 동물병원 개설의 신고를 하려는 자
4. 제32조제3항(제16조의6에서 준용하는 경우를 포함한다)에 따라 수의사 면허 또는 동물보건사 자격을 다시 부여받으려는 사람
[본조신설 2010.1.25.]
[시행일 : 2021.8.28.] 제38조

제7장 벌칙

제39조(벌칙) ①다음 각 호의 어느 하나에 해당하는 사람은 2년 이하의 징역 또는 2천만원 이하의 벌금에 처하거나 이를 병과(倂科)할 수 있다. <개정 2013.7.30., 2016.12.27., 2019.8.27., 2020.2.11.>
1. 제6조제2항을 위반하여 수의사 면허증을 다른 사람에게 빌려주거나 빌린 사람 또는 이를 알선한 사람
2. 제10조를 위반하여 동물을 진료한 사람
3. 제17조제2항을 위반하여 동물병원을 개설한 자
②다음 각 호의 어느 하나에 해당하는 자는 300만원 이하의 벌금에 처한다. <신설 2013.7.30.>

1. 제22조의2제3항을 위반하여 허가를 받지 아니하고 재산을 처분하거나 정관을 변경한 동물진료법인
2. 제22조의2제4항을 위반하여 동물진료법인이나 이와 비슷한 명칭을 사용한 자
[전문개정 2010.1.25.]

제39조(벌칙) ①다음 각 호의 어느 하나에 해당하는 사람은 2년 이하의 징역 또는 2천만원 이하의 벌금에 처하거나 이를 병과(倂科)할 수 있다. <개정 2013.7.30., 2016.12.27., 2019.8.27., 2020.2.11.>
1. **제6조제2항(제16조의6에 따라 준용되는 경우를 포함한다)을 위반하여 수의사 면허증 또는 동물보건사 자격증을 다른 사람에게 빌려주거나 빌린 사람 또는 이를 알선한 사람**
2. 제10조를 위반하여 동물을 진료한 사람
3. 제17조제2항을 위반하여 동물병원을 개설한 자
②다음 각 호의 어느 하나에 해당하는 자는 300만원 이하의 벌금에 처한다. <신설 2013.7.30.>
1. 제22조의2제3항을 위반하여 허가를 받지 아니하고 재산을 처분하거나 정관을 변경한 동물진료법인
2. 제22조의2제4항을 위반하여 동물진료법인이나 이와 비슷한 명칭을 사용한 자
[전문개정 2010.1.25.]
[시행일 : 2021.8.28.] 제39조제1항제1호

제40조 삭제 <1999.3.31.>

제41조(과태료) ①다음 각 호의 어느 하나에 해당하는 자에게는 500만원 이하의 과태료를 부과한다.
1. 제11조를 위반하여 정당한 사유 없이 동물의 진료 요구를 거부한 사람
2. 제17조제1항을 위반하여 동물병원을 개설하지 아니하고 동물진료업을 한 자
3. 제17조의4제4항을 위반하여 부적합 판정을 받은 동물 진단용 특수의료장비를 사용한 자
②다음 각 호의 어느 하나에 해당하는 자에게는 100만원 이하의 과태료를 부과한다. <개정 2011.7.25., 2012.2.22., 2013.7.30., 2015.1.20., 2019.8.27.>
1. 제12조제1항을 위반하여 거짓이나 그 밖의 부정한 방법으로 진단서, 검안서, 증명서 또는 처방전을 발급한 사람
1의2. 제12조제1항을 위반하여 처방대상 동물용 의약품을 직접 진료하지 아니하고 처방·투약한 자
1의3. 제12조제3항을 위반하여 정당한 사유 없이 진단서, 검안서, 증명서 또는 처방전의 발급을 거부한 자

1의4. 제12조제5항을 위반하여 신고하지 아니하고 처방전을 발급한 수의사
1의5. 제12조의2제1항을 위반하여 처방전을 발급하지 아니한 자
1의6. 제12조의2제2항 본문을 위반하여 수의사처방관리시스템을 통하지 아니하고 처방전을 발급한 자
1의7. 제12조의2제2항 단서를 위반하여 부득이한 사유가 종료된 후 3일 이내에 처방전을 수의사처방관리시스템에 등록하지 아니한 자
1의8. 제12조의2제3항 후단을 위반하여 처방대상 동물용 의약품의 명칭, 용법 및 용량 등 수의사처방관리시스템에 입력하여야 하는 사항을 입력하지 아니하거나 거짓으로 입력한 자
2. 제13조를 위반하여 진료부 또는 검안부를 갖추어 두지 아니하거나 진료 또는 검안한 사항을 기록하지 아니하거나 거짓으로 기록한 사람
2의2. 제14조(제16조의6에 따라 준용되는 경우를 포함한다)에 따른 신고를 하지 아니한 자
3. 제17조의2를 위반하여 동물병원 개설자 자신이 그 동물병원을 관리하지 아니하거나 관리자를 지정하지 아니한 자
4. 제17조의3제1항 전단에 따른 신고를 하지 아니하고 동물 진단용 방사선발생장치를 설치·운영한 자
4의2. 제17조의3제2항에 따른 준수사항을 위반한 자
5. 제17조의3제3항에 따라 정기적으로 검사와 측정을 받지 아니하거나 방사선 관계 종사자에 대한 피폭관리를 하지 아니한 자
6. 제18조를 위반하여 동물병원의 휴업·폐업의 신고를 하지 아니한 자
6의2. 제20조의2제3항을 위반하여 고지·게시한 금액을 초과하여 징수한 자
6의3. 제22조의3제3항을 위반하여 신고하지 아니한 자
7. 제30조제2항에 따른 사용 제한 또는 금지 명령을 위반하거나 시정 명령을 이행하지 아니한 자
8. 제31조제2항에 따른 보고를 하지 아니하거나 거짓 보고를 한 자 또는 관계 공무원의 검사를 거부·방해 또는 기피한 자
9. 정당한 사유 없이 제34조(제16조의6에 따라 준용되는 경우를 포함한다)에 따른 연수교육을 받지 아니한 사람
③제1항이나 제2항에 따른 과태료는 대통령령으로 정하는 바에 따라 농림축산식품부장관, 시·도지사 또는 시장·군수가 부과·징수한다. <개정 2013.3.23.>
[전문개정 2010.1.25.]

부칙 <제17472호, 2020.8.11.>

제1조(시행일) 이 법은 공포 후 1개월이 경과한 날부터 시행한다. 다만, ···<생략>···, 부칙 제4조에 따라 개정되는 법률 중 이 법 시행 전에 공포되었으나 시행일이 도래하지 아니한 법률을 개정한 부분은 각각 해당 법률의 시행일부터 시행한다.

제2조 및 제3조 생략

제4조(다른 법률의 개정) ①부터 ⑤까지 생략
⑥수의사법 일부를 다음과 같이 개정한다.
제30조제3항 중 "보건복지부장관"을 "질병관리청장"으로 한다.
⑦부터 ㉝까지 생략

제5조 생략

수의사법 시행령

[시행 2020.8.12]
[대통령령 제30926호, 2020.8.11, 일부개정]

제1조(목적) 이 영은 「수의사법」에서 위임된 사항과 그 시행에 필요한 사항을 규정함을 목적으로 한다.
[전문개정 2011.1.24.]

제2조(정의) 「수의사법」(이하 "법"이라 한다) 제2조제2호에서 "대통령령으로 정하는 동물"이란 다음 각 호의 동물을 말한다.
1. 노새 · 당나귀
2. 친칠라 · 밍크 · 사슴 · 메추리 · 꿩 · 비둘기
3. 시험용 동물
4. 그 밖에 제1호부터 제3호까지에서 규정하지 아니한 동물로서 포유류 · 조류 · 파충류 및 양서류
[전문개정 2011.1.24.]

제3조(수의사 국가시험위원회) 법 제8조에 따른 수의사 국가시험(이하 "국가시험"이라 한다)의 시험문제 출제 및 합격자 사정(査定) 등 국가시험의 원활한 시행을 위하여 농림축산식품부에 수의사 국가시험위원회(이하"위원회"라 한다)를 둔다. <개정 2013.3.23.>
[전문개정 2011.1.24.]

제4조(위원회의 구성 및 기능) ①위원회는 위원장 1명, 부위원장 1명과 13명 이내의 위원으로 구성한다.
②위원장은 농림축산식품부차관이 되고, 부위원장은 농림축산식품부의 수의(獸醫)업무를 담당하는 3급 공무원 또는 고위공무원단에 속하는 일반직공무원이 된다. <개정 2013.3.23.>
③위원은 수의학 및 공중위생에 관한 전문지식과 경험이 풍부한 사람 중에서 농림축산식품부장관이 위촉한다. <개정 2013.3.23.>
④제3항에 따라 위촉된 위원의 임기는 위촉된 날부터 2년으로 한다.
⑤위원회의 서무를 처리하기 위하여 간사 1명과 서기 몇 명을 두며, 농림축산식품부 소속 공무원 중에서 위원장이 지정한다. <개정 2013.3.23.>
⑥위원회는 다음 각 호의 사항에 관하여 심의한다.
1. 국가시험 제도의 개선 및 운영에 관한 사항
2. 제9조의2에 따른 출제위원의 선정에 관한 사항

3. 국가시험의 시험문제 출제, 과목별 배점 및 합격자 사정에 관한 사항

4. 그 밖에 국가시험과 관련하여 위원장이 회의에 부치는 사항

⑦이 영에서 규정한 사항 외에 위원회의 운영에 필요한 사항은 위원장이 정한다.
[전문개정 2011.1.24.]

제4조의2(위원의 해촉) 농림축산식품부장관은 제4조제3항에 따른 위원이 다음 각 호의 어느 하나에 해당하는 경우에는 해당 위원을 해촉(解囑)할 수 있다.

1. 심신장애로 인하여 직무를 수행할 수 없게 된 경우

2. 직무와 관련된 비위사실이 있는 경우

3. 직무태만, 품위손상이나 그 밖의 사유로 인하여 위원으로 적합하지 아니하다고 인정되는 경우

4. 위원 스스로 직무를 수행하는 것이 곤란하다고 의사를 밝히는 경우
[본조신설 2016.5.10.]

제5조(위원장의 직무 등) ①위원장은 위원회의 업무를 총괄하고, 위원회를 대표한다.

②부위원장은 위원장을 보좌하며, 위원장이 부득이한 사유로 직무를 수행할 수 없을 때에는 위원장의 직무를 대행한다.
[전문개정 2011.1.24.]

제6조(위원회의 회의) ①위원장은 위원회의 회의를 소집하고, 그 의장이 된다.

②위원장은 회의를 소집하려면 회의의 일시·장소 및 안건을 회의 개최 3일 전까지 각 위원에게 서면으로 통지하여야 한다. 다만, 긴급한 안건의 경우에는 그러하지 아니한다.

③위원회의 회의는 위원장 및 부위원장을 포함한 위원 과반수의 출석으로 개의(開議)하고, 출석위원 과반수의 찬성으로 의결한다.
[전문개정 2011.1.24.]

제7조(수당 등) 위원회에 출석한 위원에게는 예산의 범위에서 수당과 여비를 지급한다.
[전문개정 2011.1.24.]

제8조(공고) 농림축산식품부장관(제11조에 따른 행정기관에 국가시험의 관리업무를 맡기는 경우에는 해당 행정기관의 장을 말한다. 이하 제9조, 제9조의2 및 제10조 에서 같다)은 국가시험을 실시하려면 시험 실시 90일 전까지 시험과목, 시험장소, 시험일시, 응시원서 제출기간, 그 밖에 시험의 시행에 필요한 사항을 공고하여야 한다. <개정 2012.5.1., 2013.3.23.>
[전문개정 2011.1.24.]

제9조(시험과목 등) ①국가시험의 시험과목은 다음 각 호와 같다.

1. 기초수의학
2. 예방수의학
3. 임상수의학
4. 수의법규 · 축산학

②제1항에 따른 시험과목별 시험내용 및 출제범위는 농림축산식품부장관이 위원회의 심의를 거쳐 정한다. <개정 2013.3.23.>

③국가시험은 필기시험으로 하되, 필요하다고 인정할 때에는 실기시험 또는 구술시험을 병행할 수 있다.

④국가시험은 전 과목 총점의 60퍼센트 이상, 매 과목 40퍼센트 이상 득점한 사람을 합격자로 한다.

[전문개정 2011.1.24.]

제9조의2(출제위원 등) ①농림축산식품부장관은 국가시험을 실시할 때마다 수의학 및 공중위생에 관한 전문지식과 경험이 풍부한 사람 중에서 시험과목별로 시험문제의 출제 및 채점을 담당할 사람(이하 "출제위원"이라 한다) 2명 이상을 위촉한다. <개정 2013.3.23.>

②제1항에 따라 위촉된 출제위원의 임기는 위촉된 날부터 해당 국가시험의 합격자 발표일까지로 한다. 이 경우 농림축산식품부장관은 필요하다고 인정할 때에는 그 임기를 연장할 수 있다. <개정 2013.3.23.>

③제1항에 따라 위촉된 출제위원에게는 예산의 범위에서 수당과 여비를 지급하며, 국가시험의 관리 · 감독 업무에 종사하는 사람(소관 업무와 직접 관련된 공무원은 제외한다)에게는 예산의 범위에서 수당을 지급한다.

[전문개정 2011.1.24.]

제10조(응시 절차) 국가시험에 응시하려는 사람은 농림축산식품부장관이 정하는 응시원서를 농림축산식품부장관에게 제출하여야 한다. 이 경우 법 제9조제1항 각 호에 해당하는지의 확인을 위하여 농림축산식품부령으로 정하는 서류를 응시원서에 첨부하여야 한다. <개정 2013.3.23.>

[전문개정 2011.1.24.]

제11조(관계 전문기관의 국가시험 관리 등) ①농림축산식품부장관이 법 제8조제3항에 따라 국가시험의 관리를 맡길 수 있는 관계 전문기관은 수의업무를 전문적으로 수행하는 행정기관으로 한다. <개정 2013.3.23.>

②농림축산식품부장관이 제1항에 따른 행정기관에 국가시험의 관리업무를 맡기는 경우에는 제3조에도 불구하고 위원회를 해당 행정기관(이하 이 항에서 "시험관리기관"이라 한다)에 둔다. 이 경우 제4조를 적용할 때 "농림축산식품부장관" 및 "농림축산식품부차관"은 각각 "시험관리기관의 장"으로 보고, "농림축산식품부의 수의업

무를 담당하는 3급 공무원 또는 고위공무원단에 속하는 일반직공무원"은 "시험관리기관의 장이 지정하는 사람"으로 보며, "농림축산식품부 소속 공무원"은 "시험관리기관 소속 공무원"으로 본다. <개정 2013.3.23.>
[전문개정 2011.1.24.]

제12조(수의사 외의 사람이 할 수 있는 진료의 범위) 법 제10조 단서에서 "대통령령으로 정하는 진료"란 다음 각 호의 행위를 말한다. <개정 2013.3.23., 2016.12.30.>
1. 수의학을 전공하는 대학(수의학과가 설치된 대학의 수의학과를 포함한다)에서 수의학을 전공하는 학생이 수의사의 자격을 가진 지도교수의 지시·감독을 받아 전공 분야와 관련된 실습을 하기 위하여 하는 진료행위
2. 제1호에 따른 학생이 수의사의 자격을 가진 지도교수의 지도·감독을 받아 양축농가에 대한 봉사활동을 위하여 하는 진료행위
3. 축산 농가에서 자기가 사육하는 다음 각 목의 가축에 대한 진료행위
   가. 「축산법」 제22조제1항제4호에 따른 허가 대상인 가축사육업의 가축
   나. 「축산법」 제22조제2항에 따른 등록 대상인 가축사육업의 가축
   다. 그 밖에 농림축산식품부장관이 정하여 고시하는 가축
4. 농림축산식품부령으로 정하는 비업무로 수행하는 무상 진료행위
[전문개정 2011.1.24.]

제12조의2(처방전을 발급하지 못하는 부득이한 사유) 법 제12조의2제2항 단서에서 "대통령령으로 정하는 부득이한 사유"란 응급을 요하는 동물의 수술 또는 처치를 말한다.
[본조신설 2020.2.25.]

제13조(동물병원의 시설기준) ①법 제17조제5항에 따른 동물병원의 시설기준은 다음 각 호와 같다. <개정 2014.12.9., 2020.2.25.>
1. 개설자가 수의사인 동물병원: 진료실·처치실·조제실, 그 밖에 청결유지와 위생관리에 필요한 시설을 갖출 것. 다만, 축산 농가가 사육하는 가축(소·말·돼지·염소·사슴·닭·오리를 말한다)에 대한 출장진료만을 하는 동물병원은 진료실과 처치실을 갖추지 아니할 수 있다.
2. 개설자가 수의사가 아닌 동물병원: 진료실·처치실·조제실·임상병리검사실, 그 밖에 청결유지와 위생관리에 필요한 시설을 갖출 것. 다만, 지방자치단체가 「동물보호법」 제15조제1항에 따라 설치·운영하는 동물보호센터의 동물만을 진료·처치하기 위하여 직접 설치하는 동물병원의 경우에는 임상병리검사실을 갖추지 아니할 수 있다.
②제1항에 따른 시설의 세부 기준은 농림축산식품부령으로 정한다. <개정 2013.3.23.>
[전문개정 2011.1.24.]

제13조의2(동물진료법인의 설립 허가 신청) 법 제22조의2제1항에 따라 같은 법 제17조제2항제3호에 따른 동물진료법인(이하 "동물진료법인"이라 한다)을 설립하려는 자는 동물진료법인 설립허가신청서에 농림축산식품부령으로 정하는 서류를 첨부하여 그 법인의 주된 사무소의 소재지를 관할하는 특별시장 · 광역시장 · 도지사 또는 특별자치도지사 · 특별자치시장(이하 "시 · 도지사"라 한다)에게 제출하여야 한다. [본조신설 2013.10.30.]

제13조의3(동물진료법인의 재산 처분 또는 정관 변경의 허가 신청) 법 제22조의2제3항에 따라 재산 처분이나 정관 변경에 대한 허가를 받으려는 동물진료법인은 재산처분허가신청서 또는 정관변경허가신청서에 농림축산식품부령으로 정하는 서류를 첨부하여 그 법인의 주된 사무소의 소재지를 관할하는 시 · 도지사에게 제출하여야 한다.
[본조신설 2013.10.30.]

제13조의4(동물진료정보시스템 개발 · 운영 사업) 법 제22조의3제1항제3호에서 "대통령령으로 정하는 사업"이란 다음 각 호의 사업을 말한다.
1. 진료부(진단서 및 증명서를 포함한다)를 전산으로 작성 · 관리하기 위한 시스템의 개발 · 운영 사업
2. 동물의 진단 등을 위하여 의료기기로 촬영한 영상기록을 저장 · 전송하기 위한 시스템의 개발 · 운영 사업
[본조신설 2013.10.30.]

제14조(수의사회의 설립인가) 법 제24조에 따라 수의사회의 설립인가를 받으려는 자는 다음 각 호의 서류를 농림축산식품부장관에게 제출하여야 한다. <개정 2013.3.23.>
1. 정관
2. 자산 명세서
3. 사업계획서 및 수지예산서
4. 설립 결의서
5. 설립 대표자의 선출 경위에 관한 서류
6. 임원의 취임 승낙서와 이력서
[전문개정 2011.1.24.]

제15조 삭제 <2014.12.9.>
제16조 삭제 <2014.12.9.>
제17조 삭제 <1999.2.26.>

제18조(지부의 설치) 수의사회는 법 제25조에 따라 지부를 설치하려는 경우에는 그 설립등기를 완료한 날부터 3개월 이내에 특별시·광역시·도 또는 특별자치도·특별자치시에 지부를 설치하여야 한다. <개정 2013.10.30.>
[전문개정 2011.1.24.]

제18조의2(윤리위원회의 설치) 수의사회는 법 제23조제1항에 따라 수의업무의 적정한 수행과 수의사의 윤리 확립을 도모하고, 법 제32조제2항 각 호 외의 부분 후단에 따른 의견의 제시 등을 위하여 정관에서 정하는 바에 따라 윤리위원회를 설치·운영할 수 있다.
[전문개정 2011.1.24.]

제19조 [종전 제19조는 제21조로 이동 <2011.1.24.>]

제20조(지도와 명령) 법 제30조제1항에 따라 농림축산식품부장관, 시·도지사 또는 시장·군수·구청장(자치구의 구청장을 말한다. 이하 같다)이 수의사 또는 동물병원에 할 수 있는 지도와 명령은 다음 각 호와 같다. <개정 2013.3.23., 2013.10.30.>
1. 수의사 또는 동물병원 기구·장비의 대(對)국민 지원 지도와 동원 명령
2. 공중위생상 위해(危害) 발생의 방지 및 동물 질병의 예방과 적정한 진료 등을 위하여 필요한 시설·업무개선의 지도와 명령
3. 그 밖에 가축전염병의 확산이나 인수공통감염병으로 인한 공중위생상의 중대한 위해 발생의 방지 등을 위하여 필요하다고 인정하여 하는 지도와 명령
[전문개정 2011.1.24.]

제20조의2(과잉진료행위 등) 법 제32조제2항제6호에서 "과잉진료행위나 그 밖에 동물병원 운영과 관련된 행위로서 대통령령으로 정하는 행위"란 다음 각 호의 행위를 말한다. <개정 2013.3.23.>
1. 불필요한 검사·투약 또는 수술 등 과잉진료행위를 하거나 부당하게 많은 진료비를 요구하는 행위
2. 정당한 사유 없이 동물의 고통을 줄이기 위한 조치를 하지 아니하고 시술하는 행위나 그 밖에 이에 준하는 행위로서 농림축산식품부령으로 정하는 행위
3. 허위광고 또는 과대광고 행위
4. 동물병원의 개설자격이 없는 자에게 고용되어 동물을 진료하는 행위
5. 다른 동물병원을 이용하려는 동물의 소유자 또는 관리자를 자신이 종사하거나 개설한 동물병원으로 유인하거나 유인하게 하는 행위
6. 법 제11조, 제12조제1항·제3항, 제13조제1항·제2항 또는 제17조제1항을 위반하는 행위
[전문개정 2011.1.24.]

제20조의3(과징금의 부과 등) ①법 제33조의2제1항에 따라 과징금을 부과하는 위
반행위의 종류와 위반 정도 등에 따른 과징금의 금액은 별표 1과 같다.

②특별자치도지사·특별자치시장·시장·군수 또는 구청장(이하 "시장·군수"라 한
다)은 법 제33조의2제1항에 따라 과징금을 부과하려면 그 위반행위의 종류와 과징
금의 금액을 서면으로 자세히 밝혀 과징금을 낼 것을 과징금 부과 대상자에게 알
려야 한다.

③제2항에 따른 통지를 받은 자는 통지를 받은 날부터 30일 이내에 과징금을 시장
·군수가 정하는 수납기관에 내야 한다. 다만, 천재지변이나 그 밖의 부득이한 사
유로 그 기간 내에 과징금을 낼 수 없는 경우에는 그 사유가 없어진 날부터 7일
이내에 내야 한다.

④제3항에 따라 과징금을 받은 수납기관은 과징금을 낸 자에게 영수증을 발급하고,
과징금을 받은 사실을 지체 없이 시장·군수에게 통보해야 한다.

⑤과징금의 징수절차는 농림축산식품부령으로 정한다.

[본조신설 2020.8.11.]

[종전 제20조의3은 제20조의4로 이동 <2020.8.11.>]

제20조의4(권한의 위임) ①농림축산식품부장관은 법 제37조제1항에 따라 다음 각
호의 권한을 시·도지사에게 위임한다.

1. 법 제12조제5항 전단에 따른 수의사의 축산농장 상시고용 신고 접수
2. 법 제12조제5항 후단에 따른 축산농장에 상시고용된 수의사의 진료부 보고

②농림축산식품부장관은 법 제37조제2항에 따라 다음 각 호의 업무를 농림축산검역
본부장에게 위임한다. <신설 2015.4.20., 2020.2.25.>

1. 법 제17조의4제1항에 따른 등록 업무
2. 법 제17조의4제3항에 따른 품질관리검사 업무
3. 법 제17조의5제1항에 따른 검사·측정기관의 지정 업무
4. 법 제17조의5제2항에 따른 지정 취소 업무
5. 법 제17조의5제4항에 따른 휴업 또는 폐업 신고의 수리 업무

③시·도지사는 제1항에 따라 농림축산식품부장관으로부터 위임받은 권한의 일부를
농림축산식품부장관의 승인을 받아 시장·군수 또는 구청장에게 다시 위임할 수
있다. <개정 2015.4.20.>

[본조신설 2013.8.2.]

[제20조의3에서 이동 <2020.8.11.>]

제21조(업무의 위탁) 농림축산식품부장관은 법 제37조제3항에 따라 법 제34조에
따른 수의사의 연수교육에 관한 업무를 수의사회에 위탁한다. <개정 2013.3.23.>

[전문개정 2011.1.24.]

[제19조에서 이동 <2011.1.24.>]

제21조의2(고유식별정보의 처리) 농림축산식품부장관(제20조의4에 따라 농림축산식품부장관의 권한을 위임받은 자를 포함한다) 및 시장·군수(해당 권한이 위임·위탁된 경우에는 그 권한을 위임·위탁받은 자를 포함한다)는 다음 각 호의 어느 하나에 해당하는 사무를 수행하기 위하여 불가피한 경우 「개인정보 보호법 시행령」 제19조에 따른 주민등록번호 또는 여권번호가 포함된 자료를 처리할 수 있다. <개정 2020.8.11.>

1. 법 제4조에 따른 수의사 면허 발급에 관한 사무
2. 법 제17조에 따른 동물병원의 개설신고 및 변경신고에 관한 사무
3. 법 제17조의3에 따른 동물 진단용 방사선발생장치의 설치·운영 신고에 관한 사무
4. 법 제17조의5에 따른 검사·측정기관의 지정에 관한 사무
5. 법 제18조에 따른 동물병원 휴업·폐업의 신고에 관한 사무
[본조신설 2017.3.27.]

제22조(규제의 재검토) 농림축산식품부장관은 제13조에 따른 동물병원의 시설기준에 대하여 2017년 1월 1일을 기준으로 3년마다(매 3년이 되는 해의 1월 1일 전까지를 말한다) 그 타당성을 검토하여 개선 등의 조치를 해야 한다.
[전문개정 2020.3.3.]

제23조(과태료의 부과기준) 법 제41조제1항 및 제2항에 따른 과태료의 부과기준은 별표 2와 같다. <개정 2020.8.11.>
[전문개정 2013.8.2.]

부칙

<제30926호, 2020.8.11.>

제1조(시행일) 이 영은 2020년 8월 12일부터 시행한다.

제2조(과태료의 부과기준에 관한 경과조치) 이 영 시행 전에 받은 과태료의 부과 처분은 별표 2 제2호의 개정규정에 따른 위반행위의 횟수 산정에 포함하지 않는다.

수의사법 시행규칙

[시행 2020.11.24]
[농림축산식품부령 제453호, 2020.11.24, 타법개정]

제1조(목적) 이 규칙은 「수의사법」 및 같은 법 시행령에서 위임된 사항과 그 시행에 필요한 사항을 규정함을 목적으로 한다.
[전문개정 2011.1.26.]

제1조의2(응시원서에 첨부하는 서류) 「수의사법 시행령」(이하 "영"이라 한다) 제10조 후단에서 "농림축산식품부령으로 정하는 서류"란 다음 각 호의 서류를 말한다. <개정 2013.3.23.>

1. 「수의사법」(이하 "법"이라 한다) 제9조제1항제1호에 해당하는 사람은 수의학사 학위증 사본 또는 졸업 예정 증명서
2. 법 제9조제1항제2호에 해당하는 사람은 다음 각 목의 서류. 다만, 법률 제5953호 수의사법중개정법률 부칙 제4항에 해당하는 자는 나목 및 다목의 서류를 제출하지 아니하며, 법률 제7546호 수의사법 일부개정법률 부칙 제2항에 해당하는 자는 다목의 서류를 제출하지 아니한다.
  가. 외국 대학의 수의학사 학위증 사본
  나. 외국의 수의사 면허증 사본 또는 수의사 면허를 받았음을 증명하는 서류
  다. 외국 대학이 법 제9조제1항제2호에 따른 인정기준에 적합한지를 확인하기 위하여 영 제8조에 따른 수의사 국가시험 관리기관(이하"시험관리기관"이라 한다)의 장이 정하는 서류
[본조신설 2011.1.26.]

제2조(면허증의 발급) ①법 제4조에 따라 수의사의 면허를 받으려는 사람은 법 제8조에 따른 수의사 국가시험에 합격한 후 시험관리기관의 장에게 다음 각 호의 서류를 제출하여야 한다. <개정 2019.8.26.>

1. 법 제5조제1호 본문에 해당하는 사람이 아님을 증명하는 의사의 진단서 또는 같은 호 단서에 해당하는 사람임을 증명하는 정신과전문의의 진단서
2. 법 제5조제3호 본문에 해당하는 사람이 아님을 증명하는 의사의 진단서 또는 같은 호 단서에 해당하는 사람임을 증명하는 정신과전문의의 진단서
3. 사진(응시원서와 같은 원판으로서 가로 3센티미터 세로 4센티미터의 모자를 쓰지 않은 정면 상반신) 2장

②시험관리기관의 장은 영 제10조 및 제1항에 따라 제출받은 서류를 검토하여 법 제5조 및 제9조에 따른 결격사유 및 응시자격 해당 여부를 확인한 후 다음 각 호의 사항을 적은 수의사 면허증 발급 대상자 명단을 농림축산식품부장관에게 제출

하여야 한다. <개정 2013.3.23.>
1. 성명(한글 · 영문 및 한문)
2. 주소
3. 주민등록번호(외국인인 경우에는 국적 · 생년월일 및 성별)
4. 출신학교 및 졸업 연월일
③농림축산식품부장관은 합격자 발표일부터 50일 이내(법 제9조제1항제2호에 해당하는 사람의 경우에는 외국에서 수의학사 학위를 받은 사실과 수의사 면허를 받은 사실 등에 대한 조회가 끝난 날부터 50일 이내)에 수의사 면허증을 발급하여야 한다. <개정 2013.3.23., 2017.1.2.>
[전문개정 2011. 1. 26.]

제3조(면허증 및 면허대장 등록사항) ①법 제6조에 따른 수의사 면허증은 별지 제1호서식에 따른다.
②법 제6조에 따른 면허대장에 등록하여야 할 사항은 다음 각 호와 같다.
1. 면허번호 및 면허 연월일
2. 성명 및 주민등록번호(외국인은 성명 · 국적 · 생년월일 · 여권번호 및 성별)
3. 출신학교 및 졸업 연월일
4. 면허취소 또는 면허효력 정지 등 행정처분에 관한 사항
5. 제4조에 따라 면허증을 재발급하거나 면허를 재부여하였을 때에는 그 사유
6. 제5조에 따라 면허증을 갱신하였을 때에는 그 사유
[전문개정 2011.1.26.]

제4조(면허증의 재발급 등) 제2조제3항에 따라 면허증을 발급받은 사람이 다음 각 호의 어느 하나에 해당하는 사유로 면허증을 재발급받거나 법 제32조에 따라 취소된 면허를 재부여받으려는 때에는 별지 제2호서식의 신청서에 다음 각 호의 구분에 따른 해당 서류를 첨부하여 농림축산식품부장관에게 제출하여야 한다. <개정 2013.3.23., 2019.8.26.>
1. 잃어버린 경우: 별지 제3호서식의 분실 경위서와 사진(신청 전 6개월 이내에 촬영한 가로 3센티미터 세로 4센티미터의 모자를 쓰지 않은 정면 상반신. 이하 이 조 및 제5조제3항에서 같다) 1장
2. 헐어 못 쓰게 된 경우: 해당 면허증과 사진 1장
3. 기재사항 변경 등의 경우: 해당 면허증과 그 변경에 관한 증명 서류 및 사진 1장
4. 취소된 면허를 재부여받으려는 경우: 면허취소의 원인이 된 사유가 소멸되었음을 증명할 수 있는 서류와 사진 1장
[전문개정 2011.1.26.]

제5조(면허증의 갱신) ①농림축산식품부장관은 필요하다고 인정하는 경우에는 수의사 면허증을 갱신할 수 있다. <개정 2013.3.23.>

②농림축산식품부장관은 제1항에 따라 수의사 면허증을 갱신하려는 경우에는 갱신 절차, 기간, 그 밖에 필요한 사항을 정하여 갱신발급 신청 개시일 20일 전까지 그 내용을 공고하여야 한다. <개정 2013.3.23.>

③제2항에 따라 수의사 면허증을 갱신하여 발급받으려는 사람은 별지 제2호서식의 신청서에 면허증(잃어버린 경우에는 별지 제3호서식의 분실 경위서)과 사진 1장을 첨부하여 농림축산식품부장관에게 제출하여야 한다. <개정 2013.3.23.>
[전문개정 2011.1.26.]

제6조 삭제 <1999.2.9.>
제7조 삭제 <2006.3.14.>

제8조(수의사 외의 사람이 할 수 있는 진료의 범위) 영 제12조제4호에서 "농림축산식품부령으로 정하는 비업무로 수행하는 무상 진료행위"란 다음 각 호의 행위를 말한다. <개정 2013.3.23., 2013.8.2., 2019.11.8.>
1. 광역시장·특별자치시장·도지사·특별자치도지사가 고시하는 도서·벽지(僻地)에서 이웃의 양축 농가가 사육하는 동물에 대하여 비업무로 수행하는 다른 양축 농가의 무상 진료행위
2. 사고 등으로 부상당한 동물의 구조를 위하여 수행하는 응급처치행위
[전문개정 2011.1.26.]

제8조의2(동물병원의 세부 시설기준) 영 제13조제2항에 따른 동물병원의 세부 시설기준은 별표 1과 같다.
[전문개정 2011.1.26.]

제9조(진단서의 발급 등) ①법 제12조제1항에 따라 수의사가 발급하는 진단서는 별지 제4호의2서식에 따른다.
②법 제12조제2항에 따른 폐사 진단서는 별지 제5호서식에 따른다.
③제1항 및 제2항에 따른 진단서 및 폐사 진단서에는 연도별로 일련번호를 붙이고, 그 부본(副本)을 3년간 갖추어 두어야 한다.
[전문개정 2011.1.26.]

제10조(증명서 등의 발급) 법 제12조에 따라 수의사가 발급하는 증명서 및 검안서의 서식은 다음 각 호와 같다.
1. 출산 증명서: 별지 제6호서식
2. 사산 증명서: 별지 제7호서식
3. 예방접종 증명서: 별지 제8호서식

4. 검안서: 별지 제9호서식

[전문개정 2011.1.26.]

제11조(처방전의 서식 및 기재사항 등) ①법 제12조제1항 및 제12조의2제1항·제2항에 따라 수의사가 발급하는 처방전은 별지 제10호서식과 같다. <개정 2020. 2. 28.>

②처방전은 동물 개체별로 발급하여야 한다. 다만, 다음 각 호의 요건을 모두 갖춘 경우에는 같은 축사(지붕을 같이 사용하거나 지붕에 준하는 인공구조물을 같이 또는 연이어 사용하는 경우를 말한다)에서 동거하고 있는 동물들에 대하여 하나의 처방전으로 같이 처방(이하 "군별 처방"이라 한다)할 수 있다.

1. 질병 확산을 막거나 질병을 예방하기 위하여 필요한 경우일 것
2. 처방 대상 동물의 종류가 같을 것
3. 처방하는 동물용 의약품이 같을 것

③수의사는 처방전을 발급하는 경우에는 다음 각 호의 사항을 적은 후 서명(「전자서명법」에 따른 공인전자서명을 포함한다. 이하 같다)하거나 도장을 찍어야 한다. 이 경우 처방전 부본(副本)을 처방전 발급일부터 3년간 보관하여야 한다.

<개정 2020.2.28.>

1. 처방전의 발급 연월일 및 유효기간(7일을 넘으면 안 된다)
2. 처방 대상 동물의 이름(없거나 모르는 경우에는 그 동물의 소유자 또는 관리자가 임의로 정한 것), 종류, 성별, 연령(명확하지 않은 경우에는 추정연령), 체중 및 임신 여부. 다만, 군별 처방인 경우에는 처방 대상 동물들의 축사번호, 종류 및 총 마릿수를 적는다.
3. 동물의 소유자 또는 관리자의 성명·생년월일·전화번호. 농장에 있는 동물에 대한 처방전인 경우에는 농장명도 적는다.
4. 동물병원 또는 축산농장의 명칭, 전화번호 및 사업자등록번호
5. 다음 각 목의 구분에 따른 동물용 의약품 처방 내용
  가. 「약사법」 제85조제6항에 따른 동물용 의약품(이하 "처방대상 동물용 의약품"이라 한다): 처방대상 동물용 의약품의 성분명, 용량, 용법, 처방일수(30일을 넘으면 안 된다) 및 판매 수량(동물용 의약품의 포장 단위로 적는다)
  나. 처방대상 동물용 의약품이 아닌 동물용 의약품인 경우: 가목의 사항. 다만, 동물용 의약품의 성분명 대신 제품명을 적을 수 있다.
6. 처방전을 작성하는 수의사의 성명 및 면허번호

④제3항제1호 및 제5호에도 불구하고 수의사는 다음 각 호의 어느 하나에 해당하는 경우에는 농림축산식품부장관이 정하는 기간을 넘지 아니하는 범위에서 처방전의 유효기간 및 처방일수를 달리 정할 수 있다.

1. 질병예방을 위하여 정해진 연령에 같은 동물용 의약품을 반복 투약하여야 하는 경우
2. 그 밖에 농림축산식품부장관이 정하는 경우

⑤제3항제5호가목에도 불구하고 효과적이거나 안정적인 치료를 위하여 필요하다고 수의사가 판단하는 경우에는 제품명을 성분명과 함께 쓸 수 있다. 이 경우 성분별로 제품명을 3개 이상 적어야 한다.
[전문개정 2013.8.2.]

제11조의2 삭제 <2020.2.28.>

제12조(축산농장 상시고용 수의사의 신고 등) ①법 제12조제5항 전단에 따라 축산농장(「동물보호법 시행령」제4조에 따른 동물실험시행기관을 포함한다. 이하 같다)에 상시고용된 수의사로 신고(이하 "상시고용 신고"라 한다)를 하려는 경우에는 별지 제11호서식의 신고서에 다음 각 호의 서류를 첨부하여 특별시장·광역시장·특별자치시장·도지사·특별자치도지사(이하 "시·도지사"라 한다)나 시장·군수 또는 자치구의 구청장에게 제출하여야 한다.
1. 「근로기준법」에 따라 체결한 근로계약서 사본, 「소득세법」에 따른 근로소득 원천징수영수증, 「국민연금법」에 따른 국민연금 사업장가입자 자격취득 신고서나 그 밖에 농림축산식품부장관이 정하는 서류. 해당 축산농장에서 1년 이상 일하고 있거나 일할 것임을 증명할 수 있는 서류이어야 한다.
2. 수의사 면허증 사본
②수의사가 상시고용된 축산농장이 두 곳 이상인 경우에는 그 중 한 곳에 대해서만 상시고용 신고를 할 수 있으며, 신고를 한 하나의 축산농장의 동물에 대해서만 처방전을 발급할 수 있다.
③법 제12조제5항 후단에 따른 상시고용된 수의사의 범위는 축산농장에 1년 이상 상시고용되어 일하는 수의사로서 1개월 당 60시간 이상 해당 업무에 종사하는 사람으로 한다.
④상시고용 신고를 한 수의사(이하 "신고 수의사"라 한다)가 발급하는 처방전에 관하여는 제11조를 준용한다. 다만, 처방대상 동물용 의약품의 처방일수는 7일을 넘지 아니하도록 한다. <개정 2020.2.28.>
⑤신고 수의사는 처방전을 발급하는 진료를 한 경우에는 제13조에 따라 진료부를 작성하여야 하며, 해당 연도의 진료부를 다음 해 2월 말까지 시·도지사나 시장·군수 또는 자치구의 구청장에게 보고하여야 한다.
⑥신고 수의사는 제26조에 따라 매년 수의사 연수교육을 받아야 한다.
⑦신고 수의사는 처방대상 동물용 의약품의 구입 명세를 작성하여 그 구입일부터 3년간 보관하여야 하며, 처방대상 동물용 의약품이 해당 축산농장 밖으로 유출되지 아니하도록 관리하고 농장주를 지도하여야 한다. <개정 2020.2.28.>
[본조신설 2013.8.2.]

제12조의2(처방전의 발급 등) ①법 제12조의2제2항 단서에서 "농림축산식품부령으

로 정하는 방법"이란 처방전을 수기로 작성하여 발급하는 방법을 말한다.

②법 제12조의2제3항 후단에서 "농림축산식품부령으로 정하는 사항"이란 다음 각 호의 사항을 말한다.

1. 입력 연월일 및 유효기간(7일을 넘으면 안 된다)
2. 제11조제3항제2호·제4호 및 제5호의 사항
3. 동물의 소유자 또는 관리자의 성명·생년월일·전화번호. 농장에 있는 동물에 대한 처방인 경우에는 농장명도 적는다.
4. 입력하는 수의사의 성명 및 면허번호

[본조신설 2020.2.28.]

제12조의3(수의사처방관리시스템의 구축·운영) ①농림축산식품부장관은 법 제12조의3제1항에 따른 수의사처방관리시스템(이하 "수의사처방관리시스템"이라 한다)을 통해 다음 각 호의 업무를 처리하도록 한다.

1. 처방대상 동물용 의약품에 대한 정보의 제공
2. 법 제12조의2제2항에 따른 처방전의 발급 및 등록
3. 법 제12조의2제3항에 따른 처방대상 동물용 의약품에 관한 사항의 입력 관리
4. 처방대상 동물용 의약품의 처방·조제·투약 등 관련 현황 및 통계 관리

②농림축산식품부장관은 수의사처방관리시스템의 개인별 접속 및 보안을 위한 시스템 관리 방안을 마련해야 한다.

③제1항 및 제2항에서 규정한 사항 외에 수의사처방관리시스템의 구축·운영에 필요한 사항은 농림축산식품부장관이 정하여 고시한다.

[본조신설 2020.2.28.]

제13조(진료부 및 검안부의 기재사항) 법 제13조제1항에 따른 진료부 또는 검안부에는 각각 다음 사항을 적어야 하며, 1년간 보존하여야 한다. <개정 2013.11.22., 2017.1.2.>

1. 진료부
가. 동물의 품종·성별·특징 및 연령
나. 진료 연월일
다. 동물의 소유자 또는 관리인의 성명과 주소
라. 병명과 주요 증상
마. 치료방법(처방과 처치)
바. 사용한 마약 또는 향정신성의약품의 품명과 수량
사. 동물등록번호(「동물보호법」 제12조에 따라 등록한 동물만 해당한다)
2. 검안부
가. 동물의 품종·성별·특징 및 연령

나. 검안 연월일
다. 동물의 소유자 또는 관리인의 성명과 주소
라. 폐사 연월일(명확하지 않을 때에는 추정 연월일) 또는 살처분 연월일
마. 폐사 또는 살처분의 원인과 장소
바. 사체의 상태
사. 주요 소견
[전문개정 2011.1.26.]

제14조(수의사의 실태 등의 신고 및 보고) ①법 제14조에 따른 수의사의 실태와 취업 상황 등에 관한 신고는 법 제23조에 따라 설립된 수의사회의 장(이하 "수의 사회장"이라 한다)이 수의사의 수급상황을 파악하거나 그 밖의 동물의 진료시책에 필요하다고 인정하여 신고하도록 공고하는 경우에 하여야 한다. <개정 2013.8.2.>
②수의사회장은 제1항에 따른 공고를 할 때에는 신고의 내용·방법·절차와 신고기 간 그 밖의 신고에 필요한 사항을 정하여 신고개시일 60일 전까지 하여야 한다. <개정 2013.8.2.>
[본조신설 2012.1.26.]

제15조(동물병원의 개설신고) ①법 제17조제2항제1호에 해당하는 사람은 동물병원 을 개설하려는 경우에는 별지 제12호서식의 신고서에 다음 각 호의 서류를 첨부 하여 그 개설하려는 장소를 관할하는 특별자치시장·특별자치도지사·시장·군수 또는 자치구의 구청장(이하 "시장·군수"라 한다)에게 제출(정보통신망에 의한 제출 을 포함한다)하여야 한다. 이 경우 개설신고자 외에 그 동물병원에서 진료업무에 종사하는 수의사가 있을 때에는 그 수의사에 대한 제2호의 서류를 함께 제출(정보 통신망에 의한 제출을 포함한다)해야 한다. <개정 2013.8.2., 2015.1.5., 2019.11.8.>
1. 동물병원의 구조를 표시한 평면도·장비 및 시설의 명세서 각 1부
2. 수의사 면허증 사본 1부
3. 별지 제12호의2서식의 확인서 1부[영 제13조제1항제1호 단서에 따른 출장진료만 을 하는 동물병원(이하 "출장진료전문병원"이라 한다)을 개설하려는 경우만 해당한다]
②법 제17조제2항제2호부터 제5호까지의 규정에 해당하는 자는 동물병원을 개설하 려는 경우에는 별지 제13호서식의 신고서에 다음 각 호의 서류를 첨부하여 그 개 설하려는 장소를 관할하는 시장·군수에게 제출(정보통신망에 의한 제출을 포함한 다)해야 한다. <개정 2012.1.26., 2019.11.8.>
1. 동물병원의 구조를 표시한 평면도·장비 및 시설의 명세서 각 1부
2. 동물병원에 종사하려는 수의사의 면허증 사본
3. 법인의 설립 허가증 또는 인가증 사본 및 정관 각 1부(비영리법인인 경우만 해당한다)
③제2항에 따른 신고서를 제출받은 시장·군수는 「전자정부법」 제36조제1항에 따른

행정정보의 공동이용을 통하여 법인 등기사항증명서(법인인 경우만 해당한다)를 확인하여야 한다.

④시장·군수는 제1항 또는 제2항에 따른 개설신고를 수리한 경우에는 별지 제14호서식의 신고확인증을 발급(정보통신망에 의한 발급을 포함한다)하고, 그 사본을 법 제23조에 따른 수의사회에 송부해야 한다. 이 경우 출장진료전문병원에 대하여 발급하는 신고확인증에는 출장진료만을 전문으로 한다는 문구를 명시해야 한다. <개정 2012.1.26., 2015.1.5., 2019.8.26., 2019.11.8.>

⑤동물병원의 개설신고자는 법 제17조제3항 후단에 따라 다음 각 호의 어느 하나에 해당하는 변경신고를 하려면 별지 제15호서식의 변경신고서에 신고확인증과 변경사항을 확인할 수 있는 서류를 첨부하여 시장·군수에게 제출하여야 한다. 다만, 제4호에 해당하는 변경신고를 하려는 자는 영 제13조제1항제1호 본문에 따른 진료실과 처치실을 갖추었음을 확인할 수 있는 동물병원 평면도를, 제5호에 해당하는 변경신고를 하려는 자는 별지 제12호의2서식의 확인서를 함께 첨부해야 한다. <개정 2015.1.5., 2019.8.26., 2019.11.8.>

1. 개설 장소의 이전
2. 동물병원의 명칭 변경
3. 진료 수의사의 변경
4. 출장진료전문병원에서 출장진료전문병원이 아닌 동물병원으로의 변경
5. 출장진료전문병원이 아닌 동물병원에서 출장진료전문병원으로의 변경
6. 동물병원 개설자의 변경

⑥시장·군수는 제5항에 따른 변경신고를 수리하였을 때에는 신고대장 및 신고확인증의 뒤쪽에 그 변경내용을 적은 후 신고확인증을 내주어야 한다. <개정 2019.8.26.>
[전문개정 2011.1.26.]

제16조 삭제 <1999.8.10.>
제17조 삭제 <1999.8.10.>

제18조(휴업·폐업의 신고) ①법 제18조에 따라 동물병원 개설자가 동물진료업을 휴업하거나 폐업한 경우에는 별지 제17호서식의 신고서에 신고확인증을 첨부하여 동물병원의 개설 장소를 관할하는 시장·군수에게 제출하여야 하며, 시장·군수는 그 사본을 수의사회에 송부해야 한다. <개정 2019.8.26., 2019.11.8.>

②제1항에 따라 폐업신고를 하려는 자가 「부가가치세법」 제8조제7항에 따른 폐업신고를 같이 하려는 경우에는 별지 제17호서식의 신고서와 같은 법 시행규칙 별지 제9호서식의 폐업신고서를 함께 제출하거나 「민원처리에 관한 법률 시행령」 제12조제10항에 따른 통합 폐업신고서를 제출해야 한다. 이 경우 관할 시장·군수는 함께 제출받은 폐업신고서 또는 통합 폐업신고서를 지체 없이 관할 세무서장에게

송부(정보통신망을 이용한 송부를 포함한다. 이하 이 조에서 같다)해야 한다. <신설 2019.11.8.>

③관할 세무서장이 「부가가치세법 시행령」 제13조제5항에 따라 제1항에 따른 폐업신고서를 받아 이를 관할 시장·군수에게 송부한 경우에는 제1항에 따른 폐업신고서가 제출된 것으로 본다. <신설 2019.11.8.>

[전문개정 2011.1.26.]

제19조(발급수수료) ①법 제20조의2제1항에 따른 처방전 발급수수료의 상한액은 5천원으로 한다.

②법 제20조의2제2항에 따라 동물병원 개설자는 진단서, 검안서, 증명서 및 처방전의 발급수수료의 금액을 정하여 접수창구나 대기실에 동물의 소유자 또는 관리인이 쉽게 볼 수 있도록 게시하여야 한다.

[본조신설 2013.8.2.]

제20조 삭제 <1999.2.9.>

제21조(축산 관련 비영리법인) 법 제21조제1항 각 호 외의 부분 본문 및 단서에서 "농림축산식품부령으로 정하는 축산 관련 비영리법인"이란 다음 각 호의 법인을 말한다. <개정 2013.3.23., 2017.7.12.>

1. 「농업협동조합법」에 따라 설립된 농업협동조합중앙회(농협경제지주회사를 포함한다) 및 조합

2. 「가축전염병예방법」 제9조에 따라 설립된 가축위생방역 지원본부

[전문개정 2011.1.26.]

제22조(공수의의 업무 보고) 공수의는 법 제21조제1항 각 호의 업무에 관하여 매월 그 추진결과를 다음 달 10일까지 배치지역을 관할하는 시장·군수에게 보고하여야 하며, 시장·군수(특별자치시장과 특별자치도지사는 제외한다)는 그 내용을 종합하여 매 분기가 끝나는 달의 다음 달 10일까지 특별시장·광역시장 또는 도지사에게 보고하여야 한다. 다만, 전염병 발생 및 공중위생상 긴급한 사항은 즉시 보고하여야 한다. <개정 2013.8.2.>

[전문개정 2011.1.26.]

제22조의2(동물진료법인 설립허가절차) ①영 제13조의2에 따라 동물진료법인 설립허가신청서에 첨부해야 하는 서류는 다음 각 호와 같다. <개정 2019. 11. 8.>

1. 법 제17조제2항제3호에 따른 동물진료법인(이하 "동물진료법인"이라 한다) 설립허가를 받으려는 자(이하 "설립발기인"이라 한다)의 성명·주소 및 약력을 적은 서류. 설립발기인이 법인인 경우에는 그 법인의 명칭·소재지·정관 및 최근 사업활동 내용과 그 대표자의 성명 및 주소를 적은 서류를 말한다.

2. 삭제 <2017.1.2.>

3. 정관

4. 재산의 종류·수량·금액 및 권리관계를 적은 재산 목록(기본재산과 보통재산으로 구분하여 적어야 한다) 및 기부신청서[기부자의 인감증명서 또는 「본인서명사실 확인 등에 관한 법률」 제2조제3호에 따른 본인서명사실확인서 및 재산을 확인할 수 있는 서류(부동산·예금·유가증권 등 주된 재산에 관한 등기소·금융기관 등의 증명서를 말한다)를 첨부하되, 제2항에 따른 서류는 제외한다]

5. 사업 시작 예정 연월일과 사업 시작 연도 분(分)의 사업계획서 및 수입·지출예산서

6. 임원 취임 예정자의 이력서(신청 전 6개월 이내에 모자를 쓰지 않고 찍은 상반신 반명함판 사진을 첨부한다), 취임승낙서(인감증명서 또는 「본인서명사실 확인 등에 관한 법률」 제2조제3호에 따른 본인서명사실확인서를 첨부한다) 및 「가족관계의 등록 등에 관한 법률」 제15조제1항제2호에 따른 기본증명서

7. 설립발기인이 둘 이상인 경우 대표자를 선정하여 허가신청을 할 때에는 나머지 설립발기인의 위임장

②동물진료법인 설립허가신청을 받은 담당공무원은 「전자정부법」 제36조제1항에 따른 행정정보의 공동이용을 통하여 건물 등기사항증명서와 토지 등기사항증명서를 확인해야 한다. <개정 2019.11.8.>

③ 시·도지사는 특별한 사유가 없으면 동물진료법인 설립허가신청을 받은 날부터 1개월 이내에 허가 또는 불허가 처분을 해야 하며, 허가처분을 할 때에는 동물진료법인 설립허가증을 발급해 주어야 한다. <개정 2019.11.8.>

④ 시·도지사는 제3항에 따른 허가 또는 불허가 처분을 하기 위하여 필요하다고 인정하면 신청인에게 기간을 정하여 필요한 자료를 제출하게 하거나 설명을 요구할 수 있다. 이 경우 그에 걸리는 기간은 제3항의 기간에 산입하지 않는다. <개정 2019.11.8.>

[본조신설 2013.11.22.]

[종전 제22조의2는 제22조의14로 이동 <2013.11.22.>]

제22조의3(임원 선임의 보고) 동물진료법인은 임원을 선임(選任)한 경우에는 선임한 날부터 7일 이내에 임원선임 보고서에 다음 각 호의 서류를 첨부하여 시·도지사에게 제출하여야 한다.

1. 임원 선임을 의결한 이사회의 회의록

2. 선임된 임원의 이력서(제출 전 6개월 이내에 모자를 쓰지 않고 찍은 상반신 반명함판 사진을 첨부하여야 한다). 다만, 종전 임원이 연임된 경우는 제외한다.

3. 취임승낙서

[본조신설 2013.11.22.]

[종전 제22조의3은 제22조의15로 이동 <2013.11.22.>]

제22조의4(재산 처분의 허가절차) ①영 제13조의3에 따라 재산처분허가신청서에 첨부하여야 하는 서류는 다음 각 호와 같다.
1. 재산 처분 사유서
2. 처분하려는 재산의 목록 및 감정평가서(교환인 경우에는 쌍방의 재산에 관한 것이어야 한다)
3. 재산 처분에 관한 이사회의 회의록
4. 처분의 목적, 용도, 예정금액, 방법과 처분으로 인하여 감소될 재산의 보충 방법 등을 적은 서류
5. 처분하려는 재산과 전체 재산의 대비표

②제1항에 따른 허가신청은 재산을 처분(매도, 증여, 임대 또는 교환, 담보 제공 등을 말한다)하기 1개월 전까지 하여야 한다.

③시·도지사는 특별한 사유가 없으면 재산처분 허가신청을 받은 날부터 1개월 이내에 허가 또는 불허가 처분을 하여야 하며, 허가처분을 할 때에는 필요한 조건을 붙일 수 있다.

④시·도지사는 제3항에 따른 허가 또는 불허가 처분을 하기 위하여 필요하다고 인정하면 신청인에게 기간을 정하여 필요한 자료를 제출하게 하거나 설명을 요구할 수 있다. 이 경우 그에 걸리는 기간은 제3항의 기간에 산입하지 아니한다.

[본조신설 2013.11.22.]

제22조의5(재산의 증가 보고) ①동물진료법인은 매수(買受)·기부채납(寄附採納)이나 그 밖의 방법으로 재산을 취득한 경우에는 재산을 취득한 날부터 7일 이내에 그 법인의 재산에 편입시키고 재산증가 보고서에 다음 각 호의 서류를 첨부하여 시·도지사에게 제출하여야 한다.
1. 취득 사유서
2. 취득한 재산의 종류·수량 및 금액을 적은 서류
3. 재산 취득을 확인할 수 있는 서류(제2항에 따른 서류는 제외한다)

②재산증가 보고를 받은 담당공무원은 증가된 재산이 부동산일 때에는 「전자정부법」 제36조제1항에 따른 행정정보의 공동이용을 통하여 건물 등기사항증명서와 토지 등기사항증명서를 확인하여야 한다.

[본조신설 2013.11.22.]

제22조의6(정관 변경의 허가신청) 영 제13조의3에 따라 정관변경허가신청서에 첨부하여야 하는 서류는 다음 각 호와 같다.
1. 정관 변경 사유서
2. 정관 개정안(신·구 정관의 조문대비표를 첨부하여야 한다)

3. 정관 변경에 관한 이사회의 회의록
4. 정관 변경에 따라 사업계획 및 수입·지출예산이 변동되는 경우에는 그 변동된 사업계획서 및 수입·지출예산서(신·구 대비표를 첨부하여야 한다)
[본조신설 2013.11.22.]

제22조의7(부대사업의 신고 등) ①동물진료법인은 법 제22조의3제3항 전단에 따라 부대사업을 신고하려는 경우 별지 제20호서식의 신고서에 다음 각 호의 서류를 첨부하여 제출하여야 한다. <개정 2019. 8. 26.>
1. 동물병원 개설 신고확인증 사본
2. 부대사업의 내용을 적은 서류
3. 부대사업을 하려는 건물의 평면도 및 구조설명서
②시·도지사는 부대사업 신고를 받은 경우에는 별지 제21호서식의 부대사업 신고증명서를 발급하여야 한다.
③동물진료법인은 법 제22조의3제3항 후단에 따라 부대사업 신고사항을 변경하려는 경우 별지 제20호서식의 변경신고서에 다음 각 호의 서류를 첨부하여 제출하여야 한다.
1. 부대사업 신고증명서 원본
2. 변경사항을 증명하는 서류
④시·도지사는 부대사업 변경신고를 받은 경우에는 부대사업 신고증명서 원본에 변경 내용을 적은 후 돌려주어야 한다.
[본조신설 2013.11.22.]

제22조의8(법인사무의 검사·감독) ①시·도지사는 법 제22조의4에서 준용하는 「민법」 제37조에 따라 동물진료법인 사무의 검사 및 감독을 위하여 필요하다고 인정되는 경우에는 다음 각 호의 서류를 제출할 것을 동물진료법인에 요구할 수 있다. 이 경우 제1호부터 제6호까지의 서류는 최근 5년까지의 것을 대상으로, 제7호 및 제8호의 서류는 최근 3년까지의 것을 그 대상으로 할 수 있다.
1. 정관
2. 임원의 명부와 이력서
3. 이사회 회의록
4. 재산대장 및 부채대장
5. 보조금을 받은 경우에는 보조금 관리대장
6. 수입·지출에 관한 장부 및 증명서류
7. 업무일지
8. 주무관청 및 관계 기관과 주고받은 서류
②시·도지사는 필요한 최소한의 범위를 정하여 소속 공무원으로 하여금 동물진료법

인을 방문하여 그 사무를 검사하게 할 수 있다. 이 경우 소속 공무원은 그 권한을 증명하는 증표를 지니고 관계인에게 보여주어야 한다.
[본조신설 2013.11.22.]

제22조의9(설립등기 등의 보고) 동물진료법인은 법 제22조의4에서 준용하는「민법」제49조부터 제52조까지 및 제52조의2에 따라 동물진료법인 설립등기, 분사무소 설치등기, 사무소 이전등기, 변경등기 또는 직무집행정지 등 가처분의 등기를 한 경우에는 해당 등기를 한 날부터 7일 이내에 그 사실을 시·도지사에게 보고하여야 한다. 이 경우 담당공무원은「전자정부법」제36조제1항에 따른 행정정보의 공동이용을 통하여 법인 등기사항증명서를 확인하여야 한다.
[본조신설 2013.11.22.]

제22조의10(잔여재산 처분의 허가) 동물진료법인의 대표자 또는 청산인은 법 제22조의4에서 준용하는「민법」제80조제2항에 따라 잔여재산의 처분에 대한 허가를 받으려면 다음 각 호의 사항을 적은 잔여재산처분허가신청서를 시·도지사에게 제출하여야 한다.
1. 처분 사유
2. 처분하려는 재산의 종류·수량 및 금액
3. 재산의 처분 방법 및 처분계획서
[본조신설 2013.11.22.]

제22조의11(해산신고 등) ①동물진료법인이 해산(파산의 경우는 제외한다)한 경우 그 청산인은 법 제22조의4에서 준용하는「민법」제86조에 따라 다음 각 호의 사항을 시·도지사에게 신고해야 한다. <개정 2019.11.8.>
1. 해산 연월일
2. 해산 사유
3. 청산인의 성명 및 주소
4. 청산인의 대표권을 제한한 경우에는 그 제한 사항
②청산인이 제1항의 신고를 하는 경우에는 해산신고서에 다음 각 호의 서류를 첨부하여 제출해야 한다. 이 경우 담당공무원은「전자정부법」제36조제1항에 따른 행정정보의 공동이용을 통하여 법인 등기사항증명서를 확인해야 한다.
<개정 2019.11.8.>
1. 해산 당시 동물진료법인의 재산목록
2. 잔여재산 처분 방법의 개요를 적은 서류
3. 해산 당시의 정관
4. 해산을 의결한 이사회의 회의록
③동물진료법인이 정관에서 정하는 바에 따라 그 해산에 관하여 주무관청의 허가를

받아야 하는 경우에는 해산 예정 연월일, 해산의 원인과 청산인이 될 자의 성명
및 주소를 적은 해산허가신청서에 다음 각 호의 서류를 첨부하여 시·도지사에게
제출해야 한다. <개정 2019.11.8.>
1. 신청 당시 동물진료법인의 재산목록 및 그 감정평가서
2. 잔여재산 처분 방법의 개요를 적은 서류
3. 신청 당시의 정관
  [본조신설 2013.11.22.]

제22조의12(청산 종결의 신고) 동물진료법인의 청산인은 그 청산을 종결한 경우에
는 법 제22조의4에서 준용하는 「민법」 제94조에 따라 그 취지를 등기하고 청산종
결신고서(전자문서로 된 신고서를 포함한다)를 시·도지사에게 제출하여야 한다.
이 경우 담당공무원은 「전자정부법」 제36조제1항에 따른 행정정보의 공동이용을
통하여 법인 등기사항증명서를 확인하여야 한다.
  [본조신설 2013.11.22.]

제22조의13(동물진료법인 관련 서식) 다음 각 호의 서식은 농림축산식품부장관이
정하여 농림축산식품부 인터넷 홈페이지에 공고하는 바에 따른다.
1. 제22조의2제1항에 따른 동물진료법인 설립허가신청서
2. 제22조의2제3항에 따른 설립허가증
3. 제22조의3에 따른 임원선임 보고서
4. 제22조의4제1항에 따른 재산처분허가신청서
5. 제22조의5제1항에 따른 재산증가 보고서
6. 제22조의6에 따른 정관변경허가신청서
7. 제22조의10에 따른 잔여재산처분허가신청서
8. 제22조의11제2항 전단에 따른 해산신고서
9. 제22조의11제3항에 따른 해산허가신청서
10. 제22조의12 전단에 따른 청산종결신고서
  [본조신설 2013.11.22.]

제22조의14(수의사 등에 대한 비용 지급 기준) 법 제30조제1항 후단에 따라 수
의사 또는 동물병원의 시설·장비 등이 필요한 경우의 비용 지급기준은 별표 1의
2와 같다.
  [본조신설 2012.1.26.]
  [제22조의2에서 이동 <2013.11.22.>]

제22조의15(보고 및 업무감독) 법 제31조제1항에서 "농림축산식품부령으로 정하는
사항"이란 회원의 실태와 취업상황, 그 밖의 수의사회의 운영 또는 업무에 관한

것으로서 농림축산식품부장관이 필요하다고 인정하는 사항을 말한다.
<개정 2013.3.23.>
[본조신설 2012.1.26.]
[제22조의3에서 이동 <2013.11.22.>]

제23조(과잉진료행위 등) 영 제20조의2제2호에서 "농림축산식품부령으로 정하는 행위"란 다음 각 호의 행위를 말한다. <개정 2013.3.23.>
1. 소독 등 병원 내 감염을 막기 위한 조치를 취하지 아니하고 시술하여 질병이 악화되게 하는 행위
2. 예후가 불명확한 수술 및 처치 등을 할 때 그 위험성 및 비용을 알리지 아니하고 이를 하는 행위
3. 유효기간이 지난 약제를 사용하거나 정당한 사유 없이 응급진료가 필요한 동물을 방치하여 질병이 악화되게 하는 행위
[전문개정 2011.1.26.]

제24조(행정처분의 기준) 법 제32조 및 제33조에 따른 행정처분의 세부 기준은 별표 2와 같다.
[전문개정 2011.1.26.]

제25조(신고확인증의 제출 등) ①동물병원 개설자가 법 제33조에 따라 동물진료업의 정지처분을 받았을 때에는 지체 없이 그 신고확인증을 시장·군수에게 제출하여야 한다. <개정 2019.8.26.>
②시장·군수는 법 제33조에 따라 동물진료업의 정지처분을 하였을 때에는 해당 신고대장에 처분에 관한 사항을 적어야 하며, 제출된 신고확인증의 뒤쪽에 처분의 요지와 업무정지 기간을 적고 그 정지기간이 만료된 때에 돌려주어야 한다. <개정 2019.8.26.>
[전문개정 2011.1.26.]
[제목개정 2019.8.26.]

제25조의2(과징금의 징수절차) 영 제20조의3제5항에 따른 과징금의 징수절차에 관하여는 「국고금 관리법 시행규칙」을 준용한다. 이 경우 납입고지서에는 이의신청의 방법 및 기간을 함께 적어야 한다.
[본조신설 2020.8.20.]

제26조(수의사 연수교육) ①수의사회장은 법 제34조제3항 및 영 제21조에 따라 연수교육을 매년 1회 이상 실시하여야 한다. <개정 2013.8.2.>
②제1항에 따른 연수교육의 대상자는 동물진료업에 종사하는 수의사로 하고, 그 대상자는 매년 10시간 이상의 연수교육을 받아야 한다. 이 경우 10시간 이상의 연수

교육에는 수의사회장이 지정하는 교육과목에 대해 5시간 이상의 연수교육을 포함
하여야 한다. <개정 2012.1.26.>

③연수교육의 교과내용·실시방법, 그 밖에 연수교육의 실시에 필요한 사항은 수의
사회장이 정한다. <개정 2013.8.2.>

④수의사회장은 연수교육을 수료한 사람에게는 수료증을 발급하여야 하며, 해당 연
도의 연수교육의 실적을 다음 해 2월 말까지 농림축산식품부장관에게 보고하여야
한다. <개정 2013.3.23., 2013.8.2.>

⑤수의사회장은 매년 12월 31일까지 다음 해의 연수교육 계획을 농림축산식품부장
관에게 제출하여 승인을 받아야 한다. <개정 2013.3.23., 2013.8.2.>

[전문개정 2011.1.26.]

제27조 삭제 <2002.7.5.>

제28조(수수료) ①법 제38조에 따라 내야 하는 수수료의 금액은 다음 각 호의 구분
과 같다.

1. 법 제6조에 따른 수의사 면허증을 재발급받으려는 사람 및 법 제32조제3항에 따
   라 수의사 면허를 다시 부여받으려는 사람: 2천원
2. 법 제8조에 따른 수의사 국가시험에 응시하려는 사람: 2만원
3. 법 제17조제3항에 따라 동물병원 개설의 신고를 하려는 자: 5천원

②제1항제1호 및 제2호의 수수료는 수입인지로 내야 하며, 같은 항 제3호의 수수료
는 해당 지방자치단체의 수입증지로 내야 한다. 다만, 수의사 국가시험 응시원서
를 인터넷으로 제출하는 경우에는 제1항제2호에 따른 수수료를 정보통신망을 이용
한 전자결제 등의 방법(정보통신망 이용료 등은 이용자가 부담한다)으로 납부해야
한다. <개정 2011.4.1.>

③제1항제2호의 응시수수료를 납부한 사람이 다음 각 호의 어느 하나에 해당하는
경우에는 다음 각 호의 구분에 따라 응시 수수료의 전부 또는 일부를 반환해야 한
다. <신설 2011.4.1.>

1. 응시수수료를 과오납한 경우 : 그 과오납한 금액의 전부
2. 접수마감일부터 7일 이내에 접수를 취소하는 경우 : 납부한 응시수수료의 전부
3. 시험관리기관의 귀책사유로 시험에 응시하지 못하는 경우 : 납부한 응시수수료의
   전부

[전문개정 2011.1.26.]

제29조(규제의 재검토) 농림축산식품부장관은 다음 각 호의 사항에 대하여 다음 각
호의 기준일을 기준으로 3년마다(매 3년이 되는 해의 기준일과 같은 날 전까지를
말한다) 그 타당성을 검토하여 개선 등의 조치를 하여야 한다. <개정 2017.1.2.>

1. 제2조에 따른 면허증의 발급 절차: 2017년 1월 1일

2. 삭제 <2020.11.24.>
3. 제8조에 따른 수의사 외의 사람이 할 수 있는 진료의 범위: 2017년 1월 1일
4. 제8조의2 및 별표 1에 따른 동물병원의 세부 시설기준: 2017년 1월 1일
5. 제11조 및 별지 제10호서식에 따른 처방전의 서식 및 기재사항 등: 2017년 1월 1일
6. 제13조에 따른 진료부 및 검안부의 기재사항: 2017년 1월 1일
7. 제14조에 따른 수의사의 실태 등의 신고 및 보고: 2017년 1월 1일
8. 삭제 <2020.11.24.>
9. 제22조의2에 따른 동물진료법인 설립허가절차: 2017년 1월 1일
10. 제22조의3에 따른 임원 선임의 보고: 2017년 1월 1일
11. 제22조의4에 따른 재산 처분의 허가절차: 2017년 1월 1일
12. 제22조의5에 따른 재산의 증가 보고: 2017년 1월 1일
13. 삭제 <2020.11.24.>
14. 제22조의8에 따른 법인사무의 검사ㆍ감독: 2017년 1월 1일
15. 제22조의9에 따른 설립등기 등의 보고: 2017년 1월 1일
16. 제22조의10에 따른 잔여재산 처분의 허가신청 절차: 2017년 1월 1일
17. 제22조의11에 따른 해산신고 절차 등: 2017년 1월 1일
18. 제22조의12에 따른 청산 종결의 신고 절차: 2017년 1월 1일
19. 제26조에 따른 수의사 연수교육: 2017년 1월 1일
[본조신설 2015.1.6.]

부칙

<제453호, 2020.11.24.>

이 규칙은 공포한 날부터 시행한다.

사료관리법

[시행 2020.3.24]
[법률 제17091호, 2020.3.24, 타법개정]

제1장 총칙

제1조(목적) 이 법은 사료의 수급안정·품질관리 및 안전성확보에 관한 사항을 규정함으로써 사료의 안정적인 생산과 품질향상을 통하여 축산업의 발전에 이바지하는 것을 목적으로 한다.

제2조(정의) 이 법에서 사용하는 용어의 뜻은 다음과 같다. <개정 2013.3.23.>

1. "사료"란 「축산법」에 따른 가축이나 그 밖에 농림축산식품부장관이 정하여 고시하는 동물·어류 등(이하 "동물등"이라 한다)에 영양이 되거나 그 건강유지 또는 성장에 필요한 것으로서 단미사료(單味飼料)·배합사료(配合飼料) 및 보조사료(補助飼料)를 말한다. 다만, 동물용의약으로서 섭취하는 것을 제외한다.

2. "단미사료"란 식물성·동물성 또는 광물성 물질로서 사료로 직접 사용되거나 배합사료의 원료로 사용되는 것으로서 농림축산식품부장관이 정하여 고시하는 것을 말한다.

3. "배합사료"란 단미사료·보조사료 등을 적정한 비율로 배합 또는 가공한 것으로서 용도에 따라 농림축산식품부장관이 정하여 고시하는 것을 말한다.

4. "보조사료"란 사료의 품질저하 방지 또는 사료의 효용을 높이기 위하여 사료에 첨가하는 것으로서 농림축산식품부장관이 정하여 고시하는 것을 말한다.

5. "제조업"이란 사료를 제조(혼합·배합·화합 또는 가공하는 경우를 포함한다. 이하 같다)하여 판매 또는 공급하는 업을 말한다.

6. "수입업"이란 사료를 수입하여 판매(단순히 재포장하는 경우를 포함한다. 이하 같다)하는 업을 말한다.

7. "제조업자"란 제조업을 영위하는 자를 말한다.

8. "수입업자"란 수입업을 영위하는 자를 말한다.

9. "판매업자"란 제조업자 및 수입업자 외의 자로서 사료의 판매를 업으로 하는 자를 말한다.

판례 - 식품위생법위반·사료관리법위반

[대법원 2010.2.11., 선고, 2009도2338, 판결]

【판시사항】

　[1] 범죄구성요건 해당 사실의 근거가 되는 과학적 연구 결과의 증거조사 방법

[2] '사료'로서 수입신고를 마친 후 '식품'으로 판매 등을 하는 경우, 구 식품위생법 제4조 제7호 위반죄가 성립하는지 여부(적극)

[3] 구 식품위생법 제4조 제7호 위반죄가 성립하기 위한 '수입신고를 하여야 하는 경우에 신고하지 아니하고 수입한 것' 및 구 사료관리법 제7조 위반죄의 '수입한 사료'에 대한 인식 정도

[4] '낚시떡밥'이 구 사료관리법 제2조 제1호의 '사료'에 해당하는지 여부(소극)

【판결요지】
[1] 범죄구성요건에 해당하는 사실을 증명하기 위한 근거가 되는 과학적인 연구 결과는 적법한 증거조사를 거친 증거능력 있는 증거에 의하여 엄격한 증명으로 증명되어야 한다.

[2] 비록 사료로서 수입신고를 마쳤다고 하더라도 이를 식품으로 판매 등을 하는 경우에는 '구 식품위생법(2009.2.6. 법률 제9432호로 전부 개정되기 전의 것) 제16조 제1항의 규정에 의하여 수입신고를 하여야 함에도 신고하지 아니한 것'에 해당하여구 식품위생법 제4조 제7호 위반죄가 성립한다.

[3] 구 식품위생법(2009.2.6. 법률 제9432호로 전부 개정되기 전의 것) 제4조 제7호 위반죄의 '수입신고를 하여야 하는 경우에 신고하지 아니하고 수입한 것'이라는 인식 및 구 사료관리법(2008.2.29. 법률 제8852호로 개정되기 전의 것) 제7조 위반죄의 '수입한 사료'라는 인식은 범죄구성요건의 주관적 요소로서 이는 미필적인 것으로도 충분하다.

[4] '낚시떡밥'은 동물·어류 등에 영양이 되거나 그 건강유지 또는 성장을 위하여 필요한 것이라고 할 수 없어, 구 사료관리법(2008.2.29. 법률 제8852호로 개정되기 전의 것) 제2조 제1호의 '사료'에 해당하지 아니한다.

제3조(사료시책의 수립·시행 및 재정지원) ①농림축산식품부장관은 사료의 수급조절·가격안정·품질향상 및 안전성확보와 사료자원개발 등에 필요한 시책을 수립·시행하여야 한다. <개정 2013.3.23.>
②농림축산식품부장관은 사료의 수급안정에 필요하다고 인정하는 경우에는 사료의 생산·수출·수입 및 공급 등에 관한 수급계획을 수립·시행할 수 있다. <개정 2013.3.23.>
③정부는 제1항 및 제2항에 따른 시책 및 수급계획의 수립·시행을 위하여 제조업자 또는 사료의 수급안정 및 품질향상을 목적으로 설립되어 농림축산식품부장관의 승인을 받은 단체(이하 "사료관련 단체"라 한다)에 예산의 범위 안에서 보조금을 지급하거나 재정자금을 융자할 수 있다. <개정 2013.3.23.>

제4조(적용 배제) 제조업자가 농림축산식품부령으로 정하는 사료를 수출하기 위하여 제조하는 경우에는 이 법을 적용하지 아니한다. <개정 2013.3.23.>

제2장 사료의 수급안정

제5조(사료의 수급안정을 위한 지원) 농림축산식품부장관은 사료의 수급안정에 필요하다고 인정하는 경우에는 사료관련 단체가 사료를 수출·수입 및 공급하는데 필요한 지원을 할 수 있다. <개정 2013.3.23.>

제6조(사료의 수입추천 등) ①「세계무역기구 설립을 위한 마라케쉬 협정」에 따른 대한민국 양허표(讓許表)상의 시장접근물량(市場接近物量)에 적용되는 양허세율(讓許稅率)로 사료를 수입하려는 자는 농림축산식품부장관의 추천을 받아야 한다. <개정 2013.3.23.>

②농림축산식품부장관은 제1항에 따른 사료의 수입에 대한 추천업무를 「농업협동조합법」 제121조에 따라 설립된 중앙회(농협경제지주회사를 포함한다) 또는 사료관련 단체로 하여금 대행하게 할 수 있다. 이 경우 대상품목, 품목별 추천물량 및 추천기준 등에 필요한 사항은 농림축산식품부장관이 정한다. <개정 2013.3.23., 2016.12.27.>

제7조(사료의 용도 외 판매금지) ①누구든지 수입한 사료를 다른 사료의 원료용 또는 동물등의 먹이, 그 밖의 농림축산식품부령으로 정하는 용도 외로 판매하여서는 아니 된다. <개정 2013.3.23.>

②농림축산식품부장관은 수입한 사료의 용도 외 사용을 방지하기 위하여 수입사료의 사후관리 등에 필요한 사항을 정하여 고시한다. <개정 2013.3.23.>

판례 - 식품위생법위반·사료관리법위반
[대법원 2010.2.11., 선고, 2009도2338, 판결]

【판시사항】
[1] 범죄구성요건 해당 사실의 근거가 되는 과학적 연구 결과의 증거조사 방법

[2] '사료'로서 수입신고를 마친 후 '식품'으로 판매 등을 하는 경우, 구 식품위생법 제4조 제7호 위반죄가 성립하는지 여부(적극)

[3] 구 식품위생법 제4조 제7호 위반죄가 성립하기 위한 '수입신고를 하여야 하는 경우에 신고하지 아니하고 수입한 것' 및 구 사료관리법 제7조 위반죄의 '수입한 사료'에 대한 인식 정도

[4] '낚시떡밥'이 구 사료관리법 제2조 제1호의 '사료'에 해당하는지 여부(소극)

【판결요지】
[1] 범죄구성요건에 해당하는 사실을 증명하기 위한 근거가 되는 과학적인 연구 결과는 적법한 증거조사를 거친 증거능력 있는 증거에 의하여 엄격한 증명으로 증명되어야 한다.

[2] 비록 사료로서 수입신고를 마쳤다고 하더라도 이를 식품으로 판매 등을

하는 경우에는 ' 구 식품위생법(2009.2.6. 법률 제9432호로 전부 개정되기 전의 것) 제16조 제1항의 규정에 의하여 수입신고를 하여야 함에도 신고하지 아니한 것'에 해당하여 구 식품위생법 제4조 제7호 위반죄가 성립한다.

[3] 구 식품위생법(2009.2.6. 법률 제9432호로 전부 개정되기 전의 것) 제4조 제7호 위반죄의 '수입신고를 하여야 하는 경우에 신고하지 아니하고 수입한 것'이라는 인식 및 구 사료관리법(2008.2.29. 법률 제8852호로 개정되기 전의 것) 제7조 위반죄의 '수입한 사료'라는 인식은 범죄구성요건의 주관적 요소로서 이는 미필적인 것으로도 충분하다.

[4] '낚시떡밥'은 동물·어류 등에 영양이 되거나 그 건강유지 또는 성장을 위하여 필요한 것이라고 할 수 없어, 구 사료관리법(2008.2.29. 법률 제8852호로 개정되기 전의 것) 제2조 제1호의 '사료'에 해당하지 아니한다.

제3장 사료의 품질관리 등

제8조(제조업의 등록 등) ①제조업을 영위하려는 자는 농림축산식품부령으로 정하는 바에 따라 특별시장·광역시장·특별자치시장·도지사 또는 특별자치도지사(이하 "시·도지사"라 한다)에게 등록하여야 한다. 다만, 농업활동, 양곡 가공 또는 식품 제조를 하는 자가 그 과정에서 부수적으로 생겨난 부산물(단미사료 또는 보조사료에 해당하는 것으로 한정한다) 중 농림축산식품부령으로 정하는 부산물을 사용하여 농림축산식품부령으로 정하는 규모 이하로 사료를 제조하여 판매 또는 공급하는 경우에는 등록하지 아니할 수 있다. <개정 2013.3.23., 2016.5.29.>
②제1항 본문에 따라 제조업 등록을 하려는 자는 농림축산식품부령으로 정하는 시설기준에 적합한 제조시설을 갖추어야 한다. 다만, 「약사법」 제31조 및 같은 법 제85조에 따른 동물용의약품등의 제조업자, 「식품위생법」 제36조에 따른 식품·식품첨가물의 제조업자 또는 「건강기능식품에 관한 법률」 제4조에 따른 건강기능식품의 제조업자가 직접 생산하는 제품 중 일부를 사료로 제조하여 판매하거나 공급하기 위하여 제조업 등록을 하려는 경우에는 그러하지 아니하다. <개정 2009.2.6., 2013.3.23., 2016.5.29.>
③제2항 본문에 따른 제조시설을 갖추어 제1항 본문에 따라 제조업 등록을 한 자가 농림축산식품부령으로 정하는 제조시설을 변경하려는 경우에는 시·도지사에게 신고하여야 한다. <개정 2013.3.23., 2016.5.29.>
④시·도지사는 제3항에 따른 신고를 받은 날부터 10일 이내에 신고수리 여부를 신고인에게 통지하여야 한다. <신설 2018.12.31.>
⑤시·도지사가 제4항에서 정한 기간 내에 신고수리 여부 또는 민원 처리 관련 법령에 따른 처리기간의 연장을 신고인에게 통지하지 아니하면 그 기간(민원 처리 관련 법령에 따라 처리기간이 연장 또는 재연장된 경우에는 해당 처리기간을 말한

다)이 끝난 날의 다음 날에 신고를 수리한 것으로 본다. <신설 2018.12.31.>
⑥제1항 본문에 따라 제조업 등록을 한 자가 휴업·폐업 또는 휴업 후 영업을 재개
하려는 경우에는 농림축산식품부령으로 정하는 바에 따라 시·도지사에게 신고하
여야 한다. <개정 2013.3.23., 2016.5.29., 2018.12.31.>

제9조(제조업의 승계) ①제조업자가 그 제조업을 양도하거나 사망한 때 또는 법인
의 합병이 있는 때에는 그 양수인·상속인 또는 합병 후 존속하는 법인이나 합병
에 따라 설립되는 법인(이하 "양수인등"이라 한다)은 그 제조업자의 지위를 승계한다.
②「민사집행법」에 따른 경매, 「채무자 회생 및 파산에 관한 법률」에 따른 환가(換
價)나 「국세징수법」·「관세법」 또는 「지방세징수법」에 따른 압류재산의 매각, 그
밖에 이에 준하는 절차에 따라 제조시설의 전부를 인수한 자는 그 제조업자의 지
위를 승계한다. <개정 2010.3.31., 2016.12.27.>
③제1항 또는 제2항에 따라 제조업자의 지위를 승계한 자는 30일 이내에 농림축산
식품부령으로 정하는 바에 따라 시·도지사에게 신고하여야 한다. <개정 2013.3.23.>
④제25조는 제1항 및 제2항에 따라 제조업자의 지위를 승계한 자에 대하여 준용한다.

제10조(사료안전관리인) ①제조업자 중 미량광물질 등 대통령령으로 정하는 사료를
제조하는 자는 사료의 안전성 관리를 위하여 사료안전관리인을 두어야 한다.
②제1항에 따른 사료안전관리인은 사료의 품질관리 및 안전성이 확보될 수 있도록
사료의 제조에 종사하는 자를 지도·감독하며, 원료·제품 및 시설에 대한 관리를
한다.
③사료안전관리인이 제2항에 따른 지도·감독 및 관리 과정에서 이 법 또는 이 법
에 따른 명령이나 처분에 위반되는 사실을 알았을 때에는 제조업자에게 그 사실과
함께 시정을 요청하고, 해당 내용을 시·도지사에게 지체 없이 보고하여야 한다.
이 경우 시·도지사는 제조업자의 조치 여부 등을 확인한 후 필요한 조치를 명할
수 있다.
④제1항에 따라 사료안전관리인을 둔 제조업자는 제2항에 따른 사료안전관리인의
업무를 방해하여서는 아니 되며, 사료안전관리인으로부터 업무수행에 필요한 요청
을 받으면 정당한 사유가 없으면 이에 따라야 한다. <개정 2020.2.11.>
⑤제1항에 따라 사료안전관리인을 둔 제조업자는 사료안전관리인이 여행·질병이나
그 밖의 사유로 일시적으로 그 직무를 수행할 수 없는 경우 농림축산식품부령으로
정하는 바에 따라 대리자를 지정하여 사료안전관리인의 직무를 대행하게 하여야
한다. <신설 2018.12.31.>
⑥사료안전관리인의 자격·직무·인원 및 사료안전관리인 대리자의 대행기간과 그
밖에 필요한 사항은 농림축산식품부령으로 정한다. <개정 2013.3.23., 2018.12.31.>

제11조(사료의 공정 등) ①농림축산식품부장관은 사료의 품질보장 및 안전성확보에

필요하다고 인정하는 경우에는 사료의 제조·사용 및 보존방법에 관한 기준과 사료의 성분에 관한 규격(이하 "사료공정"이라 한다)을 설정·변경 또는 폐지할 수 있다. 이 경우 농림축산식품부장관은 이를 고시하여야 한다. <개정 2013.3.23.>

②사료공정이 설정된 사료는 그 사료공정에 따라 제조·사용 또는 보존하여야 한다.

③제1항에 따른 사료공정의 고시는 특별한 사유가 없으면 그 고시일부터 30일이 지난 날부터 시행되도록 하여야 한다. <개정 2020.2.11.>

④사료공정의 설정·변경 또는 폐지의 절차 및 방법 등에 필요한 사항은 농림축산식품부령으로 정한다. <개정 2013.3.23.>

제12조(사료의 성분등록 및 취소) ①제조업자 또는 수입업자는 시·도지사에게 제조 또는 수입하려는 사료의 종류·성분 및 성분량, 그 밖에 농림축산식품부장관이 정하는 사항을 등록(이하 "성분등록"이라 한다)하여야 한다. 다만, 농림축산식품부령으로 정하는 사료(제8조제1항 단서에 따라 제조업의 등록을 하지 아니하는 자가 제조하는 사료는 제외한다)에 대하여는 성분등록을 하지 아니할 수 있다. <개정 2013.3.23., 2016.5.29.>

②시·도지사가 성분등록의 신청을 받은 경우에는 그 내용이 사료공정 등에 적합한 지의 여부를 확인하고, 적합한 경우에는 성분등록증을 지체 없이 해당 신청인에게 교부하여야 한다.

③시·도지사는 제조업자 또는 수입업자가 다음 각 호의 어느 하나에 해당하는 경우에는 성분등록을 취소한다. 이 경우 제조업자 또는 수입업자는 그 사료성분등록증을 시·도지사에게 반납하여야 한다.

1. 거짓이나 그 밖의 부정한 방법으로 등록을 한 경우
2. 성분등록한 사료를 정당한 사유 없이 1년 이상 제조 또는 수입하지 아니한 경우
3. 제조업의 등록이 취소된 경우

판례 - 영업정지처분취소
[대구지방법원 2009.11.4., 선고, 2009구합654, 판결]

【처분의 경위】
가. 원고는 2002.11.4. 폐기물(음식물쓰레기) 중간처리업 허가를 받고, 2004.2. 경 단미사료(남은 음식물사료) 제조업 등록을 하였으며, 2005.7.1.경 처리능력을 증가하고, 숙성조, 톱밥발효시설, 후숙조를 각 증설하는 내용의 폐기물중간처리업(생물화학적처리시설) 변경허가를 받은 다음 투입숙성조, 발효조, 후숙조 등의 퇴비화시설을 증설한 후 2006.6.경 탈수된 음식물쓰레기와 톱밥 등이 혼합된 부산물비료(퇴비)를 생산하는 부산물비료(퇴비) 생산업 등록을 하였으며, 2008.4.3. 기존의 폐기물중간처리업의 일일 처리용량을 180t에서 80t으로 줄이는 대신 음식물쓰레기를 비료생산원료로 처리하는 내용의 폐기물재활용 신고를 하였다.
나. 피고는 2009.2.24. '원고가 2006년7월부터 2008년까지 음식물류 폐기물처리

시설 중 사료화시설에 대한 설치검사 및 정기검사를 미이행하여 폐기물관리
법(이하 '법'이라고 한다) 제30조 제1항, 제2항, 법 시행규칙(이하 '시행규칙'이
라고 한다) 제41조를 위반하였다'는 사유로 법 제27조 제2항 제11호, 제60조,
시행규칙 제83조 제1항 [별표21] 2. 가. 14)의 규정에 의거하여 원고에게 영업
정지 3월(정지기간 : 2009.3.9.~2009.6.8.)의 처분을 하였다(이하 '이 사건 처분'
이라고 한다).
다. 한편 원고는 음식물류 폐기물처리시설 중 퇴비화시설에 대해서는 2006. 7.
4. 설치검사를 받은 후 2007.6.25. 및 2008.6.20. 각 정기검사를 받았다.
[인정근거] 다툼 없는 사실, 갑 제1, 2호증의 각 1, 2, 갑 제3호증의 1 내지 6,
갑 제5호증의 1, 2, 3, 을 제1, 4, 5, 7, 8호증의 각 기재, 변론 전체의 취지
판사 정용달(재판장) 최유나 성기준

제13조(사료의 표시사항) ①제조업자 또는 수입업자는 제조 또는 수입한 사료를 판
매하려는 경우에는 용기나 포장에 성분등록을 한 사항, 그 밖의 사용상 주의사항
등 농림축산식품부령으로 정하는 사항을 표시하여야 한다. <개정 2013.3.23.>
②제조업자 또는 수입업자는 제1항에 따른 표시사항을 거짓으로 표시하거나 과장하
여 표시하여서는 아니 된다.

제13조의2(유전자변형농수축산물등의 표시) ①제조업자 또는 수입업자는 다음 각
호의 현대생명공학기술을 활용하여 새롭게 조합된 유전물질을 포함하고 있고 「유
전자변형생물체의 국가간 이동 등에 관한 법률」 제8조에 따라 수입승인된 생물체
(이하 "수입승인된 유전자변형생물체"라 한다)를 원재료로 하여 제조·가공한 사료
의 포장재와 용기에 수입승인된 유전자변형생물체가 원료로 사용되었음을 표시하
여야 한다.
1. 인위적으로 유전자를 재조합하거나 유전자를 구성하는 핵산을 세포 또는 세포내
소기관으로 직접 주입하는 기술
2. 분류학에 따른 과(科)의 범위를 넘는 세포융합 기술
②제1항에 따른 표시의무자, 표시대상 및 표시방법 등에 필요한 사항은 농림축산식
품부장관이 정한다.
[본조신설 2018.12.31.]

제14조(제조·수입·판매 또는 사용 등의 금지) ①제조업자·수입업자 또는 판매
업자는 다음 각 호의 어느 하나에 해당하는 사료를 제조·수입 또는 판매하거나
사료의 원료로 사용하여서는 아니 된다. <개정 2013.3.23., 2020.2.11.>
1. 인체 또는 동물등에 해로운 유해물질이 허용기준 이상으로 포함되거나 잔류된 것
2. 동물용의약품이 허용기준 이상으로 잔류된 것
3. 인체 또는 동물등의 질병의 원인이 되는 병원체에 오염되었거나 현저히 부패 또
는 변질되어 사료로 사용될 수 없는 것

4. 제1호부터 제3호까지의 규정 외에 동물등의 건강유지나 성장에 지장을 초래하여 축산물의 생산을 현저하게 저해하는 것으로서 농림축산식품부장관이 정하여 고시 하는 것
5. 성분등록을 하지 아니하고 제조 또는 수입된 것
6. 제19조제1항에 따른 수입신고를 하지 아니하고 수입된 것
7. 인체 또는 농림축산식품부장관이 정하여 고시한 동물등의 질병원인이 우려되어 사료로 사용하는 것을 금지한 동물등의 부산물·남은 음식물 등 농림축산식품부장 관이 정하여 고시한 것
②누구든지 동물등에게 제1항제7호의 사료를 사용하여서는 아니 된다.
③제1항제1호 및 제2호에 따른 유해물질·동물용의약품의 범위 및 허용기준은 농림 축산식품부장관이 정하여 고시한다. <개정 2013.3.23.>

제15조(사료의 함량·혼합 제한 등) ①농림축산식품부장관은 사료의 품질유지 및 환경오염방지를 위하여 사료 중 특정성분의 함량을 제한할 수 있다. <개정 2013.3.23.>
②농림축산식품부장관은 서로 혼합되는 경우 해당 사료의 품질을 저하하게 하거나 해당 사료의 구별을 불가능하게 하는 물질·사료의 혼합을 제한할 수 있다. <개정 2013.3.23.>
③제1항에 따라 함량을 제한할 수 있는 특정성분과 그 제한기준 및 제2항에 따라 혼합을 제한할 수 있는 물질·사료와 그 제한기준은 농림축산식품부장관이 정하여 고시한다. <개정 2013.3.23.>

제16조(위해요소중점관리기준) ①농림축산식품부장관은 사료의 원료관리, 제조 및 유통의 과정에서 위해(危害)한 물질이 해당 사료에 혼입되거나 해당 사료가 오염 되는 것을 방지하기 위하여 사료별로 제조시설 및 공정관리의 절차를 정하거나 각 과정별 위해요소를 중점적으로 관리하는 기준(이하 "위해요소중점관리기준"이라 한 다)을 농림축산식품부령으로 정하는 기준에 따라 정하여 고시한다. <개정 2013.3.23.>
②농림축산식품부장관은 위해요소중점관리기준을 정하는 경우에는 농림축산식품부령 으로 정하는 바에 따라 해당 사료를 제조하는 제조업자에게 이를 준수하게 할 수 있다. <개정 2013.3.23.>
③농림축산식품부장관은 제조업자 중 위해요소중점관리기준의 준수를 원하는 제조업 자의 사료공장을 위해요소중점관리기준 적용 사료공장으로 지정할 수 있다. <개정 2013.3.23.>
④농림축산식품부장관은 제3항에 따라 위해요소중점관리기준 적용 사료공장의 지정 을 받은 제조업자에게 농림축산식품부령으로 정하는 바에 따라 그 지정사실을 증 명하는 서류를 발급하여야 한다. <개정 2013.3.23.>
⑤농림축산식품부장관은 위해요소중점관리기준의 효율적인 운용을 위하여 위해요소 중점관리기준 적용 사료공장의 지정을 받기를 희망하거나 지정을 받은 제조업자

(종업원을 포함한다)에게 위해요소중점관리에 필요한 기술·정보를 제공하거나 교육훈련을 실시할 수 있다. <개정 2013.3.23.>

⑥농림축산식품부장관은 제5항에 따른 교육훈련을 농림축산식품부령으로 정하는 기관에 위탁하여 실시할 수 있다. <개정 2013.3.23.>

⑦농림축산식품부장관은 위해요소중점관리기준 적용 사료공장이 다음 각 호의 어느 하나에 해당하는 경우에는 농림축산식품부령으로 정하는 바에 따라 그 지정을 취소하거나 시정을 명할 수 있다. 다만, 제1호 또는 제4호에 해당하는 경우에는 그 지정을 취소하여야 한다. <개정 2013.3.23.>

1. 거짓이나 그 밖의 부정한 방법으로 지정을 받은 경우
2. 시정명령을 받고 정당한 사유 없이 이에 따르지 아니한 경우
3. 위해요소중점관리기준을 준수하지 아니한 경우
4. 제25조제1항제8호·제9호·제12호부터 제14호까지의 규정·제16호·제18호 및 제19호에 해당하여 2개월 이상의 영업의 전부 정지명령을 받은 경우
5. 그 밖에 제2호 및 제3호에 준하는 것으로서 농림축산식품부령으로 정하는 경우

⑧제3항에 따른 위해요소중점관리기준 적용 사료공장으로 지정을 받지 아니한 제조업자는 위해요소중점관리기준 적용 사료공장이라는 명칭을 사용하지 못한다.

⑨농림축산식품부장관 또는 시·도지사는 위해요소중점관리기준 적용 사료공장의 지정을 받은 제조업자에 대하여 제조시설의 개선을 위한 융자사업 등의 우선지원을 할 수 있다. <개정 2013.3.23.>

⑩위해요소중점관리기준 적용 사료공장은 농림축산식품부령으로 정하는 바에 따라 위해요소중점관리기준의 준수 여부 등에 관한 심사를 받아야 한다. <개정 2013.3.23.>

⑪제3항에 따른 위해요소중점관리기준 적용 사료공장의 지정요건 및 지정절차 등, 제5항에 따른 교육훈련의 내용 등과 제10항에 따른 심사의 방법 및 절차 등에 필요한 사항은 농림축산식품부령으로 정한다. <개정 2013.3.23.>

제17조(사료공장의 위해요소중점관리 담당기관 지원 등) ①농림축산식품부장관은 위해요소중점관리기준의 제정 및 사료공장 적용 등의 업무를 효율적으로 수행하기 위하여 사료공장의 위해요소중점관리를 담당할 기관을 지정하여 그 운영에 필요한 경비를 지원할 수 있다. <개정 2013.3.23.>

②제1항에 따른 사료공장의 위해요소중점관리 담당기관의 지정기준 및 운영 등에 필요한 사항은 대통령령으로 정한다.

제18조(사료공정서의 작성·보급) 농림축산식품부장관은 사료공정, 제13조제1항에 따른 사료의 표시 및 제15조에 따른 사료의 함량·혼합 제한 등에 관한 사항을 수록한 사료공정서를 작성·보급하여야 한다. <개정 2013.3.23.>

제4장 사료검사 등

제19조(사료의 수입신고 등) ①수입업자는 농림축산식품부장관이 정하여 고시하는 사료를 수입하려는 경우에는 농림축산식품부령으로 정하는 바에 따라 농림축산식품부장관에게 신고하여야 한다. <개정 2013.3.23.>

②농림축산식품부장관은 사료의 안전성확보·수급안정 등 농림축산식품부령으로 정하는 사유가 있는 경우에는 제1항에 따라 신고된 사료에 대하여 통관절차 완료 전에 관계 공무원으로 하여금 필요한 검정을 하게 하여야 한다. <개정 2013.3.23.>

③수입업자가 제1항에 따른 신고를 할 경우 제20조의2제1항에 따라 지정된 사료시험검사기관(이하 "사료시험검사기관"이라 한다)이나 제22조에 따른 사료검정기관에서 검정을 받아 그 검정증명서를 제출하는 경우에는 농림축산식품부령으로 정하는 바에 따라 제2항에 따른 검정을 갈음하거나 그 검정항목을 조정하여 검정할 수 있다. <개정 2013.3.23., 2018.12.31., 2020.2.11.>

④농림축산식품부장관은 제1항에 따른 신고를 받은 경우 그 내용을 검토하여 이 법에 적합하면 신고를 수리하여야 한다. <신설 2018.12.31.>

⑤제2항에 따른 검정의 항목·방법 및 기준 등에 필요한 사항은 농림축산식품부령으로 정한다. <개정 2013.3.23., 2018.12.31.>

제20조(자가품질검사) ①제조업자 또는 수입업자는 사료의 품질관리 및 안전성 확보를 위하여 농림축산식품부령으로 정하는 시설을 갖추고 그가 제조 또는 수입하는 사료에 대하여 다음 각 호의 사항을 검사하여야 한다. 이 경우 제조업자 또는 수입업자는 다른 제조업자 또는 수입업자와 공동으로 시설을 갖출 수 있다. <개정 2013.3.23.>

1. 사료공정에 적합한지의 여부
2. 성분등록된 사항과 차이가 있는지의 여부
3. 제14조제1항제1호부터 제4호까지의 규정에 해당하는지의 여부

②제조업자 또는 수입업자는 제1항에 따른 검사를 하려는 경우 사료시험검사기관에 의뢰하여 검정을 할 수 있다. <개정 2013.3.23., 2018.12.31.>

③사료시험검사기관은 제2항에 따라 검정을 실시한 경우에는 농림축산식품부령으로 정하는 바에 따라 제조업자 또는 수입업자에게 사료검정증명서를 발급하여야 한다. <개정 2013.3.23., 2018.12.31.>

④제조업자 또는 수입업자가 제1항에 따라 자가품질검사를 실시한 경우에는 그 품질검사에 관한 기록서를 2년간 보관하여야 한다.

⑤제1항에 따른 검사의 기준 및 절차에 필요한 사항은 농림축산식품부령으로 정한다. <개정 2018.12.31.>

제20조의2(사료시험검사기관의 지정 등) ①농림축산식품부장관은 제20조제1항에 따른 사료의 검사 등의 업무를 수행할 수 있는 기관을 사료시험검사기관으로 지정할 수 있다.

②사료시험검사기관으로 지정받으려는 자는 사료의 검사 등을 위하여 필요한 시설과 인력 등 농림축산식품부령으로 정하는 지정기준을 갖추어 농림축산식품부장관에게 신청하여야 한다.

③농림축산식품부장관은 제1항에 따라 사료시험검사기관을 지정한 경우에는 농림축산식품부 인터넷 홈페이지에 그 사실을 공고하여야 한다.

④사료시험검사기관 지정의 유효기간은 지정받은 날부터 3년으로 한다. 이 경우 지정의 유효기간이 만료된 후에도 계속해서 사료의 검사 등의 업무를 하려는 사료시험검사기관은 지정의 유효기간이 만료되기 2개월 전까지 다시 지정을 신청하여야 한다.

⑤제1항부터 제4항까지에서 규정한 사항 외에 사료시험검사기관의 지정 절차, 지정받은 사항을 변경하려는 경우의 절차 및 그 밖에 사료시험검사기관 지정에 필요한 사항은 농림축산식품부령으로 정한다.
[본조신설 2018.12.31.]

제20조의3(사료시험검사기관의 지정취소 등) ①농림축산식품부장관은 사료시험검사기관이 다음 각 호의 어느 하나에 해당하는 경우에는 지정을 취소하거나 6개월 이내의 기간을 정하여 업무의 정지 또는 시정을 명할 수 있다. 다만, 제1호에 해당하는 경우에는 지정을 취소하여야 한다.

1. 거짓이나 그 밖에 부정한 방법으로 지정을 받은 경우
2. 고의 또는 중대한 과실로 사료검정증명서를 사실과 다르게 발급한 경우
3. 업무 정지 기간 중 제20조제2항에 따른 업무를 한 경우
4. 제20조의2제2항에 따른 지정기준을 갖추지 못하게 된 경우

②제1항에 따라 사료시험검사기관의 지정이 취소된 자는 지정이 취소된 날부터 2년간 사료시험검사기관의 지정을 받을 수 없다.

③농림축산식품부장관은 제1항에 따라 사료시험검사기관의 지정을 취소한 경우에는 그 사실을 농림축산식품부 인터넷 홈페이지에 공고하여야 한다.

④제1항에 따른 지정의 취소, 업무의 정지 및 시정명령의 세부기준은 농림축산식품부령으로 정한다.
[본조신설 2018.12.31.]

제21조(사료검사) ①농림축산식품부장관 또는 시·도지사는 사료의 안전성확보와 품질관리에 필요하다고 인정하거나 사료의 수요자로부터 제20조제1항 각 호의 사항 등에 대한 검사를 의뢰받은 경우에는 사료검사를 실시할 수 있다. <개정 2013.3.23.>

②농림축산식품부장관 또는 시·도지사는 제1항에 따라 사료검사를 실시하는 경우에는 농림축산식품부령으로 정하는 바에 따라 관계 공무원 또는 농림축산식품부장관

이 지정하는 자(이하 "사료검사원"이라 한다)로 하여금 제조업자·수입업자 또는 판매업자가 제조·수입 또는 판매하는 사료를 검사하거나 검사에 필요한 최소량의 시료(試料)를 무상으로 수거(收去)하게 할 수 있다. <개정 2013.3.23.>

③사료검사원의 자격·직무범위 등에 필요한 사항은 농림축산식품부령으로 정한다. <개정 2013.3.23.>

제22조(사료검정기관 지정 등) ①농림축산식품부장관은 제21조에 따라 수거한 사료의 검정을 행하게 하기 위하여 다음 각 호의 시설을 모두 갖춘 기관을 사료검정기관으로 지정할 수 있다. <개정 2013.3.23.>

1. 사료의 일반 조성분을 분석할 수 있는 시설
2. 사료의 현미경검사를 할 수 있는 시설
3. 유해물질을 분석할 수 있는 시설
4. 열량·아미노산·비타민 및 광물질을 분석할 수 있는 시설
5. 미생물·유해독소와 사료로서 부적합한 것의 혼합 여부를 검정 또는 감별할 수 있는 시설
6. 유기산·효소 등을 분석할 수 있는 시설
7. 잔류농약과 동물용의약품을 분석할 수 있는 시설

②제1항에 따른 사료검정기관의 지정방법 및 사료의 검정방법 등에 필요한 사항은 농림축산식품부령으로 정한다. <개정 2013.3.23.>

③농림축산식품부장관은 제1항에 따라 지정된 사료검정기관이 다음 각 호의 어느 하나에 해당하는 경우에는 그 지정을 취소하거나 6개월 이내의 기간을 정하여 검정업무의 정지 또는 시정을 명할 수 있다. 다만, 제1호 또는 제2호에 해당하는 경우에는 그 지정을 취소하여야 한다. <개정 2013.3.23.>

1. 거짓이나 그 밖의 부정한 방법으로 지정을 받은 경우
2. 검정업무정지기간 중에 검정업무를 한 경우
3. 제1항에 따른 지정요건에 적합하지 아니하게 된 경우
4. 시정명령을 받고 이를 이행하지 아니한 경우
5. 제2항에 따른 사료의 검정방법을 위반하여 검정한 경우

제23조(사료의 재검사) ①농림축산식품부장관 또는 시·도지사는 제21조에 따른 사료검사 결과 해당 사료가 사료공정에 위반되거나 제24조 각 호의 어느 하나에 해당하는 경우에는 해당 제조업자 또는 수입업자에게 그 검사 결과를 통보하여야 한다. <개정 2013.3.23.>

②제1항에 따른 통보를 받은 제조업자 또는 수입업자는 그 검사 결과에 대하여 이의가 있는 경우에는 농림축산식품부령으로 정하는 바에 따라 농림축산식품부장관 또는 시·도지사에게 재검사를 의뢰할 수 있다. <개정 2013.3.23.>

③제2항에 따른 재검사의 의뢰를 받은 농림축산식품부장관 또는 시·도지사는 농림
축산식품부령으로 정하는 바에 따라 재검사 여부를 결정한 후 그 결과를 해당 제
조업자 또는 수입업자에게 통보하여야 한다. <개정 2013.3.23.>

④농림축산식품부장관 또는 시·도지사는 제3항에 따라 해당 사료에 대하여 재검사
를 결정한 경우에는 지체 없이 제22조에 따른 사료검정기관에 재검정을 실시하게
한 후 그 결과를 해당 제조업자 또는 수입업자에게 통보하여야 한다. 이 경우 재
검정수수료 및 보세창고료 등 재검사 실시에 따르는 비용은 재검사를 요청한 제조
업자 또는 수입업자가 부담한다. <개정 2013.3.23.>

제24조(폐기 등의 조치) 농림축산식품부장관 또는 시·도지사는 제21조에 따른 사
료검사 결과 또는 제23조에 따른 재검사 결과 해당 사료가 다음 각 호의 어느 하
나에 해당하는 경우에는 관계 공무원으로 하여금 해당 사료의 제조·수입·판매
또는 공급의 금지에 필요한 조치를 하게 하거나 해당 사료의 제조업자·수입업자
또는 판매업자에게 해당 사료를 회수·폐기, 그 밖에 해당 사료의 품질 및 안전상
의 위해가 제거될 수 있도록 용도·처리방법 등을 정하여 필요한 조치를 할 것을
명할 수 있다. <개정 2013.3.23.>

1. 사료의 성분이 성분등록된 사항과 농림축산식품부령으로 정하는 기준 이상으로
   차이가 나는 경우
2. 제14조제1항 각 호의 어느 하나에 해당하는 경우

제25조(제조업의 등록취소 등) ①시·도지사는 제조업자 또는 수입업자가 다음 각
호의 어느 하나에 해당하는 경우에는 그 등록을 취소하거나 6개월 이내의 기간을
정하여 영업의 전부 또는 일부의 정지를 명할 수 있다. 다만, 제1호 또는 제2호에
해당하는 경우에는 그 등록을 취소하여야 한다. <개정 2013.3.23.>

1. 거짓이나 그 밖의 부정한 방법으로 등록을 한 경우
2. 영업정지명령을 위반하여 영업을 한 경우
3. 제7조제1항을 위반하여 수입한 사료를 판매한 경우
4. 제8조제2항에 따른 등록기준에 적합하지 아니하게 된 경우
5. 제8조제3항을 위반하여 신고하지 아니하고 제조시설을 변경한 경우
6. 제10조제1항을 위반하여 사료안전관리인을 두지 아니한 경우
7. 제10조제4항을 위반하여 사료안전관리인의 업무를 방해하거나 정당한 사유 없이
   사료안전관리인의 요청에 따르지 아니한 경우
8. 제11조제2항을 위반하여 사료공정에 따라 사료를 제조·사용 또는 보존하지 아
   니한 경우
9. 제12조제1항을 위반하여 성분등록을 하지 아니하고 사료를 제조 또는 수입한 경우
10. 제13조제1항을 위반하여 표시사항을 표시하지 아니하고 제조 또는 수입한 사료

를 판매한 경우

11. 제13조제2항을 위반하여 표시사항을 거짓으로 표시하거나 과장하여 표시한 경우

12. 제14조제1항 각 호의 어느 하나에 해당하는 사료를 제조·수입 또는 판매하거나 사료의 원료로 사용한 경우

13. 제15조제1항에 따른 특정성분의 함량 제한을 위반한 자

14. 제15조제2항에 따른 물질·사료의 혼합 제한을 위반한 자

15. 제19조제1항을 위반하여 신고를 하지 아니하고 사료를 수입한 경우

16. 제20조제1항에 따라 검사를 하지 아니하고 같은 조 제2항에 따라 검정을 하지도 아니한 경우

17. 제20조제4항에 따라 농림축산식품부령으로 정하는 검사에 관한 기록을 보존하지 아니한 경우

18. 제24조에 따른 조치명령에 따르지 아니한 경우

19. 제27조제3항에 따른 조치명령에 따르지 아니한 경우

②제1항에 따른 행정처분의 기준과 절차 등에 필요한 사항은 농림축산식품부령으로 정한다. <개정 2013.3.23.>

제26조(과징금처분) ①시·도지사는 제조업자 또는 수입업자가 제25조제1항제3호부터 제19호까지의 어느 하나에 해당하는 경우에는 영업정지처분을 갈음하여 1천만원 이하의 과징금을 부과할 수 있다. 다만, 제14조제1항제1호를 3회 이상 위반하거나 같은 항 제3호 및 제7호를 위반하여 제25조제1항제12호에 해당하는 경우는 제외한다. <개정 2020.2.11.>

②제1항에 따라 과징금을 부과하는 위반행위의 종별·정도 등에 따른 과징금의 금액이나 그 밖에 필요한 사항은 대통령령으로 정한다.

③시·도지사는 제1항에 따른 과징금을 납부하여야 할 자가 납부기한까지 납부하지 아니하면 「지방행정제재·부과금의 징수 등에 관한 법률」에 따라 징수한다. <개정 2013.8.6., 2020.3.24.>

제5장 보칙

제27조(감독) ①농림축산식품부장관 또는 시·도지사는 사료의 수급조절 및 품질관리에 필요하다고 인정하는 경우에는 제조업자·수입업자, 그 밖의 관계인에 대하여 필요한 보고를 하게 하거나 관계 공무원으로 하여금 제조업자·수입업자·판매업자·사료시험검사기관 또는 사료검정기관의 사무소·공장 또는 창고에 출입하여 장부·서류·사료, 그 밖의 물건을 검사하게 할 수 있다. <개정 2013.3.23., 2018.12.31.>

②농림축산식품부장관 또는 시·도지사는 제14조제1항제7호의 사료를 동물등에게 사용금지하는데 필요하다고 인정하는 경우에는 관계 공무원으로 하여금 농가 등에

출입하여 이를 검사하게 할 수 있다. <개정 2013.3.23.>

③농림축산식품부장관 또는 시·도지사는 제1항 및 제2항에 따른 검사 결과 필요하다고 인정하는 경우에는 제조업자·수입업자·사료시험검사기관·사료검정기관·농가 등에 대하여 시설·기계 및 장비의 개선·보완, 그 밖의 농림축산식품부령으로 정하는 조치를 명할 수 있다. <개정 2013.3.23., 2018.12.31.>

제27조의2(사료관리정보시스템의 구축·운영) ①농림축산식품부장관은 사료의 수급안정·품질관리 및 안전성 확보에 관한 업무를 효율적으로 수행하기 위하여 정보시스템(이하 "사료관리정보시스템"이라 한다)을 구축·운영할 수 있다.

②농림축산식품부장관은 사료관리정보시스템의 구축·운영을 위하여 필요한 경우에는 시·도지사, 「농업협동조합법」에 따른 농협경제지주회사, 사료관련 단체 및 제조업자 등에게 필요한 자료의 입력 또는 제출을 요청할 수 있다. 이 경우 요청을 받은 자는 특별한 사유가 없으면 이에 협조하여야 한다. <개정 2020.2.11.>

③제1항 및 제2항에서 정한 사항 외에 사료관리정보시스템의 구축·운영에 필요한 사항은 농림축산식품부령으로 정한다.

[본조신설 2018.12.31.]

제28조(수수료 등) ①다음 각 호의 어느 하나에 해당하는 자는 농림축산식품부령으로 정하는 바에 따라 수수료를 납부하여야 한다. <개정 2013.3.23., 2016.5.29.>

1. 제8조제1항 본문에 따라 제조업의 등록을 하는 자
2. 제12조제1항에 따라 성분등록을 하는 자
3. 제16조제3항에 따라 지정을 받는 자
4. 제16조제5항에 따라 교육훈련을 받는 자
5. 제16조제10항에 따라 심사를 받는 자

②다음 각 호의 어느 하나에 해당하는 자는 농림축산식품부령으로 정하는 바에 따라 검사료를 납부하여야 한다. <개정 2013.3.23.>

1. 제20조제2항에 따라 사료의 검사를 의뢰하는 자
2. 제21조제1항에 따라 사료의 검사를 의뢰하는 자
3. 제23조제2항에 따라 사료의 재검사를 의뢰하는 자

제29조(증표의 제시) 제19조제2항·제21조제2항·제24조 또는 제27조제1항 및 제2항에 따라 검정·검사 또는 폐기조치 등을 하는 자는 그 권한을 나타내는 증표를 지니고 이를 관계인에게 내보여야 한다.

제30조(청문) ①농림축산식품부장관은 제20조의3제1항에 따라 사료시험검사기관의 지정을 취소하려는 경우에는 청문을 하여야 한다. <신설 2018.12.31.>

②시·도지사는 제25조에 따른 제조업자에 대한 등록취소 처분을 하려는 경우에는

청문을 하여야 한다. <개정 2018.12.31.>

제31조(권한의 위임·위탁) ①이 법에 따른 농림축산식품부장관의 권한은 그 일부를 대통령령으로 정하는 바에 따라 소속 기관장 또는 시·도지사에게 위임할 수 있다. <개정 2013.3.23.>
②농림축산식품부장관은 제19조에 따른 사료의 수입신고의 수리 및 검정업무를 대통령령으로 정하는 바에 따라 사료관련 단체에 위탁할 수 있다. <개정 2013.3.23.>
③시·도지사는 제12조제1항에 따른 성분등록에 관한 업무를 대통령령으로 정하는 바에 따라 사료관련 단체에 위탁할 수 있다.

제32조(벌칙 적용에서의 공무원 의제) 사료시험검사기관에서 검정 업무에 종사하는 임직원, 제22조에 따라 검정업무에 종사하는 사료검정기관의 임직원, 또는 제31조제2항 및 제3항에 따라 위탁한 업무에 종사하는 사료관련 단체의 임직원은 「형법」 제129조부터 제132조까지의 규정에 따른 벌칙의 적용에서는 공무원으로 본다. <개정 2018.12.31.>

판례 – 식품위생법위반·사료관리법위반
[대법원 2010.2.11., 선고, 2009도2338, 판결]

【판시사항】
[1] 범죄구성요건 해당 사실의 근거가 되는 과학적 연구 결과의 증거조사 방법

[2] '사료'로서 수입신고를 마친 후 '식품'으로 판매 등을 하는 경우,
구 식품위생법 제4조 제7호 위반죄가 성립하는지 여부(적극)

[3] 구 식품위생법 제4조 제7호 위반죄가 성립하기 위한 '수입신고를 하여야 하는 경우에 신고하지 아니하고 수입한 것' 및
구 사료관리법 제7조 위반죄의 '수입한 사료'에 대한 인식 정도

[4] '낚시떡밥'이 구 사료관리법 제2조 제1호의 '사료'에 해당하는지 여부(소극)

【판결요지】
[1] 범죄구성요건에 해당하는 사실을 증명하기 위한 근거가 되는 과학적인 연구 결과는 적법한 증거조사를 거친 증거능력 있는 증거에 의하여 엄격한 증명으로 증명되어야 한다.

[2] 비록 사료로서 수입신고를 마쳤다고 하더라도 이를 식품으로 판매 등을 하는 경우에는 '구 식품위생법(2009.2.6. 법률 제9432호로 전부 개정되기 전의 것) 제16조 제1항의 규정에 의하여 수입신고를 하여야 함에도 신고하지 아니한 것'에 해당하여 구 식품위생법 제4조 제7호 위반죄가 성립한다.

[3]구 식품위생법(2009.2.6. 법률 제9432호로 전부 개정되기 전의 것) 제4조 제7호 위반죄의 '수입신고를 하여야 하는 경우에 신고하지 아니하고 수입한 것'이라는 인식 및 구 사료관리법(2008.2.29. 법률 제8852호로 개정되기 전의 것)

제7조 위반죄의 '수입한 사료'라는 인식은 범죄구성요건의 주관적 요소로서 이는 미필적인 것으로도 충분하다.

[4] '낚시떡밥'은 동물·어류 등에 영양이 되거나 그 건강유지 또는 성장을 위하여 필요한 것이라고 할 수 없어,
구 사료관리법(2008.2.29. 법률 제8852호로 개정되기 전의 것) 제2조 제1호의 '사료'에 해당하지 아니한다.

제6장 벌칙

제33조(벌칙) 다음 각 호의 어느 하나에 해당하는 자는 3년 이하의 징역 또는 3천만원 이하의 벌금에 처한다. <개정 2015.2.3.>
1. 제14조제1항을 위반하여 사료를 제조·수입 또는 판매하거나 사료의 원료로 사용한 자
2. 제14조제2항을 위반하여 사료를 사용한 자

제34조(벌칙) 다음 각 호의 어느 하나에 해당하는 자는 1년 이하의 징역 또는 1천만원 이하의 벌금에 처한다. <개정 2015.2.3., 2016.5.29.>
1. 제7조제1항을 위반하여 수입한 사료를 판매한 자
2. 제8조제1항 본문을 위반하여 등록을 하지 아니하고 제조업을 영위하거나 거짓이나 그 밖의 부정한 방법으로 등록한 자
3. 제10조제1항을 위반하여 사료안전관리인을 두지 아니한 자
4. 제10조제4항을 위반하여 사료안전관리인의 업무를 방해하거나 정당한 사유 없이 사료안전관리인의 요청에 따르지 아니한 자
5. 제11조제2항을 위반하여 사료공정에 따라 사료를 제조·사용 또는 보존하지 아니한 자
6. 제12조제1항을 위반하여 성분등록을 하지 아니하고 사료를 제조 또는 수입하거나 거짓이나 그 밖의 부정한 방법으로 성분등록을 한 자
7. 제13조제1항을 위반하여 표시사항을 표시하지 아니하고 제조 또는 수입한 사료를 판매한 자
8. 제13조제2항을 위반하여 표시사항을 거짓으로 표시하거나 과장하여 표시한 자
9. 제15조제1항에 따른 특정성분의 함량 제한을 위반한 자
10. 제15조제2항에 따른 물질·사료의 혼합 제한을 위반한 자
11. 제19조제1항을 위반하여 신고하지 아니하고 사료를 수입한 자
12. 제20조제1항에 따라 검사를 하지 아니하고 같은 조 제2항에 따라 검정을 하지도 아니한 자
13. 제24조에 따른 조치명령에 따르지 아니한 자

402 · 사료관리법

14. 제25조에 따른 영업정지명령을 위반하여 영업을 한 자
15. 제27조제3항에 따른 조치명령에 따르지 아니한 자

판례 - 식품위생법위반·사료관리법위반
[대법원 2010.2.11., 선고, 2009도2338, 판결]

【판시사항】

[1] 범죄구성요건 해당 사실의 근거가 되는 과학적 연구 결과의 증거조사 방법

[2] '사료'로서 수입신고를 마친 후 '식품'으로 판매 등을 하는 경우, 구 식품위생법 제4조 제7호 위반죄가 성립하는지 여부(적극)

[3] 구 식품위생법 제4조 제7호 위반죄가 성립하기 위한 '수입신고를 하여야 하는 경우에 신고하지 아니하고 수입한 것' 및 구 사료관리법 제7조 위반죄의 '수입한 사료'에 대한 인식 정도

[4] '낚시떡밥'이 구 사료관리법 제2조 제1호의 '사료'에 해당하는지 여부(소극)

【판결요지】

[1] 범죄구성요건에 해당하는 사실을 증명하기 위한 근거가 되는 과학적인 연구 결과는 적법한 증거조사를 거친 증거능력 있는 증거에 의하여 엄격한 증명으로 증명되어야 한다.

[2] 비록 사료로서 수입신고를 마쳤다고 하더라도 이를 식품으로 판매 등을 하는 경우에는 '구 식품위생법(2009. 2. 6. 법률 제9432호로 전부 개정되기 전의 것) 제16조 제1항의 규정에 의하여 수입신고를 하여야 함에도 신고하지 아니한 것'에 해당하여 구 식품위생법 제4조 제7호 위반죄가 성립한다.

[3] 구 식품위생법(2009. 2. 6. 법률 제9432호로 전부 개정되기 전의 것) 제4조 제7호 위반죄의 '수입신고를 하여야 하는 경우에 신고하지 아니하고 수입한 것'이라는 인식 및 구 사료관리법(2008. 2. 29. 법률 제8852호로 개정되기 전의 것) 제7조 위반죄의 '수입한 사료'라는 인식은 범죄구성요건의 주관적 요소로서 이는 미필적인 것으로도 충분하다.

[4] '낚시떡밥'은 동물·어류 등에 영양이 되거나 그 건강유지 또는 성장을 위하여 필요한 것이라고 할 수 없어, 구 사료관리법(2008. 2. 29. 법률 제8852호로 개정되기 전의 것) 제2조 제1호의 '사료'에 해당하지 아니한다.

제35조(양벌규정) ①법인의 대표자, 대리인, 사용인, 그 밖의 종업원이 그 법인의 업무에 관하여 제33조 또는 제34조의 위반행위를 하면 그 행위자를 벌할 뿐만 아니라 그 법인에도 해당 조문의 벌금형을 과(科)한다. 다만, 법인이 그 위반행위를 방지하기 위하여 해당 업무에 관하여 상당한 주의와 감독을 게을리하지 아니한 때에는 그러하지 아니하다.

②개인의 대리인, 사용인, 그 밖의 종업원이 그 개인의 업무에 관하여 제33조 또는 제34조의 위반행위를 하면 그 행위자를 벌할 뿐만 아니라 그 개인에게도 해당 조

문의 벌금형을 과한다. 다만, 개인이 그 위반행위를 방지하기 위하여 해당 업무에 관하여 상당한 주의와 감독을 게을리하지 아니한 때에는 그러하지 아니하다.

제36조(과태료) ①다음 각 호의 어느 하나에 해당하는 자에게는 500만원 이하의 과태료를 부과한다. <개정 2018.12.31.>

1. 제10조제3항 전단을 위반하여 제조업자에게 시정을 요청하지 아니하거나 시·도지사에게 이를 보고하지 아니한 자

1의2. 제10조제5항을 위반하여 대리자를 지정하지 아니한 자

2. 제16조제8항을 위반하여 위해요소중점관리기준 적용 사료공장이라는 명칭을 사용한 자

3. 제21조제2항에 따른 사료검사를 거부·방해 또는 기피한 자

4. 제27조제1항에 따른 보고를 하지 아니하거나 검사를 거부·방해 또는 기피한 자

②제1항에 따른 과태료는 대통령령으로 정하는 바에 따라 농림축산식품부장관 또는 시·도지사(이하 "부과권자"라 한다)가 부과·징수한다. <개정 2013. 3. 23.>

③삭제 <2018.12.31.>

④삭제 <2018.12.31.>

⑤삭제 <2018.12.31.>

부칙

<제17091호, 2020.3.24.>

제1조(시행일) 이 법은 공포한 날부터 시행한다. <단서 생략>

제2조 및 제3조 생략

제4조(다른 법률의 개정) ①부터 ⑩까지 생략

⑪ 사료관리법 일부를 다음과 같이 개정한다.

제26조제3항 중 "「지방세외수입금의 징수 등에 관한 법률」"을 "「지방행정제재·부과금의 징수 등에 관한 법률」"로 한다.

⑫부터 <102>까지 생략

제5조 생략

사료관리법 시행령

[시행 2019.7.2]
[대통령령 제29950호, 2019.7.2, 타법개정]

제1조(목적) 이 영은 「사료관리법」에서 위임된 사항과 그 시행에 필요한 사항을 규정함을 목적으로 한다.

제2조(재정지원) 「사료관리법」(이하 "법"이라 한다) 제3조제3항에 따라 보조금을 지급하거나 재정자금을 융자하는 경우의 지원 대상, 지원 비율, 지원 조건, 그 밖에 필요한 사항은 예산 및 재정자금융자조건의 범위에서 농림축산식품부장관이 정한다. <개정 2013.3.23.>

제3조(사료안전관리인) 법 제10조제1항에서 "미량광물질 등 대통령령으로 정하는 사료"란 단미사료 중 미량광물질사료 및 남은음식물사료를 말한다.

제4조(사료공장의 위해요소중점관리 담당기관 지정 등) ①법 제17조제1항에 따른 사료공장의 위해요소중점관리 담당기관(이하 "담당기관"이라 한다)은 다음 각 호 요건을 모두 갖춘 법인 중에서 농림축산식품부장관이 지정하여 고시한다. <개정 2013.3.23.>
1. 「민법」·「상법」 외의 법률에 따라 설립된 법인일 것
2. 사료의 원료관리, 제조 및 유통과정의 위해요소중점관리에 관한 전문성을 갖추고 있을 것
②제1항에 따라 지정된 담당기관은 다음 각 호의 업무를 수행한다.
1. 법 제16조제1항에 따른 위해요소중점관리기준의 제정 및 운용에 관한 조사·연구
2. 법 제16조제3항에 따른 위해요소중점관리기준 적용 사료공장의 지정 업무의 지원
3. 법 제16조제10항에 따른 위해요소중점관리기준의 준수 여부 등에 관한 심사
4. 제1호부터 제3호까지의 업무와 관련된 부대 업무

제5조(과징금을 부과할 위반행위의 종별과 과징금의 금액) ①법 제26조제1항에 따라 과징금을 부과하는 위반행위의 종별·정도 등에 따른 과징금의 금액은 별표 1의 부과기준을 적용하여 산정한다.
②특별시장·광역시장·도지사 또는 특별자치도지사(이하 "시·도지사"라 한다)는 위반행위의 정도·내용 및 횟수 등을 고려하여 제1항에 따른 과징금의 금액을 2분의 1의 범위에서 가중 또는 감경할 수 있다. 이 경우 가중하는 때에도 과징금의 총액은 법 제26조제1항에 따른 과징금의 상한을 초과할 수 없다.

제6조(과징금의 부과 및 납부) ①시·도지사는 법 제26조에 따라 과징금을 부과하려면 그 위반사실과 부과금액 등을 서면으로 자세히 밝혀 이를 낼 것을 과징금 부과 대상자에게 알려야 한다.

②제1항에 따라 통지를 받은 자는 통지를 받은 날부터 30일 이내에 시·도지사가 정하는 수납기관에 과징금을 내야 한다. 다만, 천재지변이나 그 밖의 부득이한 사유로 그 기간 내에 과징금을 낼 수 없을 때에는 그 사유가 없어진 날부터 7일 이내에 내야 한다.

③제2항에 따라 과징금을 받은 수납기관은 그 납부자에게 영수증을 내줘야 하고, 지체 없이 그 사실을 시·도지사에게 알려야 한다.

④시·도지사는 법 제26조제1항에 따른 과징금의 부과·징수에 관한 사항을 기록·관리하여야 한다.

제7조(권한 또는 업무의 위임·위탁) ① 농림축산식품부장관은 법 제31조제1항에 따라 다음 각 호의 권한을 국립농산물품질관리원장에게 위임한다. <신설 2018.10.30., 2019.6.18.>

1. 법 제20조의2 및 제20조의3에 따른 사료시험검사기관의 지정, 지정취소, 업무정지 및 시정명령
2. 법 제21조제1항 및 제2항에 따른 사료검사, 사료검사원의 지정 및 시료 수거
3. 법 제23조에 따른 사료검사 결과 통보, 재검사 의뢰 접수, 재검사 여부 결정·통보, 재검정 실시 및 결과 통보
4. 법 제27조에 따른 보고 명령·출입 검사, 개선·보완·조치 명령
5. 법 제30조제1항에 따른 청문
6. 법 제36조제2항에 따른 과태료의 부과·징수(같은 조 제1항제3호 및 제4호에 해당하는 위반행위로 한정한다)

②농림축산식품부장관은 법 제31조제2항에 따라 법 제19조에 따른 사료 수입신고의 수리 및 검정업무를 농림축산식품부장관이 해당 업무를 수행할 수 있다고 인정하여 지정·고시하는 사료관련 단체에 위탁한다. <개정 2013.3.23., 2018.10.30.>

[제목개정 2018.10.30.]

제8조(과태료의 부과기준) 법 제36조제1항에 따른 과태료의 부과기준은 별표 2와 같다.

부칙

<제29950호, 2019.7.2.>

이 영은 공포한 날부터 시행한다. <단서 생략>

사료관리법 시행규칙

[시행 2019.11.14]
[농림축산식품부령 제461호, 2019.11.14, 타법개정]

제1조(목적) 이 규칙은 「사료관리법」 및 같은 법 시행령에서 위임된 사항과 그 시행에 필요한 사항을 규정함을 목적으로 한다.

제2조(사료의 안전성지도기준 등) 농림축산식품부장관은 「사료관리법」(이하 "법"이라 한다) 제3조제1항에 따라 사료의 안전성확보에 관한 시책을 수립·시행하면서 사료에 남아 있는 농약 및 동물용의약품의 유해기준을 정하는 경우, 미리 해당 사료의 제조업자 등에게 유해기준 설정에 대비하게 하거나 이에 관련된 기술 지도 등을 하기 위하여 필요하다고 인정할 때에는 유해기준 설정 예정 품목 및 품목별 안전성 지도기준 등 필요한 사항을 고시할 수 있다. <개정 2013.3.23.>

제3조(수출목적으로 제조한 사료에 대한 적용 배제) 법 제4조에서 "농림축산식품부령으로 정하는 사료"란 배합사료, 보조사료 및 단미사료를 말한다. <개정 2013.3.23.>

제4조(사료의 용도) 법 제7조제1항에서 "그 밖의 농림축산식품부령으로 정하는 용도"란 다음 각 호의 어느 하나에 해당하는 용도를 말한다.
1. 연구용·시험용
2. 「초·중등교육법」 및 「고등교육법」에 따른 학교의 실습용
3. 사료가 변질되어 사료로 사용될 수 없는 경우 비료용 등 농림축산식품부장관이 정하는 용도
4. 농림축산식품부장관이 양곡의 수급조절상 필요하다고 인정하는 경우 양곡용
[전문개정 2015.1.2.]

제5조(제조업의 등록) ①법 제8조제1항 본문에 따라 배합사료, 보조사료 또는 단미사료 제조업의 등록을 하려는 자는 별지 제1호서식의 사료제조업등록신청서에 시설개요서를 첨부하여 제조시설의 소재지를 관할하는 특별시장·광역시장·특별자치시장·도지사 또는 특별자치도지사(이하 "시·도지사"라 한다)에게 제출하여야 한다. 다만, 단미사료의 제조업으로서 어선 등 제조시설이 이동성이 있는 것인 경우에는 주사무소의 소재지 또는 주로 입항하는 항구를 관할하는 시·도지사에게 제출하여야 한다. <개정 2016.11.30.>
②시·도지사가 제1항에 따른 제조업의 등록신청을 받은 때에는 해당 시설을 검사하고, 그 시설이 제6조에 따른 기준에 적합하면 별지 제2호서식의 사료제조업등록증

을 발급하여야 한다.

③법 제8조제1항 단서에서 "농림축산식품부령으로 정하는 부산물"이란 다음 각 호의 어느 하나에 해당하는 사료를 말한다. <신설 2016.11.30.>

1. 곡류, 강피류 또는 박류 등 농림축산식품부장관이 정하여 고시하는 단미사료
2. 감미료 또는 조미료 등 농림축산식품부장관이 정하여 고시하는 보조사료

④법 제8조제1항 단서에서 "농림축산식품부령으로 정하는 규모"란 1일 4톤을 말한다. <신설 2016.11.30.>

제6조(제조업의 시설기준) 법 제8조제2항에 따른 사료제조업의 시설기준은 별표 1부터 별표 3까지와 같다.

제7조(시설 변경의 신고범위 등) ①법 제8조제6항에서 "농림축산식품부령으로 정하는 제조시설"이란 다음 각 호의 제조시설을 말한다. <개정 2013.3.23., 2019.7.1.>

1. 배합시설
2. 분쇄시설
3. 삶는시설 및 가열시설

②법 제8조제3항에 따라 제1항의 제조시설의 변경신고를 하려는 자는 별지 제3호서식의 제조시설변경신고서에 사료제조업등록증과 변경 내용 및 사유서를 첨부하여 시·도지사에게 제출하여야 한다.

③법 제8조제4항에 따라 휴업·폐업 또는 휴업 후 영업 재개 신고를 하려는 제조업자는 별지 제4호서식에 따른 휴업·폐업 또는 휴업 후 영업재개신고서에 사료제조업등록증과 사유서를 첨부하여 시·도지사에게 제출하여야 한다.

제8조(제조업의 승계) 법 제9조제3항에 따라 제조업자의 지위승계 신고를 하려는 자는 승계일부터 30일 이내에 별지 제5호서식에 따른 제조업승계신고서에 승계사유와 승계사항을 증명할 수 있는 서류를 첨부하여 시·도지사에게 제출하여야 한다.

제9조(사료안전관리인의 자격과 인원) ①법 제10조제1항에 따른 사료안전관리인이 될 수 있는 사람은 다음 각 호의 어느 하나에 해당하여야 한다.
<개정 2013.3.23., 2015.1.2.>

1. 「고등교육법」 제2조에 따른 대학 또는 전문대학에서 축산학, 수의학, 생명공학·생명과학, 식품공학·식품영양학, 농화학, 화학, 화학공학, 약학 관련 분야의 학과 또는 학부를 졸업한 사람이나 이와 같은 수준 이상의 학력이 있는 사람
2. 축산기사, 축산기술사, 수의사 또는 약사의 자격이 있는 사람
3. 외국에서 제1호에 해당하는 대학의 학과 또는 학부를 졸업하였거나 제2호에 해당하는 자격을 취득한 사람으로서 농림축산식품부장관이 인정하는 사람

②법 제10조제5항에 따른 사료안전관리인 대리자는 법 제3조제3항에 따른 사료관련

단체에서 실시하는 사료 품질 및 안전성 교육을 이수하고 1년이 지나지 않은 자로 한다. 이 경우 대리자가 사료안전관리인의 직무를 대행하는 기간은 30일을 초과할 수 없다. <신설 2019.7.1.>

③법 제10조제1항 및 「사료관리법 시행령」(이하 "영"이라 한다) 제3조에 따른 사료의 제조업자는 사료안전관리인을 1명 이상 두어야 한다. <개정 2019.7.1.>

제10조(사료안전관리인의 직무) 법 제10조제1항에 따른 사료안전관리인의 직무는 다음 각 호와 같다. <개정 2013.3.23.>
1. 사료의 안전성이 저하되지 않도록 제조시설을 관리
2. 사료의 제조, 사용 및 보존방법 등이 법 제11조제1항 전단에 따른 사료공정(이하 "사료공정"이라 한다)에 적합하도록 관리
3. 사료의 성분 등이 법 제12조제1항 본문에 따른 성분등록(이하 "성분등록"이라 한다)에 적합하도록 관리
4. 용기나 포장에의 표시사항이 법 제13조제1항 및 이 규칙 제14조에 따른 사료의 표시사항과 그 표시방법(이하 "표시기준"이라 한다)에 적합하도록 관리
5. 법 제20조제1항 및 제2항에 따른 자가품질검사
6. 사료의 품질 및 안전성 관리에 관한 종업원 교육
7. 그 밖에 농림축산식품부장관이 사료의 품질관리 및 안전성 확보를 위하여 필요하다고 인정하는 사항

제11조(사료공정의 설정 절차 등) ①농림축산식품부장관은 법 제11조제1항에 따라 사료공정을 설정·변경 또는 폐지하려면 농촌진흥청 국립축산과학원장(이하 "축산과학원장"이라 한다)에게 시험의 실시 등 사료공정의 설정에 필요한 사항을 검토하게 하여야 한다. <개정 2013.3.23.>

②누구든지 사료공정의 설정·변경 또는 폐지를 농림축산식품부장관에게 요청할 수 있다. 이 경우 요청인은 사료공정과 관련된 문헌, 원료와 시험에 필요한 특수시약을 제출하여야 한다. <개정 2013.3.23., 2015.1.2.>

[제목개정 2015.1.2.]

제12조(사료성분의 등록 등) ①제조업자 또는 수입업자가 법 제12조제1항 본문에 따라 사료의 성분등록을 하려는 경우에는 별지 제6호서식 또는 별지 제7호서식의 사료성분등록신청서에 다음 각 호의 서류를 첨부하여 시·도지사에게 제출하여야 한다. <개정 2015.1.2.>
1. 사용한 원료의 명칭을 적은 서류
2. 원료배합비율표(배합사료의 경우에만 해당한다)
3. 사료의 제조공정 설명서

②법 제12조제1항 단서에서 "농림축산식품부령으로 정하는 사료"란 다음 각 호의 사

료를 말한다. <개정 2013.3.23., 2015.1.2., 2017.7.12.>

1.제조업자, 법 제3조제3항에 따른 사료관련 단체 또는 「농업협동조합법」 제161조의 3에 따른 농협경제지주회사(이하 "농협경제지주회사"라 한다)가 자가제조(사료관련 단체의 경우에는 회원업체가 제조하는 경우를 포함하고, 농협경제지주회사의 경우에는 「농업협동조합법」 제2조제4호에 따른 농업협동조합중앙회의 회원조합이 제조하는 경우를 포함한다)를 위하여 수입하는 사료의 원료에 해당하는 사료

2.농림축산식품부장관이 사료성분을 등록할 필요가 없다고 인정하여 고시한 사료

③법 제12조제2항에 따른 사료성분등록증은 별지 제8호서식과 같다.

④시ㆍ도지사는 제3항에 따른 성분등록증을 발급하였을 때에는 그 내용을 별지 제9호서식의 사료성분등록대장에 적어야 한다.

제13조(등록증의 재발급 신청) 사료제조업등록증 및 사료성분등록증(이하 이 조에서 "등록증"이라 한다)을 다시 발급받으려는 자는 별지 제10호서식의 등록증재발급 신청서에 다음 각 호의 서류를 첨부하여 시ㆍ도지사에게 재발급 신청을 하여야 한다.

1. 등록증을 잃어버린 경우: 분실 사유서
2. 등록증이 훼손 또는 오염 등으로 못 쓰게 된 경우: 해당 등록증
3. 등록증의 등록사항에 변경이 있는 경우: 등록증 및 등록사항의 변경을 증명하는 서류. 다만, 제8조에 따라 제조업을 승계할 경우에는 제조업승계신고서를 제출하여 제조업등록증을 새로 발급받아야 한다.

제14조(사료의 표시사항) 제조업자 또는 수입업자가 법 제13조제1항에 따라 용기나 포장에 표시하여야 할 사항 및 그 표시방법은 별표 4와 같다.

제15조(위해요소중점관리기준의 작성ㆍ운용 등) ①법 제16조제1항에 따른 위해요소중점관리기준(이하 "위해요소중점관리기준"이라 한다)은 국제식품규격위원회(CODEX ALIMENTARIUS COMMISSION)의 위해요소중점관리기준의 적용에 관한 지침에 따라 다음 각 호의 내용이 포함되어야 한다. <개정 2019.11.14.>

1. 사료의 원료관리, 제조 및 유통의 과정에서 위생상 문제가 될 수 있는 생물학적ㆍ화학적ㆍ물리적 위해요소의 분석
2. 위해의 발생을 방지ㆍ제거하기 위하여 중점적으로 관리하여야 하는 단계ㆍ공정(이하 "중요관리점"이라 한다)
3. 중요관리점별 위해요소의 한계기준
4. 중요관리점별 감시관리체계
5. 중요관리점이 한계기준에 맞지 아니할 경우 하여야 할 조치
6. 위해요소중점관리기준 운용의 적정 여부를 검증하기 위한 방법
7. 기록유지 및 서류 작성의 체계. 다만, 기록유지에 있어서 위해요소중점관리기준의 운용에 관한 자료 및 기록은 2년간 보관하도록 하여야 한다.

②농림축산식품부장관은 법 제16조제2항에 따라 위해요소중점관리기준 적용 사료공장으로 지정받은 제조업자에 대하여 다음 각 호의 사항을 실시하게 하고, 이를 확인하여야 한다. <개정 2013.3.23.>
1. 위해요소중점관리기준에 따른 시설관리
2. 위해요소중점관리기준에 관한 정기적인 교육훈련
3. 위해요소중점관리기준의 준수 여부에 대한 점검

제16조(위해요소중점관리기준 적용 사료공장의 지정신청 등) ①법 제16조제3항에 따른 위해요소중점관리기준 적용 사료공장으로 지정 받으려는 자는 별지 제11호서식의 위해요소중점관리기준 적용 사료공장 지정신청서에 다음 각 호의 서류를 첨부하여 영 제4조제1항에 따른 사료공장의 위해요소중점관리 담당기관(이하 "담당기관"이라 한다)의 장에게 제출하여야 한다.
1. 제조업등록증 사본
2. 대표자 또는 종업원의 교육·훈련 수료증 사본
3. 최근 3월간의 생산 실적 사본
4. 위해요소중점관리기준을 적용하기 위한 위생관리프로그램(이하 "위생관리프로그램"이라 한다)
5. 자체 위해요소중점관리기준
6. 1개월 이상의 위해요소중점관리기준 적용실적 사본
②제1항에 따라 위해요소중점관리기준 적용 사료공장으로 지정받으려는 자는 위해요소중점관리기준 적용을 최소한 1개월 이상 자체적으로 실시한 후 신청하여야 하며 다음 각 호의 요건을 갖추어야 한다. <개정 2015.1.2.>
1. 위생관리프로그램을 운용하고 있을 것
2. 자체 위해요소중점관리기준을 작성·운용하고 있을 것
3. 제17조제2항에 따른 교육훈련기관에서 18시간 이상 교육훈련을 수료하였을 것
③담당기관의 장은 제1항에 따른 위해요소중점관리기준 적용 사료공장 지정신청서를 제출받은 경우에는 위해요소중점관리기준 적용 사료공장 지정신청을 한 자가 위해요소중점관리기준을 준수하고 있는지를 서류 검토와 현장 조사를 통하여 확인하고, 그 결과를 농림축산식품부장관에게 보고하여야 한다. <개정 2013.3.23.>
④농림축산식품부장관은 위해요소중점관리기준 적용 사료공장 지정신청을 한 자가 위해요소중점관리기준을 준수하고 있다고 인정되면 신청인에게 별지 제12호서식의 위해요소중점관리기준 적용 사료공장 지정서를 발급하여야 한다. <개정 2013.3.23.>
⑤제4항에 따라 위해요소중점관리기준 적용 사료공장으로 지정받은 제조업자는 다음 각 호의 어느 하나에 해당하게 된 경우 별지 제13호서식의 지정서 재발급신청서에 지정서 원본(분실시에는 분실 사유서)과 변경사항을 증명할 수 있는 서류를 첨부하여 담당기관의 장에게 지정서의 재발급을 신청할 수 있다. 다만, 제1호 또는

제4호에 해당하는 경우에는 그 변경 사유가 발생한 날부터 1개월 이내에 재발급 신청을 하여야 한다. <개정 2015.1.2.>

1. 대표자, 상호 또는 소재지가 변경된 경우
2. 지정서를 잃어버린 경우
3. 지정서가 훼손 또는 오염 등으로 못쓰게 된 경우
4. 생산사료의 종류가 추가되거나 생산능력이 변경된 경우

⑥담당기관의 장은 재발급신청서를 제출받았을 때에는 서류 검토 또는 현장 조사 등의 방법으로 재발급 신청사항을 확인하고, 그 결과를 농림축산식품부장관에게 보고하여야 한다. <개정 2013.3.23.>

⑦농림축산식품부장관은 위해요소중점관리기준의 적용에 지장이 없다고 인정되면 지정서의 재발급을 신청한 자에게 별지 제12호서식의 지정서를 재발급하여야 한다. <개정 2013.3.23.>

⑧농림축산식품부장관은 제4항 및 제7항에 따라 위해요소중점관리기준 적용 사료공장을 지정하거나 지정서를 재발급하였을 때에는 그 사실을 담당기관의 장 및 관할 시·도지사에게 통보하여야 한다. <개정 2013.3.23.>

제17조(교육훈련 등) ①법 제16조제5항에 따른 교육훈련의 내용에는 다음 각 호의 사항이 포함되어야 한다.

1. 위해요소중점관리기준의 원칙과 절차에 관한 사항
2. 위해요소중점관리기준 관련 법령에 관한 사항
3. 위해요소중점관리기준의 적용방법에 관한 사항
4. 위해요소중점관리기준의 심사 및 자체평가에 관한 사항
5. 위해요소중점관리기준과 관련된 사료 안전성에 관한 사항

②법 제16조제6항에 따라 교육훈련 업무를 위탁받은 기관(이하 "교육훈련기관"이라 한다)은 다음 각 호의 요건을 모두 갖춘 법인 중에서 농림축산식품부장관이 지정하여 고시한다. <개정 2013. 3. 23.>

1. 농림축산식품부장관의 인가 또는 설립허가를 받은 법인
2. 위해요소중점관리기준 교육훈련을 담당할 인력과 시설장비 등을 갖추고 있는 법인

③이 규칙에서 정한 사항 외에 위해요소중점관리기준의 교육훈련에 필요한 사항은 농림축산식품부장관이 정하여 고시한다. <개정 2013.3.23.>

제18조(위해요소중점관리기준 적용 사료공장의 지정취소 등) ①법 제16조제7항 각 호 외의 부분에 따른 위해요소중점관리기준 적용 사료공장에 대한 지정취소 또는 시정명령에 관한 기준은 별표 5와 같다.

②법 제16조제7항제5호에서 "농림축산식품부령으로 정하는 경우"란 다음 각 호의 어느 하나에 해당하는 경우를 말한다. <개정 2013.3.23.>

1. 법 제8조제2항을 위반하여 시설기준에 적합한 제조시설을 갖추지 아니한 경우
2. 법 제8조제3항을 위반하여 변경신고를 하지 아니한 경우
3. 법 제13조의 표시사항을 위반하여 표시하거나 거짓으로 또는 과장하여 표시를 한 경우
4. 법 제16조제10항에 따른 위해요소중점관리기준의 준수 여부 등에 관한 심사(이하 "정기심사"라 한다)를 받지 아니한 경우
5. 정당한 사유 없이 6개월 이상 계속하여 휴업한 경우
③시·도지사는 위해요소중점관리기준 적용 사료공장에 대하여 영업정지처분을 한 경우 또는 해당 사료공장이 폐업하였거나 정당한 사유 없이 6개월 이상 계속하여 휴업한 사실을 알게 된 경우에는 그 사실을 지체 없이 농림축산식품부장관에게 보고하여야 한다. <개정 2013.3.23.>

제19조(위해요소중점관리기준의 준수 여부 등에 관한 심사) ①위해요소중점관리기준 적용 사료공장에 대하여 법 제16조제10항에 따라 정기심사를 받으려는 자는 지정을 받은 날부터 매년 1년이 지나기 30일 전까지 별지 제14호서식의 위해요소중점관리기준 적용 사료공장 정기심사신청서에 제조업등록증 사본을 첨부하여 담당기관의 장에게 제출하여야 한다.
②담당기관의 장은 제1항에 따라 정기심사의 신청을 받으면 서류 검토 및 현장 조사 등의 방법으로 위해요소중점관리기준의 준수 여부 등을 확인하여야 한다.

제20조(사료의 수입신고) ①법 제19조제1항에 따라 수입신고를 하려는 수입업자는 해당 사료의 통관 전까지 별지 제15호서식의 사료수입신고서에 다음 각 호의 서류를 첨부하여 영 제7조제2항에 따라 농림축산식품부장관으로부터 위탁받은 사료 관련 단체(이하 "신고단체"라 한다)에 제출하여야 한다. 다만, 제2호의 서류는 법 제19조제3항에 따라 별표 6에 따른 정밀검정 및 무작위표본검정 항목의 일부를 면제받으려는 경우에만 제출한다. <개정 2013.3.23., 2015.1.2., 2019.7.1., 2019.8.26.>
1. 사료성분등록증 사본(전자문서 교환방식으로 수입신고를 하거나 제12조제2항에 따른 사료를 수입신고하는 경우는 제외한다)
2. 사료검정증명서[법 제20조제2제1항에 따른 사료시험검사기관(이하 "사료시험검사기관"이라 한다) 또는 법 제22조제1항에 따른 사료검정기관(이하 "사료검정기관"이라 한다)에서 발행한 증명서만 해당한다]
3. 한글로 표시된 포장지[한글로 표시된 스티커(붙임딱지)를 붙인 포장지를 포함하며, 별표 4에 따른 표시사항 및 표시방법에 따라야 한다] 또는 한글로 표시된 내용 설명서
4. 상업송장(INVOICE)
5. 그 밖에 농림축산식품부장관이 동물 등의 질병 예방을 위하여 필요하다고 인정하여 고시한 서류

②법 제19조제2항에서 "농림축산식품부령으로 정하는 사유가 있는 경우"란 다음 각 호의 어느 하나에 해당하는 경우를 말한다. <개정 2013.3.23.>
1. 사료로 인하여 동물 등에게 위해가 발생할 우려가 있는 경우
2. 사료공정 및 표시기준에 적합한 사료인지 검정할 필요가 있는 경우
3. 그 밖에 농림축산식품부장관이 사료의 안전성 확보 및 수급안정 등을 위하여 검정이 필요하다고 인정하는 경우
③신고단체의 장은 제1항에 따라 수입신고를 받은 사료가 제2항 각 호의 어느 하나에 해당하는 경우에는 별표 6의 사료의 수입신고 및 검정방법에 따라 해당 사료에 대한 검정을 실시하고, 그 검정 결과 적합하다고 인정되면 별지 제16호서식의 사료수입신고필증을 발급하여야 한다. 다만, 다음 각 호의 어느 하나에 해당하는 사료에 대하여는 검정 결과를 확인하기 전이라도 필요한 조건을 붙여 사료수입신고필증을 발급할 수 있다.
1. 수급 또는 가격 조절을 위하여 긴급히 수입하는 사료
2. 표시기준의 경미한 위반사항으로서 시중에 유통·판매하기 전에 보완할 수 있는 위반사항이 있는 사료
3. 별표 6에 따른 무작위표본검정 대상 사료
④신고단체의 장은 제3항제2호에 따른 사료에 대하여는 위반사항의 시정 여부에 대한 확인 등 사후관리를 하여야 한다.
⑤신고단체의 장은 제3항에 따른 검정 결과 부적합하다는 결과가 나온 사료에 대하여는 별지 제17호서식의 부적합통보서를 해당 수입신고자, 농림축산식품부장관, 관할 시·도지사 및 관할 세관장에게 지체 없이 통보하여야 한다. 이 경우 관할 시·도지사는 해당 수입신고자에게 다음 각 호의 어느 하나에 해당하는 조치를 명하여야 한다. <개정 2013.3.23.>
1. 수출국으로의 반송 또는 다른 나라로의 반출
2. 사료 외의 다른 용도로의 전환
3. 해당 사료에 대한 검정 결과 사료공정 중 수분함량 등 경미한 위반사항에 해당하는 경우로서 가열, 가공, 용도제한 등의 방법으로 안전상 위해를 충분히 제거할 수 있다고 인정되는 경우에는 그 위해의 제거 후 재수입 신고
4. 제1호부터 제3호까지의 조치가 불가능한 경우에는 폐기
⑥신고단체의 장은 제1항에 따른 신고 내용을 별지 제18호서식의 사료수입신고수리대장에 적고, 사료의 수입신고상황을 매월 다음 달 15일까지 별지 제19호서식의 사료수입신고상황보고서에 따라 농림축산식품부장관에게 보고하여야 한다. 다만, 전산으로 처리하는 경우에는 사료수입신고수리대장과 사료수입신고상황보고서를 전산 출력물로 대체할 수 있다. <개정 2013.3.23.>
⑦「관세법」 등 다른 법률에 따라 압류·몰수된 수입사료의 경우에는 사료수입신고서

및 첨부서류를 생략할 수 있다.

⑧신고단체의 장은 제1항에 따른 수입신고에 필요한 서류의 접수, 제3항에 따른 수입신고필증의 발급 또는 제5항에 따른 부적합 통보를 농림축산식품부장관이 정하는 바에 따라 전자문서 교환방식으로 할 수 있다. <개정 2013.3.23.>

제21조(자가품질검사) ①법 제20조제1항에 따라 제조업자 또는 수입업자가 자가품질검사를 위하여 갖추어야 하는 시설은 별표 7과 같다.

②법 제20조제1항에 따라 제조업자 또는 수입업자가 자가품질검사를 하는 경우에는 별표 8의 자가품질검사기준에 따라야 한다.

③법 제20조제3항에 따른 사료검정증명서는 별지 제20호서식과 같다.

제22조(사료시험검사기관의 지정) ①삭제 <2015.1.2.>

②법 제20조의2제2항 및 제4항에 따라 사료시험검사기관으로 지정받으려는 자는 법 제22조제1항제1호부터 제7호까지의 규정에 따른 시설과 이들 시설을 이용할 수 있는 검정인력을 갖추고, 별지 제21호서식의 사료시험검사기관지정신청서에 다음 각 호의 사항이 포함된 검정업무에 관한 규정을 첨부하여 국립농산물품질관리원장에게 신청하여야 한다. <개정 2013.3.23., 2015.1.2., 2019.4.5., 2019.7.1.>

1. 검정의 시설 및 장비 내용
2. 검정대상 사료 및 성분
3. 검정의 절차 및 검정기간
4. 검정수수료
5. 검정증명서의 발행에 관한 사항
6. 검정조직의 구성 및 사무 분장
7. 사료시험검사기관지정서(법 제20조의2제4항에 따라 다시 지정 신청하는 경우만 해당한다)
8. 그 밖에 검정업무에 필요한 사항

③국립농산물품질관리원장은 제2항에 따른 신청을 받은 경우에는 제2항에 따른 요건에 적합한지를 검토하고, 적합한 경우에는 별지 제22호서식의 사료시험검사기관지정서를 발급하여야 한다. <개정 2013.3.23., 2015.1.2., 2019.4.5., 2019.7.1.>

④삭제 <2015.1.2.>

[제목개정 2019.7.1.]

제22조의2(사료시험검사기관의 지정취소 등) 법 제20조의3제1항에 따른 사료시험검사기관의 지정취소, 업무정지 및 시정 명령에 관한 기준은 별표 8의2와 같다.

[본조신설 2019.7.1.]

제23조(사료검사의 종류) ①법 제21조제1항에 따른 사료검사는 현물검사와 서류검

사의 방법으로 실시한다.

② 제1항에 따른 현물검사란 제조업자·수입업자 또는 판매업자가 제조·수입 또는 판매하는 사료와 사료의 수요자가 검사를 의뢰한 사료에 대하여 다음 각 호의 사항을 검사하는 것을 말한다. <개정 2013.3.23.>

1. 사료공정에의 적합 여부
2. 성분등록된 사항과 차이가 있는지 여부
3. 표시기준에의 적합 여부
4. 법 제14조제1항제1호부터 제4호까지 및 제7호에 따른 유해물질 등의 허용기준 적합 여부
5. 중량
6. 사료의 안전성이 우려 되어 농림축산식품부장관이 정하는 물질

③ 제1항에 따른 서류검사란 제조업자·수입업자 또는 판매업자가 제조·수입 또는 판매하는 사료의 제조 등에 관한 서류와 별표 9의 관계 장부를 검사하는 것을 말한다.

제24조(출입·검사 등) ① 법 제21조제1항에 따라 사료의 수요자가 사료검사를 의뢰하려면 별지 제23호서식의 사료검사신청서를 국립농산물품질관리원장 또는 시·도지사에게 제출하여야 한다. <개정 2015.1.2., 2019.4.5.>

② 법 제21조에 따라 사료검사를 하는 경우 법 제25조에 따라 행정처분을 받은 제조업자 또는 수입업자에 대한 출입·검사 등은 그 처분일부터 3개월 이내에 한 번 이상 실시하여야 한다. 다만, 행정처분을 받은 자가 그 처분의 이행 결과를 보고하는 경우에는 그러하지 아니하다.

③ 법 제21조제1항에 따라 검사 등을 실시한 관계공무원은 해당 제조업자 또는 수입업자가 갖춰 둔 별지 제24호서식의 출입·검사등기록부에 그 결과를 기록하여야 한다.

제25조(사료의 검사방법 등) 농림축산식품부장관은 시료의 채취 및 채취한 시료의 처리방법, 현물검사 및 서류검사의 구체적 방법, 사료성분의 오차 적용범위, 사료의 재검사방법, 그 밖에 사료검사에 필요한 사항을 정하여 고시하여야 한다. <개정 2013.3.23.>

제26조(수거량·검정의뢰 등) ① 법 제21조제2항에 따른 사료검사원(이하 "사료검사원"이라 한다)이 시료를 수거할 때에는 농림축산식품부장관이 정하는 방법에 따라 수거하고 별지 제25호서식의 수거증을 발급하여야 한다. 이 경우 무상으로 수거하는 물량은 별표 10과 같다. <개정 2013.3.23.>

② 제1항에 따라 시료를 수거한 사료검사원은 그 수거한 시료를 수거한 장소에서 봉함(封緘)하고 사료검사원 및 피수거자의 도장 등으로 봉인(封印)하여야 한다.

③국립농산물품질관리원장 또는 시·도지사는 제1항에 따라 수거한 시료를 지체 없이 사료검정기관에 송부하여 검정을 의뢰하여야 한다. <개정 2013.3.23., 2019.4.5.>
④국립농산물품질관리원장 또는 시·도지사는 법 제21조제2항에 따른 검사·수거를 하게 하였을 때에는 별지 제26호서식의 검사수거처리대장에 그 내용을 기록하고 갖춰 두어야 한다. <개정 2013.3.23., 2019.4.5.>

제27조(사료검사원의 자격 등) 사료검사원은 국립농산물품질관리원장 또는 시·도지사가 다음 각 호의 어느 하나에 해당하는 소속 공무원 중에서 임명하거나 사료 관련 단체 소속 직원 중에서 지정한다. <개정 2013.3.23., 2015.1.2., 2019.4.5.>
1. 제9조제1항 각 호의 어느 하나에 해당하는 사람
2. 삭제 <2015.1.2.>
3. 사료의 품질관리에 관한 업무에 2년 이상 종사한 사람

제28조(사료검사원의 직무 등) ①사료검사원의 직무는 다음 각 호와 같다.
1. 법 제8조제2항 및 이 규칙 제6조에 따른 제조업의 시설기준에 적합한지 여부의 확인·검사
2. 표시기준에 적합한지 여부의 확인·검사
3. 법 제14조에 따른 제조·수입·판매 또는 사용 등이 금지된 사료의 취급 여부에 관한 단속
4. 법 제21조에 따른 검사 및 검사에 필요한 시료의 수거
5. 법 제24조에 따른 사료의 폐기·회수 등의 조치 이행 여부 확인
6. 법 제25조에 따른 행정처분의 이행 여부 확인
7. 그 밖에 제조업자·수입업자 또는 판매업자의 법령 이행 여부에 관한 확인·지도
②신고단체는 해당 단체 소속 사료검사원으로 하여금 위탁받은 업무를 수행하게 하여야 한다.

제29조(사료검정기관의 지정 등) ①법 제22조에 따라 사료검정기관으로 지정받으려는 기관은 별지 제27호서식의 사료검정기관지정신청서에 다음 각 호의 서류를 첨부하여 농림축산식품부장관에게 제출하여야 한다. <개정 2013.3.23., 2015.1.2.>
1. 검정실 평면도
2. 검정에 필요한 기계 및 기구류의 보유 내용
3. 검정인력의 자격 및 경력을 증명하는 서류
4. 검정업무에 관한 규정
②제1항제4호의 검정업무에 관한 규정에는 다음 각 호의 사항이 포함되어야 한다. <개정 2015.1.2.>
1. 검정성분별 검정기간
2. 검정의 절차에 관한 사항

3. 검정수수료에 관한 사항
4. 사료검정기록서의 발행에 관한 사항
5. 검정인력이 준수하여야 할 사항
6. 그 밖에 검정업무에 필요한 사항

③농림축산식품부장관은 제1항에 따라 사료검정기관의 지정신청을 받은 경우에는 관
련 사실을 확인하고, 적합한 경우에는 별지 제28호서식에 따른 사료검정기관지정
서를 발급하여야 한다. <개정 2013.3.23.>

④다음 각 호의 기관은 제1항에도 불구하고 사료검정기관으로 지정하여야 한다.
1. 국립농산물품질관리원
2. 농촌진흥청 국립축산과학원

제30조(검정방법 등) ①법 제22조제2항에 따라 검정을 의뢰받은 사료검정기관은 사
료공정에서 정하는 방법에 따라 검정을 실시하여야 한다. 다만, 국립농산물품질관
리원장 또는 시·도지사가 검정할 성분을 지정하여 검정을 의뢰하는 경우에는 그
성분만을 검정할 수 있다. <개정 2013.3.23., 2015.1.2., 2019.4.5.>

②농림축산식품부장관은 효율적인 검정을 위하여 필요하면 제1항에도 불구하고 다음
각 호의 방법으로 검정하게 할 수 있다. <개정 2013.3.23.>
1. 국제적으로 공인된 검정방법
2. 국내 사료검정기관간 협의를 통하여 결정된 검정방법
3. 농림축산식품부장관이 특히 효율적이라고 인정하는 검정방법

③사료검정기관은 검정을 마쳤을 때에는 지체 없이 그 검정결과를 별지 제29호서식
의 검정대장에 적고 별지 제30호서식의 사료검정기록서를 검정을 의뢰한 농림축산
식품부장관 또는 시·도지사에게 통보하여야 한다. <개정 2013.3.23.>

④국립농산물품질관리원장 또는 시·도지사는 제3항에 따라 통보받은 검정 결과 해
당 시료가 법 제20조제1항 각 호의 어느 하나에 위반되는 경우에는 사료검정기관
에 대하여 그 시료를 검정을 마친 날부터 100일 동안 보관하게 하여야 한다. 다
만, 보관이 곤란하거나 부패하기 쉬운 시료로서 국립농산물품질관리원장 또는 시
·도지사가 인정하는 시료의 경우에는 보관기간을 단축하거나 보관하지 아니할 수
있다. <개정 2013.3.23., 2019.4.5.>

⑤사료검정기관은 별지 제29호서식의 검정대장을 최종 기록일부터 2년간 보관하여
야 한다. <개정 2019.11.14.>

⑥제3항과 제5항에 따른 검정 결과의 통보 및 보관은 전산으로 대신할 수 있다.

제31조(변경신고) 사료시험검사기관 및 사료검정기관은 다음 각 호의 어느 하나에
해당하는 사항을 변경하려는 경우에는 별지 제31호서식의 지정사항변경신고서에
사료시험검사기관지정서 또는 사료검정기관지정서와 변경된 내용을 증명할 수 있

는 자료를 첨부하여 농림축산식품부장관 또는 국립농산물품질관리원장에게 제출하여야 한다. <개정 2019.7.1.>

1. 대표자
2. 사업자등록번호
3. 기관의 명칭 및 소재지
4. 검정수수료
5. 검정성분
[전문개정 2019.4.5.]

제32조(사료의 재검사 등) ①국립농산물품질관리원장 또는 시·도지사는 법 제23조제1항에 따른 사료검사 결과를 사료검정기관의 사료검정기록서를 접수한 날부터 3일 이내에 해당 제조업자 또는 수입업자에게 통보하여야 한다.
<개정 2013.3.23., 2015.1.2., 2019.4.5.>
②제1항에 따른 검사 결과에 이의가 있는 제조업자 또는 수입업자는 검사 결과를 통보받은 날부터 10일 이내에 농림축산식품부장관이 정하는 방법에 따라 다음 각 호의 서류를 첨부하여 국립농산물품질관리원장 또는 시·도지사에게 재검사를 의뢰하여야 한다. <개정 2013.3.23., 2015.1.2., 2019.4.5., 2019.7.1.>
1. 사료시험검사기관에서 발행한 검정증명서
2. 검정에 사용된 시료의 채취·분석방법 등에 관한 서류
③제2항에 따라 재검사를 의뢰받은 국립농산물품질관리원장 또는 시·도지사는 다음 각 호의 어느 하나에 해당하는 경우에는 재검사를 실시하여야 한다.
<개정 2013.3.23., 2015.1.2., 2019.4.5.>
1. 국립농산물품질관리원장 또는 시·도지사가 실시한 시료의 채취 및 취급의 방법이 제25조에 따라 고시하는 방법에 위반된 경우
2. 사료검정기관에서 실시한 검정방법 또는 검정 과정이 사료공정에 위반된 경우
3. 사료공정으로 고시한 검정방법이 둘 이상인 경우로서 각각의 방법으로 검정한 결과가 서로 다르게 나타난 경우
4. 제1항에 따른 검정 결과와 유해물질 및 동물용의약품의 허용기준 또는 성분등록 사항과의 차이가 제25조에 따른 오차 적용범위의 2배 이내인 경우
④농림축산식품부장관 또는 시·도지사는 재검사를 실시하는 경우에는 재검사를 의뢰받은 날부터 20일 이내에 그 결과를 해당 제조업자 또는 수입업자에게 통보하여야 한다. <개정 2013.3.23.>

제33조(보고·감독 및 지도 등) ①사료시험검사기관 및 사료검정기관은 검정 실적을 매 분기 종료 후 15일 이내에 별지 제32호서식의 사료검정실적보고서에 따라 농림축산식품부장관 또는 국립농산물품질관리원장에게 보고하여야 한다. 이 경우

국립농산물품질관리원장은 사료검정인정기관으로부터 제출받은 검정 실적을 반기별로 농림축산식품부장관에게 보고하여야 한다. <개정 2019.4.5., 2019.7.1.>

②농림축산식품부장관은 사료시험검사기관 또는 사료검정기관의 검정 결과에 대한 정확성 및 신뢰성을 확보하기 위하여 검정능력을 관리할 수 있다. <개정 2013.3.23., 2019.7.1.>

③제2항에 따른 검정능력의 관리에 필요한 사항은 농림축산식품부장관이 정하여 고시한다. <개정 2013.3.23.>

제34조(사료의 폐기 등의 조치) ①법 제24조 각 호 외의 부분에서 "해당 사료"란 같은 날에 제조되거나 수입(수입사료의 경우에는 같은 선박으로 수입한 품목을 말한다)되고 성분등록번호가 같은 사료를 말한다.

②법 제24조제1호에서 "농림축산식품부령으로 정하는 기준"이란 다음 각 호의 기준을 말한다. <개정 2013.3.23.>

1. 양축용(養畜用) 배합사료: 법 제12조제1항에 따라 성분등록된 성분의 최소량이 30퍼센트 이상 부족한 경우
2. 양어용(養魚用) 배합사료: 법 제12조제1항에 따라 성분등록된 인의 함량이 30퍼센트 이상 초과한 경우

제35조(관계 장부의 비치) 제조업자, 수입업자, 판매업자, 사료시험검사기관 및 사료검정기관은 별표 9에 따른 관계 장부를 갖춰 두어야 한다. 이 경우 관계 장부는 전자문서로 갖춰 둘 수 있다. <개정 2019.7.1.>

제36조(행정처분의 기준) 법 제25조에 따른 행정처분의 기준은 별표 11과 같다.

제37조(행정처분의 통보 등) ①시·도지사가 법 제25조에 따라 행정처분을 한 경우와 법 제30조에 따른 청문을 한 경우에는 별지 제33호서식의 행정처분 및 청문대장에 그 내용을 기록하고 이를 갖춰 두어야 한다.

②시·도지사는 법 제25조에 따라 제조업의 등록을 취소하였을 때에는 그 제조업자의 성명, 생년월일, 취소 사유 및 취소일 등을 농림축산식품부장관, 다른 시·도지사 또는 사료관련 단체에 통보하여야 한다. <개정 2013.3.23., 2015.1.2.>

③시·도지사는 법 제25조에 따라 행정처분을 하였을 때에는 제조업체의 명칭·등록번호, 위반 내용, 행정처분 내용, 처분기간 및 처분 대상 품목 등을 별지 제34호서식의 행정처분사항보고서에 따라 농림축산식품부장관에게 보고하여야 한다. <개정 2013.3.23.>

제38조(수수료 및 검사료 등) ①법 제28조제1항제1호 및 제2호와 법 제28조제2항에 따른 수수료 및 검사료 등은 별표 12와 같다.

②법 제28조제1항제3호 및 제5호에 따라 제16조 및 제19조에 따른 위해요소중점관

리기준 적용 사료공장의 지정 및 정기심사 등에 대한 수수료는 담당기관의 장이 농림축산식품부장관의 승인을 받아 정한다. 이 경우 수수료 승인요청을 받은 농림축산식품부장관은 관계기관의 의견수렴 후 수수료를 실비의 범위에서 승인하고 그 결과를 담당기관의 홈페이지에 게시하도록 하여야 한다. <개정 2011.4.8., 2013.3.23.>

③법 제28조제1항제4호에 해당하는 자가 내야 하는 수수료의 산출기준은 별표 13과 같다.

④제1항의 수수료 및 검사료 등은 등록·검사관청이 국가인 경우에는 수입인지로, 지방자치단체인 경우에는 해당 지방자치단체의 수입증지로 내고, 제2항의 수수료 및 제3항에 따른 수수료는 현금으로 내야 한다. 다만, 납부자가 정보통신망을 이용하여 수수료 및 검사료를 납부하려는 경우 수납기관의 장은 전자화폐·전자결제 등의 방법으로 수수료 및 검사료를 납부하게 할 수 있다. <개정 2011.4.8.>

제39조(사료검사원의 증표) 법 제29조에 따라 검정·검사 또는 폐기조치 등을 하는 사람의 권한을 표시하는 증표는 별지 제35호서식과 같다.

제40조(규제의 재검토) 농림축산식품부장관은 다음 각 호의 사항에 대하여 다음 각 호의 기준일을 기준으로 3년마다(매 3년이 되는 해의 기준일과 같은 날 전까지를 말한다) 그 타당성을 검토하여 개선 등의 조치를 하여야 한다. <개정 2017.1.2.>

1. 삭제 <2017.1.2.>
2. 제7조에 따른 시설 변경의 신고범위 및 시설 변경 등의 절차: 2017년 1월 1일
3. 제12조에 따른 사료성분의 등록 절차 등: 2017년 1월 1일
4. 제15조에 따른 위해요소중점관리기준의 작성·운용 등: 2017년 1월 1일
5. 제19조에 따른 위해요소중점관리기준의 준수 여부 등에 관한 심사 절차: 2017년 1월 1일
6. 제29조에 따른 사료검정기관의 지정 절차 및 방법: 2017년 1월 1일
7. 제30조에 따른 검정방법 및 검정절차: 2017년 1월 1일
8. 제31조에 따른 변경신고 절차: 2017년 1월 1일
[본조신설 2015.1.6.]

부칙 <제461호, 2019.11.14.>

이 규칙은 공포한 날부터 시행한다.

가축분뇨의 관리 및 이용에 관한 법률
(약칭: 가축분뇨법)

[시행 2020.5.26]
[법률 제17326호, 2020.5.26, 타법개정]

제1장 총칙

제1조(목적) 이 법은 가축분뇨를 자원화하거나 적정하게 처리하여 환경오염을 방지함으로써 환경과 조화되는 지속가능한 축산업의 발전 및 국민건강의 향상에 이바지함을 목적으로 한다.
[전문개정 2014.3.24.]

판례 − 건축복합민원허가신청서불허가처분취소
[대법원 2019.1.31., 선고, 2018두43996, 판결]

【판시사항】
[1] 특정 사안과 관련하여 법령에서 조례에 위임을 한 경우, 조례가 위임의 한계를 준수하고 있는지 판단하는 방법

[2] 가축분뇨의 관리 및 이용에 관한 법률 제8조 제1항 제1호가 가축사육의 제한구역 지정기준에 대하여 추상적·개방적 개념으로만 규정한 취지

[3] 가축분뇨의 관리 및 이용에 관한 법률 제8조 제1항 제1호의 위임에 따라 닭의 가축사육제한구역을 '주거밀집지역으로부터 900m'로 규정한 '금산군 가축사육 제한구역 조례' 제3조 제1항 제1호 [별표 2] '주거밀집지역 설정에 따른 가축종류별 거리제한'이 위임조항의 위임범위를 벗어난 것인지가 문제 된 사안에서, 위 조례 조항은 위임조항의 '지역주민의 생활환경보전'을 위하여 '주거밀집지역으로 생활환경의 보호가 필요한 지역'을 그 의미 내에서 구체화한 것이고, 위임조항에서 정한 가축사육 제한구역 지정의 목적 및 대상에 부합하고 위임조항에서 위임한 한계를 벗어났다고 볼 수 없음에도, 이와 달리 본 원심판단에 법리를 오해한 잘못이 있다고 한 사례

【판결요지】
[1] 특정 사안과 관련하여 법령에서 조례에 위임을 한 경우 조례가 위임의 한계를 준수하고 있는지를 판단할 때에는, 당해 법령 규정의 입법 목적과 규정 내용, 규정의 체계, 다른 규정과의 관계 등을 종합적으로 살펴야 하고, 위임 규정의 문언에서 의미를 명확하게 알 수 있는 용어를 사용하여 위임의 범위를 분명히 하고 있는데도 그 의미의 한계를 벗어났는지, 수권 규정에서 사용하고 있는 용어의 의미를 넘어 그 범위를 확장하거나 축소함으로써 위임 내용을 구체화하는 데에서 벗어나 새로운 입법을 한 것으로 볼 수 있는지 등도 아울러 고려해야 한다.

[2] 가축분뇨의 관리 및 이용에 관한 법률(이하 '가축분뇨법'이라 한다) 제8조 제1항 제1호(이하 '위임조항'이라 한다)는 지역주민의 생활환경보전 또는 상수원 수질보전이라는 목적을 위하여 가축사육 제한구역을 지정할 수 있도록 하면서 지정 대상을 주거밀집지역, 수질환경보전지역 등으로 한정하되, 지정기준으로는 주거밀집지역에 대하여는 '생활환경의 보호가 필요한 지역', 수질환경보전지역에 대하여는 '상수원보호구역 등에 준하는 수질환경보전이 필요한 지역'이라고 하여 추상적·개방적 개념으로만 규정하고 있다. 가축분뇨법의 입법 목적 등에 비추어 볼 때, 위임조항이 그와 같은 규정 형식을 취한 것은 가축사육 제한구역 지정으로 인한 지역주민의 재산권 제약 등을 고려하여 법률에서 지정기준의 대강과 한계를 설정하되, 구체적인 세부기준은 각 지방자치단체의 실정 등에 맞게 전문적·기술적 판단과 정책적 고려에 따라 합리적으로 정하도록 한 것이다.

[3] 가축분뇨의 관리 및 이용에 관한 법률(이하 '가축분뇨법'이라 한다) 제8조 제1항 제1호(이하 '위임조항'이라 한다)의 위임에 따라 닭의 가축사육제한구역을 '주거밀집지역으로부터 900m'로 규정한 '금산군 가축사육 제한구역 조례' 제3조 제1항 제1호 [별표 2] '주거밀집지역 설정에 따른 가축종류별 거리제한'이 위임조항의 위임범위를 벗어난 것인지가 문제 된 사안에서, 위 조례 조항으로 금산군 관내 일정한 범위의 지역에서 가축사육이 제한되더라도, 그로써 기존 축사에서의 가축사육이 곧바로 금지되는 것은 아니고 기존 축사의 이전을 명령하는 경우에는 1년 이상의 유예기간을 주어야 하며 정당한 보상을 하므로(가축분뇨법 제8조 제4항) 위 조례 조항이 기존 축사에서의 가축사육 영업권을 침해한다고 보기 어려운 점, 위 조례 조항으로 신규 가축사육이 제한되더라도, 해당 토지를 종래의 목적으로 사용할 수 있다면 토지 소유자의 재산권을 침해하는 것으로 볼 수는 없는 점 등을 종합하면, 위 조례 조항은 위임조항의 '지역주민의 생활환경보전'을 위하여 '주거밀집지역으로 생활환경의 보호가 필요한 지역'을 그 의미 내에서 구체화한 것이고, 위임조항에서 정한 가축사육 제한구역 지정의 목적 및 대상에 부합하고 위임조항에서 위임한 한계를 벗어났다고 볼 수 없음에도, 이와 달리 본 원심판단에 법리를 오해한 잘못이 있다고 한 사례.

판례 – 가축분뇨의관리및이용에관한법률위반
[대법원 2018.9.13., 선고, 2018도11018, 판결]

【판시사항】
가축분뇨의 관리 및 이용에 관한 법률 제17조 제1항 제5호가 자원화시설에서 생산된 액비를 해당 자원화시설을 설치한 자가 확보한 액비 살포지 외의 장소에 뿌리는 행위를 금지하는 취지 / 가축분뇨를 재활용하기 위하여 액비 생산의 자원화시설을 설치한 재활용신고자가 자신이 설치한 자원화시설이 아닌 다른 자원화시설에서 생산된 액비를 자신이 확보한 액비 살포지에 뿌리는 경우, 위 규정을 위반한 것인지 여부(적극) 및 이는 위 재활용신고자가 축산업자들이 가축분뇨 등을 처리하기 위하여 공동출자로 설립한 영농조합법인이고 위 영농조합법인이 그 구성원인 축산업자들이 설치한 자원화시설에서 생산된 액비의 처리를 위탁받았더라도 마찬가지인지 여부(적극)

【판결요지】
가축분뇨의 관리 및 이용에 관한 법률(이하 '가축분뇨법'이라 한다)은 가축분뇨를 자원화하거나 적정하게 처리하여 환경오염을 방지함으로써 환경과 조화되는 지속 가능한 축산업의 발전과 국민건강의 향상에 이바지함을 목적으로 한다(제1조). 여기에서 '자원화시설'은 가축분뇨를 퇴비·액비 또는 바이오에너지로 만드는 시설을 말하고(제2조 제4호), '액비'는 가축분뇨를 액체 상태로 발효시켜 만든 비료 성분이 있는 물질로서 농림축산식품부령으로 정하는 기준에 적합한 것을 말한다(제2조 제6호).
가축분뇨법은 액비 살포에 관하여 다음과 같이 규정하고 있다. 액비를 만드는 자원화시설을 설치하는 자는 일정한 기준에 따라 액비를 살포하는 데 필요한 초지, 농경지, 시험림 지정지역, 골프장 등 '액비 살포지'를 확보하여야 한다(제12조의2 제2항). 액비를 만드는 자원화시설에서 생산된 액비를 해당 자원화시설을 설치한 자가 확보한 액비 살포지 외의 장소에 뿌리거나 환경부령으로 정하는 살포기준을 지키지 않는 행위를 해서는 안 된다(제17조 제1항 제5호). 가축분뇨를 재활용(퇴비 또는 액비로 만드는 것에 한정한다)하거나 재활용을 목적으로 가축분뇨를 수집·운반하려는 자로서 관할관청에 신고한 재활용신고자가 가축분뇨법 제17조 제1항 제5호를 위반할 경우에는 처벌을 받는다(제27조 제1항, 제50조 제11호).
이와 같이 가축분뇨법 제17조 제1항 제5호는 자원화시설에서 생산된 액비를 해당 자원화시설을 설치한 자가 확보한 액비 살포지 외의 장소에 뿌리는 행위를 명확하게 금지하고 있다. 가축분뇨뿐만 아니라 액비도 관리를 소홀히 하거나 유출·방치하는 경우 심각한 환경오염물질이 될 수 있으므로, 액비 살포의 기준과 그 책임소재를 분명히 하고 특정 장소에 대한 과잉 살포로 발생할 수 있는 환경오염을 방지하려는 데 그 취지가 있다. 따라서 가축분뇨를 재활용하기 위하여 액비 생산의 자원화시설을 설치한 재활용신고자라고 하더라도, 자신이 설치한 자원화시설이 아닌 다른 자원화시설에서 생산된 액비를 자신이 확보한 액비 살포지에 뿌리는 것은 가축분뇨법 제17조 제1항 제5호를 위반한 것이라고 보아야 한다. 다른 자원화시설에서 생산된 액비는 해당 자원화시설을 설치한 자가 확보한 액비 살포지에 뿌려야 하기 때문이다. 이는 위 재활용신고자가 축산업자들이 가축분뇨 등을 처리하기 위하여 공동출자로 설립한 영농조합법인이고 위 영농조합법인이 그 구성원인 축산업자들이 설치한 자원화시설에서 생산된 액비의 처리를 위탁받았다고 하더라도 마찬가지이다.

판례 - 가축분뇨의관리및이용에관한법률위반
[대법원 2014.3.27., 선고, 2014도267, 판결]

【판시사항】
가축분뇨의 관리 및 이용에 관한 법률 제17조 제1항 제1호 전단에서 금지하는 '가축분뇨 배출행위'의 의미 및 가축분뇨 배출시설 안에 있는 가축이 배출

시설 인근에 배출한 분뇨를 처리시설에 유입하지 아니하고 그대로 방치한 행위가 이에 해당하는지 여부(적극)

【판결요지】
가축분뇨의 관리 및 이용에 관한 법률(이하 '법'이라 한다)의 목적(법 제1조), 법 제2조 제3호, 제8호, 제17조 제1항 제1호 전단, 제49조 제2호, 제50조 제4호, 제51조 제1호, 가축분뇨의 관리 및 이용에 관한 법률 시행규칙 제2조 등의 내용을 종합하여 보면, 법 제17조 제1항 제1호 전단에서 금지하는 '가축분뇨 배출행위'는 가축분뇨를 처리시설에 유입하지 아니하고 가축분뇨가 발생하는 배출시설 안에서 배출시설 밖으로 내보내는 행위를 의미하며, 배출시설 안에 있는 가축이 분뇨를 배출시설 인근에 배출한 경우에도 그 분뇨를 처리시설에 유입하지 아니하고 그대로 방치한 경우에는 이에 해당된다고 해석하여야 한다.

제2조(정의) 이 법에서 사용하는 용어의 뜻은 다음과 같다. <개정 2015.12 1., 2016.12.27.>
1. "가축"이란 소·돼지·말·닭, 그 밖에 대통령령으로 정하는 사육동물을 말한다.
2. "가축분뇨"란 가축이 배설하는 분(糞)·요(尿) 및 가축사육 과정에서 사용된 물 등이 분·요에 섞인 것을 말한다.
3. "배출시설"이란 가축의 사육으로 인하여 가축분뇨가 발생하는 시설 및 장소 등으로서 축사·운동장, 그 밖에 환경부령으로 정하는 것을 말한다.
4. "자원화시설"이란 가축분뇨를 퇴비·액비 또는 「신에너지 및 재생에너지 개발·이용·보급 촉진법」 제2조제2호바목에 따른 바이오에너지로 만드는(이하 "자원화"라 한다) 시설을 말한다.
4의2. "가축분뇨 고체연료"란 가축분뇨를 분리·건조·성형 등을 거쳐 고체상의 연료로 제조한 것을 말한다.
5. "퇴비"(堆肥)란 가축분뇨를 발효시켜 만든 비료성분이 있는 물질 중 액비를 제외한 물질로서 농림축산식품부령으로 정하는 기준에 적합한 것을 말한다.
6. "액비"(液肥)란 가축분뇨를 액체 상태로 발효시켜 만든 비료성분이 있는 물질로서 농림축산식품부령으로 정하는 기준에 적합한 것을 말한다.
7. "정화시설"(淨化施設)이란 가축분뇨를 침전·분해 등 환경부령으로 정하는 방법에 따라 정화(이하 "정화"라 한다)하는 시설을 말한다.
8. "처리시설"이란 가축분뇨를 자원화 또는 정화(이하 "처리"라 한다)하는 자원화시설 또는 정화시설을 말한다.
9. "공공처리시설"이란 다음 각 목의 시설을 말한다.
가. 지방자치단체의 장이 설치하는 처리시설
나. 「농업협동조합법」 제2조에 따른 조합 및 중앙회(농협경제지주회사를 포함한다. 이하 "농협조합"이라 한다)가 제24조제3항에 따라 특별시장·광역시장·도지사(이하 "시·도지사"라 한다), 특별자치시장 또는 특별자치도지사의 승인을 받아 설치

하는 자원화시설

10. "생산자단체"란 다음 각 목의 어느 하나에 해당하는 단체를 말한다.

가. 농협조합

나. 축산업자를 조합원으로 하는 「협동조합 기본법」 제2조에 따른 협동조합·협동 조합연합회·사회적협동조합 및 사회적협동조합연합회

다. 축산업자를 조합원으로 하는 「중소기업협동조합법」 제3조에 따른 중소기업협동 조합 중 협동조합·사업협동조합·협동조합연합회

라. 축산업자를 구성원으로 하는 비영리법인

[전문개정 2014.3.24.]

판례 ― 가축분뇨의관리및이용에관한법률위반

[대법원 2018.9.13., 선고, 2018도11018, 판결]

【판시사항】

가축분뇨의 관리 및 이용에 관한 법률 제17조 제1항 제5호가 자원화시설에서 생산된 액비를 해당 자원화시설을 설치한 자가 확보한 액비 살포지 외의 장소에 뿌리는 행위를 금지하는 취지 / 가축분뇨를 재활용하기 위하여 액비 생산의 자원화시설을 설치한 재활용신고자가 자신이 설치한 자원화시설이 아닌 다른 자원화시설에서 생산된 액비를 자신이 확보한 액비 살포지에 뿌리는 경우, 위 규정을 위반한 것인지 여부(적극) 및 이는 위 재활용신고자가 축산업자들이 가축분뇨 등을 처리하기 위하여 공동출자로 설립한 영농조합법인이고 위 영농조합법인이 그 구성원인 축산업자들이 설치한 자원화시설에서 생산된 액비의 처리를 위탁받았더라도 마찬가지인지 여부(적극)

【판결요지】

가축분뇨의 관리 및 이용에 관한 법률(이하 '가축분뇨법'이라 한다)은 가축분 뇨를 자원화하거나 적정하게 처리하여 환경오염을 방지함으로써 환경과 조화 되는 지속 가능한 축산업의 발전과 국민건강의 향상에 이바지함을 목적으로 한다(제1조). 여기에서 '자원화시설'은 가축분뇨를 퇴비·액비 또는 바이오에너 지로 만드는 시설을 말하고(제2조 제4호), '액비'는 가축분뇨를 액체 상태로 발효시켜 만든 비료 성분이 있는 물질로서 농림축산식품부령으로 정하는 기 준에 적합한 것을 말한다(제2조 제6호).

가축분뇨법은 액비 살포에 관하여 다음과 같이 규정하고 있다. 액비를 만드 는 자원화시설을 설치하는 자는 일정한 기준에 따라 액비를 살포하는 데 필 요한 초지, 농경지, 시험림 지정지역, 골프장 등 '액비 살포지'를 확보하여야 한다(제12조의2 제2항). 액비를 만드는 자원화시설에서 생산된 액비를 해당 자원화시설을 설치한 자가 확보한 액비 살포지 외의 장소에 뿌리거나 환경부 령으로 정하는 살포기준을 지키지 않는 행위를 해서는 안 된다(제17조 제1항 제5호). 가축분뇨를 재활용(퇴비 또는 액비로 만드는 것에 한정한다)하거나 재활용을 목적으로 가축분뇨를 수집·운반하려는 자로서 관할관청에 신고한 재활용신고자가 가축분뇨법 제17조 제1항 제5호를 위반할 경우에는 처벌을

받는다(제27조 제1항, 제50조 제11호).

이와 같이 가축분뇨법 제17조 제1항 제5호는 자원화시설에서 생산된 액비를 해당 자원화시설을 설치한 자가 확보한 액비 살포지 외의 장소에 뿌리는 행위를 명확하게 금지하고 있다. 가축분뇨뿐만 아니라 액비도 관리를 소홀히 하거나 유출·방치하는 경우 심각한 환경오염물질이 될 수 있으므로, 액비 살포의 기준과 그 책임소재를 분명히 하고 특정 장소에 대한 과잉 살포로 발생할 수 있는 환경오염을 방지하려는 데 그 취지가 있다. 따라서 가축분뇨를 재활용하기 위하여 액비 생산의 자원화시설을 설치한 재활용신고자라고 하더라도, 자신이 설치한 자원화시설이 아닌 다른 자원화시설에서 생산된 액비를 자신이 확보한 액비 살포지에 뿌리는 것은 가축분뇨법 제17조 제1항 제5호를 위반한 것이라고 보아야 한다. 다른 자원화시설에서 생산된 액비는 해당 자원화시설을 설치한 자가 확보한 액비 살포지에 뿌려야 하기 때문이다. 이는 위 재활용신고자가 축산업자들이 가축분뇨 등을 처리하기 위하여 공동출자로 설립한 영농조합법인이고 위 영농조합법인이 그 구성원인 축산업자들이 설치한 자원화시설에서 생산된 액비의 처리를 위탁받았다고 하더라도 마찬가지이다.

판례 – 가축분뇨의관리및이용에관한법률위반
[대법원 2014.3.27., 선고, 2014도267, 판결]

【판시사항】
가축분뇨의 관리 및 이용에 관한 법률 제17조 제1항 제1호 전단에서 금지하는 '가축분뇨 배출행위'의 의미 및 가축분뇨 배출시설 안에 있는 가축이 배출시설 인근에 배출한 분뇨를 처리시설에 유입하지 아니하고 그대로 방치한 행위가 이에 해당하는지 여부(적극)

【판결요지】
가축분뇨의 관리 및 이용에 관한 법률(이하 '법'이라 한다)의 목적(법 제1조), 법 제2조 제3호, 제8호, 제17조 제1항 제1호 전단, 제49조 제2호, 제50조 제4호, 제51조 제1호, 가축분뇨의 관리 및 이용에 관한 법률 시행규칙 제2조 등의 내용을 종합하여 보면, 법 제17조 제1항 제1호 전단에서 금지하는 '가축분뇨 배출행위'는 가축분뇨를 처리시설에 유입하지 아니하고 가축분뇨가 발생하는 배출시설 안에서 배출시설 밖으로 내보내는 행위를 의미하며, 배출시설 안에 있는 가축이 분뇨를 배출시설 인근에 배출한 경우에도 그 분뇨를 처리시설에 유입하지 아니하고 그대로 방치한 경우에는 이에 해당된다고 해석하여야 한다.

판례 – 분뇨처리시설건축허가취소
[대법원 2014.2.27., 선고, 2013두3283, 판결]

【판시사항】
[1] 구 가축분뇨의 관리 및 이용에 관한 법률에 의한 가축분뇨 처리시설의 설치사업으로 가축분뇨 처리시설을 설치하는 경우 처리용량이 1일 100kℓ 이상

인 처리시설을 설치하는 사업으로서 환경영향평가대상사업에 해당하는지 판단하는 기준

[2] 구 환경영향평가법상 가축분뇨를 처리하는 시설로서 처리용량이 1일 100㎘ 이상인 것은 운영 주체와 상관없이 전부 환경영향평가대상사업이 되는지 여부(적극)

[3] 구 가축분뇨의 관리 및 이용에 관한 법률 제27조에 따라 가축분뇨의 재활용 처리시설을 설치하는 경우, 필요한 환경영향평가 실시 시기

판례 - 분뇨및쓰레기처리시설허가취소
[대법원 2014.2.27., 선고, 2011두14074, 판결]

【판시사항】
[1] 가축분뇨의 관리 및 이용에 관한 법률에 의한 가축분뇨 처리시설의 설치 작업으로 가축분뇨 처리시설을 설치하는 경우 환경영향평가대상에 해당하는지 판단하는 기준 / 구 환경영향평가법상 가축분뇨를 처리하는 시설로서 처리용량이 1일 100㎘ 이상인 것은 운영 주체와 상관없이 전부 환경영향평가대상사업이 되는지 여부(적극)

[2] 가축분뇨의 관리 및 이용에 관한 법률 제27조에 따라 가축분뇨의 재활용 처리시설을 설치하는 경우, 필요한 환경영향평가 실시 시기

제3조(국가 · 지방자치단체 · 축산업자의 책무) ①특별자치시장 · 특별자치도지사 · 시장 · 군수 · 구청장(구청장은 자치구의 구청장을 말하며, 이하 "시장 · 군수 · 구청장"이라 한다)은 이 법에서 정하는 바에 따라 관할구역의 가축분뇨 발생 현황을 파악하고 공공처리시설을 설치하는 등 가축분뇨로 인한 환경오염을 방지하고 가축분뇨를 자원화하도록 노력하여야 한다.

②시 · 도지사는 시장 · 군수 · 구청장이 제1항에 따른 책무를 충실하게 이행할 수 있도록 기술적 · 재정적 지원을 하여야 한다.

③국가는 가축분뇨의 처리에 관한 기술을 연구 · 개발 · 지원하고, 시 · 도지사 및 시장 · 군수 · 구청장에 대하여 제1항 및 제2항에 따른 책무가 충실하게 이루어지도록 필요한 기술적 · 재정적 지원을 하여야 한다.

④축산업자는 친환경적인 가축사육 환경을 조성하고 가축분뇨를 적정하게 처리함으로써 환경을 보전하고 환경오염을 방지하도록 노력하여야 한다.
[전문개정 2014.3.24.]

제4조(가축분뇨의 광역처리) 둘 이상의 특별시 · 광역시 · 도(이하 "시 · 도"라 한다) 또는 특별자치시 · 특별자치도 · 시 · 군 · 구(구는 자치구를 말하며, 이하 "시 · 군 · 구"라 한다)에서 발생하는 가축분뇨를 광역적으로 처리할 필요가 있다고 인정되는 경우에는 그 구역을 관할하는 지방자치단체가 공동으로 공공처리시설을 설치 · 운영할 수 있다.
[전문개정 2014.3.24.]

제5조(가축분뇨관리기본계획 등) ①시 · 도지사, 특별자치시장 또는 특별자치도지사는 관할구역의 가축분뇨의 관리에 관한 기본계획(이하 "가축분뇨관리기본계획"이라 한다)을 10년마다 수립하여 환경부장관의 승인을 받아야 한다. 가축분뇨관리기본계획 중 환경부령으로 정하는 중요사항을 변경하려는 때에도 또한 같다.

②환경부장관은 제1항에 따라 가축분뇨관리기본계획의 수립 또는 변경에 관한 승인을 하려는 때에는 농림축산식품부장관 및 관계 중앙행정기관의 장과 협의하여야 한다.

③시 · 도지사, 특별자치시장 또는 특별자치도지사는 다음 각 호의 어느 하나에 해당하는 기본계획의 수립 · 변경 등의 사유가 발생하였을 때에는 이를 반영하여 가축분뇨관리기본계획을 변경하여야 한다. <개정 2017.11.28.>

1. 「하수도법」 제6조에 따른 하수도정비기본계획
2. 「자원순환기본법」 제11조제1항에 따른 자원순환기본계획
3. 그 밖에 가축분뇨의 관리를 위하여 필요한 공공계획

④시장 · 군수 · 구청장은 가축분뇨관리기본계획을 바탕으로 관할구역의 가축분뇨의 관리에 관한 세부계획(이하 "가축분뇨관리세부계획"이라 한다)을 수립하여 시 · 도지사에게 제출하여야 한다. 다만, 특별자치시 · 특별자치도의 가축분뇨관리세부계획 수립절차에 관하여는 해당 지방자치단체의 조례로 정한다.

⑤가축분뇨관리기본계획 및 가축분뇨관리세부계획에 포함되어야 할 사항과 그 밖에 필요한 사항은 대통령령으로 정한다.

[전문개정 2014.3.24.]

제6조 삭제 <2010.2.4.>

제2장 가축분뇨의 관리

제7조(가축분뇨실태조사 등) ①농림축산식품부장관, 환경부장관, 시 · 도지사, 특별자치시장 또는 특별자치도지사는 가축분뇨의 관리 및 이용과 관련된 정책을 효율적으로 수립 · 추진하기 위하여 농경지에 포함된 비료의 함량, 비료의 공급량 및 가축분뇨 등으로 인한 환경오염의 실태 등을 조사(이하 "가축분뇨실태조사"라 한다)할 수 있다.

②가축분뇨실태조사의 조사목적별 조사항목, 조사대상 지역의 선정, 조사의 방법, 그 밖에 필요한 사항은 대통령령으로 정한다.

③농림축산식품부장관 또는 환경부장관이 가축분뇨실태조사를 하는 때에는 해당 지방자치단체의 장은 가축분뇨실태조사가 원활히 수행될 수 있도록 협조하여야 한다.

④시 · 도지사, 특별자치시장 또는 특별자치도지사가 가축분뇨실태조사를 하는 때에는 환경부령으로 정하는 바에 따라 가축분뇨실태조사의 계획 및 결과를 농림축산

식품부장관 또는 환경부장관에게 보고하여야 한다.
⑤농림축산식품부장관은 가축분뇨실태조사 결과 농경지에 포함된 비료의 함량이 과다하거나 비료의 공급량이 비료의 수요량을 초과하는 지역의 축산농가가 축사를 이전하거나 철거하는 경우에는 농림축산식품부령으로 정하는 바에 따라 그 축사의 이전비 또는 철거비 등을 지원할 수 있다.
[전문개정 2014.3.24.]

제7조의2(타인 토지에의 출입 등) ①농림축산식품부장관, 환경부장관, 시·도지사, 특별자치시장 또는 특별자치도지사는 가축분뇨실태조사를 위하여 필요하면 관계 공무원에게 해당 지역 또는 그 지역에 인접한 타인의 토지에 출입하게 하거나 조사에 필요한 최소량의 시료(試料)를 채취하게 할 수 있으며, 특히 필요한 경우에는 수목, 그 밖의 장애물(이하 "장애물등"이라 한다)을 제거하거나 변경할 수 있다.
②제1항에 따라 타인의 토지에 출입하려는 사람은 미리 해당 토지의 점유자에게 통지하여야 하며, 타인의 토지를 사용하거나 장애물등을 제거 또는 변경하려는 경우에는 미리 소유자 및 점유자에게 통지하고 그 의견을 들어야 한다. 다만, 미리 통지하기 곤란한 때에는 대통령령으로 정하는 방법에 따라 통지할 수 있다.
③해뜨기 전 또는 해진 후에는 해당 토지의 점유자의 승인 없이 택지 또는 담장이나 울타리로 둘러싸인 타인의 토지에 출입할 수 없다.
④토지의 점유자는 정당한 사유 없이 제1항에 따른 출입 또는 사용을 거부 또는 방해하여서는 아니 된다.
⑤제1항에 따라 타인의 토지에 출입하려는 사람은 그 권한을 표시하는 증표를 지니고 관계인의 요구가 있을 때에는 이를 보여주어야 한다.
⑥제5항에 따른 증표에 관하여 필요한 사항은 환경부령으로 정한다.
[본조신설 2014.3.24.]

제8조(가축사육의 제한 등) ①시장·군수·구청장은 지역주민의 생활환경보전 또는 상수원의 수질보전을 위하여 다음 각 호의 어느 하나에 해당하는 지역 중 가축사육의 제한이 필요하다고 인정되는 지역에 대하여는 해당 지방자치단체의 조례로 정하는 바에 따라 일정한 구역을 지정·고시하여 가축의 사육을 제한할 수 있다. 다만, 지방자치단체 간 경계지역에서 인접 지방자치단체의 요청이 있으면 환경부령으로 정하는 바에 따라 해당 지방자치단체와 협의를 거쳐 일정한 구역을 지정·고시하여 가축의 사육을 제한할 수 있다. <개정 2015.12.1.>
1. 주거 밀집지역으로 생활환경의 보호가 필요한 지역
2. 「수도법」 제7조에 따른 상수원보호구역, 「환경정책기본법」 제38조에 따른 특별대책지역, 그 밖에 이에 준하는 수질환경보전이 필요한 지역
3. 「한강수계 상수원수질개선 및 주민지원 등에 관한 법률」 제4조제1항, 「낙동강수

계 물관리 및 주민지원 등에 관한 법률」제4조제1항, 「금강수계 물관리 및 주민지원 등에 관한 법률」제4조제1항, 「영산강·섬진강수계 물관리 및 주민지원 등에 관한 법률」제4조제1항에 따라 지정·고시된 수변구역
4. 「환경정책기본법」제12조에 따른 환경기준을 초과한 지역
5. 제2항에 따라 환경부장관 또는 시·도지사가 가축의 사육을 제한할 수 있는 구역으로 지정·고시하도록 요청한 지역
②환경부장관 또는 시·도지사는 제7조제1항에 따라 가축분뇨실태조사를 한 지역과 제1항제2호부터 제4호까지의 지역 중 가축분뇨 등으로 인하여 수질 및 수생태계의 보전에 위해(危害)가 발생되거나 발생될 우려가 있는 지역의 경우 해당 시장·군수·구청장에게 해당 지역을 가축의 사육을 제한할 수 있는 구역으로 지정·고시하도록 요청할 수 있다.
③시장·군수·구청장은 제1항에 따라 지정·고시한 구역(이하 "가축사육제한구역"이라 한다)에서 가축을 사육하는 자에게 축사의 이전, 그 밖에 위해 제거 등 필요한 조치를 명할 수 있다.
④시장·군수·구청장은 제3항에 따라 축사의 이전을 명할 때에는 1년 이상의 유예기간을 주어야 하며, 대통령령으로 정하는 기준 및 절차에 따라 이전에 따른 재정적 지원, 부지 알선 등 정당한 보상을 하여야 한다.
⑤시장·군수·구청장은 가축사육제한구역의 변경 또는 해제가 필요하다고 인정되는 경우에는 해당 지방자치단체의 조례로 정하는 바에 따라 가축사육제한구역을 변경하거나 해제하고 이를 고시하여야 한다. 다만, 제1항제5호에 따른 가축사육제한구역의 경우에는 그 지정·고시를 요청한 환경부장관 또는 시·도지사와 협의하여야 한다.
[전문개정 2014.3.24.]

판례 - 건축복합민원허가신청서불허가처분취소
[대법원 2019.1.31., 선고, 2018두43996, 판결]

【판시사항】
[1] 특정 사안과 관련하여 법령에서 조례에 위임을 한 경우, 조례가 위임의 한계를 준수하고 있는지 판단하는 방법
[2] 가축분뇨의 관리 및 이용에 관한 법률 제8조 제1항 제1호가 가축사육의 제한구역 지정기준에 대하여 추상적·개방적 개념으로만 규정한 취지
[3] 가축분뇨의 관리 및 이용에 관한 법률 제8조 제1항 제1호의 위임에 따라 닭의 가축사육제한구역을 '주거밀집지역으로부터 900m'로 규정한 '금산군 가축사육 제한구역 조례' 제3조 제1항 제1호 [별표 2] '주거밀집지역 설정에 따른 가축종류별 거리제한'이 위임조항의 위임범위를 벗어난 것인지가 문제 된 사안에서, 위 조례 조항은 위임조항의 '지역주민의 생활환경보전'을 위하여 '주거밀집지역으로 생활환경의 보호가 필요한 지역'을 그 의미 내에서 구체화

한 것이고, 위임조항에서 정한 가축사육 제한구역 지정의 목적 및 대상에 부합하고 위임조항에서 위임한 한계를 벗어났다고 볼 수 없음에도, 이와 달리 본 원심판단에 법리를 오해한 잘못이 있다고 한 사례

【판결요지】

[1] 특정 사안과 관련하여 법령에서 조례에 위임을 한 경우 조례가 위임의 한계를 준수하고 있는지를 판단할 때에는, 당해 법령 규정의 입법 목적과 규정 내용, 규정의 체계, 다른 규정과의 관계 등을 종합적으로 살펴야 하고, 위임 규정의 문언에서 의미를 명확하게 알 수 있는 용어를 사용하여 위임의 범위를 분명히 하고 있는데도 그 의미의 한계를 벗어났는지, 수권 규정에서 사용하고 있는 용어의 의미를 넘어 그 범위를 확장하거나 축소함으로써 위임 내용을 구체화하는 데에서 벗어나 새로운 입법을 한 것으로 볼 수 있는지 등도 아울러 고려해야 한다.

[2] 가축분뇨의 관리 및 이용에 관한 법률(이하 '가축분뇨법'이라 한다) 제8조 제1항 제1호(이하 '위임조항'이라 한다)는 지역주민의 생활환경보전 또는 상수원 수질보전이라는 목적을 위하여 가축사육 제한구역을 지정할 수 있도록 하면서 지정 대상을 주거밀집지역, 수질환경보전지역 등으로 한정하되, 지정기준으로는 주거밀집지역에 대하여는 '생활환경의 보호가 필요한 지역', 수질환경보전지역에 대하여는 '상수원보호구역 등에 준하는 수질환경보전이 필요한 지역'이라고 하여 추상적·개방적 개념으로만 규정하고 있다. 가축분뇨법의 입법 목적 등에 비추어 볼 때, 위임조항이 그와 같은 규정 형식을 취한 것은 가축사육 제한구역 지정으로 인한 지역주민의 재산권 제약 등을 고려하여 법률에서 지정기준의 대강과 한계를 설정하되, 구체적인 세부기준은 각 지방자치단체의 실정 등에 맞게 전문적·기술적 판단과 정책적 고려에 따라 합리적으로 정하도록 한 것이다.

[3] 가축분뇨의 관리 및 이용에 관한 법률(이하 '가축분뇨법'이라 한다) 제8조 제1항 제1호(이하 '위임조항'이라 한다)의 위임에 따라 닭의 가축사육제한구역을 '주거밀집지역으로부터 900m'로 규정한 '금산군 가축사육 제한구역 조례' 제3조 제1항 제1호 [별표 2] '주거밀집지역 설정에 따른 가축종류별 거리제한'이 위임조항의 위임범위를 벗어난 것인지가 문제 된 사안에서, 위 조례 조항으로 금산군 관내 일정한 범위의 지역에서 가축사육이 제한되더라도, 그로써 기존 축사에서의 가축사육이 곧바로 금지되는 것은 아니고 기존 축사의 이전을 명령하는 경우에는 1년 이상의 유예기간을 주어야 하며 정당한 보상을 하므로(가축분뇨법 제8조 제4항) 위 조례 조항이 기존 축사에서의 가축사육 영업권을 침해한다고 보기 어려운 점, 위 조례 조항으로 신규 가축사육이 제한되더라도, 해당 토지를 종래의 목적으로 사용할 수 있다면 토지 소유자의 재산권을 침해하는 것으로 볼 수는 없는 점 등을 종합하면, 위 조례 조항은 위임조항의 '지역주민의 생활환경보전'을 위하여 '주거밀집지역으로 생활환경의 보호가 필요한 지역'을 그 의미 내에서 구체화한 것이고, 위임조항에서 정한 가축사육 제한구역 지정의 목적 및 대상에 부합하고 위임조항에서 위임한 한

계를 벗어났다고 볼 수 없음에도, 이와 달리 본 원심판단에 법리를 오해한 잘못이 있다고 한 사례.

판례 - 건축허가처분취소
[대법원 2017.5.11., 선고, 2013두10489, 판결]

【판시사항】
구 가축분뇨의 관리 및 이용에 관한 법률에 따라 가축의 사육을 제한하기 위해서는 시장·군수·구청장이 일정한 구역을 가축사육 제한구역으로 지정하여 토지이용규제 기본법 제8조 제2항에 따라 지형도면의 작성·고시를 해야 하는지 여부(원칙적 적극) 및 가축사육 제한구역의 지정은 지형도면을 작성·고시해야 효력이 발생하는지 여부(적극)

【판결요지】
구 가축분뇨의 관리 및 이용에 관한 법률(2014. 3. 24. 법률 제12516호로 개정되기 전의 것, 이하 '가축분뇨법'이라 한다) 제8조 제1항 제1호, 토지이용규제 기본법 제2조 제1호, 제3조, 제5조 제1호 [별표], 제8조 제2항 본문, 제3항을 종합하여 보면, 가축분뇨법에 따라 가축의 사육을 제한하기 위해서는 원칙적으로 시장·군수·구청장이 조례가 정하는 바에 따라 일정한 구역을 가축사육 제한구역으로 지정하여 토지이용규제 기본법에서 정한 바에 따라 지형도면을 작성·고시하여야 하고, 이러한 지형도면 작성·고시 전에는 가축사육 제한구역 지정의 효력이 발생하지 아니한다.

판례 - 건축허가복합민원신청불허재처분취소
[대법원 2017.4.7., 선고, 2014두37122, 판결]

【판시사항】
[1] 법령에서 특정사항에 관하여 조례에 위임을 한 경우, 조례가 위임의 한계를 준수하고 있는지 판단하는 기준

[2] 구 가축분뇨의 관리 및 이용에 관한 법률 제8조 제1항 본문과 각호가 가축사육의 제한구역 지정기준에 대하여 추상적·개방적 개념으로만 규정한 취지

[3] 토지이용규제 기본법상 지역·지구 등을 지정할 때 원칙적으로 지형도면을 작성·고시하도록 한 취지 및 지형도면의 작성·고시 절차를 거치지 않아도 되는 예외사유는 엄격하게 해석하여 해당 여부를 판단해야 하는지 여부(적극)

[4] 항고소송에서 행정처분의 적법 여부는 행정처분 당시를 기준으로 판단하여야 하는지 여부(원칙적 적극) 및 이때 행정처분의 위법 여부를 판단하는 기준 시점이 처분 시라는 의미

【판결요지】
[1] 법령에서 특정사항에 관하여 조례에 위임을 한 경우 조례가 위임의 한계를 준수하고 있는지를 판단할 때는 당해 법령 규정의 입법 목적과 규정 내용, 규정의 체계, 다른 규정과의 관계 등을 종합적으로 살펴야 하고, 위임 규정 자체에서 그 의미 내용을 정확하게 알 수 있는 용어를 사용하여 위임의 한계

를 분명히 하고 있는데도 그 문언적 의미의 한계를 벗어났는지, 수권 규정에서 사용하고 있는 용어의 의미를 넘어 그 범위를 확장하거나 축소하여 위임 내용을 구체화하는 정도를 벗어나 새로운 입법을 하였는지 등도 아울러 고려해야 한다.

[2] 구 가축분뇨의 관리 및 이용에 관한 법률(2014. 3. 24. 법률 제12516호로 개정되기 전의 것, 이하 '가축분뇨법'이라고 한다) 제8조 제1항 본문과 각호(이하 '위임조항'이라 한다)는 지역주민의 생활환경보전 또는 상수원 수질보전이라는 목적을 위하여 가축사육 제한구역을 지정할 수 있도록 하면서 지정 대상을 주거밀집지역, 수질환경보전지역, 환경기준 초과지역으로 한정하되, 지정기준으로는 주거밀집지역에 대하여는 '생활환경의 보호가 필요한 지역', 수질환경보전지역에 대하여는 '상수원보호구역 등에 준하는 수질환경보전이 필요한 지역'이라고 하여 추상적·개방적 개념으로만 규정하고 있다. 가축분뇨법의 입법 목적 등에 비추어 볼 때, 위임조항이 그와 같은 규정 형식을 취한 것은 가축사육 제한구역 지정으로 인한 지역주민의 재산권 제약 등을 고려하여 법률에서 지정기준의 대강과 한계를 설정하되, 구체적인 세부기준은 각 지방자치단체의 실정 등에 맞게 전문적·기술적 판단과 정책적 고려에 따라 합리적으로 정하도록 한 것이다.

[3] 토지이용규제 기본법(이하 '토지이용규제법'이라 한다)의 목적과 입법 취지 및 토지이용규제법 제1조, 제2조 제1호, 제3조, 제5조, 제8조 제2항, 제3항, 토지이용규제 기본법 시행령 제7조 제3항 제1호의 내용 등에 비추어 보면, 토지이용규제법이 '지역·지구 등'을 지정할 때 원칙적으로 지적이 표시된 지형도에 '지역·지구 등'을 명시한 도면(이하 '지형도면'이라 한다)을 작성·고시하도록 한 것은, 국민의 토지이용 제한 등 규제의 대상이 되는 토지는 내용을 명확히 공시하여 토지이용의 편의를 도모하고 행정의 예측가능성과 투명성을 확보하려는 데 있다. 따라서 지형도면의 작성·고시 절차를 거치지 않아도 되는 예외사유는 엄격하게 해석하여 해당 여부를 판단하여야 한다.

[4] 항고소송에서 행정처분의 적법 여부는 특별한 사정이 없는 한 행정처분 당시를 기준으로 판단하여야 한다. 여기서 행정처분의 위법 여부를 판단하는 기준 시점에 관하여 판결 시가 아니라 처분 시라고 하는 의미는 행정처분이 있을 때의 법령과 사실상태를 기준으로 하여 위법 여부를 판단하며 처분 후 법령의 개폐나 사실상태의 변동에 영향을 받지 않는다는 뜻이지 처분 당시 존재하였던 자료나 행정청에 제출되었던 자료만으로 위법 여부를 판단한다는 의미는 아니다. 그러므로 처분 당시의 사실상태 등에 관한 증명은 사실심 변론종결 당시까지 할 수 있고, 법원은 행정처분 당시 행정청이 알고 있었던 자료뿐만 아니라 사실심 변론종결 당시까지 제출된 모든 자료를 종합하여 처분 당시 존재하였던 객관적 사실을 확정하고 그 사실에 기초하여 처분의 위법 여부를 판단할 수 있다.

제9조(환경친화축산농장의 지정) ①농림축산식품부장관은 축사를 친환경적으로 관리하고 가축분뇨의 적정한 관리 및 이용에 기여하는 축산농가를 환경친화축산농장으로 지정할 수 있다.

②농림축산식품부장관은 환경친화축산농장을 지정하려는 때에는 다음 각 호의 조건을 붙일 수 있다.

1. 가축사육의 밀도를 「축산법」 제26조의 준수사항에 따라 유지하고 생활환경을 개선할 것
2. 가축분뇨를 자원화하여 전량 농지에 환원할 것
3. 조경수를 심는 등 자연친화형 축사를 조성할 것
4. 악취저감시설을 설치·가동하여 주변의 생활환경을 저해하지 아니할 것
5. 그 밖에 농림축산식품부령으로 정하는 기준을 지킬 것

③농림축산식품부장관 또는 환경부장관은 환경친화축산농장으로 지정된 축산농가에 대하여 다음 각 호의 지원을 할 수 있다.

1. 축사 및 가축분뇨의 관리에 필요한 재정적 지원
2. 제41조에 따른 보고·검사의 면제
3. 그 밖에 농림축산식품부령으로 정하는 사항

④농림축산식품부장관은 환경친화축산농장의 지정을 받은 자가 다음 각 호의 어느 하나에 해당하는 경우에는 지정을 취소할 수 있다. 다만, 제1호에 해당하는 경우에는 지정을 취소하여야 한다.

1. 거짓, 그 밖의 부정한 방법으로 지정을 받은 경우
2. 제2항에 따라 붙인 조건을 이행하지 아니한 경우
3. 제6항에 따른 지정기준에 적합하지 아니하게 된 경우
4. 이 법 또는 「축산법」을 위반하여 행정처분을 받거나 형벌 또는 과태료의 처분을 받은 경우로서 환경친화축산농장으로 부적합하다고 판단되는 경우

⑤농림축산식품부장관, 환경부장관, 시·도지사, 시장·군수·구청장 및 생산자단체는 환경친화축산농장의 운영사례를 교육 또는 홍보에 적극 활용하여야 한다.

⑥환경친화축산농장의 지정기준 및 신청절차 등에 필요한 사항은 농림축산식품부령으로 정한다.

[전문개정 2014.3.24.]

제10조(가축분뇨 및 퇴비·액비의 처리의무) ①가축분뇨 또는 퇴비·액비를 배출·수집·운반·처리·살포하는 자는 이를 유출·방치하거나 제17조제1항제5호에 따른 액비의 살포기준을 지키지 아니하고 살포함으로써 「물환경보전법」 제2조제9호에 따른 공공수역(이하 "공공수역"이라 한다)에 유입시키거나 유입시킬 우려가 있는 행위를 하여서는 아니 된다. <개정 2017.1.17.>

②시장·군수·구청장은 유출·방치된 가축분뇨 또는 퇴비·액비로 인하여 생활환경

이나 공공수역이 오염되거나 오염될 우려가 있는 경우에는 가축분뇨 또는 퇴비·액비를 배출·수집·운반·처리·살포하는 자, 그 밖에 가축분뇨 또는 퇴비·액비의 소유자·관리자에게 가축분뇨 또는 퇴비·액비의 보관방법 변경이나 수거 등 환경오염 방지에 필요한 조치를 명할 수 있다.
[전문개정 2014.3.24.]

판례 – 가축분뇨의관리및이용에관한법률위반 · 공무상표시무효 · 모욕
[대법원 2018.1.24., 선고, 2015도18284, 판결]

【판시사항】
[1] 구 가축분뇨의 관리 및 이용에 관한 법률상 배출시설 등의 양수인이 종전 시설설치자로부터 배출시설 등의 점유·관리를 이전받음으로써 시설설치자의 지위를 승계받은 것이 되는지 여부(적극) 및 이후 매매계약 등 양도의 원인행위가 해제되었더라도 해제에 따른 원상회복을 하지 아니한 채 여전히 배출시설 등을 점유·관리하고 있다면 승계받은 시설설치자의 지위를 계속 유지하는지 여부(적극)

[2] 피고인이 가축사육시설인 농장에 관하여 배출시설 설치허가를 받은 시설설치자 甲으로부터 乙을 거쳐 농장을 순차로 양수하여 실질적으로 관리하면서 업무상 과실로 가축분뇨를 공공수역에 유입되게 하여 구 가축분뇨의 관리 및 이용에 관한 법률 위반으로 기소된 사안에서, 피고인이 乙과의 매매계약에 기하여 농장을 양수함으로써 같은 법 제14조에 따라 시설설치자의 지위를 승계한 다음 위반행위 당시에도 농장을 점유·관리하고 있었으므로, 그 전에 농장에 관한 매매계약이 해제되었더라도 같은 법 제50조 제5호에서 정한 행위 주체로서 시설설치자의 지위에 있다고 한 사례

【판결요지】
[1] 구 가축분뇨의 관리 및 이용에 관한 법률(2014.3.24. 법률 제12516호로 개정되기 전의 것, 이하 '구 가축분뇨법'이라 한다)은 배출시설을 설치하고자 하는 자는 배출시설의 규모에 따라 시장·군수·구청장의 허가를 받거나 시장·군수·구청장에게 신고하여야 하고(제11조 제1항, 제3항), 제11조에 따라 배출시설에 대한 설치허가 등을 받거나 신고 등을 한 자(이하 '시설설치자'라 한다)가 배출시설·처리시설(이하 '배출시설 등'이라 한다)을 양도하는 경우에는 양수인이 종전 시설설치자의 지위를 승계한다고 규정하고 있다(제14조).
현행 가축분뇨의 관리 및 이용에 관한 법률(제14조 제3항)과 달리 배출시설 등의 양도를 시장·군수·구청장에게 신고하지 않고 양도 그 자체만으로 시설설치자의 지위 승계가 이루어지도록 정한 구 가축분뇨법의 위와 같은 규정 및 배출시설 등에 대한 설치허가의 대물적 성질 등에 비추어 보면, 배출시설 등의 양수인은 종전 시설설치자로부터 배출시설 등의 점유·관리를 이전받음으로써 시설설치자의 지위를 승계받은 것이 되고, 이후 매매계약 등 양도의 원인행위가 해제되었더라도 해제에 따른 원상회복을 하지 아니한 채 여전히 배출시설 등을 점유·관리하고 있다면 승계받은 시설설치자의 지위를 계속 유

지한다.

[2] 피고인이 가축사육시설인 농장에 관하여 배출시설 설치허가를 받은 시설설치자 甲으로부터 乙을 거쳐 농장을 순차로 양수하여 실질적으로 관리하면서 이를 적정하게 관리하지 않은 업무상 과실로 가축분뇨를 공공수역에 유입되게 하여 구 가축분뇨의 관리 및 이용에 관한 법률(2014.3.24. 법률 제12516호로 개정되기 전의 것, 이하 '구 가축분뇨법'이라 한다) 위반으로 기소된 사안에서, 피고인이 乙과의 매매계약에 기하여 농장을 양수함으로써 구 가축분뇨법 제14조에 따라 시설설치자의 지위를 승계한 다음 위반행위 당시에도 농장을 점유·관리하고 있었으므로, 설령 그 전에 농장에 관한 매매계약이 해제되었더라도 피고인이 구 가축분뇨법 제50조 제5호에서 정한 행위 주체로서 시설설치자의 지위에 있었다고 보는 데 아무런 영향이 없다는 이유로, 피고인이 시설설치자로서 구 가축분뇨법 제50조 제5호의 적용대상에 해당한다고 본 원심판단을 수긍한 사례.

판례 – 가축분뇨의관리및이용에관한법률위반
[대법원 2016.6.23., 선고, 2014도7170, 판결]

【판시사항】
구 가축분뇨의 관리 및 이용에 관한 법률 제50조 제8호에서 정한 '제11조 제3항의 규정에 따른 신고를 하지 아니한 자'의 의미 및 배출시설 설치 당시 신고대상이 아니었으나 그 후 법령 개정에 따라 신고대상에 해당하게 된 배출시설을 운영하면서 업무상 과실로 가축분뇨를 공공수역에 유입시킨 자가 위 조항의 적용대상에 포함되는지 여부(소극)

【판결요지】
구 가축분뇨의 관리 및 이용에 관한 법률(2014.3.24. 법률 제12516호로 개정되기 전의 것, 이하 '구 가축분뇨법'이라 한다) 제50조 제8호(이하 '법률조항'이라 한다)에서 정한 '제11조 제3항의 규정에 따른 신고를 하지 아니한 자'는 문언상 '제11조 제3항의 규정에 의한 신고대상자임에도 신고를 하지 아니한 자'를 의미하는데, '제11조 제3항 규정에 의한 신고대상자'는 '대통령령이 정하는 규모 이상의 배출시설을 설치하고자 하는 자 또는 신고한 사항을 변경하고자 하는 자'를 말한다. 따라서 이미 배출시설을 설치한 경우에, 설치 당시에 '대통령령이 정하는 규모 이상의 배출시설'에 해당하지 아니하여 신고대상이 아니었다면, 그 후 법령 개정에 따라 신고대상에 해당하게 되었더라도 구 가축분뇨법 제11조 제3항에서 정한 신고대상자인 '배출시설을 설치하고자 하는 자'에 해당한다고 볼 수 없다.
이와 같은 법률조항의 내용과 문언적 해석, 신고대상자의 범위 및 죄형법정주의 원칙 등에 비추어 보면, 법률조항은 구 가축분뇨법 제11조 제3항의 신고대상자가 신고를 하지 아니하고 배출시설을 설치한 후 업무상 과실로 가축분뇨를 공공수역에 유입시킨 경우에 적용되며, 배출시설을 설치할 당시에는 신고대상 시설이 아니었는데 그 후 법령 개정에 따라 시설이 신고대상에 해당하

게 된 경우에 시설을 운영하면서 업무상 과실로 가축분뇨를 공공수역에 유입
시킨 자는 여기에 포함되지 아니한다.

제3장 배출시설 · 처리시설의 관리 및 퇴비 · 액비의 살포 등

제11조(배출시설의 설치) ①대통령령으로 정하는 규모 이상의 배출시설을 설치하려
고 하거나 설치 · 운영 중인 자는 대통령령으로 정하는 바에 따라 배출시설의 설치
계획을 갖추어 시장 · 군수 · 구청장의 허가를 받아야 한다. <개정 2015. 12. 1.>
②제1항에 따라 허가를 받은 자가 환경부령으로 정하는 중요 사항을 변경하려는 때
에는 변경허가를 받아야 하고, 그 밖의 사항을 변경하려는 때에는 변경신고를 하
여야 한다.
③제1항에 따른 허가대상에 해당하지 아니하는 배출시설 중 대통령령으로 정하는 규
모 이상의 배출시설을 설치하려고 하거나 설치 · 운영 중인 자는 환경부령으로 정
하는 바에 따라 시장 · 군수 · 구청장에게 신고하여야 한다. 신고한 사항 중 환경부
령으로 정하는 사항을 변경하려는 때에도 또한 같다. <개정 2015. 12. 1.>
④누구든지 제1항부터 제3항까지의 규정에 따른 허가 · 변경허가 또는 신고 · 변경신
고 없이 설치되거나 변경된 배출시설을 사용해서는 아니 되며, 그 시설을 사용하
여 가축을 사육하는 자에게 가축 또는 사료 등을 제공하여 사육을 위탁(이하 "위
탁사육"이라 한다) 할 수 없다.
[전문개정 2014.3.24.]

판례 – 가축분뇨의관리및이용에관한법률위반 · 공무상표시무효 · 모욕
[대법원 2018.1.24., 선고, 2015도18284, 판결]

【판시사항】
[1] 구 가축분뇨의 관리 및 이용에 관한 법률상 배출시설 등의 양수인이 종전
시설설치자로부터 배출시설 등의 점유 · 관리를 이전받음으로써 시설설치자의
지위를 승계받은 것이 되는지 여부(적극) 및 이후 매매계약 등 양도의 원인
행위가 해제되었더라도 해제에 따른 원상회복을 하지 아니한 채 여전히 배출
시설 등을 점유 · 관리하고 있다면 승계받은 시설설치자의 지위를 계속 유지하
는지 여부(적극)

[2] 피고인이 가축사육시설인 농장에 관하여 배출시설 설치허가를 받은 시설
설치자 甲으로부터 乙을 거쳐 농장을 순차로 양수하여 실질적으로 관리하면
서 업무상 과실로 가축분뇨를 공공수역에 유입되게 하여 구 가축분뇨의 관리
및 이용에 관한 법률 위반으로 기소된 사안에서, 피고인이 乙과의 매매계약에
기하여 농장을 양수함으로써 같은 법 제14조에 따라 시설설치자의 지위를 승
계한 다음 위반행위 당시에도 농장을 점유 · 관리하고 있었으므로, 그 전에 농
장에 관한 매매계약이 해제되었더라도 같은 법 제50조 제5호에서 정한 행위

주체로서 시설설치자의 지위에 있다고 한 사례

【판결요지】

[1] 구 가축분뇨의 관리 및 이용에 관한 법률(2014.3.24. 법률 제12516호로 개정되기 전의 것, 이하 '구 가축분뇨법'이라 한다)은 배출시설을 설치하고자 하는 자는 배출시설의 규모에 따라 시장·군수·구청장의 허가를 받거나 시장·군수·구청장에게 신고하여야 하고(제11조 제1항, 제3항), 제11조에 따라 배출시설에 대한 설치허가 등을 받거나 신고 등을 한 자(이하 '시설설치자'라 한다)가 배출시설·처리시설(이하 '배출시설 등'이라 한다)을 양도하는 경우에는 양수인이 종전 시설설치자의 지위를 승계한다고 규정하고 있다(제14조).

현행 가축분뇨의 관리 및 이용에 관한 법률(제14조 제3항)과 달리 배출시설 등의 양도를 시장·군수·구청장에게 신고하지 않고 양도 그 자체만으로 시설설치자의 지위 승계가 이루어지도록 정한 구 가축분뇨법의 위와 같은 규정 및 배출시설 등에 대한 설치허가의 대물적 성질 등에 비추어 보면, 배출시설 등의 양수인은 종전 시설설치자로부터 배출시설 등의 점유·관리를 이전받음으로써 시설설치자의 지위를 승계받은 것이 되고, 이후 매매계약 등 양도의 원인행위가 해제되었더라도 해제에 따른 원상회복을 하지 아니한 채 여전히 배출시설 등을 점유·관리하고 있다면 승계받은 시설설치자의 지위를 계속 유지한다.

[2] 피고인이 가축사육시설인 농장에 관하여 배출시설 설치허가를 받은 시설설치자 甲으로부터 乙을 거쳐 농장을 순차로 양수하여 실질적으로 관리하면서 이를 적정하게 관리하지 않은 업무상 과실로 가축분뇨를 공공수역에 유입되게 하여 구 가축분뇨의 관리 및 이용에 관한 법률(2014. 3. 24. 법률 제12516호로 개정되기 전의 것, 이하 '구 가축분뇨법'이라 한다) 위반으로 기소된 사안에서, 피고인이 乙과의 매매계약에 기하여 농장을 양수함으로써 구 가축분뇨법 제14조에 따라 시설설치자의 지위를 승계한 다음 위반행위 당시에도 농장을 점유·관리하고 있었으므로, 설령 그 전에 농장에 관한 매매계약이 해제되었더라도 피고인이 구 가축분뇨법 제50조 제5호에서 정한 행위 주체로서 시설설치자의 지위에 있었다고 보는 데 아무런 영향이 없다는 이유로, 피고인이 시설설치자로서 구 가축분뇨법 제50조 제5호의 적용대상에 해당한다고 본 원심판단을 수긍한 사례.

판례 - 가축분뇨의관리및이용에관한법률위반
[대법원 2016.6.23., 선고, 2014도7170, 판결]

【판시사항】

구 가축분뇨의 관리 및 이용에 관한 법률 제50조 제8호에서 정한 '제11조 제3항의 규정에 따른 신고를 하지 아니한 자'의 의미 및 배출시설 설치 당시 신고대상이 아니었으나 그 후 법령 개정에 따라 신고대상에 해당하게 된 배출시설을 운영하면서 업무상 과실로 가축분뇨를 공공수역에 유입시킨 자가 위 조항의 적용대상에 포함되는지 여부(소극)

【판결요지】
구 가축분뇨의 관리 및 이용에 관한 법률(2014.3.24. 법률 제12516호로 개정되기 전의 것, 이하 '구 가축분뇨법'이라 한다) 제50조 제8호(이하 '법률조항'이라 한다)에서 정한 '제11조 제3항의 규정에 따른 신고를 하지 아니한 자'는 문언상 '제11조 제3항의 규정에 의한 신고대상자임에도 신고를 하지 아니한 자'를 의미하는데, '제11조 제3항 규정에 의한 신고대상자'는 '대통령령이 정하는 규모 이상의 배출시설을 설치하고자 하는 자 또는 신고한 사항을 변경하고자 하는 자'를 말한다. 따라서 이미 배출시설을 설치한 경우에, 설치 당시에 '대통령령이 정하는 규모 이상의 배출시설'에 해당하지 아니하여 신고대상이 아니었다면, 그 후 법령 개정에 따라 신고대상에 해당하게 되었더라도 구 가축분뇨법 제11조 제3항에서 정한 신고대상자인 '배출시설을 설치하고자 하는 자'에 해당한다고 볼 수 없다.
이와 같은 법률조항의 내용과 문언적 해석, 신고대상자의 범위 및 죄형법정주의 원칙 등에 비추어 보면, 법률조항은 구 가축분뇨법 제11조 제3항의 신고대상자가 신고를 하지 아니하고 배출시설을 설치한 후 업무상 과실로 가축분뇨를 공공수역에 유입시킨 경우에 적용되며, 배출시설을 설치할 당시에는 신고대상 시설이 아니었는데 그 후 법령 개정에 따라 시설이 신고대상에 해당하게 된 경우에 시설을 운영하면서 업무상 과실로 가축분뇨를 공공수역에 유입시킨 자는 여기에 포함되지 아니한다.

판례 – 가축분뇨의관리및이용에관한법률위반
[대법원 2015.7.23., 선고, 2014도15510, 판결]

【판시사항】
구 가축분뇨의 관리 및 이용에 관한 법률 제50조 제3호에서 정한 '그 배출시설을 이용하여 가축을 사육한 자'의 의미 및 배출시설 설치 당시 신고대상이 아니었다가 그 후 법령 개정에 따라 신고대상에 해당하게 된 배출시설을 이용하여 가축을 사육한 자가 여기에 포함되는지 여부(소극)

【판결요지】
구 가축분뇨의 관리 및 이용에 관한 법률(2014. 3. 24. 법률 제12516호로 개정되기 전의 것, 이하 '법'이라 한다) 제50조 제3호(이하 '법률조항'이라 한다)에서 '그 배출시설'이란 문언상 '법 제11조 제3항의 규정을 위반하여 신고를 하지 아니하고 설치한 배출시설'을 의미하는데, 여기서 배출시설을 설치한 자가 설치 당시에 법 제11조 제3항의 신고대상자가 아니었다면 그 후 법령의 개정에 따라 시설이 신고대상에 해당하게 되었더라도, 위 규정상 신고대상자인 '배출시설을 설치하고자 하는 자'에 해당한다고 볼 수 없다.
한편 법률조항이 2011. 7. 28. 법률 제10973호로 개정되기 전에는 배출시설을 '설치'한 자만 처벌하는 것으로 규정하다가, 개정에 의하여 배출시설을 '이용'하여 가축을 사육한 자도 처벌하도록 규정한 취지는, 신고대상자가 신고를 하지 않고 설치한 배출시설의 '설치자'와 '이용자'가 서로 다른 경우에 설치자뿐 아니라 이용자도 처벌함으로써 처벌의 균형을 도모하기 위한 것이다.

442 · 가축분뇨의 관리 및 이용에 관한 법률

위와 같은 법률조항의 내용과 문언적 해석, 신고대상자의 범위, 법 개정 취지 및 죄형법정주의 원칙 등에 비추어 보면, 법률조항의 '그 배출시설을 이용하여 가축을 사육한 자'는 '법 제11조 제3항의 신고대상자가 신고를 하지 아니하고 설치한 배출시설을 이용하여 가축을 사육한 자'만을 의미하는 것으로 한정적으로 해석하여야 하고, 그렇다면 배출시설을 설치할 당시에는 신고대상 시설이 아니었지만 그 후 법령의 개정에 따라 시설이 신고대상에 해당하게 된 경우 그 배출시설을 이용하여 가축을 사육한 자는 여기에 포함되지 아니한다.

판례 – 가축분뇨의관리및이용에관한법률위반
[대법원 2015.7.23., 선고, 2014도13680, 판결]

【판시사항】
구 가축분뇨의 관리 및 이용에 관한 법률 제50조 제3호에서 정한 '그 배출시설을 이용하여 가축을 사육한 사람'의 의미 및 배출시설 설치 당시 신고대상이 아니었다가 그 후 법령 개정에 따라 신고대상에 해당하게 된 배출시설을 이용하여 가축을 사육한 사람이 여기에 포함되는지 여부(소극)

판례 – 가축 분뇨의 관리및 이용에 관한 법률 위반
[대법원 2011.7.28., 선고, 2009도7776, 판결]

【판시사항】
[1] 구 가축분뇨의 관리 및 이용에 관한 법률 제50조 제3호에서 규정한 '제11조 제3항의 신고대상자'의 의미 및 배출시설 설치 당시 신고대상자가 아니었다가 그 후 법령 개정에 따라 신고대상에 해당하게 된 경우 같은 법 제11조 제3항의 신고대상자인 '배출시설을 설치하고자 하는 자'에 해당하는지 여부(소극)

[2] 피고인이 일정 규모 이상의 시설을 갖추고 개(犬)를 사육하면서 관할관청에 가축분뇨 배출시설 설치신고를 하지 아니하였다고 하여 구 가축분뇨의 관리 및 이용에 관한 법률 위반으로 기소된 사안에서, 피고인이 같은 법 제50조 제3호, 제11조 제3항에서 규정한 신고대상자인 '배출시설을 설치하고자 하는 자'에 해당하지 않는다고 본 원심판단을 수긍한 사례

판례 – 가축분뇨의 관리 및 이용에 관한 법률위반
[대법원 2011.7.14., 선고, 2011도2471, 판결]

【판시사항】
[1] 가축분뇨의 관리 및 이용에 관한 법률 제50조 제3호, 제11조 제3항에서 정한 '신고대상자'의 의미 및 배출시설을 설치한 자가 설치 당시 신고대상자가 아니었는데, 그 후 법령 개정에 따라 해당 배출시설이 신고대상에 해당하게 된 경우, 위 규정상 신고대상자인 '배출시설을 설치하고자 하는 자'에 해당하는지 여부(소극)

[2] 가축분뇨의 관리 및 이용에 관한 법률 제50조 제3호, 제11조 제3항에서 규정한 '신고를 하지 아니하고 배출시설을 설치한 죄'가 '즉시범'인지 여부(적극)

[3] 피고인이 개(犬) 사육시설을 설치하여 개를 사육하면서 가축분뇨 배출시설 설치신고를 하지 않았다고 하여 구 가축분뇨의 관리 및 이용에 관한 법률 위반으로 기소된 사안에서, 피고인이 같은 법 제50조 제3호, 제11조 제3항에서 정한 신고대상자인 '배출시설을 설치하고자 하는 자'에 해당한다고 볼 수 없는데도, 이와 달리 본 원심판단에 법리오해의 위법이 있다고 한 사례

【판결요지】
[1] 가축분뇨의 관리 및 이용에 관한 법률(이하 '가축분뇨법'이라 한다) 제50조 제3호, 제11조 제3항에서 정한 신고대상자는 '대통령령이 정하는 규모 이상의 배출시설을 설치하고자 하는 자 또는 신고한 사항을 변경하고자 하는 자'를 말하고, 배출시설을 설치한 자가 설치 당시에 신고대상자가 아니었다면 그 후 법령의 개정에 따라 그 시설이 신고대상에 해당하게 되었더라도, 위 규정상 신고대상자인 '배출시설을 설치하고자 하는 자'에 해당한다고 볼 수 없으며, 또한 형벌법규는 문언에 따라 엄격하게 해석·적용하여야 하고 피고인에게 불리한 방향으로 지나치게 확장해석하거나 유추해석하여서는 아니되는 점을 고려할 때, 위와 같은 해석은 비록 가축분뇨법 시행령 부칙(2007.9.27.) 제2조 제1항이 가축분뇨법의 위임 없이 "이 영 시행 당시 제8조 및 [별표 2]에 따른 신고대상 배출시설을 설치·운영 중인 자는 2008년 9월 27일까지 법 제11조 제3항에 따른 배출시설의 설치신고를 하여야 한다."고 규정하고 있더라도 마찬가지이다.

[2] 가축분뇨의 관리 및 이용에 관한 법률 제50조 제3호, 제11조 제3항에서 규정하고 있는 '신고를 하지 아니하고 배출시설을 설치한 죄'는 해당 조문의 기재 내용과 입법 경과에 비추어 볼 때 그와 같은 행위가 종료됨으로써 즉시 성립하고 그와 동시에 완성되는 이른바 '즉시범'이라고 보아야 한다.

[3] 피고인이 개(犬) 사육시설을 설치하여 개를 사육하면서 가축분뇨 배출시설 설치신고를 하지 않았다고 하여 구 가축분뇨의 관리 및 이용에 관한 법률(2011.7.28. 법률 제10973호로 개정되기 전의 것, 이하 '가축분뇨법'이라 한다) 위반으로 기소된 사안에서, 위 사육시설은 가축분뇨법령이 제정되기 전에는 신고대상 배출시설에 해당하지도 아니하였을 뿐 아니라, 가축분뇨법령이 제정된 이후에도 배출시설을 새로이 설치한 것이 아니라 종전대로 사용한 것에 불과하므로, 배출시설을 설치·운영 중인 자에 대하여 설치신고 유예기간을 규정한 가축분뇨법 시행령 부칙(2007.9.27.) 제2조 제1항의 적용 여부와 상관 없이 피고인은 가축분뇨법 제50조 제3호, 제11조 제3항에서 정한 신고대상자인 '배출시설을 설치하고자 하는 자'에 해당한다고 볼 수 없는데도, 이와 달리 본 원심판단에 법리오해의 위법이 있다고 한 사례.

판례 – 가축 분뇨의 관리및 이용에 관한 법률 위반
[대법원 2011.7.28., 선고, 2009도7776, 판결]

【판시사항】
[1] 구 가축분뇨의 관리 및 이용에 관한 법률 제50조 제3호에서 규정한 '

제11조 제3항의 신고대상자'의 의미 및 배출시설 설치 당시 신고대상자가 아니었다가 그 후 법령 개정에 따라 신고대상에 해당하게 된 경우
같은 법 제11조 제3항의 신고대상자인 '배출시설을 설치하고자 하는 자'에 해당하는지 여부(소극)

[2] 피고인이 일정 규모 이상의 시설을 갖추고 개(犬)를 사육하면서 관할관청에 가축분뇨 배출시설 설치신고를 하지 아니하였다고 하여 구 가축분뇨의 관리 및 이용에 관한 법률 위반으로 기소된 사안에서, 피고인이 같은 법 제50조 제3호, 제11조 제3항에서 규정한 신고대상자인 '배출시설을 설치하고자 하는 자'에 해당하지 않는다고 본 원심판단을 수긍한 사례

판례 - 가축분뇨의 관리 및 이용에 관한 법률위반
[대법원 2011.7.14., 선고, 2011도2471, 판결]

【판시사항】
[1] 가축분뇨의 관리 및 이용에 관한 법률 제50조 제3호, 제11조 제3항에서 정한 '신고대상자'의 의미 및 배출시설을 설치한 자가 설치 당시 신고대상자가 아니었는데, 그 후 법령 개정에 따라 해당 배출시설이 신고대상에 해당하게 된 경우, 위 규정상 신고대상자인 '배출시설을 설치하고자 하는 자'에 해당하는지 여부(소극)

[2] 가축분뇨의 관리 및 이용에 관한 법률 제50조 제3호, 제11조 제3항에서 규정한 '신고를 하지 아니하고 배출시설을 설치한 죄'가 '즉시범'인지 여부(적극)

[3] 피고인이 개(犬) 사육시설을 설치하여 개를 사육하면서 가축분뇨 배출시설 설치신고를 하지 않았다고 하여 구 가축분뇨의 관리 및 이용에 관한 법률 위반으로 기소된 사안에서, 피고인이 같은 법 제50조 제3호, 제11조 제3항에서 정한 신고대상자인 '배출시설을 설치하고자 하는 자'에 해당한다고 볼 수 없는데도, 이와 달리 본 원심판단에 법리오해의 위법이 있다고 한 사례

【판결요지】
[1] 가축분뇨의 관리 및 이용에 관한 법률(이하 '가축분뇨법'이라 한다) 제50조 제3호, 제11조 제3항에서 정한 신고대상자는 '대통령령이 정하는 규모 이상의 배출시설을 설치하고자 하는 자 또는 신고한 사항을 변경하고자 하는 자'를 말하고, 배출시설을 설치한 자가 설치 당시에 신고대상자가 아니었다면 그 후 법령의 개정에 따라 그 시설이 신고대상에 해당하게 되었더라도, 위 규정상 신고대상자인 '배출시설을 설치하고자 하는 자'에 해당한다고 볼 수 없으며, 또한 형벌법규는 문언에 따라 엄격하게 해석·적용하여야 하고 피고인에게 불리한 방향으로 지나치게 확장해석하거나 유추해석하여서는 아니되는 점을 고려할 때, 위와 같은 해석은 비록가축분뇨법 시행령 부칙(2007. 9. 27.) 제2조 제1항이 가축분뇨법의 위임 없이 "이 영 시행 당시 제8조 및 [별표 2]에 따른 신고대상 배출시설을 설치·운영 중인 자는 2008년 9월 27일까지 법 제11조 제3항에 따른 배출시설의 설치신고를 하여야 한다."고 규정하고 있더라도 마찬가지이다.

[2] 가축분뇨의 관리 및 이용에 관한 법률 제50조 제3호, 제11조 제3항에서 규정하고 있는 '신고를 하지 아니하고 배출시설을 설치한 죄'는 해당 조문의 기재 내용과 입법 경과에 비추어 볼 때 그와 같은 행위가 종료됨으로써 즉시 성립하고 그와 동시에 완성되는 이른바 '즉시범'이라고 보아야 한다.

[3] 피고인이 개(犬) 사육시설을 설치하여 개를 사육하면서 가축분뇨 배출시설 설치신고를 하지 않았다고 하여 구 가축분뇨의 관리 및 이용에 관한 법률 (2011.7.28. 법률 제10973호로 개정되기 전의 것, 이하 '가축분뇨법'이라 한다) 위반으로 기소된 사안에서, 위 사육시설은 가축분뇨법령이 제정되기 전에는 신고대상 배출시설에 해당하지도 아니하였을 뿐 아니라, 가축분뇨법령이 제정 된 이후에도 배출시설을 새로이 설치한 것이 아니라 종전대로 사용한 것에 불과하므로, 배출시설을 설치·운영 중인 자에 대하여 설치신고 유예기간을 규 정한 가축분뇨법 시행령 부칙(2007.9.27.) 제2조 제1항의 적용 여부와 상관 없 이 피고인은 가축분뇨법 제50조 제3호, 제11조 제3항에서 정한 신고대상자인 '배출시설을 설치하고자 하는 자'에 해당한다고 볼 수 없는데도, 이와 달리 본 원심판단에 법리오해의 위법이 있다고 한 사례.

판례 ─ 가축 분뇨의 관리및 이용에 관한 법률 위반
[대법원 2011.7.14., 선고, 2009도7777, 판결]

【판시사항】
[1] 형벌법규의 적용대상이 행정법규가 규정한 사항을 내용으로 하는 경우, 행정법규 규정의 해석 원칙

[2] 가축분뇨의 관리 및 이용에 관한 법률 제50조 제3호에서 정한 '제11조 제 3항의 규정에 의한 신고대상자'의 의미 및 배출시설을 설치한 자가 설치 당시 신고대상자가 아니었다가 그 후 법령 개정에 따라 신고대상에 해당하게 된 경우, 같은 법 제11조 제3항의 신고대상자에 해당하는지 여부(소극)

[3] 개(犬) 사육업자인 피고인이 관할관청에 가축분뇨 배출시설 설치신고를 하지 않았다는 내용으로 기소된 사안에서, 배출시설 설치 당시에는 신고대상 이 아니었다가 그 후 법령 개정에 따라 비로소 신고대상에 포함된 피고인은 같은 법 제11조 제3항의 신고대상자에 해당하지 아니한다는 이유로 무죄를 인정한 원심판단을 수긍한 사례

제12조(처리시설의 설치의무 등) ①제11조제1항 또는 제2항에 따라 허가 또는 변 경허가를 받거나 변경신고를 한 자와 같은 조 제3항에 따라 신고 또는 변경신고를 한 자(이하 "배출시설설치자"라 한다)는 처리시설을 설치하거나 변경하여야 한다. 다만, 대통령령으로 정하는 바에 따라 처리시설 설치나 변경 외의 방법으로 가축 분뇨를 적정하게 처리할 수 있는 경우에는 처리시설을 설치 또는 변경하지 아니할 수 있다.

②배출시설설치자는 다음 각 호의 어느 하나에 해당하는 경우에는 가축분뇨를 공동

으로 처리하기 위한 시설(이하 "공동처리시설"이라 한다)을 설치할 수 있다. 이 경우 각 배출시설별로 해당 처리시설을 설치한 것으로 본다.
1. 같은 시·군·구에 위치한 배출시설로부터 배출되는 가축분뇨를 처리하기 위한 자원화시설을 그 시·군·구에 설치하려는 경우
2. 배출시설이 연접하여 위치한 경우(같은 시·군·구에 위치하지 아니한 경우도 포함한다)로서 공동으로 자원화시설 또는 정화시설을 설치하려는 경우
③국가 또는 지방자치단체는 제1항 또는 제2항에 따라 처리시설 또는 공동처리시설을 설치하거나 변경하는 자에게 필요한 기술적·재정적 지원을 할 수 있다.
[전문개정 2014.3.24.]

판례 - 분뇨처리시설건축허가취소
[대법원 2014.2.27., 선고, 2013두3283, 판결]
【판시사항】
[1] 구 가축분뇨의 관리 및 이용에 관한 법률에 의한 가축분뇨 처리시설의 설치사업으로 가축분뇨 처리시설을 설치하는 경우 처리용량이 1일 100㎘ 이상인 처리시설을 설치하는 사업으로서 환경영향평가대상사업에 해당하는지 판단하는 기준
[2] 구 환경영향평가법상 가축분뇨를 처리하는 시설로서 처리용량이 1일 100㎘ 이상인 것은 운영 주체와 상관없이 전부 환경영향평가대상사업이 되는지 여부(적극)
[3] 구 가축분뇨의 관리 및 이용에 관한 법률 제27조에 따라 가축분뇨의 재활용 처리시설을 설치하는 경우, 필요한 환경영향평가 실시 시기

판례 - 분뇨및쓰레기처리시설허가취소
[대법원 2014.2.27., 선고, 2011두14074, 판결]
【판시사항】
[1] 가축분뇨의 관리 및 이용에 관한 법률에 의한 가축분뇨 처리시설의 설치작업으로 가축분뇨 처리시설을 설치하는 경우 환경영향평가대상에 해당하는지 판단하는 기준 / 구 환경영향평가법상 가축분뇨를 처리하는 시설로서 처리용량이 1일 100㎘ 이상인 것은 운영 주체와 상관없이 전부 환경영향평가대상사업이 되는지 여부(적극)
[2] 가축분뇨의 관리 및 이용에 관한 법률 제27조에 따라 가축분뇨의 재활용 처리시설을 설치하는 경우, 필요한 환경영향평가 실시 시기

제12조의2(처리시설의 설치기준 등) ①배출시설설치자, 공동처리시설의 설치자, 공공처리시설의 설치자, 제27조에 따른 재활용신고자 또는 제28조제1항제2호의 가축분뇨처리업의 허가를 받은 자로서 처리시설을 설치하는 자(이하 "처리시설설치자"라 한다)는 환경부령으로 정하는 처리시설 설치에 관한 기준을 지켜야 한다.

②액비를 만드는 자원화시설을 설치하는 자는 환경부장관이 농림축산식품부장관과 협의하여 환경부령으로 정하는 기준에 따라 액비를 살포하는 데 필요한 초지, 농경지, 「산림자원의 조성 및 관리에 관한 법률」 제47조에 따른 시험림의 지정지역 또는 「체육시설의 설치·이용에 관한 법률」 제3조에 따른 체육시설 중 골프장(이하 "액비살포지"라 한다)을 확보하여야 한다.

③정화시설을 설치하는 자는 환경부령으로 정하는 바에 따라 가축분뇨를 분과 요로 분리·저장할 수 있는 시설을 설치하여야 한다. 다만, 분과 요를 분리·저장하지 아니하여도 제13조에 따른 방류수수질기준(이하 "방류수수질기준"이라 한다)을 준수할 수 있는 경우 등 대통령령으로 정하는 일정한 요건을 충족하는 경우에는 그러하지 아니하다.

④시장·군수·구청장은 제3항에 따라 가축분뇨를 분과 요로 분리·저장할 수 있는 시설을 설치하여야 하는 자가 그 시설을 설치하지 아니한 경우에는 대통령령으로 정하는 바에 따라 기간을 정하여 해당 시설의 설치를 명할 수 있다.
[본조신설 2014.3.24.]

판례 - 가축분뇨의관리및이용에관한법률위반
[대법원 2018.9.13., 선고, 2018도11018, 판결]

【판시사항】
가축분뇨의 관리 및 이용에 관한 법률 제17조 제1항 제5호가 자원화시설에서 생산된 액비를 해당 자원화시설을 설치한 자가 확보한 액비 살포지 외의 장소에 뿌리는 행위를 금지하는 취지 / 가축분뇨를 재활용하기 위하여 액비 생산의 자원화시설을 설치한 재활용신고자가 자신이 설치한 자원화시설이 아닌 다른 자원화시설에서 생산된 액비를 자신이 확보한 액비 살포지에 뿌리는 경우, 위 규정을 위반한 것인지 여부(적극) 및 이는 위 재활용신고자가 축산업자들이 가축분뇨 등을 처리하기 위하여 공동출자로 설립한 영농조합법인이고 위 영농조합법인이 그 구성원인 축산업자들이 설치한 자원화시설에서 생산된 액비의 처리를 위탁받았더라도 마찬가지인지 여부(적극)

【판결요지】
가축분뇨의 관리 및 이용에 관한 법률(이하 '가축분뇨법'이라 한다)은 가축분뇨를 자원화하거나 적정하게 처리하여 환경오염을 방지함으로써 환경과 조화되는 지속 가능한 축산업의 발전과 국민건강의 향상에 이바지함을 목적으로 한다(제1조). 여기에서 '자원화시설'은 가축분뇨를 퇴비·액비 또는 바이오에너지로 만드는 시설을 말하고(제2조 제4호), '액비'는 가축분뇨를 액체 상태로 발효시켜 만든 비료 성분이 있는 물질로서 농림축산식품부령으로 정하는 기준에 적합한 것을 말한다(제2조 제6호).

가축분뇨법은 액비 살포에 관하여 다음과 같이 규정하고 있다. 액비를 만드는 자원화시설을 설치하는 자는 일정한 기준에 따라 액비를 살포하는 데 필요한 초지, 농경지, 시험림 지정지역, 골프장 등 '액비 살포지'를 확보하여야 한다(제12조의2 제2항). 액비를 만드는 자원화시설에서 생산된 액비를 해당 자원화시설을 설치한 자가 확보한 액비 살포지 외의 장소에 뿌리거나 환경부 령으로 정하는 살포기준을 지키지 않는 행위를 해서는 안 된다(제17조 제1항 제5호). 가축분뇨를 재활용(퇴비 또는 액비로 만드는 것에 한정한다)하거나 재활용을 목적으로 가축분뇨를 수집·운반하려는 자로서 관할관청에 신고한 재활용신고자가 가축분뇨법 제17조 제1항 제5호를 위반할 경우에는 처벌을 받는다(제27조 제1항, 제50조 제11호).

이와 같이 가축분뇨법 제17조 제1항 제5호는 자원화시설에서 생산된 액비를 해당 자원화시설을 설치한 자가 확보한 액비 살포지 외의 장소에 뿌리는 행 위를 명확하게 금지하고 있다. 가축분뇨뿐만 아니라 액비도 관리를 소홀히 하거나 유출·방치하는 경우 심각한 환경오염물질이 될 수 있으므로, 액비 살 포의 기준과 그 책임소재를 분명히 하고 특정 장소에 대한 과잉 살포로 발생 할 수 있는 환경오염을 방지하려는 데 그 취지가 있다. 따라서 가축분뇨를 재활용하기 위하여 액비 생산의 자원화시설을 설치한 재활용신고자라고 하더 라도, 자신이 설치한 자원화시설이 아닌 다른 자원화시설에서 생산된 액비를 자신이 확보한 액비 살포지에 뿌리는 것은 가축분뇨법 제17조 제1항 제5호를 위반한 것이라고 보아야 한다. 다른 자원화시설에서 생산된 액비는 해당 자 원화시설을 설치한 자가 확보한 액비 살포지에 뿌려야 하기 때문이다. 이는 위 재활용신고자가 축산업자들이 가축분뇨 등을 처리하기 위하여 공동출자로 설립한 영농조합법인이고 위 영농조합법인이 그 구성원인 축산업자들이 설치 한 자원화시설에서 생산된 액비의 처리를 위탁받았다고 하더라도 마찬가지이다.

제13조(방류수수질기준) ①정화시설의 방류수수질기준은 환경부령으로 정한다. 이 경우 「환경정책기본법」 제38조에 따른 특별대책지역이나 상수원수질보전·생활환 경보전 또는 자연환경보전을 위하여 필요한 지역으로서 대통령령으로 정하는 지역 에 대해서는 방류수수질기준을 달리 정할 수 있다.

②시·도지사, 특별자치시장 또는 특별자치도지사는 「환경정책기본법」 제12조제1항 또는 제3항에 따른 환경기준의 유지가 곤란하다고 인정될 때에는 해당 지방자치단 체의 조례로 제1항에 따른 방류수수질기준보다 엄격한 기준을 정할 수 있다.
[전문개정 2014.3.24.]

제13조의2(퇴비액비화기준 등) ①자원화시설의 퇴비화 또는 액비화의 기준(이하 " 퇴비액비화기준"이라 한다)은 대통령령으로 정한다. 다만, 「비료관리법」에 따른 퇴 비 또는 액비는 같은 법 제2조제4호에 따라 고시한 비료공정규격 중 퇴비 또는 액비의 공정규격(이하 "공정규격"이라 한다)에 적합하여야 한다. <개정 2015.12.1.>

②자원화시설의 가축분뇨 고체연료의 성분 등에 관한 기준(이하 "고체연료기준"이라 한다)은 환경부령으로 정한다. <신설 2015.12.1.>
[본조신설 2014.3.24.]
[제목개정 2015.12.1.]

제14조(배출시설설치자 등의 지위승계 등) ①배출시설설치자 또는 처리시설설치자가 배출시설·처리시설을 양도하거나 사망한 경우 또는 법인인 배출시설설치자 또는 처리시설설치자가 합병된 경우에는 그 양수인·상속인 또는 합병 후 존속하는 법인이나 합병에 따라 설립되는 법인은 종전의 배출시설설치자 또는 처리시설설치자의 지위를 승계한다.

②다음 각 호의 어느 하나에 해당하는 절차에 따라 배출시설 또는 처리시설의 전부를 인수한 자는 종전의 배출시설설치자 또는 처리시설설치자의 지위를 승계한다. <개정 2016.12.27.>

1. 「민사집행법」에 따른 경매
2. 「채무자 회생 및 파산에 관한 법률」에 따른 환가(換價)
3. 「국세징수법」, 「관세법」 또는 「지방세징수법」에 따른 압류재산의 매각
4. 그 밖에 제1호부터 제3호까지의 규정에 준하는 절차

③제1항 및 제2항에 따라 종전의 배출시설설치자 또는 처리시설설치자의 지위를 승계한 자는 환경부령으로 정하는 바에 따라 시장·군수·구청장에게 신고하여야 한다.
[전문개정 2014.3.24.]

판례 ─ 가축분뇨의관리및이용에관한법률위반·공무상표시무효·모욕
[대법원 2018.1.24., 선고, 2015도18284, 판결]

【판시사항】
[1] 구 가축분뇨의 관리 및 이용에 관한 법률상 배출시설 등의 양수인이 종전 시설설치자로부터 배출시설 등의 점유·관리를 이전받음으로써 시설설치자의 지위를 승계받은 것이 되는지 여부(적극) 및 이후 매매계약 등 양도의 원인행위가 해제되었더라도 해제에 따른 원상회복을 하지 아니한 채 여전히 배출시설 등을 점유·관리하고 있다면 승계받은 시설설치자의 지위를 계속 유지하는지 여부(적극)

[2] 피고인이 가축사육시설인 농장에 관하여 배출시설 설치허가를 받은 시설설치자 甲으로부터 乙을 거쳐 농장을 순차로 양수하여 실질적으로 관리하면서 업무상 과실로 가축분뇨를 공공수역에 유입되게 하여 구 가축분뇨의 관리 및 이용에 관한 법률 위반으로 기소된 사안에서, 피고인이 乙과의 매매계약에 기하여 농장을 양수함으로써 같은 법 제14조에 따라 시설설치자의 지위를 승계한 다음 위반행위 당시에도 농장을 점유·관리하고 있었으므로, 그 전에 농장에 관한 매매계약이 해제되었더라도 같은 법 제50조 제5호에서 정한 행위주체로서 시설설치자의 지위에 있다고 한 사례

【판결요지】
[1] 구 가축분뇨의 관리 및 이용에 관한 법률(2014.3.24. 법률 제12516호로 개정되기 전의 것, 이하 '구 가축분뇨법'이라 한다)은 배출시설을 설치하고자 하는 자는 배출시설의 규모에 따라 시장·군수·구청장의 허가를 받거나 시장·군수·구청장에게 신고하여야 하고(제11조 제1항, 제3항), 제11조에 따라 배출시

설에 대한 설치허가 등을 받거나 신고 등을 한 자(이하 '시설설치자'라 한다)가 배출시설·처리시설(이하 '배출시설 등'이라 한다)을 양도하는 경우에는 양수인이 종전 시설설치자의 지위를 승계한다고 규정하고 있다(제14조).
현행 가축분뇨의 관리 및 이용에 관한 법률(제14조 제3항)과 달리 배출시설 등의 양도를 시장·군수·구청장에게 신고하지 않고 양도 그 자체만으로 시설설치자의 지위 승계가 이루어지도록 정한 구 가축분뇨법의 위와 같은 규정 및 배출시설 등에 대한 설치허가의 대물적 성질 등에 비추어 보면, 배출시설 등의 양수인은 종전 시설설치자로부터 배출시설 등의 점유·관리를 이전받음으로써 시설설치자의 지위를 승계받은 것이 되고, 이후 매매계약 등 양도의 원인행위가 해제되었더라도 해제에 따른 원상회복을 하지 아니한 채 여전히 배출시설 등을 점유·관리하고 있다면 승계받은 시설설치자의 지위를 계속 유지한다.

[2] 피고인이 가축사육시설인 농장에 관하여 배출시설 설치허가를 받은 시설설치자 甲으로부터 乙을 거쳐 농장을 순차로 양수하여 실질적으로 관리하면서 이를 적정하게 관리하지 않은 업무상 과실로 가축분뇨를 공공수역에 유입되게 하여 구 가축분뇨의 관리 및 이용에 관한 법률(2014.3.24. 법률 제12516호로 개정되기 전의 것, 이하 '구 가축분뇨법'이라 한다) 위반으로 기소된 사안에서, 피고인이 乙과의 매매계약에 기하여 농장을 양수함으로써 구 가축분뇨법 제14조에 따라 시설설치자의 지위를 승계한 다음 위반행위 당시에도 농장을 점유·관리하고 있었으므로, 설령 그 전에 농장에 관한 매매계약이 해제되었더라도 피고인이 구 가축분뇨법 제50조 제5호에서 정한 행위 주체로서 시설설치자의 지위에 있었다고 보는 데 아무런 영향이 없다는 이유로, 피고인이 시설설치자로서 구 가축분뇨법 제50조 제5호의 적용대상에 해당한다고 본 원심판단을 수긍한 사례.

제15조(배출시설 등의 준공검사 등) ①배출시설설치자 또는 처리시설설치자는 배출시설·처리시설의 설치 또는 변경을 완료하였을 때에는 환경부령으로 정하는 바에 따라 시장·군수·구청장에게 신청하여 준공검사(이하 "준공검사"라 한다)를 받아야 한다. 다만, 「비료관리법」 제11조에 따른 비료생산업을 등록한 자는 그러하지 아니하다. 이 경우 환경부령으로 정하는 서류의 제출로 준공검사를 갈음할 수 있다.
②시장·군수·구청장은 준공검사의 신청을 받은 때에는 검사대상 시설이 다음 각호에 적합하게 설치되었는지를 확인하여 신청일부터 15일 이내에 준공검사의 합격 여부를 결정·통보하여야 한다.
1. 제11조에 따른 허가 또는 변경허가를 받거나 신고 또는 변경신고한 내용
2. 제12조의2제1항부터 제3항까지에 따른 설치기준 등
3. 제27조에 따른 재활용의 신고 또는 변경신고를 한 내용
4. 제28조제1항제2호에 따른 가축분뇨처리업의 허가·변경허가를 받거나 변경신고를 한 내용

③제1항에 따른 준공검사를 신청한 자는 부득이한 사유로 준공검사시기의 변경이 필요한 경우 제2항에 따른 준공검사를 받기 전에 환경부령으로 정하는 바에 따라 준공검사시기의 변경을 신청하여야 한다.
④제2항에 따른 준공검사 합격통보를 받은 처리시설설치자는 환경부령으로 정하는 기간 이내에 다음 각 호에 해당하는 기준에 맞게 가축분뇨를 처리할 수 있도록 그 시설을 운영하여야 한다. 이 경우 해당 기간 동안에는 제17조제4항, 제53조제1항 제1호부터 제3호까지 및 같은 조 제2항제2호를 적용하지 아니한다. <개정 2015.12.1.>
1. 제13조에 따른 방류수수질기준
2. 제13조의2제1항에 따른 퇴비액비화기준 또는 「비료관리법」을 적용받는 퇴비 또는 액비는 비료공정규격
3. 제13조의2제2항에 따른 고체연료기준
⑤시장·군수·구청장은 제2항에 따라 준공검사의 합격을 통보한 시설에 대해서는 제4항에 따른 기간이 지난 후 지체 없이 가동 상태를 점검하고, 제4항 각 호의 기준에 맞는지를 확인하기 위하여 시료를 채취한 후 대통령령으로 정하는 검사기관에 검사를 의뢰하여야 한다. <개정 2015.12.1.>
⑥제5항에 따라 검사를 의뢰받은 기관은 해당 시료가 제4항 각 호의 기준에 맞는지를 검사하고 검사를 의뢰받은 날부터 1개월 내에 그 결과를 시장·군수·구청장에게 통보하여야 한다. <개정 2015.12.1.>
⑦제5항 및 제6항에 따른 시료 채취기준, 방류수의 수질, 퇴비·액비 또는 가축분뇨 고체연료의 검사방법, 그 밖에 필요한 사항은 대통령령으로 정한다. <개정 2015.12.1.>
[전문개정 2014.3.24.]

제15조의2(가축분뇨 고체연료의 사용신고 등) ①가축분뇨 고체연료를 사용하려는 자는 다음 각 호의 어느 하나에 해당하는 경우 환경부령으로 정하는 바에 따라 시장·군수·구청장에게 신고하여야 한다.
1. 가축분뇨 고체연료를 최초로 사용하려는 경우
2. 가축분뇨 고체연료의 사용을 1년 이상 중지하였다가 다시 사용하려는 경우
3. 다음 각 목의 사항이 변경된 가축분뇨 고체연료를 사용하려는 경우
가. 가축분뇨 고체연료의 공급자
나. 가축분뇨 고체연료의 종류
②가축분뇨 고체연료의 사용자는 환경부령으로 정하는 시설에서 사용하여야 한다.
[본조신설 2015.12.1.]

제16조(처리시설의 설계·시공) ①처리시설을 설치하거나 변경하려는 자는 다음 각 호의 어느 하나에 해당하는 자로 하여금 설계·시공하도록 하여야 한다. 다만, 환경부장관이 농림축산식품부장관과 협의하여 정하는 표준설계도에 따라 배출시설

설치자가 처리시설(퇴비·액비를 만드는 시설에 한정한다)을 설치하거나 변경하려는 경우에는 그러하지 아니하다.
1. 제34조제1항에 따라 설계·시공업의 등록을 한 자
2. 「환경기술 및 환경산업 지원법」 제15조에 따른 환경전문공사업의 등록을 한 자 (수질분야만 해당한다)
3. 「하수도법」 제51조에 따른 개인하수처리시설설계·시공업의 등록을 한 자
4. 「건설산업기본법」 제9조제1항에 따라 건설업의 등록을 한 자 중 대통령령으로 정하는 업종의 건설업을 등록한 자
②제1항에도 불구하고 대통령령으로 정하는 규모 및 공사종류의 특성을 가지는 처리시설을 설치하거나 변경하려는 자는 제1항 각 호의 자 중 대통령령으로 정하는 기준에 적합한 시설·장비 및 기술능력을 갖춘 자에게 설계·시공하도록 하여야 한다. <개정 2020.5.26.>
[전문개정 2014.3.24.]

제17조(배출시설 및 처리시설의 관리 등) ①배출시설설치자와 그가 설치한 배출시설을 운영하는 자(이하 "배출시설설치·운영자"라 한다), 처리시설설치자와 그가 설치한 처리시설을 운영하는 자(이하 "처리시설설치·운영자"라 한다) 또는 퇴비·액비를 살포하는 자는 가축분뇨 또는 퇴비·액비를 처리·살포할 때 다음 각 호의 어느 하나에 해당하는 행위를 하여서는 아니 된다. <개정 2015.12.1.>
1. 가축분뇨를 처리시설에 유입하지 아니하고 배출하거나 처리시설에 유입시키지 아니하고 배출할 수 있는 시설을 설치하는 행위
2. 처리시설에 유입되는 가축분뇨를 자원화하지 아니한 상태 또는 최종 방류구를 거치지 아니한 상태로 배출(이하 "중간배출"이라 한다)하거나 중간배출을 할 수 있는 시설을 설치하는 행위. 다만, 처리시설의 처리 과정에서 액비를 생산하기 위하여 관할 시장·군수·구청장에게 미리 중간배출이 필요하다고 인정을 받은 경우에는 그러하지 아니하다.
3. 정화시설에 유입되는 가축분뇨에 물을 섞어 정화하는 행위 또는 물을 섞어 배출하는 행위. 다만, 관할 시장·군수·구청장이 「한국환경공단법」에 따른 한국환경공단 등 관련 전문기관의 자문을 거쳐 가축분뇨의 정화공법상 물을 섞어야만 가축분뇨의 정화가 가능하다고 인정한 경우에는 그러하지 아니하다.
4. 자원화시설에서 가축분뇨를 처리하는 경우 퇴비액비화기준에 적합하지 아니한 상태의 퇴비·액비를 생산하여 사용하거나 다른 사람에게 주는 행위. 다만, 환경부령으로 정하는 바에 따라 퇴비액비화기준에 적합하지 아니한 상태의 퇴비·액비를 다시 발효시켜 사용하려는 자에게 주는 경우에는 그러하지 아니하다.
5. 액비를 만드는 자원화시설에서 생산된 액비를 해당 자원화시설을 설치한 자가 확보한 액비살포지 외의 장소에 뿌리거나 환경부령으로 정하는 살포기준을 지키지

아니하는 행위

6. 퇴비 또는 액비를 비료로 사용하지 아니하고 버리거나 가축분뇨 고체연료를 연료로 사용하지 아니하고 버리는 행위

7. 정당한 사유 없이 정화시설을 정상적으로 가동하지 아니하여 방류수수질기준에 맞지 아니하게 가축분뇨를 배출하는 행위

②처리시설설치·운영자는 대통령령으로 정하는 부득이한 사유로 정화시설을 정상적으로 운영하기 어려워 방류수수질기준을 초과할 우려가 있을 때에는 환경부령으로 정하는 바에 따라 시장·군수·구청장에게 미리 신고하여야 하며, 그 가축분뇨가 유출되지 아니하도록 필요한 조치를 하여야 한다.

③배출시설설치·운영자 또는 처리시설설치·운영자는 환경부령으로 정하는 관리기준에 따라 배출시설 및 처리시설을 운영하여야 한다.

④시장·군수·구청장은 배출시설 또는 처리시설이 제1항 또는 제3항에 적합하지 아니하게 운영된다고 인정할 때에는 해당 배출시설설치·운영자, 처리시설설치·운영자 또는 퇴비·액비를 살포하는 자에게 대통령령으로 정하는 바에 따라 기간을 정하여 해당 시설이나 퇴비·액비 살포행위 등의 개선을 명할 수 있다.

[전문개정 2014.3.24.]

판례 - 가축분뇨의관리및이용에관한법률위반
[대법원 2018.9.13., 선고, 2018도11018, 판결]

【판시사항】
가축분뇨의 관리 및 이용에 관한 법률 제17조 제1항 제5호가 자원화시설에서 생산된 액비를 해당 자원화시설을 설치한 자가 확보한 액비 살포지 외의 장소에 뿌리는 행위를 금지하는 취지 / 가축분뇨를 재활용하기 위하여 액비 생산의 자원화시설을 설치한 재활용신고자가 자신이 설치한 자원화시설이 아닌 다른 자원화시설에서 생산된 액비를 자신이 확보한 액비 살포지에 뿌리는 경우, 위 규정을 위반한 것인지 여부(적극) 및 이는 위 재활용신고자가 축산업자들이 가축분뇨 등을 처리하기 위하여 공동출자로 설립한 영농조합법인이고 위 영농조합법인이 그 구성원인 축산업자들이 설치한 자원화시설에서 생산된 액비의 처리를 위탁받았더라도 마찬가지인지 여부(적극)

【판결요지】
가축분뇨의 관리 및 이용에 관한 법률(이하 '가축분뇨법'이라 한다)은 가축분뇨를 자원화하거나 적정하게 처리하여 환경오염을 방지함으로써 환경과 조화되는 지속 가능한 축산업의 발전과 국민건강의 향상에 이바지함을 목적으로 한다(제1조). 여기에서 '자원화시설'은 가축분뇨를 퇴비·액비 또는 바이오에너지로 만드는 시설을 말하고(제2조 제4호), '액비'는 가축분뇨를 액체 상태로 발효시켜 만든 비료 성분이 있는 물질로서 농림축산식품부령으로 정하는 기준에 적합한 것을 말한다(제2조 제6호).
가축분뇨법은 액비 살포에 관하여 다음과 같이 규정하고 있다. 액비를 만드

는 자원화시설을 설치하는 자는 일정한 기준에 따라 액비를 살포하는 데 필요한 초지, 농경지, 시험림 지정지역, 골프장 등 '액비 살포지'를 확보하여야 한다(제12조의2 제2항). 액비를 만드는 자원화시설에서 생산된 액비를 해당 자원화시설을 설치한 자가 확보한 액비 살포지 외의 장소에 뿌리거나 환경부령으로 정하는 살포기준을 지키지 않는 행위를 해서는 안 된다(제17조 제1항 제5호). 가축분뇨를 재활용(퇴비 또는 액비로 만드는 것에 한정한다)하거나 재활용을 목적으로 가축분뇨를 수집·운반하려는 자로서 관할관청에 신고한 재활용신고자가 가축분뇨법 제17조 제1항 제5호를 위반할 경우에는 처벌을 받는다(제27조 제1항, 제50조 제11호).

이와 같이 가축분뇨법 제17조 제1항 제5호는 자원화시설에서 생산된 액비를 해당 자원화시설을 설치한 자가 확보한 액비 살포지 외의 장소에 뿌리는 행위를 명확하게 금지하고 있다. 가축분뇨뿐만 아니라 액비도 관리를 소홀히 하거나 유출·방치하는 경우 심각한 환경오염물질이 될 수 있으므로, 액비 살포의 기준과 그 책임소재를 분명히 하고 특정 장소에 대한 과잉 살포로 발생할 수 있는 환경오염을 방지하려는 데 그 취지가 있다. 따라서 가축분뇨를 재활용하기 위하여 액비 생산의 자원화시설을 설치한 재활용신고자라고 하더라도, 자신이 설치한 자원화시설이 아닌 다른 자원화시설에서 생산된 액비를 자신이 확보한 액비 살포지에 뿌리는 것은 가축분뇨법 제17조 제1항 제5호를 위반한 것이라고 보아야 한다. 다른 자원화시설에서 생산된 액비는 해당 자원화시설을 설치한 자가 확보한 액비 살포지에 뿌려야 하기 때문이다. 이는 위 재활용신고자가 축산업자들이 가축분뇨 등을 처리하기 위하여 공동출자로 설립한 영농조합법인이고 위 영농조합법인이 그 구성원인 축산업자들이 설치한 자원화시설에서 생산된 액비의 처리를 위탁받았다고 하더라도 마찬가지이다.

판례 – 수질및수생태계보전에관한법률위반·폐기물관리법위반
[청주지법 2014.7.18., 선고, 2014노46, 판결 : 확정]

【판시사항】

[1] 구 수질 및 수생태계 보전에 관한 법률 제38조 제1항 제2호 전단에서 금지하는 '수질오염물질 배출행위'의 의미

[2] 甲 주식회사의 공장 팀장인 피고인이 공장 내 유량조정시설에서 수질오염물질을 꺼내어 자루에 담고, 위 자루에서 흘러나온 침출수를 인근 하천으로 연결된 맨홀에 모았다가 다시 위 유량조정시설에 유입시킴으로써 방지시설에 유입되는 수질오염물질을 최종 방류구를 거치지 아니하고 배출하였다고 하여 구 수질 및 수생태계 보전에 관한 법률 위반으로 기소된 사안에서, 피고인의 행위가 같은 법 제38조 제1항 제2호 전단에서 금지하는 '수질오염물질 배출행위'에 해당한다고 본 사례

【판결요지】

[1] 구 수질 및 수생태계 보전에 관한 법률(2013.7.30. 법률 제11979호로 개정되기 전의 것, 이하 '구 수질보전법'이라 한다) 및 관련 법령의 여러 규정들을

종합적으로 해석해 보면, 구 수질보전법 제38조 제1항 제2호 전단에서 금지하는 '수질오염물질 · 배출행위'는 방지시설에 유입되는 수질오염물질을 최종 방류구를 거치지 아니하고 방지시설 안에서 방지시설 밖으로 내보내는 행위를 의미한다고 봄이 타당하고, 이와 달리 방지시설 밖으로 내보낸 수질오염물질을 반드시 공공수역으로 흘러들어가게 하는 행위로 제한할 것은 아니며, 나아가 방지시설의 개선이나 보수 등을 위하여 수질오염물질이 함유된 폐수를 방지시설 밖으로 내보내는 경우라고 하더라도 수질보전법령에 따라 사전에 개선계획서를 제출하고 폐수처리업 등록을 한 자에게 위탁처리하는 등 수질보전법령에 따른 절차를 거쳤다고 볼 만한 사정이 없는 한 달리 볼 것은 아니다.

[2] 甲 주식회사의 공장 팀장인 피고인이 공장 내 유량조정시설에서 수질오염물질인 묽은 슬러지(폐수처리오니)를 꺼내어 자루에 담고, 위 자루에서 흘러나온 침출수를 인근 하천으로 연결된 우수구 맨홀에 모았다가 다시 위 유량조정시설에 유입시킴으로써 방지시설에 유입되는 수질오염물질을 최종 방류구를 거치지 아니하고 배출하였다고 하여 구 수질 및 수생태계 보전에 관한 법률(2013.7.30. 법률 제11979호로 개정되기 전의 것, 이하 '구 수질보전법'이라 한다) 위반으로 기소된 사안에서, 제반 사정에 비추어 피고인의 일련의 행위는 방지시설에 유입되는 수질오염물질을 최종 방류구를 거치지 아니하고 방지시설 밖으로 내보내는 행위로서 구 수질보전법 제38조 제1항 제2호 전단에서 금지하는 '수질오염물질 배출행위'에 해당한다는 이유로, 이와 달리 보아 무죄를 인정한 제1심판결에 구 수질보전법 제38조 제1항 제2호에서 정한 수질오염물질 배출행위의 해석에 관한 법리오해의 위법이 있다고 한 사례.

판례 - 가축분뇨의관리및이용에관한법률위반
[대법원 2014.3.27., 선고, 2014도267, 판결]

【판시사항】
가축분뇨의 관리 및 이용에 관한 법률 제17조 제1항 제1호 전단에서 금지하는 '가축분뇨 배출행위'의 의미 및 가축분뇨 배출시설 안에 있는 가축이 배출시설 인근에 배출한 분뇨를 처리시설에 유입하지 아니하고 그대로 방치한 행위가 이에 해당하는지 여부(적극)

【판결요지】
가축분뇨의 관리 및 이용에 관한 법률(이하 '법'이라 한다)의 목적(법 제1조), 법 제2조 제3호, 제8호, 제17조 제1항 제1호 전단, 제49조 제2호, 제50조 제4호, 제51조 제1호, 가축분뇨의 관리 및 이용에 관한 법률 시행규칙 제2조 등의 내용을 종합하여 보면, 법 제17조 제1항 제1호 전단에서 금지하는 '가축분뇨 배출행위'는 가축분뇨를 처리시설에 유입하지 아니하고 가축분뇨가 발생하는 배출시설 안에서 배출시설 밖으로 내보내는 행위를 의미하며, 배출시설 안에 있는 가축이 분뇨를 배출시설 인근에 배출한 경우에도 그 분뇨를 처리시설에 유입하지 아니하고 그대로 방치한 경우에는 이에 해당된다고 해석하여야 한다.

제18조(허가취소 등) ①시장·군수·구청장은 배출시설설치·운영자 또는 배출시설 설치자가 설치한 처리시설의 운영자가 다음 각 호의 어느 하나에 해당하는 경우에는 그 배출시설의 설치허가 또는 변경허가를 취소하거나 배출시설의 폐쇄 또는 6개월 이내의 사용중지를 명할 수 있다. 다만, 제1호부터 제4호까지, 제12호 및 제13호에 해당하는 경우에는 배출시설의 설치허가 또는 변경허가를 취소하거나 그 폐쇄를 명하여야 한다.

1. 거짓, 그 밖의 부정한 방법으로 허가 또는 변경허가를 받거나 신고 또는 변경신고를 한 경우
2. 정당한 사유 없이 3년 이상 가축사육을 하지 아니한 경우
3. 가축사육을 하지 아니하기 위하여 해당 배출시설을 철거하거나 배출시설의 멸실이 확인된 경우
4. 이 법 또는 다른 법률에 따라 배출시설의 설치가 금지된 장소에 배출시설을 설치한 경우
5. 제10조제2항에 따른 조치명령을 이행하지 아니한 경우
6. 이 법 또는 다른 법률에 따라 배출시설의 설치가 금지된 장소가 아닌 곳에서 제11조제1항 또는 제3항에 따른 배출시설의 설치허가 또는 신고 없이 배출시설을 설치한 경우
7. 제11조제2항 및 제3항에 따른 변경허가를 받지 아니하거나 변경신고를 하지 아니하고 그 배출시설을 변경한 경우
8. 제12조제1항에 따른 처리시설을 설치·변경하지 아니한 경우
9. 제15조에 따른 배출시설 및 처리시설의 준공검사를 받지 아니하고 배출시설 및 처리시설을 사용한 경우
10. 제17조제1항제1호 또는 제2호에 해당하는 행위를 한 경우
11. 제17조제4항에 따른 개선명령을 이행하지 아니한 경우
12. 제18조의3제2항에 따라 확인·검사한 결과 방류수수질기준 및 퇴비액비화기준에 적합하지 아니한 경우로서 해당 배출시설을 개선하거나 처리시설을 설치·개선하더라도 방류수수질기준 및 퇴비액비화기준에 적합하게 될 가능성이 없다고 인정되는 경우
13. 제5호부터 제11호까지의 규정에 해당하여 사용중지명령을 받고 해당 명령을 이행하지 아니한 경우

②제1항에 따른 행정처분의 세부기준 등에 필요한 사항은 환경부령으로 정한다.
[전문개정 2014.3.24.]

제18조의2(과징금 처분) ①시장·군수·구청장은 제18조제1항제5호부터 제11호까지에 따라 사용중지를 명하여야 하는 경우로서 그 사용중지가 가축처분의 곤란, 그 밖에 공익에 현저한 지장을 줄 우려가 있다고 인정되는 경우에는 사용중지처분

을 갈음하여 1억원 이하의 과징금을 부과할 수 있다.

②시장·군수·구청장은 제1항에 따른 과징금을 부과받은 자가 납부기한까지 과징금을 내지 아니하면 「지방행정제재·부과금의 징수 등에 관한 법률」에 따라 징수한다. <개정 2020.3.24.>

③제1항에 따라 징수한 과징금은 환경보전사업의 용도로만 사용하여야 한다.

④제1항에 따른 과징금을 부과하는 위반행위의 종류, 배출시설의 규모, 위반횟수 등에 따른 과징금의 금액, 그 밖에 필요한 사항은 대통령령으로 정한다.
[본조신설 2014.3.24.]

제18조의3(명령의 이행 보고 및 확인) ①다음 각 호의 자가 그 명령을 이행하였을 때에는 지체 없이 이를 시장·군수·구청장에게 보고하여야 한다.

1. 제10조제2항에 따른 조치명령을 받은 자
2. 제17조제4항에 따른 개선명령을 받은 자
3. 제18조에 따른 사용중지명령 또는 폐쇄명령을 받은 자

②시장·군수·구청장은 제1항에 따른 보고를 받았을 때에는 관계 공무원으로 하여금 지체 없이 그 명령의 이행 상태를 확인하게 하고, 방류수의 수질, 퇴비·액비의 성분 또는 가축분뇨 고체연료의 성분 검사가 필요하다고 인정되는 경우에는 시료를 채취하여 대통령령으로 정하는 검사기관에 방류수의 수질, 퇴비·액비의 성분 또는 가축분뇨 고체연료의 성분 검사를 의뢰하여야 한다. <개정 2015.12.1.>

③제2항에 따라 검사를 의뢰받은 기관은 해당 시료가 방류수수질기준, 퇴비액비화기준, 공정규격 또는 고체연료기준에 맞는지를 검사하고 검사를 의뢰받은 날부터 1개월 내에 그 결과를 시장·군수·구청장에게 통보하여야 한다. <개정 2015.12.1.>

④제2항 및 제3항에 따른 시료 채취기준, 방류수의 수질, 퇴비·액비 또는 가축분뇨 고체연료의 검사방법, 그 밖에 필요한 사항은 대통령령으로 정한다. <개정 2015.12.1.>
[본조신설 2014.3.24.]

제4장 가축분뇨의 이용촉진

제19조(퇴비·액비의 이용촉진계획 수립 등) ①시장·군수·구청장은 생산된 퇴비·액비의 사용을 촉진하기 위하여 농림축산식품부령으로 정하는 바에 따라 퇴비·액비의 생산자와 경작농가의 연계체계를 구성하기 위한 퇴비·액비 이용촉진계획을 2년마다 수립하여야 한다.

②농림축산식품부장관 또는 시·도지사는 제1항에 따른 퇴비·액비 이용촉진계획의 시행을 위하여 필요한 기술적·재정적 지원을 할 수 있다.

③생산자단체는 제1항에 따른 퇴비·액비 이용촉진계획에 적극 참여하여야 한다.
[전문개정 2014.3.24.]

제20조(퇴비 · 액비의 품질관리) ①시장 · 군수 · 구청장 또는 생산자단체는 관할구역에서 사용되는 퇴비 · 액비의 성분 분석을 하고 그 결과를 공고할 수 있다.
②퇴비 · 액비를 생산하거나 사용하려는 자는 시료를 채취하여 생산자단체에 성분 분석을 의뢰할 수 있다.
[전문개정 2014.3.24.]

제21조(퇴비 · 액비의 적정한 살포를 위한 행정지도 등) ①배출시설설치자, 처리시설설치자 또는 경작농가는 농림축산식품부령으로 정하는 바에 따라 시장 · 군수 · 구청장에게 작목별 적정시비량 및 살포방법 등에 대한 지도를 요청할 수 있다. 이 경우 시장 · 군수 · 구청장은 관할 지도기관을 통하여 적극 협조하여야 한다.
②시장 · 군수 · 구청장은 관할구역의 가축분뇨의 자원화를 촉진하고 그 이용을 확대하기 위하여 배출시설설치자, 처리시설설치자 또는 경작농가에 대하여 작목별 적정시비량 · 살포방법 및 살포시기 등에 관한 교육을 실시할 수 있다.
③시장 · 군수 · 구청장은 액비를 살포하는 경우 지역주민 등의 협조를 얻기 위하여 관할구역에서 액비가 집중적으로 살포되는 시기에 필요한 기간을 액비 살포기간으로 설정하여 운영할 수 있다.
[전문개정 2014.3.24.]

제22조(퇴비 · 액비의 유통 활성화) ①시장 · 군수 · 구청장은 관할구역에서 생산되는 퇴비 · 액비의 이용 및 유통을 촉진하기 위하여 축산업자 · 경작농가 · 생산자단체 등으로 구성되는 유통협의체(이하 "퇴비 · 액비유통협의체"라 한다)를 구성 · 운영할 수 있다.
②퇴비 · 액비유통협의체의 구성 및 운영 등에 관하여 필요한 사항은 농림축산식품부령으로 정한다.
③시장 · 군수 · 구청장은 제1항에 따라 구성한 퇴비 · 액비유통협의체의 운영 활성화를 위하여 재정적 · 기술적 지원을 할 수 있다.
[전문개정 2014.3.24.]

제23조(가축분뇨의 통합관리) ①시장 · 군수 · 구청장은 관할구역에서 발생하는 가축분뇨를 적정하게 관리하기 위하여 공공처리시설과 판매망을 연계하여 가축분뇨의 수거 · 자원화, 퇴비 · 액비의 유통관리 등을 포함하는 통합관리를 실시할 수 있다.
②국가 또는 지방자치단체는 예산의 범위에서 제1항에 따른 통합관리에 필요한 기술적 · 재정적 지원을 할 수 있다.
[전문개정 2014.3.24.]

제5장 가축분뇨의 공공처리

제24조(공공처리시설의 설치 등) ①지방자치단체의 장 또는 농협조합은 축산농가
에서 발생하는 가축분뇨를 처리하기 위하여 필요하면 공공처리시설(농협조합의 경
우에는 자원화시설로 한정한다. 이하 같다)을 설치할 수 있다. 다만, 농협조합이
공공처리시설을 설치하려는 경우에는 환경부령으로 정하는 공공의 목적에 해당하
는 경우로 한정한다.

②지방자치단체의 장 또는 농협조합은 환경부령으로 정하는 설치기준에 적합하게 공
공처리시설을 설치하여야 한다.

③시장·군수·구청장 또는 농협조합은 제1항에 따른 공공처리시설을 설치하거나 변
경하려면 환경부령으로 정하는 바에 따라 시·도지사, 특별자치시장 또는 특별자
치도지사(시·도지사, 특별자치시장 및 특별자치도지사가 공공처리시설을 설치하는
경우에는 환경부장관을 말한다. 이하 이 조에서 같다)의 승인을 받아야 한다. 승인
을 받은 사항 중 환경부령으로 정하는 중요사항을 변경하려는 때에도 또한 같다.

④지방자치단체의 장 또는 농협조합은 국가의 재정적 지원을 받아 공공처리시설을
설치하려면 환경부령으로 정하는 바에 따라 그 설치에 필요한 사업비의 조달 및
사용내역에 관하여 환경부장관과 미리 협의하여야 한다.

⑤지방자치단체의 장이 공공처리시설에서 중간 처리(방류수수질기준에 적합하게 되
지 못한 상태의 처리를 말한다. 이하 같다)한 가축분뇨를 「하수도법」 제2조제9호
의 공공하수처리시설(이하 "공공하수처리시설"이라 한다) 또는 같은 조 제11호의
분뇨처리시설로 유입시켜 최종 처리하는 경우로서 해당 공공처리시설의 설치와 관
련된 사항을 포함하여 같은 법 제11조에 따라 공공하수도 설치 사업계획을 결정
·고시 또는 변경고시를 하거나 인가 또는 변경인가를 받은 경우에는 제3항에 따
른 승인 또는 변경승인을 받은 것으로 본다.

⑥시·도지사, 특별자치시장 또는 특별자치도지사는 제3항에 따른 승인을 하는 경우
가축분뇨에 음식물 등의 폐기물을 혼합하여 처리하는 공공처리시설을 설치하거나
기존의 공공처리시설을 음식물 등의 폐기물을 혼합하여 처리하는 공공처리시설로
변경하기 위하여 다음 각 호의 어느 하나에 해당하는 사항이 필요한 때는 미리 관
계 행정기관의 장과 협의하여야 한다.

1. 「폐기물관리법」 제25조제3항 및 제11항에 따른 폐기물처리업의 허가·변경허가
및 변경신고

2. 「폐기물관리법」 제29조제2항 및 제3항에 따른 폐기물처리시설의 설치 관련 승인
·변경승인 및 신고·변경신고

⑦시·도지사, 특별자치시장 또는 특별자치도지사가 제3항에 따른 승인을 하면서 제
6항에 따라 관계 행정기관의 장과 협의한 사항에 대해서는 그 공공처리시설과 관

련한 제6항 각 호의 허가·변경허가 또는 승인·변경승인을 받거나 신고·변경신
고를 한 것으로 본다.
[전문개정 2014.3.24.]

판례 – 분뇨처리시설건축허가취소
[대법원 2014.2.27., 선고, 2013두3283, 판결]
【판시사항】
[1] 구 가축분뇨의 관리 및 이용에 관한 법률에 의한 가축분뇨 처리시설의 설
치사업으로 가축분뇨 처리시설을 설치하는 경우 처리용량이 1일 100㎘ 이상
인 처리시설을 설치하는 사업으로서 환경영향평가대상사업에 해당하는지 판
단하는 기준
[2] 구 환경영향평가법상 가축분뇨를 처리하는 시설로서 처리용량이 1일 100
㎘ 이상인 것은 운영 주체와 상관없이 전부 환경영향평가대상사업이 되는지
여부(적극)
[3] 구 가축분뇨의 관리 및 이용에 관한 법률 제27조에 따라 가축분뇨의 재활
용 처리시설을 설치하는 경우, 필요한 환경영향평가 실시 시기

판례 – 분뇨및쓰레기처리시설허가취소
[대법원 2014.2.27., 선고, 2011두14074, 판결]
【판시사항】
[1] 가축분뇨의 관리 및 이용에 관한 법률에 의한 가축분뇨 처리시설의 설치
작업으로 가축분뇨 처리시설을 설치하는 경우 환경영향평가대상에 해당하는
지 판단하는 기준 / 구 환경영향평가법상 가축분뇨를 처리하는 시설로서 처
리용량이 1일 100㎘ 이상인 것은 운영 주체와 상관없이 전부 환경영향평가
대상사업이 되는지 여부(적극)
[2] 가축분뇨의 관리 및 이용에 관한 법률 제27조에 따라 가축분뇨의 재활용
처리시설을 설치하는 경우, 필요한 환경영향평가 실시 시기

제25조(공공처리시설의 운영 등) ①공공처리시설을 설치한 지방자치단체의 장 또
는 농협조합(이하 "공공처리시설설치자"라 한다)은 공공처리시설의 사용을 시작하
거나 변경할 때에는 처리대상 배출시설의 범위 및 지역을 공고하여야 한다. 다만,
농협조합은 관할 시장·군수·구청장에게 그 공고를 의뢰하여야 한다.
②공공처리시설설치자는 제1항에 따른 공고를 한 때에는 공고에 포함된 해당 공공처
리시설의 처리대상 배출시설을 설치·운영 중인 자에 대하여 환경부령으로 정하는
바에 따라 다음 각 호의 조치를 명할 수 있다. 다만, 농협조합은 다음 각 호의 조
치명령을 관할 시장·군수·구청장에게 의뢰하여야 한다.
1. 가축분뇨를 저장할 수 있는 시설의 설치
2. 가축분뇨를 분과 요로 분리하여 배출할 수 있는 시설의 설치

③공공처리시설설치자 또는 공공처리시설의 관리를 대행하는 제28조제1항제3호의 가축분뇨시설관리업의 허가를 받은 자(이하 "공공처리시설설치자등"이라 한다)는 공공처리시설에서 가축분뇨를 처리할 때에는 규모가 작은 배출시설에서 발생되는 가축분뇨를 우선적으로 반입하여 처리하여야 한다.

④공공처리시설설치자등은 공공처리시설의 처리용량에 여유가 있을 때에는 관할구역의 분뇨를 공공처리시설로 유입시켜 처리할 수 있다.

⑤지방자치단체의 장은 공공처리시설에서 중간 처리한 가축분뇨를 공공하수처리시설에 유입하여 처리하려면 환경부령으로 정하는 기준에 부합하여야 한다.

⑥공공처리시설설치자등은 환경부령으로 정하는 바에 따라 공공처리시설의 방류수수질을 자가측정하거나 생산한 퇴비·액비의 성분검사를 실시하여야 하며, 그에 관한 기록을 3년간 보존하여야 한다.

⑦공공처리시설설치자는 공공처리시설의 관리상태를 점검하기 위하여 5년마다 「환경기술 및 환경산업 지원법」 제13조제1항에 따라 해당 공공처리시설에 대한 기술진단을 받아야 한다.

⑧공공처리시설설치자는 제7항에 따른 기술진단의 결과 해당 공공처리시설의 관리상태를 개선할 필요가 있다고 인정하는 경우에는 환경부령으로 정하는 바에 따라 개선계획을 수립하여 시행하여야 한다.

⑨공공처리시설설치자등은 다음 각 호의 어느 하나에 해당하는 행위를 하여서는 아니 된다. <개정 2015.12.1.>

1. 방류수수질기준을 초과하여 배출하는 행위
2. 퇴비액비화기준에 맞지 아니하게 퇴비 또는 액비를 생산하는 행위
3. 고체연료기준에 맞지 아니하게 가축분뇨 고체연료를 생산하는 행위
4. 공공처리시설로 유입되는 가축분뇨를 중간배출하거나 중간배출을 할 수 있는 시설을 설치하는 행위. 다만, 처리시설의 처리 과정에서 액비를 생산하기 위하여 제24조제3항에 따라 시·도지사, 특별자치시장 또는 특별자치도지사에게 공공처리시설의 설치승인 또는 변경승인을 받을 때에 미리 중간배출이 필요하다고 인정받은 경우에는 그러하지 아니하다.
5. 공공처리시설로 유입되는 가축분뇨에 물을 섞어 처리하는 행위 또는 물을 섞어 배출하는 행위. 다만, 시·도지사, 특별자치시장 또는 특별자치도지사가 「한국환경공단법」에 따른 한국환경공단 등 관련 전문기관의 자문을 거쳐 가축분뇨 처리의 공법상(工法上) 물을 섞어야만 오염물질 처리가 가능하다고 인정한 경우에는 그러하지 아니하다.
6. 공공처리시설에서 생산된 액비를 해당 공공처리설설치자등이 확보한 액비살포지 외의 장소에 뿌리거나 환경부령으로 정하는 살포기준을 지키지 아니하는 행위
7. 퇴비 또는 액비를 비료로 사용하지 아니하고 버리는 행위

⑩시·도지사, 특별자치시장 또는 특별자치도지사는 공공처리시설설치자등이 다음 각 호의 어느 하나에 해당하는 경우에는 대통령령으로 정하는 바에 따라 기간을 정하여 해당 시설의 개선 등 필요한 조치를 명할 수 있다.
1. 제6항에 따라 방류수수질의 자가측정 또는 퇴비·액비의 성분검사를 하지 아니한 경우
2. 제9항 각 호의 어느 하나에 해당하는 금지행위를 한 경우
3. 제24조제2항에 따른 설치기준에 적합하지 아니하게 설치한 경우
⑪공공처리시설의 운영기준은 환경부령으로 정한다.
⑫농협조합이 공공처리시설을 설치·운영하는 때에는 관할 시·도지사, 특별자치시장 또는 특별자치도지사는 환경부령으로 정하는 바에 따라 설치예산의 집행 및 시설의 설치·운영 등에 관한 사항에 대하여 관리·감독할 수 있다.
[전문개정 2014.3.24.]

제26조(가축분뇨의 수집·운반·처리 및 비용 부담 등) ①공공처리시설설치자는 가축분뇨를 직접 수집·운반하거나 해당 지방자치단체의 조례로 정하는 바에 따라 제28조제1항제1호의 가축분뇨수집·운반업의 허가를 받은 자(이하 "수집·운반업자"라 한다)로 하여금 그 수집·운반을 대행하게 하거나 축산업자로 하여금 스스로 운반하게 할 수 있다. 다만, 농협조합은 관할 시장·군수·구청장과 협의하여 농협조합의 정관으로 정하는 바에 따라 수집·운반을 대행하게 할 수 있다.
②가축분뇨의 수집·운반 또는 처리에 관한 기준은 환경부령으로 정한다.
③제1항에 따라 가축분뇨의 수집·운반을 대행하는 수집·운반업자는 제25조제2항에 따른 조치명령을 위반한 자의 배출시설에서 발생하는 가축분뇨를 수집·운반하여서는 아니 된다.
④공공처리시설설치자등은 제25조제2항에 따른 조치명령을 위반한 자의 배출시설에서 발생하는 가축분뇨의 처리를 거부할 수 있다.
⑤공공처리시설설치자는 가축분뇨를 수집·운반 또는 처리할 때에는 해당 지방자치단체의 조례로 정하는 바에 따라 공공처리시설에서 처리되는 가축분뇨를 배출하는 자로부터 해당 시설의 운영에 드는 비용을 징수할 수 있다. 이 경우 배출시설의 규모, 가축분뇨의 분리저장 여부 등에 따라 그 비용을 차등하여 징수할 수 있다.
⑥제5항에도 불구하고 농협조합이 징수하는 비용에 관하여는 관할 시장·군수·구청장과 협의하여 농협조합의 정관으로 정한다.
⑦제5항 및 제6항에 따라 지방자치단체의 장 및 농협조합이 징수하는 비용은 공공처리시설 운영의 용도로만 사용하여야 한다.
[전문개정 2014.3.24.]

제6장 가축분뇨 관련 영업

제27조(가축분뇨의 재활용신고 등) ①환경부령으로 정하는 양 이상의 가축분뇨를 재활용(퇴비 또는 액비로 만드는 것에 한정한다. 이하 같다)하거나 재활용을 목적으로 가축분뇨를 수집·운반하려는 자는 환경부령으로 정하는 바에 따라 시장·군수·구청장에게 신고하여야 한다. 다만, 제11조제1항 또는 제3항에 따라 설치허가를 받거나 설치신고를 한 자 또는 제28조제1항제2호의 가축분뇨처리업의 허가를 받은 자(이하 "가축분뇨처리업자"라 한다)가 가축분뇨를 재활용하는 경우에는 그러하지 아니하다.

②제1항 본문에 따른 신고를 한 자(이하 "재활용신고자"라 한다)가 환경부령으로 정하는 중요 사항을 변경하려는 경우에는 시장·군수·구청장에게 변경신고를 하여야 한다.

③재활용신고자는 환경부령으로 정하는 설치 및 운영 기준에 따라 재활용시설을 설치·운영하여야 한다.

④시장·군수·구청장은 재활용시설이 제3항에 따른 기준에 적합하지 아니하게 설치·운영된다고 인정될 때에는 그 재활용시설의 설치·운영자에게 대통령령으로 정하는 바에 따라 기간을 정하여 해당 시설의 개선을 명할 수 있다.

⑤시장·군수·구청장은 재활용신고자가 다음 각 호의 어느 하나에 해당하면 그 재활용시설의 폐쇄를 명령하거나 6개월 이내의 기간을 정하여 가축분뇨 반입 금지 등 가축분뇨 처리의 금지(이하 "처리금지"라 한다)를 명할 수 있다.

1. 제10조제2항에 따른 조치명령을 이행하지 아니한 경우
2. 제15조에 따른 처리시설의 준공검사를 받지 아니하고 그 시설을 운영한 경우
3. 제17조제4항에 따른 개선명령을 이행하지 아니한 경우
4. 제4항에 따른 개선명령을 이행하지 아니한 경우

⑥제5항에 따른 재활용시설의 폐쇄명령을 받거나 처리금지명령을 받은 재활용신고자에 대한 명령의 이행 보고 및 확인에 관하여는 제18조의3을 준용한다.

[전문개정 2014.3.24.]

판례 – 가축분뇨의관리및이용에관한법률위반
[대법원 2018.9.13., 선고, 2018도11018, 판결]

【판시사항】
가축분뇨의 관리 및 이용에 관한 법률 제17조 제1항 제5호가 자원화시설에서 생산된 액비를 해당 자원화시설을 설치한 자가 확보한 액비 살포지 외의 장소에 뿌리는 행위를 금지하는 취지 / 가축분뇨를 재활용하기 위하여 액비 생산의 자원화시설을 설치한 재활용신고자가 자신이 설치한 자원화시설이 아닌 다른 자원화시설에서 생산된 액비를 자신이 확보한 액비 살포지에 뿌리는 경우, 위 규정을 위반한 것인지 여부(적극) 및 이는 위 재활용신고자가 축산업

자들이 가축분뇨 등을 처리하기 위하여 공동출자로 설립한 영농조합법인이고 위 영농조합법인이 그 구성원인 축산업자들이 설치한 자원화시설에서 생산된 액비의 처리를 위탁받았더라도 마찬가지인지 여부(적극)

【판결요지】

가축분뇨의 관리 및 이용에 관한 법률(이하 '가축분뇨법'이라 한다)은 가축분뇨를 자원화하거나 적정하게 처리하여 환경오염을 방지함으로써 환경과 조화되는 지속 가능한 축산업의 발전과 국민건강의 향상에 이바지함을 목적으로 한다(제1조). 여기에서 '자원화시설'은 가축분뇨를 퇴비·액비 또는 바이오에너지로 만드는 시설을 말하고(제2조 제4호), '액비'는 가축분뇨를 액체 상태로 발효시켜 만든 비료 성분이 있는 물질로서 농림축산식품부령으로 정하는 기준에 적합한 것을 말한다(제2조 제6호).

가축분뇨법은 액비 살포에 관하여 다음과 같이 규정하고 있다. 액비를 만드는 자원화시설을 설치하는 자는 일정한 기준에 따라 액비를 살포하는 데 필요한 초지, 농경지, 시험림 지정지역, 골프장 등 '액비 살포지'를 확보하여야 한다(제12조의2 제2항). 액비를 만드는 자원화시설에서 생산된 액비를 해당 자원화시설을 설치한 자가 확보한 액비 살포지 외의 장소에 뿌리거나 환경부령으로 정하는 살포기준을 지키지 않는 행위를 해서는 안 된다(제17조 제1항 제5호). 가축분뇨를 재활용(퇴비 또는 액비로 만드는 것에 한정한다)하거나 재활용을 목적으로 가축분뇨를 수집·운반하려는 자로서 관할관청에 신고한 재활용신고자가 가축분뇨법 제17조 제1항 제5호를 위반할 경우에는 처벌을 받는다(제27조 제1항, 제50조 제11호).

이와 같이 가축분뇨법 제17조 제1항 제5호는 자원화시설에서 생산된 액비를 해당 자원화시설을 설치한 자가 확보한 액비 살포지 외의 장소에 뿌리는 행위를 명확하게 금지하고 있다. 가축분뇨뿐만 아니라 액비도 관리를 소홀히 하거나 유출·방치하는 경우 심각한 환경오염물질이 될 수 있으므로, 액비 살포의 기준과 그 책임소재를 분명히 하고 특정 장소에 대한 과잉 살포로 발생할 수 있는 환경오염을 방지하려는 데 그 취지가 있다. 따라서 가축분뇨를 재활용하기 위하여 액비 생산의 자원화시설을 설치한 재활용신고자라고 하더라도, 자신이 설치한 자원화시설이 아닌 다른 자원화시설에서 생산된 액비를 자신이 확보한 액비 살포지에 뿌리는 것은 가축분뇨법 제17조 제1항 제5호를 위반한 것이라고 보아야 한다. 다른 자원화시설에서 생산된 액비는 해당 자원화시설을 설치한 자가 확보한 액비 살포지에 뿌려야 하기 때문이다. 이는 위 재활용신고자가 축산업자들이 가축분뇨 등을 처리하기 위하여 공동출자로 설립한 영농조합법인이고 위 영농조합법인이 그 구성원인 축산업자들이 설치한 자원화시설에서 생산된 액비의 처리를 위탁받았다고 하더라도 마찬가지이다.

판례 - 분뇨처리시설건축허가취소
[대법원 2014.2.27., 선고, 2013두3283, 판결]

【판시사항】

[1] 구 가축분뇨의 관리 및 이용에 관한 법률에 의한 가축분뇨 처리시설의 설

치사업으로 가축분뇨 처리시설을 설치하는 경우 처리용량이 1일 100kℓ 이상
인 처리시설을 설치하는 사업으로서 환경영향평가대상사업에 해당하는지 판
단하는 기준

[2] 구 환경영향평가법상 가축분뇨를 처리하는 시설로서 처리용량이 1일 100
kℓ 이상인 것은 운영 주체와 상관없이 전부 환경영향평가대상사업이 되는지
여부(적극)

[3] 구 가축분뇨의 관리 및 이용에 관한 법률 제27조에 따라 가축분뇨의 재활
용 처리시설을 설치하는 경우, 필요한 환경영향평가 실시 시기

판례 − 분뇨및쓰레기처리시설허가취소
[대법원 2014.2.27., 선고, 2011두14074, 판결]

【판시사항】
[1] 가축분뇨의 관리 및 이용에 관한 법률에 의한 가축분뇨 처리시설의 설치
작업으로 가축분뇨 처리시설을 설치하는 경우 환경영향평가대상에 해당하는
지 판단하는 기준 / 구 환경영향평가법상 가축분뇨를 처리하는 시설로서 처
리용량이 1일 100kℓ 이상인 것은 운영 주체와 상관없이 전부 환경영향평가
대상사업이 되는지 여부(적극)

[2] 가축분뇨의 관리 및 이용에 관한 법률 제27조에 따라 가축분뇨의 재활용
처리시설을 설치하는 경우, 필요한 환경영향평가 실시 시기

제28조(가축분뇨관련영업) ①가축분뇨의 수집·운반·처리 또는 처리시설의 관리를
　대행하는 업(이하 "가축분뇨관련영업"이라 한다)을 영위하려는 자는 대통령령으로
　정하는 기준에 따른 시설·장비 및 기술능력을 갖추어 다음 각 호의 구분에 따른
　업종별로 시장·군수·구청장의 허가를 받아야 한다. 허가받은 사항을 변경하려는
　때에는 대통령령으로 정하는 기준에 따라 변경허가를 받거나 변경신고를 하여야
　한다.
1. 가축분뇨수집·운반업: 가축분뇨를 수집하여 운반하는 영업
2. 가축분뇨처리업: 자원화시설(퇴비·액비를 만드는 시설은 제외한다) 또는 정화시
　설을 갖추어 가축분뇨를 최종적으로 안전하게 처리하는 영업
3. 가축분뇨시설관리업: 처리시설의 관리·운영을 대행하는 영업
②가축분뇨관련영업의 허가를 받으려는 자는 제1항에 따른 허가를 신청하기 전에 환
　경부령으로 정하는 바에 따라 사업계획서를 시장·군수·구청장에게 제출하여 사
　업계획서의 적합 여부를 미리 검토하여 줄 것을 요청할 수 있다.
③시장·군수·구청장은 제2항에 따라 제출받은 사업계획서를 검토하여 요청받은 날
　부터 1개월 이내에 그 사업계획서의 적합 여부를 통보하여야 한다.
④시장·군수·구청장은 제3항에 따라 적합통보를 받은 자가 그 통보를 받은 날부터
　6개월 이내에 그 적합통보를 받은 사업계획서에 따라 시설·장비 및 기술능력 등

을 갖추어 제1항에 따른 허가신청을 한 때에는 지체 없이 허가하여야 한다.

⑤시장·군수·구청장은 관할구역에서 발생되는 가축분뇨를 효율적으로 수집·운반 또는 처리하기 위하여 필요한 때에는 제1항에 따른 허가 또는 변경허가를 하면서 대통령령으로 정하는 바에 따라 영업구역을 정하거나 필요한 조건을 붙일 수 있다.

⑥제1항에 따라 가축분뇨관련영업의 허가를 받은 자(이하 "가축분뇨관련영업자"라 한다)는 다른 사람에게 자기의 상호 또는 성명을 사용하여 가축분뇨관련영업을 하게 하거나 허가증을 빌려 주어서는 아니 된다.

⑦제1항에 따른 허가·변경허가 및 변경신고의 방법·절차 등에 필요한 사항은 환경 부령으로 정한다.

⑧시장·군수·구청장은 제1항제2호의 가축분뇨처리업의 허가를 하는 경우 가축분뇨에 음식물 등의 폐기물을 혼합하여 처리하는 처리시설의 설치를 위하여 다음 각 호의 어느 하나에 해당하는 사항이 필요한 때는 미리 관계 행정기관의 장과 협의 하여야 한다.

1. 「폐기물관리법」 제25조제3항 및 제11항에 따른 폐기물처리업의 허가·변경허가 및 변경신고

2. 「폐기물관리법」 제29조제2항 및 제3항에 따른 폐기물처리시설의 설치 관련 승인·변경승인 및 신고·변경신고

⑨시장·군수·구청장이 제8항에 따라 관계 행정기관의 장과 협의한 사항에 대해서는 그 처리시설과 관련한 같은 항 각 호의 허가·변경허가 또는 승인·변경승인을 받거나 신고·변경신고를 한 것으로 본다.

[전문개정 2014.3.24.]

판례 - 분뇨처리시설건축허가취소

[대법원 2014.2.27., 선고, 2013두3283, 판결]

【판시사항】

[1] 구 가축분뇨의 관리 및 이용에 관한 법률에 의한 가축분뇨 처리시설의 설치사업으로 가축분뇨 처리시설을 설치하는 경우 처리용량이 1일 100㎘ 이상인 처리시설을 설치하는 사업으로서 환경영향평가대상사업에 해당하는지 판단하는 기준

[2] 구 환경영향평가법상 가축분뇨를 처리하는 시설로서 처리용량이 1일 100㎘ 이상인 것은 운영 주체와 상관없이 전부 환경영향평가대상사업이 되는지 여부(적극)

[3] 구 가축분뇨의 관리 및 이용에 관한 법률 제27조에 따라 가축분뇨의 재활용 처리시설을 설치하는 경우, 필요한 환경영향평가 실시 시기

[대법원 2014.2.27., 선고, 2011두14074, 판결]

【판시사항】
[1] 가축분뇨의 관리 및 이용에 관한 법률에 의한 가축분뇨 처리시설의 설치
작업으로 가축분뇨 처리시설을 설치하는 경우 환경영향평가대상에 해당하는
지 판단하는 기준 / 구 환경영향평가법상 가축분뇨를 처리하는 시설로서 처
리용량이 1일 100㎘ 이상인 것은 운영 주체와 상관없이 전부 환경영향평가
대상사업이 되는지 여부(적극)

[2] 가축분뇨의 관리 및 이용에 관한 법률 제27조에 따라 가축분뇨의 재활용
처리시설을 설치하는 경우, 필요한 환경영향평가 실시 시기

제29조(허가·신고에 따른 지위의 승계) ①재활용신고자 또는 가축분뇨관련영업자
가 그 영업 또는 시설의 전부를 양도하거나 사망한 때 또는 법인인 경우로서 합병
된 때에는 그 양수인·상속인 또는 합병 후 존속하는 법인이나 합병에 따라 설립
되는 법인은 종전의 재활용신고자 또는 가축분뇨관련영업자의 지위를 승계한다.
다만, 가축분뇨관련영업을 양수한 자 또는 가축분뇨관련영업자인 법인과 합병 후
존속하는 법인이나 합병에 의하여 설립되는 법인이 제31조제1호부터 제4호까지의
어느 하나에 해당하는 경우에는 그러하지 아니하다.
②다음 각 호의 어느 하나에 해당하는 절차에 따라 재활용신고자 또는 가축분뇨관련
영업자의 시설의 전부를 인수한 자는 종전의 재활용신고자 또는 가축분뇨관련영업
자 지위를 승계한다.
1. 「민사집행법」에 따른 경매
2. 「채무자 회생 및 파산에 관한 법률」에 따른 환가
3. 「국세징수법」, 「관세법」 또는 「지방세법」에 따른 압류재산의 매각
4. 그 밖에 제1호부터 제3호까지의 규정에 준하는 절차
③제1항에 따라 가축분뇨관련영업자의 지위를 승계한 상속인이 제31조제1호부터 제
4호까지의 어느 하나에 해당하거나 제1항 또는 제2항에 따라 그 지위를 승계한
법인이 제31조제5호에 해당하는 경우에는 상속개시일 또는 합병일부터 6개월 이
내에 다른 사람에게 이를 양도하거나 그 임원을 개임하여야 한다.
④제1항 또는 제2항에 따라 지위를 승계한 자는 환경부령으로 정하는 바에 따라 시
장·군수·구청장에게 신고하여야 한다.
[전문개정 2014.3.24.]

제30조(가축분뇨관련영업자의 준수사항) ①가축분뇨관련영업자(종사자를 포함한다.
이하 이 조에서 같다)는 해당 지방자치단체의 조례로 정하는 기준을 위반하여 요
금을 받아서는 아니 된다.
②가축분뇨관련영업자는 환경부령으로 정하는 가축분뇨의 수집·운반·처리 및 시설

관리의 기준과 준수사항을 지켜야 한다.
[전문개정 2014.3.24.]

제31조(결격사유) 다음 각 호의 어느 하나에 해당하는 자는 제28조에 따른 가축분뇨관련영업의 허가를 받을 수 없다. <개정 2015.12.1., 2017.1.17., 2020.5.26.>
1. 피성년후견인
2. 파산선고를 받고 복권되지 아니한 자
3. 이 법, 「물환경보전법」 또는 「폐기물관리법」을 위반하여 징역 이상의 실형을 선고받고 그 집행이 종료(종료된 것으로 보는 경우를 포함한다)되거나 집행을 받지 아니하기로 확정된 날부터 2년이 지나지 아니한 자
4. 제32조(같은 조 제2호 및 제15호는 제외한다)에 따라 그 허가가 취소된 자로서 취소된 날부터 2년이 지나지 아니한 자
5. 임원 중에 제1호부터 제4호까지의 어느 하나에 해당하는 자가 있는 법인
[전문개정 2014.3.24.]

제32조(허가의 취소 등) ①시장·군수·구청장은 가축분뇨관련영업자가 다음 각 호의 어느 하나에 해당하는 경우에는 그 허가를 취소하거나 6개월 이내의 기간을 정하여 그 영업의 전부 또는 일부의 정지를 명할 수 있다. 다만, 제1호·제3호 또는 제15호에 해당하는 경우에는 그 허가를 취소하여야 한다.
1. 거짓, 그 밖의 부정한 방법으로 허가·변경허가를 받거나 변경신고를 한 경우
2. 허가를 받은 후 1년 이내에 영업을 시작하지 아니하거나 정당한 사유 없이 1년 이상 계속하여 휴업을 한 경우
3. 영업정지기간 중에 영업을 한 경우
4. 제12조의2제1항부터 제3항까지에 따른 처리시설의 설치기준 등을 위반한 경우
5. 제15조에 따른 배출시설·처리시설의 준공검사를 받지 아니하고 배출시설·처리시설을 사용한 경우
6. 제17조제1항을 위반하여 같은 항 각 호의 어느 하나에 해당하는 행위를 한 경우
7. 제17조제3항에 따른 배출시설·처리시설의 관리기준을 위반한 경우
8. 제26조제2항에 따른 기준을 위반하여 가축분뇨를 수집·운반 또는 처리한 경우
9. 제28조제1항에 따라 허가를 받은 업종 외의 영업을 한 경우
10. 제28조제1항에 따른 변경허가를 받지 아니하고 영업을 한 경우
11. 제28조제1항에 따른 허가기준에 미달하게 된 경우
12. 제28조제6항을 위반하여 다른 사람에게 자기의 상호 또는 성명을 사용하여 가축분뇨관련영업을 하게 하거나 허가증을 빌려준 경우
13. 제30조제1항에 따른 기준을 위반하여 요금을 받은 경우
14. 제30조제2항에 따른 가축분뇨의 수집·운반·처리 및 시설관리의 기준과 준수

사항을 지키지 아니한 경우

15. 제31조제1호부터 제3호까지 또는 제5호에 해당하는 경우. 다만, 임원 중에 제31조제1호부터 제4호까지에 해당하는 자가 있는 법인의 경우 6개월 이내에 해당 임원을 개임한 때에는 그러하지 아니하다.

16. 제37조의3제1항에 따른 전자인계관리시스템의 운용 방법, 절차 등 운영 관리에 관한 사항을 준수하지 아니한 경우

17. 제37조의3제2항을 위반하여 관계 행정기관이나 그 소속 공무원의 요구에도 불구하고 인계·인수 또는 처리 등에 관한 내용을 확인할 수 있도록 협조하지 아니한 경우

18. 제39조를 위반하여 장부를 기록·보존하지 아니하거나 거짓으로 기재한 경우

19. 제41조제1항 및 제2항에 따른 보고·자료제출을 거부하거나 거짓으로 한 경우 또는 출입·검사 등을 거부·방해하거나 기피한 경우

②제1항에 따른 행정처분의 세부기준, 그 밖에 필요한 사항은 환경부령으로 정한다.

[전문개정 2014.3.24.]

제33조(과징금 처분) ①시장·군수·구청장은 가축분뇨관련영업자가 제32조제1항제4호부터 제14호까지 및 제16호부터 제19호까지의 어느 하나에 해당하여 영업정지처분을 하여야 하는 경우로서 그 영업정지처분이 해당 영업의 이용자에게 심한 불편을 주거나 환경오염 등을 초래할 우려가 있는 때에는 그 영업정지처분을 갈음하여 1억원 이하의 과징금을 부과·징수할 수 있다.

②제1항에 따라 과징금을 부과하는 위반행위의 종류, 시설규모, 위반 횟수 등에 따른 과징금의 금액, 그 밖에 필요한 사항은 대통령령으로 정한다.

③시장·군수·구청장은 제1항에 따라 과징금의 부과처분을 받은 자가 납부기한까지 과징금을 내지 아니하면 「지방행정제재·부과금의 징수 등에 관한 법률」에 따라 징수한다. <개정 2020.3.24.>

④제1항에 따라 징수한 과징금은 환경보전사업의 용도로만 사용하여야 한다.

[전문개정 2014.3.24.]

제34조(처리시설 설계·시공업의 등록 등) ①처리시설의 설계·시공업(이하 "설계·시공업"이라 한다)을 하려는 자로서 제16조제1항제2호부터 제4호까지 외의 자는 대통령령으로 정하는 기준에 따른 시설·장비 및 기술능력을 갖추어 시장·군수·구청장에게 등록하여야 한다.

②제1항에 따라 등록한 사항을 변경하려는 때에는 환경부령으로 정하는 기준에 따라 변경등록 또는 변경신고를 하여야 한다.

③제1항 및 제2항에 따른 등록·변경등록 또는 변경신고의 방법 및 절차 등에 필요한 사항은 환경부령으로 정한다.

④제1항에 따라 설계·시공업의 등록을 한 자(이하 "설계·시공업자"라 한다)는 다른 사람에게 자기의 상호 또는 성명을 사용하여 설계·시공업을 하게 하거나 등록증을 빌려주어서는 아니 된다.

⑤설계·시공업자의 지위의 승계 및 결격사유에 관하여는 제29조 및 제31조를 각각 준용한다.

⑥도급받은 공사에 대한 하도급의 범위 등 설계·시공업자의 준수사항, 그 밖의 필요한 사항은 환경부령으로 정한다.

⑦설계·시공업자는 그 설계·시공행위가 「건설산업기본법」 제2조제4호에 따른 건설공사에 해당되는 경우에는 같은 법 제8조제1항 및 제9조제1항에도 불구하고 이를 설계·시공할 수 있다.

[전문개정 2014.3.24.]

제35조(등록의 취소 등) ①시장·군수·구청장은 설계·시공업자가 다음 각 호의 어느 하나에 해당하는 경우에는 그 등록을 취소하거나 6개월 이내의 기간을 정하여 그 영업의 전부 또는 일부의 정지를 명할 수 있다. 다만, 제1호·제2호 또는 제8호에 해당하는 경우에는 등록을 취소하여야 한다.

1. 거짓, 그 밖의 부정한 방법으로 등록을 한 경우
2. 영업정지기간 중에 신규계약을 체결하여 영업을 한 경우
3. 처리시설의 설계 또는 시공을 부실하게 하거나 제34조제6항에 따른 준수사항을 지키지 아니한 경우
4. 제34조제1항에 따른 등록기준에 미달하게 된 경우
5. 제34조제1항에 따라 등록을 한 후 1년 이내에 영업을 시작하지 아니하거나 정당한 사유 없이 계속하여 1년 이상 휴업한 경우
6. 제34조제2항에 따른 변경등록 또는 변경신고를 하지 아니하고 영업을 하거나 부정한 방법으로 변경등록 또는 변경신고를 한 경우
7. 제34조제4항을 위반하여 다른 사람에게 자기의 상호 또는 성명을 사용하여 영업을 하게 하거나 등록증을 빌려 준 경우
8. 제34조제5항에 따라 준용되는 제31조제1호부터 제3호까지 또는 제5호에 해당하는 경우. 다만, 임원 중 제31조제1호부터 제4호까지에 해당되는 자가 있는 경우 6개월 이내에 해당 임원을 개임한 때에는 그러하지 아니하다.
9. 제41조제1항 및 제2항에 따른 보고·자료제출을 거부하거나 거짓으로 한 경우 또는 출입·검사 등을 거부·방해하거나 기피한 경우

②제1항에 따른 행정처분의 세부기준, 그 밖에 필요한 사항은 환경부령으로 정한다.

[전문개정 2014.3.24.]

제36조(설계·시공업자의 계속공사) ①제35조에 따라 등록취소 또는 영업정지의

처분을 받은 설계·시공업자는 그 처분 전에 체결한 계약분에 한정하여 그 공사의 설계·시공을 계속할 수 있다.

②제1항에 따라 설계·시공업자가 계속하는 공사의 감리 등을 위하여 시장·군수·구청장은 환경부령으로 정하는 자격이 있는 자를 시공감리자로 지정하여 공사를 감리·감독하게 할 수 있다.

③설계·시공업자가 등록취소처분을 받은 후 제1항에 따라 설계·시공을 계속하는 경우에는 해당 공사의 설계·시공을 완성할 때까지는 그를 설계·시공업자로 본다.

[전문개정 2014.3.24.]

제37조(처리시설의 기술관리인) ①대통령령으로 정하는 일정한 규모 이상의 처리시설을 설치·운영하는 자는 기술업무를 담당하게 하기 위하여 기술관리인을 두어야 한다. 다만, 다음 각 호의 어느 하나에 해당하는 경우에는 그러하지 아니하다. <개정 2017.1.17.>

1. 제28조제1항제3호에 따른 가축분뇨시설관리업의 허가를 받은 자에게 해당 처리시설의 관리를 위탁한 경우

2. 「물환경보전법」 제47조에 따른 환경기술인이 선임된 사업장의 경우

②제1항에 따른 기술관리인의 자격기준 및 준수사항 등에 필요한 사항은 환경부령으로 정한다.

[전문개정 2014.3.24.]

제7장 보칙

제37조의2(가축분뇨 등에 관한 전자인계관리시스템의 구축·운영) ①환경부장관은 제37조의3에 따른 가축분뇨 또는 액비의 관리업무를 효율적으로 처리하기 위한 전자인계관리시스템을 구축·운영하여야 한다.

②환경부장관은 배출시설설치·운영자, 처리시설설치·운영자, 재활용신고자, 가축분뇨관련영업자 및 공공처리시설설치자등이 제11조제2항 및 제3항에 따른 변경허가 신청·변경신고 또는 제39조에 따른 장부기록 등 대통령령으로 정하는 업무에 관한 내용도 전자인계관리시스템으로 처리할 수 있도록 하여야 한다.

③환경부장관은 제37조의3제1항에 따라 입력된 가축분뇨 또는 액비의 인계·인수, 처리 또는 살포에 관한 내용과 제2항에 따라 입력된 기록(이하 "전산기록"이라 한다)을 입력된 날부터 3년간 보존하여야 한다.

④환경부장관은 해당 가축분뇨 및 액비의 배출자, 수집·운반자, 처리자 또는 살포자와 관계 시·도지사 또는 시장·군수·구청장이 전산기록을 검색·확인하거나 출력할 수 있도록 하여야 한다.

⑤농림축산식품부장관, 시·도지사, 시장·군수·구청장과 환경부령으로 정하는 자는

환경부장관에게 전자인계관리시스템으로 관리하는 자료의 제공을 요청할 수 있다. 이 경우 환경부장관은 해당 자료를 환경부령으로 정하는 기간 이내에 제공하여야 한다.

⑥환경부장관은 제2항·제4항·제5항 및 제37조의3에 따라 전자인계관리시스템을 이용하는 자로부터 해당 정보의 처리에 필요한 비용의 전부 또는 일부를 징수할 수 있다.

[본조신설 2014.3.24.]

제37조의3(가축분뇨 등의 전자인계 관리 등) ①대통령령으로 정하는 가축분뇨 또는 액비를 배출, 수집·운반, 처리 또는 살포하는 자는 그 가축분뇨 또는 액비를 배출, 수집·운반, 처리 또는 살포하는 경우 환경부령으로 정하는 바에 따라 전자인계관리시스템의 운용 방법, 절차 등 운영 관리에 관한 사항을 준수하여야 한다.

②제1항에 따른 가축분뇨 또는 액비를 수집·운반·살포하는 자는 가축분뇨 또는 액비를 수집·운반하는 중에 관계 행정기관이나 그 소속 공무원이 요구하는 때에는 전자인계관리시스템에 입력된 가축분뇨 또는 액비의 인계·인수, 처리 또는 살포에 관한 내용을 확인할 수 있도록 협조하여야 한다.

[본조신설 2014.3.24.]

제38조(가축분뇨업무담당자의 교육) ①다음 각 호의 어느 하나에 해당하는 자는 그가 고용하고 있는 자 중 기술업무를 담당하는 자(이하 "가축분뇨업무담당자"라 한다)에 대하여 환경부령으로 정하는 바에 따라 시·도지사, 특별자치시장 또는 특별자치도지사가 실시하는 교육을 받게 하여야 한다. <개정 2018.10.16.>

1. 제37조제1항에 따라 기술관리인을 두어야 하는 처리시설 설치·운영자
2. 가축분뇨관련영업자
3. 설계·시공업자

②시·도지사, 특별자치시장 또는 특별자치도지사는 환경부령으로 정하는 바에 따라 가축분뇨업무담당자를 고용한 자로부터 제1항에 따른 교육에 드는 경비를 징수할 수 있다.

③가축분뇨업무담당자의 구체적인 범위 등은 환경부령으로 정한다.

[전문개정 2014.3.24.]

제38조의2(축산환경관리원의 설립·운영) ①농림축산식품부장관은 축산업자의 친환경적인 가축사육환경 조성 및 가축분뇨의 자원화를 통한 이용촉진을 효율적으로 수행하기 위하여 축산환경관리원(이하 "관리원"이라 한다)을 둔다. 다만, 제4항에 따른 관리원의 사업에 대하여는 환경부장관과 협의하여야 한다.

②관리원은 법인으로 한다.

③관리원은 그 주된 사무소의 소재지에 설립 등기를 함으로써 성립한다.

④관리원은 다음 각 호에 해당하는 사업을 한다.

1. 배출시설설치자 또는 처리시설설치자가 설치한 시설에 대한 설치·운영 관련 컨설팅 업무
2. 배출시설설치자 또는 처리시설설치자에 대한 지도 및 교육 업무
3. 제9조에 따른 환경친화축산농장 지원 업무
4. 제20조에 따른 퇴비·액비의 품질관리에 관한 업무
5. 제23조에 따른 가축분뇨의 수거·자원화, 퇴비·액비 유통 등 통합관리 업무
6. 제43조에 따른 처리시설 및 처리기술의 평가
7. 국가, 지방자치단체 또는 그 밖의 단체로부터 위탁 받은 사업
8. 제1호부터 제7호까지의 사업에 딸린 업무로서 정관으로 정하는 사업
9. 그 밖에 관리원의 목적 달성을 위하여 필요하다고 농림축산식품부장관 또는 환경부장관이 인정하는 사업

⑤농림축산식품부장관 또는 환경부장관은 제4항의 사업수행에 필요한 비용의 전부 또는 일부를 지원할 수 있다.

⑥관리원에 관하여 이 법에서 규정한 것 외에는 「민법」 중 재단법인에 관한 규정을 준용한다.

⑦농림축산식품부장관 또는 환경부장관은 대통령령으로 정하는 바에 따라 관리원에 대하여 관리 및 감독을 할 수 있다.

[본조신설 2014.3.24.]

제39조(장부의 기록·보존) 배출시설설치·운영자, 처리시설설치·운영자, 재활용신고자, 가축분뇨관련영업자 및 공공처리시설설치자등은 환경부령으로 정하는 바에 따라 장부를 갖추어 두고 다음 각 호의 사항을 기록·보존하여야 한다. 이 경우 그 보존기간은 기록을 한 날부터 3년으로 한다.

1. 가축분뇨의 배출량 및 처리량
2. 가축분뇨의 수집장소·수집량 및 처리 상황
3. 처리시설의 운영 상황 등

[전문개정 2014.3.24.]

제40조(휴업·폐업 등의 신고 등) 가축분뇨관련영업자 또는 설계·시공업자는 그 영업을 휴업·폐업하거나 재개업할 때에는 환경부령으로 정하는 바에 따라 허가받거나 신고하여야 한다.

[전문개정 2014.3.24.]

제41조(보고·검사) ①환경부장관, 농림축산식품부장관(제1호의 경우에 한정한다. 이하 이 조에서 같다), 시·도지사 또는 시장·군수·구청장은 다음 각 호의 어느 하나에 해당하는 자로 하여금 필요한 보고를 하게 하거나 자료를 제출하게 할 수

있다.

1. 배출시설설치·운영자 또는 처리시설설치·운영자
2. 공공처리시설설치자등
3. 제27조에 따른 재활용시설의 설치·운영자
4. 가축분뇨관련영업자
5. 설계·시공업자

②환경부장관, 농림축산식품부장관, 시·도지사 또는 시장·군수·구청장은 제1항 각 호의 어느 하나에 해당하는 자에 대하여 가축분뇨의 처리 실태 등을 확인하기 위하여 관계 공무원으로 하여금 그 시설 또는 사업장 등에 출입하여 관계 서류나 시설·장비 등을 검사하게 하거나 방류수수질기준, 퇴비액비화기준, 공정규격 또는 고체연료기준의 준수 여부를 확인하기 위하여 방류수의 수질, 퇴비·액비 또는 가축분뇨 고체연료의 검사 등을 실시하게 할 수 있다. <개정 2015.12.1.>

③배출시설설치·운영자, 처리시설설치·운영자, 재활용신고자, 가축분뇨관련영업자, 공공처리시설설치자등, 그 밖의 관계인은 정당한 사유 없이 제1항 및 제2항에 따른 보고, 출입, 검사를 거부·방해 또는 기피하여서는 아니 된다.

④제2항에 따라 출입·검사하는 공무원은 그 권한을 표시하는 증표를 지니고 이를 관계인에게 보여주어야 한다.

[전문개정 2014.3.24.]

제42조(국고보조) ①국가는 예산의 범위에서 지방자치단체 또는 농협조합에 공공처리시설 설치에 필요한 비용의 전부 또는 일부를 보조할 수 있다.

②국가는 예산의 범위에서 가축분뇨의 자원화 확대 및 친환경 축산 기반의 조성을 위하여 축산업자·경작농가 등에 필요한 비용의 전부 또는 일부를 보조할 수 있다.

[전문개정 2014.3.24.]

제43조(처리시설 및 처리기술의 평가) ①농림축산식품부장관은 가축분뇨의 처리에 필요한 관련 정보를 제공하기 위하여 처리시설 및 관련 기술 등을 평가하여 축산업자 등에게 제공할 수 있다.

②농림축산식품부장관은 제1항에 따른 평가 방법 및 절차 등에 관한 세부지침을 정하여 운영하여야 한다.

③시장·군수·구청장 또는 생산자단체는 제1항에 따라 평가를 실시하는 경우에는 관련 인력 및 장비지원 등에 적극 협조하여야 한다.

[전문개정 2014.3.24.]

제44조(가축분뇨관리 및 처리 실적의 보고) ①시·도지사 또는 시장·군수·구청장은 대통령령으로 정하는 바에 따라 매년 관할구역에서의 가축분뇨의 관리 및 처

리 실적을 다음 해 2월 말까지 환경부장관에게 보고하여야 한다. 이 경우 보고를 받은 환경부장관은 농림축산식품부장관에게 그 내용을 통보하여야 한다.

②환경부장관 또는 농림축산식품부장관은 이 법 시행에 필요한 범위에서 시·도지사 또는 시장·군수·구청장으로 하여금 가축분뇨 업무와 관련된 지도·단속 실적을 보고하게 할 수 있다.

[전문개정 2014.3.24.]

제45조(수수료) 다음 각 호의 어느 하나에 해당하는 허가 또는 변경허가를 받거나 등록·변경등록 또는 신고를 하려는 자는 환경부령으로 정하는 바에 따라 수수료를 내야 한다.

1. 제11조제1항 또는 제2항에 따른 배출시설의 허가 또는 변경허가
2. 제11조제3항에 따른 배출시설의 신고
3. 제27조제1항에 따른 재활용의 신고
4. 제28조제1항에 따른 가축분뇨관련영업의 허가 또는 변경허가
5. 제34조에 따른 설계·시공업의 등록 또는 변경등록

[전문개정 2014.3.24.]

제46조(청문) 농림축산식품부장관, 환경부장관, 시·도지사 또는 시장·군수·구청장은 그 권한의 구분에 따라 다음 각 호의 어느 하나에 해당하는 처분을 하려면 청문을 하여야 한다.

1. 제9조제4항에 따른 환경친화축산농장 지정의 취소
2. 제18조에 따른 배출시설의 설치허가·변경허가의 취소 또는 폐쇄명령
3. 제27조제5항에 따른 재활용시설의 폐쇄명령
4. 제32조에 따른 가축분뇨관련영업 허가의 취소
5. 제35조에 따른 설계·시공업 등록의 취소

[전문개정 2014.3.24.]

제47조(권한 또는 업무의 위임·위탁) ①농림축산식품부장관 또는 환경부장관은 이 법에 따른 권한의 일부를 대통령령으로 정하는 바에 따라 지방환경관서의 장, 국립환경과학원장, 시·도지사, 시장·군수·구청장 또는 농촌진흥청장에게 위임하거나 관리원의 장에게 위탁할 수 있다.

②환경부장관은 제37조의2에 따른 가축분뇨 등에 관한 전자인계관리시스템의 구축·운영 업무의 일부를 대통령령으로 정하는 관계 전문기관에 위탁할 수 있다.

[전문개정 2014.3.24.]

476 · 가축분뇨의 관리 및 이용에 관한 법률

제8장 벌칙

제48조(벌칙) 다음 각 호의 어느 하나에 해당하는 자는 5년 이하의 징역 또는 5천만원 이하의 벌금에 처한다. <개정 2015.12.1.>
1. 제11조제1항에 따른 허가를 받지 아니한 자 또는 거짓, 그 밖의 부정한 방법으로 허가를 받은 자로서 제10조제1항을 위반하여 가축분뇨 또는 퇴비·액비를 공공수역에 유입시키거나 제17조제1항 각 호의 어느 하나에 해당하는 행위를 한 자
2. 제18조에 따른 폐쇄명령을 이행하지 아니한 자
3. 제24조에 따라 설치한 공공처리시설을 파손하거나 그 기능에 장해를 주어 가축분뇨를 처리할 수 없게 방해한 자
4. 공공처리시설설치자등으로서 제25조제9항제4호부터 제7호까지에 해당하는 행위를 한 자
5. 재활용신고자로서 제27조제5항에 따른 폐쇄명령을 이행하지 아니한 자
6. 제28조제1항에 따라 가축분뇨관련영업의 허가를 받지 아니한 자로서 제10조제1항을 위반하여 가축분뇨 또는 퇴비·액비를 공공수역에 유입시키거나 제17조제1항 각 호의 어느 하나에 해당하는 행위를 한 자
[전문개정 2014.3.24.]

제49조(벌칙) 다음 각 호의 어느 하나에 해당하는 자는 2년 이하의 징역 또는 2천만원 이하의 벌금에 처한다.
1. 제11조제1항 또는 제2항에 따른 허가 또는 변경허가를 받지 아니하거나 거짓, 그 밖의 부정한 방법으로 허가 또는 변경허가를 받아 배출시설을 설치·변경하거나 그 배출시설을 이용하여 가축을 사육한 자 또는 위탁사육한 자
2. 제11조제1항에 따른 허가를 받은 자로서 제10조제1항을 위반하여 가축분뇨 또는 퇴비·액비를 공공수역에 유입시키거나 제17조제1항 각 호의 어느 하나에 해당하는 행위를 한 자
3. 제11조제1항 또는 제2항에 따른 허가 또는 변경허가를 받은 자로서 제12조를 위반하여 처리시설을 설치 또는 변경하지 아니하고 배출시설을 사용한 자
4. 제11조제3항을 위반하여 신고를 하지 아니한 자로서 제10조제1항을 위반하여 가축분뇨 또는 퇴비·액비를 공공수역에 유입시키거나 제17조제1항 각 호의 어느 하나에 해당하는 행위를 한 자
5. 제15조에 따른 준공검사를 받지 아니하고 제10조제1항을 위반하여 가축분뇨 또는 퇴비·액비를 공공수역에 유입시키거나 제17조제1항 각 호의 어느 하나에 해당하는 행위를 한 자
6. 제18조에 따른 사용중지명령을 이행하지 아니한 자
7. 제27조제1항을 위반하여 신고를 하지 아니하거나 거짓으로 신고를 하고 재활용

을 한 자, 신고하지 아니한 재활용시설을 운영한 자 또는 신고하지 아니한 재활용
시설을 사용할 목적으로 가축분뇨를 수집한 자

8. 제27조제5항에 따른 처리금지명령을 이행하지 아니한 자

9. 제28조제1항에 따른 가축분뇨관련영업의 허가를 받지 아니하거나 거짓, 그 밖의
부정한 방법으로 허가를 받아 가축분뇨관련영업을 한 자

10. 가축분뇨관련영업자로서 제10조제1항을 위반하여 가축분뇨 또는 퇴비·액비를
공공수역에 유입시키거나 제17조제1항 각 호의 어느 하나에 해당하는 행위를 한 자

11. 가축분뇨관련영업자 또는 설계·시공업자로서 제32조 또는 제35조에 따른 영업
정지기간 중에 영업을 한 자

12. 제34조에 따른 등록을 하지 아니하거나 거짓, 그 밖의 부정한 방법으로 등록을
하여 설계·시공업을 한 자

[전문개정 2014.3.24.]

판례 - 가축분뇨의관리및이용에관한법률위반

[대법원 2014.3.27., 선고, 2014도267, 판결]

【판시사항】
가축분뇨의 관리 및 이용에 관한 법률 제17조 제1항 제1호 전단에서 금지하
는 '가축분뇨 배출행위'의 의미 및 가축분뇨 배출시설 안에 있는 가축이 배출
시설 인근에 배출한 분뇨를 처리시설에 유입하지 아니하고 그대로 방치한 행
위가 이에 해당하는지 여부(적극)

【판결요지】
가축분뇨의 관리 및 이용에 관한 법률(이하 '법'이라 한다)의 목적(법 제1조),
법 제2조 제3호, 제8호, 제17조 제1항 제1호 전단, 제49조 제2호, 제50조 제4
호, 제51조 제1호, 가축분뇨의 관리 및 이용에 관한 법률 시행규칙 제2조 등
의 내용을 종합하여 보면, 법 제17조 제1항 제1호 전단에서 금지하는 '가축분
뇨 배출행위'는 가축분뇨를 처리시설에 유입하지 아니하고 가축분뇨가 발생하
는 배출시설 안에서 배출시설 밖으로 내보내는 행위를 의미하며, 배출시설 안
에 있는 가축이 분뇨를 배출시설 인근에 배출한 경우에도 그 분뇨를 처리시
설에 유입하지 아니하고 그대로 방치한 경우에는 이에 해당된다고 해석하여야 한다.

제50조(벌칙) 다음 각 호의 어느 하나에 해당하는 자는 1년 이하의 징역 또는 1천
만원 이하의 벌금에 처한다. <개정 2015.12.1.>

1. 제8조제3항에 따른 축사의 이전 등 조치명령을 이행하지 아니한 자

2. 제10조제2항에 따른 조치명령을 이행하지 아니한 자

3. 제11조제1항에 따른 허가를 받지 아니하거나 거짓, 그 밖의 부정한 방법으로 허
가를 받은 자로서 업무상 과실로 제10조제1항을 위반하여 가축분뇨 또는 퇴비·
액비를 공공수역에 유입시킨 자

4. 제11조제3항을 위반하여 신고를 하지 아니하거나 거짓, 그 밖의 부정한 방법으로

신고를 하고 그 배출시설을 설치하거나 그 배출시설을 이용하여 가축을 사육한 자 또는 위탁사육한 자

5. 제11조제3항에 따른 신고를 한 자 또는 퇴비·액비를 살포한 자로서 제10조제1항을 위반하여 가축분뇨 또는 퇴비·액비를 공공수역에 유입시키거나 제17조제1항 각 호의 어느 하나에 해당하는 행위를 한 자

6. 제11조제1항에 따른 허가를 받은 자, 제15조를 위반하여 준공검사를 받지 아니한 자 또는 가축분뇨관련영업자로서 업무상 과실로 제10조제1항을 위반하여 가축분뇨 또는 퇴비·액비를 공공수역에 유입시킨 자 또는 가축분뇨관련영업자로서 업무상 과실로 제17조제1항 각 호의 어느 하나에 해당하는 행위를 한 자

7. 배출시설설치·운영자, 처리시설설치·운영자 및 퇴비·액비를 살포하는 자로서 제17조제4항에 따른 개선명령을 이행하지 아니한 자(제51조제3호의 자는 제외한다)

8. 제11조제2항 또는 제3항에 따른 신고 또는 변경신고를 한 자로서 제12조에 따른 처리시설을 설치 또는 변경하지 아니하고 배출시설을 사용한 자

9. 제11조제3항에 따른 신고를 하지 아니하거나 거짓으로 신고를 한 자로서 업무상 과실로 인하여 제10조제1항을 위반하여 가축분뇨 또는 퇴비·액비를 공공수역에 유입시킨 자

10. 제25조제10항에 따른 시설의 개선 등 조치명령을 이행하지 아니한 자

11. 재활용신고자로서 제10조제1항을 위반하여 가축분뇨 또는 퇴비·액비를 공공수역에 유입시키거나 제17조제1항 각 호의 어느 하나에 해당하는 행위를 한 자

12. 제27조제4항에 따른 개선명령을 이행하지 아니한 자

13. 제28조제1항을 위반하여 가축분뇨관련영업의 변경허가를 받지 아니하거나 거짓으로 변경허가를 받아 가축분뇨관련영업을 한 자

14. 제28조제6항을 위반하여 다른 사람에게 자기의 상호 또는 성명을 사용하여 가축분뇨관련영업을 하게 하거나 허가증을 빌려 준 자

15. 제34조제2항을 위반하여 변경등록을 하지 아니하거나 거짓으로 변경등록을 하여 설계·시공업을 한 자

16. 제34조제4항을 위반하여 다른 사람에게 자기의 상호 또는 성명을 사용하여 설계·시공업을 하게 하거나 등록증을 빌려준 자

[전문개정 2014.3.24.]

판례 – 가축분뇨의관리및이용에관한법률위반
[대법원 2018.9.13., 선고, 2018도11018, 판결]

【판시사항】
가축분뇨의 관리 및 이용에 관한 법률 제17조 제1항 제5호가 자원화시설에서 생산된 액비를 해당 자원화시설을 설치한 자가 확보한 액비 살포지 외의 장소에 뿌리는 행위를 금지하는 취지 / 가축분뇨를 재활용하기 위하여 액비 생산의 자원화시설을 설치한 재활용신고자가 자신이 설치한 자원화시설이 아닌

다른 자원화시설에서 생산된 액비를 자신이 확보한 액비 살포지에 뿌리는 경우, 위 규정을 위반한 것인지 여부(적극) 및 이는 위 재활용신고자가 축산업자들이 가축분뇨 등을 처리하기 위하여 공동출자로 설립한 영농조합법인이고 위 영농조합법인이 그 구성원인 축산업자들이 설치한 자원화시설에서 생산된 액비의 처리를 위탁받았더라도 마찬가지인지 여부(적극)

【판결요지】
가축분뇨의 관리 및 이용에 관한 법률(이하 '가축분뇨법'이라 한다)은 가축분뇨를 자원화하거나 적정하게 처리하여 환경오염을 방지함으로써 환경과 조화되는 지속 가능한 축산업의 발전과 국민건강의 향상에 이바지함을 목적으로 한다(제1조). 여기에서 '자원화시설'은 가축분뇨를 퇴비·액비 또는 바이오에너지로 만드는 시설을 말하고(제2조 제4호), '액비'는 가축분뇨를 액체 상태로 발효시켜 만든 비료 성분이 있는 물질로서 농림축산식품부령으로 정하는 기준에 적합한 것을 말한다(제2조 제6호).
가축분뇨법은 액비 살포에 관하여 다음과 같이 규정하고 있다. 액비를 만드는 자원화시설을 설치하는 자는 일정한 기준에 따라 액비를 살포하는 데 필요한 초지, 농경지, 시험림 지정지역, 골프장 등 '액비 살포지'를 확보하여야 한다(제12조의2 제2항). 액비를 만드는 자원화시설에서 생산된 액비를 해당 자원화시설을 설치한 자가 확보한 액비 살포지 외의 장소에 뿌리거나 환경부령으로 정하는 살포기준을 지키지 않는 행위를 해서는 안 된다(제17조 제1항 제5호). 가축분뇨를 재활용(퇴비 또는 액비로 만드는 것에 한정한다)하거나 재활용을 목적으로 가축분뇨를 수집·운반하려는 자로서 관할관청에 신고한 재활용신고자가 가축분뇨법 제17조 제1항 제5호를 위반할 경우에는 처벌을 받는다(제27조 제1항, 제50조 제11호).
이와 같이 가축분뇨법 제17조 제1항 제5호는 자원화시설에서 생산된 액비를 해당 자원화시설을 설치한 자가 확보한 액비 살포지 외의 장소에 뿌리는 행위를 명확하게 금지하고 있다. 가축분뇨뿐만 아니라 액비도 관리를 소홀히 하거나 유출·방치하는 경우 심각한 환경오염물질이 될 수 있으므로, 액비 살포의 기준과 그 책임소재를 분명히 하고 특정 장소에 대한 과잉 살포로 발생할 수 있는 환경오염을 방지하려는 데 그 취지가 있다. 따라서 가축분뇨를 재활용하기 위하여 액비 생산의 자원화시설을 설치한 재활용신고자라고 하더라도, 자신이 설치한 자원화시설이 아닌 다른 자원화시설에서 생산된 액비를 자신이 확보한 액비 살포지에 뿌리는 것은 가축분뇨법 제17조 제1항 제5호를 위반한 것이라고 보아야 한다. 다른 자원화시설에서 생산된 액비는 해당 자원화시설을 설치한 자가 확보한 액비 살포지에 뿌려야 하기 때문이다. 이는 위 재활용신고자가 축산업자들이 가축분뇨 등을 처리하기 위하여 공동출자로 설립한 영농조합법인이고 위 영농조합법인이 그 구성원인 축산업자들이 설치한 자원화시설에서 생산된 액비의 처리를 위탁받았다고 하더라도 마찬가지이다.

판례 - 가축분뇨의관리및이용에관한법률위반 · 공무상표시무효 · 모욕
[대법원 2018.1.24., 선고, 2015도18284, 판결]

【판시사항】

[1] 구 가축분뇨의 관리 및 이용에 관한 법률상 배출시설 등의 양수인이 종전 시설설치자로부터 배출시설 등의 점유·관리를 이전받음으로써 시설설치자의 지위를 승계받은 것이 되는지 여부(적극) 및 이후 매매계약 등 양도의 원인 행위가 해제되었더라도 해제에 따른 원상회복을 하지 아니한 채 여전히 배출시설 등을 점유·관리하고 있다면 승계받은 시설설치자의 지위를 계속 유지하는지 여부(적극)

[2] 피고인이 가축사육시설인 농장에 관하여 배출시설 설치허가를 받은 시설설치자 甲으로부터 乙을 거쳐 농장을 순차로 양수하여 실질적으로 관리하면서 업무상 과실로 가축분뇨를 공공수역에 유입되게 하여 구 가축분뇨의 관리 및 이용에 관한 법률 위반으로 기소된 사안에서, 피고인이 乙과의 매매계약에 기하여 농장을 양수함으로써 같은 법 제14조에 따라 시설설치자의 지위를 승계한 다음 위반행위 당시에도 농장을 점유·관리하고 있었으므로, 그 전에 농장에 관한 매매계약이 해제되었더라도 같은 법 제50조 제5호에서 정한 행위주체로서 시설설치자의 지위에 있다고 한 사례

【판결요지】

[1] 구 가축분뇨의 관리 및 이용에 관한 법률(2014.3.24. 법률 제12516호로 개정되기 전의 것, 이하 '구 가축분뇨법'이라 한다)은 배출시설을 설치하고자 하는 자는 배출시설의 규모에 따라 시장·군수·구청장의 허가를 받거나 시장·군수·구청장에게 신고하여야 하고(제11조 제1항, 제3항), 제11조에 따라 배출시설에 대한 설치허가 등을 받거나 신고 등을 한 자(이하 '시설설치자'라 한다)가 배출시설·처리시설(이하 '배출시설 등'이라 한다)을 양도하는 경우에는 양수인이 종전 시설설치자의 지위를 승계한다고 규정하고 있다(제14조).
현행 가축분뇨의 관리 및 이용에 관한 법률(제14조 제3항)과 달리 배출시설 등의 양도를 시장·군수·구청장에게 신고하지 않고 양도 그 자체만으로 시설설치자의 지위 승계가 이루어지도록 정한 구 가축분뇨법의 위와 같은 규정 및 배출시설 등에 대한 설치허가의 대물적 성질 등에 비추어 보면, 배출시설 등의 양수인은 종전 시설설치자로부터 배출시설 등의 점유·관리를 이전받음으로써 시설설치자의 지위를 승계받은 것이 되고, 이후 매매계약 등 양도의 원인행위가 해제되었더라도 해제에 따른 원상회복을 하지 아니한 채 여전히 배출시설 등을 점유·관리하고 있다면 승계받은 시설설치자의 지위를 계속 유지한다.

[2] 피고인이 가축사육시설인 농장에 관하여 배출시설 설치허가를 받은 시설설치자 甲으로부터 乙을 거쳐 농장을 순차로 양수하여 실질적으로 관리하면서 이를 적정하게 관리하지 않은 업무상 과실로 가축분뇨를 공공수역에 유입되게 하여 구 가축분뇨의 관리 및 이용에 관한 법률(2014.3.24. 법률 제12516호로 개정되기 전의 것, 이하 '구 가축분뇨법'이라 한다) 위반으로 기소된 사

안에서, 피고인이 乙과의 매매계약에 기하여 농장을 양수함으로써 구 가축분
뇨법 제14조에 따라 시설설치자의 지위를 승계한 다음 위반행위 당시에도 농
장을 점유·관리하고 있었으므로, 설령 그 전에 농장에 관한 매매계약이 해제
되었더라도 피고인이 구 가축분뇨법 제50조 제5호에서 정한 행위 주체로서
시설설치자의 지위에 있었다고 보는 데 아무런 영향이 없다는 이유로, 피고인
이 시설설치자로서 구 가축분뇨법 제50조 제5호의 적용대상에 해당한다고 본
원심판단을 수긍한 사례.

판례 ― 가축분뇨의관리및이용에관한법률위반
[대법원 2016.6.23., 선고, 2014도7170, 판결]

【판시사항】
구 가축분뇨의 관리 및 이용에 관한 법률 제50조 제8호에서 정한 '제11조 제3
항의 규정에 따른 신고를 하지 아니한 자'의 의미 및 배출시설 설치 당시 신
고대상이 아니었으나 그 후 법령 개정에 따라 신고대상에 해당하게 된 배출
시설을 운영하면서 업무상 과실로 가축분뇨를 공공수역에 유입시킨 자가 위
조항의 적용대상에 포함되는지 여부(소극)

【판결요지】
구 가축분뇨의 관리 및 이용에 관한 법률(2014.3.24. 법률 제12516호로 개정되
기 전의 것, 이하 '구 가축분뇨법'이라 한다) 제50조 제8호(이하 '법률조항'이
라 한다)에서 정한 '제11조 제3항의 규정에 따른 신고를 하지 아니한 자'는
문언상 '제11조 제3항의 규정에 의한 신고대상자임에도 신고를 하지 아니한
자'를 의미하는데, '제11조 제3항 규정에 의한 신고대상자'는 '대통령령이 정하
는 규모 이상의 배출시설을 설치하고자 하는 자 또는 신고한 사항을 변경하
고자 하는 자'를 말한다. 따라서 이미 배출시설을 설치한 경우에, 설치 당시에
'대통령령이 정하는 규모 이상의 배출시설'에 해당하지 아니하여 신고대상이
아니었다면, 그 후 법령 개정에 따라 신고대상에 해당하게 되었더라도 구 가
축분뇨법 제11조 제3항에서 정한 신고대상자인 '배출시설을 설치하고자 하는
자'에 해당한다고 볼 수 없다.
이와 같은 법률조항의 내용과 문언적 해석, 신고대상자의 범위 및 죄형법정주
의 원칙 등에 비추어 보면, 법률조항은 구 가축분뇨법 제11조 제3항의 신고대
상자가 신고를 하지 아니하고 배출시설을 설치한 후 업무상 과실로 가축분뇨
를 공공수역에 유입시킨 경우에 적용되며, 배출시설을 설치할 당시에는 신고
대상 시설이 아니었는데 그 후 법령 개정에 따라 시설이 신고대상에 해당하
게 된 경우에 시설을 운영하면서 업무상 과실로 가축분뇨를 공공수역에 유입
시킨 자는 여기에 포함되지 아니한다.

판례 ― 가축분뇨의관리및이용에관한법률위반
[대법원 2015.7.23., 선고, 2014도15510, 판결]

【판시사항】
구 가축분뇨의 관리 및 이용에 관한 법률 제50조 제3호에서 정한 '그 배출시

설을 이용하여 가축을 사육한 자'의 의미 및 배출시설 설치 당시 신고대상이
아니었다가 그 후 법령 개정에 따라 신고대상에 해당하게 된 배출시설을 이
용하여 가축을 사육한 자가 여기에 포함되는지 여부(소극)

【판결요지】
구 가축분뇨의 관리 및 이용에 관한 법률(2014.3.24. 법률 제12516호로 개정되
기 전의 것, 이하 '법'이라 한다) 제50조 제3호(이하 '법률조항'이라 한다)에서
'그 배출시설'이란 문언상 '법 제11조 제3항의 규정을 위반하여 신고를 하지
아니하고 설치한 배출시설'을 의미하는데, 여기서 배출시설을 설치한 자가 설
치 당시에 법 제11조 제3항의 신고대상자가 아니었다면 그 후 법령의 개정에
따라 시설이 신고대상에 해당하게 되었더라도, 위 규정상 신고대상자인 '배출
시설을 설치하고자 하는 자'에 해당한다고 볼 수 없다.
한편 법률조항이 2011.7.28. 법률 제10973호로 개정되기 전에는 배출시설을
'설치'한 자만 처벌하는 것으로 규정하다가, 개정에 의하여 배출시설을 '이용'
하여 가축을 사육한 자도 처벌하도록 규정한 취지는, 신고대상자가 신고를 하
지 않고 설치한 배출시설의 '설치자'와 '이용자'가 서로 다른 경우에 설치자뿐
아니라 이용자도 처벌함으로써 처벌의 균형을 도모하기 위한 것이다.
위와 같은 법률조항의 내용과 문언적 해석, 신고대상자의 범위, 법 개정 취지
및 죄형법정주의 원칙 등에 비추어 보면, 법률조항의 '그 배출시설을 이용하
여 가축을 사육한 자'는 '법 제11조 제3항의 신고대상자가 신고를 하지 아니
하고 설치한 배출시설을 이용하여 가축을 사육한 자'만을 의미하는 것으로 한
정적으로 해석하여야 하고, 그렇다면 배출시설을 설치할 당시에는 신고대상
시설이 아니었지만 그 후 법령의 개정에 따라 시설이 신고대상에 해당하게
된 경우 그 배출시설을 이용하여 가축을 사육한 자는 여기에 포함되지 아니
한다.

판례 - 가축분뇨의관리및이용에관한법률위반
[대법원 2015.7.23., 선고, 2014도13680, 판결]
【판시사항】
구 가축분뇨의 관리 및 이용에 관한 법률 제50조 제3호에서 정한 '그 배출시
설을 이용하여 가축을 사육한 사람'의 의미 및 배출시설 설치 당시 신고대상
이 아니었다가 그 후 법령 개정에 따라 신고대상에 해당하게 된 배출시설을
이용하여 가축을 사육한 사람이 여기에 포함되는지 여부(소극)

판례 - 가축분뇨의관리및이용에관한법률위반
[대법원 2014.3.27., 선고, 2014도267, 판결]
【판시사항】
가축분뇨의 관리 및 이용에 관한 법률 제17조 제1항 제1호 전단에서 금지하
는 '가축분뇨 배출행위'의 의미 및 가축분뇨 배출시설 안에 있는 가축이 배출
시설 인근에 배출한 분뇨를 처리시설에 유입하지 아니하고 그대로 방치한 행
위가 이에 해당하는지 여부(적극)

판례 - 가축분뇨의 관리 및 이용에 관한 법률위반
[대법원 2011.7.14., 선고, 2011도2471, 판결]

【판시사항】

[1] 가축분뇨의 관리 및 이용에 관한 법률 제50조 제3호, 제11조 제3항에서 정한 '신고대상자'의 의미 및 배출시설을 설치한 자가 설치 당시 신고대상자가 아니었는데, 그 후 법령 개정에 따라 해당 배출시설이 신고대상에 해당하게 된 경우, 위 규정상 신고대상자인 '배출시설을 설치하고자 하는 자'에 해당하는지 여부(소극)

[2] 가축분뇨의 관리 및 이용에 관한 법률 제50조 제3호, 제11조 제3항에서 규정한 '신고를 하지 아니하고 배출시설을 설치한 죄'가 '즉시범'인지 여부(적극)

[3] 피고인이 개(犬) 사육시설을 설치하여 개를 사육하면서 가축분뇨 배출시설 설치신고를 하지 않았다고 하여 구 가축분뇨의 관리 및 이용에 관한 법률위반으로 기소된 사안에서, 피고인이 같은 법 제50조 제3호, 제11조 제3항에서 정한 신고대상자인 '배출시설을 설치하고자 하는 자'에 해당한다고 볼 수 없는데도, 이와 달리 본 원심판단에 법리오해의 위법이 있다고 한 사례

【판결요지】

[1] 가축분뇨의 관리 및 이용에 관한 법률(이하 '가축분뇨법'이라 한다) 제50조 제3호, 제11조 제3항에서 정한 신고대상자는 '대통령령이 정하는 규모 이상의 배출시설을 설치하고자 하는 자 또는 신고한 사항을 변경하고자 하는 자'를 말하고, 배출시설을 설치한 자가 설치 당시에 신고대상자가 아니었다면 그 후 법령의 개정에 따라 그 시설이 신고대상에 해당하게 되었더라도, 위 규정상 신고대상자인 '배출시설을 설치하고자 하는 자'에 해당한다고 볼 수 없으며, 또한 형벌법규는 문언에 따라 엄격하게 해석·적용하여야 하고 피고인에게 불리한 방향으로 지나치게 확장해석하거나 유추해석하여서는 아니되는 점을 고려할 때, 위와 같은 해석은 비록 가축분뇨법 시행령 부칙(2007.9.27.) 제2조 제1항이 가축분뇨법의 위임 없이 "이 영 시행 당시 제8조 및 [별표 2]에 따른 신고대상 배출시설을 설치·운영 중인 자는 2008년 9월 27일까지 법 제11조 제3항에 따른 배출시설의 설치신고를 하여야 한다."고 규정하고 있더라도 마찬가지이다.

[2] 가축분뇨의 관리 및 이용에 관한 법률 제50조 제3호, 제11조 제3항에서 규정하고 있는 '신고를 하지 아니하고 배출시설을 설치한 죄'는 해당 조문의 기재 내용과 입법 경과에 비추어 볼 때 그와 같은 행위가 종료됨으로써 즉시 성립하고 그와 동시에 완성되는 이른바 '즉시범'이라고 보아야 한다.

[3] 피고인이 개(犬) 사육시설을 설치하여 개를 사육하면서 가축분뇨 배출시설 설치신고를 하지 않았다고 하여 구 가축분뇨의 관리 및 이용에 관한 법률(2011.7.28. 법률 제10973호로 개정되기 전의 것, 이하 '가축분뇨법'이라 한다)위반으로 기소된 사안에서, 위 사육시설은 가축분뇨법령이 제정되기 전에는

신고대상 배출시설에 해당하지도 아니하였을 뿐 아니라, 가축분뇨법령이 제정된 이후에도 배출시설을 새로이 설치한 것이 아니라 종전대로 사용한 것에 불과하므로, 배출시설을 설치·운영 중인 자에 대하여 설치신고 유예기간을 규정한 가축분뇨법 시행령 부칙(2007.9.27.) 제2조 제1항의 적용 여부와 상관 없이 피고인은 가축분뇨법 제50조 제3호, 제11조 제3항에서 정한 신고대상자인 '배출시설을 설치하고자 하는 자'에 해당한다고 볼 수 없는데도, 이와 달리 본 원심판단에 법리오해의 위법이 있다고 한 사례.

판례 – 가축 분뇨의 관리및 이용에 관한 법률 위반
[대법원 2011.7.14., 선고, 2009도7777, 판결]

【판시사항】
[1] 형벌법규의 적용대상이 행정법규가 규정한 사항을 내용으로 하는 경우, 행정법규 규정의 해석 원칙
[2] 가축분뇨의 관리 및 이용에 관한 법률 제50조 제3호에서 정한 '제11조 제3항의 규정에 의한 신고대상자'의 의미 및 배출시설을 설치한 자가 설치 당시 신고대상자가 아니었다가 그 후 법령 개정에 따라 신고대상에 해당하게 된 경우, 같은 법 제11조 제3항의 신고대상자에 해당하는지 여부(소극)
[3] 개(犬) 사육업자인 피고인이 관할관청에 가축분뇨 배출시설 설치신고를 하지 않았다는 내용으로 기소된 사안에서, 배출시설 설치 당시에는 신고대상이 아니었다가 그 후 법령 개정에 따라 비로소 신고대상에 포함된 피고인은 같은 법 제11조 제3항의 신고대상자에 해당하지 아니한다는 이유로 무죄를 인정한 원심판단을 수긍한 사례

제51조(벌칙) 다음 각 호의 어느 하나에 해당하는 자는 300만원 이하의 벌금에 처한다. <개정 2015.12.1.>
1. 제7조의2제4항을 위반하여 토지에의 출입 또는 사용을 거부·방해한 자
2. 제11조제3항에 따른 신고를 한 자, 재활용신고자 또는 퇴비·액비를 살포한 자로서 업무상 과실로 제10조제1항을 위반하여 가축분뇨 또는 퇴비·액비를 공공수역에 유입시키거나 제17조제1항 각 호의 어느 하나에 해당하는 행위를 한 자
3. 제11조제3항에 따른 신고를 한 자 또는 그의 배출시설·처리시설을 운영하는 자로서 제17조제4항에 따른 개선명령을 이행하지 아니한 자
4. 제15조에 따른 준공검사를 받지 아니하고 그 배출시설·처리시설을 사용한 자
5. 다음 각 목의 어느 하나에 해당하지 아니하는 자로서 제10조제1항을 위반하여 가축분뇨 또는 퇴비·액비를 공공수역에 유입시킨 자
   가. 제11조제1항 또는 제3항에 따라 배출시설의 설치허가를 받거나 신고를 하여야 하는 자
   나. 퇴비·액비를 살포하는 자
   다. 제27조제1항에 따른 신고를 하여야 하는 자

라. 제28조제1항에 따른 가축분뇨관련영업의 허가를 받아야 하는 자
6. 제27조제3항에 따른 설치 및 운영 기준을 위반하여 재활용시설을 설치·운영한 자
7. 제30조제2항을 위반하여 가축분뇨관련영업자의 가축분뇨의 수집·운반·처리 및 시설관리의 기준과 준수사항을 지키지 아니한 자
8. 제37조제1항을 위반하여 기술관리인을 두지 아니한 자
9. 제37조의3제2항을 위반하여 관계 행정기관이나 그 소속 공무원이 요구하여도 인계·인수, 처리 또는 살포에 관한 내용을 확인할 수 있도록 협조하지 아니한 자
10. 제41조제3항을 위반하여 관계 공무원의 출입·검사를 거부·방해 또는 기피한 자
[전문개정 2014.3.24.]

판례 ─ 가축분뇨의관리및이용에관한법률위반
[대법원 2014.3.27., 선고, 2014도267, 판결]

【판시사항】
가축분뇨의 관리 및 이용에 관한 법률 제17조 제1항 제1호 전단에서 금지하는 '가축분뇨 배출행위'의 의미 및 가축분뇨 배출시설 안에 있는 가축이 배출시설 인근에 배출한 분뇨를 처리시설에 유입하지 아니하고 그대로 방치한 행위가 이에 해당하는지 여부(적극)

【판결요지】
가축분뇨의 관리 및 이용에 관한 법률(이하 '법'이라 한다)의 목적(법 제1조), 법 제2조 제3호, 제8호, 제17조 제1항 제1호 전단, 제49조 제2호, 제50조 제4호, 제51조 제1호, 가축분뇨의 관리 및 이용에 관한 법률 시행규칙 제2조 등의 내용을 종합하여 보면, 법 제17조 제1항 제1호 전단에서 금지하는 '가축분뇨 배출행위'는 가축분뇨를 처리시설에 유입하지 아니하고 가축분뇨가 발생하는 배출시설 안에서 배출시설 밖으로 내보내는 행위를 의미하며, 배출시설 안에 있는 가축이 분뇨를 배출시설 인근에 배출한 경우에도 그 분뇨를 처리시설에 유입하지 아니하고 그대로 방치한 경우에는 이에 해당된다고 해석하여야 한다.

제52조(양벌규정) 법인의 대표자나 법인 또는 개인의 대리인, 사용인, 그 밖의 종업원이 그 법인 또는 개인의 업무에 관하여 제48조부터 제51조까지의 어느 하나에 해당하는 위반행위를 하면 그 행위자를 벌하는 외에 그 법인 또는 개인에게도 해당 조문의 벌금형을 과(科)한다. 다만, 법인 또는 개인이 그 위반행위를 방지하기 위하여 해당 업무에 관하여 상당한 주의와 감독을 게을리하지 아니한 경우에는 그러하지 아니하다.
[전문개정 2014.3.24.]
[2014.3.24. 법률 제12516호에 의하여 2010.9.30. 헌법재판소에서 위헌 결정된 이 조를 개정함.]

제53조(과태료) ①다음 각 호의 어느 하나에 해당하는 자에게는 1천만원 이하의 과태료를 부과한다.

1. 제11조제1항에 따른 허가를 받아 처리시설을 설치한 자로서 방류수수질기준을 위반하여 방류하거나 퇴비액비화기준에 맞지 아니하게 퇴비 또는 액비를 생산한 자
2. 공공처리시설설치자등으로서 방류수수질기준을 위반하여 방류하거나 퇴비액비화기준에 맞지 아니하게 퇴비 또는 액비를 생산한 자
3. 가축분뇨처리업자로서 방류수수질기준을 위반하여 방류하거나 퇴비액비화기준에 맞지 아니하게 퇴비 또는 액비를 생산한 자

②다음 각 호의 어느 하나에 해당하는 자에게는 500만원 이하의 과태료를 부과한다. <개정 2015.12.1.>

1. 제11조제3항에 따른 신고를 하고 처리시설을 설치한 자로서 방류수수질기준을 위반하여 방류하거나 퇴비액비화기준에 맞지 아니하게 퇴비 또는 액비를 생산한 자
2. 제11조에 따른 허가를 받거나 신고를 하고 처리시설을 설치한 자, 제24조에 따른 공공처리시설설치자등 또는 제28조에 따른 가축분뇨처리업자로서 제13조의2제2항에 따른 고체연료기준에 맞지 아니하게 가축분뇨 고체연료를 생산한 자
3. 제15조의2를 위반하여 가축분뇨 고체연료의 사용 등 신고를 하지 아니한 자
4. 제16조를 위반하여 처리시설의 설계 또는 시공을 하게 한 자

③다음 각 호의 어느 하나에 해당하는 자에게는 100만원 이하의 과태료를 부과한다. <개정 2015.12.1.>

1. 제11조제2항 또는 제3항에 따른 변경신고를 하지 아니하거나 거짓, 그 밖의 부정한 방법으로 변경신고를 하고 배출시설을 변경하거나 그 배출시설을 사용한 자
2. 제12조의2제1항부터 제3항까지에 따른 처리시설의 설치기준 등에 적합하지 아니하게 처리시설을 설치하거나 그 처리시설을 사용한 자
3. 제12조의2제4항에 따른 설치명령을 이행하지 아니한 자
4. 제14조제3항·제29조제4항(제34조제5항에서 준용하는 경우를 포함한다)에 따른 승계신고를 하지 아니한 자
5. 제17조제3항에 따른 관리기준에 적합하지 아니하게 배출시설·처리시설을 설치·운영한 자
6. 제25조제2항에 따른 조치명령을 이행하지 아니한 자
7. 공공처리시설설치자등으로서 제25조제6항을 위반하여 방류수수질의 자가측정, 퇴비·액비 또는 가축분뇨 고체연료의 성분검사를 실시하지 아니하거나 검사에 관한 기록을 보존하지 아니한 자
8. 공공처리시설을 설치·운영하는 자 또는 축산농가로서 제26조제2항에 따른 기준을 위반하여 가축분뇨를 수집·운반 또는 처리한 자
9. 제27조제2항에 따른 변경신고를 하지 아니하거나 거짓으로 변경신고를 하고 재

활용을 한 자 또는 그 재활용시설을 운영하거나 재활용의 목적으로 가축분뇨를 수집한 자

10. 제28조제1항 또는 제34조제2항에 따른 변경신고를 하지 아니하거나 거짓으로 변경신고를 한 자

11. 제28조제5항에 따른 영업구역을 벗어나 가축분뇨수집·운반업을 하거나 그 밖에 필요한 조건을 위반한 자

12. 제34조제6항에 따른 설계·시공업자의 준수사항을 위반한 자

13. 제37조제2항에 따른 준수사항을 위반한 자

14. 제37조의3제1항에 따른 전자인계관리시스템에 운용 방법, 절차 등 운영관리에 관한 사항을 준수하지 아니한 자

15. 정당한 사유 없이 제38조제1항을 위반하여 가축분뇨업무담당자에게 교육을 받게 하지 아니한 자

16. 제39조를 위반하여 같은 조 각 호의 사항을 기록·보존하지 아니하거나 거짓으로 기록한 자

17. 제40조를 위반하여 휴업·폐업 또는 재개업의 허가를 받지 아니하거나 신고를 하지 아니한 자

18. 제41조제1항에 따른 보고·자료제출을 하지 아니하거나 거짓으로 한 자

④제1항부터 제3항까지의 규정에 따른 과태료는 대통령령으로 정하는 바에 따라 시·도지사 또는 시장·군수·구청장이 부과·징수한다.

[전문개정 2014.3.24.]

부칙

<제17326호, 2020.5.26.>

이 법은 공포한 날부터 시행한다. <단서 생략>

가축분뇨의 관리 및 이용에 관한 법률 시행령
(약칭: 가축분뇨법 시행령)

[시행 2020.11.24.]
[대통령령 제31176호, 2020.11.24., 타법개정]

제1조(목적) 이 영은 「가축분뇨의 관리 및 이용에 관한 법률」에서 위임된 사항과 그 시행에 필요한 사항을 규정함을 목적으로 한다.

제2조(사육동물) 「가축분뇨의 관리 및 이용에 관한 법률」(이하 "법"이라 한다) 제2조 제1호에서 "대통령령으로 정하는 사육동물"이란 젖소, 오리, 양(염소 등 산양을 포함한다. 이하 같다), 사슴, 메추리 및 개를 말한다. <개정 2015.3.24.>

판례 - 가축분뇨의 관리 및 이용에 관한 법률위반
[대법원 2011.7.14., 선고, 2011도2471, 판결]

【판시사항】
[1] 가축분뇨의 관리 및 이용에 관한 법률 제50조 제3호, 제11조 제3항에서 정한 '신고대상자'의 의미 및 배출시설을 설치한 자가 설치 당시 신고대상자가 아니었는데, 그 후 법령 개정에 따라 해당 배출시설이 신고대상에 해당하게 된 경우, 위 규정상 신고대상자인 '배출시설을 설치하고자 하는 자'에 해당하는지 여부(소극)

[2] 가축분뇨의 관리 및 이용에 관한 법률 제50조 제3호, 제11조 제3항에서 규정한 '신고를 하지 아니하고 배출시설을 설치한 죄'가 '즉시범'인지 여부(적극)

[3] 피고인이 개(犬) 사육시설을 설치하여 개를 사육하면서 가축분뇨 배출시설 설치신고를 하지 않았다고 하여 구 가축분뇨의 관리 및 이용에 관한 법률 위반으로 기소된 사안에서, 피고인이 같은 법 제50조 제3호, 제11조 제3항에서 정한 신고대상자인 '배출시설을 설치하고자 하는 자'에 해당한다고 볼 수 없는데도, 이와 달리 본 원심판단에 법리오해의 위법이 있다고 한 사례

【판결요지】
[1] 가축분뇨의 관리 및 이용에 관한 법률(이하 '가축분뇨법'이라 한다) 제50조 제3호, 제11조 제3항에서 정한 신고대상자는 '대통령령이 정하는 규모 이상의 배출시설을 설치하고자 하는 자 또는 신고한 사항을 변경하고자 하는 자'를 말하고, 배출시설을 설치한 자가 설치 당시에 신고대상자가 아니었다면 그 후 법령의 개정에 따라 그 시설이 신고대상에 해당하게 되었더라도, 위 규정상 신고대상자인 '배출시설을 설치하고자 하는 자'에 해당한다고 볼 수 없으며, 또한 형벌법규는 문언에 따라 엄격하게 해석·적용하여야 하고 피고인에게 불리한 방향으로 지나치게 확장해석하거나 유추해석하여서는 아니되는 점을 고려할 때, 위와 같은 해석은 비록 가축분뇨법 시행령 부칙(2007.9.27.) 제2조 제1항이 가축분뇨법의 위임 없이 "이 영 시행 당시 제8조 및 [별표 2]에

따른 신고대상 배출시설을 설치·운영 중인 자는 2008년 9월 27일까지 법 제1
1조 제3항에 따른 배출시설의 설치신고를 하여야 한다."고 규정하고 있더라도
마찬가지이다.

[2] 가축분뇨의 관리 및 이용에 관한 법률 제50조 제3호, 제11조 제3항에서
규정하고 있는 '신고를 하지 아니하고 배출시설을 설치한 죄'는 해당 조문의
기재 내용과 입법 경과에 비추어 볼 때 그와 같은 행위가 종료됨으로써 즉시
성립하고 그와 동시에 완성되는 이른바 '즉시범'이라고 보아야 한다.

[3] 피고인이 개(犬) 사육시설을 설치하여 개를 사육하면서 가축분뇨 배출시
설 설치신고를 하지 않았다고 하여 구 가축분뇨의 관리 및 이용에 관한 법률
(2011.7.28. 법률 제10973호로 개정되기 전의 것, 이하 '가축분뇨법'이라 한다)
위반으로 기소된 사안에서, 위 사육시설은 가축분뇨법령이 제정되기 전에는
신고대상 배출시설에 해당하지도 아니하였을 뿐 아니라, 가축분뇨법령이 제정
된 이후에도 배출시설을 새로이 설치한 것이 아니라 종전대로 사용한 것에
불과하므로, 배출시설을 설치·운영 중인 자에 대하여 설치신고 유예기간을 규
정한 가축분뇨법 시행령 부칙(2007.9.27.) 제2조 제1항의 적용 여부와 상관 없
이 피고인은 가축분뇨법 제50조 제3호, 제11조 제3항에서 정한 신고대상인
'배출시설을 설치하고자 하는 자'에 해당한다고 볼 수 없는데도, 이와 달리 본
원심판단에 법리오해의 위법이 있다고 한 사례.

제3조(가축분뇨관리기본계획의 포함사항 등) ①특별시장·광역시장·도지사(이하 "
시·도지사"라 한다), 특별자치시장 또는 특별자치도지사가 법 제5조제1항에 따라
수립하는 가축분뇨의 관리에 관한 기본계획(이하 "가축분뇨관리기본계획"이라 한
다)과 특별자치시장·특별자치도지사·시장·군수·구청장(구청장은 자치구의 구청
장을 말하며, 이하 "시장·군수·구청장"이라 한다)이 법 제5조제4항에 따라 수립
하는 가축분뇨의 관리에 관한 세부계획(이하 "가축분뇨관리세부계획"이라 한다)에
포함되어야 할 사항은 다음 각 호와 같다. <개정 2015.3.24.>
1. 관할구역의 지리적 환경, 오염원 및 가축사육 현황 등에 관한 개요
2. 연도별·구역별·가축별 사육 현황과 장래 사육 예정인 가축의 마릿수
3. 가축별 가축분뇨의 발생량 및 장래 예상 발생량
4. 가축분뇨의 가축별 수집·운반·처리 현황과 수집·운반·처리 계획
5. 가축분뇨의 자원화에 관한 사항
6. 축산농가의 가축분뇨 관리에 관한 현황과 개선계획
7. 공공처리시설 및 공동자원화시설의 현황과 관리 및 설치계획
8. 그 밖에 가축분뇨를 관리하기 위하여 필요한 것으로서 환경부장관이 정하여 고시
   하는 사항
②환경부장관은 법 제5조제1항에 따른 승인을 하기 위하여 기술적 사항에 관한 검
   토가 필요하다고 인정하는 경우에는 국립환경과학원 및 「한국환경공단법」에 따른

한국환경공단(이하 "한국환경공단"이라 한다)에 검토 및 의견을 요청할 수 있다. <신설 2015.3.24.>

③시·도지사, 특별자치시장 또는 특별자치도지사는 법 제5조제1항에 따라 가축분뇨관리기본계획을 수립한 날부터 5년 단위로 그 계획의 타당성을 검토하여야 한다. <개정 2015.3.24.>

④시장·군수·구청장은 법 제5조제4항에 따라 가축분뇨관리세부계획을 수립한 날부터 5년 단위로 그 세부계획의 타당성을 검토하여야 한다. <개정 2015.3.24.>

[제목개정 2015.3.24.]

제4조(가축분뇨실태조사 등) ①법 제7조제1항에 따른 가축분뇨실태조사(이하 "가축분뇨실태조사"라 한다)의 조사목적별 조사항목은 다음 각 호의 구분에 따른다. <개정 2018.1.16.>

1. 농경지의 양분(養分) 현황을 고려하여 적정한 규모의 가축이 사육될 수 있도록 하기 위한 목적으로 조사하는 경우

   가. 가축의 종류별 사육 마릿수

   나. 가축분뇨의 발생량

   다. 퇴비·액비 등으로의 자원화, 정화처리 등 가축분뇨의 처리 유형별 현황

   라. 작목의 종류별 재배 농경지의 면적

   마. 작목별 비료의 수급 현황

   바. 작목별 농경지에 포함된 비료의 함량

   사. 그 밖에 농경지의 양분 현황을 알기 위하여 필요한 사항

2. 생활환경 또는 물환경, 토양 등의 오염현황 등을 파악하기 위한 목적으로 조사하는 경우

   가. 「악취방지법」 제2조제1호의 악취

   나. 「물환경보전법」 제2조제7호의 수질오염물질

   다. 「토양환경보전법」 제2조제2호의 토양오염물질

   라. 「지하수법」 제2조제1호의 지하수의 오염물질

   마. 그 밖에 생활환경 또는 물환경, 토양 등의 오염현황 등을 파악하기 위하여 필요한 사항

②가축분뇨실태조사의 조사대상 지역은 다음 각 호와 같다.

1. 작목을 재배하고 있는 농경지

2. 법 제8조제1항제1호부터 제4호까지의 지역

3. 가축분뇨, 퇴비·액비 등으로 인하여 수질·토양·지하수 등의 환경이 오염되었거나 오염될 가능성이 크다고 인정하는 지역

4. 「댐건설 및 주변지역지원 등에 관한 법률」에 따른 댐 상류지역 또는 「하천법 시행령」 제2조에 따른 보(洑) 상류지역

5.「농어촌정비법」제2조제6호에 따른 농업생산기반시설로서 저수지 상류지역
6. 그 밖에 환경부장관이 필요하다고 인정하는 지역
③가축분뇨실태조사는 서면조사, 현장조사, 시료채취 및 시료분석 등의 방법으로 실시한다.
④제1항부터 제3항까지에서 규정한 사항 외에 가축분뇨실태조사의 세부 절차 및 방법 등에 관하여 필요한 사항은 농림축산식품부장관 및 환경부장관이 공동으로 정하여 고시한다.
[본조신설 2015.3.24.]

제4조의2(타인 토지에의 출입 통지방법) 법 제7조의2제2항 단서에서 "대통령령으로 정하는 방법"이란 해당 토지를 관할하는 읍·면 사무소 또는 동 주민센터의 게시판,「신문 등의 진흥에 관한 법률」제2조제1호가목에 따른 일반일간신문, 공보 또는 방송 등을 통하여 공고하고, 인터넷 홈페이지에도 공고하는 것을 말한다. <개정 2020.11.24.>
[본조신설 2015.3.24.]

제5조(축사의 이전명령에 따른 재정적 지원 등) ①시장·군수·구청장은 법 제8조제3항에 따라 축사의 이전명령을 하는 경우 이전대상 시설 중 축사·처리시설 및 그 밖에 축사와 관련된 공작물 등(이하 "축사등"이라 한다) 토지에 정착한 물건에 대하여는 그 이전조치에 드는 비용(이하 "이전비용"이라 한다)을 보상하여야 한다. 다만, 다음 각 호의 어느 하나에 해당하는 경우에는 그 물건의 가격으로 보상하여야 한다. <개정 2015.3.24.>
1. 축사등의 이전이 어렵거나 그 이전으로 인하여 축사등을 당초 목적으로 사용할 수 없는 경우
2. 축사등의 이전비용이 그 물건의 가격을 넘는 경우
②시장·군수·구청장은 제1항에 따라 축사의 이전명령에 따른 보상을 하는 경우 축사등의 소유자 등과 미리 협의하여야 한다.
③제1항과 제2항 외에 축사의 이전명령에 따른 재정적 지원에 관하여는 「공익사업을 위한 토지 등의 취득 및 보상에 관한 법률」에 따른다.

제6조(허가대상 배출시설) 법 제11조제1항에 따라 시장·군수·구청장의 설치허가를 받아야 하는 배출시설은 별표 1과 같다.

제7조(배출시설의 설치허가) ①법 제11조제1항에 따라 배출시설의 설치허가를 받으려는 자는 환경부령으로 정하는 허가신청서(전자문서로 된 신청서를 포함한다)에 다음 각 호의 서류(전자문서를 포함한다)를 첨부하여 시장·군수·구청장에게 제출하여야 한다.

1. 배출시설의 설치내역서
2. 가축사육 마릿수와 가축분뇨의 배출량에 대한 예측내역서
3. 처리시설의 설치내역서와 그 도면 또는 법 제16조 단서에 따른 표준설계도서(법 제12조제1항 단서에 따라 처리시설의 설치 의무가 면제된 자의 경우에는 이를 인정할 수 있는 서류)
4. 초지·농경지의 확보명세서의 작성이나 액비(液肥)의 살포를 법 제27조제1항에 따른 가축분뇨의 재활용 신고자(이하 "재활용신고자"라 한다)에게 위탁한 경우 액비 살포에 관한 계약서(배출시설에서 배출되는 가축분뇨를 액비로 자원화하는 시설을 설치하는 경우에만 첨부한다)
5. 사업장배치도 및 가축분뇨배출배관도
6. 오니(汚泥)의 예측 발생량과 처리방법내역서(정화시설을 설치하는 경우에만 첨부한다)

②시장·군수·구청장은 제1항에 따라 허가신청서를 접수하면 다음 각 호의 사항을 검토하여 허가 여부를 결정하여야 하며, 허가를 하는 경우에는 신청인에게 환경부령으로 정하는 허가증을 발급하여야 한다. <개정 2010. 10. 13.>

1. 가축분뇨를 법 제13조에 따른 방류수수질기준(이하 "방류수수질기준"이라 한다) 이하로 처리할 수 있는지 여부
2. 가축분뇨의 배출량에 대한 예측내역서의 정확성 여부
3. 초지·농경지의 확보 여부 및 확보된 초지·농경지가 다른 축산업자 등이 확보한 초지·농경지와 중복되는지의 여부
4. 액비의 살포를 재활용신고자에게 위탁하는 계약의 체결 여부 및 액비를 실제로 뿌릴 수 있는지의 여부(배출시설에서 배출되는 가축분뇨를 액비로 자원화하는 시설을 설치하는 경우로 한정한다)
5. 배출시설의 설치 예정지역이 「환경정책기본법」 등 관계 법령에 따라 입지가 제한되는지 여부

제8조(신고대상 배출시설) 법 제11조제3항에 따라 설치신고(변경신고를 포함한다)를 하여야 하는 배출시설은 별표 2와 같다.

판례 - 가축분뇨의 관리 및 이용에 관한 법률위반
[대법원 2011.7.14., 선고, 2011도2471, 판결]

【판시사항】
[1] 가축분뇨의 관리 및 이용에 관한 법률 제50조 제3호, 제11조 제3항에서 정한 '신고대상자'의 의미 및 배출시설을 설치한 자가 설치 당시 신고대상자가 아니었는데, 그 후 법령 개정에 따라 해당 배출시설이 신고대상에 해당하게 된 경우, 위 규정상 신고대상자인 '배출시설을 설치하고자 하는 자'에 해당하는지 여부(소극)

[2] 가축분뇨의 관리 및 이용에 관한 법률 제50조 제3호, 제11조 제3항에서 규정한 '신고를 하지 아니하고 배출시설을 설치한 죄'가 '즉시범'인지 여부(적극)

[3] 피고인이 개(犬) 사육시설을 설치하여 개를 사육하면서 가축분뇨 배출시설 설치신고를 하지 않았다고 하여 구 가축분뇨의 관리 및 이용에 관한 법률 위반으로 기소된 사안에서, 피고인이 같은 법 제50조 제3호, 제11조 제3항에서 정한 신고대상자인 '배출시설을 설치하고자 하는 자'에 해당한다고 볼 수 없는데도, 이와 달리 본 원심판단에 법리오해의 위법이 있다고 한 사례

【판결요지】

[1] 가축분뇨의 관리 및 이용에 관한 법률(이하 '가축분뇨법'이라 한다) 제50조 제3호, 제11조 제3항에서 정한 신고대상자는 '대통령령이 정하는 규모 이상의 배출시설을 설치하고자 하는 자 또는 신고한 사항을 변경하고자 하는 자'를 말하고, 배출시설을 설치한 자가 설치 당시에 신고대상자가 아니었다면 그 후 법령의 개정에 따라 그 시설이 신고대상에 해당하게 되었더라도, 위 규정상 신고대상자인 '배출시설을 설치하고자 하는 자'에 해당한다고 볼 수 없으며, 또한 형벌법규는 문언에 따라 엄격하게 해석·적용하여야 하고 피고인에게 불리한 방향으로 지나치게 확장해석하거나 유추해석하여서는 아니되는 점을 고려할 때, 위와 같은 해석은 비록 가축분뇨법 시행령 부칙(2007.9.27.) 제2조 제1항이 가축분뇨법의 위임 없이 "이 영 시행 당시 제8조 및 [별표 2]에 따른 신고대상 배출시설을 설치·운영 중인 자는 2008년 9월 27일까지 법 제11조 제3항에 따른 배출시설의 설치신고를 하여야 한다."고 규정하고 있더라도 마찬가지이다.

[2] 가축분뇨의 관리 및 이용에 관한 법률 제50조 제3호, 제11조 제3항에서 규정하고 있는 '신고를 하지 아니하고 배출시설을 설치한 죄'는 해당 조문의 기재 내용과 입법 경과에 비추어 볼 때 그와 같은 행위가 종료됨으로써 즉시 성립하고 그와 동시에 완성되는 이른바 '즉시범'이라고 보아야 한다.

[3] 피고인이 개(犬) 사육시설을 설치하여 개를 사육하면서 가축분뇨 배출시설 설치신고를 하지 않았다고 하여 구 가축분뇨의 관리 및 이용에 관한 법률(2011.7.28. 법률 제10973호로 개정되기 전의 것, 이하 '가축분뇨법'이라 한다) 위반으로 기소된 사안에서, 위 사육시설은 가축분뇨법령이 제정되기 전에는 신고대상 배출시설에 해당하지도 아니하였을 뿐 아니라, 가축분뇨법령이 제정된 이후에도 배출시설을 새로이 설치한 것이 아니라 종전대로 사용한 것에 불과하므로, 배출시설을 설치·운영 중인 자에 대하여 설치신고 유예기간을 규정한가축분뇨법 시행령 부칙(2007.9.27.) 제2조 제1항의 적용 여부와 상관 없이 피고인은 가축분뇨법 제50조 제3호, 제11조 제3항에서 정한 신고대상자인 '배출시설을 설치하고자 하는 자'에 해당한다고 볼 수 없는데도, 이와 달리 본 원심판단에 법리오해의 위법이 있다고 한 사례.

판례 - 가축 분뇨의 관리및 이용에 관한 법률 위반

[대법원 2011.7.14., 선고, 2009도7777, 판결]

【판시사항】
[1] 형벌법규의 적용대상이 행정법규가 규정한 사항을 내용으로 하는 경우, 행정법규 규정의 해석 원칙

[2] 가축분뇨의 관리 및 이용에 관한 법률 제50조 제3호에서 정한 '제11조 제3항의 규정에 의한 신고대상자'의 의미 및 배출시설을 설치한 자가 설치 당시 신고대상자가 아니었다가 그 후 법령 개정에 따라 신고대상에 해당하게 된 경우, 같은 법 제11조 제3항의 신고대상자에 해당하는지 여부(소극)

[3] 개(犬) 사육업자인 피고인이 관할관청에 가축분뇨 배출시설 설치신고를 하지 않았다는 내용으로 기소된 사안에서, 배출시설 설치 당시에는 신고대상이 아니었다가 그 후 법령 개정에 따라 비로소 신고대상에 포함된 피고인은 같은 법 제11조 제3항의 신고대상자에 해당하지 아니한다는 이유로 무죄를 인정한 원심판단을 수긍한 사례

제9조(처리시설의 설치의무 등 면제) 법 제12조제1항 단서에 따라 처리시설의 설치 또는 변경의 의무가 면제되는 경우는 다음 각 호의 어느 하나에 해당하는 경우로 한다. <개정 2010.10.13., 2015.3.24.>
1. 공공처리시설이나 「하수도법」 제2조제10호에 따른 분뇨처리시설 또는 같은 조 제13호에 따른 개인하수처리시설(개인하수처리시설은 1일 처리용량이 2천세제곱미터 이상인 경우로 한정한다)에 가축분뇨의 전량을 유입·처리하거나 그 처리를 위탁하는 경우
2. 재활용신고자에게 가축분뇨의 처리를 전량 위탁하는 경우
3. 법 제28조제2항제2호에 따른 가축분뇨처리업을 경영하는 자에게 가축분뇨의 처리를 전량 위탁하는 경우
4. 닭(육계에 한정한다. 이하 이 호에서 같다) 또는 오리를 사육하는 자가 다음 각 목의 사항을 모두 준수하는 경우
   가. 배출시설의 지하에 분뇨 및 빗물 등이 스며들지 아니하도록 바닥면부터 30센티미터 이상 아래에 비닐 등의 방수재를 깔 것
   나. 배출시설의 바닥면부터 10센티미터 이상의 두께로 왕겨 또는 톱밥 등을 고르게 깔 것
   다. 닭 또는 오리를 출하(出荷)할 때마다 발생된 분뇨를 처리할 것. 다만, 시장·군수·구청장이 생활악취 또는 질병 발생에 지장이 없다고 인정하는 경우에는 연 1회 이상 발생된 분뇨를 처리할 수 있다.

제10조(분리·저장시설의 설치면제) 법 제12조의2제3항 단서에 따라 가축분뇨를 분(糞)과 요(尿)로 분리·저장할 수 있는 시설(이하 "분리·저장시설"이라 한다)의 설치의무가 면제되는 경우는 다음 각 호의 어느 하나에 해당하는 경우로 한다.

<개정 2015.3.24.>

1. 가축분뇨를 퇴비화하는 과정에서 배출되는 액상(液狀)만을 정화·처리하는 경우
2. 가축분뇨를 분리하지 아니하고 처리하여도 방류수수질기준을 준수할 수 있다고 인정되어 환경부장관이 정하여 고시하는 기술을 적용하여 처리하는 경우

제11조(분리·저장시설의 설치명령) ①시장·군수·구청장은 법 제12조의2제4항에 따라 분리·저장시설의 설치명령을 하는 경우 그 설치에 필요한 조치 및 기계·시설의 종류를 고려하여 3개월의 범위에서 설치기간을 정하여야 한다. <개정 2015.3.24.>

②시장·군수·구청장은 천재지변이나 그 밖의 부득이한 사유로 인하여 제1항에 따른 설치기간에 그 설치를 끝낼 수 없는 자에 대하여는 신청에 따라 3개월의 범위에서 그 설치기간을 연장할 수 있다.

③시장·군수·구청장은 제1항 및 제2항에 따른 설치기간 중에 그 설치상황을 조사·확인하고 해당 분리·저장시설의 설치가 적정하게 이루어지도록 지도하여야 한다.

제12조(엄격한 방류수수질기준 적용지역) 법 제13조제1항 후단에서 "대통령령으로 정하는 지역"이란 다음 각 호의 어느 하나에 해당하는 구역 또는 지역을 말한다. <개정 2008.1.11., 2010.10.1., 2010.10.13., 2012.7.20., 2015.3.24.>

1. 「수도법」 제3조제17호에 따른 수도시설로부터 유하거리(流下距離) 4킬로미터 이내의 상류지역과 같은 법 제7조에 따른 상수원보호구역
2. 「환경정책기본법」 제38조제1항에 따른 특별대책지역
3. 「한강수계 상수원수질개선 및 주민지원 등에 관한 법률」제4조제1항, 「낙동강수계물관리및주민지원등에관한법률」 제4조제1항, 「금강수계물관리및주민지원등에관한법률」 제4조제1항 및 「영산강·섬진강수계물관리및주민지원등에관한법률」제4조제1항에 따른 수변구역
4. 「자연공원법」 제2조제1호에 따른 자연공원
5. 「지하수법」 제12조에 따른 지하수보전구역
6. 「습지보전법」 제8조에 따른 습지보호지역·습지주변관리지역 및 습지개선지역
7. 「해양환경관리법」 제15조제1항제2호에 따른 특별관리해역
8. 그 밖에 「환경정책기본법 시행령」 별표 제3호에 따른 수질 및 수생태계의 환경기준을 등급 Ⅰ로 보전하여야 할 필요성이 인정되는 수역의 수질에 영향을 미치는 지역으로서 환경부장관이 정하여 고시하는 지역

제12조의2(퇴비액비화기준) 법 제13조의2제1항 본문에 따른 퇴비액비화기준은 별표 3과 같다. <개정 2016.5.31.>
[본조신설 2015.3.24.]

제12조의3(방류수의 수질 등 검사기관) 법 제15조제5항 및 제18조의3제2항에서 "대통령령으로 정하는 검사기관"이란 각각 다음 각 호의 구분에 따른 기관을 말한다. <개정 2016.5.31.>
1. 방류수의 수질 검사기관
  가. 국립환경과학원
  나. 「보건환경연구원법」에 따른 보건환경연구원
  다. 유역환경청 또는 지방환경청
  라. 한국환경공단
2. 퇴비·액비 검사기관
  가. 「농촌진흥법」 제3조에 따른 지방농촌진흥기관
  나. 「농촌진흥법」 제33조에 따른 농업기술실용화재단
  다. 「한국농어촌공사 및 농지관리기금법」에 따른 한국농어촌공사
  라. 한국환경공단
3. 가축분뇨 고체연료 검사기관
  가. 국립환경과학원
  나. 한국환경공단
  다. 「산업기술혁신 촉진법」 제41조에 따른 한국산업기술시험원
  [본조신설 2015.3.24.]

제12조의4(시료 채취기준 및 검사방법 등) 법 제15조제7항 및 제18조의3제4항에 따른 시료 채취기준, 방류수의 수질, 퇴비·액비 또는 가축분뇨 고체연료의 검사방법은 각각 다음 각 호와 같다. <개정 2016.5.31.>
1. 방류수의 수질에 관한 시료 채취기준 및 검사방법: 「환경분야 시험·검사 등에 관한 법률」 제6조에 따라 환경부장관이 정하여 고시하는 기준 및 방법
2. 퇴비·액비에 관한 시료 채취기준 및 검사방법: 「비료관리법 시행령」 제15조에 따라 농림축산식품부장관이 정하여 고시하는 기준 및 방법
3. 가축분뇨 고체연료에 관한 시료 채취기준 및 검사방법: 「자원의 절약과 재활용촉진에 관한 법률」 제25조의5에 따른 고형연료제품의 품질검사 및 확인의 방법
  [본조신설 2015.3.24.]

제12조의5(처리시설의 설계·시공) ①법 제16조제1항제4호에서 "대통령령으로 정하는 업종의 건설업"이란 「건설산업기본법 시행령」 제7조에 따른 산업·환경설비공사업을 말한다.
②법 제16조제2항에서 "대통령령으로 정하는 규모 및 공종(工種)의 특성을 가지는 처리시설"이란 공공처리시설로서 1일 가축분뇨 처리용량이 30세제곱미터 이상인 정화시설 또는 바이오에너지화시설을 말한다.

③법 제16조제2항에서 "대통령령으로 정하는 기준에 적합한 시설·장비 및 기술능력을 갖춘 자"란 다음 각 호의 어느 하나에 해당하는 자를 말한다.

1. 「건설산업기본법」 제9조 및 같은 법 시행령 제7조에 따라 산업·환경설비 공사업의 등록을 한 자
2. 「건설기술 진흥법」 제26조에 따라 건설기술용역업의 등록을 한 엔지니어링사업자

[본조신설 2015.3.24.]

제13조(처리시설 등의 비정상 운영 신고) 법 제17조제2항에서 "대통령령으로 정하는 부득이한 사유"란 다음 각 호의 어느 하나에 해당하는 경우를 말한다. <개정 2015.3.24.>

1. 배출시설이나 처리시설을 개선·변경 또는 보수하기 위하여 필요한 경우
2. 처리시설의 주요 기계장치 등의 고장으로 인하여 정상 운영할 수 없는 경우
3. 단전·단수로 인하여 처리시설을 정상 운영할 수 없는 경우
4. 천재지변·화재나 그 밖의 부득이한 사유로 인하여 처리시설을 정상 운영할 수 없는 경우
5. 기후의 변동이나 이상 물질의 유입 등으로 인하여 처리시설을 정상 운영할 수 없는 경우

제14조(처리시설 등의 개선명령) ①시장·군수·구청장은 법 제17조제4항에 따라 배출시설 또는 처리시설에 대한 개선명령을 하는 경우 그 개선에 필요한 조치 및 기계·시설의 종류 등을 고려하여 3개월의 범위에서 개선기간을 정하여야 한다. <개정 2016.5.31.>

②시장·군수·구청장은 천재지변이나 그 밖의 부득이한 사유로 인하여 제1항에 따른 개선기간에 그 개선을 끝낼 수 없는 자에 대하여는 신청에 따라 3개월의 범위에서 그 개선기간을 연장할 수 있다.

③시장·군수·구청장은 제1항에 따른 개선명령을 하는 경우 다음 각 호의 사항이 포함된 개선 명령서를 발급하여야 한다.

1. 설치기준·관리기준 또는 방류수수질기준의 위반내역
2. 개선기간
3. 개선명령 이행의 보고 시기에 관한 사항
4. 그 밖에 개선 조치와 관련하여 고려하여야 할 사항

④시장·군수·구청장은 제1항에 따른 개선명령을 하는 경우 그 개선기간 중에 개선 상황을 조사·확인하고 해당 시설에 대한 개선이 적절하게 이루어지도록 지도하여야 한다.

⑤개선명령이행의 보고와 개선상황의 조사·확인 등에 필요한 사항은 환경부령으로 정한다.

제14조의2(과징금 처분) ①법 제18조의2제1항에 따른 과징금의 산정기준은 별표 4와 같다.

②시장 · 군수 · 구청장은 법 제18조의2제1항에 따라 과징금을 부과하는 경우 그 위반행위의 종류와 과징금의 금액을 서면(과징금 부과 대상자가 원하는 경우에는 전자문서에 따른 통지를 포함한다)으로 자세히 밝혀 과징금을 낼 것을 과징금 부과 대상자에게 알려야 한다.

③제2항에 따른 통지를 받은 자는 시장 · 군수 · 구청장이 정하는 수납기관에 납부통지일부터 30일 이내에 과징금을 내야 한다. 다만, 천재지변이나 그 밖의 부득이한 사유로 인하여 그 기간 내에 과징금을 낼 수 없는 경우에는 그 사유가 없어진 날부터 7일 이내에 내야 한다.

④제3항에 따라 과징금을 받은 수납기관은 과징금을 낸 자에게 영수증을 발급하고, 과징금을 받은 사실을 지체 없이 시장 · 군수 · 구청장에게 통보하여야 한다.

⑤제1항부터 제4항까지에서 규정한 사항 외에 과징금의 징수절차에 관하여 필요한 사항은 환경부령으로 정한다.
[본조신설 2015.3.24.]

제15조(공공처리시설의 개선명령) ①시 · 도지사, 특별자치시장 또는 특별자치도지사(시 · 도지사, 특별자치시장 또는 특별자치도지사가 공공처리시설을 설치 · 운영하는 경우 관할 유역환경청장이나 지방환경청장을 말한다)는 법 제25조제10항에 따라 공공처리시설에 대한 개선명령을 하는 경우 그 개선에 필요한 조치 및 기계 · 시설의 종류 등을 고려하여 3개월의 범위에서 개선기간을 정하여야 한다. <개정 2015.3.24.>

②제1항에 따른 개선기간의 연장, 개선명령에 포함되어야 할 사항 및 개선조치 실태의 조사 · 확인에 관하여는 제14조제2항부터 제4항까지의 규정을 준용한다.

③제1항에 따른 개선명령을 받은 자는 그 개선조치로 인하여 공공처리시설의 운영을 중단하는 경우 가축분뇨가 처리되지 아니한 상태로 공공수역으로 배출되지 아니하도록 필요한 조치를 하여야 한다.

제16조(재활용시설의 개선명령) ①시장 · 군수 · 구청장은 법 제27조제4항에 따라 재활용시설에 대한 개선명령을 하는 경우 그 개선에 필요한 조치 및 기계 · 시설의 종류 등을 고려하여 3개월의 범위에서 개선기간을 정하여야 한다.

②제1항에 따른 개선기간의 연장, 개선명령에 포함되어야 할 사항 및 개선조치 실태의 조사 · 확인에 관하여는 제14조제2항부터 제4항까지의 규정을 준용한다.

제17조(가축분뇨관련영업의 허가기준) 법 제28조제1항에 따라 가축분뇨의 수집 · 운반 · 처리 또는 처리시설의 관리를 대행하는 영업(이하 "가축분뇨관련영업"이라 한다)의 허가를 받으려는 자가 갖추어야 할 시설 · 장비 및 기술능력에 관한 업종

별 허가기준은 별표 5와 같다. <개정 2015.3.24.>

제18조(가축분뇨관련영업의 변경허가 등) ①법 제28조제1항 각 호 외의 부분 후단에 따라 가축분뇨관련영업의 변경허가를 받아야 하는 경우는 다음 각 호와 같다. <개정 2015.3.24.>

1. 처리시설이나 실험실의 소재지 변경
2. 처리시설의 처리용량 또는 처리방법의 변경

②법 제28조제1항에 따라 가축분뇨관련영업의 변경신고를 하여야 하는 경우는 다음 각 호와 같다. <개정 2010.10.13.>

1. 영업소의 명칭 변경
2. 운반차량의 변경
3. 기술요원의 변경(가축분뇨처리업 및 가축분뇨시설관리업의 경우로 한정한다)
4. 대표자 변경
5. 사무실 소재지의 변경
6. 측정항목에 대한 「환경분야 시험·검사 등에 관한 법률」 제16조에 따른 측정대행업자(이하 "측정대행업자"라 한다)와의 대행계약의 변경이나 측정대행업자의 변경 (가축분뇨처리업 및 가축분뇨시설관리업의 경우로 한정한다)

제19조(가축분뇨관련영업의 허가조건) 법 제28조제5항에 따라 시장·군수·구청장이 가축분뇨관련영업의 허가 또는 변경허가를 할 때 영업구역을 정하거나 필요한 조건을 붙이려는 경우에는 관할구역의 가축분뇨 발생량, 가축분뇨를 최종적으로 처리할 수 있는 처리시설의 처리용량, 가축분뇨관련영업을 하는 자의 지역적 분포 및 장비보유현황, 가축분뇨 발생원의 지역적 분포 및 가축분뇨수거의 난이도 등을 고려하여야 한다. 다만, 가축분뇨처리업과 가축분뇨시설관리업을 허가하는 경우 영업구역을 제한하여서는 아니 된다. <개정 2015.3.24.>

제20조(과징금의 부과 등) ①법 제33 조제1항에 따라 과징금을 부과하는 위반행위의 종류와 위반 정도 등에 따른 과징금의 금액은 별표 6과 같다. <개정 2015.3.24.>

②시장·군수·구청장은 법 제33조제1항에 따라 과징금을 부과하는 경우 그 위반행위의 종류와 과징금의 금액을 서면으로 자세히 밝혀 과징금을 낼 것을 과징금 부과 대상자에게 알려야 한다.

③제2항에 따른 통지를 받은 자는 시장·군수·구청장이 정하는 수납기관에 납부통지일부터 30일 이내에 과징금을 내야 한다. 다만, 천재지변이나 그 밖의 부득이한 사유로 인하여 그 기간내에 과징금을 낼 수 없는 경우에는 그 사유가 없어진 날부터 7일 이내에 내야 한다.

④제3항에 따라 과징금을 받은 수납기관은 과징금을 낸 자에게 영수증을 발급하고 과징금을 받은 사실을 지체 없이 시장·군수·구청장에게 통보하여야 한다.

⑤과징금의 징수절차는 환경부령으로 정한다.

제21조(처리시설 설계·시공업의 등록기준) 법 제34조제1항에 따라 처리시설의 설계·시공업의 등록을 하려는 자가 갖추어야 할 시설·장비 및 기술능력에 관한 등록기준은 별표 7과 같다. <개정 2015.3.24.>

제22조 삭제 <2015.3.24.>

제23조(기술관리인을 두어야 하는 처리시설) 법 제37조제1항에 따라 기술업무를 담당할 기술관리인을 두어야 하는 처리시설은 다음 각 호와 같다.
  1. 법 제11조제1항에 따라 배출시설의 설치허가를 받은 자가 설치한 처리시설. 다만, 자원화시설에 따라 가축분뇨를 퇴비화하거나 액비화하여 초지·농경지 등에 퇴비와 액비로 이용하는 처리시설은 제외한다.
  2. 법 제24조에 따라 설치된 공공처리시설

제23조의2(가축분뇨 등에 관한 전자인계관리시스템의 처리 업무) 법 제37조의2 제2항에서 "대통령령으로 정하는 업무"란 다음 각 호의 업무를 말한다.
  1. 법 제11조제1항 및 제2항에 따른 배출시설의 설치허가신청, 변경허가신청 및 변경신고
  2. 법 제11조제3항에 따른 배출시설의 설치신고 및 변경신고
  3. 법 제27조제1항 및 제2항에 따른 가축분뇨의 재활용 신고 및 변경신고
  4. 법 제28조제1항에 따른 가축분뇨관련영업의 허가신청, 변경허가신청 및 변경신고
  5. 법 제39조에 따른 장부의 기록·보존
  6. 법 제41조제1항에 따른 보고 및 자료의 제출
  [본조신설 2015.3.24.]

제23조의3(가축분뇨 등의 전자인계 관리 등) 법 제37조의3제1항에서 "대통령령으로 정하는 가축분뇨 또는 액비"란 돼지분뇨 또는 돼지분뇨로 만드는 액비(돼지분뇨와 농업·임업 부산물 또는 음식물류 폐기물 등을 혼합하여 만드는 액비를 포함한다)를 말한다.
  [본조신설 2015.3.24.]

제23조의4(축산환경관리원에 대한 관리·감독) ①농림축산식품부장관 또는 환경부장관은 법 제38조의2제7항에 따라 같은 조 제1항 본문에 따른 축산환경관리원(이하 "관리원"이라 한다)에 대하여 관리·감독이 필요하다고 인정하는 경우에는 업무·회계 및 재산에 관하여 필요한 사항을 보고하게 하거나 자료의 제출, 그 밖에 필요한 지시를 할 수 있다.
  ②농림축산식품부장관 또는 환경부장관은 소속 공무원으로 하여금 관리원의 장부

· 서류와 그 밖의 물건을 검사하게 하는 등 제1항에 따른 관리 · 감독을 하게 할 수 있다.

③제1항 및 제2항에 따라 관리 · 감독을 하는 공무원은 그 권한을 표시하는 증표를 지니고 이를 관계인에게 내보여야 한다.

[본조신설 2015.3.24.]

제24조(처리실적 보고) ①법 제44조제1항에 따라 시 · 도지사 또는 시장 · 군수 · 구청장이 환경부장관에게 보고하여야 할 사항은 다음 각 호와 같다.

1. 가축분뇨의 발생원 및 발생량 현황
2. 가축분뇨의 처리 현황
3. 처리시설의 운영 · 관리 현황
4. 가축분뇨관련영업의 현황 등

②시 · 도지사, 특별자치시장 또는 특별자치도지사는 법 제44조제2항에 따라 가축분뇨업무와 관련된 지도 · 단속 실적을 별표 8에서 정하는 바에 따라 환경부장관에게 보고하여야 한다. <개정 2015.3.24.>

제25조(권한의 위임) ①환경부장관은 법 제47조제1항에 따라 가축분뇨실태조사에 관한 권한을 국립환경과학원장에게 위임한다. <개정 2015.3.24.>

②환경부장관은 법 제47조제1항에 따라 다음 각 호의 업무에 관한 권한을 관할 구역에 따라 유역환경청장이나 지방환경청장에게 위임한다. <개정 2015.3.24.>

1. 법 제24조제3항에 따른 공공처리시설의 설치승인 또는 변경승인
2. 법 제24조제4항에 따른 공공처리시설 설치에 필요한 사업비의 조달 및 사용내역 협의
3. 법 제41조에 따른 보고 · 자료제출명령 및 출입 · 검사

제26조(업무의 위탁) 환경부장관은 법 제47조제2항에 따라 다음 각 호의 업무를 한국환경공단에 위탁한다.

1. 법 제37조의2제1항부터 제4항까지의 규정에 따른 가축분뇨 등에 관한 전자인계 관리시스템의 구축 · 운영 업무
2. 법 제37조의2제5항 후단에 따른 자료 제공에 관한 업무
3. 법 제37조의2제6항에 따른 비용 징수에 관한 업무

[전문개정 2015.3.24.]

제26조의2(고유식별정보의 처리) ①환경부장관(제25조 및 제26조에 따라 환경부장관의 권한을 위임 · 위탁받은 자를 포함한다), 시 · 도지사, 특별자치시장 또는 특별자치도지사(해당 권한이 위임 · 위탁된 경우에는 그 권한을 위임 · 위탁받은 자를 포함한다)는 다음 각 호의 사무를 수행하기 위하여 불가피한 경우 「개인정보 보호

법 시행령」 제19조제1호, 제2호 또는 제4호에 따른 주민등록번호, 여권번호 또는 외국인등록번호가 포함된 자료를 처리할 수 있다. <신설 2015.3.24.>

1. 법 제7조에 따른 가축분뇨실태조사에 관한 사무
2. 법 제11조제1항부터 제3항까지의 규정에 따른 배출시설의 허가, 변경허가, 신고 또는 변경신고에 관한 사무
3. 법 제24조제3항에 따른 공공처리시설의 설치승인 또는 변경승인에 관한 사무
4. 법 제27조제1항 또는 제2항에 따른 재활용의 신고 또는 변경신고에 관한 사무
5. 법 제28조제1항에 따른 가축분뇨관련영업의 허가, 변경허가 또는 변경신고에 관한 사무
6. 법 제29조제4항에 따른 신고에 관한 사무
7. 법 제37조의2에 따른 가축분뇨 등에 관한 전자인계관리시스템의 구축·운영에 관한 사무
8. 법 제38조제1항에 따른 가축분뇨업무담당자의 교육에 관한 사무

②시장·군수·구청장(해당 권한이 위임·위탁된 경우에는 그 권한을 위임·위탁받은 자를 포함한다)은 다음 각 호의 사무를 수행하기 위하여 불가피한 경우 「개인정보 보호법 시행령」 제19조제1호, 제2호 또는 제4호에 따른 주민등록번호, 여권번호 또는 외국인등록번호가 포함된 자료를 처리할 수 있다. <개정 2015. 3. 24.>

1. 법 제31조에 따른 결격사유 확인에 관한 사무
2. 법 제32조에 따른 가축분뇨관련영업 허가의 취소 등에 관한 사무
3. 법 제35조에 따른 설계·시공업 등록의 취소 등에 관한 사무

[본조신설 2014.8.6.]
[종전 제26조의2는 제26조의3으로 이동 <2014.8.6.>]

제26조의3(규제의 재검토) 환경부장관은 다음 각 호의 사항에 대하여 다음 각 호의 기준일을 기준으로 3년마다(매 3년이 되는 해의 기준일과 같은 날 전까지를 말한다) 그 타당성을 검토하여 개선 등의 조치를 하여야 한다.

1. 제6조 및 별표 1에 따른 허가대상 배출시설: 2015년 1월 1일
2. 제8조 및 별표 2에 따른 신고대상 배출시설: 2015년 1월 1일
3. 제14조의2 및 별표 4에 따른 과징금의 산정기준: 2015년 1월 1일
4. 제17조 및 별표 5에 따른 가축분뇨관련영업의 허가기준: 2014년 1월 1일
5. 제20조 및 별표 6에 따른 과징금의 부과기준: 2015년 1월 1일
6. 제21조 및 별표 7에 따른 처리시설 설계·시공업의 등록기준: 2014년 1월 1일
7. 제27조 및 별표 9에 따른 과태료의 부과기준: 2015년 1월 1일

[전문개정 2015.3.24.]

제27조(과태료의 부과기준) 법 제53조제1항부터 제3항까지의 규정에 따른 과태료

의 부과기준은 별표 9와 같다.
[전문개정 2015.3.24.]

부칙 <제31176호, 2020.11.24.>

제1조(시행일) 이 영은 공포한 날부터 시행한다.

제2조(공고 등의 방법에 관한 일반적 적용례) 이 영은 이 영 시행 이후 실시하는 공고, 공표, 공시 또는 고시부터 적용한다.

가축분뇨의 관리 및 이용에 관한 법률 시행규칙
(약칭: 가축분뇨법 시행규칙)
[시행 2020.2.20]
[환경부령 제849호, 2020.2.20, 일부개정]

제1조(목적) 이 규칙은 「가축분뇨의 관리 및 이용에 관한 법률」 및 같은 법 시행령
에서 위임된 사항과 그 시행에 필요한 사항을 규정함을 목적으로 한다.

제2조(배출시설) 「가축분뇨의 관리 및 이용에 관한 법률」(이하 "법"이라 한다) 제2
조제3호에서 "환경부령으로 정하는 것"이란 착유실, 먹이방, 분만실 및 방목지를
말한다. <개정 2015.3.25.>

판례 - 가축분뇨의관리및이용에관한법률위반
[대법원 2014.3.27., 선고, 2014도267, 판결]
【판시사항】
가축분뇨의 관리 및 이용에 관한 법률 제17조 제1항 제1호 전단에서 금지하
는 '가축분뇨 배출행위'의 의미 및 가축분뇨 배출시설 안에 있는 가축이 배출
시설 인근에 배출한 분뇨를 처리시설에 유입하지 아니하고 그대로 방치한 행
위가 이에 해당하는지 여부(적극)

【판결요지】
가축분뇨의 관리 및 이용에 관한 법률(이하 '법'이라 한다)의 목적(법 제1조),
법 제2조 제3호, 제8호, 제17조 제1항 제1호 전단, 제49조 제2호, 제50조 제4
호, 제51조 제1호, 가축분뇨의 관리 및 이용에 관한 법률 시행규칙 제2조 등
의 내용을 종합하여 보면, 법 제17조 제1항 제1호 전단에서 금지하는 '가축분
뇨 배출행위'는 가축분뇨를 처리시설에 유입하지 아니하고 가축분뇨가 발생하
는 배출시설 안에서 배출시설 밖으로 내보내는 행위를 의미하며, 배출시설 안
에 있는 가축이 분뇨를 배출시설 인근에 배출한 경우에도 그 분뇨를 처리시
설에 유입하지 아니하고 그대로 방치한 경우에는 이에 해당된다고 해석하여
야 한다.

제3조(정화시설의 처리방법) 법 제2조제7호에서 "가축분뇨를 침전·분해 등 환경부
령으로 정하는 방법"이란 다음 각 호와 같다. <개정 2015.3.25., 2019.12.20.>
1. 호기성(好氣性: 산소가 있을 때 생육하는 성질) 생물학적 방법
2. 임의성 또는 혐기성(嫌氣性: 산소가 없을 때 생육하는 성질) 생물학적 방법
3. 물리·화학적 방법
4. 제1호부터 제3호까지의 규정에 따른 방법을 조합한 방법

제3조의2(가축분뇨관리기본계획의 변경승인 사항) 법 제5조제1항에서 "환경부령

으로 정하는 중요사항"이란 다음 각 호의 경우를 말한다.

1. 특별시·광역시·도(이하 "시·도"라 한다), 특별자치시 또는 특별자치도의 가축사육마릿수 또는 가축분뇨발생량이 가축분뇨관리기본계획의 100분의 20 이상 증가 또는 감소된 경우
2. 시·도 관할 1개 시·군·구(자치구를 말한다) 이상의 가축사육마릿수 또는 가축분뇨발생량이 가축분뇨관리기본계획의 100분의 30 이상 증가 또는 감소된 경우
3. 시·도 또는 특별자치시·특별자치도·시·군·구(이하 "시·군·구"라 한다)의 통폐합에 따라 가축사육마릿수 또는 가축분뇨발생량이 증가 또는 감소된 경우
4. 가축분뇨, 퇴비·액비 살포 등으로 영향을 미치는 시·군·구의 「수도법」 제7조에 따른 상수원보호구역이 지정·고시되거나 변경 지정·고시된 경우
[본조신설 2015.3.25.]

제3조의3(가축분뇨실태조사의 보고) ①특별시장·광역시장·도지사(이하 "시·도지사"라 한다), 특별자치시장 또는 특별자치도지사는 법 제7조제1항에 따른 가축분뇨실태조사를 하려는 경우에는 다음 각 호의 사항이 포함된 가축분뇨실태조사 계획을 수립하여 조사하는 해의 5월 말까지 농림축산식품부장관 또는 환경부장관에게 보고하여야 한다.

1. 조사 목적 및 내용
2. 조사기관 및 조사기간
3. 조사지역·지점 및 조사방법
4. 그 밖에 조사결과, 조치사항 등 환경부장관이 정하는 사항

②시·도지사, 특별자치시장 또는 특별자치도지사는 제1항에 따른 가축분뇨실태조사를 실시하고 그 결과를 다음 해 5월 31일까지 작성하여 농림축산식품부장관 또는 환경부장관에게 제출하여야 한다.
③제2항에 따른 가축분뇨실태조사 결과에 포함되어야 할 사항은 별표 1과 같다.
[본조신설 2015.3.25.]

제3조의4(토지 출입증) 법 제7조의2제6항에 따른 증표는 별지 제1호서식에 따른다.
[본조신설 2015.3.25.]

제3조의5(경계지역의 가축사육 제한 협의) ①법 제8조제1항 각 호 외의 부분 단서에 따라 지방자치단체 간 경계지역에서 가축의 사육이 제한되는 구역(이하 "가축사육제한구역"이라 한다)의 지정·고시를 요청하려는 인접 지방자치단체의 장은 다음 각 호의 사항이 포함된 가축사육제한구역 지정요청서를 작성하여 해당 구역을 관할하는 지방자치단체의 장과 협의하여야 한다.

1. 가축사육 제한의 목적
2. 가축사육제한구역의 지정 범위

3. 가축사육제한구역의 지정 효과
4. 그 밖에 가축사육제한구역의 지정에 필요한 사항
②제1항에 따라 지정·고시를 요청받은 관할 지방자치단체의 장은 가축사육제한구역의
지정 필요성을 검토한 후 그 결과를 인접 지방자치단체의 장에게 통보하여야 한다.
[본조신설 2016.6.2.]

제4조(배출시설 설치허가신청서 등) ①「가축분뇨의 관리 및 이용에 관한 법률 시
행령」(이하 "영"이라 한다) 제7조제1항에 따른 허가신청서는 별지 제2호서식에 따
르고, 같은 조 제2항에 따른 허가증은 별지 제3호서식에 따른다. <개정 2015.3.25.>
②특별자치시장·특별자치도지사·시장·군수·구청장(자치구의 구청장을 말하며, 이
하 "시장·군수·구청장"이라 한다)은 영 제7조제2항에 따라 설치허가를 한 배출시
설에 대하여 별지 제4호서식의 관리카드를 작성·비치하여야 한다. <개정 2015.3.25.>
③제2항의 배출시설 관리카드는 전자적 처리가 불가능한 특별한 사유가 있는 경우
외에는 전자적 방법에 따라 작성하고 관리하여야 한다.

제5조(배출시설의 변경허가) ①법 제11조제2항에 따라 변경허가를 받아야 하는 경
우는 다음 각 호와 같다.
1. 배출시설의 규모 또는 가축분뇨의 배출량이 100분의 50 이상 증가(허가를 받은
후 증가하는 누계를 말한다)하는 경우
2. 법 제15조에 따른 준공검사 전에 배출시설 및 처리시설을 변경하는 경우
3. 배출시설이나 처리시설의 소재지를 변경하는 경우
4. 처리시설의 처리방법을 변경하는 경우
②제1항 각 호의 어느 하나에 해당하는 사항을 변경하려는 자는 별지 제2호서식의
배출시설 변경허가신청서에 별지 제3호서식의 배출시설 설치허가증과 그 변경내용
을 증명할 수 있는 서류를 첨부하여 시장·군수·구청장에게 제출하여야 한다.
<개정 2015.3.25.>

제6조(배출시설의 변경신고) ①법 제11조제2항에 따라 변경신고를 하여야 하는 경
우는 다음 각 호와 같다. <개정 2012.11.20.>
1. 배출시설의 규모를 100분의 50 미만으로 증설하는 경우 또는 배출시설의 규모를
축소하여 법 제11조제3항에 따른 신고대상으로 변경되는 경우
2. 처리시설의 규모를 변경하는 경우
3. 처리시설의 처리방법을 변경하지 아니하면서 처리공법만을 변경하는 경우
4. 영 제9조 각 호의 어느 하나에 해당하는 위탁처리로 변경하는 경우[수탁자를 변
경하거나 위탁량의 100분의 30 이상을 변경(신고 또는 변경신고를 한 후 변경되
는 누계를 말한다)하는 경우를 포함한다]
5. 사업장의 명칭 또는 대표자를 변경하는 경우

6. 자원화시설 중 액비를 만드는 시설을 설치한 경우로서 다음 각 목의 어느 하나에 해당하는 경우

가. 초지나 농경지의 면적 또는 소재지를 변경하는 경우

나. 액비의 살포를 법 제27조에 따른 재활용신고자(이하 "재활용신고자"라 한다)에게 위탁한 자가 수탁자를 변경하거나 위탁량의 100분의 30 이상을 변경(신고 또는 변경신고를 한 후 변경되는 누계를 말한다)하는 경우

7. 사육하는 가축의 종류를 변경하는 경우(가축의 종류를 변경하더라도 그 사육시설이 허가대상 배출시설에 해당하는 경우에만 신고한다)

8. 배출시설이나 처리시설을 폐쇄하는 경우

②제1항 각 호의 사항을 변경하는 자는 그 사항이 변경된 날부터 30일 이내(제1항 제1호부터 제4호까지 및 제7호의 경우에는 그 사항을 변경하기 전)에 별지 제2호 서식의 배출시설 변경신고서에 별지 제3호서식의 배출시설 설치허가증과 그 변경 내용을 증명할 수 있는 서류를 첨부하여 시장·군수·구청장에게 제출하여야 한다. <개정 2015.3.25.>

제7조(신고대상 배출시설의 설치신고 등) ①법 제11조제3항에 따라 배출시설(이하 "신고대상배출시설"이라 한다)의 설치신고를 하려는 자는 별지 제5호서식의 신고대상배출시설 설치신고서에 다음 각 호의 서류를 첨부하여 시장·군수·구청장에게 제출하여야 한다. <개정 2015.3.25.>

1. 배출시설의 설치명세서

2. 처리시설의 설치명세서와 그 도면 또는 법 제16조 단서에 따른 표준설계도(법 제12조제1항 단서에 따라 처리시설의 설치의무가 면제된 경우에는 이를 증명할 수 있는 서류)

3. 자원화시설 중 액비를 만드는 시설을 설치하는 경우에는 초지나 농경지의 확보명세서 또는 액비의 살포를 재활용신고자에게 위탁한 사항을 증명하는 액비 살포에 관한 계약서

②법 제11조제3항 후단에 따라 변경신고를 하여야 하는 경우는 다음 각 호와 같다. <개정 2012.11.20.>

1. 배출시설이나 처리시설의 규모 또는 소재지의 변경

2. 처리시설의 처리방법 또는 처리공법의 변경[가축분뇨를 영 제9조 각 호의 어느 하나에 해당하는 위탁처리로 변경하는 경우, 수탁자를 변경하는 경우 또는 위탁량의 100분의 30 이상을 변경(신고 또는 변경신고를 한 후 변경되는 누계를 말한다)하는 경우를 포함한다)]

3. 사업장의 명칭 또는 대표자의 변경

4. 자원화시설 중 액비를 만드는 시설을 설치한 경우로서 다음 각 목의 어느 하나에 해당하는 사항의 변경

가. 초지나 농경지의 면적 또는 소재지

나. 액비 살포를 재활용신고자에게 위탁한 경우에는 수탁자 또는 위탁량의 100분의 30 이상을 변경(신고 또는 변경신고를 한 후 변경되는 누계를 말한다)

5. 사육하는 가축의 종류를 변경하는 경우(가축의 종류를 변경하더라도 그 사육시설 이 신고대상배출시설에 해당하는 경우에만 신고한다)

6. 배출시설이나 처리시설을 폐쇄하는 경우

③시장·군수·구청장은 제1항에 따라 신고를 받은 경우에는 별지 제6호서식의 신고대상배출시설 설치신고증명서를 발급하고 별지 제4호서식의 관리카드를 작성·비치하여야 한다. <개정 2015.3.25.>

④제2항 각 호의 사항을 변경하는 자는 그 사항이 변경된 날부터 30일 이내(제2항 제1호·제2호 및 제5호의 경우에는 그 사항을 변경하기 전)에 별지 제5호서식의 신고대상배출시설 변경신고서에 별지 제6호서식의 배출시설 설치신고증명서와 그 변경내용을 증명할 수 있는 서류를 첨부하여 시장·군수·구청장에게 제출하여야 한다. <개정 2015.3.25.>

제8조(처리시설의 설치 기준) 법 제12조의2제1항에 따른 처리시설의 설치기준은 별표 2와 같다. <개정 2015.3.25.>

[제10조에서 이동, 종전 제8조는 제9조로 이동 <2015.3.25.>]

제9조(초지 및 농경지의 확보기준) 법 제12조의2제2항에 따른 액비의 살포에 필요한 초지나 농경지의 면적은 별표 3과 같다. <개정 2015.3.25.>

[제8조에서 이동, 종전 제9조는 제10조로 이동 <2015.3.25.>]

제10조(가축분뇨 분리·저장시설의 설치 기준) 법 제12조의2제3항에 따른 가축분뇨의 분리·저장시설의 설치기준은 다음 각 호와 같다. <개정 2015.3.25.>

1. 배출시설의 구조를 가축의 분(糞)과 요(尿)(배출시설을 청소한 물을 포함한다. 이하 이 조에서 같다)를 분리하여 배출할 수 있도록 할 것. 다만, 배출시설이 가축의 분과 요를 분리하여 배출할 수 없는 구조인 경우에는 이를 분리하여 배출할 수 있는 기기와 구조물 등을 설치하여야 한다.

2. 분리하여 배출된 가축의 분과 요를 따로 저장할 수 있도록 할 것

[제9조에서 이동, 종전 제10조는 제8조로 이동 <2015.3.25.>]

제11조(정화시설의 방류수수질기준) 법 제13조제1항 전단에 따른 정화시설의 방류수수질기준은 별표 4와 같다.

[전문개정 2015.3.25.]

제11조의2(가축분뇨 고체연료의 기준) 법 제13조의2제2항에 따른 가축분뇨 고체연료의 성분 등에 관한 기준은 별표 4의2와 같다.

510 · 가축분뇨의 관리 및 이용에 관한 법률 시행규칙

[본조신설 2016.6.2.]
[종전 제11조의2는 제11조의3으로 이동 <2016.6.2.>]

제11조의3(배출시설설치자 등의 지위승계 신고) 법 제14조제1항 및 제2항에 따라 배출시설설치자 또는 처리시설설치자의 지위를 승계한 자는 승계 사유가 발생한 날부터 30일 이내에 별지 제7호서식의 지위승계 신고서에 다음 각 호의 서류를 첨부하여 시장·군수·구청장에게 제출하여야 한다.
1. 배출시설 또는 처리시설의 설치허가증 또는 설치신고증명서
2. 그 밖에 변경내용을 확인할 수 있는 서류
[본조신설 2015.3.25.]
[제11조의2에서 이동 <2016.6.2.>]

제12조(배출시설 등의 준공검사) ①법 제15조제1항에 따라 배출시설이나 처리시설의 준공검사를 받으려는 자는 별지 제8호서식의 신청서를 시장·군수·구청장에게 제출하여야 한다. <개정 2015.3.25.>
②법 제15조제1항에서 "환경부령으로 정하는 서류"란 다음과 각 호의 서류를 말한다. <신설 2015.3.25.>
　가.「비료관리법 시행규칙」제7조제1항에 따른 비료생산업 (변경)등록신청서(준공검사 합격통보를 받기 전에 제출하는 경우에 한정한다)
　나.「비료관리법 시행규칙」제7조제4항에 따른 비료생산업 (변경)등록증
③법 제15조제2항에 따라 준공검사 불합격통지를 받은 신청인은 시설개선 등의 조치를 한 후 제1항에 따라 다시 신청서를 제출하여야 한다. <개정 2015. 3. 25.>
④법 제15조제4항 전단에서 "환경부령으로 정하는 기간"이란 합격통보를 받은 날부터 50일(합격통보를 받은 날이 12월 1일부터 다음 해 3월 31일까지에 해당하는 경우에는 70일)을 말한다. <개정 2015.3.25.>
⑤삭제 <2015.3.25.>

제12조의2(가축분뇨 고체연료의 사용신고) 법 제15조의2제1항에 따라 가축분뇨 고체연료를 사용하려는 자는 별지 제8호의2서식의 가축분뇨 고체연료 사용신고서에 다음 각 호의 서류를 첨부하여 시장·군수·구청장에게 제출하여야 한다.
1. 가축분뇨 고체연료가 제조된 자원화시설의 준공검사 합격 통보서 사본 1부
2. 가축분뇨 고체연료 품질시험 결과서 1부
[본조신설 2016.6.2.]
[종전 제12조의2는 제12조의4로 이동 <2016.6.2.>]

제12조의3(가축분뇨 고체연료의 사용시설) 법 제15조의2제2항에서 "환경부령으로 정하는 시설"이란 다음 각 호의 어느 하나에 해당하는 시설을 말한다.

1. 시멘트 소성로(燒成爐)
2. 다음 각 목의 어느 하나에 해당하는 발전시설
가. 화력발전시설
나. 열병합발전시설
다. 발전용량이 2메가와트 이상인 발전시설
3. 다음 각 목의 어느 하나에 해당하는 시설로서 석탄사용량이 시간당 2톤 이상인 시설
가. 지역난방시설
나. 산업용보일러
다. 제철소 로(爐)
4. 가축분뇨 고체연료의 사용량이 시간당 200킬로그램 이상인 보일러시설(「폐기물관리법 시행규칙」 별표 9에 따른 소각시설의 설치기준 및 같은 법 시행규칙 별표 10에 따른 소각시설의 검사기준에 적합한 시설로서 초기 가동 시 연소실 출구 온도가 800℃ 이상이 될 때 고형연료제품을 자동 투입할 수 있는 장치를 갖춘 시설만 해당한다)
[본조신설 2016.6.2.]

제12조의4(발효되지 아니한 퇴비·액비의 제공) 법 제17조제1항제4호 단서에 따라 퇴비액비화기준에 적합하지 아니한 상태의 퇴비·액비를 다시 발효시켜 사용하려는 자에게 주는 경우에는 다음 각 호의 어느 하나에 해당하여야 한다.
1. 경작(耕作) 농가에게 1일 최대 300킬로그램 미만 또는 1개월 최대 1톤 미만을 제공하는 경우
2. 공공처리시설 설치·운영자, 재활용신고자 또는 가축분뇨처리업자에게 제공하는 경우
[본조신설 2015.3.25.]
　[제12조의2에서 이동 <2016.6.2.>]

제13조(액비 살포기준) 법 제17조제1항제5호에 따른 액비의 살포기준은 별표 5와 같다. <개정 2015.3.25.>

제14조(배출시설 및 처리시설의 비정상운영신고) ①법 제17조제2항에 따른 신고(이하 "비정상운영신고"라 한다)를 하려는 자는 별지 제9호서식의 신고서에 다음 각 호의 서류를 첨부하여 시장·군수·구청장에게 제출하여야 한다. <개정 2015.3.25.>
1. 비정상운영 사유 및 개선내용(배출시설이나 처리시설을 개선·변경 또는 보수하여야 하는 경우에는 개선내용 및 설계도서)
2. 개선기간과 개선비용
3. 개선기간 중 배출시설의 운영을 중단하거나 제한하려는 경우에는 그 기간과 제한의 내용

4. 개선기간 중 처리공법 등의 개선으로 오염물질의 배출을 감소시키려는 경우 그 내용
②제1항에 따라 신고된 개선기간이 타당하지 아니한 경우에는 시장·군수·구청장은 시설의 보수·교체 등에 필요한 기간을 고려하여 제1항에 따른 비정상운영신고자에게 개선기간의 조정을 요구할 수 있다. 이 경우 부득이한 사정이 없으면 요구된 개선기간을 지켜야 한다.
③시장·군수·구청장은 제1항에 따른 신고를 받았을 때에는 방류수의 오염도검사를 하기 위하여 지체 없이 시료를 채취하여야 한다.
④시장·군수·구청장은 제3항에 따라 채취한 시료에 대한 오염도검사를 영 제12조의3에 따른 검사기관에 의뢰하여야 한다. 이 경우 검사기관은 오염도검사를 하고 검사가 끝난 날부터 1개월 이내에 그 결과를 시장·군수·구청장에게 통보하여야 한다. <개정 2015.3.25.>
⑤시장·군수·구청장은 제4항에 따른 오염도검사 결과 방류수수질기준을 초과하는 경우에는 그 배출시설 또는 처리시설의 설치자나 관리자에게 법 제17조제4항에 따른 개선명령을 할 수 있다.
⑥처리시설설치·운영자는 법 제17조제2항에 따라 가축분뇨가 유출되지 아니하도록 다음 각 호의 어느 하나에 해당하는 조치를 하여야 한다. <신설 2015.3.25.>
1. 가축분뇨를 임시로 저장할 수 있는 시설을 갖출 것
2. 공공처리시설 설치·운영자, 재활용신고자, 가축분뇨처리업 시설 또는 공동자원화 설치·운영자 등에게 위탁처리할 것

제15조(배출시설 및 처리시설의 관리기준) 법 제17조제3항에 따른 배출시설 및 처리시설의 관리기준은 별표 6과 같다.
[전문개정 2015.3.25.]

제16조(개선명령의 이행보고) ①법 제17조제4항에 따라 개선명령을 받은 자가 그 명령을 이행하였을 때에는 지체 없이 별지 제10호서식의 개선이행보고서를 시장·군수·구청장에게 제출하여야 한다. 다만, 개선명령을 받은 사항이 제5조제1항에 따른 변경허가의 대상이거나 제6조제1항 또는 제7조제2항에 따른 변경신고의 대상에 해당하여 변경허가를 받거나 변경신고를 한 경우에는 제12조제1항에 따른 별지 제8호서식의 준공검사신청서의 제출로 갈음한다. <개정 2015.3.25.>
②시장·군수·구청장은 제1항에 따라 보고를 받았을 때에는 지체 없이 이행상태를 확인하고 방류수수질기준에 맞는지를 확인하기 위하여 시료를 채취하여야 한다.
③시장·군수·구청장은 제2항에 따라 채취한 시료에 대한 오염도검사를 영 제12조의3에 따른 검사기관에 의뢰하여야 한다. 이 경우 검사기관은 오염도검사를 하고 그 결과를 검사가 끝난 날로부터 1개월 이내에 시장·군수·구청장에게 통보하여야 한다. <개정 2015.3.25.>

④시장·군수·구청장은 제3항에 따른 오염도검사 결과 방류수수질기준을 초과하는 경우에는 법 제17조제4항에 따라 다시 개선명령을 할 수 있다.

제17조(행정처분기준) 법 제18조제2항, 제27조제5항, 제32조제2항 및 제35조제2항에 따른 행정처분기준은 별표 7과 같다.
[전문개정 2015.3.25.]

제17조의2(과징금의 납부통지) ①영 제14조의2제2항 및 제20조제2항에 따른 과징금의 납부통지는 별지 제11호서식의 과징금납부통지서에 따른다.
②영 제14조의2제5항 및 제20조제5항에 따른 과징금의 징수절차에 관하여는 「국고금 관리법 시행규칙」을 준용한다.
[본조신설 2015.3.25.]

제17조의3(명령의 이행 보고) 법 제18조의3제1항에 따른 조치명령, 개선명령, 사용중지명령 또는 폐쇄명령의 이행 보고는 별지 제10호서식에 따른다.
[본조신설 2015.3.25.]

제17조의4(공공처리시설의 공공 목적) 법 제24조제1항 단서에서 "환경부령으로 정하는 공공의 목적"이란 다음 각 호의 어느 하나에 해당하는 경우를 말한다.
1. 법 제8조제1항제2호부터 제5호까지의 어느 하나에 해당하는 지역의 가축분뇨를 처리하기 위한 경우
2. 국가 또는 지방자치단체가 추진하는 사업에 해당하는 경우
3. 그 밖에 한강·금강·낙동강·영산강 상류지역 등 환경부장관이 정하는 지역의 가축분뇨를 처리하기 위한 경우
[본조신설 2015.3.25.]

제18조(공공처리시설의 설치·운영 기준) 법 제24조제2항 및 제25조제11항에 따른 공공처리시설의 설치·운영기준은 별표 8과 같다. <개정 2015.3.25.>

제19조(공공처리시설의 설치 및 변경 승인) ①법 제24조제3항에 따라 공공처리시설의 설치승인을 받으려는 자는 다음 각 호의 사항이 포함된 사업계획서에 기본설계서와 설치타당성 조사서를 첨부하여 시·도지사, 특별자치시장 또는 특별자치도지사나 환경부장관에게 제출하여야 한다. <개정 2015.3.25.>
1. 시설의 개요
2. 처리용량 및 처리방법
3. 방류수의 수질과 방류방법
4. 최종 오니의 발생량과 처리방법
5. 가축분뇨의 수거량 및 수거방법

6. 연간 관리비 소요예상액

②제1항에 따른 설치타당성 조사서에 포함되어야 할 사항은 별표 9와 같다. <개정 2015.3.25.>

③법 제24조제3항 후단에서 "환경부령으로 정하는 중요사항"이란 다음 각 호와 같다. <개정 2015.3.25.>

1. 처리용량
2. 처리방법
3. 방류수의 방류방법
4. 최종 오니의 처리방법

④공공처리시설의 설치승인을 받은 자가 제3항 각 호의 어느 하나에 해당하는 사항을 변경하려는 경우에는 그 내용을 증명할 수 있는 서류를 시·도지사, 특별자치시장 또는 특별자치도지사나 환경부장관에게 제출하여야 한다. <개정 2015.3.25.>

⑤시·도지사, 특별자치시장 또는 특별자치도지사나 환경부장관은 제1항과 제4항에 따라 제출된 사업계획서 등을 검토한 후 사업계획서가 제출된 날부터 3개월 이내에 승인 여부를 결정하고 그 결과를 신청인에게 알려야 한다. <개정 2015.3.25.>

⑥제5항에도 불구하고 부득이한 사유로 3개월 이내에 결정을 할 수 없을 때에는 3개월의 범위에서 1회에 한하여 그 기간을 연장할 수 있다. 이 경우 연장사유와 처리예정기한을 지체 없이 신청인에게 알려야 한다.

⑦시·도지사, 특별자치시장 또는 특별자치도지사는 공공처리시설의 설치승인 또는 변경승인을 하였을 때에는 사업계획서와 그 밖에 승인에 관계되는 서류를 지체 없이 지방환경관서의 장을 거쳐 환경부장관에게 제출하여야 한다. <개정 2015.3.25.>

제19조의2(재원조달 및 사용에 관한 협의) ①지방자치단체의 장과 농협조합은 법 제24조제4항에 따라 유역환경청장 또는 지방환경청장과 협의를 하는 경우 다음 각 호의 사항을 유역환경청장 또는 지방환경청장에게 제출하여야 한다. <개정 2016.12.30.>

1. 공공처리시설 설치사업의 명칭 및 주소
2. 공공처리시설 설치사업의 목적
3. 공공처리시설 설치사업의 위치 및 면적, 사업시행기간
4. 설치하려는 시설의 종류, 명칭 및 용량
5. 공공처리시설이 농림축산식품부장관의 지원을 받는 자원화시설로부터 가축분뇨를 위탁받아 처리하는지 여부
6. 설치하려는 지역의 연도별 가축분뇨 발생량, 가축사육마릿수 및 장래 예상 가축분뇨 발생량 및 가축사육마릿수
7. 법 제5조제1항에 따른 가축분뇨관리기본계획에 따른 사업시행 여부
8. 재원 및 매 회계연도의 예정 공사비에 관한 서류

②유역환경청장 또는 지방환경청장은 제1항 각 호의 사항에 대한 검토를 위하여 필요하다고 인정하는 경우에는 「한국환경공단법」에 따른 한국환경공단에 검토 및 의견을 요청할 수 있다. <개정 2016.12.30.>
[본조신설 2015.3.25.]

제20조(저장시설 등의 설치 명령) 시·도지사나 시장·군수·구청장은 법 제25조 제2항에 따른 조치를 명할 때에는 다음 각 호의 사항을 포함하여 명하여야 한다. <개정 2015.3.25.>
1. 설치하여야 하는 시설의 종류
2. 가축분뇨의 저장기간
3. 시설의 설치기한
[제21조에서 이동, 종전 제20조는 제21조로 이동 <2015.3.25.>]

제21조(공공하수처리시설에의 유입 기준) ①법 제25조제5항에 따라 공공처리시설에서 중간 처리한 가축분뇨를 「하수도법」 제2조제9호에 따른 공공하수처리시설(이하 "공공하수처리시설"이라 한다)에 유입하는 기준은 다음 각 호와 같다. <개정 2015.3.25.>
1. 공공처리시설에서 유입되는 오염물질부하량은 공공하수처리시설의 운영에 지장을 주지 아니하는 정도일 것
2. 공공처리시설로부터 유입되는 총 질소 및 총 인의 양은 공공하수처리시설에서 처리할 수 있는 질소와 인의 100분의 10 이내일 것
②제1항에 따른 공공하수처리시설 세부 유입기준은 시·도지사, 특별자치시장 또는 특별자치도지사가 정한다. 다만, 시·도지사, 특별자치시장 또는 특별자치도지사가 설치·운영하는 공공처리시설의 경우에는 환경부장관과 협의하여 정한다.
<개정 2015.3.25.>
[제20조에서 이동, 종전 제21조는 제20조로 이동 <2015.3.25.>]

제22조(공공처리시설의 방류수수질 자가측정 등) ①공공처리시설설치자등은 법 제25조제6항에 따라 공공처리시설의 방류수수질을 매일 1회 이상 자가측정 하여야 한다. 다만, 공공하수처리시설이나 같은 법 제2조제10호의 분뇨처리시설에서 가축분뇨를 최종적으로 처리하기 전의 처리과정에 필요한 시설인 경우(이하 "가축분뇨전처리시설"이라 한다)에는 처리수 수질을 매주 2회 이상 자가 측정하여야 한다. <개정 2015.3.25.>
②자원화시설을 설치한 공공처리시설의 설치자 등은 공공처리시설에서 생산한 퇴비, 액비, 바이오가스 또는 가축분뇨 고체연료에 대하여 매월 1회 이상 성분검사를 하여야 한다. <개정 2015.3.25.>
③공공처리시설의 설치자 등은 제1항과 제2항에 따라 실시한 자가측정 결과 및 성

분검사 결과를 기록하고, 그 결과를 3년 동안 보관하여야 한다.

제23조(개선계획의 수립) 법 제25조제8항에 따라 수립하는 공공처리시설의 개선계획서에 포함하여야 할 사항은 다음 각 호와 같다. <개정 2015.3.25.>
1. 기술진단에 따른 개선내용
2. 개선기간 및 개선에 드는 예산명세
3. 개선기간 중 공공처리시설의 운영을 중단하거나 제한하려는 경우 그 기간과 제한내용
4. 개선기간 중 처리공법 등의 개선으로 오염물질의 배출을 감소시키려는 경우 그 내용
5. 그 밖에 개선과정에서 고려하여야 할 내용

제23조의2(액비 살포기준) 법 제25조제9항제6호에 따른 액비의 살포기준은 별표 5와 같다. <개정 2016.6.2.>
[본조신설 2015.3.25.]

제23조의3(농협조합에 관한 관리·감독) 시·도지사, 특별자치시장 또는 특별자치도지사는 법 제25조제12항에 따라 다음 각 호의 사항을 관리·감독할 수 있다.
1. 공공처리시설의 설계·시공에 관한 사항
2. 국고보조금·지방비 등 설치예산의 집행에 관한 사항
3. 공공처리시설의 설치·운영에 관한 사항
4. 공공처리시설이 농림축산식품부장관의 지원을 받는 자원화시설로부터 가축분뇨를 위탁받아 처리하는지 여부
5. 그 밖에 공공처리시설의 설치·운영에 대한 관리·감독이 필요하다고 인정하여 환경부장관이 정하는 사항
[본조신설 2015.3.25.]

제24조(가축분뇨의 수집·운반 및 처리기준) 법 제26조제2항에 따른 가축분뇨의 수집·운반 및 처리기준은 다음 각 호와 같다.
1. 가축분뇨는 흡인식장비로 수집할 것. 다만, 흡인식장비를 사용하기 어려운 지역에서는 수거식 장비로 수집할 수 있다.
2. 흡인식장비에는 수집량을 측정할 수 있는 계기를 갖출 것
3. 전용의 수집·운반장비를 사용하되, 가축분뇨가 흘러나오지 아니하고 악취가 나지 아니하도록 할 것
4. 운반차량을 항상 청결하게 할 것
5. 가축분뇨를 처리하여 방류하는 경우에는 제11조에 따른 방류수수질기준에 적합하게 처리할 것

제25조(가축분뇨의 처리비용) 법 제26조제5항에 따라 지방자치단체의 조례로 처리비용을 정할 때에는 가축분뇨의 양, 오염물질의 종류·농도 및 배출시설의 규모

등을 고려하여야 한다. <개정 2015.3.25.>

제26조(재활용의 신고 등) ①법 제27조제1항에 따라 신고를 하여야 하는 자는 가축분뇨를 재활용의 목적으로 1일 400킬로그램 이상 처리하려는 자를 말한다.
②제1항에 해당하는 자는 별지 제12호서식의 신고서에 다음 각 호의 서류를 첨부하여 재활용 사업장을 관할하는 시장·군수·구청장에게 재활용 시작 7일 전까지 제출하여야 한다. <개정 2015.3.25.>
1. 재활용의 용도 및 방법에 관한 설명서
2. 재활용 대상 가축분뇨의 확보계획서
3. 재활용 대상 가축분뇨의 수집·운반·보관 및 처리계획서
4. 재활용시설과 장비의 확보명세서(법 제12조에 따른 처리시설 중 자원화시설을 설치한 자의 시설을 활용하는 경우에는 시설이용 계약서나 시설이용 확인서)와 시설의 도면
5. 초지나 농경지의 확보명세서(가축분뇨를 액비화하여 재활용하는 경우만 제출하되, 「비료관리법」 제14조에 따라 보증 표시를 하거나 보증표를 발급하는 경우는 제외한다)
③제2항에 따라 신고를 받은 시장·군수·구청장은 별지 제13호서식의 신고증명서를 신고인에게 발급하고, 반기별로 가축분뇨의 처리현황, 재활용시설의 관리상태 및 주변 오염상태 등을 조사·확인하여야 한다. <개정 2015.3.25.>
④시장·군수·구청장은 제3항에 따라 신고증명서를 발급한 때에는 그 내용을 재활용 대상 가축분뇨의 주요 발생지역을 관할하는 시장·군수·구청장에게 통보하여야 한다.

제27조(재활용의 변경신고 등) ①법 제27조제2항에서 "환경부령으로 정하는 중요사항"이란 다음 각호의 사항을 말한다. <개정 2012.11.20., 2015.3.25.>
1. 사업장의 명칭, 소재지 또는 대표자
2. 재활용 대상 가축분뇨의 수집지역(수집농가를 포함한다)
3. 재활용 대상 가축분뇨의 수집·운반·보관 및 처리방법
4. 초지나 농경지의 면적 또는 소재지(가축분뇨를 액비화하여 재활용하는 경우만 해당하되, 「비료관리법」 제14조에 따라 보증 표시를 하거나 보증표를 발급하는 경우는 제외한다)
5. 처리용량의 100분의 30 이상의 변경(신고 또는 변경신고를 한 후 변경되는 누계를 말한다)
6. 수집·운반장비(임시차량은 제외한다)의 증차 또는 변경
②제1항 각 호의 사항을 변경하려는 자는 별지 제12호서식의 신고서에 그 변경내용을 증명할 수 있는 서류를 첨부하여 시장·군수·구청장에게 제출해야 한다. <개정 2020.2.20.>

제28조(재활용시설의 설치 · 운영기준) 법 제27조제3항에 따른 재활용시설의 설치 · 운영기준은 별표 10과 같다. <개정 2015.3.25.>

제29조(개선명령 등 이행의 보고 및 확인) ① 법 제27조제4항에 따라 개선명령을 받은 자는 그 명령을 이행한 날부터 5일 이내에 별지 제14호서식의 보고서를 시장 · 군수 · 구청장에게 제출하여야 한다. <개정 2015.3.25., 2016.12.30.>
②시장 · 군수 · 구청장은 영 제16조제1항 및 제2항에 따른 개선기간이 끝나거나 제1항에 따른 보고를 받았을 때에는 지체 없이 그 명령의 이행상태를 확인하여야 한다.
③시장 · 군수 · 구청장은 제2항에 따른 이행상태의 확인 결과 개선명령이 이행되지 아니한 경우에는 다시 법 제27조제4항에 따른 개선명령을 할 수 있다.
④법 제27조제6항에 따른 폐쇄명령 등의 이행 보고는 별지 제14호서식에 따른다. <신설 2015.3.25.>
[제목개정 2015.3.25.]

제30조(가축분뇨관련영업의 허가) ①법 제28조에 따른 가축분뇨관련영업의 허가를 받으려는 자는 별지 제15호서식의 신청서에 다음 각 호의 서류를 첨부하여 가축분뇨수집 · 운반업의 경우에는 수집장소를 관할하는 시장 · 군수 · 구청장에게, 가축분뇨처리업의 경우에는 처리시설의 설치장소를 관할하는 시장 · 군수 · 구청장에게, 가축분뇨시설관리업의 경우에는 주된 영업소의 소재지를 관할하는 시장 · 군수 · 구청장에게 제출하여야 한다. <개정 2015. 3. 25.>
1. 시설 및 장비의 명세서
2. 기술능력 보유현황
②제1항에 따른 신청서를 받은 담당 공무원은 「전자정부법」 제21조제1항에 따른 행정정보의 공동이용을 통하여 다음 각 호의 행정정보를 확인하여야 한다. 다만, 신청인이 확인에 동의하지 아니하는 경우에는 해당 서류(제2호의 경우에는 그 사본)를 첨부하도록 하여야 한다.
1. 법인등기부 등본
2. 제1항제2호의 능력을 증명하는 국가기술자격증
③시장 · 군수 · 구청장은 가축분뇨관련영업을 허가하였을 때에는 별지 제16호서식의 허가증을 발급하여야 한다. <개정 2015.3.25.>

제30조의2(가축분뇨관련영업 사업계획서의 제출) 법 제28조제2항에 따라 가축분뇨관련영업의 허가를 받으려는 자가 사업계획서의 적합 여부를 미리 검토 요청하는 경우에는 별지 제17호서식의 사업계획서에 시설 · 장비 및 기술인력의 확보계획서를 첨부하여 사무소의 소재지를 관할하는 시장 · 군수 · 구청장에게 제출하여야 한다.
[본조신설 2015.3.25.]

제31조(가축분뇨관련영업의 변경허가 및 변경신고) ①영 제18조제1항 각 호의 사항을 변경하는 자는 다음 각 호의 구분에 따라 별지 제15호서식의 신청서에 허가증과 그 변경내용을 증명할 수 있는 서류를 첨부하여 시장·군수·구청장에게 제출하여야 한다. <개정 2015.3.25.>

1. 영 제18조제1항제1호의 경우: 변경된 날부터 30일 이내
2. 영 제18조제1항제2호의 경우: 변경 전

②영 제18조제2항 각 호의 사항을 변경하는 자는 변경된 날부터 30일 이내에 별지 제15호서식의 신고서에 그 변경내용을 증명할 수 있는 서류를 첨부하여 시장·군수·구청장에게 제출하여야 한다. <개정 2015.3.25.>

제31조의2(재활용신고자 등의 지위승계 신고) 법 제29조제4항에 따라 재활용신고자 또는 가축분뇨관련영업자의 지위를 승계한 자는 같은 조 제1항 또는 제2항에 따른 승계 사유가 발생한 날부터 30일 이내에 별지 제18호서식의 지위승계 신고서에 다음 각 호의 서류를 첨부하여 시장·군수·구청장에게 제출하여야 한다.

1. 재활용신고증명서 또는 가축분뇨관련영업 허가증
2. 그 밖에 변경내용을 확인할 수 있는 서류
[본조신설 2015.3.25.]

제32조(가축분뇨관련영업자의 준수사항) 법 제30조제2항에 따른 가축분뇨관련영업자의 준수사항은 별표 11과 같다. <개정 2015.3.25.>

제33조 삭제 <2015.3.25.>

제34조(처리시설 설계·시공업의 등록) ①법 제34조에 따라 처리시설 설계·시공업의 등록을 하려는 자는 별지 제19호서식의 신청서에 다음 각 호의 서류를 첨부하여 주된 영업소의 소재지를 관할하는 시장·군수·구청장에게 제출하여야 한다. 이 경우 담당 공무원은 「전자정부법」 제21조제1항에 따른 행정정보의 공동이용을 통하여 제2호의 능력을 증명하는 국가기술자격증을 확인하여야 하며, 신청인이 확인에 동의하지 아니하는 경우에는 그 사본을 제출하도록 하여야 한다. <개정 2015.3.25.>

1. 시설 및 장비의 명세서(측정대행업자와 대행계약을 체결한 경우에는 측정대행계약서 사본)
2. 기술능력 보유현황

②시장·군수·구청장은 제1항에 따른 등록 신청이 다음 각 호의 어느 하나에 해당하는 경우를 제외하고는 등록을 해 주어야 한다. <신설 2011.11.22.>

1. 법 제31조에 따른 결격사유에 해당하는 경우
2. 영 제21조에 따른 시설·장비 및 기술능력에 관한 등록기준을 갖추지 못한 경우

3. 그 밖에 법 또는 다른 법령에 따른 제한에 위반되는 경우
③시장·군수·구청장은 제1항에 따른 처리시설 설계·시공업의 등록을 한 자(이하 "처리시설설계·시공업자"라 한다)에게 별지 제20호서식의 등록증을 발급하여야 한다. <개정 2011.11.22., 2015.3.25.>

제35조(처리시설 설계·시공업의 변경등록 및 변경신고) ①법 제34조제2항에 따라 처리시설 설계·시공업의 변경등록을 하여야 하는 경우는 실험실 소재지를 변경하는 경우로 한정한다.
②법 제34조제2항에 따라 처리시설 설계·시공업의 변경신고를 하여야 하는 경우는 다음 각 호와 같다.
1. 영업소의 명칭 변경
2. 기술요원의 변경
3. 대표자의 변경
4. 사무실 소재지의 변경
5. 측정항목에 대한 측정대행업자와의 대행계약 변경 및 측정대행업자의 변경
③제1항에 따라 실험실의 소재지를 변경하는 자는 변경된 날부터 30일 이내에 별지 제19호서식의 신청서에 등록증과 그 변경내용을 증명할 수 있는 서류를 첨부하여 시장·군수·구청장에게 제출하여야 한다. <개정 2015.3.25.>
④제2항 각 호의 사항을 변경하는 자는 변경된 날부터 30일 이내에 별지 제19호서식의 신고서에 그 변경내용을 증명할 수 있는 서류를 첨부하여 시장·군수·구청장에게 제출하여야 한다. <개정 2015.3.25.>

제36조(처리시설 설계·시공업자의 준수사항) 법 제34조제6항에 따른 처리시설 설계·시공업자의 준수사항은 별표 12와 같다. <개정 2015.3.25.>

제37조(시공감리자의 자격) ①법 제36조제2항에 따라 처리시설의 설계·시공을 감리·감독할 자격이 있는 자는 처리시설 설계·시공업자로 한다.
②법 제36조제2항에 따라 시장·군수·구청장이 시공감리자를 지정하려는 경우에는 미리 해당처리시설을 설치하는 자와 협의하여야 한다.

제38조(기술관리인의 자격기준) 법 제37조제2항에 따른 기술관리인의 자격기준은 별표 13과 같다. <개정 2015.3.25.>

제39조(기술관리인의 준수사항) ①법 제37조제2항에 따른 기술관리인의 준수사항은 다음 각 호와 같다.
1. 처리시설을 정상 가동하여야 하며, 방류수수질기준을 초과하는 등 시설을 개선하여야 하는 경우에는 지체 없이 시설의 소유자 또는 관리자에게 개선하도록 조치할 것
2. 처리시설의 운영에 관한 사항을 사실대로 기록할 것

3. 방류수수질검사를 정확히 실시하고 사실대로 기록할 것
②제1항의 규정은 법 제37조제1항제1호 및 제2호에 따른 시설관리업자 및 환경기술인의 준수사항에 관하여 준용한다.

제39조의2(자료의 제공 등) ①법 제37조의2제5항 전단에서 "환경부령으로 정하는 자"란 법 제38조의2에 따른 축산환경관리원의 장, 농협조합, 그 밖에 축산업자를 구성원으로 하는 비영리법인 등 환경부장관이 정하는 자를 말한다.
②법 제37조의2제5항에 후단에서 "환경부령으로 정하는 기간"은 자료의 제공을 요구받은 날부터 10일 이내를 말한다.
[본조신설 2015.3.25.]

제39조의3(전자인계관리시스템의 운용방법 및 절차 등) 법 제37조의3제1항에 따른 전자인계관리시스템의 운용 방법, 절차 등 운영 관리에 관한 사항은 별표 14와 같다.
[본조신설 2015.3.25.]

제40조(가축분뇨업무담당자의 교육) ①법 제38조에 따라 가축분뇨업무담당자는 다음 각 호의 구분에 따라 교육을 받아야 한다. <개정 2012.11.1.>
1. 신규교육 : 제41조 각 호에 해당하는 기술관리인과 기술요원에 대하여는 신규 채용된 날부터 2년 이내에 1회. 다만, 신규 채용되기 전 5년 이내에 해당 교육을 받은 사실이 있는 경우는 제외한다.
2. 재교육 : 법 제32조나 법 제35조에 따라 영업정지처분을 받은 자가 고용한 제41조제2호 또는 제3호에 해당하는 기술요원(그 자신이 기술요원인 경우를 포함한다)에 대하여는 그 영업정지처분을 받은 날부터 2년 이내에 1회
②법 제38조제2항에 따라 가축분뇨업무담당자를 고용한 자로부터 징수하는 교육경비는 교육내용과 교육기간 등을 고려하여 시·도지사, 특별자치시장 또는 특별자치도지사가 정한다. <개정 2015.3.25.>

제41조(가축분뇨업무담당자의 범위) 법 제38조제3항에 따른 가축분뇨업무담당자의 구체적인 범위는 다음 각 호와 같다. <개정 2020.2.20.>
1. 삭제 <2020.2.20.>
2. 법 제28조제1항에 따라 가축분뇨관련영업의 허가를 받은 자가 고용한 가축분뇨 처리에 관한 기술적인 업무를 담당하는 기술요원(그 자신이 기술요원인 영업자를 포함한다)
3. 법 제34조제1항에 따라 처리시설 설계·시공업의 등록을 한 자가 고용한 기술요원(그 자신이 기술요원인 설계·시공업자를 포함한다)
4. 법 제37조제1항에 따른 처리시설의 기술관리인

제42조(교육과정 등) ①법 제38조에 따라 가축분뇨업무담당자가 관련 분야에 따라 받아야 할 교육과정은 다음 각 호와 같다. <개정 2020.2.20.>
1. 법 제37조제1항에 따른 처리시설의 기술관리인 과정
2. 가축분뇨관련영업자 과정
3. 처리시설 설계·시공업의 기술요원 과정
②제1항의 교육과정의 교육기간은 3일 이내로 한다.

제43조(교육계획) ①시·도지사, 특별자치시장 또는 특별자치도지사는 매년 11월 30일까지 제42조에 따른 교육과정별로 기술요원 등에 대한 다음 해의 교육계획을 세워야 한다. <개정 2015.3.25.>
②제1항에 따른 교육계획에는 다음 각 호의 사항이 포함되어야 한다.
1. 교육의 기본방향
2. 교육수요 조사 결과 및 교육수요 장기 추세
3. 교육과정의 설치계획
4. 교육과정별 교육의 목표·과목·기간 및 인원
5. 교육대상자 선발기준 및 선발계획
6. 교재편찬계획
7. 교육성적의 평가방법
8. 그 밖에 교육을 위하여 필요한 사항

제44조(교육대상자의 선발 및 등록) 시·도지사, 특별자치시장 또는 특별자치도지사는 제43조에 따른 교육계획에 따라 법 제38조제1항에 따른 교육대상자를 선발하고 해당 교육대상자를 고용한 자에게 지체 없이 통지하여야 한다.
[전문개정 2015.3.25.]

제45조(자료 제출 협조) 법 제38조에 따른 교육을 효과적으로 수행하기 위하여 가축분뇨업무담당자를 고용하고 있는 자는 시·도지사가 다음 각 호의 자료 제출을 요청한 경우에는 이에 협조하여야 한다.
1. 소속 기술요원의 명단
2. 교육이수자의 실태
3. 그 밖에 교육에 필요한 자료

제46조(가축분뇨의 처리상황 등의 기록) 법 제39조에 따라 재활용신고자, 시설설치자, 처리업자 또는 시설관리업자, 공공처리시설설치자 등이 기록·보존하여야 할 관리대장은 별지 제21호서식 및 별지 제22호서식에 따른다. <개정 2015.3.25.>

제47조(휴업·폐업·재개업 등의 신고) ①법 제40조에 따라 휴업·폐업 또는 재개업 신고를 하려는 자는 휴업·폐업 또는 재개업을 한 날부터 10일 이내에 별지

제23호서식의 신고서에 허가증 또는 등록증 원본을 첨부(휴업 또는 폐업 신고의 경우만 해당하며, 분실·훼손 등의 사유로 허가증 또는 등록증을 첨부할 수 없는 경우에는 그 사유서를 첨부한다)하여 허가관청 또는 등록관청에 제출해야 한다. <개정 2020.2.20.>

②제1항에 따른 폐업신고를 하려는 자가 「부가가치세법」 제8조제7항에 따른 폐업신고를 같이 하려는 경우에는 별지 제23호서식의 신고서에 「부가가치세법 시행규칙」 별지 제9호서식의 폐업신고서를 함께 제출해야 한다. 이 경우 허가 또는 등록관청은 함께 제출받은 「부가가치세법 시행규칙」 별지 제9호서식의 폐업신고서를 지체 없이 관할 세무서장에게 송부(정보통신망을 이용한 송부를 포함한다. 이하 이 조에서 같다)해야 한다. <신설 2016.6.2., 2020.2.20.>

③관할 세무서장이 「부가가치세법 시행령」 제13조제5항에 따라 같은 조 제1항에 따른 폐업신고를 받아 이를 해당 허가 또는 등록관청에 송부한 경우에는 제1항에 따른 폐업신고서가 제출된 것으로 본다. <신설 2016.6.2.>

제48조(출입·검사 등) ①법 제41조제1항 및 제2항에 따라 시설설치자, 공공처리시설의 설치자등, 재활용시설의 설치·운영자, 가축분뇨관련영업자 또는 설계·시공업자(이하 "사업자등"이라 한다)의 시설 또는 사업장 등에 대한 출입·검사를 하는 공무원은 환경부장관이 정하는 서식에 따라 출입·검사의 목적, 인적사항, 검사결과 등을 적은 서면을 사업자등에게 발급하여야 한다.

②시·도지사, 시장·군수·구청장, 지방환경관서의 장은 법 제41조제1항 또는 제2항에 따라 사업자등에 대한 출입·검사를 할 때에 출입·검사의 대상시설 또는 사업장 등이 다음 각 호에 따른 출입·검사의 대상시설 또는 사업장 등과 같은 경우에는 이들을 통합하여 출입·검사를 하여야 한다. 다만, 민원·환경오염사고·광역환경감시활동 또는 기술인력·장비운영상 통합검사가 곤란하다고 인정되는 경우에는 그러하지 아니하다. <개정 2007.12.28., 2010.6.30., 2014.12.24., 2018.1.17.>

1. 「대기환경보전법」 제82조제1항
2. 「소음·진동관리법」 제47조제1항
3. 「물환경보전법」 제68조제1항
4. 「폐기물관리법」 제39조제1항
5. 「화학물질관리법」 제49조제1항

제49조(시설·사업장 등에 대한 출입·검사를 하는 공무원의 증표) 법 제41조제4항에 따른 증표는 별지 제24호 서식에 따른다. <개정 2015.3.25.>

제50조(수수료) 법 제45조 각 호의 어느 하나에 해당하는 허가 또는 등록을 받으려는 자가 그 허가 또는 등록을 신청할 때에는 별표 15에서 정한 수수료를 수입증지로 내거나 정보통신망을 이용하여 전자화폐·전자결제 등의 방법으로 내야 한

다. <개정 2010.11.8., 2015.3.25.>

제50조의2 삭제 <2011.12.30.>

제51조(규제의 재검토) 환경부장관은 다음 각 호의 사항에 대하여 다음 각 호의 기준일을 기준으로 3년마다(매 3년이 되는 해의 기준일과 같은 날 전까지를 말한다) 그 타당성을 검토하여 개선 등의 조치를 하여야 한다.

1. 삭제 <2020.2.20.>
2. 제8조에 따른 처리시설의 설치기준: 2015년 1월 1일
3. 제14조제6항 각 호에 따른 처리시설설치·운영자의 조치사항: 2015년 1월 1일
4. 제15조에 따른 배출시설 및 처리시설의 관리기준: 2015년 1월 1일
5. 제17조 및 별표 7에 따른 행정처분기준: 2015년 1월 1일
6. 제26조제1항 및 제2항에 따른 재활용 신고의 대상자 및 재활용 신고 시 제출서류: 2014년 1월 1일
7. 제27조제1항에 따른 재활용 변경신고의 대상: 2014년 1월 1일
8. 제28조 및 별표 8에 따른 재활용시설의 설치·운영기준: 2014년 1월 1일
9. 제29조제1항에 따른 개선명령 이행의 보고: 2014년 1월 1일
10. 제32조 및 별표 11에 따른 가축분뇨관련영업자의 준수사항: 2015년 1월 1일
11. 제37조제1항에 따른 시공감리자의 자격: 2014년 1월 1일
12. 삭제 <2016.12.30.>

[전문개정 2015.3.25.]

부칙

<제849호, 2020.2.20.>

제1조(시행일) 이 규칙은 공포한 날부터 시행한다.

제2조(가축분뇨업무담당자의 교육에 관한 적용례) 제41조제1호·제4호 및 제42조제1항제1호의 개정규정은 이 규칙 시행 이후 신규 채용되는 기술관리인부터 적용한다.

제3조(정화시설의 방류수수질기준에 관한 경과조치) 이 규칙 시행 당시 종전의 규정에 따라 정화시설을 설치·운영 중인 자에 대하여 방류수수질기준을 적용할 때에는 다음 각 호의 구분에 따른 기간까지는 종전의 규정에 따른다.

1. 별표 4 제1호: 2020년 12월 31일까지
2. 별표 4 제2호: 2022년 12월 31일까지

축산법

[시행 2020.11.27]
[법률 제17324호, 2020.5.26., 일부개정]

제1장 총칙

제1조(목적) 이 법은 가축의 개량·증식, 축산환경 개선, 축산업의 구조개선, 가축과 축산물의 수급조절·가격안정 및 유통개선 등에 관한 사항을 규정하여 축산업을 발전시키고 축산농가의 소득을 증대시키며 축산물을 안정적으로 공급하는 데 이바지하는 것을 목적으로 한다. <개정 2018.12.31.>

제2조(정의) 이 법에서 사용하는 용어의 뜻은 다음과 같다. <개정 2007.8.3., 2008.2.29., 2012.2.22., 2013.3.23., 2016.12.2., 2017.3.21., 2018.12 31., 2020.3.24.>

1. "가축"이란 사육하는 소·말·면양·염소[유산양(乳山羊: 젖을 생산하기 위해 사육하는 염소)을 포함한다. 이하 같다]·돼지·사슴·닭·오리·거위·칠면조·메추리·타조·꿩, 그 밖에 대통령령으로 정하는 동물(動物) 등을 말한다.

1의2. "토종가축"이란 제1호의 가축 중 한우, 토종닭 등 예로부터 우리나라 고유의 유전특성과 순수혈통을 유지하며 사육되어 외래종과 분명히 구분되는 특징을 지니는 것으로 농림축산식품부령으로 정하는 바에 따라 인정된 품종의 가축을 말한다.

2. "종축"이란 가축개량 및 번식에 활용되는 가축으로서 농림축산식품부령으로 정하는 기준에 해당하는 가축을 말한다.

3. "축산물"이란 가축에서 생산된 고기·젖·알·꿀과 이들의 가공품·원피[가공 전의 가죽을 말하며, 원모피(原毛皮)를 포함한다]·원모, 뼈·뿔·내장 등 가축의 부산물, 로얄제리·화분·봉독·프로폴리스·밀랍 및 수벌의 번데기를 말한다.

4. "축산업"이란 종축업·부화업·정액등처리업 및 가축사육업을 말한다.

5. "종축업"이란 종축을 사육하고, 그 종축에서 농림축산식품부령으로 정하는 번식용 가축 또는 씨알을 생산하여 판매(다른 사람에게 사육을 위탁하는 것을 포함한다)하는 업을 말한다.

6. "부화업"이란 닭, 오리 또는 메추리의 알을 인공부화 시설로 부화시켜 판매(다른 사람에게 사육을 위탁하는 것을 포함한다)하는 업을 말한다.

7. "정액등처리업"이란 종축에서 정액·난자 또는 수정란을 채취·처리하여 판매하는 업을 말한다.

8. "가축사육업"이란 판매할 목적으로 가축을 사육하거나 젖·알·꿀을 생산하는 업을 말한다.

8의2. "축사"란 가축을 사육하기 위한 우사·돈사·계사 등의 시설과 그 부속시설로서 대통령령으로 정하는 것을 말한다.

9. "가축거래상인"이란 소·돼지·닭·오리·염소, 그 밖에 대통령령으로 정하는 가축을 구매하거나 그 가축의 거래를 위탁받아 제3자에게 알선·판매 또는 양도하는 행위(이하 "가축거래"라 한다)를 업(業)으로 하는 자로서 제34조의2에 따라 등록한 자를 말한다.

10. "국가축산클러스터"란 국가가 축산농가·축산업과 관련되어 있는 기업·연구소·대학 및 지원시설을 일정 지역에 집중시켜 상호연계를 통한 상승효과를 만들어 내기 위하여 형성한 집합체를 말한다.

10의2. "축산환경"이란 축산업으로 인해 사람과 가축에 영향을 미치는 환경이나 상태를 말한다.

제3조(축산발전시책의 강구) ①농림축산식품부장관은 가축의 개량·증식, 토종가축의 보존·육성, 축산환경 개선, 축산업의 구조개선, 가축과 축산물의 수급조절·가격안정·유통개선·이용촉진, 사료의 안정적 수급, 축산 분뇨의 처리 및 자원화, 가축 위생 등 축산 발전에 필요한 계획과 시책을 종합적으로 수립·시행하여야 한다. <개정 2008.2.29., 2012.2.22., 2013.3.23., 2018.12.31.>

②국가 또는 지방자치단체는 제1항에 따른 시책을 수행하기 위하여 필요한 사업비의 전부나 일부를 예산의 범위에서 지원할 수 있다.

제4조(축산발전심의위원회) ①제3조에 따른 축산발전시책에 관한 사항을 심의하기 위하여 농림축산식품부장관 소속으로 축산발전심의위원회(이하 "위원회"라 한다)를 둔다. <개정 2008.2.29., 2013.3.23.>

②위원회는 다음 각 호의 자로 구성한다. <개정 2012.2.22.>

1. 관계 공무원
2. 생산자·생산자단체의 대표
3. 학계 및 축산 관련 업계의 전문가 등

③위원회의 업무를 효율적으로 추진하기 위하여 필요한 경우 분과위원회를 설치·운영할 수 있다. <신설 2012. 2. 22.>

④그 밖에 위원회 및 분과위원회의 구성·운영 등에 관하여 필요한 사항은 농림축산식품부령으로 정한다. <신설 2012.2.22., 2013.3.23.>

제2장 가축 개량 및 인공수정 등

제5조(개량목표의 설정) ①농림축산식품부장관은 대통령령으로 정하는 바에 따라 개량 대상 가축별로 기간을 정하여 가축의 개량목표를 설정하고 고시하여야 한다. <개정 2008.2.29., 2013.3.23.>

②특별시장·광역시장·특별자치시장·도지사·특별자치도지사(이하 "시·도지사"라
한다)는 제1항에 따른 개량목표를 달성하기 위하여 해당 특별시·광역시·특별자
치시·도·특별자치도의 가축개량추진계획을 수립·시행하여야 한다.
<개정 2018.12.31.>

③농림축산식품부장관은 제1항에 따른 개량목표를 달성하고 가축개량업무를 효율적
으로 추진하기 위하여 축산 관련 기관 및 단체 중에서 가축개량총괄기관과 가축개
량기관을 지정하여야 한다. <개정 2008.2.29., 2013.3.23.>

④농림축산식품부장관은 제2항에 따른 가축개량추진계획의 시행과 제3항에 따라 지
정받은 기관의 가축개량업무 추진에 필요한 우량종축 및 사업비 등을 지원할 수
있다. <개정 2008.2.29., 2013.3.23.>

⑤제3항에 따른 가축개량총괄기관과 가축개량기관의 지정 기준과 지정 절차 등에 관
하여 필요한 사항은 대통령령으로 정한다.

제5조의2(가축개량센터의 설치·운영) 시·도지사는 가축개량업무를 수행하는 가
축개량센터를 설치·운영할 수 있다.
[본조신설 2018.12.31.]

제6조(가축의 등록) ①농림축산식품부장관은 제5조제1항에 따른 개량목표를 달성하
기 위하여 필요한 경우에 축산 관련 기관 및 단체 중에서 등록기관을 지정하여 가
축의 혈통·능력·체형 등 필요한 사항을 심사하여 등록하게 할 수 있다.
<개정 2008.2.29., 2013.3.23.>

②제1항에 따른 등록기관의 지정 기준과 지정 절차, 등록 대상 가축, 심사·등록의
절차 및 기준 등에 필요한 사항은 농림축산식품부령으로 정한다.
<개정 2008.2.29., 2013.3.23.>

제7조(가축의 검정) ①농림축산식품부장관은 가축의 능력 개량 정도를 확인·평가
하기 위하여 필요한 경우에는 축산 관련 기관 및 단체 중에서 검정기관을 지정하
여 다음 각 호의 가축을 검정하게 할 수 있다. <개정 2008.2.29., 2013.3.23.>

1. 제6조에 따라 등록한 가축
2. 농림축산식품부령으로 정하는 씨알을 생산하기 위한 목적으로 사육하는 가축

②제1항에 따른 검정기관의 지정 기준과 지정 절차, 검정의 신청절차, 검정의 종류
및 기준 등에 필요한 사항은 농림축산식품부령으로 정한다. <개정 2008.2.29.,
2013.3.23.>

제8조(보호가축의 지정 등) ①특별자치시장, 특별자치도지사, 시장, 군수 또는 자치
구의 구청장(이하 "시장·군수 또는 구청장"이라 한다)은 가축을 개량하고 보호하
기 위하여 필요한 경우에는 가축의 보호지역 및 그 보호지역 안에서 보호할 가축

을 지정하여 고시할 수 있다. <개정 2012.2.22.>

②농림축산식품부장관, 시·도지사 및 시장·군수 또는 구청장은 제1항에 따른 보호지역 안의 가축을 개량하고 보호하기 위하여 보호지원금을 지급하거나 그 밖에 필요한 조치를 할 수 있다.<개정 2008.2.29., 2012.2.22., 2013.3.23., 2018.12.31.>

제9조(동물 유전자원 보존 및 관리 등) 농림축산식품부장관은 동물 유전자원의 다양성을 확보하기 위하여 동물 유전자원의 수집·평가·보존 및 관리 등에 관한 사항을 정하여 고시할 수 있다. <개정 2008.2.29., 2013.3.23.>

제10조(종축의 대여 및 교환) 농림축산식품부장관 또는 시·도지사는 가축의 개량·증식과 사육을 장려하기 위하여 필요하다고 인정하면 농림축산식품부령 또는 조례로 정하는 바에 따라 국가 또는 지방자치단체가 소유하는 종축을 타인에게 무상으로 대여하거나 타인이 소유한 종축과 교환할 수 있다. <개정 2008.2.29., 2013.3.23.>

제11조(가축의 인공수정 등) ①가축 인공수정사(이하 "수정사"라 한다) 또는 수의사가 아니면 정액·난자 또는 수정란을 채취·처리하거나 암가축에 주입하여서는 아니 된다. 다만, 살아있는 암가축에서 수정란을 채취하기 위하여 암가축에 성호르몬 및 마취제를 주사하는 행위는 수의사가 아니면 이를 하여서는 아니 된다.

②다음 각 호의 어느 하나에 해당하는 경우에는 제1항을 적용하지 아니한다.

1. 학술시험용으로 필요한 경우
2. 자가사육가축(自家飼育家畜)을 인공수정하거나 이식하는 데에 필요한 경우

제12조(수정사의 면허) ①다음 각 호의 어느 하나에 해당하는 자는 농림축산식품부령으로 정하는 바에 따라 시·도지사의 면허를 받아 수정사가 될 수 있다. <개정 2008.2.29., 2013.3.23., 2017.3.21.>

1. 「국가기술자격법」에 따른 기술자격 중 대통령령으로 정하는 축산 분야 산업기사 이상의 자격을 취득한 자
2. 시·도지사가 시행하는 수정사 시험에 합격한 자
3. 농촌진흥청장이 수정사 인력의 적정 수급을 위하여 농림축산식품부령으로 정하는 바에 따라 시행하는 수정사 시험에 합격한 자

②다음 각 호의 어느 하나에 해당하는 자는 수정사가 될 수 없다. <개정 2008.2.29., 2010.1.25., 2011.8.4., 2014.3.18.>

1. 피성년후견인 또는 피한정후견인
2. 「정신보건법」 제3조제1호에 따른 정신질환자. 다만, 정신건강의학과전문의가 수정사로서 업무를 수행할 수 있다고 인정하는 사람은 그러하지 아니하다.
3. 「마약류관리에 관한 법률」 제40조에 따른 마약류중독자. 다만, 정신건강의학과전

문의가 수정사로서 업무를 수행할 수 있다고 인정하는 사람은 그러하지 아니하다.
③제1항제2호에 따른 수정사 시험의 과목, 시험의 일부 면제 및 합격 기준 등 수정사 시험에 필요한 사항은 농림축산식품부령으로 정한다.
<개정 2008.2.29., 2013.3.23.>
④수정사는 다른 사람에게 그 명의를 사용하게 하거나 다른 사람에게 그 면허를 대여해서는 아니 된다. <신설 2020.3.24.>
⑤누구든지 수정사의 면허를 취득하지 아니하고 그 명의를 사용하거나 면허를 대여받아서는 아니 되며, 명의의 사용이나 면허의 대여를 알선해서도 아니 된다. <신설 2020.3.24.>

제13조(수정사의 교육) ①농림축산식품부장관 및 시·도지사는 수정사의 자질을 높이기 위한 교육을 실시할 수 있다. <개정 2018.12.31.>
②국가 또는 지방자치단체는 제1항에 따른 교육에 필요한 경비를 지원할 수 있다.
③제1항에 따른 교육대상, 교육내용 등 교육에 필요한 사항은 농림축산식품부령으로 정한다. <신설 2018.12.31.>

제14조(수정사의 면허취소 등) ①시·도지사는 수정사가 다음 각 호의 어느 하나에 해당하는 때에는 그 면허를 취소하거나 6개월 이내의 기간을 정하여 면허를 정지할 수 있다. 다만, 제1호나 제2호에 해당하는 경우에는 면허를 취소하여야 한다. <개정 2017.3.21., 2020.3.24.>
1. 거짓이나 그 밖의 부정한 방법으로 면허를 받은 때
2. 제12조제2항 각 호의 어느 하나에 해당하게 된 때
3. 고의 또는 중대한 과실로 제18조제2항의 증명서를 사실과 다르게 발급한 경우
4. 제12조제4항을 위반하여 다른 사람에게 면허증을 사용하게 하거나 다른 사람에게 그 면허를 대여한 경우
5. 제12조제5항을 위반하여 수정사의 명의의 사용이나 면허의 대여를 알선한 경우
6. 면허정지 기간 중에 수정사의 업무를 한 경우
②제1항에 따른 면허취소 등 처분의 세부기준은 농림축산식품부령으로 정한다. <신설 2017.3.21.>
[제목개정 2017.3.21.]

제15조 삭제 <2012.2.22.>
제16조 삭제 <2012.2.22.>

제17조(수정소의 개설신고 등) ①정액 또는 수정란을 암가축에 주입 또는 이식하는 업을 영위하기 위하여 가축 인공수정소[(家畜 人工授精所), 이하 "수정소"라 한다)를 개설하려는 자는 그에 필요한 시설 및 인력을 갖추어 시장·군수 또는 구청

장에게 신고하여야 한다.

②시장·군수 또는 구청장은 제1항에 따른 신고를 받은 경우 그 내용을 검토하여 이 법에 적합하면 신고를 수리하여야 한다. <신설 2019.8.27.>

③제1항에 따른 수정소의 시설 및 인력에 관한 기준과 그 밖에 신고에 필요한 사항 은 농림축산식품부령으로 정한다. <개정 2008.2.29., 2013.3.23., 2019.8.27.>

④제1항에 따라 수정소의 개설을 신고한 자(이하 "수정소개설자"라 한다)가 다음 각 호의 어느 하나에 해당하면 그 사유가 발생한 날부터 30일 이내에 시장·군수 또 는 구청장에게 신고하여야 한다. <개정 2008.2.29., 2013.3.23., 2019.8.27.>

1. 영업을 휴업한 경우
2. 영업을 폐업한 경우
3. 휴업한 영업을 재개한 경우
4. 신고사항 중 농림축산식품부령으로 정하는 사항을 변경한 경우

제18조(정액증명서 등) ①정액등처리업을 경영하는 자는 그가 처리한 정자·난자 또는 수정란에 대하여 농림축산식품부령으로 정하는 바에 따라 제6조에 따른 등록 기관의 확인을 받아 정액증명서·난자증명서 또는 수정란증명서를 발급하여야 한 다. <개정 2008.2.29., 2012.2.22., 2013.3.23.>

②수정사 또는 수의사가 가축인공수정을 하거나 수정란을 이식하면 농림축산식품부 령으로 정하는 바에 따라 가축인공수정 증명서 또는 수정란이식 증명서를 발급하 여야 한다. <개정 2008.2.29., 2013.3.23.>

제19조(정액 등의 사용제한) 다음 각 호의 어느 하나에 해당하는 정액·난자 또는 수정란은 가축 인공수정용으로 공급·주입하거나 암가축에 이식하여서는 아니 된 다. 다만, 학술시험용이나 자가사육가축에 대한 인공수정용 또는 이식용으로 사용 하는 경우에는 그러하지 아니하다. <개정 2008.2.29., 2013.3.23.>

1. 제18조제1항에 따른 정액증명서·난자증명서 또는 수정란증명서가 없는 정액·난 자 또는 수정란
2. 농림축산식품부령으로 정하는 기준에 미달하는 정액·난자 또는 수정란

제20조(수정소개설자에 대한 감독) ①시·도지사, 시장·군수 또는 구청장, 가축개 량총괄기관의 장은 농림축산식품부령으로 정하는 바에 따라 수정소개설자에게 가 축의 개량을 위하여 필요한 사항을 명하거나 소속 공무원 또는 제6조에 따른 등록 기관에게 해당 시설과 장부·서류, 그 밖의 물건을 검사하게 할 수 있다. <개정 2008.2.29., 2012.2.22., 2013.3.23.>

②제1항에 따라 검사를 하는 공무원 등은 그 권한을 표시하는 증표를 지니고 이를 관계인에게 내보여야 한다.

[제목개정 2012.2.22.]

제21조(우수 정액등처리업체 등의 인증) ①농림축산식품부장관은 정액등처리업과
종축업의 위생관리 수준을 높이고 가축을 개량하기 위하여 우수업체를 인증할 수
있다. <개정 2008.2.29., 2010.1.25., 2013.3.23.>
②농림축산식품부장관은 농림축산식품부령으로 정하는 바에 따라 제1항에 따른 우수
업체를 인증할 인증기관을 지정할 수 있다. <개정 2008.2.29., 2013.3.23.>
③제1항에 따라 우수업체 인증을 받으려는 자는 농림축산식품부령으로 정하는 바에
따라 제2항에 따른 인증기관에 신청하여야 한다. <개정 2008.2.29., 2013.3.23.>
④제1항에 따른 우수업체 인증의 기준 및 절차 등에 필요한 사항은 농림축산식품부
령으로 정한다. <개정 2008.2.29., 2013.3.23.>
[제목개정 2010.1.25.]

제3장 축산물의 수급 등

제22조(축산업의 허가 등) ①다음 각 호의 어느 하나에 해당하는 축산업을 경영하
려는 자는 대통령령으로 정하는 바에 따라 해당 영업장을 관할하는 시장·군수 또
는 구청장에게 허가를 받아야 한다. 허가받은 사항 중 가축의 종류 등 농림축산식
품부령으로 정하는 중요한 사항을 변경할 때에도 또한 같다. <개정 2013.3.23.,
2018.12.31.>
1. 종축업
2. 부화업
3. 정액등처리업
4. 가축 종류 및 사육시설 면적이 대통령령으로 정하는 기준에 해당하는 가축사육업
②제1항의 허가를 받으려는 자는 다음 각 호의 요건을 갖추어야 한다. <개정
2018.12.31.>
1.「가축분뇨의 관리 및 이용에 관한 법률」제11조에 따라 배출시설의 허가 또는
신고가 필요한 경우 해당 허가를 받거나 신고를 하고, 같은 법 제12조에 따른 처
리시설을 설치할 것
2. 대통령령으로 정하는 바에 따라 가축전염병 발생으로 인한 살처분·소각 및 매몰

등에 필요한 매몰지를 확보할 것. 다만, 토지임대계약, 소각 등 가축처리계획을 수립하여 제출하는 경우에는 그러하지 아니하다.

3. 대통령령으로 정하는 축사·장비 등을 갖출 것
4. 가축사육규모가 대통령령으로 정하는 단위면적당 적정사육기준에 부합할 것
5. 닭 또는 오리에 관한 종축업·가축사육업의 경우 축사가 「가축전염병 예방법」 제2조제7호에 따른 가축전염병 특정매개체로 인해 고병원성 조류인플루엔자 발생 위험이 높은 지역으로서 대통령령으로 정하는 지역에 위치하지 아니할 것
6. 닭 또는 오리에 관한 종축업·가축사육업의 경우 축사가 기존에 닭 또는 오리에 관한 가축사육업의 허가를 받은 자의 축사로부터 500미터 이내의 지역에 위치하지 아니할 것
7. 그 밖에 축사가 축산업의 허가 제한이 필요한 지역으로서 대통령령으로 정하는 지역에 위치하지 아니할 것

③제1항제4호에 해당하지 아니하는 가축사육업을 경영하려는 자는 대통령령으로 정하는 바에 따라 해당 영업장을 관할하는 시장·군수 또는 구청장에게 등록하여야 한다. <개정 2018.12.31.>

④제3항의 등록을 하려는 자는 다음 각 호의 요건을 갖추어야 한다. <개정 2013.3.23., 2018.12.31.>

1. 「가축분뇨의 관리 및 이용에 관한 법률」 제11조에 따라 배출시설의 허가 또는 신고가 필요한 경우 해당 허가를 받거나 신고를 하고, 같은 법 제12조에 따른 처리시설을 설치할 것
2. 대통령령으로 정하는 바에 따라 가축전염병 발생으로 인한 살처분·소각 및 매몰 등에 필요한 매몰지를 확보할 것. 다만, 토지임대계약, 소각 등 가축처리계획을 수립하여 제출하는 경우에는 그러하지 아니하다.
3. 대통령령으로 정하는 축사·장비 등을 갖출 것
4. 가축사육규모가 대통령령으로 정하는 단위면적당 적정사육기준에 부합할 것
5. 닭, 오리, 그 밖에 대통령령으로 정하는 가축에 관한 가축사육업의 경우 축사가 기존에 닭 또는 오리에 관한 가축사육업의 허가를 받은 자의 축사로부터 500미터 이내의 지역에 위치하지 아니할 것

⑤제3항에도 불구하고 가축의 종류 및 사육시설 면적이 대통령령으로 정하는 기준에 해당하는 가축사육업을 경영하려는 자는 등록하지 아니할 수 있다. <개정 2018.12.31.>

⑥제1항에 따라 축산업의 허가를 받거나 제3항에 따라 가축사육업의 등록을 한 자가 다음 각 호의 어느 하나에 해당하면 그 사유가 발생한 날부터 30일 이내에 시장·군수 또는 구청장에게 신고하여야 한다. <신설 2018.12.31.>

1. 3개월 이상 휴업한 경우
2. 폐업(3년 이상 휴업한 경우를 포함한다)한 경우

3. 3개월 이상 휴업하였다가 다시 개업한 경우
4. 등록한 사항 중 가축의 종류 등 농림축산식품부령으로 정하는 중요한 사항을 변경한 경우(가축사육업을 등록한 자에게만 적용한다)
⑦국가나 지방자치단체는 제1항 및 제3항에 따라 축산업을 허가받거나 가축사육업을 등록하려는 자에 대하여 축사·장비 등을 갖추는 데 필요한 비용의 일부를 대통령령으로 정하는 바에 따라 지원할 수 있다. <신설 2018.12.31.>
⑧국가 또는 지방자치단체는 다음 각 호의 어느 하나에 해당하는 자가 대통령령으로 정하는 바에 따라 축사·장비 등과 사육방법 등을 개선하는 경우 이에 필요한 비용의 일부를 예산의 범위에서 지원할 수 있다. <신설 2018.12.31.>
1. 제1항에 따라 축산업의 허가를 받은 자
2. 제3항에 따라 가축사육업의 등록을 한 자
[전문개정 2012.2.22.]

판례 – 지장물및영업권수용이의재결처분취소
[대법원 2009.12.10., 선고, 2007두10686, 판결]

【판시사항】
종계 12,960수를 사육하여 종란을 생산하는 종계업을 영위하면서 관할 시장·군수에게 구 축산법 제20조 제1항 등에 따라 종계업 신고를 하지 않은 경우, 구 공공용지의 취득 및 손실보상에 관한 특례법 시행규칙 제25조의3 제1항 제2호에 따라 휴업보상의 대상이 되는 영업에서 제외된다고 한 사례

제22조의2(축산업의 허가 등에 관한 정보의 통합 활용) ①농림축산식품부장관은 제22조제1항·제3항에 따라 시장·군수·구청장이 허가 또는 등록한 정보를 효율적으로 통합·활용하기 위하여 관계 중앙행정기관의 장 및 지방자치단체의 장에게 정보의 제공을 요청할 수 있다.
②제1항의 요청을 받은 관계 중앙행정기관의 장 및 지방자치단체의 장은 특별한 사유가 없으면 이에 따라야 한다.
③제1항에 따른 대상 정보의 범위 등 그 밖에 정보의 통합·활용을 위해 필요한 사항은 대통령령으로 정한다.
[본조신설 2018.12.31.]

제23조(축산업 허가 등의 결격사유) ①다음 각 호의 어느 하나에 해당하는 자는 제22조제1항에 따른 축산업 허가를 받을 수 없다. <개정 2018.12.31.>
1. 제25조제1항에 따라 허가가 취소된 후 2년이 지나지 아니한 자
2. 제53조제1호 또는 제3호에 따라 징역의 실형을 선고받고 그 집행이 끝나거나(집행이 끝난 것으로 보는 경우를 포함한다) 집행이 면제된 날부터 2년이 지나지 아니한 자

3. 제53조제1호 또는 제3호에 따라 징역형의 집행유예를 선고받고 그 유예기간 중
에 있는 자
4. 대표자가 제1호부터 제3호까지의 규정 중 어느 하나에 해당하는 법인
②제25조제2항에 따라 등록이 취소된 후 1년이 지나지 아니한 자는 제22조제3항에
따른 가축사육업의 등록을 할 수 없다. <개정 2018.12.31.>
[전문개정 2012.2.22.]

제24조(영업의 승계) ①제22조제1항에 따라 축산업의 허가를 받거나 같은 조 제3
항에 따라 가축사육업의 등록을 한 자가 사망하거나 영업을 양도한 때 또는 법인
의 합병이 있는 때에는 그 상속인, 양수인 또는 합병 후에 존속하는 법인이나 합
병에 의하여 설립된 법인은 그 영업자의 지위를 승계한다. <개정 2012.2.22.,
2018.12.31.>
②제1항에 따라 그 영업자의 지위를 승계한 자는 농림축산식품부령으로 정하는 바에
따라 승계한 날부터 30일 이내에 시장·군수 또는 구청장에게 신고하여야 한다.
<개정 2008.2.29., 2013.3.23.>
③제1항에 따른 승계에 관하여는 제23조를 준용한다.

판례 ― 관세등부과처분취소
[대법원 2003.2.14., 선고, 2001두4832, 판결]

【판시사항】
[1] 세관공무원이 수입업자의 납세신고를 수리함에 있어서 그 물품이 양허관
세의 대상인지 여부 등을 심사하거나 보완을 요구할 의무가 있는지 여부(소극)
[2] 시장접근물량에 적용되는 양허관세적용 추천을 받지 못한 자에게 시장접
근물량에 적용되는 양허세율이 적용될 수 있는지 여부(소극) 및 이와 같은
내용의 축산물 수입 관련 규정이 위헌 또는 위법인지 여부(소극)
[3] 추천대행기관으로부터 추천서를 발급받아 세관장에게 제출하지 아니한 수
입신고자에게 시장접근물량 초과분에 적용되는 높은 양허세율을 적용한 과세
처분이 적법하다고 한 사례

【판결요지】
[1] 구 관세법(1998.12.28. 법률 제5583호로 개정되기 전의 것) 제17조 제1항,
제2항 등은 관세의 원칙적인 부과·징수를 신고납세방식에 의함을 밝히고 있
는바, 이러한 신고납세방식 아래에서는, 물품을 수입하고자 하는 자가 납세신
고를 함에 있어서 수입신고서에 구 관세법시행령(1997.12.31. 대통령령 제1556
0호로 개정되기 전의 것) 제5조 제1항에 따라 당해 물품의 품목분류·세율·세
액 등을 기재하여 신고함과 아울러 관세를 납부할 의무가 있고, 세관장은 신
고한 세액에 대하여는 수입신고를 수리한 후에 심사할 수 있는 것이므로, 수
입업자가 시장접근물량을 초과하는지 여부에 따라 양허관세율이 차등 적용되
는 물품을 수입하면서 시장접근물량에 적용되는 낮은 양허관세율을 적용받기

위해 필요한 시장접근물량 양허관세적용 추천서를 납세신고시 제출하지 아니하는 경우, 세관장은 그 납세신고를 수리함에 있어서 그 물품이 양허관세율이 적용되는 물품인지 여부, 추천서를 갖추었는지 여부 등을 심사하거나 그 보완을 요구할 의무가 없다.

[2] 구 축산법(1999.1.29. 법률 제5720호로 전문 개정되기 전의 것) 제14조의2 제1항은 시장접근물량에 적용되는 양허세율로 축산물 등을 수입하고자 하는 자는 농림부장관의 추천을 받도록 규정하고 있고, 제2항은 축산물 등의 수입에 대한 추천업무를 시·도지사에게 위임하거나 농림부장관이 지정하는 비영리법인으로 하여금 대행하게 할 수 있으며, 이 경우 품목별 추천물량·추천기준 기타 필요한 사항은 농림부장관이 정하도록 규정하고 있는바, 이러한 규정의 해석상 위와 같은 추천을 받지 못한 자에게는 시장접근물량에 적용되는 양허세율이 적용될 수 없다 할 것이고, 그와 같은 추천의 요건을 갖추지 못한 경우에 위 양허세율이 적용되지 아니한다 하여 그 수입에 관계되는 같은 법 제14조의2, 구 관세법시행령(1997.12.31. 대통령령 제15560호로 개정되기 전의 것) 제5조 제1항, 농축산물시장접근물량양허관세추천및수입관리요령(1997.7.10. 농림부고시 제97-52호로 개정된 것)의 규정 등이 조세법률주의나 조세형평의 원칙, 국민의 재산권 보장, 신의성실의 원칙 등에 어긋나 위헌 또는 위법하다고 볼 수는 없다.

[3] 수입물품이 수입신고 당시 세번 0404.10-2190으로 분류되고, 시장접근물량에 적용되는 저율의 양허관세율 20%를 적용받기 위해서는 추천대행기관인 한국유가공협회로부터 추천서를 발급받아 제출하여야 함에도 불구하고, 수입신고자가 그러한 추천서를 갖추지 아니한 채 위 물품을 세번 0404.90-0000으로 분류하고 관세율표에 따른 기본세율 40%를 적용하여 납세신고한 데 대해, 저율의 양허관세율로 수입하려면 반드시 추천대행기관으로부터 추천서를 발급받아 세관장에게 제출하여야 하므로 이러한 요건을 갖추지 아니한 수입신고자에게 시장접근물량 초과분에 적용되는 84.2%의 높은 양허세율을 적용한 과세처분은 적법하다고 한 사례.

제25조(축산업의 허가취소 등) ①시장·군수 또는 구청장은 제22조제1항에 따라 축산업의 허가를 받은 자가 다음 각 호의 어느 하나에 해당하면 대통령령으로 정하는 바에 따라 그 허가를 취소하거나 1년 이내의 기간을 정하여 영업의 전부 또는 일부의 정지를 명할 수 있다. 다만, 제1호 또는 제4호에 해당하면 그 허가를 취소하여야 한다. <개정 2018.12.31., 2019.8.27.>

1. 거짓이나 그 밖의 부정한 방법으로 제22조제1항에 따른 허가를 받은 경우
2. 정당한 사유 없이 제22조제1항에 따라 허가받은 날부터 1년 이내에 영업을 시작하지 아니하거나 같은 조 제6항에 따라 신고하지 아니하고 1년 이상 계속하여 휴업한 경우
3. 다른 사람에게 그 허가 명의를 사용하게 한 경우

4. 제22조제2항제3호에 따른 축사·장비 등 중 대통령령으로 정하는 중요한 축사·장비 등을 갖추지 아니한 경우
5. 「가축전염병예방법」 제5조제3항의 외국인 근로자 고용신고·교육·소독 등 조치 또는 같은 조 제6항에 따른 입국 시 국립가축방역기관장의 조치를 위반하여 가축전염병을 발생하게 하였거나 다른 지역으로 퍼지게 한 경우
6. 「가축전염병예방법」 제20조제1항(「가축전염병예방법」 제28조에서 준용하는 경우를 포함한다)에 따른 살처분(殺處分) 명령을 위반한 경우
7. 「가축분뇨의 관리 및 이용에 관한 법률」 제17조제1항을 위반하여 같은 법 제18조에 따라 배출시설의 설치허가취소 또는 변경허가취소 처분을 받은 경우
8. 「약사법」 제85조제3항을 위반하여 같은 법 제98조제1항제10호에 따른 처분을 받은 경우
9. 제22조제2항제3호에 따른 축사·장비 등에 관한 규정 또는 「가축전염병 예방법」 제17조에 따른 소독설비 및 실시 등에 관한 규정을 위반하여 가축전염병을 발생하게 하였거나 다른 지역으로 퍼지게 한 경우
10. 「농약관리법」 제2조에 따른 농약을 가축에 사용하여 그 축산물이 「축산물 위생관리법」 제12조에 따른 검사 결과 불합격 판정을 받은 경우
②시장·군수 또는 구청장은 제22조제3항에 따라 가축사육업의 등록을 한 자가 다음 각 호의 어느 하나에 해당하면 대통령령으로 정하는 바에 따라 그 등록을 취소하거나 6개월 이내의 기간을 정하여 영업의 전부 또는 일부의 정지를 명할 수 있다. 다만, 제1호 또는 제5호에 해당하면 그 등록을 취소하여야 한다. <개정 2018.12.31.>
1. 거짓이나 그 밖의 부정한 방법으로 제22조제3항에 따른 등록을 한 경우
2. 정당한 사유 없이 제22조제3항에 따른 등록을 한 날부터 2년 이내에 영업을 시작하지 아니하거나 같은 조 제6항에 따라 신고하지 아니하고 1년 이상 계속하여 휴업한 경우
3. 다른 사람에게 그 등록 명의를 사용하게 한 경우
4. 마지막 영업정지 처분을 받은 날부터 최근 1년 이내에 세 번 이상 영업정지 처분을 받은 경우
5. 제22조제4항제3호에 따른 축사·장비 등 중 대통령령으로 정하는 중요한 축사·장비 등을 갖추지 아니한 경우
③제1항에 따른 허가취소 처분을 받은 자는 6개월 이내에 가축을 처분하여야 한다.
④시장·군수 또는 구청장은 제22조제1항에 따라 축산업의 허가를 받거나 같은 조 제3항에 따라 가축사육업의 등록을 한 자가 같은 조 제2항제3호 또는 제4항제3호에 따른 축사·장비 등을 갖추지 아니한 경우에는 대통령령으로 정하는 바에 따라 필요한 시정을 명할 수 있다. <개정 2018.12.31.>

⑤제1항 및 제2항에 따른 허가 및 등록의 취소, 영업정지 처분, 제4항에 따른 시정 명령의 구체적인 기준은 대통령령으로 정한다.
[전문개정 2012.2.22.]

제25조의2(과징금 처분) ①시장·군수 또는 구청장은 제25조제1항제3호부터 제10호까지에 따라 영업정지를 명하여야 하는 경우로서 그 영업정지가 가축처분의 곤란, 그 밖에 공익에 현저한 지장을 줄 우려가 있다고 인정되는 경우에는 영업정지 처분을 갈음하여 1억원 이하의 과징금을 부과할 수 있다.
②시장·군수 또는 구청장은 제1항에 따른 과징금을 부과받은 자가 납부기한까지 과징금을 내지 아니하면 「지방행정제재·부과금의 징수 등에 관한 법률」에 따라 징수한다. <개정 2020.3.24.>
③시장·군수 또는 구청장은 제1항에 따라 징수한 과징금을 축산업 발전사업의 용도로만 사용하여야 한다.
④제1항에 따른 과징금을 부과하는 대상 및 사육규모·매출액 등에 따른 과징금의 금액, 그 밖에 필요한 사항은 대통령령으로 정한다.
[본조신설 2019.8.27.]

제26조(축산업 허가를 받은 자 등의 준수사항) ①제22조제1항에 따라 축산업의 허가를 받거나 같은 조 제3항에 따라 가축사육업의 등록을 한 자는 가축의 개량, 가축질병의 예방 및 축산물의 위생수준 향상을 위하여 농림축산식품부령으로 정하는 사항을 지켜야 한다. <개정 2008.2.29., 2012.2.22., 2013.3.23., 2018.12.31.>
②제22조제1항제1호에 따른 종축업의 허가를 받은 자는 종축이 아닌 오리로부터 번식용 알을 생산하여서는 아니 된다. <신설 2018.12.31.>
[제목개정 2012.2.22.]

제27조 삭제 <2010.1.25.>

제28조(축산업 허가를 받은 자 등에 대한 정기점검 등) ①시장·군수 또는 구청장은 가축의 개량, 가축질병의 예방, 축산물의 위생수준 향상 및 「가축분뇨의 관리 및 이용에 관한 법률」에 따른 가축분뇨의 적정한 처리를 확인하기 위하여 소속 공무원으로 하여금 제22조제1항에 따라 축산업 허가를 받은 자에 대하여 1년에 1회 이상 정기점검을 하도록 하고, 같은 조 제3항에 따라 가축사육업의 등록을 한 자에 대하여는 필요한 경우 점검하게 할 수 있다. <개정 2018.12.31.>
②시장·군수 또는 구청장은 제1항에 따라 정기점검 등을 실시한 때에는 농림축산식품부령으로 정하는 바에 따라 그 시설의 개선과 업무에 필요한 사항을 명할 수 있다. <개정 2013.3.23.>
③시장·군수 또는 구청장은 제1항에 따라 정기점검 등을 실시한 때에는 30일 이내

에 농림축산식품부장관 및 시·도지사에게 정기점검 결과 및 허가·등록 현황을
보고하여야 한다. <개정 2013.3.23.>

④농림축산식품부장관 및 시·도지사는 필요한 경우 제22조제1항에 따라 축산업 허
가를 받은 자와 같은 조 제3항에 따라 가축사육업의 등록을 한 자에 대하여 점검
할 수 있으며, 점검결과에 따라 해당 시·군·구에 처분을 요구할 수 있다. <개정
2013.3.23., 2018.12.31.>

⑤제1항 및 제4항에 따라 점검을 하는 관계 공무원(제51조에 따라 위탁받은 업무에
종사하는 축산 관련 법인 및 단체의 임직원을 포함한다)은 그 권한을 표시하는 증
표를 지니고 이를 관계인에게 내보여야 한다. <개정 2018.12.31.>
[전문개정 2012.2.22.]

제29조(종축 등의 수출입 신고) ①농림축산식품부령으로 정하는 종축, 종축으로 사
용하려는 가축 및 가축의 정액·난자·수정란을 수출입하려는 자는 농림축산식품
부장관에게 신고하여야 한다. <개정 2008.2.29., 2013.3.23.>

②농림축산식품부장관은 제1항에 따른 신고를 받은 경우 그 내용을 검토하여 이 법
에 적합하면 신고를 수리하여야 한다. <신설 2019.8.27.>

③농림축산식품부장관은 제1항에 따른 수출입 신고의 대상이 되는 종축 등의 생산능
력·규격 등 필요한 기준을 정하여 고시하여야 한다. <개정 2008.2.29., 2013.3.
23., 2019.8.27.>

제30조(축산물 등의 수입 추천 등) ①「세계무역기구 설립을 위한 마라케쉬 협정」
에 따른 대한민국 양허표(讓許表)의 시장접근물량에 적용되는 양허세율로 축산물
및 제29조에 따른 종축 등을 수입하려는 자는 농림축산식품부장관의 추천을 받아
야 한다. <개정 2008.2.29., 2013.3.23.>

②농림축산식품부장관은 제1항에 따른 축산물 및 종축 등의 수입 추천 업무를 시·
도지사에게 위임하거나 농림축산식품부장관이 지정하는 비영리법인이 대행하도록
할 수 있다. 이 경우 품목별 추천 물량·추천 기준, 그 밖에 필요한 사항은 농림
축산식품부장관이 정한다. <개정 2008.2.29., 2013.3.23.>

제31조(수입 축산물의 관리) 농림축산식품부장관은 수입 축산물의 관리·부정유통
방지, 그 밖에 소비자보호를 위하여 특히 필요하다고 인정하면 제30조에 따른 추
천을 받은 자, 「관세법」 제71조에 따른 할당관세의 적용을 받아 축산물을 수입하
는 자 또는 수입된 해당 축산물을 판매 또는 가공하는 자에게 농림축산식품부령으
로 정하는 바에 따라 다음 각 호의 사항을 명하거나 이에 관한 사항을 정하여 고
시할 수 있다. <개정 2008.2.29., 2013.3.23.>
1. 수입 축산물의 판매가격·방법 및 시기
2. 수입 축산물의 용도 제한

3. 수입 축산물의 사용량 및 재고량에 관한 보고

제32조(송아지생산안정사업) ①농림축산식품부장관은 송아지를 안정적으로 생산·
공급하고 소 사육농가의 생산기반을 유지하기 위하여 송아지의 가격이 제4조에 따
른 축산발전심의위원회의 심의를 거쳐 결정된 기준가격 미만으로 하락할 경우 송
아지 생산농가에 송아지생산안정자금을 지급하는 송아지생산안정사업을 실시한다.
이 경우 송아지생산안정사업의 대상이 되는 소의 범위는 농림축산식품부령으로 정
한다. <개정 2008.2.29., 2013.3.23.>
②제1항에 따라 송아지생산안정자금을 지급받으려는 송아지 생산농가는 제3항에 따
른 업무규정으로 정하는 바에 따라 송아지생산안정사업에 참여하여야 한다.
③농림축산식품부장관이 제1항에 따라 송아지생산안정사업을 실시하는 때에는 다음
각 호의 사항이 포함된 업무규정을 정하여 고시하여야 한다. <개정 2008.2.29.,
2013.3.23.>
1. 참여 자격
2. 참여기간·참여방법 및 참여절차
3. 송아지생산안정자금의 지급조건·지급금액 및 지급절차
4. 송아지생산안정사업의 자금조성 및 관리
5. 그 밖에 송아지생산안정사업의 실시에 필요한 사항
④농림축산식품부장관은 제3항제4호에 따른 송아지생산안정사업 자금을 조성하기 위
하여 송아지생산안정사업에 참여하는 송아지 생산 농가에게 송아지생산안정자금
지급한도액의 100분의 5 범위에서 농림축산식품부장관이 정하는 금액을 부담하게
할 수 있다. <개정 2008.2.29., 2013.3.23.>
⑤국가 또는 지방자치단체는 송아지생산안정사업을 원활하게 추진하기 위하여 해당
사업 운영에 필요한 자금의 전부 또는 일부를 지원할 수 있다.
⑥송아지생산안정자금의 총 지급금액이 다음 각 호의 어느 하나를 초과하여 송아지
생산안정자금이 지급되지 아니하거나 적게 지급될 때에는 그 지급되지 아니하거나
적게 지급된 금액을 다음 연도에 지급할 수 있다. <개정 2020. 3. 24.>
1. 해당 연도의 송아지생산안정사업 예산액
2. 「세계무역기구 설립을 위한 마라케쉬 협정」에 따른 해당 연도의 보조금 최소 허
용한도액

제32조의2(국가축산클러스터의 지원·육성) ①농림축산식품부장관은 국가축산클
러스터의 지원과 육성에 관한 종합계획(이하 이 조에서 "종합계획"이라 한다)을 수
립하여야 한다. <개정 2013.3.23.>
②종합계획에는 다음 각 호의 사항이 포함되어야 한다.
1. 국가축산클러스터 지원·육성의 기본방향에 관한 사항

2. 국가축산클러스터의 추진을 위한 축산단지의 조성 및 지원에 관한 사항
3. 환경친화적인 국가축산클러스터 조성에 관한 사항
4. 가축전염병 예방을 위한 방역 시설·장비의 설치 및 운영에 관한 사항
5. 국가축산클러스터 참여 업체 및 기관들의 역량 강화에 관한 사항
6. 국가축산클러스터 참여 업체 및 기관들의 상호 연계 활동의 지원에 관한 사항
7. 국가축산클러스터 지원기관의 설립 및 운영에 관한 사항
8. 국내 축산 관련 산업과의 연계 강화를 위한 사항
9. 국내외 다른 지역 및 다른 산업들과의 연계 강화를 위한 사항
10. 국가축산클러스터의 국내외 투자유치와 축산물의 수출 촉진에 관한 사항
11. 국가축산클러스터에 대한 투자와 재원조달에 관한 사항
12. 그 밖에 국가축산클러스터의 육성을 위한 사항
③농림축산식품부장관이 종합계획을 수립하기 위하여는 위원회의 심의를 거쳐야 한다. <개정 2013.3.23.>
④농림축산식품부장관은 종합계획을 수립하거나 변경하려는 경우에는 관할 지방자치단체의 장의 의견을 듣고 관계 중앙행정기관의 장과 협의하여야 한다. 다만, 대통령령으로 정하는 경미한 사항을 변경하는 경우에는 그러하지 아니하다. <개정 2013.3.23.>
⑤농림축산식품부장관은 국가축산클러스터가 조성되는 지역을 관할하는 지방자치단체에 재정지원을 할 수 있다. <개정 2013.3.23.>
⑥국가 또는 지방자치단체는 국가축산클러스터를 조성하는 경우 가축전염병 발생으로 인한 살처분·소각 및 매몰 등에 필요한 매몰지, 소각장 및 소각시설을 국가축산클러스터 내에 갖추어야 한다.
⑦국가 또는 지방자치단체는 국가축산클러스터의 활성화를 위하여 국가 또는 지방자치단체의 재정지원을 통하여 이루어지는 여러 가지 사업을 추진할 때에 국가축산클러스터에 참여하는 업체와 기관들을 우선 지원할 수 있다.
⑧국가축산클러스터의 조성 절차·방법 및 육성·지원 등에 필요한 사항은 대통령령으로 정한다.
[본조신설 2012.2.22.]

제32조의3(국가축산클러스터지원센터의 설립 등) ①농림축산식품부장관은 국가축산클러스터의 육성·관리와 참여 업체 및 기관들의 활동 지원을 위하여 국가축산클러스터지원센터(이하 이 조에서 "지원센터"라 한다)를 설립한다. <개정 2013.3.23.>
②지원센터는 법인으로 하고, 주된 사무소의 소재지에서 설립등기를 함으로써 성립한다.
③지원센터는 다음 각 호의 사업을 수행한다. <개정 2013. 3. 23.>
1. 국가축산클러스터와 축산업집적에 관한 정책개발 및 연구
2. 축산단지의 조성 및 관리에 관한 사업

3. 국가축산클러스터 참여 업체 및 기관들에 대한 지원 사업
4. 국가축산클러스터 참여 업체 및 기관들 간의 상호 연계 활동 촉진 사업
5. 국가축산클러스터 활성화를 위한 연구, 대외협력, 홍보 사업
6. 그 밖에 농림축산식품부장관이 위탁하는 사업
④제3항 각 호의 사업을 수행하기 위하여 지원센터에 농림축산식품부령으로 정하는
부설기관을 설치할 수 있다. <개정 2013.3.23.>
⑤국가 또는 지방자치단체는 지원센터의 설립 및 운영에 사용되는 경비의 전부 또는
일부를 예산의 범위에서 지원할 수 있다.
⑥농림축산식품부장관은 지원센터에 대하여 제3항 각 호의 사업을 지도·감독하며,
필요하다고 인정할 때에는 사업에 관한 지시 또는 명령을 할 수 있다.
<개정 2013.3.23.>
⑦지원센터에 관하여 이 법에서 정한 것을 제외하고는 「민법」 중 재단법인에 관한
규정을 준용한다.
[본조신설 2012.2.22.]

제32조의4(축산물수급조절협의회의 설치 및 기능 등) ①가축 및 축산물(「낙농진
흥법」 제2조제2호 및 제3호에 따른 원유 및 유제품은 제외한다. 이하 이 조에서
같다)의 수급조절 및 가격안정과 관련된 중요 사항에 대한 자문(諮問)에 응하기 위
하여 농림축산식품부장관 소속으로 축산물수급조절협의회(이하 "수급조절협의회"라
한다)를 둔다.
②수급조절협의회는 다음 각 호의 사항에 대하여 자문에 응한다.
1. 축산물의 품목별 수급상황 조사·분석 및 판단에 관한 사항
2. 축산물 수급조절 및 가격안정에 관한 제도 및 사업의 운영·개선 등에 관한 사항
3. 축종별 수급안정을 위한 대책의 수립 및 추진에 관한 사항
4. 그 밖에 가축과 축산물의 수급조절 및 가격안정에 관한 사항으로서 농림축산식품
부장관이 자문하는 사항
③수급조절협의회는 위원장 1명을 포함한 15명 이내의 위원으로 구성하며, 위원은
가축 및 축산물의 수급조절 및 가격안정에 관한 학식과 경험이 풍부한 사람과 관
계 공무원 중에서 농림축산식품부장관이 임명 또는 위촉한다.
④이 법에서 규정한 사항 외에 수급조절협의회의 구성·운영에 관한 세부사항과 축
종별 소위원회 및 그 밖에 필요한 사항은 대통령령으로 정한다.
[본조신설 2020.3.24.]
[시행일 : 2021.3.25.] 제32조의4

제33조(축산자조금의 지원) ①농림축산식품부장관은 「축산자조금의 조성 및 운용에
관한 법률」에 따른 축산단체가 축산물의 판로 확대 등을 위하여 축산자조금을 설

치·운영하는 경우에는 제43조에 따른 축산발전기금의 일부를 그 축산단체에 보조금으로 지급할 수 있다. <개정 2008.2.29., 2013.3.23.>

②제1항에 따른 보조금의 지급기준, 그 밖에 필요한 사항은 대통령령으로 정한다.

제33조의2(축산업 허가자 등의 교육 의무) ①다음 각 호의 어느 하나에 해당하는 자는 제33조의3제1항에 따라 지정된 교육운영기관에서 농림축산식품부령으로 정하는 교육과정을 이수하여야 한다. <개정 2013.3.23., 2018.12.31.>

1. 제22조제1항에 따른 축산업의 허가를 받으려는 자
2. 제22조제3항에 따른 가축사육업의 등록을 하려는 자
3. 제34조의2제1항에 따라 가축거래상인으로 등록을 하려는 자

②제1항의 교육과정 이수 대상자 중 농림축산식품부령으로 정하는 축산 또는 수의(獸醫) 관련 교육과정을 이수한 자에 대하여는 교육의 일부를 면제할 수 있다. <개정 2013.3.23.>

③제22조제1항에 따른 축산업의 허가를 받은 자는 1년에 1회 이상, 제22조제3항 또는 제34조의2제1항에 따라 가축사육업 또는 가축거래상인의 등록을 한 자는 2년에 1회 이상 농림축산식품부령으로 정하는 바에 따라 제33조의3제1항에 따라 지정된 교육운영기관에서 실시하는 보수교육을 받아야 한다. <개정 2013.3.23., 2018.12.31.>

④제3항에 따른 보수교육 이수 대상자 중 질병·휴업·사고 등으로 보수교육을 받기에 적당하지 아니한 경우 등 농림축산식품부령으로 정하는 사유에 해당하는 자에 대하여는 3개월의 범위에서 그 기한을 연장할 수 있다. <신설 2018.12.31.>

[본조신설 2012.2.22.]

제33조의3(교육기관등의 지정 및 취소) ①농림축산식품부장관은 제33조의2제1항 각 호에 해당하는 자 등의 교육을 위하여 교육총괄기관 및 교육운영기관(이하 이 조에서 "교육기관등"이라 한다)을 지정·고시할 수 있다. <개정 2013.3.23.>

②교육운영기관은 제33조의2제1항 각 호에 해당하는 자 등의 교육신청에 따른 교육을 하여야 하며, 교육총괄기관에 교육 계획 및 실적 등을 매년 1월 31일까지 보고하여야 한다.

③교육총괄기관은 교육교재 및 교육과정을 개발하고 교육대상자 관리 업무를 수행하며, 제2항에 따라 보고받은 교육 계획 및 실적 등을 종합하여 농림축산식품부장관에게 매년 2월 말까지 보고하여야 한다. <개정 2013.3.23.>

④제3항에 따라 교육 계획 및 실적 등을 보고받은 농림축산식품부장관은 보고받은 내용을 확인·점검한 결과 필요한 경우에는 교육기관등에 시정을 명할 수 있다. <개정 2013.3.23.>

⑤농림축산식품부장관은 교육기관등이 다음 각 호의 어느 하나에 해당하는 경우에는

그 지정을 취소할 수 있다. 다만, 제1호의 경우에는 그 지정을 취소하여야 한다. <개정 2013.3.23.>

1. 거짓이나 그 밖의 부정한 방법으로 지정을 받은 경우
2. 교육실적을 거짓으로 보고한 경우
3. 제4항에 따른 시정명령을 이행하지 아니한 경우
4. 교육운영기관 지정일부터 2년 이상 교육실적이 없는 경우
5. 교육기관등으로서의 업무를 수행하기가 어렵다고 판단되는 경우
⑥교육기관등의 지정기준, 지정절차 및 교육내용 등 교육기관등의 지정·운영에 필요한 사항은 농림축산식품부령으로 정한다. <개정 2013.3.23.>
[본조신설 2012.2.22.]

제4장 가축시장 및 축산물의 품질향상 등

제34조(가축시장의 개설 등) ① 다음 각 호의 어느 하나에 해당하는 자로서 가축시장을 개설하려는 자는 농림축산식품부령으로 정하는 시설을 갖추어 시장·군수 또는 구청장에게 등록하여야 한다. <개정 2020.5.26.>

1. 「농업협동조합법」 제2조에 따른 지역축산업협동조합 또는 축산업의 품목조합
2. 「민법」 제32조에 따라 설립된 비영리법인으로서 축산을 주된 목적으로 하는 법인 (비영리법인의 지부를 포함한다)
②시장·군수 또는 구청장은 농림축산식품부령으로 정하는 바에 따라 가축시장을 개설한 자에게 가축시장 관리에 필요한 시설의 개선 및 정비, 그 밖에 필요한 사항을 명하거나 소속 공무원에게 해당 시설과 장부·서류, 그 밖의 물건을 검사하게 할 수 있다.<개정 2008.2.29., 2013.3.23., 2020.5.26.>
③제2항에 따라 검사를 하는 공무원은 그 권한을 표시하는 증표를 지니고 이를 관계인에게 내보여야 한다.

제34조의2(가축거래상인의 등록) ①가축거래상인이 되려는 자는 제33조의2에 따른 교육을 이수하고 농림축산식품부령으로 정하는 바에 따라 주소지를 관할하는 시장·군수 또는 구청장에게 등록하여야 한다. <개정 2013.3.23.>
②가축거래상인이 다음 각 호의 어느 하나에 해당하면 그 사유가 발생한 날부터 30일 이내에 농림축산식품부령으로 정하는 바에 따라 시장·군수 또는 구청장에게 신고하여야 한다. <개정 2013.3.23.>

1. 3개월 이상 휴업한 경우
2. 폐업한 경우
3. 3개월 이상 휴업하였다가 다시 개업한 경우
4. 등록한 사항 중 농림축산식품부령으로 정하는 중요한 사항을 변경한 경우

[본조신설 2012.2.22.]

제34조의3(가축거래상인 등록의 결격사유) 다음 각 호의 어느 하나에 해당하는 자는 제34조의2제1항에 따른 가축거래상인의 등록을 할 수 없다. <개정 2014.3.18., 2015.2.3.>

1. 피성년후견인 또는 피한정후견인
2. 제34조의4에 따라 등록이 취소(제34조의3제1호에 해당하여 등록이 취소된 경우는 제외한다)된 날부터 1년이 지나지 아니한 자
3. 「가축전염병예방법」 제11조제1항 또는 제20조제1항(「가축전염병예방법」 제28조에서 준용하는 경우를 포함한다)을 위반하여 징역의 실형을 선고받고 그 집행이 끝나거나(집행이 끝난 것으로 보는 경우를 포함한다) 집행이 면제된 날부터 1년이 지나지 아니한 자
4. 「가축전염병예방법」 제11조제1항 또는 제20조제1항을 위반하여 징역형의 집행유예를 선고받고 그 유예기간 중에 있는 자
[본조신설 2012.2.22.]

제34조의4(가축거래상인의 등록취소 등) 시장·군수 또는 구청장은 가축거래상인이 다음 각 호의 어느 하나에 해당하면 대통령령으로 정하는 바에 따라 그 등록을 취소하거나 6개월 이내의 기간을 정하여 영업의 전부 또는 일부의 정지를 명할 수 있다. 다만, 제1호 또는 제2호, 제6호 또는 제7호에 해당하면 그 등록을 취소하여야 한다.

1. 거짓이나 그 밖의 부정한 방법으로 제34조의2제1항에 따른 등록을 한 경우
2. 제34조의3 각 호의 어느 하나에 해당하는 경우
3. 제34조의5에 따른 가축거래상인의 준수사항을 따르지 아니한 경우
4. 다른 사람에게 그 등록 명의를 사용하게 한 경우
5. 영업정지기간 중 영업을 한 경우
6. 마지막 영업정지 처분을 받은 날부터 최근 1년 이내에 세 번 이상 영업정지 처분을 받은 경우
7. 정당한 사유 없이 등록을 한 날부터 2년 이내에 영업을 시작하지 아니하거나 2년 이상 계속하여 휴업한 경우
[본조신설 2012.2.22.]

제34조의5(가축거래상인의 준수사항) 가축거래상인은 가축질병의 예방을 위하여 농림축산식품부령으로 정하는 사항을 지켜야 한다. <개정 2013.3.23.>
[본조신설 2012.2.22.]

제34조의6(가축거래상인에 대한 감독) 가축거래상인으로 등록한 자에 대한 감독에

관하여는 제28조를 준용한다. 이 경우 "가축사육업"은 "가축거래상인"으로 본다.
[본조신설 2012.2.22.]

제35조(축산물의 등급판정) ①농림축산식품부장관은 축산물의 품질을 높이고 유통
을 원활하게 하며 가축 개량을 촉진하기 위하여 농림축산식품부령으로 정하는 축
산물에 대하여는 그 품질에 관한 등급을 판정(이하 "등급판정"이라 한다)받게 할
수 있다. <개정 2008.2.29., 2013.3.23.>
②제1항에 따른 등급판정의 방법·기준 및 적용조건, 그 밖에 등급판정에 필요한 사
항은 농림축산식품부령으로 정한다. <개정 2008.2.29., 2013.3.23.>
③농림축산식품부장관은 제1항에 따라 등급판정을 받은 축산물 중 농림축산식품부령
으로 정하는 축산물에 대하여는 그 거래 지역 및 시행 시기 등을 정하여 고시하여
야 한다. <개정 2008.2.29., 2013.3.23.>
④제3항에 따라 거래 지역으로 고시된 지역(이하 "고시지역"이라 한다) 안에서 「농수
산물유통 및 가격안정에 관한 법률」 제22조에 따른 농수산물도매시장의 축산부류
도매시장법인(이하 "도매시장법인"이라 한다) 또는 같은 법 제43조에 따른 축산물
공판장(이하 "공판장"이라 한다)을 개설한 자는 등급판정을 받지 아니한 축산물을
상장하여서는 아니 된다.
⑤고시지역 안에서 「축산물위생관리법」 제2조제11호에 따른 도축장(이하 "도축장"이
라 한다)을 경영하는 자는 그 도축장에서 처리한 축산물로서 등급판정을 받지 아
니한 축산물을 반출하여서는 아니 된다. 다만, 학술연구용·자가소비용 등 농림축
산식품부령으로 정하는 축산물은 그러하지 아니하다. <개정 2008.2.29., 2010.5.25., 2013.3.23.>

제36조(축산물품질평가원) ①축산물 등급판정·품질평가 및 유통 업무를 효율적으
로 수행하기 위하여 축산물품질평가원(이하 "품질평가원"이라 한다)를 설립한다.
<개정 2010.1.25., 2018.12.31.>
②품질평가원은 법인으로 한다. <개정 2010.1.25.>
③품질평가원은 그 주된 사무소의 소재지에서 설립등기를 함으로써 성립한다. <개정
2010.1.25.>
④품질평가원은 다음 각 호의 사업을 한다. <개정 2010.1.25., 2018.12.31.>
1. 축산물 등급판정
2. 축산물 등급에 관한 교육 및 홍보
3. 축산물 등급판정 기술의 개발
4. 제37조제1항에 따른 축산물품질평가사의 양성
5. 축산물 등급판정·품질평가 및 유통에 관한 조사·연구·교육·홍보사업
6. 「가축 및 축산물 이력관리에 관한 법률」에 따른 가축 및 축산물 이력제에 관한
업무

7. 제1호부터 제6호까지의 규정과 관련한 국제협력사업 및 국가·지방자치단체, 그 밖의 자에게서 위탁 또는 대행받은 사업 및 그 부대사업

⑤농림축산식품부장관은 제4항 각 호의 사업에 드는 경비를 지원할 수 있다. <개정 2008.2.29., 2013.3.23., 2018.12.31.>

⑥농림축산식품부장관은 농림축산식품부령으로 정하는 바에 따라 품질평가원에 제4항 각 호의 사업 수행에 필요한 명령이나 보고를 하게 하거나, 소속 공무원에게 해당 시설과 장부·서류, 그 밖의 물건을 검사하게 할 수 있다. <개정 2008.2.29., 2010.1.25., 2013.3.23., 2018.12.31.>

⑦제6항에 따라 검사를 하는 공무원은 그 권한을 표시하는 증표를 지니고 이를 관계인에게 내보여야 한다.

⑧품질평가원에 관하여 이 법에 규정된 것 외에는 「민법」 중 재단법인에 관한 규정을 준용한다. <개정 2010.1.25.>

[제목개정 2010.1.25.]

제37조(축산물품질평가사) ①품질평가원에 등급판정 업무를 담당할 축산물품질평가사(이하 "품질평가사"라 한다)를 둔다. <개정 2010.1.25.>

②품질평가사는 다음 각 호의 어느 하나에 해당하는 자로서 품질평가원이 시행하는 품질평가사시험(이하 "품질평가사시험"이라 한다)에 합격하고 농림축산식품부령으로 정하는 품질평가사 양성교육을 이수한 자로 한다. <개정 2008.2.29., 2010.1.25., 2013.3.23., 2020.3.24.>

1. 전문대학 이상의 축산 관련 학과를 졸업하거나 이와 같은 수준의 학력이 있다고 인정된 자

2. 품질평가원에서 등급판정과 관련된 업무에 3년 이상 종사한 경험이 있는 자

③품질평가사시험, 품질평가사의 임면 등에 필요한 사항은 농림축산식품부장관의 승인을 받아 품질평가원이 정한다. <개정 2008.2.29., 2010.1.25., 2013.3.23.>

[제목개정 2010.1.25.]

제38조(품질평가사의 업무) ①품질평가사의 업무는 다음 각 호와 같다. <개정 2010.1.25.>

1. 등급판정 및 그 결과의 기록·보관

2. 등급판정인(等級判定印)의 사용 및 관리

3. 등급판정 관련 설비의 점검·관리

4. 그 밖에 등급판정 업무의 수행에 필요한 사항

②품질평가사가 등급판정을 하는 때에는 품질평가사의 신분을 표시하는 증표를 지니고 이를 관계인에게 내보여야 한다. <개정 2010.1.25.>

③누구든지 품질평가사가 제35조에 따라 등급판정을 받아야 하는 축산물에 등급판

정하는 것을 거부·방해 또는 기피하여서는 아니 된다. <개정 2010.1.25.>
[제목개정 2010.1.25.]

제39조(도축장 경영자의 준수사항) 고시지역 안에서 도축장을 경영하는 자는 등급 판정이 원활하게 이루어질 수 있도록 등급판정에 필요한 시설·공간을 확보하는 등 농림축산식품부령으로 정하는 사항을 준수하여야 한다.
<개정 2008.2.29., 2013.3.23.>

제40조(등급의 표시 등) ①품질평가사는 등급판정을 한 축산물에 등급을 표시하고 그 신청인 또는 해당 축산물의 매수인에게 등급판정확인서를 내주어야 한다.
<개정 2010.1.25.>
②도매시장법인 및 공판장을 개설한 자는 등급판정을 받은 축산물을 상장하는 때에는 그 등급을 공표하여야 한다.
③제1항 및 제2항에 따른 등급의 표시·등급판정확인서 및 등급의 공표 등에 필요한 사항은 농림축산식품부령으로 정한다. <개정 2008.2.29., 2013.3.23.>

제40조의2(전자민원창구의 설치·운영) ①농림축산식품부장관은 제40조제1항에 따른 등급판정확인서와 가축과 축산물 관련 서류의 열람, 발급신청 및 발급에 관한 서비스를 제공하기 위하여 전자민원창구를 설치·운영할 수 있다.
②농림축산식품부장관은 민원인에게 제1항에 따른 서비스를 제공하기 위하여 중앙행정기관과 그 소속 기관, 지방자치단체 및 공공기관(이하 "중앙행정기관등"이라 한다)의 장과 협의하여 제1항에 따른 전자민원창구와 다른 중앙행정기관등의 정보시스템을 연계할 수 있다. 이 경우 연계된 정보를 결합하여 새로운 서비스를 개발·제공할 수 있다.
③제1항에 따른 전자민원창구의 설치·운영에 필요한 사항은 농림축산식품부령으로 정한다.
[본조신설 2019.8.27.]

제41조(영업정지 처분 등의 요청) ①농림축산식품부장관 또는 시·도지사는 다음 각 호의 어느 하나에 해당하는 자에게 일정 기간의 영업정지(영업정지를 갈음하는 과징금의 부과를 포함한다) 처분을 하거나 그 밖에 필요한 조치를 하여 줄 것을 그 영업에 관한 처분권한을 가진 관계 행정기관의 장에게 요청할 수 있다. <개정 2008.2.29., 2013.3.23., 2020.3.24.>
1. 제35조제4항을 위반하여 등급판정을 받지 아니한 축산물을 상장한 도매시장법인 또는 공판장의 개설자
2. 제35조제5항을 위반하여 등급판정을 받지 아니한 축산물을 반출한 도축장의 경영자
3. 제38조제3항을 위반하여 등급판정 업무를 거부·방해 또는 기피한 도축장의 경영자

②제1항에 따른 요청을 받은 관계 행정기관의 장은 그 조치결과를 농림축산식품부장관 또는 시·도지사에게 알려야 한다. <개정 2008.2.29., 2013.3.23.>

제42조(도매시장법인 등에 대한 감독) ①농림축산식품부장관 또는 시·도지사는 등급판정 업무를 원활하게 추진하기 위하여 농림축산식품부령으로 정하는 바에 따라 도매시장법인 또는 공판장의 개설자 및 도축장의 경영자에게 시설의 개선 등 필요한 사항을 명하거나 소속 공무원에게 해당 시설과 장부·서류, 그 밖의 물건을 검사하게 할 수 있다. <개정 2008.2.29., 2013.3.23.>

②제1항에 따라 검사를 하는 공무원은 그 권한을 표시하는 증표를 지니고 이를 관계인에게 내보여야 한다.

제42조의2(무항생제축산물의 인증) ①농림축산식품부장관은 무항생제축산물의 산업 육성과 소비자 보호를 위하여 무항생제축산물에 대한 인증을 할 수 있다.

②농림축산식품부장관은 제42조의8제1항에 따라 지정받은 인증기관(이하 "인증기관"이라 한다)으로 하여금 제1항에 따른 무항생제축산물에 대한 인증을 하게 할 수 있다.

③무항생제축산물 인증의 대상과 무항생제축산물의 생산 또는 취급[축산물의 저장, 포장(소분 및 재포장을 포함한다), 운송 또는 판매 활동을 말한다. 이하 같다]에 필요한 인증기준 등은 농림축산식품부령으로 정한다.

[본조신설 2020.3.24.]

[종전 제42조의2는 제42조의13으로 이동 <2020.3.24.>]

제42조의3(무항생제축산물의 인증 신청 및 심사 등) ①무항생제축산물을 생산 또는 취급하는 자는 무항생제축산물의 인증을 받으려면 농림축산식품부령으로 정하는 서류를 갖추어 인증기관에 인증을 신청하여야 한다.

②다음 각 호의 어느 하나에 해당하는 자는 제1항에 따른 인증을 신청할 수 없다.

1. 제42조의7제1항(같은 항 제4호는 제외한다)에 따라 인증이 취소된 날부터 1년이 지나지 아니한 자. 다만, 최근 10년 동안 인증이 2회 취소된 경우에는 마지막으로 인증이 취소된 날부터 2년, 최근 10년 동안 인증이 3회 이상 취소된 경우에는 마지막으로 인증이 취소된 날부터 5년이 지나지 아니한 자로 한다.
2. 제42조의7제1항에 따른 인증표시의 제거·사용정지 또는 시정조치 명령이나 제42조의10제8항제2호 또는 제3호에 따른 명령을 받아서 그 처분기간 중에 있는 자
3. 제53조제9호부터 제21호까지 또는 제54조제9호에 따라 벌금 이상의 형을 선고받고 형이 확정된 날부터 1년이 지나지 아니한 자

③인증기관은 제1항에 따른 신청을 받은 경우 제42조의2제3항에 따른 무항생제축산물의 인증기준에 맞는지를 농림축산식품부령으로 정하는 바에 따라 심사한 후 그 결과를 신청인에게 알려주고 그 기준에 맞는 경우에는 인증을 해 주어야 한다. 이 경우 인증심사를 위하여 신청인의 사업장에 출입하는 자는 그 권한을 표시하는 증

표를 지니고 이를 신청인에게 보여주어야 한다.

④제3항에 따라 무항생제축산물의 인증을 받은 사업자(이하 "인증사업자"라 한다)는 동일한 인증기관으로부터 연속하여 2회를 초과하여 인증(제42조의4제2항에 따른 갱신을 포함한다. 이하 이 항에서 같다)을 받을 수 없다. 다만, 제42조의12에 따라 준용되는 「친환경농어업 육성 및 유기식품 등의 관리·지원에 관한 법률」 제32조의2에 따라 실시한 인증기관 평가에서 농림축산식품부령으로 정하는 기준 이상을 받은 인증기관으로부터 인증을 받으려는 경우에는 그러하지 아니하다.

⑤제3항에 따른 인증심사 결과에 이의가 있는 자는 인증심사를 한 인증기관에 재심사를 신청할 수 있다.

⑥제5항에 따른 재심사 신청을 받은 인증기관은 농림축산식품부령으로 정하는 바에 따라 재심사 여부를 결정하여 해당 신청인에게 통보하여야 한다.

⑦인증기관은 제5항에 따른 재심사를 하기로 결정하였을 때에는 지체 없이 재심사를 하고 해당 신청인에게 그 재심사 결과를 통보하여야 한다.

⑧인증사업자가 인증받은 내용을 변경하려는 경우에는 그 인증을 한 인증기관으로부터 농림축산식품부령으로 정하는 바에 따라 미리 인증 변경승인을 받아야 한다.

⑨제1항부터 제8항까지에서 규정한 사항 외에 인증의 신청, 심사, 재심사 및 인증 변경승인 등에 필요한 구체적인 절차와 방법 등은 농림축산식품부령으로 정한다.

[본조신설 2020.3.24.]

[종전 제42조의3은 제42조의14로 이동 <2020.3.24.>]

제42조의4(인증의 유효기간 등) ①제42조의3에 따른 인증의 유효기간은 인증을 받은 날부터 1년으로 한다.

②인증사업자가 인증의 유효기간이 끝난 후에도 계속하여 제42조의3제3항에 따라 인증을 받은 무항생제축산물(이하 "인증품"이라 한다)의 인증을 유지하려면 그 유효기간이 끝나기 2개월 전까지 인증을 한 인증기관에 갱신 신청을 하여 그 인증을 갱신하여야 한다. 다만, 인증을 한 인증기관의 지정이 취소되거나 업무가 정지된 경우, 인증기관이 파산 또는 폐업 등으로 인증 갱신업무를 수행할 수 없는 경우에는 다른 인증기관에 갱신 신청을 할 수 있다.

③제2항에 따른 인증 갱신을 하지 아니하려는 인증사업자가 인증의 유효기간 내에 생산한 인증품의 출하를 유효기간 내에 종료하지 못한 경우에는 인증을 한 인증기관에 출하를 종료하지 못한 인증품에 대해서만 1년의 범위에서 그 유효기간의 연장을 신청할 수 있다. 다만, 인증의 유효기간이 끝나기 전에 출하된 인증품은 그 제품의 유통기한이 끝날 때까지 제42조의6제1항에 따른 인증표시를 유지할 수 있다.

④제2항에 따른 인증 갱신 및 제3항에 따른 유효기간 연장에 대한 심사결과에 이의가 있는 자는 심사를 한 인증기관에 재심사를 신청할 수 있다.

⑤제4항에 따른 재심사 신청을 받은 인증기관은 농림축산식품부령으로 정하는 바에

따라 재심사 여부를 결정하여 해당 인증사업자에게 통보하여야 한다.

⑥인증기관은 제4항에 따른 재심사를 하기로 결정하였을 때에는 지체 없이 재심사를 하고 해당 인증사업자에게 그 재심사 결과를 통보하여야 한다.

⑦제2항부터 제6항까지의 규정에 따른 인증 갱신, 유효기간 연장 및 재심사에 필요한 구체적인 절차와 방법 등은 농림축산식품부령으로 정한다.

[본조신설 2020.3.24.]

제42조의5(인증사업자의 준수사항) ①인증사업자는 인증품의 생산·취급 또는 판매 실적을 농림축산식품부령으로 정하는 바에 따라 정기적으로 인증을 한 인증기관에 알려야 한다.

②인증사업자는 농림축산식품부령으로 정하는 바에 따라 인증심사와 관련된 서류 등을 보관하여야 한다.

[본조신설 2020.3.24.]

제42조의6(무항생제축산물의 표시 등) ①인증사업자는 생산하거나 취급하는 인증품에 직접 또는 인증품의 포장, 용기, 납품서, 거래명세서, 보증서 등에 인증표시(무항생제 또는 이와 같은 의미의 도형이나 글자의 표시를 말한다. 이하 같다)를 할 수 있다. 이 경우 포장을 하지 아니한 상태로 판매하거나 낱개로 판매하는 때에는 표시판 또는 푯말에 인증표시를 할 수 있다.

②농림축산식품부장관은 인증사업자에게 인증품의 생산방법과 사용자재 등에 관한 정보를 소비자가 쉽게 알아볼 수 있도록 표시할 것을 권고할 수 있다.

③제42조의2에 따른 인증을 받지 아니한 사업자는 인증품의 포장을 해체하여 재포장한 후 인증표시를 하여 이를 저장, 운송 또는 판매할 수 없다.

④제1항에 따른 인증표시에 필요한 도형이나 글자, 세부 표시사항 등 표시방법에 관하여 필요한 사항은 농림축산식품부령으로 정한다.

[본조신설 2020.3.24.]

제42조의7(인증의 취소 등) ①농림축산식품부장관 또는 인증기관은 인증사업자가 다음 각 호의 어느 하나에 해당하는 경우에는 그 인증을 취소하거나 인증표시의 제거·사용정지 또는 시정조치를 명할 수 있다. 다만, 제1호에 해당하는 경우에는 인증을 취소하여야 한다.

1. 거짓이나 그 밖의 부정한 방법으로 인증을 받은 경우
2. 제42조의2제3항에 따른 인증기준에 맞지 아니하게 된 경우
3. 정당한 사유 없이 제42조의10제8항에 따른 명령에 따르지 아니한 경우
4. 전업(轉業), 폐업 등의 사유로 인증품을 생산하지 못한다고 인정하는 경우

②농림축산식품부장관 또는 인증기관은 제1항에 따라 인증을 취소한 경우 지체 없이 인증사업자에게 그 사실을 알려야 하고, 인증기관은 농림축산식품부장관에게도 그

사실을 알려야 한다.

③제1항 및 제2항에서 규정한 사항 외에 인증의 취소, 인증표시의 제거 및 사용정지 등에 필요한 절차와 처분의 기준 등은 농림축산식품부령으로 정한다.

[본조신설 2020.3.24.]

제42조의8(인증기관의 지정 등) ①농림축산식품부장관은 무항생제축산물 인증과 관련하여 필요한 인력·시설 및 인증업무규정을 갖춘 기관 또는 단체를 무항생제축산물 인증업무를 수행하는 인증기관으로 지정할 수 있다.

②제1항에 따라 인증기관으로 지정받으려는 기관 또는 단체는 농림축산식품부령으로 정하는 바에 따라 농림축산식품부장관에게 인증기관의 지정을 신청하여야 한다.

③제1항에 따른 인증기관 지정의 유효기간은 지정을 받은 날부터 5년으로 하고, 유효기간이 끝난 후에도 무항생제축산물의 인증업무를 계속하려는 인증기관은 유효기간이 끝나기 3개월 전까지 농림축산식품부장관에게 갱신 신청을 하여 그 지정을 갱신하여야 한다.

④농림축산식품부장관은 제1항에 따른 인증기관 지정업무와 제3항에 따른 지정갱신 업무의 효율적인 운영을 위하여 인증기관 지정 및 지정갱신을 위한 평가업무를 대통령령으로 정하는 법인, 기관 또는 단체에 위임하거나 위탁할 수 있다.

⑤인증기관은 지정받은 내용이 변경된 경우에는 농림축산식품부장관에게 변경신고를 하여야 한다. 다만, 농림축산식품부령으로 정하는 중요 사항을 변경하려는 경우에는 농림축산식품부장관으로부터 승인을 받아야 한다.

⑥제1항부터 제5항까지에서 규정한 사항 외에 인증기관의 지정기준, 인증업무의 범위, 인증기관의 지정과 지정갱신 관련 절차 및 인증기관의 변경신고 등에 필요한 사항은 농림축산식품부령으로 정한다.

[본조신설 2020.3.24.]

제42조의9(인증 등에 관한 부정행위의 금지) ①누구든지 다음 각 호의 어느 하나에 해당하는 행위를 해서는 아니 된다.

1. 거짓이나 그 밖의 부정한 방법으로 제42조의3에 따른 인증심사, 재심사 및 인증변경승인, 제42조의4에 따른 인증 갱신, 유효기간 연장 및 재심사 또는 제42조의8 제1항 및 제3항에 따른 인증기관의 지정·갱신을 받는 행위

2. 거짓이나 그 밖의 부정한 방법으로 제42조의3에 따른 인증심사, 재심사 및 인증변경승인, 제42조의4에 따른 인증 갱신, 유효기간 연장 및 재심사를 하거나 받을 수 있도록 도와주는 행위

3. 거짓이나 그 밖의 부정한 방법으로 제42조의12에 따라 준용되는 「친환경농어업 육성 및 유기식품 등의 관리·지원에 관한 법률」 제26조의2에 따른 인증심사원의 자격을 부여받는 행위

4. 인증을 받지 아니한 제품과 제품을 판매하는 진열대에 인증표시나 이와 유사한 표시(인증품으로 잘못 인식할 우려가 있는 표시 및 이와 관련된 외국어 또는 외래어 표시를 포함한다)를 하는 행위
5. 인증품에 인증받은 내용과 다르게 표시하는 행위
6. 제42조의3제1항에 따른 인증 또는 제42조의4제2항에 따른 인증 갱신을 신청하는 데 필요한 서류를 거짓으로 발급하여 주는 행위
7. 인증품에 인증을 받지 아니한 제품 등을 섞어서 판매하거나 섞어서 판매할 목적으로 저장, 운송 또는 진열하는 행위
8. 제4호 또는 제5호의 행위에 따른 제품임을 알고도 인증품으로 판매하거나 판매할 목적으로 저장, 운송 또는 진열하는 행위
9. 제42조의7제1항에 따라 인증이 취소된 제품임을 알고도 인증품으로 판매하거나 판매할 목적으로 저장, 운송 또는 진열하는 행위
10. 인증을 받지 아니한 제품을 인증품으로 광고하거나 인증품으로 잘못 인식할 수 있도록 광고(무항생제 또는 이와 같은 의미의 문구를 사용한 광고를 포함한다)하는 행위 또는 인증받은 내용과 다르게 광고하는 행위
②제1항제4호에 따른 인증표시와 유사한 표시의 세부기준은 농림축산식품부령으로 정한다.
[본조신설 2020.3.24.]

제42조의10(인증품 및 인증사업자의 사후관리) ①농림축산식품부장관은 농림축산식품부령으로 정하는 바에 따라 소속 공무원 또는 인증기관으로 하여금 매년 다음 각 호의 조사(인증기관은 인증을 한 인증사업자에 대한 제2호의 조사에 한정한다)를 하게 하여야 한다. 이 경우 조사 대상자로부터 시료를 무상으로 제공받아 검사하거나 조사 대상자에게 자료 제출 등을 요구할 수 있다.
1. 판매·유통 중인 인증품에 대한 조사
2. 인증사업자의 사업장에서 인증품의 생산 또는 취급 과정이 제42조의2제3항에 따른 인증기준에 맞는지 여부에 대한 조사
②제1항에 따라 조사를 하려는 경우에는 미리 조사의 일시, 목적 및 대상 등을 조사 대상자에게 알려야 한다. 다만, 긴급한 경우나 미리 알리면 그 목적을 달성할 수 없다고 인정되는 경우에는 그러하지 아니하다.
③제1항에 따라 조사를 하거나 자료 제출을 요구하는 경우 인증사업자 또는 인증품의 유통업자는 정당한 사유 없이 이를 거부·방해하거나 기피해서는 아니 된다.
④제1항에 따른 조사를 위하여 인증사업자 또는 인증품의 유통업자의 사업장에 출입하는 자는 그 권한을 표시하는 증표를 지니고 이를 관계인에게 보여주어야 한다.
⑤농림축산식품부장관 또는 인증기관은 제1항에 따른 조사를 한 경우에는 인증사업자 또는 인증품의 유통업자에게 조사 결과를 통지하여야 한다. 이 경우 조사 결과

중 제1항 후단에 따라 제공한 시료의 검사 결과에 이의가 있는 인증사업자 또는 인증품의 유통업자는 시료의 재검사를 요청할 수 있다.

⑥제5항에 따른 재검사 요청을 받은 농림축산식품부장관 또는 인증기관은 농림축산식품부령으로 정하는 바에 따라 재검사 여부를 결정하여 해당 인증사업자 또는 인증품의 유통업자에게 통보하여야 한다.

⑦농림축산식품부장관 또는 인증기관은 제6항에 따른 재검사를 하기로 결정하였을 때에는 지체 없이 재검사를 하고 해당 인증사업자 또는 인증품의 유통업자에게 그 재검사 결과를 통보하여야 한다.

⑧농림축산식품부장관 또는 인증기관은 제1항에 따른 조사를 한 결과 제42조의2제3항에 따른 인증기준 또는 제42조의6에 따른 무항생제축산물의 표시방법을 위반하였다고 판단한 때에는 인증사업자 또는 인증품의 유통업자에게 다음 각 호의 조치를 명할 수 있다.

1. 제42조의7제1항에 따른 인증취소, 인증표시의 제거 · 사용정지 또는 시정조치
2. 인증품의 판매금지 · 판매정지 · 회수 · 폐기
3. 세부 표시사항 변경

⑨농림축산식품부장관은 제8항에 따른 조치명령을 받은 인증품의 인증기관에 필요한 조치를 하도록 요청할 수 있다. 이 경우 요청을 받은 인증기관은 특별한 사정이 없으면 이에 따라야 한다.

⑩농림축산식품부장관은 인증사업자 또는 인증품의 유통업자가 제8항제2호에 따른 인증품의 회수 · 폐기 명령을 이행하지 아니하는 경우에는 관계 공무원에게 해당 인증품을 압류하게 할 수 있다. 이 경우 관계 공무원은 그 권한을 표시하는 증표를 지니고 이를 관계인에게 보여주어야 한다.

⑪농림축산식품부장관은 제8항 각 호에 따른 조치명령의 내용을 공표하여야 한다.

⑫제5항에 따른 조사 결과 통지 및 제7항에 따른 시료의 재검사 절차와 방법, 제8항 각 호에 따른 조치명령의 세부기준, 제10항에 따른 압류 및 제11항에 따른 공표에 필요한 사항은 농림축산식품부령으로 정한다.

[본조신설 2020.3.24.]

제42조의11(인증사업자 등의 승계) ①다음 각 호의 어느 하나에 해당하는 자는 인증사업자 또는 인증기관의 지위를 승계한다.

1. 인증사업자가 사망한 경우: 그 인증품을 계속하여 생산 또는 취급하려는 상속인
2. 인증사업자나 인증기관이 그 사업을 양도한 경우: 그 양수인
3. 인증사업자나 인증기관이 합병한 경우: 합병 후 존속하는 법인이나 합병으로 설립되는 법인

②제1항에 따라 인증사업자의 지위를 승계한 자는 인증심사를 한 인증기관(그 인증기관의 지정이 취소되거나 업무가 정지된 경우, 인증기관이 파산 또는 폐업 등으

로 인하여 인증업무를 수행할 수 없는 경우에는 다른 인증기관을 말한다)에 그 사실을 신고하여야 하고, 인증기관의 지위를 승계한 자는 농림축산식품부장관에게 그 사실을 신고하여야 한다.

③농림축산식품부장관 또는 인증기관은 제2항에 따른 신고를 받은 날부터 1개월 이내에 신고수리 여부를 신고인에게 통지하여야 한다.

④농림축산식품부장관 또는 인증기관이 제3항에서 정한 기간 내에 신고수리 여부 또는 민원 처리 관련 법령에 따른 처리기간의 연장을 신고인에게 통지하지 아니하면 그 기간(민원 처리 관련 법령에 따라 처리기간이 연장 또는 재연장된 경우에는 해당 처리기간을 말한다)이 끝난 날의 다음 날에 신고를 수리한 것으로 본다.

⑤제1항에 따른 지위의 승계가 있는 때에는 종전의 인증사업자 또는 인증기관에게 한 제42조의7제1항, 제42조의10제8항 각 호, 제42조의12에 따라 준용되는 「친환경농어업 육성 및 유기식품 등의 관리·지원에 관한 법률」 제29조제1항에 따른 행정처분의 효과는 그 지위를 승계한 자에게 승계되며, 행정처분의 절차가 진행 중일 때에는 그 지위를 승계한 자에 대하여 그 절차를 계속 진행할 수 있다.

⑥제2항에 따른 신고에 필요한 사항은 농림축산식품부령으로 정한다.

[본조신설 2020.3.24.]

제42조의12(준용규정) 인증기관에 관하여 이 법에서 규정한 것 외에는 「친환경농어업 육성 및 유기식품 등의 관리·지원에 관한 법률」 제26조의2부터 제26조의4까지, 제27조부터 제29조까지, 제32조, 제32조의2 및 제57조를 준용한다.

[본조신설 2020.3.24.]

제42조의13(축산환경 개선계획 수립) ①농림축산식품부장관은 축산환경 개선을 위해 5년마다 축산환경 개선 기본계획을 세우고 시행하여야 한다.

②시·도지사는 제1항의 기본계획에 따라 5년마다 시·도 축산환경 개선계획을 세우고 시행하여야 하며, 농림축산식품부장관에게 보고하여야 한다.

③시장·군수·구청장은 축산환경 개선 기본계획 및 시·도 축산환경 개선계획에 따라 1년마다 시·군·구 축산환경 개선 실행계획을 세우고 시행하여야 하며, 시·도지사에게 보고하여야 한다.

④제1항부터 제3항까지의 계획에 포함되어야 할 사항은 다음 각 호와 같다.

1. 축사의 설치·운영 현황과 개선에 관한 사항
2. 축산악취, 분뇨처리 등 축산환경에 관한 현황과 개선에 관한 사항
3. 그 밖에 축산환경 개선을 위하여 농림축산식품부령으로 정하는 사항

[본조신설 2018.12.31.]

[제42조의2에서 이동 <2020.3.24.>]

제42조의14(축산환경 개선 전담기관 지정) ①농림축산식품부장관은 축산환경 개

선 업무를 효율적으로 수행하기 위하여 「가축분뇨의 관리 및 이용에 관한 법률」 제38조의2제1항에 따른 축산환경관리원 등 축산환경 관련 기관을 축산환경 개선 전담기관으로 지정할 수 있다.

②축산환경 개선 전담기관은 다음 각 호의 업무를 수행한다.

1. 축산환경 지도 · 점검
2. 축산환경 조사
3. 축산환경 개선을 위한 종사자 교육 및 컨설팅
4. 축산환경 개선기술 개발 · 보급
5. 축산환경 개선 전문인력 양성
6. 그 밖에 축산환경 개선을 위하여 농림축산식품부장관이 정하는 업무

[본조신설 2018.12.31.]

[제42조의3에서 이동 <2020.3.24.>]

제5장 축산발전기금

제43조(축산발전기금의 설치) ①정부는 축산업을 발전시키고 축산물 수급을 원활하게 하며 가격을 안정시키는 데에 필요한 재원을 확보하기 위하여 축산발전기금 (이하 "기금"이라 한다)을 설치한다.

②정부는 예산의 범위에서 기금에 보조 또는 출연할 수 있다.

제44조(기금의 재원) ①기금은 다음 각 호의 재원으로 조성한다.

1. 제43조제2항에 따른 정부의 보조금 또는 출연금
2. 제2항에 따른 한국마사회의 납입금
3. 제45조에 따른 축산물의 수입이익금
4. 제46조에 따른 차입금
5. 「초지법」 제23조제6항에 따른 대체초지조성비
6. 기금운용 수익금
7. 「전통소싸움경기에 관한 법률」 제15조제1항제1호에 따른 결산상 이익금

②한국마사회장은 한국마사회의 특별적립금 중 「한국마사회법」 제42조제4항에 따른 금액을 기금에 내야 한다.

③「농업협동조합법」 제161조의2에 따른 농협경제지주회사는 법률 제10522호 농업협동조합법 일부개정법률 부칙 제6조에 따른 경제사업의 이관에 따라 농업협동조합중앙회로부터 인수한 축산부문 고정자산을 계속 소유하지 아니하고 다른 자에게 양도하는 경우에는 해당 양도가액을 기금에 납입하여야 한다. 다만, 농림축산식품부장관의 승인을 얻어 해당 축산부문 고정자산을 이전하거나 다른 축산부문 고정자산과 교환하는 경우에는 그러하지 아니하다. <신설 2018.12.31.>

제45조(수입이익금의 징수 등) ①농림축산식품부장관은 제30조제1항에 따른 추천을 받아 축산물을 수입하는 자 중 농림축산식품부령으로 정하는 품목을 수입하는 자에게 농림축산식품부령으로 정하는 바에 따라 국내가격과 수입가격의 차액의 범위에서 수입이익금을 부과·징수할 수 있다. <개정 2008.2.29., 2013.3.23.>

②제1항에 따른 수입이익금은 농림축산식품부령으로 정하는 바에 따라 기금에 내야 한다. <개정 2008.2.29., 2013.3.23.>

③제1항에 따른 수입이익금을 소정의 기한 내에 내지 아니하면 국세 체납처분의 예에 따라 징수할 수 있다.

제46조(자금의 차입) 농림축산식품부장관은 기금운용을 위하여 필요하면 기금의 부담으로 금융기관, 다른 기금 또는 다른 회계에서 자금을 차입할 수 있다. <개정 2008.2.29., 2013.3.23.>

제47조(기금의 용도) ①기금은 다음 각 호의 사업에 사용한다. <개정 2008.2.29., 2009.5.8., 2013.3.23., 2018.12.31.>

1. 축산업의 구조개선 및 생산성 향상
2. 가축과 축산물의 수급 및 가격 안정
3. 가축과 축산물의 유통 개선
   3의2. 「낙농진흥법」 제3조제1항에 따른 낙농진흥계획의 추진
4. 사료의 수급 및 사료 자원의 개발
5. 가축 위생 및 방역
6. 축산 분뇨의 자원화·처리 및 이용
7. 대통령령으로 정하는 기금사업에 대한 사업비 및 경비의 지원
8. 「축산자조금의 조성 및 운용에 관한 법률」에 따른 축산자조금에 관한 지원
9. 말의 생산·사육·조련·유통·이용 등 말산업 발전에 관한 사업
10. 그 밖에 축산 발전에 필요한 사업으로서 농림축산식품부령으로 정하는 사업

②제1항 각 호의 사업을 수행하기 위하여 필요한 경우에는 기금에서 보조금을 지급할 수 있다.

③제2항에 따른 보조금의 신청 방법 및 교부 절차 등에 필요한 사항은 대통령령으로 정한다.

제48조(기금의 운용·관리) ①기금은 농림축산식품부장관이 운용·관리한다. <개정 2008.2.29., 2013.3.23.>

②농림축산식품부장관은 대통령령으로 정하는 바에 따라 기금의 운용 및 관리 사무를 「농업협동조합법」에 따른 농업협동조합중앙회(농협경제지주회사를 포함한다. 이하 "농업협동조합중앙회"라 한다)에 위탁할 수 있다.

<개정 2008.2.29., 2013.3.23., 2016.12.27.>

③농림축산식품부장관은 담보능력이 부족한 가축사육인 등에게 기금 지원을 쉽게 하는 등 제47조제1항 각 호의 사업을 원활하게 추진하기 위하여 필요한 때에는 기금대손보전에 관한 계정을 설치·운영할 수 있다.

<개정 2008.2.29., 2013.3. 23., 2020.3.24.>

④기금의 운용·관리에 필요한 사항은 대통령령으로 정한다.

제6장 보칙

제49조(수수료) ①다음 각 호의 어느 하나에 해당하는 자는 농림축산식품부령으로 정하는 수수료를 내야 한다. <개정 2008.2.29., 2012.2.22., 2013.3.23., 2020.3.24.>

1. 제12조제1항에 따른 면허를 받으려는 자
2. 제42조의3에 따라 인증 또는 인증 변경승인을 받거나 제42조의4제2항·제3항에 따라 인증의 갱신 또는 유효기간 연장을 받으려는 자
3. 제42조의8에 따라 인증기관으로 지정받거나 인증기관 지정을 갱신하려는 자

②품질평가원은 제35조제1항에 따른 등급판정을 받으려는 자에게서 농림축산식품부령으로 정하는 등급판정 수수료를 받을 수 있다. 이 경우 징수한 수수료를 등급판정 업무에 드는 경비 외의 용도로 사용하여서는 아니 된다. <개정 2008.2.29., 2010.1.25., 2013.3.23.>

③제2항에 따른 등급판정 수수료는 농림축산식품부령으로 정하는 바에 따라 「축산물위생관리법」 제2조제11호에 따른 작업장의 경영자 및 같은 법 제24조에 따른 축산물판매업의 신고를 한 자 중 대통령령으로 정하는 자가 징수하여 품질평가원에 내야 한다. 이 경우 품질평가원은 농림축산식품부령으로 정하는 바에 따라 「축산물위생관리법」 제2조제11호에 따른 작업장의 경영자 및 같은 법 제24조에 따른 축산물판매업의 신고를 한 자 중 대통령령으로 정하는 자에게 수수료의 징수에 필요한 경비를 지급하여야 한다.

<개정 2008.2.29., 2010.1.25., 2012.2.22., 2013.3.23.>

제50조(청문) 시·도지사 또는 시장·군수 또는 구청장은 다음 각 호의 어느 하나에 해당하는 처분을 하려면 청문을 하여야 한다. <개정 2012.2.22.>

1. 제14조에 따른 수정사의 면허취소
2. 제25조제1항에 따른 축산업의 허가취소
3. 제25조제2항에 따른 가축사육업의 등록취소
4. 제34조의4에 따른 가축거래상인의 등록취소

제51조(권한의 위임·위탁) ①이 법에 따른 농림축산식품부장관의 권한은 그 일부

를 대통령령으로 정하는 바에 따라 시·도지사 또는 소속 기관의 장에게 위임할 수 있다. <개정 2008.2.29., 2013.3.23., 2020.3.24.>

②이 법에 따른 시·도지사의 권한은 그 일부를 대통령령으로 정하는 바에 따라 시장·군수 또는 구청장에게 위임할 수 있다.

③시·도지사는 대통령령으로 정하는 바에 따라 제13조제1항에 따른 수정사에 대한 교육을 축산 관련 법인 및 단체에 위탁하여 실시할 수 있다.

④ 농림축산식품부장관 또는 시장·군수·구청장은 대통령령으로 정하는 바에 따라 제28조에 따른 정기점검 등의 업무 중 일부를 축산 관련 법인 및 단체 중 대통령령으로 정하는 축산 관련 법인 및 단체에 위탁할 수 있다. <신설 2012.2.22., 2018.12.31.>

⑤농림축산식품부장관은 대통령령으로 정하는 바에 따라 제29조제1항에 따른 종축 등의 수출입 신고 업무를 축산 관련 법인 및 단체에 위탁할 수 있다. <개정 2008.2.29., 2012.2.22., 2013.3.23.>

⑥농림축산식품부장관은 제32조제1항에 따른 송아지생산안정사업 업무를 「농업·농촌 및 식품산업 기본법」 제3조제4호에 따른 생산자단체 중 대통령령으로 정하는 생산자단체에게 위탁할 수 있다.
<개정 2008.2.29., 2009.5.27., 2012.2.22., 2013.3.23., 2015.6.22.>

⑦ 농림축산식품부장관은 대통령령으로 정하는 바에 따라 제40조의2에 따른 전자민원창구의 설치·운영에 관한 업무를 축산 관련 법인 및 단체에 위탁할 수 있다. <신설 2019.8.27.>

제52조(벌칙 적용에서의 공무원 의제) 다음 각 호의 어느 하나에 해당하는 사람은 「형법」 제129조부터 제132조까지의 규정을 적용할 때 공무원으로 본다. <개정 2010.1.25., 2020.3.24.>

1. 제37조제1항에 따라 등급판정 업무에 종사하는 품질평가사
2. 제42조의8제1항에 따라 인증업무에 종사하는 인증기관의 임직원
3. 제42조의8제4항에 따라 위탁받은 업무에 종사하는 법인·기관·단체의 임직원

제7장 벌칙

제53조(벌칙) 다음 각 호의 어느 하나에 해당하는 자는 3년 이하의 징역 또는 3천만원 이하의 벌금에 처한다.
<개정 2008.2.29., 2012.2.22., 2018.12.31., 2020.3.24.>

1. 제22조제1항에 따른 허가를 받지 아니하고 축산업을 경영한 자
2. 삭제 <2010.1.25.>
3. 거짓이나 그 밖의 부정한 방법으로 제22조제1항에 따른 축산업의 허가를 받은 자

4. 제25조제1항에 따른 허가취소 처분을 받은 후 같은 조 제3항에도 불구하고 6개월 후에도 계속 가축을 사육하는 자
5. 제31조에 따른 명령을 위반한 자
6. 제34조의2제1항에 따른 등록을 하지 아니하고 가축거래를 업으로 한 자
7. 제35조제4항을 위반하여 등급판정을 받지 아니한 축산물을 농수산물도매시장 또는 공판장에 상장한 자
8. 제35조제5항을 위반하여 등급판정을 받지 아니한 축산물을 도축장에서 반출한 자
9. 제42조의8제1항에 따른 인증기관의 지정을 받지 아니하고 인증업무를 한 자
10. 제42조의8제3항에 따른 인증기관 지정의 유효기간이 지났음에도 인증업무를 한 자
11. 제42조의9제1항제1호를 위반하여 거짓이나 그 밖의 부정한 방법으로 제42조의3에 따른 인증심사, 재심사 및 인증 변경승인, 제42조의4에 따른 인증 갱신, 유효기간 연장 및 재심사 또는 제42조의8제1항 및 제3항에 따른 인증기관의 지정·갱신을 받은 자
12. 제42조의9제1항제2호를 위반하여 거짓이나 그 밖의 부정한 방법으로 제42조의3에 따른 인증심사, 재심사 및 인증 변경승인, 제42조의4에 따른 인증 갱신, 유효기간 연장 및 재심사를 하거나 인증을 받을 수 있도록 도와준 자
13. 제42조의9제1항제3호를 위반하여 거짓이나 그 밖의 부정한 방법으로 인증심사원의 자격을 부여받은 자
14. 제42조의9제1항제4호를 위반하여 인증을 받지 아니한 제품과 제품을 판매하는 진열대에 인증표시나 이와 유사한 표시(인증품으로 잘못 인식할 우려가 있는 표시 및 이와 관련된 외국어 또는 외래어 표시를 포함한다)를 한 자
15. 제42조의9제1항제5호를 위반하여 인증품에 인증받은 내용과 다르게 표시를 한 자
16. 제42조의9제1항제6호를 위반하여 인증 또는 인증 갱신을 신청하는 데 필요한 서류를 거짓으로 발급한 자
17. 제42조의9제1항제7호를 위반하여 인증품에 인증을 받지 아니한 제품 등을 섞어서 판매하거나 섞어서 판매할 목적으로 저장, 운송 또는 진열한 자
18. 제42조의9제1항제8호를 위반하여 인증을 받지 아니한 제품에 인증표시나 이와 유사한 표시를 한 것임을 알거나 인증품에 인증받은 내용과 다르게 표시한 것임을 알고도 인증품으로 판매하거나 판매할 목적으로 저장, 운송 또는 진열한 자
19. 제42조의9제1항제9호를 위반하여 인증이 취소된 제품임을 알고도 인증품으로 판매하거나 판매할 목적으로 저장·운송 또는 진열한 자
20. 제42조의9제1항제10호를 위반하여 인증을 받지 아니한 제품을 인증품으로 광고하거나 인증품으로 잘못 인식할 수 있도록 광고(무항생제 또는 이와 같은 의미의 문구를 사용한 광고를 포함한다)하거나 인증받은 내용과 다르게 광고한 자
21. 제42조의12에 따라 준용되는 「친환경농어업 육성 및 유기식품 등의 관리·지원

에 관한 법률」 제29조제1항에 따라 인증기관의 지정취소 처분을 받았음에도 인증 업무를 한 자

제54조(벌칙) 다음 각 호의 어느 하나에 해당하는 자는 1년 이하의 징역 또는 1천 만원 이하의 벌금에 처한다. <개정 2010.1.25., 2012.2.22., 2015.2.3., 2018.12.31., 2020.3.24., 2020.5.26.>

1. 제11조제1항을 위반한 자
1의2. 제12조제4항을 위반하여 다른 사람에게 수정사의 명의를 사용하게 하거나 그 면허를 대여한 자
1의3. 제12조제5항을 위반하여 수정사의 면허를 취득하지 아니하고 그 명의를 사용하거나 면허를 대여받은 자 또는 이를 알선한 자
2. 제19조를 위반하여 정액·난자 또는 수정란을 가축 인공수정용으로 공급·주입하거나 이를 암가축에 이식한 자
2의2. 제26조제2항을 위반하여 종축이 아닌 오리로부터 번식용 알을 생산한 자
3. 제34조제1항을 위반하여 시장·군수 또는 구청장에게 등록하지 아니하고 가축시장을 개설한 자
4. 삭제 <2018.12.31.>
4의2. 거짓이나 그 밖의 부정한 방법으로 제34조의2제1항에 따른 가축거래상인으로 등록한 자
5. 제35조제3항에 따라 거래 지역이 고시된 등급판정 대상 축산물을 등급판정을 받지 아니하고 고시지역 안에서 판매하거나 영업을 목적으로 가공·진열·보관 또는 운반한 자
6. 제38조제3항을 위반하여 품질평가사가 하는 등급판정을 거부·방해 또는 기피한 자
7. 제39조에 따른 준수사항을 위반한 자
8. 제42조제1항에 따른 명령을 위반하거나 검사를 거부·방해 또는 기피한 자
9. 제42조의10제8항에 따른 인증품의 인증표시 제거·사용정지 또는 시정조치, 인증품의 판매금지·판매정지·회수·폐기나 세부 표시사항의 변경 등의 명령에 따르지 아니한 자

제55조(양벌규정) 법인의 대표자나 법인 또는 개인의 대리인, 사용인, 그 밖의 종업원이 그 법인 또는 개인의 업무에 관하여 제53조 또는 제54조의 위반행위를 하면 그 행위자를 벌하는 외에 그 법인 또는 개인에게도 해당 조문의 벌금형을 과(科)한다. 다만, 법인 또는 개인이 그 위반행위를 방지하기 위하여 해당 업무에 관하여 상당한 주의와 감독을 게을리하지 아니한 경우에는 그러하지 아니하다. [전문개정 2010.1.25.]

제56조(과태료) ①다음 각 호의 어느 하나에 해당하는 자에게는 1천만원 이하의 과태료를 부과한다.

1. 제22조제1항 후단을 위반하여 변경허가를 받지 아니한 자
2. 제22조제6항에 따른 신고를 하지 아니한 자
3. 제24조제2항에 따른 신고를 하지 아니한 자
4. 제25조제1항 및 제2항에 따른 명령을 위반한 자
5. 제25조제4항에 따른 시정명령을 이행하지 아니한 자
6. 제26조제1항에 따른 준수사항을 위반한 자
7. 제28조제1항 및 제2항에 따른 정기점검 등을 거부·방해 또는 기피하거나 명령을 위반한 자(제34조의6에서 준용하는 경우를 포함한다)

②다음 각 호의 어느 하나에 해당하는 자에게는 500만원 이하의 과태료를 부과한다.

1. 제17조제1항 및 제4항에 따른 신고를 하지 아니한 자
2. 제22조제3항에 따른 등록을 하지 아니하고 가축사육업을 경영한 자
3. 거짓이나 그 밖의 부정한 방법으로 제22조제3항에 따른 가축사육업을 등록한 자
4. 제33조의2제3항에 따른 교육을 받지 아니한 자
5. 제34조제2항에 따른 명령을 위반하거나 검사를 거부·방해 또는 기피한 자
6. 제34조의2제2항에 따른 신고를 하지 아니한 자
7. 제34조의4에 따른 등록취소 또는 영업정지 명령을 위반하여 계속 영업한 자
8. 제34조의5에 따른 가축거래상인의 준수사항을 위반한 자
9. 제42조의3제8항을 위반하여 해당 인증기관의 장으로부터 승인을 받지 아니하고 인증받은 내용을 변경한 자
10. 제42조의5제1항을 위반하여 인증품의 생산·취급 또는 판매 실적을 정기적으로 인증기관의 장에게 알리지 아니한 자
11. 제42조의5제2항을 위반하여 인증심사와 관련된 서류를 보관하지 아니한 자
12. 제42조의6제1항에 따른 표시방법을 위반한 자
13. 인증을 받지 아니한 사업자로서 제42조의6제3항을 위반하여 인증품의 포장을 해체하여 재포장한 후 인증표시를 한 자
14. 제42조의8제5항 본문을 위반하여 변경사항을 신고하지 아니하거나 같은 항 단서를 위반하여 중요 사항을 승인받지 아니하고 변경한 자
15. 정당한 사유 없이 제42조의10제1항 또는 제42조의12에 따라 준용되는 「친환경농어업 육성 및 유기식품 등의 관리·지원에 관한 법률」 제32조제1항에 따른 조사를 거부·방해하거나 기피한 자
16. 제42조의11을 위반하여 인증기관이나 인증사업자의 지위를 승계한 사실을 신고하지 아니한 자
17. 제42조의12에 따라 준용되는 「친환경농어업 육성 및 유기식품 등의 관리·지원

에 관한 법률」 제27조제1항제4호를 위반하여 인증 결과 및 사후관리 결과 등을 보고하지 아니하거나 거짓으로 보고한 자

18. 제42조의12에 따라 준용되는 「친환경농어업 육성 및 유기식품 등의 관리·지원에 관한 법률」 제28조를 위반하여 신고하지 아니하고 인증업무의 전부 또는 일부를 휴업하거나 폐업한 자

③제1항 및 제2항에 따른 과태료는 대통령령으로 정하는 바에 따라 농림축산식품부장관, 시·도지사나 시장·군수 또는 구청장(이하 "부과권자"라 한다)이 부과·징수한다. [전문개정 2020.3.24.]

부칙

〈제17324호, 2020.5.26.〉

제1조(시행일) 이 법은 공포 후 6개월이 경과한 날부터 시행한다.

제2조(다른 법률의 개정) 가축 및 축산물 이력관리에 관한 법률 일부를 다음과 같이 개정한다.

제5조제1항 중 "가축시장개설자(「축산법」 제34조에 따른 가축시장을 개설·관리하는 축산업협동조합을 말한다. 이하 같다)"를 "가축시장개설자(「축산법」 제34조에 따른 가축시장을 개설·관리하는 자를 말한다. 이하 같다)"로 한다.

축산법 시행령

[시행 2020.8.28]
[대통령령 제30974호, 2020.8.26, 일부개정]

제1조(목적) 이 영은 「축산법」에서 위임된 사항과 그 시행에 필요한 사항을 규정함을 목적으로 한다.

제2조(가축의 종류) 「축산법」(이하 "법"이라 한다) 제2조제1호에서 "그 밖에 대통령령으로 정하는 동물(動物) 등"이란 다음 각 호의 동물을 말한다.
1. 기러기
2. 노새·당나귀·토끼 및 개
3. 꿀벌
4. 그 밖에 사육이 가능하며 농가의 소득증대에 기여할 수 있는 동물로서 농림축산식품부장관이 정하여 고시하는 동물
[본조신설 2019.12.31.]

제3조(축사시설) 법 제2조제8호의2에서 "대통령령으로 정하는 것"이란 다음 각 호의 시설을 말한다.
1. 사육시설, 소독 및 방역 시설, 착유실, 집란실
2. 「가축분뇨의 관리 및 이용에 관한 법률」 제11조 및 같은 법 시행령 별표 1 또는 별표 2에 따라 배출시설로서 허가를 받거나 신고한 운동장
3. 「가축분뇨의 관리 및 이용에 관한 법률」 제12조에 따른 가축분뇨 처리시설
4. 그 밖에 가축을 사육하기 위하여 설치하는 시설로서 농림축산식품부장관이 정하여 고시하는 시설
[본조신설 2019.12.31.]

제4조(가축거래상인의 거래대상 가축) 법 제2조제9호에서 "대통령령으로 정하는 가축"이란 사슴, 거위, 칠면조, 메추리, 타조, 꿩 및 기러기를 말한다.
[본조신설 2019.12.31.]

제5조 삭제 <2013.2.20.>
제6조 삭제 <2013.2.20.>
제7조 삭제 <2013.2.20.>
제8조 삭제 <2013.2.20.>
제9조 삭제 <2013.2.20.>

제10조(개량목표의 설정) ①농림축산식품부장관은 법 제5조제1항에 따라 개량 대상 가축별로 기간을 정하여 개량목표를 설정하려는 경우에는 해당 가축종류의 생산자단체와 학계·업계 등 관련 전문가의 의견을 들어야 한다. <개정 2008.2.29., 2013.3.23., 2019.7.2.>

②제1항에 따른 개량 대상 가축의 범위는 농림축산식품부령으로 정한다. <개정 2008.2.29., 2013.3.23.>

제11조(가축개량총괄기관의 지정 등) ①농림축산식품부장관은 법 제5조제3항에 따라 가축개량총괄기관을 지정하려는 경우에는 가축개량에 관한 업무를 담당하고 있는 농촌진흥청 소속 기관 중에서 이를 지정하여야 한다.
<개정 2008.2.29., 2013.3.23.>

②농림축산식품부장관은 법 제5조제3항에 따라 가축개량기관을 지정하려는 경우에는 다음 각 호의 어느 하나에 해당하는 인력 1명 이상과 개량업무 처리를 위한 시설·장비를 갖추고 가축개량에 관한 업무를 담당하고 있는 축산 관련 기관 및 단체 중에서 가축종류를 정하여 지정하여야 한다.
<개정 2008.2.29., 2008.12.24., 2013.3.23., 2016.1.6., 2018.12.24., 2019.7.2.>

1. 가축육종·유전 분야의 석사학위 이상의 학력이 있는 사람
2. 「고등교육법」 제2조 각 호에 따른 학교의 축산 관련 학과를 졸업한 후 가축육종·유전 분야에서 3년 이상 종사한 경력이 있는 사람
3. 「국가기술자격법」에 따른 축산기사 이상의 자격을 취득한 사람

③농림축산식품부장관은 제1항 및 제2항에 따라 가축개량총괄기관 및 가축개량기관을 지정한 때에는 이를 고시하여야 한다. <개정 2008.2.29., 2013.3.23.>

④제3항에 따라 가축개량총괄기관으로 지정·고시된 기관은 가축개량에 관한 국내·외의 정보를 수집·분석·평가하고, 이를 토대로 가축종류별 개량에 관한 계획을 작성하여 농림축산식품부장관에게 보고하여야 한다. 이 경우 전년도 개량실적을 첨부하여야 한다. <개정 2008.2.29., 2008.12.24., 2013.3.23., 2019.7.2.>

제12조(수정사의 면허) 법 제12조제1항제1호에서 "대통령령으로 정하는 축산 분야 산업기사 이상의 자격을 취득한 자"란 축산산업기사 이상의 자격을 취득한 자를 말한다.

제13조(허가를 받아야 하는 가축사육업) 법 제22조제1항제4호에서 "가축 종류 및 사육시설 면적이 대통령령으로 정하는 기준에 해당하는 가축사육업"이란 다음 각호의 구분에 따른 가축사육업을 말한다.

1. 2015년 2월 22일 이전: 다음 각 목의 가축사육업
가. 사육시설 면적이 600제곱미터를 초과하는 소 사육업
나. 사육시설 면적이 1천제곱미터를 초과하는 돼지 사육업

다. 사육시설 면적이 1천400제곱미터를 초과하는 닭 사육업
라. 사육시설 면적이 1천300제곱미터를 초과하는 오리 사육업
2. 2015년 2월 23일부터 2016년 2월 22일까지: 다음 각 목의 가축사육업
 가. 사육시설 면적이 300제곱미터를 초과하는 소 사육업
 나. 사육시설 면적이 500제곱미터를 초과하는 돼지 사육업
 다. 사육시설 면적이 950제곱미터를 초과하는 닭 사육업
 라. 사육시설 면적이 800제곱미터를 초과하는 오리 사육업
3. 2016년 2월 23일 이후: 사육시설 면적이 50제곱미터를 초과하는 소·돼지·닭 또는 오리 사육업
[전문개정 2014.2.21.]

제14조(축산업 허가의 절차 및 요건) ①법 제22조제1항에 따라 축산업 허가(허가 받은 사항을 변경하는 허가를 포함한다. 이하 이 조에서 같다)를 받으려는 자는 농림축산식품부령으로 정하는 허가신청서에 농림축산식품부령으로 정하는 서류를 첨부하여 특별자치시장, 특별자치도지사, 시장, 군수 또는 자치구의 구청장(이하 "시장·군수 또는 구청장"이라 한다)에게 제출(전자문서에 의한 제출을 포함한다)하여야 한다. <개정 2013.3.23., 2014.2.21.>
②제1항에 따라 축산업 허가를 받으려는 자가 법 제22조제2항제2호부터 제5호까지 및 제7호에 따라 갖추어야 하는 요건은 별표 1과 같다. <개정 2019.12.31.>
③허가신청을 받은 시장·군수 또는 구청장은 별표 1에 따른 요건을 갖추었음이 확인되면 허가를 하고 신청인에게 농림축산식품부령으로 정하는 축산업허가증을 발급하여야 한다. <개정 2013.3.23., 2019.12.31.>
④시장·군수 또는 구청장은 제3항에 따라 축산업허가증을 발급하면 농림축산식품부령으로 정하는 바에 따라 축산업허가대장을 갖추어 작성·관리하여야 한다. <개정 2013.3.23.>
[전문개정 2013.2.20.]
[제목개정 2019.12.31.]

제14조의2(가축사육업 등록의 절차 및 요건) ①법 제22조제3항에 따라 가축사육업의 등록을 하려는 자는 농림축산식품부령으로 정하는 등록신청서에 농림축산식품부령으로 정하는 서류를 첨부하여 시장·군수 또는 구청장에게 제출(전자문서에 의한 제출을 포함한다)하여야 한다. <개정 2013.3.23., 2019.12.31.>
②제1항에 따라 가축사육업의 등록을 하려는 자가 법 제22조제4항제2호부터 제4호까지의 규정에 따라 갖추어야 하는 요건은 별표 1과 같다. <개정 2019.12.31.>
③법 제22조제4항제5호에서 "그 밖에 대통령령으로 정하는 가축"이란 거위·칠면조·메추리·타조·꿩 및 기러기를 말한다. <신설 2019.12.31.>
④등록신청서를 받은 시장·군수 또는 구청장은 그 내용을 검토하여 별표 1에 따른

요건을 갖추었음이 확인되면 신청인에게 농림축산식품부령으로 정하는 가축사육업 등록증을 발급하여야 한다. <개정 2013.3.23., 2019.12.31.>

⑤시장·군수 또는 구청장은 제4항에 따라 가축사육업 등록증을 발급하면 농림축산 식품부령으로 정하는 바에 따라 가축사육업 등록대장을 갖추어 작성·관리하여야 한다. <개정 2013.3.23., 2019.12.31.>

[본조신설 2013.2.20.] [제목개정 2019.12.31.]

제14조의3(등록대상에서 제외되는 가축사육업) 법 제22조제5항에 따라 등록하지 아니할 수 있는 가축사육업은 다음 각 호와 같다. <개정 2013.3.23., 2015.10.13., 2019.12.31.>

1. 가축 사육시설의 면적이 10제곱미터 미만인 닭, 오리, 거위, 칠면조, 메추리, 타 조, 꿩 또는 기러기 사육업
2. 말 등 농림축산식품부령으로 정하는 가축의 사육업

[본조신설 2013.2.20.]

제14조의4(비용의 지원) ①농림축산식품부장관은 법 제22조제7항에 따라 축산업을 허가받거나 가축사육업을 등록하려는 자에 대하여 허가 또는 등록에 소요되는 총 비용 등을 고려하여 별표 1에 따른 시설과 장비를 갖추는 데 필요한 비용의 일부 를 지원할 수 있다. <개정 2013.3.23., 2019.12.31.>

②농림축산식품부장관은 법 제22조제8항 각 호의 자에게 별표 1에 따른 축사·장비 등과 사육방법 등의 개선에 필요한 비용의 일부를 예산의 범위에서 지원할 수 있 다. <신설 2019.12.31.>

③제1항 및 제2항에 따른 비용의 지원 범위 및 절차 등에 관하여 필요한 세부사항 은 농림축산식품부장관이 정하여 고시한다. <개정 2013.3.23., 2019.12.31.>

[본조신설 2013.2.20.]

제14조의5(통합 활용 대상 정보의 범위 등) ①법 제22조의2제1항에 따른 제공 요 청 대상 정보의 범위는 다음 각 호와 같다.

1. 법 제22조제1항에 따른 축산업의 허가 및 같은 조 제3항에 따른 가축사육업의 등록에 관한 정보
2.. 「가축분뇨의 관리 및 이용에 관한 법률」 제11조에 따른 배출시설 허가·변경허 가·신고·변경신고 및 같은 법 제12조에 따른 처리시설에 관한 정보
3. 「가축분뇨의 관리 및 이용에 관한 법률」 제27조에 따른 신고 정보 및 같은 법 제28조에 따른 허가에 관한 정보

②농림축산식품부장관은 제1항에 따른 정보를 통합·활용하기 위하여 시스템을 구축 ·운영할 수 있다.

[본조신설 2019.12.31.]

제15조(축산업 허가자 등에 대한 행정처분의 기준 등) ①법 제25조제1항제4호에서 "대통령령으로 정하는 중요한 축사·장비 등"이란 다음 각 호의 구분에 따른 시설·장비 등을 말한다. <개정 2018.7.10., 2019.12.31., 2020.4.28.>
  1. 종축업
  가. 종돈업: 별표 1에 따른 종돈 사육시설
  나. 종계업: 별표 1에 따른 종계 사육시설
  다. 종오리업: 별표 1에 따른 종오리 사육시설
  2. 부화업: 별표 1에 따른 부화기
  3. 정액등처리업: 별표 1에 따른 종축의 보유 두수
  4. 가축사육업: 별표 1에 따른 사육시설(사육시설을 신축하기 위하여 「건축물관리법」 제30조에 따라 종전의 사육시설에 대한 해체 허가를 받거나 신고를 한 후 해체한 경우는 제외한다)
  ②법 제25조제2항제5호에서 "대통령령으로 정하는 중요한 축사·장비 등"이란 환기시설(돼지 또는 닭을 사육하는 경우만 해당하며, 해당 사육시설 자체가 통풍이 가능한 구조로 되어 있는 경우는 제외한다)을 말한다. <개정 2019. 12. 31.>
  ③법 제25조제1항·제2항 및 제5항에 따른 허가 및 등록의 취소, 영업정지 처분에 관한 기준은 별표 2와 같다.
  [전문개정 2013.2.20.]

제16조(축산업 허가자 등에 대한 시정명령) 시장·군수 또는 구청장은 법 제25조제4항에 따라 시정명령을 하는 경우에는 시설·장비 등을 갖추는데 드는 기간 등을 고려하여 3개월의 범위 안에서 그 이행기간을 정하여 서면으로 알려야 한다. <개정 2013.2.20.>
  [제목개정 2013.2.20.]

제16조의2(과징금의 부과기준) 법 제25조의2제1항에 따라 부과하는 과징금의 부과기준은 별표 2의2와 같다.
  [본조신설 2020.2.25.]
  [종전 제16조의2는 제16조의5로 이동 <2020.2.25.>]

제16조의3(과징금의 부과 및 납부) ①시장·군수 또는 구청장은 법 제25조의2제1항에 따라 과징금을 부과하려는 때에는 그 위반행위의 종류, 과징금의 금액 및 납부기한을 명시하여 이를 납부할 것을 과징금 부과대상자에게 서면으로 통지해야 한다.
  ②제1항에 따라 통지를 받은 자는 과징금의 납부기한까지 과징금을 시장·군수 또는 구청장이 정하는 수납기관에 납부해야 한다. 다만, 천재지변이나 이에 준하는 사유로 그 기한까지 과징금을 납부할 수 없는 때에는 그 사유가 해소된 날부터 7일

이내에 납부해야 한다.

③제2항에 따라 과징금의 납부를 받은 수납기관은 그 납부자에게 영수증을 발급해야 한다.

④과징금의 수납기관이 제2항에 따라 과징금을 수납한 때에는 납부받은 사실을 지체 없이 시장·군수 또는 구청장에게 통보해야 한다.

[본조신설 2020.2.25.]

[종전 제16조의3은 제16조의6으로 이동 <2020.2.25.>]

제16조의4(과징금의 납부기한 연기 및 분할 납부) ①시장·군수 또는 구청장은 납부의무자가 내야 할 과징금의 금액이 1천만원 이상인 경우로서 다음 각 호의 어느 하나에 해당하는 사유로 과징금 전액을 한꺼번에 납부하기 어렵다고 인정되는 때에는 그 납부기한을 연기하거나 분할 납부하게 할 수 있다. 이 경우 시장·군수 또는 구청장은 필요하다고 인정하면 납부의무자에게 담보를 제공하게 할 수 있다.

1. 천재지변이나 재해 등으로 재산에 현저한 손실을 입은 경우
2. 사업 여건의 악화로 사업이 중대한 위기에 처한 경우
3. 과징금을 한꺼번에 납부하면 자금 사정에 현저한 어려움이 예상되는 경우

②납부의무자는 제1항에 따라 과징금의 납부기한을 연기하거나 분할 납부하려는 경우에는 그 납부기한의 10일 전까지 농림축산식품부령으로 정하는 서식에 과징금의 납부기한 연기 또는 분할 납부를 신청하는 사유를 증명하는 서류를 첨부하여 시장·군수 또는 구청장에게 신청해야 한다.

③제1항에 따라 과징금의 납부기한을 연기하거나 분할 납부하게 하는 경우 납부기한의 연기는 그 납부기한의 다음 날부터 1년 이내로 하고, 각 분할된 납부기한 간의 간격은 4개월 이내로 하며, 분할 납부의 횟수는 3회 이내로 한다.

④시장·군수 또는 구청장은 제1항에 따라 납부기한이 연기되거나 분할 납부하기로 결정된 납부의무자가 다음 각 호의 어느 하나에 해당하는 경우에는 납부기한의 연기 또는 분할 납부 결정을 취소하고 과징금을 한꺼번에 징수할 수 있다.

1. 분할 납부하기로 결정된 과징금을 납부기한까지 내지 않은 경우
2. 담보 변경명령이나 그 밖에 담보보전(擔保保全)에 필요한 시장·군수 또는 구청장의 명령을 이행하지 않은 경우
3. 강제집행, 경매의 개시, 파산선고, 법인의 해산, 국세 또는 지방세의 체납처분 등의 사유로 과징금의 전부 또는 잔여분을 징수할 수 없다고 인정되는 경우
4. 제1항 각 호에 따른 사유가 해소되어 과징금을 한꺼번에 납부할 수 있다고 인정되는 경우

[본조신설 2020.2.25.]

제16조의5(국가축산클러스터의 조성절차) 농림축산식품부장관 또는 지방자치단체

의 장은 법 제32조의2에 따라 국가축산클러스터를 조성하는 경우에는 사전에 공청회를 개최하여 해당 지역 축산업자 등 이해관계인의 의견을 들어야 한다. <개정 2013.3.23.>

[본조신설 2013.2.20.]

[제16조의2에서 이동 <2020.2.25.>]

제16조의6(경미한 사항의 변경) 법 제32조의2제4항 단서에서 "대통령령으로 정하는 경미한 사항을 변경하는 경우"란 다음 각 호의 어느 하나에 해당하는 경우를 말한다.

1. 해당 사업연도 내에서 사업의 시행 시기 또는 기간을 변경하는 경우
2. 계산착오, 오기(誤記), 누락, 그 밖에 이에 준하는 사유로서 그 변경 근거가 분명한 사항을 변경하는 경우

[본조신설 2013.2.20.]

[제16조의3에서 이동 <2020.2.25.>]

제16조의7(축산물수급조절협의회의 구성 등) ①법 제32조의4제1항에 따라 농림축산식품부장관 소속으로 두는 축산물수급조절협의회(이하 "수급조절협의회"라 한다)의 위원은 다음 각 호의 사람 중에서 농림축산식품부장관이 임명하거나 위촉하는 사람으로 한다.

1. 기획재정부 소속으로 물가 관련 업무를 담당하는 4급 이상 공무원
2. 농림축산식품부 소속으로 가축·축산물의 수급조절 및 가격안정 관련 업무를 담당하는 4급 이상 공무원
3. 통계청 소속으로 가축동향조사 관련 업무를 담당하는 4급 이상 공무원
4. 「농업협동조합법」 제161조의2에 따른 농협경제지주회사에서 축산물 수급관리 관련 업무를 담당하는 집행간부
5. 법 제36조에 따른 축산물품질평가원의 장
6. 「소비자기본법」 제2조제3호에 따른 소비자단체의 대표
7. 「공공기관의 운영에 관한 법률」 제4조에 따른 공공기관, 그 밖의 법인·단체에서 가축·축산물의 수급조절 및 가격안정 관련 업무에 종사한 경력 또는 전문지식이 있는 사람
8. 법률·경제·경영 및 축산 관련 분야 학문을 전공하고 대학이나 공인된 연구기관에서 7년 이상 부교수 이상 또는 이에 상당하는 직에 있거나 있었던 사람
9. 축산업 관련 생산자단체·유통업계의 대표 및 축산업 관련 전문가

②수급조절협의회의 위원장(이하 "위원장"이라 한다)은 공무원이 아닌 위원 중에서 호선(互選)하고, 부위원장은 위원장이 지명하는 위원으로 한다.

③공무원이 아닌 위원의 임기는 2년으로 하되, 연임할 수 있다.

④위원 중 결원이 생긴 때에는 제1항에 따라 보궐위원을 위촉해야 하며, 그 보궐위원의 임기는 전임자의 남은 임기로 한다.

⑤위원은 다음 각 호의 어느 하나에 해당하는 경우에는 해당 위원을 해촉할 수 있다.

1. 자격정지 이상의 형을 선고받은 경우
2. 심신장애로 직무를 수행할 수 없게 된 경우
3. 직무와 관련된 비위사실이 있는 경우
4. 직무태만, 품위손상이나 그 밖의 사유로 위원으로 적합하지 않다고 인정되는 경우
5. 위원 스스로 직무를 수행하는 것이 곤란하다고 의사를 밝히는 경우

[본조신설 2020.8.26.]
[시행일 : 2021.3.25.] 제16조의7

제16조의8(위원장의 직무) ①위원장은 수급조절협의회를 대표하고, 수급조절협의회의 업무를 총괄한다.

②위원장이 부득이한 사유로 직무를 수행할 수 없을 때에는 부위원장이 그 직무를 대행하고, 위원장과 부위원장이 모두 부득이한 사유로 직무를 수행할 수 없을 때에는 위원회가 미리 정하는 위원이 그 직무를 대행한다.

[본조신설 2020.8.26.]
[시행일 : 2021.3.25.] 제16조의8

제16조의9(수급조절협의회의 운영) ①위원장은 수급조절협의회의 회의를 소집하고, 그 의장이 된다.

②수급조절협의회의 회의는 위원장이 필요하다고 인정하거나 재적위원 2분의 1 이상이 소집을 요청한 경우 위원장이 소집한다.

③위원장은 수급조절협의회의 회의를 소집하려면 회의 개최 7일 전까지 회의의 일시, 장소 및 안건을 위원에게 서면으로 통보해야 한다. 다만, 긴급한 경우에는 그렇지 않다.

④수급조절협의회의 회의는 재적위원 과반수의 출석으로 개의하고, 출석위원 과반수의 찬성으로 의결한다.

⑤회의에 출석하는 위원에 대해서는 예산의 범위에서 수당과 여비를 지급할 수 있다. 다만, 공무원인 위원이 그 소관 업무와 직접적으로 관련되어 회의에 출석하는 경우에는 그렇지 않다.

⑥수급조절협의회는 심의에 필요한 경우 관계 기관·단체 등에 자료 및 의견의 제출 등 필요한 협조를 요청할 수 있다.

⑦제1항부터 제6항까지에서 규정한 사항 외에 수급조절협의회의 운영에 필요한 사

항은 농림축산식품부장관이 정한다.
[본조신설 2020.8.26.]
[시행일 : 2021.3.25.] 제16조의9

제16조의10(축종별 소위원회의 구성·운영) ①수급조절협의회의 효율적인 심의를
위해 다음 각 호의 축종별 소위원회를 둔다.
1. 한우·육우 소위원회
2. 돼지 소위원회
3. 육계 소위원회
4. 산란계 소위원회
5. 오리 소위원회
②제1항에 따른 축종별 소위원회의 구성 및 운영에 필요한 사항은 농림축산식품부장
관이 정한다.
[본조신설 2020.8.26.]
[시행일 : 2021.3.25.] 제16조의10

제17조(보조금의 지급 기준) 법 제33조제1항에 따른 보조금은 「세계무역기구 설립
을 위한 마라케시 협정」에서 허용하는 범위에서 이를 지급하되, 「축산자조금의 조
성 및 운용에 관한 법률」 제6조제1호에 따른 거출금의 금액을 초과할 수 없다.
<개정 2008.12.24., 2018.7.10.>

제17조의2(가축거래상인 등록자에 대한 행정처분의 기준 등) 법 제34조의4에 따
른 가축거래상인의 등록취소, 영업정지 처분에 관한 기준은 별표 3과 같다.
[본조신설 2013.2.20.]

제17조의3(무항생제축산물 인증기관 평가업무의 위탁) 법 제42조의8제4항에서 "
대통령령으로 정하는 법인, 기관 또는 단체"란 다음 각 호의 법인, 기관 또는 단체
를 말한다.
1. 「정부출연연구기관 등의 설립·운영 및 육성에 관한 법률」에 따라 설립된 한국농
촌경제연구원
2. 「과학기술분야 정부출연연구기관 등의 설립·운영 및 육성에 관한 법률」에 따라
설립된 한국식품연구원
3. 「한국농수산대학 설치법」에 따른 한국농수산대학
4. 「고등교육법」에 따른 학교 또는 그 부설 기관
[본조신설 2020.8.26.]

제18조(기금사업비 등의 지원범위) 법 제47조제1항제7호에 따라 법 제43조의 축
산발전기금(이하 "기금"이라 한다)에서 사업비 및 경비를 지원받을 수 있는 기금사

업은 다음 각 호와 같다.

1. 가축의 개량·증식사업
2. 가축위생 및 방역사업
3. 축산물의 생산기반조성·가공시설개선 및 유통개선을 위한 사업
4. 사료의 개발 및 품질관리사업
5. 축산발전을 위한 기술의 지도·조사·연구·홍보 및 보급에 관한 사업
6. 기금재산의 관리·운영
7. 동물유전자원의 보존·관리 등에 관한 사업

제19조(기금의 보조) ①법 제47조제2항에 따라 기금에서 보조금을 지급받으려는 자는 보조금지급신청서에 보조금을 지급받으려는 사업의 명칭·목적·주체·기간·내용 및 사업비 등을 기재한 사업계획서를 첨부하여 농림축산식품부장관에게 제출하여야 한다. <개정 2008.2.29., 2013.3.23.>

②농림축산식품부장관은 제1항에 따른 보조금지급신청서를 제출받으면 이를 검토하여 제21조에 따른 연간기금운용계획에 부합된다고 인정하는 경우에는 보조금의 교부를 결정하고, 이를 신청인에게 통지하여야 한다. <개정 2008.2.29., 2013.3.23.>

③기금의 보조금지급에 관하여 이 영에서 정한 것 외에는 농림축산식품부장관이 정한다. <개정 2008.2.29., 2013.3.23.>

제20조(기금의 융자) ①농림축산식품부장관은 법 제47조제1항 각 호의 사업을 위하여 기금을 융자하는 경우에는 「농업협동조합법」에 따른 조합과 농협은행, 「새마을금고법」에 따른 새마을금고와 새마을금고연합회, 「신용협동조합법」에 따른 신용협동조합과 신용협동조합중앙회 및 「은행법」에 따른 은행을 통하여 이를 행한다. 다만, 수출과 관련된 자금을 위한 융자는 「한국농수산식품유통공사법」에 따른 한국농수산식품유통공사를 통하여 이를 행할 수 있다. <개정 2008.2.29., 2008.12.24., 2010.11.15., 2012.1.25., 2013.3.23., 2017.3.27.>

②기금의 융자방법과 융자조건에 관한 세부사항은 농림축산식품부장관이 정한다. 다만, 융자금리를 정하려는 때에는 미리 기획재정부장관과 협의하여야 한다. <개정 2008.2.29., 2013.3.23.>

제21조(기금의 운용 및 관리 사무의 위탁) ① 농림축산식품부장관은 법 제48조제2항에 따라 기금의 운용 및 관리 사무 중 다음 각 호의 사무를 「농업협동조합법」 제161조의2에 따른 농협경제지주회사(이하 "농협경제지주회사"라 한다)에 위탁한다. <개정 2008.2.29., 2013.2.20., 2013.3.23., 2017.3.27.>

1. 기금의 수입 및 지출
2. 기금재산의 취득·운용 및 처분
3. 법 제48조제3항에 따른 기금대손보전계정의 설치 및 운용

4. 제24조에 따른 기금의 여유자금의 운용
5. 그 밖에 기금의 운용 및 관리에 관한 것으로서 농림축산식품부령으로 정하는 사항
②제1항에 따라 기금의 운용 및 관리 사무를 위탁받은 농협경제지주회사는 기금의
운용 및 관리를 명확히 하기 위하여 기금을 다른 회계와 구분하여 회계처리하여야
한다. <개정 2008.12.24., 2017.3.27.>

제22조(기금의 회계기관) ①농림축산식품부장관은 기금의 수입과 지출에 관한 사무
를 수행하게 하기 위하여 소속 공무원 중에서 기금수입징수관 · 기금재무관 · 기금
지출관 및 기금출납공무원을 임명한다. <개정 2008.2.29., 2013.3.23.>
②농림축산식품부장관은 제21조제1항 각 호의 사무를 수행하게 하기 위하여 농협경
제지주회사의 임원 중에서 기금수입 담당 임원과 기금지출원인행위 담당 임원을,
농협경제지주회사의 직원 중에서 기금지출직원과 기금출납직원을 각각 임명하여야
한다. 이 경우 기금수입 담당 임원은 기금수입징수관의 직무를, 기금지출원인행위
담당 임원은 기금재무관의 직무를, 기금지출직원은 기금지출관의 직무를, 기금출납
직원은 기금출납공무원의 직무를 각각 수행한다. <개정 2008.2.29., 2013.3.23.,
2017.3.27.>

제23조(기금계정의 설치) 농림축산식품부장관은 기금의 수입과 지출을 명확히 하기
위하여 한국은행에 기금계정을 설치하여야 한다. <개정 2008.2.29., 2013.3.23.>

제24조(여유자금의 운용) 농림축산식품부장관은 기금의 여유자금을 다음 각 호의
방법으로 운용할 수 있다. <개정 2008.2.29., 2008.12.24., 2010.11.15., 2013.3.23.>
1. 「은행법」에 따른 은행에의 예치
2. 국채 · 공채 그 밖에 「자본시장과 금융투자업에 관한 법률」 제4조에 따른 증권의
매입

제25조(등급판정수수료의 징수) 법 제49조제3항 전단 및 후단에서 "대통령령으로
정하는 자"란 각각 「축산물 위생관리법」 제22조제1항에 따라 도축업, 축산물가공
업, 식육포장처리업의 허가를 받은 자와 같은 법 제24조제1항 본문에 따라 식용란
수집판매업 신고를 한 자를 말한다. <개정 2014.1.28.>
[전문개정 2013.2.20.]

제26조(권한의 위임 · 위탁) ①농림축산식품부장관은 법 제51조제1항에 따라 다음
각 호의 권한을 국립농산물품질관리원장에게 위임한다. <신설 2020.8.26.>
1. 법 제42조의2에 따른 무항생제축산물에 대한 인증
2. 법 제42조의6제2항에 따른 인증품의 생산방법과 사용자재 등에 관한 정보 표시
의 권고
3. 법 제42조의7제1항에 따른 인증의 취소, 인증표시의 제거 · 사용정지 또는 시정조

치 명령
4. 법 제42조의7제2항에 따른 인증사업자에 대한 인증 취소의 통지 및 인증기관의 인증 취소 사실 보고의 수리
5. 법 제42조의8제1항에 따른 인증기관의 지정
6. 법 제42조의8제2항부터 제5항까지의 규정에 따른 인증기관의 지정 신청의 접수, 지정갱신, 평가업무의 위임·위탁, 변경신고의 수리 및 변경 승인
7. 법 제42조의10제1항에 따른 인증품 및 인증사업자에 대한 조사의 실시, 시료의 무상 제공 요청·검사 및 자료 제출 등의 요구
8. 법 제42조의10제5항부터 제7항까지의 규정에 따른 조사 결과의 통지, 시료의 재검사 요청 접수, 재검사 여부 결정·통보 및 재검사 결과 통보
9. 법 제42조의10제8항부터 제11항까지의 규정에 따른 인증 취소 등의 조치명령 및 인증기관에 대한 조치 요청, 인증품의 압류 및 조치명령의 내용 공표
10. 법 제42조의11제2항 및 제3항에 따른 인증기관의 지위 승계 신고의 수리 및 신고수리 여부의 통지
11. 법 제42조의12에 따라 준용되는 다음 각 목의 규정에 따른 권한
  가. 「친환경농어업 육성 및 유기식품 등의 관리·지원에 관한 법률」(이하 이 호에서 "법"이라 한다) 제26조의2제1항에 따른 인증심사원의 자격 부여
  나. 법 제26조의2제2항에 따른 인증심사원의 자격을 부여받으려는 자에 대한 교육
  다. 법 제26조의2제3항에 따른 인증심사원의 자격 취소·정지 또는 시정조치 명령
  라. 법 제27조제1항제2호에 따른 인증기관에 대한 접근 및 정보·자료 제공의 요청
  마. 법 제27조제1항제4호에 따른 인증기관의 인증 결과 및 사후관리 결과 등에 대한 보고의 수리
  바. 법 제27조제1항제5호에 따른 인증사업자에 대한 불시(不時) 심사 및 그 결과의 기록·관리
  사. 법 제28조에 따른 인증기관의 인증업무 휴업·폐업 신고의 수리
  아. 법 제29조제1항 및 제2항에 따른 인증기관의 지정취소·업무정지 또는 시정조치 명령 및 그 지정취소·업무정지 처분사실의 인터넷 홈페이지 게시
  자. 법 제32조제1항에 따른 인증기관에 대한 조사
  차. 법 제32조제2항에 따른 인증기관에 대한 지정취소·업무정지 또는 시정조치 명령
  카. 법 제32조의2제1항 및 제2항에 따른 인증기관의 평가·등급결정 및 결과 공표, 평가·등급결정 결과의 인증기관 관리·지원·육성 등에의 반영
  타. 법 제57조제1항제2호 및 제3호에 따른 인증심사원의 자격 취소 및 인증기관의 지정취소에 대한 청문
12. 법 제49조제1항제3호에 따른 수수료의 수납
13. 법 제56조제3항에 따른 과태료의 부과·징수(같은 조 제2항제9호부터 제18호까

지의 규정에 따른 위반행위로 한정한다)

②국립농산물품질관리원장은 제1항에 따라 위임받은 권한의 일부를 농림축산식품부장관의 승인을 받아 소속기관의 장에게 재위임할 수 있다. 이 경우 국립농산물품질관리원장은 그 재위임한 내용을 고시해야 한다. <신설 2020.8.26.>

③시·도지사는 법 제51조제3항에 따라 법 제13조제1항에 따른 수정사에 대한 교육의 실시를 법 제5조제3항에 따라 지정한 가축개량기관에 위탁한다.
<신설 2019.12.31., 2020.8.26.>

④법 제51조제4항에서 "대통령령으로 정하는 축산 관련 법인 및 단체"란 법 제36조에 따른 축산물품질평가원(이하 이 조에서 "축산물품질평가원"이라 한다), 「가축전염병예방법」 제9조에 따른 가축위생방역 지원본부, 「가축분뇨의 관리 및 이용에 관한 법률」 제38조의2에 따른 축산환경관리원 및 농림축산식품부장관이 별도로 고시하는 축산 관련 기관을 말한다. <신설 2013.2.20., 2013.3.23., 2019.12.31., 2020.2.25., 2020.8.26.>

⑤농림축산식품부장관은 법 제51조제5항에 따라 법 제29조제1항에 따른 종축 등의 수출입 신고에 관한 업무를 농림축산식품부장관이 지정·고시하는 종축개량업무를 행하는 비영리법인에 위탁한다. 다만, 종계와 종란의 수출입 신고에 관한 업무는 농림축산식품부장관이 지정·고시하는 양계 관련 업무를 담당하는 비영리법인에 이를 위탁한다.
<개정 2008.2.29., 2013.2.20., 2013.3.23., 2019.12.31., 2020.8.26.>

⑥농림축산식품부장관은 법 제51조제6항에 따라 법 제32조제1항에 따른 송아지생산안정사업에 관한 업무를 농업협동조합중앙회에 위탁한다. <개정 2008.2.29., 2008.12.24., 2013.2.20., 2013.3.23., 2019.12.31., 2020.8.26.>

⑦농림축산식품부장관은 법 제51조제7항에 따라 법 제40조의2에 따른 전자민원창구의 설치·운영에 관한 업무를 축산물품질평가원에 위탁한다. <신설 2020.2.25., 2020.8.26.>

제26조의2(민감정보 및 고유식별정보의 처리) ①농림축산식품부장관, 농촌진흥청장, 지방자치단체의 장(해당 권한이 위임·위탁된 경우에는 그 권한을 위임·위탁받은 자를 포함한다), 법 제33조의3에 따른 교육총괄기관 및 교육운영기관(이하 이 조에서 "교육기관등"이라 한다)은 다음 각 호의 사무를 수행하기 위하여 불가피한 경우 「개인정보 보호법」 제23조에 따른 건강에 관한 정보 또는 같은 법 시행령 제19조제1호에 따른 주민등록번호가 포함된 자료를 처리할 수 있다. <개정 2013.3.23., 2015.10.13., 2019.12.31., 2020.2.25., 2020.8.26.>

1. 법 제12조에 따른 가축 인공수정사 면허 및 시험의 관리
2. 법 제22조제1항 또는 제3항에 따라 축산업 허가를 받은 자 및 가축사육업 등록자의 관리

3. 법 제33조의2에 따른 의무교육 이수자의 관리
4. 법 제34조의2제1항에 따른 가축거래상인 등록자의 관리
5. 법 제40조의2에 따른 전자민원창구의 설치·운영
6. 법 제47조제2항 및 이 영 제19조에 따른 기금의 보조
7. 제20조제1항에 따른 기금의 융자

② 농림축산식품부장관(제26조에 따라 농림축산식품부장관의 권한을 위임받은 자를 포함한다)은 법 제42조의12에 따라 준용되는 「친환경농어업 육성 및 유기식품 등의 관리·지원에 관한 법률」 제26조의3에 따른 인증기관의 임원 또는 직원의 결격사유 확인에 관한 사무를 수행하기 위해 불가피한 경우 「개인정보 보호법 시행령」 제18조제2호에 따른 범죄경력자료에 해당하는 정보 또는 같은 영 제19조제1호에 따른 주민등록번호가 포함된 자료를 처리할 수 있다. <신설 2020. 8. 26.>
[본조신설 2013.2.20.]

제26조의3(규제의 재검토) 농림축산식품부장관은 제11조제1항 및 제2항에 따른 가축개량총괄기관 및 가축개량기관의 지정에 대하여 2016년 1월 1일을 기준으로 3년마다(매 3년이 되는 해의 1월 1일 전까지를 말한다) 그 타당성을 검토하여 개선 등의 조치를 하여야 한다.
[본조신설 2016.1.6.]

제27조(과태료의 부과기준) 법 제56조제1항 및 제2항에 따른 과태료의 부과기준은 별표 4와 같다. <개정 2013.2.20., 2020.8.26.>
[전문개정 2008.12.24.]

부칙 <제30974호, 2020.8.26.>

제1조(시행일) 이 영은 2020년 8월 28일부터 시행한다. 다만, 제16조의7부터 제16조의10까지의 개정규정은 2021년 3월 25일부터 시행한다.

제2조(과태료에 관한 경과조치) 이 영 시행 전에 「친환경농어업 육성 및 유기식품 등의 관리·지원에 관한 법률」 및 같은 법 시행령에 따라 받은 과태료 부과처분은 별표 4 제2호너목부터 커목까지의 개정규정에 따른 위반행위의 횟수 산정에 포함한다.

축산법 시행규칙

[시행 2020.11.24]
[농림축산식품부령 제453호, 2020.11.24., 타법개정]

제1장 총칙

제1조(목적) 이 규칙은 「축산법」 및 같은 법 시행령에서 위임된 사항과 그 시행에
필요한 사항을 규정함을 목적으로 한다.

제2조 삭제 <2019.12.31.>

제2조의2(토종가축의 인정 등) ①「축산법」(이하 "법"이라 한다) 제2조제1호의2에
따른 토종가축은 한우, 돼지, 닭, 오리, 말 및 꿀벌 중 예로부터 우리나라 고유의
유전특성과 순수혈통을 유지하며 사육되어 외래종과 분명히 구분되는 특징을 지니
는 가축으로 한다. <개정 2019.12.31.>
②제1항에 따른 토종가축의 인정기준, 절차, 그 밖에 인정업무에 필요한 사항에 대
해서는 농림축산식품부장관이 정하여 고시한다.
[본조신설 2013.4.11.]

제3조(종축의 기준) 법 제2조제2호에서 "농림축산식품부령으로 정하는 기준에 해당
하는 가축"이란 법 제6조에 따라 가축의 등록을 하거나 법 제7조에 따라 가축의
검정을 받은 결과 번식용으로 적합한 특징을 갖춘 것으로 판정된 가축을 말한다.
[본조신설 2019.12.31.]

제4조 삭제 <2013.4.11.>

제5조(종축업의 대상) 법 제2조제5호에서 "농림축산식품부령으로 정하는 번식용 가
축 또는 씨알"이란 다음 각 호의 것을 말한다. <개정 2008.3.3., 2008.12.31.,
2013.3.23., 2018.7.12.>
 1. 돼지·닭·오리
 2. 법 제7조에 따른 검정 결과 종계·종오리로 확인된 닭·오리에서 생산된 알로서
 그 종계·종오리 고유의 특징을 가지고 있는 알
 3. 「가축전염병 예방법」 제2조제2호에 따른 가축전염병에 대한 검진 결과가 음성인
 닭·오리에서 생산된 알

제5조의2(축산발전심의위원회의 구성) ①법 제4조제1항에 따른 축산발전심의위원
회(이하 "위원회"라 한다) 는 위원장과 부위원장 각 1명을 포함한 25명 이내의 위
원으로 구성한다.

②위원장은 농림축산식품부차관이 되고, 부위원장은 농림축산식품부장관이 농림축산식품부의 고위공무원단에 속하는 일반직공무원 중에서 지명한다.

③위원은 다음 각 호의 사람이 된다.

1. 기획재정부장관 · 농림축산식품부장관 · 보건복지부장관 및 환경부장관이 해당 부처의 3급 공무원 또는 고위공무원단에 속하는 일반직공무원 중에서 지명하는 사람 각 1명

2. 다음 각 목의 사람 중에서 농림축산식품부장관이 성별을 고려하여 위촉하는 사람

　가. 「농업협동조합법」 제2조제2호에 따른 지역축산업협동조합의 임원

　나. 「농업협동조합법」 제2조제3호에 따른 품목별 · 업종별 협동조합의 임원

　다. 「농업협동조합법」 제2조제4호에 따른 농업협동조합중앙회(이하 "농업협동조합중앙회"라 한다)의 임원

　라. 「농업협동조합법」 제105조제2항에 따른 농업인

　마. 축산 관련 단체의 장

　바. 학계와 축산 관련 업계의 전문가

[본조신설 2013.4.11.]

제5조의3(위원의 해촉) ①제5조의2제3항제1호에 따라 위원을 지명한 자는 해당 위원이 다음 각 호의 어느 하나에 해당하는 경우에는 그 지명을 철회할 수 있다.

1. 심신장애로 인하여 직무를 수행할 수 없게 된 경우

2. 직무와 관련된 비위사실이 있는 경우

3. 직무태만, 품위손상이나 그 밖의 사유로 인하여 위원으로 적합하지 아니하다고 인정되는 경우

4. 위원 스스로 직무를 수행하는 것이 곤란하다고 의사를 밝히는 경우

②농림축산식품부장관은 제5조의2제3항제2호에 따른 위원이 제1항 각 호의 어느 하나에 해당하는 경우에는 해당 위원을 해촉(解嘱)할 수 있다.

[본조신설 2017.1.2.]

[종전 제5조의3은 제5조의4로 이동 <2017.1.2.>]

제5조의4(분과위원회) ①법 제4조제3항에 따른 위원회의 효율적인 운영을 위하여 위원회에 가축종류별 분과위원회와 축산계열화 분과위원회를 둘 수 있다. <개정 2019.8.26.>

②분과위원회의 구성과 운영에 필요한 사항은 위원회의 의결을 거쳐 위원장이 정한다.

[본조신설 2013.4.11.]

[제5조의3에서 이동, 종전 제5조의4는 제5조의5로 이동 <2017.1.2.>]

제5조의5(위원회의 기능) 위원회는 다음 각 호의 사항을 심의한다.

1. 법 제3조제1항에 따른 축산발전계획

2. 축산발전과 관련된 사항으로서 농림축산식품부장관이 회의에 부치는 사항
[본조신설 2013.4.11.]
[제5조의4에서 이동, 종전 제5조의5는 제5조의6으로 이동 <2017.1.2.>]

제5조의6(위원장의 직무 등) ①위원장은 위원회를 대표하고, 위원회의 업무를 총괄한다.
②부위원장은 위원장을 보좌하고, 위원장이 부득이한 사유로 직무를 수행할 수 없는 경우에는 그 직무를 대행한다.
[본조신설 2013.4.11.]
[제5조의5에서 이동, 종전 제5조의6은 제5조의7로 이동 <2017.1.2.>]

제5조의7(회의) ①위원장은 위원회의 회의를 소집하고, 그 의장이 된다.
②위원회의 회의는 재적위원 과반수의 출석과 출석위원 과반수의 찬성으로 의결한다.
[본조신설 2013.4.11.]
[제5조의6에서 이동, 종전 제5조의7은 제5조의8로 이동 <2017.1.2.>]

제5조의8(의견의 청취) 위원장은 위원회의 심의사항과 관련하여 필요하다고 인정하는 경우에는 이해관계인 또는 관계전문가를 출석시켜 그 의견을 들을 수 있다.
[본조신설 2013.4.11.]
[제5조의7에서 이동, 종전 제5조의8은 제5조의9로 이동 <2017.1.2.>]

제5조의9(간사) ①위원회의 서무를 처리하게 하기 위하여 위원회에 간사 1명을 둔다.
②간사는 위원장이 농림축산식품부 소속 공무원 중에서 지명한다.
[본조신설 2013.4.11.]
[제5조의8에서 이동, 종전 제5조의9는 제5조의10으로 이동 <2017.1.2.>]

제5조의10(수당) 위원회에 출석한 위원과 제5조의8에 따른 이해관계인 또는 관계전문가에 대하여는 예산의 범위 안에서 수당과 여비를 지급할 수 있다. 다만, 공무원인 위원이 그 소관 업무와 직접 관련하여 위원회에 출석하는 경우에는 그러하지 아니하다. <개정 2017.1.2.>
[본조신설 2013.4.11.]
[제5조의9에서 이동 <2017.1.2.>]

제2장 가축의 개량 · 등록 · 검정 등

제6조(개량 대상 가축) 「축산법 시행령」(이하 "영"이라 한다) 제10조제2항에 따른 개량 대상 가축은 한우 · 젖소 · 돼지 · 닭 · 오리 · 말 및 염소로 한다.

<개정 2008.12.31., 2018.7.12.>

제7조(가축개량총괄기관의 업무) ①법 제5조제3항에 따라 지정된 가축개량총괄기관(이하 "가축개량총괄기관"이라 한다)의 업무는 다음 각 호와 같다.
<개정 2008.3.3., 2008.12.31., 2013.3.23., 2019.8.26.>
1. 가축종류별 개량목표 설정 등을 위한 개량계획의 작성
2. 개량계획에 따른 사업의 점검·평가
3. 가축개량기관간의 개량사업의 협의·조정
4. 가축개량 관련 정보의 수집·분석·평가·실적 보고 및 주요 가축종류의 국가단위 유전능력 평가
5. 그 밖에 농림축산식품부장관이 가축개량 촉진에 필요하다고 인정하는 업무
②가축개량총괄기관은 제1항에 따른 업무의 추진을 위하여 법 제5조제3항에 따라 지정된 가축개량기관(이하 "가축개량기관"이라 한다)에 대하여 개량사업 계획·개량사업 결과, 그 밖의 필요한 자료를 제출하도록 요청할 수 있다.

제8조(등록기관의 지정) 농림축산식품부장관은 법 제6조제2항에 따라 가축의 등록기관을 지정하려는 때에는 등록대상 가축을 정하여 다음 각 호의 인력 및 시설·장비를 확보한 축산 관련 기관 및 단체 중에서 지정하여야 한다. <개정 2008.3.3., 2008.12.31., 2013.3.23.>
1. 다음 각 목의 인력
가. 가축육종·유전 분야의 석사학위 이상의 학력이 있거나 「고등교육법」 제2조에 따른 학교의 축산 관련 학과를 졸업하고 가축육종·유전 분야에서 3년 이상 종사한 경력이 있는 자 또는 「국가기술자격법」에 따른 축산기사 이상의 자격을 취득한 자 1인 이상
나. 전산프로그램을 전담하는 인력 1인 이상
2. 다음 각 목의 시설·장비
가. 24제곱미터 이상의 사무실
나. 체형 측정기·간이 체중 측정기·개체식별용 장치 부착기 및 인식기
다. 보조기억장치가 1테라바이트 이상이고 연산처리장치가 6개 이상의 서버능력 및 관계형 데이터베이스의 전산장비

제9조(가축의 등록 등) ①법 제6조에 따라 가축을 등록하려는 자는 축산 관련 기관 및 단체 중에서 농림축산식품부장관이 지정·고시하는 등록기관(이하 "종축등록기관"이라 한다)에 등록을 신청하여야 한다. <개정 2008.3.3., 2013.3.23.>
②제1항에 따른 등록 대상 가축은 소·돼지·말·토끼 및 염소로 한다.
<개정 2019.12.31.>
③제1항에 따라 등록신청을 받은 종축등록기관은 등록 대상 가축의 외모·체형·특

징 등을 고려하여 정한 심사기준에 따라 심사를 하고, 그 심사 결과가 등록 대상 가축의 우수성 정도와 혈통 등을 고려하여 정한 등록기준에 적합하다고 인정하면 이에 상응하는 등록을 하여야 한다.

④제3항에 따른 심사기준·등록기준, 그 밖의 등록업무의 수행에 필요한 세부적인 사항은 종축등록기관이 관련 기관, 학계 및 업계 등의 의견을 들어 정한 후 이를 공고하여야 한다. 다만, 심사기준과 등록기준에 대해서는 가축개량총괄기관의 장과 사전에 협의하여야 한다. <개정 2013.4.11.>

제10조(검정기관의 지정) 농림축산식품부장관은 법 제7조에 따라 가축의 검정기관을 지정하려는 때에는 검정 대상 가축을 정하여 다음 각 호의 인력 및 시설·장비를 확보한 축산 관련 기관 및 단체 중에서 지정하여야 한다. <개정 2008.3.3., 2008.12.31., 2013.3.23., 2018.12.27.>

1. 다음 각 목의 인력
 가. 가축육종·유전 분야의 석사학위 이상의 학력이 있거나 「고등교육법」 제2조에 따른 학교의 축산 관련 학과를 졸업한 후 가축육종·유전 분야에서 3년 이상 종사한 경력이 있는 사람 또는 「국가기술자격법」에 따른 축산기사 이상의 자격을 취득한 사람 1명 이상
 나. 전산프로그램을 담당하는 인력 1명 이상
2. 제11조제4항에서 정하는 검정기준에 따라 가축의 경제성을 검정할 수 있는 시설과 검정성적을 기록·분석·평가할 수 있는 체중계 등 측정기구

제11조(가축의 검정) ①법 제7조제1항제2호에서 "농림축산식품부령으로 정하는 씨알"이란 종계·종오리(법 제2조제2호에 따른 종축 중 같은 계통의 씨암탉과 씨수탉, 씨암오리와 씨숫오리를 말한다. 이하 같다)로부터 생산된 알을 말한다. <개정 2008.3.3., 2008.12.31., 2013.3.23., 2013.4.11.>

②법 제7조에 따른 가축의 검정은 서류심사 및 외모를 확인하기 위한 일반검정(종계·종오리만 해당한다)과 가축의 자질 및 경제성을 확인·평가하기 위한 능력검정으로 구분하여 실시한다. <개정 2008.12.31.>

③제2항에 따른 검정을 받으려는 자는 농림축산식품부장관이 지정·고시하는 검정기관(이하 "종축검정기관"이라 한다)에 검정을 신청하여야 한다.
 <개정 2008.3.3., 2013.3.23.>

④제3항에 따라 검정신청을 받은 종축검정기관은 농림축산식품부장관이 검정 대상 가축별로 검정의 종류·기간·방법 및 조사사항 등을 정하여 고시하는 검정기준에 따라 검정을 실시하여야 한다. <개정 2008.3.3., 2013.3.23.>

⑤제3항에 따른 가축의 검정신청절차, 그 밖의 검정에 필요한 사항은 종축검정기관이 관련 기관, 학계 및 업계 등의 의견을 들어 정한 후 이를 공고하여야 한다.

제12조(종축의 대여 및 교환대상자) 법 제10조에 따른 종축의 대여 및 교환은 다음 각 호의 자와 행한다. <개정 2008.3.3., 2013.3.23., 2013.4.11.>

1. 가축개량총괄기관 및 가축개량기관
2. 법 제22조제1항제1호에 따른 종축업자
3. 법 제22조제1항제3호에 따른 정액등처리업자
4. 농림축산식품부장관, 특별시장·광역시장·특별자치시장·도지사·특별자치도지사(이하 "시·도지사"라 한다)가 가축의 개량·증식 또는 사육을 장려하기 위하여 필요하다고 인정하는 자

제13조(종축의 대여) 법 제10조에 따른 종축의 대여는 종축사육기관과 제12조에 따른 종축대여대상자와의 계약에 의하되, 계약서에는 대여기간, 대여종축의 관리 및 반납, 사고시의 처리방법 및 계약해지조건 등 대여목적의 달성에 필요한 사항을 명시하여야 한다.

제14조(종축의 교환) 법 제10조에 따른 종축의 교환은 종축사육기관과 제12조에 따른 종축교환대상자와의 계약에 의하되, 교환 대상 종축간의 가격에 차이가 있으면 그 차액을 정산하여야 한다.

제3장 가축의 인공수정 등

제15조(가축인공수정사의 면허) ①법 제12조에 따른 가축인공수정사(이하 "수정사"라 한다)의 면허를 받으려는 자는 별지 제1호서식의 가축인공수정사 면허신청서에 다음 각 호의 서류를 첨부하여 시·도지사에게 제출하여야 한다. <개정 2013.4.11., 2018.7.12.>

1. 법 제12조제1항 각 호에 따른 자격증 사본 또는 수정사시험합격증 사본
2. 법 제12조제2항제2호·제3호에 해당하지 아니함을 증명할 수 있는 건강진단서

②시·도지사는 수정사의 면허를 한 때에는 그 신청인에게 별지 제2호서식의 수정사면허증을 교부하여야 하며, 별지 제3호서식의 수정사면허대장에 그 면허사항을 기재하고 비치하여야 한다.

③수정사는 면허증이 헐어 못쓰게 되거나 면허증을 잃어버린 경우에는 별지 제4호서식의 수정사면허증 재발급신청서에 따라 시·도지사에게 재발급신청을 할 수 있다. 이 경우 면허증이 헐어 못쓰게 된 경우에는 그 면허증을 첨부하여야 하며, 면허증을 잃어버린 경우에는 그 사유서를 첨부하여야 한다. <개정 2008.12.31.>

④제3항에 따라 인공수정사면허증 재발급 신청을 받은 시·도지사는 이를 확인하여 재발급하되, 해당 면허를 발급한 시·도지사의 확인이 필요한 경우에는 신속히 확인 절차를 거쳐야 한다. 이 경우 해당 면허를 발급한 시·도지사는 신청서를 받은

후 즉시, 해당 면허를 발급하지 아니한 시·도지사는 신청서를 받은 후 10일 이내에 재발급하여야 한다. <신설 2008.12.31.>

제16조(수정사시험) ①시·도지사 또는 농촌진흥청장(이하 "시험 시행기관의 장"이라 한다)은 법 제12조제1항제2호 및 제3호에 따라 수정사시험(이하 "시험"이라 한다)을 시행하려는 때에는 시험시행일 60일 전까지 다음 각 호의 사항을 해당 시·도 또는 농촌진흥청(이하 "시험 시행기관"이라 한다)의 인터넷 홈페이지 등에 공고하여야 한다. <개정 2018.7.12., 2019.12.31.>
1. 응시자격
2. 시험 일시·장소 및 응시절차
3. 시험과목 및 합격자 결정기준
4. 응시원서 등의 수령·제출 방법 및 제출기한
5. 합격자 발표 일시 및 방법
6. 그 밖에 시험 시행에 필요한 사항
②시험에 응시하려는 자는 별지 제5호서식의 가축인공수정사시험 응시원서를 시험 시행기관의 장에게 제출하여야 한다. <개정 2018.7.12.>
③ 시험과목, 평가요소 및 출제유형 등은 별표 1과 같다. <개정 2019.12.31.>
④필기시험의 합격자는 매 과목 100점을 만점으로 하여 40점 이상, 전 과목 평균 60점 이상을 득점한 자로 하고, 실기시험 합격자는 매 과목 100점을 만점으로 하여 전 과목 평균 60점 이상을 득점한 자로 한다. <개정 2019.12.31.>
⑤시험 시행기관의 장은 시험에 합격한 자에게 별지 제6호서식의 합격증을 교부하여야 한다. <개정 2018.7.12.>

제17조 삭제 <2017.1.2.>

제18조(시험위원회) ①시험 시행기관의 장은 시험을 시행할 때마다 다음 각 호의 사항을 심의하기 위하여 시험위원회를 구성한다. <개정 2019.12.31.>
1. 시험일시·장소 및 응시절차 등에 관한 사항
2. 시험문제의 출제 및 채점 방법
3. 시험 합격자의 결정
4. 그 밖에 시험에 관하여 위원회의 위원장이 회의에 부치는 사항
②시험위원회는 위원장 1명을 포함하여 9명 이내의 위원으로 구성하되, 시험 시행기관의 공무원이 아닌 위원이 과반수가 되도록 해야 한다. <신설 2019.12.31.>
③시험위원회의 위원은 다음 각 호의 어느 하나에 해당하는 사람 중에서 임명 또는 위촉하고, 위원장은 시험 시행기관의 장이 위원 중에서 임명한다. <신설 2019.12.31.>
1.「고등교육법」제2조에 따른 학교의 수의학과 또는 축산 관련 학과의 교수

2. 농업직·농업연구직·농촌지도직·수의직·수의연구직공무원, 그 밖의 축산 관계 공무원

3. 5년 이상 실무에 종사하고 있는 수정사

④시험위원회 회의는 재적위원 과반수의 출석과 출석위원 과반수의 찬성으로 의결한다. <신설 2019.12.31.>

⑤시험위원에 대하여는 예산의 범위 안에서 수당을 지급할 수 있다. <개정 2019.12.31.>

⑥시험위원회의 운영 등에 필요한 사항은 시험 시행기관의 장이 정한다. <개정 2018.7.12., 2019.12.31.>

제19조(수정사의 교육) ①법 제13조제1항 및 제51조제3항에 따라 수정사의 교육을 실시하려는 가축개량기관의 장은 교육의 장소·시간 등 교육에 필요한 사항을 그 시행일 30일 전까지 해당 가축개량기관의 인터넷 홈페이지 등에 공고하여야 한다. <개정 2019.12.31.>

②수정사 교육의 대상은 수정사 면허를 보유하고 있는 사람 중 다음 각 호의 사람으로 한다. <신설 2019.12.31.>

1. 법 제17조제1항에 따라 가축인공수정소(이하 "수정소"라 한다)를 개설하여 운영 중인 사람

2. 가축인공수정 업무에 종사하고 있는 사람

③교육과정은 6시간 이상으로 구성하고, 교육내용에는 축산시책, 가축번식학, 인공수정 및 수정란 이식 등을 포함해야 한다. <신설 2019.12.31.>

제20조(수정사에 대한 행정처분 기준) 법 제14조제1항에 따른 수정사에 대한 행정처분의 세부기준은 별표 2와 같다. <개정 2019.12.31.>

[본조신설 2018.7.12.]

제21조 삭제 <2013.4.11.>

제22조(가축인공수정소의 개설신고) ①수정소의 개설신고를 하려는 자는 정액·난자 또는 수정란의 검사·주입 및 보관에 필요한 기구와 설비를 갖추어야 한다. <개정 2018.7.12., 2019.12.31.>

②제1항에 따른 수정소의 개설신고를 하려는 자는 별지 제9호서식에 따른 가축인공수정소 개설신고서에 다음 각 호의 서류를 첨부하여 특별자치시장, 특별자치도지사, 시장, 군수 또는 자치구의 구청장(이하 "시장·군수 또는 구청장"이라 한다)에게 제출하여야 한다. <개정 2013.4.11., 2018.7.12.>

1. 수정사 또는 수의사의 면허증 사본(개설자가 수정사 또는 수의사가 아닌 경우에는 고용된 수정사 또는 수의사의 면허증 사본)

2. 정액·난자 또는 수정란의 검사·주입 및 보관에 필요한 기구와 설비명세서

③시장·군수 또는 구청장은 수정소의 개설신고를 받은 경우에는 별지 제10호서식의 가축인공수정소 신고확인증을 교부하여야 한다. <개정 2013.4.11., 2018.7.12., 2019.8.26.>

④수정소의 개설신고를 한 자(이하 "수정소개설자"라 한다)가 법 제17조제4항에 따라 영업의 휴업·폐업·휴업한 영업의 재개를 신고하려는 때에는 그 사유가 발생한 날부터 30일 이내에 별지 제9호서식에 따른 가축인공수정소 휴업·폐업·영업재개신고서에 가축인공수정소 신고확인증(휴업·폐업신고의 경우로 한정한다)을 첨부하여 시장·군수 또는 구청장에게 제출해야 한다. 다만, 영업의 폐업을 신고하려는 수정소개설자가 가축인공수정소 신고확인증을 분실한 때에는 신고서에 분실사유를 기재하면 가축인공수정소 신고확인증을 첨부하지 않을 수 있다. <개정 2013.4.11., 2018.7.12., 2019.8.26., 2020.2.28., 2020.7.16.>

⑤법 제17조제4항제4호에서 "농림축산식품부령으로 정하는 사항"이란 다음 각 호의 사항을 말한다. <개정 2008.3.3., 2013.3.23., 2020.2.28.>

1. 명칭
2. 사업장의 소재지
3. 수정사 또는 수의사

⑥수정소개설자가 제5항 각 호의 어느 하나에 해당하는 사항을 변경한 때에는 법 제17조제4항에 따라 그 사유가 발생한 날부터 30일 이내에 별지 제9호서식에 따른 가축인공수정소 신고사항 변경신고서에 다음 각 호의 서류를 첨부하여 시장·군수 또는 구청장에게 제출하여야 한다. <개정 2013.4.11., 2018.7.12., 2019.8.26., 2020.2.28.>

1. 가축인공수정소 신고확인증
2. 변경내용을 증명하는 서류

⑦제4항에 따라 폐업신고를 하려는 자가 「부가가치세법」 제8조제6항에 따른 폐업신고를 같이 하려는 경우에는 제4항에 따른 폐업신고서와 「부가가치세법 시행규칙」 별지 제9호서식의 폐업신고서를 함께 제출하거나 「민원 처리에 관한 법률 시행령」 제12조제10항에 따른 통합 폐업신고서를 제출하여야 한다. 이 경우 해당 시장·군수 또는 구청장은 함께 제출받은 폐업신고서 또는 통합 폐업신고서를 즉시 관할 세무서장에게 송부(전자적 방법을 이용한 송부를 포함한다. 이하 이 조, 제28조 및 제37조의3에서 같다)하여야 한다. <신설 2018.7.12.>

⑧「부가가치세법 시행령」 제13조제5항에 따라 관할 세무서장이 제4항에 따른 폐업신고서를 받아 이를 해당 시장·군수 또는 구청장에게 송부한 경우에는 관할 세무서장에게 제4항에 따른 폐업신고서를 제출한 날에 시장·군수 또는 구청장에게 제출한 것으로 본다. <신설 2018.7.12.>

제23조(정액증명서 및 가축인공수정증명서 등) ①법 제18조제1항에 따라 정액등처리업을 경영하는 자 및 가축인공수정용의 정액·난자 또는 수정란을 수입하여 공급하려는 자는 해당 정액·난자 또는 수정란을 제공한 종축의 혈통에 관하여 다

음 각 호의 구분에 따라 종축등록기관으로부터 확인을 받아 증명서를 발급하여야
한다. <개정 2019.12.31.>

1. 소 정액(난자)증명서: 별지 제11호서식
2. 돼지 정액(난자)증명서: 별지 제11호의2서식
3. 수정란증명서: 별지 제12호서식

②법 제18조제2항에 따라 수정사 또는 수의사가 가축인공수정을 하거나 수정란을
이식하면 별지 제11호서식의 가축인공수정증명서 또는 별지 제12호서식의 수정란
이식증명서를 발급하여야 한다.

[전문개정 2018.7.12.]

제24조(정액 등의 사용제한) 법 제19조제2호에 따라 가축인공수정용으로 공급·주
입·이식할 수 없는 정액 등은 다음 각 호와 같다. <개정 2013.4.11., 2019.8.26.>

1. 혈액·뇨 등 이물질이 섞여 있는 정액
2. 정자의 생존율이 100분의 60이하거나 기형률이 100분의 15이상인 정액. 다만,
   돼지 동결 정액의 경우에는 정자의 생존율이 100분의 50 이하이거나 기형률이
   100분의 30 이상인 정액
3. 정액·난자 또는 수정란을 제공하는 종축이 다음 각 목의 어느 하나에 해당하는
   질환의 원인미생물로 오염되었거나 오염되었다고 추정되는 정액·난자 또는 수정란
   가. 전염성질환과 의사증(전염성 질환으로 의심되는 병)
   나. 유전성질환
   다. 번식기능에 장애를 주는 질환
4. 수소이온농도가 현저한 산성 또는 알카리성으로 수태에 지장이 있다고 인정되는
   정액·난자 또는 수정란

판례 - 지장물및영업권수용이의재결처분취소
[대법원 2009.12.10., 선고, 2007두10686, 판결]

【판시사항】
종계 12,960수를 사육하여 종란을 생산하는 종계업을 영위하면서 관할 시장·
군수에게 구 축산법 제20조 제1항 등에 따라 종계업 신고를 하지 않은 경우,
구 공공용지의 취득 및 손실보상에 관한 특례법 시행규칙 제25조의3 제1항
제2호에 따라 휴업보상의 대상이 되는 영업에서 제외된다고 한 사례

제25조(수정소개설자에 대한 감독) ①법 제20조제1항에 따라 시·도지사, 시장·
군수 또는 구청장, 가축개량총괄기관의 장은 소속 공무원 또는 법 제6조에 따른
등록기관으로 하여금 수정소개설자가 공급하는 정액 등이 제24조 각 호의 어느
하나에 해당하는지의 여부를 검사하게 할 수 있다.

②제1항에 따라 검사를 하는 공무원 등의 증표는 별지 제13호서식과 같다.

[전문개정 2013.4.11.]

제26조(우수 정액등처리업체 등의 인증기관 지정 등) ①농림축산식품부장관은 법 제21조제2항에 따라 우수 정액등처리업체 또는 우수 종축업체(이하 "우수업체"라 한다)를 인증하게 하기 위하여 농촌진흥청 국립축산과학원(이하 "국립축산과학원"이라 한다)을 인증기관으로 지정한다. <개정 2008.3.3., 2008.10.8., 2010.10.12., 2013.3.23.>

②법 제21조제3항에 따라 우수업체로 인증을 받으려는 자는 별지 제14호서식의 우수업체인증신청서에 다음 각 호의 서류를 첨부하여 국립축산과학원의 장에게 제출하여야 한다. <개정 2008.10.8., 2010.10.12., 2013.4.11.>

1. 정액등처리업허가증 사본 또는 종축업허가증 사본
2. 가축개량기관 또는 종축검정기관이 가축의 외모 및 능력을 평가하고 발급한 서류
3. 가축개량기관 또는 종축검정기관이 젖소의 유전능력을 평가하고 발급한 서류(젖소에 한한다)
4. 가축개량기관 또는 종축검정기관이 돼지의 스트레스증후군 유전자를 검사하고 발급한 서류(돼지에 한한다)
5. 해당 정액등처리업체 또는 종축업체가 별표 3 제2호, 별표 3의2 제1호나목 또는 제2호나목의 요건을 충족하였음을 증명하는 서류(관할 시·도가축방역기관이 발행한 서류로 한정한다)

③법 제21조제4항에 따른 우수업체의 인증기준은 별표 3 및 별표 3의2와 같다. <개정 2010.10.12.>

④국립축산과학원의 장은 우수업체의 인증신청이 별표 3 또는 별표 3의2의 인증기준에 적합하다고 인정되면 그 신청인에게 별지 제15호서식의 우수업체인증서를 교부하여야 한다. <개정 2008.10.8., 2010.10.12.>

⑤국립축산과학원의 장은 우수업체의 인증을 받은 업체에 대하여 매년 1회 이상 지도·점검을 실시하여야 한다. <개정 2008.10.8.>

[제목개정 2010.10.12.]

제4장 축산업의 등록 및 축산물의 수급 등

제27조(축산업의 허가절차 등) ①영 제14조제1항에 따른 허가신청서는 축산업의 종류에 따라 각각 별지 제16호서식부터 별지 제19호서식까지 및 별지 제19호의2서식부터 별지 제19호의4서식까지의 서식과 같다. <개정 2013.4.11., 2019.12.31.>

②영 제14조제1항에서 "농림축산식품부령으로 정하는 서류"란 다음 각 호의 구분에 따른 서류를 말한다. <개정 2008.3.3., 2013.3.23., 2013.4.11., 2019.12.31.>

1. 축산업 허가
가. 영 별표 1에 따른 요건을 충족하는 매몰지, 축사·장비, 가축사육규모 등의 현

황을 적은 서류

나. 축산관련학과 졸업증명서, 축산기사 이상의 자격증 사본 또는 종축업체 근무
경력증명서(종축업만 해당한다)

다. 가축 인공수정사 또는 수의사의 면허증 사본(정액등처리업만 해당한다)

라. 「가축분뇨의 관리 및 이용에 관한 법률」 제11조에 따른 배출시설로서 허가받은
사실을 증명하는 서류 또는 신고한 사실을 증명하는 서류 및 같은 법 제12조에
따른 처리시설의 설치를 증명하는 서류(부화업은 제외한다)

마. 가축분뇨처리 및 악취저감 계획

바. 법 제33조의2제1항에 따른 교육과정을 이수하였음을 증명하는 서류

2. 허가받은 사항을 변경하는 경우: 변경 내용을 증명할 수 있는 서류

③제1항에 따른 신청서 제출시 담당 공무원은 「전자정부법」 제36조제1항에 따른 행
정정보의 공동이용을 통하여 다음 각 호의 서류를 확인하여야 한다. 다만, 신청인
이 확인에 동의하지 아니하는 경우에는 해당 서류를 첨부하도록 하여야 한다. <개
정 2008.12.31., 2012.5.23., 2013.4.11., 2018.7.12., 2019.12.31.>

1. 법인 등기사항증명서(신청인이 법인인 경우만 해당한다) 또는 「소득세법」 제168
조제5항에 따른 고유번호 증명 서류(신청인이 법인이 아닌 단체인 경우만 해당한다)

2. 축산업 허가증(변경 허가신청의 경우만 해당한다)

3. 「건축법」 제38조에 따른 「건축법」 제38조에 따른 건축물대장 또는 「건축법 시행
규칙」 제13조제3항에 따른 가설건축물 관리대장(「건축법」 상 건축허가, 건축신고,
가설건축물 건축허가 또는 축조신고 대상인 경우만 해당한다)

4. 「건축법 시행령」 제82조에 따른 토지이용계획 관련 정보

④영 제14조제4항에 따른 축산업의 허가증은 축산업의 종류에 따라 각각 별지 제21
호서식부터 별지 제24호서식까지 및 별지 제24호의2서식부터 별지 제24호의4서식
까지의 서식과 같다. <개정 2013.4.11., 2019.12.31.>

⑤시장·군수 또는 구청장은 축산업허가증을 발급한 경우에는 축산업 허가를 받은
자(이하 "축산업허가자"라 한다)에 대한 고유번호를 부여하고, 별지 제25호서식의
관리카드를 작성·관리하여야 한다. 다만, 폐업한 후 6개월이 경과하지 않은 영업
장에서 이전 축산업허가자의 가축을 계속해서 사육하는 경우에는 새로운 고유번호
를 부여하지 않고 이전 축산업허가자의 고유번호를 그대로 사용한다.
<개정 2008.11.18., 2013.4.11., 2019.12.31.>

⑥영 제14조제5항에 따른 축산업허가대장은 축산업의 종류에 따라 각각 별지 제26
호서식부터 별지 제29호서식까지의 서식과 같다. <개정 2013.4.11., 2019.12.31.>

⑦ 제6항의 축산업허가대장은 전자적 처리가 불가능한 특별한 사유가 있는 경우를
제외하고는 전자적 방법으로 작성·관리하여야 한다. <신설 2008.11.18., 2013.4.11.>

[제목개정 2013.4.11.]

제27조의2(축산업 허가사항의 변경) 법 제22조제1항 후단에서 "농림축산식품부령으로 정하는 중요한 사항을 변경할 때"란 다음 각 호의 어느 하나에 해당하는 경우를 말한다. <개정 2019.12.31.>
1. 허가를 받은 법인 또는 단체의 대표자가 변경되는 경우
2. 가축사육시설의 건축면적 또는 가축사육 면적을 100분의 10 이상 변경시키려는 경우
3. 부화업 허가를 받은 자가 부화능력을 100분의 10 이상 증가시키는 경우
4. 부화업 허가를 받은 자가 부화대상 알을 변경하는 경우
5. 정액등처리업 허가를 받은 자가 그 취급품목을 변경하려는 경우
6. 가축사육업 또는 종축업 허가를 받은 자가 사육하는 가축의 종류를 변경하려는 경우(가축사육업의 경우에는 한우, 육우, 젖소 및 산란계, 육계 간의 변경을 포함한다)
7. 닭사육업 허가를 받은 자가 육용 씨수탉과 산란용 암탉 간의 교배에 의한 알을 생산·공급하려는 경우
8. 축산업 허가를 받은 자가 영업의 종류를 변경하려는 경우
[본조신설 2013.4.11.]

제27조의3(가축사육업의 등록) ①영 제14조의2제1항에 따른 등록신청서는 별지 제29호의2서식과 같다.
②영 제14조의2제1항에서 "농림축산식품부령으로 정하는 서류"란 다음 각 호의 서류를 말한다. <개정 2019.12.31.>
1. 영 별표 1에 따른 요건을 충족하는 매몰지, 축사·장비, 가축사육규모 등의 현황을 적은 서류
2. 「가축분뇨의 관리 및 이용에 관한 법률」 제11조에 따른 배출시설로서 허가받은 사실을 증명하는 서류 또는 신고한 사실을 증명하는 서류 및 같은 법 제12조에 따른 처리시설의 설치를 증명하는 서류
3. 가축분뇨처리 및 악취저감 계획
4. 법 제33조의2제1항에 따른 교육과정을 이수하였음을 증명하는 서류
③제1항에 따른 신청서 제출 시 담당 공무원은 「전자정부법」 제36조제1항에 따른 행정정보의 공동이용을 통하여 다음 각 호의 서류를 확인하여야 한다. 다만, 신청인이 확인에 동의하지 않는 경우에는 해당 서류를 첨부하도록 해야 한다. <개정 2019.12.31.>
1. 법인 등기사항증명서(신청인이 법인인 경우만 해당한다) 또는 「소득세법」 제168조제5항에 따른 고유번호 증명 서류(신청인이 법인이 아닌 단체인 경우만 해당한다)
2. 「건축법」 제38조에 따른 「건축법」 제38조에 따른 건축물대장 또는 「건축법 시행규칙」 제13조제3항에 따른 가설건축물 관리대장(「건축법」 상 건축허가, 건축신고, 가설건축물 건축허가 또는 축조신고 대상인 경우만 해당한다)
3. 「건축법 시행령」 제82조에 따른 토지이용계획 관련 정보
④영 제14조의2제4항에 따른 가축사육업 등록증은 별지 제29호의3서식과 같다.

<개정 2019.12.31.>

⑤시장·군수 또는 구청장은 제4항에 따른 가축사육업 등록증을 발급한 경우에는 등록자에 대한 고유번호를 부여하고, 별지 제25호서식의 관리카드를 작성·관리하여야 한다. 다만, 폐업한 후 6개월이 경과하지 않은 영업장에서 이전 등록자의 가축을 계속해서 사육하는 경우에는 새로운 고유번호를 부여하지 않고 이전 등록자의 고유번호를 그대로 사용한다. <개정 2019.12.31.>

⑥영 제14조의2제5항에 따른 가축사육업 등록대장은 별지 제29호서식과 같다. <개정 2019.12.31.>

⑦제6항의 가축사육업 등록대장은 전자적 처리가 불가능한 특별한 사유가 있는 경우를 제외하고는 전자적 방법으로 작성·관리하여야 한다.

[본조신설 2013.4.11.]

제27조의4(등록대상에서 제외되는 가축사육업) 영 제14조의3제2호에서 "말 등 농림축산식품부령으로 정하는 가축"이란 말, 노새, 당나귀, 토끼, 개, 꿀벌 및 그 밖에 제2조제4호에 따른 동물 중 농림축산식품부장관이 정하여 고시하는 가축을 말한다.

[본조신설 2013.4.11.]

제28조(축산업의 변경신고 등) ①법 제22조제6항에 따라 휴업·폐업·휴업한 영업의 재개 또는 등록사항 변경의 신고를 하려는 자는 축산업의 종류에 따라 각각 별지 제16호서식부터 별지 제18호서식까지의 서식 및 별지 제29호의4서식에 따른 신고서에 다음 각 호의 서류를 첨부하여 시장·군수 또는 구청장에게 제출하여야 한다. <개정 2012.5.23., 2013.4.11., 2019.12.31.>

1. 보유종축의 능력 및 혈통을 확인할 수 있는 증명서(정액등처리업의 영업재개 신고의 경우만 해당한다)
2. 변경내용을 증명할 수 있는 서류(등록사항 변경신고의 경우에 한한다)

②제1항에 따른 신고서 제출시 담당 공무원은 「전자정부법」 제36조제1항에 따른 행정정보의 공동이용을 통하여 법인 등기사항증명서(신고인이 법인인 경우만 해당한다), 「소득세법」 제168조제5항에 따른 고유번호 증명 서류(신고인이 법인이 아닌 단체인 경우만 해당한다), 축산업 허가증(휴업·폐업신고의 경우만 해당한다) 및 가축사육업 등록증(등록사항 변경신고의 경우만 해당한다)을 확인하여야 한다. 다만, 신고인이 확인에 동의하지 아니하는 경우에는 해당 서류를 첨부하도록 하여야 한다. <개정 2008.12.31., 2012.5.23., 2018.7.12., 2019.12.31.>

③법 제22조제6항제4호에서 "농림축산식품부령으로 정하는 중요한 사항"이란 다음 각 호의 어느 하나에 해당하는 사항을 말한다.
<개정 2008.3.3., 2010.10.12., 2013.3.23., 2013.4.11., 2019.12.31.>

1. 사육하는 가축의 종류
2. 가축사육시설의 건축면적 또는 가축사육 면적의 100분의 20 이상 변경
3. 삭제 <2013.4.11.>
4. 삭제 <2013.4.11.>
5. 삭제 <2013.4.11.>
6. 삭제 <2013.4.11.>
7. 삭제 <2013.4.11.>

④시장·군수 또는 구청장은 제1항에 따른 신고를 받은 때에는 별지 제25호서식의 관리카드와 별지 제30호서식에 따른 신고대장에 그 신고내용을 기록·비치하고, 변경신고의 경우에는 변경사항을 적은 가축사육업 등록증을 신고인에게 교부하여야 한다. <개정 2013.4.11.>

⑤제1항에 따라 폐업신고를 하려는 자가 「부가가치세법」 제8조제6항에 따른 폐업신고를 같이 하려는 경우에는 제1항에 따른 폐업신고서와 「부가가치세법 시행규칙」 별지 제9호서식의 폐업신고서를 함께 제출하거나 「민원 처리에 관한 법률 시행령」 제12조제10항에 따른 통합 폐업신고서를 제출하여야 한다. 이 경우 해당 시장·군수 또는 구청장은 함께 제출받은 폐업신고서 또는 통합 폐업신고서를 즉시 관할 세무서장에게 송부하여야 한다. <신설 2018.7.12.>

⑥「부가가치세법 시행령」 제13조제5항에 따라 관할 세무서장이 제1항에 따른 폐업신고서를 받아 이를 해당 시장·군수 또는 구청장에게 송부한 경우에는 관할 세무서장에게 제1항에 따른 폐업신고서를 제출한 날에 시장·군수 또는 구청장에게 제출한 것으로 본다. <신설 2018.7.12.>

제29조(영업자 지위승계 신고) ①법 제24조제2항에 따라 영업자 지위승계 신고를 하려는 자는 별지 제31호서식의 영업자 지위승계 신고서에 다음 각 호의 서류를 첨부하여 시장·군수 또는 구청장에게 제출하여야 한다.
<개정 2012.5.23., 2013.4.11., 2019.12.31.>
1. 영 별표 1에 따른 요건을 충족하는 축사·장비, 가축사육규모 현황을 적은 서류
2. 양도·양수계약서 사본(양도의 경우에 한한다)
3. 상속인임을 증명할 수 있는 서류(상속의 경우에 한한다)
4. 가축분뇨처리 및 악취저감 계획
5. 법 제33조의2제1항에 따른 교육과정을 이수하였음을 증명하는 서류

②제1항에 따른 신고서 제출시 담당 공무원은 「전자정부법」 제36조제1항에 따른 행정정보의 공동이용을 통하여 다음 각 호의 서류를 확인하여야 한다. 다만, 신고인이 확인에 동의하지 아니하는 경우에는 이를 첨부하도록 하여야 한다.
<개정 2008.12.31., 2012.5.23., 2013.4.11., 2019.12.31.>
1. 축산업 허가증 또는 가축사육업 등록증

2. 합병 후의 법인 등기사항증명서(법인합병의 경우만 해당한다)

3. 양도·양수를 증명할 수 있는 법인 등기사항증명서, 토지등기부등본, 건물등기부등본 또는「건축법」제38조에 따른「건축법」제38조에 따른 건축물대장(영업양도의 경우만 해당한다)

4. 토지등기부등본, 건물등기부등본 또는「건축법」제38조에 따른「건축법」제38조에 따른 건축물대장(상속의 경우만 해당한다)

③시장·군수 또는 구청장은 제1항에 따른 신고를 받은 때에는 별지 제25호서식의 관리카드, 별지 제26호서식부터 별지 제29호서식까지의 서식에 따른 축산업허가대장 및 가축사육업 등록대장 및 별지 제32호서식의 영업자 지위승계 신고대장에 그 신고내용을 각각 기록·비치하고, 승계사항을 적은 축산업허가증 또는 가축사육업 등록증을 신고인에게 교부하여야 한다. <개정 2013.4.11.>

[제목개정 2013.4.11.]

제29조의2(과징금의 납부기한 연기 또는 분할 납부 신청서) 영 제16조의4제2항에 따른 과징금의 납부기한 연기 또는 분할 납부 신청서는 별지 제32호의2서식에 따른다.

[본조신설 2020.2.28.]

제30조(축산업허가자 등의 준수사항) 축산업허가자 및 가축사육업의 등록을 한 자가 법 제26조제1항에 따라 준수하여야 할 사항은 별표 3의3과 같다. <개정 2019.12.31.>

[전문개정 2018.7.12.]

제31조 삭제 <2013.4.11.>

제32조 삭제 <2010.10.12.>

제33조(축산업허가자 등에 대한 정기점검 등) ①법 제28조 및 제34조의6에 따라 시장·군수 또는 구청장이 소속 공무원으로 하여금 검사하게 할 수 있는 사항은 다음 각 호와 같다. <개정 2013.4.11., 2019.12.31.>

1. 법 제22조에 따라 허가를 받거나 등록한 자의 경우 해당 축산업 시설 등이 영 별표 1의 요건에 적합한지 여부

2. 제30조 또는 제37조의4에 따른 준수사항을 이행하는지의 여부

3. 법 제22조1항에 따라 가축의 종류 등 중요한 사항을 변경한 후 시장·군수·구청장의 허가를 받았는지 여부

4. 법 제22조제6항, 제24조제2항 및 제34조의2제2항에 따라 휴업, 폐업, 중요한 등록사항 변경 및 영업의 승계 등의 사유가 발생한 후 시장·군수·구청장에 적정하게 신고하였는지 여부

5. 법 제25조 및 제34조의4에 따른 영업정지 및 허가·등록취소 사유에 해당하는지 여부
6. 법 제33조의2제3항에 따른 보수교육 이수 여부
②제1항에 따라 검사를 하는 공무원의 증표는 별지 제35호서식의 축산업검사공무원 증에 의한다.
③ 법 제28조제2항 및 제34조의6에 따라 시장·군수 또는 구청장이 시설 또는 업무의 개선을 명할 때에는 개선에 필요한 기간 등을 고려하여 2개월의 범위 안에서 그 이행 기간을 정하여 서면으로 알려야 한다. <신설 2013.4.11.>
[제목개정 2013.4.11.]

제34조(수출입 신고 대상 종축 등) ①법 제29조에 따라 수출의 신고를 하여야 하는 종축 등은 다음 각 호와 같다.
1. 한우
2. 한우정액
3. 한우수정란
②법 제29조에 따라 수입의 신고를 하여야 하는 종축 등은 다음 각 호와 같다. <개정 2008.12.31., 2019.12.31.>
1. 혈통등록이 되어 있는 소·돼지 및 염소
2. 혈통을 보증할 수 있는 닭·오리 및 그 종란
3. 혈통등록이 되어 있는 소·돼지 및 염소로부터 생산된 정액·난자 또는 수정란

제35조(축산물수입자 등에 대한 명령) 농림축산식품부장관은 법 제31조에 따른 수입축산물의 관리에 관한 명령은 서면으로 하되, 이에 관한 사항을 정하여 고시하는 경우에는 적용 대상자 및 적용 대상 품목을 정하여 함께 고시하여야 한다. <개정 2008.3.3., 2013.3.23.>

제36조(송아지생산안정사업 대상) 법 제32조제1항 후단에 따른 송아지생산안정사업의 대상이 되는 소는 국내에서 태어난 한우 암소가 생산하는 한우 송아지로 한다.

제36조의2(교육과정 등) ①법 제33조의2제1항 각 호의 어느 하나에 해당하는 자가 이수하여야 하는 교육과정은 별표 3의4와 같다. <개정 2018.7.12.>
②법 제33조의2제2항에 따라 교육의 일부를 면제 할 수 있는 대상자 및 교육과목별 면제 시간은 별표 3의5와 같다. <개정 2015.1.6., 2018.7.12., 2019.12.31.>
1. 삭제 <2019.12.31.>
2. 삭제 <2019.12.31.>
③제2항에 따라 교육의 일부를 면제받으려는 자는 다음 각 호의 서류를 법 제33조의3제1항에 따른 교육운영기관에 제출하여야 한다. <개정 2018.7.12., 2019.12.31.>
1.「수의사법 시행규칙」제3조에 따른 수의사 면허증의 사본

2. 법 제33조의2제1항 및 「가축전염병 예방법」 제17조의3제5항에 따른 교육을 이수하였음을 증명하는 증명서 사본

④법 제33조의2제3항에 따른 보수교육의 과정은 별표 3의5와 같다. <개정 2018.7.12., 2019.12.31.>

⑤제1항 및 제4항에 따른 교육과정을 이수하여야 하는 자가 국가·지방자치단체 또는 법인인 경우에는 그 대표자 또는 대표자의 위임을 받은 자가 교육을 이수하여야 한다.

⑥법 제33조의2제4항에서 "농림축산식품부령으로 정하는 사유"란 보수교육 기한이 만료되는 시점에 다음 각 호의 어느 하나에 해당하는 경우를 말한다. <신설 2019.12.31.>

1. 질병·사고 등으로 병원에 입원한 경우
2. 휴업한 경우(법 제22조제6항에 따라 휴업 신고를 한 경우는 제외한다)

[본조신설 2013.4.11.]

제36조의3(교육총괄기관 등의 지정 및 운영) ①법 제33조의3제1항에 따라 교육총괄기관으로 지정받으려는 기관·단체는 농림축산식품부장관에게, 교육운영기관으로 지정받으려는 기관·단체는 교육총괄기관에 지정신청서를 제출하여야 하며, 지정신청서를 제출받은 교육총괄기관은 농림축산식품부장관에게 그 지정신청서를 제출하여야 한다. 이 경우 제출방법은 이메일, 팩스 등 전자적인 방법을 포함한다. <개정 2017.1.2.>

②제1항에 따른 교육총괄기관 및 교육운영기관의 지정기준은 별표 3의6과 같다. <개정 2018.7.12., 2019.12.31.>

③농림축산식품부장관은 제1항에 따른 지정신청서를 제출받으면 별표 3의6에 따른 지정기준에 적합한지 여부를 검토하여 교육총괄기관 또는 교육운영기관을 지정하여야 한다. <개정 2018.7.12., 2019.12.31.>

④제3항에 따라 지정받은 교육총괄기관의 장은 교육대상자별 교육과목, 과목별 배정시간, 교육강사의 자격기준, 강사운용 기준, 교육비 정산, 교육실적 및 계획 보고 등 교육과정 운영에 필요한 기준을 정하여 시행하여야 한다.

[본조신설 2013.4.11.]

제5장 가축시장 및 축산물의 등급화

제37조(가축시장의 개설 등) ①법 제34조제1항 후단에서 "농림축산식품부령으로 정하는 시설"이란 다음 각 호의 시설을 말한다. <신설 2019. 12. 31.>

1. 면적이 150제곱미터 이상이고 50마리 이상의 가축을 수용할 수 있는 계류시설
2. 「가축전염병 예방법」 제17조제1항에 따른 소독설비 및 방역시설

3. 출하하는 가축의 체중을 측정할 수 있는 체중계
4. 관리 사무실

②법 제34조제1항에 따라 가축시장을 개설하려는 자는 별지 제35호의2서식의 등록신청서(전자문서로 된 신청서를 포함한다)에 제1항 각 호의 시설을 갖추었음을 증명하는 서류(전자문서를 포함한다)를 첨부하여 시장·군수 또는 구청장에게 제출해야 한다. 이 경우 신청을 받은 담당 공무원은 「전자정부법」 제36조제1항에 따른 행정정보의 공동이용을 통해 법인 등기사항증명서를 확인해야 한다. <신설 2020.7.16.>

③시장·군수 또는 구청장은 제2항에 따른 신청을 받으면 제1항 각 호의 시설을 갖추고 있는지를 확인하고, 해당 시설을 모두 갖춘 경우에는 별지 제35호의3서식의 가축시장 등록증을 신청인에게 발급해야 한다. <신설 2020.7.16.>

④시장·군수 또는 구청장은 법 제34조제2항에 따라 계류시설, 소독설비, 방역시설, 체중계, 관리 사무실 등 가축시장의 관리에 필요한 시설의 개선 및 정비 등의 명령을 하려면 해당 시설의 종류 등을 고려하여 시설개선 등에 필요한 기간을 정하여 이를 명시한 서면으로 하여야 한다.
<개정 2008.12.31., 2013.4.11., 2019.12.31., 2020.7.16.>
[제목개정 2019.12.31., 2020.7.16.]

제37조의2(가축거래상인의 등록) ①법 제34조의2제1항에 따라 가축거래상인으로 등록하려는 자는 별지 제35호의4서식의 신청서에 다음 각 호의 서류를 첨부하여 주소지를 관할하는 시장·군수 또는 구청장에게 제출해야 한다. 다만, 신청인이 동의하는 경우 교육이수 증명서 사본을 첨부하는 대신 전산시스템을 통하여 교육이수 여부를 확인할 수 있다. <개정 2018.7.12., 2020.7.16.>

1. 법 제33조의2제1항에 따른 교육과정을 이수하였음을 증명하는 교육이수 증명서 사본
2. 법 제33조의2제2항에 따른 교육 면제를 증명하는 서류(교육을 면제받은 경우만 해당한다)
3. 「가축전염병 예방법 시행규칙」 제20조의4에 따른 축산관계시설 출입차량 등록증(차량을 이용하여 영업을 하는 경우만 해당한다)

②시장·군수 또는 구청장은 제1항에 따라 가축거래상인의 등록을 한 자에게 별지 제35호의5서식의 가축거래상인 등록증(이하 "거래상 등록증"이라 한다)을 발급해야 한다. <개정 2018.7.12., 2020.7.16.>

③시장·군수 또는 구청장은 제2항에 따라 거래상 등록증을 발급한 경우에는 등록자에 대한 고유번호를 부여하고, 별지 제35호의6서식의 등록대장에 기록하고 비치해야 한다. <개정 2020.7.16.>

④거래상 등록증을 분실하였거나 훼손되어 못쓰게 되어 재발급 신청을 하려는 경우에는 별지 제35호의7서식의 재발급신청서를 시장·군수 또는 구청장에게 제출해야 한다. <개정 2020.7.16.>

⑤제3항의 등록대장은 전자적 처리가 불가능한 특별한 사유가 있는 경우를 제외하고는 전자적 방법으로 작성·관리하여야 한다.
[본조신설 2013.4.11.]

제37조의3(가축거래상인의 변경신고) ①가축거래상인으로 등록한 자가 법 제34조의2제2항에 따라 영업의 휴업, 폐업, 휴업한 영업의 재개 또는 등록사항 변경의 신고를 하는 경우에는 별지 제35호의4서식에 따른 신고서에 가축거래상인 등록증(휴업·폐업 및 등록사항 변경신고의 경우만 해당한다)을 첨부하여 시장·군수 또는 구청장에게 제출해야 한다. 이 경우 등록사항 변경신고의 경우에는 변경내용을 증명할 수 있는 서류를 첨부해야 한다. <개정 2018.7.12., 2020.7.16.>
②법 제34조의2제2항제4호에서 "농림축산식품부령으로 정하는 중요한 사항"이란 다음 각 호의 사항을 말한다. <개정 2018.7.12.>
1. 주소지
2. 거래하는 가축의 종류
3. 계류장(繫留場, 가축을 거래하기 전 임시로 가축을 사육하는 장소를 말한다. 이하 같다) 소재지 주소 및 면적(계류장을 사용하는 가축거래상인만 해당한다)
③시장·군수 또는 구청장은 제1항에 따른 신고를 받으면 별지 제35호의8서식의 신고대장에 그 신고내용을 기록·비치하고, 등록사항 변경신고의 경우에는 변경사항을 반영한 거래상 등록증을 신고인에게 새로 발급해야 한다. <개정 2020.7.16.>
④제1항에 따라 폐업신고를 하려는 자가 「부가가치세법」 제8조제6항에 따른 폐업신고를 같이 하려는 경우에는 제1항에 따른 폐업신고서와 「부가가치세법 시행규칙」 별지 제9호서식의 폐업신고서를 함께 제출하거나 「민원 처리에 관한 법률 시행령」 제12조제10항에 따른 통합 폐업신고서를 제출하여야 한다. 이 경우 해당 시장·군수 또는 구청장은 함께 제출받은 폐업신고서 또는 통합 폐업신고서를 즉시 관할 세무서장에게 송부하여야 한다. <신설 2018.7.12.>
⑤「부가가치세법 시행령」 제13조제5항에 따라 관할 세무서장이 제1항에 따른 폐업신고서를 받아 이를 해당 시장·군수 또는 구청장에게 송부한 경우에는 관할 세무서장에게 제1항에 따른 폐업신고서를 제출한 날에 시장·군수 또는 구청장에게 제출한 것으로 본다. <신설 2018.7.12.>
[본조신설 2013.4.11.]

제37조의4(가축거래상인의 준수사항) 가축거래상인이 법 제34조의5에 따라 준수해야 하는 사항은 다음 각 호와 같다. <개정 2018.7.12., 2020.7.16.>
1. 농가 또는 농장 등 축산관련 시설을 출입할 때 해당 시설 관계자가 요구하는 경우 거래상 등록증을 제시할 것
2. 가축을 거래할 때마다 별지 제35호의9서식의 가축거래내역 관리대장에 거래일자,

구입 또는 의뢰받은 농가 및 거래처·거래수량 등 그 내역을 적고, 이를 1년 이상 보관할 것

3. 법 제22조제1항 및 제2항에 따라 축산업의 허가를 받거나 가축사육업의 등록을 한 장소를 계류장으로 사용할 것(계류장을 사용하는 가축거래상인만 해당한다) [본조신설 2013.4.11.]

제38조(등급판정의 신청 및 실시) ①법 제35조제1항에서 "농림축산식품부령으로 정하는 축산물"이란 계란과 「축산물 위생관리법」 제16조에 따라 합격표시된 소·돼지·말·닭 및 오리의 도체(도축하여 머리 및 장기 등을 제거한 몸체를 말한다. 이하 같다)와 닭의 부분육을 말한다.
<개정 2008.3.3., 2010.11.26., 2011.3.4., 2013.3.23., 2013.4.11., 2018.12.27.>

②법 제35조제1항에 따라 축산물의 등급판정을 받으려는 자는 별지 제36호서식, 별지 제37호서식 또는 별지 제37호의2서식에 따른 축산물등급판정신청서를 다음 각 호의 구분에 따른 자(이하 "도축장경영자등"이라 한다)를 거쳐 축산물품질평가사(이하 "품질평가사"라 한다)에게 제출(전자적 방법을 이용한 제출을 포함한다)하여야 한다. <개정 2013.4.11., 2018.7.12., 2018.12.27.>

1. 계란: 「축산물 위생관리법」 제22조제1항에 따른 축산물가공업의 허가를 받은 자, 같은 법 제24조제1항 본문 및 같은 법 시행령 제21조제7호바목에 따른 식용란수집판매업 신고를 한 자

2. 소·돼지·말의 도체: 「축산물 위생관리법」 제22조제1항에 따른 도축업의 허가를 받은 자

3. 닭·오리의 도체 및 닭의 부분육: 「축산물 위생관리법」 제22조제1항에 따른 도축업 또는 식육포장처리업의 허가를 받은 자

③품질평가사는 제2항에 따른 신청을 받은 때에는 등급판정을 실시하여야 한다. 다만, 다음 각 호의 어느 하나에 해당하는 경우에는 이를 거부할 수 있다. <개정 2010.10.12., 2011.3.4., 2013.4.11., 2018.12.27.>

1. 제43조제4호에 따른 도축장 경영자의 준수사항이 이행되지 아니한 소·돼지·말의 도체

2. 제52조제6항에 따른 납입촉구기한 만료일까지 수수료를 납입하지 아니한 도축장 경영자등을 거쳐 신청한 계란, 소·돼지·말·닭·오리의 도체 또는 닭의 부분육

④법 제35조제2항에 따른 등급판정의 방법·기준 및 적용조건은 별표 4와 같다.

⑤법 제35조제3항에서 "농림축산식품부령으로 정하는 축산물"이란 소 및 돼지의 도체를 말한다. <개정 2008.3.3., 2013.3.23.>

제39조(등급판정 제외 대상 축산물) ①법 제35조제5항 단서에서 "농림축산식품부령으로 정하는 축산물"이란 다음 각 호의 축산물을 말한다. <개정 2008.3.3., 2013.3.23.>

1. 학술연구용으로 사용하기 위하여 도살하는 축산물

2. 자가소비, 바베큐 또는 제수용으로 도살하는 축산물
3. 소 도체 중 앞다리 또는 우둔부위(축산물등급판정을 신청한 자가 별지 제36호서식에 따른 축산물등급판정신청서에 부위를 기재하여 등급판정을 받지 아니하기를 원하는 경우에 한한다)
②제1항제1호 및 제2호에 따라 등급판정을 받지 아니하고 축산물을 반출하려는 자는 별지 제38호서식의 축산물등급판정제외대상확인신청서에 연구계획서(제1항제1호의 경우에 한한다)를 첨부하여 도축장의 경영자를 거쳐 품질평가사에게 제출하여 등급판정 제외 대상 확인서를 발급받아야 한다. <개정 2010.10.12.>

제40조(품질평가사 양성교육 등) ①법 제37조제2항에 따라 품질평가사시험에 합격한 자는 법 제36조에 따른 축산물품질평가원(이하 "품질평가원"이라 한다)에서 등급판정의 이론과 실기 등에 관한 소정의 교육을 받아야 한다. <개정 2010.10.12., 2015.1.6.>
②품질평가원의 장(이하 "품질평가원장"이라 한다)은 제1항에 따른 교육을 이수한 자에게 별지 제39호서식의 품질평가사증을 교부하고, 별지 제40호서식의 품질평가사증 발급대장에 이를 기재하여야 한다. <개정 2010.10.12.>
③ 제2항의 품질평가사증 발급대장은 전자적 처리가 불가능한 특별한 사유가 있는 경우를 제외하고는 전자적 방법으로 작성·관리하여야 한다. <신설 2008.11.18., 2010.10.12.>
[제목개정 2010.10.12.]

제41조(등급판정사항의 보고 등) ①농림축산식품부장관은 법 제36조제6항에 따라 품질평가원으로 하여금 제38조에 따라 실시한 등급판정 결과를 월별로 분석하여 다음 달 10일까지 보고하게 하고, 시·도지사 및 가축개량총괄기관 등 관계 기관에 이를 통보하게 할 수 있다. <개정 2008.3.3., 2010.10.12., 2013.3.23.>
②제1항에 따라 통보를 받은 시·도지사는 필요한 경우 시장·군수 또는 구청장으로 하여금 등급판정 결과를 관할 구역 내 축산농가의 가축개량과 사양관리(알맞은 영양소를 공급하여 잘 자라고 생산을 잘하도록 하는 일련의 활동)에 활용될 수 있도록 하여야 한다. <개정 2013.4.11., 2019.8.26.>

제42조(품질평가원의 감독) ①법 제36조제6항에 따라 농림축산식품부장관이 소속 공무원으로 하여금 품질평가원에 대하여 검사하게 할 수 있는 사항은 다음 각 호와 같다. <개정 2008.3.3., 2010.10.12., 2013.3.23.>
1. 품질평가원 운영예산의 편성·집행
2. 등급판정수수료의 징수 및 수수료 징수비용의 지급
3. 품질평가사의 복무, 업무수행 및 등급판정인 등 장비의 관리
4. 각종 보고서 및 등급판정확인서의 발급

5. 품질평가사의 시험 및 교육
6. 그 밖에 농림축산식품부장관이 등급판정업무의 효율적 수행에 필요하다고 인정하는 업무
②제1항에 따라 검사를 하는 공무원의 증표는 별지 제41호서식의 품질평가원 검사공무원증에 의한다. <개정 2010.10.12.>
[제목개정 2010.10.12.]

제43조(도축장 경영자의 준수사항) 법 제39조에 따라 도축장의 경영자가 준수하여야 하는 사항은 다음 각 호와 같다. <개정 2008.12.31., 2010.10.12., 2011.3.4., 2013.5.14., 2018.12.27., 2019.8.26.>
1. 도축장안에 등급판정을 위한 판정공간 및 사무실을 확보할 것. 이 경우 판정공간에는 220럭스 이상의 조명시설을 갖추어야 한다.
2. 별지 제42호서식의 등급판정 상황을 작성하여 품질평가사에게 제출할 것
3. 등급판정을 신청하는 때에는 신청 대상 가축의 개체식별번호(소만 해당한다), 도체번호 및 중량을 표시할 것. 다만, 계량장치를 통하여 별도로 도체중량이 표시되는 경우에는 중량의 표시를 생략할 수 있다.
4. 도체의 냉각 또는 절개 등 등급판정에 필요한 준비를 다음 각 목의 구분에 따라 할 것
   가. 소·말 도체의 경우: 도체를 좌·우로 2등분하여야 하며, 등심부위의 내부온도가 5℃ 이하가 되도록 냉각처리한 후 제1허리뼈와 마지막 등뼈 사이를 절개할 것
   나. 돼지 도체의 경우: 도체를 좌·우로 2등분할 것. 다만, 별표 4에 따른 냉도체 육질측정 신청이 있는 경우에는 도체를 좌·우로 2등분하고 등심부위의 내부온도가 5℃ 이하가 되도록 냉각처리한 후 제4등뼈와 제5등뼈 사이 또는 제5등뼈와 제6등뼈 사이를 절개할 것
5. 그 밖에 등급판정업무의 수행에 지장을 주는 행위를 하거나 시설을 설치하지 아니할 것

제44조(등급의 표시) 법 제40조제1항에 따른 등급의 표시방법 및 등급판정인의 규격은 별표 5에 따르며, 등급판정인의 재료 및 등급표시용 색소의 제조기준 등에 관한 사항은「축산물 위생관리법」제5조제1항에 따라 식품의약품안전처장이 고시하는 규격 등에 따른다. <개정 2008.3.3., 2010.11.26., 2013.3.23., 2018.12.27.>

제45조(축산물등급판정확인서의 발급) ①법 제40조제1항에 따라 품질평가사는 등급판정을 받은 축산물의 매수인 또는 등급판정의 신청인에게 별지 제43호서식, 별지 제44호서식, 별지 제44호의2서식 또는 별지 제45호서식에 따른 축산물등급판정확인서를 발급(전자적 방법을 이용한 발급을 포함한다. 이하 이 조에서 같다)하여야 한다. <개정 2010.10.12., 2018.7.12., 2018.12.27.>
②품질평가사는 도매시장법인·공판장의 개설자·도축장의 경영자 및「축산물 위생

관리법」 제21조에 따른 축산물가공업자가 발행하는 공급명세서(거래명세서를 포함한다)에 등급판정 결과를 표기하여 발급하는 경우에는 제1항에 따른 축산물등급판정확인서를 발급하지 아니할 수 있다. <개정 2010.10.12., 2010.11.26., 2018.7.12., 2018.12.27.>

③등급판정을 받은 축산물의 매수인 또는 등급판정의 신청인은 다음 각 호의 사유로 축산물등급판정확인서를 재발급받으려면 별지 제45호의2서식의 축산물등급판정확인서(재발급 · 추가발급)신청서를 작성하여 품질평가사에게 신청(전자적 방법을 이용한 신청을 포함한다. 이하 이 조에서 같다)할 수 있다. <신설 2008.12.31., 2010.10.12., 2018.7.12.>

1. 축산물등급판정확인서가 헐어 못쓰게 된 경우
2. 축산물등급판정확인서를 잃어버린 경우

④등급판정을 받은 축산물의 매수인 또는 등급판정의 신청인은 학교나 음식점 납품 등의 사유로 축산물등급판정확인서를 추가로 발급받으려면 별지 제45호의2서식의 축산물등급판정확인서(재발급 · 추가발급)신청서를 작성하여 품질평가사에게 신청할 수 있다. <신설 2008.12.31., 2010.10.12., 2018.7.12.>

⑤제3항제1호에 따라 축산물등급판정확인서를 재발급받으려는 자는 별지 제45호의2서식의 축산물등급판정확인서(재발급 · 추가발급)신청서에 종전의 등급판정확인서를 첨부하여야 한다. <개정 2018.7.12.>

⑥제3항 및 제4항에 따른 신청을 받은 품질평가사는 즉시 그 사실을 확인하여 축산물등급판정확인서를 발급하여야 한다. <신설 2008.12.31., 2010.10.12.>

제46조(등급 등의 공표) ①법 제40조제2항에 따라 도매시장법인 또는 공판장의 개설자가 등급판정을 받은 축산물을 상장하는 때에는 장내방송 · 전광판에 의한 표시 등의 방법으로 다음 각 호의 사항을 거래 상대방이 쉽게 알 수 있도록 하여야 한다. <개정 2018.12.27.>

1. 도체별 등급
2. 소 도체의 경우 도체별 예측정육률
3. 제38조 및 별표 4에 따른 등급판정 결과 등급이 1++인 소 도체의 경우 근내지방도(등심 부위 절개면의 지방분포 정도를 말한다. 이하 같다)

②제1항에 따른 공표사항의 세부기준은 농림축산식품부장관이 정하여 고시한다. <신설 2018.12.27.>

[제목개정 2018.12.27.]

제46조의2(전자민원창구의 설치 · 운영) 법 제40조의2제1항에 따른 전자민원창구를 통해 제공하는 서비스는 다음 각 호와 같다.

1. 제38조에 따른 축산물등급판정신청서의 제출

2. 제45조에 따른 축산물등급판정확인서의 발급
3. 「가축 및 축산물 이력관리에 관한 법률」 제25조에 따른 이력정보의 공개
4. 「가축전염병 예방법 시행규칙」 제19조에 따른 검사증명서의 발급
5. 「농림축산식품부 소관 친환경농어업 육성 및 유기식품 등의 관리·지원에 관한 법률 시행규칙」 제13조제1항에 따른 인증서의 발급
6. 「축산물 위생관리법 시행규칙」 제7조의2에 따른 안전관리인증기준 적용 확인서의 발급
7. 「축산물 위생관리법 시행규칙」 제13조에 따른 도축검사증명서의 발급
   [본조신설 2020.2.28.]

제47조(도매시장법인 등에 대한 업무감독) ①법 제42조제1항에 따라 농림축산식품부장관 또는 시·도지사가 소속 공무원으로 하여금 도매시장법인·공판장의 개설자 및 도축장의 경영자에 대하여 검사하게 할 수 있는 사항은 다음 각 호와 같다. <개정 2008.3.3., 2013.3.23.>
1. 등급판정을 받지 아니한 축산물의 상장 또는 반출 여부
2. 도축장의 경영자의 준수사항 이행 및 등급판정수수료의 징수 여부
3. 그 밖에 등급판정업무의 추진에 필요한 서류·장부 및 물건
②시·도지사가 제1항에 따라 검사를 한 경우에는 검사내용과 조치 결과를 별지 제46호서식의 축산물등급판정업무 지도·감독 상황보고에 의하여 농림축산식품부장관에게 보고하여야 한다. <개정 2008.3.3., 2013.3.23.>
③제1항에 따라 검사를 하는 공무원의 증표는 별지 제47호서식의 축산물등급판정 검사공무원증에 의한다.

제47조의2(축산환경 개선계획에 포함되어야 할 사항) 법 제42조의2제4항제3호에서 "농림축산식품부령으로 정하는 사항"이란 다음 각 호의 사항을 말한다.
1. 「가축분뇨의 관리 및 이용에 관한 법률」에 따른 가축분뇨의 자원화에 관한 현황과 개선에 관한 사항
2. 축산 환경 개선 목표 및 가축분뇨의 위탁처리 활성화에 관한 사항
3. 관할 구역의 지리적 환경 및 연도별·구역별·가축별 사육현황(법 제42조의2제2항 및 제3항에 따른 시·도 축산환경 개선계획 및 시·군·구 축산환경 개선 실행계획만 해당한다)
   [본조신설 2019.12.31.]

제6장 축산발전기금

제48조(수입이익금의 징수 등) ①농림축산식품부장관이 법 제45조에 따라 수입이익금을 부과·징수할 수 있는 품목 및 금액산정의 방법은 다음 각 호와 같다. <개

정 2008.3.3., 2008.12.31., 2013.3.23.>

1. 천연꿀: 해당 품목의 수입자로 결정된 자가 수입자 결정 시 납입하기로 한 금액
2. 그 밖에 축산물의 수급 원활과 유통질서의 문란 방지를 위하여 농림축산식품부장
관이 정하여 고시하는 품목
가. 「세계무역기구 설립을 위한 마라케시 협정」에 따른 대한민국양허표상의 시장접
근물량의 경우 : 해당 품목의 수입자로 결정된 자가 수입자 결정 시 납입하기로 한 금액
나. 「세계무역기구 협정 등에 의한 양허관세 규정」 제7조에 따라 가목의 시장접근
물량보다 증량된 물량의 경우(농림축산식품부장관이 정하여 고시하는 특정 용도에
쓰이는 물량의 경우를 제외한다) : 농림축산식품부장관이 증량된 물량의 수입자결
정방법에 따라 제1호에 따른 금액 중 증량된 물량별로 정하여 고시하는 금액
②법 제45조에 따라 수입이익금을 납부하여야 하는 자는 제1항에 따른 수입이익금
을 법 제30조제1항에 따른 수입추천을 받기 전까지 법 제43조에 따른 축산발전기
금(이하 "기금"이라 한다)에 납입하여야 한다. <개정 2008.3.3., 2013.3.23., 2013.4.11.,
2019.12.31.>

제49조(사업의 종류) 법 제47조제1항제9호에서 "농림축산식품부령으로 정하는 사업
"이란 다음 각 호의 사업을 말한다. <개정 2008.3.3., 2013.3.23., 2017.7.12.>
1. 축산통계 · 정보 및 관계 자료의 수집 · 처리 · 교환과 발간
2. 축산발전을 위한 조사 · 분석과 연구
3. 축산발전에 관한 홍보
4. 농업협동조합중앙회, 농협경제지주회사 및 축산업협동조합의 경영안정을 위한 지원
5. 축산사업에 대한 대출촉진을 위한 지원
6. 가축보호를 위한 사업
7. 축산 분야의 신기술 또는 지식을 이용하여 사업화하는 기업에 대한 투자 또는 출자
8. 제1호부터 제7호까지의 규정에 따른 사업 외에 기금증식을 위하여 농림축산식품
부장관이 승인한 사업

제50조(기금의 관리 및 운용실적의 보고 등) ①법 제48조제1항에 따른 기금관리자
(이하 "기금관리자"라 한다)는 기금을 다른 회계와 구분하여 운용 · 관리하여야 한다.
②영 제20조제1항에 따른 기금융자취급기관은 매 회계연도 말 융자실적을 별지 제
48호서식의 축산발전기금 융자실적보고에 의하여 매 회계연도 종료 후 30일 이내
에 기금관리자에게 통보하고, 기금관리자는 이를 종합하여 지체 없이 농림축산식
품부장관에게 보고하여야 한다. <개정 2008.3.3., 2013.3.23.>
③영 제22조제2항에 따른 매월 말일 현재의 기금의 수납 및 운용상황의 보고는 별
지 제49호서식의 축산발전기금 운용상황보고에 의한다.
④농림축산식품부장관은 필요하다고 인정하는 경우 기금관리자 및 기금사용자에 대
하여 기금의 집행상황 등을 조사 · 확인할 수 있다. <개정 2008.3.3., 2013.3.23.>

제7장 보칙

제51조(수수료) ①법 제49조제1항에 따른 수수료의 납부대상자 및 금액은 다음 각
호와 같다. <개정 2019.12.31.>

1. 법 제12조제1항에 따른 가축인공수정사면허의 신청자: 6천원
2. 법 제12조제1항제2호 및 제3호 따라 시험 시행기관의 장이 시행하는 수정사 필
   기시험의 응시자: 2만5천원
3. 법 제12조제1항제2호 및 제3호 따라 시험 시행기관의 장이 시행하는 수정사 실
   기시험의 응시자: 3만원

②법 제49조제2항에 따른 등급판정 수수료는 등급판정에 소요되는 비용 등을 감안
하여 농림축산식품부장관이 가축종류별로 정하여 고시한다. <개정 2008.3.3.,
2013.3.23., 2019.8.26.>

제52조(등급판정수수료의 징수절차 등) ①축산물의 등급판정을 받으려는 자는 제
51조제2항에 따른 수수료를 제38조에 따라 등급판정을 신청하는 때에 도축장경영
자등에게 납부하여야 한다. <개정 2013.4.11.>

②도축장경영자등은 제1항에 따라 등급판정 수수료를 받은 때에는 그 등급판정을 신
청하기 위하여 제출한 별지 제36호서식, 별지 제37호서식 또는 별지 제37호의2서
식에 따른 축산물등급판정신청서에 별표 6에 따른 수수료납부인을 날인하여야 한
다. <개정 2013.4.11.>

③품질평가원장은 매월 별지 제50호서식에 따른 축산물등급판정수수료납입고지서를
다음 달 10일까지 도축장경영자등에게 송부하여야 하며, 별지 제51호서식의 축산
물등급판정수수료관리대장에 납입고지 및 납입사항을 기재하여 이를 5년간 보관하
여야 한다. <개정 2010.10.12., 2013.4.11.>

④도축장경영자등은 제3항에 따라 고지된 수수료를 품질평가원장이 정하는 금융기관
(이하 "수납기관"이라 한다)에 매월 15일까지 납입하여야 한다. <개정 2010.10.12., 2013.4.11.>

⑤수납기관은 제4항에 따라 수수료를 수납한 때에는 별지 제50호서식에 따른 축산
물등급판정수수료납입영수증을 납입자에게 교부하여야 하며, 수납한 수수료를 매
월 20일까지 품질평가원장이 지정한 계좌에 납입하고 별지 제50호서식에 따른 축
산물등급판정수수료납입통지서를 품질평가원장에게 송부하여야 한다. <개정 2010.10.12.>

⑥품질평가원장은 도축장경영자등이 제4항에 따른 기한 내에 수수료를 납입하지 아
니한 경우 10일의 기간을 정하여 납입을 촉구하고, 당해 기간 동안 수수료를 납입
하지 아니하는 경우에는 제38조제3항제2호에 따라 등급판정을 거부할 수 있다는
내용을 해당 영업장의 잘 보이는 곳에 게시하여 등급판정을 받으려는 자가 등급판
정을 신청하기 전에 미리 알 수 있도록 하여야 한다. <개정 2010.10.12., 2013.4.11.>

⑦ 제3항의 축산물등급판정수수료관리대장은 전자적 처리가 불가능한 특별한 사유

가 있는 경우를 제외하고는 전자적 방법으로 작성·관리하여야 한다. <신설 2008.11.18.>

제53조(등급판정수수료 징수비용의 지급 등) ①법 제49조제3항 후단에 따라 품질 평가원장은 도축장경영자등에게 등급판정수수료 납입액의 100분의 3이내의 금액 을 징수비용으로 지급하여야 한다. <개정 2010.10.12., 2013.4.11.>
②제1항에 따른 비용은 납입고지서를 발급하는 때에 공제하고 납입하게 할 수 있다.

제54조(규제의 재검토) 농림축산식품부장관은 다음 각 호의 사항에 대하여 다음 각 호 의 기준일을 기준으로 3년마다(매 3년이 되는 해의 기준일과 같은 날 전까지를 말한다) 그 타당성을 검토하여 개선 등의 조치를 하여야 한다. <개정 2018.7.12., 2019.12.31.>
1. 제8조에 따른 가축의 등록기관 지정을 위한 인력 및 시설·장비의 기준: 2017년 1월 1일
2. 제9조에 따른 가축의 등록 절차 등: 2017년 1월 1일
3. 제10조에 따른 검정기관의 지정에 필요한 인력 및 시설·장비: 2016년 1월 1일
4. 제11조에 따른 가축의 검정 절차: 2017년 1월 1일
5. 제16조에 따른 수정사시험: 2017년 1월 1일
6. 삭제 <2020.11.24.>
7. 삭제 <2020.11.24.>
8. 제27조의2에 따른 축산업 허가사항의 변경 사항: 2017년 1월 1일
9. 제30조 및 별표 3의3에 따른 축산업허가자 등의 준수사항: 2017년 1월 1일
10. 제34조에 따른 수출입 신고 대상 종축 등: 2017년 1월 1일
11. 제36조의3 및 별표 3의6에 따른 교육총괄기관 등의 지정절차·기준 및 운영: 2017년 1월 1일
12. 제47조제1항에 따른 도매시장법인 등에 대한 업무감독: 2017년 1월 1일
13. 제48조에 따른 수입이익금의 징수 등: 2017년 1월 1일
[전문개정 2017.1.2.]

부칙

<제453호, 2020.11.24.>

이 규칙은 공포한 날부터 시행한다.

기타 부록

- 동물등록제와 말소신고
  (동물장묘)

- 동물 건강생활

- 반려동물 미세먼지 예방법

- 반려동물 교육법(강아지편)

- 동물 관련 법 Q&A

1장 동물 등록제와 말소신고

1절 반려동물 등록제

반려동물 등록제란 반려견이 3개월 이상 되었을 시 동물병원에 가서 동물 등록 신청서를 작성하고 내장형 또는 외장형 인식칩을 부여받는 것입니다. 반려동물을 잃어버렸을 때 인식칩을 통해 빠르고 정확하게 가족을 찾는 데에 도움이 되는 제도입니다. 동물 등록제는 2014년 1월 1일부터 전국으로 확대 시행돼 개를 소유한 사람은 모두 전국 시·군·구청에 반드시 동물등록을 하도록 시행되고 있습니다. 등록을 하지 않았을 경우 100만원이하의 과태료가 부과됩니다.

2절 반려동물 사망 후 변경(말소)신고

1. 오프라인 신고

   반려동물 사망 후 변경 신고는 오프라인으로 시·군·구청에 방문하여 동물등록 변경 신청서를 작성·제출함으로 할 수 있습니다. 이때, (1)동물등록 변경 신고서 (2)동물등록증 (3)등록동물의 폐사 증명 서류 가 필요합니다. 폐사 증명 서류는 사망한 반려동물을 병원에 의뢰했다면 병원에서 발급 받아야 하고, 반려동물 장례식장에서 장례를 치렀다면 '화장증명(확인)서'를 발급 받아야 합니다.

2. 온라인 신고

   반려동물 사망 후 변경 신고는 온라인으로 동물보호 관리 시스템(http://www.animal.go.kr)에서 가능합니다.

   ①소유자 본인 이름으로 회원가입을 한다.

   ②회원정보 변경에 들어가 주민등록번호 13자리를 입력한다.

   ③소유자의 주민번호가 일치하면 하단에 동물등록된 반려동물 정보가 나온다.

   ④동물등록된 반려동물의 변경 정보를 선택한 뒤 저장한다.

   *사망신고의 경우 육하원칙에 의해 서술하게 되어 있습니다.

   ⑤저장하기를 누르면 동물등록 정보가 사라진다.

   온라인 변경 신고, 사망신고는 다른 구비서류를 필요로 하지 않아, 간단하게 신고할 수 있습니다. 사망(말소)신고는 사망한 후 30일 이내에 신고하지 않을 경우 50만원이하의 과태료가 부과됩니다.

3절 반려동물 장례

강아지, 고양이 외에도 많은 반려동물들의 평균 수명은 보호자인 사람보다 짧기

마련입니다. 그렇기 때문에 반려동물을 키우기 시작하면 언젠가 다가올 반려동물과의 마지막 순간을 예상하고, 준비하는 것이 필요합니다.

1. 장례 방식
   1) 화장
      화장을 하는 반려동물장례 절차는 먼저 반려동물의 몸을 깨끗이 씻기고 예쁘게 빗어주는 '염습'단계를 거칩니다. 그리고 자세를 바로잡아 한지로 몸을 감싸는 '수시' 이후에 삼배 수위를 입히고 예식용관에 입관하게 됩니다. 이때 보호자의 종교나 반려동물의 종류, 성별에 따라 빈소 차림을 하고 마지막 이별 예식을 치르게 됩니다. 이런 장례의 과정을 거친 뒤 화장이 진행됩니다. 화장 후 남은 유골은 직접 보관하거나 장례업체 납골당 안치, 반려보석사리 제작 등 의 방법으로 관리됩니다.
   2) 건조장
      건조장은 화장처럼 고온에서 사체를 태우는 것이 아닌 상온에서 단시간에 사체를 건조시키는 방식입니다. 건조장은 진공 상태에서 마이크로웨이브를 이용해 상온에서 사체의 수분을 제거하는 방법입니다. 자연 상태에서 수분만을 제거해 신속히 분해해서 흙으로 돌아갈 수 있도록 해주는 친환경적인 장묘법입니다. 화장해서 뼈만 수습해 보관하는 화장법에 비해 건조장은 사체를 그대로 전기로 수분을 제거하고 건조시키기 때문에 수분 이외의 모든 성분이 남게 됩니다. 그렇기 때문에 부피가 커서 분쇄하는데 시간이 오래 걸리는 편이며, 약간의 냄새가 날 수 있다는 점을 감안하여 선택하여야 합니다.

2. 장례 순서(국화장)
   1) 장례의뢰
      장례의뢰서를 작성하고 장례절차에 대한 안내와 상담을 받습니다.
   2) 염습
      희석한 알콜을 적신 솜으로 몸을 깨끗하게 씻기고, 털을 가지런히 빗겨 줍니다.
   3) 수시
      자세를 바로잡아 한지로 몸을 감싸 줍니다.
   4) 수의 착의 및 입관
      삼배 수의를 입히고 몸에 맞는 관에 입관합니다. 보공솜과 생화 꽃장식을 합니다.
   5) 종교별 빈소차림
      반려동물의 종류, 성별, 종교에 따라 다른 빈소를 차립니다.
   6) 빈소참배. 추모
      이별예식을 치릅니다.

7) 화장 전 인사 나눔
   마지막으로 인사하는 시간을 가진 후 화장로에 들어갑니다.
8) 화장(보호자 참관 가능)
9) 화로확인 및 유골 수습(보호자 참관 가능)
10) 분골
11) 유골함 선택 후 예식 종료
3. 동물 장묘 주의사항
   3-1. 합법적 반려동물장례업체 이용
   동물 장묘 업체 이용 시 가장 중요한 것은 '등록' 여부입니다. 동물장묘
   업을 운영하려면 일정한 시설과 인력 기준을 갖추어 '등록'해야만 합니
   다. 그러나 이러한 기준과 관리 감독을 피하기 위해 '등록 없이' 동물
   장묘업을 운영하는 업체들이 생겨나고 있습니다. 보호자들 또한 '저렴한
   비용'이나 '가까운 거리' 등을 이유로 미등록 업체들을 이용하기도 합니
   다. 하지만 이런 업체를 이용할 경우, 화장을 하지 않고 다른 동물의 유
   골을 화장하거나, 사전 합의와는 달리 다른 사체까지 한데 모아 한꺼번
   에 화장을 하는 등의 사기 피해를 당할 수 있습니다. 결국 등록되지 않
   은 불법 동물 장묘업체를 이용한다면 반려동물을 떠나보내 마음이 아픈
   보호자들은 두 번의 상처를 입게 됩니다. 이러한 피해를 막기 위해서는
   반려인들이 자신이 이용하려는 업체가 '등록'이 되어 있는지 확인하는
   절차를 거쳐야 합니다. 등록여부는 동물보호관리시스템 홈페이지에 들어
   가면 '동물판매업/장묘업' 카테고리에서 업체의 이름을 검색해 확인할
   수 있습니다.

<반려동물장례식장 운영 시 준수사항>

1. 시설기준
채광, 환기, 온도, 습도 관리 및 청결 유지 가능한 급수시설 및 배수시설 완비.
(정기적 소독과 청소 필요)
2. CCTV
작업 내용을 확인할 수 있도록 사각지대를 최소화할 것. 영상 보관일 30일.
3. 인증 서류
장례 후 보호자에게 동물장묘업 등록번호, 업소명, 주소, 동물 종류 및 무게, 장
례일자 등이 기록된 인증 서류 전달.

[출처] https://m.post.naver.com/viewer/postView.nhn?volumeNo=18902715&memberNo=38419283&vType=VERTICAL

지역	이름	전화번호	사이트 주소	종류
	아롱이천국	031-766-1122	http://arong.co.kr	장례, 화장, 납골
	펫포레스트	031-761-5171	http://petforest.co.kr	장례, 화장,납골
	하늘애	1588-7166	http://snara.co.kr	장례, 화장, 납골
	해피엔딩	1899-5127	http://www.wehappyending.com	장례, 화장, 납골
	마스꼬다 휴	031-989-2444	http://www.mascotahue.com	장례, 화장, 납골
	아이드림펫	031-996-7444	http://www.idreampet.co.kr	장례, 화장, 납골
	월드펫	031-984-9922	http://www.hiropark.co.kr	장례, 화장, 납골
김포시	위디안(엔젤스톤)	031-981-0271	http://www.angelstone.co.kr	장례, 화장, 납골
	페트나라	031-997-4445	http://petnara.co.kr	장례, 화장, 납골
양주시	더고마워	031-878-7779	http://www.thankyoupet.co.kr	장례, 화장, 납골
이천시	아리아펫	031-635-2266	http://www.aria.pet	장례, 화장
제천시	굿바이펫	043-642-1537	http://goodbyepet.co.kr	장례, 화장, 납골
청주시	우바스	1588-6326	http://blog.naver.com/gss1101	장례, 화장, 납골
청주시	펫로스엔젤	1544-7374	http://www.petloss-angel.kr	건조
공주시	좋은친구들	041-858-4411	http://goodfriend2012.com	장례, 화장
예산군	위드엔젤	041-332-8787	http://www.withangel.net	장례, 화장, 납골
천안시	에이지펫	1811-7009	http://www.agpet.co.kr	장례, 화장, 납골
청도군	영남반려동물힐링센터	1599-1627	http://www.youngheal.com	장례, 건조, 납골
광산구	하늘펫	062-946-2626	-	장례

달서구	대구러브펫	053-593-4900	http://dglovepe t.kr	장례
기장군	파트라슈	051-723-2201	http://www.my patrasche.co.kr	장례, 화장, 납골
세종시	무지개언덕	044-863-7075	http://www. 무지개언덕.com	장례, 화장, 납골
남원시	펫바라기	063-625-3737	http://www.pet baragi.co,kr	장례, 화장, 납골
고성군	하늘소풍	055-674-2525	http://1pet.co.k r	장례, 화장
김해시	아이헤븐	1577-5474	http://iheaven. kr	장례, 화장, 납골
양산시	위드업(메리온)	055-374-6503	http://www.mer ion.co.kr	장례, 화장, 납골

3-2. 정식 동물 장묘업체 정보 (2018년)

반려동물 평균 장례비용			
품목	규격	금액(원)	비고
픽업비용		40,000~60,000	
관		50,000~100,000	
유골함		50,000	
염, 수의, 꽃장식		100,000	다양한 옵션
화장	5kg 기준	180,000~200,000	체중 비례
봉안당		200,000	1년 기준
산골		40,000	(봉안당 또는 산골)
그 외 옵션 상품		별도	

[출처] http://petsupporters.co.kr/?page_id=826/?pageid=1&uid=3&mod=document

2장 반려동물 질병 예방법

1절 강아지

1-1. 감기

　날씨가 추워지고 일교차가 큰 환절기가 오면 사람과 마찬가지로 강아지도 쉽게 감기에 걸립니다.

　(1)감기 증상

　　㉠식욕감퇴

　　감기에 걸린 강아지는 컨디션이 좋지 않아 활동량이 줄어들고, 식욕도 자연스레 떨어지게 됩니다. 더불어 식욕이 저하되면서 구토증상을 보일 수 있습니다. 강아지가 평소와 달리 기력 없이 잠만 자거나 식사량이 줄어들었다면 감기를 의심해 보는 것이 좋습니다.

　　㉡체온 상승

　　사람과 마찬가지로 감기에 걸린 강아지들은 몸 안의 바이러스와 항체가 싸우면서 열이 발생되어 체온이 올라가게 됩니다. 강아지들은 열이 나는지 안 나는지 사람과 다르게 구별하기가 어렵습니다. 그럴 땐 강아지의 혀를 확인하면 됩니다. 혀를 봤을 때 전보다 색이 더 진해졌다면 체온이 올라간 상태입니다. 또한 내부 온도가 높지 않음에도 불구하고 강아지가 혀를 내밀고 헥헥거린다면, 열이 나는 상태이므로, 빠른 시간 내에 병원에 방문하여 진찰하는 것이 좋습니다.

　　㉢기침과 콧물

　　감기에 걸린다면 목에 이물질이 걸린 듯 캑캑거리는 경우가 있습니다. 이것은 강아지가 기침을 하는 것입니다. 또한 기침과 함께 코가 축축해지면서 콧물이 나오게 됩니다. 특히 이러한 증상은 낮보다 밤에 더 심하게 나타나는 경우가 많으니 잘 관찰하는 것이 필요합니다.

　(2)감기 원인

　　㉠체력과 면역력의 저하

　　㉡환절기 급격한 온도의 변화

　　㉢여름철 장시간 에어컨 가동으로 인한 낮은 실내 온도

　　㉣목욕 후 털을 제대로 말려주지 않은 경우

　(3)감기 예방법

　　㉠집안의 습도와 온도를 일정하게 유지해주는 것이 좋습니다. 더운 여름철에 에어컨을 오래 틀어 놓는다던가, 겨울철에 춥고 건조한 환경이 되지 않도록 주의해야 합니다.

ⓛ강아지를 목욕시키고 난 뒤 반드시 수건으로 충분히 물기를 제거해 준 다음, 드라이기를 사용해 털을 바짝 말려주어야 합니다.

ⓒ평소에 규칙적인 산책을 통해 강아지의 면역력을 키워주는 것이 중요합니다. 특히 활동량이 줄어드는 겨울에는 날이 추워진다고 집안에만 있기보다는 햇볕이 잘 드는 곳에서 간단한 산책과 가벼운 운동을 시켜주면 면역력 증가에 도움이 됩니다.

1-2. 심장병

사람과 같이 강아지도 나이가 들수록 여러 가지 질병에 노출되게 됩니다. 그 중 하나는 심장병입니다.

(1)심장병 종류

심장병의 종류로는 선천성심장병, 동맥관개존증(PDA), 폐동맥 협착증, 대동맥 판막협착증 등이 있습니다.

1) 동맥관개존증(PDA)

가장 흔한 선천성 질환으로 주로 작은 품종에게서 발생합니다. 동맥관개존증은 강아지 심장에 과부하가 지속되면서 심장 모양이 변하고 기능이 점점 떨어지는 심장병입니다. 제대로 된 치료를 병행하지 않으면 기대 수명이 매우 짧아질 수 있으니 유의해야 합니다.

2) 폐동맥협착증

비정상적으로 판막이 형성되어 폐동맥판막의 주변이 좁아지는 현상입니다. 이 경우 중증 정도에 따라 별도의 치료 없이도 정상적인 수명을 보이기도 하지만, 나이가 들면서 점점 병이 진행되기도 하니 주의해야 합니다.

(2)심장병 증상

강아지의 심장병 증상은 움직임이 눈에 띄게 줄어들고, 심한 기침과 함께 폐에 물이 차 호흡곤란을 일으키는 등을 볼 수 있습니다. 또한 병세가 심각한 경우 피를 토하거나 산소 부족으로 기절 증상을 보이기도 합니다.

1-3. 식분증

강아지의 이상 행동 중 자신의 대변을 먹는 '자가 식분증' 혹은 다른 개의 대변을 먹는 '종내 식분증'이 일어나는 경우가 있습니다. 대변을 먹는 것이 크게 건강을 해치는 건 아니지만, 이상 행동은 건강의 이상을 알려주는 신호일 수 있기 때문에 주의 깊게 살펴 볼 필요가 있습니다.

(1)식분증 원인

강아지 식분증의 원인으로는 영양분 부족이 있습니다. 강아지의 몸속 영양분이 부족하여 변을 먹음으로써 부족한 영양분을 채우려는 이상 행동일 수 있는 것입니다. 또는 췌장염, 장염등의 후유증으로 식분증을 보이기도 합니다. 뿐만 아니라 자신이 배변을 먹었을 때 보호자의 반응을 보고 단순히 관심을 끌기 위해 식분증을 보이는 경우나 배변 훈련 중 보호자에게 심하게 혼이 난 경우 배변을 먹는 심리가 작용되기도 합니다.

(2)식분증 해결방법

1) 배변을 신속하게 치운다,

2) 사료에 소화효소제를 섞어 영양분을 채워준다.

3) 평소 스트레스를 받지 않도록 운동, 산책 등 야외활동을 함께 하거나 잦은 놀이 활동을 통해 교감을 한다.

4) 배변을 볼 때마다 칭찬과 간식 등의 보상을 한다.

5) 강아지 변에 강아지가 싫어하는 식초나 레몬즙을 뿌려 식분증을 방지한다.

1-4. 면역력

(1)면역력을 높이는 습관

음식조절과 꾸준한 예방접종, 잇몸과 콧속 건강을 자주 확인해 주며 현재 건강이 좋은지 안 좋은지를 살펴보는 것이 중요합니다.

(2)면역력을 높이는 식품

1) 북어

강아지 보양식의 가장 대표로 불리는 북어. 북어는 특히 감기 걸리기 쉬운 겨울철에 큰 효력을 발휘합니다. 고열이 나는 강아지나 노령견, 임신한 강아지에게 특히 좋습니다. 딱딱한 식감은 강아지에게 유익하지 않을 수 있기 때문에 물에 불린 뒤 염분을 제거하고 주시면 좋습니다.

2) 연근

연근은 강아지에게 좋은 성분을 지니고 있습니다. 따뜻하게 몸을 데워주기도 하고, 출혈을 멈추게 하는 역할을 해주기도 하며, 철분까지 풍부하여 자주 챙겨먹어도 좋은 식품입니다.

3) 계란 노른자

무알러지 식품으로 유명한 노른자는 풍부한 영양소와 병이 있는 강아지의 체력회복에 큰 도움을 줍니다. 식욕저하나 피부건강에도 굉장히 좋습니다. 다만 하루에 하나만 주는 것이 적당량입니다.

1-5.건강검진

강아지도 노화와 질병으로 인해 신체적 능력이 떨어지고 아프게 됩니다. 그렇기 때문에 주기적인 건강검진과 예방접종 리스트 확인을 통해 항상 건강에 유의할 필요가 있습니다.

(1)건강검진 시기

강아지의 건강검진은 사람과 마찬가지고 6개월에서 1년 간격으로 내원하는 것이 좋습니다. 강아지 때부터 꾸준히 받는 것이 좋으며, 정기적인 건강검진은 질병 예방뿐만 아니라 혹시나 생겼을 질병의 치료 시기를 앞당겨 수명을 연장하는 데도 도움을 줍니다.

(2)예방접종 시기

대체적으로 강아지 예방 접종 시기는 생후 6주를 넘었을 때, 매주 2~3주 간격으로 접종을 합니다. 이 시기에는 강아지 홍역이나 파보 바이러스 장염, 아데바이러스 기관지염 등의 백신을 함께 맞습니다. 강아지의 예방 접종은 생후 4개월 전이 좋으며, 종합백신이나 흔한 질병들의 접종은 필수적입니다.

2절 고양이

2-1. 재채기

고양이가 재채기를 하는 경우를 종종 볼 수 있습니다. 하지만 고양이의 재채기를 가볍게 넘기게 되면 건강이 위험해질 수 있으니 주의해야 합니다.

(1)재채기 원인

1) 감기

감기 즉 호흡기 질환으로 인한 재채기를 의심해볼 수 있습니다. 고양이 감기 증상으로는 재채기와 콧물뿐만 아니라 결막염과 같은 눈병을 동반합니다. 평소보다 먹는 양이 줄어들고, 활동량도 감소하기 때문에 이러한 증상들이 보인다면, 감기를 의심해볼 수 있습니다.

2) 다양한 바이러스

재채기 원인으로 다양한 바이러스 감염이 있을 수 있습니다. 고양이가 헤르페스 바이러스에 감염되면 재채기가 심해지고 누렇고 끈적이는 콧물을 흘리며 발열 증상을 보이게 됩니다. 캘리시 바이러스의 경우에는 재채기와 콧물, 구내염을 유발하게 됩니다.

3) 천식 또는 심장사상충 감염

고양이는 천식이나 심장사상충에 감염됐을 경우 재채기를 할 수 있습니다. 고양이가 천식에 걸리면, 천명음이 들리거나 기침을 하고 호흡곤란까지 오게 됩니다. 체중이 감소되고, 구토 증상까지 유발할 수 있으니 빠른 치료가 필요합니다.

4) 알레르기로 인한 비염

고양이는 꽃가루나 집 진드기, 음식물 등으로 인한 알레르기성 비염에 걸리기도 합니다. 그 증상으로 재채기를 하고 콧물을 흘리게 됩니다. 오래 방치할 경우 사람처럼 만성 비염이 될 수 있으니 초기에 관리하는 것이 중요합니다.

(2)재채기 예방법

고양이가 재채기를 하고, 감기에 걸렸을 경우에는 외출을 가급적이면 자제하고 다른 고양이들과의 접촉을 최소화해야 합니다. 질병 바이러스의 전파 위험이 있기 때문입니다. 또한 고양이가 생활하는 공간을 소독제로 항상 청결하게 유지하고, 동물병원에 가서 치료를 받아야 합니다. 미리 미리 예방접종을 하는 것이 가장 좋은 예방법입니다.

2-2. 노화

사람보다 짧은 수명을 가진 고양이는 노화의 속도도 사람보다 빠를 수밖에 없습니다. 노령묘를 키울 때는 노화의 증상을 이해하고 잘 관리해주는 것이 중요합니다.

(1)노화 증상

1) 걸음걸이의 변화

고양이의 노화 증상으로는 고양이 뒷다리와 엉덩이의 근육이 약해지면서 무릎이 구부정한 상태로 걸음걸이에 변화가 오는 것을 볼 수 있습니다. 심할 경우 한쪽 다리를 절게 되기도 합니다. 또한 그루밍으로 종종 주인에게 애교를 부리던 고양이 모습이 보기 힘들어집니다. 유연성이 떨어지고 몸을 구부리는 자세가 힘들어지기 때문입니다.

2) 식욕 감퇴

고양이 노화 증상으로는 사람과 마찬가지고 식욕이 사라지면서 음식을 삼키지 못하고 구토 증세를 볼 수 있습니다. 심할 경우 토사물에 피가 섞여 나올 때가 있는데, 이럴 경우 바로 근처 동물병원에 데려가야 합니다. 뿐만 아니라 소화기간이 많이 약해진 노령묘는 설사와 변비를 자주하고, 가령 대변에 피가 비칠 수 있으니 세심한 케어가 필요합니다.

3) 수면시간 증가

고양이는 노화가 진행되면 수면시간이 길어져 하루 종일 잠만 자거나 축축 늘어진 모습을 보이게 됩니다. 또한 눈과 귀가 불편해지면서 불안감을 느끼는 노령묘들은 자주 큰소리로 울기도 합니다.

(2)노화 관리

1) 주기적인 건강검진

노령묘의 경우 주기적인 건강검진을 통해 취약한 질환을 미리 예방하거나 조기 치료하는 것이 좋습니다. 평소와 달리 이상행동이 발견될 경우 동물병원으로 바로 데려가 보는 것이 좋습니다.

2) 영양소 공급

노령묘의 경우 필수 영양소를 확인해서 영양 공급을 꾸준히 체크해 주는 것이 좋습니다. 식단 관리에 특별히 신경을 쓰고, 구강 질병에 취약한 고양이를 위해 규칙적인 치아 관리와 함께 신선한 물 제공이 도움이 됩니다.

3장 반려동물 미세먼지 예방법

1절 미세먼지 위험성

사람과 같이 반려동물도 미세먼지에 오래 노출되면 눈, 피부, 심혈관계 질병에 노출될 수 있습니다. 면역력이 약하거나 노령견일 경우 건강이 악화되고, 아토피 피부염을 앓으며 증상이 심해지기도 합니다. 개나 고양이는 몸무게 1kg당 공기 흡입량이 10~15ml로, 인간(5~10ml)보다 많습니다. 이는 곧 몸집에 비해 많은 미세먼지를 흡입할 수 있다는 의미입니다. 또한 반려동물들은 산책을 하며 땅에 코를 대고 냄새를 맡는 행동으로 인해 바닥에 가라앉아 있는 중금속 등 무거운 입자들을 흡입할 위험이 있고, 털에 붙은 미세먼지를 핥을 위험이 있습니다.

2절 미세먼지 대처, 이렇게 하세요.

(1)미세먼지 주의보, 경보가 내려지면 외출자제
외출을 자제함으로 풀지 못하는 반려동물의 활동욕구는 공놀이, 노즈워크 또는 집 근처 반려동물 실내 놀이터 시설을 이용하며 풀어주는 것이 좋습니다.

(2)미세먼지 약한 날은 10~20분 산책 후 관리하기
미세먼지가 약한 날은 잠깐의 외출 후 워터리스 샴푸나 반려동물 물티슈를 사용해 몸과 발을 깨끗이 닦아주세요. 또한 반려동물 안구 세정제를 사용해 눈을 씻어줍니다.

(3)산책 후 물을 충분히 먹이기
물을 먹는 것은 반려동물 체내에 쌓인 미세먼지 배출에 도움이 됩니다. 지방이 적은 고기를 삶아 우려 낸 물을 주기, 물그릇을 여기 저기 배치하기, 깨끗한 물로 자주 갈아주기 등 수분섭취를 유도하여 미세먼지를 배출할 수 있도록 도와주세요.

(4)특별한 건강식 먹이기
비타민과 항산화제가 포함된 음식은 미세먼지로 인해 생긴 체내 세포 스트레스를 줄이는 데에 도움이 됩니다.

(5)실내 공기정화에 신경 쓰기
실내 공기청정기를 사용해 공기정화에 신경써주세요. 공기청정기 외에도 아레카야자, 테이블야자능 공기정화 식물을 키우는 것도 도움이 됩니다. 단,

스킨답서스, 스파티필룸 등은 독성이 있어 반려동물이 먹을 시 탈이 나니 피하세요. 또한 실내의 습도를 높여 미세먼지를 가라앉힌 후 걸레로 바닥을 닦아 내는 것도 좋은 방법입니다. 산책 후 실내에서 털을 빗겨 줄 때도 습도를 높이거나 화장실을 이용하면 외부에서 딸려온 미세먼지를 닦아내는 데에 좋습니다.

4장 반려동물 교육법(강아지편)

1. 배변훈련
반려동물 교육 중 가장 중요한 훈련은 배변훈련입니다. 특별히 배변 훈련은 생리현상에 관련된 훈련이기 때문에 주의할 필요가 있습니다. 만약 반려동물이 훈련으로 인해 스트레스를 받게 된다면, 볼 일을 제대로 보지 못하거나 반려인과의 사이가 틀어지는 경우가 생길 수 있습니다. 그렇기 때문에 배변 훈련에 있어 가장 중요한 것은 절대 반려동물을 때리거나, 혼내지 않고 인내심을 가지고 훈련시키는 반려인의 태도입니다.

1-1. 배변 훈련 시기
어린 나이에 배변 훈련을 가르치는 게 좋지만, 그렇다고 해서 태어난 지 얼마 되지 않은 친구들에게 훈련을 시도하는 건 좋지 않습니다. 마치 어린 아기에게 기저귀 착용 대신 화장실을 이용하라며 강요하는 것과 마찬가지로 반려동물에겐 어려운 일이 될 수 있습니다. 배변 훈련은 태어난 지 3개월 이후부터 가르쳐야 반려동물이 훈련에 대한 교육을 인지하며 배워갈 수 있습니다.

1-2. 애견 배변 훈련 준비물
(1)울타리
배변 훈련 시 울타리로 화장실을 제작해 만든 공간에서 나오지 못하도록 둘러주어야 합니다. 어린 반려동물들은 모든 사물에 호기심을 가지기 때문에 건강 문제를 고려해 울타리를 제작하여 훈련하는 것이 좋습니다.

(2)신문지나 패드
울타리로 반려동물만의 공간을 만들어 준 뒤, 신문지나 패드를 깔아 화장실 공간으로 만들어 주면 어느 정도 시간이 지난 뒤 강아지 친구가 공간 내에서 볼 일을 보게 됩니다. 후각이 예민한 반려동물은 자신이 한 번 볼일을 본 장소를 기억하게 됩니다.

2. 무는 강아지
반려동물의 행동 중 가장 걱정이 될 행동은 무는 행동입니다. 반려동물의 무는 행동은 다른 사람들에게까지 큰 피해를 끼칠 수 있기 때문입니다.

(1) 시선 돌리기
강아지가 물려고 시도할 때마다 씹을 수 있는 장난감을 주면서 시선을 계속 돌리는 방법으로 반려견의 무는 버릇을 효과적으로 고칠 수 있습니다.

(2) 클리커 교육

반려견에게 간식을 주기 전에 클리커 소리를 지속적으로 들려주다 보면, 나중에는 클리커 소리를 들었을 때 간식에 대한 반응이 자연스럽게 나오게 됩니다. 인내심을 갖고 클리커 교육을 반복하다 보면, 클리커의 클릭 소리 자체가 강아지에게 옳은 일을 했다는 신호로 입력이 되면서 좋은 행동을 유도할 수 있습니다.

3. 짖는 강아지

작은 소리에도 민감해하며 자주 짖는 반려동물들이 있습니다. 과도하게 짖는 반려견의 행동은 불만 표출의 경우도 있고, 때로는 새로운 대상이 자신의 영역이 들어왔다 느낄 때, 극심한 흥분으로 짖는 경우도 있습니다. 그렇기 때문에 반려동물의 짖는 행동을 교육하기 위해서는 왜 짖는지 원인을 정확히 파악하는 것이 중요합니다.

짖는 반려동물 교육법으로는 '관심을 주지 않기'가 있습니다.

(1)강아지가 짖을 때 아예 혼내지도 말고 철저하게 무시하여 신경을 쓰지 않는다.

(2)시간이 지난 뒤 강아지가 짖는 것을 멈추고 조용해진다.

(3)그때 간식과 칭찬을 해준다.

(4)짖는 것을 대체할 수 있는 행동을 찾아 장난감으로 놀아주거나 호기심을 자극할만한 대안을 찾아 놀아준다.

(5)이 상황을 반복하여 훈련한다.

또한 보호자가 평소에 강아지의 스트레스를 충분히 해소 시켜주고, 넓은 장소에서 산책을 자주 시켜주며 하루 30분 이상씩 충분히 놀아줌으로 유대감을 쌓는 것이 중요합니다. 배가 고프기 전에 미래 먹거리를 챙겨주고, 목이 마르지 않도록 물을 준비해주는 등의 세심한 준비를 통해 반려동물의 스트레스를 해소 시켜주면 짖는 행동이 줄어드는 데에 도움이 됩니다.

4. 물건에 집착하는 강아지

반려동물 중에 담요나 수면바지, 양말 등 특정 물건에 굉장한 집착을 보이며 뺏으려고 하면 으르렁대고, 사납게 돌변하는 행동을 보이는 경우가 있습니다. 이때 교육할 수 있는 방법이 '기다려'교육입니다.

(1)강아지에게 목줄을 채운 뒤 강아지가 집착하는 물건을 물고 있을 때, 발이 닿지 않는 위치에 간식을 놓는다.

(2)강아지가 간식을 먹으려고 움직이려 할 때, 목줄을 살짝 당기면서 "앉아", "기다려"라고 말한다.

(3)강아지가 얌전히 앉아서 기다리게 되면 그때 간식을 준다.

(4)앞선 과정을 반복하여 교육한다.

(5)집착하는 물건을 강아지 코앞에 갖다 대고 물려 할 때 "안돼"라고 말하고, 강아지가 포기하고 물지 않게 되면 "잘했어"라고 말하며 간식을 준다.

[자료][무지개 언덕] 044-863-7075

5장 동물관련법 Q&A

■ 동물등록 대상

Q. 강아지를 분양받았는데, 동물등록 꼭 해야 하나요?

A. 네. 월령(月齡)이 3개월 이상인 개는 동물등록을 해야 합니다.동물등록제도는 반려동물을 잃어버리거나 버려지는 것을 방지하고 동물보호의 실효성을 증대시키기 위해 행정기관에 반려동물과 반려동물 소유자에 대한 정보를 등록하는 것을 말합니다. 따라서 동물등록을 하면 반려동물을 잃어버리거나 버려진 경우 동물등록번호를 통해 소유자를 쉽게 확인할 수 있습니다.

◇ 동물등록 대상
☞ 다음의 어느 하나에 해당하는 월령(月齡)이 3개월 이상인 개는 반드시 동물등록을 해야 합니다.
· 주택·준주택에서 기르는 개
· 주택·준주택 외의 장소에서 반려(伴侶)목적으로 기르는 개
☞ 다만, 등록대상동물의 소유자는 등록하려는 등록대상 월령(月齡)이하인 경우에도 등록할 수 있습니다.

◇ 동물등록 방법
☞ 반려견의 월령(月齡)이 3개월이 된 날부터 30일 이내에 시장·군수·구청장·특별자치시장이나 등록대행기관에 동물등록을 해야 합니다.
☞ 동물등록을 신청하면 국가가 관리하는 동물등록번호체계 관리시스템에 반려견의 정보 및 소유자의 정보가 등록되며, 반려견에게는 고유의 동물등록번호가 기록된 무선전자개체식별장치(일명 "마이크로칩") 또는 인식표가 장착되고 소유자에게 동물등록증(전자적 방식을 포함)이 발급됩니다.

◇ 위반 시 제재
☞ 반려동물을 등록해야 함에도 불구하고 등록을 하지 않은 소유자는 100만원 이하의 과태료를 부과받습니다.

■ 동물등록 변경신고

Q. 키우던 개를 다른 사람에게 보냈습니다. 현재 동물등록이 되어 있는데, 주인이 바뀌면 동물등록을 새로 해야 하나요?

A. 네. 동물등록을 한 반려동물의 소유자가 변경되면 새로운 소유자가 변경 사유 발생일부터 30일 이내에 시장·군수·구청장·특별자치시장에게 신고해야 합니다. 동물등록 변경신고를 하면 동물등록번호가 변경되므로 동물등록번호도 새롭게 부여되고, 이에 따라 무선전자개체식별장치(일명 "마이크로칩") 및 인식표를 다시 장착하게 됩니다.

◇ 동물등록 변경신고 사유

1. 소유자가 변경되거나 소유자의 성명(법인인 경우에는 법인의 명칭을 말함)이 변경된 경우
2. 소유자의 주소나 전화번호(법인인 경우에는 주된 사무소의 소재지와 전화번호를 말함)가 변경된 경우
3. 등록대상동물이 죽은 경우
4. 등록대상동물 분실 신고 후, 그 동물을 다시 찾은 경우
5. 무선식별장치 또는 등록인식표를 잃어버리거나 헐어 못 쓰게 되는 경우

◇ 위반 시 제재

☞ 반려동물 소유자가 변경된 경우에 정해진 기간 내에 변경신고를 하지 않으면 50만원 이하의 과태료를 부과받습니다.

■ 반려동물과의 해외여행

Q. 강아지를 데리고 해외여행을 가려는데, 무엇을 준비하면 되나요?

A . ◇ 반려동물(개, 고양이 기준)과 함께하는 해외여행 준비방법

☞ 1단계: 출국준비

· 반려동물을 데리고 출국하려면 입국하시려는 국가의 검역조건을 충족해야하므로, 사전에 입국하시려는 국가의 대사관 또는 동물검역기관에 직접 문의하여 검역조건을 확인하시기 바랍니다.

· 광견병예방접종증명서가 필요한 경우 동물병원 수의사와 상의하시기 바랍니다.

☞ 2단계: 검역증명서 발급 신청

- 반려동물을 데리고 출국할 해외여행자는 공항에 있는 농림축산검역본부 사무실에 방문하셔서 다음의 서류를 제출하고 동물검역관의 검역을 받아야 합니다.
  1. 동물검역신청서
  2. 예방접종증명서 및 건강을 증명하는 서류(동물병원 등에서 발급하는 건강하거나 가축전염병의 전파 우려가 없다는 사실)
  3. 입국하려는 국가의 요구사항(요구사항이 있는 경우에 한함)
- 검역받은 동물에게 가축 전염성 질병의 병원체가 없다고 인정될 경우 검역관이 동물검역증명서를발급합니다.
  ※ 검역수수료는 10,000원/건입니다.
☞ 3단계: 항공기 탑승
- 검역증명서를 발급받으신 후 항공사 데스크로 가셔서 안내를 받으시기 바랍니다.
- 반려동물의 기내 탑승에 관하여는 이용하시려는 항공사에 문의하시기 바랍니다.

■ 반려동물 분양받은 후 발생한 피해보상

Q. 며칠 전에 동물가게에서 분양받은 고양이가 병으로 죽었습니다. 동물가게에서 보상받을 수 있나요?

A. 네. 반려동물판매업자에게 분양받은 고양이나 개가 분양받은 후 15일 이내에 죽었다면 특약이 없는 한 「소비자분쟁해결기준」의 보상기준에 따라 같은 종류의 반려동물로 교환받거나 분양가격을 환불받을 수 있습니다.
그러나 소비자의 중대한 과실로 인해 피해가 발생한 경우에는 배상을 요구할 수 없습니다.
◇ 「소비자분쟁해결기준」의 보상기준

피해유형	
구입 후 15일 이내 폐사 시	- 같은 종류의 반려동물로 교환 또는 구입가격 환불 ※ 다만, 소비자의 중대한 과실로 인해 피해가 발생했다면 배상 요구할 수 없습니다.

| 구입 후 15일 이내
질병 발생 | - 판매업소(사업자)가 제반비용을 부담해서 회복시킨 후 소비자에게 인도
※ 다만, 판매업소에서 회복시키는 기간이 30일을 경과하거나 판매업소 관리 중 죽은 경우에는 같은 종류의 반려동물로 교환하거나 구입가격의 환불을 요구할 수 있습니다. |

◇ 참고
☞ 분양계약을 체결할 때 보상에 관해 따로 정한 사항이 있다면 「소비자분쟁해결 기준」 대신 그 기준에 따릅니다.

■ 반려동물 데리고 입국하기

Q. 미국에서 키우던 개 2마리를 국내로 데리고 오려 합니다. 어떻게 해야 하나요?

A. 개·고양이의 경우 지정검역물로서 9마리 이하일 경우에는 사전신고 없이 수입이 가능합니다. 이 경우 수출정부기관이 발생한 동물검역증명서(개체별 마이크로칩 이식번호와 광견병중화항체가 검사사항이 기재되어 있어야 함)를 준비하여 입국 세관검사대를 통과하기 전에 미리작성하신 휴대품신고서와 함께 구비서류를 준비하시고 동물검역관에게 신고하시면 됩니다. 다만, 호주와 말레이시아에서 개나 고양이를 수입하는 경우에는 추가 증명사항이 필요하오니 농림축산검역본부 홈페이지(www.qia.go.kr)에서 미리 확인하시기 바랍니다.

◇ 동물수입에 대한 사전신고
☞ 지정검역물 중 다음의 어느 하나에 해당하는 동물을 수입하려는 경우 수입 예정 항구·공항 그 밖의 장소를 관할하는 농림축산검역본부장에게 동물의 종류·수량·수입 시기 및 장소 등을 사전에 신고해야 합니다.
1. 소·말·면양·산양·돼지·꿀벌·사슴 및 원숭이
2. 10두 이상의 개·고양이[그 어미와 함께 수입하는 포유기(哺乳期)인 어린 개·고양이와 시험연구용으로 수입되는 개·고양이는 제외함]
☞ 위의 사전신고를 하지 않은 경우 300만원 이하의 벌금이 부과됩니다.

■ 반려동물 외출 시 준수사항

Q. 개와 함께 외출하는 이웃 주민들 중 목줄을 하지 않는 경우가 종종 보이던데
요. 반려동물과 외출할 때 꼭 지켜야하는 사항은 무엇이 있나요?

A. 반려견과 외출 할 때에는 다른 사람들의 안전을 위해 목줄 또는 가슴줄을 하거나 이
동장치를 사용해야 합니다.

◇ 목줄 등 안전조치

☞ 소유자 등은 반려견을 동반하고 외출할 때에는 목줄 또는 가슴줄을 하거나 이
동장치를 사용해야 합니다

☞ 이를 위반하여 안전조치를 하지 않은 경우에는 50만원 이하의 과태료가 부과
됩니다.

◇ 맹견 관리

☞ 맹견의 소유자 등이 없이 맹견을 기르는 곳에서 벗어나지 않게 해야 하고, 월
령이 3개월 이상인 맹견을 동반하고 외출할 때에는 목줄과 입마개를 하도록
해야 합니다.

☞ 만약, 다음의 기준을 충족하는 이동장치를 사용하여 맹견을 이동시킬 때에는
맹견에게 목줄 및 입마개를 하지 않을 수 있습니다

· 맹견이 이동장치에서 탈출할 수 없도록 잠금장치를 갖출 것

· 이동장치의 입구, 잠금장치 및 외벽은 충격 등에 따라 쉽게 파손되지 않는
견고한 재질일 것

☞ 이를 위반하여 맹견을 소유자 등 없이 기르는 곳에서 벗어나게 하거나 안전장
치 등을 하지 않는 경우에는 300만원 이하의 과태료가 부과됩니다.

■ 반려동물 관리 책임

Q. 우리집 개가 집 앞을 지나가던 사람의 다리를 물어서 피가 살짝 났어요. 이
경우에 치료비를 물어줘야 하나요?

A. 반려동물이 사람을 물어 상처를 내는 등의 손해를 끼쳤다면 치료비 등 그 손해를 배
상해 주어야 합니다. 그러나 소유자 등이 반려동물의 관리에 상당한 주의를 기울였음
이 증명되는 경우에는 피해자에 대해 손해배상을 하지 않을 수 있습니다.

◇ 손해배상책임

☞ 반려동물이 사람을 물어 상처를 내는 등의 손해를 끼쳤다면 치료비 등 그 손해를 배상해 주어야 합니다. 이 때 손해를 배상해야 하는 책임자는 반려동물의 소유자뿐만 아니라 소유자를 위해 사육·관리 또는 보호에 종사하는 사람(이하 "소유자 등"이라 함)도 해당됩니다.

◇ 형사책임

☞ 또한, 다른 사람의 개에게 물려 신체에 대한 피해(상해)가 발생한 경우 과실치상에 해당하는 경우로 점유자의 과실로 인하여 상해에 이르게 한 경우 500만원 이하의 벌금이나 구류 또는 과료에 처할 수 있고, 과실로 인하여 사람을 사망에 이르게 한 경우 2년 이하의 금고 또는 700만원 이하의 벌금에 처해집니다.

☞ 실제로 집 마당에서 키우던 맹견인 핏불테리어의 목줄이 풀려 마당 앞길을 지나던 사람의 팔다리와 신체 여러 부위를 물어 상해를 입혔을 때 개주인을 관리소홀로 형사처벌한 사례가 있습니다(수원지방법원 2018.2.20. 선고 2017노7362 판결 참조).

☞ 그리고 반려동물의 소유자등은 등록대상 동물을 동반하고 외출하는 경우 목줄 등 안전조치를 하지 않은 경우, 맹견의 소유자 등이 목줄 및 입마개 등 안전장치를 하지 않고 외출한 경우에 사람의 신체를 상해에 이르게 한 사람은 2년 이하의 징역 또는 2천만원 이하의 벌금에 처해집니다.

◇ 반려동물을 시켜 사람이나 가축에 달려들게 한 경우

☞ 10만원 이하의 벌금, 구류 또는 과료에 처해지거나 8만원의 범칙금을 부과받습니다.

◇ 사람이나 가축에 해를 끼치는 버릇이 있는 반려동물을 함부로 풀어놓거나 제대로 살피지 않아 나돌아 다니게 한 경우

☞ 10만원 이하의 벌금, 구류 또는 과료에 처해지거나 5만원의 범칙금을 부과받습니다.

■ 사체 처리

Q. 반려동물이 죽으면 사체처리는 어떻게 하나요?

A. 반려동물이 동물병원에서 죽은 경우에는 의료폐기물로 분류되어 동물병원에서 처리되는 경우도 있고, 소유자가 원할 경우 반려동물의 사체를 인도받아 동물장묘업의 등록한 자가 설치 운영하는 화장시설에서 화장할 수 있고, 생활폐기물로 분류되어 생활쓰레기봉투 등에 넣어 배출할 수 있습니다.

◇ 의료폐기물로 처리

☞ 반려동물이 동물병원에서 죽은 경우에는 의료폐기물로 분류되어 동물병원에서 처리되는 경우가 많습니다. 그러나 소유자가 원할 경우 반려동물의 사체를 인도받아 동물장묘업의 등록한 자가 설치·운영하는 화장시설에서 화장할 수 있습니다.

◇ 규격 쓰레기봉투로 배출 처리

☞ 반려동물이 동물병원이 아닌 장소에서 죽은 경우에는 생활폐기물로 분류되어 해당 지방자치단체의 조례에서 정하는 바에 따라 생활쓰레기봉투 등에 넣어 배출할 수 있습니다. 그러나 소유자가 원할 경우 동물장묘업의 등록한 자가 설치·운영하는 화장시설에서 화장할 수 있습니다.

◇ 화장

☞ 반려동물이 죽은 경우 소유자는 동물장묘업의 등록한 자가 설치·운영하는 화장시설에서 화장할 수 있습니다.

◇ 벌칙 또는 과태료

☞ 동물의 사체를 함부로 버리거나 임의로 매립·화장하면 벌금·구류·과료형에 처해지거나 과태료를 부과받습니다.

◇ 동물등록 말소신고

☞ 동물등록이 되어 있는 반려동물이 죽은 경우에는 30일 이내에 시장·군수·구청장(자치구의 구청장을 말함)·특별자치시장 또는 등록업무 대행기관에 동물등록 말소신고를 해야 합니다. 이를 위반하여 정해진 기간 내에 신고를 하지 않은 소유자는 50만원 이하의 과태료를 부과받습니다.

■ 학대 금지

Q. 옆집 사람이 매일 개를 때려요. 몇 번이나 말렸지만 자기 집 개니까 상관하지 말래요. 개가 너무 불쌍한데, 그 개를 구할 방법이 없을까요?

A. 누구든지 반려동물을 죽음에 이르게 하거나 상해를 입히는 등의 학대행위를 해서는 안 됩니다. 누구든지 학대를 받는 동물을 발견한 경우에는 관할 지방자치단체의 장 또는 동물보호센터에 신고할 수 있습니다.

◇ 동물학대의 개념

☞ "동물학대"란 동물을 대상으로 정당한 사유 없이 불필요하거나 피할 수 있는 신체적 고통과 스트레스를 주는 행위 및 굶주림, 질병 등에 대하여 적절한 조치를 게을리 하거나 방치하는 행위를 말합니다.

◇ 동물학대를 신고할 수 있는 대표적인 민간단체

· 한국동물보호협회(www.koreananimals.or.kr)

· 동물권단체 케어(fromcare.org)

· 동물자유연대(www.animals.or.kr)

◇ 벌칙

☞ 반려동물에게 학대행위를 하면 2년 이하의 징역 또는 2천만원 이하의 벌금에 처해집니다.

☞ 동물학대 행위 사진 또는 영상물을 판매·전시·전달·상영하거나 인터넷에 게재한 자는 300만원 이하의 벌금에 처해집니다.

■ **예방접종**

Q. 반려동물의 예방접종을 꼭 해야 하나요?

A. 예방접종은 반려동물의 특성에 따라 정기적으로 실시해야 합니다. 예방접종은 반려동물의 전염병 예방과 건강관리 및 적정한 치료, 반려동물의 질병으로 인한 일반인의 위생상의 문제를 방지할 수 있기 때문입니다.

◇ 예방접종을 하지 않으면?

☞ 광견병 예방주사를 맞지 않은 반려동물 등이 건물 밖에서 배회하는 것을 발견하였을 경우에 특별자치시장·시장(특별자치도의 행정시장을 포함함)·군수·구청장(자치구의 구청장을 말함)은 반려동물을 억류하거나 살처분(殺處分) 또는 그 밖의 필요한 조치를 취할 수 있으므로 광견병 예방접종은 꼭 하시기 바랍니다.

☞ 한편, 조례로써 반려동물에 대한 예방접종이 의무화된 지역에 사는 경우에는

광견병 예방접종 외에도 조례에서 정한 예방접종을 반드시 실시해야 합니다.

◇ 구충
☞ 반려견을 기르는 경우에는 예방접종 외에도 분기마다 1회 이상 구충을 실시하는 것이 좋습니다.

◇ 예방접종·구충 참고 사이트
☞ 본인이 거주하는 지역의 반려동물 예방접종 관련 조례는 국가법령정보센터의 자치법규(www.law.go.kr) 또는 자치법규정보시스템(www.elis.go.kr)에서 확인할 수 있습니다.
☞ 반려동물의 예방접종·구충의 시기와 종류, 횟수 등에 관한 정보는 〈동물보호관리시스템- 자료마당- 건강정보(www.animal.go.kr)〉에서 확인할 수 있습니다.

■ 맹인안내견 수입

Q. 저희 학회는 외국에서 저명한 강사를 초청하려 합니다. 그런데, 그분이 앞을 볼 수 없어 맹인안내견과 함께 오셔야 하는데, 맹인안내견에 대한 수입검역절차가 까다로운가요?

A. 아닙니다. 앞을 보지 못하는 사람을 인도하는 개의 경우에는 해당 동물의 검역기간 이내의 것으로서 도착지 관할 검역검사소(사무소 포함)에서는 상대국 검역증명서 등과 대조확인하고 방역상 이상이 없을 시 검역필증인을 날인함으로써 수입검역절차를 대신합니다.

◇ 수입검역방법
☞ 수입검역 또는 우편물검역의 검역방법은 「가축전염병예방법 시행규칙」 별표 7에 따라 일정한 절차를 거쳐야 합니다.
☞ 다만, 농림축산검역본부장은 지정검역물이 다음 중 어느 하나에 해당하는 경우에는 검역방법 및 검역기간을 따로 정합니다.
  - 흥행·경기 또는 전시의 목적으로 대한민국에 단기간 체류하는 동물(「가축전염병예방법」 제2조제1호에 따른 가축을 제외함, 해당 동물의 체류기간이 검역기간을 초과하는 경우는 제외함)
  - 대한민국에 단기간 여행하는 사람이 휴대하는 개·고양이 및 조류

- 앞을 보지 못하는 사람을 인도하는 개
- 특별한 관리방법을 통해 사육되거나 생산되는 시험연구용 동물로서 쥐, 기니
  픽, 랫트, 훼렛, 토끼, SPF 종란 또는 농림축산검역본부장이 인정하는 검역물

■ 목줄과 입마개

Q. 도사견을 키우는데 목줄 없이 산책을 갔다가 경찰에게 주의를 받았어요. 도사견과 외출할 때는 목줄을 꼭 해야 하나요?

A. 네. 반려동물과 외출할 때에는 목줄 또는 가슴줄을 사용하여야 하며, 목줄 또는 가슴줄은 해당 동물을 효과적으로 통제할 수 있고, 다른 사람에게 위해(危害)를 주지 않는 범위의 길이여야 합니다.

◇ 맹견의 목줄 등 안전조치하기

☞ 특히, 다음에 해당하는 맹견이면서 월령이 3개월 이상인 맹견을 동반하고 외출할 경우에는 목줄과 함께 맹견이 호흡 또는 체온조절을 하거나 물을 마시는데 지장이 없는 범위에서 사람에 대한 공격을 효과적으로 차단할 수 있는 크기의 입마개를 해야 합니다.

1. 도사견과 그 잡종의 개
2. 아메리칸 핏불 테리어와 그 잡종의 개
3. 아메리칸 스태퍼드셔 테리어와 그 잡종의 개
4. 스태퍼드셔 불 테리어와 그 잡종의 개
5. 로트와일러와 그 잡종의 개

☞ 다만, 맹견의 소유자등은 다음에 해당하는 사항을 충족하는 이동장치를 사용하여 맹견을 이동시킬 경우에는 맹견에게 목줄 및 입마개를 하지 않을 수 있습니다.

√ 맹견이 이동장치에서 탈출할 수 없도록 잠금장치를 갖출 것
√ 이동장치의 입구, 잠금장치 및 외벽은 충격 등에 의해 쉽게 파손되지 않는 견고한 재질일 것

◇ 위반 시 제재

☞ 이를 위반하면 300만원 이하의 과태료를 부과받습니다.

■ 관리규약

Q. 지방에 살다가 서울에 있는 아파트로 이사를 가려고 하는데요. 반려동물인 고양이를 아파트에서 키울 수 있나요?

A.

※ "관리주체"란 공동주택을 관리하는 「공동주택관리법」 제6조제1항에 따른 자치관리기구의 대표자인 공동주택의 관리사무소장, 「공동주택관리법」 제13조제1항에 따라 관리업무를 인계하기 전의 사업주체, 주택관리업자 및 임대사업자, 「민간임대주택에 관한 특별법」 제2조제11호에 따른 주택임대관리업자(시설물 유지·보수·개량 및 그 밖의 주택관리 업무를 수행하는 경우에 한정함)를 말합니다.

◇ 관리규약 준칙 제정 의무

☞ 특별시장·광역시장·특별자치시장·도지사 또는 특별자치도지사는 아파트의 입주자·사용자를 보호하고 주거생활의 질서를 유지하기 위하여 아파트의 관리 또는 사용에 관하여 준거가 되는 관리규약의 준칙을 정해야 합니다.

◇ 관리규약의 제정

☞ 입주자·사용자는 관리규약의 준칙을 참조하여 관리규약을 정합니다.

◇ 입주자·사용자가 관리주체의 동의를 받아야 하는 사항

☞ 아파트를 파손 또는 훼손하거나 해당 시설의 전부 또는 일부를 철거하는 행위에 해당되지 않는 경미한 행위로서 아파트내부의 구조물과 설비를 교체하는 행위

☞ 「화재예방, 소방시설 설치·유지 및 안전관리에 관한 법률」 제10조제1항에 위배되지 않는 범위에서 공용부분에 물건을 적재하여 통행·피난 및 소방을 방해하는 행위

☞ 아파트에 광고물·표지물 또는 표지를 부착하는 행위

☞ 가축(장애인 보조견은 제외)을 사육하거나 방송시설 등을 사용함으로써 공동주거생활에 피해를 미치는 행위

☞ 아파트의 발코니 난간 또는 외벽에 돌출물을 설치하는 행위

☞ 전기실·기계실·정화조시설 등에 출입하는 행위

☞ 전기자동차의 이동형 충전기를 이용하기 위한 차량무선인식장치[전자태그(RFID tag)를 말한다]를 콘센트 주위에 부착하는 행위

■ 동물판매업자가 반려동물을 영업적으로 번식시켜 영업자 아닌 소비자에게 판매하려는 경우 동물생산업 신고를 하여야 하는지 여부

Q. 甲은 애견샵을 운영하고 있는데 애견을 영업적으로 번식시켜 영업자가 아닌 소비자에게 판매하려고 합니다. 이런 경우에도 동물보호법에 따른 동물생산업 신고를 해야 하는지요?

A. 「동물보호법」 제33조제1항에 따라 동물판매업 등록을 한 자가 같은 법 시행규칙 제35조제1항에 따른 동물을 영업적으로 번식시켜 영업자가 아닌 소비자에게 판매하려고 하는 경우, 「동물보호법」 제34조제1항에 따른 동물생산업 신고를 하여야 하는 것은 아닙니다. 만일, 동물판매업자가 반려동물을 번식시켜서 영업자가 아닌 소비자에게 판매하려는 것이 동물생산업 신고 대상에 해당된다고 본다면, 동물생산업 신고를 하지 않고 해당 영업을 하는 경우 「동물보호법」 제46조제4항제1호에 따라 벌금형의 대상이 될 것인데, 형벌법규의 해석은 엄격하여야 하고 명문규정의 의미를 피고인에게 불리한 방향으로 지나치게 확장 해석하거나 유추 해석하는 것은 죄형법정주의의 원칙에 어긋나는 것으로서 허용되지 않으며, 이러한 법해석의 원리는 그 형벌법규의 적용대상이 행정법규가 규정한 사항을 내용으로 하고 있는 경우에 그 행정법규의 규정을 해석하는 데에도 마찬가지로 적용된다고 할 것이므로(대법원 2007.6.29. 선고 2006도4582 판례 참조), 이 사안과 같이 영업자가 아닌 소비자에게 번식시킨 반려동물을 판매하는 경우까지 동물생산업의 신고 대상으로 보아 동물생산업 신고를 하지 않고 해당 영업을 하는 것을 미신고영업이라고 보는 것은 형벌법규의 적용과 관련있는 행정법규를 지나치게 확장 해석하는 것으로서 허용되지 않는다고 할 것입니다. 더욱이, 「동물보호법 시행규칙」 별표 9에서는 동물 관련 영업별 시설 및 인력 기준을 규정하면서 동물판매업, 동물수입업, 동물생산업의 시설 및 인력 기준을 통합하여 동일하게 규정하고 있는 점, 같은 규칙 별표 10에서는 사육·관리 중인 번식용 동물의 번식 및 출산에 관한 정보 작성·관리의무(제1호파목)를 제외하고는 동물생산업자에게 동물판매업자보다 더 과중한 준수사항을 요구하고 있지 않다는 점 등에 비추어 볼 때, 현행 규정에 따라 반려동물을 영업적으로 번식시켜 영업자 아닌 소비자에게 판매하려는 동물판매업자가 동물생산업 신고를 추가적으로 한다고 해서 반려동물의 보호 및 관리가 더욱 적정하게 이루어질 것이라고 단정하기도 어렵다는 점도 이 사안을 해석할 때 고려되어야 할 것입니다.

이상과 같은 점을 종합해 볼 때, 「동물보호법」 제33조제1항에 따라 동물판매업 등록을 한 자가 같은 법 시행규칙 제35조제1항에 따른 동물을 영업적으로 번식시켜 영업자가 아닌 소비자에게 판매하려고 하는 경우, 「동물보호법」 제34조제1항에 따른 동물생산업 신고를 하여야 하는 것은 아니라고 할 것입니다.

■ 사냥개, 전파수신기, 수렵용 칼 등을 싣고 다닌 경우 야생생물 보호 및 관리에 관한 법률에 위반하여 처벌되는지

Q. 甲은 야생동물을 포획할 목적으로 야산 부근에서 전파발신기 6개를 부착한 사냥개 8마리와 전파수신기 1개, 수렵용 칼 2자루를 화물차에 싣고 다니다가 경찰에 적발되었습니다. 야생생물 보호 및 관리에 관한 법률(이하 '야생생물법'이라 합니다)에 의하면 누구든지 덫, 창애, 올무 또는 그 밖에 야생동물을 포획할 수 있는 도구를 제작·판매·소지 또는 보관하여서는 아니 된다고 하는데, 甲은 야생생물법위반으로 처벌되나요?

A. 야생생물법 제10조는 "누구든지 덫, 창애, 올무 또는 그 밖에 야생동물을 포획할 수 있는 도구를 제작·판매·소지 또는 보관하여서는 아니 된다. 다만, 학술 연구, 관람·전시, 유해야생동물의 포획 등 환경부령으로 정하는 경우에는 그러하지 아니하다." 라고 규정하고 있고, 야생생물법 제70조 제3호는 "제10조를 위반하여 덫, 창애, 올무 또는 그 밖에 야생동물을 포획하는 도구를 제작·판매·소지 또는 보관한 자는 1년 이하의 징역 또는 1천만 원 이하의 벌금에 처한다."라고 규정하고 있습니다. 형벌법규의 해석은 엄격하여야 하고 명문규정의 의미를 피고인에게 불리한 방향으로 지나치게 확장해석하거나 유추해석하는 것은 죄형법정주의의 원칙에 어긋나는 것으로서 허용되지 않는데(대법원 2005.11.24.선고 2002도4758판결 참조), 위와 같은 죄형법정주의의 원칙에 비추어 보면 甲이 소지하였던 '전파발신기를 부착한 사냥개와 전파수신기, 수렵용 칼'은 야생동물을 포획하는 데 사용된 도구일 뿐이지, 덫, 창애, 올무와 유사한 방법으로 야생동물을 포획할 용도로 만들어진 도구라고 해석하기는 어려울 것으로 보입니다.

판례도 "야생생물법 제70조 제3호 및 제10조는 야생생물을 포획할 목적이 있었는지를 불문하고 야생동물을 포획할 수 있는 도구의 제작·판매·소지 또는 보관행위 자체를 일체 금지하고 있고, 그 도구를 사용하여 야생동물을 포획할 수 있기만 하면 그 도구의 본래 용법이 어떠하든지 간에 위 규정에 의하여 처벌될 위험이 있으므로 '그 밖에 야생동물을 포획할 수 있는 도구'의 의미를 엄격하게 해석하여야 할 필요가 있는

점, 야생생물법 제69조 제1항 제7호 및 제19조 제3항 은 야생생물을 포획하기 위하
여 폭발물,덫,창애,올무,함정,전류 및 그물을 설치 또는 사용한 행위를 처벌하고 있는
데,덫,창애,올무는 야생생물법 제70조 제3호 및 제10조 에서 별도로 그 제작·판매·
소지 또는 보관행위까지 금지·처벌하고 있는 반면, 야생생물법 제69조 제1항 제7호
및 제19조 제3항 에 함께 규정된 '폭발물,함정,전류 및 그물' 등도 야생동물을 포획할
수 있는 도구에 해당할 수 있으나 이에 대하여는 야생생물법 제70조 제3호 및 제10
조 에서 특별히 언급하고 있지 않은 점, 야생생물법 제70조 제3호 및 제10조 의 문
언상 '그 밖에 야생동물을 포획할 수 있는 도구'는 '덫, 창애, 올무'와 병렬적으로 규
정되어 있으므로 '그 밖에 야생동물을 포획할 수 있는 도구'사용의 위험성이 덫, 창애,
올무 사용의 위험성에 비견될 만한 것이어야 할 것인 점 등을 종합하여 보면, 야생생
물법 제70조 제3호 및 제10조 에 규정되어 있는 '그 밖에 야생동물을 포획할 수 있
는 도구'란 그 도구의 형상, 재질, 구조와 기능 등을 종합하여 볼 때 덫, 창애, 올무와
유사한 방법으로 야생동물을 포획할 용도로 만들어진 도구를 의미한다고 할 것이다."
라고 판시하면서 '전파발신기를 부착한 사냥개와 전파수신기, 수렵용 칼'은 야생동물을
포획하는 데 사용된 도구일 뿐이지, 덫, 창애, 올무와 유사한 방법으로 야생동물을 포
획할 용도로 만들어진 도구라고 보기 어렵다"고 보았습니다(대법원 2016.10.27. 선
고 2016도5083 판결).

■ **영업시설에 대한 명예훼손으로 인한 손해배상청구권**

Q. 甲은 '테마동물원 ○○'을 운영하고 있는데, 동물 복지 향상과 동물권 증대를
위하여 동물 보호에 관한 교육 사업, 각종 동물 보호 계몽운동 등을 수행하
고 있는 동물 보호 단체인 乙은 12차례에 걸쳐 자신이 운영하는 인터넷 사이
트에 테마동물원 ○○의 상호를 게시하며 "바다코끼리를 때리고 오랑우탄의
인대를 끊는 만행을 막아주세요!!", "동물학대 동물원 테마동물원 ○○에 요
구한다", "동물학대동물원 ○○ 전격고발 기자회견-사진에 나타난 사자 이빨
에 대해 전문적인 의견을 주실 야생동물 전문가, 생물학자, 수의사, 치과의
사, 의사 등의 다양한 의견을 기다립니다."와 같은 게시물들을 작성·게재하였
습니다. 甲은 이로 인해 명예와 신용이 훼손되었고 영업손실이 발생하여, 乙
을 상대로 손해배상청구를 할 수 있는지요?

A. 「민법」 제750조는 "고의 또는 과실로 인한 위법행위로 타인에게 손해를 가한 자는 그 손해를 배상할 책임이 있다."라고 규정하고 있습니다. 민법상 불법행위가 되는 명예훼손이란 사람의 품성, 덕행, 명성, 신용 등 인격적 가치에 대하여 사회로부터 받는 객관적인 평가를 침해하는 행위를 말하고, 그와 같은 객관적인 평가를 침해하는 것인 이상, 의견 또는 논평을 표명하는 표현행위에 의하여도 성립할 수 있는바, 다만 단순한 의견 개진만으로는 상대방의 사회적 평가가 저해된다고 할 수 없으므로, 의견 또는 논평의 표명이 사실의 적시를 전제로 하지 않은 순수한 의견 또는 논평일 경우에는 명예훼손으로 인한 손해배상책임은 성립되지 아니합니다(대법원 2000.7.28. 선고 99다6203 판결 참조). 한편, 표현행위자가 타인에 대하여 비판적인 의견을 표명하였다는 사유만으로 이를 위법하다고 볼 수는 없지만, 만일 표현행위의 형식 및 내용 등이 모욕적이고 경멸적인 인신공격에 해당하거나 혹은 타인의 신상에 관하여 다소간의 과장을 넘어서서 사실을 왜곡하는 공표행위를 함으로써 그 인격권을 침해한다면, 이는 명예훼손과는 별개 유형의 불법행위를 구성할 수 있습니다(대법원 2009.4.9. 선고 2005다65494 판결 참조).

이 사건 게시물들에서는 "학대·가혹행위", "학대정황"이라는 추상적·평가적 표현만이 등장할 뿐 행위태양에 관한 구체적인 기재는 전혀 찾을 수 없으므로, 甲 주장과 같은 사실이 적시되었다고 보기 어렵고, 게시물들의 전체적인 취지는 '동물쇼를 진행하기 위하여 동물에게 정신적·신체적 고통을 주는 행위'가 바로 '학대·가혹행위'라는 전제하에, 동물쇼의 문제점에 대한 대중의 관심과 제도 개선이 필요하다는 것으로 보입니다. 또한 乙의 게시글 중에는 "사진에 나타난 사자 이빨에 대해 전문적인 의견을 주실 야생동물 전문가, 생물학자, 수의사, 치과의사, 의사 등의 다양한 의견을 기다립니다."라는 문구가 기재되어 있어 그 전체적인 취지는 '동물원 사자가 송곳니가 없는 원인에 관한 제보를 기다린다.'는 것에 불과하다고 보이므로, 결국 앞서 본 내용만으로 甲 주장과 같은 구체적 사실이 적시되었다고 보기도 어려워 보입니다. 따라서 위와 같은 단순한 의견 개진만으로는 상대방의 사회적 평가가 저해된다고 할 수 없으므로, 명예훼손으로 인한 손해배상책임은 성립되지 아니한다고 보입니다.

■ 반려동물의 사망 시 손해배상청구의 주체와 범위

Q. 甲은 반려동물로 치와와 '해피'와 푸들 '럭키'를 키우고 있습니다. 甲은 중요

한 해외출장일정 탓에 직접 이들을 돌보기 어려워지자, 수의사 乙에게 '해피'와 '럭키'를 위탁하였는데 乙은 착오로 '해피'와 '럭키'를 유기견으로 오인하여 안락사 시켰습니다. 甲은 乙을 상대로 소송을 제기하면서, 가족이라 할 '해피'와 '럭키'의 죽음으로 자신이 겪은 정신적 고통에 관한 위자료를 구함과 동시에 반려동물인 '해피'와 '럭키'가 죽음을 겪으며 느꼈을 정신적 고통에 관한 위자료를 별도로 산정하여 청구하였습니다. 이러한 甲의 청구는 받아들여질 수 있나요.

A. 동물의 생명보호, 안전 보장 및 복지 증진을 꾀하고 동물의 생명 존중 등 국민의 정서를 함양하는 데에 이바지함을 목적으로 한 동물보호법의 입법 취지나 그 규정 내용 등을 고려하더라도, 민법이나 그 밖의 법률에 동물에 대하여 권리능력을 인정하는 규정이 없고 이를 인정하는 관습법도 존재하지 아니하므로, 동물 자체가 위자료 청구권의 귀속주체가 된다고 할 수는 없습니다. 그리고 이는 그 동물이 애완견 등 이른바 반려동물이라고 하더라도 달리 볼 수 없는 것입니다. 따라서 갑이 안락사당한 위 개 2마리 자체의 위자료를 청구한 부분은 현행 법제상 우리 법원에서 배척될 것입니다. 다만, 우리 법원은 이와 같은 사정까지 갑의 위자료를 산정함에 있어 참작할 수 있다고 판시한 바 있습니다(대법원 2013.4.25. 선고 2012다118594 판결)

■ 자신의 개를 지키기 위해 남의 개를 잔인하게 죽인 경우 동물보호법 위반죄의 성립여부

Q. 甲은 乙의 개가 다가오자, 乙의 개로부터 직접적인 공격은 받지는 않았지만, 甲 자신의 개가 공격받을 것을 걱정하여 기계톱으로 乙의 개를 등 부분에서 배 부분까지 절단함으로써 내장이 밖으로 다 튀어나올 정도로 하여 죽였습니다. 甲에게 동물보호법 위반의 죄가 성립하나요?

A. 甲의 개를 보호하기 위해서 라고는 하지만, 몽둥이나 기계톱을 휘둘러 乙의 개를 쫓아버리기만 충분했으리라 생각이 듭니다. 더구나 乙의 개가 공격을 개시한 것도 아니고, 평소 공격적인 성향이 있었다는 사실관계도 없습니다. 따라서 甲의 행위는 동물보호법 제8조 제1항 제1호에 의하여 금지되는 '목을 매다는 등의 잔인한 방법으로 죽이는 행위'에 해당한다고 봄이 상당하고, 동물보호법 위반의 죄로 처벌되어야 할 것입니다.

■ 맹견에게 물린 경우 그 맹견 점유자의 책임 여부

Q. 저는 자전거에 짐을 싣고 폭 4-5미터 오르막 골목길을 가고 있었고, 甲은 맹견을 물고 맞은편 도로를 따라 내려오고 있었는데 갑자기 甲의 맹견이 저에게 달려들어 좌측허벅지를 물었습니다. 저는 전치 3주의 상해를 입었는데 손해배상을 청구할 수 있는지요?

A. 「민법」 제759조 제1항은 "동물의 점유자는 그 동물이 타인에게 가한 손해를 배상할 책임이 있다. 그러나 동물의 종류와 성질에 따라 그 보관에 상당한 주의를 해태하지 아니한 때에는 그러하지 아니하다."라고 규정하고 있습니다. 그러므로 동물점유자인 甲은 그 보관상에 상당한 주의를 해태하지 하지 않았다는 입증을 하지 못하는 한 동물의 점유자로서의 책임을 면할 수 없을 것입니다(대법원 1981.2.10. 선고 80다2966 판결). 다만, 피해자로서도 상당한 주의를 하였더라면 피해를 면할 수 있었거나 줄일 수 있었을 때에는 그 범위에서 피해자 과실도 참작될 것입니다.

■ 무주물선점

Q. 甲은 인근의 동산에서 서식하고 있는 너구리를 잡아와서 집에서 키우고 있었습니다. 그러다가 관리소홀로 인하여 너구리가 동산으로 다시 뛰쳐나가게 되었습니다. 도망친 너구리에 대하여 甲의 이웃인 乙이 포획하여 키우고 있는데 너구리의 소유자는 누구일까요?

A. 무주의 동산을 소유의 의사로 점유한 자는 그 소유권을 취득합니다(민법 제252조 제1항). 다만 사육하는 야생동물도 다시 야생상태로 돌아가면 무주물이 됩니다(동조 제3항). 따라서 도망친 너구리는 다시 무주물이 된 것이므로 이를 포획한 乙이 너구리의 소유자가 됩니다.

(판례와 같이 보는)
동물·가축관리와 법규

초판 1쇄 인쇄 2021년 01월 10일
초판 1쇄 발행 2021년 01월 15일

편 저 대한법률편찬연구회
발행인 김현호
발행처 법문북스
공급처 법률미디어

주소 서울 구로구 경인로 54길4(구로동 636-62)
전화 02)2636-2911~2, 팩스 02)2636-3012
홈페이지 www.lawb.co.kr

등록일자 1979년 8월 27일
등록번호 제5-22호

ISBN 978-89-7535-889-0

정가: 35,000원

애완견·반려동물·유기동물·실험동물·동물양육·가족

등의 **법률**과 **관리방법**을 **엄선** 수

반려동물 양육 인구 수 천만시대가 도래하면서 동물에 대한 개인적, 사회적 인
있습니다. 이에 따라 사회 곳곳에서 일어나고 있는 동물에 관련된 문제(동물 학대
동물 유기, 동물 실험, 동물 장묘 등) 들이 법적으로 어떤 규제를 받고 있는지, 마땅
처벌이 이뤄지고 있는지에 대한 관심도 많아지고 있습니다.

본 연구회에서는 동물 애완견 등에 관련된 판례와 최근까지 개정된 동물보호법과 시행령
·시행 규칙, 야생생물 보호 및 관리에 관한 법률과 시행령·시행규칙, 실험 동물에 관한
법률과 시행령·시행규칙, 동물원 및 수족관의 관리에 관한 법률과 시행령·시행규칙 등
동물에 관한 법조문을 함께 수록하였고, 동물장묘, 반려동물 미세먼지 대처방법 등 동물
양육에 도움이 될 자료를 Q&A식으로 엄선하여 수록하였습니다.

03490

9 788975 358890

ISBN 978-89-7535-889-0

35,000